Numerische Methoden

J. Douglas Faires / Richard L. Burden

Numerische Methoden

Näherungsverfahren und ihre praktische Anwendung

Aus dem Amerikanischen
von Marita Blankenhagel

Mit 99 Abbildungen und einer Diskette

Spektrum Akademischer Verlag Heidelberg · Berlin · Oxford

Originaltitel: Numerical Methods
Aus dem Amerikanischen von Marita Blankenhagel
Amerikanische Originalausgabe bei PWS – Publishing Company, Boston

Die Deutsche Bibliothek – CIP-Einheitsaufnahme

Numerische Methoden : Näherungsverfahren und ihre praktische Anwendung / J. Douglas Faires ; Richard L. Burden. Aus dem Amerikan. von Marita Blankenhagel. - Heidelberg; Berlin ; Oxford : Spektrum, Akad. Verl.
Einheitssacht.: Numerical methods <dt.>
ISBN 3-86025-332-8
NE: Faires, J. Douglas; Burden, Richard L.; Blankenhagel, Marita; EST Diskette (1995)

Lektorat: Gisela Sauer, Berlin
Produktion: PRODUserv, Springer-Produktions-Gesellschaft, Berlin
Einbandgestaltung: Kurt Bitsch, Birkenau
Satzherstellung mit TEX: Lewis & Leins, Berlin
Druck und Verarbeitung: Franz Spiegel Buch GmbH, Ulm

Spektrum Akademischer Verlag Heidelberg · Berlin · Oxford

Inhalt

Vorwort

Numerische Näherungsverfahren werden auf vielfältige Art und Weise vermittelt. In der traditionellen Vorlesung über numerische Analysis wird sowohl auf die Näherungsmethoden als auch auf die Analysis Wert gelegt, die diese erzeugt. Eine Vorlesung über numerische Methoden befaßt sich im allgemeinen mehr mit der Auswahl und Anwendung der Verfahren zum Lösen der Probleme in den Ingenieur- und Naturwissenschaften als mit der mathematischen Herleitung dieser Verfahren.

Die wichtigsten numerischen Analysis-Bücher sind wohldurchdacht; sie sind vielfach bearbeitet worden, wodurch eine genauere und folgerichtige Darstellung des Materials sichergestellt wird, und sie enthalten eine Vielzahl von erprobten Beispielen und Übungen. Sie sind mit dem Ziel geschrieben worden, sich dem Thema ein ganzes Jahr zu widmen, so daß sie Methoden enthalten, auf die verwiesen werden kann, selbst wenn nicht genügend Zeit vorhanden ist, diese Methoden in der Vorlesung zu diskutieren.

Bücher für Vorlesungen über numerische Verfahren sind sowohl im Anliegen als auch in der Darstellungsweise sehr verschieden. Oft wird ein für die numerische Analysis geschriebenes Buch für eine Vorlesung in numerischen Methoden verwendet, indem die theoretischeren Themen und Herleitungen weggelassen werden. Die Schwäche dabei ist, daß die Studenten oft Schwierigkeiten haben zu bestimmen, welches Material in der Vorlesung wichtig und welches nebensächlich ist.

Die zweite Art von Büchern für Vorlesungen über numerische Methoden sind solche für spezielle Kurse, die praxisbezogen auf bestimmte Fachrichtungen wie Betriebswirtschaft oder life sciences orientieren beziehungsweise angewandte Differential- und Integralrechnung oder Statistik für Volkswirtschafts-, Psychologie- und Betriebswirtschaftsstudenten bieten. Jedoch besitzen Studenten der Ingenieurs- und Naturwissenschaften, für die diese Vorlesung über numerische Methoden gehalten wird, einen viel ausgeprägteren mathematischen Hintergrund als Studenten anderer Fächer. Sie sind durchaus fähig, das Material in einer Vorlesung in numerischer Analysis zu meistern, besitzen aber weder die Zeit noch oft das Interesse für theoretische Aspekte einer solchen Vorlesung. Was sie benötigen, ist eine anspruchsvolle Einführung in Näherungsverfahren, mit denen die Probleme der Natur- und Ingenieurswissenschaften gelöst werden. Sie müssen auch wissen, warum die Methoden funktionieren, welcher Fehlertyp erwartet wird und wann eine Anwendung zu Schwierigkeiten führen könnte. Letztendlich benötigen sie Informationen über und wünschen Empfehlungen für die Verfügbarkeit von Software hoher Qualität für numerische Näherungsroutinen. In solch einer Vorlesung wird die Analysis aus Zeitmangel und nicht aufgrund der mathematischen Fähigkeiten der Studenten eingeschränkt.

Der Vorzug dieses Buches besteht in der intelligenten Auswahl von Näherungsverfahren für Problemstellungen, die üblicherweise in Ingenieur- und Naturwissenschaften auftreten. Das Buch ist für eine einsemestrige Vorlesung konzipiert, enthält aber mindestens 50% mehr Material als benötigt wird, so daß die Dozenten bei dem Umfang der Themen flexibel sein können und die Studenten eine Nachschlagemöglichkeit für ihre spätere Arbeit besitzen. Die behandelten Verfahren sind im wesentlichen dieselben wie die, die in unserem Buch über die Numerische Analysis enthalten sind (vergleiche Burden und Faires, *Numerical Analysis,* 5. Auflage, PWS-KENT Publishers, 1993). Die Akzente in diesen beiden Büchern werden jedoch ganz unterschiedlich gesetzt.

Das Buch enthält eine Programmdiskette, die einen wesentlichen Teil der *Numerischen Methoden* umfaßt. Die Software ist sowohl in FORTRAN als auch in Pascal geschrieben, und die Programme ermöglichen es dem Studenten, alle Ergebnisse aus den Beispielen zu erhalten und die Programme zu modifizieren, um so Probleme seiner Wahl zu lösen. Mit der Software sollen dem Studenten die Programme zur Verfügung gestellt werden, mit denen die meisten der Probleme gelöst werden können, auf die er im Laufe seines Studiums treffen wird.

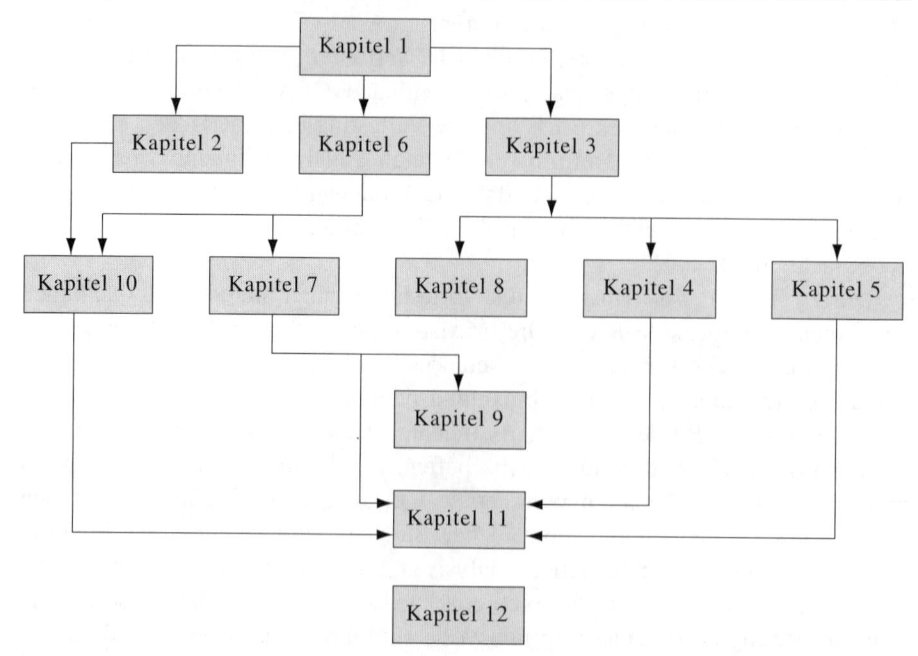

Gelegentlich jedoch enthalten die Übungen im Text Probleme, für die die Programme keine befriedigenden Lösungen liefern. Dies verdeutlicht die Schwierigkeiten, die in der Anwendung von Näherungsverfahren auftreten können, und zeigt, wie notwendig Flexibilität ist, mit der die standardmäßigen universellen Softwarepakete ausgestattet sind, die für naturwissenschaftliche Berechnungen zur Verfügung stehen. Informationen bezüglich der standardmäßigen universellen Softwarepakete werden im Text diskutiert. Dazu gehören solche Pakete, die durch die International Mathematical and Statistical Library (IMSL), die National Algorithms Group (NAG) vertrieben werden, die spezialisierten Verfahren in EISPACK und LINPACK und die Routinen in MATLAB.

Die Graphik auf der gegenüberliegenden Seite zeigt, wie die Kapitel in dem Buch voneinander abhängen. Wir versuchten, das vorausgesetzte Material auf ein Minimum zu beschränken, um eine größere Flexibilität zu erreichen.

J. Douglas Faires
Richard L. Burden

Vorwort zur deutschen Ausgabe

Wir freuen uns über die erste deutsche Ausgabe unserer „Numerischen Methoden“ und hoffen, daß sie einer Sprache gerecht wird, in der so viel über die grundlegende und laufende Forschung der numerischen Mathematik veröffentlicht wurde.

Lange überlegten wir, wie wir unser Buch „Numerische Analysis“ derart zusammenfassen können, daß der darin angebotene Stoff schneller von denen entdeckt wird, die bereit sind, einiges an mathematischer Strenge aufzugeben. Das vorliegende Buch stellt das Ergebnis unserer Bemühungen dar, den Stoff intuitiver zu präsentieren, während die in der „Numerischen Analysis“ vorliegende Qualität und das Niveau beibehalten werden. Dies geschah teilweise dadurch, daß der algorithmische Ansatz, der im ursprünglichen Buch verwendet wurde, fallengelassen und stattdessen die enthaltene Software hervorgehoben wurde, das heißt Programme, die entweder in FORTRAN oder in Pascal zur Verfügung stehen.

Am Ende eines jeden Kapitels gibt es eine detaillierte Zusammenfassung der professionellen Software, die über die National Algorithms Group (NAG) und die International Mathematics and Statistics Library (IMSL) erhältlich ist. Ebenso wird auf MATLAB- oder andere Software verwiesen, wenn wir meinten, daß dies dem Benutzer nützlich wäre. Für jede diesen oder auch andere Punkte im Buch betreffende Kritik, die die weiteren Herausgaben verbessern könnten, sind wir dankbar. Wir sind leicht über electronic mail zu erreichen: faires@math.ysu.edu oder burden@math.ysu.edu.

J. Douglas Faires
Richard L. Burden

Symbolverzeichnis

$C(X)$	Menge aller auf X stetigen Funktionen
$C^n(X)$	Menge aller Funktionen mit n stetigen Ableitungen auf X
$C^\infty(X)$	Menge aller Funktionen mit Ableitungen aller Ordnungen auf X
$\mathbb{R}$	Menge der reellen Zahlen
$0,\bar{3}$	die Dezimale 3 wiederholt sich unendlich
$\mathrm{fl}(y)$	Gleitkommadarstellung der reellen Zahl y
$O(\cdot)$	Konvergenzordnung
Δ	aufsteigende Differenz
$f[\cdot]$	dividierte Differenz einer Funktion f
$\binom{n}{k}$	Binominalkoeffizient $\frac{n(n-1)\ldots(n-k+1)}{k!}$
∇	absteigende Differenz
$\rightarrow$	Ersetzen von Gleichungen
$\leftrightarrow$	Austauschen von Gleichungen
(a_{ij})	Matrix, deren Element in der i-ten Zeile und j-ten Spalte gleich a_{ij} ist
$\mathbf{x}$	Vektor oder Element von $\mathbb{R}^n$
$[A, \mathbf{b}]$	erweiterte Matrix
δ_{ij}	Kronecker-Symbol; 1 falls $i = j$ und 0 falls $i \neq j$
I_n	$(n \times n)$-Einheitsmatrix
A^{-1}	inverse Matrix der Matrix A
A^t	Transponierte der Matrix A
M_{ij}	Minor einer Matrix
$\det A$	Determinante der Matrix A
$\mathbf{0}$	Nullvektor
$\mathbb{R}^n$	Menge aller geordneten n-Tupel der reellen Zahlen
$\|\mathbf{x}\|$	Norm des Vektors $\mathbf{x}$
$\|\mathbf{x}\|_2$	l_2-Norm des Vektors $\mathbf{x}$
$\|\mathbf{x}\|_\infty$	l_∞-Norm des Vektors $\mathbf{x}$
$\|A\|$	Norm der Matrix A
$\|A\|_\infty$	l_∞-Norm der Matrix A
$\|A\|_2$	l_2-Norm der Matrix A
$\rho(A)$	Spektralradius der Matrix A
$K(A)$	Konditionszahl der Matrix A

Π_n	Menge aller Polynome vom Grade höchstens gleich n
$\tilde{\Pi}_n$	Menge aller normierten Polynome vom Grade n
C	komplexe Ebene, Menge aller komplexen Zahlen
$\mathbf{F}$	Funktion, die $\mathbb{R}^n$ auf $\mathbb{R}^n$ abbildet
$J(\mathbf{x})$	Jacobische Matrix
∇g	Gradient von g

1. Mathematische Einführung und Fehleranalyse

1.1. Einleitung

Dieses Buch untersucht Probleme, die mit Hilfe von Näherungsmethoden, sogenannten numerischen Methoden, gelöst werden können. Zu Beginn müssen einige mathematische und rechnerische Themen betrachtet werden, die Schwierigkeiten beim Approximieren einer Lösung eines Problems beschreiben.

Dieses Kapitel beginnt mit einer Übersicht über die Begriffe der Differential- und Integralrechnung, die in diesem Buch Verwendung finden. Da fast alle Probleme, deren Lösungen approximiert werden können, mit stetigen Funktionen verbunden sind, stellt die Differential- und Integralrechnung das Hauptwerkzeug dar, um numerische Methoden herzuleiten und um zu verifizieren, daß diese die Probleme lösen. Die in diesem Abschnitt gegebenen Definitionen und Ergebnisse sollen unser Wissen über die Differential- und Integralrechnung auffrischen. Außerdem stellt dieser Abschnitt eine handliche Nachschlagemöglichkeit dar, sofern diese Begriffe später im Buch verwendet werden.

Zwei Dinge gilt es bei Anwendung eines numerischen Verfahrens zur Lösung eines Problems zu berücksichtigen. Das erste und naheliegendste ist es, die Approximation aufzufinden. Das ebenso wichtige, zweite Ziel besteht darin, einen Sicherheitsfaktor für die Approximation zu erhalten: eine Gewißheit oder wenigstens ein Gefühl für die Genauigkeit der Approximation. Die beiden nächsten Abschnitte dieses Kapitels befassen sich mit einer Standardschwierigkeit, die bei Verfahren auftritt, die die Lösung eines Problems approximieren: Wo und warum wird ein rechnerischer Fehler produziert, und wie kann dieser beherrscht werden?

Der letzte Abschnitt beschreibt unterschiedliche Typen und Quellen von mathematischer Software, die numerische Methoden ausführt.

1.2. Übersicht über die Differential- und Integralrechnung

Grenzwert und Stetigkeit einer Funktion sind die grundlegenden Begriffe für das Studium der Differential- und Integralrechnung. Angenommen, f sei eine über eine Menge X von reellen Zahlen definierte Funktion. Dann besitzt f den **Grenzwert** L an der Stelle x_0 in X, geschrieben $\lim_{x \to x_0} f(x) = L$, wenn es für jede beliebige reelle Zahl ϵ eine reelle Zahl $\delta > 0$ gibt, so daß für alle $0 < |x - x_0| < \delta$ gilt $|f(x) - L| < \epsilon$ (vergleiche Abbildung 1.1). Diese Definition stellt sicher, daß die Funktionswerte nahe L liegen, wenn man x hinreichend nahe bei x_0 wählt.

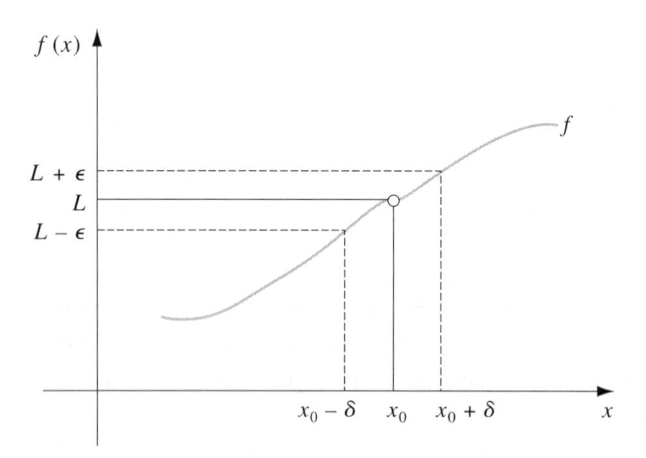

Abb. 1.1

Die Funktion f ist **stetig** an der Stelle x_0, wenn $\lim_{x \to x_0} f(x) = f(x_0)$ ist; f ist **stetig auf der Menge** X, wenn sie für jede Zahl in X stetig ist. Die Menge aller Funktionen, die stetig in X sind, wird mit $C(X)$ bezeichnet. Besteht X aus reellen Zahlen, so werden in dieser Schreibweise die Klammern weggelassen. Die Menge aller Funktionen beispielsweise, die in dem geschlossenen Intervall $[a, b]$ stetig ist, wird mit $C[a, b]$ bezeichnet.

Der Grenzwert einer Folge von reellen oder komplexen Zahlen kann ähnlich definiert werden. Eine unendliche Folge $\{x_n\}_{n=1}^{\infty}$ **konvergiert** gegen x (Grenzwert), wenn es zu jedem $\epsilon > 0$ eine positive, ganze Zahl $N(\epsilon)$ gibt, so daß für alle $n > N(\epsilon)$ $|x_n - x| < \epsilon$ gilt. Die Bezeichnung $\lim_{n \to \infty} x_n = x$ oder $x_n \to x$ für $n \to \infty$ bedeutet, daß die Folge $\{x_n\}_{n=1}^{\infty}$ gegen x konvergiert.

Stetigkeit und Konvergenz von Folgen

f sei eine über eine Menge X von reellen Zahlen definierte Funktion, und es gelte $x_0 \in X$, dann sind die folgenden Aussagen äquivalent:

a) f ist stetig an der Stelle x_0.

b) Falls alle Folgen $\{x_n\}_{n=1}^{\infty}$ in X gegen x_0 konvergieren, dann gilt

$$\lim_{n\to\infty} f(x_n) = f(x_0).$$

Die Funktionen, die man bei der Diskussion numerischer Methoden betrachtet, sind stetig, da dies eine Mindestbedingung für berechenbares Verhalten darstellt. Unstetige Funktionen können interessante Stellen überspringen, was nicht zufriedenstellend ist, wenn man eine Lösung eines Problems zu approximieren versucht. Anspruchsvollere Voraussetzungen an die Funktion führen im allgemeinen zu besser approximierten Ergebnissen. Eine Funktion mit einem glatten Kurvenbild zum Beispiel ist besser berechenbar als eine mit zahlreichen zackigen Zügen. Glätte baut auf dem Gedanken der Ableitung auf.

Ist f eine in einem offenen, x_0 enthaltenden Intervall definierte Funktion, dann ist f **differenzierbar** in x_0, wenn

$$f'(x_0) = \lim_{x\to x_0} \frac{f(x) - f(x_0)}{x - x_0}$$

existiert. Diese Zahl $f'(x_0)$ heißt **Ableitung** von f in x_0. Die Ableitung von f in x_0 ist, wie in Abbildung 1.2 gezeigt, gleich dem Anstieg der Tangente des Graphen f in $(x_0, f(x_0))$.

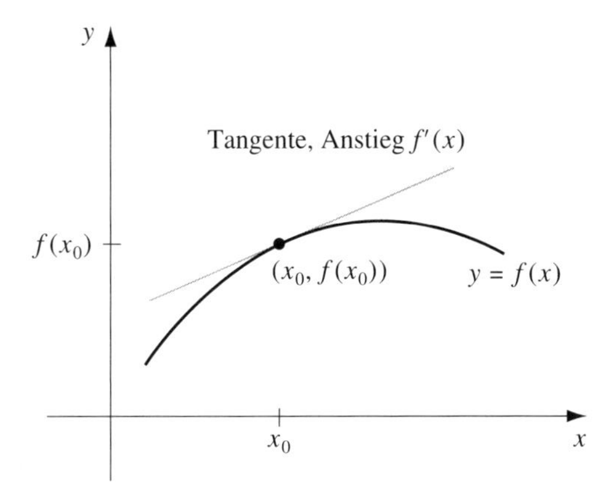

Abb. 1.2

Eine Funktion, die in allen Punkten einer Menge X eine Ableitung besitzt, heißt in X **differenzierbar**. Differenzierbarkeit ist im folgenden Sinne eine stärkere Bedingung an eine Funktion als Stetigkeit:

Differenzierbarkeit schließt Stetigkeit ein

Ist die Funktion f in x_0 differenzierbar, dann ist f stetig in x_0.

Die Menge aller Funktionen, die n stetige Ableitungen in X besitzt, wird mit $C^n(X)$, die Menge aller Funktionen, die Ableitungen jeder Ordnung in X besitzt, mit $C^\infty(X)$ bezeichnet. Ganzrationale, rationale, trigonometrische, Exponential- und Logarithmusfunktionen sind in $C^\infty(X)$ enthalten, wobei X aus allen Zahlen, für die die Funktionen definiert sind, besteht.

Die nächsten Ergebnisse sind von wesentlicher Bedeutung für die Herleitung von Methoden zur Fehlerabschätzung. Die Beweise der meisten dieser Sätze können in jedem Standardwerk zur Differential- und Integralrechnung nachgeschlagen werden.

Mittelwertsatz

Es gelte $f \in C[a, b]$, und f sei in (a, b) differenzierbar, dann existiert ein c in (a, b), so daß

$$f'(c) = \frac{f(b) - f(a)}{b - a}$$

gilt (vergleiche Abbildung 1.3).

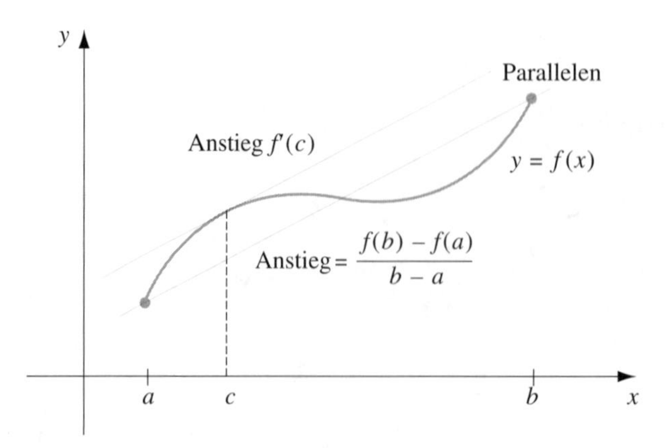

Abb. 1.3

Das folgende Ergebnis wird oft benutzt, um Schranken für die Fehlerformeln zu bestimmen:

Extremwertsatz

Es sei $f \in C[a, b]$, dann existieren c_1, c_2 in $[a, b]$ mit $f(c_1) \leq f(x) \leq f(c_2)$ für alle x in $[a, b]$. Ist f zusätzlich in (a, b) differenzierbar, dann kommen c_1, c_2 entweder als Endpunkte von $[a, b]$ oder dort, wo f' gleich null ist, vor.

Der andere grundsätzliche Begriff der Differential- und Integralrechnung ist der des Integrals. Das **Riemannsche Integral** der Funktion f im Intervall $[a, b]$ ist der folgende Grenzwert, vorausgesetzt, er existiert:

$$\int_a^b f(x)\mathrm{d}x = \lim_{\max \Delta x_i \to 0} \sum_{i=1}^{n} f(z_i)\Delta x_i,$$

wobei die Zahlen $x_0, x_1, \ldots, x_n$ der Bedingung $a = x_0 \leq x_1 \leq \cdots \leq x_n = b$ genügen und wobei für jedes $i = 1, 2, \ldots, n$ $\Delta x_i = x_i - x_{i-1}$ und z_i beliebig in dem Intervall $[x_{i-1}, x_i]$ gewählt wird.

Eine auf einem Intervall $[a, b]$ stetige Funktion f ist auf diesem im Riemannschen Sinne integrierbar. Diese Tatsache erlaubt, für Computerzwecke die Punkte x_i in $[a, b]$ äquidistant aufzuteilen und für jedes $i = 1, 2, \ldots, n$ $z_i = x_i$ zu wählen. In diesem Fall gilt

$$\int_a^b f(x)\mathrm{d}x = \lim_{n\to\infty} \frac{b-a}{n} \sum_{i=1}^{n} f(x_i),$$

wobei die in Abbildung 1.4 gezeigten Werte wie x_i in diesem Fall $x_i = a+i(b-a)/n$ sind.

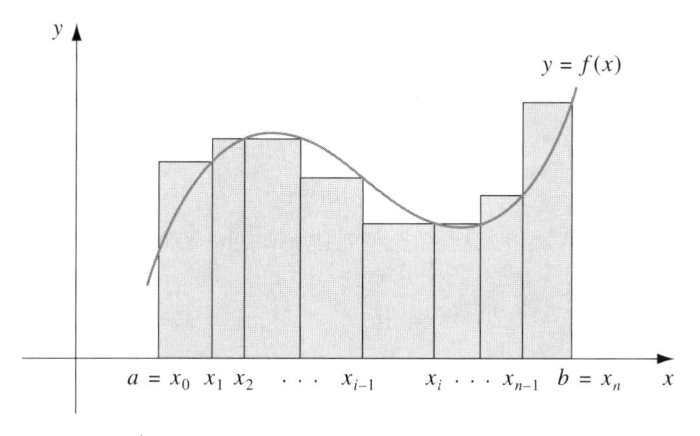

Abb. 1.4

Zwei grundlegendere Ergebnisse werden zu unserem Studium der numerischen Methoden benötigt. Das erste ist eine Verallgemeinerung des gebräuchlichen Mittelwertsatzes für Integrale.

Mittelwertsatz der Integralrechnung

Es gelte $f \in C[a, b]$, g sei integrierbar auf $[a, b]$ und $g(x)$ wechsele nicht das Vorzeichen auf $[a, b]$, dann existiert ein c in (a, b), für das gilt

$$\int_a^b f(x)g(x)\mathrm{d}x = f(c) \int_a^b g(x)\mathrm{d}x.$$

Das nächste Ergebnis ist der Zwischenwertsatz. Obwohl seine Aussage einfach lautet, liegt der Beweis außerhalb des Rahmens der üblichen Differential- und Integralrechnung.

Zwischenwertsatz

Es sei $f \in C[a, b]$ und K eine beliebige Zahl zwischen $f(a)$ und $f(b)$, dann existiert ein c in (a, b), für das $f(c) = K$ gilt (vergleiche Abb. 1.5).

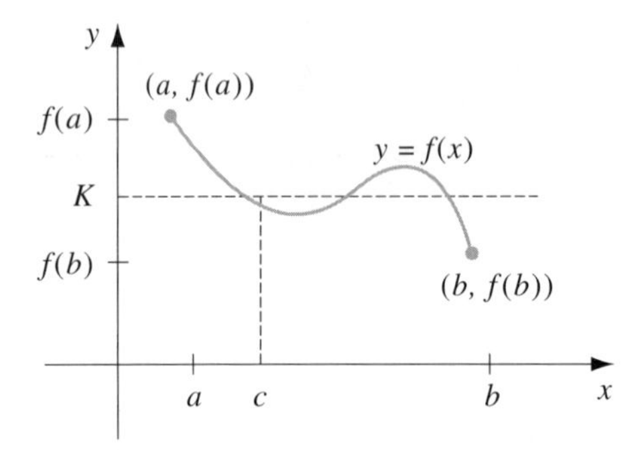

Abb. 1.5

Beispiel 1. Um zu zeigen, daß $x^5 - 2x^3 + 3x^2 - 1 = 0$ eine Lösung in dem Intervall $[0, 1]$ besitzt, sei $f(x) = x^5 - 2x^3 + 3x^2 - 1$ betrachtet. Die Funktion f ist ein Polynom und daher auf $[0, 1]$ stetig. Da

$$f(0) = -1 < 0 < 1 = f(1)$$

ist, muß aufgrund des Zwischenwertsatzes ein x mit $0 < x < 1$ existieren, für das $x^5 - 2x^3 + 3x^2 - 1 = 0$ ist. □

Der Zwischenwertsatz stellt, wie man in Beispiel 1 sieht, eine gute Hilfe dar, wenn die Lösung zu einem bestimmten Problem existiert. Jedoch ist er kein wirkungsvolles Mittel, diese Lösungen aufzufinden. Dieses Thema wird in Kapitel 2 betrachtet.

Der letzte Satz in dieser Übersicht der Differential- und Integralrechnung beschreibt die Entwicklung des Taylorschen Polynoms. Die Bedeutung des Taylorschen Polynoms für die numerische Analyse kann nicht genug betont werden. Das folgende Ergebnis wird ständig benutzt werden:

Taylorscher Satz

Angenommen, es sei $f \in C^n[a, b]$, und $f^{(n+1)}$ existiere auf $[a, b]$. x_0 sei eine Zahl in $[a, b]$. Für jedes x in $[a, b]$ existiert eine Zahl $\xi(x)$ zwischen x_0 und x mit

$$f(x) = P_n(x) + R_n(x),$$

wobei

$$\begin{aligned} P_n(x) =& f(x_0) + f'(x_0)(x - x_0) + \frac{f''(x_0)}{2!}(x - x_0)^2 + \ldots \\ &+ \frac{f^{(n)}(x_0)}{n!}(x - x_0)^n \\ =& \sum_{k=0}^{n} \frac{f^{(k)}(x_0)}{k!}(x - x_0)^k \end{aligned}$$

und

$$R_n(x) = \frac{f^{(n+1)}(\xi(x))}{(n+1)!}(x - x_0)^{n+1}$$

gelten.

Hierbei heißt $P_n(x)$ das **n-te Taylorsche Polynom** von f bezüglich x_0 und $R_n(x)$ das **Restglied** (oder **Abbruchfehler**), verknüpft mit $P_n(x)$. Die unendliche Reihe, die man erhält, wenn man den Grenzwert von $P_n(x)$ für $n \to \infty$ bildet, heißt **Taylorsche Reihe** von f bezüglich x_0. Für den Fall $x_0 = 0$ nennt man oft das Taylorsche Polynom **Mac Laurinsches Polynom** und die Taylorsche Reihe **Mac Laurinsche Reihe**.

Der Begriff *Abbruchfehler* bezieht sich auf den Fehler, den man macht, wenn man mit einer abgebrochenen (das heißt endlichen) Summation die Summe einer unendlichen Reihe approximiert. Diese Terminologie wird in den folgenden Kapiteln nochmals eingeführt.

Beispiel 2. Bestimmen Sie a) das zweite und b) das dritte Taylorsche Polynom für $f(x) = \cos x$ bezüglich $x_0 = 0$, und approximieren Sie mit diesen Polynomen cos(0,01). c) Benutzen Sie das dritte Taylorsche Polynom und sein Restglied, um $\int_0^{0,1} \cos x \, dx$ zu approximieren. Da $f \in C^\infty\mathbb{R}$ gilt, wobei mit $\mathbb{R}$ die Menge aller reellen Zahlen bezeichnet wird, kann der Satz von Taylor für alle $n > 0$ angewendet werden.

a) Für $n = 2$ und $x_0 = 0$ liefert der Satz von Taylor

$$\cos x = 1 - \frac{x^2}{2} + \frac{x^3}{6} \sin \xi(x),$$

wobei $\xi(x)$ eine Zahl zwischen 0 und x darstellt. Mit $x = 0{,}01$ gilt für das Taylorsche Polynom und Restglied

$$\cos 0{,}01 = 1 - \frac{(0{,}01)^2}{2} + \frac{(0{,}01)^3}{6} \sin \xi(x) = 0{,}99995 + (0{,}1\bar{6}) \cdot 10^{-6} \sin \xi(x)$$

mit $0 < \xi(x) < 0{,}01$. (Der Querstrich über der Sechs in 0,16 zeigt an, daß diese Stelle sich unendlich wiederholt.) Da $|\sin \xi(x)| < 1$ ist, erhält man

$$|\cos 0{,}01 - 0{,}99995| \leq 0{,}1\bar{6} \cdot 10^{-6},$$

so daß die Approximation 0,99995 mindestens die ersten fünf Stellen von cos 0,01 anpaßt. In Standardtafeln findet man für $\cos 0{,}01 = 0{,}99995000042$, was mit den ersten neun Stellen übereinstimmt.

b) Da $f'''(0) = 0$ ist, gilt für das dritte Talorsche Polynom und das Restglied bezüglich $x_0 = 0$

$$\cos x = 1 - \frac{x^2}{2} + \frac{x^4}{24} \cos \hat{\xi}(x),$$

wobei $0 < \hat{\xi}(x) < 0{,}01$. Das approximierende Polynom bleibt gleich, und die Approximation ist immer noch 0,99995, aber man hat nun eine größere Genauigkeit, da gilt

$$\left| \frac{x^4}{24} \cos \hat{\xi}(x) \right| \leq \frac{(0{,}01)^4}{24}(1) \approx 4{,}2 \cdot 10^{-10}.$$

c) Es gelte

$$\cos x = 1 - \frac{1}{2}x^2 + \frac{1}{24} \cos \hat{\xi}(x),$$

$$\begin{aligned}\int_0^{0,1} \cos x\,\mathrm{d}x &= \int_0^{0,1}\left(1-\frac{1}{2}x^2\right)\mathrm{d}x + \frac{1}{24}\int_0^{0,1} x^4\cos\hat{\xi}(x)\mathrm{d}x \\ &= \left[x-\frac{1}{6}x^3\right]_0^{0,1} + \frac{1}{24}\int_0^{0,1} x^4\cos\hat{\xi}(x)\mathrm{d}x \\ &= 0{,}1-\frac{1}{6}(0{,}1)^3+\frac{1}{24}\int_0^{0,1} x^4\cos\hat{\xi}(x)\mathrm{d}x.\end{aligned}$$

Daraus folgt

$$\int_0^{0,1}\cos x\,\mathrm{d}x \approx 0{,}1-\frac{1}{6}(0{,}1)^3 = 0{,}0998\bar{3}.$$

Eine Fehlerschranke dieser Approximation kann über das Integral des Taylorschen Restgliedes bestimmt werden.

$$\begin{aligned}\frac{1}{24}\left|\int_0^{0,1} x^4\cos\hat{\xi}(x)\mathrm{d}x\right| &\le \frac{1}{24}\int_0^{0,1} x^4|\cos\hat{\xi}(x)|\mathrm{d}x \\ &\le \frac{1}{24}\int_0^{0,1} x^4\cdot 1\mathrm{d}x = 8{,}\bar{3}\cdot 10^{-8}.\end{aligned}$$

Da für den wahren Wert dieses Integrals

$$\int_0^{0,1}\cos x\,\mathrm{d}x = [\sin x]_0^{0,1} = \sin 0{,}1 \approx 0{,}099833417$$

gilt, liegt der Fehler dieser Approximation innerhalb der Fehlerschranke. □

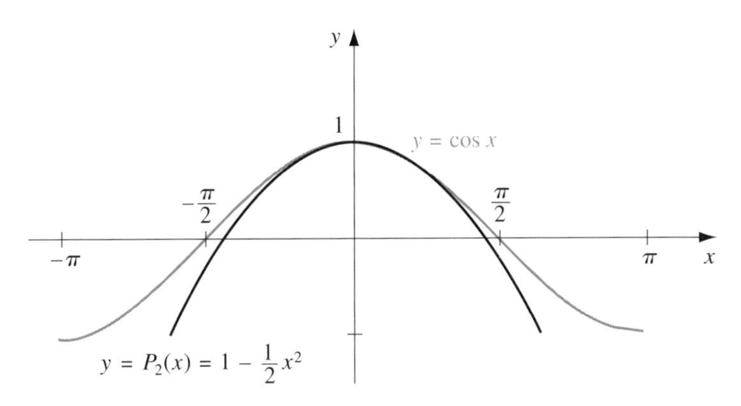

Abb. 1.6

Abbildung 1.6 zeigt den Vergleich zwischen dem Taylorschen Polynom und der Kosinusfunktion. Teil a) und b) des Beispiels haben gezeigt, wie zwei Techniken dieselbe Approximation liefern, jedoch unterschiedliche Genauigkeiten haben können. An dieser Stelle sei daran erinnert, daß die Approximation nur ein Teil des gewünschten Zieles ist. Ebenso wichtig ist es, die Genauigkeit oder Fehlerschranke der Approximation zu bestimmen.

Übungsaufgaben

1. Zeigen Sie, daß die folgenden Gleichungen wenigstens eine Lösung in dem gegebenen Intervall besitzen:

a) $x\cos x - 2x^2 + 3x - 1 = 0$, $[0{,}2,\ 0{,}3]$ und $[1{,}2,\ 1{,}3]$

b) $(x-2)^2 - \ln x = 0$, $[1, 2]$ und $[e, 4]$

c) $2x\cos(2x) - (x-2)^2 = 0$, $[2, 3]$ und $[3, 4]$

d) $x - (\ln x)^x = 0$, $[4, 5]$.

2. Bestimmen Sie die Intervalle, die die Lösungen der folgenden Gleichungen enthalten:

a) $x - 3^{-x} = 0$

b) $4x^2 - e^x = 0$

c) $x^3 - 2x^2 - 4x + 3 = 0$

d) $x^3 + 4{,}001x^2 + 4{,}002x + 1{,}101 = 0$.

3. Bestimmen Sie $\max_{a \le x \le b} |f(x)|$ für die folgenden Funktionen und Intervalle:

a) $f(x) = (2 - e^x + 2x)/3$, $[0, 1]$

b) $f(x) = (4x-3)/(x^2 - 2x)$, $[0{,}5,\ 1]$

c) $f(x) = 2x\cos(2x) - (x-2)^2$, $[2, 4]$

d) $f(x) = 1 + e^{-\cos(x-1)}$, $[1, 2]$

e) $f(x) = 160\cos(2x) - 64x\sin(2x)$, $[0, 0{,}4]$

f) $f(x) = (\ln x)^x$, $[4, 5]$.

4. Es sei $f(x) = 2x\cos(2x) - (x-2)^2$ und $x_0 = 0$.

a) Bestimmen Sie das dritte Taylorsche Polynom $P_3(x)$, und approximieren Sie damit $f(0{,}4)$.

b) Benutzen Sie die Fehlerformel im Satz von Taylor, um eine obere Schranke für den Fehler $|f(0{,}4) - P_3(0{,}4)|$ zu finden. Berechnen Sie den tatsächlichen Fehler.

c) Bestimmen Sie das vierte Taylorsche Polynom $P_4(x)$, und approximieren Sie damit $f(0{,}4)$.

d) Benutzen Sie die Fehlerformel im Satz von Taylor, um eine obere Schranke für den Fehler $|f(0{,}4) - P_4(0{,}4)|$ zu finden. Berechnen Sie den tatsächlichen Fehler.

5. Es sei $f(x) = x\cos x - 2x^2 + 3x - 1$ und $x_0 = 0$.

a) Bestimmen Sie das dritte Taylorsche Polynom $P_3(x)$, und approximieren Sie damit $f(0{,}25)$.

b) Benutzen Sie die Fehlerformel im Satz von Taylor, um eine obere Schranke für den Fehler $|f(0{,}25) - P_3(0{,}25)|$ zu finden. Berechnen Sie den tatsächlichen Fehler.

c) Bestimmen Sie das vierte Taylorsche Polynom $P_4(x)$, und approximieren Sie damit $f(0{,}25)$.

d) Benutzen Sie die Fehlerformel im Satz von Taylor, um eine obere Schranke für den Fehler $|f(0{,}25) - P_4(0{,}25)|$ zu finden. Berechnen Sie den tatsächlichen Fehler.

6. Bestimmen Sie das fünfte Taylorsche Polynom $P_5(x)$ von $f(x) = \ln x$ bezüglich $x_0 = 1$. Ermitteln Sie eine Schranke für den maximalen Fehler, den man macht, wenn man $\ln x$ durch $P_5(x)$ auf $[1, 1{,}3]$ approximiert.

7. Bestimmen Sie das vierte Taylorsche Polynom $P_4(x)$ von $f(x) = e^{2x} \cos x$ bezüglich $x_0 = 0$. Ermitteln Sie eine Schranke für den maximalen Fehler, den man macht, wenn man $e^{2x} \cos x$ durch $P_4(x)$ auf $[-0{,}5,\ 0{,}5]$ approximiert.

8. Bestimmen Sie das Taylorsche Polynom der niedrigsten Ordnung $P_n(x)$ bezüglich $x_0 = \pi/3$, das $\sin 58^\circ$ innerhalb 10^{-6} approximiert.

9. Bestimmen Sie das Taylorsche Polynom der niedrigsten Ordnung $P_n(x)$ bezüglich $x_0 = \pi/6$, das $\cos 32^\circ$ innerhalb 10^{-6} approximiert.

10. Bestimmen Sie für eine beliebige, positive, ganze Zahl n das n-te Mac Laurinsche Polynom $P_n(x)$ von $f(x) = \arctan x$.

11. Es sei $f(x) = 5x^3 - 2x + 7$.

a) Bestimmen Sie das Taylorsche Polynom des Grades 1, 2, 3, 4 von $f(x)$ bezüglich $x_0 = 0$.

b) Bestimmen Sie das Taylorsche Polynom des Grades 1, 2, 3, 4 von $f(x)$ bezüglich $x_0 = 1$.

12. Mit dem Polynom $P_2(x) = 1 - \frac{1}{2}x^2$ wird $f(x) = \cos x$ in $[-\frac{1}{2}, \frac{1}{2}]$ approximiert. Ermitteln Sie eine Schranke für den maximalen Fehler.

13. Mit dem Polynom $P_4(x) = x^2 + 2x^3 + 2x^4$ wird $f(x) = x^2 e^{2x}$ in $[0, \frac{1}{2}]$ approximiert. Finden Sie eine Schranke für den maximalen Fehler.

1.3. Computerarithmetik

Die von einer Rechenmaschine oder einem Computer ausgeführte Arithmetik unterscheidet sich von der, die in der Algebra und Differential- und Integralrechnung Verwendung findet. Erfahrungsgemäß erwartet man, daß Aussagen wie $2 + 2 = 4$, $4 \cdot 4 = 16$ und $(\sqrt{3})^2 = 3$ immer wahr sind. In der standardmäßigen rechnerischen Arithmetik gilt dies für die ersten beiden, aber nicht immer für die dritte Aussage. Um zu verstehen, warum das so ist, muß die Welt der endlichstelligen Arithmetik erforscht werden.

In der traditionellen mathematischen Welt werden Zahlen mit einer unendlichen Anzahl von Stellen zugelassen. Die dabei benutzte Arithmetik definiert $\sqrt{3}$ als eine eindeutige, positive Zahl, die, wenn mit sich selbst multipliziert, die ganze Zahl 3 ergibt. In der Computerwelt dagegen hat jede darstellbare Zahl nur eine bestimmte, endliche Anzahl von Stellen. Das bedeutet zum Beispiel, daß nur rationale Zahlen genau dargestellt werden können, und dies ist noch nicht einmal für alle rationalen Zahlen möglich. Da $\sqrt{3}$ nicht rational ist, liefert die Maschine nur eine genäherte Darstellung; ihr Quadrat wird nicht genau 3 sein, obgleich hinreichend nahe an 3, um den meisten Situationen zu genügen. Diese Darstellung und die Arithmetik der Maschine sind in den meisten Fällen zufriedenstellend und werden ohne Bedenken oder ohne überhaupt davon Notiz zu nehmen, verwendet, man muß sich aber bewußt sein, daß aufgrund dieser Diskrepanz Probleme entstehen können.

Als *Rundungsfehler* bezeichnet man den Fehler, der auftritt, wenn ein Rechner oder Computer Berechnungen mit reellen Zahlen durchführt. Dieser Fehler entsteht, weil die Maschinen-Arithmetik nur Zahlen mit einer begrenzten Anzahl von Stellen verwendet, das heißt, die Berechnungen werden mit ungefähren Approximationen der tatsächlichen Zahlen durchgeführt. Im Computer wird normalerweise nur eine relativ kleine Teilmenge der reellen Zahlen benutzt, um alle reellen Zahlen darzustellen. Diese Teilmenge umfaßt nur rationale Zahlen, negative und positive, und speichert den gebrochenen Teil, der mit *Mantisse* bezeichnet wird, zusammen mit dem exponentiellen Teil, auch *Charakteristik* genannt. Eine Gleitkommazahl mit einfacher Genauigkeit, wie sie zum Beispiel in IBM-Großrechnern benutzt wird, besteht aus einem Vorzeichen-*bit* (binary-digit), einem 7-bit-Exponenten der Basis 16 und einer 24-bit-Mantisse. Da 24 binäre Stellen sechs bis sieben Dezimalstellen entsprechen, kann man davon ausgehen, daß diese Zahl wenigstens sechs signifikante Dezimalziffern für die Gleitkommadarstellung besitzt. Der Exponent mit sieben binären Stellen ergibt einen Bereich von null bis 127. Die ausschließliche Verwendung positiver, ganzer Zahlen für den Exponenten erlaubt dennoch keine adäquate Darstellung kleiner Werte. Um zu gewährleisten, daß auch kleine Werte genauso gut darstellbar sind, wird von dem Exponenten 64 abgezogen, so daß der Bereich des exponentiellen Teils tatsächlich von -64 bis $+63$ reicht.

Betrachtet sei beispielsweise die Maschinenzahl

$$0 \quad 1000010 \quad 101100110000010000000000.$$

Das höchstwertige Bit ist null, das heißt, die Zahl ist positiv. Die nächsten sieben Bits 1000010 sind der folgenden Dezimalzahl äquivalent

$$1 \cdot 2^6 + 0 \cdot 2^5 + 0 \cdot 2^4 + 0 \cdot 2^3 + 0 \cdot 2^2 + 1 \cdot 2^1 + 0 \cdot 2^0 = 66$$

und beschreiben den Exponenten 16^{66-64}. Die letzten 24 Bits kennzeichnen die Mantisse als

$$1 \cdot \left(\tfrac{1}{2}\right)^1 + 1 \cdot \left(\tfrac{1}{2}\right)^3 + 1 \cdot \left(\tfrac{1}{2}\right)^4 + 1 \cdot \left(\tfrac{1}{2}\right)^7 + 1 \cdot \left(\tfrac{1}{2}\right)^8 + 1 \cdot \left(\tfrac{1}{2}\right)^{14}.$$

Die Maschinenzahl stellt folglich genau folgende Dezimalzahl dar:

$$+\left[\left(\tfrac{1}{2}\right)^1 + \left(\tfrac{1}{2}\right)^3 + \left(\tfrac{1}{2}\right)^4 + \left(\tfrac{1}{2}\right)^7 + \left(\tfrac{1}{2}\right)^8 + \left(\tfrac{1}{2}\right)^{14}\right] 16^{66-64} = 179{,}015625.$$

Die nächstkleinere Maschinenzahl ist

$$0 \quad 1000010 \quad 101100110000001111111111 = 179{,}0156097412109175,$$

die nächstgrößere Maschinenzahl

$$0 \quad 1000010 \quad 101100110000010000000001 = 179{,}0156402587890625.$$

Das bedeutet, daß die ursprüngliche Maschinenzahl nicht nur 179,015625 darstellt, sondern auch die Hälfte der reellen Zahlen, die zwischen dieser und den beiden nächsten Maschinenzahlnachbarn liegen. Präzise ausgedrückt stellt diese Zahl jede reelle Zahl im folgenden Intervall dar:

$$[179{,}01561737060546875,\ 179{,}01563262939453125).$$

Um die Einzigartigkeit der Darstellung sicherzustellen und jede verfügbare Genauigkeit des Systems zu erlangen, wird eine Normalisierung eingeführt, indem verlangt wird, daß wenigstens eines der vier höchstwertigen Bits der Mantisse der Maschinenzahl gleich eins ist. Folglich gibt es $15 \cdot 2^{28}$ Zahlen der Form

$$\pm 0, d_1 d_2 \ldots d_{24} \cdot 16^{e_1 e_2 \ldots e_7},$$

mit denen das System alle reellen Zahlen darstellt. Somit ist die Anzahl der binären Maschinenzahlen, die $[16^n, 16^{n+1}]$ darstellen, unabhängig von n konstant (innerhalb der Grenzen der Maschine, das heißt für $-64 \leq n \leq 63$. Aufgrund dieser Voraussetzung ergibt sich, daß die kleinste, normalisierte, positive Maschinenzahl, die dargestellt werden kann,

$$0 \quad 0000000 \quad 000100000000000000000000 = 16^{-65} \approx 10^{-78}$$

ist und die größtmögliche

$$0 \quad 1111111 \quad 111111111111111111111111 = 16^{63} \approx 10^{76}.$$

Für in Berechnungen auftretende Zahlen, die kleiner als 16^{-65} sind, gibt es einen *Unterlauf*, diese Zahlen werden im allgemeinen gleich null gesetzt, wohingegen es für Zahlen größer als 16^{63} einen *Überlauf* gibt, und diese bringen die Berechnung zum Erliegen.

Die Arithmetik, die in Kleinrechnern benutzt wird, unterscheidet sich von der, die in Großrechnern Verwendung findet. 1985 veröffentlichte das IEEE (Institute for Electrical and Electronic Engineers) einen mit *Binary Floating Point Arithmetic Standard 754-1985* bezeichneten Bericht. Es wurden Formate für einfache, doppelte und erweiterte Genauigkeit festgesetzt, und diesen folgen im allgemeinen alle Kleincomputerhersteller, die Gleitkomma-Hardware benutzen. Der mathematische Coprozessor für IBM-kompatible Kleinrechner beispielsweise arbeitet mit einer 64-bit-Darstellung einer reellen Zahl, die man mit *long real* bezeichnet. Das erste Bit zeigt das Vorzeichen s an. Diesem folgt ein 11-bit-Exponent c und eine 52-bit-Mantisse f. Die Basis des Exponenten ist zwei und der tatsächliche Exponent $c - 1\,023$, so daß sowohl große als auch kleine Werte erhalten werden. Zusätzlich wird eine Normalisierung eingeführt, die fordert, daß die Einheitsstelle gleich eins ist und daß diese Stelle nicht als Teil der 52-bit-Mantisse gespeichert wird. Dieses System liefert eine Gleitkommazahl der Form

$$(-1)^s * 2^{c-1023} * (1 + f)$$

mit einer Genauigkeit von 15 bis 16 Dezimalstellen und einem Bereich von ungefähr 10^{-308} bis 10^{308}. Dies ist die Form, die Compiler mit mathematischen Coprozessoren benutzen; sie wird der *doppelten Genauigkeit* zugeordnet.

Der Gebrauch binärer Stellen führt zu einer Komplikation der Rechenprobleme, die bei einer Darstellung aller reellen Zahlen durch eine endliche Zusammenfassung von Maschinenzahlen auftreten. Um dieses Problem zu untersuchen, sei der Einfachheit wegen angenommen, daß die Maschinenzahlen in der normalisierten Dezimalform

$$\pm 0{,}d_1 d_2 \dots d_k \cdot 10^n, \quad 1 \leq d_1 \leq 9, \quad 0 \leq d_i \leq 9$$

für alle $i = 2, \dots, k$ dargestellt werden. Zahlen dieser Form werden *k-stellige Dezimalmaschinenzahlen* genannt.

Jede positive, relle Zahl innerhalb des numerischen Bereichs der Maschine kann normalisiert werden, um folgender Form zu genügen:

$$y = 0{,}d_1 d_2 \dots d_k d_{k+1} d_{k+2} \dots \cdot 10^n.$$

Die **Gleitkommadarstellung** von y, mit $\mathrm{fl}(y)$ bezeichnet, erhält man durch Abbruch der Mantisse von y bei k Dezimalstellen. Es gibt zwei Möglichkeiten, das Abbrechen durchzuführen. Eine Methode bricht einfach die Stellen $d_{k+1} d_{k+2}$ ab, und man erhält

$$\mathrm{fl}(y) = 0{,}d_1 d_2 \dots d_k \cdot 10^n.$$

Dies ist völlig korrekt, und man nennt es *Abbrechen*. Bei der anderen Methode addiert man $5 \cdot 10^{n-(k+1)}$ zu y, bricht dann das Ergebnis ab und erhält $\mathrm{fl}(y)$. Dies wird *Runden* der Zahl genannt. Beim Runden addiert man eins zu

d_k und erhält fl(y) für alle $d_{k+1} \geq 5$, das heißt, man rundet auf. Für $d_{k+1} < 5$ bricht man alle bis auf die ersten k Stellen ab und rundet somit ab.

Beispiel 1. Die irrationale Zahl π besitzt die unendliche Dezimalentwicklung $\pi = 3{,}14159265\ldots$. Schreibt man dies in der normalisierten Dezimalform, erhält man

$$\pi = 0{,}314159265\ldots \cdot 10^1.$$

Bei der Abbruchmethode ist die fünfstellige Gleitkommadarstellung von π gleich

$$\text{fl}(\pi) = 0{,}31415 \cdot 10^1 = 3{,}1415.$$

Da die sechste Stelle der Dezimalentwicklung von π eine Neun ist, erhält man beim Runden die fünfstellige Gleitkommadarstellung

$$\text{fl}(\pi) = (0{,}31415 + 0{,}00001) \cdot 10^1 = 0{,}31416 \cdot 10^1 = 3{,}1416. \qquad \square$$

Der Fehler, der daraus resultiert, daß man eine Zahl durch ihre Gleitkommadarstellung ersetzt, wird *Rundungsfehler* genannt (egal, ob gerundet oder abgebrochen wird). Um Näherungsfehler zu bestimmen, gibt es zwei geläufige Methoden.

Die Approximation p^* von p besitzt den **absoluten Fehler** $|p - p^*|$ und den **relativen Fehler** $|p - p^*|/|p|$, vorausgesetzt, daß p ungleich null ist.

Beispiel 2

a) Es sei $p = 0{,}3000 \cdot 10^1$ und $p^* = 0{,}3100 \cdot 10^1$, dann ist der absolute Fehler gleich 0,1 und der relative Fehler gleich $0{,}333\bar{3} \cdot 10^{-1}$.
b) Es sei $p = 0{,}3000 \cdot 10^{-3}$ und $p^* = 0{,}3100 \cdot 10^{-3}$, dann ist der absolute Fehler gleich $0{,}1 \cdot 10^{-4}$, der relative Fehler aber wieder gleich $0{,}333\bar{3} \cdot 10^{-1}$.
c) Es sei $p = 0{,}3000 \cdot 10^4$ und $p^* = 0{,}3100 \cdot 10^4$, dann ist der absolute Fehler gleich $0{,}1 \cdot 10^3$, der relative Fehler aber immer noch gleich $0{,}333\bar{3} \cdot 10^{-1}$.

Dieses Beispiel zeigt, daß der gleiche relative Fehler bei stark unterschiedlichen absoluten Fehlern vorkommen kann. Der absolute Fehler kann beim Abschätzen der Genauigkeit in die Irre führen, wohingegen der relative Fehler bedeutsamer sein kann, da dieser die Größe des tatsächlichen Wertes in Betracht zieht. $\square$

Die arithmetischen Operationen der Addition, Subtraktion, Multiplikation und Division, die von einem Computer mit Gleitkommazahlen durchgeführt werden, erzeugen auch Fehler. Bei diesen arithmetischen Operationen bringen die diversen Platzwechsel und logischen Operationen eine Manipulation der binären Stellen mit sich, aber die tatsächlichen Mechanismen der Arithmetik sind unserer Diskussion nicht sachdienlich. Um die Probleme, die auftreten können, zu verdeutlichen, simuliert man diese *endlichstellige Arithmetik*, indem man zuerst in jedem Schritt der Berechnung die entsprechende Operation mit Hilfe der genauen Arithmetik der Gleitkommazahlen durchführt. Das Ergebnis wird dann in die entsprechende endlichstellige Darstellung (das heißt Dezimalmaschinenzahl) umgewandelt. Der Fehler, der auf diese Art und Weise produziert wird, ist der Rundungsfehler. Der häufigste Rundungsfehler, der bei arithmetischen Operationen erzeugt wird, betrifft die Subtraktion fast gleichgroßer Zahlen.

Beispiel 3. Um die Computeroperation $\pi - \frac{22}{7}$ zu simulieren, sei angenommen, daß die Zahlen nach vier Stellen abgebrochen werden. Die Gleitkommadarstellung der Zahlen π und $\frac{22}{7}$ ist

$$\mathrm{fl}(\pi) = 0{,}3141 \cdot 10^1 \quad \text{und} \quad \mathrm{fl}\left(\tfrac{22}{7}\right) = 0{,}3142 \cdot 10^1.$$

Rechnet man mit den exakten Gleitkommazahlen, erhält man

$$\mathrm{fl}(\pi) - \mathrm{fl}\left(\tfrac{22}{7}\right) = -0{,}0001 \cdot 10^1,$$

somit erhält man für die Approximation in Gleitkommaschreibweise:

$$p^* = \mathrm{fl}\left(\mathrm{fl}(\pi) - \mathrm{fl}\left(\tfrac{22}{7}\right)\right) = -0{,}1000 \cdot 10^{-2}.$$

Obgleich die relativen Fehler, die bei der Gleitkommadarstellung von π und $\frac{22}{7}$ auftreten, klein sind,

$$\left|\frac{\pi - \mathrm{fl}(\pi)}{\pi}\right| \leq 0{,}0002 \quad \text{und} \quad \left|\frac{\frac{22}{7} - \mathrm{fl}(\frac{22}{7})}{\frac{22}{7}}\right| \leq 0{,}0003,$$

ist der relative Fehler, der durch Subtraktion von zwei fast gleich großen Zahlen auftritt, etwa 700mal größer:

$$\left|\frac{\left(\pi - \frac{22}{7}\right) - p^*}{\left(\pi - \frac{22}{7}\right)}\right| \approx 0{,}2092. \qquad \square$$

Übungsaufgaben

1. Bestimmen Sie die Dezimaläquivalente der folgenden Gleitkommamaschinenzahlen, indem Sie das IBM-Großrechnerformat verwenden:

a) 0 1000011 101010010011000000000000

b) 1 1000011 101010010011000000000000

c) 0 0111111 010001111000000000000000

d) 0 0111111 010001111000000000000001.

2. Bestimmen Sie für die in Übung 1 gegebenen Zahlen die nächstgrößere und die nächstkleinere Maschinenzahl in Dezimalform.

3. Berechnen Sie den absoluten und den relativen Fehler der folgenden Approximationen von p durch p^*:

a) $p = \pi,\ p^* = \frac{22}{7}$

b) $p = \pi,\ p^* = 3{,}1416$

c) $p = e,\ p^* = 2{,}718$

d) $p = \sqrt{2},\ p^* = 1{,}414$

e) $p = e^{10},\ p^* = 22\,000$

f) $p = 10^{\pi},\ p^* = 1\,400$

g) $p = 8!,\ p^* = 39\,900$

h) $p = 9!,\ p^* = \sqrt{18\pi}(9/e)^9$.

4. Führen Sie die folgenden Berechnungen aus: (i) genau, (ii) indem Sie nach drei Stellen abbrechen, (iii) indem Sie auf drei Stellen runden. Vergleichen Sie die relativen Fehler in Teil (ii) und (iii).

a) $\frac{4}{5} + \frac{1}{3}$

b) $\frac{4}{5} \cdot \frac{1}{3}$

c) $\left(\frac{1}{3} - \frac{3}{11}\right) + \frac{3}{20}$

d) $\left(\frac{1}{3} + \frac{3}{11}\right) - \frac{3}{20}$.

5. Runden Sie bei den folgenden Berechnungen auf drei Stellen. Bestimmen Sie den absoluten und relativen Fehler mit dem, auf wenigstens fünf Stellen angegebenen, exakten Wert.

a) $133 + 0{,}921$

b) $133 - 0{,}499$

c) $(121 - 0{,}327) - 119$

d) $(121 - 119) - 0{,}327$

e) $\left(\frac{13}{14} - \frac{6}{7}\right)/(2e - 5{,}4)$

f) $-10\pi + 6e - \frac{3}{62}$

g) $\left(\frac{2}{9}\right)\left(\frac{9}{7}\right)$

h) $\left(\pi - \frac{22}{7}\right)/\frac{1}{17}$.

6. Die ersten drei von null verschiedenen Terme der Mac Laurinschen Reihe der Arkustangensfunktion ergeben das Polynom $x - \frac{1}{3}x^3 + \frac{1}{5}x^5$. Bestimmen Sie den absoluten und relativen Fehler der folgenden Approximationen von π, indem Sie das Polynom anstelle des Arkustangens benutzen.

a) $\pi \approx 4\left[\arctan\frac{1}{2} + \arctan\frac{1}{3}\right]$

b) $\pi \approx 16\arctan\frac{1}{5} - 4\arctan\frac{1}{239}$.

7. Wiederholen Sie Übung 5, indem Sie auf vier Stellen runden.

8. Wiederholen Sie Übung 5, indem Sie nach drei Stellen abbrechen.

9. Wiederholen Sie Übung 5, indem Sie nach vier Stellen abbrechen.

10. Wiederholen Sie Übung 6, indem Sie auf vier Stellen runden.

11. Wiederholen Sie Übung 6, indem Sie nach vier Stellen abbrechen.

1.4. Fehler in naturwissenschaftlichen Berechnungen

Der vorhergehende Abschnitt zeigte, wie Computer Zahlen durch eine endlichstellige Arithmetik darstellen und manipulieren. Es wird nun untersucht, wie sich die Probleme mit dieser Arithmetik akkumulieren und wie bei den arithmetischen Berechnungen vorgegangen werden kann, um die Auswirkungen dieser Ungenauigkeit einzuschränken.

Der Genauigkeitsverlust aufgrund des Rundungsfehler kann oft durch eine achtsame Reihenfolge der Operationen oder eine Umformulierung des Problems vermieden werden. Dies ist am einfachsten zu beschreiben, indem man ein alltägliches Rechenproblem betrachtet.

Beispiel 1. Die quadratische Lösungsformel liefert für die Wurzeln von $ax^2 + bx + c = 0$ für $a \neq 0$:

$$x_1 = \frac{-b + \sqrt{b^2 - 4ac}}{2a} \quad \text{und} \quad x_2 = \frac{-b - \sqrt{b^2 - 4ac}}{2a}.$$

Betrachtet sei diese Formel für die Gleichung $x^2 + 62{,}10x + 1 = 0$, wobei die Wurzeln ungefähr $x_1 = -0{,}01610723$ und $x_2 = -62{,}08390$ sind. Es sei auf vier Stellen gerundet. In dieser Gleichung ist b^2 viel größer als $4ac$, so daß im Zähler zur Berechnung von x_1 fast gleich große Zahlen *subtrahiert* werden. Da

$$\begin{aligned}\sqrt{b^2 - 4ac} &= \sqrt{(62{,}10)^2 - (4{,}000)(1{,}000)(1{,}000)} \\ &= \sqrt{3856 - 4{,}000} = 62{,}06\end{aligned}$$

gilt, erhält man

$$\mathrm{fl}(x_1) = \frac{-62{,}10 + 62{,}06}{2{,}000} = \frac{-0{,}04000}{2{,}000} = -0{,}02000,$$

was schlecht an $x_1 = -0{,}01611$ mit dem großen relativen Fehler

$$\frac{|-0{,}01611 + 0{,}02000|}{|-0{,}01611|} = 2{,}4 \cdot 10^{-1}$$

approximiert ist. Auf der anderen Seite werden zur Berechnung von x_2 die fast gleich großen Zahlen $-b$ und $-\sqrt{b^2 - 4ac}$ *addiert*. Dies stellt kein Problem dar, da

$$\mathrm{fl}(x_2) = \frac{-62{,}10 - 62{,}06}{2{,}000} = \frac{-124{,}2}{2{,}000} = -62{,}10$$

den kleinen relativen Fehler

$$\frac{|-62{,}08 + 62{,}10|}{|-62{,}10|} = 3{,}2 \cdot 10^{-4}$$

besitzt. Um eine genauere, auf vier Stellen gerundete, Approximation von x_1 zu erhalten, kann man die quadratische Formel durch *Rationalmachen des Zählers* umformen:

$$x_1 = \left(\frac{-b + \sqrt{b^2 - 4ac}}{2a}\right)\left(\frac{-b - \sqrt{b^2 - 4ac}}{-b - \sqrt{b^2 - 4ac}}\right) = \frac{b^2 - (b^2 - 4ac)}{2a(-b - \sqrt{b^2 - 4ac})},$$

vereinfacht zu

$$x_1 = \frac{-2c}{b + \sqrt{b^2 - 4ac}}.$$

Diese Form der Gleichung ergibt

$$\mathrm{fl}(x_1) = \frac{-2{,}000}{62{,}10 + 62{,}06} = \frac{-2{,}000}{124{,}2} = -0{,}01600,$$

mit dem kleinen relativen Fehler $6{,}2 \cdot 10^{-4}$. □

Das Rationalmachen in Beispiel 1 kann auch dazu verwendet werden, eine alternative Formel für x_2 aufzustellen:

$$x_2 = \frac{-2c}{b - \sqrt{b^2 - 4ac}}.$$

Diese Form benutzt man, wenn b negativ ist. In Beispiel 1 jedoch führt diese Formel zu einer Subtraktion von fast gleich großen Zahlen mit dem Ergebnis

$$\mathrm{fl}(x_2) = \frac{-2{,}000}{62{,}10 - 62{,}06} = \frac{-2{,}000}{0{,}04000} = -50{,}00$$

und dem großen relativen Fehler $1{,}9 \cdot 10^{-1}$.

Beispiel 2. Werten Sie $f(x) = x^3 - 6x^2 + 3x - 0{,}149$ für $x = 4{,}71$ aus, indem Sie mit drei Stellen arbeiten. In Tabelle 1.1 sind die Zwischenergebnisse der Berechnungen gegeben.

Man beachte, daß die abgebrochenen Werte nur die vorderen drei Ziffern enthalten (ohne Runden) und sich deutlich von den gerundeten Werten unterscheiden.

Tabelle 1.1

	x	x^2	x^3	$6x^2$	$3x$
genau	4,71	22,1841	104,487111	133,1046	14,13
nach drei Stellen abgebrochen	4,71	22,1	104	132	14,1
auf drei Stellen gerundet	4,71	22,2	105	133	14,1

Genau: $f(4{,}71) = 104{,}487111 - 133{,}1046 + 14{,}13 - 0{,}149 = -14{,}636489$;
nach drei Stellen abgebrochen: $f(4{,}71) = 104, - 132, + 14{,}1 - 0{,}149$
$= -14{,}0$;
auf drei Stellen gerundet: $f(4{,}71) = 105, - 133, + 14{,}1 - 0{,}149 = -14{,}0$.
Der relative Fehler für beide dreistelligen Methoden ist

$$\left|\frac{-14{,}636489 + 14{,}0}{14{,}636489}\right| \approx 0{,}04.$$

Alternativ kann man versuchen, $f(x)$ geschachtelt darzustellen:

$$f(x) = x^3 - 6x^2 + 3x - 0{,}149 = ((x-6)x + 3)x - 0{,}149.$$

Dies ergibt, wenn man nach drei Stellen abbricht,

$$f(4{,}71) = ((4{,}71 - 6)4{,}71 + 3)4{,}71 - 0{,}149 = -14{,}5,$$

und, wenn man auf drei Stellen rundet, $-14{,}6$. Die neuen relativen Fehler sind

$$\text{nach drei Stellen abgebrochen:} \quad \left|\frac{-14{,}636489 + 14{,}5}{14{,}636489}\right| \approx 0{,}0093;$$

$$\text{auf drei Stellen gerundet:} \quad \left|\frac{-14{,}636489 + 14{,}6}{14{,}636489}\right| \approx 0{,}0025;$$

Die Ergebnisse mit Hilfe der Schachtelung sind in jedem Fall besser. □

Bei Auswertung eines Polynoms sollte die geschachtelte Multiplikation angewendet werden, da sie die Anzahl der Fehler erzeugenden Berechnungen minimiert.

Man ist interessiert, Methoden auszuwählen, die zuverlässig korrekte Ergebnisse liefern. Ein Kriterium dafür ist, daß kleine Änderungen der Anfangswerte kleine Änderungen des entsprechenden Endergebnisses hervorrufen. Eine Methode, die diesen Eigenschaften genügt, heißt **stabil**; wird dieses Kriterium nicht erfüllt, nennt man sie **instabil**. Einige Methoden sind nur für gewisse Anfangswerte stabil. Diese Methoden werden *bedingt stabil* genannt. Es soll nun versucht werden, Stabilitätseigenschaften zu charakterisieren.

Im weiteren seien das Wachsen des Rundungsfehlers und seine Verbindung zur Stabilität betrachtet. Angenommen, der Fehler der Größe $E_0 > 0$ wird auf einer Stufe der Berechnung eingeführt, und die Größe des Fehlers nach n aufeinanderfolgenden Operationen sei E_n. In der Praxis treten oft zwei unterschiedliche Fälle auf.

Existiert eine von n unabhängige Konstante C mit $E_n \approx CnE_0$, dann ist das Fehlerwachstum **linear**; existiert eine von n unabhängige Konstante $C > 1$ mit $E_n \approx C^n E_0$, dann ist das Fehlerwachstum **exponentiell**. ($E_n \approx C^n E_0$ ist für $C < 1$ unwahrscheinlich, da dies bedeutet, daß der Fehler gegen null geht.)

Lineares Fehlerwachstum ist gewöhnlich unvermeidbar; sind C und E_0 klein, so ist das Ergebnis normalerweise akzeptabel. Methoden mit exponentiellem Fehlerwachstum sollten jedoch vermieden werden, da der Term C^n sogar für relativ kleine Werte von n und E_0 groß wird. Folglich ist eine Methode, die lineares Fehlerwachstum aufweist, stabil, wohingegen eine mit exponentiellem Fehlerwachstum instabil ist (siehe Abbildung 1.7).

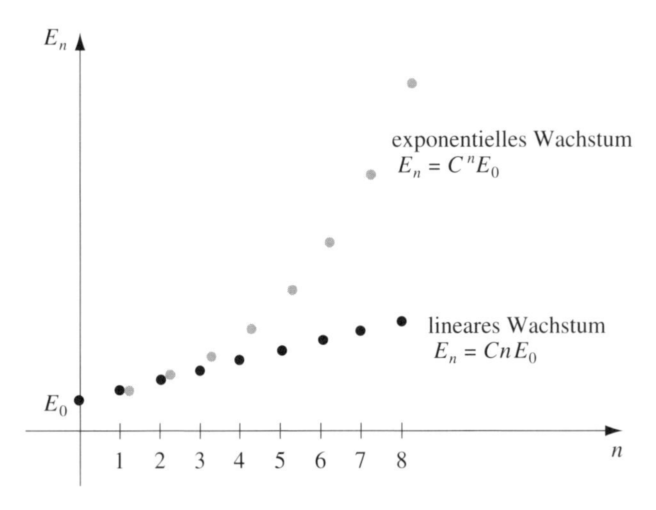

Abb. 1.7

Um die Auswirkungen des Rundungsfehlers zu reduzieren, kann man mit einer Stellenarithmetik hoher Ordnung, wie doppelter oder vielfacher Genauigkeit, die auf den meisten digitalen Computern zur Verfügung steht, arbeiten. Ein Nachteil der doppelten Genauigkeit ist, daß mehr Rechenzeit benötigt wird und daß das Anwachsen des Rundungsfehlers nicht ganz vermieden, sondern nur verkleinert wird.

Da oft iterative Verfahren verbunden mit Folgen verwendet werden, schließt der Abschnitt mit einer kurzen Diskussion einiger Fachbegriffe, die die Konvergenzgeschwindigkeit bei Anwendung eines numerischen Verfahrens beschreiben. Man sucht im allgemeinen solche Verfahren aus, die so schnell wie möglich konvergieren. Die folgende Definition vergleicht Konvergenzgeschwindigkeiten unterschiedlicher Methoden.

$\{\beta_n\}$ sei eine gegen null konvergierende Folge und K eine positive Konstante. Wenn $\{\alpha_n\}_{n=1}^{\infty}$ gegen die Zahl α konvergiert und folgende Aussage für große n gilt

$$|\alpha_n - \alpha| \leq K|\beta_n|,$$

dann **konvergiert $\{\alpha_n\}_{n=1}^{\infty}$ gegen α mit der Konvergenzgeschwindigkeit** $O(\beta_n)$ (gelesen als „großes Oh von β_n"). Dies wird mit folgender Schreibweise dargestellt: $\alpha_n = \alpha + O(\beta_n)$ oder $\alpha_n \to \alpha$ mit der Konvergenzgeschwindigkeit $O(\beta_n)$.

Beispiel 3. Angenommen, die Folgen $\{\alpha_n\}$ und $\{\hat{\alpha}_n\}$ werden durch $\alpha_n = (n+1)/n^2$ und $\hat{\alpha}_n = (n+3)/n^3$ beschrieben. Obwohl die Grenzwerte beider Folgen $\lim_{n\to\infty} \alpha_n$ und $\lim_{n\to\infty} \hat{\alpha}_n$ gleich null sind, konvergiert die Folge $\{\hat{\alpha}_n\}$ viel schneller als $\{\alpha_n\}$ gegen diesen Grenzwert. Klar ersichtlich wird dies an den in Tabelle 1.2 aufgelisteten, auf fünf Stellen gerundeten Werten.

Tabelle 1.2

n	1	2	3	4	5	6	7
α_n	2,00000	0,75000	0,44444	0,31250	0,24000	0,19444	0,16327
$\hat{\alpha}_n$	4,00000	0,62500	0,22222	0,10938	0,064000	0,041667	0,029155

Da

$$|\alpha_n - 0| = \frac{n+1}{n^2} \leq \frac{n+n}{n^2} = 2 \cdot \frac{1}{n}$$

und

$$|\hat{\alpha}_n - 0| = \frac{n+3}{n^3} \leq \frac{n+3n}{n^3} = 4 \cdot \frac{1}{n^2}$$

gilt, erhält man

$$\alpha_n = 0 + O\left(\frac{1}{n}\right) \quad \text{und} \quad \hat{\alpha}_n = 0 + O\left(\frac{1}{n^2}\right).$$

Damit ist die Konvergenz der Folge $\{\alpha_n\}$ ähnlich der von $\{1/n\}$ gegen null, die Folge $\{\hat{\alpha}_n\}$ dagegen konvergiert ähnlich der schneller konvergierenden Folge $\{1/n^2\}$. □

Man wendet auch das „große O-Konzept" an, um die Konvergenzgeschwindigkeit von Funktionen zu beschreiben, speziell dann, wenn die unabhängige Variable sich null nähert. $G(h)$ sei eine gegen null konvergierende Funktion für

h gegen null, und es gelte

$$|F(h) - L| \leq KG(h),$$

dann **konvergiert** $F(h)$ **gegen** L **mit der Konvergenzgeschwindigkeit** $O(G(h))$.

Übungsaufgaben

1. Bestimmen Sie die beste Approximation der Wurzeln der folgenden quadratischen Gleichungen, indem Sie auf vier Stellen runden und die Formeln von Beispiel 1 anwenden. Berechnen Sie den absoluten und den relativen Fehler.

a) $\frac{1}{3}x^2 - \frac{123}{4}x + \frac{1}{6} = 0$

b) $\frac{1}{3}x^2 + \frac{123}{4}x - \frac{1}{6} = 0$

c) $1{,}002x^2 - 11{,}01x + 0{,}01265 = 0$

d) $1{,}002x^2 + 11{,}01x + 0{,}01265 = 0$.

2. Wiederholen Sie Übung 1, indem Sie die Zahlen nach vier Stellen abbrechen.

3. Es sei $f(x) = 1{,}013x^5 - 5{,}262x^3 - 0{,}01732x^2 + 0{,}8389x - 1{,}912$.

a) Berechnen Sie $f(2{,}279)$, indem Sie erst $(2{,}279)^2$, $(2{,}279)^3$, $(2{,}279)^4$ und $(2{,}279)^5$ bestimmen und die Zahlen nach vier Stellen runden.

b) Berechnen Sie $f(2{,}279)$ mit der Formel

$$f(x) = (((1{,}013x^2 - 5{,}262)x - 0{,}01732)x + 0{,}8389)x - 1{,}912$$

und, indem Sie auf vier Stellen runden.

c) Bestimmen Sie den absoluten und relativen Fehler in Übung a) und b).

4. Wiederholen Sie Übung 3, indem Sie die Zahlen nach vier Stellen abbrechen.

5. Das 2×2-Linearsystem

$$ax + by = e$$
$$cx + dy = f$$

mit gegebenen a, b, c, d, e, f kann für x und y wie folgt gelöst werden: $m = \frac{c}{a}$ für $a \neq 0$;

$$d_1 = d - mb;$$
$$f_1 = f - me;$$
$$y = \frac{f_1}{d_1};$$
$$x = (e - by)/a.$$

Lösen Sie mit Hilfe dieser Prozedur die folgenden Linearsysteme, und runden Sie auf vier Stellen.

a) $1{,}130x - 6{,}990y = 14{,}20$
$8{,}110x + 12{,}20y = -0{,}1370$

b) $1{,}013x - 6{,}099y = 14{,}22$
$-18{,}11x + 112{,}2y = -0{,}1376.$

6. Wiederholen Sie Übung 5, indem Sie die Zahlen nach vier Stellen abbrechen.

7. Das fünfte Mac Laurinsche Polynom für e^{2x} und e^{-2x} ist

$$P_5(x) = \left(\left(\left(\left(\tfrac{4}{15}x + \tfrac{2}{3}\right)x + \tfrac{4}{3}\right)x + 2\right)x + 2\right)x + 1$$

und

$$\hat{P}_5(x) = \left(\left(\left(\left(-\tfrac{4}{15}x + \tfrac{2}{3}\right)x + -\tfrac{4}{3}\right)x + 2\right)x - 2\right)x + 1$$

a) Approximieren Sie $e^{-0{,}98}$ durch $\hat{P}_5(0{,}49)$, und runden Sie auf vier Stellen. Berechnen Sie den absoluten und relativen Fehler.

b) Approximieren Sie $e^{-0{,}98}$ durch $1/P_5(0{,}49)$, und runden Sie auf vier Stellen. Berechnen Sie den absoluten und den relativen Fehler.

8. Wiederholen Sie Übung 7, indem Sie die Zahlen nach vier Stellen abbrechen.

9. Bestimmen Sie folgende Konvergenzgeschwindigkeiten:

a) $\lim\limits_{n\to\infty} \sin \frac{1}{n} = 0$

b) $\lim\limits_{n\to\infty} \sin \frac{1}{n^2} = 0$

c) $\lim\limits_{n\to\infty} \sin^2 \frac{1}{n} = 0$

d) $\lim\limits_{n\to\infty} \ln(n+1) - ln(n) = 0.$

10. Bestimmen Sie folgende Konvergenzgeschwindigkeiten:

a) $\lim\limits_{h\to 0} \frac{\sin h - h\cos h}{h} = 0$

b) $\lim\limits_{h\to 0} \frac{1 - e^h}{h} = -1$

c) $\lim\limits_{h\to 0} \frac{\sin h}{h} = 1$

d) $\lim\limits_{h\to 0} \frac{1 - \cos h}{h} = 0.$

1.5. Computersoftware

Computersoftware zur Approximation numerischer Lösungen gibt es in vielfältiger Form. Dem vorliegenden Buch wurden in Pascal und FORTRAN 77 geschriebene Programme beigefügt, mit denen die in den Beispielen und Übungen gestellten Probleme gelöst werden können. Diese Programme sind voraussichtlich für fast jedes zu lösende Problem geeignet, aber sie sind das, was man *spezielle* Programme nennt. In diesem Sinne ist im Numerical Toolkit von Borland, TK Solver von Universal Technical Systems und in, mit unterschiedlichen Lehrbüchern der numerischen Methoden ausgestatteten Paketen spezielle Software enthalten. Dieser Begriff wurde übernommen, um diese Pakete von denen zu unterscheiden, die bei den standardmäßigen mathematischen Funktions-Bibliotheken, wie der International Mathematical and Statistics Library (IMSL), der Numerical Algorithms Group (NAG) und ähnlichen, erhältlich sind. Die Programme in diesen Paketen werden *universelle* Programme genannt.

Sie unterscheiden sich im Anliegen von den in diesem Buch bereitgestellten Algorithmen und Programmen. Ein universelles Programm muß Wege zur Minimierung der durch Maschinenrundung, Unterlauf und Überlauf enstehenden Fehler berücksichtigen. Es muß auch den erwarteten Eingabebereich beschreiben, um zu Ergebnissen einer bestimmten spezifizierten Genauigkeit zu führen. Da diese Merkmale maschinenabhängig sind, erfordert universelle Software Eingabeparameter, die die Gleitkommaeigenschaften der benutzten Rechenmaschine beschreiben. Der größte Teil der frühen Software wurde für Großrechner geschrieben; ein dafür gutes Nachschlagewerk stellt das von Wayne Crowell herausgegebene *Sources and Development of Mathematical Software* dar.* Da heutzutage der (tragbare) Personalcomputer (PC) genügend leistungsfähig ist, erhält man viel numerische Standardsoftware auch für PCs und Workstations. Meistenteils ist die numerische Software in FORTRAN 77 geschrieben, aber es gibt auch Pakete in C und Pascal.

Im von Wilkinson und Reinsch herausgegebenen *Handbook for Automatic Computation, Vol. 2, Linear Algebra*, werden ALGOL-Prozeduren für Matrixberechnungen vorgestellt. Ein Paket von FORTRAN-Unterfunktionen, die hauptsächlich auf den ALGOL-Prozeduren basieren, wurde in EISPACK-Funktionen ausgebaut. Diese Funktionen sind in den Handbüchern, die vom Springer-Verlag als Teil der Lecture Notes in Computer Science series veröffentlicht wurden, dokumentiert. (Siehe *Matrix Eigensystem Routines: EISPACK Guide, 2. Aufl.*, von Smith, Boyle, Dongarra, Garbow, Ikebe, Klema und Moler und *Matrix Eigensystem Routines: EISPACK Guide Extension* von Garbow, Boyle, Dongarra und Moler.)

---

*Die vollständige Literaturangabe wird im Literaturverzeichnis gegeben.

Die FORTRAN-Unterfunktion berechnet Eigenwerte und Eigenvektoren für eine Vielzahl von Matrixtypen. EISPACK ist gratis vom Argonne National Laboratory zu beziehen. Das EISPACK-Projekt war das erste große, der Öffentlichkeit zugängliche, numerische Softwarepaket.

LINPACK, ein Paket von FORTRAN-Unterfunktionen zur Analyse und zum Lösen von verschiedenen linearen, algebraischen Gleichungssystemen und linearen Quadratsummen, ist ebenfalls beim Argonne National Laboratory erhältlich. Die Dokumentation für dieses Paket ist in *The LINPACK User's Guide* von Dongarra, Bunch, Moler und Stewart enthalten. Eine Schritt-für-Schritt-Einführung in LINPACK, EISPACK und BLAS (Basic Linear Algebra Subroutines) wird im *Handbook for Matrix Computations* von Coleman und Van Loan gegeben. Das neue Paket LAPACK stellt eine transportable Bibliothek der FORTRAN-77-Unterfunktionen dar. LAPACK wurde erstellt, um LINPACK und EISPACK durch Zusammenfassen dieser zwei Algorithmenmengen ein vereinheitlichtes und verbessertes Paket anzubieten. Die Software wurde umstrukturiert, um auf Vektorprozessoren und anderen High-performance- oder Shared-memory-Multiprozessoren effizienter abzulaufen. Einzelne Unterfunktionen von LAPACK sind über netlib und die gesamte Bibliothek über NAG zugänglich. *LAPACK User's Guide* von Anderson et al. erschien kürzlich.

Andere Pakete zur Lösung spezifischer Probleme sind allgemein zugänglich. Informationen bezüglich dieser Programme können über electronic mail erhalten werden. Senden Sie "help" an eine der folgenden Internet-Adressen: netlib@research.att.com, netlib@ornl.gov, netlib@nac.no oder netlib@draci.cs.uow.edu.au oder an die uucp-Adresse: uunet!research!netlib. Diese Pakete werden von Experten als hocheffizient, genau und zuverlässig beurteilt. Sie wurden gründlich getestet, und die Dokumentation ist ohne weiteres verfügbar. Obwohl die Pakete *portierbar* sind, ist es klug, die Maschinenabhängigkeit zu untersuchen und die Dokumentation sorgfältig zu lesen. Die Programme prüfen fast alle speziellen Eventualitäten, die Fehler und Versagen bewirken können. Am Ende jedes Kapitels werden einige der entsprechenden universellen Pakete diskutiert.

Kommerziell erhältliche Pakete repräsentieren auch den neuesten Stand der numerischen Methoden. Ihr Inhalt basiert oft auf den allgemein zugänglichen Paketen, schließt aber Methoden in Bibliotheken für fast jeden Problemtyp ein.

Die IMSL (International Mathematical Software Library) besteht aus den Bibliotheken MATH für numerische Mathematik, STAT für Statistik und SFUN für spezielle Funktionen. Diese Bibliotheken enthalten über 700 in FORTRAN 77 geschriebene Unterfunktionen, die die meisten üblichen Analysisprobleme lösen. 1970 wurde die IMSL die erste großangelegte wissenschaftliche Bibliothek für Großrechner. Seit dieser Zeit sind die Bibliotheken für Computersysteme von Supercomputern bis hin zu Personalcomputern verfügbar. Die Bibliotheken sind von IMSL, 2500 Park West Tower One, 2500 City West Boulevard, Houston, TX 77042–3020 kommerziell erhältlich. Die Pakete werden in kompilierter Form und mit eingehender Dokumentation ausgeliefert. Es gibt für jede Funktion sowohl ein Beispielprogramm als auch Hintergrundinformation. Die IMSL enthält Methoden für Linearsysteme, Eigensystemanalysis, Interpolation und Approximation, Integration und Differentiation, Differentialgleichungen, Transformierte, nichtlineare Gleichungen, Optimierung und grundlegende Matrix- und Vektoroperationen. Die Bibliothek enthält auch umfassende statistische Funktionen.

Die Numerical Algorithms Group (NAG) existiert in Großbritannien seit 1971. Sie bietet über 600 Unterfunktionen in einer FORTRAN-77-Bibliothek für über 90 unterschiedliche Computer an. Teile ihrer Bibliothek sind für IBM-Personalcomputer (die PC50-Bibliothek besteht aus 50 der am häufigsten gebrauchten Funktionen) und Workstations (die Bibliothek der Workstation enthält 172 Funktionen) erhältlich. Das Handbuch von NAG stellt jede Funktion zusammen mit Beispielen und einem Musterausdruck vor. Eine nützliche Einführung in die NAG-Funktionen stellt *The NAG Library: A Beginner's Guide* von Phillips dar. Die Bibliothek von NAG enthält Funktionen, die die meisten Standardaufgaben der numerischen Analysis ausführen, ähnlich denen der IMSL. Sie enthält auch einige statistische und eine Menge graphischer Funktionen. Kommerziell erhältlich ist die Bibliothek von Numerical Algorithms Group, Inc., 1400 Opus Place, Suite 200, Downers Grove, IL 60515–5702.

Die Pakete von IMSL und NAG wurden für den Mathematiker, Wissenschaftler oder Ingenieur entworfen, der nach qualitativ hochwertigen FORTRAN-Unterfunktionen in einem Programm nachfragt. Die mit den kommerziellen Paketen erhältliche Dokumentation erläutert das typische Steuerprogramm, das für die Benutzung dieser Bibliotheksfunktionen erforderlich ist. Die beiden nächsten Softwarepakete sind alleine lauffähig. Werden die Programme aktiviert, gibt der Benutzer Kommandos ein, die die Problemlösung bewirken. Jedes Paket erlaubt jedoch, die Programmiersprache zu benutzen. Die eingebaute Sprache ähnelt Pascal, aber es ist auch möglich, externe Funktionen aufzurufen, die aus kompilierten FORTRAN- oder C-Unterprogrammen bestehen.

MATLAB ist ein Matrixlaboratorium, das ursprünglich ein Fortranprogramm darstellte und unter dem Titel *Demonstration of a Matrix Library* von C. B. Moler veröffentlicht wurde. Dieses Werk basiert hauptsächlich auf den EISPACK- und LINPACK-Unterfunktionen, obgleich Funktionen, wie nichtlineare Systeme, numerische Integration, kubische Spline, Kurvenanpassung, Optimierung, gewöhnliche Differentialgleichungen und graphisches Werkzeug, eingebaut wurden. MATLAB ist gegenwärtig in C und Assembler geschrieben, die PC-Version dieses Paketes erfordert einen mathematischen Coprozessor. Es gibt jedoch eine Studentenversion, die einen mathematischen Coprozessor benutzt, aber nicht erfordert. Die grundlegende Struktur von MATLAB erlaubt es, Matrixoperationen durchzuführen, wie die Eigenwerte einer Matrix aufzufinden, die über eine Befehlszeile über eine externe Datei per Funktionenaufruf eingegeben werden. Es ist ein mächtiges, unabhängiges System, das besonders für Befehle der angewandten linearen Algebra genutzt werden kann. Weiterhin gibt es das gut geschriebene Buch *Experiments in Computational Matrix Algebra* von David Hill mit den kompletten Lösungen. MATLAB gibt es seit 1985 und kann über The MathWorks Inc., Cochituate Place, 24 Prime Park Way, Natick, MA 01760 erworben werden. Die MATLAB-Software wurde konzipiert, um auf vielen Computern zu laufen, IBM-kompatible PCs, APPLE Macintosh und SUN Workstations eingeschlossen.

Das zweite Paket (GAUSS) wurde 1985 von Lee E. Edlefson und Samuel D. Jones erstellt, es vereinigt ein mathematisches und statistisches System für IBM-PCs. Es wurde hauptsächlich in Assembler codiert und basiert in erster Linie auf EISPACK und LINPACK. Wie im Falle von MATLAB sind Integration und Differentiation, nichtlineare Systeme, schnelle Fouriertransformationen und Graphiken verfügbar. GAUSS orientiert sich weniger in Richtung Einführung in lineare Algebra als vielmehr in Richtung statistische Datenanalyse. Dieses Paket benutzt einen mathematischen Coprozessor, falls er zur Verfügung steht. Es kann von Aptech Systems, Inc., 1914 N. 34th St., Suite 301, Seattle, WA 98103 erworben werden.

Es sind viele Pakete erhältlich, die als Superrechnerpakete für den PC klassifiziert werden können. Diese sollten jedoch nicht mit der vorher beschriebenen universellen Software durcheinandergebracht werden. Sind Sie an einen der Pakete interessiert, sollten Sie *Supercalculators on the PC* von Simon und Wilson lesen.

Die Superrechner- und Toolkit-Pakete sind im allgemeinen preiswerter als die kompletten Bibliotheken von IMSL oder NAG. Die Bibliotheken jedoch wurden gründlich getestet und sind zweifellos von hoher Qualität. Die ersteren mögen gute Pakete sein, sind aber weniger vielseitig.

Die den numerischen Analysis- oder Methodenbüchern beigefügten Pakete sind im allgemeinen dafür konzipiert, die Probleme, die in dem jeweiligen Buch gestellt wurden, zu lösen. Mit dem vorliegenden Buch wurden Pascal- und FORTRAN-77-Progamme geliefert, die dazu benutzt werden können, die in den Beispielen und Übungen gegebenen Probleme zu lösen. Sie werden für die meisten der in der Praxis des Ingenieurs oder Wissenschaftlers auftretenden Probleme zufriedenstellende Ergebnisse liefern. Für einige Probleme könnten sie jedoch aus einem der vorher in diesem Abschnitt beschriebenen Gründe nicht ausreichend genau sein.

Im letzten Jahrzehnt wurde eine Anzahl von Softwarepaketen entwickelt, die symbolische mathematische Berechnungen ausführen sollen. Unter diesen sind *MACSYMA, DERIVE, Maple* und *Mathematica* vorherrschend. Versionen der Software existieren für die meisten der gängigen Computersysteme; Studentenversionen für einige dieser Pakete sind zu vernünftigen Preisen erhältlich. Obwohl sich die Pakete in Preis und Leistung signifikant unterscheiden, können sie alle Standardalgebra und Differential- und Integralrechnung ausführen.

Steht ein symbolisches Berechnungspaket zur Verfügung, kann es sehr nützlich sein, Näherungstechniken zu studieren. Die Lösungen der meisten in diesem

Buch verwendeten Beispiele und Übungen bezogen sich auf Probleme, für die die genauen Werte bestimmt und somit die Ausführung der Näherungsmethode überwacht werden konnte. Die exakten Lösungen können oft ganz einfach mit einem symbolischen Berechnungspaket bestimmt werden. Zusätzlich besitzen viele numerische Techniken Fehlerschranken, die eine gewöhnlich höhere Ordnung oder eine partielle Ableitung einer Funktion erfordern. Dies kann eine sehr weitschweifige und nicht besonders lehrreiche Aufgabe sein, sobald die Techniken der Differential- und Integralrechnung gemeistert sind. Diese Ableitungen können symbolisch schnell erhalten werden; ein bißchen Einblick erlaubt es oftmals den symbolischen Computerpaketen, den Schrankenprozeß zu unterstützen.

Das vorliegende Buch soll den Studenten an die bestehenden Methoden zur Lösung eines Problems heranführen. Es sollten keine Softwarebibliotheken in Konkurrenz zu den hervorragenden, bereits erhältlichen geschrieben werden. Der Student kann sicherlich die Methoden verstehen und merken, wann sie versagen können, ohne all diese Methoden programmiert zu haben. Es wird zuviel Zeit vergeudet, ein Programm, das voraussichtlich nie angewendet wird, fehlerfrei zu schreiben. Mit den diesem Buch beigefügten Programmen wurden alle Probleme in diesem Lehrbuch gelöst, der Gebrauch dieser Programme wird im Text erläutert. Da jedoch die Bedeutung der professionell geschriebenen Bibliotheken unbestreitbar ist, wird auch in jedem Kapitel universelle Software beschrieben, die die Probleme löst. Andere spezielle Software, wie Superrechner und Toolkits, werden jedoch nicht weiter betrachtet.

2. Lösungen von Gleichungen mit einer Variablen

2.1. Einleitung

In diesem Kapitel wird eines der wichtigsten Probleme der numerischen Approximation betrachtet, die Wurzelberechnung. Sie besteht in der Bestimmung einer **Wurzel** x einer Gleichung der Form $f(x) = 0$, das heißt einer **Nullstelle** der Funktion f. Dies stellt eines der ältesten Näherungsprobleme dar, und noch heutzutage wird auf diesem Gebiet geforscht.

Das Problem, die Wurzel einer Gleichung zu approximieren, läßt sich mindestens bis in das 17. Jahrhundert vor Christus zurückverfolgen. Eine auf diese Periode datierte, keilförmige Tafel in der Yale Babylonian Collection zeigt Approximationen von $\sqrt{2}$, Näherungen, die im wesentlichen mit einer in Abschnitt 2.4 vorgestellten Methode gefunden werden können.

2.2. Intervallschachtelung

Das erste und elementarste Verfahren, das wir betrachten, ist das der Intervallschachtelung (Binärsuche, Bisektion, Intervallhalbierung). Mit Hilfe der Intervallschachtelung wird, entsprechend der jeweiligen Rechnergenauigkeit, eine Lösung für $f(x) = 0$ auf einem Intervall $[a, b]$ unter der Voraussetzung bestimmt, daß f auf dem Intervall stetig ist und daß $f(a)$ und $f(b)$ entgegengesetzte Vorzeichen besitzen. Obwohl das Verfahren auch für den Fall angewandt werden kann, daß mehr als eine Wurzel in dem Intervall $[a, b]$ enthalten ist, sei der Einfachheit wegen angenommen, daß es in diesem Intervall nur eine Wurzel gibt.

Zu Beginn der Intervallschachtelung sei $a_1 = a$ und $b_1 = b$ gesetzt, und p_1 sei der Mittelpunkt des Intervalls $[a, b]$ (siehe Abbildung 2.1):

$$p_1 = a_1 + \frac{b_1 - a_1}{2}.$$

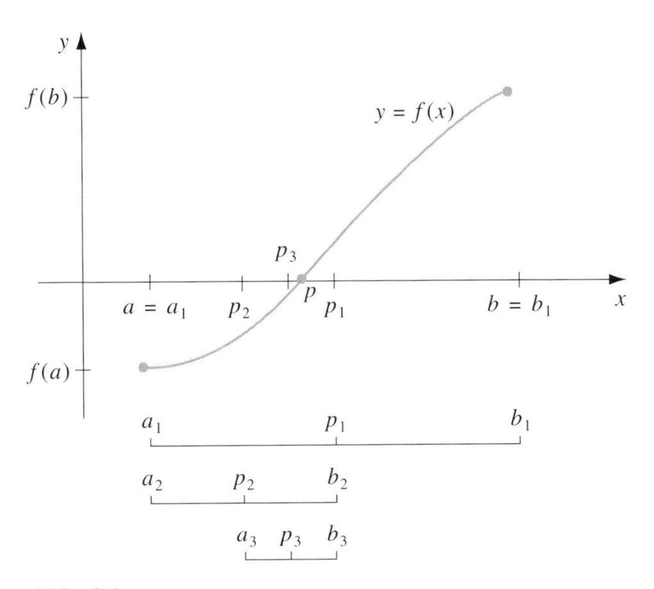

Abb. 2.1

Ist $f(p_1) = 0$, dann ist die Wurzel p durch $p = p_1$ gegeben; wenn nicht, dann hat $f(p_1)$ entweder dasselbe Vorzeichen wie $f(a_1)$ oder $f(b_1)$. Besitzen $f(p_1)$ und $f(a_1)$ dasselbe Vorzeichen, dann liegt p in dem Intervall (p_1, b_1), und man setzt $a_2 = p_1$ und $b_2 = b_1$.

Haben auf der anderen Seite $f(p_1)$ und $f(a_1)$ unterschiedliche Vorzeichen, dann liegt p in dem Intervall (a_1, p_1), und man setzt $a_2 = a_1$ und $b_2 = p_1$.

Der Prozeß wird auf dem Intervall $[a_2, b_2]$ wiederholt, und $[a_3, b_3]$, $[a_4, b_4]$, … werden gebildet. Jedes neue Intervall wird p enthalten und halb so lang wie das vorherige Intervall sein.

Intervallschachtelung

Ein Intervall $[a_{i+1}, b_{i+1}]$, das eine Approximation einer Wurzel von $f(x) = 0$ enthält, wird aus einem Intervall $[a_i, b_i]$, das die Wurzel enthält, konstruiert

$$p_{i+1} = a_i + \frac{b_i - a_i}{2}.$$

Dann gilt $a_{i+1} = a_i$ und $b_{i+1} = p_{i+1}$, wenn $f(a_i)f(p_{i+1}) < 0$ ist, und anderenfalls $a_{i+1} = p_{i+1}$ und $b_{i+1} = b_i$.

Es gibt drei Abbruchkriterien, die gewöhnlich bei der Intervallschachtelung angewendet werden. Erstens stoppt das Verfahren, wenn einer der Mittelpunkte mit der Wurzel übereinstimmt. Es stoppt ebenfalls, wenn die Länge des Suchintervalls kleiner als eine vorgeschriebene Toleranz TOL wird. Gute Programmierpraxis ist es auch, Abbruchkriterien unabhängig vom gegebenen Problem aufzustellen. Bei einer kleinen Toleranz zum Beispiel kann aufgrund des Rundungsfehlers die Länge des Suchintervalls immer falsch werden, was zu einer Endlosschleife führt. Um dies zu verhindern, sollte ein Abbruch bei einer Schranke N_0 der Iterationsschritte eingeführt werden.

Vor Beginn der Intervallschachtelung muß ein Intervall $[a, b]$ gefunden werden mit $f(a) \cdot f(b) < 0$. Bei jedem Schritt wird die Länge des Intervalls, von dem man weiß, daß es eine Nullstelle von f enthält, um den Faktor zwei reduziert. Folglich kann man leicht eine Schranke für die Anzahl der Iterationen bestimmen, die eine gegebene Toleranz sicherstellt. Muß die Wurzel innerhalb der Toleranz TOL bestimmt werden, kann man sicher sein, daß, innerhalb der Rechnergrenzen der Maschine, die Intervallschachtelung ein Ergebnis liefert, das dieser Forderung in n Iterationen gerecht wird, vorausgesetzt, daß gilt:

$$n > \log_2 \left(\frac{b-a}{TOL} \right);$$

in diesem Fall erhält man

$$2^n > \frac{b-a}{TOL},$$

daraus folgt

$$|p_n - p| \leq \frac{b-a}{2^n} < TOL.$$

Da die Anzahl der erforderlichen Iterationen, die eine gegebene Genauigkeit garantieren, von der Länge des Startintervalls $[a, b]$ abhängt, ist es vorteilhaft, dieses Intervall so klein wie möglich zu wählen. Beispielsweise sei $f(x) = 2x^3 - x^2 + x - 1$, dann gilt

$$f(-4) \cdot f(4) < 0 \quad \text{und} \quad f(0) \cdot f(1) < 0,$$

die Intervallschachtelung kann somit auf $[-4, 4]$ oder auf $[0, 1]$ angewandt werden. Beginnt man auf $[0, 1]$ anstatt auf $[-4, 4]$, so werden die Iterationsschritte, die für eine bestimmte Genauigkeit erforderlich sind, um drei reduziert.

Die Ergebnisse des folgenden Beispiels wurden mit Hilfe der Intervallschachtelung mit dem Programm BISECT21 bestimmt.

Beispiel 1. Die Gleichung $f(x) = x^3 + 4x^2 - 10 = 0$ hat eine Nullstelle in $[1, 2]$, da $f(1) = -5$ und $f(2) = 14$ ist. An der Skizze des Kurvenverlaufs von f in Abbildung 2.2 kann man leicht erkennen, daß es nur eine Nullstelle in $[1, 2]$ gibt. Das Programm BISECT21 liefert mit den Eingaben $a = 1$, $b = 2$,

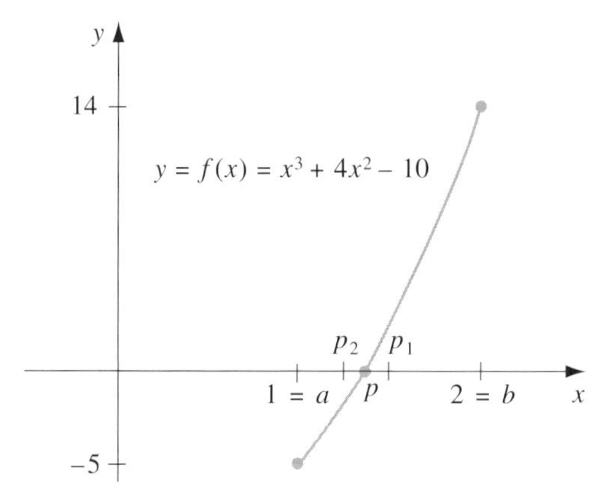

Abb. 2.2

$TOL = 0{,}0005$ und $N_0 = 20$ die Werte in Tabelle 2.1. Die wirkliche Wurzel p ist auf zehn Dezimalstellen genau $p = 1{,}3652300134$ und $|p - p_{11}| < 0{,}0005$. Da die erwartete Anzahl der Iterationen $\log_2((2-1)/0{,}0005) \approx 10{,}96$ ist, war die Schranke N_0 sicher ausreichend. □

Tabelle 2.1

n	a_n	b_n	p_n	$f(p_n)$
1	1,0000000000	2,0000000000	1,5000000000	2,3750000000
2	1,0000000000	1,5000000000	1,2500000000	−1,7968750000
3	1,2500000000	1,5000000000	1,3750000000	0,1621093750
4	1,2500000000	1,3750000000	1,3125000000	−0,8483886719
5	1,3125000000	1,3750000000	1,3437500000	−0,3509826660
6	1,3437500000	1,3750000000	1,3593750000	−0,0964088440
7	1,3593750000	1,3750000000	1,3671875000	0,0323557854
8	1,3593750000	1,3671875000	1,3632812500	−0,0321499705
9	1,3632812500	1,3671875000	1,3652343750	0,0000720248
10	1,3632812500	1,3652343750	1,3642578125	−0,0160466908
11	1,3642578125	1,3652343750	1,3647460938	−0,0079892628

Trotz ihrer konzeptionellen Klarheit hat die Intervallschachtelung bedeutende Nachteile. Sie konvergiert im Vergleich zu den anderen noch zu diskutierenden Methoden langsam, und eine gute Zwischennäherung kann unabsichtlich außer acht gelassen werden. Dies geschah zum Beispiel mit p_9 in Beispiel 1. Die Methode besitzt jedoch die wichtige Eigenschaft, daß sie immer zu einer Lösung konvergiert und daß es einfach ist, eine Schranke für die Iterationsschritte, die eine gegebene Genauigkeit sicherstellen, zu bestimmen. Daher wird die Intervallschachtelung oft als eine zuverlässige Startroutine der effizienteren Methoden benutzt, die später in diesem Kapitel vorgestellt werden.

Die Schranke für die Iterationsschritte der Intervallschachtelung setzt voraus, daß die Berechnungen mit unendlichstelliger Arithmetik ausgeführt werden. Implementiert man die Methode auf einem Computer, müssen Rundungsfehler berücksichtigt werden. Die Berechnung des Mittelpunktes des Intervalls $[a_n, b_n]$ beispielsweise sollte über folgende Gleichung bestimmt werden

$$p_n = a_n + \frac{b_n - a_n}{2},$$

anstatt über die algebraisch äquivalente Gleichung

$$p_n = \frac{a_n + b_n}{2}.$$

Bei der ersten Gleichung wird eine kleine Korrektur $(b_n - a_n)/2$ zu dem bekannten Wert a_n addiert. Liegt $b_n - a_n$ nahe der Maximalgenauigkeit der Maschine, mag die Korrektur falsch sein, aber dieser Fehler wirkt sich nicht merklich auf den berechneten Wert von p_n aus. In dieser Situation ist es jedoch möglich, daß p_n als ein Mittelpunkt bestimmt wird, der nicht selbst in dem Intervall $[a_n, b_n]$ liegt, wenn es wie in der zweiten Gleichung definiert ist.

Man hat mehrere Möglichkeiten zu überprüfen, ob man eine Wurzel gefunden hat. Normalerweise benutzt man die Formel

$$|f(p_n)| < \epsilon,$$

wobei $\epsilon > 0$ eine kleine Zahl darstellt, die irgendwie mit der Toleranz zusammenhängt. Es ist jedoch auch möglich, daß $f(p_n)$ sehr klein ist, obwohl p_n weit von der Wurzel p entfernt ist.

Um zu bestimmen, in welchem Teilintervall von $[a_n, b_n]$ eine Wurzel von f enthalten ist, ist es letztendlich besser, die Bedingung

$$\operatorname{sign}(f(a_n)) \operatorname{sign}(f(p_n)) > 0$$

anstatt

$$f(a_n) f(p_n) > 0$$

aufzustellen. Dieses Prüfverfahren verhindert die Möglichkeit von Überlauf und Unterlauf in der Multiplikation von $f(a_n)$ und $f(p_n)$.

Übungsaufgaben

1. Bestimmen Sie mit Hilfe der Intervallschachtelung auf 10^{-2} genau die Lösungen von $x^3 - 7x^2 + 14x - 6 = 0$ auf jedem der folgenden Intervalle:

a) $[0, 1]$

b) $[1, 3{,}2]$

c) $[3{,}2, 4]$.

2. Bestimmen Sie mit Hilfe der Intervallschachtelung auf 10^{-2} genau die Lösungen von $x^4 - 2x^3 - 4x^2 + 4x + 4 = 0$ auf jedem der folgenden Intervalle:

a) $[-2, -1]$

b) $[0, 2]$

c) $[2, 3]$

d) $[-1, 0]$.

3. Bestimmen Sie mit Hilfe der Intervallschachtelung auf 10^{-3} genau eine Lösung von $x = \tan x$ auf $[4, 4{,}5]$.

4. Bestimmen Sie mit Hilfe der Intervallschachtelung auf 10^{-3} genau eine Lösung von $2 + \cos(e^x - 2) - e^x = 0$ auf $[0{,}5, 1{,}5]$.

5. Bestimmen Sie mit Hilfe der Intervallschachtelung auf 10^{-5} genau die Lösungen der folgenden Aufgaben:

a) $x - 2^{-x} = 0$ für $0 \leq x \leq 1$,

b) $e^x - x^2 + 3x - 2 = 0$ für $0 \leq x \leq 1$,

c) $2x\cos(2x) - (x+1)^2 = 0$ für $-3 \leq x \leq -2$ und $-1 \leq x \leq 0$,

d) $x\cos x - 2x^2 + 3x - 1 = 0$ für $0{,}2 \leq x \leq 0{,}3$ und $1{,}2 \leq x \leq 1{,}3$.

6. a) Bestimmen Sie mit Hilfe der Intervallschachtelung auf 10^{-2} genau eine Lösung von $x + 0{,}5 + 2\cos \pi x = 0$ auf $[0{,}5, 1{,}5]$.

b) Angenommen, die Intervallschachtelung sei wie folgt überprüft: falls $f(b_i)f(p_i) > 0$, sei $b_{i+1} = p_i$, $a_{i+1} = a_i$ gesetzt; ansonsten sei $a_{i+1} = p_i$, $b_{i+1} = b_i$. Bestimmen Sie mit diesem Prüfverfahren eine auf 10^{-2} genaue Lösung für $x + 0{,}5 + 2\cos \pi x = 0$.

c) Diskutieren Sie die Unterschiede zwischen Übung a) und b).

7. Berechnen Sie eine Schranke für die Iterationsschritte, die für eine Genauigkeit von 10^{-4} nötig sind, um die Lösung von $x^3 - x - 1 = 0$ im Intervall $[1, 2]$ zu approximieren. Approximieren Sie die Wurzel mit dieser Genauigkeit.

8. Berechnen Sie eine Schranke für die Iterationsschritte, die für eine Genauigkeit von 10^{-4} nötig sind, um die Lösung von $x^3 + x - 4 = 0$ im Intervall $[1, 4]$ zu approximieren. Approximieren Sie die Wurzel mit dieser Genauigkeit.

9. Berechnen Sie eine Schranke für die Iterationsschritte, die für eine Genauigkeit von $0{,}5 \cdot 10^{-2}$ nötig sind, um die Lösung von $x^3 + 4{,}001x^2 + 4{,}002x + 1{,}101 = 0$ im Intervall $[-0{,}5, 0]$ zu approximieren. Runden Sie auf drei Stellen, um die Wurzel mit dieser Genauigkeit zu approximieren.

10. Berechnen Sie eine Schranke für die Iterationsschritte, die für eine Genauigkeit von $0{,}5 \cdot 10^{-2}$ nötig sind, um die Lösung von $x - 0{,}5(\sin x + \cos x) = 0$ im Intervall $[0, 1]$

zu approximieren. Runden Sie auf drei Stellen, um die Wurzel mit dieser Genauigkeit zu approximieren.

11. Berechnen Sie auf 10^{-4} genau die vier Nullstellen von $f(x) = 4x\cos(2x) - (x-2)^2$ in dem Intervall $[0, 8]$.

12. Bestimmen Sie auf 10^{-3} genau die drei kleinsten positiven Lösungen von $\sin x = e^{-x}$.

13. Ein Trog der Länge l besitzt wie gezeigt den halbkreisförmigen Querschnitt mit dem Radius r. Füllt man sie mit Wasser, so daß die Höhe h freibleibt, ergibt sich das Volumen V des Wassers

$$V = l\left[0{,}5\pi r^2 - r^2 \arcsin\left(\frac{h}{r}\right) - h(r^2 - h^2)^{1/2}\right].$$

Angenommen, es sei $l = 1$ m, $r = 1$ dm und $V = 12{,}4$ l. Bestimmen Sie die Tiefe des Wassers in dem Trog auf 0,01 dm genau.

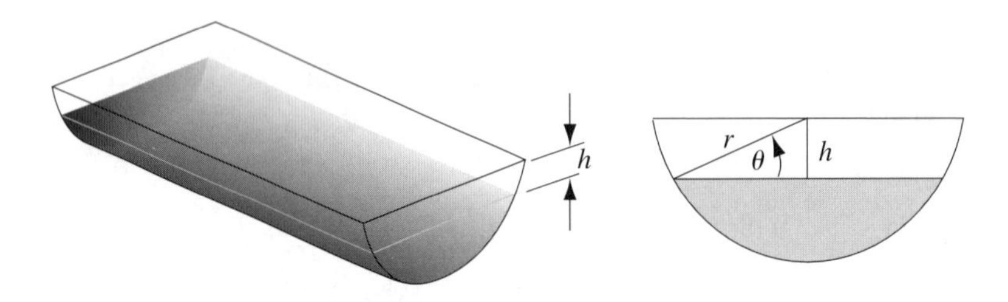

2.3. Das Sekantenverfahren

Obwohl die Intervallschachtelung immer konvergiert, ist die Konvergenzgeschwindigkeit zu gering, um die Intervallschachtelung allgemein einzusetzen. Abbildung 2.3 zeigt eine graphische Interpretation der Intervallschachtelung, um zu verdeutlichen, wie diese Methode verbessert werden kann. Diese Abbildung zeigt den Kurvenverlauf einer stetigen Funktion, die in a_1 negativ und in b_1 positiv ist. Die erste Approximation p_1 der Wurzel p findet man, indem man die Gerade zieht, die die Punkte $(a_1, \operatorname{sign}(f(a_1))) = (a_1, -1)$ und $(b_1, \operatorname{sign}(f(b_1))) = (b_1, 1)$ verbindet und p_1 als den Punkt wählt, an dem diese Gerade die x-Achse schneidet. Die Gerade, die $(a_1, -1)$ und $(b_1, 1)$ verbindet, approximiert die Kurve von f auf dem Intervall $[a_1, b_1]$. Analog wird sukzessive auf den Teilintervallen von $[a_1, b_1]$, $[a_2, b_2]$ und so weiter approximiert. An dieser Stelle sei darauf hingewiesen, daß die Intervallschachtelung keine Kenntnisse über die Funktion f benötigt, außer dem Vorzeichen von $f(x)$ an bestimmten Stellen x.

Angenommen, beim Startschritt weiß man, daß $|f(a_1)| < |f(b_1)|$ ist. Dann erwartet man, daß die Wurzel p näher an a_1 als an b_1 liegt. Im anderen Falle,

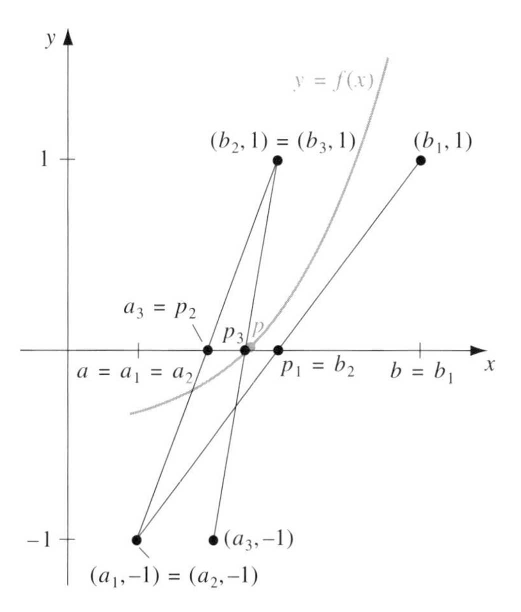

Abb. 2.3

wenn $|f(b_1)| < |f(a_1)|$ gilt, liegt p wahrscheinlich näher an b_1 als an a_1. Anstatt den Schnittpunkt der Geraden durch $(a_1, \text{sign}(f(a_1))) = (a_1, -1)$ und $(b_1, \text{sign}(f(b_1))) = (b_1, 1)$ mit der x-Achse als Näherung der Wurzel p zu wählen, wählt das Sekantenverfahren den Schnittpunkt der Sekanten der Kurve, das heißt der Geraden durch $(a_1, f(a_1))$ und $(b_1, f(b_1))$ mit der x-Achse als x-Achsenabschnitt. Dadurch wird die Approximation näher an den Endpunkt des Intervalls gesetzt, an dem f seinen kleineren absoluten Wert hat (vergleiche Abbildung 2.4).

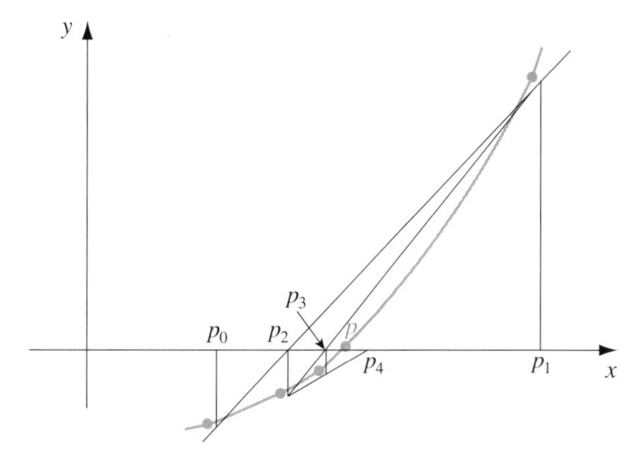

Abb. 2.4

Die Näherungsfolge durch das Sekantenverfahren startet, indem man $p_0 = a$ und $p_1 = b$ setzt. Die Gleichung der Sekanten durch $(p_0, f(p_0))$ und $(p_1, f(p_1))$ ist

$$y = f(p_1) + \frac{f(p_1) - f(p_0)}{p_1 - p_0}(x - p_1).$$

Der x-Achsenabschnitt $(p_2, 0)$ der Sekanten genügt

$$0 = f(p_1) + \frac{f(p_1) - f(p_0)}{p_1 - p_0}(p_2 - p_1).$$

Durch Auflösen nach p_2 erhält man

$$p_2 = p_1 - \frac{f(p_1)(p_1 - p_0)}{f(p_1) - f(p_0)}.$$

Sekantenverfahren

Die Approximation p_{i+1} einer Wurzel von $f(x) = 0$ wird mit den Approximationen p_i und p_{i-1} und folgender Gleichung berechnet:

$$p_{i+1} = p_i - \frac{f(p_i)(p_i - p_{i-1})}{f(p_i) - f(p_{i-1})}.$$

Das Sekantenverfahren besitzt nicht die Eigenschaft der Intervallschachtelung, die Wurzel einzuschließen, da sie nicht gewährleistet, daß die Wurzel in dem durch p_{i+1} und p_i begrenzten Intervall liegt. Folglich konvergiert die Methode nicht immer, aber wenn sie konvergiert, konvergiert sie viel schneller als die Intervallschachtelung.

Man verwendet zwei Abbruchbedingungen im Sekantenverfahren. Ein erfolgreiches Kriterium resultiert aus der Iteration bis $|p_i - p_{i-1}|$, die innerhalb einer gegebenen Toleranz liegt. Jedoch ist eine Sicherheit aufgrund einer maximalen Anzahl von Iterationen nur gegeben, wenn die Methode nicht schnell konvergiert.

Man beachte, daß die Iterationsgleichung nicht algebraisch vereinfacht wird zu

$$p_i = p_{i-1} - \frac{f(p_{i-1})(p_{i-1} - p_{i-2})}{f(p_{i-1}) - f(p_{i-2})} = \frac{f(p_{i-2})p_{i-1} - f(p_{i-1})p_{i-2}}{f(p_{i-2}) - f(p_{i-1})}.$$

Obwohl dies der Iterationsgleichung algebraisch äquivalent ist, kann es die Bedeutung des Rundungsfehlers steigern, da fast gleich große Zahlen subtrahiert werden.

Beispiel 1. Das Progamm SECANT22 liefert für die Wurzel von $x^3 + 4x^2 - 10 = 0$ mit den Eingaben $p_0 = 1$, $p_1 = 2$, $TOL = 0{,}0005$ und $N_0 = 20$ die

Werte in Tabelle 2.2. Vergleicht man die Anzahl der benötigten Iterationen mit denen, die in Beispiel 1 des vorigen Abschnitts zur Lösung der Aufgabe mit der Intervallschachtelung erforderlich waren, so zeigt es sich, daß ungefähr halb so viel Schritte erforderlich waren. Überdies gilt $|p - p_6| = |1{,}3652300134 - 1{,}3652300011| < 1{,}3 \cdot 10^{-8}$. □

Tabelle 2.2

n	p_n	$f(p_n)$
2	1,2631578947	– 1,6022743840
3	1,3388278388	– 0,4303647480
4	1,3666163947	0,0229094308
5	1,3652119026	– 0,0002990679
6	1,3652300011	– 0,0000002032

Um eine Reihe von Approximationen zu erzeugen, die auf dem Schnittpunkt einer approximierenden Geraden und der x-Achse basieren, gibt es auch andere Möglichkeiten. Die **Regel vom falschen Ansatz** (*Regula falsi*) ist ein gemischtes Intervallschachtelungs-Sekantenverfahren, das approximierende Geraden ähnlich dem Sekantenverfahren erzeugt, aber analog der Intervallschachtelung Intervalle bildet, die die Wurzel einschließen. Wie bei der Intervallschachtelung erfordert die Regula falsi ein Startintervall $[a, b]$ mit entgegengesetzten Vorzeichen von $f(a)$ und $f(b)$. Mit $a_1 = a$ und $b_1 = b$ ergibt sich für die Approximation p_1

$$p_1 = a_1 - \frac{f(a_1)(b_1 - a_1)}{f(b_1) - f(a_1)}.$$

Haben $f(p_1)$ und $f(a_1)$ dasselbe Vorzeichen, wird $a_2 = p_1$ und $b_2 = b_1$ gesetzt. Im anderen Fall, falls $f(p_1)$ und $f(b_1)$ dasselbe Vorzeichen besitzen, wird $a_2 = a_1$ und $b_2 = p_1$ gesetzt (vergleiche Abbildung 2.5).

Regula falsi

Ein Intervall $[a_{i+1}, b_{i+1}]$, das eine Approximation der Wurzel von $f(x) = 0$ enthält, wird über das Intervall $[a_i, b_i]$, das die Wurzel durch erstmaliges Berechnen enthält, bestimmt.

$$p_{i+1} = a_i - \frac{f(a_i)(b_i - a_i)}{f(b_i) - f(a_i)}.$$

Dann gilt $a_{i+1} = a_i$ und $b_{i+1} = p_{i+1}$, falls $f(a_i)f(p_{i+1}) < 0$, und anderenfalls $a_{i+1} = p_{i+1}$ und $b_{i+1} = b_i$.

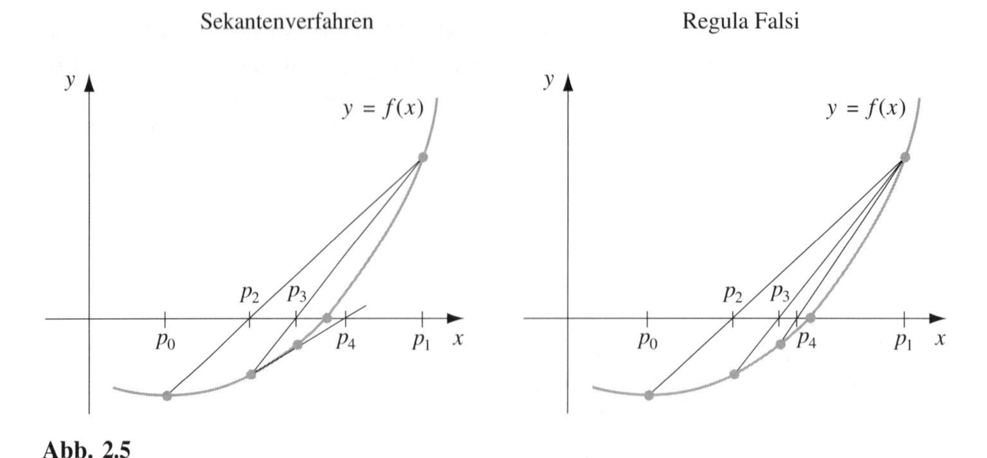

Abb. 2.5

Obwohl die Regula falsi dem Sekantenverfahren überlegen scheint, konvergiert sie meist langsamer, wie in Tabelle 2.3 die Ergebnisse der Aufgabe zeigen, die in Beispiel 1 betrachtet wurde. Tatsächlich kann die Regula falsi sogar noch langsamer als die Intervallschachtelung konvergieren (wie die in Übung 12 gegebene Aufgabe zeigt), obgleich dies gewöhnlich nicht der Fall ist. Das Programm FALPOS23 führt die Regula falsi aus.

Tabelle 2.3

n	a_n	b_n	p_n	$f(p_n)$
2	1,00000000	2,00000000	1,26315789	−1,60227438
3	1,26315789	2,00000000	1,33882784	−0,43036475
4	1,33882784	2,00000000	1,35854634	−0,11000879
5	1,35854634	2,00000000	1,36354744	−0,02776209
6	1,36354744	2,00000000	1,36480703	−0,00698342
7	1,36480703	2,00000000	1,36512372	−0,00175521
8	1,36512372	2,00000000	1,36520330	−0,00044106

Übungsaufgaben

1. Approximieren Sie mit dem Sekantenverfahren auf 10^{-4} genau die Wurzeln der folgenden Gleichungen in den gegebenen Intervallen:

a) $x^3 - 2x^2 - 5 = 0,\ [1, 4]$

b) $x^3 + 3x^2 - 1 = 0,\ [-3, -2]$

c) $x - \cos x = 0,\ [0, \pi/2]$

d) $x - 0{,}8 - 0{,}2\sin x = 0$, $[0, \pi/2]$.

2. Wiederholen Sie Übung 1 mit der Regula falsi.

3. Approximieren Sie mit dem Sekantenverfahren auf 10^{-5} genau die Wurzeln der folgenden Gleichungen:

a) $e^x + 2^{-x} + 2\cos x - 6 = 0$, für $1 \leq x \leq 2$

b) $\ln(x-1) + \cos(x-1) = 0$, für $1{,}3 \leq x \leq 2$

c) $3x^2 - e^x = 0$, für $0 \leq x \leq 1$ und $3 \leq x \leq 5$

d) $(x-2)^2 - \ln x = 0$, für $1 \leq x \leq 2$ und $e \leq x \leq 4$.

4. Wiederholen Sie Übung 3 mit der Regula falsi.

5. Bestimmen Sie mit der Regula falsi und, indem Sie auf drei Stellen runden, auf $0{,}5 \cdot 10^{-2}$ genau die Lösungen folgender Gleichungen in den gegebenen Intervallen:

a) $x^3 + 4{,}001x^2 + 4{,}002x + 1{,}101 = 0$, $[-0{,}5, 0]$

b) $x - 0{,}5(\sin x + \cos x) = 0$, $[0, 1]$.

6. Wiederholen Sie Übung 5 mit dem Sekantenverfahren.

7. Approximieren Sie mit dem Sekantenverfahren auf 10^{-5} genau die Wurzeln der folgenden Gleichungen in den gegebenen Intervallen:

a) $2x\cos(2x) - (x-2)^2 = 0$, $[2, 3]$ und $[3, 4]$

b) $x\cos x - 2x^2 + 3x - 1 = 0$, $[0{,}2, 0{,}3]$ und $[1{,}2, 1{,}3]$

8. Approximieren Sie mit dem Sekantenverfahren auf 10^{-6} genau die Wurzeln der folgenden Gleichungen in den gegebenen Intervallen:

a) $\cos(x + \sqrt{2}) + x(x/\sqrt{2} + 2)/\sqrt{2} = 0$, $[-2, -1]$

b) $x^3 - 3x^2(2^{-x}) + 3x(4^{-x}) - 8^{-x} = 0$, $[0, 1]$.

9. Wiederholen Sie Übung 8 mit der Regula falsi.

10. Bestimmen Sie alle vier Lösungen von $4x\cos(2x) - (x-2)^2 = 0$ in $[0, 8]$ auf 10^{-5} genau.

11. Bestimmen Sie alle Lösungen von $x^2 + 10\cos x = 0$ auf 10^{-5} genau.

12. Die Gleichung $300x^4 - 275x^3 + 100x^2 - 10x - \frac{1}{2} = 0$ besitzt eine Lösung in $[0{,}1, 1]$. Approximieren Sie die Wurzel auf 10^{-4} genau mit:

a) Intervallschachtelung

b) Sekantenverfahren

c) Regula falsi.

13. Ein Teilchen bewegt sich ruhig auf einer glatten Fläche, deren Winkel θ wie gezeigt konstant ansteigt

$$\frac{\mathrm{d}\theta}{\mathrm{d}t} = \omega.$$

Nach t Sekunden ergibt sich die Position des Objektes durch

$$x(t) = \frac{g}{2\omega^2}\left(\frac{e^{\omega t} - e^{-\omega t}}{2} - \sin \omega t\right).$$

Angenommen, das Teilchen habe sich in 1 s um 51 cm weiter bewegt. Bestimmen Sie die Geschwindigkeit ω, mit der sich θ ändert, auf 10^{-5} genau für $\omega_0 = -0{,}5$ und $\omega_1 = -0{,}1$. Nehmen Sie an, daß $g = -9{,}81$ m/s^2 sei.

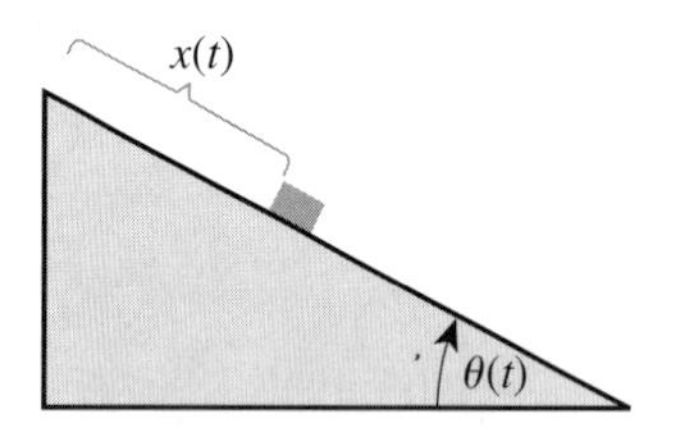

2.4. Das Newtonsche Verfahren

Sowohl die Intervallschachtelung als auch das Sekantenverfahren besitzen eine geometrische Darstellung, wobei die Nullstelle einer den Kurvenverlauf einer Funktion f approximierenden Geraden gesucht und mit der Nullstelle dieser Geraden die Lösung von $f(x) = 0$ approximiert wird. Die höhere Genauigkeit des Sekantenverfahrens im Vergleich zur Intervallschachtelung rührt daher, daß die Sekante der Kurve den Verlauf f besser approximiert als die Gerade, die in der Intervallschachtelung zur Approximation verwendet wird.

Die Gerade, die das Kurvenbild einer Funktion in einem Punkt dieser Kurve *am besten* approximiert, ist die Tangente in diesem Punkt. Benutzt man diese Gerade anstelle der Sekanten, erhält man das **Newtonsche Verfahren** (auch *Newton-Raphson-Verfahren* genannt); diese Methode wird in diesem Abschnitt betrachtet.

Angenommen, p_0 sei eine Startnäherung der Wurzel p der Gleichung $f(x) = 0$. Es sei vorausgesetzt, daß die Funktion f genügend nahe dieser Wurzel differenzierbar sei, so daß f' in einem Intervall existiert, das alle Approximationen von p enthält. Die Steigung der Tangente an die Kurve von f in dem Punkt $(p_0, f(p_0))$ ist $f'(p_0)$, somit ist die Gleichung der Tangente gleich

$$y - f(p_0) = f'(p_0)(x - p_0).$$

Da diese Gerade die x-Achse schneidet, wenn die y-Koordinate des Punktes auf der Geraden null ist, genügt die nächste Approximation p_1 von p

$$0 - f(p_0) = f'(p_0)(p_1 - p_0),$$

daraus folgt

$$p_1 = p_0 - \frac{f(p_0)}{f'(p_0)},$$

vorausgesetzt, daß $f'(p_0) \neq 0$ ist. Nachfolgende Approximationen von p werden, wie Abbildung 2.6 zeigt, entsprechend gefunden.

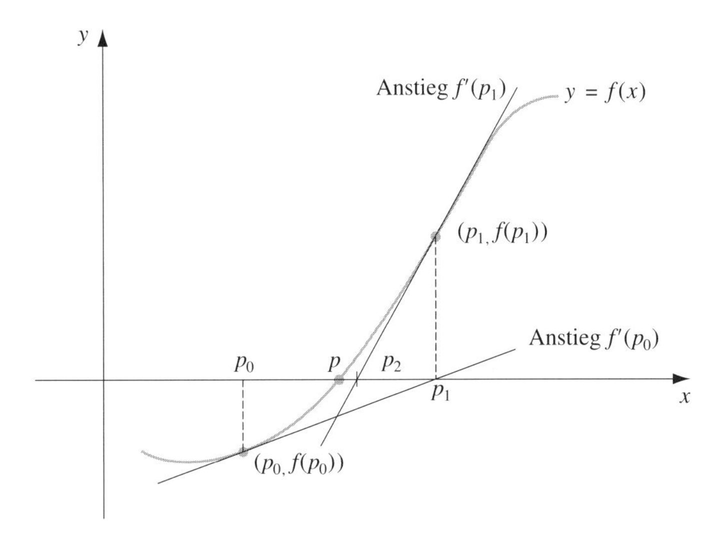

Abb. 2.6

Newtonsches Verfahren

Die Approximation p_{i+1} einer Wurzel von $f(x) = 0$ errechnet sich aus der Approximation p_i mit folgender Gleichung

$$p_{i+1} = p_i - \frac{f(p_i)}{f'(p_i)}.$$

Beispiel 1. Das die Newtonsche Methode anwendende Programm NEWTON24 liefert für die Wurzel von $x^3 + 4x^2 - 10 = 0$, die in $[1, 2]$ liegt, die Ergebnisse in Tabelle 2.4. Um die Konvergenz dieser Methode mit der der vorher auf diese Aufgabe angewandten Verfahren zu vergleichen, werden $p_0 = 1$, $TOL = 0{,}0005$ und $N_0 = 20$ gesetzt. Die Anzahl der Iterationen, die man beim Newtonschen Verfahren zur Lösung der Aufgabe benötigt, ist um ein Drittel geringer als beim Sekantenverfahren, das seinerseits weniger als die Hälfte der Iterationen als die Intervallschachtelung erfordert. Tatsächlich gilt $|p - p_4| \leq 10^{-10}$. □

Das Newtonsche Verfahren liefert im allgemeinen mit wenigen Iterationen genaue Ergebnisse. Mit Hilfe der Taylorschen Polynome kann man sehen, warum dies so ist. Angenommen, p sei die Lösung von $f(x) = 0$ und f'' existiere auf

Tabelle 2.4

n	p_n	$f(p_n)$
1	1,4545454545	1,5401953418
2	1,3689004011	0,0607196886
3	1,3652366002	0,0001087706
4	1,3652300134	0,0000000004

einem Intervall, das sowohl p als auch die Approximation p_i enthält. Entwickeln von f in das erste Taylorsche Polynom in p_i und Auswerten in $x = p$ ergibt

$$0 = f(p) = f(p_i) + f'(p_i)(p - p_i) + \frac{f''(\xi)}{2}(p - p_i)^2,$$

wobei ξ zwischen p_i und p liegt. Folglich gilt für $f'(p_i) \neq 0$

$$p - p_i + \frac{f(p_i)}{f'(p_i)} = -\frac{f''(\xi)}{2f'(p_i)}(p - p_i)^2.$$

Da

$$p_{i+1} = p_i - \frac{f(p_i)}{f'(p_i)}$$

gilt, folgt daraus

$$p - p_{i+1} = -\frac{f''(\xi)}{2f'(p_i)}(p - p_i)^2.$$

Ist eine Schranke M für die zweite Ableitung von f auf einem Intervall über p bekannt und liegt p_i innerhalb dieses Intervalls, dann gilt

$$|p - p_{i+1}| \leq \frac{M}{2|f'(p_i)|}|p - p_i|^2.$$

Ein wichtiges Merkmal dieser Ungleichung ist, daß der Fehler der $(i + 1)$-ten Approximation ungefähr dem Quadrat des Fehlers der i-ten Approximation entspricht. Daraus folgt, daß sich beim Newtonschen Verfahren die Anzahl der genauen Stellen mit jeder sukzessiven Approximation ungefähr verdoppelt. Ist zum Beispiel der Fehler der Approximation von p durch p_i in der Ordnung 10^{-k} mit einer ganzen Zahl k, dann ist der Fehler der Approximation von p durch p_{i+1} in der Ordnung $C(10^{-k})^2 = C10^{-2k}$ für $C = (M/|2f'(p_i)|)$. Je kleiner C ist, um so besser ist die Schranke der Approximationen. Die Schranke wird sich insbesondere schnell null nähern, vorausgesetzt, daß die zweite Ableitung von f beschränkt bleibt und daß die erste Ableitung, die sich von null entfernt, beschränkt ist.

Beispiel 2. Approximieren Sie die Lösung der Gleichung $x = 3^{-x}$ auf 10^{-8} genau.

Eine Lösung dieser Gleichung entspricht einer Lösung von $f(x) = 0$, wobei gilt

$$f(x) = x - 3^{-x}.$$

Da f stetig und $f(0) = -1$ und $f(1) = \frac{2}{3}$ ist, liegt eine Lösung dieser Gleichung im Intervall $(0, 1)$. Als Startnäherung wurde die Mitte dieses Intervalls $x_0 = 0{,}5$ gewählt. Mit folgender Formel wird sukzessive approximiert

$$p_{i+1} = p_i - \frac{f(p_i)}{f'(p_i)} = p_i - \frac{p_i - 3^{-p_i}}{1 + 3^{-p_i} \ln 3}.$$

Diese Approximationen sind zusammen mit den Differenzen zwischen den sukzessiven Näherungswerten in Tabelle 2.5 zusammengefaßt. Die Differenz der sukzessiven Approximationen führt zu dem korrekten Schluß, daß die Lösung für $x = 3^{-x}$ auf 10^{-8} genau 0,54780862 ist. □

Tabelle 2.5

n	p_n	$\lvert p_n - p_{n-1} \rvert$
0	0,500000000	
1	0,547329757	0,047329757
2	0,547808574	0,000478817
3	0,547808622	0,000000048

Der Erfolg des Newtonschen Verfahrens basiert auf der Annahme, daß die Ableitung von f bei den Näherungswerten der Wurzel p ungleich null ist. Ist f' stetig, heißt das, daß die Methode unter der Voraussetzung zufriedenstellend arbeitet, daß $f'(p) \neq 0$ ist und daß eine genügend genaue Startnäherung verwendet wird. Die Bedingung $f'(p) \neq 0$ ist nicht trivial, sie ist genau dann wahr, wenn die Wurzel p der Gleichung eine einfache Wurzel von f ist, das heißt, daß eine Funktion q existiert, für die für $x \neq p$ gilt:

$$f(x) = (x - p)q(x)$$

und

$$\lim_{x \to p} q(x) \neq 0.$$

Ist die Wurzel der Gleichung nicht einfach, mag das Newtonsche Verfahren konvergieren, aber nicht mit der in den vorigen Beispielen gesehenen Geschwindigkeit.

Beispiel 3. Die Wurzel $p = 0$ der Gleichung $f(x) = e^x - x - 1 = 0$ ist nicht einfach, da $f(0) = e^0 - 0 - 1 = 0$ sowie $f'(0) = e^0 - 1 = 0$ gilt. Die mit dem Newtonschen Verfahren erzeugten Glieder mit $p_0 = 0$ sind in Tabelle 2.6 zusammengestellt und konvergieren langsam gegen null.

Tabelle 2.6

n	p_n	n	p_n
0	1,0	8	0,005545
1	0,58198	9	$2{,}7750 \cdot 10^{-3}$
2	0,31906	10	$1{,}3881 \cdot 10^{-3}$
3	0,16800	11	$6{,}9411 \cdot 10^{-4}$
4	0,08635	12	$3{,}4703 \cdot 10^{-4}$
5	0,04380	13	$1{,}7416 \cdot 10^{-4}$
6	0,02206	14	$8{,}8041 \cdot 10^{-5}$
7	0,01107		

Übungsaufgaben

1. Approximieren Sie mit dem Newtonschen Verfahren auf 10^{-4} genau die Wurzeln der folgenden Gleichungen in den gegebenen Intervallen:

a) $x^3 - 2x^2 - 5 = 0,\ [1{,}4]$

b) $x^3 + 3x^2 - 1 = 0,\ [-3, -2]$

c) $x - \cos x = 0,\ [0, \pi/2]$

d) $x - 0{,}8 - 0{,}2\sin x = 0,\ [0, \pi/2]$.

2. Approximieren Sie mit dem Newtonschen Verfahren auf 10^{-5} genau die Lösungen der folgenden Gleichungen:

a) $e^x + 2^{-x} + 2\cos x - 6 = 0$, für $1 \leq x \leq 2$

b) $\ln(x-1) + \cos(x-1) = 0$, für $1{,}2 \leq x \leq 2$

c) $3x^2 - e^x = 0$, für $0 \leq x \leq 1$ und $3 \leq x \leq 5$

d) $(x-2)^2 - \ln x = 0$, für $1 \leq x \leq 2$ und $e \leq x \leq 4$.

3. Lösen Sie $4\cos x = e^x$ mit einer Genauigkeit von 10^{-4} und mit Hilfe des Newtonschen Verfahrens mit $p_0 = 1$.

4. Bestimmen Sie mit dem Newtonschen Verfahren auf 10^{-5} genau die Lösungen der folgenden Gleichungen in den gegebenen Intervallen:

a) $2 + \cos(e^x - 2) - e^x = 0,\ [0{,}5, 1{,}5]$

b) $2x\cos(2x) - (x-2)^2 = 0,\ [2, 3]$ und $[3, 4]$

c) $2x\cos(2x) - (x+1)^2 = 0$, $[-3, -2]$ und $[-1, 0]$

d) $x\cos x - 2x^2 + 3x - 1 = 0$, $[0{,}2, 0{,}3]$ und $[1{,}2, 1{,}3]$.

5. Bestimmen Sie alle vier Lösungen von $4x\cos(2x) - (x-2)^2 = 0$ in $[0, 8]$ auf 10^{-5} genau.

6. Bestimmen Sie alle Lösungen von $x^2 + 10\cos x = 0$ auf 10^{-5} genau.

7. Lösen Sie mit dem Newtonschen Verfahren die Gleichung

$$0 = 2 - 2\cos 2x - 4x\sin x + x^2.$$

Iterieren Sie $p_0 = \pi/2$ mit dem Newtonschen Verfahren, bis eine Genauigkeit der approximierten Wurzel von 10^{-5} erreicht ist. Erklären Sie, warum die Ergebnisse für das Newtonsche Verfahren ungewöhnlich erscheinen. Lösen Sie zusätzlich die Gleichung mit $p_0 = 5\pi$ und $p_0 = 10\pi$.

8. Approximieren Sie mit dem Newtonschen Verfahren auf 10^{-5} genau die Lösungen der folgenden Gleichungen in den gegebenen Intervallen. Die Konvergenz wird bei allen Aufgaben langsamer als normal sein, da die Wurzeln keine einfachen Wurzeln sind.

a) $x^2 - 2xe^{-x} + e^{-2x} = 0$, $[0, 1]$

b) $cos(x + \sqrt{2}) + x(x/\sqrt{2} + 2)/\sqrt{2} = 0$, $[-2, -1]$

c) $x^3 - 3x^2(2^{-x}) + 3x(4^{-x}) + 8^{-x} = 0$, $[0, 1]$

d) $e^{6x} + 3(\ln 2)^2 e^{2x} - (\ln 8)e^{4x} - (\ln 2)^3 = 0$, $[-1, 0]$.

9. Das Polynom vierten Grades

$$f(x) = 230x^4 + 18x^3 + 9x^2 - 221x - 9$$

besitzt zwei reelle Nullstellen, eine in $[-1, 0]$ und die andere in $[0, 1]$. Versuchen Sie, diese Nullstellen mit folgenden Verfahren auf 10^{-6} genau zu bestimmen:

a) Intervallschachtelung

b) Sekantenverfahren

c) Newtonsches Verfahren.

10. Die numerische Methode, die durch

$$p_n = p_{n-1} - \frac{f(p_{n-1})f'(p_{n-1})}{[f'(p_{n-1})]^2 - f(p_{n-1})f''(p_{n-1})}$$

für $n = 1,2,\ldots$, definiert ist, kann anstelle des Newtonschen Verfahrens für Gleichungen mit mehrfachen Wurzeln verwendet werden. Wiederholen Sie mit diesem Verfahren Übung 8 und vergleichen Sie Ihre Ergebnisse mit denen von Übung 8.

11. Die durch $f(x) = \ln(x^2+1) - e^{0{,}4x}\cos\pi x$ beschriebene Funktion besitzt eine unendliche Zahl von Nullstellen.

a) Ermitteln Sie auf 10^{-6} genau die einzige negative Nullstelle.

b) Ermitteln Sie auf 10^{-6} genau die vier kleinsten positiven Nullstellen.

c) Ermitteln Sie eine vernüftige Startnäherung, um die n-te kleinste positive Nullstelle von f zu bestimmen. [Hinweis: Skizzieren Sie grob die graphische Darstellung von f.]

d) Ermitteln Sie mit Übung c) auf 10^{-6} genau die 25st kleinste positive Nullstelle von f.

12. Die Summe zweier Zahlen sei 20. Wird jede Zahl zu ihrer Quadratwurzel addiert, ist das Produkt der beiden Summen 155,55. Ermitteln Sie die beiden Zahlen auf 10^{-4} genau.

13. Aufgaben, die die Geldmenge betreffen, mit der über einen festen Zeitraum eine Hypothek abbezahlt wird, schließen die Formel

$$A = \frac{P}{i}[1 - (1+i)^{-n}]$$

ein, die unter dem Begriff *gewöhnliche Annuitätsgleichung* bekannt ist. In dieser Gleichung stellt A die Höhe jeder Zahlung und i die Zinsrate pro Zeitraum für die n Zahlzeiträume dar.

Angenommen, es werde eine Hypothek über 30 Jahre und 75 000 DM benötigt. Der Schuldner kann es sich höchstens leisten, 625 DM im Monat abzubezahlen. Wie hoch ist die maximale Zinsrate, die der Schuldner zahlen kann?

14. Ein einem Patienten verabreichtes Medikament bewirkt eine Konzentration im Blut von $c(t) = Ate^{-t/3}$ mg/ml, nachdem vor t Stunden A Einheiten injiziert wurden. Die maximale Sicherheitskonzentration beträgt 1 mg/ml.

a) Welche Menge muß injiziert werden, um diese maximale Sicherheitskonzentration zu erreichen und wann tritt sie auf?

b) Nachdem die Konzentration auf 0,25 mg/ml gefallen ist, wird dem Patienten eine zusätzliche Menge dieses Medikamentes verabreicht. Ermitteln Sie auf die Minute genau, wann die zweite Injektion gegeben werden muß.

c) Angenommen, die Konzentration der ersten und zweiten Injektion sei additiv und 75% der ursprünglich injizierten Menge seien mit der zweiten Injektion verabreicht worden. Wann ist es Zeit für eine dritte Injektion?

2.5. Fehleranalyse und Konvergenzbeschleunigung

Im vorhergehenden Abschnitt sah man, daß das Newtonsche Verfahren im allgemeinen schnell konvergiert, wenn eine genügend genaue Startnäherung gefunden wurde. Diese schnelle Konvergenzgeschwindigkeit ist keine allgemeine Eigenschaft der Näherungsverfahren und basiert auf der Tatsache, daß das Newtonsche Verfahren *quadratisch* konvergiert.

Eine Methode, die eine Folge $\{p_n\}$ von Approximationen konstruiert, die gegen eine Zahl p konvergiert, heißt **linear** konvergent gegen p, wenn für alle

$n = 0, 1, \ldots$ eine Konstante M existiert mit

$$|p - p_{n+1}| < M|p - p_n|.$$

Die Folge heißt **quadratisch** konvergent, wenn für alle $n = 0, 1, \ldots$ eine Konstante M existiert mit

$$|p - p_{n+1}| < M|p - p_n|^2.$$

Das folgende Beispiel verdeutlicht den Vorteil der quadratischen gegenüber der linearen Konvergenz.

Beispiel 1. Angenommen, p_n konvergiere linear gegen $p = 0$ und $\hat{p}_n$ konvergiere quadratisch gegen $p = 0$. Zum besseren Vergleich sei in beiden Fällen die Konstante $M = 0{,}5$. Dann gilt

$$|p_1| < M|p_0| \leq (0{,}5) \cdot |p_0|$$

und

$$|\hat{p}_1| < M|\hat{p}_0|^2 \leq (0{,}5) \cdot |\hat{p}_0.|^2$$

Entsprechend gilt

$$|p_2| < M|p_1| \leq 0{,}5(0{,}5) \cdot |p_0| = (0{,}5)^2|p_0|$$

und

$$|\hat{p}_2| < M|\hat{p}_1|^2 \leq 0{,}5(0{,}5 \cdot |\hat{p}_0|^2)^2 = (0{,}5)^3|\hat{p}_0|^4,$$

ebenso

$$|p_3| < M|p_2| \leq 0{,}5((0{,}5)^2 \cdot |p_0|) = (0{,}5)^3|p_0|$$

und

$$|\hat{p}_3| < M|\hat{p}_2|^2 \leq 0{,}5((0{,}5)^3 \cdot |\hat{p}_0|^4)^2 = (0{,}5)^7|\hat{p}_0|^8.$$

Allgemein gilt für alle $n = 1, 2, \ldots$

$$|p_n| < 0{,}5^n|p_0|,$$

wobei

$$|\hat{p}_n| < (0{,}5)^{2^n-1}|\hat{p}_0|^{2^n}$$

ist. Tabelle 2.7 veranschaulicht die relative Konvergenzgeschwindigkeit dieser Fehlerschranken gegen null, wobei man davon ausgeht, daß $|p_0| = |\hat{p}_0| = 1$ ist. Die quadratisch konvergierende Folge liegt beim siebenten Term etwa bei 10^{-38}. Mindestens 126 Terme benötigt die linear konvergierende Folge für diese Genauigkeit. Ist $|\hat{p}_0| < 1$, dann wird die Schranke der Folge $\{\hat{p}_n\}$ noch schneller kleiner, wohingegen keine bedeutsame Änderung für $|p_0| < 1$ auftritt. □

Tabelle 2.7

n	lineare Konvergenz der Fehlerschranken $(0{,}5)^n$	quadratische Konvergenz der Fehlerschranken $(0{,}5)^{2^n-1}$
1	$5{,}0000 \cdot 10^{-1}$	$5{,}0000 \cdot 10^{-1}$
2	$2{,}5000 \cdot 10^{-1}$	$1{,}2500 \cdot 10^{-1}$
3	$1{,}2500 \cdot 10^{-1}$	$7{,}8125 \cdot 10^{-3}$
4	$6{,}2500 \cdot 10^{-2}$	$3{,}0518 \cdot 10^{-5}$
5	$3{,}1250 \cdot 10^{-2}$	$4{,}6566 \cdot 10^{-10}$
6	$1{,}5625 \cdot 10^{-2}$	$1{,}0842 \cdot 10^{-19}$
7	$7{,}8125 \cdot 10^{-3}$	$5{,}8775 \cdot 10^{-31}$

Quadratisch konvergierende Folgen konvergieren im allgemeinen viel schneller als solche, die nur linear konvergieren, aber es gibt viele Methoden, die linear konvergierende Folgen erzeugen. Es soll nun die sogenannte **Aitkensche Δ^2-Methode** betrachtet werden. Sie kann verwendet werden, um ungeachtet von Fixpunkt oder Zuordnung, eine linear konvergierende Folge zu beschleunigen.

Angenommen, $\{p_n\}_{n=0}^{\infty}$ sei eine linear konvergierende Folge mit dem Grenzwert p. Um eine Folge $\{\hat{p}_n\}$, die schneller als $\{p_n\}$ gegen p konvergiert, zu konstruieren, sei zuerst angenommen, daß die Vorzeichen von $p_n - p$, $p_{n+1} - p$ und $p_{n+2} - p$ übereinstimmen und n genügend groß ist, so daß gilt:

$$\frac{p_{n+1} - p}{p_n - p} \approx \frac{p_{n+2} - p}{p_{n+1} - p}.$$

Daraus folgt

$$(p_{n+1} - p)^2 \approx (p_{n+2} - p)(p_n - p)$$

mit

$$p_{n+1}^2 - 2p_{n+1}p + p^2 \approx p_{n+2}p_n - (p_n + p_{n+2})p + p^2$$

und

$$(p_{n+2} + p_n - 2p_{n+1})p \approx p_{n+2}p_n - p_{n+1}^2.$$

Auflösen nach p ergibt

$$\begin{aligned}
p &\approx \frac{p_{n+2}p_n - p_{n+1}^2}{p_{n+2} - 2p_{n+1} + p_n} \\
&= \frac{p_n^2 + p_n p_{n+2} + 2p_n p_{n+1} - 2p_n p_{n+1} - p_n^2 - p_{n+1}^2}{p_{n+2} - 2p_{n+1} + p_n} \\
&= \frac{(p_n^2 + p_n p_{n+2} - 2p_n p_{n+1}) - (p_n^2 - 2p_n p_{n+1} + p_{n+1}^2)}{p_{n+2} - 2p_{n+1} + p_n} \\
&= p_n - \frac{(p_{n+1} - p_n)^2}{p_{n+2} - 2p_{n+1} + p_n}.
\end{aligned}$$

Die Aitkensche Δ^2-Methode verwendet die nachfolgend definierte Folge $\{\hat{p}_n\}_{n=0}^{\infty}$, um den Grenzwert p zu approximieren.

Aitkensche Δ^2-Methode

$$\hat{p}_n = p_n - \frac{(p_{n+1} - p_n)^2}{p_{n+2} - 2p_{n+1} + p_n}.$$

Beispiel 2. Die Folge $\{p_n\}_{n=1}^{\infty}$ mit $p_n = \cos(1/n)$ konvergiert linear gegen $p = 1$. Die ersten Terme der Folgen $\{p_n\}_{n=1}^{\infty}$ und $\{\hat{p}_n\}_{n=1}^{\infty}$ sind in Tabelle 2.8 zusammengestellt. Es ist offensichtlich, daß $\{\hat{p}_n\}_{n=1}^{\infty}$ schneller als $\{p_n\}_{n=1}^{\infty}$ gegen $p = 1$ konvergiert. □

Tabelle 2.8

n	p_n	$\hat{p}_n$
1	0,54030	0,96178
2	0,87758	0,98213
3	0,94496	0,98979
4	0,96891	0,99342
5	0,98007	0,99541
6	0,98614	
7	0,98981	

Die in dieser Methode verwendete Bezeichnung Δ hat ihren Ursprung in der folgenden Definition. Gegeben sei die Folge $\{p_n\}_{n=0}^{\infty}$, die **aufsteigende Differenz** Δp_n für $n \geq 0$ ist

$$\Delta p_n = p_{n+1} - p_n.$$

Höhere Potenzen $\Delta^k p_n$ werden durch

$$\Delta^k p_n = \Delta(\Delta^{k-1} p_n) \text{ für } k \geq 2$$

rekursiv definiert. Aufgrund der Definition

$$\Delta^2 p_n = \Delta(p_{n+1} - p_n) = \Delta p_{n+1} - \Delta p_n = (p_{n+2} - p_{n+1}) - (p_{n+1} - p_n)$$

ergibt sich

$$\Delta^2 p_n = p_{n+2} - 2p_{n+1} + p_n.$$

Daher kann die in der Aitkenschen Δ^2-Methode gegebene Formel für $\hat{p}_n$ als

$$\hat{p}_n = p_n - \frac{(\Delta p_n)^2}{\Delta^2 p_n} \text{ für alle } n \geq 0$$

geschrieben werden.

Die Folge $\{\hat{p}_n\}_{n=1}^{\infty}$ konvergiert schneller als die ursprüngliche Folge $\{p_n\}_{n=0}^{\infty}$ gegen p. Genauer ausgedrückt heißt das, daß

$$\lim_{n\to\infty} \frac{\hat{p}_n - p}{p_n - p} = 0$$

gilt, wenn $\{p_n\}$ eine Folge ist, die linear gegen p konvergiert und $p_n - p \neq 0$ für alle $n \geq 0$ ist.

Dieses Beschleunigungsverfahren wird noch oft in den vorgestellten Näherungsmethoden angewendet werden.

Übungsaufgaben

1. Die gegebenen Folgen konvergieren linear. Konstruieren Sie die ersten fünf Terme der Folge $\{\hat{p}_n\}$ mit der Aitkenschen Δ^2-Methode.

a) $p_0 = 0{,}5,\ p_n = (2 - e^{p_{n-1}} + p_{n-1}^2)/3,\ n = 1, 2, \ldots$

b) $p_0 = 0{,}75,\ p_n = (e^{p_{n-1}}/3)^{1/2},\ n = 1, 2, \ldots$

c) $p_0 = 0{,}5,\ p_n = 3^{-p_{n-1}},\ n = 1, 2, \ldots$

d) $p_0 = 0{,}5,\ p_n = \cos p_{n-1},\ n = 1, 2, \ldots$

2. Betrachtet sei die Funktion $f(x) = e^{6x} + 3(\ln 2)^2 e^{2x} - \ln 8 e^{4x} - (\ln 2)^3$. Bestimmen Sie mit dem Newtonschen Verfahren und $p_0 = 0$ die Wurzel von $f(x)$. Erzeugen Sie die Terme bis $|p_{n+1} - p_n| < 0{,}0002$, und konstruieren Sie die Folge $\{\hat{p}_n\}$. Wurde die Konvergenz verbessert?

3. Wiederholen Sie Übung 2, indem Sie die Konstanten in $f(x)$ durch ihre vierstellige Näherung ersetzen, das heißt $f(x) = e^{6x} + 1{,}441e^{2x} - 2{,}079e^{4x} - 0{,}3330$. Vergleichen Sie die Lösungen mit den Ergebnissen aus Übung 2.

4. Das Newtonsche Verfahren konvergiert für die folgenden Aufgaben nicht quadratisch. Beschleunigen Sie mit der Aitkenschen Δ^2-Methode die Konvergenz. Iterieren Sie bis $|\hat{p}_n - \hat{p}_{n-1}| < 10^{-4}$.

a) $x^2 - 2xe^{-x} + e^{-2x} = 0,\ [0, 1]$

b) $\cos(x + \sqrt{2}) + x(x/2 + \sqrt{2}) = 0,\ [-2, -1]$

c) $x^3 - 3x^2(2^{-x}) + 3x(4^{-x}) - 8^{-x} = 0,\ [0, 1]$

d) $e^{3x} + 3(\ln 1{,}5)^2 e^x - (\ln 3{,}375)e^{2x} - (\ln 1{,}5)^3 = 0,\ [-1, 0]$.

5. Zeigen Sie, daß die gegebenen Folgen $\{p^n\}$ linear gegen $p = 0$ konvergieren. Wie groß muß n für $|p_n - p| \leq 5 \cdot 10^{-2}$ sein? Erzeugen Sie eine Folge $\{\hat{p}_n\}$ mit der Aitkenschen Δ^2-Methode, bis $|p_n - p| \leq 5 \cdot 10^{-2}$ ist.

a) $p_n = \frac{1}{n},\ n \geq 1$

b) $p_n = \frac{1}{n^2},\ n \geq 1$.

6. Zeigen Sie, daß die durch $p_n = 1/n^k$, $n \geq 1$ definierte Folge für eine beliebige, positive, ganze Zahl k linear gegen $p = 0$ konvergiert. Bestimmen Sie für jedes Paar ganzer Zahlen k und m eine Zahl N, für die gilt $1/N^k < 10^{-m}$.

7. **a)** Zeigen Sie, daß die Folge $p_n = 10^{-2^n}$ quadratisch gegen null konvergiert.

b) Zeigen Sie, daß die Folge $p_n = 10^{-n^k}$ ungeachtet der Größe des Exponenten k nicht quadratisch gegen null konvergiert.

2.6. Die Methode von Müller

Es gibt eine Reihe von Problemen zur Wurzelbestimmung, für die das Sekantenverfahren, die Regula falsi und das Newtonsche Verfahren keine zufriedenstellenden Ergebnisse liefern. Beispielsweise konvergieren diese Methoden nicht schnell, wenn gleichzeitig die Funktion und ihre Ableitung nahe null liegen. Zusätzlich können diese Methoden keine komplexen Wurzeln approximieren, außer wenn die Startnäherung eine komplexe Zahl mit einem imaginären Teil ungleich null ist. Damit stellen sie oft eine schlechte Wahl dar, wenn die Wurzeln eines Polynoms bestimmt werden sollen, das, sogar mit reellen Koeffizienten, im allgemeinen komplexe Wurzeln besitzt, die in konjugierten Paaren auftreten.

In diesem Abschnitt wird die Methode von Müller betrachtet, ein Verfahren ähnlich dem Sekantenverfahren. Das Sekantenverfahren konstruiert jede neue Approximation, indem die Nullstelle der Geraden bestimmt wird, die durch die Punkte auf dem Graphen der Funktion geht, die mit den beiden unmittelbar vorherigen Approximationen korrespondieren; vergleiche Abbildung 2.7(a). Die Methode von Müller verwendet die Nullstelle der Parabel durch die drei unmittelbar davorliegenden Punkte auf dem Graphen als neue Approximation, wie in Teil (b) der Abbildung 2.7 gezeigt.

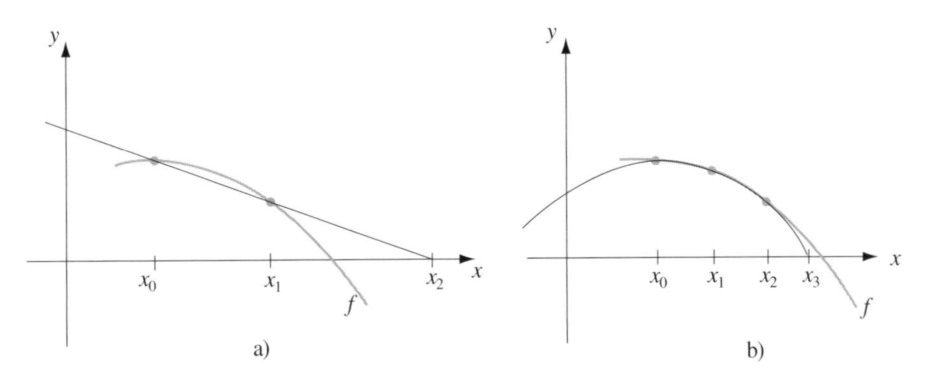

Abb. 2.7

Es sei angenommen, daß die drei Startnäherungen p_0, p_1, p_2 für eine Lösung von $f(x) = 0$ gegeben sind. Bei der Herleitung der Methode von Müller zur Bestimmung der nächsten Approximation p_3 betrachtet man zuerst das quadratische Polynom

$$P(x) = a(x - p_2)^2 + b(x - p_2) + c,$$

das durch $(p_0, f(p_0))$, $(p_1, f(p_1))$ und $(p_2, f(p_2))$ geht. Die Konstanten a, b und c können aus den Bedingungen

$$f(p_0) = a(p_0 - p_2)^2 + b(p_0 - p_2) + c,$$
$$f(p_1) = a(p_1 - p_2)^2 + b(p_1 - p_2) + c$$

und

$$f(p_2) = a \cdot 0^2 + b \cdot 0 + c$$

bestimmt werden. Zur Bestimmung von p_3, der Wurzel von $P(x) = 0$, wird die quadratische Formel auf $P(x)$ angewandt. Wegen des Rundungsfehlers durch die Subtraktion von fast gleich großen Zahlen wird die Formel jedoch wie in Beispiel 1 des Abschnitts 1.4 angeordnet:

$$p_3 - p_2 = \frac{-2c}{b \pm \sqrt{b^2 - 4ac}}.$$

Damit gibt es, abhängig von dem Vorzeichen vor dem Wurzelterm, zwei Möglichkeiten für p_3. Bei der Methode von Müller wählt man das Vorzeichen entsprechend dem von b. Auf diese Art und Weise wird der Nenner größtmöglichst und resultiert in einem p_3, das die Wurzel von $P(x) = 0$ darstellt, die am nächsten zu p_2 liegt.

Methode von Müller

Die gegebenen Startnäherungen p_0, p_1 und p_2 erzeugen

$$p_3 = p_2 - \frac{2c}{b + \operatorname{sign}(b)\sqrt{b^2 - 4ac}},$$

wobei

$$c = f(p_2),$$
$$b = \frac{(p_0 - p_2)^2[f(p_1) - f(p_2)] - (p_1 - p_2)^2[f(p_0) - f(p_2)]}{(p_0 - p_2)(p_1 - p_2)(p_0 - p_1)}$$

und

$$a = \frac{(p_1 - p_2)[f(p_0) - f(p_2)] - (p_0 - p_2)[f(p_1) - f(p_2)]}{(p_0 - p_2)(p_1 - p_2)(p_0 - p_1)}$$

ist. Dann ersetzt man p_0, p_1 und p_2 durch p_1, p_2 und p_3 und iteriert weiter.

Man fährt fort, bis eine zufriedenstellende Lösung erreicht ist. Da in jedem Schritt die Wurzel $\sqrt{b^2 - 4ac}$ verwendet wird, approximiert die Methode auch komplexe Wurzeln.

Beispiel 1. Betrachtet sei das Polynom $f(x) = 16x^4 - 40x^3 + 5x^2 + 20x + 6$. Das Programm MULLER25 liefert mit einer Toleranzgenauigkeit von 10^{-5} und verschiedenen Eingaben für p_0, p_1 und p_2 die in den Tabellen 2.9, 2.10 und 2.11 aufgelisteten Ergebnisse.

Die tatsächlichen Wurzeln der Gleichung sind 1,241677, 1,970446 und $-0,356062 \pm 0,162758i$. Dies verdeutlicht die Genauigkeit der Näherungen mit der Methode von Müller. □

Tabelle 2.9 $p_0 = 0{,}5$, $p_1 = -0{,}5$, $p_2 = 0$

i	p_i	$f(p_i)$
3	$-0{,}555556 + 0{,}598352i$	$-29{,}4007 - 3{,}89872i$
4	$-0{,}435450 + 0{,}102101i$	$1{,}33223 - 1{,}19309i$
5	$-0{,}390631 + 0{,}141852i$	$0{,}375057 - 0{,}670164i$
6	$-0{,}357699 + 0{,}169926i$	$-0{,}146746 - 0{,}00744629i$
7	$-0{,}356051 + 0{,}162856i$	$-0{,}183868 \cdot 10^{-2} + 0{,}539780 \cdot 10^{-3}i$
8	$-0{,}356062 + 0{,}162758i$	$0{,}286102 \cdot 10^{-5} + 0{,}953674 \cdot 10^{-6}i$

Tabelle 2.10 $p_0 = 0{,}5$, $p_1 = 1{,}0$, $p_2 = 1{,}5$

i	p_i	$f(p_i)$
3	1,28785	$-1{,}37624$
4	1,23746	$0{,}126941$
5	1,24160	$0{,}219440 \cdot 10^{-2}$
6	1,24168	$0{,}257492 \cdot 10^{-4}$
7	1,24168	$0{,}257492 \cdot 10^{-4}$

Tabelle 2.11 $p_0 = 2{,}5$, $p_1 = 2{,}0$, $p_2 = 2{,}25$

i	p_i	$f(p_i)$
3	1,96059	$-0{,}611255$
4	1,97056	$0{,}748825 \cdot 10^{-2}$
5	1,97044	$-0{,}295639 \cdot 10^{-4}$
5	1,97044	$-0{,}295639 \cdot 10^{-4}$

Das Beispiel 1 veranschaulicht, daß die Methode von Müller die Wurzeln eines Polynoms mit einer Vielzahl von Startwerten approximieren kann. In der Tat liegt die Bedeutung der Methode darin, daß das Verfahren im allgemeinen für jede Startnäherung gegen die Wurzel eines Polynoms konvergiert. Es können jedoch Aufgaben konstruiert werden, bei denen das Verfahren für bestimmte Startnäherungen nicht konvergiert. Die die Methode von Müller verwendenden universellen Softwarepakete erfragen nur eine Startnäherung pro Wurzel und können wahlweise sogar die Approximation beweisen.

Obwohl die Methode von Müller nicht die Effizienz des Newtonschen Verfahrens aufweist, ist sie im allgemeinen besser als das Sekantenverfahren. Wichtiger als die relative Effektivität ist jedoch die Einfachheit der Durchführung und die Wahrscheinlichkeit, daß eine Wurzel gefunden werden wird. Jede dieser Methoden konvergiert ziemlich schnell, wenn eine vernünftige Startnäherung bestimmt wurde.

Wurde einmal eine genügend genaue Approximation p^* einer Wurzel gefunden, wird $f(x)$ durch $x - p^*$ geteilt. Dieses Vorgehen nennt man *Deflation*. Ist $f(x)$ ein Polynom des Grades n, so ist der Grad des Polynoms nach der Deflation $n - 1$, was die Berechnungen vereinfacht. Nach der Approximation der Wurzel dieses Polynoms wird diese Näherung als Startnäherung in der Methode von Müller oder in dem Newtonschen Verfahren in das ursprüngliche Polynom eingesetzt. Das stellt sicher, daß die approximierte Wurzel eine Lösung der tatsächlichen Gleichung ist, nicht der weniger genauen Gleichung nach der Deflation.

Übungsaufgaben

1. Approximieren Sie mit dem Newtonschen Verfahren auf 10^{-4} genau alle reellen Wurzeln von $P(x) = 0$ der folgenden Polynome:

a) $P(x) = x^3 - 2x^2 - 5$

b) $P(x) = x^3 + 3x^2 - 1$

c) $P(x) = x^3 - x - 1$

d) $P(x) = x^4 + 2x^2 - x - 3$

e) $P(x) = x^3 + 4{,}001x^2 + 4{,}002x + 1{,}001$

f) $P(x) = x^5 - x^4 + 2x^3 - 3x^2 + x - 4.$

2. Approximieren Sie mit dem Newtonschen Verfahren auf 10^{-5} genau alle Wurzeln von $P(x) = 0$. Bestimmen Sie zuerst alle reellen Wurzeln, und reduzieren Sie dann zu Polynomen niedrigerer Ordnung, um alle komplexen Wurzeln zu ermitteln.

a) $P(x) = x^4 + 5x^3 - 9x^2 - 85x - 136$

b) $P(x) = x^4 - 2x^3 - 12x^2 + 16x - 40$

c) $P(x) = x^4 + x^3 + 3x^2 + 2x + 2$

d) $P(x) = x^5 + 11x^4 - 21x^3 - 10x^2 - 21x - 5$

e) $P(x) = 16x^4 + 88x^3 + 159x^2 + 76x - 240$

f) $P(x) = x^4 - 4x^2 - 3x + 5$

g) $P(x) = x^4 - 2x^3 - 4x^2 + 4x + 4$

h) $P(x) = x^3 - 7x^2 + 14x - 6.$

3. Wiederholen Sie mit der Methode von Müller Übung 1.

4. Wiederholen Sie mit der Methode von Müller Übung 2.

5. Bestimmen Sie mit der Methode von Müller auf 10^{-3} genau die Nullstellen und die singulären Punkte der folgenden Funktionen. Skizzieren Sie mit dieser Information den Graphen von f.

a) $f(x) = x^3 - 9x^2 + 12$

b) $f(x) = x^4 - 2x^3 - 5x^2 + 12x - 5.$

6. Eine Kanne in Gestalt eines senkrechten, runden Zylinders soll ein Fassungsvermögen von 1 000 cm^3 besitzen (siehe Abbildung). Der runde Deckel und Boden der Kanne soll einen 0,25 cm größeren Radius als die Kanne besitzen, damit mit dem Überschuß ein Verschluß mit dem Mantel gebildet werden kann. Die den Mantel bildende Materialplatte muß 0,25 cm länger als der Umfang der Kanne sein, damit der Mantel geschlossen werden kann. Bestimmen Sie die minimale Materialmenge auf 10^{-4} cm^2 genau, die zur Herstellung der Kanne benötigt wird.

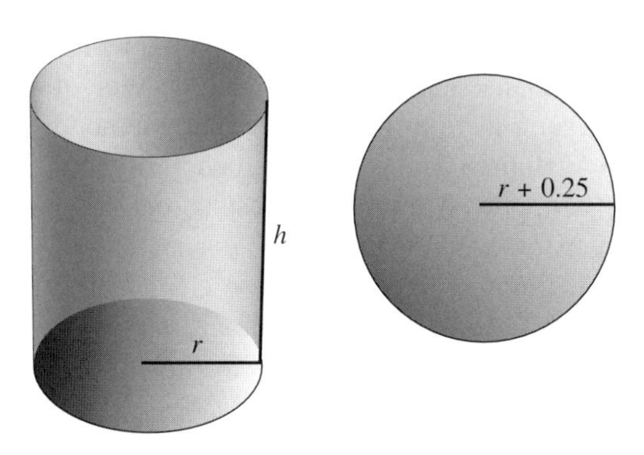

7. Zwei Leitern überkreuzen sich wie gezeigt in einen Gang der Breite W. Jede Leiter reicht vom Boden einer Wand zu einem Punkt auf der gegenüberliegenden Wand. Die Leitern kreuzen sich auf einer Höhe H über dem Straßenpflaster. Bestimmen Sie W mit der gegebenen Länge der Leitern $x_1 = 6$ m und $x_2 = 9$ m und $H = 2,4$ m.

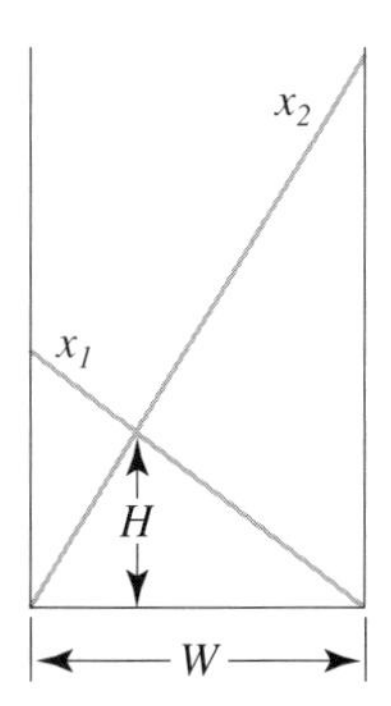

2.7. Methoden- und Softwareüberblick

Dieses Kapitel widmete sich dem Problem, eine Wurzel der Gleichung $f(x) = 0$ zu finden, wobei f eine gegebene, stetige Funktion darstellt. Alle Methoden beginnen mit einer Startnäherung und erzeugen eine Folge, die gegen eine Wurzel konvergiert, wenn die Methode erfolgreich ist. Ist $[a, b]$ ein Intervall, in dem $f(a)$ und $f(b)$ unterschiedliche Vorzeichen haben, dann konvergieren die Intervallschachtelung und die Regula falsi immer. Die Konvergenz dieser Methoden kann jedoch langsam sein. Schnellere Konvergenz erreicht man im allgemeinen mit dem Sekantenverfahren oder dem Newtonschen Verfahren. Für diese Methoden sind gute Startwerte erforderlich, zwei bei dem Sekantenverfahren und eine bei dem Newtonschen Verfahren, so daß die Intervallschachtelung oder die Regula falsi als Startmethoden für das Sekanten- oder Newtonsche Verfahren verwendet werden können.

Die Methode von Müller liefert auch ohne spezielle, gute Startwerte eine schnelle Konvergenz gegen eine Wurzel. Sie ist nicht so effizient wie das Newtonsche Verfahren, jedoch besser als das Sekantenverfahren.

Hat man einmal eine approximierte Wurzel bestimmt, wird bei der Methode von Müller die Deflation angewandt. Danach approximiert man die Wurzel dieses Polynoms und setzt diese Näherung als Startnäherung in der Methode von Müller oder in dem Newtonschen Verfahren in das ursprüngliche Polynom ein. Das gewährleistet, daß die approximierte Wurzel eine Lösung der tatsächlichen Gleichung ist, nicht der ungenaueren Gleichung nach der Deflation. Die Methode von Müller wurde zur Bestimmung aller Nullstellen eines Polynoms, reeller und komplexer, empfohlen. Sie kann auch für beliebige, stetige Funktionen verwendet werden, aber das Programm MULLER25 muß modifiziert werden, um die komplexe Arithmetik auszuführen.

Für eine gegebene, spezifizierte Funktion f und eine Toleranz sollte ein effizientes Programm eine Approximation einer oder mehrerer Lösungen von $f(x) = 0$ liefern, jede mit einem absoluten oder relativen Fehler innerhalb der Toleranz, und die Ergebnisse sollten innerhalb einer vernünftigen Zeit erzeugt werden. Kann das Programm diese Aufgabe nicht erfüllen, sollte es wenigstens bedeutungsvolle Erklärungen geben, warum es nicht erfolgreich war und wie man den Grund des Versagens beseitigen kann. Kommerzielle Software tut genau dies.

Die IMSL-FORTRAN-Unterfunktion ZANLY benutzt die Methode von Müller mit Deflation zur Approximation einer Zahl von Wurzeln von $f(x) = 0$. Die Funktion ZBREN (nach R. P. Brent) verwendet eine Kombination von linearen Interpolationen, eine inverse quadratische Interpolation ähnlich der Methode von Müller und der Intervallschachtelung. Sie erfordert eine Spezifizierung eines Intervalles $[a, b]$, das eine Wurzel enthält. Die IMSL-Funktion ZREAL basiert auf einer Variation der Methode von Müller und approximiert die Nullstellen einer reellen Funktion f, wenn nur wenige Startwerte verfügbar sind. Funktionen zum Auffinden von Nullstellen von Polynomen sind ZPORC; ZPLRC dient dem Auffinden von Nullstellen reeller Polynome und ZPOCC dem Auffinden von Nullstellen komplexer Polynome.

Die NAG-FORTRAN-Unterfunktion CO5ADF verwendet die Intervallschachtelung in Verbindung mit einer Methode, die auf inverser linearer Interpolation basiert, ähnlich der Regula falsi oder dem Sekantenverfahren, um eine reelle Nullstelle von $f(x) = 0$ in dem Intervall $[a, b]$ zu approximieren. Die Unterfunktion CO5AZF ähnelt CO5ADF, erfordert aber anstelle eines Intervalls einen einzelnen Startwert. Die Unterfunktion CO5AGF findet ohne fremde Hilfe ein Intervall, das eine Wurzel enthält. NAG stellt auch die Unterfunktionen CO2AEF bereit, um alle Nullstellen eines reellen Polynoms, bzw. CO2ADF, um die Nullstellen eines komplexen Polynoms zu approximieren. Die Unterfunktion CO2AGF bestimmt auch die Wurzeln eines reellen Polynoms. Innerhalb MATLAB berechnet die Funktion ROOTS alle Wurzeln, reelle und komplexe, eines Polynoms. FZERO berechnet für eine beliebige Funktion eine Wurzel innerhalb einer spezifizierten Toleranz, die nahe einer vom Benutzer vorgegebenen Startnäherung liegt.

Man beachte, daß trotz der Unterschiedlichkeiten der Verfahren die professionell geschriebenen Pakete in erster Linie auf den Methoden und Prinzipien basieren, die in diesem Kapitel diskutiert wurden. Der Benutzer sollte diese Pakete anwenden können, indem er die begleitenden Handbücher liest, um die Parameter und die Spezifizierungen der erzielten Ergebnisse zu verstehen.

3. Interpolation und Polynomapproximation

3.1. Einleitung

Im allgemeinen gehen Ingenieure und Wissenschaftler davon aus, daß die Beziehungen zwischen Variablen in einem physikalischen Problem analytisch dargestellt werden können. Diese Darstellung kann mit den Daten des Problems ungefähr reproduziert werden. Letztendlich möchte man damit die Werte an dazwischenliegenden Stellen bestimmen, das Integral oder die Ableitung der zugrundeliegenden Funktion approximieren oder einfach eine glatte oder stetige Darstellung des interessierenden Phänomens geben.

Die Interpolation befaßt sich mit der Problematik, eine Funktion zu bestimmen, die eine gegebene Menge von Werten genau darstellt. Der elementarste Typ der Interpolation besteht darin, ein Polynom auf eine Ansammlung von Werten zurückzuführen. Polynome besitzen Ableitungen und Integrale, die wiederum Polynome sind, so daß sie eine natürliche Auswahl zur Approximation von Ableitungen und Integralen bilden. In diesem Kapitel wird gezeigt, daß approximierende Polynome leicht konstruiert werden können und daß die Menge der Polynome hinreichend groß ist, um jede stetige Funktion beliebig genau darzustellen.

Weierstraßscher Approximationssatz

Gegeben sei eine auf $[a, b]$ definierte und stetige Funktion f. Dann gibt es zu jedem $\epsilon > 0$ ein auf $[a, b]$ definiertes Polynom P, so daß

$$|f(x) - P(x)| < \epsilon \quad \text{für alle } x \in [a, b] \text{ gilt.}$$

Die Taylorschen Polynome wurden im Abschnitt 1.2 eingeführt, wo sie als einer der grundlegenden Bausteine der numerischen Analysis beschrieben wurden.

Aufgrund dieser Bedeutung sollte man annehmen, daß die Polynominterpolation häufig diese Funktionen einsetzt. Das ist jedoch nicht der Fall. Die Taylorschen Polynome stimmen zwar mit einer gegebenen Funktion an einer festen Stützstelle sehr gut überein, aber diese Genauigkeit bezieht sich nur auf diese Stelle. Ein gutes Interpolationspolynom muß aber über ein ganzes Intervall eine relativ genaue Approximation liefern. Die Taylorschen Polynome genügen im allgemeinen dieser Bedingung nicht. Es seien zum Beispiel die ersten sechs Taylorschen Polynome von $f(x) = e^x$ bezüglich $x_0 = 0$ berechnet. Da alle Ableitungen von f gleich e^x sind, was 1 für $x_0 = 0$ ergibt, sind die Taylorschen Polynome

$$P_0(x) = 1, \quad P_1(x) = 1+x, \quad P_2(x) = 1+x+\frac{x^2}{2}, \quad P_3(x) = 1+x+\frac{x^2}{2}+\frac{x^3}{6},$$

$$P_4(x) = 1 + x + \frac{x^2}{2} + \frac{x^3}{6} + \frac{x^4}{24} \text{ und } P_5(x) = 1 + x + \frac{x^2}{2} + \frac{x^3}{6} + \frac{x^4}{24} + \frac{x^5}{120}.$$

Tabelle 3.1

x	$P_0(x)$	$P_1(x)$	$P_2(x)$	$P_3(x)$	$P_4(x)$	$P_5(x)$	e^x
−2,0	1,00000	−1,00000	1,00000	−0,33333	0,33333	0,06667	0,13534
−1,5	1,00000	−0,50000	0,62500	0,06250	0,27344	0,21016	0,22313
−1,0	1,00000	0,00000	0,50000	0,33333	0,37500	0,36667	0,36788
−0,5	1,00000	0,50000	0,62500	0,60417	0,60677	0,60651	0,60653
0,0	1,00000	1,00000	1,00000	1,00000	1,00000	1,00000	1,00000
0,5	1,00000	1,50000	1,62500	1,64583	1,64844	1,64870	1,64872
1,0	1,00000	2,00000	2,50000	2,66667	2,70833	2,71667	2,71828
1,5	1,00000	2,50000	3,62500	4,18750	4,39844	4,46172	4,48169
2,0	1,00000	3,00000	5,00000	6,33333	7,00000	7,26667	7,38906

Tabelle 3.1 listet die Taylorschen Polynome für unterschiedliche Werte x auf. Man beachte, daß sogar für Polynome höherer Ordnung der Fehler um so größer wird, je weiter man sich von Null entfernt.

Obwohl in diesem Fall eine bessere Approximation erreicht wird, wenn man Taylorsche Polynome höherer Ordnung verwendet, ist dies nicht allgemein richtig. Als extremes Beispiel sei die Entwicklung der Taylorschen Polynome verschiedener Ordnungen von $f(x) = 1/x$ bezüglich $x_0 = 1$ betrachtet, um $f(3) = \frac{1}{3}$ zu approximieren. Da $f(x) = x^{-1}$, $f'(x) = -x^{-2}$, $f''(x) = (-1)^2 2 \cdot x^{-3}$ und allgemein $f^{(n)}(x) = (-1)^n n! x^{-n-1}$ ist, sind die Taylorschen Polynome für $n \geq 0$

$$P_n(x) = \sum_{k=0}^{n} \frac{f^{(k)}(1)}{k!}(x-1)^k = \sum_{k=0}^{n}(-1)^k(x-1)^k.$$

Approximiert man $f(3) = \frac{1}{3}$ durch $P_n(3)$ mit ansteigendem n, erhält man die Werte in Tabelle 3.2 – ein dramatisches Versagen.

Tabelle 3.2

n	0	1	2	3	4	5	6	7
$P_n(3)$	1	−1	3	−5	11	−21	43	−85

Da die Taylorschen Polynome die Eigenschaft besitzen, alle zur Approximation verwendeten Informationen auf eine einzelne Stützstelle x_0 zu konzentrieren, ist die hier auftretende Schwierigkeit allgemeiner Natur. Dies schränkt die Taylorsche Polynomapproximation auf die Situation ein, wo Approximationen nur an Stellen nahe x_0 benötigt werden. Für allgemeine rechnerische Zwecke ist es effizienter, Methoden zu verwenden, die Informationen für verschiedene Stützstellen liefern. Diese Methoden werden im restlichen Kapitel betrachtet. Die hauptsächliche Verwendung der Taylorschen Polynome in der numerischen Analysis ist *nicht* die der Approximation, sondern die der Herleitung der numerischen Verfahren.

3.2. Lagrangesche Polynome

Im vorigen Abschnitt wurde gezeigt, daß die Taylorschen Polynome für die Approximation ungeeignet sind. Diese Polynome können nur über kleine Intervalle für Funktionen verwendet werden, deren Ableitungen existieren und leicht ausgewertet werden können. In diesem Abschnitt werden approximierende Polynome diskutiert, die einfach durch bestimmte spezifizierte Punkte auf der Ebene, durch die Polynome gehen müssen, bestimmt werden.

Das Problem der Bestimmung eines Polynoms vom Grad eins, das durch die einzelnen Punkte (x_0, y_0) und (x_1, y_1) geht, ist dasselbe wie das der Approximation einer Funktion f, für die $f(x_0) = y_0$ und $f(x_1) = y_1$ ist, mittels einer Polynominterpolation ersten Grades oder einer Übereinstimmung der Werte von f an den gegebenen Stützstellen. Betrachtet sei das lineare Polynom

$$P(x) = \frac{(x - x_1)}{(x_0 - x_1)} f(x_0) + \frac{(x - x_0)}{(x_1 - x_0)} f(x_1).$$

Für $x = x_0$ ist

$$P(x_0) = 1 \cdot f(x_0) + 0 \cdot f(x_1) = f(x_0) = y_0,$$

und für $x = x_1$ ist

$$P(x_1) = 0 \cdot f(x_0) + 1 \cdot f(x_1) = f(x_1) = y_1,$$

somit besitzt P die erforderten Eigenschaften (vergleiche Abbildung 3.1).

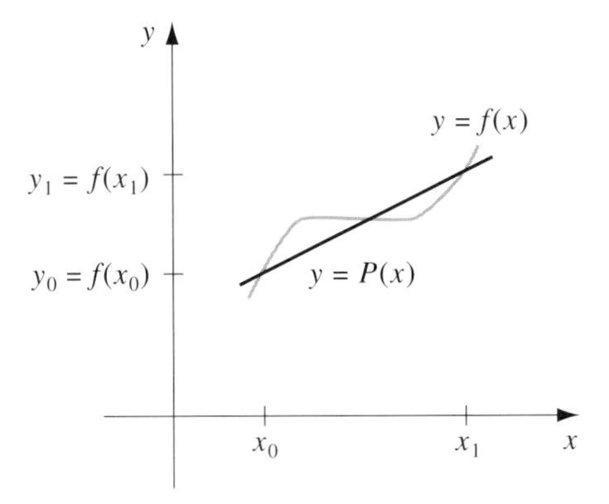

Abb. 3.1

Um das Konzept der linearen Interpolation auf Polynome höheren Grades zu verallgemeinern, sei die Konstruktion eines Polynoms des Grades höchstens gleich n betrachtet, das durch die $n+1$ Punkte

$$(x_0, f(x_0)), (x_1, f(x_1)), \ldots, (x_n, f(x_n))$$

geht. (Vergleiche Abbildung 3.2.)

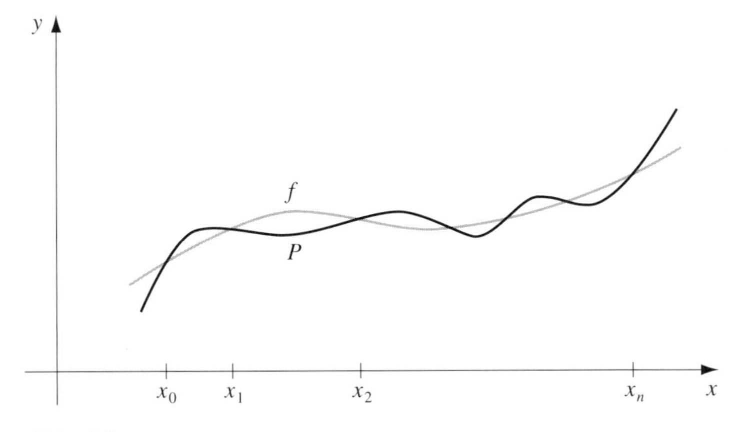

Abb. 3.2

Das lineare Polynom, das durch $(x_0, f(x_0))$ und $(x_1, f(x_1))$ geht, verwendet die Quotienten

$$L_0(x) = \frac{(x - x_1)}{(x_0 - x_1)} \text{ und } L_1(x) = \frac{(x - x_0)}{(x_1 - x_0)}.$$

Dieses Paar linearer Funktionen wählt den Wert von f aus, der für die Approximation benötigt wird. Wenn

$$x = x_0: \quad L_0(x_0) = 1 \text{ und } L_1(x_0) = 0 \text{ ist, dann ist } P_1(x_0) = f(x_0),$$

und wenn

$$x = x_1: \quad L_0(x_1) = 0 \text{ und } L_1(x_1) = 1 \text{ ist, dann ist } P_1(x_1) = f(x_1).$$

Allgemein muß man für jedes $k = 0, 1, \ldots, n$ einen Quotienten $L_{n,k}(x)$ konstruieren, der die Eigenschaft $L_{n,k}(x_i) = 0$ für $i \neq k$ und $L_{n,k}(x_k) = 1$ besitzt. Um $L_{n,k}(x_i) = 0$ für jedes $i \neq k$ zu genügen, muß der Zähler von $L_{n,k}$ den Term

$$(x - x_0)(x - x_1) \cdots (x - x_{k-1})(x - x_{k+1}) \cdots (x - x_n)$$

enthalten. Um $L_{n,k}(x_k) = 1$ zu genügen, muß der Nenner von $L_{n,k}(x)$ gleich diesem Term in $x = x_k$ entwickelt sein. Daher gilt

$$L_{n,k}(x) = \frac{(x - x_0) \cdots (x - x_{k-1})(x - x_{k+1}) \cdots (x - x_n)}{(x_k - x_0) \cdots (x_k - x_{k-1})(x_k - x_{k+1}) \cdots (x_k - x_n)}.$$

Eine Skizze des Graphen eines typischen $L_{n,k}$ ist in Abbildung 3.3 zu sehen.

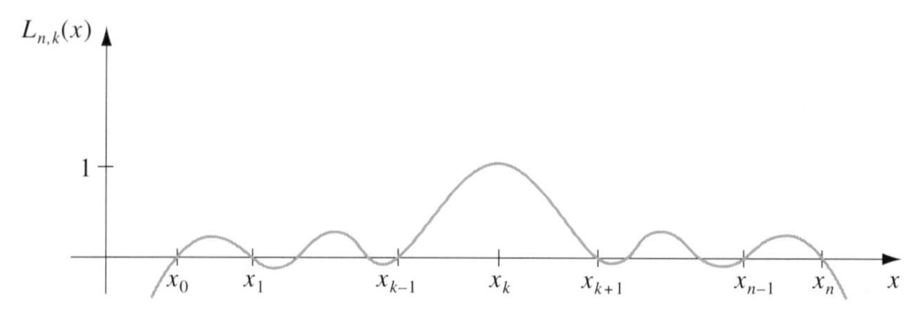

Abb. 3.3

Das Interpolationspolynom kann leicht beschrieben werden, da nun die Form von $L_{n,k}$ bekannt ist. Dieses Polynom, n-tes Lagrangesches Interpolationspolynom genannt, wird wie folgt definiert:

n-tes Lagrangesches Interpolationspolynom

Es ist

$$P_n(x) = f(x_0)L_{n,0}(x) + \cdots + f(x_n)L_{n,n}(x) = \sum_{k=0}^{n} f(x_k)L_{n,k}(x),$$

wobei

$$L_{n,k}(x) = \frac{(x - x_0)(x - x_1) \cdots (x - x_{k-1})(x - x_{k+1}) \cdots (x - x_n)}{(x_k - x_0)(x_k - x_1) \cdots (x_k - x_{k-1})(x_k - x_{k+1}) \cdots (x_k - x_n)}.$$

für jedes $k = 0, 1, \ldots, n$ gilt.

Sind $x_0, x_1, \ldots, x_n$ $(n+1)$ verschiedene Stützstellen und f eine Funktion, deren Werte an diesen Stellen gegeben sind, dann ist $P_n(x)$ das einzige Polynom des Grades höchstens gleich n, das mit $f(x)$ in $x_0, x_1, \ldots, x_n$ übereinstimmt. Die Schreibweise zur Beschreibung des Lagrangeschen Interpolationspolynoms $P_n(x)$ ist ziemlich kompliziert. Um sie ein wenig zu vereinfachen, wird $L_{n,k}(x)$ einfach als $L_k(x)$ geschrieben, wenn sein Grad eindeutig ist.

Beispiel 1. Bevor mit den Stützstellen oder Knoten $x_0 = 2$, $x_1 = 2{,}5$ und $x_2 = 4$ das zweite Interpolationspolynom von $f(x) = 1/x$ gefunden werden kann, müssen zuerst die Koeffizientenpolynome L_0, L_1 und L_2 bestimmt werden. Geschachtelt besitzen sie die Form

$$L_0(x) = \frac{(x-2{,}5)(x-4)}{(2-2{,}5)(2-4)} = (x-6{,}5)x+10,$$

$$L_1(x) = \frac{(x-2)(x-4)}{(2{,}5-2)(2{,}5-4)} = \frac{(-4x+24)x-32}{3}$$

und

$$L_2(x) = \frac{(x-2)(x-2{,}5)}{(4-2)(4-2{,}5)} = \frac{(x-4{,}5)x+5}{3}.$$

Da $f(x_0) = f(2) = 0{,}5$, $f(x_1) = f(2{,}5) = 0{,}4$ und $f(x_2) = f(4) = 0{,}25$ ist, gilt

$$\begin{aligned}
P_2(x) &= \sum_{k=0}^{2} f(x_k)L_k(x) \\
&= 0{,}5((x-6{,}5)x+10) + 0{,}4\frac{(-4x+24)x-32}{3} \\
&\quad + 0{,}25\frac{(x-4{,}5)x+5}{3} \\
&= (0{,}05x - 0{,}425)x + 1{,}15.
\end{aligned}$$

Eine Approximation von $f(3) = \frac{1}{3}$ ist

$$f(3) \approx P(3) = 0{,}325.$$

Man vergleiche dies mit Tabelle 3.2, wo kein bezüglich $x_0 = 1$ entwickeltes Taylorsches Polynom vernünftig $f(3) = \frac{1}{3}$ approximieren kann. (Vergleiche Abbildung 3.4.) □

Die Lagrangeschen Polynome besitzen Restglieder, die an die der Taylorschen Polynome erinnern. Das n-te Taylorsche Polynom bezüglich x_0 konzentriert alle bekannten Informationen in x_0 und besitzt ein Fehlerglied der Form

$$\frac{f^{(n+1)}(\xi(x))}{(n+1)!}(x-x_0)^{n+1}.$$

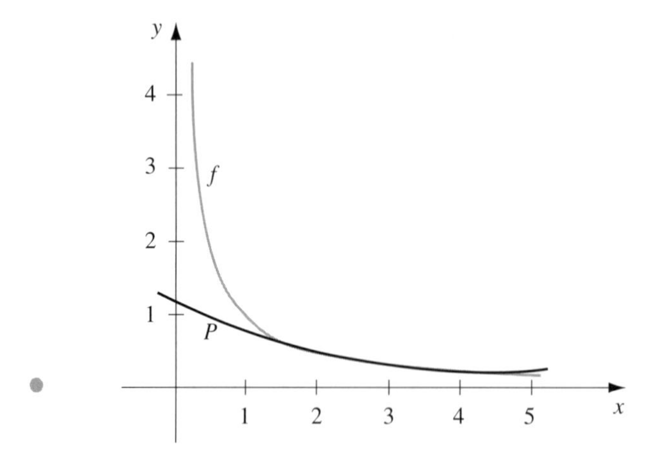

Abb. 3.4

wobei $\xi(x)$ zwischen x und x_0 liegt. Das n-te Lagrangesche Polynom benutzt Informationen an den verschiedenen Stützstellen $x_0, x_1, \ldots, x_n$. Anstatt $(x - x_0)^{n+1}$ verwendet sein Fehlerglied ein Produkt der $n + 1$ Terme $(x - x_0), (x - x_1), \ldots, (x - x_n)$, und $\xi(x)$ kann beliebig in dem Intervall liegen, das die Stellen $x, x_0, x_1, \ldots, x_n$ enthält. Ansonsten hat es dieselbe Form wie die Fehlerformel der Taylorschen Polynome.

Fehlerformel des Lagrangeschen Polynoms

$$f(x) = P_n(x) + \frac{f^{(n+1)}(\xi(x))}{(n+1)!}(x - x_0)(x - x_1)\cdots(x - x_n)$$

gilt für beliebiges $\xi(x)$ zwischen $x_0, x_1, \ldots, x_n$ und x.

Diese Fehlerformel ist ein wichtiges theoretisches Ergebnis, da die Lagrangeschen Polynome extensiv zur Herleitung von numerischen Differentiations- und Integrationsmethoden verwendet werden. Die Fehlerschranken für diese Techniken werden über die Lagrangesche Fehlerformel erhalten. Der spezifische Einsatz dieser Fehlerformel ist jedoch auf solche Funktionen beschränkt, deren Ableitungen bekannte Schranken besitzen. Das nächste Beispiel veranschaulicht Interpolationstechniken für eine Situation, in der die Lagrangesche Fehlerformel nicht verwendet werden kann. Dieses Beispiel zeigt auch, daß man einen effizienteren Weg benötigt, um Approximationen über Interpolation zu erhalten.

Beispiel 2. Tabelle 3.3 gibt die Werte einer Funktion an verschiedenen Stützstellen an. Die mit unterschiedlichen Lagrangeschen Polynomen erhaltenen Approximationen von $f(1{,}5)$ werden miteinander verglichen.

Tabelle 3.3

x	$f(x)$
1,0	0,7651977
1,3	0,6200860
1,6	0,4554022
1,9	0,2818186
2,2	0,1103623

Da 1,5 zwischen 1,3 und 1,6 liegt, verwendet das geeignetste lineare Polynom $x_0 = 1{,}3$ und $x_1 = 1{,}6$. Der Wert des interpolierenden Polynoms in 1,5 beträgt

$$P_1(1{,}5) = \frac{(1{,}5-1{,}6)}{(1{,}3-1{,}6)}(0{,}6200860) + \frac{(1{,}5-1{,}3)}{(1{,}6-1{,}3)}(0{,}4554022) = 0{,}5102968.$$

Zwei Polynome des Grades zwei könnten vernünftigerweise eingesetzt werden. Bei der ersten Möglichkeit setzt man $x_0 = 1{,}3$, $x_1 = 1{,}6$ und $x_2 = 1{,}9$ und erhält somit

$$\begin{aligned} P_2(1{,}5) &= \frac{(1{,}5-1{,}6)(1{,}5-1{,}9)}{(1{,}3-1{,}6)(1{,}3-1{,}9)}(0{,}6200860) \\ &\quad + \frac{(1{,}5-1{,}3)(1{,}5-1{,}9)}{(1{,}6-1{,}3)(1{,}6-1{,}9)}(0{,}4554022) \\ &\quad + \frac{(1{,}5-1{,}3)(1{,}5-1{,}6)}{(1{,}9-1{,}3)(1{,}9-1{,}6)}(0{,}2818186) \\ &= 0{,}5112857 \end{aligned}$$

Bei der anderen Möglichkeit setzt man $x_0 = 1{,}0$, $x_1 = 1{,}3$ und $x_2 = 1{,}6$ und erhält

$$\hat{P}_2(1{,}5) = 0{,}5124715.$$

Im Fall des dritten Grades gibt es ebenfalls zwei akzeptable Polynome. Eines verwendet $x_0 = 1{,}3$, $x_1 = 1{,}6$, $x_2 = 1{,}9$ und $x_3 = 2{,}2$ und liefert $P_3(1{,}5) = 0{,}5118302$. Das andere erhält man zu $\hat{P}_3(1{,}5) = 0{,}5118127$, indem $x_0 = 1{,}0$, $x_1 = 1{,}3$, $x_2 = 1{,}6$ und $x_3 = 1{,}9$ gesetzt wird.

Das vierte Lagrangesche Polynom benutzt alle Werte der Tabelle. Mit $x_0 = 1{,}0$, $x_1 = 1{,}3$, $x_2 = 1{,}6$, $x_3 = 1{,}9$ und $x_4 = 2{,}2$ ist die Approximation $P_4(1{,}5) = 0{,}5118200$.

Da $P_3(1{,}5)$, $\hat{P}_3(1{,}5)$ und $P_4(1{,}5)$ jeweils auf $2 \cdot 10^{-5}$ übereinstimmen, erwartet man, daß $P_4(1{,}5)$ die genaueste Approximation darstellt und auf $2 \cdot 10^{-5}$ genau ist. Der tatsächliche Wert von $f(1{,}5)$ beträgt 0,5118277, so daß die wahren Genauigkeiten der Approximationen folgende sind:

$$|P_1(1{,}5) - f(1{,}5)| \approx 1{,}53 \cdot 10^{-3}, \qquad |P_2(1{,}5) - f(1{,}5)| \approx 5{,}42 \cdot 10^{-4},$$
$$|\hat{P}_2(1{,}5) - f(1{,}5)| \approx 6{,}44 \cdot 10^{-4}, \qquad |P_3(1{,}5) - f(1{,}5)| \approx 2{,}5 \cdot 10^{-6},$$
$$|\hat{P}_3(1{,}5) - f(1{,}5)| \approx 1{,}50 \cdot 10^{-5}, \qquad |P_4(1{,}5) - f(1{,}5)| \approx 7{,}7 \cdot 10^{-6}.$$

Obwohl P_3 die genaueste Approximation darstellt, würde man, wenn man den tatsächlichen Wert von $f(1{,}5)$ nicht kennen würde, P_4 als die beste Approximation annehmen, da sie die meisten Informationen über die Funktion enthält. Das Lagrangesche Fehlerglied kann hier nicht angewandt werden, da das Wissen über die vierte Ableitung von f nicht verfügbar ist. Leider ist dies allgemein der Fall. □

Da das Fehlerglied schwer anzuwenden ist, liegt eine praktische Schwierigkeit der Lagrangeschen Interpolation darin, daß der Grad des Polynoms, das für eine gewünschte Genauigkeit benötigt wird, im allgemeinen nicht bekannt ist, bis die Berechnungen abgeschlossen sind. Praktisch berechnet man die Ergebnisse aus unterschiedlichen Polynomen, bis eine geeignete Übereinstimmung erreicht ist, wie es auch im vorigen Beispiel getan wurde. Die Arbeit, die man zur Berechnung des zweiten Polynoms benötigt, verringert jedoch nicht die Arbeit zur Berechnung der dritten Approximation; ebenso erhält man die vierte Approximation nicht leichter, wenn zuerst die dritte Approximation bekannt ist und so weiter. Diese zu approximierenden Polynome werden nun derart hergeleitet, daß die vorherigen Berechnungen von Vorteil sind. Zuerst werden einige neue Bezeichnungen benötigt.

f sei eine Funktion, die in $x_0, x_1, x_2, \ldots, x_n$ definiert ist, und $m_1, m_2, \ldots, m_k$ seien verschiedene ganze Zahlen mit $0 \leq m_i \leq n$ für jedes i. Das Lagrangesche Polynom, das mit $f(x)$ an den k Stützstellen $x_{m_1}, x_{m_2}, \ldots, x_{m_k}$ übereinstimmt, wird mit $P_{m_1,m_2,\ldots,m_k}(x)$ bezeichnet.

Beispiel 3. Es sei $x_0 = 1$, $x_1 = 2$, $x_2 = 3$, $x_3 = 4$, $x_4 = 6$ und $f(x) = x^3$. Dann ist $P_{1,2,4}(x)$ das Polynom, das mit $f(x)$ in $x_1 = 2$, $x_2 = 3$ und $x_4 = 6$ übereinstimmt, und es ist

$$P_{1,2,4}(x) = \frac{(x-3)(x-6)}{(2-3)(2-6)}(8) + \frac{(x-2)(x-6)}{(3-2)(3-6)}(27) + \frac{(x-2)(x-3)}{(6-2)(6-3)}(216). \square$$

Das nächste Ergebnis beschreibt eine Methode, die rekursiv Lagrangesche Polynomapproximationen erzeugt.

Rekursionsformel für Lagrangesche Polynome

f sei in $x_0, x_1, \ldots, x_k$ definiert, und x_j, x_i seien zwei verschiedene Stützstellen in dieser Menge. Falls

$$P(x) = \frac{(x - x_j)P_{0,1,\ldots,j-1,j+1,\ldots,k}(x) - (x - x_i)P_{0,1,\ldots,i-1,i+1,\ldots,k}(x)}{(x_i - x_j)}$$

gilt, dann ist P das k-te Lagrangesche Polynom, das f an den $k+1$ Stützstellen $x_0, x_1, \ldots, x_k$ interpoliert.

Um zu sehen, warum dies so ist, setzt man als erstes $Q \equiv P_{0,1,\ldots,i-1,i+1,\ldots,k}$ und $\hat{Q} \equiv P_{0,1,\ldots,j-1,j+1,\ldots,k}$. Da $Q(x)$ und $\hat{Q}(x)$ Polynome vom Grade $k-1$ oder weniger sind, kann der Grad von $P(x)$ höchstens gleich k sein. Ist $0 \leq r \leq k$ und $r \neq i, j$, dann folgt $Q(x_r) = \hat{Q}(x_r) = f(x_r)$, so daß

$$P(x_r) = \frac{(x_r - x_j)\hat{Q}(x_r) - (x_r - x_i)Q(x_r)}{x_i - x_j} = \frac{(x_i - x_j)}{(x_i - x_j)} f(x_r) = f(x_r)$$

ist. Überdies gilt

$$P(x_i) = \frac{(x_i - x_j)\hat{Q}(x_i) - (x_i - x_i)Q(x_i)}{x_i - x_j} = \frac{(x_i - x_j)}{(x_i - x_j)} f(x_i) = f(x_i)$$

und entsprechend $P(x_j) = f(x_j)$. Aber es gibt nur ein Polynom vom Grade höchstens gleich k, das mit $f(x)$ in $x_0, x_1, \ldots, x_k$ übereinstimmt; dieses Polynom ist per Definition $P_{0,1,\ldots,k}(x)$.

Aus diesem Ergebnis folgt, daß die Approximationen aus den interpolierenden Polynomen, wie in Tabelle 3.4 gezeigt, rekursiv erzeugt werden können. Diese Berechnung wird kolonnenweise durchgeführt, um sich so schnell wie möglich über die Reihen zu bewegen, da die Werte über sukzessive Interpolationspolynome höherer Ordnung gegeben sind.

Tabelle 3.4

x_0	$P_0 = Q_{0,0}$				
x_1	$P_1 = Q_{1,0}$	$P_{0,1} = Q_{1,1}$			
x_2	$P_2 = Q_{2,0}$	$P_{1,2} = Q_{2,1}$	$P_{0,1,2} = Q_{2,2}$		
x_3	$P_3 = Q_{3,0}$	$P_{2,3} = Q_{3,1}$	$P_{1,2,3} = Q_{3,2}$	$P_{0,1,2,3} = Q_{3,3}$	
x_4	$P_4 = Q_{4,0}$	$P_{3,4} = Q_{4,1}$	$P_{2,3,4} = Q_{4,2}$	$P_{1,2,3,4} = Q_{4,3}$	$P_{0,1,2,3,4} = Q_{4,4}$

Diese Prozedur heißt **Nevillesche Methode** und wird mit dem Programm NEVLLE31 implementiert. Die in Tabelle 3.4 verwendete Bezeichnung für P ist wegen der Anzahl von Indizes, mit denen die Werte dargestellt werden, beschwerlich.

Wenn eine Ordnung erzeugt wird, werden jedoch nur zwei Indizes benötigt. Fährt man die Tabelle hinunter, entspricht dies einem Entwickeln in Richtung aufeinanderfolgender Stellen x_i mit größerem i, fährt man nach rechts, entspricht dies einem Ansteigen des Grades des interpolierenden Polynoms. Da die Punkte in jedem Wert aufeinanderfolgend auftreten, genügt es, einen Startpunkt und die Anzahl von zusätzlichen Punkten, die für die Approximation nötig sind, zu beschreiben. Um umständliche Indizes zu vermeiden, sei mit $Q_{i,j}(x)$ für $0 \leq i \leq j$ das j-te Interpolationspolynom an den $(j+1)$ Stellen $x_{i-j}, x_{i-j+1}, \ldots, x_{i-1}, x_i$ bezeichnet, das heißt, es ist

$$Q_{i,j} = P_{i-j,i-j+1,\ldots,i-1,i}.$$

Verwendet man diese Schreibweise bei der Methode von Neville, erhält man die in Tabelle 3.4 dargestellte Bezeichnung für Q.

Beispiel 4. In Beispiel 2 wurde mit den in Tabelle 3.3 aufgelisteten Werten und mit unterschiedlichen Interpolationspolynomen der Wert an der Stelle $x = 1{,}5$ approximiert. In diesem Beispiel wird die Nevillesche Methode verwendet, um die Approximation von $f(1{,}5)$ zu berechnen. Ist $x_0 = 1{,}0$, $x_1 = 1{,}3$, $x_2 = 1{,}6$, $x_3 = 1{,}9$ und $x_4 = 2{,}2$, dann ist $f(1{,}0) = Q_{0,0}$, $f(1{,}3) = Q_{1,0}$, $f(1{,}6) = Q_{2,0}$, $f(1{,}9) = Q_{3,0}$ und $f(2{,}2) = Q_{4,0}$; dies sind die fünf Polynome vom Grad null (Konstanten), die $f(1{,}5)$ approximieren. Die Berechnung der Approximation $Q_{1,1}(1{,}5)$ ergibt

$$\begin{aligned} Q_{1,1}(1{,}5) &= \frac{(1{,}5-1{,}0)Q_{1,0} - (1{,}5-1{,}3)Q_{0,0}}{(1{,}3-1{,}0)} \\ &= \frac{0{,}5(0{,}6200860) - 0{,}2(0{,}7651977)}{0{,}3} = 0{,}5233449. \end{aligned}$$

Entsprechend ist

$$Q_{2,1}(1{,}5) = \frac{(1{,}5-1{,}3)(0{,}4554022) - (1{,}5-1{,}6)(0{,}6200860)}{(1{,}6-1{,}3)} = 0{,}5102968,$$

$Q_{3,1}(1{,}5) = 0{,}5132634$ und $Q_{4,1}(1{,}5) = 0{,}5104270$.

Es wird erwartet, daß $Q_{2,1}$ die beste lineare Approximation darstellt, da 1,5 zwischen $x_1 = 1{,}3$ und $x_2 = 1{,}6$ liegt.

Entsprechend ergeben die Approximationen durch quadratische Polynome

$$Q_{2,2}(1{,}5) = \frac{(1{,}5-1{,}0)(0{,}5102968) - (1{,}5-1{,}6)(0{,}5233449)}{(1{,}6-1{,}0)} = 0{,}5124715,$$

$Q_{3,2}(1{,}5) = 0{,}5112857$ und $Q_{4,2}(1{,}5) = 0{,}5137361$.

Die Approximationen höheren Grades werden ähnlich erzeugt und sind in Tabelle 3.5 zusammengefaßt. □

Tabelle 3.5

1,0	0,7651977				
1,3	0,6200860	0,5233449			
1,6	0,4554022	0,5102968	0,5124715		
1,9	0,2818186	0,5132634	0,5112857	0,5118127	
2,2	0,1103622	0,5104270	0,5137361	0,5118302	0,5118200

Besitzt die letzte Approximation $Q_{4,4}$ nicht die gewünschte Genauigkeit, kann ein weiterer Knoten x_5 ausgewählt und eine weitere Reihe der Tabelle hinzugefügt werden:

$$x_5 \quad Q_{5,0} \quad Q_{5,1} \quad Q_{5,2} \quad Q_{5,3} \quad Q_{5,4} \quad Q_{5,5}.$$

Jetzt können $Q_{4,4}$, $Q_{5,4}$ und $Q_{5,5}$ verglichen werden, um eine höhere Genauigkeit zu bestimmen.

Im Beispiel 4 ist die Funktion die Besselsche Funktion erster Art der Ordnung null, deren Wert an der Stelle 2,5 gleich $-0{,}0483838$ ist. Damit kann man eine weitere Reihe von Approximationen von $f(1{,}5)$ konstruieren:

$$2{,}5 \quad -0{,}0483838 \quad 0{,}4807699 \quad 0{,}5301984 \quad 0{,}5119070 \quad 0{,}5118430 \quad 0{,}5118277.$$

Das letzte neue Element ist auf sieben Dezimalstellen genau.

Übungsaufgaben

1. Approximieren Sie mit geeigneten Lagrangeschen Interpolationspolynomen vom Grad eins, zwei, drei und vier folgende Werte:

a) $f(8{,}4)$, wenn $f(8) = 16{,}63553$, $f(8{,}1) = 17{,}61549$, $f(8{,}3) = 17{,}56492$, $f(8{,}6) = 18{,}50515$, $f(8{,}7) = 18{,}82091$

b) $f(-\frac{1}{3})$, wenn $f(-1) = 0{,}1$, $f(-0{,}75) = -0{,}0718125$, $f(-0{,}5) = -0{,}02475000$, $f(-0{,}25) = 0{,}33493750$, $f(0) = 1{,}10100000$

c) $f(0{,}25)$, wenn $f(0) = -1$, $f(0{,}1) = -0{,}62049958$, $f(0{,}2) = -0{,}28398668$, $f(0{,}3) = 0{,}00660095$, $f(0{,}4) = 0{,}24842440$

d) $f(0{,}9)$, wenn $f(0{,}5) = -0{,}34409873$, $f(0{,}6) = -0{,}17694460$, $f(0{,}7) = 0{,}01375227$, $f(0{,}8) = 0{,}22363362$, $f(1{,}0) = 0{,}65809197$

e) $f(\pi)$, wenn $f(2{,}9) = -4{,}827866$, $f(3{,}0) = -4{,}240058$, $f(3{,}1) = -3{,}496909$, $f(3{,}2) = -2{,}596792$, $f(3{,}4) = -0{,}3330587$

f) $f(\pi/2)$, wenn $f(1{,}1) = 1{,}964760$, $f(1{,}2) = 2{,}572152$, $f(1{,}3) = 3{,}602102$, $f(1{,}4) = 5{,}797884$, $f(1{,}5) = 14{,}10142$

g) $f(1{,}15)$, wenn $f(1) = 1{,}684370$, $f(1{,}1) = 1{,}949477$, $f(1{,}2) = 2{,}199796$, $f(1{,}3) = 2{,}439189$, $f(1{,}4) = 2{,}670324$

h) $f(4{,}1)$, wenn $f(3{,}6) = 1{,}16164956$, $f(3{,}8) = 0{,}80201036$, $f(4) = 0{,}30663842$, $f(4{,}2) = -0{,}35916618$, $f(4{,}4) = -1{,}23926000$.

2. Bestimmen Sie mit der Nevilleschen Methode die Approximationen in Übung 1.

3. Approximieren Sie $\sqrt{3}$ mit der Methode von Neville, der Funktion $f(x) = 3^x$ und den Werten $x_0 = -2$, $x_1 = -1$, $x_2 = 0$, $x_3 = 1$ und $x_4 = 2$.

4. Approximieren Sie $\sqrt{3}$ mit der Methode von Neville, der Funktion $f(x) = x^{1/2}$ und den Werten $x_0 = 0$, $x_1 = 1$, $x_2 = 2$, $x_3 = 4$ und $x_4 = 5$. Vergleichen Sie dieses Ergebnis mit dem aus Übung 3.

5. Die Werte in Übung 1 a)–d) wurden über folgende Funktionen berechnet. Bestimmen Sie mit der Fehlerformel eine Fehlerschranke und vergleichen Sie die Schranke mit dem tatsächlichen Fehler.

a) $f(x) = x \ln x$

b) $f(x) = x^3 + 4{,}001x^2 + 4{,}002x + 1{,}001$

c) $f(x) = x \cos x - 2x^2 + 3x - 1$

d) $f(x) = \sin(e^x - 2)$; benutzen Sie nur $n = 1$ und $n = 2$.

6. Konstruieren Sie mit den folgenden Werten und indem Sie auf vier Stellen runden eine dritte Lagrangesche Polynomnäherung von $f(1{,}09)$. Die approximierte Funktion ist $f(x) = \log_{10} \tan x$. Bestimmen Sie damit eine Fehlerschranke der Approximation.

$$f(1{,}00) = 0{,}1924 \quad f(1{,}05) = 0{,}2414$$
$$f(1{,}10) = 0{,}2933 \quad f(1{,}15) = 0{,}3492$$

7. Approximieren Sie mit der Methode von Neville $f(1{,}09)$, indem Sie auf vier Stellen runden und die in Übung 6 gegebenen Werte verwenden.

8. Approximieren Sie mit dem dritten Lagrangeschen Interpolationspolynom und indem Sie nach vier Stellen abbrechen cos 0,750 mit den folgenden Werten. Bestimmen Sie eine Fehlerschranke der Approximation.

$$\cos 0{,}698 = 0{,}7661 \quad \cos 0{,}768 = 0{,}7193$$
$$\cos 0{,}733 = 0{,}7432 \quad \cos 0{,}803 = 0{,}6946$$

Der tatsächliche Wert von cos 0,750 ist gleich 0,7317 (auf vier Stellen genau). Falls es eine Diskrepanz zwischen dem tatsächlichen Fehler und Ihrer Fehlerschranke gibt, erklären Sie, warum dies so ist.

9. a) Approximieren Sie mit der Methode von Neville $f(1{,}03)$ mit $P_{0,1,2}$ für die Funktion $f(x) = 3xe^x - e^{2x}$ mit $x_0 = 1$, $x_1 = 1{,}05$ und $x_2 = 1{,}07$.

b) Angenommen, die Approximation von a) sei nicht hinreichend genau. Berechnen Sie $P_{0,1,2,3}$ mit $x_3 = 1{,}04$.

10. Wiederholen Sie Übung 9, indem Sie mit vier Stellen rechnen. Glauben Sie, daß die Methode von Neville feinfühlig auf Rundungsfehler reagiert?

11. Konstruieren Sie das Lagrangesche Interpolationspolynom für die folgenden Funktionen, und bestimmen Sie eine Schranke für den absoluten Fehler auf dem Intervall $[x_0, x_n]$:

a) $f(x) = e^{2x} \cos 3x, \quad x_0 = 0,\ x_1 = 0{,}3,\ x_2 = 0{,}6,\ n = 2$

b) $f(x) = \sin(\ln x)$, $x_0 = 2{,}0$, $x_1 = 2{,}4$, $x_2 = 2{,}6$, $n = 2$

c) $f(x) = \ln x$, $x_0 = 1$, $x_1 = 1{,}1$, $x_2 = 1{,}3$, $x_3 = 1{,}4$, $n = 3$

d) $f(x) = \cos x + \sin x$, $x_0 = 0$, $x_1 = 0{,}25$, $x_2 = 0{,}5$, $x_3 = 1{,}0$, $n = 3$

12. Es sei $f(x) = e^x$, $0 \leq x \leq 2$. Führen Sie mit den gegebenen Werten folgende Berechnungen aus:

a) Approximieren Sie $f(0{,}25)$ mit der linearen Interpolation und $x_0 = 0$ und $x_1 = 0{,}5$.

b) Approximieren Sie $f(0{,}75)$ mit der linearen Interpolation und $x_0 = 0{,}5$ und $x_1 = 1$.

c) Approximieren Sie $f(0{,}25)$ und $f(0{,}75)$ mit dem zweiten Interpolationspolynom und $x_0 = 0$, $x_1 = 1$ und $x_2 = 2$.

d) Welche Approximationen sind besser und warum?

x	0,0	0,5	1,0	2,0
$f(x)$	1,00000	1,64872	2,71828	7,38906

13. Konstruieren Sie wie folgt eine Folge von mnterpolierenden Werten $\{y_n\}$ von $f(1 + \sqrt{10})$, wobei $f(x) = (1 + x^2)^{-1}$ für $-5 \leq x \leq 5$ ist: Für jedes $n = 1, 2, \dots, 10$ sei $h = 10/n$ und $y_n = P_n(1 + \sqrt{10})$, wobei $P_n(x)$ das interpolierende Polynom für $f(x)$ an den Knoten $x_j^{(n)} = -5 + jh$ für jedes $j = 0, 1, 2, \dots, n$ darstellt. Konvergiert die Folge $\{y_n\}$ gegen $f(1 + \sqrt{10})$?

14. Die folgende Tabelle listet die Bevölkerung der Vereinigten Staaten von 1940 bis 1990 auf.

Jahr	1940	1950	1960	1970	1980	1990
Bevölkerung (in Tausend)	132 165	151 326	179 323	203 302	226 542	249 633

Bestimmen Sie das Lagrangesche Polynom vom Grade fünf zur Anpassung dieser Werte, und schätzen Sie mit diesem Polynom die Bevölkerung in den Jahren 1930, 1965 und 2000. Die Bevölkerung betrug im Jahre 1930 etwa 123 203 000. Wie genau sind Ihrer Meinung nach Ihre Zahlen für 1965 und 2000?

3.3. Dividierte Differenzen

Im vorigen Abschnitt wurden mit der iterierten Interpolation sukzessive Polynomnäherungen höherer Grade an einer festen Stelle erzeugt. Mit den in diesem Abschnitt eingeführten Methoden der dividierten Differenz werden die Polynome selber sukzessive erzeugt.

Zuerst muß die Bezeichnung der dividierten Differenz eingeführt werden, die an die Aitkensche Δ^2-Bezeichnung in Abschnitt 2.5 erinnern sollte. Die **nullte**

dividierte Differenz der Funktion f bezüglich x_i, $f[x_i]$, ist einfach gleich dem Wert f von x_i:

$$f[x_i] = f(x_i).$$

Die restlichen dividierten Differenzen werden induktiv definiert. Die erste dividierte Differenz von f bezüglich x_i und x_{i+1} wird mit $f[x_i, x_{i+1}]$ bezeichnet und durch

$$f[x_i, x_{i+1}] = \frac{f[x_{i+1}] - f[x_i]}{x_{i+1} - x_i}$$

definiert. Nachdem die $(k-1)$-ten dividierten Differenzen

$$f[x_i, x_{i+1}, x_{i+2}, \ldots, x_{i+k-1}] \text{ und } f[x_{i+1}, x_{i+2}, \ldots, x_{i+k-1}, x_{i+k}]$$

bestimmt sind, ist die k-te dividierte Differenz bezüglich $x_i, x_{i+1}, x_{i+2}, \ldots, x_{i+k}$ durch

$$f[x_i, x_{i+1}, \ldots, x_{i+k-1}, x_{i+k}] = \frac{f[x_{i+1}, x_{i+2}, \ldots, x_{i+k}], -f[x_i, x_{i+1}, \ldots, x_{i+k-1}]}{x_{i+k} - x_k}$$

gegeben. Mit dieser Bezeichnung kann gezeigt werden, daß

$$\begin{aligned} P_n(x) = & f[x_0] + f[x_0, x_1](x - x_0) \\ & + f[x_0, x_1, x_2](x - x_0)(x - x_1) + \cdots \\ & + f[x_0, x_1, \ldots, x_n](x - x_0)(x - x_1) \cdots (x - x_{n-1}) \end{aligned}$$

ist. In vereinfachter Form erhält man die

Newtonsche Interpolationsformel der dividierten Differenz

$$P(x) = f[x_0] + \sum_{k=1}^{n} f[x_0, x_1, \ldots, x_k](x - x_0) \cdots (x - x_{k-1}).$$

Das Bestimmen der dividierten Differenzen aus tabellierten Werten ist in Tabelle 3.6 skizziert. Zwei vierte Differenzen und eine fünfte Differenz könnten auch noch aus diesen Werten bestimmt werden, diese Differenzen sind aber nicht in der Tabelle aufgeführt.

Das Programm DIVDIF32 berechnet das Interpolationspolynom für f von $x_0, x_1, \ldots, x_n$ mit der Newtonschen dividierten Differenz. Die Ausgabe kann, wie in Beispiel 1, modifiziert werden, um alle dividierten Differenzen zu bestimmen.

Beispiel 1. Im vorigen Abschnitt wurde der Näherungswert an der Stelle 1,5 bestimmt (siehe zweite und dritte Spalte der Tabelle 3.7). Die restlichen Elemente

Tabelle 3.6

x	$f(x)$	erste dividierte Differenzen	zweite dividierte Differenzen	dritte dividierte Differenzen
x_0	$f[x_0]$			
		$f[x_0, x_1] = \frac{f[x_1]-f[x_0]}{x_1-x_0}$		
x_1	$f[x_1]$		$f[x_0, x_1, x_2] = \frac{f[x_1,x_2]-f[x_0,x_1]}{x_2-x_0}$	
		$f[x_1, x_2] = \frac{f[x_2]-f[x_1]}{x_2-x_1}$		$f[x_0, x_1, x_2, x_3] = \frac{f[x_1,x_2,x_3]-f[x_0,x_1,x_2]}{x_3-x_0}$
x_2	$f[x_2]$		$f[x_1, x_2, x_3] = \frac{f[x_2,x_3]-f[x_1,x_2]}{x_3-x_1}$	
		$f[x_2, x_3] = \frac{f[x_3]-f[x_2]}{x_3-x_2}$		$f[x_1, x_2, x_3, x_4] = \frac{f[x_2,x_3,x_4]-f[x_1,x_2,x_3]}{x_4-x_1}$
x_3	$f[x_3]$		$f[x_2, x_3, x_4] = \frac{f[x_3,x_4]-f[x_2,x_3]}{x_4-x_2}$	
		$f[x_3, x_4] = \frac{f[x_4]-f[x_3]}{x_4-x_3}$		$f[x_2, x_3, x_4, x_5] = \frac{f[x_3,x_4,x_5]-f[x_2,x_3,x_4]}{x_5-x_2}$
x_4	$f[x_4]$		$f[x_3, x_4, x_5] = \frac{f[x_4,x_5]-f[x_3,x_4]}{x_5-x_3}$	
		$f[x_4, x_5] = \frac{f[x_5]-f[x_4]}{x_5-x_4}$		
x_5	$f[x_5]$			

Tabelle 3.7

i	x_i	$f[x_i]$	$f[x_{i-1}, x_i]$	$f[x_{i-2}, x_{i-1}, x_i]$	$f[x_{i-3}, \ldots, x_i]$	$f[x_{i-4}, \ldots, x_i]$
0	1,0	0,7651977				
			−0,4837057			
1	1,3	0,6200860		−0,1087339		
			−0,5489460		0,0658784	
2	1,6	0,4554022		−0,0494433		0,0018251
			−0,5786120		0,0680685	
3	1,9	0,2818186		0,0118183		
			−0,5715210			
4	2,2	0,1103623				

der Tabelle zeigen die mit dem Programm DIVDIF32 berechneten dividierten Differenzen.

Die Koeffizienten der Newtonschen Formel mit aufsteigenden dividierten Differenzen des Interpolationspolynoms findet man in der obersten Schrägzeile der Tabelle. Das Polynom besitzt die Form

$$\begin{aligned} P_4(x) = {} & 0{,}7651977 - 0{,}4837057(x-1{,}0) - 0{,}1087339(x-1{,}0)(x-1{,}3) \\ & + 0{,}0658784(x-1{,}0)(x-1{,}3)(x-1{,}6) \\ & + 0{,}0018251(x-1{,}0)(x-1{,}3)(x-1{,}6)(x-1{,}9). \end{aligned}$$

Es läßt sich leicht zeigen, daß $P_4(1{,}5) = 0{,}5118200$ ist, was mit dem Ergebnis aus Beispiel 4 des Abschnitts 3.2 übereinstimmt. □

Werden $x_0, x_1, \ldots, x_n$ äquidistant aufeinanderfolgend angeordnet, besitzt die Newtonsche Interpolationsformel der dividierten Differenz eine einfachere Form.

Wir führen die Bezeichnung $h = x_{i+1} - x_i$ für jedes $i = 0, 1, \ldots, n-1$ und $x = x_0 + sh$ ein. Dann kann die Differenz $x - x_i$ als $x - x_i = (s-i)h$ geschrieben werden, und die Formel wird zu

$$\begin{aligned} P_n(x) = P_n(x_0 + sh) &= f[x_0] + shf[x_0, x_1] + s(s-1)h^2 f[x_0, x_1, x_2] \\ &\quad + \cdots + s(s-1)\cdots(s-n+1)h^n f[x_0, x_1, \ldots, x_n] \\ &= \sum_{k=0}^{n} s(s-1)\cdots(s-k+1)h^k f[x_0, x_1, \ldots, x_k]. \end{aligned}$$

Verwendet man eine Verallgemeinerung der Binominalkoeffizienten

$$\binom{s}{k} = \frac{s(s-1)\cdots(s-k+1)}{k!},$$

wobei s keine ganze Zahl zu sein braucht, kann man $P_n(x)$ kompakt als die Newtonsche Formel mit aufsteigenden dividierten Differenzen bezeichnen.

Newtonsche Formel mit aufsteigenden dividierten Differenzen

$$P_n(x) = P_n(x_0 + sh) = \sum_{k=0}^{n} \binom{s}{k} k! h^k f[x_0, x_1, \ldots, x_k].$$

Verwendet man die aufsteigende Differenz, wie in Abschnitt 2.5 eingeführt, so erhält man

$$f[x_0, x_1] = \frac{f(x_1) - f(x_0)}{x_1 - x_0} = \frac{1}{h}\Delta f(x_0),$$

$$f[x_0, x_1, x_2] = \frac{1}{2h}\left[\frac{\Delta f(x_1) - \Delta f(x_0)}{h}\right] = \frac{1}{2h^2}\Delta^2 f(x_0)$$

und allgemein

$$f[x_0, x_1, \ldots, x_k] = \frac{1}{k!h^k}\Delta^k f(x_0).$$

Folglich kann die Newtonsche Formel mit aufsteigenden dividierten Differenzen auch wie folgt geschrieben werden:

Newtonsche Formel mit aufsteigender Differenz

$$P_n(x) = \sum_{k=0}^{n} \binom{s}{k} \Delta^k f(x_0).$$

Werden die Interpolationsknoten neu als $x_n, x_{n-1}, \ldots, x_0$ angeordnet, kann man die Interpolationsformel schreiben als

$$\begin{aligned}P_n(x) =& f[x_n] f[x_{n-1}, x_n](x - x_n) + f[x_{n-2}, x_{n-1}, x_n](x - x_n)(x - x_{n-1}) \\ &+ \cdots + f[x_0, \ldots, x_n](x - x_n)(x - x_{n-1}) \cdots (x - x_1).\end{aligned}$$

Mit einer äquidistanten Anordnung und $x = x_n + sh$ und $x = x_i + (s + n - i)h$ folgt

$$\begin{aligned}P_n(x) &= P_n(x_n + sh) \\ &= f[x_n] + shf[x_{n-1}, x_n] + s(s+1)h^2 f[x_{n-2}, x_{n-1}, x_n] + \cdots \\ &\quad + s(s+1)\cdots(s+n-1)h^n f[x_0, x_1, \ldots, x_n].\end{aligned}$$

Diese Formel nennt man **Newtonsche Formel mit absteigenden dividierten Differenzen**. Mit ihr kann man eine gewöhnlich häufiger angewandte Formel herleiten, die **Newtonsche Formel mit absteigender Differenz**. Um diese Formel zu diskutieren, müssen zuerst einige Begriffe eingeführt werden.

Gegeben sei die Folge $\{p_n\}_{n=0}^{\infty}$, die **absteigende Differenz** ∇p_n wird dann durch

$$\nabla p_n \equiv p_n - p_{n-1} \text{ für } n \geq 1$$

und höhere Potenzen werden rekursiv durch

$$\nabla^k p_n = \nabla(\nabla^{k-1} p_n) \text{ für } k \geq 2$$

definiert.

Daraus folgt

$$f[x_{n-1}, x_n] = \frac{1}{h}\nabla f(x_n), \qquad f[x_{n-2}, x_{n-1}, x_n] = \frac{1}{2h^2}\nabla^2 f(x_n)$$

und allgemein

$$f[x_{n-k}, \ldots, x_{n-1}, x_n] = \frac{1}{k!h^k}\nabla^k f(x_n).$$

Folglich ist

$$\begin{aligned}P_n(x) =& f[x_n] + s\nabla f(x_n) + \frac{s(s+1)}{2}\nabla^2 f(x_n) + \cdots \\ &+ \frac{s(s+1)\cdots(s+n-1)}{n!}\nabla^n f(x_n).\end{aligned}$$

Dehnt man die Binominalkoeffizienten auf alle reellen Werte von s aus, setzt man

$$\binom{-s}{k} = \frac{-s(-s-1)\cdots(-s-k+1)}{k!}$$

und somit

$$\binom{-s}{k} = (-1)^k \frac{s(s+1)\cdots(s+k-1)}{k!}$$

und

$$\begin{aligned}P_n(x) = &f(x_n) + (-1)^1 \binom{-s}{1} \nabla f(x_n) + (-1)^2 \binom{-s}{2} \nabla^2 f(x_n) + \cdots \\ &+ (-1)^n \binom{-s}{n} \nabla^n f(x_n),\end{aligned}$$

und man erhält folgendes Ergebnis:

Newtonsche Formel mit absteigender Differenz

$$P_n(x) = \sum_{k=0}^{n} (-1)^k \binom{-s}{k} \nabla^k f(x_n).$$

Beispiel 2. Betrachtet sei die in Beispiel 1 gegebene Wertetabelle und deren Wiederholung in den ersten beiden Spalten von Tabelle 3.8. Wird eine Approximation von $f(1{,}1)$ gesucht, wäre die vernünftige Wahl für $x_0, x_1, \ldots, x_4$ $x_0 = 1{,}0$, $x_1 = 1{,}3$, $x_2 = 1{,}6$, $x_3 = 1{,}9$ und $x_4 = 2{,}2$, da diese Wahl die größtmögliche Anzahl von Wertepaaren nahe $x = 1{,}1$ einbezieht und das Bilden der vierten dividierten Differenz ermöglicht. Daraus folgt, daß $h = 0{,}3$ und $s = 1/3$ ist, so daß die Newtonsche Formel mit aufsteigender dividierter Differenz mit den dividierten Differenzen, die in Tabelle 3.8 unterstrichen sind, angewandt wird.

Tabelle 3.8

		erste dividierte Differenzen	zweite dividierte Differenzen	dritte dividierte Differenzen	vierte dividierte Differenzen
1,0	0,7651977				
		−0,4837057			
1,3	0,6200860		−0,1087339		
		−0,5489460		0,0658784	
1,6	0,4554022		−0,0494433		0,0018251
		−0,5786120		0,0680685	
1,9	0,2818186		0,0118183		
		−0,5715210			
2,2	0,1103623				

$$
\begin{aligned}
P_4(1{,}1) &= P_4(1{,}0 + \tfrac{1}{3}(0{,}3)) \\
&= 0{,}7651977 + \tfrac{1}{3}(0{,}3)(-0{,}4837057) + \tfrac{1}{3}\big(-\tfrac{2}{3}\big)(0{,}3)^2(-0{,}1087339) \\
&\quad + \tfrac{1}{3}\big(-\tfrac{2}{3}\big)\big(-\tfrac{5}{3}\big)(0{,}3)^3(0{,}0658784) \\
&\quad + \tfrac{1}{3}\big(-\tfrac{2}{3}\big)\big(-\tfrac{5}{3}\big)\big(-\tfrac{8}{3}\big)(0{,}3)^4(0{,}0018251) \\
&= 0{,}7196480
\end{aligned}
$$

Um einen Wert zu approximieren, wenn x nahe dem Ende der tabellierten Werte liegt, angenommen $x = 2{,}0$, möchte man wieder die Wertepaare nahe x bestmöglich einsetzen. Dies erfordert die Newtonsche Formel mit absteigender dividierter Differenz mit $s = -\frac{2}{3}$ und den dividierten Differenzen, die in Tabelle 3.8 unterstrichelt sind:

$$
\begin{aligned}
P_4(2{,}0) &= P_4(2{,}2) - \tfrac{2}{3}(0{,}3)) \\
&= 0{,}1103623 - \tfrac{2}{3}(0{,}3)(-0{,}5715210) - \tfrac{2}{3}\big(\tfrac{1}{3}\big)(0{,}3)^2(0{,}0118183) \\
&\quad - \tfrac{2}{3}\big(\tfrac{1}{3}\big)\big(\tfrac{4}{3}\big)(0{,}3)^3(0{,}0680685) - \tfrac{2}{3}\big(\tfrac{1}{3}\big)\big(\tfrac{4}{3}\big)\big(\tfrac{7}{3}\big)(0{,}3)^4(0{,}0018251) \\
&= 0{,}2238754. \qquad \square
\end{aligned}
$$

Die Newtonschen Formeln sind nicht geeignet, einen Wert von x zu approximieren, wenn x in der Mitte der Tabelle liegt, da sowohl in der ab- als auch aufsteigenden Methode die Differenz höchster Ordnung es nicht erlaubt, daß x_0 nahe x liegt. Eine Anzahl von Formeln mit dividierter Differenz stehen in diesem Fall zur Verfügung, jede mit speziellem Einsatzbereich. Diese Methoden werden als *zentrale Differenzen* bezeichnet. Es gibt eine Vielzahl dieser Methoden, von denen hier aber keine diskutiert werden soll.

Übungsaufgaben

1. Konstruieren Sie mit der Newtonschen Interpolationsformel der dividierten Differenzen die ersten, zweiten, dritten und vierten Interpolationspolynome für die folgenden Werte. Approximieren Sie den genauen Wert mit jedem der Polynome.

a) $f(8{,}4)$, falls $f(8) = 16{,}63553$, $f(8{,}1) = 17{,}61549$, $f(8{,}3) = 17{,}56492$, $f(8{,}6) = 18{,}50515$, $f(8{,}7) = 18{,}82091$

b) $f(0{,}9)$, falls $f(0{,}5) = -0{,}34409873$, $f(0{,}6) = -0{,}17694460$, $f(0{,}7) = 0{,}01375227$, $f(0{,}8) = 0{,}2236362$, $f(1{,}0) = 0{,}65809197$

c) $f(\pi)$, falls $f(2{,}9) = -4{,}827866$, $f(3{,}0) = -4{,}240058$, $f(3{,}1) = -3{,}496909$, $f(3{,}2) = -2{,}596792$, $f(3{,}4) = -0{,}3330587$.

2. Konstruieren Sie mit der Newtonschen Interpolationsformel mit aufsteigenden Differenzen die ersten, zweiten, dritten und vierten Interpolationspolynome für die folgenden Werte. Approximieren Sie den genauen Wert mit jedem der Polynome.

a) $f(-\frac{1}{3})$, falls $f(-1) = 0{,}1$, $f(-0{,}75) = -0{,}0718125$, $f(-0{,}5) = -0{,}02475000$, $f(-0{,}25) = 0{,}33493750$, $f(0) = 1{,}10100000$

b) $f(0{,}25)$, falls $f(0) = -1$, $f(0{,}1) = -0{,}62049958$, $f(0{,}2) = -0{,}28398668$, $f(0{,}3) = 0{,}00660095$, $f(0{,}4) = 0{,}24842440$

c) $f(1{,}15)$, falls $f(1) = 1{,}684370$, $f(1{,}1) = 1{,}949477$, $f(1{,}2) = 2{,}199796$, $f(1{,}3) = 2{,}439189$, $f(1{,}4) = 2{,}670324$.

3. Konstruieren Sie mit der Newtonschen Interpolationsformel mit absteigenden Differenzen die ersten, zweiten, dritten und vierten Interpolationspolynome für die folgenden Werte. Approximieren Sie den genauen Wert mit jedem der Polynome.

a) $f(-\frac{1}{3})$, falls $f(-1) = 0{,}1$, $f(-0{,}75) = -0{,}0718125$, $f(-0{,}5) = -0{,}02475000$, $f(-0{,}25) = 0{,}33493750$, $f(0) = 1{,}10100000$

b) $f(0{,}25)$, falls $f(0) = -1$, $f(0{,}1) = -0{,}62049958$, $f(0{,}2) = -0{,}28398668$, $f(0{,}3) = 0{,}00660095$, $f(0{,}4) = 0{,}24842440$

c) $f(\pi/2)$, falls $f(1{,}1) = 1{,}964760$, $f(1{,}2) = 2{,}572152$, $f(1{,}3) = 3{,}602102$, $f(1{,}4) = 5{,}797884$, $f(1{,}5) = 14{,}10142$.

4. a) Konstruieren Sie das vierte Interpolationspolynom für die in der folgenden Tabelle gegebenen nicht-äquidistanten Stützstellen.

x	$f(x)$
0,0	−6,00000
0,1	−5,89483
0,3	−5,56014
0,6	−5,17788
1,0	−4,28172

b) Angenommen, $f(1{,}1) = -3{,}99583$ werde in der Tabelle ergänzt. Konstruieren Sie das fünfte Interpolationspolynom.

5. a) Approximieren Sie mit den folgenden Werten und der Newtonschen Formel mit aufsteigender dividierter Differenz $f(0{,}05)$.

x	0,0	0,2	0,4	0,6	0,8
$f(x)$	1,00000	1,22140	1,49182	1,82212	2,22554

b) Approximieren Sie mit der Newtonschen Formel mit absteigender dividierter Differenz $f(0{,}65)$.

6. Die folgende Bevölkerungstabelle wurde in Übung 14 des Abschnitts 3.2 gegeben. Approximieren Sie mit einer geeigneten dividierten Differenz:

a) die Bevölkerung im Jahre 1930

b) die Bevölkerung im Jahre 2000.

Jahr	1940	1950	1960	1970	1980	1990
Bevölkerung (in Tausend)	132 165	151 326	179 323	203 302	226 542	249 633

3.4. Die Hermitesche Interpolation

Die Lagrangeschen Polynome stimmen mit einer Funktion f an einer festen Anzahl von Stützstellen überein. Die Werte von f werden meist durch Beobachten erhalten, und manchmal ist es auch möglich, die Ableitung von f zu bestimmen. Dies ist wahrscheinlich der Fall, wenn zum Beispiel die Zeit die unabhängige Variable ist und die Funktion die Position eines Objektes beschreibt. Die Ableitung der Funktion ist in diesem Fall die Geschwindigkeit.

In diesem Abschnitt wird die Hermitesche Interpolation betrachtet, die ein Polynom bestimmt, das mit der Funktion und ihrer ersten Ableitung an festen Stützstellen übereinstimmt. Sind $n + 1$ Stützstellen und Stützwerte $(x_0, f(x_0)), (x_1, f(x_1)), \ldots, (x_n, f(x_n))$ der Funktion f gegeben, dann hat das Lagrangesche Polynom, das mit f an diesen Stellen übereinstimmt, im allgemeinen den Grad n. Fordert man zusätzlich, daß die Ableitung des Hermiteschen Polynoms mit der Ableitung von f in $x_0, x_1, \ldots, x_n$ übereinstimmt, erhöhen diese $n + 1$ zusätzlichen Bedingungen den erwarteten Grad des Hermiteschen Polynoms auf $2n + 1$. Die spezielle Form des Hermiteschen Polynoms wird nachfolgend beschrieben.

Hermitesches Polynom

Es sei $f \in C^1[a, b]$, und $x_0, \ldots, x_n \in [a, b]$ seien verschieden, dann ist das einzige Polynom kleinsten Grades, das mit f und f' in $x_0, \ldots, x_n$ übereinstimmt, das durch

$$H_{2n+1}(x) = \sum_{j=0}^{n} f(x_j) H_{n,j}(x) + \sum_{j=0}^{n} f'(x_j) \hat{H}_{n,j}(x)$$

gegebene Polynom vom Grade höchstens gleich $2n + 1$, wobei

$$H_{n,j}(x) = [1 - 2(x - x_j) L'_{n,j}(x_j)] L^2_{n,j}(x)$$

und

$$\hat{H}_{n,j}(x) = (x - x_j) L^2_{n,j}(x)$$

ist. $L_{n,j}$ bezeichnet hier das j-te Lagrangesche Koeffizientenpolynom vom Grade n.

Das Fehlerglied des Hermiteschen Polynoms ähnelt dem des Lagrangeschen Polynoms. Die einzigen Modifikationen betreffen die gestiegene Datenanzahl in dem Hermiteschen Polynom.

Fehlerformel des Hermiteschen Polynoms

Es sei $f \in C^{(2n+2)}[a, b]$, dann ist

$$f(x) = H_{2n+1}(x) + \frac{f^{(2n+2)}(\xi(x))}{(2n+2)!}(x - x_0)^2 \cdots (x - x_n)^2$$

für $\xi(x)$ mit $a < \xi(x) < b$.

Obwohl die Hermitesche Formel komplett das Hermitesche Polynom beschreibt, ist die Prozedur aufgrund der Bestimmung und Auswertung der Lagrangeschen Polynome und ihrer Ableitungen sogar für kleine n aufwendig. Eine Alternative zur Erzeugung der Hermiteschen Approximationen basiert auf der Beziehung zwischen der n-ten dividierten Differenz und der n-ten Ableitung von f:

Beziehung zwischen der dividierten Differenz und der Ableitung

Es sei $f \in C^n[a, b]$, und $x_0, x_1, \ldots, x_n$ seien verschieden in $[a, b]$, dann gibt es eine Zahl ξ in (a, b) mit

$$f[x_0, x_1, \ldots, x_n] = \frac{f^{(n)}(\xi)}{n!}.$$

Um mit diesem Ergebnis das Hermitesche Polynom zu erzeugen, sei zuerst angenommen, daß $n + 1$ verschiedene Stützstellen $x_0, x_1, \ldots, x_n$ zusammen mit ihren Werten von f und f' gegeben seien. Definiert sei eine neue Folge $z_0, z_1, \ldots, z_{2n+1}$ durch

$$z_{2i} = z_{2i+1} = x_i, \text{ für jedes } i = 0, 1, \ldots, n.$$

Nun sei die Tabelle der dividierten Differenz mit den Variablen $z_0, z_1, \ldots, z_{2n+1}$ konstruiert.

Da $z_{2i} = z_{2i+1} = x_i$ für jedes i ist, kann $f[z_{2i}, z_{2i+1}]$ nicht über die einfache Beziehung der dividierten Differenz definiert werden:

$$f[z_{2i}, z_{2i+1}] = \frac{f[z_{2i+1}] - f[z_{2i}]}{z_{2i+1} - z_{2i}}.$$

Aber für beliebige Zahlen ξ in (x_0, x_1) ist $f[x_0, x_1] = f'(\xi)$ und $\lim_{x_1 \to x_0} f[x_0, x_1] = f'(x_0)$. Somit ist in dieser Situation $f[z_i, z_{2i+1}] = f'(x_i)$ eine vernünftige Substitution, und man kann die Glieder

$$f'(x_0), f'(x_1), \ldots, f'(x_n)$$

anstatt der nicht-definierten ersten dividierten Differenzen

$$f[z_0, z_1], f[z_2, z_3], \ldots, f[z_{2n}, z_{2n+1}]$$

einsetzen. Die übrigen dividierten Differenzen werden wie üblich erzeugt, und die geeigneten dividierten Differenzen werden in der Newtonschen Interpolationsformel der dividierten Differenzen verwendet.

Dividierte Differenz des Hermiteschen Polynoms

Es sei $f \in C^1[a, b]$, und $x_0, x_1, \ldots, x_n$ seien verschieden in $[a, b]$, dann ist

$$H_{2n+1}(x) = f[z_0] + \sum_{k=1}^{2n+1} f[z_0, z_1, \ldots, z_k](x - z_0) \cdots (x - z_{k-1}),$$

wobei $z_{2k} = z_{2k+1} = x_k$ und $f[z_{2k}, z_{2k+1}] = f'(x_k)$ für jedes $k = 1, 2, \ldots, n$.

Tabelle 3.9 zeigt die Werte, die für die ersten drei Spalten der dividierten Differenz benötigt werden, wenn man das Hermitesche Polynom H_5 bezüglich x_0, x_1 und x_2 bestimmt. Die übrigen Werte wurden wie üblich erzeugt.

Tabelle 3.9

z	$f(z)$	erste dividierte Differenzen	zweite dividierte Differenzen
$z_0 = x_0$	$f[z_0] = f(x_0)$		
		$f[z_0, z_1] = f'(x_0)$	
$z_1 = x_0$	$f[z_1] = f(x_0)$		$f[z_0, z_1, z_2] = \frac{f[z_1,z_2]-f[z_0,z_1]}{z_2-z_0}$
		$f[z_1, z_2] = \frac{f[z_2]-f[z_1]}{z_2-z_1}$	
$z_2 = x_1$	$f[z_2] = f(x_1)$		$f[z_1, z_2, z_3] = \frac{f[z_2,z_3]-f[z_1,z_2]}{z_3-z_1}$
		$f[z_2, z_3] = f'(x_1)$	
$z_3 = x_1$	$f[z_3] = f(x_1)$		$f[z_2, z_3, z_4] = \frac{f[z_3,z_4]-f[z_2,z_3]}{z_4-z_2}$
		$f[z_3, z_4] = \frac{f[z_4]-f[z_3]}{z_4-z_3}$	
$z_4 = x_2$	$f[z_4] = f(x_2)$		$f[z_3, z_4, z_5] = \frac{f[z_4,z_5]-f[z_3,z_4]}{z_5-z_3}$
		$f[z_4, z_5] = f'(x_2)$	
$z_5 = x_2$	$f[z_5] = f(x_2)$		

Beispiel 1. Tabelle 3.10 verwendet die Daten aus dem vorigen Beispiel zusammen mit den bekannten Werten der Ableitung. Die unterstrichenen Werte sind gegeben; die übrigen wurden durch standardmäßige dividierte Differenz erzeugt. Sie approximieren $f(1{,}5)$ wie folgt:

Tabelle 3.10

1,3	0,6200860					
		−0,5220232				
1,3	0,6200860		−0,0897427			
		−0,5489460		0,0663657		
1,6	0,4554022		−0,0698330		0,0026663	
		−0,5698959		0,0679655		−0,0027738
1,6	0,4554022		−0,0290537		0,0010020	
		−0,5786120		0,685667		
1,9	0,2818186		−0,0084837			
		−0,5811571				
1,9	0,2818186					

$$
\begin{aligned}
H_5(1{,}5) = 0{,}6200860 &+ (1{,}5 - 1{,}3)(-0{,}5220232) \\
&+ (1{,}5 - 1{,}3)^2(-0{,}0897427) \\
&+ (1{,}5 - 1{,}3)^2(1{,}5 - 1{,}6)(0{,}0663657) \\
&+ (1{,}5 - 1{,}3)^2(1{,}5 - 1{,}6)^2(0{,}0026663) \\
&+ (1{,}5 - 1{,}3)^2(1{,}5 - 1{,}6)^2(1{,}5 - 1{,}9)(-0{,}0027738) \\
&= 0{,}5118277.
\end{aligned}
$$
□

Das Programm HERMIT33 erzeugt die Koeffizienten des Hermitesches Polynoms mit dieser modifizierten Newtonschen Interpolationsformel der dividierten Differenz. Das Programm unterscheidet sich etwas von der Diskussion, um die Effizienz der Berechnung auszunutzen.

Übungsaufgaben

1. Konstruieren Sie ein Approximationspolynom für die folgenden Daten mit der Hermiteschen Interpolation.

a)

x	$f(x)$	$f'(x)$
8,3	17,56492	1,116256
8,6	18,50515	1,151762

b)

x	$f(x)$	$f'(x)$
0,8	0,22363362	2,1691753
1,0	0,65809197	2,0466965

c)

x	$f(x)$	$f'(x)$
−0,5	−0,0247500	0,7510000
−0,25	0,3349375	2,1890000
0	1,1010000	4,0020000

d)

x	$f(x)$	$f'(x)$
3,0	−4,240058	6,649860
3,1	−3,496909	8,215853
3,2	−2,596792	9,784636

e)

x	$f(x)$	$f'(x)$
0,1	−0,62049958	3,58502082
0,2	−0,28398668	3,14033271
0,3	0,00660095	2,66668043
0,4	0,24842440	2,16529366

f)

x	$f(x)$	$f'(x)$
1,2	2,572152	7,615964
1,3	3,602102	13,97514
1,4	5,797884	34,61546
1,5	14,10142	199,8500

g)

x	$f(x)$	$f'(x)$
1,0	1,684370	2,742245
1,1	1,949477	2,569394
1,2	2,199796	2,443303
1,3	2,439189	2,348926
1,4	2,670324	2,276919

h)

x	$f(x)$	$f'(x)$
3,6	1,16164956	−1,50728217
3,8	0,80201036	−2,11189875
4,0	0,30663842	−2,87057564
4,2	−0,35916618	−3,82381126
4,4	−1,23926000	−5,02312214

2. Die Daten in Übung 1 wurden mit den folgenden Funktionen erzeugt. Approximieren Sie $f(x)$ mit den in Übung 1 konstruierten Polynomen für den gegebenen Wert von x, und berechnen Sie den tatsächlichen Fehler.

a) $f(x) = x \ln x$; approximieren Sie $f(8{,}4)$.

b) $f(x) = \sin(e^x - 2)$; approximieren Sie $f(0{,}9)$.

c) $f(x) = x^3 + 4{,}001x^2 + 4{,}002x + 1{,}101$; approximieren Sie $f(-\frac{1}{3})$.

d) $f(x) = x \cos x - x^2 \sin x$; approximieren Sie $f(\pi)$.

e) $f(x) = x \cos x - 2x^2 + 3x - 1$; approximieren Sie $f(0{,}25)$.

f) $f(x) = \tan x$; approximieren Sie $f(\frac{\pi}{2})$.

g) $f(x) = \ln(e^{2x} - 2)$; approximieren Sie $f(1{,}15)$.

h) $f(x) = x - (\ln x)^x$; approximieren Sie $f(4{,}1)$.

3. Bestimmen Sie mit der Fehlerformel des Hermiteschen Polynoms eine Schranke für die Fehler in Übung 2a), c) und e).

4. Es sei $f(x) = 3xe^x - e^{2x}$.

a) Approximieren Sie $f(1{,}03)$ mit dem Hermiteschen Interpolationspolynom vom Grade höchstens gleich drei mit $x_0 = 1$ und $x_1 = 1{,}05$. Vergleichen Sie den tatsächlichen Fehler mit der Fehlerschranke.

b) Wiederholen Sie (a) mit dem Hermiteschen Polynom vom Grade höchstens gleich fünf mit $x_0 = 1$, $x_1 = 1{,}05$ und $x_2 = 1{,}07$.

5. a) Konstruieren Sie mit den folgenden Werten und, indem Sie auf fünf Stellen runden, ein Hermitesches Interpolationspolynom, und approximieren Sie damit sin 0,34.

x	$\sin x$	$D_x(\sin x) = \cos x$
0,30	0,29552	0,95534
0,32	0,31457	0,94924
0,35	0,34290	0,93937

b) Bestimmen Sie eine Fehlerschranke für die Approximation in Übung (a), und vergleichen Sie sie mit dem tatsächlichen Fehler.

c) Fügen Sie den Daten $\sin 0{,}33 = 0{,}32404$ und $\cos 0{,}33 = 0{,}94604$ hinzu, und wiederholen Sie die Berechnungen.

6. Die folgende Tabelle faßt die Daten für die durch $f(x) = e^{0,1x^2}$ beschriebene Funktion zusammen. Approximieren Sie $f(1{,}25)$ mit $H_5(1{,}25)$ und $H_3(1{,}25)$, wobei H_5 die Knoten $x_0 = 1$, $x_1 = 2$ und $x_3 = 3$ und H_3 die Knoten $\overline{x}_0 = 1$ und $\overline{x}_1 = 1{,}5$ verwendet. Bestimmen Sie die Fehlerschranken für diese Approximationen.

x	$f(x) = e^{0,1x^2}$	$f'(x) = 0{,}2xe^{0,1x^2}$
$x_0 = \overline{x}_0 = 1$	1,105170918	0,2210341836
$\overline{x}_1 = 1{,}5$	1,252322716	0,3756968148
$x_1 = 2$	1,491824698	0,5967298792
$x_2 = 3$	2,459603111	1,475761867

7. Bei einem Auto, das eine gerade Straße entlangfährt, wird an einigen Punkten die Zeit genommen. Diese Daten sind in der folgenden Tabelle gegeben, wobei die Zeit in Sekunden, die Entfernung in Metern und die Geschwindigkeit in Meter pro Sekunde angegeben ist.

Zeit	0	3	5	8	13
Entfernung	0	68,6	116,7	189,9	302,7
Geschwindigkeit	22,9	23,5	24,4	22,6	21,9

a) Sagen Sie mit Hilfe eines Hermiteschen Polynoms die Position des Autos und seine Geschwindigkeit bei $t = 10$ s voraus.

b) Bestimmen Sie mit der Ableitung des Hermiteschen Polynoms, ob das Auto jemals die 55 mi/h-(88,6 km/h-)Geschwindigkeitsbegrenzung auf der Straße überschreitet; wenn dies so ist, wann geschieht das zum ersten Mal?

c) Wie groß ist die voraussichtliche maximale Geschwindigkeit des Autos?

3.5. Spline-Interpolation

Im vorigen Abschnitt dieses Kapitels wurden Polynome zur Approximation beliebiger Funktionen auf geschlossenen Intervallen herangezogen. Wie man sah, werden jedoch Polynome mit einem relativ hohen Grad benötigt, und diese Polynome haben einige schwerwiegende Nachteile. Sie oszillieren, und eine Fluktuation über einem kleinen Teil des Intervalls kann große Fluktuationen über dem gesamten Bereich bewirken.

Eine Alternative besteht darin, das Intervall in mehrere Teilintervalle aufzuteilen und auf jedem Teilintervall ein unterschiedliches Näherungspolynom zu konstruieren. Dies wird **stückweise Polynomapproximation** genannt.

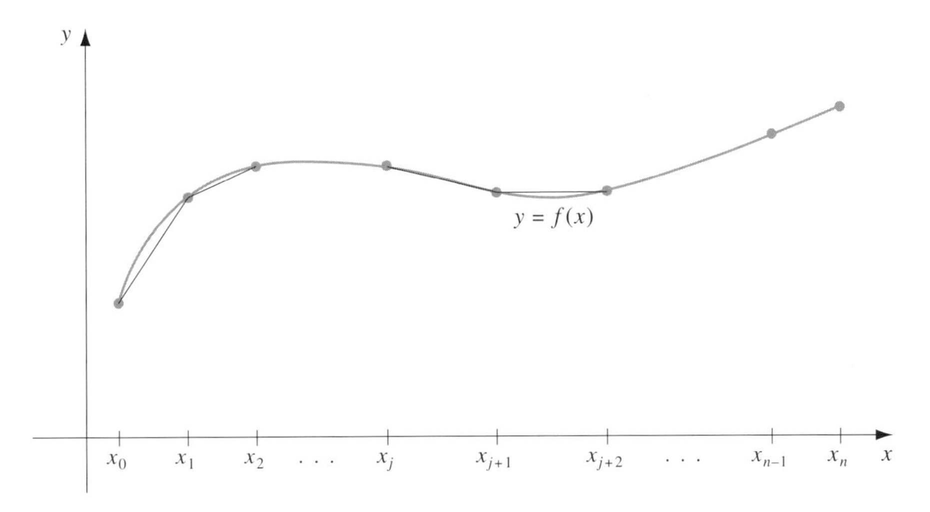

Abb. 3.5

Die einfachste stückweise Polynomapproximation besteht darin, einige Funktionswerte $(x_0, f(x_0)), (x_1, f(x_1)), \ldots, (x_n, f(x_n))$ durch eine Reihe von Geraden, wie in Abbildung 3.5 gezeigt, zu verbinden. Diese Interpolation wird in Grundkursen angewandt, wo trigonometrische oder logarithmische Funktionen betrachtet und Mittelwerte aus einer Sammlung von tabellierten Werten gesucht werden.

Ein Nachteil der linearen Approximation ist, daß diese im allgemeinen nicht an den Grenzen der Teilintervalle differenziert werden kann. Geometrisch heißt das, daß die Interpolationsfunktion an diesen Stellen nicht „glatt" ist. Oft ist es von den physikalischen Bedingungen her klar, daß nur eine glatte, das heißt stetig differenzierbare Näherungsfunktion verwendet werden kann. Eine Abhilfe dieses Problems besteht darin, stückweise Polynome vom Hermiteschen Typ einzusetzen. Sind beispielsweise die Werte von f und f' an jeder der Stellen $x_0 < x_1 < \cdots < x_n$ bekannt, kann mit einem Hermiteschen Polynom vom Grad drei auf jedem der Teilintervalle $[x_0, x_1], [x_1, x_2], \ldots, [x_{n-1}, x_n]$ eine approximierende Funktion erhalten werden, die auf dem Intervall $[x_0, x_n]$ stetig differenzierbar ist. Um das geeignete kubische Hermite-Polynom auf einem gegebenen Intervall zu bestimmen, errechnet man einfach die Funktion $H_3(x)$ für dieses Intervall. Die zur Bestimmung von H_3 benötigten Lagrangeschen Interpolationspolynome sind vom ersten Grad, so daß dies ohne große Schwierigkeit ausgeführt werden kann.

Die kubischen Hermite-Polynome werden gewöhnlich zur Untersuchung der Bewegung von Partikeln eingesetzt, die im Raum treiben. Die Schwierigkeit, stückweise Hermitesche Polynome für allgemeine Interpolationsprobleme zu nutzen, liegt darin, daß die Ableitung der approximierten Funktion bekannt sein muß. Der restliche Abschnitt betrachtet die Approximation mit stückweisen Polynomen, die keine Informationen über die Ableitung benötigt, außer vielleicht an den Grenzen des Intervalls, auf dem die Funktion approximiert wird.

Die häufigste stückweise Polynomapproximation verwendet kubische Polynome zwischen Knotenpaaren und heißt **kubische Spline-Interpolation**. Ein allgemeines kubisches Polynom schließt vier Konstanten ein, so daß kubische Spline hinreichend flexibel sind, um sicherzustellen, daß die Interpolierende zwei stetige Ableitungen auf dem Intervall besitzt. Die Ableitungen der kubischen Spline stimmen im allgemeinen jedoch nicht mit den Ableitungen der Funktion überein, auch nicht an den Knoten. (Vergleiche Abbildung 3.6.)

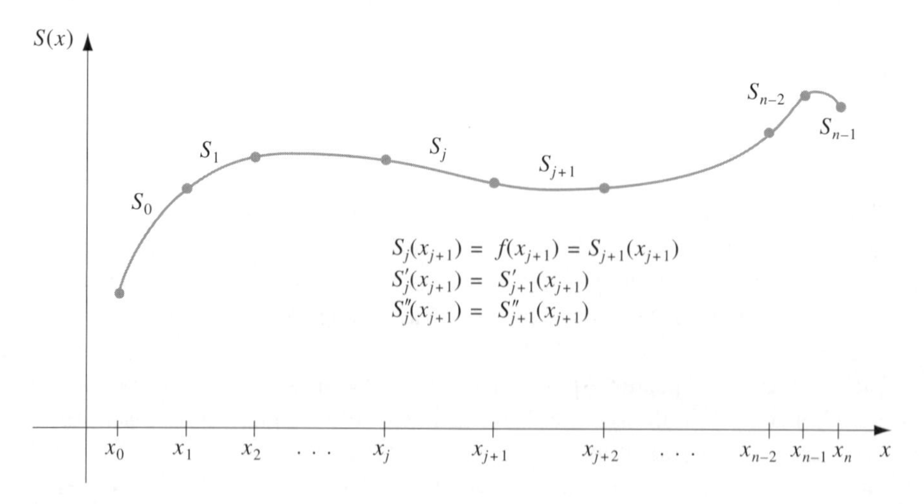

Abb. 3.6

Kubische Spline-Interpolation

Gegeben sei eine auf $[a, b]$ definierte Funktion f und eine Menge von Knoten $a = x_0 < x_1 < \ldots < x_n = b$. Eine kubische Spline-Interpolierende S von f ist eine Funktion, die folgenden Bedingungen genügt:

a) S ist ein kubisches Polynom, bezeichnet mit S_j, auf dem Teilintervall $[x_j, x_{j+1}]$ für jedes $j = 0, 1, \ldots, n-1$.
b) $S(x_j) = f(x_j)$ für jedes $j = 0, 1, \ldots, n$.
c) $S_{j+1}(x_{j+1}) = S_j(x_{j+1})$ für jedes $j = 0, 1, \ldots, n-2$.
d) $S'_{j+1}(x_{j+1}) = S'_j(x_{j+1})$ für jedes $j = 0, 1, \ldots, n-2$.
e) $S''_{j+1}(x_{j+1}) = S''_j(x_{j+1})$ für jedes $j = 0, 1, \ldots, n-2$.
f) Eine der folgenden Randbedingungen ist erfüllt:
   i) $S''(x_0) = S''(x_n) = 0$ (natürlicher oder freier Rand);
   ii) $S'(x_0) = f'(x_0)$ und $S'(x_n) = f'(x_n)$ (Hermite-Rand).

Obwohl kubische Spline auch mit anderen Randbedingungen definiert sind, sind die hier gegebenen Bedingungen die am häufigsten in der Praxis verwendeten. Bei natürlichen Randbedingungen nimmt das Spline die Gestalt an, die ein langer, flexibler Stab annehmen würde, der durch die Punkte $\{(x_0, f(x_0)), (x_1, f(x_1)), \ldots, (x_n, f(x_n))\}$ gehen muß. Dieses Spline setzt sich linear für $x \leq x_0$ und für $x \geq x_n$ fort.

Hermite-Randbedingungen führen im allgemeinen zu genaueren Approximationen, da sie mehr Informationen über die Funktion enthalten. Für diesen Typ von Randbedingung benötigt man jedoch die Ableitungen an den Rändern oder deren genaue Approximation. Dies kann schwierig sein.

Um die kubische Spline-Interpolierende einer gegebenen Funktion f zu konstruieren, werden die Bedingungen in der Definition auf folgende kubische Polynome angewandt

$$S_j(x) = a_j + b_j(x - x_j) + c_j(x - x_j)^2 + d_j(x - x_j)^3$$

für jedes $j = 0, 1, \ldots, n-1$.

Da

$$S_j(x_j) = a_j = f(x_j)$$

ist, kann Bedingung (c) angewandt werden, und man erhält

$$a_{j+1} = S_{j+1}(x_{j+1}) = S_j(x_{j+1}) = a_j + b_j(x_{j+1} - x_j) + c_j(x_{j+1} - x_j)^2 + d_j(x_{j+1} - x_j)^3$$

für jedes $j = 0, 1, \ldots, n-2$.

Da der Term $(x_{j+1} - x_j)$ mehrfach in dieser Entwicklung wiederholt wird, ist es praktischer, die einfachere Bezeichnung

$$h_j = x_{j+1} - x_j$$

für jedes $j = 0, 1, \ldots, n-1$ einzuführen. Definiert man außerdem $a_n = f(x_n)$, dann gilt die Gleichung

$$a_{j+1} = a_j + b_j h_j + c_j h_j^2 + d_j h_j^3 \tag{3.1}$$

für jedes $j = 0, 1, \ldots, n-1$.

Ähnliches beobachtet man, wenn man $b_n = S'(x_n)$ definiert,

$$S'_j(x) = b_j + 2c_j(x - x_j) + 3d_j(x - x_j)^2,$$

daraus folgt $S'_j(x_j) = b_j$ für jedes $j = 0, 1, \ldots, n-1$. Anwenden von Bedingung (d) liefert

$$b_{j+1} = b_j + 2c_j h_j + 3d_j h_j^2 \tag{3.2}$$

für jedes $j = 0, 1, \ldots, n-1$.

Eine andere Beziehung zwischen den Koeffizienten von S_i erhält man, indem $c_n = S''(x_n)/2$ definiert und die Bedingung (c) angewandt wird. In diesem Fall ist

$$c_{j+1} = c_j + 3d_j h_j \tag{3.3}$$

für jedes $j = 0, 1, \ldots, n-1$. Auflösen von Gleichung (3.3) nach d_j und Einsetzen in Gleichung (3.1) und (3.2) liefert die neuen Gleichungen

$$a_{j+1} = a_j + b_j h_j + \frac{h_j^2}{3}(2c_j + c_{j+1}) \tag{3.4}$$

und

$$b_{j+1} = b_j + h_j(c_j + c_{j+1}) \tag{3.5}$$

für jedes $j = 0, 1, \ldots, n-1$.

Die letzte Bedingung, die die Koeffizienten betrifft, erhält man, indem man erst die geeignete Gleichung in der Form von Gleichung (3.4) nach b_j auflöst

$$b_j = \frac{1}{h_j}(a_{j+1} - a_j) - \frac{h_j}{3}(2c_j + c_{j+1}), \tag{3.6}$$

und dann den Index nach b_{j-1} reduziert:

$$b_{j-1} = \frac{1}{h_{j-1}}(a_j - a_{j-1}) - \frac{h_{j-1}}{3}(2c_{j-1} + c_j).$$

Substituiert man diese Werte in die aus Gleichung (3.5) abgeleitete Gleichung, wobei der Index um eins reduziert ist, dann ergibt dies das lineare Gleichungssystem

$$h_{j-1}c_{j-1} + 2(h_{j-1} + h_j)c_j + h_j c_{j+1} = \frac{3}{h_j}(a_{j+1} - a_j) - \frac{3}{h_{j-1}}(a_j - a_{j-1}) \tag{3.7}$$

für alle $j = 0, 1, \ldots, n-1$. Dieses System enthält als einzige Unbekannte $\{c_j\}_{j=0}^n$, da $\{h_j\}_{j=0}^{n-1}$ und $\{a_j\}_{j=0}^n$ durch die Einteilung der Knoten $\{x_j\}_{j=0}^n$ und die Werte $\{f(x_j)\}_{j=0}^n$ gegeben sind.

Sind erst die Werte von $\{c_j\}_{j=0}^n$ bekannt, ist es leicht, die restlichen Konstanten $\{b_j\}_{j=0}^{n-1}$ aus Gleichung (3.6) und $\{d_j\}_{j=0}^{n-1}$ aus Gleichung (3.3) zu bestimmen und die kubischen Polynome $\{S_j\}_{j=0}^{n-1}$ zu konstruieren.

Das kubische Spline-Problem mit den natürlichen Randbedingungen $S''(x_0) = S''(x_n) = 0$ kann mit Hilfe des Programms NCUBSP34 gelöst werden. Das Programm CCUBSP35 bestimmt das kubische Spline mit den Hermite-Randbedingungen $S'(x_0) = f'(x_0)$ und $S'(x_1) = f'(x_1)$.

Beispiel 1. Abbildung 3.7 zeigt eine fliegende Ente.

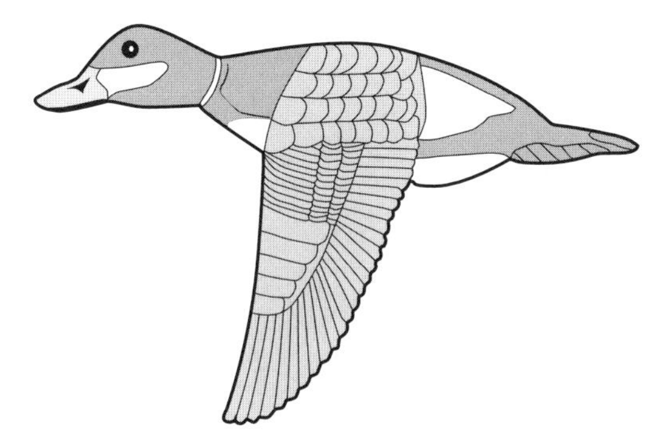

Abb. 3.7

Um das obere Profil der Ente zu approximieren, wurden Punkte entlang der Kurve ausgewählt, durch die die approximierende Kurve gehen soll. Tabelle 3.11 faßt die Koordinaten der 21 Punkte bezüglich des überlagerten Koordinatensystems zusammen, das in Abbildung 3.8 dargestellt ist. Man achte darauf, daß mehr Punkte benötigt werden, wenn der Kurvenverlauf schnell wechselt als dann, wenn er langsamer wechselt.

Tabelle 3.11

x	0,9	1,3	1,9	2,1	2,6	3,0	3,9	4,4	4,7	5,0	6,0
$f(x)$	1,3	1,5	1,85	2,1	2,6	2,7	2,4	2,15	2,05	2,1	2,25

x	7,0	8,0	9,2	10,5	11,3	11,6	12,0	12,6	13,0	13,3
$f(x)$	2,3	2,25	1,95	1,4	0,9	0,7	0,6	0,5	0,4	0,25

NCUBSP34 erzeugt mit diesen Daten die natürliche Spline-Funktion und liefert die in Tabelle 3.12 gezeigten Koeffizienten. Diese Spline-Kurve ist fast dem Profil identisch, wie Abbildung 3.9 zeigt.

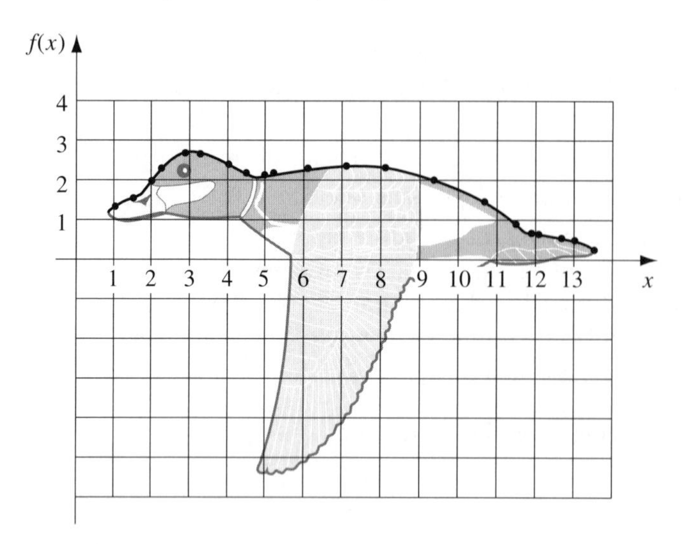

Abb. 3.8

Tabelle 3.12

j	x_j	a_j	b_j	c_j	d_j
0	0,9	1,3	0,54	0,00	−0,25
1	1,3	1,5	0,42	−0,30	0,95
2	1,9	1,85	1,09	1,41	−2,96
3	2,1	2,1	1,29	−0,37	−0,45
4	2,6	2,6	0,59	−1,04	0,45
5	3,0	2,7	−0,02	−0,50	0,17
6	3,9	2,4	−0,50	−0,03	0,08
7	4,4	2,15	−0,48	0,08	1,31
8	4,7	2,05	−0,07	1,27	−1,58
9	5,0	2,1	0,26	−0,16	0,04
10	6,0	2,25	0,08	−0,03	0,00
11	7,0	2,3	0,01	−0,04	−0,02
12	8,0	2,25	−0,14	−0,11	0,02
13	9,2	1,95	−0,34	−0,05	−0,01
14	10,5	1,4	−0,53	−0,10	−0,02
15	11,3	0,79	−0,73	−0,15	1,21
16	11,6	0,7	−0,49	0,94	−0,84
17	12,0	0,6	−0,14	−0,06	0,04
18	12,6	0,5	−0,18	0,00	−0,45
19	13,0	0,4	−0,39	−0,54	0,60
20	13,3	0,25			

Zum Vergleich zeigt Abbildung 3.10 die über das Lagrangesche Interpolationspolynom erhaltene Kurve, die dieselben Werte anpaßt. Dies ist eine sehr fremde Darstellung eines Entenrückens, im Flug oder überhaupt. Das Interpolationspolynom ist in diesem Fall vom Grade 20 und oszilliert stark, außer in der Mitte der Kurve. □

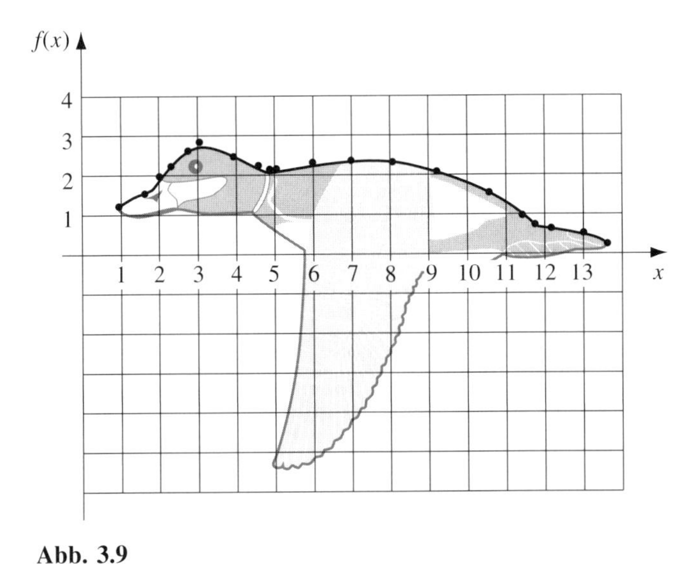

Abb. 3.9

Abb. 3.10

Um mit einem Hermite-Spline die Kurve in Beispiel 1 zu approximieren, bräuchte man die Ableitungsnäherungen an den Rändern. Selbst wenn die Approximationen verfügbar wären, würde man nur eine geringe Verbesserung erwarten können, da das natürliche kubische Spline gut mit dem oberen Profil übereinstimmt.

Kubische Spline stimmen im allgemeinen gut mit der approximierten Funktion überein, vorausgesetzt, daß die Punkte nicht zu weit voneinander entfernt sind und daß die vierte Ableitung der Funktion Wohlverhalten zeigt. Es sei zum Beispiel angnommen, daß f vier stetige Ableitungen auf $[a, b]$ besitze und daß die vierte Ableitung auf diesem Intervall eine durch M beschränkte Größe habe. Dann besitzt das kubische Hermite-Spline $S(x)$, das mit $f(x)$ an den Stellen $a = x_0 < x_1 < \cdots < x_n = b$ übereinstimmt, die Eigenschaft, daß für alle x in $[a, b]$

$$|f(x) - S(x)| \leq \frac{5M}{384} \max_{0 \leq j \leq n-1} (x_{j+1} - x_j)^4 \tag{3.8}$$

gilt.

Ein ähnliches, aber komplizierteres Fehlerergebnis liefern die freien, kubischen Spline.

Übungsaufgaben

1. Konstruieren Sie jeweils das freie kubische Spline für die folgenden Daten:

a)

x	$f(x)$
8,3	17,56492
8,6	18,50515

b)

x	$f(x)$
0,8	0,22363362
1,0	0,65809197

c)

x	$f(x)$
−0,5	−0,0247500
−0,25	−0,3349375
0	1,1010000

d)

x	$f(x)$
3,0	−4,240058
3,1	−3,496909
3,2	−2,596792

e)

x	$f(x)$
0,1	−0,62049958
0,2	−0,28398668
0,3	0,00660095
0,4	0,24842440

f)

x	$f(x)$
1,2	2,572152
1,3	3,602102
1,4	5,797844
1,5	14,10142

g)

x	$f(x)$
1,0	1,684370
1,1	1,949477
1,2	2,199796
1,3	2,439189
1,4	2,670324

h)

x	$f(x)$
3,6	1,16164956
3,8	0,80201036
4,0	0,30663842
4,2	−0,35916618
4,4	−1,23926000

2. Die Daten in Übung 1 wurden mit den folgenden Funktionen erzeugt. Approximieren Sie $f(x)$ und $f'(x)$ mit den in Übung 1 konstruierten kubischen Splinen für den gegebenen Wert von x, und berechnen Sie den tatsächlichen Fehler.

a) $f(x) = x \ln x$; approximieren Sie $f(8{,}4)$ und $f'(8{,}4)$.

b) $f(x) = \sin(e^x - 2)$; approximieren Sie $f(0{,}9)$ und $f'(0{,}9)$.

c) $f(x) = x^3 + 4{,}001x^2 + 4{,}002x + 1{,}101$; approximieren Sie $f(-\frac{1}{3})$ und $f'(-\frac{1}{3})$.

d) $f(x) = x \cos x - x^2 \sin x$; approximieren Sie $f(\pi)$ und $f'(\pi)$.

e) $f(x) = x \cos x - 2x^2 + 3x - 1$; approximieren Sie $f(0{,}25)$ und $f'(0{,}25)$.

f) $f(x) = \tan x$; approximieren Sie $f(\pi/2)$ und $f'(\pi/2)$.

g) $f(x) = \ln(e^{2x} - 2)$; approximieren Sie $f(1{,}15)$ und $f'(1{,}15)$.

h) $f(x) = x - (\ln x)^x$; approximieren Sie $f(4{,}1)$ und $f'(4{,}1)$.

3. Konstruieren Sie das kubische Hermite-Spline mit den Daten aus Übung 1 und der Tatsache:

a) $f'(8{,}3) = 1{,}116256$ und $f'(8{,}6) = 1{,}151762$

b) $f'(0{,}8) = 2{,}1691753$ und $f'(1{,}0) = 2{,}0466965$

c) $f'(-0{,}5) = 0{,}7510000$ und $f'(0) = 4{,}0020000$

d) $f'(3{,}0) = 6{,}649860$ und $f'(3{,}2) = 9{,}784636$

e) $f'(0{,}1) = 3{,}58502082$ und $f'(0{,}4) = 2{,}16529366$

f) $f'(1{,}2) = 7{,}615964$ und $f'(1{,}5) = 199{,}8500$

g) $f'(1{,}0) = 2{,}742245$ und $f'(1{,}4) = 2{,}276919$

h) $f'(3{,}6) = -1{,}50728217$ und $f'(4{,}4) = -5{,}02312214$.

4. Wiederholen Sie Übung 2 mit den in Übung 3 konstruierten kubischen Splinen.

5. a) Konstruieren Sie mit den folgenden Daten und, indem Sie auf fünf Stellen runden, ein freies kubisches Spline, und approximieren Sie damit $\sin 0{,}34$.

b) Bestimmen Sie den Fehler der Approximation in Übung (a).

c) Wiederholen Sie Übung (a) mit einem kubischen Hermite-Spline.

d) Wiederholen Sie Übung (b) mit dem kubischen Hermite-Spline aus Übung (c).

x	$\sin x$	$D_x(\sin x) = \cos x$
0,30	0,29552	0,95534
0,32	0,31457	0,94924
0,35	0,34290	0,93937

e) Approximieren Sie mit dem in Übung (a) konstruierten Spline $\cos 0{,}34$.

f) Approximieren Sie mit dem in Übung (c) konstruierten Spline $\cos 0{,}34$.

g) Approximieren Sie mit dem in Übung (a) konstruierten Spline

$$\int_{0,30}^{0,35} \sin x \, \mathrm{d}x.$$

h) Approximieren Sie mit dem in Übung (c) konstruierten Spline

$$\int_{0,30}^{0,35} \sin x \, \mathrm{d}x.$$

6. Fügen Sie den Daten in Übung 5 $\sin 0{,}33 = 0{,}32404$ und $\cos 0{,}33 = 0{,}94604$ hinzu, und wiederholen Sie die Berechnungen dieser Übung.

7. Approximieren Sie die Funktion $f(x) = 3xe^x - e^{2x}$ an der Stelle $x = 1{,}03$ mit dem kubischen Spline mit Hermite-Randbedingungen und mit $f'(1{,}0) = 1{,}5315787$, $f'(1{,}06) = 1{,}1754977$ und den Daten aus der folgenden Tabelle. Schätzen Sie mit Ungleichung (3.8) den Fehler ab, und vergleichen Sie ihn mit dem tatsächlichen Fehler.

x	1,0	1,02	1,04	1,06
$f(x)$	0,76578939	0,79536678	0,82268817	0,84752226

8. Gegeben sei die Zerlegung $x_0 = 0$, $x_1 = 0{,}05$, $x_2 = 0{,}1$ von $[0,\ 0{,}1]$ und $f(x) = e^{2x}$.

a) Bestimmen Sie das kubische Spline s mit Hermite-Randbedingungen, das f interpoliert.

b) Bestimmen Sie eine Approximation von $\int_0^{0,1} e^{2x}\mathrm{d}x$, indem Sie $\int_0^{0,1} s(x)\mathrm{d}x$ auswerten.

c) Schätzen Sie mit Ungleichung (3.8) und $\max_{0 \le x \le 0,1} |f(x) - s(x)|$

$$\left| \int_0^{0,1} f(x)\mathrm{d}x - \int_0^{0,1} s(x)\mathrm{d}x \right|$$

ab.

d) Bestimmen Sie das kubische Spline S mit freien Randbedingungen, und vergleichen Sie $S(0{,}02)$, $s(0{,}02)$ und $e^{0{,}04} = 1{,}04081077$.

9. Gegeben sei die Zerlegung $x_0 = 0$, $x_1 = 0{,}05$, $x_2 = 0{,}1$ von $[0,\ 0{,}1]$. Bestimmen Sie die stückweise lineare Interpolationsfunktion F von $f(x) = e^{2x}$. Approximieren Sie $\int_0^{0{,}1} e^{2x}\mathrm{d}x$ mit $\int_0^{0{,}1} F(x)\mathrm{d}x$. Vergleichen Sie die Ergebnisse mit denen aus Übung 8.

10. Es sei $f \in C^2[a, b]$, und die Knoten $a = x_0 < x_1 < \cdots < x_n = b$ seien gegeben. Leiten Sie eine Fehlerabschätzung ähnlich der in Ungleichung (3.8) für die stückweise lineare Interpolationsfunktion F her, und benutzen Sie diese zur Abschätzung der Fehlerschranken in Übung 9.

11. In Übung 7 des Abschnitts 3.4 wurden die beobachtete Geschwindigkeit und Entfernung eines Autos, das eine gerade Straße entlang fährt, aufgelistet.

a) Sagen Sie mit Hilfe des kubischen Hermite-Splines die Position und Geschwindigkeit des Autos bei $t = 10$ s voraus.

b) Bestimmen Sie mit diesem Spline, ob das Auto die 55 mi/h-(88,6 km/h-) Geschwingigkeitsbegrenzung auf der Straße überschreitet, und wenn ja, zu welchem Zeitpunkt?

c) Wie groß ist die voraussichtliche maximale Geschwindigkeit des Autos?

12. Es wird angenommen, daß die hohen Mengen an Tannin in ausgereiften Eichenblättern das Wachstum der Wintermottenlarven (*Operophtera bromata L.*, Geometridae) verhindern, die die Bäume in manchen Jahren extensiv zerstören. Die folgende Tabelle enthält die Durchschnittsmassen zweier Larvenproben in den ersten 28 Tagen nach der Geburt. Die erste Probe wurde auf jungen Eichenblättern gezüchtet, wohingegen die zweite Probe auf ausgereiften Eichenblättern desselben Baumes gezüchtet wurde.

a) Approximieren Sie die durchschnittliche Massenkurve jeder Probe mit einem freien kubischen Spline.

b) Bestimmen Sie eine ungefähre, maximale Durchschnittsmasse jeder Probe, indem Sie das Maximum des Splines bestimmen.

Tag	0	6	10	13	17	20	28
Probe 1 Durchschnittsmasse (mg)	6,67	17,33	42,67	37,33	30,10	29,31	28,74
Probe 2 Durchschnittsmasse (mg)	6,67	16,11	18,89	15,00	10,56	9,44	8,89

13. Beim Kentucky-Derby 1979 gewann ein Pferd namens Spectacular Bid in einer Zeit von $2:02\frac{2}{5}$ (2 min $2\frac{2}{5}$ s) in einem $1\frac{1}{4}$-Meilen-Rennen. Die Zeiten an der Viertelmeilen-, Halbmeilen- und Meilenmarke betrugen $25\frac{2}{5}$, $49\frac{2}{5}$ und $1:37\frac{3}{5}$.

a) Konstruieren Sie mit diesen Werten zusammen mit der Startzeit ein freies kubisches Spline für Spectacular Bids Rennen.

b) Sagen Sie mit diesem Spline die Zeit an der Dreiviertelmeilenmarke voraus, und vergleichen Sie sie mit der tatsächlichen Zeit von $1:12\frac{2}{5}$.

c) Approximieren Sie mit diesem Spline Spectacular Bids Startgeschwindigkeit und seine Geschwindigkeit an der Ziellinie.

14. Die folgende Tabelle listet die Bevölkerung der Vereinigten Staaten von 1940 bis 1990 auf und wurde in Übung 14 des Abschnitts 3.2 betrachtet.

Jahr	1940	1950	1960	1970	1980	1990
Bevölkerung (in Tausend)	132 165	151 326	179 323	203 302	226 542	249 633

Bestimmen Sie ein freies kubisches Spline, das mit diesen Werten übereinstimmt, und sagen Sie mit diesem Spline die Bevölkerung in den Jahren 1930, 1965 und 2000 voraus. Vergleichen Sie Ihre Approximationen mit den vorher erhaltenen. Wenn Sie die Wahl hätten, welches Interpolationsverfahren würden Sie wählen?

3.6. Parameterkurven

Keines der entwickelten Verfahren eignet sich, um Kurven der in Abbildung 3.11 gezeigten Form zu erzeugen, da diese Kurve nicht als eine Funktion mit genau einem Funktionswert für jede Variable ausgedrückt werden kann. In diesem Abschnitt wird man sehen, wie allgemeine Kurven dargestellt werden, indem man mit einem Parameter sowohl die x- als auch die y-Koordinatenvariable ausdrückt. Dieses Verfahren kann auf die Darstellung allgemeiner Kurven und Oberflächen im Raum ausgedehnt werden.

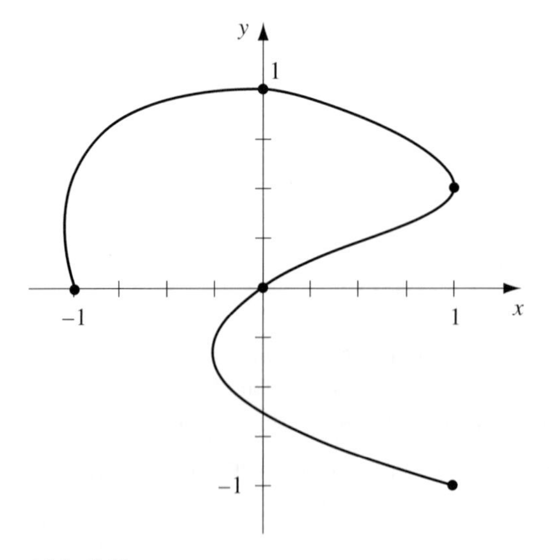

Abb. 3.11

Ein direktes Parameterverfahren zur Bestimmung eines Polynoms oder stückweisen Polynoms, um die Punkte $(x_0, y_0), (x_1, y_1), \ldots, (x_n, y_n)$ zu verbinden, besteht darin, einen Parameter t auf einem Intervall $[t_0, t_n]$ mit $t_0 < t_1 < \cdots < t_n$ zu verwenden und Näherungsfunktionen zu konstruieren mit

$$x_i = x(t_i) \text{ und } y_i = y(t_i) \text{ für alle } i = 0, 1, \ldots, n.$$

Das folgende Beispiel verdeutlicht das Verfahren, wenn beide Näherungsfunktionen Lagrangesche Interpolationspolynome sind.

Beispiel 1. Konstruieren Sie ein Paar Lagrangesche Polynome zur Approximation der in Abbildung 3.11 gezeigten Kurve. Benutzen Sie die auf der Kurve gezeigten Datenpunkte.

Man kann den Parameter flexibel wählen, und die äquidistanten Punkte $\{t_i\}$ in $[0, 1]$ werden ausgewählt. In diesem Fall erhält man die in Tabelle 3.13 zusammengefaßten Daten.

Tabelle 3.13

i	0	1	2	3	4
t_i	0	0,25	0,5	0,75	1
x_i	−1	0	1	0	1
y_i	0	1	0,5	0	−1

Damit erhält man die Lagrangeschen Polynome

$$x(t) = \left(\left(\left(64t - \frac{352}{3}\right)t + 60\right)t - \frac{14}{3}\right)t - 1$$

und

$$y(t) = \left(\left(\left(-\frac{64}{3}t + 48\right)t - \frac{116}{3}\right)t + 11\right)t.$$

Die graphische Darstellung dieses Parametersystems wird in Abbildung 3.12 gezeigt. Obwohl es durch die geforderten Punkte geht und dieselbe Grundform besitzt, stellt dies eine grobe Approximation der Originalkurve dar. Eine genauere Approximation würde zusätzliche Knoten erfordern, begleitet von einem Ansteigen des Berechnungsaufwands. □

Hermitesche und Spline-Kurven können ähnlich erzeugt werden, aber sie bringen ebenfalls umfangreiche Berechnungen mit sich.

Anwendungen in Computergraphiken erfordern das schnelle Erzeugen einer glatten Kurve, die leicht und schnell modifiziert werden kann. Zusätzlich sollte eine Änderung eines Teils der Kurve andere Teile der Kurve wenig oder

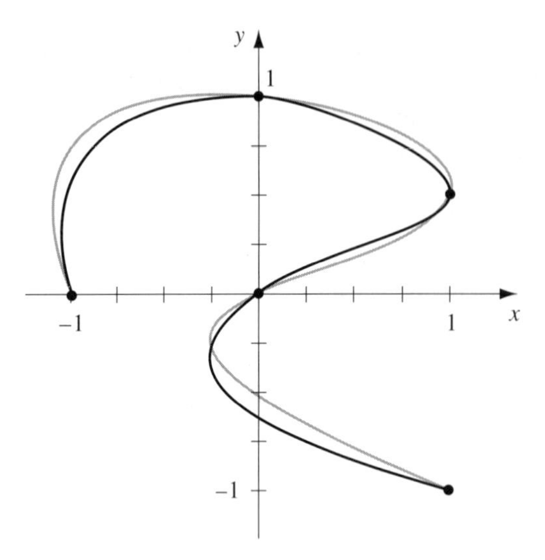

Abb. 3.12

gar nicht beeinflussen. Damit können Interpolationspolynome und Splines nicht eingesetzt werden, da eine Änderung eines Teils ihrer Kurven den gesamten Kurvenverlauf beeinflußt. Dies ist vom optischen und rechnerischen Standpunkt her unerwünscht.

Im allgemeinen wählt man die Kurve in Computergraphiken in Form eines stückweisen kubischen Hermiteschen Polynoms. Jeder Teil dieses Polynoms ist vollständig durch seine Randpunkte und die Ableitungen an diesen Randpunkten bestimmt. Folglich kann ein Teil der Kurve geändert werden, während der größte Teil der Kurve gleich bleibt. Nur die angrenzenden Teile müssen verändert werden, wenn die Glätte an den Randpunkten bestehen bleiben soll. Die Berechnungen sind schnell auszuführen, und die Kurve kann jeweils auf einem Abschnitt modifiziert werden.

Das Problem bei der Hermiteschen Interpolation liegt darin, daß die Ableitungen an den Randpunkten jedes Abschnitts der Kurve spezifiziert werden müssen. Angenommen, die Kurve besitze $n + 1$ Datenpunkte $(x_0, y_0), \ldots, (x_n, y_n)$, und man möchte die Kurve parametrisieren, um komplexe Eigenschaften zu erlauben. Dann muß man $x'(t_i)$ und $y'(t_i)$ für alle $i = 0, 1, \ldots, n$ spezifizieren, wobei $(x_i, y_i) = (x(t_i), y(t_i))$ ist. Dies ist jedoch nicht so schwierig, wie es zuerst erscheint, da jeder Teil unabhängig erzeugt werden kann. Im wesentlichen kann man dann den Prozeß vereinfachen, indem man ein Paar der kubischen Hermiteschen Polynome in dem Parameter t bestimmt, wobei $t_0 = 0$ und $t_1 = 1$ ist, die Randpunkte $(x(0), y(0))$ und $(x(1), y(1))$ und die Ableitungen $\mathrm{d}y/\mathrm{d}x$ für $t = 0$ und $\mathrm{d}y/\mathrm{d}x$ für $t = 1$ gegeben sind.

Man beachte, daß nur sechs Bedingungen aufgeführt sind, und jedes kubische Polynom besitzt vier Parameter, zusammen acht. Daher ist man bei der Wahl des Paars der kubischen Hermiteschen Polynome beachtlich flexibel, diesen Bedingungen zu genügen. Diese Flexibilität resultiert daraus, daß die Bestimmung von $x(t)$ und $y(t)$ es erfordert, $x'(0)$, $x'(1)$, $y'(0)$ und $y'(1)$ zu spezifizieren. Die explizite Hermitesche Kurve in x und y erfordert nur die Spezifizierung der Quotienten

$$\left.\frac{\mathrm{d}y}{\mathrm{d}x}\right|_{t=0} = \frac{x'(0)}{y'(0)}$$

und

$$\left.\frac{\mathrm{d}y}{\mathrm{d}x}\right|_{t=1} = \frac{x'(1)}{y'(1)}.$$

Multipliziert man $x'(0)$ und $y'(0)$ mit einem gewöhnlichen Skalierungsfaktor, bleibt die Tangente an die Kurve in $(x(0), y(0))$ dieselbe, aber die Form der Kurve ändert sich. Je größer der Skalierungsfaktor ist, um so näher approximiert die Kurve die Tangente nahe $(x(0), y(0))$. Ähnliches gilt für den anderen Randpunkt $(x(1), y(1))$.

Um den Prozeß weiter zu vereinfachen, wird die Ableitung an einem Randpunkt graphisch spezifiziert, indem man einen zweiten Punkt, den sogenannten *Führungspunkt*, auf der gewünschten Tangente beschreibt. Je weiter der Führungspunkt von dem Knoten entfernt ist, desto näher approximiert die Kurve die Tangente nahe dem Knoten.

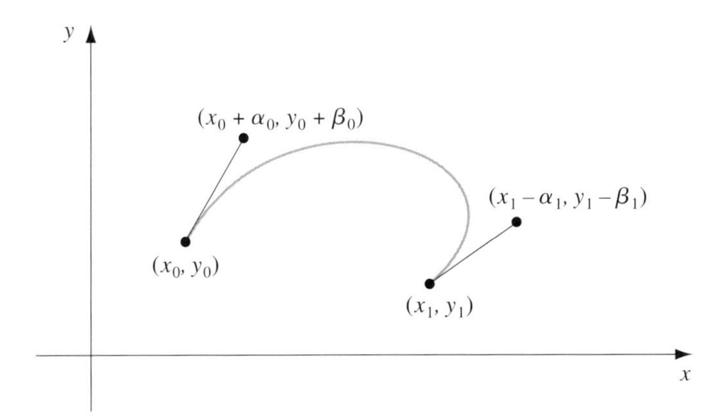

Abb. 3.13

In Abbildung 3.13 sind die Knoten in (x_0, y_0) und (x_1, y_1), der Führungspunkt für (x_0, y_0) ist $(x_0 + \alpha_0, y_0 + \beta_0)$ und der Führungspunkt für (x_1, y_1) ist $(x_1 - \alpha_1, y_1 - \beta_1)$. Das kubische Hermitesche Polynom $x(t)$ auf $[0, 1]$ muß

$$x(0) = x_0, \quad x(1) = x_1, \quad x'(0) = \alpha_0 \text{ und } x'(1) = \alpha_1$$

genügen. Das einzige kubische Polynom, das diese Bedingungen erfüllt, ist

$$x(t) = [2(x_0 - x_1) + (\alpha_0 + \alpha_1)]t^3 + [3(x_1 - x_0) - (\alpha_1 + 2\alpha_0)]t^2 + \alpha_0 t + x_0,$$

und entsprechend ist das einzige kubische Polynom für y

$$y(t) = [2(y_0 - y_1) + (\beta_0 + \beta_1)]t^3 + [3(y_1 - y_0) - (\beta_1 + 2\beta_0)]t^2 + \beta_0 t + y_0.$$

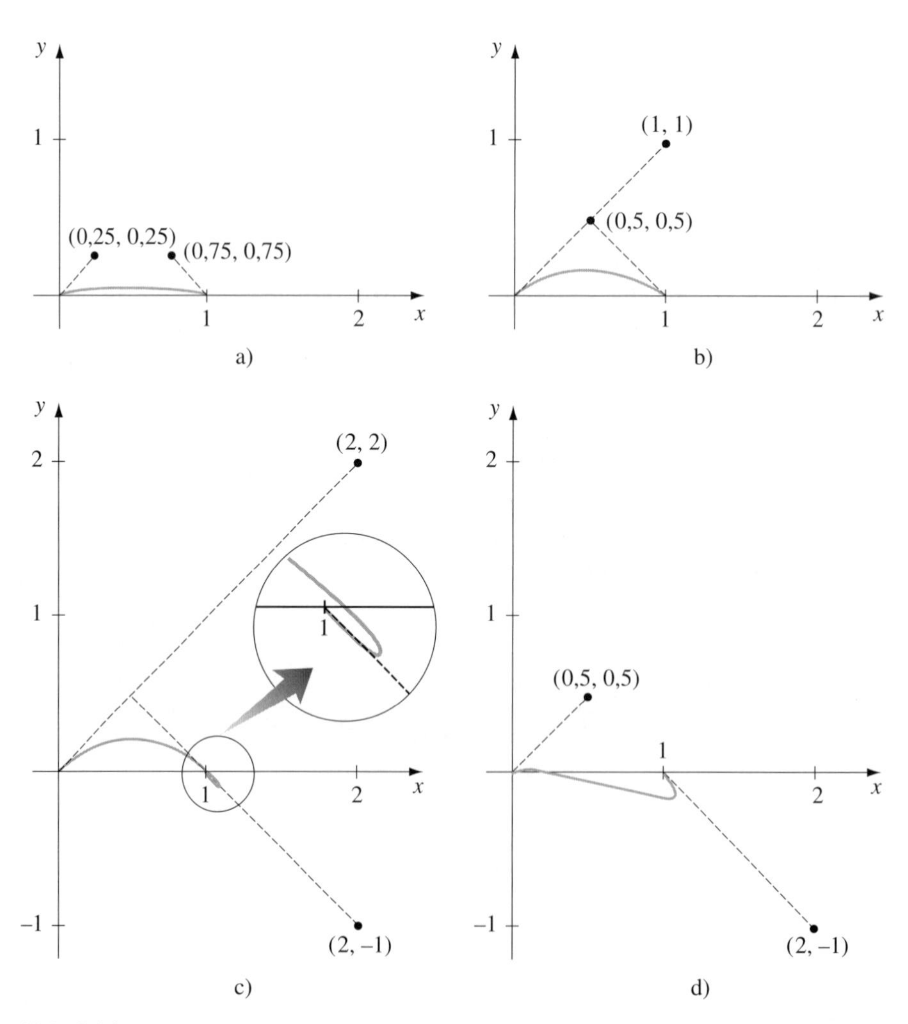

Abb. 3.14

Beispiel 2. Die Graphen in Abbildung 3.14 zeigen einige Möglichkeiten, die es gibt, wenn die Knoten $(0, 0)$ und $(1, 0)$ und die Anstiege in diesen Knoten 1 beziehungsweise -1 sind. Die Spezifikation des Anstiegs an den Randpunkten erfordert nur, daß $\alpha_0 = \beta_0$ und $\alpha_1 = -\beta_1$ ist, da $\alpha_0 = \beta_0$ und $\alpha_1 = -\beta_1$ die Anstiege des linken beziehungsweise rechten Randpunktes liefern. □

Standardmäßig werden die Kurven in einem interaktiven Graphik-Modus bestimmt, indem man zuerst alle Knoten ungefähr mit einer Mouse oder einem Trackball eingibt. Dann werden die Führungspunkte gesetzt, um eine erste Approximation der gewünschten Kurve zu erzeugen. Dies kann manuell erfolgen, aber die meisten Graphik-Systeme erlauben es, mit dem Eingabegerät die Kurve auf dem Bildschirm freihändig zu zeichnen, und wählen geeignete Knoten und Führungspunkte der freihändigen Kurve aus.

Die Knoten und Führungspunkte können dann auf eine Position gebracht werden, die eine optisch befriedigende Kurve liefert. Da der Rechenaufwand minimal ist, wird die Kurve so schnell bestimmt, daß die resultierenden Veränderungen fast sofort sichtbar werden. Darüber hinaus sind alle zur Berechnung der Kurve benötigten Daten von den Koordinaten der Knoten und Führungspunkte eingebettet, so daß vom Benutzer kein analytisches Wissen verlangt wird.

Gängige Graphik-Programme verwenden diesen Systemtyp für ihre freihändige graphische Darstellung, wenn auch leicht modifiziert. Die Hermiteschen Kurven werden als Bézier-Polynome beschrieben, die einen Skalierungsfaktor von 3 beim Berechnen der Ableitungen an den Randpunkten enthalten. Dadurch werden die Parametergleichungen zu

$$x(t) = [2(x_0-x_1)+3(\alpha_0+\alpha_1)]t^3+[3(x_1-x_0)-3(\alpha_1+2\alpha_0)]t^2+3\alpha_0 t+x_0,$$

$$y(t) = [2(y_0-y_1)+3(\beta_0+\beta_1)]t^3+[3(y_1-y_0)-3(\beta_1+2\beta_0)]t^2+3\beta_0 t+y_0$$

für $0 \leq t \leq 1$ modifiziert, aber diese Veränderung bereitet dem Benutzer solcher Systeme keine Probleme.

Dreidimensionale Kurven können ähnlich durch zusätzliche Spezifizierung dritter Komponenten z_0 und z_1 für die Knoten und $z_0 - \gamma_0$ und $z_1 - \gamma_1$ für die Führungspunkte erzeugt werden. Das schwierige Problem bei der Darstellung einer dreidimensionalen Kurve betrifft den Verlust der dritten Dimension, wenn die Kurve auf ein zweidimensionales Medium, wie einen Computerbildschirm oder einen Drucker, projiziert wird. Unterschiedliche Projektionsverfahren werden angewandt, aber dieses Thema fällt in das Gebiet der Computergraphik. Zur Einführung in dieses Thema und in die Art und Weise, wie das Verfahren zur Oberflächendarstellung modifiziert werden kann, siehe eines der vielen Bücher über Computergraphik.

Bézier-Kurven können mit dem Programm BEZIER36 erzeugt werden.

Übungsaufgaben

1. $(x_0, y_0) = (0, 0)$ und $(x_1, y_1) = (5, 2)$ seien die Endpunkte einer Kurve. Konstruieren Sie zu der Kurve die parametrischen, kubischen Hermite-Approximationen $(x(t), y(t))$ mit den gegebenen Führungspunkten, und stellen Sie die Approximationen graphisch dar.

a) $(1, 1)$ und $(6, 1)$

b) $(0{,}5, 0{,}5)$ und $(5{,}5, 1{,}5)$

c) $(1, 1)$ und $(6, 3)$

d) $(2, 2)$ und $(7, 0)$.

2. Wiederholen Sie Übung 1 mit den kubischen Bézier-Polynomen.

3. Gegeben sind die folgenden Punkte und Führungspunkte. Konstruieren Sie die kubischen Bézier-Polynome, und stellen Sie sie graphisch dar.

a) Punkt $(1, 1)$ mit Führungspunkt $(1{,}5, 1{,}25)$ nach Punkt $(6, 2)$ mit Führungspunkt $(7, 3)$

b) Punkt $(1, 1)$ mit Führungspunkt $(1{,}25, 1{,}5)$ nach Punkt $(6, 2)$ mit Führungspunkt $(5, 3)$

c) Punkt $(0, 0)$ mit Führungspunkt $(0{,}5, 0{,}5)$ nach Punkt $(4, 6)$ mit eintretendem Führungspunkt $(3{,}5, 7)$ und austretendem Führungspunkt $(4{,}5, 5)$ nach Punkt $(6, 1)$ mit Führungspunkt $(7, 2)$

d) Punkt $(0, 0)$ mit Führungspunkt $(0{,}5, 0{,}25)$ nach Punkt $(2, 1)$ mit eintretendem Führungspunkt $(3, 1)$ und austretendem Führungspunkt $(3, 1)$ nach Punkt $(4, 0)$ mit eintretendem Führungspunkt $(5, 1)$ und austretendem Führungspunkt $(3, -1)$ nach Punkt $(6, -1)$ mit Führungspunkt $(6{,}5, -0{,}25)$

4. Approximieren Sie mit den in folgender Tabelle gegebenen Daten den Buchstaben η.

i	x_i	y_i	α_i	β_i	α'_i	β'_i
0	3	6	3,3	6,5		
1	2	2	2,8	3,0	2,5	2,5
2	6	6	5,8	5,0	5,0	5,8
3	5	2	5,5	2,2	4,5	2,5
4	6,5	3			6,4	2,8

3.7. Methoden- und Softwareüberblick

In diesem Kapitel wurde die Approximation einer Funktion sowohl durch Polynome als auch durch stückweise Polynome betrachtet. Die Funktion kann über eine gegebene Funktionsgleichung oder über Punkte in der Ebene, durch die der Graph der Funktion gehen muß, spezifiziert werden. Eine Menge von Knoten $x_0, x_1, \ldots, x_n$ ist in jedem Fall gegeben, und weitere Informationen, wie verschiedene Ableitungen, werden benötigt. Man geht davon aus, daß die Werte genau sind, und muß eine Näherungsfunktion finden, die die gegebene Funktion an den Knoten interpoliert. Das Interpolationspolynom P ist das Polynom niedrigsten Grades, das für eine gegebene Funktion f folgender Bedingung genügt:

$$P(x_i) = f(x_i) \text{ für } i = 0, 1, \ldots, n.$$

Obwohl es nur ein einziges Interpolationspolynom gibt, kann es unterschiedliche Formen annehmen. Die Lagrangesche Form wird oft, wenn n klein ist, für Interpolationstabellen verwendet und zur Herleitung von Formeln zur Approximation von Ableitungen und Integralen. Die Methode von Neville benutzt man zur Auswertung mehrerer Interpolationspolynome an demselben Wert von x. Die Newtonsche Form der Polynome ist für Berechnungen besser geeignet und wird auch zur Herleitung von Formeln zur Lösung von Differentialgleichungen verwendet. Der Polynominterpolation jedoch haftet die Schwäche der Oszillation an, besonders bei großer Anzahl der Knoten. In diesem Fall gibt es andere, bessere Methoden.

Die Hermiteschen Polynome interpolieren eine Funktion und ihre Ableitung an diesen Knoten. Diese Polynome können sehr genau sein, aber sie benötigen mehr Daten über die zu approximierende Funktion. Für eine große Anzahl von Knoten weisen auch die Hermiteschen Polynome die Oszillationsschwäche auf.

Die am häufigsten verwendete Form der Polynominterpolation ist die stückweise Polynominterpolation. Wenn die Funktions- und Ableitungswerte verfügbar sind, dann wird die kubische Hermitesche Interpolation empfohlen. Sie stellt die bevorzugte Methode zur Interpolation von Werten einer Funktion dar, die die Lösung einer Differentialgleichung ist. Freie kubische Spline-Interpolation wird empfohlen, wenn nur die Funktionswerte zur Verfügung stehen. Bei diesem Spline müssen die zweiten Ableitungen des Splines an den Randpunkten null sein. Andere kubische Spline erfordern zusätzliche Daten. Zum Beispiel benötigt das kubische Spline mit Hermite-Randbedingungen die Werte der Ableitung der Funktion an den Endpunkten des Intervalls.

Es gibt weitere Interpolationsmethoden, die man häufig verwendet; beispielsweise die trigonometrische Interpolation bei einer großen Datenmenge, und wenn die Funktion periodisch ist, oder auch die schnelle Fouriertransformation, die in Kapitel 8 diskutiert wird. Interpolation über rationale Funktionen benutzt man ebenfalls. Wenn die Daten als ungenau eingeschätzt werden, können sich glättende Verfahren bewähren. Besonders einige Formen der Methode der kleinsten Quadrate werden empfohlen. Polynome, trigonometrische Funktionen, rationale Funktionen und Spline können dabei benutzt werden. All dies wird in Kapitel 8 betrachtet.

Die in der IMSL-Bibliothek enthaltenen Interpolationsroutinen basieren auf dem Buch *A Practical Guide to Splines* von Carl de Boor. Diese Unterfunktionen interpolieren mit kubischen Splinen. Die Unterfunktion CSDEC interpoliert mit kubischen Splinen mit vom Benutzer vorgegebenen Endbedingungen, CSPER mit solchen mit periodischen Endbedingungen, und CSHER interpoliert mit stückweisen quasi-Hermiteschen Polynomen. Es gibt auch kubische Spline, die Oszillationen minimieren oder Konkavität bewahren. B-Spline-Interpolationsfunktionen sind ebenfalls enthalten, wie Methoden zur zweidimensionalen Interpolation durch bikubische Spline.

Die NAG-Bibliothek enthält die Unterfunktionen EO1AEF zur Polynom- und Hermiteschen Interpolation, EO1BAF zur kubischen Spline-Interpolation und EO1BEF zur stückweisen Hermiteschen Interpolation. Um Daten in äquidistanten Punkten zu interpolieren, wird die Unterfunktion EO1ABF eingesetzt. Die Funktion EO1AAF wird angewandt, wenn die Daten nicht in äquidistante Punkte eingeteilt sind. NAG enthält auch Funktionen für Interpolationsfunktionen zweier Variablen.

Die MATLAB-Funktion POLYFIT bestimmt eine Interpolationsfunktion vom Grade höchstens gleich n, die durch $n+1$ spezifizierten Punkte geht. Kubische Spline können auch mit der Funktion SPLINE erzeugt werden.

4. Numerische Integration und Differentiation

4.1. Einleitung

Eines der am häufigsten angewandten numerischen Verfahren umfaßt die Approximation bestimmter Integrale. Zahlreiche Techniken zur genauen Integralauswertung werden in der Differential- und Integralrechnung beschrieben; diese Techniken aber sollen mehr die algebraische Handhabung und Vereinfachung veranschaulichen als die Integrale auswerten, die in der Realität auftreten. Exakte Techniken sind für viele Probleme, die aus der physikalischen Welt herrühren, unzulänglich.

Dieses Kapitel beschreibt Methoden, die gewöhnlich zur Approximation bestimmter Integrale angewandt werden. Die grundlegenderen Techniken werden in Abschnitt 4.2 diskutiert; Verfeinerungen und spezielle Anwendungen dieser Verfahren werden in den nächsten sechs Abschnitten gegeben. Der letzte Abschnitt dieses Kapitels betrachtet Ableitungsnäherungen von Funktionen.

Es mag verwundern, warum so viel mehr Betonung auf die Approximation von Integralen als auf die Approximation von Ableitungen gelegt wird. Das Bestimmen der Ableitung einer Funktion ist ein konstruktiver Prozeß, der zu einfachen Regeln der Auswertung führt. Obwohl die Definition des Integrals auch konstruktiv ist, stellt das hauptsächliche Handwerkszeug zur Auswertung eines bestimmten Integrals der Fundamentalsatz der Differential- und Integralrechnung dar. Um diesen Satz anzuwenden, muß das unbestimmte Integral der Funktion, die ausgewertet werden soll, bestimmt werden. Dies ist im allgemeinen kein konstruktiver Prozeß und führt dazu, daß genaue Näherungsverfahren benötigt werden.

In diesem Kapitel wird man eine der interessanteren Tatsachen beim Studium der numerischen Methoden entdecken. Die Approximation von Integralen – eine Aufgabe, die oft benötigt wird – kann gewöhnlich sehr genau und oft auch ohne viel Mühe ausgeführt werden, wohingegen die genaue Approximation von Ableitungen – die viel weniger häufig gebraucht wird – ein viel schwierigeres Problem darstellt. Es ist befriedigend, daß gute Näherungsmethoden für Probleme zur Verfügung stehen, die diese benötigen, aber wenige erfolgreiche Methoden für Probleme existieren, die diese nicht brauchen.

4.2. Einfache Quadraturverfahren

Das grundlegende Verfahren zur Approximation eines bestimmten Integrals einer Funktion f auf dem Intervall $[a, b]$ besteht darin, ein Interpolationspolynom zu bestimmen, das f approximiert, und dann dieses Polynom zu integrieren. In diesem Kapitel werden Approximationen bestimmt, die sich ergeben, wenn einige grundlegende Polynome zur Approximation verwendet werden; Fehlerschranken für die Approximationen werden ebenfalls bestimmt.

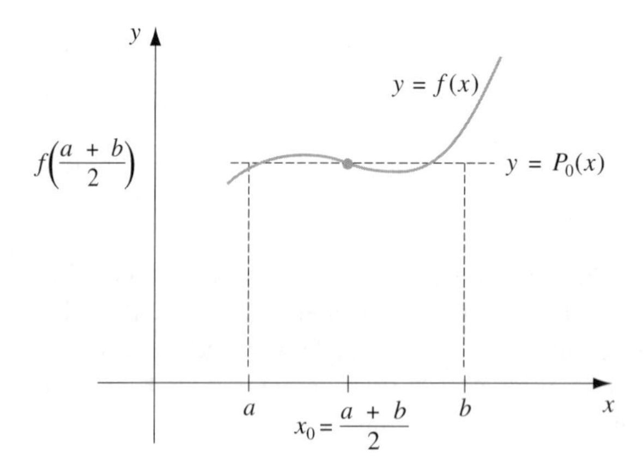

Abb. 4.1

Die betrachteten Approximationen benutzen Interpolationspolynome mit äquidistanter Teilung des Intervalls $[a, b]$. Die erste ist die Mittelpunktregel, die als einzigen Interpolationspunkt den Mittelpunkt von $[a, b]$ verwendet, das heißt $x_0 = (a + b)/2$. Die Approximation mit der Mittelpunktregel kann leicht geometrisch bestimmt werden, wie in Abbildung 4.1 gezeigt, aber um als Vorlage für Methoden höherer Ordnungen zu dienen und eine Fehlerformel für das Verfahren zu bestimmen, wird mit dem Hauptwerkzeug dieser Herleitungen, der Newtonschen Formel mit aufsteigenden dividierten Differenzen, gearbeitet.

Die Newtonsche Formel mit aufsteigenden dividierten Differenzen besagt, daß das Interpolationspolynom der Funktion f mit den Knoten $x_0, x_1, \ldots , x_n$

in der Form

$$P_{0,1,\dots,n}(x) = f[x_0] + f[x_0, x_1](x - x_0) + f[x_0, x_1, x_2](x - x_0)(x - x_1) + \dots + f[x_0, x_1, x_2, \dots, x_n](x - x_0)(x - x_1)\cdots(x - x_{n-1})$$

ausgedrückt werden kann. Da dies auch das n-te Lagrangesche Polynom ist, besitzt die Fehlerformel die Form

$$f(x) - P_{0,1,\dots,n}(x) = \frac{f^{(n+1)}(\xi(x))}{(n+1)!}(x - x_0)(x - x_1)\cdots(x - x_n),$$

wobei $\xi(x)$ zwischen $x, x_0, x_1, \dots, x_n$ liegt.

Um die Mittelpunktregel herzuleiten, kann man mit dem konstanten Interpolationspolynom und $x_0 = (a + b)/2$

$$\int_a^b f(x)\mathrm{d}x \approx \int_a^b f[x_0]\mathrm{d}x = f[x_0](b - a) = f\left(\frac{a+b}{2}\right)(b - a).$$

erzeugen.

Man kann auch ein lineares Interpolationspolynom mit diesem x_0 und einem beliebigen x_1 verwenden. Dies ist aufgrund der Tatsache möglich, daß das Integral des zweiten Terms in der Newtonschen Formel mit aufsteigenden dividierten Differenzen unabhängig vom Wert von x_1 für das gewählte x_0 gleich null ist und somit nicht zu der Approximation beiträgt:

$$\begin{aligned}
\int_a^b f[x_0, x_1](x - x_0)\mathrm{d}x &= \frac{f[x_0, x_1]}{2}(x - x_0)^2\Big]_a^b \\
&= \frac{f[x_0, x_1]}{2}\left(x - \frac{a+b}{2}\right)^2\Big]_a^b \\
&= \frac{f[x_0, x_1]}{2}\left[\left(b - \frac{a-b}{2}\right)^2 - \left(a - \frac{a+b}{2}\right)^2\right] \\
&= \frac{f[x_0, x_1]}{2}\left[\left(\frac{b-a}{2}\right)^2 - \left(\frac{a-b}{2}\right)^2\right] = 0.
\end{aligned}$$

Im allgemeinen gilt: Je höher der Grad der Approximation, desto höher die Ordnung des Fehlerterms, daher wird der Fehler über $P_{0,1}(x)$ anstatt über $P_0(x)$ integriert, um eine Fehlerformel für die Mittelpunktregel zu bestimmen.

Angenommen, das beliebige x_1 sei gleich x_0 gewählt. (Tatsächlich ist dies der einzige Wert, den x_1 *nicht* annehmen kann, aber dieses Problem sei im Moment nicht weiter beachtet.) Dann besitzt das Integral der Fehlerformel des Interpolationspolynoms $P_0(x)$ die Form

$$\int_a^b \frac{(x - x_0)(x - x_1)}{2} f''(\xi(x))\mathrm{d}x = \int_a^b \frac{(x - x_0)^2}{2} f''(\xi(x))\mathrm{d}x.$$

Da das Glied $(x-x_0)^2$ sein Vorzeichen auf dem Intervall (a, b) nicht wechselt, folgt aus dem Mittelwertsatz der Integralrechnung, daß eine Zahl ξ in (a, b) existiert, für die gilt

$$\begin{aligned}\int_a^b \frac{(x-x_0)^2}{2} f''(\xi(x))\mathrm{d}x &= f''(\xi) \int_a^b \frac{(x-x_0)^2}{2}\mathrm{d}x = \left.\frac{f''(\xi)}{6}(x-x_0)^3\right]_a^b \\ &= \frac{f''(\xi)}{6}\left[\left(b-\frac{b+a}{2}\right)^3 - \left(a-\frac{b+a}{2}\right)^3\right] \\ &= \frac{f''(\xi)}{6}\frac{(b-a)^3}{4} = \frac{f''(\xi)}{24}(b-a)^3.\end{aligned}$$

Folglich hat die Mittelpunktregel mit ihrer Fehlerformel die folgende Form:

Mittelpunktregel

$$\int_a^b f(x)\mathrm{d}x = (b-a)f\left(\frac{a+b}{2}\right) + \frac{f''(\xi)}{24}(b-a)^3$$

gilt für beliebige ξ in (a, b).

Die ungültige Annahme $x_1 = x_0$, die zu diesem Ergebnis geführt hat, kann vermieden werden, indem man x_1 nahe, aber nicht gleich x_0 wählt und Grenzwerte verwendet, um zu zeigen, daß die Fehlerformel gültig ist.

Die Mittelpunktregel verwendet ein konstantes Interpolationspolynom, maskiert als lineares Interpolationspolynom. Die nächste betrachtete Methode benutzt ein wirkliches lineares Interpolationspolynom, eines mit den verschiedenen Knoten $x_0 = a$ und $x_1 = b$. Auch diese Approximation wird leicht geometrisch erzeugt, wie in Abbildung 4.2 gezeigt, und wird treffend Trapezregel genannt. Integriert man das lineare Interpolationspolynom mit $x_0 = a$ und $x_1 = b$, erhält man folgende Formel:

$$\begin{aligned}\int_a^b \{f[x_0] + f[x_0, x_1](x-x_0)\}\mathrm{d}x &= \left[f[a]x + f[a,b]\frac{(x-a)^2}{2}\right]_a^b \\ &= f(a)(b-a) + \frac{f(b)-f(a)}{b-a}\left[\frac{(b-a)^2}{2} - \frac{(a-a)^2}{2}\right] \\ &= (b-a)\frac{f(a)+f(b)}{2}.\end{aligned}$$

Der Fehler der Trapezregel folgt aus der Integration des Fehlerterms über $P_{0,1}(x)$, wenn $x_0 = a$ und $x_1 = b$ ist. Da $(x-x_0)(x-x_1) = (x-a)(x-b)$ sein Vorzeichen auf dem Intervall (a, b) nicht wechselt, kann man erneut den

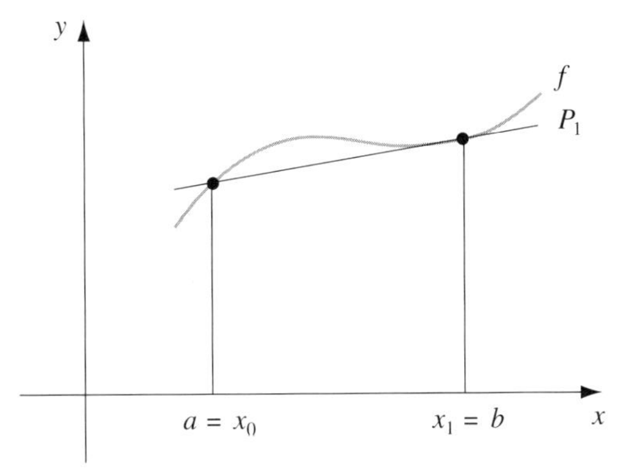

Abb. 4.2

Mittelwertsatz der Integralrechnung anwenden. In diesem Fall folgt hieraus, daß eine Zahl ξ in (a, b) existiert, für die gilt

$$\begin{aligned}\int_a^b \frac{(x-a)(x-b)}{2} f''(\xi(x))\mathrm{d}x &= \frac{f''(\xi)}{2} \int_a^b (x-a)[(x-a)+(a-b)]\mathrm{d}x \\ &= \frac{f''(\xi)}{2} \left[\frac{(x-a)^3}{3} + \frac{(x-a)^2}{2}(a-b) \right]_a^b \\ &= \frac{f''(\xi)}{2} \left[\frac{(b-a)^3}{3} + \frac{(b-a)^2}{2}(a-b) \right].\end{aligned}$$

Eine Vereinfachung dieser Gleichung liefert die Trapezregel mit ihrer Fehlerformel.

Trapezregel

$$\int_a^b f(x)\mathrm{d}x = (b-a)\frac{f(a)+f(b)}{2} - \frac{f''(\xi)}{12}(b-a)^3$$

gilt für beliebige ξ in (a, b).

Man kann nicht wie in der Mittelpunktregel die Ordnung dieser Fehlerformel verbessern, da das Integral des nächsthöheren Terms in der Newtonschen Formel mit aufsteigenden dividierten Differenzen

$$\int_a^b f[x_0, x_1, x_2](x-x_0)(x-x_1)\mathrm{d}x = f[x_0, x_1, x_2] \int_a^b (x-a)(x-b)\mathrm{d}x$$

ist. Da $(x-a)(x-b) < 0$ für alle x in (a, b) ist, wird das Fehlerglied nicht gleich null, außer es ist $f[x_0, x_1, x_2] = 0$. Folglich sind die Fehlerformeln der Mittelpunktregel und der Trapezregel vom Grad 3, selbst wenn sie aus Interpolationsformeln des Grades 1 beziehungsweise 2 hergeleitet wurden.

Als nächstes folgt eine Integrationsformel, die auf der Approximation einer Funktion f durch ein quadratisches Polynom basiert, das mit f an den äquidistanten Stellen $x_0 = a$, $x_1 = (a+b)/2$ und $x_2 = b$ übereinstimmt. Diese Formel kann geometrisch nicht leicht erzeugt werden, obwohl die Approximation in Abbildung 4.3 veranschaulicht ist.

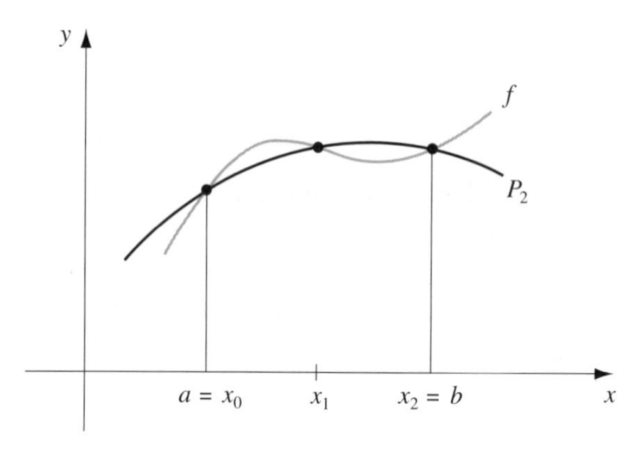

Abb. 4.3

Um die Formel herzuleiten, wird $P_{0,1,2}(x)$ integriert.

$$\begin{aligned}
\int_a^b P_{0,1,2}(x)\mathrm{d}x &= \int_a^b \left\{ f(a) + f\left[a, \frac{a+b}{2}\right](x-a) \right. \\
&\quad \left. + f\left[a, \frac{a+b}{2}, b\right](x-a)\left(x - \frac{a+b}{2}\right) \right\} \mathrm{d}x \\
&= \left[f(a)x + f\left[a, \frac{a+b}{2}\right] \frac{(x-a)^2}{2} \right]_a^b \\
&\quad + f\left[a, \frac{a+b}{2}, b\right] \int_a^b (x-a)\left[(x-a) + \left(a - \frac{a+b}{2}\right)\right] \mathrm{d}x \\
&= f(a)(b-a) + \frac{f\left(\frac{a+b}{2}\right) - f(a)}{\frac{a+b}{2} - a} \frac{(b-a)^2}{2} \\
&\quad + \frac{f\left[\frac{a+b}{2}, b\right] - f\left[a, \frac{a+b}{2}\right]}{b-a} \left[\frac{(x-a)^3}{3} + \frac{(x-a)^2}{2}\left(\frac{a-b}{2}\right) \right]_a^b
\end{aligned}$$

$$
\begin{aligned}
&= (b-a)\left[f(a) + f\left(\frac{a+b}{2}\right) - f(a)\right] \\
&\quad + \left(\frac{1}{b-a}\right)\left[\frac{f(b) - f\left(\frac{a+b}{2}\right)}{\frac{b-a}{2}} - \frac{f\left(\frac{a+b}{2}\right) - f(a)}{\frac{b-a}{2}}\right] \\
&\quad \times \left[\frac{(b-a)^3}{3} - \frac{(b-a)^3}{4}\right] \\
&= (b-a) f\left(\frac{a+b}{2}\right) \\
&\quad + \frac{2}{(b-a)^2}\left[f(b) - 2f\left(\frac{a+b}{2}\right) + f(a)\right]\frac{(b \quad a)^3}{12}.
\end{aligned}
$$

Eine Vereinfachung dieser Gleichung liefert die als Simpsonsche Regel bekannte Näherungsmethode

$$
\int_a^b f(x)\mathrm{d}x \approx \frac{(b-a)}{6}\left[f(a) + 4f\left(\frac{a+b}{2}\right) + f(b)\right].
$$

Eine Fehlerformel vierten Grades kann für die Simpsonsche Regel hergeleitet werden, indem man die Fehlerformel für das Interpolationspolynom $P_{0,1,2}(x)$ verwendet, aber ähnlich wie im Fall der Mittelpunktregel ist das Integral des nächsten Terms in der Newtonschen Formel mit aufsteigenden dividierten Differenzen gleich null. Daraus folgt, daß mit der nächsthöheren Fehlerformel eine Fehlerformel fünften Grades erzeugt werden kann. Nach der Vereinfachung lautet die Simpsonsche Regel mit dieser Fehlerformel wie folgt:

Simpsonsche Regel

$$
\int_a^b f(x)\mathrm{d}x = \frac{(b-a)}{6}\left[f(a) + 4f\left(\frac{a+b}{2}\right) + f(b)\right] - \frac{f^{(4)}(\xi)}{2880}(b-a)^5
$$

gilt für beliebige ξ in (a, b).

Durch dieses Fehlerglied höherer Ordnung ist die Simpsonsche Regel in fast allen Situationen der Mittelpunkt- und Trapezregel deutlich überlegen, falls die Länge des Intervalls klein ist. Dies wird im folgenden Beispiel verdeutlicht.

Beispiel 1. Die Tabellen 4.1 und 4.2 enthalten die Ergebnisse der Mittelpunkt-, Trapez- und Simpsonschen Regel, mit denen eine Vielzahl von Funktionen auf den Intervallen [1, 1,2] und [0, 2] integriert wurde. □

Man beachte, daß mit allen Regeln die Ergebnisse ziemlich genau sind, wenn das Integrationsintervall klein ist, aber die Mittelpunkt- und Trapezregel liefern

Tabelle 4.1 Integrale auf dem Intervall [1, 1,2]

$f(x)$	x^2	x^4	$1/(x+1)$	$\sqrt{1+x^2}$	$\sin x$	e^x
exakter Wert	0,24267	0,29766	0,09531	0,29742	0,17794	0,60184
Mittelpunktregel	0,24200	0,29282	0,09524	0,29732	0,17824	0,60083
Trapezregel	0,24400	0,30736	0,09545	0,29626	0,17735	0,60384
Simpsonsche Regel	0,24267	0,29767	0,09531	0,29742	0,17794	0,60184

Tabelle 4.2 Integrale auf dem Intervall [0, 2]

$f(x)$	x^2	x^4	$1/(x+1)$	$\sqrt{1+x^2}$	$\sin x$	e^x
exakter Wert	2,667	6,400	1,099	2,958	1,416	6,389
Mittelpunktregel	2,000	2,000	1,000	2,818	1,682	5,436
Trapezregel	4,000	16,000	1,333	3,326	0,909	8,389
Simpsonsche Regel	2,667	6,667	1,111	2,964	1,425	6,421

auf dem größeren Intervall ungenaue Approximationen. Obwohl die Approximationen mit der Simpsonschen Regel auf dem größeren Intervall viel bessere Resultate liefern, sind sie dennoch nur auf eine bis zwei Dezimalstellen genau.

Wenn man über große Intervalle integriert, kann man die Genauigkeit mit Formeln höherer Ordnung verbessern; einige dieser Formeln werden in den Übungen betrachtet, aber eine bessere Lösung dieser Problematik wird im nächsten Abschnitt vorgestellt.

Übungsaufgaben

1. Approximieren Sie die folgenden Integrale mit der Mittelpunktregel.

a) $\displaystyle\int_1^2 x \ln x \, \mathrm{d}x$

b) $\displaystyle\int_{-2}^2 x^3 e^x \mathrm{d}x$

c) $\displaystyle\int_0^2 \frac{2\mathrm{d}x}{x^2+4}$

d) $\displaystyle\int_0^\pi x^2 \cos x \, \mathrm{d}x$

e) $\displaystyle\int_0^2 e^{2x} \sin 3x \, \mathrm{d}x$

f) $\displaystyle\int_1^3 \frac{x\mathrm{d}x}{x^2+4}$

g) $\displaystyle\int_3^5 \frac{\mathrm{d}x}{\sqrt{x^2-4}}$

h) $\displaystyle\int_0^{3\pi/8} \tan x \, \mathrm{d}x$

2. Bestimmen Sie eine Schranke für den Fehler in Übung 1 mit der Fehlerformel. Berechnen Sie den tatsächlichen Fehler.

3. Wiederholen Sie Übung 1 mit der Trapezregel.

4. Wiederholen Sie Übung 2 mit der Trapezregel und den Ergebnissen aus Übung 3.

5. Wiederholen Sie Übung 1 mit der Simpsonschen Regel.

6. Wiederholen Sie Übung 2 mit der Simpsonschen Regel und den Ergebnissen aus Übung 5.

7. Approximieren Sie die folgenden Integrale mit der Mittelpunktregel.

a) $\int_1^{1,5} x^2 \ln x \, dx$

b) $\int_0^1 x^2 e^{-x} dx$

c) $\int_0^{0,35} \frac{2dx}{x^2-4}$

d) $\int_0^{\pi/4} x^2 \sin x \, dx$

e) $\int_0^{\pi/4} e^{3x} \sin 2x \, dx$

f) $\int_1^{1,6} \frac{2x \, dx}{x^2-4}$

g) $\int_3^{3,5} \frac{x \, dx}{\sqrt{x^2-4}}$

h) $\int_0^{\pi/4} \cos^2 x dx$

8. Bestimmen Sie eine Schranke für den Fehler in Übung 7 mit der Fehlerformel, und vergleichen Sie sie mit dem tatsächlichen Fehler.

9. Wiederholen Sie Übung 7 mit der Trapezregel.

10. Wiederholen Sie Übung 8 mit der Trapezregel und den Ergebnissen aus Übung 9.

11. Wiederholen Sie Übung 7 mit der Simpsonschen Regel.

12. Wiederholen Sie Übung 8 mit der Simpsonschen Regel und den Ergebnissen aus Übung 11.

Andere quadratische Formeln mit Fehlergliedern sind folgende:

$$\int_a^b f(x)dx = \frac{b-a}{8}[f(a) + 3f(a+h) + 3f(a+2h) + f(b)] - \frac{3h^5}{80} f^{(4)}(\xi), \tag{1}$$

wobei $h = \frac{b-a}{3}$ ist.

$$\int_a^b f(x)dx = \frac{b-a}{90}[7f(a)+32f(a+h)+12f(a+2h)+32f(a+3h)+7f(b)] - \frac{8h^7}{945} f^{(6)}(\xi), \tag{2}$$

wobei $h = \frac{b-a}{4}$ ist.

$$\int_a^b f(x)dx = \frac{b-a}{2}[f(a+h) + f(a+2h)] + \frac{3h^3}{4} f''(\xi), \tag{3}$$

wobei $h = \frac{b-a}{3}$ ist.

$$\int_a^b f(x)\mathrm{d}x = \frac{b-a}{3}[2f(a+h) - f(a+2h) + 2f(a+3h)] + \frac{14h^5}{45}f^{(4)}(\xi), \quad (4)$$

wobei $h = \frac{b-a}{4}$ ist.

$$\begin{aligned}\int_a^b f(x)\mathrm{d}x = &\frac{b-a}{24}[11f(a+h)+f(a+2h)+f(a+3h)+11f(a+4h)] \\ &+ \frac{95h^5}{144}f^{(4)}(\xi),\end{aligned} \quad (5)$$

wobei $h = \frac{b-a}{5}$ ist.

13. Wiederholen Sie Übungen 1 und 2 mit Formel (1).

14. Wiederholen Sie Übungen 1 und 2 mit Formel (2).

15. Wiederholen Sie Übungen 1 und 2 mit Formel (3).

16. Wiederholen Sie Übungen 1 und 2 mit Formel (4).

17. Wiederholen Sie Übungen 1 und 2 mit Formel (5).

4.3. Zusammengesetzte Quadraturverfahren

Die grundlegenden Begriffe der numerischen Integration wurden im vorigen Abschnitt hergeleitet, aber diese Verfahren sind für die meisten Probleme nicht zufriedenstellend. Ein Beispiel dafür wurde in dem Beispiel am Ende dieses Abschnitts gegeben, wo die Integrale der Funktionen auf dem Intervall $[0, 2]$ ziemlich schlecht approximiert wurden. Um zu sehen, warum dies so ist, sei die Simpsonsche Methode betrachtet, die im allgemeinen das genaueste dieser Verfahren darstellt. Mit ihrer Fehlerformel ist sie zu

$$\begin{aligned}\int_a^b f(x)\mathrm{d}x &= \frac{b-a}{6}\left[f(a) + 4f\left(\frac{a+b}{2}\right) + f(b)\right] - \frac{(b-a)^5}{2880}f^{(4)}(\xi) \\ &= \frac{h}{3}[f(a) + 4f(a+h) + f(b)] - \frac{h^5}{90}f^{(4)}(\xi)\end{aligned}$$

gegeben, wobei $h = (b-a)/2$ ist und ξ in (a, b) liegt. Falls die vierte Ableitung von f auf (a, b) beschränkt ist, dann ist das Fehlerglied in dieser Formel gleich $O(h^5)$. Das heißt, das Fehlerglied verhält sich ähnlich wie h^5, wenn h sich null nähert. Folglich erwartet man, daß der Fehler klein ist, vorausgesetzt, daß die vierte Ableitung von f sich wohl verhält und daß das Intervall $[a, b]$ klein ist. Mit der ersten Annahme kann man leben, aber die zweite ist ziemlich unvernünftig.

Es gibt im allgemeinen keinen Grund anzunehmen, daß das Intervall klein ist, über das die Integration ausgeführt werden soll, und wenn es nicht so ist, kann der $O(h^5)$-Teil im Fehlerglied die Berechnungen beherrschen. Man umgeht das Problem eines großen Integrationsintervalls, indem man das Intervall $[a, b]$ in kleinere Intervalle unterteilt. Jedes muß hinreichend klein sein, damit der Fehler über diesem Teil unter Kontrolle bleibt. In diesem Abschnitt wird man sehen, wie das bewerkstelligt wird, wobei der maximale gesamte Fehler beschränkt bleibt.

Beispiel 1. Betrachtet sei die Approximation von $\int_0^2 e^x \mathrm{d}x$. Wird die Simpsonsche Regel mit $h = 1$ angewandt, erhält man

$$\int_0^2 e^x \mathrm{d}x \approx \frac{1}{3}(e^0 + 4e^1 + e^2) = 6{,}4207278.$$

Da die exakte Lösung in diesem Fall $e^2 - e^0 = 6{,}3890561$ ist, ist der Fehler von $0{,}0316717$ größer als man ihn im allgemeinen als akzeptabel betrachten würde. Um dieses Problem mit einem stückweisen Verfahren zu approximieren, unterteile man $[0, 2]$ in $[0, 1]$ und $[1, 2]$ und wende die Simpsonsche Regel zweimal mit $h = \frac{1}{2}$ an; dies ergibt

$$\begin{aligned}\int_0^2 e^x \mathrm{d}x = \int_0^1 e^x \mathrm{d}x + \int_1^2 e^x \mathrm{d}x &\approx \frac{1}{6}[e^0 + 4e^{0,5} + e^1] + \frac{1}{6}[e^1 + 4e^{1,5} + e^2] \\ &= \frac{1}{6}[e^0 + 4e^{0,5} + 2e^1 + 4e^{1,5} + e^2] \\ &= 6{,}3912102.\end{aligned}$$

Der Fehler ist so auf $0{,}0021541$ reduziert worden. Durch dieses Ergebnis ermutigt, wird jedes der Intervalle $[0, 1]$ und $[1, 2]$ unterteilt und die Simpsonsche Regel mit $h = \frac{1}{4}$ angewandt; dies ergibt

$$\begin{aligned}\int_0^2 e^x \mathrm{d}x &= \int_0^{0,5} e^x \mathrm{d}x + \int_{0,5}^1 e^x \mathrm{d}x + \int_1^{1,5} e^x \mathrm{d}x + \int_{1,5}^2 e^x \mathrm{d}x \\ &\approx \frac{1}{12}[e^0 + 4e^{0,25} + e^{0,5}] + \frac{1}{12}[e^{0,5} + 4e^{0,75} + e^1] \\ &\quad + \frac{1}{12}[e^1 + 4e^{1,25} + e^{1,5}] + \frac{1}{12}[e^{1,5} + 4e^{1,75} + e^2] \\ &= \frac{1}{12}[e^0 + 4e^{0,25} + 2e^{0,5} + 4e^{0,75} + 2e^1 + 4e^{1,25} + 2e^{1,5} + 4e^{1,75} + e^2] \\ &= 6{,}3891937.\end{aligned}$$

Der Fehler dieser Approximation beträgt $0{,}0001376$. Jede Unterteilung lieferte ein Ergebnis, das die Genauigkeit um mehr als eine Dezimalstelle verbesserte. □

Die Verallgemeinerung des in diesem Beispiel betrachteten Verfahrens heißt zusammengesetzte Simpsonsche Regel und wird wie folgt beschrieben: Man unterteile das Intervall $[a, b]$ in n Teilintervalle und wende die Simpsonsche Regel auf jedes aufeinanderfolgende Paar von Teilintervallen an. Da jede Anwendung der Simpsonschen Regel zwei Teilintervalle erfordert, muß n eine gerade, ganze Zahl sein. Mit $h = (b - a)/n$ und $a = x_0 < x_1 < \cdots < x_n = b$, wobei $x_j = x_0 + jh$ für jedes $j = 0, 1, \ldots, n$ ist, erhält man

$$\begin{aligned}\int_a^b f(x)\mathrm{d}x &= \sum_{j=1}^{\frac{n}{2}} \int_{x_{2j-2}}^{x_{2j}} f(x)\mathrm{d}x \\ &= \sum_{j=1}^{\frac{n}{2}} \left\{ \frac{h}{3}[f(x_{2j-2}) + 4f(x_{2j-1}) + f(x_{2j})] - \frac{h^5}{90} f^{(4)}(\xi_j) \right\}\end{aligned}$$

für beliebiges ξ_j mit $x_{2j-2} < \xi_j < x_{2j}$, vorausgesetzt, daß $f \in C^4[a, b]$ ist. Um diese Formel zu vereinfachen, beachte man, daß $f(x_{2j})$ für alle $j = 1, 2, \ldots, \frac{n}{2} - 1$ in dem zu dem Intervall $[x_{2j-2}, x_{2j}]$ sowie in dem zu dem Intervall $[x_{2j}, x_{2j+2}]$ korrespondierenden Term auftritt. Dies vereinfacht die Formel zu (siehe Abbildung 4.4)

$$\begin{aligned}\int_a^b f(x)\mathrm{d}x =& \frac{h}{3} \left[f(x_0) + 2\sum_{j=1}^{\frac{n}{2}-1} f(x_{2j}) + 4\sum_{j=1}^{\frac{n}{2}} f(x_{2j-1}) + f(x_n) \right] \\ & - \frac{h^5}{90} \sum_{j=1}^{\frac{n}{2}} f^{(4)}(\xi_j).\end{aligned}$$

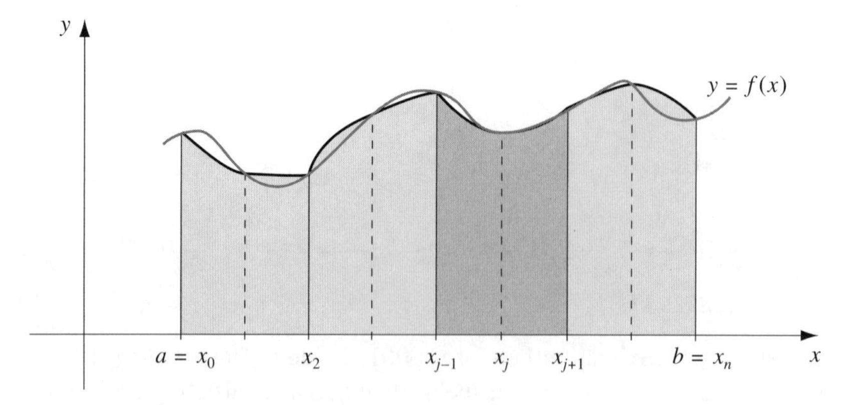

Abb. 4.4

Der mit dieser Approximation verbundene Fehler ist

$$E(f) = -\frac{h^5}{90} \sum_{j=1}^{\frac{n}{2}} f^{(4)}(\xi_j),$$

wobei $x_{2j-2} < \xi_j < x_{2j}$ für alle $j = 1, 2, \ldots, \frac{n}{2}$ gilt. Ist $f \in C^4[a, b]$, dann folgt aus dem Extremwertsatz, daß $f^{(4)}$ sein Maximum und Minimum in $[a, b]$ annimmt. Da

$$\min_{x \in [a,b]} f^{(4)}(x) \leq f^{(4)}(\xi_j) \leq \max_{x \in [a,b]} f^{(4)}(x)$$

ist, erhält man

$$\frac{n}{2} \min_{x \in [a,b]} f^{(4)}(x) \leq \sum_{j=1}^{\frac{n}{2}} f^{(4)}(\xi_j) \leq \frac{n}{2} \max_{x \in [a,b]} f^{(4)}(x)$$

und

$$\min_{x \in [a,b]} f^{(4)}(x) \leq \frac{2}{n} \sum_{j=1}^{\frac{n}{2}} f^{(4)}(\xi_j) \leq \max_{x \in [a,b]} f^{(4)}(x).$$

Da der mittlere Term zwischen den Werten von $f^{(4)}$ liegt, folgt aus dem Zwischenwertsatz, daß eine Zahl μ in $[a, b]$ existiert, für die gilt

$$f^{(4)}(\mu) = \frac{2}{n} \sum_{j=1}^{\frac{n}{2}} f^{(4)}(\xi_j).$$

Da $h = (b - a)/n$ ist, vereinfacht dies die Fehlerformel zu

$$E(f) = -\frac{h^5}{90} \sum_{j=1}^{\frac{n}{2}} f^{(4)}(\xi_j) = -\frac{(b-a)h^4}{180} f^{(4)}(\mu).$$

Faßt man diese Ergebnisse zusammen, erhält man folgendes: Falls $f \in C^4[a, b]$ ist, dann existiert ein $\mu \in (a, b)$, für das die zusammengesetzte Simpsonsche Regel für n Teilintervalle von $[a, b]$ mit Fehlerterm wie folgt ausgedrückt werden kann:

Zusammengesetzte Simpsonsche Regel

$$\int_a^b f(x)\mathrm{d}x = \frac{h}{3}\left[f(a) + 2\sum_{j=1}^{\frac{n}{2}-1} f(x_{2j}) + 4\sum_{j=1}^{\frac{n}{2}} f(x_{2j-1}) + f(b)\right] - \frac{h^4(b-a)}{180} f^{(4)}(\mu)$$

gilt für beliebige μ in (a, b).

Das Programm CSIMPR41 wendet die zusammengesetzte Simpsonsche Regel auf n Teilintervalle an. Dies stellt das am häufigsten verwendete universelle Quadraturverfahren dar.

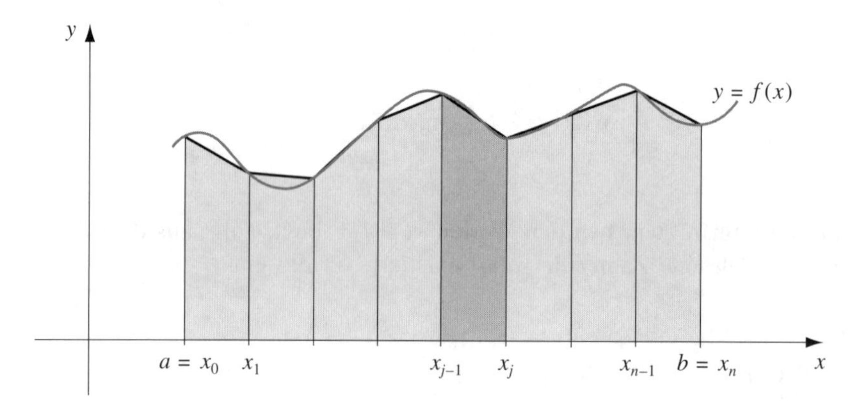

Abb. 4.5

Die Unterteilung kann auf jede der Formeln aus dem vorigen Abschnitt angewandt werden. Da die Trapezregel (vergleiche Abbildung 4.5) nur mit den Endpunkten des Intervalls die Approximation bestimmt, gibt es in diesem Fall keine Einschränkung der ganzen Zahl n.

Es sei $f \in C^2[a, b]$. Mit $h = (b - a)/n$ und $x_j = a + jh$ für alle $j = 0, 1, \dots, n$ ergibt sich die zusammengesetzte Trapezregel für n Teilintervalle wie folgt:

Zusammengesetzte Trapezregel

$$\int_a^b f(x)\mathrm{d}x = \frac{h}{2}\left[f(a) + f(b) + 2\sum_{j=1}^{n-1} f(x_j)\right] - \frac{(b-a)h^2}{12} f''(\mu)$$

gilt für beliebige $\mu \in (a, b)$.

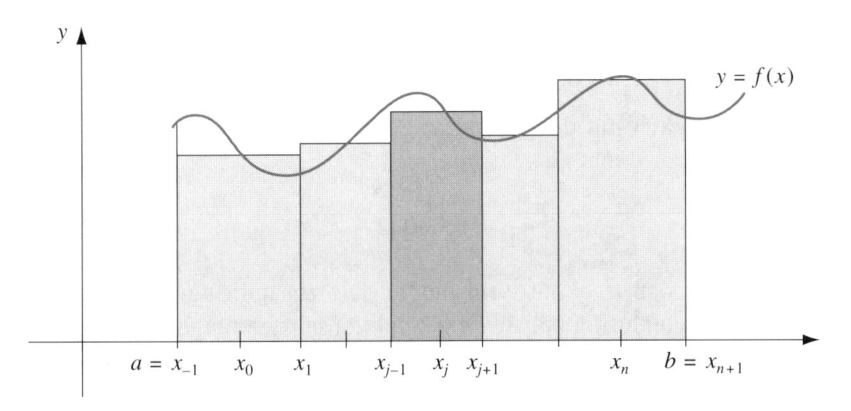

Abb. 4.6

Es sei $f \in C^2[a, b]$ und n eine gerade, ganze Zahl. Mit $h = (b-a)/(n+2)$ und $x_j = a + (j+1)h$ für jedes $j = -1, 0, \ldots, n+1$ ergibt sich die zusammengesetzte Mittelpunktregel für $\frac{n}{2}+1$ Teilintervalle wie folgt (vergleiche Abbildung 4.6):

Zusammengesetzte Mittelpunktregel

$$\int_a^b f(x)\mathrm{d}x = 2h\sum_{j=0}^{\frac{n}{2}} f(x_{2j}) + \frac{(b-a)h^2}{6} f''(\mu)$$

gilt für beliebige $\mu \in (a, b)$.

Beispiel 2. Betrachtet sei die Approximation des Integrals $\int_0^\pi \sin x \,\mathrm{d}x$ mit der zusammengesetzten Simpsonschen Regel und mit einem absoluten Fehler von höchstens 0,00002. Anwenden der Formel auf $\int_0^\pi \sin x \,\mathrm{d}x$ ergibt

$$\int_0^\pi \sin x\mathrm{d}x = \frac{h}{3}\left[2\sum_{j=1}^{\frac{n}{2}-1} \sin x_{2j} + 4\sum_{j=1}^{\frac{n}{2}} \sin x_{2j-1}\right] - \frac{\pi h^4}{180} \sin \mu.$$

Da der absolute Fehler kleiner als 0,00002 sein soll, wird mit Ungleichung

$$\left|\frac{\pi h^4}{180}\sin\mu\right| \leq \frac{\pi h^4}{180}\cdot 1 = \frac{\pi^5}{180n^4} \leq 0{,}00002$$

n und dann h bestimmt. Diese Berechnungen ergeben $n \geq 18$. Verifiziert man dieses, erhält man $n = 20$ und $h = \pi/20$, und die zusammengesetzte Simpsonsche Regel liefert

$$\int_0^\pi \sin x\,\mathrm{d}x \approx \frac{\pi}{60}\left[2\sum_{j=1}^{9}\sin\left(\frac{j\pi}{10}\right) + 4\sum_{j=1}^{10}\sin\left(\frac{(2j-1)\pi}{20}\right)\right]$$
$$= 2{,}000006.$$

Um diese Genauigkeit mit der zusammengesetzten Trapezregel sicherzustellen, muß

$$\left|\frac{\pi h^2}{12}\sin\mu\right| \leq \frac{\pi h^2}{12} = \frac{\pi^3}{12n^2} < 0{,}00002$$

gelten, woraus folgt, daß $n \geq 360$ sein müßte. Die zusammengesetzte Mittelpunktregel würde ungefähr doppelt soviele Funktionsauswertungen benötigen.

Zum Vergleich, die zusammengesetzte Mittelpunktregel liefert mit $n = 19$ und $h = \pi/40$

$$\int_0^\pi \sin x\,\mathrm{d}x \approx \frac{\pi}{20}\sum_{j=0}^{19}\sin\left(\frac{(2j+1)\pi}{40}\right) = 2{,}0020577$$

und die zusammengesetzte Trapezregel liefert mit $n = 20$ und $h = \pi/20$

$$\int_0^\pi \sin x\mathrm{d}x \approx \frac{\pi}{40}\left[\sin 0 + \sin\pi + 2\sum_{j=1}^{19}\sin\left(\frac{j\pi}{20}\right)\right]$$
$$= \frac{\pi}{40}\left[2\sum_{j=1}^{19}\sin\left(\frac{j\pi}{20}\right)\right] = 1{,}9958860.$$

Die genaue Lösung ist 2; die Simpsonsche Regel liefert mit $n = 20$ eine Lösung innerhalb der geforderten Fehlerschranke von 0,00002, wohingegen die Mittelpunkt- und Trapezregel mit $n = 20$ dies offensichtlich nicht tun. □

Eine wichtige Eigenschaft, die alle zusammengesetzten Regeln besitzen, ist die der Stabilität bezüglich des Rundungsfehlers. Um dies zu verdeutlichen, sei angenommen, daß die zusammengesetzte Simpsonsche Regel mit n Teilintervallen auf eine Funktion auf $[a,b]$ angewandt wird und die maximale Schranke für den Rundungsfehler bestimmt wird. $f(x_i)$ werde durch $\tilde{f}(x_i)$ approximiert und

$$f(x_i) = \tilde{f}(x_i) + e_i$$

sei für alle $i = 0, 1, \ldots, n$, wobei mit e_i der Rundungsfehler bezeichnet wird, der beim Approximieren von $f(x_i)$ durch $\tilde{f}(x_i)$ auftritt. Dann ist der akkumulierte Rundungsfehler $e(h)$ in der zusammengesetzten Simpsonschen Regel gleich

$$\begin{aligned} e(h) &= \left| \frac{h}{3} \left[e_0 + 2 \sum_{j=1}^{\frac{n}{2}-1} e_{2j} + 4 \sum_{j=1}^{\frac{n}{2}} e_{2j-1} + e_n \right] \right| \\ &\leq \frac{h}{3} \left[|e_0| + +2 \sum_{j=1}^{\frac{n}{2}-1} |e_{2j}| + 4 \sum_{j=1}^{\frac{n}{2}} |e_{2j-1}| + |e_n| \right] . \end{aligned}$$

Werden die Rundungsfehler gleichmäßig durch eine bekannte Toleranz ϵ beschränkt, dann gilt

$$e(h) \leq \frac{h}{3} \left[\epsilon + 2 \left(\frac{n}{2} - 1 \right) \epsilon + 4 \left(\frac{n}{2} \right) \epsilon + \epsilon \right] = \frac{h}{3} 3n\epsilon = nh\epsilon.$$

Es ist aber $nh = b - a$, damit ist $e(h) \leq (b-a)\epsilon$ eine Schranke unabhängig von h und n.

Übungsaufgaben

1. Approximieren Sie die folgenden Integrale mit der zusammengesetzten Trapezregel und den gegebenen Werten von n.

a) $\int_1^2 x \ln x \, \mathrm{d}x, \; n = 4$

b) $\int_{-2}^2 x^3 e^x \mathrm{d}x, \; n = 4$

c) $\int_0^2 \frac{2}{x^2+4} \mathrm{d}x, \; n = 6$

d) $\int_0^{\pi} x^2 \cos x \, \mathrm{d}x, \; n = 6$

e) $\int_0^2 e^{2x} \sin 3x \, \mathrm{d}x, \; n = 8$

f) $\int_1^3 \frac{x}{x^2+4} \mathrm{d}x, \; n = 8$

g) $\int_3^5 \frac{1}{\sqrt{x^2-4}} \mathrm{d}x, \; n = 8$

h) $\int_0^{3\pi/8} \tan x \, \mathrm{d}x, \; n = 8$

2. Approximieren Sie die Integrale aus Übung 1 mit der zusammengesetzten Mittelpunktregel und mit $n/2 + 1$ Teilintervallen.

3. Approximieren Sie die Integrale aus Übung 1 mit der zusammengesetzten Simpsonschen Regel.

4. Approximieren Sie $\int_0^2 x^2 e^{-x^2} \mathrm{d}x$,

a) mit der zusammengesetzten Trapezregel und mit $n = 8$,

b) mit der zusammengesetzten Mittelpunktregel und mit $n = 8$,

c) mit der zusammengesetzten Simpsonschen Regel und mit $n = 8$.

5. Bestimmen Sie die Werte von n und h, die zur Approximation von

$$\int_0^2 e^{2x} \sin 3x \, \mathrm{d}x$$

benötigt werden, auf 10^{-4} genau.

a) Benutzen Sie die zusammengesetzte Trapezregel.

b) Benutzen Sie die zusammengesetzte Mittelpunktregel.

c) Benutzen Sie die zusammengesetzte Simpsonsche Regel.

6. Wiederholen Sie Übung 5 für das Integral $\int_0^\pi x^2 \cos x \, \mathrm{d}x$.

7. Bestimmen Sie die Werte von n und h, die zur Approximation von

$$\int_0^2 \frac{1}{x+4} \mathrm{d}x$$

benötigt werden, auf 10^{-5} genau, und berechnen Sie die Approximation.

a) Benutzen Sie die zusammengesetzte Trapezregel.

b) Benutzen Sie die zusammengesetzte Mittelpunktregel.

c) Benutzen Sie die zusammengesetzte Simpsonsche Regel.

8. Wiederholen Sie Übung 7 für das Integral $\int_1^2 x \ln x \, \mathrm{d}x$.

9. Bestimmen Sie auf 10^{-4} genau mit der zusammengesetzten Simpsonschen Regel eine Approximation des Integrals

$$\int_0^{48} \sqrt{1 + (\cos x)^2} \mathrm{d}x.$$

10. Bestimmen Sie auf dem Intervall $[-\sigma, \sigma]$ eine Approximation der Fläche des Bereichs, der durch die Normalkurve

$$y = \frac{1}{\sigma\sqrt{2\pi}} e^{\frac{-(x/\sigma)^2}{2}}$$

und die x-Achse begrenzt ist, indem Sie die zusammengesetzte Trapezregel mit $n = 8$ anwenden.

11. Wiederholen Sie Übung 10 mit der zusammengesetzten Simpsonschen Regel und $n = 8$.

12. Ein Auto legt eine Rennstrecke in 84 s zurück. Die Geschwindigkeit des Autos wurde alle 6 s mit einem Radargerät bestimmt und ist, beginnend beim Start, in der folgenden Tabelle in Meter/Sekunde aufgelistet: Wie lang ist die Strecke?

Zeit	0	6	12	18	24	30	36	42	48	54	60	66	72	78	84
Geschwindigkeit	41	45	49	52	49	44	40	36	33	28	26	30	35	39	41

13. Ein Teilchen der Masse m, das sich durch eine Flüssigkeit bewegt, wird einem viskosen Widerstand R ausgesetzt, der eine Funktion der Geschwindigkeit v ist. Die Beziehung zwischen dem Widerstand R, der Geschwindigkeit v und der Zeit t ist durch folgende Gleichung gegeben

$$t = \int_{v(t_0)}^{v(t)} \frac{m}{R(u)} \mathrm{d}u.$$

Angenommen, es sei für eine spezielle Flüssigkeit $R(v) = -v\sqrt{v}$, wobei R in Newton und v in Meter/Sekunde gegeben ist. Approximieren Sie für $m = 10$ kg und $v(0) = 10$ m/s die Zeit, die das Teilchen benötigt, um seine Geschwindigkeit auf $v = 5$ m/s zu verlangsamen.

a) Verwenden Sie die zusammengesetzte Simpsonsche Regel mit $h = 0{,}25$.

b) Verwenden Sie die zusammengesetzte Trapezregel mit $h = 0{,}25$.

c) Vergleichen Sie diese Approximationen mit dem tatsächlichen Wert.

14. Die Gleichung

$$\int_0^x \frac{1}{\sqrt{2\pi}} e^{-\frac{t^2}{2}} \mathrm{d}t = 0{,}45$$

kann mit dem Newtonschen Verfahren mit

$$f(x) = \int_0^x \frac{1}{\sqrt{2\pi}} e^{-\frac{t^2}{2}} \mathrm{d}t - 0{,}45$$

und

$$f'(x) = \frac{1}{\sqrt{2\pi}} e^{-\frac{x^2}{2}}$$

gelöst werden. Um f an der Approximation p_k auszuwerten, benötigt man eine Quadraturformel, um

$$\int_0^{p_k} \frac{1}{\sqrt{2\pi}} e^{-\frac{t^2}{2}} \mathrm{d}t$$

zu approximieren.

a) Bestimmen Sie mit dem Newtonschen Verfahren und mit $p_0 = 0{,}5$ und der zusammengesetzten Simpsonschen Methode eine Lösung von $f(x) = 0$ auf 10^{-5} genau.

b) Wiederholen Sie (a) mit der zusammengesetzten Trapezmethode anstatt der zusammengesetzten Simpsonschen Methode.

4.4. Gaußsche Quadratur

Die Quadraturformeln zur Approximation des Integrals einer Funktion wurden im Abschnitt 4.2 durch sukzessive Integration von höheren Interpolationspolynomen hergeleitet. Das Fehlerglied in dem Interpolationspolynom vom Grad n umfaßt die $(n + 1)$te Ableitung der approximierten Funktion. Da für jedes Polynom vom Grade kleiner oder gleich n die $(n + 1)$te Ableitung gleich null ist, liefert eine Formel diesen Typs für solche Polynome ein exaktes Ergebnis.

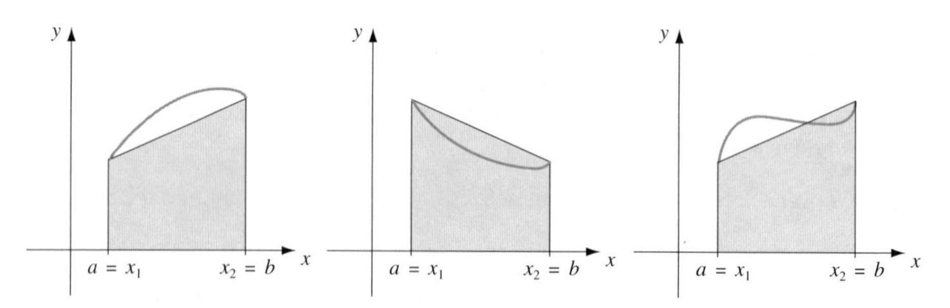

Abb. 4.7

Alle Formeln im Abschnitt 4.2 verwenden die Funktionswerte an äquidistanten Stützstellen. Dies ist zweckmäßig, wenn die Formeln zu zusammengesetzten Regeln, die im vorigen Abschnitt betrachtet wurden, kombiniert werden, aber diese Einschränkung kann die Approximation merklich ungenauer werden lassen. Es sei beispielsweise die Trapezregel betrachtet, mit der die Integrale der in Abbildung 4.7 gezeigten Funktionen bestimmt werden.

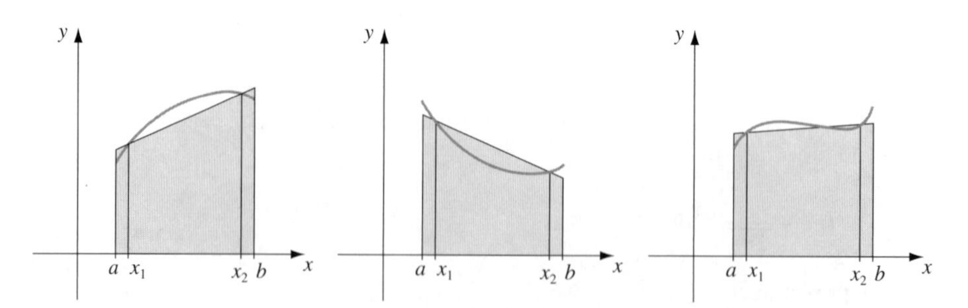

Abb. 4.8

Die Trapezregel approximiert das Integral der Funktion, indem die lineare Funktion, die die Endpunkte des Graphen der Funktion verbindet, integriert wird. Dies stellt aber wahrscheinlich nicht die beste Gerade zur Approximation des

Integrals dar. Geraden, wie solche in Abbildung 4.8, würden in vielen Fällen bessere Approximationen liefern.

Die Gaußsche Quadratur wählt die Punkte zur Auswertung eher bestmöglichst als äquidistant aus. Die Knoten $x_1, x_2, \ldots, x_n$ in dem Intervall $[a, b]$ und die Koeffizienten $c_1, c_2, \ldots, c_n$ werden derart gewählt, daß der erwartete Fehler minimal ist, der bei der Approximation

$$\int_a^b f(x)\mathrm{d}x \approx \sum_{i=1}^{n} c_i f(x_i)$$

einer beliebigen Funktion f erhalten wird. Um diese Genauigkeit zu messen, sei angenommen, daß die beste Wahl dieser Werte diejenige ist, die für die größte Klasse von Polynomen das exakte Ergebnis liefert.

Die Koeffizienten $c_1, c_2, \ldots, c_n$ in der Approximationsformel sind beliebig, und die Knoten $x_1, x_2, \ldots, x_n$ nur durch die Bedingung eingeschränkt, daß sie in dem Integrationsintervall $[a, b]$ liegen. Damit kann man $2n$ Parameter wählen. Werden die Koeffizienten eines Polynoms als Parameter betrachtet, enthält die Klasse der Polynome vom Grad höchstens gleich $(2n - 1)$ auch $2n$ Parameter. Dies stellt dann die größte Klasse von Polynomen dar, für die vernünftigerweise die Formel als exakt erwartet werden kann. Bei geeigneter Wahl der Werte und Konstanten kann man die Exaktheit auf dieser Menge erhalten.

Um dieses Verfahren der Wahl der geeigneten Konstanten zu veranschaulichen, zeigen wir, wie die Koeffizienten und Knoten ausgewählt werden, wenn $n = 2$ und das Integrationsintervall $[-1, 1]$ ist. Dann betrachten wir die allgemeinere Situation einer beliebigen Wahl der Knoten und Koeffizienten und wie dieses Verfahren modifiziert wird, wenn man über ein beliebiges Intervall $[a, b]$ integriert.

Beispiel 1. Angenommen, c_1, c_2, x_1 und x_2 sollen bestimmt werden, so daß die Integrationsformel

$$\int_{-1}^{1} f(x)\mathrm{d}x \approx c_1 f(x_1) + c_2 f(x_2)$$

das exakte Ergebnis liefert, immer wenn $f(x)$ ein Polynom vom Grade $2(2) - 1 = 3$ oder weniger darstellt – das heißt, wenn

$$f(x) = a_0 + a_1 x + a_2 x^2 + a_3 x^3$$

für beliebige Konstanten a_0, a_1, a_2 und a_3 ist. Wegen

$$\int (a_0 + a_1 x + a_2 x^2 + a_3 x^3)\mathrm{d}x = a_0 \int 1\mathrm{d}x + a_1 \int x\,\mathrm{d}x + a_2 \int x^2\mathrm{d}x + a_3 \int x^3\mathrm{d}x$$

liefert die Formel in ähnlicher Weise die exakten Ergebnisse, wenn $f(x)$ gleich 1, x, x_2 und x_3 ist. Diese Bedingung muß erfüllt sein. Um dies sicherzustellen, benötigt man c_1, c_2, x_1 und x_2, so daß

$$c_1 \cdot 1 + c_2 \cdot 1 = \int_{-1}^{1} 1 \mathrm{d}x = 2, \qquad c_1 \cdot x_1 + c_2 \cdot x_2 = \int_{-1}^{1} x \,\mathrm{d}x = 0,$$

$$c_1 \cdot x_1^2 + c_2 \cdot x_2^2 = \int_{-1}^{1} x^2 \mathrm{d}x = \frac{2}{3} \text{ und } c_1 \cdot x_1^3 + c_2 \cdot x_2^3 = \int_{-1}^{1} x^3 \mathrm{d}x = 0$$

ist. Ein Blick in die Algebra zeigt, daß dieses Gleichungssystem als einzige Lösung

$$c_1 = 1, \quad c_2 = 1, \quad x_1 = -\frac{\sqrt{3}}{3} \text{ und } x_2 = \frac{\sqrt{3}}{3}$$

besitzt. Damit erhält man die folgende Integralnäherungsformel:

$$\int_{-1}^{1} f(x) \mathrm{d}x \approx f\left(-\frac{\sqrt{3}}{3}\right) + f\left(\frac{\sqrt{3}}{3}\right),$$

die das exakte Ergebnis für jedes Polynom vom Grad 3 oder weniger liefert. □

Mit dem Verfahren in Beispiel 1 bestimmt man die Knoten und Koeffizienten für Formeln, die exakte Ergebnisse für höhere Polynome liefern, aber leichter erhält man sie mit einer alternativen Methode. Im Abschnitt 8.3 werden unterschiedliche orthogonale Polynome betrachtet, Funktionen mit der Eigenschaft, daß ein spezielles bestimmtes Integral des Produkts von jeweils zwei von ihnen gleich null ist. Die für das betrachtete Problem relevante Menge ist die Menge der Legendreschen Polynome $\{P_0, P_1, \ldots, P_n, \ldots\}$, die die folgenden Eigenschaften besitzt:

1. P_n ist für jedes n ein Polynom vom Grade n.
2. $\int_{-1}^{1} P_i(x) P_j(x) \mathrm{d}x = 0$, wenn $i \neq j$.

Die ersten Legendreschen Polynome sind

$$P_0(x) = 1, \quad P_1(x) = x, \quad P_2(x) = x^2 - \frac{1}{3},$$

$$P_3(x) = x^3 - \frac{3}{5}x \text{ und } P_4(x) = x^4 - \frac{6}{7}x^2 + \frac{3}{35}.$$

Die Wurzeln dieser Polynome sind verschieden, liegen in dem Intervall $(-1, 1)$, sind bezüglich des Ursprungs symmetrisch und, was am wichtigsten ist, sind die richtige Wahl zur Bestimmung der Knoten, die das Problem lösen. Die für die Integralnäherungsformel, die exakte Ergebnisse für jedes Polynom des Grades $2n - 1$ oder weniger liefert, notwendigen Knoten $x_1, x_2, \ldots, x_n$ sind die Wurzeln des Legendreschen Polynoms vom n-ten Grad. Zusätzlich können, wenn die Knoten erst einmal bekannt sind, die geeigneten Koeffizienten zur Funktionsauswertung an diesen Knoten über die Tatsache bestimmt werden, daß für alle $i = 1, 2, \dots, n$

$$c_i = \int_{-1}^{1} \prod_{\substack{j=1 \\ j \neq i}}^{n} \frac{(x - x_j)}{(x_i - x_j)} \mathrm{d}x$$

ist. Sowohl die Koeffizienten als auch die Wurzeln der Legendreschen Polynome sind auführlich tabelliert, so daß es nicht notwendig ist, diese Auswertungen durchzuführen. Einen Auszug bietet Tabelle 4.3, für höhere Polynome siehe beispielsweise Stroud/Secrest (1966).

Tabelle 4.3

n	Wurzeln $r_{n,i}$	Koeffizienten $c_{n,i}$
2	0,5773502692	1,0000000000
	−0,5773502692	1,0000000000
3	0,7745966692	0,5555555556
	0,0000000000	0,8888888889
	−0,7745966692	0,5555555556
4	0,8611363116	0,3478548451
	0,3399810436	0,6521451549
	−0,3399810436	0,6521451549
	−0,8611363116	0,3478548451
5	0,9061798459	0,2369268850
	0,5384693101	0,4786286705
	0,0000000000	0,5688888889
	−0,5384693101	0,4786286705
	−0,9061798459	0,2369268850

Das vervollständigt die Lösung des Näherungsproblems für bestimmte Integrale der Funktionen auf dem Intervall $[-1, 1]$. Diese Lösung ist jedoch für jedes geschlossene Intervall hinreichend, da die einfache Lineartransformation $t = (2x - a - b)/(b - a)$ das Intervall $[a, b]$ in $[-1, 1]$ überführt. Dann kann man mit den Legendreschen Polynomen

$$\int_a^b f(x)\mathrm{d}x = \int_{-1}^{1} f\left(\frac{(b-a)t + b + a}{2}\right) \frac{(b-a)}{2} \mathrm{d}t$$

approximieren. Mit den in Tabelle 4.3 gegebenen Knoten $r_{n,1}, r_{n,2}, \dots, r_{n,n}$ und Koeffizienten $c_{n,1}, c_{n,2}, \dots, c_{n,n}$ überführt man die Approximation in folgende Formel:

Gaußsche Quadratur

$$\int_a^b f(x)\mathrm{d}x = \frac{b-a}{2}\sum_{j=1}^{n} c_{n,j} f\left(\frac{(b-a)r_{n,j}+b+a}{2}\right).$$

Das nächste Beispiel verdeutlicht dieses Verfahren.

Beispiel 2. Betrachtet sei die Aufgabe der Approximation von $\int_1^{1,5} e^{-x^2}\mathrm{d}x$, dessen Wert auf sieben Dezimalstellen genau $0,1093643$ ist.

Die Gaußsche Quadratur erfordert, daß das Integral in eines überführt wird, dessen Integrationsintervall $[-1,1]$ ist:

$$\int_1^{1,5} e^{-x^2}\mathrm{d}x = \frac{1}{4}\int_{-1}^{1} e^{-\frac{(t+5)^2}{16}}\mathrm{d}t.$$

Mit den Werten aus Tabelle 4.3 kann man die Gaußschen Quadraturnäherungen bestimmen.

$$n=2: \quad \int_1^{1,5} e^{-x^2}\mathrm{d}x \approx \frac{1}{4}\left[e^{-(5+0,5773502692)^2/16} + e^{-(5-0,5773502692)^2/16}\right]$$
$$= 0,1094003,$$

$$n=3: \quad \int_1^{1,5} e^{-x^2}\mathrm{d}x \approx \frac{1}{4}\Big[(0,5555555556)e^{-15+0,7745966692)^2/16}$$
$$+ (0,8888888889)e^{-(5)^2/16}$$
$$+(0,5555555556)e^{-5-0,7745966692)^2/16}\Big]$$
$$=0,1093642.$$

Die Gaußsche Quadratur mit $n = 3$ erfordert drei Funktionsauswertungen und liefert eine Approximation, die auf 10^{-7} genau ist. Dieselbe Anzahl von Funktionsauswertungen wird benötigt, wenn mit der Simpsonschen Regel und $h = (1{,}5 - 1)/2 = 0{,}25$ das ursprüngliche Integral approximiert wird. Diese Anwendung der Simpsonschen Regel ergibt

$$\int_1^{1,5} e^{-x^2}\mathrm{d}x \approx \frac{0,25}{3}\left[e^1 + 4e^{1,25} + e^{1,5}\right] = 0,1093104,$$

was ein Ergebnis darstellt, das nur auf $5 \cdot 10^{-5}$ genau ist. □

Um die rechnerische Komplexität der Gaußschen Quadratur zu vermeiden, mag für kleinere Aufgaben die zusammengesetzte Simpsonsche Regel akzeptabel sein, aber für Aufgaben, die aufwendige Funktionsauswertungen benötigen, sollte doch lieber das Gaußsche Verfahren in Erwägung gezogen werden. Die Gaußsche Quadratur ist besonders wichtig bei der Approximation von Mehrfachintegralen, da die Anzahl der Funktionsauswertungen als eine Potenz der Anzahl der ausgewerteten Integrale ansteigt. Dieses Thema wird im Abschnitt 4.7 betrachtet.

Übungsaufgaben

1. Approximieren Sie die folgenden Integrale mit der Gaußschen Quadratur und $n = 2$, und vergleichen Sie die Approximationen mit den tatsächlichen Werten.

a) $\displaystyle\int_1^{1,5} x^2 \ln x \, \mathrm{d}x$

b) $\displaystyle\int_0^{1} x^2 e^{-x} \mathrm{d}x$

c) $\displaystyle\int_0^{0,35} \frac{2}{x^2-4} \mathrm{d}x$

d) $\displaystyle\int_0^{\pi/4} x^2 \sin x \, \mathrm{d}x$

e) $\displaystyle\int_0^{\pi/4} e^{3x} \sin 2x \, \mathrm{d}x$

f) $\displaystyle\int_1^{1,6} \frac{2x}{x^2-4} \mathrm{d}x$ //

g) $\displaystyle\int_3^{3,5} \frac{x}{\sqrt{x^2-4}} \mathrm{d}x$

h) $\displaystyle\int_0^{\pi/4} \cos^2 x \, \mathrm{d}x$

2. Wiederholen Sie Übung 1 mit $n = 3$.

3. Wiederholen Sie Übung 1 mit $n = 4$.

4. Wiederholen Sie Übung 1 mit $n = 5$.

5. Verifizieren Sie die Werte von $n = 2$ und 3 in Tabelle 4.3, indem Sie die Wurzeln der jeweiligen Legendreschen Polynome und, mit den dieser Tabelle vorangehenden Gleichungen, die den Werten entsprechenden Koeffizienten bestimmen.

6. Approximieren Sie mit der Gaußschen Quadratur das Integral

$$\int_0^{48} \sqrt{1 + (\cos x)^2} \mathrm{d}x$$

mit $n = 2, 3, 4$ und 5.

4.5. Romberg-Integration

Die Trapezregel ist eine der einfachsten der Integrationsformeln, aber im allgemeinen mangelt es ihr an der geforderten Genauigkeit. Die Romberg-Integration verwendet die zusammengesetzte Trapezregel für einleitende Approximationen und dann ein Beschleunigungsverfahren, die sogenannte Richardson-Extrapolation, um verbesserte Approximationen zu erhalten.

Mit der Extrapolation beschleunigt man die Konvergenz vieler Näherungsverfahren. Sie kann immer dann eingesetzt werden, wenn bekannt ist, daß das Näherungsverfahren ein voraussagbares Fehlerglied besitzt, eines, das von einem Parameter, gewöhnlich der Schrittweite h, abhängt.

Angenommen, $N(h)$ sei eine Formel, die die Schrittweite h einschließt, und sie approximiere einen unbekannten Wert M, und es sei bekannt, daß der Fehler von $N(h)$ die Form

$$M = N(h) + K_1 h + K_2 h^2 + K_3 h^3 + \cdots . \tag{4.1}$$

für beliebige, unspezifizierte Konstanten $K_1, K_2, K_3, \ldots$ besitzt. Es sei hier angenommen, daß $h > 0$ beliebig gewählt werden kann und daß die Approximationen besser sind, wenn h klein wird. Das Ziel der Extrapolation besteht darin, die Formel der Ordnung $O(h)$ auf eine höhere Ordnung zu verbessern. Lassen Sie sich nicht durch die relative Einfachheit dieser Gleichung in die Irre führen. Es kann ziemlich schwierig sein, die Approximation $N(h)$ zu erhalten, besonders für kleine Werte von h.

Da die Formel für alle positiven h gelten soll, sei das Ergebnis dafür betrachtet, daß der Parameter h durch die Hälfte seines Wertes ersetzt wird. Dann erhält man die Formel

$$M = N\left(\frac{h}{2}\right) + K_1 \frac{h}{2} + K_2 \frac{h^2}{4} + K_3 \frac{h^3}{8} + \cdots .$$

Subtrahiert man Gleichung (4.1) zweimal von dieser Gleichung, wird der Term, der K_1 enthält, eliminiert, und man erhält

$$\begin{aligned} M = &\left[N\left(\frac{h}{2}\right) + N\left(\frac{h}{2}\right) - N(h)\right] + K_2\left(\frac{h^2}{2} - h^2\right) \\ &+ K_3\left(\frac{h^3}{4} - h^3\right) + \cdots . \end{aligned}$$

Zur Vereinfachung der Diskussion sei $N_1(h) \equiv N(h)$ definiert und

$$N_2(h) = N_1\left(\frac{h}{2}\right) + \left[N_1\left(\frac{h}{2}\right) - N_1(h)\right].$$

Dann erhält man die $O(h^2)$-Näherungsformel für M:

$$M = N_2(h) - \frac{K_2}{2}h^2 - \frac{3K_3}{4}h^3 - \cdots . \tag{4.2}$$

Ersetzt man in dieser Formel h durch $h/2$, erhält man

$$M = N_2\left(\frac{h}{2}\right) - \frac{K_2}{8}h^2 - \frac{3K_3}{32}h^3 - \cdots . \tag{4.3}$$

Diese kann man mit Gleichung (4.2) kombinieren, um den h^2-Term zu eliminieren. Konkret heißt das, subtrahiert man (4.2) von viermal Gleichung (4.3), ergibt dies

$$3M = 4N_2\left(\frac{h}{2}\right) - N_2(h) + \frac{3K_3}{4}\left(-\frac{h^3}{2} + h^3\right) + \cdots ,$$

was vereinfacht nach der $O(h^3)$-Formel zur Approximation von M ist:

$$M = \left[N_2\left(\frac{h}{2}\right) + \frac{N_2(\frac{h}{2}) - N_2(h)}{3}\right] + \frac{K_3}{8}h^3 + \cdots .$$

Definiert man

$$\equiv N_2\left(\frac{h}{2}\right) + \frac{N_2(\frac{h}{2}) - N_2(h)}{3},$$

ergibt sich, vereinfacht nach der $O(h^3)$-Formel:

$$M = N_3(h) + \frac{K_3}{8}h^3 + \cdots .$$

Dieser Prozeß wird fortgesetzt, indem die $O(h^4)$-Approximation

$$N_4(h) = N_3\left(\frac{h}{2}\right) + \frac{N_3(\frac{h}{2}) - N_3(h)}{7}$$

und die $O(h^5)$-Approximation

$$N_5(h) = N_4\left(\frac{h}{2}\right) + \frac{N_4(\frac{h}{2}) - N_4(h)}{15}$$

erzeugt wird und so weiter. Im allgemeinen, wenn M in der Form

$$M = N(h) + \sum_{j=1}^{m-1} K_j h^j + O(h^m)$$

geschrieben werden kann, dann erhält man für jedes $j = 2, 3, \ldots, m$ eine $O(h^j)$- Approximation der Form

$$N_j(h) = N_{j-1}\left(\frac{h}{2}\right) + \frac{N_{j-1}(\frac{h}{2}) - N_{j-1}(h)}{2^{j-1} - 1}.$$

Tabelle 4.4

$O(h)$	$O(h^2)$	$O(h^3)$	$O(h^4)$
$N_1(h) = N(h)$			
$N_1(\frac{h}{2}) = N(\frac{h}{2})$	$N_2(h)$		
$N_1(\frac{h}{4}) = N(\frac{h}{4})$	$N_2(\frac{h}{2})$	$N_3(h)$	
$N_1(\frac{h}{8}) = N(\frac{h}{8})$	$N_2(\frac{h}{4})$	$N_3(\frac{h}{2})$	$N_4(h)$

Diese Approximationen werden reihenweise erzeugt, um die Formeln höchster Ordnung auszunutzen. Die ersten vier Reihen sind in Tabelle 4.4 gezeigt.

Zu Beginn der Darstellung des Romberg-Integrations-Schemas sei daran erinnert, daß die zusammengesetzte Trapezregel zur Approximation des Integrals einer Funktion f auf einem Intervall $[a, b]$ mit m Teilintervallen gleich

$$\int_a^b f(x)\mathrm{d}x = \frac{h}{2}\left[f(a) + f(b) + 2\sum_{j=1}^{m-1} f(x_j)\right] - \frac{(b-a)}{12}h^2 f''(\mu)$$

ist, wobei $a < \mu < b$, $h = (b-a)/m$ und $x_j = a + jh$ für jedes $j = 0, 1, \ldots, m$ ist (vergleiche Abbildung 4.9).

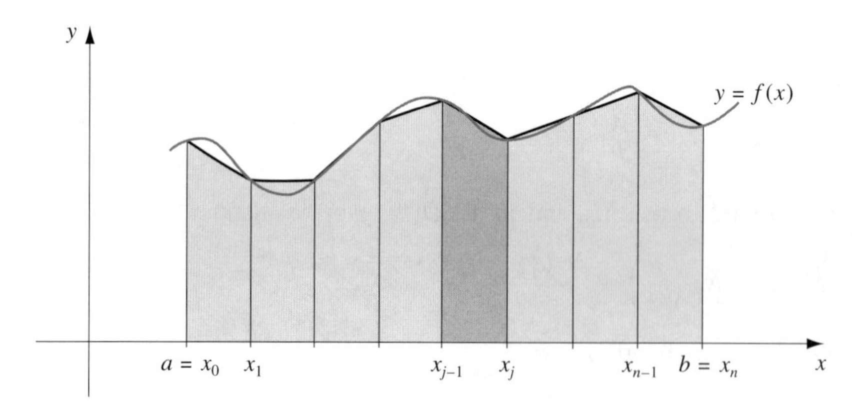

Abb. 4.9

Den ersten Schritt des Romberg-Verfahrens liefern die Approximationen der zusammengesetzten Trapezregel mit $m_1 = 1$, $m_2 = 2$, $m_3 = 4$ und $m_n = 2^{n-1}$, wobei n eine positive, ganze Zahl darstellt. Die Werte der Schrittweite h_k, die m_k entsprechen, sind $h_k = (b-a)/m_k = (b-a)2^{k-1}$. Mit dieser Schreibweise wird die Trapezregel zu

$$\int_a^b f(x)\mathrm{d}x = \frac{h_k}{2}\left[f(a) + f(b) + 2\left(\sum_{i=1}^{2^{k-1}-1} f(a + ih_k)\right)\right] - \frac{b-a}{12}h_k^2 f''(\mu_k),$$

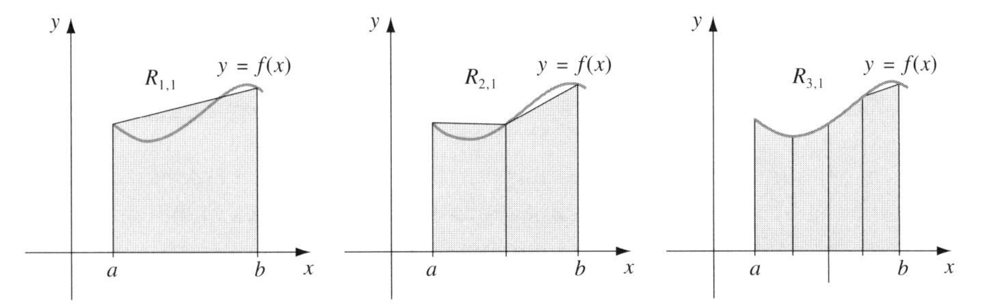

Abb. 4.10

wobei μ_k eine Zahl in (a, b) ist. Falls die Bezeichnung $R_{k,1}$ eingeführt wird, um den Teil dieser Gleichung, der für die Trapeznäherung verwendet wird, zu kennzeichnen, ergibt sich (vergleiche Abbildung 4.10):

$$R_{1,1} = \frac{h_1}{2} f(a) + f(b) = \frac{(b-a)}{2}[f(a) + f(b)];$$

$$R_{1,1} = \frac{1}{2}[R_{1,1} + h_1 f(a + h_2)];$$

$$R_{3,1} = \frac{1}{2}\left\{R_{2,1} + h_2[f(a + h_3) + f(a + 3h_3)]\right\}.$$

Allgemein gilt folgendes:

Zusammengesetzte Trapeznäherungen

$$R_{k,1} = \frac{1}{2}\left[R_{k-1,1} + h_{k-1}\sum_{i=1}^{2^{k-2}} f(a + (2i-1)h_k)\right]$$

gilt für jedes $k = 2, 3, \ldots, n$.

Beispiel 1. Führt man mit der zusammengesetzten Trapezformel den ersten Schritt des Romberg-Integrations-Schemas zur Approximation von $\int_0^\pi \sin x \, dx$ mit $n = 6$ durch, so führt dies zu:

$$R_{1,1} = \frac{\pi}{2}[\sin 0 + \sin \pi] = 0;$$

$$R_{2,1} = \frac{1}{2}\left[R_{1,1} + \pi \sin \frac{\pi}{2}\right] = 1{,}57079633;$$

$$R_{3,1} = \frac{1}{2}\left[R_{2,1} + \frac{\pi}{2}\left(\sin \frac{\pi}{4} + \sin \frac{3\pi}{4}\right)\right] = 1{,}89611890;$$

$$R_{4,1} = \frac{1}{2}\left[R_{3,1} + \frac{\pi}{4}\left(\sin \frac{\pi}{8} + \sin \frac{3\pi}{8} + \sin \frac{5\pi}{8} + \sin \frac{7\pi}{8}\right)\right] = 1{,}97423160;$$

$R_{5,1} = 1{,}99357034$ und $R_{6,1} = 1{,}99839336$. □

Da der exakte Wert für das Integral in Beispiel 1 gleich 2 ist, wird klar, daß die Konvergenz langsam ist, obgleich die Berechnungen nicht schwierig sind. Um sie zu beschleunigen, sei die Beschleunigung der Richardson-Extrapolation angewandt.

Zuerst benötigt man eine Näherungsmethode mit einem Fehlerglied in der am Beginn des Abschnitts vorgeschriebenen Form. Obwohl es nicht einfach ist, kann gezeigt werden, daß die zusammengesetzte Trapezformel wie folgt mit einem alternativen Fehlerglied geschrieben werden kann:

$$\int_a^b f(x)\mathrm{d}x - R_{k,1} = \sum_{i=1}^{\infty} K_i h_k^{2i} = K_1 h_k^2 + \sum_{i=2}^{\infty} K_i h_k^{2i}, \tag{4.4}$$

wobei K_i für jedes i unabhängig von h_k ist und nur von $f^{(2i-1)}(a)$ und $f^{(2i-1)}(b)$ abhängt, wenn $f \in C^\infty[a,b]$ ist und vorausgesetzt wird, daß $h^i[f^{(2i-1)}(b) - f^{(2i-1)}(a)]$ beschränkt ist. Da alle Potenzen von h_k in diesen Gleichungen gerade sind, ist die Beschleunigung viel größer als in der ursprünglichen Diskusssion.

Der Term, der h_k^2 enthält, wird eliminiert, indem Gleichung (4.4) mit ihrem Gegenstück mit h_k ersetzt durch $h_{k+1} = h_k/2$ kombiniert wird:

$$\begin{aligned}\int_a^b f(x)\mathrm{d}x - R_{k+1,1} &= \sum_{i=1}^{\infty} K_i h_{k+1}^{2i} = \sum_{i=1}^{\infty} \frac{K_i h_k^{2i}}{2^{2i}} \\ &= \frac{K_1 h_k^2}{4} + \sum_{i=2}^{\infty} \frac{K_i h_k^{2i}}{4^i}. \end{aligned} \tag{4.5}$$

Subtrahiert man Gleichung (4.4) von viermal Gleichung (4.5) und vereinfacht, dann erhält man die $O(h_k^4)$-Formel

$$\begin{aligned}\int_a^b f(x)\mathrm{d}x - \left[R_{k+1,1} + \frac{R_{k+1,1} - R_{k,1}}{3}\right] &= \sum_{i=2}^{\infty} \frac{K_i}{3}\left(\frac{h_k^{2i}}{4^{i-1}} - h_k^{2i}\right) \\ &= \sum_{i=2}^{\infty} \frac{K_i}{3}\left(\frac{1-4^{i-1}}{4^{i-1}}\right) h_k^{2i}.\end{aligned}$$

Mit der Extrapolation kann nun der $O(h_k^4)$-Term in dieser Formel eliminiert werden, und man erhält das $O(h_k^6)$-Ergebnis und so weiter. Um die Schreibweise zu vereinfachen, sei

$$R_{k,2} = R_{k,1} + \frac{R_{k,1} - R_{k-1,1}}{3}$$

für jedes $k = 2, 3, \ldots, n$ definiert und die Richardson-Extrapolation auf diese Werte angewandt. Die weitere Anwendung dieser Vereinfachung ergibt für alle $k = 2, 3, 4, \ldots, n$ und $j = 2, \ldots, k$ eine $O(h_k^{2j})$-Näherungsformel, die durch

$$R_{k,j} = R_{k,j-1} + \frac{R_{k,j-1} - R_{k-1,j-1}}{4^{j-1} - 1}$$

Tabelle 4.5

$R_{1,1}$					
$R_{2,1}$	$R_{2,2}$				
$R_{3,1}$	$R_{3,2}$	$R_{3,3}$			
$R_{4,1}$	$R_{4,2}$	$R_{4,3}$	$R_{4,4}$		
$\vdots$	$\vdots$	$\vdots$		$\ddots$	
$R_{n,1}$	$R_{n,2}$	$R_{n,3}$	$\dots$	$\dots$	$R_{n,n}$

definiert ist. Die über diese Formeln erzeugten Ergebnisse sind in Tabelle 4.5 zusammengestellt.

Das Romberg-Verfahren besitzt die weitere erwünschte Eigenschaft, die es erlaubt, eine ganze neue Reihe in der Tabelle zu berechnen, einfach indem einmal die zusammengesetzte Trapezregel angewandt wird und dann mit den vorher berechneteten Werten die nachfolgenden Elemente in der Reihe erhalten werden. Mit dieser Methode konstruiert man eine Tabelle diesen Typs und berechnet die Elemente reihenweise – das heißt in der Reihenfolge $R_{1,1}$, $R_{2,1}$, $R_{2,2}$, $R_{3,1}$, $R_{3,2}$, $R_{3,3}$ und so weiter. Diesem Prozeß folgt das Programm ROMBRG42.

Beispiel 2. In Beispiel 1 wurden die Werte für $R_{1,1}$ durch $R_{n,1}$ und Approximation von $\int_0^\pi \sin x dx$ mit $n = 6$ erhalten. ROMBRG42 liefert die Romberg-Tabelle (Tabelle 4.6). □

Tabelle 4.6

0					
1,57079633	2,09439511				
1,89611890	2,00455946	1,99857073			
1,97423160	2,00026917	1,99998313	2,00000555		
1,99357034	2,00001659	1,99999975	2,00000001	1,99999999	
1,99839336	2,00000103	2,00000000	2,00000000	2,00000000	2,00000000

ROMBRG42 erfordert zur Bestimmung der Anzahl der Reihen, die erzeugt werden sollen, eine festgelegte, ganze Zahl n. Es ist oft auch sinnvoll, eine Fehlertoleranz für die Approximation vorzuschreiben und n innerhalb einer oberen Schranke zu erzeugen, bis die aufeinanderfolgenden diagonalen Werte $R_{n-1,n-1}$ und $R_{n,n}$ innerhalb der Toleranz übereinstimmen. Um sich gegen die Möglichkeit abzusichern, daß zwei aufeinanderfolgende Werte zwar miteinander übereinstimmen, aber nicht mit dem Wert des approximierten Integrals, werden die Approximationen nicht nur erzeugt bis $|R_{n-1,n-1} - R_{n,n}|$ sondern auch $|R_{n-2,n-2} - R_{n-1,n-1}|$ innerhalb der Toleranz liegt. Obwohl das keine umfassende Sicherheit ist, stimmen zwei unterschiedlich erzeugte Mengen von Approximationen immerhin innerhalb der spezifizierten Toleranz überein, bevor $R_{n,n}$ als hinreichend genau angesehen wird.

Übungsaufgaben

1. Berechnen Sie $R_{3,3}$ mit der Romberg-Integration für die folgenden Integrale.

a) $\displaystyle\int_1^{1,5} x^2 \ln x \, dx$

b) $\displaystyle\int_0^{1} x^2 e^{-x} dx$

c) $\displaystyle\int_0^{0,35} \frac{2}{x^2-4} dx$

d) $\displaystyle\int_0^{\pi/4} x^2 \sin x dx$

e) $\displaystyle\int_0^{\pi/4} e^{3x} \sin 2x \, dx$

f) $\displaystyle\int_1^{1,6} \frac{2x}{x^2-4} dx$

g) $\displaystyle\int_3^{3,5} \frac{x}{\sqrt{x^2-4}} dx$

h) $\displaystyle\int_0^{\pi/4} \cos^2 x \, dx$

2. Berechnen Sie $R_{4,4}$ für die Integrale in Übung 1.

3. Approximieren Sie mit der Romberg-Integration die folgenden Integrale. Vervollständigen Sie die Romberg-Tabelle, bis $R_{n-1,n-1}$ und $R_{n,n}$ auf 10^{-6} genau übereinstimmen, aber fahren Sie nicht fort, falls $n > 10$ wird. Vergleichen Sie Ihre Ergebnisse mit den exakten Ergebnissen.

a) $\displaystyle\int_1^{2} x \ln x \, dx$

b) $\displaystyle\int_{-2}^{2} x^3 e^x dx$

c) $\displaystyle\int_0^{2} \frac{2}{x^2+4} dx$

d) $\displaystyle\int_0^{\pi} x^2 \cos x \, dx$

e) $\displaystyle\int_0^{2} e^{2x} \sin 3x \, dx$

f) $\displaystyle\int_1^{3} \frac{x}{x^2+4} dx$

g) $\displaystyle\int_3^{5} \frac{1}{\sqrt{x^2-4}} dx$

h) $\displaystyle\int_0^{3\pi/8} \tan x \, dx$

4. Wenden Sie die Romberg-Integration auf die folgenden Integrale an, bis $R_{n-1,n-1}$ und $R_{n,n}$ auf 10^{-5} genau übereinstimmen.

a) $\displaystyle\int_0^{1} x^{1/3} dx$

b) $\displaystyle\int_0^{0,3} f(x) dx$, wobei

$$f(x) = \begin{cases} x^3+1, & 0 \leq x \leq 0,1, \\ 1{,}001+0{,}03(x-0{,}1)+0{,}3(x-0{,}1)^2+2(x-0{,}1)^3, & 0{,}1 \leq x \leq 0{,}2, \\ 1{,}009+0{,}15(x-0{,}2)+0{,}9(x-0{,}2)^2+2(x-0{,}2)^3, & 0{,}2 \leq x \leq 0{,}3 \end{cases}$$

ist.

5. Berechnen Sie mit der Romberg-Integration die folgenden Approximationen von

$$\int_0^{48} \sqrt{1+(\cos x)^2}\mathrm{d}x.$$

[Anmerkung: Die Ergebnisse dieser Übung sind am interessantesten, wenn Sie unter Anwendung der sieben- und neunstelligen Arithmetik vorgehen.]

a) Bestimmen Sie $R_{1,1}$, $R_{2,1}$, $R_{3,1}$, $R_{4,1}$ und $R_{5,1}$ und sagen Sie mit diesen Approximationen den Wert des Integrals voraus.

b) Bestimmen Sie $R_{2,2}$, $R_{3,3}$, $R_{4,4}$ und $R_{5,5}$, und modifizieren Sie Ihre Voraussage.

c) Bestimmen Sie $R_{6,1}$, $R_{6,2}$, $R_{6,3}$, $R_{6,4}$, $R_{6,5}$ und $R_{6,6}$, und modifizieren Sie Ihre Voraussage.

d) Bestimmen Sie $R_{7,7}$, $R_{8,8}$, $R_{9,9}$ und $R_{10,10}$, und geben Sie eine letzte Voraussage.

e) Erklären Sie, warum dieses Integral schwierig mit der Romberg-Integration bestimmt und wie sie umformuliert werden kann, damit eine genaue Approximation leichter erhalten wird.

6. Angenommen, die Extrapolationstabelle

$N_1(h)$		
$N_1(\frac{h}{2})$	$N_2(h)$	
$N_1(\frac{h}{4})$	$N_2(\frac{h}{2})$	$N_3(h)$

wurde zur Approximation der Zahl M mit $M = N_1(h) + K_1h^2 + K_2h^4 + K_3h^6$ konstruiert.

a) Zeigen Sie, daß das lineare Interpolationspolynom $P_{0,1}(h)$ durch $(h^2, N_1(h))$ und $(h^2/4, N_1(h/2))$ der Gleichung $P_{0,1}(0) = N_2(h)$ genügt. Zeigen Sie entsprechend, daß $P_{1,2}(0) = N_2(h/2)$ ist.

b) Zeigen Sie, daß das lineare Interpolationspolynom $P_{0,2}(h)$ durch $(h^4, N_2(h))$ und $(h^4/16, N_2(h/2))$ der Gleichung $P_{0,2}(0) = N_3(h)$ genügt.

4.6. Adaptive Quadraturverfahren

Im Abschnitt 4.3 wurde mit zusammengesetzten Näherungsmethoden ein Integral über ein großes Intervall in Integrale über kleinere Teilintervalle zerlegt. Dieser Ansatz arbeitete mit äquidistanten Teilintegralen, die es erlaubten, die einzelnen Approximationen in eine geeignete Form zu bringen. Obwohl dies für die meisten Probleme ausreicht, führt es zu einem Ansteigen des Berechnungsaufwands, wenn die zu integrierende Funktion auf einigen, aber nicht allen Teilen des Integrationsintervalls stark variiert. In diesem Fall sind Verfahren überlegen, die sich dem unterschiedlichen Genauigkeitsbedarf anpassen. In diesem Abschnitt wird ein adaptives Quadraturverfahren betrachtet und gezeigt, wie damit nicht nur der Näherungsfehler reduziert, sondern auch eine Fehlerabschätzung der Approximation vorhergesagt werden kann, die nicht auf dem Wissen höherer Ableitungen der Funktion basiert.

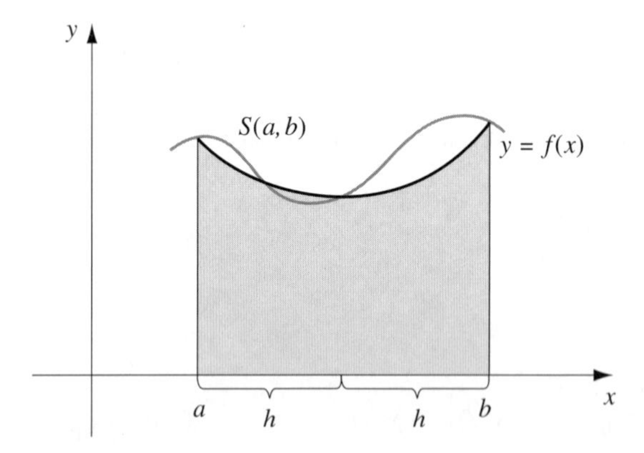

Abb. 4.11

Angenommen, $\int_a^b f(x)\mathrm{d}x$ solle innerhalb einer spezifizierten Toleranz $\epsilon > 0$ approximiert werden. Zuerst wird die Simpsonsche Regel mit der Schrittweite $h = (b-a)/2$ angewandt, was

$$\int_a^b f(x)\mathrm{d}x = S(a, b) - \frac{(b-a)^5}{2880} f^{(4)}(\xi) = S(a, b) - \frac{h^5}{90} f^{(4)}(\xi) \quad (4.6)$$

für beliebiges ξ in (a, b) ergibt (siehe Abbildung 4.11), wobei

$$S(a, b) = \frac{h}{3}[f(a) + 4f(a+h) + f(b)]$$

ist.

Als nächstes schätzt man die Genauigkeit der Approximation, speziell einer solchen, die $f^{(4)}(\xi)$ nicht benötigt. Dafür wendet man zuerst die zusammengesetzte Simpsonsche Regel auf das Problem mit $n = 4$ und der Schrittweite $(b-a)/4 = h/2$ an. Somit ist

$$\int_a^b f(x)\mathrm{d}x = \frac{h}{6}\left[f(a) + 4f\left(a + \frac{h}{2}\right) + 2f(a+h) + 4f\left(a + \frac{3h}{2}\right) + f(b)\right] - \left(\frac{h}{2}\right)^5 \frac{1}{90} f^{(4)}(\tilde{\xi}) \tag{4.7}$$

für beliebiges $\hat{\xi}$ in (a, b). Um die Schreibweise zu vereinfachen, sei

$$S\left(a, \frac{a+b}{2}\right) = \frac{h}{6}\left[f(a) + 4f\left(a + \frac{h}{2}\right) + f(a+h)\right]$$

und

$$S\left(\frac{a+b}{2}, b\right) = \frac{h}{6}\left[f(a+h) + 4f\left(a + \frac{3h}{2}\right) + f(b)\right].$$

Dann kann Gleichung (4.7) neu als

$$\int_a^b f(x)\mathrm{d}x = S\left(a, \frac{a+b}{2}\right) + S\left(\frac{a+b}{2}, b\right) - \frac{1}{16}\left(\frac{h^5}{90}\right) f^{(4)}(\tilde{\xi}) \tag{4.8}$$

geschrieben werden (vergleiche Abbildung 4.12).

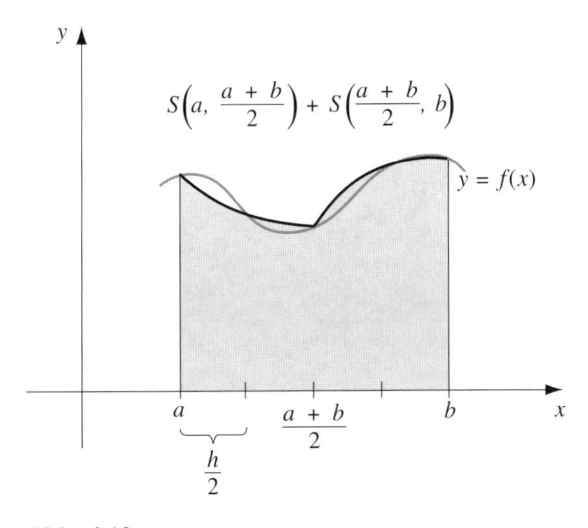

Abb. 4.12

Die Fehlerabschätzung wurde hergeleitet, indem $f^{(4)}(\xi) \approx f^{(4)}(\hat{\xi})$ angenommen wurde. Der Erfolg des Verfahrens hängt von der Genauigkeit dieser Annahme ab. Ist sie genau, dann folgt aus der Aufteilung der Integrale in Gleichung (4.6) und (4.8)

$$S\left(a, \frac{a+b}{2}\right) + S\left(\frac{a+b}{2}, b\right) - \frac{1}{16}\left(\frac{h^5}{90}\right) f^{(4)}(\xi) \approx S(a,b) - \frac{h^5}{90} f^{(4)}(\xi)$$

und damit

$$\frac{h^5}{90} f^{(4)}(\xi) \approx \frac{16}{15}\left[S(a,b) - S\left(a, \frac{a+b}{2}\right) - S\left(\frac{a+b}{2}, b\right)\right].$$

Verwendet man diese Annahme in Gleichung (4.8), erhält man die Fehlerabschätzung

$$\left|\int_a^b f(x)\mathrm{d}x - S\left(a, \frac{a+b}{2}\right) - S\left(\frac{a+b}{2}, b\right)\right|$$
$$\approx \frac{1}{15}\left|S(a,b) - S\left(a, \frac{a+b}{2}\right) - S\left(\frac{a+b}{2}, b\right)\right|.$$

Daraus folgt, daß $S(a, (a+b)/2)+S((a+b)/2, b)$ fünfzehn mal besser $\int_a^b f(x)\mathrm{d}x$ approximiert als es mit dem bekannten Wert $S(a, b)$ übereinstimmt. Folglich approximiert $S(a, (a+b)/2)+S((a+b)/2, b)$ $\int_a^b f(x)\mathrm{d}x$ innerhalb ϵ, vorausgesetzt, daß die beiden Approximationen $S(a, (a+b)/2) + S((a+b)/2, b)$ und $S(a, b)$ um weniger als 15ϵ differieren.

Fehlerabschätzung der adaptiven Quadratur

Falls

$$\left|S(a,b) - S\left(a, \frac{a+b}{2}\right) - S\left(\frac{a+b}{2}, b\right)\right| < 15\epsilon$$

ist, gilt

$$\left|\int_a^b f(x)\mathrm{d}x - S\left(a, \frac{a+b}{2}\right) - S\left(\frac{a+b}{2}, b\right)\right| < \epsilon.$$

In diesem Fall wird

$$S\left(a, \frac{a+b}{2}\right) + S\left(\frac{a+b}{2}, b\right)$$

als hinreichend genaue Approximation von $\int_a^b f(x)\mathrm{d}x$ angenommen.

Beispiel 1. Um die Genauigkeit der soeben gegebenen Fehlerabschätzung zu überprüfen, sei ihre Anwendung auf das Integral

$$\int_0^{\pi/2} \sin x \, \mathrm{d}x = 1$$

betrachtet. In diesem Fall gilt

$$
\begin{aligned}
S\left(0, \frac{\pi}{2}\right) &= \frac{(\pi/4)}{3}\left[\sin 0 + 4\sin\frac{\pi}{4} + \sin\frac{\pi}{2}\right] \\
&= \frac{\pi}{12}(2\sqrt{2}+1) = 1{,}002279878
\end{aligned}
$$

und

$$
S\left(0, \frac{\pi}{4}\right) + S\left(\frac{\pi}{4}, \frac{\pi}{2}\right) = \frac{(\pi/8)}{3}\left[\sin 0 + 4\sin\frac{\pi}{8} + 2\sin\frac{\pi}{4} + 4\sin\frac{3\pi}{8} + \sin\frac{\pi}{2}\right]
$$
$$
= 1{,}000134585.
$$

Somit gilt

$$
\frac{1}{15}\left|S\left(0, \frac{\pi}{2}\right) - S\left(0, \frac{\pi}{4}\right) - S\left(\frac{\pi}{4}, \frac{\pi}{2}\right)\right| = 0{,}000143020.
$$

Das kommt dem tatsächlichen Fehler sehr nahe,

$$
\left|\int_0^{\pi/2} \sin x \, \mathrm{d}x - 1{,}000134585\right| = 0{,}000134585,
$$

obwohl $D_x^4 \sin x = \sin x$ in dem Intervall $(0, \pi/2)$ merklich variiert. □

Wenn die Approximation nicht hinreichend genau ist (das heißt, wenn die beiden Approximationen um mehr als 15ϵ differieren), kann die Fehlerabschätzung individuell auf die Teilintervalle $[a, (a+b)/2]$ und $[(a+b)/2, b]$ angewandt werden, um festzustellen, ob die Approximation des Integrals auf jedem Teilintervall innerhalb einer Toleranz $\epsilon/2$ liegt. Ist dies so, stimmt die Summe der Approximationen mit $\int_a^b f(x)\mathrm{d}x$ innerhalb der Toleranz ϵ überein. Liegt die Approximation auf einem der Teilintervalle nicht innerhalb der Toleranz $\epsilon/2$, wird dieses Teilintervall selbst unterteilt und jedes seiner Teilintervalle analysiert, um festzustellen, ob die Integralnäherung auf diesem Teilintervall innerhalb $\epsilon/4$ genau ist.

Die Intervallhalbierung wird fortgesetzt, bis jeder Teil innerhalb der geforderten Toleranz liegt. Obwohl auch Aufgaben konstruiert werden können, für die diese Toleranz niemals erreicht wird, ist das Verfahren für die meisten Aufgaben erfolgreich, da jede Unterteilung die Genauigkeit der Approximation ungefähr um den Faktor 15 erhöht, während nur eine Erhöhung der Genauigkeit um den Faktor 2 erforderlich wäre.

Das Programm ADAPQR43 führt das adaptive Quadraturverfahren für die Simpsonsche Regel durch. Einige technische Schwierigkeiten bedingen gegenüber dem vorher Diskutierten geringe Abweichungen bei der Nutzung dieser Methode. Die Toleranz zwischen aufeinanderfolgenden Approximationen wird gleich 10ϵ gesetzt und nicht gleich dem hergeleiteten Wert von 15ϵ. Diese Schranke wurde vorsichtig gewählt, um den Fehler der Annahme $f^{(4)}(\xi) \approx f^{(4)}(\tilde{\xi})$ zu kompensieren. In Aufgaben, wo bekannt ist, daß $f^{(4)}$ stark variiert, ist es vernünftig, diese Schranke noch niedriger zu wählen.

Beispiel 2. Die Kurve der Funktion $f(x) = (100/x^2)\sin(10/x)$ ist für x in $[1, 3]$ in Abbildung 4.13 zu sehen. Das Programm ADAPQR43 mit der Toleranz 10^{-4} berechnet $\int_1^3 f(x)\mathrm{d}x$ näherungsweise zu $-1{,}476014$, ein Ergebnis, das auf $1{,}4 \cdot 10^{-6}$ genau ist. Die Approximation fordert, daß die Simpsonsche Regel mit $n = 4$ auf den 73 Teilintervallen, deren Endpunkte auf der horizontalen Achse in Abbildung 4.13 gezeigt sind, ausgeführt wird. Die Gesamtanzahl der für diese Approximation benötigten Funktionsauswertungen beträgt 93.

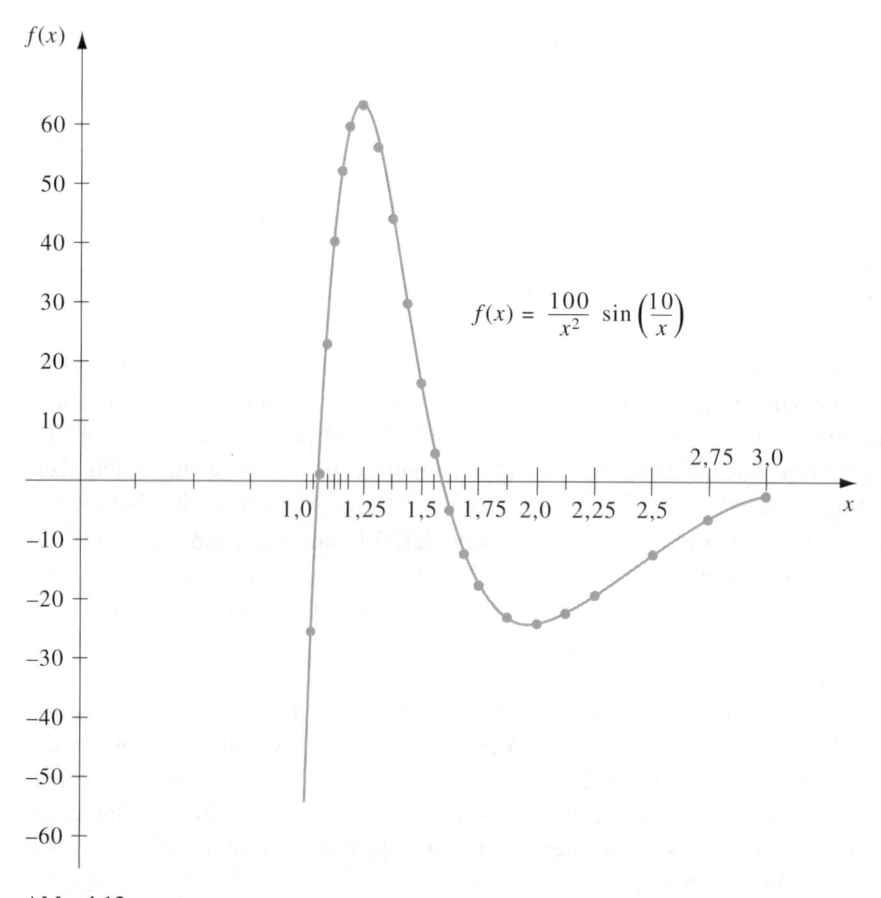

Abb. 4.13

Zum Vergleich sei angenommen, daß mit der zusammengesetzten Simpsonschen Regel und $h = \frac{1}{64}$ dieses Integral approximiert werde. Dies erfordert 179

Funktionsauswertungen und ergibt die Approximation $-1{,}476059$, ein Ergebnis, das vom tatsächlichen Wert um $2{,}4 \cdot 10^{-6}$ abweicht. □

Übungsaufgaben

1. Berechnen Sie $S(a, b)$, $S(a, (a+b)/2)$ und $S((a+b)/2, b)$ für die folgenden Integrale, und verifizieren Sie die in der Näherungsformel gegebene Abschätzung.

a) $\int_1^{1,5} x^2 \ln x \, dx$

b) $\int_0^1 x^2 e^{-x} dx$

c) $\int_0^{0,35} \frac{2}{x^2 - 4} dx$

d) $\int_0^{\pi/4} x^2 \sin x \, dx$

e) $\int_0^{\pi/4} e^{3x} \sin 2x \, dx$

f) $\int_1^{1,6} \frac{2x}{x^2 - 4} dx$

g) $\int_3^{3,5} \frac{x}{\sqrt{x^2 - 4}} dx$

h) $\int_0^{\pi/4} \cos^2 x \, dx$

2. Approximieren Sie die Integrale aus Übung 1 auf 10^{-3} genau mit der adaptiven Quadratur. Verwenden Sie kein Computerprogramm, um diese Ergebnisse zu erzeugen.

3. Approximieren Sie die folgenden Integrale auf 10^{-5} genau mit der adaptiven Quadratur.

a) $\int_1^3 e^{2x} \sin 3x \, dx$

b) $\int_1^3 e^{3x} \sin 2x \, dx$

c) $\int_0^5 [2x \cos(2x) - (x-2)^2] dx$

d) $\int_0^5 [4x \cos(2x) - (x-2)^2] dx$

4. Verwenden Sie die zusammengesetzte Simpsonsche Regel mit $n = 4, 6, 8, \ldots$ bis aufeinanderfolgende Approximationen der nachfolgenden Integrale bis auf 10^{-6} übereinstimmen. Bestimmen Sie die Anzahl der benötigten Knoten. Approximieren Sie mit der adaptiven Quadratur das Integral auf 10^{-6}, und zählen Sie die Anzahl der Knoten. Brachte die adaptive Quadratur eine Verbesserung?

a) $\int_0^{\pi} x \cos x^2 dx$

b) $\int_0^{\pi} x \sin x^2 dx$

c) $\int_0^{\pi} x^2 \cos x \, dx$

d) $\int_0^{\pi} x^2 \sin x \, dx$

5. Skizzieren Sie die Kurven von $\sin \frac{1}{x}$ und $\cos \frac{1}{x}$ auf $[0{,}1,\ 2]$. Approximieren Sie mit der adaptiven Quadratur die Integrale

$$\int_{0,1}^{2} \sin \frac{1}{x} \mathrm{d}x \quad \text{und} \quad \int_{0,1}^{2} \cos \frac{1}{x} \mathrm{d}x$$

auf 10^{-3}.

6. Approximieren Sie mit der adaptiven Quadratur $\int_0^{48} \{1 + (\cos x)^2\}^{1/2} \mathrm{d}x$ auf 10^{-4} genau. Hat dieses Verfahren in diesem Beispiel irgendeinen Vorteil? (Vergleichen Sie das Ergebnis und die Anzahl der Funktionsauswertungen mit jenen aus Übung 9 in Abschnitt 4.3)

7. Die Differentialgleichung

$$mu''(t) + ku(t) = F_0 \cos \omega t$$

beschreibt ein Feder-Massen-System mit der Masse m und der Federkonstanten k ohne Dämpfung. Der Term $F_0 \cos \omega t$ beschreibt eine periodische, externe Kraft, die auf das System einwirkt. Die Lösung der Gleichung, wenn das System anfänglich in Ruhe ist $(u'(0) = u(0) = 0)$, lautet

$$u(t) = \frac{2F_0}{m(\omega_0^2 - \omega^2)} \sin \frac{(\omega_0 - \omega)}{2} t \sin \frac{(\omega_0 + \omega)}{2} t,$$

wobei $\omega_0 = \sqrt{\frac{k}{m}} \neq \omega$ ist. Skizzieren Sie die Kurve von u, wenn $m = 1$, $k = 9$, $F_0 = 1$, $\omega = 2$ und $t \in [0, 2\pi]$ ist. Berechnen Sie mit der adaptiven Quadratur $\int_1^3 u(t)\mathrm{d}t$ innerhalb 10^{-4}.

8. Wird der Ausdruck $cu'(t)$ zu der linken Seite der Bewegungsgleichung aus Übung 7 addiert, beschreibt die resultierende Differentialgleichung ein Feder-Massen-System, das mit der Dämpfungskonstanten c gedämpft ist. Die Lösung der Gleichung, wenn das System anfänglich in Ruhe ist, lautet

$$u(t) = c_1 e^{r_1 t} + c_2 e^{r_2 t} + \frac{F_0}{\sqrt{m^2(\omega_0^2 - \omega^2)^2 + c^2\omega^2}} \cos(\omega t - \delta),$$

wobei

$$\delta = \arctan\left(\frac{c\omega}{m(\omega_0^2 - \omega^2)}\right), \qquad r_1 = \frac{-c + \sqrt{c^2 - 4\omega_0^2 m^2}}{2m}$$

und

$$r_2 = \frac{-c - \sqrt{c^2 - 4\omega_0^2 m^2}}{2m}$$

sind. Skizzieren Sie die Kurve von u, wenn $m = 1$, $k = 9$, $F_0 = 1$, $c = 10$, $\omega = 2$ und $t \in [0, 2\pi]$ ist. Berechnen Sie mit der adaptiven Quadratur $\int_1^3 u(t)\mathrm{d}t$ auf 10^{-4} genau.

9. Die Lichtbrechung an einer rechteckigen Apparatur kann durch die Fresnelschen Integrale

$$c(t) = \int_0^t \cos \frac{\pi}{2} w^2 \mathrm{d}w \quad \text{und} \quad s(t) = \int_0^t \sin \frac{\pi}{2} w^2 \mathrm{d}w$$

beschrieben werden. Konstruieren Sie eine Wertetabelle für $c(t)$ und $s(t)$, die für die Werte von $t = 0{,}1,\ 0{,}2, \ldots, 1{,}0$ eine Genauigkeit von 10^{-4} aufweist.

4.7. Mehrfachintegrale

Die in den vorigen Abschnitten diskutierten Verfahren können zur Approximation von Mehrfachintegralen einfach modifiziert werden. Zuerst sei das Doppelintegral

$$\int\int_R f(x, y)\mathrm{d}A$$

betrachtet, wobei R ein rechteckiges Gebilde in der Ebene darstellt, das heißt

$$R = \{(x, y) \mid a \leq x \leq b, c \leq y \leq d\}$$

gilt für beliebige Konstanten a, b, c und d (vergleiche Abbildung 4.14). Um das Näherungsverfahren zu verdeutlichen, sei die zusammengesetzte Simpsonsche Regel angewandt, obwohl auch jede andere Näherungsformel ohne größere Modifikation angewandt werden könnte.

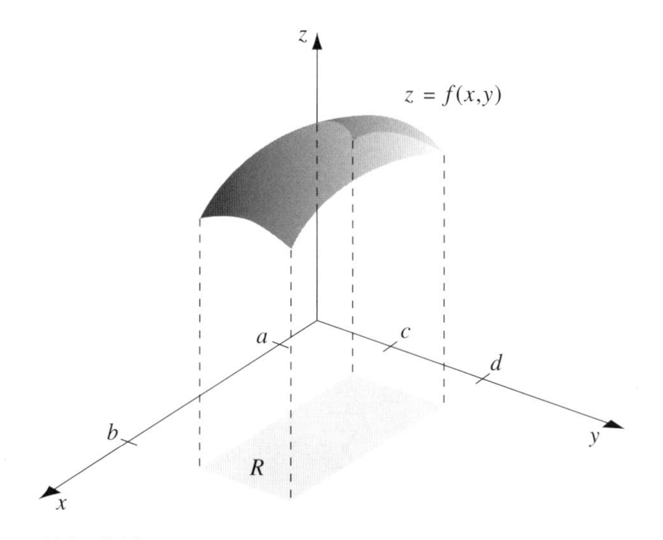

Abb. 4.14

Angenommen, die ganzen Zahlen n und m wurden gewählt, um die Schrittweite $h = (b-a)/2n$ und $k = (d-c)/2m$ zu bestimmen. Schreibt man das Doppelintegral als ein iteriertes Integral

$$\iint_R f(x,y)\mathrm{d}A = \int_a^b \left(\int_c^d f(x,y)\mathrm{d}y \right) \mathrm{d}x,$$

wertet man mit der zusammengesetzten Simpsonschen Regel zuerst

$$\int_c^d f(x,y)\mathrm{d}y$$

aus und behandelt x als eine Konstante. Es sei $y_j = c + jk$ für jedes $j = 0, 1, \ldots, 2m$. Dann ist

$$\int_c^d f(x,y)\mathrm{d}y = \frac{k}{3}\left[f(x,y_0)\mathrm{d}x + 2\sum_{j=1}^{m-1} f(x,y_{2j}) + 4\sum_{j=1}^{m} f(x,y_{2j-1}) + f(x,y_{2m}) \right] - \frac{(d-c)k^4}{180}\frac{\partial^4 f}{\partial y^4}(x,\mu)$$

für beliebige μ in (c,d). Daher gilt

$$\begin{aligned}\int_a^b \int_c^d f(x,y)\mathrm{d}y\,\mathrm{d}x = &\frac{k}{3}\int_a^b f(x,y_0)\mathrm{d}x + \frac{2k}{3}\sum_{j=1}^{m-1}\int_a^b f(x,y_{2j})\mathrm{d}x \\ &+ \frac{4k}{3}\sum_{j=1}^{m}\int_a^b f(x,y_{2j-1})\mathrm{d}x + \frac{k}{3}\int_a^b f(x,y_{2m})\mathrm{d}x \\ &- \frac{(d-c)k^4}{180}\int_a^b \frac{\partial^4 f}{\partial y^4}(x,\mu)\mathrm{d}x.\end{aligned}$$

Die zusammengesetzte Simpsonsche Regel wird nun auf jedes Integral in dieser Gleichung eingesetzt. Es sei $x_i = a + ih$ für jedes $i = 0, 1, \ldots, 2n$. Dann erhält man für jedes $j = 0, 1, \ldots, 2m$

$$\int_a^b f(x,y_j)\mathrm{d}x = \frac{h}{3}\left[f(x_0,y_j) + 2\sum_{i=1}^{n-1} f(x_{2i},y_j) + 4\sum_{i=1}^{n} f(x_{2i-1},y_j) + f(x_{2n},y_j) \right] - \frac{(b-a)h^4}{180}\frac{\partial^4 f}{\partial x^4}(\xi_j,y_j)$$

für beliebige ξ_j in (a, b). Die daraus folgende Approximation besitzt die Form

$$\int_a^b \int_c^d f(x, y)\mathrm{d}x\mathrm{d}y \approx \frac{hk}{9} \Bigg\{ \Bigg[f(x_0, y_0) + 2\sum_{i=1}^{n-1} f(x_{2i}, y_0)$$

$$+4\sum_{i=1}^{n} f(x_{2i-1}, y_0) + f(x_{2n}, y_0) \Bigg]$$

$$+ 2\left[\sum_{j=1}^{m-1} f(x_0, y_{2j}) + 2\sum_{j=1}^{m-1}\sum_{i=1}^{n-1} f(x_{2i}, y_{2j}) \right.$$

$$\left. +4\sum_{j=1}^{m-1}\sum_{i=1}^{n} f(x_{2i-1}, y_{2j}) + \sum_{j=1}^{m-1} f(x_{2n}, y_{2j}) \right]$$

$$+ 4\left[\sum_{j=1}^{m} f(x_0, y_{2j-1}) + 2\sum_{j=1}^{m}\sum_{i=1}^{n-1} f(x_{2i}, y_{2j-1}) \right.$$

$$\left. +4\sum_{j=1}^{m}\sum_{i=1}^{n} f(x_{2i-1}, y_{2j-1}) + \sum_{j=1}^{m} f(x_{2n}, y_{2j-1}) \right]$$

$$+ \left[f(x_0, y_{2m}) + 2\sum_{i=1}^{n-1} f(x_{2i}, y_{2m}) + 4\sum_{i=1}^{n} f(x_{2i-1}, y_{2m}) + f(x_{2n}, y_{2m}) \right] \Bigg\}.$$

Der Fehlerterm E ist durch

$$E = \frac{-k(b-a)h^4}{540} \left[\frac{\partial^4 f}{\partial x^4}(\xi_0, y_0) + 2\sum_{j=1}^{m-1} \frac{\partial^4 f}{\partial x^4}(\xi_{2j}, y_{2j}) \right.$$

$$\left. +4\sum_{j=1}^{m} \frac{\partial^4 f}{\partial x^4}(\xi_{2j-1}, y_{2j-1}) + \frac{\partial^4 f}{\partial x^4}(\xi_{2m}, y_{2m}) \right] - \frac{(d-c)k^4}{180} \int_a^b \frac{\partial^4 f}{\partial y^4}(x, \mu)\mathrm{d}x$$

gegeben. Sind $\frac{\partial^4 f}{\partial x^4}$ und $\frac{\partial^4 f}{\partial y^4}$ stetig, kann mit dem Zwischenwertsatz und dem Mittelwertsatz der Integralrechnung gezeigt werden, daß die Fehlerformel für beliebige $(\overline{\eta}, \overline{\mu})$ und $(\hat{\eta}, \hat{\mu})$ in R vereinfacht werden kann:

$$E = \frac{-(d-c)(b-a)}{180} \left[h^4 \frac{\partial^4 f}{\partial x^4}(\bar{\eta}, \bar{\mu}) + k^4 \frac{\partial^4 f}{\partial y^4}(\hat{\eta}, \hat{\mu}) \right].$$

Beispiel 1. Die zur Approximation von

$$\int_{1,4}^{2,0} \int_{1,0}^{1,5} \ln(x + 2y)\mathrm{d}y\,\mathrm{d}x$$

angewandte zusammengesetzte Simpsonsche Regel mit $n = 2$ und $m = 1$ verwendet die Schrittweiten $h = 0{,}15$ und $k = 0{,}25$. Abbildung 4.15 zeigt den Integrationsbereich R mit den Knoten (x_i, y_i) für $i = 0, 1, 2, 3, 4$ und $j = 0, 1, 2$ sowie den Koeffizienten $w_{i,j}$ von $f(x_i, y_i) = \ln(x_i + 2y_i)$.

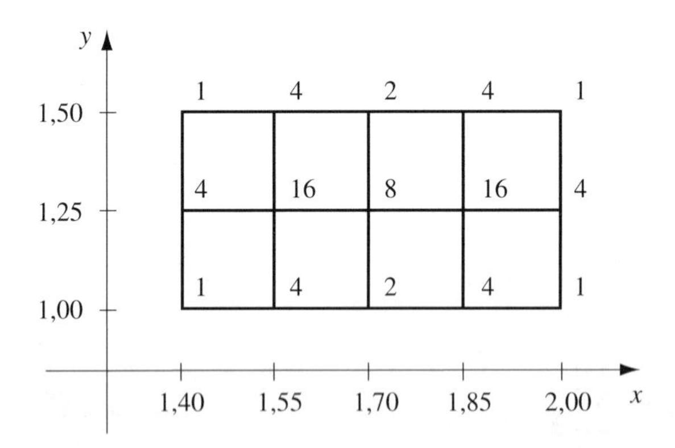

Abb. 4.15

Das Ergebnis lautet

$$\int_{1,4}^{2,0} \int_{1,0}^{1,5} \ln(x + 2y)\mathrm{d}y\mathrm{d}x$$

$$\approx \frac{(0{,}15)(0{,}25)}{9} \sum_{i=0}^{4} \sum_{j=0}^{2} w_{i,j} \ln(x_i + 2y_j) = 0{,}4295524387.$$

Da

$$\frac{\partial^4 f}{\partial x^4}(x, y) = \frac{-6}{(x + 2y)^4} \quad \text{und} \quad \frac{\partial^4 f}{\partial y^4}(x, y) = \frac{-96}{(x^2 + 2y)^4}$$

ist, wird der Fehler durch

$$|E| \leq \frac{(0{,}5)(0{,}6)}{180} \left[(0{,}15)^4 \max_{(x,y)\in R} \frac{6}{(x + 2y)^4} + (0{,}25)^4 \max_{(x,y)\in R} \frac{96}{(x^2 + 2y)^4} \right]$$

$$\leq 4{,}72 \cdot 10^{-6}$$

beschränkt. Der tatsächliche Wert des Integrals ist auf zehn Dezimalstellen genau

$$\int_{1,4}^{2,0} \int_{1,0}^{1,5} \ln(x + 2y)\mathrm{d}y\,\mathrm{d}x = 0{,}4295545265,$$

womit die Approximation die Genauigkeit von $2{,}1 \cdot 10^{-6}$ besitzt. □

Dasselbe Verfahren kann zur Approximation von Dreifachintegralen als auch von höheren Integralen von Funktionen mit mehr als drei Variablen angewandt werden. Die Anzahl der zur Approximation benötigten Funktionsauswertungen ist gleich dem Produkt der Anzahl der Funktionsauswertungen, die bei Anwendung der Methode auf jede einzelne Variable benötigt werden. Um die Anzahl der Funktionsauswertungen zu reduzieren, können effektivere Methoden, wie die Gaußsche Quadratur, die Romberg-Integration oder adaptive Quadraturverfahren anstatt der Simpsonschen Formel, eingebaut werden. Das folgende Beispiel verdeutlicht die Gaußsche Quadratur für das in Beispiel 1 betrachtete Integral.

Beispiel 2. Betrachtet sei das in Beispiel 1 gegebene Doppelintegral. Bevor mit einem Gaußschen Quadraturverfahren dieses Integral approximiert werden kann, muß der Integrationsbereich

$$R = \{(x, y) \mid 1{,}4 \leq x \leq 2{,}0,\ 1{,}0 \leq y \leq 1{,}5\}$$

in

$$\hat{R} = \{(u, v) \mid -1 \leq u \leq 1,\ -1 \leq v \leq 1\}$$

überführt werden. Das leisten die Lineartransformationen

$$u = \frac{1}{2{,}0 - 1{,}4}(2x - 1{,}4 - 2{,}0) \quad \text{und} \quad v = \frac{1}{1{,}5 - 1{,}0}(2y - 1{,}0 - 1{,}5).$$

Dieser Variablenwechsel ergibt ein Integral, auf das die Gaußsche Quadratur angewandt werden kann:

$$\int_{1,4}^{2,0} \int_{1,0}^{1,5} \ln(x + 2y)\mathrm{d}y\,\mathrm{d}x = 0{,}075 \int_{-1}^{1} \int_{-1}^{1} \ln(0{,}3u + 0{,}5v + 4{,}2)\mathrm{d}v\,\mathrm{d}u.$$

Die Gaußsche Quadraturformel für $n = 3$ in u sowie v benötigt die Knoten

$$u_1 = v_1 = r_{3,2} = 0, \quad u_0 = v_0 = r_{3,1} = -0{,}7745966692$$

und

$$u_2 = v_2 = r_{3,3} = 0{,}7745966692.$$

Die verknüpften Gewichte wurden in Tabelle 4.3 (Abschnitt 4.4) zu $c_{3,2} = 0{,}8888888889$ und $c_{3,1} = c_{3,3} = 0{,}5555555556$ bestimmt, somit ist

$$\int_{1,4}^{2,0} \int_{1,0}^{1,5} \ln(x + 2y)\mathrm{d}y\mathrm{d}x$$

$$\approx 0{,}075 \sum_{i=0}^{2} \sum_{j=0}^{2} c_{3,i} c_{3,j} \ln(0{,}3u_i + 0{,}5v_j + 4{,}2) = 0{,}4295545313.$$

Obwohl dieses Ergebnis nur sechs Funktionsauswertungen benötigt, verglichen mit 15 bei der in Beispiel 1 betrachteten Simpsonschen Regel, ist das Ergebnis auf $4{,}8 \cdot 10^{-9}$ genau, verglichen mit einer Genauigkeit von $2 \cdot 10^{-6}$ bei der Simpsonschen Regel. □

Näherungsmethoden für Doppelintegrale sind nicht auf Integrale mit rechteckigen Integrationsbereichen beschränkt. Die eben diskutierten Verfahren können modifiziert werden, um Doppelintegrale mit variablen inneren Grenzen zu approximieren, Integrale der Form

$$\int_a^b \int_{c(x)}^{d(x)} f(x, y) \mathrm{d}y \, \mathrm{d}x.$$

Tatsächlich können Integrale über mehrere Bereiche approximiert werden, die dazu in geeigneter Weise aufgeteilt werden.

Bei diesem Typ von Integralen sei wie vorhin zunächst mit der zusammengesetzten Simpsonschen Regel bezüglich beider Variablen integriert. Die Schrittweite für die Variable x sei $h = (b - a)/2$, aber die Schrittweite $k(x)$ für y variiere mit x (vergleiche Abbildung 4.16):

$$k(x) = \frac{d(x) - c(x)}{2}.$$

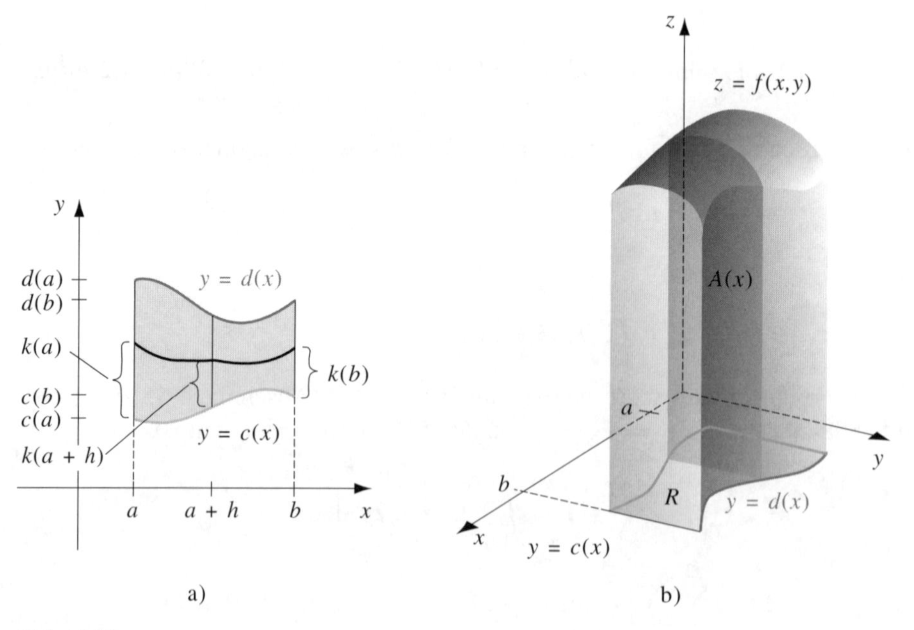

Abb. 4.16

Folglich ist

$$\begin{aligned}
&\int_a^b \int_{c(x)}^{d(x)} f(x, y) \mathrm{d}y \, \mathrm{d}x \\
&\approx \int_a^b \frac{k(x)}{3} [f(x, c(x)) + 4f(x, c(x) + k(x)) + f(x, d(x))] \mathrm{d}x \\
&\approx \frac{h}{3} \left\{ \frac{k(a)}{3} [f(a, c(a)) + 4f(a, c(a) + k(a)) + f(a, d(a))] \right. \\
&\quad + \frac{4k(a+h)}{3} [f(a+h, c(a+h)) + 4f(a+h, c(a+h) \\
&\quad + k(a+h)) + f(a+h, d(a+h))] \\
&\quad \left. + \frac{k(b)}{3} [f(b, c(b)) + 4f(b, c(b) + k(b)) + f(b, d(b))] \right\} .
\end{aligned}$$

Das Programm DINTGL44 wendet die zusammengesetzte Simpsonsche Regel auf ein Doppelintegral dieser Form an.

Um mit der Gaußschen Quadratur das Doppelintegral approximieren zu können, muß zuerst für jedes x in $[a, b]$ das Intervall $[c(x), d(x)]$ in $[-1, 1]$ überführt und dann die Gaußsche Quadratur angewandt werden. Daraus folgt

$$\begin{aligned}
&\int_a^b \int_{c(x)}^{d(x)} f(x, y) \mathrm{d}y \, \mathrm{d}x \\
&\approx \int_a^b \frac{d(x) - c(x)}{2} \sum_{j=1}^{n} c_{n,j} f\left(x, \frac{(d(x) - c(x)) r_{n,j} + d(x) + c(x)}{2} \right) \mathrm{d}x,
\end{aligned}$$

wobei wie vorher die Wurzeln $r_{n,j}$ und die Koeffizienten $c_{n,j}$ aus Tabelle 4.3 stammen. Nun wird das Intervall $[a, b]$ in $[-1, 1]$ überführt und mit der Gaußschen Quadratur das Integral auf der rechten Seite dieser Gleichung approximiert. Das Programm DGQINT45 setzt dieses Verfahren ein.

Beispiel 3. Das Simpsonsche Programm für Doppelintegrale DINTGL44 benötigt für $n = m = 5$ und

$$\int_{0,1}^{0,5} \int_{x^3}^{x^2} e^{y/x} \mathrm{d}y \mathrm{d}x$$

121 Auswertungen der Funktion $f(x, y) = e^{y/x}$ und liefert die Approximation 0,0333054, ein Ergebnis, das auf fast 7 Dezimalstellen genau ist. (Vergleiche Abbildung 4.17.) Das Programm DGQINT45, das die Gaußsche Quadratur einsetzt, benötigt für $n = m = 5$ nur 25 Funktionsauswertungen und ergibt zusätzlich die Approximation 0,3330556611, die auf 11 Dezimalstellen genau ist. □

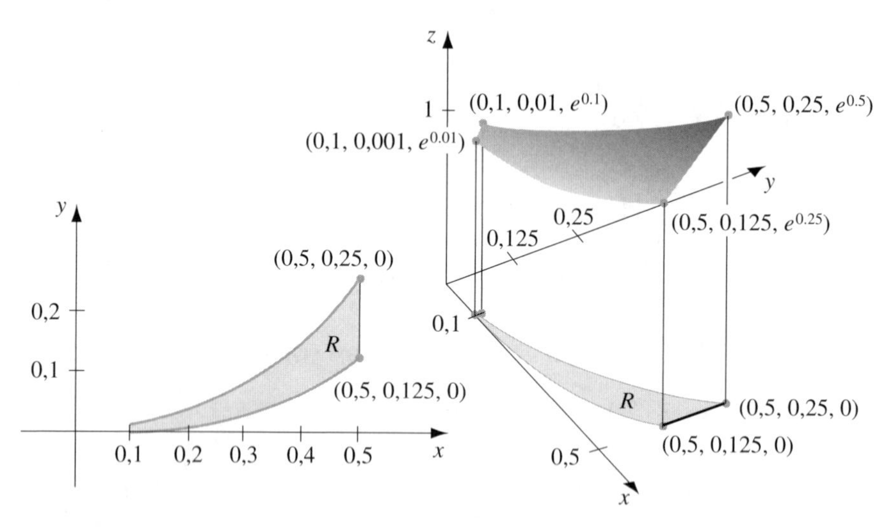

Abb. 4.17

Dreifachintegrale der Form

$$\int_a^b \int_{c(x)}^{d(x)} \int_{\alpha(x,y)}^{\beta(x,y)} f(x, y, z)\, \mathrm{d}z\, \mathrm{d}y\, \mathrm{d}x$$

werden entsprechend approximiert. Wegen der erforderlichen Anzahl von Berechnungen ist die Gaußsche Quadratur die Methode der Wahl. Das Programm TINTGL46 führt dieses Verfahren aus.

Im folgenden Beispiel ist die Auswertung von vier Dreifachintegralen erforderlich.

Beispiel 4. Die Gleichung

$$(\overline{x}, \overline{y}, \overline{z}) = \left(\frac{M_{yz}}{M}, \frac{M_{xz}}{M}, \frac{M_{xy}}{M} \right)$$

beschreibt den Massenschwerpunkt eines festen Gebildes D mit der Dichtefunktion σ, wobei

$$M_{yz} = \iiint_D x\sigma(x, y, z)\mathrm{d}V, \quad M_{xz} = \iiint_D y\sigma(x, y, z)\mathrm{d}V$$

und

$$M_{xy} = \iiint_D z\sigma(x, y, z)\mathrm{d}V$$

die Momente über den Koordinatenebenen sind und

$$M = \iiint_D \sigma(x, y, z)\mathrm{d}V$$

die Masse. Der in Abbildung 4.18 gezeigte Körper wird durch den oberen Mantel des Kegels $z^2 = x^2 + y^2$ und die Ebene $z = 2$ begrenzt und besitzt die durch

$$\sigma(x, y, z) = \sqrt{x^2 + y^2}$$

gegebene Dichtefunktion.

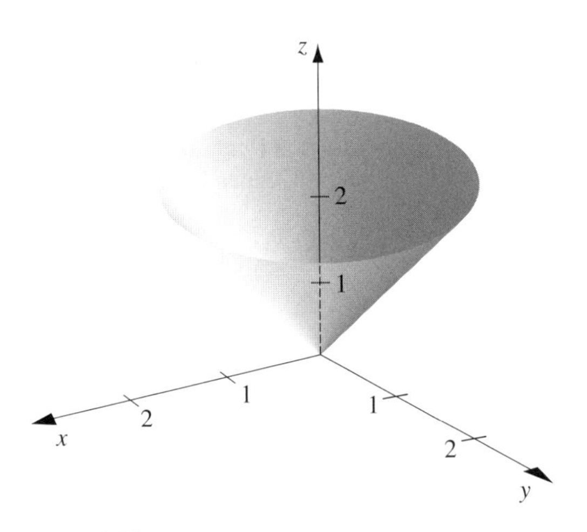

Abb. 4.18

TINTGL46 benötigt für $n = m = p = 5$ 125 Funktionsauswertungen pro Integral und ergibt die folgenden Approximationen:

$$M = \int_{-2}^{2}\int_{-\sqrt{4-x^2}}^{\sqrt{4-x^2}}\int_{\sqrt{x^2+y^2}}^{2} \sqrt{x^2 + y^2}\,\mathrm{d}z\,\mathrm{d}y\,\mathrm{d}x \approx 8{,}37504476,$$

$$M_{yz} = \int_{-2}^{2}\int_{-\sqrt{4-x^2}}^{\sqrt{4-x^2}}\int_{\sqrt{x^2+y^2}}^{2} x\sqrt{x^2 + y^2}\,\mathrm{d}z\,\mathrm{d}y\,\mathrm{d}x \approx -5{,}55111512 \cdot 10^{-17},$$

$$M_{xz} = \int_{-2}^{2}\int_{-\sqrt{4-x^2}}^{\sqrt{4-x^2}}\int_{\sqrt{x^2+y^2}}^{2} y\sqrt{x^2 + y^2}\,\mathrm{d}z\,\mathrm{d}y\,\mathrm{d}x \approx -8{,}01513675 \cdot 10^{-17},$$

$$M_{xy} = \int_{-2}^{2}\int_{-\sqrt{4-x^2}}^{\sqrt{4-x^2}}\int_{\sqrt{x^2+y^2}}^{2} z\sqrt{x^2 + y^2}\,\mathrm{d}z\,\mathrm{d}y\,\mathrm{d}x \approx 13{,}40038156.$$

Daraus folgt, daß der ungefähre Massenschwerpunkt gleich $\sqrt{(\overline{x}, \overline{y}, \overline{z})} = (0, 0, 1{,}60003701)$ ist. Bei direkter Auswertung der Integrale kann gezeigt werden, daß der Massenschwerpunkt in $(0, 0, 1{,}6)$ liegt.

Übungsaufgaben

1. Approximieren Sie mit der zusammengesetzten Simpsonschen Regel für Doppelintegrale und $n = m = 2$ die folgenden Doppelintegrale. Vergleichen Sie die Ergebnisse mit der exakten Lösung.

a) $\int_{2,1}^{2,5} \int_{1,2}^{1,4} xy^2 \mathrm{d}y\, \mathrm{d}x$ **c)** $\int_{2}^{2,2} \int_{x}^{2x} (x^2 + y^2) \mathrm{d}y\, \mathrm{d}x$

b) $\int_{0}^{0,5} \int_{0}^{0,5} e^{y-x} \mathrm{d}y\, \mathrm{d}x$ **d)** $\int_{1}^{1,5} \int_{0}^{x} (x^2 + \sqrt{y}) \mathrm{d}y\, \mathrm{d}x$

2. Bestimmen Sie die kleinsten Werte für $n = m$, so daß mit der zusammengesetzten Simpsonschen Regel für Doppelintegrale die Integrale in Übung 1 auf 10^{-6} des tatsächlichen Wertes approximiert werden können.

3. Approximieren Sie mit der zusammengesetzten Simpsonschen Regel für Doppelintegrale und $n = 2$, $m = 4$; $n = 4$, $m = 2$ und $n = m = 3$ die folgenden Doppelintegrale. Vergleichen Sie die Ergebnisse mit der exakten Lösung.

a) $\int_{0}^{\pi/4} \int_{\sin x}^{\cos x} (2y \sin x + \cos^2 x) \mathrm{d}y\, \mathrm{d}x$

b) $\int_{1}^{e} \int_{1}^{x} \ln xy\, \mathrm{d}y\, \mathrm{d}x$

c) $\int_{0}^{1} \int_{x}^{2x} (x^2 + y^3) \mathrm{d}y\, \mathrm{d}x$

d) $\int_{0}^{1} \int_{x}^{2x} (y^2 + x^3) \mathrm{d}y\, \mathrm{d}x$

e) $\int_{0}^{\pi} \int_{0}^{x} \cos x\, \mathrm{d}y\, \mathrm{d}x$

f) $\int_{0}^{\pi} \int_{0}^{x} \cos y\, \mathrm{d}y\, \mathrm{d}x$

g) $\int_{0}^{\pi/4} \int_{0}^{\sin x} \frac{1}{\sqrt{1 - y^2}} \mathrm{d}y\, \mathrm{d}x$

h) $\int_{-\pi}^{3\pi/2} \int_{0}^{2\pi} (y \sin x + x \cos y) \mathrm{d}y\, \mathrm{d}x$

4. Bestimmen Sie die kleinsten Werte für $n = m$, so daß mit der zusammengesetzten Simpsonschen Regel für Doppelintegrale die Integrale in Übung 3 auf 10^{-6} des tatsächlichen Wertes genau approximiert werden können.

5. Approximieren Sie mit der Gaußschen Quadratur für Doppelintegrale und $n = m = 2$ die Integrale in Übung 1, und vergleichen Sie die Ergebnisse mit denen, die Sie in Übung 1 erhalten haben.

6. Bestimmen Sie die kleinsten Werte für $n = m$, so daß mit der Gaußschen Quadratur für Doppelintegrale die Integrale in Übung 1 auf 10^{-6} genau approximiert werden können. Fahren Sie jedoch nicht jenseits $n = m = 5$ fort. Vergleichen Sie die Anzahl der Funktionsauswertungen mit der in Übung 2 benötigten Anzahl.

7. Approximieren Sie mit der Gaußschen Quadratur für Doppelintegrale und $n = m = 3$; $n = 3$, $m = 4$; $n = 4$, $m = 3$ und $n = m = 4$ die Integrale in Übung 3.

8. Approximieren Sie mit der Gaußschen Quadratur für Doppelintegrale und $n = m = 5$ die Integrale in Übung 3. Vergleichen Sie die Anzahl der Funktionsauswertungen mit der in Übung 4 benötigten Anzahl.

9. Approximieren Sie mit der zusammengesetzten Simpsonschen Regel für Doppelintegrale und $n = m = 7$ und der Gaußschen Quadratur für Doppelintegrale mit $n = m = 4$

$$\int\int_R e^{-(x+y)} \mathrm{d}A$$

über dem Bereich R in der durch die Kurven $y = x^2$ und $y = \sqrt{x}$ begrenzten Ebene.

10. Approximieren Sie mit der Gaußschen Quadratur für Doppelintegrale

$$\int\int_R \sqrt{xy + y^2}\, \mathrm{d}A,$$

wobei R der Bereich in der Ebene ist, der durch die Geraden $x + y = 6$, $3y - x = 2$ und $3x - y = 2$ begrenzt ist. Teilen Sie zunächst R in zwei Bereiche R_1 und R_2 auf, auf die Sie dann die Gaußsche Quadratur für Doppelintegrale anwenden. Es sei $n = m = 3$ auf R_1 sowie R_2.

11. Die durch $z = f(x, y)$ für (x, y) in R beschriebene Oberfläche ist durch

$$\int\int_R \sqrt{[f_x(x, y)]^2 + [f_y(x, y)]^2 + 1}\, \mathrm{d}A$$

gegeben. Bestimmen Sie eine Approximation der Oberfläche auf der Halbkugel $x^2 + y^2 + z^2 = 9$, $z \geq 0$, die über dem Bereich $R = \{(x, y) \mid 0 \leq x \leq 1, 0 \leq y \leq 1\}$ liegt, mit

a) dem Programm DINTGL44 mit $n = m = 4$;

b) dem Programm DGQINT45 mit $n = m = 4$.

12. Approximieren Sie mit der Gaußschen Quadratur für Doppelintegrale und $n = m = p = 2$ die folgenden Dreifachintegrale. Vergleichen Sie die Ergebnisse mit der exakten Lösung.

a) $\int_0^1 \int_1^2 \int_0^{0,5} e^{x+y+z} \mathrm{d}z\, \mathrm{d}y\, \mathrm{d}x$

b) $\int_0^1 \int_x^1 \int_0^y y^2 z\, \mathrm{d}z\, \mathrm{d}y\, \mathrm{d}x$

c) $\int_0^1 \int_{x^2}^x \int_{x-y}^{x+y} y\, \mathrm{d}z\, \mathrm{d}y\, \mathrm{d}x$

d) $\int_0^1 \int_{x^2}^x \int_{x-y}^{x+y} z\, \mathrm{d}z\, \mathrm{d}y\, \mathrm{d}x$

e) $\int_0^\pi \int_0^x \int_0^{xy} \frac{1}{y} \sin \frac{z}{y} \mathrm{d}z\, \mathrm{d}y\, \mathrm{d}x$

f) $\int_0^1 \int_0^1 \int_{-xy}^{xy} e^{x^2+y^2} \mathrm{d}z\, \mathrm{d}y\, \mathrm{d}x$

13. Wiederholen Sie Übung 12 mit $n = m = p = 3$.

14. Wiederholen Sie Übung 12 mit $n = m = p = 4$ und $n = m = p = 5$.

15. Approximieren Sie mit der Gaußschen Quadratur für Doppelintegrale und $n = m = p = 4$

$$\int\int\int_S xy \sin(yz) \mathrm{d}V,$$

wobei S den durch die Koordinatenebenen und die Ebenen $x = \pi$, $y = \pi/2$, $z = \pi/3$ begrenzten Körper darstellt. Vergleichen Sie diese Approximation mit dem exakten Ergebnis.

16. Approximieren Sie mit der Gaußschen Quadratur für Doppelintegrale und $n = m = p = 5$

$$\iiint_S \sqrt{xyz}\,\mathrm{d}V,$$

wobei S den Bereich in dem ersten Oktanten darstellt, der durch den Zylinder $x^2 + y^2 = 4$, die Kugel $x^2 + y^2 + z^2 = 4$ und die Ebene $x + y + z = 8$ begrenzt ist. Verwenden Sie in jeder Koordinatenrichtung acht Knoten. Wieviele Funktionsauswertungen werden für die Approximation benötigt?

4.8. Uneigentliche Integrale

Uneigentliche Integrale ergeben sich, wenn der Begriff der Integration entweder auf ein Integrationsintervall, auf dem die Funktion unbeschränkt ist, oder auf ein Intervall mit einem oder mehreren unendlichen Endpunkten ausgedehnt wird. In jedem Fall müssen die normalen Regeln der Integralnäherung modifiziert werden.

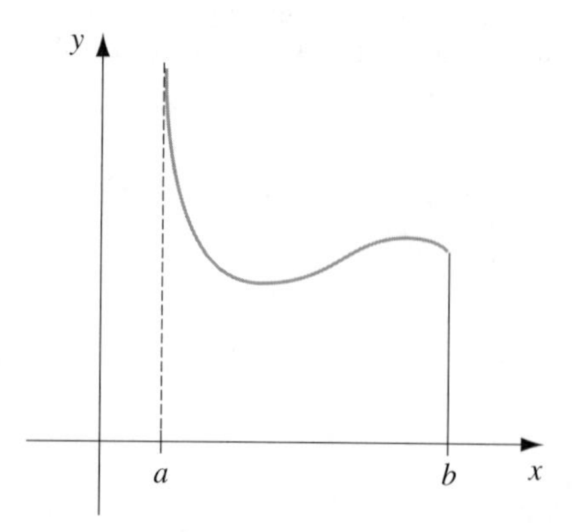

Abb. 4.19

Es sei als erstes die Situation betrachtet, wenn der Integrand, wie in Abbildung 4.19 gezeigt, an dem linken Endpunkt des Integrationsintervalls unbeschränkt ist. Es sei dann durch eine geeignete Manipulation gezeigt, daß auch die anderen uneigentlichen Integrale auf ein Problem dieser Form reduziert werden können.

Das uneigentliche Integral mit einer Singularität an dem linken Endpunkt

$$\int_a^b \frac{1}{(x-a)^p}\mathrm{d}x,$$

konvergiert genau dann, wenn $p < 1$ ist, und in diesem Fall gilt

$$\int_a^b \frac{1}{(x-a)^p}\mathrm{d}x = \frac{(b-a)^{1-p}}{1-p}.$$

Ist f eine Funktion, die in folgender Form geschrieben werden kann

$$f(x) = \frac{g(x)}{(x-a)^p},$$

wobei $0 < p < 1$ und g stetig auf $[a,b]$ ist, dann existiert auch das uneigentliche Integral

$$\int_a^b f(x)\mathrm{d}x.$$

Dieses Integral soll mit der zusammengesetzten Simpsonschen Regel approximiert werden. Angenommen, es sei $g \in C^5[a,b]$, dann kann das vierte Taylorsche Polynom $P_4(x)$ von g bezüglich a konstruiert

$$P_4(x) = g(a)+g'(a)(x-a)+\frac{g''(a)}{2!}(x-a)^2+\frac{g'''(a)}{3!}(x-a)^3+\frac{g^{(4)}(a)}{4!}(x-a)^4$$

und das Integral wie folgt geschrieben werden:

$$\int_a^b f(x)\mathrm{d}x = \int_a^b \frac{g(x)-P_4(x)}{(x-a)^p}\mathrm{d}x + \int_a^b \frac{P_4(x)}{(x-a)^p}\mathrm{d}x.$$

Man kann

$$\int_a^b \frac{P_4(x)}{(x-a)^p}\mathrm{d}x = \sum_{k=0}^{4}\int_a^b \frac{g^{(k)}(a)}{k!}(x-a)^{k-p}\mathrm{d}x = \sum_{k=0}^{4}\frac{g^{(k)}(a)}{k!(k+1-p)}(b-a)^{k+1-p}$$

genau bestimmen. Dies ist im allgemeinen der entscheidende Teil der Approximation, besonders wenn das Taylorsche Polynom $P_4(x)$ überall auf dem Intervall $[a,b]$ mit der Funktion g gut übereinstimmt. Um dann das Integral von f zu approximieren, muß dieser Wert zu der Approximation von

$$\int_a^b \frac{g(x)-P_4(x)}{(x-a)^p}\mathrm{d}x$$

addiert werden. Dazu wird erst

$$G(x) = \begin{cases} \dfrac{g(x)-P_4(x)}{(x-a)^p} & \text{für } a < x \leq b, \\ 0 & \text{für } x = a \end{cases}$$

definiert. Da $p < 1$ ist und $P_4^{(k)}(a)$ mit $g^{(k)}(a)$ für jedes $k = 0,1,2,3,4$ übereinstimmt, erhält man $G \in C^4[a,b]$. Daraus folgt, daß mit der zusammengesetzten Simpsonschen Regel das Integral von G über $[a,b]$ approximiert werden kann und daß der Fehlerterm für diese Regel gültig ist. Addieren dieser Approximation zu dem exakten Wert ergibt eine Approximation des uneigentlichen Integrals von f über $[a,b]$ innerhalb der Genauigkeit der Approximation der zusammengesetzten Simpsonschen Regel.

Beispiel 1. Das uneigentliche Integral

$$\int_0^1 \frac{e^x}{\sqrt{x}} \mathrm{d}x$$

sei mit der zusammengesetzten Simpsonschen Regel und $h = 0{,}25$ approximiert. Da das vierte Taylorsche Polynom von e^x bezüglich $x = 0$

$$P_4(x) = 1 + x + \frac{x^2}{2} + \frac{x^3}{6} + \frac{x^4}{24}$$

ist, erhält man

$$\begin{aligned}\int_0^1 \frac{P_4(x)}{\sqrt{x}} \mathrm{d}x &= \lim_{M \to 0^+} \left[2x^{\frac{1}{2}} + \frac{2}{3}x^{\frac{3}{2}} + \frac{1}{5}x^{\frac{5}{2}} + \frac{1}{21}x^{\frac{7}{2}} + \frac{1}{108}x^{\frac{9}{2}} \right]_M^1 \\ &= 2 + \frac{2}{3} + \frac{1}{5} + \frac{1}{21} + \frac{1}{108} \approx 2{,}9235450.\end{aligned}$$

Tabelle 4.7

x	$f(x)$
0,00	0
0,25	0,0000170
0,50	0,0004013
0,75	0,0026026
1,00	0,0099485

Tabelle 4.7 faßt die für die zusammengesetzte Simpsonsche Regel benötigten Werte für

$$G(x) = \begin{cases} \dfrac{e^x - P_4(x)}{\sqrt{x}} & \text{für } 0 < x \leq 1, \\ 0 & \text{für } x = 0 \end{cases}$$

zusammen. Anwenden der zusammengesetzten Simpsonschen Regel auf G mit diesen Daten ergibt

$$\begin{aligned}\int_0^1 G(x)\mathrm{d}x \approx \frac{0{,}25}{3}[0 &+ 4(0{,}0000170) + 2(0{,}0004013) \\ &+ 4(0{,}0026026) + 0{,}0099485] = 0{,}0017691.\end{aligned}$$

Daher ist

$$\int_0^1 \frac{e^x}{\sqrt{x}} \mathrm{d}x \approx 2{,}9235450 + 0{,}0017691 = 2{,}9253141.$$

Dieses Ergebnis ist innerhalb der Genauigkeit der Approximation der Funktion G mit der zusammengesetzten Simpsonschen Regel genau. Da $|G^{(4)}(x)| < 1$ auf $[0, 1]$ gilt, wird der Fehler durch

$$\frac{1-0}{180}(0{,}25)^4(1) = 0{,}0000217$$

beschränkt. □

Um das uneigentliche Integral mit einer Singularität an dem rechten Endpunkt zu approximieren, wird einfach das eben beschriebene Verfahren auf den rechten Endpunkt b anstatt des linken Endpunktes a erweitert. Alternativ kann durch die Substitution $z = -x$, $\mathrm{d}z = -\mathrm{d}x$ das uneigentliche Integral in eines der Form

$$\int_a^b f(x)\mathrm{d}x = \int_{-b}^{-a} f(-z)\mathrm{d}z$$

überführt werden, das seine Singularität an dem linken Endpunkt besitzt. (Vergleiche Abbildung 4.20.)

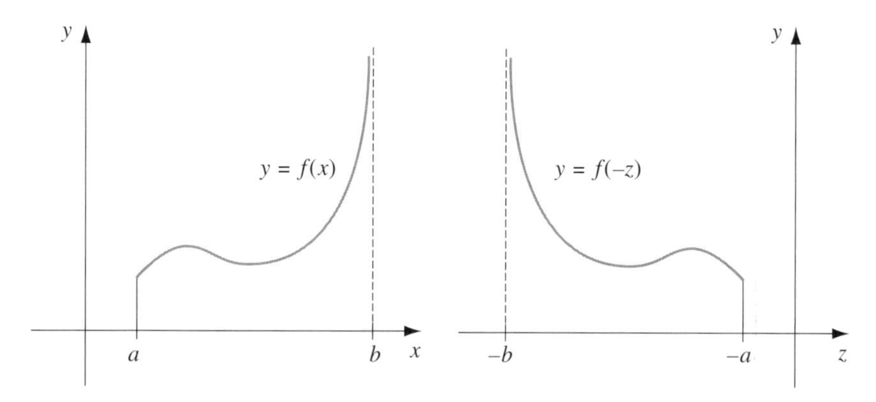

Abb. 4.20

Uneigentliche Integrale mit inneren Singularitäten (zum Beispiel in c, wobei $a < c < b$ gilt) werden als die Summe von uneigentlichen Integralen mit Endpunktsingularitäten behandelt, da

$$\int_a^b f(x)\mathrm{d}x = \int_a^c f(x)\mathrm{d}x + \int_c^b f(x)\mathrm{d}x$$

gilt.

Der andere Typ der uneigentlichen Integrale beinhaltet unendliche Integrationsgrenzen. Das Grundintegral diesen Types besitzt die Form

$$\int_a^\infty \frac{1}{x^p} \mathrm{d}x,$$

das in ein Integral mit einer Singularität an dem linken Endpunkt überführt wird, indem die Integrationssubstitution

$$t = x^{-1}, \quad \mathrm{d}t = -x^{-2}\mathrm{d}x \quad \text{und somit} \quad \mathrm{d}x = -x^2\mathrm{d}t = -t^{-2}\mathrm{d}t$$

vollzogen wird. Dann gilt

$$\int_a^\infty \frac{1}{x^p} \mathrm{d}x = \int_{\frac{1}{a}}^0 -\frac{t^p}{t^2} \mathrm{d}t = \int_0^{\frac{1}{a}} \frac{1}{t^{2-p}} \mathrm{d}x.$$

Entsprechend überführt der Variablenwechsel $t = x^{-1}$ das uneigentliche Integral $\int_a^\infty f(x)\mathrm{d}x$ in eines, das eine linksseitige Singularität bei null besitzt:

$$\int_a^\infty f(x)\mathrm{d}x = \int_0^{\frac{1}{a}} t^{-2} f\left(\frac{1}{t}\right) \mathrm{d}t.$$

Es kann nun mit einer Quadraturformel vom vorher beschriebenen Typ approximiert werden.

Beispiel 2. Um das uneigentliche Integral

$$I = \int_1^\infty x^{-\frac{3}{2}} \sin \frac{1}{x} \mathrm{d}x$$

zu approximieren, wird der Variablenwechsel $t = x^{-1}$ vollzogen, und man erhält

$$I = \int_0^1 t^{-\frac{1}{2}} \sin t \, \mathrm{d}t.$$

Das vierte Taylorsche Polynom $P_4(t)$ von $\sin t$ bezüglich 0 ist

$$P_4(t) = t - \frac{1}{6}t^3,$$

somit erhält man

$$\begin{aligned}
I &= \int_0^1 \frac{\sin t - t + \frac{1}{6}t^3}{t^{\frac{1}{2}}} \mathrm{d}t + \int_0^1 t^{\frac{1}{2}} - \frac{1}{6}t^{\frac{5}{2}} \mathrm{d}t \\
&= \int_0^1 \frac{\sin t - t + \frac{1}{6}t^3}{t^{\frac{1}{2}}} \mathrm{d}t + \left[\frac{2}{3}t^{\frac{3}{2}} - \frac{1}{21}t^{\frac{7}{2}}\right]\Bigg|_0^1 \\
&= \int_0^1 \frac{\sin t - t + \frac{1}{6}t^3}{t^{\frac{1}{2}}} \mathrm{d}t + 0{,}61904761.
\end{aligned}$$

Die zusammengesetzte Simpsonsche Regel mit $n = 8$ liefert für das übrige Integral 0,0014890097. Das ergibt eine Endnäherung von

$$I = 0{,}0014890097 + 0{,}61904761 = 0{,}62052661,$$

was auf $4{,}0 \cdot 10^{-8}$ genau ist. □

Übungsaufgaben

1. Approximieren Sie mit der zusammengesetzten Simpsonschen Regel und den gegebenen Werten von n die folgenden uneigentlichen Integrale.

a) $\int_0^1 x^{-\frac{1}{4}} \sin x \, \mathrm{d}x;\ n = 4$

b) $\int_0^1 \frac{e^{2x}}{\sqrt[5]{x^2}} \mathrm{d}x;\ n = 6$

c) $\int_1^2 \frac{\ln x}{(x-1)^{\frac{1}{5}}} \mathrm{d}x;\ n = 8$

d) $\int_0^1 \frac{\cos 2x}{x^{\frac{1}{3}}} \mathrm{d}x;\ n = 6$

2. Approximieren Sie mit der zusammengesetzten Simpsonschen Regel und den gegebenen Werten von n die folgenden uneigentlichen Integrale.

a) $\int_0^1 \frac{e^{-x}}{\sqrt{1-x}} \mathrm{d}x;\ n = 6$

b) $\int_0^{1/2} \frac{1}{(2x-1)^{\frac{1}{3}}} \mathrm{d}x;\ n = 4$

c) $\int_{-1}^0 \frac{1}{\sqrt[3]{3x+1}} \mathrm{d}x;\ n = 6$

d) $\int_0^2 \frac{xe^x}{\sqrt[3]{(x-1)^2}} \mathrm{d}x;\ n = 8$

3. Führen Sie die Transformation $t = x^{-1}$ durch, und approximieren Sie dann mit der zusammengesetzten Simpsonschen Regel und den gegebenen Werten von n die folgenden uneigentlichen Integrale.

a) $\int_0^\infty \frac{1}{x^2+9} \mathrm{d}x;\ n = 4$

b) $\int_1^\infty \frac{1}{x^4+1} \mathrm{d}x;\ n = 4$

c) $\int_1^\infty \frac{\cos x}{x^3} \mathrm{d}x;\ n = 6$

d) $\int_1^\infty x^{-4} \sin x \, \mathrm{d}x;\ n = 6$

4. Ein uneigentliches Integral der Form $\int_0^\infty f(x)\mathrm{d}x$ kann nicht mit der Substitution $t = 1/x$ in ein Integral mit endlichen Grenzen überführt werden, da der Grenzwert in null unendlich wird. Das Problem kann leicht gelöst werden, indem man $\int_0^\infty f(x)\mathrm{d}x = \int_0^1 f(x)\mathrm{d}x + \int_1^\infty f(x)\mathrm{d}x$ schreibt. Approximieren Sie mit diesem Verfahren die folgenden uneigentlichen Integrale innerhalb 10^{-6}:

a) $\int_0^\infty \frac{1}{1+x^4} \mathrm{d}x$

b) $\int_0^\infty \frac{1}{(1+x^2)^3} \mathrm{d}x$

5. Das uneigentliche Integral $\int_{-\infty}^{\infty} f(x)\mathrm{d}x$ kann als $\int_{-\infty}^{0} f(x)\mathrm{d}x + \int_{0}^{\infty} f(x)\mathrm{d}x$ geschrieben werden, wobei $\int_{-\infty}^{0} f(x)\mathrm{d}x = \int_{0}^{\infty} f(-x)\mathrm{d}x$ gilt. Verwenden Sie die Verfahren aus Übung 1, 2 und 3, und approximieren Sie die folgenden Integrale:

a) $\displaystyle\int_{-\infty}^{\infty} \frac{1}{1+x^2}\mathrm{d}x;\ n=4$

b) $\displaystyle\int_{-\infty}^{\infty} \frac{x}{(x^2+1)^4}\mathrm{d}x;\ n=4$

c) $\displaystyle\int_{-\infty}^{\infty} \frac{1}{(1+x^2)^3}\mathrm{d}x;\ n=6$

d) $\displaystyle\int_{-\infty}^{\infty} \frac{1}{1+x^4}\mathrm{d}x;\ n=6$

6. Angenommen, ein Körper der Masse m bewege sich, von der Oberfläche $x = R$ der Erde startend, senkrecht aufwärts. Wird jeder Widerstand außer der Schwerkraft vernachlässigt, dann ist die Fluchtgeschwindigkeit durch

$$v^2 = 2gR \int_1^{\infty} z^{-2}\mathrm{d}z$$

gegeben, wobei $z = \frac{x}{R}$ gilt und g die Gravitationskonstante auf der Oberfläche der Erde darstellt. Approximieren Sie die Fluchtgeschwindigkeit v für $g = 0{,}00980$ km/s^2 und $R = 6\,370$ km.

4.9. Numerische Differentiation

Die Ableitung der Funktion f in x_0 ist als

$$f'(x_0) = \lim_{h\to 0} \frac{f(x_0+h) - f(x_0)}{h}$$

definiert. Zur Approximation dieser Zahl sei angenommen, daß $x_0 \in (a, b)$ ist, wobei $f \in C^2[a, b]$ gilt, und daß $x_1 = x_0 + h$ für beliebiges $h \neq 0$ ist, wobei h hinreichend klein ist, um sicherzustellen, daß $x_1 \in [a, b]$ gilt. Das erste Lagrangesche Polynom $P_{0,1}$ von f sei durch x_0 und x_1 mit seinem Fehlerterm konstruiert:

$$\begin{aligned}
f(x) &= P_{0,1}(x) + \frac{(x-x_0)(x-x_1)}{2!} f''(\xi(x)) \\
&= \frac{f(x_0)(x-x_0-h)}{-h} + \frac{f(x_0+h)(x-x_0)}{h} \\
&\quad + \frac{(x-x_0)(x-x_0-h)}{2} f''(\xi(x))
\end{aligned}$$

für beliebige $\xi(x)$ in $[a, b]$. Differenzieren dieser Gleichung liefert

$$\begin{aligned}
f'(x) &= \frac{f(x_0+h)-f(x_0)}{h} + D_x\left[\frac{(x-x_0)(x-x_0-h)}{2} f''(\xi(x))\right] \\
&= \frac{f(x_0+h)-f(x_0)}{h} + \frac{2(x-x_0)-h}{2} f''(\xi(x)) \\
&\quad + \frac{(x-x_0)(x-x_0-h)}{2} D_x(f''(\xi(x)))
\end{aligned}$$

und somit

$$f'(x_0) \approx \frac{f(x_0+h)-f(x_0)}{h}.$$

Es gibt zwei Fehlerterme in dieser Approximation. Der erste Term beinhaltet $f''(\xi(x))$, das beschränkt sein kann, falls eine Schranke für die zweite Ableitung von f existiert. Beim zweiten Teil des Abbruchfehlers handelt es sich um $D_x f''(\xi(x)) = f'''(\xi(x)) \cdot \xi'(x)$, das im allgemeinen nicht abgeschätzt werden kann, da es den unbekannten Term $\xi'(x)$ enthält. Wenn jedoch x gleich x_0 ist, ist der Koeffizient von $D_x f''(\xi(x))$ gleich null. In diesem Fall vereinfacht sich die Gleichung zur:

Zweipunkteformel

$$f'(x) = \frac{f(x_0+h)-f(x_0)}{h} - \frac{h}{2} f''(\xi),$$

wobei ξ zwischen x_0 und $x_0 + h$ liegt.

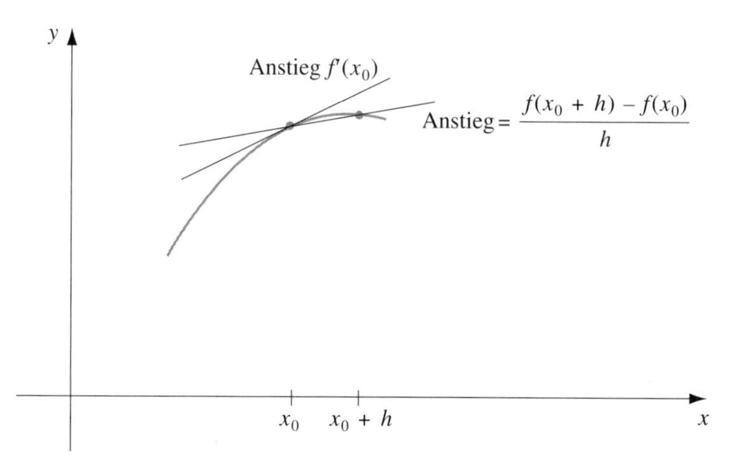

Abb. 4.21

Für kleine Werte von h kann mit dem Differenzenquotienten $[f(x_0+h)-f(x_0)]/h$ $f'(x_0)$ mit einem durch $Mh/2$ beschränkten Fehler approximiert werden, falls M eine Schranke auf $f''(x)$ für $x \in [a,b]$ darstellt. Dies ist eine Zweipunkteformel, die für $h>0$ als **Formel mit aufsteigender Differenz** (vergleiche Abbildung 4.21) und für $h<0$ als **Formel mit absteigender Differenz** bekannt ist.

Beispiel 1. Es sei $f(x)=\ln x$ und $x_0=1{,}8$. Mit dem Quotienten

$$\frac{f(1{,}8+h)-f(1{,}8)}{h}, \quad h>0,$$

kann $f'(1{,}8)$ mit dem Fehler

$$\frac{|hf''(\xi)|}{2}=\frac{|h|}{2\xi^2}\leq\frac{|h|}{2(1{,}8)^2}, \quad \text{wobei } 1{,}8<\xi<1{,}8+h \text{ ist,}$$

approximiert werden. In Tabelle 4.8 sind die Ergebnisse für $h=0{,}1$, $0{,}01$ und $0{,}001$ zusammengefaßt.

Tabelle 4.8

h	$f(1{,}8+h)$	$\frac{f(1{,}8+h)-f(1{,}8)}{h}$	$\frac{\lvert h\rvert}{2(1{,}8)^2}$
0,1	0,64185389	0,5406722	0,0154321
0,01	0,59332685	0,5540180	0,0015432
0,001	0,58834207	0,5554013	0,0001543

Da $f'(x)=1/x$ ist, ist der genaue Wert von $f'(1{,}8)$ gleich $0{,}\overline{5}$, und die Fehlerschranken sind geeignet. □

Um allgemeinere Formeln zur Ableitungsnäherung zu erhalten, sei angenommen, daß $x_0, x_1, \ldots, x_n$ $(n+1)$ verschiedene Zahlen in einem Intervall I seien und daß $f\in C^{n+1}(I)$ gelte. Wird mit dem n-ten Lagrangeschen Polynom f approximiert, dann gilt

$$f(x)=\sum_{k=0}^{n} f(x_k)L_k(x)+\frac{(x-x_0)\cdots(x-x_n)}{(n+1)!}f^{(n+1)}(\xi(x))$$

für beliebige $\xi(x)$ in I, wobei mit $L_k(x)$ das k-te Lagrangesche Koeffizientenpolynom von f in $x_0, x_1, \ldots, x_n$ bezeichnet wird. Differenzieren dieses Ausdrucks ergibt

$$f'(x)=\sum_{j=0}^{n} f(x_j)L'_j(x)+D_x\left[\frac{(x-x_0)\cdots(x-x_n)}{(n+1)!}\right]f^{(n+1)}(\xi(x))$$
$$+\frac{(x-x_0)\cdots(x-x_n)}{(n+1)!}D_x[f^{(n+1)}(\xi(x))].$$

Der zweite Teil des Abbruchfehlers ist wieder problematisch, außer x ist eine der Zahlen x_k. In diesem Fall ist der $D_x[f^{(n+1)}(\xi(x))]$ enthaltende Term gleich null, und die Formel wird zu

$$f'(x_k) = \sum_{j=0}^{n} f(x_j)L_j'(x_k) + \frac{f^{(n+1)}(\xi(x_k))}{(n+1)!} \prod_{\substack{j=0 \\ j \neq k}}^{n} (x_k - x_j).$$

Wendet man dieses Verfahren mit dem zweiten Lagrangeschen Polynom in x_0, $x_0 + h$ und $x_0 + 2h$ an, erhält man folgende Formel:

Dreipunkte-Endpunkt-Formel

$$f'(x_0) = \frac{1}{2h}[-3f(x_0) + 4f(x_0 + h) - f(x_0 + 2h)] + \frac{h^2}{3} f^{(3)}(\xi),$$

wobei ξ zwischen x_0 und $x_0 + 2h$ liegt.

Diese Formel ist am zweckdienlichsten, wenn die Ableitung an dem Endpunkt eines Intervalls approximiert werden soll. Dieser Fall tritt zum Beispiel auf, wenn die Approximationen der Ableitungen der im Abschnitt 3.5 diskutierten, kubischen Spline mit Hermite-Randbedingungen benötigt werden. Linksseitige Approximationen werden für $h > 0$ und rechtsseitige Approximationen für $h < 0$ gefunden.

Wird die Ableitung einer Funktion an einer inneren Stützstelle eines Intervalls approximiert, ist es besser, die Formel zu verwenden, die mit dem zweiten Lagrangeschen Polynom in $x_0 - h$, x_0 und $x_0 + h$ erzeugt wurde.

Dreipunkte-Mittelpunkt-Formel

$$f'(x_0) = \frac{1}{2h}[f(x_0 + h) - f(x_0 - h)] - \frac{h^2}{6} f^{(3)}(\xi),$$

wobei ξ zwischen $x_0 - h$ und $x_0 + h$ liegt.

Der Fehler in der Mittelpunktformel ist etwa halb so groß wie der der Endpunktformel, und außerdem muß f nur an zwei Stellen ausgewertet werden, während in der Endpunktformel drei Auswertungen benötigt werden. Abbildung 4.22 verdeutlicht die Approximation über die Mittelpunktformel.

Diese Methoden heißen *Dreipunkteformeln* (obwohl der „dritte Punkt" $f(x_0)$ nicht in der Mittelpunktformel auftaucht). Ähnlich gibt es als *Fünfpunkteformeln* bekannte Methoden, die die Auswertung der Funktion an zwei zusätzlichen Stützstellen beinhalten und deren Fehlerterm von der Form $O(h^4)$ ist. Diese

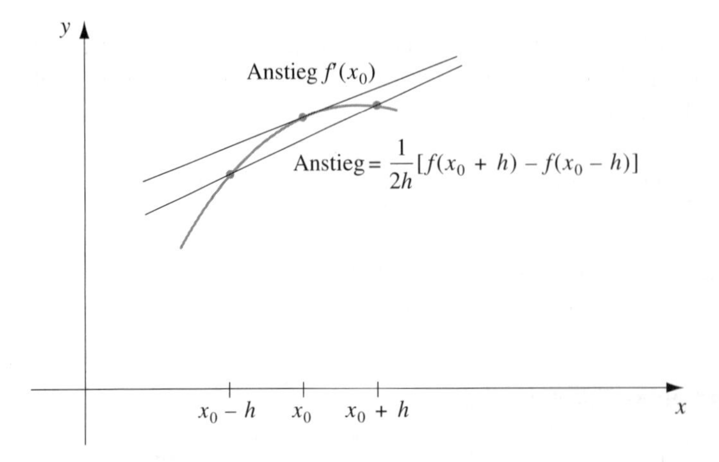

Abb. 4.22

Formeln werden durch Differentiation der vierten Lagrangeschen Polynome erzeugt, die durch die Auswertungspunkte gehen. Die zweckdienlichste ist die folgende Innenpunktformel:

Fünfpunkte-Mittelpunkt-Formel

$$f'(x_0) = \frac{1}{12h}[f(x_0 - 2h) - 8f(x_0 - h) + 8f(x_0 + h) - f(x_0 + 2h)] + \frac{h^4}{30}f^{(5)}(\xi),$$

wobei ξ zwischen $x_0 - 2h$ und $x_0 + 2h$ liegt.

Eine andere, besonders hinsichtlich der kubischen Spline-Interpolation mit Hermite-Randbedingungen aus Abschnitt 3.5 nützliche Fünfpunkteformel, ist die folgende Endpunktformel:

Fünfpunkte-Endpunkt-Formel

$$f'(x_0) = \frac{1}{12h}[-25f(x_0) + 48f(x_0 + h) - 36f(x_0 + 2h) + 16f(x_0 + 3h) - 3f(x_0 + 4h)] + \frac{h^4}{5}f^{(5)}(\xi),$$

wobei ξ zwischen x_0 und $x_0 + 4h$ liegt.

Linksseitige Approximationen werden für $h > 0$ und rechtsseitige Approximationen für $h < 0$ gefunden.

Beispiel 2. Die Werte von $f(x) = xe^x$ sind in Tabelle 4.9 gegeben.

Tabelle 4.9

x	$f(x)$
1,8	10,889365
1,9	12,703199
2,0	14,778112
2,1	17,148957
2,2	19,855030

Da $f'(x) = (x+1)e^x$ ist, gilt $f'(2{,}0) = 22{,}167168$. Approximiert man $f'(2{,}0)$ mit den verschiedenen Drei- und Fünfpunkteformeln, erhält man folgende Ergebnisse:

Dreipunkteformeln

Endpunkt mit $h = 0{,}1$: $\frac{1}{0{,}2}[-3f(2{,}0) + 4f(2{,}1) - f(2{,}2)] = 22{,}032310$.
Endpunkt mit $h = -0{,}1$: $\frac{1}{-0{,}2}[-3f(2{,}0) + 4f(1{,}9) - f(1{,}8)] = 22{,}054525$.
Mittelpunkt mit $h = 0{,}1$: $\frac{1}{0{,}2}[f(2{,}1) - f(1{,}9)] = 22{,}228790$.
Mittelpunkt mit $h = 0{,}2$: $\frac{1}{0{,}4}[f(2{,}2) - f(1{,}8)] = 22{,}414163$.

Fünfpunkteformeln

Endpunkt mit $h = 0{,}1$ (die einzige anwendbare Fünfpunkteformel)

$$\frac{1}{1{,}2}[f(1{,}8) - 8f(1{,}9) + 8f(2{,}1) - f(2{,}2)] = 22{,}166999.$$

Die Fehler betragen ungefähr $1{,}35 \cdot 10^{-1}$, $1{,}13 \cdot 10^{-1}$, $-6{,}16 \cdot 10^{-2}$, $-2{,}47 \cdot 10^{-1}$ und $1{,}69 \cdot 10^{-4}$. Die Fünfpunkteformel liefert eindeutig ein überlegenes Ergebnis. Man beachte auch, daß der Fehler der Mittelpunktformel mit $h = 0{,}1$ ungefähr halb so groß ist wie der Fehler, der mit der Endpunktformel entweder mit $h = 0{,}1$ oder $h = -0{,}1$ erzeugt wird. □

Besonders wichtig ist es, den Effekt des Rundungsfehlers in der numerischen Differentiation zu betrachten. Im Abschnitt 4.3 wurde festgestellt, daß durch Verringerung der Schrittweite bei der zusammengesetzten Simpsonschen Regel der Abbruchfehler reduziert werden konnte und, obwohl mehr Berechnungen nötig waren, der gesamte Rundungsfehler in der Methode nicht beeinflußt wurde. Der Abbruchfehler in einem numerischen Differentiationsverfahren wird auch dadurch kleiner, daß die Schrittweite reduziert wird, aber nur auf Kosten des erhöhten Rundungsfehlers. Um zu sehen, warum das so ist, sei die Dreipunkte-Mittelpunkt-Formel näher betrachtet:

$$f'(x_0) = \frac{1}{2h}[f[x_0 + h) - f(x_0 - h)] - \frac{h^2}{6} f^{(3)}(\xi).$$

Angenommen, beim Auswerten von $f(x_0 + h)$ und $f(x_0 - h)$ stoße man auf die Rundungsfehler $e(x_0 + h)$ und $e(x_0 - h)$, das heißt, die berechneten Werte von $\tilde{f}(x_0 + h)$ und $\tilde{f}(x_0 - h)$ sind über die Formeln

$$f(x_0+h) = \tilde{f}(x_0+h)+e(x_0+h) \text{ und } f(x_0-h) = \tilde{f}(x_0-h)+e(x_0-h)$$

mit den tatsächlichen Werten $f(x_0 + h)$ und $f(x_0 - h)$ verbunden. In diesem Fall beträgt der Gesamtfehler der Approximation

$$f'(x_0) - \frac{\tilde{f}(x_0 + h) - \tilde{f}(x_0 - h)}{2h} = \frac{e(x_0 + h) - e(x_0 - h)}{2h} - \frac{h^2}{6} f^{(3)}(\xi),$$

teilweise aufgrund der Rundung und teilweise aufgrund des Abbrechens. Nimmt man an, daß die Rundungsfehler $e(x_0 \pm h)$ durch eine Zahl ϵ beschränkt sind und daß die dritte Ableitung von f durch eine Zahl $M > 0$ beschränkt ist, dann gilt

$$\left| f'(x_0) - \frac{\tilde{f}(x_0 + h) - \tilde{f}(x_0 + h)}{2h} \right| \leq \frac{\epsilon}{h} + \frac{h^2}{6} M.$$

Um den Abbruchteil des Fehlers $h^2M/6$ zu reduzieren, muß h kleiner werden. Aber wenn h reduziert wird, wird der Rundungsteil des Fehlers ϵ/h größer. In der Praxis ist es selten vorteilhaft, h zu klein zu wählen, da dann der Rundungsfehler die Berechnungen beherrscht.

Beispiel 3. Es sei die Approximation von $f'(0{,}900)$ von $f(x) = \sin x$ mit den Werten in Tabelle 4.10 betrachtet.

Tabelle 4.10

x	$\sin x$	x	$\sin x$
0,800	0,71736	0,901	0,78395
0,850	0,75128	0,902	0,78457
0,880	0,77074	0,905	0,78643
0,890	0,77707	0,910	0,78950
0,895	0,78021	0,920	0,79560
0,898	0,78208	0,950	0,81342
0,899	0,78270	1,000	0,84147

Der wahre Wert beträgt $\cos(0{,}900) = 0{,}62161$. Die Formel

$$f'(0{,}900) \approx \frac{f(0{,}900 + h) - f(0{,}900 - h)}{2h}$$

liefert mit unterschiedlichen Werten von h die Approximationen in Tabelle 4.11.

Tabelle 4.11

h	Approximation von $f'(0{,}900)$	Fehler
0,001	0,62500	0,00339
0,002	0,62250	0,00089
0,005	0,62200	0,00039
0,010	0,62150	−0,00011
0,020	0,62150	−0,00011
0,050	0,62140	−0,00021
0,100	0,62055	−0,00106

Es scheint, daß die optimale Wahl von h zwischen 0,005 und 0,05 liegt. Führt man ein wenig Analysis mit dem Fehlerterm

$$e(h) = \frac{\epsilon}{h} + \frac{h^2}{6}M$$

durch, kann man erkennen, daß ein Minimum von e auftritt, wenn $e'(x) = 0$ ist, das heißt, wenn $h = \sqrt[3]{3\epsilon/M}$ gilt.

Man beachte, daß

$$M = \max_{x \in [0{,}800,\, 1{,}00]} |f'''(x)| = \max_{x \in [0{,}800,\, 1{,}00]} |\cos x| \approx 0{,}69671$$

ist. Sind aber die Werte von f auf fünf Dezimalstellen gegeben, ist es vernünftig anzunehmen, daß $\varepsilon = 0{,}000005$ ist. Daher ist eine optimale Wahl von h gleich

$$h = \sqrt[3]{\frac{3(0{,}000005)}{0{,}69671}} \approx 0{,}028,$$

was mit den erhaltenen Ergebnissen übereinstimmt. □

In der Praxis kann man kein optimales h zur Ableitungsnäherung berechnen, da man über das Wissen der dritten Ableitung der Funktion nicht verfügt.

Obgleich nur der Rundungsfehler der Dreipunkte-Mittelpunkt-Formel betrachtet wurde, treten ähnliche Schwierigkeiten bei allen Differentiationsformeln auf. Der Grund für dieses Problem kann darauf zurückgeführt werden, daß man durch eine Potenz von h dividieren muß. Wie in Abschnitt 1.4 festgestellt wurde (siehe speziell Beispiel 1), tendiert die Division durch kleine Zahlen dazu, den Rundungsfehler überzubewerten, und sollte, wenn möglich, vermieden werden. Im Fall der numerischen Differentiation ist es unmöglich, dieses

Problem vollständig zu vermeiden, obwohl die Methoden höherer Ordnung diese Schwierigkeit reduzieren.

Es darf nicht vergessen werden, daß die numerische Differentiation eine instabile Näherungsmethode ist, da die kleinen Werte von h den Abbruchfehler reduzieren, aber auch den Rundungsfehler anwachsen lassen. Das ist in diesem Buch die erste Klasse von instabilen Methoden, und dieses Verfahren würde vermieden werden, wenn es möglich wäre. Zusätzlich zu rechnerischen Zwecken jedoch werden die hergeleiteten Formeln zur Approximation von Lösungen gewöhnlicher und partieller Differentialgleichungen benötigt.

Methoden zur Approximation höherer Ableitungen von Funktionen können wie die Approximation der ersten Ableitung oder mit einem Mittelungsverfahren ähnlich dem für die Extrapolation benutzten hergeleitet werden. Diese Verfahren leiden natürlich an derselben Schwäche der Stabilität wie die Näherungsverfahren für erste Ableitungen, aber sie werden zur Approximation der Lösung von Randwertaufgaben in Differentialgleichungen benötigt. Das einzige in diesem Buch benötigte ist die Dreipunkte-Mittelpunkt-Formel, die die folgende Form besitzt:

Dreipunkte-Mittelpunkt-Formel zur Approximation von f''

$$f''(x_0) = \frac{1}{h^2}[f(x_0 - h) - 2f(x_0) + f(x_0 + h)] - \frac{h^2}{12} f^{(4)}(\xi),$$

wobei ξ zwischen $x_0 - h$ und $x_0 + h$ liegt.

Übungsaufgaben

1. Bestimmen Sie mit den Formeln mit absteigender Differenz und den Formeln mit aufsteigender Differenz die Approximationen, die die folgenden Tabellen vervollständigen:

a)

x	$f(x)$	$f'(x)$
0,5	−0,344099	
0,6	−0,176945	
0,7	0,0137523	

b)

x	$f(x)$	$f'(x)$
0,0	−1,0000000	
0,2	−0,2839867	
0,4	0,02484244	

2. Die Daten aus Übung 1 stammen von den folgenden Funktionen. Berechnen Sie die tatsächlichen Fehler in Übung 1, und bestimmen Sie Fehlerschranken mit den Fehlerformeln.

a) $f(x) = \sin(e^x - 2)$

b) $f(x) = x \cos x - 2x^2 + 3x - 1$

3. Bestimmen Sie mit der geeignetesten Dreipunkteformel die Approximationen, die die folgenden Tabellen vervollständigen:

a)

x	$f(x)$	$f'(x)$
1,1	1,949477	
1,2	2,199796	
1,3	2,439189	
1,4	2,670324	

b)

x	$f(x)$	$f'(x)$
8,1	16,94410	
8,3	17,56492	
8,5	18,19056	
8,7	18,82091	

c)

x	$f(x)$	$f'(x)$
2,9	−4,827866	
3,0	−4,240058	
3,1	−3,496909	
3,2	−2,596792	

d)

x	$f(x)$	$f'(x)$
3,6	1,16164956	
3,8	0,80201036	
4,0	0,30663842	
4,2	−0,35916618	

4. Die Daten aus Übung 3 stammen von den folgenden Funktionen. Berechnen Sie die tatsächlichen Fehler in Übung 3, und bestimmen Sie Fehlerschranken mit den Fehlerformeln.

a) $f(x) = \ln(e^{2x} - 2)$

b) $f(x) = x \ln x$

c) $f(x) = x \cos x - x^2 \sin x$

d) $f(x) = x - (\ln x)^x$

5. Bestimmen Sie mit der am genauesten möglichen Formel die Approximationen, die die folgenden Tabellen vervollständigen:

a)

x	$f(x)$	$f'(x)$
2,1	−1,709847	
2,2	−1,373823	
2,3	−1,119214	
2,4	−0,9160143	
2,5	−0,7470223	
2,6	−0,6015966	

b)

x	$f(x)$	$f'(x)$
$-3{,}0$	9,367879	
$-2{,}8$	8,233241	
$-2{,}6$	7,180350	
$-2{,}4$	6,209329	
$-2{,}2$	5,320305	
$-2{,}0$	4,513417	

6. Die Daten aus Übung 5 stammen von den gegebenen Funktionen. Berechnen Sie die tatsächlichen Fehler in Übung 5, und bestimmen Sie Fehlerschranken mit den Fehlerformeln.

a) $f(x) = \tan x$

b) $f(x) = e^{\frac{1}{3}x} + x^2$.

7. Wiederholen Sie Übung 1, indem Sie auf vier Stellen runden, und vergleichen Sie die Fehler mit denen aus Übung 2.

8. Wiederholen Sie Übung 3, indem Sie nach vier Stellen abbrechen, und vergleichen Sie die Fehler mit denen aus Übung 4.

9. Wiederholen Sie Übung 5, indem Sie auf vier Stellen runden, und vergleichen Sie die Fehler mit denen aus Übung 6.

10. Betrachtet sei folgende Wertetabelle:

x	0,2	0,4	0,6	0,8	1,0
$f(x)$	0,9798652	0,9177710	0,808038	0,6386093	0,3843735

a) Approximieren Sie mit allen geeigneten Formeln $f'(0{,}4)$ und $f''(0{,}4)$.

b) Approximieren Sie mit allen geeigneten Formeln $f'(0{,}6)$ und $f''(0{,}6)$.

11. Es sei $f(x) = \cos \pi x$. Approximieren Sie f'' mit der Dreipunkte-Mittelpunkt-Formel und $f''(0{,}5)$ mit den Werten von $f(x)$ in $x = 0{,}25,\ 0{,}5$ und $0{,}75$. Erklären Sie, warum diese Methode speziell für dieses Problem genau ist. Bestimmen Sie eine Fehlerschranke.

12. Es sei $f(x) = 3xe^x - \cos x$. Approximieren Sie mit den folgenden Daten und der Dreipunkte-Mittelpunkt-Formel f'' und $f''(1{,}3)$ mit $h = 0{,}1$ und $h = 0{,}01$.

x	1,20	1,29	1,30	1,31	1,40
$f(x)$	11,59006	13,78176	14,04276	14,30741	16,86187

Vergleichen Sie ihre Ergebnisse mit $f''(1{,}3)$.

4.10. Methoden- und Softwareüberblick

In diesem Kapitel wurde die Approximation von Integralen von Funktionen mit einer, zwei oder drei Variablen und die Approximation der ersten und zweiten Ableitung einer Funktion einer einzigen, reellen Variablen betrachtet.

Mit der Mittelpunkt-, Trapez- und Simpsonschen Regel wurden das Verfahren und die Fehleranalyse der Quadraturmethoden eingeführt. Die zusammengesetzte Simpsonsche Regel ist leicht anzuwenden und liefert genaue Approximationen, außer wenn die Funktion auf einem Teilintervall des Integrationsintervalls oszilliert. Adaptive Quadraturverfahren können angewandt werden, falls vermutet wird, daß die Funktion oszillierendes Verhalten aufweist. Um die Anzahl der Knoten zu minimieren und die Genauigkeit zu verbessern, bedienten wir uns der Gaußschen Quadratur. Die Romberg-Integration wurde eingeführt, um die Extrapolation auf der leicht anzuwendenden zusammengesetzten Trapezregel auszunutzen.

Die meiste Software zur Integration einer Funktion einer einzigen reellen Variablen basiert auf dem adaptiven Vorgehen oder auf extrem genauen Gaußschen Formeln. Vorsichtige Romberg-Integration ist ein adaptives Verfahren, das einen Check beinhaltet, um sicherzugehen, daß der Integrand auf den Teilintervallen des Integrationsintervalls genügend glatt ist. Diese Methode ist erfolgreich in Softwarebibliotheken angewandt worden. Mehrfachintegrale werden im allgemeinen durch adaptive Methoden approximiert, die auf höhere Dimensionen ausgedehnt wurden.

Die Hauptfunktionen in der IMSL- sowie der NAG-Bibliothek basiert auf QUADPACK: ein Unterfunktionspaket zur automatischen Integration von R. Piessens, E. de Doncker-Kapenga, C. W. Überhuber und D. K. Kahaner, veröffentlicht im Springer-Verlag 1983. Die Funktionen sind öffentlich zugänglich.

Die IMSL-Bibliothek enthält die Funktion QDAGS, die ein adaptives Integrationsprogramm darstellt, das auf der 21-Punkte-Gauß-Kronrod-Regel basiert und die 10-Punkte-Gauß-Regel zur Fehlerabschätzung einsetzt. Die Gaußsche Regel verwendet die 10 Punkte $x_1, \ldots, x_{10}$ und die Gewichte $w_1, \ldots, w_{10}$, um mit der Quadraturformel $\sum_{i=1}^{10} w_i f(x_i)$ $\int_a^b f(x)\mathrm{d}x$ zu approximieren. Mit den zusätzlichen 11 Punkten $x_{11}, \ldots, x_{21}$ und den neuen Gewichten $\nu_1, \ldots, \nu_{21}$ wird dann die Kronrod-Formel $\sum_{i=1}^{21} \nu_i f(x_i)$ gebildet. Die Ergebnisse beider Formeln werden zur Fehlerabschätzung verglichen. Der Vorteil, $x_1, \ldots, x_{10}$ in jeder Formel zu verwenden, liegt darin, daß f nur an 21 Punkten ausgewertet zu werden braucht. Würden unabhängige 10- und 21-Punkte-Gauß-Regeln eingesetzt, würden 31 Funktionsauswertungen benötigt. Dieses Verfahren erlaubt Endpunktsingularitäten in dem Integranden. Andere IMSL-Unterfunktionen sind QDAGP, das benutzerspezifische Singularitäten erlaubt, QDAGI, das unendliche Integrationsintervalle gestattet und QDNG, das ein nicht-adaptives Verfahren für glatte Funktionen darstellt. Die Unterfunktion TWODQ integriert mit der Gauß-Kronrod-Regel eine Funktion zweier Variabler. Es gibt auch noch die Unterfunktion QAND, die mit der Gaußschen Quadratur eine Funktion mit n Variablen über n Intervalle der Form $[a_i, b_i]$ integriert.

Die NAG-Bibliothek enthält die Unterfunktion DO1AJF zur Berechnung des Integrals von $f(x)$ auf dem Intervall $[a, b]$. Sie setzt eine adaptive Methode ein, die auf der Gaußschen Quadratur basiert mit der Gaußschen 10-Punkte- und der 21-Punkte-Kronrod-Regel. Die Unterfunktion DO1AHF approximiert $\int_a^b f(x)\mathrm{d}x$ mit einer Familie von Formeln des Gaußschen Types, die auf 1, 3, 5, 7, 15, 31, 63, 127 und 255 Knoten aufbauen. Diese sich verschlingenden Regeln mit hoher Genauigkeit werden auch adaptiv angewandt. Die Unterfunktion DO1GBF ist für Mehrfachintegrale gedacht, und DO1GAF approximiert ein Integral, das nur durch Datenpunkte anstatt der Funktion f gegeben ist. NAG enthält viele andere Unterfunktionen zur Integralnäherung.

Obwohl die numerische Differentiation instabil ist, werden Ableitungsnäherungen zur Lösung von Differentialgleichungen benötigt. Die NAG-Bibliothek enthält die Unterfunktion DO4AAF zur numerischen Differentiation einer Funktion einer reellen Variablen mit möglicher Differentiation bis zur vierzehnten Ableitung. Die IMSL-Funktion DERIV setzt einen adaptiven Wechsel der Schrittweite für endliche Differenzen ein, um eine Ableitung von f in x innerhalb einer gegebenen Toleranz zu approximieren. IMSL beinhaltet auch die Unterfunktion QDDER zur Berechnung der Ableitungen einer Funktion, die auf einer Punktemenge definiert ist, mit der quadratischen Interpolation. Beide Pakete erlauben die Differentiation und Integration von kubischen Interpolationssplines, die durch die im Abschnitt 3.5 erwähnten Methoden konstruiert wurden.

5. Numerische Lösung von Anfangswertproblemen

5.1. Einleitung

Differentialgleichungen werden zur Modellierung von Problemen eingesetzt, die durch eine Änderung voneinander abhängiger Variablen charakterisiert sind. Diese Probleme erfordern die Lösung einer Anfangswertaufgabe, das heißt die Lösung einer Differentialgleichung, die einer gegebenen Anfangsbedingung genügt.

In vielen in der Realität auftretenden Situationen ist die als Modell für das Problem dienende Differentialgleichung zu kompliziert, um exakt gelöst werden zu können; die Lösung kann mit Hilfe zweier Ansätze approximiert werden. Der erste vereinfacht die Differentialgleichung zu einer, die exakt gelöst werden kann und approximiert mit der Lösung der vereinfachten Gleichung die Lösung der ursprünglichen Gleichung. Der andere, in diesem Kapitel untersuchte Ansatz bestimmt Methoden, die direkt die Lösung des ursprünglichen Problems approximieren. Das stellt den üblicherweise gewählten Ansatz dar, da so genauere Ergebnisse und realistischere Fehlerangaben möglich sind.

Die in diesem Kapitel betrachteten Methoden erzeugen keine stetige Approximation der Lösung des Anfangswertproblems. Besser gesagt werden die Approximationen an bestimmten, spezifizierten, oft äquidistant eingeteilten Punkten gefunden. Einige Methoden der Interpolation, gewöhnlich die Hermitesche, werden verwendet, wenn Zwischenwerte benötigt werden.

Der erste Teil des Kapitels betrifft die Approximation der Lösung $y(t)$ eines Problems der Form

$$\frac{\mathrm{d}y}{\mathrm{d}t} = f(t, y), \quad a \leq t \leq b,$$

mit der Anfangsbedingung

$$y(a) = \alpha.$$

Diese Verfahren bilden den Kern der Untersuchung, da allgemeinere Methoden auf ihnen aufbauen. Später im Kapitel werden diese Methoden auf ein Differentialgleichungssystem erster Ordnung der Form

$$\begin{aligned}
\frac{\mathrm{d}y_1}{\mathrm{d}t} &= f_1(t, y_1, y_2, \ldots, y_n), \\
\frac{\mathrm{d}y_2}{\mathrm{d}t} &= f_2(t, y_1, y_2, \ldots, y_n), \\
&\vdots \\
\frac{\mathrm{d}y_n}{\mathrm{d}t} &= f_n(t, y_1, y_2, \ldots, y_n)
\end{aligned}$$

für $a \leq t \leq b$ ausgedehnt mit den Anfangsbedingungen

$$y_1(a) = \alpha_1, \quad y_2(a) = \alpha_2, \ldots, y_n(a) = \alpha_n.$$

Es wird auch die Beziehung zwischen einem System dieses Typs und dem allgemeinen Anfangswertproblem n-ter Ordnung der Form

$$y^{(n)} = f(t, y, y', y'', \ldots, y^{(n-1)})$$

für $a \leq t \leq b$ untersucht mit den Anfangsbedingungen

$$y(a) = \alpha_0, \quad y'(a) = \alpha_1, \ldots, y^{(n-1)}(a) = \alpha_{n-1}.$$

Bevor die Methoden zur Approximation der Lösung des grundlegenden Problems beschrieben werden, seien einige Fälle betrachtet, für die bekannt ist, daß die Lösung existiert. Tatsächlich muß, wenn nicht das gegebene Problem, sondern nur die Approximation des Problems gelöst wird, bekannt sein, wenn Probleme, die nahe dem gegebenen Problem liegen, Lösungen besitzen, die die Lösung des gegebenen Problems genau approximieren. Diese Eigenschaft eines Anfangswertproblems heißt **sachgemäß**, und dies sind genau die Probleme, für die numerische Methoden geeignet sind. Das folgende Ergebnis zeigt, daß die Klasse der sachgemäßen Probleme ziemlich breit ist.

Sachgemäße Bedingung

Angenommen, f und seine erste partielle Ableitung nach y, f_y, seien für t in $[a, b]$ stetig. Dann besitzt das Anfangswertproblem

$$y' = f(t, y), \quad a \leq t \leq b, \quad y(a) = \alpha$$

eine eindeutige Lösung $y(t)$ für $a \leq t \leq b$, und das Poblem ist sachgemäß.

Beispiel 1. Betrachtet sei das Anfangswertproblem

$$y' = 1 + t\sin(ty), \quad 0 \le t \le 2, \quad y(0) = 0.$$

Da die beiden Funktionen

$$f(t, y) = 1 + t\sin(ty) \text{ und } f_y(t, y) = t^2\cos(ty)$$

auf $[0, 2]$ stetig sind, existiert eine eindeutige Lösung dieses sachgemäßen Anfangswertproblems. □

Sollten Sie bereits Kenntnisse über Differentialgleichungen besitzen, können Sie versuchen, die Lösung des Problems in Beispiel 1 mit einem der Verfahren, das Sie schon kennen, zu bestimmen.

5.2. Taylorsche Methoden

Viele der in den ersten vier Kapiteln vorgestellten numerischen Methoden basieren auf der Herleitung des Taylorschen Satzes. Die Approximation der Lösung eines Anfangswertproblems bildet dabei keine Ausnahme. In diesem Fall ist die Funktion, die in ein Taylorsches Polynom entwickelt werden muß, die (unbekannte) Lösung $y(t)$ des Problems. In ihrer grundlegendensten Form führt dies zum **Eulerschen Verfahren**. Obwohl das Eulersche Verfahren selten in der Praxis Verwendung findet, verdeutlicht die Einfachheit seiner Herleitung die Methode, die in fortgeschrittenen Verfahren verwendet wird, ohne die schwerfällige Algebra, die diese Konstruktionen begleitet.

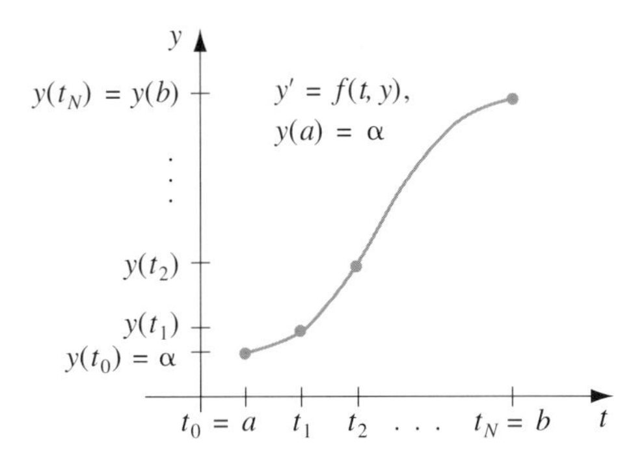

Abb. 5.1

Das Anliegen des Eulerschen Verfahrens besteht darin, eine Approximation der Lösung eines Problems der Form

$$\frac{\mathrm{d}y}{\mathrm{d}t} = f(y, t), \quad a \leq t \leq b, \quad y(a) = \alpha$$

an den äquidistant eingeteilten **Gitterpunkten** $\{t_0, t_1, t_2, \ldots, t_N\}$ (siehe Abbildung 5.1) zu bestimmen, wobei

$$t_i = a + ih \qquad \text{für alle } i = 0, 1, \ldots, N$$

gilt.

Die übliche Entfernung zwischen den Punkten $h = (b - a)/N$ heißt **Schrittweite**.

Angenommen, die Lösung $y(t)$ des Problems besitze zwei stetige Ableitungen auf $[a, b]$, so daß für alle $i = 0, 1, 2, \ldots, N - 1$ aus dem Satz von Taylor folgt, daß

$$y(t_{i+1}) = y(t_i) + (t_{i+1} - t_i)y'(t_i) + \frac{(t_{i+1} - t_i)^2}{2}y''(\xi_i)$$

für beliebiges ξ_i in (t_i, t_{i+1}) gilt. Für $h = t_{i+1} - t_i$ erhält man

$$y(t_{i+1}) = y(t_i) + hy'(t_i) + \frac{h^2}{2}y''(\xi_i)$$

und, da $y(t)$ der Differentialgleichung $y'(t) = f(t, y(t))$ genügt,

$$y(t_{i+1}) = y(t_i) + hf(t_i, y(t_i)) + \frac{h^2}{2}y''(\xi_i).$$

Das Eulersche Verfahren konstruiert die Approximation w_i von $y(t_i)$ für alle $i = 1, 2, \ldots, N$, indem der Fehlerterm in dieser Gleichung getilgt wird. Das liefert eine *Differenzengleichung*, die die Differentialgleichung approximiert. Das Programm EULERM51 führt das allgemeine Verfahren aus:

Das Eulersche Verfahren

$$w_0 = \alpha,$$
$$w_{i+1} = w_i + hf(t_i, w_i),$$

wobei $i = 0, 1, \ldots, N - 1$ ist. Der lokale Fehler beträgt $\frac{1}{2}y''(\xi)h^2$ für beliebige ξ_i in (t_i, t_{i+1}).

Man beachte bei der geometrischen Interpretation dieser Methode, daß

$$f(t_i, w_i) \approx y'(t_i) = f(t_i, y(t_i))$$

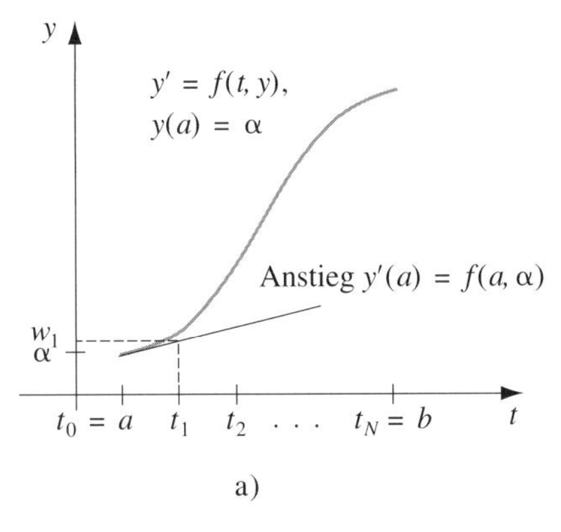

a)

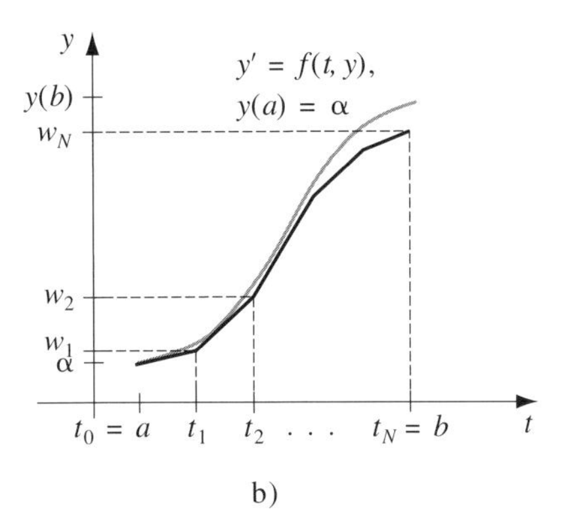

b)

Abb. 5.2

folgt, wenn w_i eine gute Approximation von $y(t_i)$ darstellt und angenommen wird, daß das Problem sachgemäß ist. Der erste Schritt des Eulerschen Verfahrens wird in Teil (a) und eine Folge von Schritten in Teil (b) von Abbildung 5.2 dargestellt.

Beispiel 1. Angenommen, mit dem Eulerschen Verfahren werde die Lösung des Anfangswertproblems

$$y' = y - t^2 + 1, \quad 0 \leq t \leq 2, \quad y(0) = 0{,}5$$

approximiert, und $N = 10$ gelte. Dann ist $h = 0{,}2$ und $t_i = 0{,}2i$. Die Tatsache, daß $f(t, y) = y - t^2 + 1$ ist, ergibt $w_0 = 0{,}5$ und

$$\begin{aligned} w_{i+1} &= w_i + h(w_i - t_i^2 + 1) = w_i + 0{,}2[w_i - 0{,}04i^2 + 1] \\ &= 1{,}2w_i - 0{,}008i^2 + 0{,}2 \end{aligned}$$

für $i = 0, 1, \ldots, 9$. Die exakte Lösung beträgt $y(t) = (t + 1)^2 - 0{,}5e^t$. Tabelle 5.1 zeigt den Vergleich der approximierten Werte bei t_i mit den tatsächlichen Werten. □

Da das Eulersche Verfahren aus einem Taylorschen Polynom hergeleitet wurde, in dessen Fehlerterm das Quadrat der Schrittweite h auftritt, ist der Fehler in jedem Schritt, der **lokale Fehler**, proportional zu h^2. Der gesamte Fehler jedoch, der **globale Fehler**, akkumuliert diese lokalen Fehler, so daß er im allgemeinen schneller anwächst. Das folgende Ergebnis bringt den globalen Fehler dem Eulerschen Verfahren mit seinem lokalen Fehler in Zusammenhang und ist ein typisches Ergebnis, das für Näherungsmethoden von Anfangswertproblemen bekannt ist.

Tabelle 5.1

t_i	w_i	$y_i = y(t_i)$	$\lvert y_i - w_i\rvert$
0,0	0,5000000	0,5000000	0,0000000
0,2	0,8000000	0,8292986	0,0292986
0,4	1,1520000	1,2140877	0,0620877
0,6	1,5504000	1,6489406	0,0985406
0,8	1,9884800	2,1272295	0,1387495
1,0	2,4581760	2,6408591	0,1826831
1,2	2,9498112	3,1799415	0,2301303
1,4	3,4517734	3,7324000	0,2806266
1,6	3,9501281	4,2834838	0,3333557
1,8	4,4281538	4,8151763	0,3870225
2,0	4,8657845	5,3054720	0,4396874

Fehlerschranke des Eulerschen Verfahrens

$y(t)$ kennzeichne die eindeutige Lösung des Anfangswertproblems

$$y' = f(t, y), \quad a \le t \le b, \quad y(a) = \alpha,$$

und $w_0, w_1, \dots, w_N$ seien die mit dem Eulerschen Verfahren erzeugten Approximationen für beliebige, positive, ganze Zahlen N. Falls f für alle t in $[a, b]$ und alle y in $(-\infty, \infty)$ stetig ist und falls die Konstanten L und M mit

$$\left|\frac{\partial f(t, y(t))}{\partial t}\right| \le L \quad \text{und} \quad |y''(t)| \le M$$

existieren, dann gilt für jedes $i = 0, 1, 2, \dots, N$

$$|y(t_i) - w_i| \le \frac{hM}{2L}[e^{L(t_i - a)} - 1].$$

Die wichtige Aussage an diesem Ergebnis ist, daß der globale Fehler linear von h abhängt, was eine Verminderung von der quadratischen Abhängigkeit des lokalen Fehlers darstellt. Diese Verminderung um eine Potenz von h vom lokalen zum globalen Fehler ist typisch für Anfangswertverfahren. Obwohl vom lokalen zum globalen Fehler eine Verminderung der Ordnung vorliegt, zeigt die Formel, daß der Fehler mit h gegen null geht, was für Konvergenz notwendig ist.

Beispiel 2. Zurück zu dem in Beispiel 1 betrachteten Anfangswertproblem

$$y' = y - t^2 + 1, \quad 0 \le t \le 2, \quad y(0) = 0{,}5.$$

Es gilt $f(t, y) = y - t^2 + 1$, $\partial f(t, y)/\partial y = 1$ für alle y und $L = 1$. Für dieses Problem ist die exakte Lösung $y(t) = (t + 1)^2 - \frac{1}{2}e^t$ bekannt, somit ist

$y''(t) = 2 - 0{,}5e^t$ und

$$|y''(t)| \leq 0{,}5e^2 - 2 \qquad \text{für alle } t \in [0, 2].$$

Die Ungleichung in der Fehlerschranke des Eulerschen Verfahrens ergibt mit $h = 0{,}2$, $L = 1$ und $M = 0{,}5e^2 - 2$ die Fehlerschranke

$$|y_i - w_i| \leq 0{,}1(0{,}5e^2 - 2)(e^{t_i} - 1).$$

Tabelle 5.2

t_i	0,2	0,4	0,6	0,8	1,0
tatsächlicher Fehler	0,02930	0,06209	0,09854	0,13875	0,18268
Fehlerschranke	0,03752	0,08334	0,13931	0,20767	0,29117

	1,2	1,4	1,6	1,8	2,0
tatsächlicher Fehler	0,23013	0,28063	0,33336	0,38702	0,43969
Fehlerschranke	0,39315	0,51771	0,66985	0,85568	1,08264

Tabelle 5.2 faßt die in Beispiel 1 gefundenen, tatsächlichen Fehler mit dieser Fehlerschranke zusammen. □

In dem Ergebnis für den globalen Fehler in dem Eulerschen Verfahren wurde der Effekt vernachlässigt, daß der Rundungsfehler von der Wahl der Schrittweite abhängt. Wird h kleiner, werden mehr Berechnungen notwendig, und ein größerer Rundungsfehler ist zu erwarten. Zieht man dies in Betracht, erhält man eine Fehlerabschätzung, die unbeschränkt wird, wenn die Schrittweite sich null nähert. Jedoch ist die untere Schranke für eine effektive Schrittweite hinreichend klein, so daß der Rundungsfehler die Approximation nicht merklich beeinflußt.

Da das Eulersche Verfahren mit dem Satz von Taylor und $n = 2$ hergeleitet wurde, ist der erste Ansatz zur Bestimmung von Methoden, die die Konvergenzeigenschaften der Differenzenmethoden verbessern, dieses Verfahren der Herleitung auf größere Werte von n auszudehnen. Angenommen, die Lösung $y(t)$ des Anfangswertproblems

$$y' = f(t, y), \quad a \leq t \leq b, \quad y(a) = \alpha$$

besitze $(n+1)$ stetige Ableitungen. Wenn man die Lösung $y(t)$ hinsichtlich ihres n-ten Taylorschen Polynoms bezüglich t_i ausdehnt, erhält man

$$y(t_{i+1}) = y(t_i) + hy'(t_i) + \frac{h^2}{2}y''(t_i) + \cdots + \frac{h^n}{n!}y^{(n)}(t_i) + \frac{h^{n+1}}{(n+1)!}y^{(n+1)}(\xi_i)$$

für beliebige ξ_i in (t_i, t_{i+1}).

Sukzessive Differentiation der Lösung $y(t)$ ergibt

$$y'(t) = f(t, y(t)), \quad y''(t) = f'(t, y(t))$$

und allgemein

$$y^{(k)}(t) = f^{(k-1)}(t, y(t)).$$

Einsetzen dieser Ergebnisse in die Taylorsche Entwicklung liefert

$$\begin{aligned} y(t_{i+1}) &= y(t_i) + hf(t_i, y(t_i)) + \frac{h^2}{2} f'(t_i, y(t_i)) + \cdots \\ &\quad + \frac{h^n}{n!} f^{(n-1)}(t_i, y(t_i)) + \frac{h^{n+1}}{(n+1)!} f^{(n)}(\xi_i, y(\xi_i)). \end{aligned}$$

Die mit dieser Gleichung korrespondierende Methode der Differenzengleichung erhält man, indem man das Restglied tilgt, das ξ_i enthält.

Taylorsche Formel n-ter Ordnung

$$\begin{aligned} w_0 &= \alpha, \\ w_{i+1} &= w_i + hT^{(n)}(t_i, w_i) \end{aligned}$$

gilt für alle $i = 0, 1, \ldots, N-1$, wobei

$$T^{(n)}(t_i, w_i) = f(t_i, w_i) + \frac{h}{2} f'(t_i, w_i) + \cdots + \frac{h^{n-1}}{n!} f^{(n-1)}(t_i, w_i)$$

ist. Der lokale Fehler ist $\frac{1}{(n+1)!} y^{(n+1)}(\xi_i) h^{n+1}$ für beliebige ξ_i in (t_i, t_{i+1}).

Obwohl die Formel für $T^{(n)}$ einfach ausgedrückt ist, ist sie schwierig anzuwenden, da sie die Ableitungen von f bezüglich t benötigt. Da f als eine multivariable Funktion von sowohl t als auch y beschrieben ist, folgt aus der Kettenregel, daß die gesamte Ableitung von f bezüglich t, die mit $f'(t, y(t))$ bezeichnet wird, über

$$f'(t, y(t)) = \frac{\partial f}{\partial t}(t, y(t)) \cdot \frac{\mathrm{d}t}{\mathrm{d}t} + \frac{\partial f}{\partial y}(t, y(t)) \frac{\mathrm{d}y(t)}{\mathrm{d}t}$$

oder, da $\mathrm{d}t/\mathrm{d}t = 1$ und $\mathrm{d}y(t)/\mathrm{d}t = f(t, y(t))$ ist, über

$$f'(t, y(t)) = \frac{\partial f}{\partial t}(t, y(t)) + f(t, y(t)) \frac{\partial f}{\partial y}(t, y(t))$$

erhalten wird.

Weitere Ableitungen sind noch komplizierter. Beispielsweise schließt $f''(t, y(t))$ die partiellen Ableitungen aller Terme auf der rechten Seite dieser Gleichung sowohl bezüglich t als auch bezüglich y ein.

Beispiel 3. Um die Taylorsche Formel zweiter und vierter Ordnung auf das in den Beispielen 1 und 2 betrachtete Anfangswertproblem

$$y' = y - t^2 + 1, \quad 0 \leq t \leq 2, \quad y(0) = 0{,}5$$

anzuwenden, müssen die ersten drei Ableitungen von $f(t, y(t)) = y(t) - t^2 + 1$ bezüglich der Variablen t bestimmt werden:

$$\begin{aligned}
f'(t, y(t)) &= \frac{\mathrm{d}}{\mathrm{d}t}(y - t^2 + 1) = y' - 2t = y - t^2 + 1 - 2t, \\
f''(t, y(t)) &= \frac{\mathrm{d}}{\mathrm{d}t}(y - t^2 + 1 - 2t) = y' - 2t - 2 \\
&= y - t^2 + 1 - 2t - 2 = y - t^2 - 2t - 1
\end{aligned}$$

und

$$f'''(t, y(t)) = \frac{\mathrm{d}}{\mathrm{d}t}(y - t^2 - 2t - 1) = y' - 2t - 2 = y - t^2 - 2t - 1.$$

Somit erhält man

$$\begin{aligned}
T^{(2)}(t_i, w_i) &= f(t_i, w_i) + \frac{h}{2} f'(t_i, w_i) = w_i - t_i^2 + 1 + \frac{h}{2}(w_i - t_i^2 - 2t + 1) \\
&= \left(1 + \frac{h}{2}\right)(w_i - t_i^2 + 1) - ht_i
\end{aligned}$$

und

$$\begin{aligned}
T^{(4)}(t_i, w_i) &= f(t_i, w_i) + \frac{h}{2} f'(t_i, w_i) + \frac{h^2}{6} f''(t_i, w_i) + \frac{h^3}{24} f'''(t_i, w_i) \\
&= w_i - t_i^2 + 1 + \frac{h}{2}(w_i - t_i^2 - 2t_i + 1) \\
&\quad + \frac{h^2}{6}(w_i - t_i^2 - 2t_i - 1) + \frac{h^3}{24}(w_i - t_i^2 - 2t_i - 1) \\
&= \left(1 + \frac{h}{2} + \frac{h^2}{6} + \frac{h^3}{24}\right)(w_i - t_i^2) - \left(1 + \frac{h}{3} + \frac{h^2}{12}\right) ht_i \\
&\quad + 1 + \frac{h}{2} - \frac{h^2}{6} - \frac{h^3}{24}.
\end{aligned}$$

Die Taylorschen Formeln zweiter und vierter Ordnung lauten folglich

$$w_0 = 0{,}5, \quad w_{i+1} = w_i + k\left[\left(1 + \frac{h}{2}\right)(w_i - t_i^2 + 1) - ht_i\right]$$

beziehungsweise

$$\begin{aligned} w_0 &= 0{,}5, \\ w_{i+1} &= w_i + h\left[\left(1 + \frac{h}{2} + \frac{h^2}{6} + \frac{h^3}{24}\right)(w_i - t_i^2)\right. \\ &\quad \left. - \left(1 + \frac{h}{3} + \frac{h^2}{12}\right)(ht_i) + 1 + \frac{h}{2} - \frac{h^2}{6} - \frac{h^3}{24}\right] \end{aligned}$$

für $i = 0, 1, \ldots, N-1$. Ist $h = 0{,}2$, dann ist $N = 10$ und $t_i = 0{,}2i$ für alle $i = 1, 2, \ldots, 10$, somit wird die Formel zweiter Ordnung zu

$$\begin{aligned} w_0 &= 0{,}5 \\ w_{i+1} &= w_i + 0{,}2\left[\left(1 + \frac{0{,}2}{2}\right)(w_i - 0{,}04i^2 + 1) - 0{,}04i\right] \\ &= 1{,}22w_i - 0{,}0088i^2 - 0{,}008i + 0{,}22 \end{aligned}$$

und die Formel vierter Ordnung zu

$$\begin{aligned} w_{i+1} &= w_i + 0{,}2\left[\left(1 + \frac{0{,}2}{2} + \frac{0{,}04}{6} + \frac{0{,}008}{24}\right)(w_i - 0{,}04i^2)\right. \\ &\quad \left. - \left(1 + \frac{0{,}2}{3} + \frac{0{,}04}{12}\right)(0{,}04i) + 1 + \frac{0{,}2}{2} - \frac{0{,}04}{6} - \frac{0{,}008}{24}\right] \\ &= 1{,}2214w_i - 0{,}008856i^2 - 0{,}00856i + 0{,}2186 \end{aligned}$$

für alle $i = 0, 1, \ldots, 9$.

Tabelle 5.3

t_i	Taylorsche Formel zweiter Ordnung w_i	Fehler $\lvert y(t_i) - w_i \rvert$	Taylorsche Formel vierter Ordnung w_i	Fehler $\lvert y(t_i) - w_i \rvert$	genau $y(t_i)$
0,0	0,5000000	0	0,5000000	0	0,5000000
0,2	0,8300000	0,0007014	0,8293000	0,0000014	0,8292986
0,4	1,2158000	0,0017123	1,2140910	0,0000034	1,2140877
0,6	1,6520760	0,0031354	1,6489468	0,0000062	1,6489406
0,8	2,1323327	0,0051032	2,1272396	0,0000101	2,1272295
1,0	2,6486459	0,0077868	2,6408744	0,0000153	2,6408591
1,2	3,1913480	0,0114065	3,1799640	0,0000225	3,1799415
1,4	3,7486446	0,0162446	3,7324321	0,0000321	3,7324000
1,6	4,3061464	0,0226626	4,2835285	0,0000447	4,2834838
1,8	4,8462986	0,0311223	4,8152377	0,0000615	4,8151763
2,0	5,3476843	0,0422123	5,3055554	0,0000834	5,3054720

Tabelle 5.3 faßt die tatsächlichen Lösungen $y(t) = (t+1)^2 - 0{,}5e^t$, die Ergebnisse der Taylorschen Formeln der Ordnung zwei und vier sowie die mit diesen Methoden zusammenhängenden tatsächlichen Fehler zusammen.

Angenommen, eine Approximation eines zwischen den Tabellenwerten liegenden Punktes – zum Beispiel für $t = 1{,}25$ – soll bestimmt werden. Interpoliert man linear mit den Approximationen aus der Taylorschen Formel vierter Ordnung für $t = 1{,}2$ und $t = 1{,}4$, erhält man

$$\begin{aligned} y(1{,}25) &\approx \frac{1{,}25 - 1{,}4}{1{,}2 - 1{,}4} 3{,}1799640 + \frac{1{,}25 - 1{,}2}{1{,}4 - 1{,}2} 3{,}7324321 \\ &= 3{,}3180810. \end{aligned}$$

Da $y(1{,}25) = 3{,}3173285$ ist, besitzt diese Approximation einen Fehler von 0,0007525, was fast dreißigmal dem Durchschnitt der Näherungsfehler für 1,2 und 1,4 entspricht.

Um die Approximation von $y(1{,}25)$ zu verbessern, kann die kubische Hermitesche Interpolation angewandt werden. Dazu werden sowohl die Approximationen von $y'(1{,}2)$ und $y'(1{,}4)$ als auch die von $y(1{,}2)$ und $y(1{,}4)$ benötigt. Die Ableitungsnäherungen sind aber über die Differentialgleichung verfügbar, da $y'(t) = f(t, y(t))$ ist. In diesem Beispiel heißt das, daß $y'(t) = y(t) - t^2 + 1$ und somit

$$y'(1{,}2) = y(1{,}2) - (1{,}2)^2 + 1 \approx 3{,}1799640 - 1{,}44 + 1 = 2{,}7399640$$

und

$$y'(1{,}4) = y(1{,}4) - (1{,}4)^2 + 1 \approx 3{,}7324327 - 1{,}96 + 1 = 2{,}7724321$$

ist.

Tabelle 5.4

1.2	3,1799640			
		2,7399640		
1,2	3,1799640		0,1118825	
		2,7623405		−0,3071225
1,4	3,7324327		0,0504580	
		2,7724327		
1,4	3,7324327			

Folgt man dem Verfahren der dividierten Differenz aus Abschnitt 3.3, erhält man die Angaben in Tabelle 5.4. Die unterstrichenen Werte stammen aus den Unterlagen, die anderen Werte sind über die Formeln der dividierten Differenz berechnet.

Das kubische Hermitesche Polynom lautet

$$\begin{aligned} y(t) \approx & 3{,}1799640 + (t-1{,}2)2{,}7399640 + (t-1{,}2)^2 0{,}1118825 \\ & + (t-1{,}2)^2(t-1{,}4)(-0{,}3071225), \end{aligned}$$

und somit ist

$$\begin{aligned} y(1{,}25) &\approx 3{,}1799640 + 0{,}1369982 + 0{,}0002797 + 0{,}0001152 \\ &= 3{,}3173571, \end{aligned}$$

ein Ergebnis, das auf 0,0000286 genau ist. Das ist weniger als der doppelte Durchschnittsfehler für 1,2 und 1,4 oder nur ungefähr 4% des Fehlers, der bei der linearen Interpolation erhalten wurde. □

Fehlerabschätzungen für die Taylorschen Formeln ähneln denen des Eulerschen Verfahrens. Sind hinreichend Differenzierbarkeitsbedingungen gegeben, wird bei einer Taylorschen Formel n-ter Ordnung der lokale Fehler $O(h^{n+1})$ und der globale Fehler $O(h^n)$ auftreten.

Übungsaufgaben

1. Approximieren Sie mit dem Eulerschen Verfahren die Lösungen jeder der folgenden Anfangswertprobleme.

a) $y' = te^{3t} - 2y, \quad 0 \le t \le 1, \ y(0) = 0$ mit $h = 0{,}5$

b) $y' = 1 + (t-y)^2, \quad 2 \le t \le 3, \quad y(2) = 1$ mit $h = 0{,}5$

c) $y' = 1 + y/t, \quad 1 \le t \le 2, \quad y(1) = 2$ mit $h = 0{,}25$

d) $y' = \cos 2t + \sin 3t, \quad 0 \le t \le 1, \quad y(0) = 1$ mit $h = 0{,}25$.

2. Die tatsächlichen Lösungen der Anfangswertprobleme aus Übung 1 sind hier gegeben. Vergleichen Sie den tatsächlichen Fehler in jedem Schritt mit der Fehlerschranke.

a) $y(t) = \frac{1}{5}te^{3t} - \frac{1}{25}e^{3t} + \frac{1}{25}e^{-2t}$

b) $y(t) = t + (1-t)^{-1}$

c) $y(t) = t \ln t + 2t$

d) $y(t) = \frac{1}{2}\sin 2t - \frac{1}{3}\cos 3t + \frac{4}{3}$.

3. Approximieren Sie mit dem Eulerschen Verfahren die Lösungen jeder der folgenden Anfangswertprobleme.

a) $y' = \frac{y}{t} - \left(\frac{y}{t}\right)^2, \quad 1 \le t \le 2, \quad y(1) = 1$ mit $h = 0{,}1$

b) $y' = 1 + \frac{y}{t} + \left(\frac{y}{t}\right)^2, \quad 1 \le t \le 3, \quad y(1) = 0$ mit $h = 0{,}2$

c) $y' = -(y+1)(y+3), \quad 0 \le t \le 2, \quad y(0) = -2$ mit $h = 0{,}2$

d) $y' = -5y + 5t^2 + 2t, \quad 0 \le t \le 1, \quad y(0) = \frac{1}{3}$ mit $h = 0{,}1$.

4. Die tatsächlichen Lösungen der Anfangswertprobleme aus Übung 2 sind hier gegeben. Vergleichen Sie den tatsächlichen Fehler mit den Approximationen aus Übung 3.

a) $y(t) = t(1 + \ln t)^{-1}$

b) $y(t) = t \tan(\ln t)$

c) $y(t) = -3 + 2(1 + e^{-2t})^{-1}$

d) $y(t) = t^2 + \frac{1}{3}e^{-5t}$.

5. Wiederholen Sie Übung 1 mit der Taylorschen Formel zweiter Ordnung.

6. Wiederholen Sie Übung 3 und 4 mit der Taylorschen Formel zweiter Ordnung.

7. Wiederholen Sie Übung 3 und 4 mit der Taylorschen Formel vierter Ordnung.

8. Approximieren Sie mit den Ergebnissen aus Übung 3 und der linearen Interpolation die folgenden Werte von $y(t)$. Vergleichen Sie die Approximationen, die mit den tatsächlichen Werten erhalten wurden, mit denen, die mit den in Übung 4 gegebenen Funktionen erhalten wurden.

a) $y(1{,}25)$ und $y(1{,}93)$

b) $y(2{,}1)$ und $y(2{,}75)$

c) $y(1{,}4)$ und $y(1{,}93)$

d) $y(0{,}54)$ und $y(0{,}94)$.

9. Approximieren Sie mit den Ergebnissen aus Übung 6 und der linearen Interpolation die folgenden Werte von $y(t)$. Vergleichen Sie die erhaltenen Approximationen mit den tatsächlichen Werten.

a) $y(1{,}25)$ und $y(1{,}93)$

b) $y(2{,}1)$ und $y(2{,}75)$

c) $y(1{,}4)$ und $y(1{,}93)$

d) $y(0{,}54)$ und $y(0{,}94)$.

10. Wiederholen Sie Übung 9 mit der Hermiteschen Interpolation.

11. In einem Stromkreis mit der Spannung $\mathscr{E}$, dem Widerstand R, der Induktivität L und der parallelen Kapazität C genügt der Strom i der Differentialgleichung

$$\frac{\mathrm{d}i}{\mathrm{d}t} = C\frac{\mathrm{d}^2\mathscr{E}}{\mathrm{d}t^2} + \frac{1}{R}\frac{\mathrm{d}\mathscr{E}}{\mathrm{d}t} + \frac{1}{L}\mathscr{E}.$$

Angenommen, es sei $i(0) = 0$, $C = 0{,}3$ Farad, $R = 1{,}4$ Ohm, $L = 1{,}7$ Henry und die Spannung sei durch

$$\mathscr{E}(t) = e^{-0{,}06\pi t}\sin(2t - \pi)$$

gegeben. Bestimmen Sie mit dem Eulerschen Verfahren den Strom i für die Werte $t = 0{,}1j$, $j = 0, 1, \ldots, 100$.

12. In seinem Buch *Looking at History Through Mathematics* betrachtet Rashevsky ein Modell, das das Entstehen von Nonkonformismus in der Gesellschaft behandelt. Angenommen, eine Gesellschaft habe eine Bevölkerung $x(t)$ zur Zeit t (in Jahren) und alle Nonkonformisten, die sich mit einem Nonkonformisten verheiraten, haben Nachkommen, die auch Nonkonformisten sind, wohingegen ein fester Anteil r aller anderen Nachkommen auch Nonkonformisten sind. Werden die Geburten- und Sterberaten aller Personen als die Konstanten b beziehungsweise d angenommen und heiraten Konformisten und Nonkonformisten zufällig, dann kann das Problem durch die Differentialgleichungen

$$\frac{\mathrm{d}x(t)}{\mathrm{d}t} = (b-d)x(t) \text{ und } \frac{\mathrm{d}x_n(t)}{\mathrm{d}t} = (b-d)x_n(t) + rb(x(t) - x_n(t))$$

ausgedrückt werden, wobei $x_n(t)$ die Anzahl der Nonkonformisten in der Bevölkerung zur Zeit t beschreibt.

a) Wenn die Variable $p(t) = x_n(t)/x(t)$ eingeführt wird, um den Anteil der Nonkonformisten in der Gesellschaft zur Zeit t darzustellen, zeigen Sie, daß diese Gleichungen kombiniert und zu der einzigen Differentialgleichung

$$\frac{\mathrm{d}p(t)}{\mathrm{d}t} = rb(1 - p(t))$$

vereinfacht werden können.

b) Angenommen, es sei $p(0) = 0{,}01$, $b = 0{,}02$, $d = 0{,}015$ und $r = 0{,}1$; approximieren Sie mit dem Eulerschen Verfahren die Lösung $p(t)$ von $t = 0$ bis $t = 50$, wenn die Schrittweite gleich $h = 1$ Jahr beträgt.

c) Lösen Sie die Differentialgleichung für $p(t)$ genau, und vergleichen Sie Ihr Ergebnis aus Übung (b) für $t = 50$ mit dem exakten Wert zu dieser Zeit.

13. Ein Projektil der Masse $m = 0{,}11$ kg, das senkrecht mit der Anfangsgeschwindigkeit $v(0) = 8$ m/s hochgeschossen wurde, wird aufgrund der Schwerkraft $F_g = mg$ und des Luftwiderstandes $F_r = -kv|v|$ langsamer, wobei $g = -9{,}8$ m/s^2 und $k = 0{,}002$ kg/m sind. Die Differentialgleichung für die Geschwindigkeit v ist durch

$$mv' = mg - kv|v|$$

gegeben.

a) Bestimmen Sie mit der Taylorschen Formel zweiter und vierter Ordnung die Geschwindigkeit nach $0{,}1, 0{,}2, \ldots, 1{,}0$ s.

b) Bestimmen Sie mit der Taylorschen Methode der Ordnung vier auf die Zehntelsekunde genau, wann das Projektil seine maximale Höhe erreicht.

5.3. Runge-Kutta-Verfahren

Im letzten Abschnitt sah man, daß die Taylorschen Formeln beliebig hoher Ordnung leicht erzeugt werden können. Die Anwendung einer der höheren Methoden auf ein bestimmtes Problem ist jedoch alles andere als einfach, da die Ableitungen höherer Ordnung auf der rechten Seite der Differentialgleichung bezüglich t

bestimmt und ausgewertet werden müssen. In diesem Abschnitt werden Runge-Kutta-Verfahren betrachtet, die die Taylorschen Formeln derart modifizieren, daß die höheren Fehlerschranken erhalten bleiben, aber die höheren partiellen Ableitungen nicht bestimmt und ausgewertet werden müssen. Die Strategie hinter diesem Verfahren liegt in der Approximation einer Taylorschen Formel mit einer Methode, die leichter auszuwerten ist. Diese Approximation erhöht den Fehler, aber die Fehlerordnung, die schon in der Taylorschen Formel vorhanden war, wird nicht übertroffen. Damit beherrscht der neue Fehler nicht die Berechnungen.

Die Runge-Kutta-Verfahren nutzen die Taylorsche Entwicklung von f aus, der Funktion auf der rechten Seite der Differentialgleichung. Da f eine Funktion zweier Variablen t und y ist, muß zuerst die Verallgemeinerung des Taylorschen Satzes auf Funktionen dieses Types betrachtet werden. Dieser verallgemeinerte Satz scheint komplizierter als die ursprünglichen zu sein, aber nur, weil alle möglichen Ableitungen der Funktion beteiligt sind.

Der Taylorsche Satz für zwei Variablen

Sind f und alle ihre partiellen Ableitungen der Ordnung kleiner oder gleich n auf $D = \{(t, y) | a \leq t \leq b, c \leq y \leq d\}$ stetig und sowohl (t, y) als auch $(t + h, y + k)$ gehören zu D, dann gilt

$$\begin{aligned} f(t+h, y+k) \approx & f(t, y) + \left[h \frac{\partial f(t, y)}{\partial t} + k \frac{\partial f(t, y)}{\partial y} \right] \\ & + \left[\frac{h}{2} \frac{\partial^2 f(t, y)}{\partial t^2} + hk \frac{\partial^2 f(t, y)}{\partial t \partial y} + \frac{k^2}{2} \frac{\partial^2 f(t, y)}{\partial y^2} \right] + \cdots \\ & + \frac{1}{n!} \sum_{j=0}^{n} \binom{n}{j} h^{n-j} k^j \frac{\partial^n f(t, y)}{\partial t^{n-j} \partial y^j}. \end{aligned}$$

Der Fehlerterm in dieser Approximation ist dem des Satzes von Taylor ähnlich, nur ist er aufgrund des Einbaus aller partiellen Ableitungen der Ordnung $n + 1$ komplizierter.

Um den Einsatz dieser Formel zur Entwicklung der Runge-Kutta-Verfahren zu veranschaulichen, sei das einfachste der Runge-Kutta-Verfahren, das Verfahren zweiter Ordnung betrachtet. Im vorigen Abschnitt wurde festgestellt, daß die Taylorsche Formel zweiter Ordnung von

$$\begin{aligned} y(t_{i+1}) &= y(t_i) + hy'(t_i) + \frac{h^2}{2} y''(t_i) + \frac{h^3}{3!} y'''(\xi) \\ &= y(t_i) + hf(t_i, y(t_i)) + \frac{h^2}{2} f'(t_i, y(t_i)) + \frac{h^3}{3!} y'''(\xi) \end{aligned}$$

oder, da

$$f'(t_i, y(t_i)) = \frac{\partial f}{\partial t}(t_i, y(t_i)) + \frac{\partial f}{\partial y}(t_i, y(t_i))y'(t_i)$$

und

$$y'(t_i) = f(t_i, y(t_i))$$

ist, von

$$y(t_{i+1}) = y(t_i)$$
$$+h\left\{f(t_i, y(t_i)) + \frac{h}{2}\frac{\partial f(t_i, y(t_i))}{\partial t} + \frac{h}{2}\frac{\partial f(t_i, y(t_i))}{\partial y}f(t_i, y(t_i))\right\} + \frac{h^3}{3!}y'''(\xi)$$

stammt. Der Taylorsche Satz für zwei Variablen erlaubt es, den Term in den Klammern durch ein Vielfaches einer Funktionsauswertung von f der Form $af(t_i+\alpha, y(t_i)+\beta)$ zu ersetzen. Entwickelt man diesen Term mit dem Satz und $n = 1$, erhält man

$$\begin{aligned} af(t_i + \alpha, y(t_i) + \beta) &= a\left[f(t_i, y(t_i)) + \alpha\frac{\partial f(t_i, y(t_i))}{\partial t} + \beta\frac{\partial f(t_i, y(t_i))}{\partial y}\right] \\ &= af(t_i, y(t_i)) + a\alpha\frac{\partial f(t_i, y(t_i))}{\partial t} + a\beta\frac{\partial f(t_i, y(t_i))}{\partial y}. \end{aligned}$$

Gleichsetzen dieses Ausdrucks mit den eingeklammerten Termen in der vorigen Gleichung ergibt, daß a, α und β derart gewählt werden sollten, daß

$$1 = a, \quad \frac{h}{2} = a\alpha \quad \text{und} \quad \frac{h}{2}f(t_i, y(t_i)) = a\beta$$

gilt, das heißt

$$a = 1, \quad \alpha = \frac{h}{2} \quad \text{und} \quad \beta = \frac{h}{2}f(t_i, y(t_i)).$$

Der Fehler, der durch Ersetzen des Terms in der Taylorschen Methode mit seiner Approximation erzeugt wurde, hat dieselbe Ordnung wie der Fehlerterm der Methode, so daß das auf diesem Weg erzeugte Runge-Kutta-Verfahren, die **Mittelpunktmethode**, auch eine Methode zweiter Ordnung ist. Folglich erwartet man, daß der globale Fehler proportional dem Quadrat der Schrittweite ist.

Mittelpunktmethode

$$w_0 = \alpha$$

$$w_{i+1} = w_i + h[f(t_i + \frac{h}{2}, w_i + \frac{h}{2}f(t_i, w_i))],$$

wobei $i = 0, 1, \ldots, N-1$ ist. Der lokale Fehler ist $O(h^3)$.

Ersetzt man den Term in der Taylorschen Formel durch $af(t+\alpha, y+\beta)$, so stellt dies die einfachste, aber nicht einzige Wahl dar. Benutzt man stattdessen einen Term der Form

$$a_1 f(t, y) + a_2 f(t+\alpha, y+\beta f(t, y)),$$

liefert der zusätzliche Parameter in dieser Formel eine unendliche Anzahl von Runge-Kutta-Formeln zweiter Ordnung. Für $a_1 = a_2 = \frac{1}{2}$ und $\alpha = \beta = h$ erhält man das **modifizierte Eulersche Verfahren**.

Das modifizierte Eulersche Verfahren

$$w_0 = \alpha$$

$$w_{i+1} = w_i + \frac{h}{2}[f(t_i, w_i) + f(t_{i+1}, w_i + hf(t_i, w_i))],$$

wobei $i = 0, 1, \ldots, N-1$ ist. Der lokale Fehler ist $O(h^3)$.

Für $a_1 = \frac{1}{4}$, $a_2 = \frac{3}{4}$ und $\alpha = \beta = \frac{2}{3}h$ erhält man das **Heunsche Verfahren**.

Das Heunsche Verfahren

$$w_0 = \alpha$$

$$w_{i+1} = w_i + \frac{h}{4}[f(t_i, w_i) + 3f(t_i + \frac{2}{3}h, w_i + \frac{2}{3}hf(t_i, w_i))],$$

wobei $i = 0, 1, \ldots, N-1$ ist. Der lokale Fehler ist $O(h^3)$.

Beispiel 1. Angenommen, mit den Runge-Kutta-Verfahren zweiter Ordnung sei das übliche Beispiel

$$y' = y - t^2 + 1, \quad 0 \leq t \leq 2, \quad y(0) = 0{,}5$$

mit jeweils $N = 10$, $h = 0{,}2$, $t_i = 0{,}2i$ und $w_0 = 0{,}5$ approximiert. Die Differenzengleichungen sind:

Mittelpunktmethode:
$$w_{i+1} = 1{,}22w_i - 0{,}0088i^2 - 0{,}008i + 0{,}218;$$
modifiziertes Eulersches Verfahren:
$$w_{i+1} = 1{,}22w_i - 0{,}0088i^2 - 0{,}008i + 0{,}216;$$
Heunsches Verfahren:
$$w_{i+1} = 1{,}22w_i - 0{,}0088i^2 - 0{,}008i + 0{,}217\overline{3}$$

für alle $i = 0, 1, \ldots, 9$. Tabelle 5.5 faßt die Ergebnisse dieser Berechnungen zusammen. □

Tabelle 5.5

t_i	$y(t_i)$	Mittelpunkt-methode	Fehler	modifizierte Methode von Euler	Fehler	Heunsche Methode	Fehler
0,0	0,5000000	0,5000000	0	0,5000000	0	0,5000000	0
0,2	0,8292986	0,8280000	0,0012986	0,8260000	0,0032986	0,8273333	0,0019653
0,4	1,2140877	1,2113600	0,0027277	1,2069200	0,0071677	1,2098800	0,0042077
0,6	1,6489406	1,6446592	0,0042814	1,6372424	0,0116982	1,6421869	0,0096281
0,8	2,1272295	2,1212842	0,0059453	2,1102357	0,0169938	2,1176014	0,0067537
1,0	2,6408591	2,6331668	0,0076923	2,6176876	0,0231715	2,6280070	0,0128521
1,2	3,1799415	3,1704634	0,0094781	3,1495789	0,0303627	3,1635019	0,0164396
1,4	3,7324000	3,7211654	0,0112346	3,6936862	0,0387138	3,7120057	0,0203944
1,6	4,2834838	4,2706218	0,0128620	4,2350972	0,0483866	4,2587802	0,0247035
1,8	4,8151763	4,8009586	0,0142177	4,7556185	0,0595577	4,7858452	0,0293310
2,0	5,3054720	5,2903695	0,0151025	5,2330546	0,0724173	5,2712645	0,0342074

Taylorsche Formeln höherer Ordnung können entsprechend in Runge-Kutta-Verfahren umgewandelt werden, aber die Algebra wirkt ermüdend. Das gängigste Runge-Kutta-Verfahren ist vierter Ordnung und wird durch Entwickeln eines Ausdrucks erhalten, der nur vier Funktionsauswertungen enthält. Herleiten dieses Ausdrucks erfordert das Lösen eines Gleichungssystems mit 12 Unbekannten. Ist die Algebra erst einmal ausgeführt, stellt sich die Methode einfach dar.

Runge-Kutta-Verfahren vierter Ordnung

$$
\begin{aligned}
w_0 &= \alpha, \\
k_1 &= hf(t_i, w_i), \\
k_2 &= hf\left(t_i + \frac{h}{2}, w_i + \frac{1}{2}k_1\right), \\
k_3 &= hf\left(t_i + \frac{h}{2}, w_i + \frac{1}{2}k_2\right), \\
k_4 &= hf(t_{i+1}, w_i + k_3), \\
w_{i+1} &= w_i + \frac{1}{6}(k_1 + 2k_2 + 2k_3 + k_4),
\end{aligned}
$$

wobei $i = 0, 1, \ldots, N-1$ ist. Der globale Fehler ist $O(h^5)$.

Das Programm RKOR4M52 führt diese Methode aus.

Beispiel 2. Das auf das Anfangswertproblem

$$y' = y - t^2 + 1, \quad 0 \leq t \leq 2, \quad y(0) = 0{,}5$$

angewandte Runge-Kutta-Verfahren vierter Ordnung mit $h = 0{,}2$, $N = 10$ und $t_i = 0{,}2i$ liefert die in Tabelle 5.6 zusammengefaßten Ergebnisse und Fehler. □

Tabelle 5.6

t_i	Runge-Kutta-Verfahren vierter Ordnung w_i	genau $y_i = y(t_i)$	Fehler $\|y_i - w_i\|$
0,0	0,5000000	0,5000000	0
0,2	0,8292933	0,8292986	0,0000053
0,4	1,2140762	1,2140877	0,0000114
0,6	1,6489220	1,6489406	0,0000186
0,8	2,1272027	2,1272295	0,0000269
1,0	2,6408227	2,6408591	0,0000364
1,2	3,1798942	3,1799415	0,0000474
1,4	3,7323401	3,7324000	0,0000599
1,6	4,2834095	4,2834838	0,0000743
1,8	4,8150857	4,8151763	0,0000906
2,0	5,3053630	5,3054720	0,0001089

Am aufwendigsten sind bei den Runge-Kutta-Verfahren die Funktionsauswertungen von f. Bei den Methoden zweiter Ordnung ist der lokale Fehler $O(h^3)$, und der Preis sind zwei Funktionsauswertungen pro Schritt. Das Runge-Kutta-Verfahren vierter Ordnung benötigt vier Funktionsauswertungen pro Schritt, und der lokale Fehler ist $O(h^5)$. Die Beziehung zwischen der Anzahl der Auswertungen pro Schritt und der Ordnung des lokalen Fehlers ist in Tabelle 5.7 gezeigt. Wegen des relativen Abfalls der Ordnung für n größer als vier bevorzugt man die Methoden der Ordnung kleiner als 5 mit kleinerer Schrittweite gegenüber den Methoden höherer Ordnung mit einer größeren Schrittweite.

Tabelle 5.7

Auswertungen pro Schritt	2	3	4	$5 \leq n \leq 7$	$8 \leq n \leq 9$	$10 \leq n$
bestmöglichster lokaler Fehler	$O(h^3)$	$O(h^4)$	$O(h^5)$	$O(h^n)$	$O(h^{n-1})$	$O(h^{n-2})$

Ein Weg, die Runge-Kutta-Verfahren niedrigerer Ordnung zu vergleichen, wird wie folgt beschrieben. Da das Runge-Kutta-Verfahren vierter Ordnung vier

Auswertungen pro Schritt erfordert, sollte es, um überlegen zu sein, genauere Lösungen als das Eulersche Verfahren mit einem Viertel der Gitterweite liefern, wobei mit Gitterweite die Differenz zwischen aufeinanderfolgenden Gitterpunkten gemeint ist. Entsprechend sollte das Runge-Kutta-Verfahren vierter Ordnung, wenn es den Runge-Kutta-Verfahren der Ordnung zwei überlegen ist, eine größere Genauigkeit mit der Schrittweite h liefern als ein Runge-Kutta-Verfahren der zweiten Ordnung mit der Schrittweite $\frac{1}{2}h$, da die Methode vierter Ordnung doppelt so viele Auswertungen pro Schritt benötigt. Die Überlegenheit des Runge-Kutta-Verfahrens vierter Ordnung wird im folgenden Beispiel gezeigt.

Beispiel 3. Das Problem

$$y' = y - t^2 + 1, \quad 0 \leq t \leq 2, \quad y(0) = 0{,}5$$

wird mit dem Eulerschen Verfahren mit $h = 0{,}025$, dem modifizierten Eulerschen Verfahren mit $h = 0{,}05$ und dem Runge-Kutta-Verfahren der Ordnung vier mit $h = 0{,}1$ an den Gitterpunkten 0,1, 0,2, 0,3, 0,4 und 0,5 verglichen. Jedes dieser Verfahren erfordert 20 Funktionsauswertungen zur Approximation von $y(0{,}5)$. (Vergleiche Tabelle 5.8.) In diesem Beispiel ist die Methode vierter Ordnung klar überlegen. □

Tabelle 5.8

t_i	genau	Methode von Euler $h = 0{,}025$	modifizierte Methode von Euler $h = 0{,}05$	Runge-Kutta-Verfahren vierter Ordnung $h = 0{,}1$
0,0	0,5000000	0,5000000	0,5000000	0,5000000
0,1	0,6574145	0,6554982	0,6573085	0,6574144
0,2	0,8292986	0,8253385	0,8290778	0,8292983
0,3	1,0150706	1,0089334	1,0147254	1,0150701
0,4	1,2140877	1,2056345	1,2136079	1,2140869
0,5	2,4256394	1,4147264	1,4250141	1,4256384

Übungsaufgaben

1. Approximieren Sie mit dem modifizierten Eulerschen Verfahren die Lösungen jeder der folgenden Anfangswertprobleme, und vergleichen Sie die Ergebnisse mit den tatsächlichen Werten.

a) $y' = te^{3t} - 2y$, $0 \leq t \leq 1$, $y(0) = 0$ mit $h = 0{,}5$, tatsächliche Lösung $y(t) = \frac{1}{5}e^{3t} - \frac{1}{25}e^{3t} + \frac{1}{25}e^{-2t}$

b) $y' = 1 + (t - y)^2$, $2 \leq t \leq 3$, $y(2) = 1$ mit $h = 0{,}5$, tatsächliche Lösung $y(t) = t + (1 - t)^{-1}$

c) $y' = 1 + \frac{y}{t}$, $1 \leq t \leq 2$, $y(1) = 2$ mit $h = 0{,}25$, tatsächliche Lösung $y(t) = t \ln t + 2t$

d) $y' = \cos 2t + \sin 3t$, $0 \leq t \leq 1$, $y(0) = 1$ mit $h = 0{,}25$, tatsächliche Lösung $y(t) = \frac{1}{2} \sin 2t - \frac{1}{3} \cos 3t + \frac{4}{3}$.

2. Wiederholen Sie Übung 1 mit dem Heunschen Verfahren.

3. Wiederholen Sie Übung 1 mit der Mittelpunktmethode.

4. Approximieren Sie mit dem modifizierten Eulerschen Verfahren die Lösungen jeder der folgenden Anfangswertprobleme, und vergleichen Sie die Ergebnisse mit den tatsächlichen Werten.

a) $y' = \frac{y}{t} - \left(\frac{y}{t}\right)^2$, $1 \leq t \leq 2$, $y(1) = 1$ mit $h = 0{,}1$, tatsächliche Lösung $y(t) = t(1 + \ln t)^{-1}$

b) $y' = 1 + \frac{y}{t} + \left(\frac{y}{t}\right)^2$, $1 \leq t \leq 3$, $y(1) = 0$ mit $h = 0{,}2$, tatsächliche Lösung $y(t) = t \tan(\ln t)$

c) $y' = -(y + 1)(y + 3)$, $0 \leq t \leq 2$, $y(0) = -2$ mit $h = 0{,}2$, tatsächliche Lösung $y(t) = -3 + 2(1 + e^{-2t})^{-1}$

d) $y' = -5y + 5t^2 + 2t$, $0 \leq t \leq 1$, $y(0) = \frac{1}{3}$ mit $h = 0{,}1$, tatsächliche Lösung $y(t) = t^2 + \frac{1}{3}e^{-5t}$.

5. Approximieren Sie mit den Ergebnissen von Übung 4 und der linearen Interpolation die Werte von $y(t)$, und vergleichen Sie die Ergebnisse mit den tatsächlichen Werten.

a) $y(1{,}25)$ und $y(1{,}93)$

b) $y(2{,}1)$ und $y(2{,}75)$

c) $y(1{,}3)$ und $y(1{,}93)$

d) $y(0{,}54)$ und $y(0{,}94)$.

6. Wiederholen Sie Übung 4 mit dem Heunschen Verfahren.

7. Wiederholen Sie Übung 5 mit den Ergebnissen aus Übung 6.

8. Wiederholen Sie Übung 4 mit der Mittelpunktmethode.

9. Wiederholen Sie Übung 5 mit den Ergebnissen aus Übung 8.

10. Wiederholen Sie Übung 1 mit dem Runge-Kutta-Verfahren vierter Ordnung.

11. Wiederholen Sie Übung 4 mit dem Runge-Kutta-Verfahren vierter Ordnung.

12. Approximieren Sie mit den Ergebnissen aus Übung 11 und der kubischen Hermiteschen Interpolation die Werte von $y(t)$, und vergleichen Sie die Approximationen mit den tatsächlichen Werten.

a) $y(1{,}25)$ und $y(1{,}93)$

b) $y(2{,}1)$ und $y(2{,}75)$

c) $y(1{,}3)$ und $y(1{,}93)$//

d) $y(0{,}54)$ und $y(0{,}94)$.

13. Aus einem umgedrehten, kegelförmigen Tank mit einer runden Öffnung fließt Wasser mit der Geschwindigkeit

$$\frac{\mathrm{d}x}{\mathrm{d}t} = 0{,}6\pi r^2\sqrt{-2g}\frac{\sqrt{x}}{A(x)},$$

wobei r der Radius der Öffnung, x die Höhe der Flüssigkeit von der Spitze des Kegels und $A(x)$ die Querschnittsfläche des Tanks x Einheiten über der Öffnung darstellt. Angenommen, es sei $r = 3$ cm, $g = -9{,}81$ m/s^2 und der Tank habe einen ursprünglichen Wasserstand von 2,4 m und ein ursprüngliches Volumen von 14,55 m^3.

a) Berechnen Sie die Wasserhöhe nach 10 min mit dem Runge-Kutta-Verfahren vierter Ordnung und $h = 20$ s.

b) Bestimmen Sie auf 1 min genau, wann der Tank leer sein wird.

14. Die irreversible chemische Reaktion, bei der zwei Moleküle festen Kaliumdichromats ($K_2Cr_2O_7$), zwei Moleküle Wasser (H_2O) und drei Atome festen Schwefels (S) zu drei Molekülen gasförmigen Schwefeldioxids (SO_2), vier Molekülen festen Kaliumhydroxids (KOH) und zwei Molekülen festen Chromoxids (Cr_2O_3) reagieren, kann symbolisch durch die stöchiometrische Gleichung

$$2K_2Cr_2O_7 + 2H_2O + 3S \longrightarrow 4KOH + 2Cr_2O_3 + 3SO_2$$

ausgedrückt werden. Wenn ursprünglich n_1 Moleküle $K_2Cr_2O_7$, n_2 Moleküle H_2O und n_3 Atome Schwefel vorhanden sind, beschreibt die folgende Differentialgleichung die Menge $x(t)$ an KOH nach der Zeit t:

$$\frac{\mathrm{d}x}{\mathrm{d}t} = k\left(n_1 - \frac{x}{2}\right)^2\left(n_2 - \frac{x}{2}\right)^2\left(n_3 - \frac{3x}{4}\right)^3,$$

wobei k die Geschwindigkeitskonstante der Reaktion darstellt. Falls $k = 6{,}22 \cdot 10^{-19}$, $n_1 = n_2 = 2 \cdot 10^3$ und $n_3 = 3 \cdot 10^3$ ist, wieviele Einheiten Kaliumhydroxid werden nach 0,2 s gebildet sein? Verwenden Sie das Runge-Kutta-Verfahren vierter Ordnung mit $h = 0{,}01$.

5.4. Prädiktor-Korrektor-Verfahren

Die Taylorschen und die Runge-Kutta-Verfahren sind Beispiele für **Einschrittmethoden** zur Approximation der Lösung von Anfangswertproblemen. Diese Methoden werden dadurch charakterisiert, daß die Approximation w_{i+1} von $y(t_{i+1})$ nur w_i einschließt, aber keine der vorigen Approximationen $w_0, w_1, \ldots, w_{i-1}$. Nur die letzte Approximation w_i von $y(t_i)$ und im allgemeinen einige Funktionsauswertungen von f an Zwischenpunkten werden eingesetzt, aber die letzteren werden gestrichen, sobald w_{i+1} erhalten ist. Da $|y(t_j) - w_j|$ immer ungenauer wird, je größer i wird, können bessere Näherungsmethoden hergeleitet werden, wenn bei der Approximation von $y(t_{i+1})$ noch weitere vorige Approximationen von w_i eingeschlossen werden. Methoden, die mit dieser Philosophie entwickelt wurden, heißen **Mehrschrittverfahren**. Kurz gesagt, Einschrittmethoden betrachten nur das, was im vorigen Schritt vorkam, Mehrschrittverfahren dahingegen das, was in mehreren vorigen Schritten geschah.

Zur Herleitung eines Mehrschrittverfahrens beachte man zuerst, daß die Lösung des Anfangswertproblems

$$\frac{\mathrm{d}y}{\mathrm{d}t} = f(t, y), \quad a \leq t \leq b$$

mit der Anfangsbedingung

$$y(a) = \alpha$$

die Eigenschaft besitzt, daß

$$y(t_{i+1}) - y(t_i) = \int_{t_i}^{t_{i+1}} y'(t)\mathrm{d}t = \int_{t_i}^{t_{i+1}} f(t, y(t))\mathrm{d}t$$

ist, falls über dem Intervall $[t_i, t_{i+1}]$ integriert wird. Folglich gilt

$$y(t_{i+1}) = y(t_i) + \int_{t_i}^{t_{i+1}} f(t, y(t))\mathrm{d}t.$$

Da man $f(t, y(t))$ nicht integrieren kann, ohne die Lösung des Problems $y(t)$ zu kennen, integriert man stattdessen ein Interpolationspolynom P, das über einige der vorigen Datenpunkte $(t_0, w_0), (t_1, w_1), \ldots, (t_i, w_i)$ bestimmt wurde. Nimmt man zusätzlich an, daß $y(t_i) \approx w_i$ ist, erhält man

$$y(t_{i+1}) \approx w_i + \int_{t_i}^{t_{i+1}} P(t)\mathrm{d}t.$$

Obwohl jede Form des Interpolationspolynoms zur Herleitung verwendet werden kann, ist es am passendsten, die Newtonsche Formel mit aufsteigender Differenz zu wählen, da diese Form die zuletzt berechneten Approximationen am stärksten in Betracht zieht.

Es gibt zwei verschiedene Klassen von Mehrschrittverfahren. Die **explizite Methode** ist eine, bei der w_{i+1} nicht von der Funktionsauswertung $f(t_{i+1}, w_{i+1})$ abhängt. Eine Methode, die teilweise von $f(t_{i+1}, w_{i+1})$ abhängt, heißt **implizit**.

Es folgen einige der expliziten Mehrschrittverfahren mitsamt den benötigten Startwerten und den lokalen Fehlertermen.

Adams-Bashforth-Zweischritt-Verfahren

$$w_0 = \alpha, \quad w_1 = \alpha_1$$
$$w_{i+1} = w_i + \frac{h}{2} + [3f(t_i, w_i) - f(t_{i-1}, w_{i-1})],$$

wobei $i = 1, 2, \ldots, N-1$ ist. Der lokale Fehler ist $\frac{5}{12} y'''(\mu_i) h^3$ für beliebige μ_i in (t_{i-1}, t_{i+1}).

Adams-Bashforth-Dreischritt-Verfahren

$$w_0 = \alpha, \; w_1 = \alpha_1, \; w_2 = \alpha_2$$
$$w_{i+1} = w_i + \frac{h}{12} + [23f(t_i, w_i) - 16f(t_{i-1}, w_{i-1}) + 5f(t_{i-2}, w_{i-2})]$$

mit $i = 2, 3, \ldots, N-1$. Der lokale Fehler ist $\frac{3}{8} y^{(4)}(\mu_i) h^4$ für beliebige μ_i in (t_{i-2}, t_{i+1}).

Adams-Bashforth-Vierschritt-Verfahren

$$w_0 = \alpha, \; w_1 = \alpha_1, \; w_2 = \alpha_2, \; w_3 = \alpha_3$$
$$\begin{aligned} w_{i+1} = w_i + \frac{h}{24} + [&55f(t_i, w_i) - 59f(t_{i-1}, w_{i-1}) + 37f(t_{i-2}, w_{i-2}) \\ &- 9f(t_{i-3}, w_{i-3})] \end{aligned}$$

mit $i = 3, 4, \ldots, N-1$. Der lokale Fehler ist $\frac{251}{720} y^{(5)}(\mu_i) h^5$ für beliebige μ_i in (t_{i-3}, t_{i+1}).

Adams-Bashforth-Fünfschritt-Verfahren

$$w_0 = \alpha, \; w_1 = \alpha_1, \; w_2 = \alpha_2, \; w_3 = \alpha_3, \; w_4 = \alpha_4$$
$$\begin{aligned} w_{i+1} = w_1 + \frac{h}{720}[&1901f(t_i, w_i) - 2774f(t_{i-1}, w_{i-1}) + 2616f(t_{i-2}, w_{i-2}) \\ &- 1274f(t_{i-3}, w_{i-3}) + 251f(t_{i-4}, w_{i-4})] \end{aligned}$$

mit $i = 4, 5, \ldots, N-1$. Der lokale Fehler ist $\frac{95}{288} y^{(6)}(\mu_i) h^6$ für beliebige μ_i in (t_{i-4}, t_{i+1}).

Implizite Methoden verwenden zur Approximation des Integrals

$$\int_{t_i}^{t_{i+1}} f(t, y(t))\mathrm{d}t$$

$(t_{i+1}, f(t_{i+1}, y(t_{i+1})))$ als zusätzlichen Interpolationsknoten. Einige der gängigeren impliziten Methoden werden weiter unten aufgelistet. Man beachte, daß der lokale Fehler eines impliziten $(m-1)$-Schritt-Verfahrens $O(h^{m+1})$ ist, derselbe wie der eines expliziten m-Schritt-Verfahrens. Beide benötigen m Funktionsauswertungen, da die implizite Methode $f(t_{i+1}, w_{i+1})$ benötigt, die explizite Methode jedoch nicht.

Adams-Moulton-Zweischritt-Verfahren

$$w_0 = \alpha, \quad w_1 = \alpha_1,$$
$$w_{i+1} = w_i + \frac{h}{12} + [5f(t_{i+1}, w_{i+1}) + 8f(t_i, w_i) - f(t_{i-1}, w_{i-1})]$$

mit $i = 1, 2, \ldots, N-1$. Der lokale Fehler ist $-\frac{1}{24}y^{(4)}(\mu_i)h^4$ für beliebige μ_i in (t_{i-1}, t_{i+1}).

Adams-Moulton-Dreischritt-Verfahren

$$w_0 = \alpha, \quad w_1 = \alpha_1, \quad w_2 = \alpha_2,$$
$$w_{i+1} = w_i + \frac{h}{24} + [9f(t_{i+1}, w_{i+1})$$
$$+ 19f(t_i, w_i) - 5f(t_{i-1}, w_{i-1}) + f(t_{i-2}, w_{i-2})]$$

mit $i = 2, 3, \ldots, N-1$. Der lokale Fehler ist $-\frac{19}{720}y^{(5)}(\mu_i)h^5$ für beliebige μ_i in (t_{i-2}, t_{i+1}).

Adams-Moulton-Vierschritt-Verfahren

$$w_0 = \alpha, \quad w_1 = \alpha_1, \quad w_2 = \alpha_2, \quad w_3 = \alpha_3$$
$$w_{i+1} = w_i + \frac{h}{720} + [251f(t_{i+1}, w_{i+1}) + 646f(t_i, w_i)$$
$$- 246f(t_{i-1}, w_{i-1}) + 106f(t_{i-2}, w_{i-2}) - 19f(t_{i-3}, w_{i-3})]$$

mit $i = 3, 4, \ldots, N-1$. Der lokale Fehler ist $-\frac{3}{160}y^{(6)}(\mu_i)h^6$ für beliebige μ_i in (t_{i-3}, t_{i+1}).

Es ist interessant, ein explizites Adams-Bashforth-m-Schritt-Verfahren mit einem impliziten Adams-Moulton-$(m-1)$-Schritt-Verfahren zu vergleichen. Beide erfordern m Auswertungen von f pro Schritt, und beide besitzen die Terme $y^{(m+1)}(\mu_i)h^{m+1}$ in ihren lokalen Fehlern. Im allgemeinen sind die Koeffizienten der Terme, die f in der Approximation enthalten, und diejenigen in dem lokalen Fehler bei den impliziten Methoden kleiner als bei den expliziten. Dies führt zu größerer Stabilitat und kleineren Rundungsfehlern bei den impliziten Methoden.

Beispiel 1. Betrachtet sei das Anfangswertproblem

$$y' = y - t^2 + 1, \quad 0 \leq t \leq 2, \quad y(0) = 0{,}5$$

und die durch das Adams-Bashforth-Vierschritt-Verfahren und durch das Adams-Moulton-Dreischritt-Verfahren gegebenen Approximationen, wobei beide Methoden $h = 0{,}2$ verwenden. Das explizite Adams-Bashforth-Verfahren besitzt die Differenzengleichung

$$w_{i+1} = w_i + \frac{h}{24}[55f(t_i, w_i) - 59f(t_{i-1}, w_{i-1}) + 37f(t_{i-2}, w_{i-2}) - 9f(t_{i-3}, w_{i-3})]$$

für $i = 3, 4, \ldots, 9$, die mit $f(t, y) = y - t^2 + 1$, $h = 0{,}2$ und $t_i = 0{,}2i$ zu

$$w_{i+1} = w_i + \frac{1}{24}[35w_i - 11{,}8w_{i-1} + 7{,}4w_{i-2} - 1{,}8w_{i-3} - 0{,}192i^2 - 0{,}192i + 4{,}736]$$

vereinfacht werden kann. Das implizite Adams-Moulton-Verfahren hat die Differenzengleichung

$$w_{i+1} = w_i + \frac{h}{24}[9f(t_{i+1}, w_{i+1}) + 19f(t_i, w_i) - 5f(t_{i-1}, w_{i-1}) + f(t_{i-2}, w_{i-2})]$$

für $i = 2, 3, \ldots, 9$, reduziert zu

$$w_{i+1} = \frac{1}{24}[1{,}8w_{i+1} + 27{,}8w_i - w_{i-1} + 0{,}2w_{i-2} - 0{,}192i^2 - 0{,}192i + 4{,}736].$$

Um diese Verfahren explizit anzuwenden, löst man nach w_{i+1} auf; das ergibt

$$w_{i+1} = \frac{1}{22{,}2}[27{,}8w_i - w_{i-1} + 0{,}2w_{i-2} - 0{,}192i^2 - 0{,}192i + 4{,}736]$$

für $i = 2, 3, \ldots, 9$. Die Ergebnisse in Tabelle 5.9 wurden mit den exakten Werten von $y(t) = (t+1)^2 - 0{,}5e^t$ für α, α_1 und α_2 im expliziten Adams-Bashforth-Fall und für α und α_1 im impliziten Adams-Moulton-Fall erhalten. □

Tabelle 5.9

t_i	Adams-Bashforth-Verfahren w_i	Fehler	Adams-Moulton-Verfahren w_i	Fehler
0,0	0,5000000	0	0,5000000	0
0,2	0,8292986	0,0000000	0,8292986	0,0000000
0,4	1,2140877	0,0000000	1,2140877	0,0000000
0,6	1,6489406	0,0000000	1,6489341	0,0000065
0,8	2,1273124	0,0000828	2,1272136	0,0000160
1,0	2,6410810	0,0002219	2,6408298	0,0000293
1,2	3,1803480	0,0004065	3,1798937	0,0000478
1,4	3,7330601	0,0006601	3,7323270	0,0000731
1,6	4,2844931	0,0010093	4,2833767	0,0001071
1,8	4,8166575	0,0014812	4,8150236	0,0001527
2,0	5,3075838	0,0021119	5,3052587	0,0002132

In Beispiel 1 lieferte das Adams-Moulton-Verfahren erheblich bessere Ergebnisse als das explizite Adams-Bashforth-Verfahren derselben Ordnung. Obwohl dies im allgemeinen der Fall ist, haftet impliziten Verfahren die Schwäche an, zuerst das Verfahren algebraisch umformen zu müssen, um w_{i+1} explizit darzustellen. Das kann schwierig werden, wenn nicht unmöglich, wie bei dem einfachen Anfangswertproblem

$$y' = e^y, \quad 0 \leq t \leq 0{,}25, \quad y(0) = 1$$

gesehen werden kann. Da $f(t, y) = e^y$ ist, hat das Adams-Moulton-Dreischritt-Verfahren

$$w_{i+1} = w_i + \frac{h}{24}[9e^{w_{i+1}} + 19e^{w_i} - 5e^{w_{i-1}} + e^{w_{i-2}}]$$

als Differenzengleichung; diese Gleichung kann nicht explizit nach w_{i+1} aufgelöst werden. Man könnte mit dem Newtonschen oder Sekantenverfahren w_{i+1} approximieren, aber dies kompliziert das Vorgehen beträchtlich.

In der Praxis werden implizite Verfahren nicht allein verwendet. Vielmehr werden sie zur Verbesserung von Approximationen eingesetzt, die über explizite Verfahren erhalten wurden. Diese Kombination aus einem expliziten und einem impliziten Verfahren heißt **Prädiktor-Korrektor-Methode**. Das explizite Verfahren sagt eine Approximation voraus, und das implizite Verfahren korrigiert diese Voraussage.

Betrachtet sei das folgende Verfahren vierter Ordnung zur Lösung eines Anfangswertproblems. Der erste Schritt besteht darin, die Startwerte w_0, w_1, w_2 und w_3 für das Adams-Bashforth-Vierschritt-Verfahren zu berechnen. Dafür wird eine Einschrittmethode vierter Ordnung, das Runge-Kutta-Verfahren vierter Ordnung, eingesetzt. Im nächsten Schritt wird eine Approximation $w_4^{(0)}$ von $y(t_4)$

mit dem Adams-Bashforth-Vierschritt-Verfahren als Prädiktor berechnet:

$$w_4^{(0)} = w_3 + \frac{h}{24}[55f(t_3, w_3) - 59f(t_2, w_2) + 37f(t_1, w_1) - 9f(t_0, w_0)].$$

Diese Approximation wird mit dem Adams-Moulton-Dreischritt-Verfahren als Korrektor verbessert:

$$w_4^{(1)} = w_3 + \frac{h}{24}[9f(t_4, w_4^{(0)}) + 19f(t_3, w_3) - 5f(t_2, w_2) + f(t_1, w_1)].$$

Der Wert $w_4 \equiv w_4^{(1)}$ wird dann als Approximation von $y(t_4)$ verwendet, und das Adams-Bashforth-Verfahren als Prädiktor und das Adams-Moulton-Verfahren als Korrektor wiederholt, um $w_5^{(0)}$ und $w_5^{(1)}$ zu bestimmen, die Start- und Endnäherungen von $y(t_5)$, und so weiter.

Das Programm PRCORM53 basiert auf dem Adams-Bashforth-Vierschritt-Verfahren als Prädiktor und einer Iteration des Adams-Moulton-Dreischritt-Verfahrens als Korrektor mit den Startwerten, die über das Runge-Kutta-Verfahren vierter Ordnung erhalten wurden.

Beispiel 2. Tabelle 5.10 faßt die Ergebnisse zusammen, die mit dem Programm PRCORM53 für das Anfangswertproblem

$$y' = y - t^2 + 1, \quad 0 \le t \le 2, \quad y(0) = 0{,}5$$

mit $N = 10$ erhalten wurden. Die Ergebnisse hier sind genauer als in Beispiel 1, wo nur der Korrektor (das heißt das Adams-Moulton-Verfahren) eingesetzt wurde. Das ist im allgemeinen nicht der Fall. □

Tabelle 5.10

t_i	w_i	$y_i = y(t_i)$	Fehler $\lvert y_i - w_i \rvert$
0,0	0,5000000	0,5000000	0
0,2	0,8292933	0,8292986	0,0000053
0,4	1,2140762	1,2140877	0,0000114
0,6	1,6489220	1,6489406	0,0000186
0,8	2,1272056	2,1272295	0,0000239
1,0	2,6408286	2,6408591	0,0000305
1,2	3,1799026	3,1799415	0,0000389
1,4	3,7323505	3,7324000	0,0000495
1,6	4,2834208	4,2834838	0,0000630
1,8	4,8150964	4,8151763	0,0000799
2,0	5,3053707	5,3054720	0,0001013

Die Adams-Verfahren sind die einfachsten Mehrschrittverfahren, da sie die unmittelbar vorige Approximation interpolieren. Andere Mehrschrittverfahren können hergeleitet werden, indem Interpolationspolynome über Integrale der Form $[t_j, t_{i+1}]$ für $j \leq i-1$ integriert werden, wobei einige der Datenpunkte weggelassen werden. Die Milnesche Methode ist ein explizites Verfahren, das aus der Integration eines Newtonschen aufsteigenden Polynoms über $[t_{i-3}, t_{i+1}]$ resultiert.

Milnesche Methode

$$w_{i+1} = w_{i-3} + \frac{4h}{3}[2f(t_i, w_i) - f(t_{i-1}, w_{i-1}) + 2f(t_{i-2}, w_{i-2})]$$

mit $i = 3, 4, \ldots, N-1$. Der lokale Fehler ist $\frac{14}{45}h^5 y^{(5)}(\mu_i)$ für beliebige μ_i in (t_{i-3}, t_{i+1}).

Diese Methode wird als Prädiktor für eine implizite Methode, die Simpsonsche Methode, eingesetzt. Der Name stammt daher, daß sie mit der Simpsonschen Regel zur Approximation von Integralen hergeleitet werden kann.

Simpsonsche Methode

$$w_{i+1} = w_{i-1} + \frac{h}{3}[f(t_{i+1}, w_{i+1} + 4f(t_i, w_i) + f(t_{i-1}, w_{i-1})]$$

mit $i = 1, 2, \ldots, N-1$. Der lokale Fehler ist $-\frac{1}{90}h^5 y^{(5)}(\mu_i)$ für beliebige μ_i in (t_{i-1}, t_{i+1}).

Obwohl der lokale Fehler in einer Prädiktor-Korrektor-Methode des Milne-Simpsonschen Types generell kleiner als der in einem Adams-Bashforth-Moulton-Verfahren ist, wird das Verfahren wegen Stabilitätsproblemen, die bei dem Adams-Verfahren nicht auftreten, nur begrenzt eingesetzt.

Übungsaufgaben

1. Approximieren Sie mit jedem der Adams-Bashforth-Verfahren die Lösungen der folgenden Anfangswertprobleme. Verwenden Sie in jedem Fall exakte Startwerte, und vergleichen Sie die Ergebnisse mit den tatsächlichen Werten.

a) $y' = te^{3t} - 2y$, $0 \leq t \leq 1$, $y(0) = 0$ mit $h = 0{,}2$, tatsächliche Lösung $y(t) = \frac{1}{5}te^{3t} - \frac{1}{25}e^{3t} + \frac{1}{25}e^{-2t}$

b) $y' = 1 + (t-y)^2$, $2 \leq t \leq 3$, $y(2) = 1$ mit $h = 0{,}2$, tatsächliche Lösung $y(t) = t + (1-t)^{-1}$

c) $y' = 1+\frac{y}{t}$, $1 \le t \le 2$, $y(1) = 2$ mit $h = 0{,}2$, tatsächliche Lösung $y(t) = t\ln t+2t$

d) $y' = \cos 2t + \sin 3t$, $0 \le t \le 1$, $y(0) = 1$ mit $h = 0{,}2$, tatsächliche Lösung $y(t) = \frac{1}{2}\sin 2t - \frac{1}{3}\cos 3t + \frac{4}{3}$.

2. Approximieren Sie mit jedem der Adams-Moulton-Verfahren die Lösungen der Übungen 1a, 1c und 1d. Verwenden Sie in jedem Fall exakte Startwerte, und lösen Sie explizit nach w_{i+1} auf. Vergleichen Sie die Ergebnisse mit den tatsächlichen Werten.

3. Approximieren Sie mit jedem der Adams-Bashforth-Verfahren die Lösungen der folgenden Anfangswertprobleme. Verwenden Sie in jedem Fall Startwerte, die über das Runge-Kutta-Verfahren der Ordnung vier erhalten wurden. Vergleichen Sie die Ergebnisse mit den tatsächlichen Werten.

a) $y' = \frac{y}{t} - \left(\frac{y}{t}\right)^2$, $1 \le t \le 2$, $y(1) = 1$ mit $h = 0{,}1$, tatsächliche Lösung $y(t) = t(1+\ln t)^{-1}$

b) $y' = 1 + \frac{y}{t} + \left(\frac{y}{t}\right)^2$, $1 \le t \le 3$, $y(1) = 0$ mit $h = 0{,}2$, tatsächliche Lösung $y(t) = t\tan(\ln t)$

c) $y' = -(y+1)(y+3)$, $0 \le t \le 2$, $y(0) = -2$ mit $h = 0{,}1$, tatsächliche Lösung $y(t) = -3 + 2(1+e^{-2t})^{-1}$

d) $y' = -5y + 5t^2 + 2t$, $0 \le t \le 1$, $y(0) = \frac{1}{3}$ mit $h = 0{,}1$, tatsächliche Lösung $y(t) = t^2 + \frac{1}{3}e^{-5t}$.

4. Approximieren Sie mit der Prädiktor-Korrektor-Methode, die auf dem Adams-Bashforth-Vierschritt-Verfahren und dem Adams-Moulton-Dreischritt-Verfahren basiert, die Lösungen der Anfangswertprobleme aus Übung 1.

5. Approximieren Sie mit der Prädiktor-Korrektor-Methode, die auf dem Adams-Bashforth-Vierschritt-Verfahren und dem Adams-Moulton-Dreischritt-Verfahren basiert, die Lösungen der Anfangswertprobleme aus Übung 3.

6. Das Anfangswertproblem $y' = e^y$, $0 \le t \le 0{,}20$, $y(0) = 1$ besitzt die Lösung

$$y(t) = 1 - \ln(1 - e^t).$$

Anwenden des Adams-Moulton-Dreischritt-Verfahrens auf dieses Problem ist äquivalent dazu, die Fixpunkte w_{i+1} von

$$g(w) = w_i + \frac{h}{24}[9e^w + 19e^{w_i} - 5e^{w_{i-1}} + e^{w_{i-2}}]$$

zu bestimmen.

a) Man bestimme w_{i+1} durch funktionale Iteration für $i = 2, \ldots, 19$ mit den genauen Startwerten w_0, w_1 und w_2 und mit $h = 0{,}01$. Setzen Sie in jedem Schritt w_i als eine Anfangsnäherung von w_{i+1} ein.

b) Beschleunigt das Newtonsche Verfahren die Konvergenz über funktionale Iteration?

7. Approximieren Sie mit der Milne-Simpsonschen Prädiktor-Korrektor-Methode die Lösungen der Anfangswertprobleme aus Übung 3.

8. Approximieren Sie mit der Milne-Simpsonschen Prädiktor-Korrektor-Methode die Lösung von

$$y' = 5y, \quad 0 \leq t \leq 2, \quad y(0) = e$$

mit $h = 0{,}1$. Wiederholen Sie das Verfahren mit $h = 0{,}05$. Stimmen die Lösungen mit dem lokalen Abbruchfehler überein?

5.5. Extrapolationsverfahren

Die Extrapolation wurde in Abschnitt 4.6 zur Approximation von bestimmten Integralen angewandt, wobei festgestellt wurde, daß man mit dem korrekten Durchschnitt relativ ungenauer Trapeznäherungen neue, äußerst genaue Approximationen erzeugen kann. In diesem Abschnitt soll mit der Extrapolation die Genauigkeit von Approximationen der Lösung von Anfangswertproblemen verbessert werden. Wie man vorher sehen konnte, müssen die ursprünglichen Approximationen eine Fehlerentwicklung einer speziellen Form besitzen, damit das Verfahren erfolgreich ist.

Um mit der Extrapolation ein Anfangswertproblem zu lösen, wird ein auf der Mittelpunktmethode basierendes Verfahren angewandt:

$$w_{i+1} = w_{i-1} + 2hf(t_i, w_i) \qquad \text{für } i \geq 1.$$

Dies erfordert zwei Startwerte, da sowohl w_0 als auch w_1 benötigt werden, bevor die erste Mittelpunktnäherung w_2 bestimmt werden kann. Wie gewöhnlich wird die Anfangsbedingung für $w_0 = y(a) = \alpha$ verwendet. Der zweite Startwert w_1 wird mit dem Eulerschen Verfahren bestimmt. Die folgenden Approximationen werden über die Mittelpunktmethode erhalten. Nachdem eine Reihe von Approximationen dieses Types erzeugt sind, wobei man bei einem Wert t endet, wird eine Endpunktkorrektur durchgeführt, die die letzten beiden Mittelpunktnäherungen umfaßt. Damit erhält man eine Approximation $w(t, h)$ von $y(t)$, die die folgende Form besitzt:

$$y(t) = w(t, h) + \sum_{k=1}^{\infty} \delta_k h^{2k},$$

wobei δ_k Konstanten sind, die sich auf die Ableitungen der Lösung $y(t)$ beziehen. Die Hauptsache ist, daß δ_k nicht von der Schrittweite h abhängt.

Zur Verdeutlichung des Extrapolationsverfahrens zur Lösung von

$$y'(t) = f(t, y), \qquad a \leq t \leq b, \qquad y(a) = \alpha$$

sei angenommen, daß eine feste Schrittweite h existiere und daß $y(a + h)$ approximiert werden soll.

Im ersten Extrapolationsschritt sei $h_0 = h/2$ und das Eulersche Verfahren werde mit $w_0 = \alpha$ angewandt, um $y(a + h_0) = y(a + h/2)$ mit

$$w_1 = w_0 + h_0 f(a, w_0)$$

zu approximieren. Dann wird mit der Mittelpunktmethode mit $t_{i-1} = a$ und $t_i = a + h_0 = a + h/2$ eine erste Approximation

$$w_2 = w_0 + 2h_0 f(a + h, w_1)$$

von $y(a + h) = y(a + 2h_0)$ erzeugt. Mit der Endpunktkorrektur erhält man die letzte Approximation von $y(a + h)$ für die Schrittweite h_0. Dies führt zu der $O(h_0^2)$-Approximation

$$y_{1,1} = \frac{1}{2}[w_2 + w_1 + h_0 f(a + h, w_2)].$$

Für die nächste Approximation von $y(a+h)$ sei $h_1 = h/3$ und das Eulersche Verfahren werde mit $w_0 = \alpha$ angewandt, um mit

$$w_1 = w_0 + h_1 f(a, w_0)$$

$y(a + h_1) = y(a + h/3)$ zu approximieren. Dann wird die Mittelpunktmethode zweimal angewandt. Zuerst wird mit $t_{i-1} = a$ und $t_i = a + h_1 = a + h/3$ eine Approximation w_2 von $y(a + 2h_1) = y(a + 2h/3)$ und dann mit $t_{i-1} = a + h_1 = a + h/3$ und $t_i = a + 2h_1 = a + 2h/3$ eine erste Approximation w_3 von $y(a + h) = y(a + 3h_1)$ erzeugt. Mit der Endpunktkorrektur erhält man eine letzte $O(h_1^2)$-Approximation von $y(a + h)$ für die Schrittweite h_1:

$$y_{2,1} = \frac{1}{2}[w_3 + w_2 + h_1 f(a + h, w_3)].$$

Wegen der Fehlerform besitzen die beiden Approximationen von $y(a + h)$ die Eigenschaft, daß

$$y(a+h) = y_{1,1} + \delta_1 \left(\frac{h}{2}\right)^2 + \delta_2 \left(\frac{h}{2}\right)^4 + \ldots = y_{1,1} + \delta_1 \frac{h^2}{4} + \delta_2 \frac{h^4}{16} + \ldots$$

und

$$y(a+h) = y_{2,1} + \delta_1 \left(\frac{h}{3}\right)^2 + \delta_2 \left(\frac{h}{3}\right)^4 + \ldots = y_{2,1} + \delta_1 \frac{h^2}{9} + \delta_2 \frac{h^4}{81} + \ldots$$

gilt.

Man kann den $O(h^2)$-Teil dieses Abbruchfehlers eliminieren, indem man diese beiden Formeln geeignet mittelt. Um genau zu sein, wenn man viermal die erste von neunmal der zweiten subtrahiert und das Ergebnis durch fünf teilt, erhält man

$$y(a + h) = y_{2,1} + \frac{4}{5}(y_{2,1} - y_{1,1}) - \delta_2 \frac{h^4}{36} + \cdots .$$

Somit besitzt die Approximation

$$y_{2,2} = y_{2,1} + \frac{4}{5}(y_{2,1} - y_{1,1})$$

die Fehlerordnung $O(h^4)$.

Fährt man in dieser Weise fort, wählt man als nächstes $h_2 = h/4$ und wendet einmal das Eulersche Verfahren an, gefolgt von dreimal der Mittelpunktmethode sowie der Endpunktkorrektur und bestimmt somit eine weitere Approximation $y_{3,1}$ von $y(a+h)$. Diese Approximation kann mit $y_{2,1}$ gemittelt werden, und man erhält so eine zweite $O(h^4)$-Approximation, die mit $y_{3,2}$ bezeichnet wird. Dann werden $y_{3,2}$ und $y_{2,2}$ gemittelt, um die $O(h^4)$-Fehlerterme zu eliminieren, und man erhält eine Approximation mit einem Fehler der Ordnung $O(h^6)$. Für höhere Formeln setzt man das Verfahren fort.

Der einzige signifikante Unterschied zwischen der hier durchgeführten und der für die Romberg-Integration im Abschnitt 4.5 verwendeten Extrapolation resultiert daraus, wie die Unterteilungen gewählt werden. In der Romberg-Integration gibt es eine geeignete Formel zur Darstellung der Approximationen aus der zusammengesetzten Trapezregel, die aufeinanderfolgende Teilungen der Schrittweite durch die ganzen Zahlen $1, 2, 4, 8, 16, 32, 64, \ldots$ verwendet. Dies erlaubt, den Mittelungsprozeß in einer leicht beschreibbaren Form fortzusetzen.

Es ist nicht leicht möglich, die Approximationen für Anfangswertprobleme zu verfeinern, somit sind die hier verwendeten Teilungen für das Extrapolationsverfahren derart gewählt, die Anzahl der Funktionsauswertungen zu minimeren. Die Mittelung, die bei dieser Art der Unterteilung auftritt, ist nicht leicht einzusehen, aber mit dieser Ausnahme ist die Mittelung des Prozesses dieselbe wie für die Romberg-Integration.

Das Programm EXTRAP54 verwendet das Extrapolationsverfahren mit der Folge von ganzen Zahlen $q_0 = 2$, $q_1 = 3$, $q_2 = 4$, $q_3 = 6$, $q_4 = 8$, $q_5 = 12$, $q_6 = 16$, $q_7 = 24$. Man wählt eine Basisschrittweite h, und das Verfahren approximiert $y(t+h)$, indem $h_j = h/a_j$ für jedes $j = 0, \ldots, 7$ verwendet wird. Der Fehler wird dadurch kontrolliert, daß die Approximationen von $y_{1,1}, y_{2,2}, \ldots$ solange berechnet werden, bis $|y_{i,i} - y_{i-1,i-1}|$ kleiner als eine gegebene Toleranz ist. Wird die Toleranz für $i = 8$ nicht erreicht, wird h reduziert und der Vorgang wiederholt. In dem Programm sind minimale und maximale Werte von h, $hmin$ beziehungsweise $hmax$, spezifiziert, um die Kontrolle über die Methode sicherzustellen.

Wird $y_{i,i}$ als akzeptabel betrachtet, dann setzt man w_1 gleich $y_{i,i}$, und die Berechnungen zur Bestimmung von w_2, das $y(t_2) = y(a+2h)$ approximieren soll, beginnen. Das Verfahren wird fortgesetzt, bis die Approximation w_N von $y(b)$ bestimmt ist.

Beispiel 1. Betrachtet sei das Anfangswertproblem

$$y' = y - t^2 + 1, \quad 0 \leq t \leq 2, \quad y(0) = 0{,}5,$$

das die Lösung $y(t) = (t+1)^2 - 0{,}5e^t$ besitzt. Das Programm EXTRAP54 erzeugt mit $h = 0{,}25$, $TOL = 10^{-5}$, $hmax = 0{,}25$ und $hmin = 0{,}01$ die in Tabelle 5.11 gezeigten Approximationen von w_1. □

Tabelle 5.11

$y_{1,1} = 0{,}91870117$				
$y_{2,1} = 0{,}91969682$	$y_{2,2} = 0{,}92049334$			
$y_{3,1} = 0{,}92003798$	$y_{3,2} = 0{,}92047662$	$y_{3,3} = 0{,}92047105$		
$y_{4,1} = 0{,}92028737$	$y_{4,2} = 0{,}92048688$	$y_{4,3} = 0{,}92049029$	$y_{4,4} = 0{,}92049270$	
$y_{5,1} = 0{,}92037479$	$y_{5,2} = 0{,}92048719$	$y_{5,3} = 0{,}92048729$	$y_{5,4} = 0{,}92048680$	$y_{5,5} = 0{,}92048641$

Die Berechnungen stoppen bei $w_1 = y_{5,5}$, da $|y_{5,5} - y_{4,4}| \leq 10^{-5}$ ist. Die gesamten Approximationen sind in Tabelle 5.12 gegeben.

Tabelle 5.12

t_i	w_i	h_i	$y_i = y(t_i)$	Fehler $\lvert y_i - w_i\rvert$	k
0,25	0,9204864	0,25	0,9204873	0,0000009	5
0,50	1,4256374	0,25	1,4256394	0,0000019	5
0,75	2,0039968	0,25	2,0040000	0,0000032	5
1,00	2,6408544	0,25	2,6408591	0,0000046	5
1,25	3,3173249	0,25	3,3173285	0,0000036	4
1,50	4,0091480	0,25	4,0091555	0,0000075	3
1,75	4,6851917	0,25	4,6851987	0,0000070	3
2,00	5,3054724	0,25	5,3054720	0,0000005	3

Übungsaufgaben

1. Approximieren Sie die Lösungen der folgenden Anfangswertprobleme mit dem Extrapolationsprogramm EXTRAP54 und der Toleranz $TOL = 10^{-4}$, $hmax = 0{,}25$ und $hmin = 0{,}05$. Vergleichen Sie die Ergebnisse mit den tatsächlichen Werten.

a) $y' = te^{3t} - 2y$, $0 \leq t \leq 1$, $y(0) = 0$, tatsächliche Lösung $y(t) = \frac{1}{5}e^{3t} - \frac{1}{25}e^{3t} + \frac{1}{25}e^{-2t}$

b) $y' = 1 + (t-y)^2$, $2 \leq t \leq 3$, $y(2) = 1$, tatsächliche Lösung $y(t) = t + (1-t)^{-1}$

c) $y' = 1 + \frac{y}{t}$, $1 \leq t \leq 2$, $y(1) = 2$, tatsächliche Lösung $y(t) = t \ln t + 2t$

d) $y' = \cos 2t + \sin 3t$, $0 \leq t \leq 1$, $y(0) = 1$, tatsächliche Lösung $y(t) = \frac{1}{2}\sin 2t - \frac{1}{3}\cos 3t + \frac{4}{3}$.

2. Approximieren Sie die Lösungen der folgenden Anfangswertprobleme mit dem Extrapolationsprogramm EXTRAP54 und der Toleranz $TOL = 10^{-6}$, $hmax = 0{,}5$ und $hmin = 0{,}05$. Vergleichen Sie die Ergebnisse mit den tatsächlichen Werten.

a) $y' = \frac{y}{t} - \frac{y^2}{t^2}$, $1 \le t \le 4$, $y(1) = 1$, tatsächliche Lösung $y(t) = t/(1 + \ln t)$

b) $y' = 1 + \frac{y}{t} + \left(\frac{y}{t}\right)^2$, $1 \le t \le 3$, $y(1) = 0$, tatsächliche Lösung $y(t) = t\tan(\ln t)$

c) $y' = -(y + 1)(y + 3)$, $0 \le t \le 3$, $y(0) = -2$, tatsächliche Lösung $y(t) = -3 + 2(1 + e^{-2t})^{-1}$

d) $y' = (t + 2t^3)y^3 - ty$, $0 \le t \le 2$, $y(0) = \frac{1}{3}$, tatsächliche Lösung $y(t) = (3 + t^2 + 6e^{t^2})^{-1/2}$.

3. Approximieren Sie die Lösungen der folgenden Anfangswertprobleme mit dem Extrapolationsprogramm EXTRAP54 und der Toleranz $TOL = 10^{-6}$, $hmax = 0{,}2$ und $hmin = 0{,}05$. Vergleichen Sie die Ergebnisse mit den tatsächlichen Werten.

a) $y' = -t^{-1}(\sin t + y) + \cos t^2$, $\sqrt{\pi} \le t \le \pi$, $y(\sqrt{\pi}) = 0$, tatsächliche Lösung $y(t) = t^{-1}(\cos t - \cos\sqrt{\pi} + 0{,}5\sin t^2)$

b) $y' = e^t \operatorname{cosec} t - \left(\frac{1}{t} + \cot t\right) y$, $\frac{\pi}{2} \le t \le \frac{3\pi}{4}$, $y\left(\frac{\pi}{2}\right) = \frac{2}{\pi}$, tatsächliche Lösung $y(t) = (t\sin t)^{-1}((t - 1)e^t - \left(\frac{\pi}{2} - 1\right) e^{\pi/2} + 1)$

c) $y' = \frac{t+\ln t}{y^2 \ln t} - \frac{y}{t\ln t}$, $e \le t \le 2e$, $y(e) = 2$, tatsächliche Lösung $y(t) = \left[3t + (\ln t)^{-1}(1{,}5t^2 - 9t) + (\ln t)^{-2}(18t - 1{,}5t^2) + (\ln t)^{-3}(0{,}75t^2 - 18t + C)\right]^{1/3}$, wobei $C = 8 + e(6 - 0{,}75e)$

d) $y' = 1 + t(1 - y^2) + 2t^2y - t^3$, $0 \le t \le 3$, $y(0) = 0$, tatsächliche Lösung $y(t) = t - 1 + 2(1 + e^{-t^2})^{-1}$.

4. Approximieren Sie die Lösungen der folgenden Anfangswertprobleme mit dem Extrapolationsprogramm EXTRAP54 und der Toleranz $TOL = 10^{-5}$, $hmax = 0{,}2$ und $hmin = 0{,}05$. Vergleichen Sie die Ergebnisse mit den tatsächlichen Werten.

a) $y' = -2\frac{y}{t} + t^3y^2\ln t$, $1 \le t \le 1{,}9$, $y(1) = 2$, tatsächliche Lösung $y(t) = 4(t^4 - 2t^4\ln t + t^2)^{-1}$

b) $y' = \sqrt{(2 - y^2)e^t}$, $0 \le t \le 0{,}5$, $y(0) = 0$, tatsächliche Lösung $y(t) = \sqrt{2}\sin(e^t - 1)$

c) $y' = -\sin t(1 + y\sec t)$, $0 \le t \le 0{,}5$, $y(0) = 2$, tatsächliche Lösung $y(t) = (2 + \ln(\cos t))\cos t$

d) $y' = -5y + 5t^2 + 2t$, $0 \le t \le 1$, $y(0) = \frac{1}{3}$, tatsächliche Lösung $y(t) = t^2 + \frac{1}{3}e^{-5t}$.

5. $P(t)$ sei die Anzahl von Personen in einer Bevölkerung zur Zeit t (in Jahren). Ist die durchschnittliche Geburtenrate konstant und die durchschnittliche Sterberate d der Größe der Bevölkerung proportional (aufgrund der Überbevölkerung), dann ist das Wachstum der Bevölkerung durch die *logistische Gleichung*

$$\frac{\mathrm{d}P(t)}{\mathrm{d}t} = bP(t) - k[P(t)]^2$$

gegeben, wobei $d = kP(t)$ ist. Angenommen, es sei $P(0) = 50\,976$, $b = 2{,}9 \cdot 10^{-2}$ und $k = 1{,}4 \cdot 10^{-7}$. Bestimmen Sie mit dem Programm EXTRAP54 die Bevölkerung nach 5 Jahren.

5.6. Adaptive Verfahren

Im Abschnitt 4.6 wurde die variierende Schrittweite sinnvoll eingesetzt, um Integralnäherungsmethoden zu erzeugen, die bei der erforderlichen Menge von Berechnungen rationell arbeiten. Dies allein wäre nicht ausreichend, diese Methoden zu bevorzugen, da sie die Komplikationen erhöhen, aber sie besitzen noch eine andere wichtige Eigenschaft. Die Wahl der Schrittweite enthält eine Abschätzung des Abbruchfehlers, die keine Approximation von höheren Ableitungen der Funktion benötigt. Diese Methoden heißen *adaptiv*, da sie die Anzahl und Lage der in der Approximation verwendeten Knoten derart anpassen, daß der Abbruchfehler innerhalb einer spezifizierten Schranke bleibt.

Es gibt eine enge Verbindung zwischen der Approximation eines bestimmten Integrals und der Approximation der Lösung eines Anfangswertproblems. Daher ist es nicht überraschend, daß es adaptive Verfahren zur Approximation der Lösungen von Anfangswertproblemen gibt und daß diese Verfahren nicht nur rationell arbeiten, sondern auch die Kontrolle des Fehlers einschließen.

Eine ideale Methode der Differenzengleichung

$$w_{i+1} = w_i + h\phi(t_i, w_i, h_i) \qquad \text{für jedes } i = 0, 1, \dots, N-1$$

zur Approximation der Lösung $y(t)$ des Anfangswertproblems

$$y' = f(t, y), \quad a \leq t \leq b, \quad y(a) = \alpha$$

besitzt die Eigenschaft, daß für eine gegebene Toleranz $\epsilon > 0$ mit der minimalen Anzahl von Gitterpunkten sichergestellt wird, daß der globale Fehler $|y(t_i) - w_i|$ für jedes beliebige $i = 0, 1, \dots, N$ ϵ nicht überschreitet. Es überrascht nicht, daß eine minimale Anzahl von Gitterpunkten und die Kontrolle des globalen Fehlers einer Differenzenmethode der äquidistanten Einteilung eines Intervalls widerspricht. In diesem Abschnitt werden Verfahren untersucht, mit denen der Fehler einer Methode der Differenzengleichung rationell kontrolliert wird, indem die Gitterpunkte geeignet gewählt werden.

Obwohl man den globalen Fehler einer Methode nicht allgemein bestimmen kann, sah man in Abschnitt 5.2, daß es oft eine enge Verbindung zwischen dem lokalen und dem globalen Fehler gibt. Besitzt eine Methode den lokalen Fehler $n+1$, dann ist der globale Fehler der Methode n-ter Ordnung. Verwendet man Methoden unterschiedlicher Ordnungen, kann man den lokalen Fehler vorhersagen und mit dieser Vorhersage eine Schrittweite wählen, die den globalen Fehler unter Kontrolle hält.

Um dieses Verfahren zu verdeutlichen, sei angenommen, daß zwei Näherungsverfahren vorliegen. Das erste sei eine Methode n-ter Ordnung, die über eine Taylorsche Formel n-ter Ordnung der Form

$$y(t_{i+1}) = y(t_i) + h\phi(t_i, y(t_i), h) + O(h^{n+1})$$

erhalten wurde und folgende Approximationen liefert

$$w_0 = \alpha$$
$$w_{i+1} = w_i + h\phi(t_i, w_i, h) \text{ für } i > 0,$$

die für beliebige K und alle relevanten h und i

$$|y(t_i) - w_i| < Kh^n$$

gelten. Allgemein wird die Methode über eine Runge-Kutta-Modifikation der Taylorschen Formel erzeugt, die spezielle Herleitung ist jedoch unwichtig.

Die zweite Methode sei ähnlich, aber von höherer Ordnung. Es sei beispielsweise angenommen, daß sie von einer Taylorschen Formel $(n+1)$-ter Ordnung der Form

$$y(t_{i+1}) = y(t_i) + h\tilde{\phi}(t_i, y(t_i), h) + O(h^{n+2})$$

stammt und folgende Approximationen liefert

$$\tilde{w}_0 = \alpha$$
$$\tilde{w}_{i+1} = \tilde{w}_i + h\tilde{\phi}(t_i, \tilde{w}_i, h) \text{ für } i > 0,$$

die für beliebige $\tilde{K}$ und alle relevanten h und i

$$|y(t_i) - \tilde{w}_i| < \tilde{K}h^{n+1}$$

gelten. Es sei nun angenommen, daß an der Stelle t_i

$$w_i = \tilde{w}_i = z(t_i)$$

gilt, wobei $z(t)$ die Lösung der Differentialgleichung darstellt, die nicht der ursprünglichen Anfangsbedingung, aber stattdessen der Bedingung $z(t_i) = w_i$ genügt. Die typische Differenz zwischen $y(t)$ und $z(t)$ erkennt man in Abbildung 5.3.

Diese zwei Methoden mit der festen Schrittweite h erzeugen für die Differentialgleichung zwei Approximationen, w_{i+1} und $\tilde{w}_{i+1}$, deren Differenzen von $y(t_i + h)$ die globalen Fehler und deren Differenzen von $z(t_i + h)$ die lokalen Fehler darstellen.

Nun sei

$$z(t_i + h) - w_{i+1} = (\tilde{w}_{i+1} - w_{i+1}) + (z(t_i + h) - \tilde{w}_{i+1})$$

betrachtet. Der Term auf der linken Seite dieser Gleichung ist $O(h^{n+1})$, der lokale Fehler der Methode, aber der zweite Term auf der rechten Seite ist $O(h^{n+2})$. Daraus folgt, daß der beherrschende Teil auf der rechten Seite der erste Term ist; das heißt

$$z(t_i + h) - w_{i+1} \approx \tilde{w}_{i+1} - w_{i+1}.$$

Nimmt man nun an, daß

$$Kh^{n+1} = |z(t_i + h) - w_{i+1}| \approx |\tilde{w}_{i+1} - w_{i+1}|$$

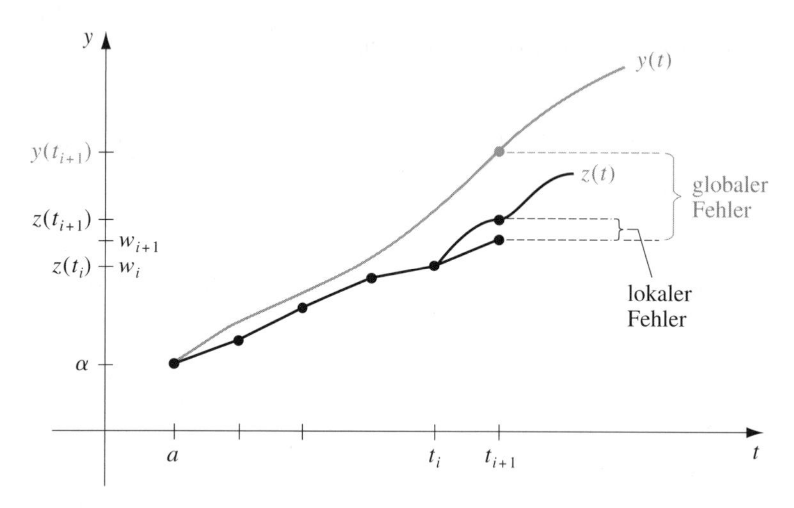

Abb. 5.3

gilt, kann man K durch

$$K \approx \frac{|\tilde{w}_{i+1} - w_{i+1}|}{h^{n+1}} \tag{5.1}$$

approximieren.

Zurück zum globalen Fehler des Problems, das wir ja wirklich lösen wollen,

$$y' = f(t, y), \quad a \leq t \leq b, \quad y(a) = \alpha.$$

Betrachtet sei die Anpassung der Schrittweite, falls erwartet wird, daß dieser globale Fehler durch die Toleranz ϵ beschränkt wird. Verwendet man ein Vielfaches q der ursprünglichen Schrittweite, folgt daraus, daß sichergestellt werden muß, daß

$$|y(t_i + qh) - w_{i+1}(\text{mit der neuen Schrittweite } qh)| < K(qh)^n < \epsilon$$

gilt. Aus (5.1) folgt, daß

$$Kq^n h^n \approx \frac{|\tilde{w}_{i+1} - w_{i+1}|}{h^{n+1}} q^n h^n = \frac{q^n |\tilde{w}_{i+1} - w_{i+1}|}{h} < \epsilon$$

und als Abschätzung

$$q < \left[\frac{\epsilon h}{|\tilde{w}_{i+1} - w_{i+1}|} \right]^{1/n}$$

gilt.

Ein gängiges Verfahren, das diese Ungleichung zur Fehlerkontrolle einsetzt, ist die **Runge-Kutta-Fehlberg-Methode**. Diese Methode besteht aus einem

Runge-Kutta-Verfahren mit einem lokalen Fehler der Ordnung fünf

$$\tilde{w}_{i+1} = w_i + \frac{16}{135}k_1 + \frac{6656}{12825}k_3 + \frac{28561}{56430}k_4 - \frac{9}{50}k_5 + \frac{2}{55}k_6,$$

um den lokalen Fehler mit einem Runge-Kutta-Verfahren der Ordnung vier

$$w_{i+1} = w_i + \frac{25}{216}k_1 + \frac{1408}{2565}k_3 + \frac{2197}{4104}k_4 - \frac{1}{5}k_5$$

abzuschätzen, wobei

$$\begin{aligned}
k_1 &= hf(t_i, w_i),\\
k_2 &= hf\left(t_i + \frac{h}{4}, w_i + \frac{1}{4}k_1\right),\\
k_3 &= hf\left(t_i + \frac{3h}{8}, w_i + \frac{3}{32}k_1 + \frac{9}{32}k_2\right),\\
k_4 &= hf\left(t_i + \frac{12h}{13}, w_i + \frac{1932}{2197}k_1 - \frac{7200}{2197}k_2 + \frac{7296}{2197}k_3\right),\\
k_5 &= hf\left(t_i + h, w_i + \frac{439}{216}k_1 - 8k_2 + \frac{3680}{513}k_3 - \frac{845}{4104}k_4\right),\\
k_6 &= hf\left(t_i + \frac{h}{2}, w_i - \frac{8}{27}k_1 - 2k_2 - \frac{3544}{2565}k_3 + \frac{1859}{4104}k_4 - \frac{11}{55}k_5\right)
\end{aligned}$$

ist.

Ein Vorteil dieser Methode besteht darin, daß pro Schritt nur sechs Auswertungen von f erforderlich sind, wohingegen zwei willkürliche Runge-Kutta-Verfahren der Ordnung vier und fünf zusammen mindestens vier Auswertungen von f für die Methode vierter Ordnung und zusätzlich sechs für die Methode fünfter Ordnung benötigen würden (siehe Tabelle 5.7, Abschnitt 5.3).

In der Theorie der Fehlerkontrolle werden mit einem Anfangswert von h im i-ten Schritt die ersten Werte von w_{i+1} und $\tilde{w}_{i+1}$ bestimmt, was zur Bestimmung von q in diesem Schritt führt. Dann werden die Berechnungen wiederholt, wobei die Schrittweite h durch qh ersetzt wird. Dieses Verfahren erfordert doppelt so viele Funktionsauswertungen pro Schritt wie ohne Fehlerkontrolle. In der Praxis wird q etwas anders gewählt, damit die größere Zahl der Funktionsauswertungen der Mühe Wert ist. Das im i-ten Schritt bestimmte q wird für zweierlei verwendet:

1. um die ursprüngliche Wahl von h im i-ten Schritt zu streichen und die Berechnungen mit qh zu wiederholen, wenn der Fehler nicht innerhalb der geforderten Schranke ist, und
2. um eine geeignete Startwahl von h für den $(i+1)$-ten Schritt vorherzusagen.

Wegen der Strafe (in Form von Funktionsauswertungen), die gezahlt werden muß, wenn viele Schritte wiederholt werden, neigt man dazu, q vorsichtig zu wählen; tatsächlich wird für die Runge-Kutta-Fehlberg-Methode mit $n = 4$ q

üblicherweise als

$$q = \left(\frac{\epsilon h}{2|\tilde{w}_{i+1} - w_{i+1}|}\right)^{1/4} \approx 0{,}84 \left(\frac{\epsilon h}{|\tilde{w}_{i+1} - w_{i+1}|}\right)^{1/4}$$

gewählt. Das Programm RKFVSM55, das die Runge-Kutta-Fehlberg-Methode ausführt, nutzt ein Verfahren, das große Abweichungen der Schrittweite eliminiert. Dies soll verhindern, daß zu viel Zeit mit sehr kleinen Schrittweiten in Bereichen mit Irregularitäten in den Ableitungen von y verbracht wird und daß große Schrittweiten auftreten, die empfindliche, naheliegende Bereiche überspringen könnten. In einigen Beispielen wird die Erhöhung der Schrittweite gänzlich weggelassen, und die Verminderung der Schrittweite modifiziert und nur eingebaut, um den Fehler unter Kontrolle zu bringen.

Beispiel 1. Mit der Runge-Kutta-Fehlberg-Methode soll die Lösung des Anfangswertproblems

$$y' = y - t^2 + 1, \quad 0 \le t \le 2, \quad y(0) = 0{,}5$$

approximiert werden, das die Lösung $y(t) = (t+1)^2 - 0{,}5e^t$ besitzt. Die Eingaben sind die Toleranz $TOL = 10^{-5}$, eine maximale Schrittweite $hmax = 0{,}25$ und eine minimale Schrittweite $hmin = 0{,}01$. Die Ergebnisse des Programms RKFVSM55 sieht man in Tabelle 5.13. □

Tabelle 5.13

t_i	w_i	h_i	$y_i = y(t_i)$	$\lvert y_i - w_i\rvert$
0,0000000	0,5000000	0	0,5000000	0,0000000
0,2500000	0,9204886	0,2500000	0,9204873	0,0000013
0,4865522	1,3964910	0,2365522	1,3964844	0,0000026
0,7293332	1,9537488	0,2427810	1,9537446	0,0000042
0,9793332	2,5864260	0,2500000	2,5864198	0,0000062
1,2293332	3,2604605	0,2500000	3,2604520	0,0000085
1,4793332	3,9520955	0,2500000	3,9520844	0,0000111
1,7293332	4,6308268	0,2500000	4,6308127	0,0000141
1,9793332	5,2574861	0,2500000	5,2574687	0,0000173
2,0000000	5,3054896	0,0206668	5,3054720	0,0000177

Die Runge-Kutta-Fehlberg-Methode ist zur Fehlerkontrolle weit verbreitet, da (ohne viel zusätzlichen Aufwand) in jedem Schritt zwei Approximationen bereitgestellt werden, die verglichen und mit dem lokalen Fehler in Zusammenhang gebracht werden können. Prädiktor-Korrektor-Methoden erzeugen immer in jedem Schritt zwei Approximationen, so daß sie natürliche Kandidaten zur Fehlerkontrollanpassung darstellen.

Um dieses Vorgehen zu verdeutlichen, sei eine Prädiktor-Korrektor-Methode mit variabler Schrittweite konstruiert, die mit dem expliziten Adams-Bashforth-Vierschritt-Verfahren als Prädiktor und dem impliziten Adams-Moulton-Dreischritt-Verfahren als Korrektor arbeitet.

Das Adams-Bashforth-Vierschritt-Verfahren stammt aus der Gleichung

$$\begin{aligned} y(t_{i+1}) =& y(t_i) + \frac{h}{24}[55f(t_i,y(t_i)) - 59f(t_{i-1},y(t_{i-1})) \\ &+ 37f(t_{i-2},y(t_{i-2})) - 9f(t_{i-3},y(t_{i-3}))] + \frac{251}{720}y^{(5)}(\hat{\mu}_i)h^5 \end{aligned}$$

für beliebige μ_i in (t_{i-3},t_{i+1}). Angenommen, die Approximationen $w_0,w_1,\ldots,w_i$ seien alle exakt und wie im Fall der Einschrittmethoden repräsentiere z die Lösung der Differentialgleichung, die der Anfangsbedingung $z(t_i) = w_i$ genügt. Dann gilt

$$z(t_{i+1}) - w_{i+1}^{(0)} = \frac{251}{720}z^{(5)}(\hat{\mu}_i)h^5. \tag{5.2}$$

Eine entsprechende Analyse des Adams-Moulton-Dreischritt-Verfahrens führt zu dem lokalen Abbruchfehler

$$z(t_{i+1}) - w_{i+1} = -\frac{19}{720}z^{(5)}(\tilde{\mu}_i)h^5 \quad \text{für beliebige } \mu_i \text{ in } (t_{i-2},t_{i+1}). \tag{5.3}$$

Um weiter fortfahren zu können, muß angenommen werden, daß für kleine Werte von h

$$z^{(5)}(\hat{\mu}_i) \approx z^{(5)}(\tilde{\mu}_i)$$

gilt. Die Effektivität des Verfahrens zur Fehlerkontrolle hängt direkt von dieser Annahme ab. Subtrahiert man Gleichung (5.3) von Gleichung (5.2), erhält man

$$w_{i+1} - w_{i+1}^{(0)} = \frac{h^5}{720}[251z^{(5)}(\hat{\mu}_i) + 19z^{(5)}(\tilde{\mu}_i)] \approx \frac{3}{8}h^5z^{(5)}(\tilde{\mu}_i)$$

und somit

$$z^{(5)}(\tilde{\mu}_i) \approx \frac{8}{3h^5}(w_{i+1} - w_{i+1}^{(0)}).$$

Eliminieren des $h^5z^{(5)}$ enthaltenden Terms aus (5.2) unter Zuhilfenahme dieses Ergebnisses liefert die folgende Approximation des Fehlers:

$$|z(t_{i+1}) - w_{i+1}| \approx \frac{19h^5}{720} \cdot \frac{8}{3h^5}|w_{i+1} - w_{i+1}^{(0)}| = \frac{19|w_{i+1} - w_{i+1}^{(0)}|}{270}.$$

Dieser Ausdruck wurde unter der Annahme hergeleitet, daß alle $w_0,w_1,\ldots,w_i$ exakt sind, was bedeutet, daß dies eine Approximation des lokalen Fehlers darstellt. Wie im Fall der Einschrittmethoden ist der globale Fehler von der Ordnung einen Grad kleiner, so daß für die Funktion y die Lösung des ursprünglichen

Anfangswertproblems

$$y' = f(t,y), \quad a \leq t \leq b, \quad y(a) = \alpha$$

darstellt und der globale Fehler durch

$$|y(t_{i+1}) - w_{i+1}| \approx \frac{|z(t_{i+1}) - w_{i+1}|}{h} \approx \frac{19|w_{i+1} w_{i+1}^{(0)}|}{270h}$$

abgeschätzt werden kann.

Angenommen, man betrachte nun die Situation mit einer neuen Schrittweite qh und erzeuge die neuen Approximationen $\hat{w}_{i+1}^{(0)}$ und $\hat{w}_{i+1}$. Um den globalen Fehler innerhalb ϵ zu halten, sei q derart gewählt, daß

$$\frac{|z(t_i + qh) - \hat{w}_{i+1}(\text{mit der neuen Schrittweite } qh)|}{qh} < \epsilon$$

gilt. Aber gemäß Gleichung (5.3)

$$\begin{aligned}\frac{|z(t_i + qh) - \hat{w}_{i+1}(\text{mit } qh)|}{qh} &= \frac{19}{720}|z^{(5)}(\tilde{\mu}_i|q^4h^4 \\ &\approx \frac{19}{720}\left[\frac{8}{3h^5}|w_{i+1} - w_{i+1}^{(0)}|\right] q^4h^4\end{aligned}$$

muß q derart gewählt werden, daß

$$\begin{aligned}\frac{|y(t_i + qh) - \hat{w}_{i+1}|}{qh} &\approx \frac{19}{720}\left[\frac{8}{3h^5}|w_{i+1} - w_{i+1}^{(0)}|\right] q^4h^4 \\ &= \frac{19}{720}\frac{|w_{i+1} - w_{i+1}^{(0)}|}{h} q^4 < \epsilon\end{aligned}$$

ist.

Folglich gilt

$$q < \left(\frac{270}{19}\frac{h\epsilon}{|w_{i+1} - w_{i+1}^{(0)}|}\right)^{1/4} \approx 2\left(\frac{h\epsilon}{|w_{i+1} - w_{i+1}^{(0)}|}\right)^{1/4}.$$

Die Fülle der für diese Entwicklung gemachten Annahmen bezüglich der Approximation erfordern, daß in der tatsächlichen Praxis q vorsichtig gewählt wird, gewöhnlich als

$$q = 1{,}5\left(\frac{h\epsilon}{|w_{i+1} - w_{i+1}^{(0)}|}\right)^{1/4}.$$

Eine Änderung der Schrittweite in einem Mehrschrittverfahren fordert mehr Funktionsauswertungen als in einer Einschrittmethode, da neu äquidistant eingeteilte Startwerte berechnet werden müssen. Folglich ist es übliche Praxis, diese Änderung zu ignorieren, wenn der globale Fehler zwischen $\epsilon/10$ und ϵ liegt;

das heißt, wenn

$$\frac{\epsilon}{10} < \frac{|y(t_{i+1}) - w_{i+1}|}{h} \approx \frac{19|w_{i+1} - w_{i+1}^{(0)}|}{270h} < \epsilon$$

gilt. Zusätzlich wird für q eine obere Schranke gegeben, um sicherzustellen, daß nicht eine einzige, ungewöhnlich genaue Approximation zu einer zu großen Schrittweite führt. Das Programm VPRCOR56 enthält diese Sicherheit durch eine obere Schranke von vier.

Betont sei, daß jede Änderung der Schrittweite es mit sich bringt, daß neue Startwerte an dieser Stelle berechnet werden, da das Mehrschrittverfahren gleiche Schrittweiten für die Startwerte benötigt. In dem Programm VPRCOR56 macht dies RKOR4M52, das Runge-Kutta-Verfahren vierter Ordnung als Unterfunktion.

Beispiel 2. Tabelle 5.14 enthält die mit diesem Programm VPRCOR56 bestimmten Approximationen der Lösung des Anfangswertproblems

$$y' = y - t^2 + 1, \quad 0 \leq t \leq 2, \quad y(0) = 0{,}5,$$

das die Lösung $y(t) = (t+1)^2 - 0{,}5e^t$ besitzt. Es wurden die Toleranz $TOL = 10^{-5}$, die maximale Schrittweite $hmax = 0{,}25$ und die minimale Schrittweite $hmin = 0{,}01$ eingegeben. □

Tabelle 5.14

t_i	w_i	h_i	σ_i	$y_i = y(t_i)$	$\|y_i - w_i\|$
0,1257017	0,7002318	0,1257017	$4{,}051 \cdot 10^{-6}$	0,7002323	0,0000005
0,2514033	0,9230949	0,1257017	$4{,}051 \cdot 10^{-6}$	0,9230960	0,0000011
0,3771050	1,1673877	0,1257017	$4{,}051 \cdot 10^{-6}$	1,1673894	0,0000017
0,5028066	1,4317480	0,1257017	$4{,}051 \cdot 10^{-6}$	1,4317502	0,0000022
0,6285083	1,7146306	0,1257017	$4{,}610 \cdot 10^{-6}$	1,7146334	0,0000028
0,7542100	2,0142834	0,1257017	$5{,}210 \cdot 10^{-6}$	2,0142869	0,0000035
0,8799116	2,3287200	0,1257017	$5{,}913 \cdot 10^{-6}$	2,3287244	0,0000043
1,0056133	2,6556877	0,1257017	$6{,}706 \cdot 10^{-6}$	2,6556930	0,0000054
1,1313149	2,9926319	0,1257017	$7{,}604 \cdot 10^{-6}$	2,9926385	0,0000066
1,2570166	3,3365562	0,1257017	$8{,}622 \cdot 10^{-6}$	3,3366642	0,0000080
1,3827183	3,6844761	0,1257017	$9{,}777 \cdot 10^{-6}$	3,6844857	0,0000097
1,4857283	3,9697433	0,1030100	$7{,}029 \cdot 10^{-6}$	3,9697541	0,0000108
1,5887383	4,2527711	0,1030100	$7{,}029 \cdot 10^{-6}$	4,2527830	0,0000120
1,6917483	4,5310137	0,1030100	$7{,}029 \cdot 10^{-6}$	4,5310269	0,0000133
1,7947583	4,8016488	0,1030100	$7{,}029 \cdot 10^{-6}$	4,8016639	0,0000151
1,8977683	5,0615488	0,1030100	$7{,}760 \cdot 10^{-6}$	5,0615660	0,0000172
1,9233262	5,1239764	0,0255579	$3{,}918 \cdot 10^{-8}$	5,1239941	0,0000177
1,9488841	5,1854751	0,0255579	$3{,}918 \cdot 10^{-8}$	5,1854932	0,0000181
1,9744421	5,2459870	0,0255579	$3{,}918 \cdot 10^{-8}$	5,2460056	0,0000186
2,0000000	5,3054529	0,0255579	$3{,}918 \cdot 10^{-8}$	5,3054720	0,0000191

Übungsaufgaben

1. Approximieren Sie die Lösungen der folgenden Anfangswertprobleme mit der Runge-Kutta-Fehlberg-Methode und der Toleranz $TOL = 10^{-4}$, $hmax = 0{,}25$ und $hmin = 0{,}05$. Vergleichen Sie die Ergebnisse mit den tatsächlichen Werten.

a) $y' = te^{3t} - 2y$, $0 \le t \le 1$, $y(0) = 0$, tatsächliche Lösung $y(t) = \frac{1}{5}e^{3t} - \frac{1}{25}e^{3t} + \frac{1}{25}e^{-2t}$

b) $y' = 1 + (t-y)^2$, $2 \le t \le 3$, $y(2) = 1$, tatsächliche Lösung $y(t) = t + (1-t)^{-1}$

c) $y' = 1 + \frac{y}{t}$, $1 \le t \le 2$, $y(1) = 2$, tatsächliche Lösung $y(t) = t \ln t + 2t$

d) $y' = \cos 2t + \sin 3t$, $0 \le t \le 1$, $y(0) = 1$, tatsächliche Lösung $y(t) = \frac{1}{2}\sin 2t - \frac{1}{3}\cos 3t + \frac{4}{3}$.

2. Approximieren Sie die Lösungen der folgenden Anfangswertprobleme mit der Runge-Kutta-Fehlberg-Methode und der Toleranz $TOL = 10^{-6}$, $hmax = 0{,}5$ und $hmin = 0{,}05$. Vergleichen Sie die Ergebnisse mit den tatsächlichen Werten.

a) $y' = \frac{y}{t} - \frac{y^2}{t^2}$, $1 \le t \le 4$, $y(1) = 1$, tatsächliche Lösung $y(t) = t(1 + \ln t)^{-1}$

b) $y' = 1 + \frac{y}{t} + \left(\frac{y}{t}\right)^2$, $1 \le t \le 3$, $y(1) = 0$, tatsächliche Lösung $y(t) = t\tan(\ln t)$

c) $y' = -(y+1)(y+3)$, $0 \le t \le 2$, $y(0) = -2$, tatsächliche Lösung $y(t) = -3 + 2(1 + e^{-2t})^{-1}$

d) $y' = (t + 2t^3)y^3 - ty$, $0 \le t \le 2$, $y(0) = \frac{1}{3}$, tatsächliche Lösung $y(t) = (3 + 2t^2 + 6e^{t^2})^{-1/2}$.

3. Approximieren Sie die Lösungen der folgenden Anfangswertprobleme mit der Runge-Kutta-Fehlberg-Methode und der Toleranz $TOL = 10^{-5}$, $hmax = 0{,}2$ und $hmin = 0{,}02$. Vergleichen Sie die Ergebnisse mit den tatsächlichen Werten.

a) $y' = -2y/t + t^3y^2 \ln t$, $1 \le t \le 1{,}9$, $y(1) = 2$, tatsächliche Lösung $y(t) = 4(t^4 - 2t^4 \ln t + t^2)^{-1}$

b) $y' = \sqrt{(2-y^2)e^t}$, $0 \le t \le 0{,}5$, $y(0) = 0$, tatsächliche Lösung $y(t) = \sqrt{2}\sin(e^t - 1)$

c) $y' = -\sin t(1 + y\sec t)$, $0 \le t \le 0{,}5$, $y(0) = 2$, tatsächliche Lösung $y(t) = (2 + \ln(\cos t))\cos t$

d) $y' = -5y + 5t^2 + 2t$, $0 \le t \le 1$, $y(0) = \frac{1}{3}$, tatsächliche Lösung $y(t) = t^2 + \frac{1}{3}e^{-5t}$.

4. Approximieren Sie die Lösungen der gegebenen Anfangswertprobleme mit der Adams-Prädiktor-Korrektor-Methode mit variabler Schrittweite und der Toleranz $TOL = 10^{-4}$, $hmax = 0{,}25$ und $hmin = 0{,}025$. Vergleichen Sie die Ergebnisse mit den tatsächlichen Werten.

a) $y' = te^{3t} - 2y$, $0 \le t \le 1$, $y(0) = 0$, tatsächliche Lösung $y(t) = \frac{1}{5}e^{3t} - \frac{1}{25}e^{3t} + \frac{1}{25}e^{-2t}$

b) $y' = 1 + (t-y)^2$, $2 \le t \le 3$, $y(2) = 1$, tatsächliche Lösung $y(t) = t + (1-t)^{-1}$

c) $y' = 1 + \frac{y}{t}$, $1 \le t \le 3$, $y(1) = 2$, tatsächliche Lösung $y(t) = t \ln t + 2t$

d) $y' = \cos 2t + \sin 3t$, $0 \le t \le 1$, $y(0) = 1$, tatsächliche Lösung $y(t) = \frac{1}{2}\sin 2t - \frac{1}{3}\cos 3t + \frac{4}{3}$.

5. Approximieren Sie die Lösungen der gegebenen Anfangswertprobleme mit der Adams-Prädiktor-Korrektor-Methode mit variabler Schrittweite und der Toleranz $TOL = 10^{-6}$, $hmax = 0{,}5$ und $hmin = 0{,}02$. Vergleichen Sie die Ergebnisse mit den tatsächlichen Werten.

a) $y' = \frac{y}{t} - \frac{y^2}{t^2}$, $1 \le t \le 4$, $y(1) = 1$, tatsächliche Lösung $y(t) = t(1 + \ln t)^{-1}$

b) $y' = 1 + \frac{y}{t} + \left(\frac{y}{t}\right)^2$, $1 \le t \le 3$, $y(1) = 0$, tatsächliche Lösung $y(t) = t\tan(\ln t)$

c) $y' = -(y + 1)(y + 3)$, $0 \le t \le 2$, $y(0) = -2$, tatsächliche Lösung $y(t) = -3 + 2(1 + e^{-2t})^{-1}$

d) $y' = (t + 2t^3)y^3 - ty$, $0 \le t \le 2$, $y(0) = \frac{1}{3}$, tatsächliche Lösung $y(t) = (3 + 2t^2 + 6e^{t^2})^{-1/2}$.

6. Approximieren Sie die Lösungen der gegebenen Anfangswertprobleme mit der Adams-Prädiktor-Korrektor-Methode mit variabler Schrittweite und der Toleranz $TOL = 10^{-5}$, $hmax = 0{,}2$ und $hmin = 0{,}02$. Vergleichen Sie die Ergebnisse mit den tatsächlichen Werten.

a) $y' = -\frac{1}{t}(\sin t + y) + \cos t^2$, $\sqrt{\pi} \le t \le \pi$, $y(\sqrt{\pi}) = 0$, tatsächliche Lösung $y(t) = t^{-1}(\cos t - \cos\sqrt{\pi} + 0{,}5\sin t^2)$

b) $y' = e^t \operatorname{cosec} t - \left(\frac{1}{t} + \cot t\right) y$, $\frac{\pi}{2} \le t \le \frac{3\pi}{4}$, $y\left(\frac{\pi}{2}\right) = \frac{2}{\pi}$, tatsächliche Lösung $y(t) = (t\sin t)^{-1}\left((t-1)e^t - \left(\frac{\pi}{2} - 1\right)e^{\pi/2} + 1\right)$

c) $y' = \frac{t + \ln t}{y^2 \ln t} - \frac{y}{t\ln t}$, $e \le t \le 2e$, $y(e) = 2$, tatsächliche Lösung $y(t) = \left[3t + (\ln t)^{-1}(1{,}5t^2 - 9t) + (\ln t)^{-2}(18t - 1{,}5t^2) + (\ln t)^{-3}(0{,}75t^2 - 18t + C)\right]^{1/3}$, wobei $C = 8 + e(6 - 0{,}75e)$

d) $y' = 1 + t(1 - y^2) + 2t^2 y - t^3$, $0 \le t \le 3$, $y(0) = 0$, tatsächliche Lösung $y(t) = t - 1 + 2(1 + e^{-t^2})^{-1}$.

7. Ein elektrischer Stromkreis besteht aus einem Kondensator mit konstanter Kapazität $C = 1{,}1$ Farad in Serie mit einem konstanten Widerstand $R_0 = 2{,}1$ Ohm. Eine Spannung $\mathcal{E}(t) = 110\sin t$ wird zur Zeit $t = 0$ angelegt. Wenn der Widerstand sich erwärmt, wird er eine Funktion des Stromes i:

$$R(t) = R_0 + ki, \quad \text{wobei } k = 0{,}9 \text{ ist,}$$

und die Differentialgleichung für i wird zu

$$\left(1 + \frac{2k}{R_0}i\right)\frac{\mathrm{d}i}{\mathrm{d}t} + \frac{1}{R_0 C}i = \frac{1}{R_0}\frac{\mathrm{d}\mathcal{E}}{\mathrm{d}t}.$$

Bestimmen Sie mit der Runge-Kutta-Fehlberg-Methode und der Toleranz $TOL = 10^{-3}$ und $i(0) = 0$ den Strom i nach 2 s.

5.7. Methoden für Gleichungssysteme

Üblicherweise werden numerische Methoden zur Approximation der Lösung von Anfangswertproblemen nicht auf ein einzelnes Problem angewandt, sondern betreffen ein verkettetes Differentialgleichungssystem. Warum dann wurde im Großteil dieses Kapitels die Lösung einer einzelnen Gleichung betrachtet? Die Antwort ist einfach: um die Lösung eines Systems von Anfangswertproblemen zu approximieren, werden die Verfahren, mit denen ein einziges Problem gelöst wurde, nacheinander angewandt. Wie allgemein im Fall der Mathematik, kann der Schlüssel für die Methoden eines Systems gefunden werden, indem man das einfachere Problem untersucht und es dann modifiziert, um es auf die kompliziertere Situation zu übertragen.

Ein **System *m*-ter Ordnung** von Anfangswertproblemen erster Ordnung kann in der Form

$$\begin{aligned}
\frac{\mathrm{d}u_1}{\mathrm{d}t} &= f_1(t, u_1, u_2, \ldots, u_m),\\
\frac{\mathrm{d}u_2}{\mathrm{d}t} &= f_2(t, u_1, u_2, \ldots, u_m),\\
&\vdots\\
\frac{\mathrm{d}u_m}{\mathrm{d}t} &= f_m(t, u_1, u_2, \ldots, u_m)
\end{aligned}$$

für $a \leq t \leq b$ mit den Anfangsbedingungen

$$u_1(a) = \alpha_1, \quad u_2(a) = \alpha_2, \ldots, u_m(a) = \alpha_m$$

ausgedrückt werden. Das Ziel besteht darin, m Funktionen $u_1, u_2, \ldots, u_m$ zu finden, die dem Differentialgleichungssystem zusammen mit allen Anfangsbedingungen genügen.

Methoden zur Lösung von Differentialgleichungssystemen erster Ordnung sind eine Verallgemeinerung von Methoden einer, vorher in diesem Kapitel vorgestellten, einzelnen Gleichung erster Ordnung. Das klassische Runge-Kutta-Verfahren der Ordnung vier zum Beispiel

$$\begin{aligned}
w_0 &= \alpha,\\
k_1 &= hf(t_i, w_i),\\
k_2 &= hf\left(t_i + \frac{h}{2}, w_i + \frac{1}{2}k_1\right),\\
k_3 &= hf\left(t_i + \frac{h}{2}, w_i + \frac{1}{2}k_2\right),\\
k_4 &= hf(t_{i+1} + w_i + k_3)
\end{aligned}$$

und

$$w_{i+1} = w_i + \frac{1}{6}[k_1 + 2k_2 + 2k_3 + k_4]$$

für alle $i = 0, 1, \ldots, N-1$ zur Lösung des Anfangswertproblems erster Ordnung

$$y' = f(t, y), \quad a \leq t \leq b, \quad y(a) = \alpha$$

wird wie folgt verallgemeinert. Eine ganze Zahl $N > 0$ sei gewählt und $h = (b-a)/N$ gesetzt; das Intervall $[a, b]$ werde in N Teilintervalle mit den Gitterpunkten

$$t_j = a + jh \quad \text{für alle } i = 0, 1, \ldots, N$$

zerlegt.

Mit dem Begriff w_{ij} bezeichnen wir eine Approximation von $u_i(t_j)$ für alle $j = 0, 1, \ldots, N$ und $i = 1, 2, \ldots, m$, das heißt, w_{ij} approximiert die i-te Lösung $u_i(t)$ des Systems im j-ten Gitterpunkt t_j. Die Anfangsbedingungen seien wie folgt gewählt:

$$w_{1,0} = \alpha_1, \quad w_{2,0} = \alpha_2, \ldots, \quad w_{m,0} = \alpha_m.$$

Nimmt man an, daß die Werte $w_{1,j}, w_{2,j}, \ldots, w_{m,j}$ bestimmt wurden, erhält man im ersten Rechengang $w_{1,j+1}, w_{2,j+1}, \ldots, w_{m,j+1}$ für alle $i = 1, 2, \ldots, m$

$$k_{1,i} = hf_i(t_j, w_{1,j}, w_{2,j}, \ldots, w_{m,j})$$

und dann für jedes i

$$k_{2,i} = hf_i\left(t_j + \frac{h}{2}, w_{1,j} + \frac{1}{2}k_{1,1}, w_{2,j} + \frac{1}{2}k_{1,2}, \ldots, w_{m,j} + \frac{1}{2}k_{1,m}\right).$$

Als nächstes bestimmt man alle Terme

$$k_{3,2,i} = hf_i\left(t_j + \frac{h}{2}, w_{1,j} + \frac{1}{2}k_{2,1}, w_{2,j} + \frac{1}{2}k_{2,2}, \ldots, w_{m,j} + \frac{1}{2}k_{2,m}\right)$$

und berechnet schließlich alle Terme

$$k_{4,i} = hf_i(t_j + h, w_{1,j} + k_{3,1}, w_{2,j} + k_{3,2}, \ldots, w_{m,j} + k_{3,m}).$$

Eine Kombination dieser Werte liefert

$$w_{i,j+1} = w_{i,j} + \frac{1}{6}[k_{1,i} + 2k_{2,i} + 2k_{3,i} + k_{4,i}]$$

für alle $i = 1, 2, \ldots, m$.

Man beachte, daß alle Werte $k_{1,1}, k_{1,2}, \ldots, k_{1,m}$ berechnet werden müssen, bevor die Terme der Form $k_{2,i}$ bestimmt werden können. Im allgemeinen muß jedes $k_{l,1}, k_{l,2}, \ldots, k_{l,m}$ vor den Ausdrücken $k_{l+1,i}$ berechnet sein. Das Programm RKO4SY57 wendet das Runge-Kutta-Verfahren vierter Ordnung für Systeme an.

Beispiel 1. Das Kirchhoffsche Gesetz besagt, daß die Summe aller momentanen Spannungsänderungen in einem geschlossenen Stromkreis gleich null ist. Daraus folgt, daß der Strom $I(t)$ in einem geschlossenen Kreis, der einen Widerstand von R Ohm, eine Kapazität von C Farad, eine Induktivität von L Henry und eine Spannungsquelle von $\mathscr{E}(t)$ Volt enthält, der Gleichung

$$LI'(t) + RI(t) + \frac{1}{C}\int I(t)\mathrm{d}t = \mathscr{E}(t)$$

genügen muß. Der Stromfluß $I_1(t)$ und $I_2(t)$ in der linken beziehungsweise rechten Schleife des in Abbildung 5.4 gezeigten Kreises ergibt sich aus den Lösungen des folgenden Gleichungssystems:

$$2I_1(t) + 6[I_1(t) - I_2(t)] + 2I_1'(t) = 12,$$
$$\frac{1}{0,5}\int I_2(t)dt + 4I_2(t) + 6[I_2(t) - I_1(t)] = 0.$$

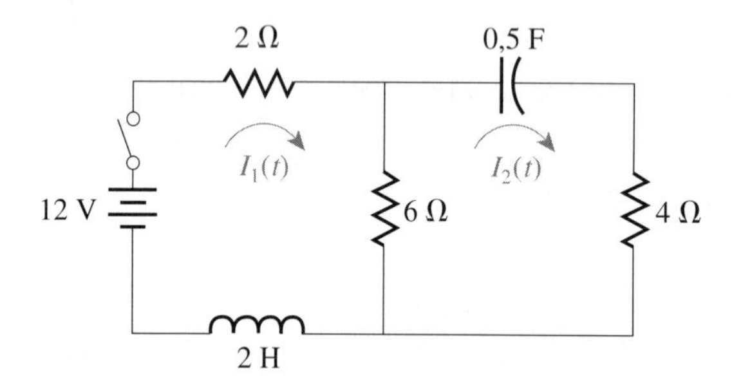

Abb. 5.4

Angenommen, der Schalter in dem Kreis sei zur Zeit $t = 0$ geschlossen, dann erhält man durch Differenzieren der zweiten Gleichung und Einsetzen der ersten Gleichung in die resultierende Gleichung das folgende System von Anfangswertproblemen:

$$I_1' = f_1(t, I_1, I_2) = -4I_1 + 3I_2 + 6, \quad I_1(0) = 0,$$
$$I_2' = f_2(t, I_1, I_2) = -0,6I_1' - 0,2I_2 = -2,4I_1 + 1,6I_2 + 3,6,$$
$$I_2(0) = 0.$$

Die genaue Lösung dieses Systems läßt sich durch

$$I_1(t) = -3,375e^{-2t} + 1,875e^{-0,4t} + 1,5,$$
$$I_2(t) = -2,25e^{-2t} + 2,25e^{-0,4t}$$

ausdrücken. Angenommen, das Runge-Kutta-Verfahren der Ordnung 4 sei auf dieses System mit $h = 0,1$ angewandt. Da $w_{1,0} = I_1(0) = 0$ und $w_{2,0} = I_2(0) = 0$

ist, gilt

$$\begin{aligned}
k_{1,1} &= hf_1(t_0, w_{1,0}, w_{2,0}) = 0{,}1 f_1(0, 0, 0) \\
&= 0{,}1[-4(0) + 3(0) + 6] = 0{,}6, \\
k_{1,2} &= hf_2(t_0, w_{1,0}, w_{2,0}) = 0{,}1 f_2(0, 0, 0) \\
&= 0{,}1[-2{,}4(0) + 1{,}6(0) + 3{,}6] = 0{,}36, \\
k_{2,1} &= hf_1(t_0 + \frac{1}{2}h, w_{1,0} + \frac{1}{2}k_{1,1}, w_{2,0} + \frac{1}{2}k_{1,2}) \\
&= 0{,}1 f_1(0{,}05, 0{,}3, 0{,}18) = 0{,}1[-4(0{,}3) + 3(0{,}18) + 6] = 0{,}534, \\
k_{2,2} &= hf_2(t_0 + \frac{1}{2}h, w_{1,0} + \frac{1}{2}k_{1,1}, w_{2,0} + \frac{1}{2}k_{1,2}) = 0{,}1 f_2(0{,}05, 0{,}3, 0{,}18) \\
&= 0{,}1[-2{,}4(0{,}3) + 1{,}6(0{,}18) + 3{,}6] = 0{,}3168.
\end{aligned}$$

Erzeugt man die übrigen Werte entsprechend, erhält man

$$\begin{aligned}
k_{3,1} &= (0{,}1) f_1(0{,}05, 0{,}267, 0{,}1584) = 0{,}54072, \\
k_{3,2} &= (0{,}1) f_2(0{,}05, 0{,}267, 0{,}1584) = 0{,}321264, \\
k_{4,1} &= (0{,}1) f_1(0{,}1, 0{,}54072, 0{,}321264) = 0{,}4800912, \\
k_{4,2} &= (0{,}1) f_2(0{,}1, 0{,}54072, 0{,}321264) = 0{,}28162944.
\end{aligned}$$

Folglich gilt

$$\begin{aligned}
I_1(0{,}1) \approx w_{1,1} &= w_{1,0} + \frac{1}{6}[k_{1,1} + 2k_{2,1} + 2k_{3,1} + k_{4,1}] \\
&= 0 + \frac{1}{6}[0{,}6 + 2(0{,}534) + 2(0{,}54072) + 0{,}4800912] = 0{,}5382552
\end{aligned}$$

und

$$I_2(0{,}1) \approx w_{2,1} = w_{2,0} + \frac{1}{6}[k_{1,2} + 2k_{2,2} + 2k_{3,2} + k_{4,2}] = 0{,}3196263.$$

Die übrigen Werte in Tabelle 5.15 werden entsprechend erzeugt. □

Tabelle 5.15

t_j	$w_{1,j}$	$w_{2,j}$	$\lvert I_1(t_j) - w_{1,j}\rvert$	$\lvert I_2(t_j) - w_{2,j}\rvert$
0,0	0	0	0	0
0,1	0,5382550	0,3196263	$0{,}8285 \cdot 10^{-5}$	$0{,}5803 \cdot 10^{-5}$
0,2	0,9684983	0,5687817	$0{,}1514 \cdot 10^{-4}$	$0{,}9596 \cdot 10^{-5}$
0,3	1,310717	0,7607328	$0{,}1907 \cdot 10^{-4}$	$0{,}1216 \cdot 10^{-4}$
0,4	1,581263	0,9063208	$0{,}2098 \cdot 10^{-4}$	$0{,}1311 \cdot 10^{-4}$
0,5	1,793505	1,014402	$0{,}2193 \cdot 10^{-4}$	$0{,}1240 \cdot 10^{-4}$

Viele wichtige Probleme in der Physik – beispielsweise elektrische Stromkreise und Schwingungssysteme – beruhen auf Anfangswertproblemen, deren Gleichungen einen höheren Grad als eins besitzen. Zur Lösung dieser Probleme sind keine neuen Verfahren erforderlich, da durch Umbenennen der Variablen jede höhere Differentialgleichung auf ein System von Differentialgleichungen erster Ordnung reduziert und dann eine der schon diskutierten Methoden angewandt werden kann.

Ein allgemeines Anfangswertproblem m-ter Ordnung besitzt die Form

$$y^{(m)}(t) = f(t, y, y', \ldots, y^{(m-1)})$$

für $a \leq t \leq b$ mit den Anfangsbedingungen

$$y(a) = \alpha_1, \quad y'(a) = \alpha_2, \ldots, y^{(m-1)}(a) = \alpha_m.$$

Um dieses in ein System von Differentialgleichungen erster Ordnung zu überführen, sei

$$u_1(t) = y(t), \quad u_2(t) = y'(t), \ldots, \quad u_m(t) = y^{(m-1)}(t)$$

definiert. Mit dieser Schreibweise erhält man das System erster Ordnung

$$\begin{aligned}
\frac{\mathrm{d}u_1}{\mathrm{d}t} &= \frac{\mathrm{d}y}{\mathrm{d}t} = u_2 \\
\frac{\mathrm{d}u_2}{\mathrm{d}t} &= \frac{\mathrm{d}y'}{\mathrm{d}t} = u_3 \\
&\vdots \\
\frac{\mathrm{d}u_{m-1}}{\mathrm{d}t} &= \frac{\mathrm{d}y^{(m-2)}}{\mathrm{d}t} = u_m
\end{aligned}$$

und

$$\frac{\mathrm{d}u_m}{\mathrm{d}t} = \frac{\mathrm{d}y^{(m-1)}}{\mathrm{d}t} = y^{(m)} = f(t, y, y', \ldots, y^{(m-1)}) = f(t, u_1, u_2, \ldots, u_m)$$

mit den Anfangsbedingungen

$$u_1(a) = y(a) = \alpha_1, \quad u_2(a) = y'(a) = \alpha_2, \ldots, u_m(a) = y^{(m-1)}(a) = \alpha_m.$$

Beispiel 2. Betrachtet sei das Anfangswertproblem zweiter Ordnung

$$\begin{aligned}
&y'' - 2y' + 2y = e^{2t} \sin t \quad \text{für } 0 \leq t \leq 1 \\
&\text{mit } y(0) = -0{,}4, \;\; y'(0) = -0{,}6.
\end{aligned}$$

Mit $u_1(t) = y(t)$ und $u_2(t) = y'(t)$ wird diese Gleichung in das System

$$\begin{aligned}
u_1'(t) &= u_2(t), \\
u_2'(t) &= e^{2t} \sin t - 2u_1(t) + 2u_1(t)
\end{aligned}$$

mit den Anfangsbedingungen

$$u_1(0) = -0{,}4, \quad u_2(0) = -0{,}6$$

überführt. Die Menge der Werte $w_{1,j}$ und $w_{2,j}$ für $j = 0, 1, \ldots, 10$ wird in Tabelle 5.16 dargestellt und mit den tatsächlichen Werten von $u_1(t) = 0{,}2e^{2t}(\sin t - 2\cos t)$ und $u_2(t) = u_1'(t) = 0{,}2e^{2t}(4\sin t - 3\cos t)$ verglichen. □

Tabelle 5.16

t_j	$w_{1,j}$	$w_{2,j}$	$y(t_j) = u_1(t_j)$	$\lvert y(t_j) - w_{1,j}\rvert$	$y'(t_j) = u_2(t_j)$	$\lvert y'(t_j) - w_{2,j}\rvert$
0,0	−0,40000000	−0,60000000	−0,40000000	0	−0,60000000	0
0,1	−0,46173334	−0,63163124	−0,46173297	$3{,}7 \cdot 10^{-7}$	−0,6316304	$7,75 \cdot 10^{-7}$
0,2	−0,52555988	−0,64014895	−0,52555905	$8{,}3 \cdot 10^{-7}$	−0,6401478	$1,01 \cdot 10^{-6}$
0,3	−0,58860144	−0,61366381	−0,58860005	$1{,}39 \cdot 10^{-6}$	−0,6136630	$8,34 \cdot 10^{-7}$
0,4	−0,64661231	−0,53658203	−0,64661028	$2{,}03 \cdot 10^{-6}$	−0,5365821	$1,79 \cdot 10^{-7}$
0,5	−0,69356666	−0,38873810	−0,,69356395	$2{,}71 \cdot 10^{-6}$	−0,3887395	$5,96 \cdot 10^{-7}$
0,6	−0,72115190	−0,14438087	−0,72114849	$3{,}41 \cdot 10^{-6}$	−0,1443834	$7,75 \cdot 10^{-7}$
0,7	−0,71815295	0,22899702	−0,71814890	$4{,}05 \cdot 10^{-6}$	0,2289917	$2,03 \cdot 10^{-6}$
0,8	−0,66971133	0,77199180	−0,,66970677	$4{,}56 \cdot 10^{-6}$	0,7719815	$5,30 \cdot 10^{-6}$
0,9	−0,55644290	0,15347815	−0,55643814	$4{,}76 \cdot 10^{-6}$	1,534764	$9,54 \cdot 10^{-6}$
1,0	−0,35339886	0,25787663	−0,35339436	$4{,}50 \cdot 10^{-6}$	2,578741	$1,34 \cdot 10^{-5}$

Die anderen Einschrittmethoden können entsprechend auf Systeme erweitert werden. Wird die Runge-Kutta-Fehlberg-Methode ausgedehnt, dann muß jede Komponente der numerischen Lösung $w_{1,j}, w_{2,j}, \ldots, w_{m,j}$ auf ihre Genauigkeit hin untersucht werden. Ist eine der Komponenten nicht genügend genau, muß die ganze numerische Lösung neu berechnet werden.

Die Mehrschritt- und Prädiktor-Korrektor-Verfahren können ebenfalls leicht auf Systeme ausgedehnt werden. Bei Fehlerkontrolle muß wieder jede Komponente genau sein. Extrapolationsverfahren können ebenfalls auf Systeme bezogen werden, was aber einen ziemlich komplizierten Beschreibungsaufwand erfordert.

Übungsaufgaben

1. Approximieren Sie mit dem Runge-Kutta-Verfahren für Systeme die Lösungen der folgenden Differentialgleichungssysteme erster Ordnung, und vergleichen Sie die Ergebnisse mit den tatsächlichen Lösungen.

a) $u_1' = 2u_1 + 2u_2,\ 0 \le t \le 2,\ u_1(0) = -1;$
$u_2' = 3u_1 + u_2,\ 0 \le t \le 2,\ u_2(0) = 4$
mit $h = 0,5$. Tatsächliche Lösungen $u_1(t) = e^{4t} - 2e^{-t}$ und $u_2(t) = e^{4t} + 3e^{-t}$.

b) $u_1' = 3u_1 + 2u_2 - (2t^2 + 1)e^{2t},\ 0 \le t \le 1,\ u_1(0) = 1;$
$u_2' = 4u_1 + u_2 + (t^2 + 2t - 4)e^{2t},\ 0 \le t \le 1,\ u_2(0) = 1$

mit $h = 0,2$. Tatsächliche Lösungen $u_1(t) = \frac{1}{3}e^{5t} - \frac{1}{3}e^{-t} + e^{2t}$ und $u_2(t) = \frac{1}{3}e^{5t} + \frac{2}{3}e^{-t} + t^2e^{2t}$.

c) $u_1' = -4u_1 - 2u_2 + \cos t + 4\sin t,\ 0 \le t \le 2,\ u_1(0) = 0;$
$u_2' = 3u_1 + u_2 - 3\sin t,\ 0 \le t \le 2,\ u_2(0) = -1$
mit $h = 0,1$. Tatsächliche Lösungen $u_1(t) = 2e^{-t} - 2e^{-2t} + \sin t$ und $u_2(t) = -3e^{-t} + 2e^{-2t}$.

d) $u_1' = u_2,\ 0 \le t \le 2,\ u_1(0) = 1;$
$u_2' = -u_1 - 2e^t + 1,\ 0 \le t \le 2,\ u_2(0) = 0;$
$u_3' = -u_1 - e^t + 1,\ 0 \le t \le 2,\ u_3(0) = 1$
mit $h = 0,5$. Tatsächliche Lösungen $u_1(t) = \cos t + \sin t - e^t + 1$, $u_2(t) = -\sin t + \cos t - e^t$ und $u_3(t) = -\sin t + \cos t$.

e) $u_1' = u_2 - u_3 + t,\ 0 \le t \le 1,\ u_1(0) = 1;$
$u_2' = 3t^2,\ 0 \le t \le 1,\ u_2(0) = 1;$
$u_3' = u_2 + e^{-t},\ 0 \le t \le 1,\ u_3(0) = -1$
mit $h = 0,1$. Tatsächliche Lösungen $u_1(t) = -0,05t^5 + 0,25t^4 + t + 2 - e^{-t}$, $u_2(t) = t^3 + 1$ und $u_3(t) = 0,25t^4 + t - e^{-t}$.

f) $u_1' = 4u_1 - u_2 + u_3 - (t+2)^2,\ 0 \le t \le 1,\ u_1(0) = 3;$
$u_2' = -u_1 + 3u_2 - 2u_3 + 2t^2 + t + 15,\ 0 \le t \le 1,\ u_2(0) = -7;$
$u_3' = u_1 - 2u_2 + 3u_3 - 3t^2 + t - 10,\ 0 \le t \le 1,\ u_3(0) = -2$
mit $h = 0,1$. Tatsächliche Lösungen $u_1(t) = e^{6t} + 2e^{3t} + t$, $u_2(t) = -e^{6t} + e^{3t} - 2e^t - 5$ und $u_3(t) = e^{6t} - e^{3t} - 2e^t + t^2$.

2. Approximieren Sie mit dem Runge-Kutta-Verfahren für Systeme die Lösungen der folgenden Differentialgleichungssysteme höherer Ordnung, und vergleichen Sie die Ergebnisse mit den tatsächlichen Lösungen.

a) $y'' - 2y' + y = te^t - t,\ 0 \le t \le 1,\ y(0) = y'(0) = 0$ mit $h = 0,1$. Tatsächliche Lösung $y(t) = \frac{1}{6}t^3e^t - te^t + 2e^t - t - 2$.

b) $y'' + 2y' + y = e^t,\ 0 \le t \le 2,\ y(0) = 1,\ y'(0) = -1$ mit $h = 0,1$. Tatsächliche Lösung $y(t) = \frac{3}{4}e^{-t}\frac{1}{2}te^{-t} + \frac{1}{4}e^t$.

c) $t^2y'' - 2ty' + 2y = t^3\ln t,\ 1 \le t \le 2,\ y(1) = 1,\ y'(1) = 0$ mit $h = 0,05$. Tatsächliche Lösung $y(t) = \frac{7}{4}t + \frac{1}{2}t^3\ln t - \frac{3}{4}t^3$.

d) $t^2y'' - ty' - 3y = t\ln t - t^2,\ 1 \le t \le 3,\ y(1) = 0,\ y'(1) = 5$ mit $h = 0,2$. Tatsächliche Lösung $y(t) = -\frac{67}{48}t^{-1} + \frac{17}{16}t^3 - \frac{1}{4}t\ln t + \frac{t^2}{3}$.

e) $t^2y'' + ty' - t(t+1)y = 2te^t,\ 1 \le t \le 2,\ y(1) = 0,\ y'(1) = e$ mit $h = 0,05$. Tatsächliche Lösung $y(t) = e^t\ln t$.

f) $y''' + 2y'' - y' - 2y = e^t,\ 0 \le t \le 3,\ y(0) = 1,\ y'(0) = 2,\ y''(0) = 0$ mit $h = 0,2$. Tatsächliche Lösung $y(t) = \frac{43}{36}e^t + \frac{1}{4}e^{-t} - \frac{4}{9}e^{-2t} + \frac{1}{6}te^t$.

g) $y''' = -6(y)^4,\ 1 \le t \le 1,9,\ y(1) = -1,\ y'(1) = -1,\ y''(1) = 2$ mit $h = 0,05$. Tatsächliche Lösung $y(t) = 1/(t-2)$.

h) $t^3y''' - t^2y'' + 3ty' - 4y = 5t^3\ln t + 9t^3,\ 1 \le t \le 2,\ y(1) = 0,\ y'(1) = 1,\ y''(1) = 3$ mit $h = 0,1$. Tatsächliche Lösung $y(t) = -t^2 + t\cos(\ln t) + t\sin(\ln t) + t^3\ln t$.

3. Ändern Sie die Adams-Prädiktor-Korrektor-Methode zur Approximation von Lösungen von Gleichungssystemen erster Ordnung.

4. Wiederholen Sie Übung 1 mit der in Übung 3 entwickelten Methode.

5. Wiederholen Sie Übung 2 mit der in Übung 3 entwickelten Methode.

6. Mathematische Modelle zur Vorhersage der Bestandsdynamik konkurrierender Arten haben ihren Ursprung in den unabhängigen Arbeiten, die im ersten Teil dieses Jahrhunderts von A. J. Lotka und V. Volterra veröffentlicht wurden. Betrachtet sei die Vorhersage des Bestands zweier Arten, wobei die eine der Räuber ist, dessen Bestand zur Zeit t $x_2(t)$ ist und die sich von den anderen, den Beutetieren, ernährt, deren Bestand $x_1(t)$ ist. Angenommen, die Beutetiere haben immer ausreichend Nahrung zur Verfügung und ihre Geburtenrate sei zu jeder Zeit der Anzahl der zu diesem Zeitpunkt lebenden Beutetiere proportional; das heißt, es gilt: Geburtenrate (Beutetiere) $= k_1 x_1(t)$. Die Sterberate der Beutetiere hängt von der Anzahl der zu diesem Zeitpunkt lebenden Beutetiere und Räuber ab. Der Einfachheit wegen sei angenommen, daß gelte: Sterberate (Beutetiere) $= k_2 x_1(t) x_2(t)$. Die Geburtenrate der Räuber hängt auf der anderen Seite sowohl von ihrer Nahrungsversorgung $x_1(t)$ als auch von der Anzahl der Räuber ab, die zur Vermehrung zur Verfügung stehen. Daher sei angenommen, daß gelte: Geburtenrate (Räuber) $= k_3 x_1(t) x_2(t)$. Die Sterberate der Räuber wird einfach proportional der Anzahl der zu diesem Zeitpunkt lebenden Räuber gesetzt; das heißt: Sterberate (Räuber) $= k_4 x_2(t)$.
Da $x_1'(t)$ und $x_2'(t)$ den zeitlichen Bestand der Beutetiere beziehungsweise Räuber darstellen, wird das Problem durch das System nichtlinearer Differentialgleichungen

$$x_1'(t) = k_1 x_1(t) - k_2 x_1(t) x_2(t) \text{ und } x_2'(t) = k_3 x_1(t) x_2(t) - k_4 x_2(t)$$

ausgedrückt.
Lösen Sie dieses System für $0 \leq t \leq 4$ unter der Annahme, daß der Anfangsbestand der Beutetiere 1 000 und der der Räuber 200 und die Konstanten $k_1 = 3$, $k_2 = 0{,}002$, $k_3 = 0{,}0006$ und $k_4 = 0{,}5$ betragen. Skizzieren Sie eine graphische Darstellung der Lösungen dieses Problems mit beiden Populationen versus Zeit, und beschreiben Sie das dargestellte physikalische Phänomen. Gibt es eine stabile Lösung dieses Bestandsmodells? Falls dies so ist, für welche Werte von x_1 und x_2 ist die Lösung stabil?

7. In Übung 6 wurde die Vorhersage des Bestands in einem Räuber-Beute-Modell betrachtet. Ein anderes Problem diesen Types betrifft zwei Arten, die um dieselbe Nahrungsquelle konkurrieren. Wird die Anzahl der zum Zeitpunkt t lebenden Tiere mit $x_1(t)$ und $x_2(t)$ bezeichnet, wird oftmals angenommen, daß die Geburtenrate jeder der Arten einfach der Anzahl der zu diesem Zeitpunkt lebenden Tiere proportional ist, während die Sterberate jeder der Arten von dem Bestand beider Arten abhängt. Angenommen, der Bestand eines speziellen Paars von Tieren wird durch die Gleichungen

$$\frac{\mathrm{d}x_1(t)}{\mathrm{d}t} = x_1(t)[4 - 0{,}0003 x_1(t) - 0{,}004 x_2(t)]$$

und

$$\frac{\mathrm{d}x_2(t)}{\mathrm{d}t} = x_2(t)[2 - 0{,}0002 x_1(t) - 0{,}0001 x_2(t)]$$

beschrieben.
Wenn bekannt ist, daß der Anfangsbestand jeder Art 10 000 beträgt, bestimmen Sie die Lösung dieses Systems für $0 \leq t \leq 4$. Gibt es eine stabile Lösung dieses proportionalen Modells? Wenn dies so ist, für welche Werte von x_1 und x_2 ist die Lösung stabil?

5.8. Steife Differentialgleichungen

Alle Methoden zur Approximation der Lösung von Anfangswertproblemen besitzen Fehlerterme mit einer höheren Ableitung der Lösung der Gleichung. Kann die Ableitung angemessen beschränkt werden, dann wird die Methode eine voraussagbare Fehlerschranke besitzen, mit der die Genauigkeit der Approximation abgeschätzt werden kann. Sogar wenn die Ableitung mit den Schritten wächst, kann der Fehler relativ unter Kontrolle gehalten werden, vorausgesetzt, daß auch die Lösung an Größe zunimmt. Probleme treten jedoch häufig auf, wenn die Ableitung größer wird, aber die Lösung nicht. In dieser Situation kann der Fehler so groß werden, daß er die Berechnungen beherrscht. Anfangswertprobleme, für die das wahrscheinlich eintrifft, heißen **steife Gleichungen** und treten oft auf, speziell bei Schwingungen, chemischen Reaktionen und elektrischen Stromkreisen. Steife Systeme haben ihren Namen von der Bewegung von Feder und Massesystemen, die große Federkonstanten besitzen.

Steife Differentialgleichungen werden als solche charakterisiert, deren genaue Lösung einen Term der Form e^{-ct} besitzt, wobei c eine große, positive Konstante ist. Dies ist gewöhnlich nur ein Teil der Lösung, die *transiente* Lösung; der wichtigere Teil der Lösung heißt *stabile* Lösung. Ein transienter Teil einer steifen Gleichung geht schnell gegen null, wenn t größer wird, die Ableitung aber bei weitem nicht so schnell, da die n-te Ableitung dieses Terms $c^n e^{-ct}$ ist. Tatsächlich kann, wenn die Ableitung in dem Fehlerterm nicht in t ausgewertet wird, sondern an einer Stelle zwischen null und t, der Ableitungsterm mit wachsenden t größer werden – und zwar sehr schnell. Glücklicherweise können steife Gleichungen im allgemeinen über das physikalische Problem vorhergesagt werden, aus dem die Gleichung hergeleitet wurde, und mit Vorsicht kann der Fehler beherrscht werden. Wie dies getan wird, wird in diesem Abschnitt betrachtet.

Beispiel 1. Das System von Anfangswertproblemen

$$u_1' = 9u_1 + 24u_2 + 5\cos t - \frac{1}{3}\sin t, \quad u_1(0) = \frac{4}{3}$$
$$u_2' = -24u_1 - 51u_2 - 9\cos t + \frac{1}{3}\sin t, \quad u_2(0) = \frac{2}{3}$$

besitzt die eindeutige Lösung

$$u_1(t) = 2e^{-3t} - e^{-39t} + \frac{1}{3}\cos t,$$

$$u_2(t) = -e^{-3t} + 2e^{-39t} - \frac{1}{3}\cos t.$$

Der transiente Teil e^{-39t} in der Lösung ist dafür verantwortlich, daß das System steif ist. Das Runge-Kutta-Verfahren vierter Ordnung liefert die in Tabelle 5.17 zusammengefaßten Ergebnisse. Stabilere Ergebnisse und genauere Approximationen erhält man für $h = 0,05$. Das Vergrößern der Schrittweite auf $h = 0,1$ führt zu den in der Tabelle gezeigten, katastrophalen Ergebnissen. □

Tabelle 5.17

t	$w_1(t)$ $h = 0,05$	$w_1(t)$ $h = 0,1$	$u_1(t)$	$w_2(t)$ $h = 0,05$	$w_2(t)$ $h = 0,1$	$u_2(t)$
0,1	1,712219	−2,645169	1,793061	−0,8703152	7,844527	−1,032001
0,2	1,414070	−18,45158	1,423901	−0,8551048	38,87631	−0,8746809
0,3	1,130523	−87,47221	1,131575	−0,7228910	176,4828	−0,7249984
0,4	0,9092763	−934,0722	0,9094086	−0,6079475	789,3540	−0,6082141
0,5	0,7387506	−1760,016	0,7387877	−0,5155810	3520,00	−0,5156575
0,6	0,6056833	−7848,550	0,6057094	−0,4403558	15697,84	−0,4404108
0,7	0,4998361	−34989,63	0,4998603	−0,3773540	69979,87	−0,3774038
0,8	0,4136490	−155979,4	0,4136714	−0,3229078	311959,5	−0,3229535
0,9	0,3415939	−695332,0	0,3416143	−0,2743673	1390664,	−0,2744088
1,0	0,2796568	−3099671,	0,2796748	−0,2298511	6199352,	−0,2298877

Obwohl Steifheit gewöhnlich mit Differentialgleichungssystemen verbunden ist, können Näherungscharakteristika einer speziellen numerischen Methode, die auf ein steifes System angewandt wird, vorhergesagt werden, indem der bei Anwendung der Methode auf eine einfache *Testgleichung*

$$y' = \lambda y, \quad y(0) = \alpha$$

erzeugte Fehler untersucht wird, wobei λ eine negative, reelle Zahl darstellt. Die Lösung dieser Gleichung enthält das transiente $e^{\lambda t}$, und die stabile Form ist null, so daß die Näherungscharakteristika einer Methode leicht zu bestimmen sind. (Eine vollständigere Diskussion des Rundungsfehlers der steifen Systeme erfordert es, die Testgleichung zu untersuchen, wenn λ eine komplexe Zahl mit negativem, imaginären Teil ist.) Angenommen, man wende das Eulersche Verfahren auf die Testgleichung an. Es sei $h = (b - a)/N$ und $t_j = jh$ für $j = 1, 2, \ldots, N$, daraus folgt, daß

$$w_0 = \alpha,$$

$$w_{j+1} = w_j + h(\lambda w_j) = (1 + h\lambda)w_j$$

und somit

$$w_{j+1} = (1+h\lambda)^{j+1} w_0 = (1+h\lambda)^{j+1}\alpha \quad \text{für } j = 0, 1, \dots, N-1 \quad (5.4)$$

gilt. Da die genaue Lösung $y(t) = \alpha e^{\lambda t}$ ist, gilt für den absoluten Fehler

$$|y(t_j) - w_j| = |e^{\lambda h j} - (1+h\lambda)^j|\,|\alpha|,$$

und die Genauigkeit wird dadurch bestimmt, wie gut der Term $1 + h\lambda$

$$e^{h\lambda} = 1 + h\lambda + \frac{1}{2!}(h\lambda)^2 + \frac{1}{3!}(h\lambda)^3 + \cdots$$

approximiert. Ist $\lambda < 0$, geht die genaue Lösung $e^{\lambda h j}$ gegen null, aber gemäß (5.4) besitzt die Approximation w_i von $y(t_i)$ diese Eigenschaft nur für $|1 + h\lambda| < 1$. Dies schränkt die Schrittweite h des Eulerschen Verfahrens kräftig ein, um $|1 + h\lambda| < 0$ zu genügen, was vereinfacht $h < 2/|\lambda|$ ergibt.

Angenommen, ein Rundungsfehler sei in der Anfangsbedingung des Eulerschen Verfahrens eingeführt:

$$w_0 = \alpha + \delta_0.$$

Im j-ten Schritt ist der Rundungsfehler

$$\delta_j = (1 + h\lambda)^j \delta_0.$$

Da $\lambda < 0$ ist, ist die Bedingung zur Kontrolle des Wachstums des Rundungsfehlers dieselbe wie die zur Kontrolle des absoluten Fehlers $h < 2|\lambda|$.

Entsprechendes gilt für andere Einschrittmethoden. Allgemein existiert eine Funktion Q mit der Eigenschaft, daß die auf die Testgleichung angewandte Differenzenmethode

$$w_{i+1} = Q(h\lambda) w_i$$

liefert. Die Genauigkeit der Methode hängt davon ab, wie gut $Q(h\lambda)$ $e^{h\lambda}$ approximiert, und der Fehler wächst unerträglich, außer für $|Q(h\lambda)| \leq 1$.

Das Problem ist im Fall der Mehrschrittverfahren aufgrund des Wechselspiels mehrerer früherer Approximationen in jedem Schritt komplizierter. Es neigt dazu, akut zu sein, speziell im Fall der expliziten Verfahren, die in den Prädiktor-Korrektor-Methoden auftreten. In der Praxis sind die Verfahren, die für steife Systeme eingesetzt werden, implizite Mehrschrittverfahren. Allgemein erhält man w_{i+1}, indem eine nichtlineare Gleichung oder ein nichtlineares System iterativ gelöst wird, oftmals mit dem Newtonschen Verfahren. Um dieses Vorgehen zu verdeutlichen, sei das folgende implizite Verfahren betrachtet:

Implizite Trapezmethode

$$w_0 = \alpha$$
$$w_{j+1} = w_j + \frac{h}{2}[f(t_{j+1}, w_{j+1}) + f(t_j, w_j)],$$

wobei $j = 0, 1, \ldots, N-1$ ist.

Um mit dieser Methode w_1 zu bestimmen, sei das Newtonsche Verfahren zur Wurzelbestimmung der Gleichung

$$\begin{aligned} 0 = F(y) &= y - w_0 - \frac{h}{2}[f(t_0, w_0) + f(t_1, y)] \\ &= y - \alpha - \frac{h}{2}[f(a, \alpha) + f(t_1, y)] \end{aligned}$$

angewandt. Zur Approximation dieser Lösung wird $w_1^{(0)}$ (gewöhnlich als w_0) ausgewählt und $w_1^{(k)}$ mit dem Newtonschen Verfahren erzeugt, und man erhält

$$\begin{aligned} w_1^{(k)} &= w_1^{(k-1)} - \frac{F\left(w_1^{(k-1)}\right)}{F'\left(w_1^{(k-1)}\right)} \\ &= w_1^{(k-1)} - \frac{w_1^{(k-1)} - \alpha - \frac{h}{2}\left[f(a, \alpha) + f\left(t_1, w_1^{(k-1)}\right)\right]}{1 - \frac{h}{2} f_y\left(t_1, w_1^{(k-1)}\right)}, \end{aligned}$$

bis $|w_1^{(k)} - w_1^{(k-1)}|$ genügend klein ist. Normalerweise werden drei oder vier Iterationen benötigt.

Wurde eine befriedigende Approximation von w_1 bestimmt, wird die Methode wiederholt. Im allgemeinen wird, nachdem w_j bestimmt ist, das Newtonsche Verfahren mit der Anfangsnäherung $w_{j+1}^{(0)} = w_j$ auf die Gleichung

$$0 = F(y) = y - w_j - \frac{h}{2}[f(t_j, w_j) + f(t_{j+1}, y)]$$

angewandt, um die Lösung $y = w_{j+1}$ zu approximieren. Dieses Vorgehen liegt dem Programm TRAPNT58 zugrunde.

Das Sekantenverfahren kann alternativ zu dem Newtonschen Verfahren eingesetzt werden, aber dann sind zwei unterschiedliche Anfangsnäherungen von w_{j+1} erforderlich. Um diese zu bestimmen, ist es gängige Praxis, $w_{j+1}^{(0)} = w_j$ zu setzen und $w_{j+1}^{(1)}$ über ein beliebiges explizites Mehrschrittverfahren zu erhalten. Wenn wir ein System von steifen Gleichungen betrachten wollen, benötigen wir eine Verallgemeinerung des Newtonschen oder Sekantenverfahrens (siehe Kapitel 10).

Beispiel 2. Das steife Anfangswertproblem

$$y' = 5e^{5t}(y-t)^2 + 1, \quad 0 \le t \le 1, \quad y(0) = -1$$

besitzt die Lösung $y(t) = t - e^{-5t}$. Um die Auswirkungen der Steifheit zu zeigen, seien die Trapezmethode und das Runge-Kutta-Verfahren vierter Ordnung, beide mit $N = 4$, $h = 0,25$ und mit $N = 5$, $h = 0,20$, angewandt. Die Trapezmethode liefert in beiden Fällen gute Ergebnisse mit $M = 10$ und $TOL = 10^{-6}$ wie auch das Runge-Kutta-Verfahren mit $h = 0,2$. Für $h = 0,25$ ist das Runge-Kutta-Verfahren jedoch instabil, was offensichtlich die Ergebnisse in Tabelle 5.18 zeigen. □

Tabelle 5.18

	Runge-Kutta-Verfahren $h = 0,2$		Trapezmethode $h = 0,2$	
t_i	w_i	$\lvert y(t_i) - w_i\rvert$	w_i	$\lvert y(t_i) - w_i\rvert$
0,0	−1,0000000	0	−1,0000000	0
0,2	−0,1488521	$1,9027 \cdot 10^{-2}$	−0,1414969	$2,6383 \cdot 10^{-2}$
0,4	0,2684884	$3,8237 \cdot 10^{-3}$	0,2748614	$1,0197 \cdot 10^{-2}$
0,6	0,5519927	$1,7798 \cdot 10^{-3}$	0,5539828	$3,7700 \cdot 10^{-3}$
0,8	0,7822857	$6,0131 \cdot 10^{-4}$	0,7830720	$1,3876 \cdot 10^{-3}$
1,0	0,9934905	$2,2845 \cdot 10^{-4}$	0,9937726	$5,1050 \cdot 10^{-4}$
	$h = 0,25$		$h = 0,25$	
t_i	w_i	$\lvert y(t_i) - w_i\rvert$	w_i	$\lvert y(t_i) - w_i\rvert$
0,0	−1,0000000	0	−1,0000000	0
0,25	0,4014315	$4,37936 \cdot 10^{-1}$	0,0054557	$4,1961 \cdot 10^{-2}$
0,5	3,4374753	$3,01956 \cdot 10^{0}$	0,4267572	$8,8422 \cdot 10^{-3}$
0,75	$1,44639 \cdot 10^{23}$	$1,44639 \cdot 10^{23}$	0,7291528	$2,6706 \cdot 10^{-3}$
1,0	Überlauf		0,9940199	$7,5790 \cdot 10^{-4}$

Übungsaufgaben

1. Lösen Sie das folgende steife Anfangswertproblem mit dem Eulerschen Verfahren, und vergleichen Sie die Ergebnisse mit den tatsächlichen Lösungen.

a) $y' = -9y$, $0 \le t \le 1$, $y(0) = e$ mit $h = 0,1$, tatsächliche Lösung $y(t) = e^{1-9t}$.

b) $y' = -8(y-t) + 1$, $0 \le t \le 2$, $y(0) = 2$ mit $h = 0,2$, tatsächliche Lösung $y(t) = t + 2e^{-8t}$.

c) $y' = -20(y - t^2) + 2t$, $0 \le t \le 1$, $y(0) = \frac{1}{3}$ mit $h = 0,1$, tatsächliche Lösung $y(t) = t^2 + \frac{1}{3}e^{-20t}$.

d) $y' = -20y + 20\sin t + \cos t$, $0 \le t \le 2$, $y(0) = 1$ mit $h = 0,25$, tatsächliche Lösung $y(t) = \sin t + e^{-20t}$.

e) $y' = -5y + \frac{1}{t}e^{-5t} + 5\cos(t-1) - \sin(t-1)$, $1 \leq t \leq 2$, $y(1) = 1$ mit $h = 0{,}1$, tatsächliche Lösung $y(t) = \cos(t-1) + e^{-5t}\ln t$.

f) $y' = \frac{50}{y} - 50y$, $0 \leq t \leq 1$, $y(0) = \sqrt{2}$ mit $h = 0{,}1$, tatsächliche Lösung $y(t) = (1 + e^{-100t})^{1/2}$.

2. Wiederholen Sie Übung 1 mit dem Runge-Kutta-Verfahren vierter Ordnung.

3. Wiederholen Sie Übung 1 mit der Adams-Prädiktor-Korrektor-Methode vierter Ordnung.

4. Wiederholen Sie Übung 1 mit der impliziten Trapezmethode vierter Ordnung, und lösen Sie mit dem Newtonschen Verfahren nach w_{i+1} auf.

5. In Übung 12 von Abschnitt 5.2 diente die Differentialgleichung

$$\frac{\mathrm{d}p(t)}{\mathrm{d}t} = rb(1 - p(t))$$

als Modell zum Studium des Anteils $p(t)$ von Nonkonformisten in einer Gesellschaft. b stellte deren Geburtenrate dar und r die Rate, bei der die Nachkommen auch Nonkonformisten wurden, wenn wenigstens einer der Eltern ein Nonkonformist war. In dieser Übung sollte eine Approximation von $p(t)$ mit dem Eulerschen Verfahren für Integralwerte von t gefunden werden, wobei $p(0) = 0{,}01$, $b = 0{,}02$ und $r = 0{,}1$ gegeben war. Außerdem sollte die Approximation von $p(50)$ mit dem tatsächlichen Wert verglichen werden. Berechnen Sie mit der Trapezmethode eine weitere Approximation von $p(50)$, und nehmen Sie wieder für $h = 1$ Jahr an.

5.9. Methoden- und Softwareüberblick

In diesem Kapitel wurden Methoden zur Approximation der Lösungen von Anfangswertproblemen für gewöhnliche Differentialgleichungen betrachtet, beginnend mit einer Diskussion des einfachsten Verfahrens, dem Eulerschen Verfahren. Diese Methode ist für Anwendungen nicht genau genug, aber sie verdeutlicht das allgemeine Verhalten der mächtigeren Verfahren ohne die begleitenden algebraischen Schwierigkeiten. Dann wurden die Taylorschen Formeln als Verallgemeinerung des Eulerschen Verfahrens betrachtet. Sie stellten sich als genau, aber beschwerlich heraus, da extensiv partielle Ableitungen der Differentialgleichung bestimmt werden müssen. Die Runge-Kutta-Formeln vereinfachen die Taylorschen Formeln und steigern den Fehler nicht signifikant. Bis zu diesem Punkt wurden nur Einschrittmethoden betrachtet, Verfahren, die nur Werte in dem zuletzt berechneten Punkt verwenden.

Die dann diskutierten Mehrschrittverfahren waren die expliziten Methoden vom Adams-Bashforth-Typ und implizite Methoden vom Adams-Moulton-Typ. Diese gipfeln in Prädiktor-Korrektor-Methoden, die eine explizite Methode, wie die von Adams-Bashforth, zur Vorhersage der Lösung verwenden und dann mit einer korrespondierenden impliziten Methode, z.B. der von Adams-Moulton, die Approximation korrigieren.

Diese Ein- und Mehrschrittverfahren dienen als eine Einführung in die numerischen Methoden für gewöhnliche Differentialgleichungen, da die genaueren adaptiven Verfahren auf diesen relativ unkomplizierten Verfahren aufbauen. Speziell sah man, daß die Runge-Kutta-Fehlberg-Methode eine Einschrittmethode ist, die versucht, das Gitter einzuteilen, um den lokalen Fehler der Approximation unter Kontrolle zu halten. Die in diesem Buch verwendete Prädiktor-Korrektor-Methode mit variabler Schrittweite, die auf dem Adams-Bashforth-Vierschritt-Verfahren und dem Adams-Moulton-Dreischritt-Verfahren basiert, ändert ebenfalls die Schrittweite, um den lokalen Fehler innerhalb einer gegebenen Toleranz zu halten. Abschließend wurde gezeigt, daß das Extrapolationsverfahren auf einer Modifikation der Mittelpunktmethode basiert und dazu dient, die gewünschte Genauigkeit der Approximation beizubehalten.

Das letzte Thema in diesem Kapitel betrifft die Schwierigkeiten, die der Approximation der Lösung einer steifen Gleichung anhaften, einer Differentialgleichung, deren genaue Lösung einen Teil der Form $e^{-\lambda t}$ enthält, wobei λ eine große, positive Zahl ist. Man muß mit Problemen diesen Types sehr vorsichtig umgehen, oder die Ergebnisse können durch den Rundungsfehler überfrachtet werden.

Methoden vom Runge-Kutta-Fehlberg-Typ sind im allgemeinen für diejenigen nichtsteifen Systeme ausreichend, wo mäßige Genauigkeit gefordert wird. Die Extrapolationsverfahren werden für nichtsteife Probleme empfohlen, wo hohe Genauigkeit nötig ist. Letztendlich werden implizite Methoden vom Adams-Typ mit variabler Schrittweite und variabler Ordnung für steife Anfangswertprobleme eingesetzt.

Die IMSL-Bibliothek enthält drei Unterfunktionen zur Approximation der Lösungen von Anfangswertproblemen. Jede der Methoden löst ein System von m Gleichungen erster Ordnung mit m Variablen. Die Gleichungen sind von der Form

$$\frac{\mathrm{d}u_i}{\mathrm{d}t} = f(_i(t,u_1,u_2,\ldots,u_m) \qquad \text{für } i = 1,2,\ldots,m,$$

wobei $u_i(x_0)$ für jedes i gegeben ist. Die Unterfunktion IVPRK mit variabler Schrittweite basiert auf den Runge-Kutta-Verner-Methoden fünfter und sechster Ordnung. Die Unterfunktion IVPBS ist ein Extrapolationsverfahren, das auf der Bulirsch-Stoer-Extrapolationsmethode basiert. Dieses Verfahren verwendet eine Extrapolation über rationale Funktionen anstatt Polynominterpolation, was im Abschnitt 5.5 betrachtet wurde. Eine Unterfunktion vom Adams-Typ für steife Gleichungen ist in IVPAG gegeben. Diese Methode setzt implizite Mehrschrittverfahren der Ordnung bis zu 12 und aufsteigende Differentiationsformeln der Ordnung bis zu 5 ein.

Die Verfahren vom Runge-Kutta-Typ in der NAG-Bibliothek heißen DO2BAF und DO2BBF und basieren auf der Mersonschen Form der Runge-Kutta-Verfahren. Eine Adams-Methode mit variabler Schrittweite und variabler Ordnung ist in den Prozeduren DO2CAF und DO2CBF, Methoden mit aufsteigender Differenz und variabler Schrittweite und variabler Ordnung für steife Systeme in den Prozeduren DO2EAF und DO2EBF enthalten. In der NAG-Bibliothek finden sich noch viele weitere Unterfunktionen zur numerischen Lösung von Anfangswertproblemen.

6. Direkte Methoden zum Lösen von Linearsystemen

6.1. Einleitung

Gleichungssysteme werden zur analytischen Darstellung physikalischer Probleme herangezogen, die die Wechselwirkung verschiedener Eigenschaften beinhalten. Die Variablen in dem System repräsentieren quantitativ die untersuchten Eigenschaften, und die Gleichungen beschreiben die Wechselwirkung zwischen den Variablen. Das System läßt sich am einfachsten untersuchen, wenn alle Gleichungen linear sind. Oft ist die Anzahl der Gleichungen dieselbe wie die der Variablen; nur in diesem Fall existiert wahrscheinlich eine eindeutige Lösung.

Obwohl nicht alle Probleme in der Physik durch ein Linearsystem mit derselben Anzahl von Gleichungen wie Unbekannten angemessen dargestellt werden können, haben die Lösungen vieler Probleme entweder diese Form oder können durch ein solches System approximiert werden. Tatsächlich stellt es oft die einzige Herangehensweise dar, die quantitative Aussagen über ein physikalisches Problem ermöglicht.

In diesem Kapitel werden direkte Methoden zur Approximation der Lösung eines Systems von n linearen Gleichungen mit n Unbekannten betrachtet. Eine direkte Methode ist eine, die das System exakt löst, unter der Annahme, daß alle Berechnungen ohne Rundungsfehler möglich sind. Dies ist eine ideale Annahme. Man muß die Rolle des Fehlers in der Approximation der Lösung des Systems mit endlichstelliger Arithmetik sehr sorgfältig berücksichtigen, um die Berechnungen so gestalten zu können, daß dieser Effekt minimiert wird.

6.2. Gaußscher Algorithmus

Wenn Sie bereits Kontakt mit linearer Algebra oder Matrizentheorie hatten, sind Sie sicher schon dem Gaußschen Algorithmus begegnet, der gundlegensten Methode zur systematischen Bestimmung der Lösung eines linearen Gleichungssystems. Die Variablen aus den verschiedenen Gleichungen werden eliminiert, bis eine Gleichung nur noch eine Variable, eine weitere Gleichung nur diese Variable und eine andere enthält, eine dritte nur diese beiden und zusätzlich noch eine, und so weiter. Die Lösung wird gefunden, indem nach der Variablen in der einzelnen Gleichung aufgelöst und damit die zweite Gleichung zu einer reduziert wird, die nur eine einzige Variable enthält, und so weiter, bis alle Variablen bestimmt sind.

Drei Operationen dürfen auf ein Gleichungssystem (E_n) angewandt werden:

Operationen für Gleichungssysteme

1. Gleichung E_i kann mit einer beliebigen Konstante λ ungleich null multipliziert und die daraus resultierende Gleichung anstatt E_i verwendet werden. Diese Operation wird mit $(\lambda E_i) \rightarrow (E_i)$ bezeichnet.
2. Gleichung E_j kann mit einer beliebigen Konstante λ multipliziert und zu Gleichung E_i addiert und die daraus resultierende Gleichung anstatt E_i verwendet werden. Diese Operation wird mit $(E_i + \lambda E_j) \rightarrow (E_i)$ bezeichnet.
3. Die Gleichungen E_i und E_j können miteinander vertauscht werden. Diese Operation wird mit $(E_i) \leftrightarrow (E_j)$ bezeichnet.

Mit mehreren dieser Operationen kann ein Linearsystem in ein einfacher zu lösendes Linearsystem mit denselben Lösungen überführt werden. Die aufeinanderfolgenden Operationen werden im nächsten Beispiel verdeutlicht.

Beispiel 1. Die vier Gleichungen

$$\begin{aligned}
E_1:&\quad x_1 + x_2 \qquad\quad + 3x_4 = 4,\\
E_2:&\quad 2x_1 + x_2 - x_3 + x_4 = 1,\\
E_3:&\quad 3x_1 - x_2 - x_3 + 2x_4 = -3,\\
E_4:&\quad -x_1 + 2x_2 + 3x_3 - x_4 = 4
\end{aligned}$$

werden nach x_1, x_2, x_3 und x_4 aufgelöst. Zuerst wird mit Gleichung E_1 das unbekannte x_1 aus E_2, E_3 und E_4 eliminiert, indem die Operationen $(E_2 - 2E_1) \rightarrow (E_2)$, $(E_3 - 3E_1) \rightarrow (E_3)$ und $(E_4 + E_1) \rightarrow (E_4)$ ausgeführt werden.

Daraus resultiert das System:

$$\begin{aligned}
E_1:&\quad x_1 + x_2 \phantom{{}-x_3} + 3x_4 = 4,\\
E_2:&\quad -x_2 - x_3 - 5x_4 = -7,\\
E_3:&\quad -4x_2 - x_3 - 7x_4 = -15,\\
E_4:&\quad 3x_2 + 3x_3 + 2x_4 = 8,
\end{aligned}$$

wobei der Einfachheit wegen die neuen Gleichungen wieder mit E_1, E_2, E_3 und E_4 bezeichnet werden.

In dem neuen System wird mit E_2 x_2 aus E_3 und E_4 eliminiert, indem die Operationen $(E_3 - 4E_2) \rightarrow (E_3)$ und $(E_4 + 3E_2) \rightarrow (E_4)$ ausgeführt werden. Dies führt zu

$$\begin{aligned}
E_1:&\quad x_1 + x_2 + 3x_4 = 4,\\
E_2:&\quad -x_2 - x_3 - 5x_4 = -7,\\
E_3:&\quad 3x_3 + 13x_4 = 13,\\
E_4:&\quad -13x_4 = -13.
\end{aligned}$$

Das Gleichungssystem liegt nun in einer *Dreiecks*-(oder *reduzierten*) Form vor und kann durch Rückwärtseinsetzen nach den Unbekannten aufgelöst werden. Aus E_4 folgt $x_4 = 1$, und E_3 kann nach x_3 aufgelöst werden:

$$x_3 = \frac{1}{3}(13 - 13x_4) = \frac{1}{3}(13 - 13) = 0.$$

Entsprechend liefert E_2

$$x_2 = -(-7 + 5x_4 + x_3) = -(-7 + 5 + 0) = 2$$

und E_1

$$x_1 = 4 - 3x_4 - x_2 = 4 - 3 - 2 = -1.$$

Die Lösung lautet daher $x_1 = -1$, $x_2 = 2$, $x_3 = 0$ und $x_4 = 1$. Diese Werte lösen das ursprüngliche Gleichungssystem. □

Bei den Berechnungen in Beispiel 1 mußten nicht in jedem Schritt die vollen Gleichungen ausgeschrieben oder die Variablen x_1, x_2, x_3 und x_4 durch die Berechnungen durchgezogen werden, da sie immer in derselben Spalte verblieben. Die einzige Veränderung von System zu System betraf die Koeffizienten der Unbekannten und die Werte auf der rechten Seite der Gleichungen. Daher wird ein Linearsystem oft durch eine **Matrix** ersetzt, eine rechteckige Anordnung von Elementen, in der nicht nur der Wert eines Elementes wichtig ist, sondern auch seine Position. Die Matrix enthält alle Informationen über das System, die notwendig zur Bestimmung seiner Lösung sind, aber in kompakter Form.

Die Bezeichnung für eine $(n \times m)$- bzw. (n mal m)-Matrix ist ein Großbuchstabe, wie A, und die Kleinbuchstaben mit zwei unteren Indizes, wie a_{ij}, beziehen sich auf das Element an dem Schnittpunkt der i-ten Zeile und j-ten Spalte; das heißt

$$A = (a_{ij}) = \begin{bmatrix} a_{11} & a_{12} & \dots & a_{1m} \\ a_{21} & a_{22} & \dots & a_{2m} \\ \vdots & \vdots & & \vdots \\ a_{n1} & a_{n2} & \dots & a_{nm} \end{bmatrix}.$$

Beispiel 2. Die Matrix

$$A = \begin{bmatrix} 2 & -1 & 7 \\ 3 & 1 & 0 \end{bmatrix}$$

ist eine (2×3)-Matrix mit $a_{11} = 2$, $a_{12} = -1$, $a_{13} = 7$, $a_{21} = 3$, $a_{22} = 1$ und $a_{23} = 0$. □

Die $(1 \times n)$-Matrix $A = [\, a_{11} \quad a_{12} \quad \dots a_{1n} \,]$ heißt ***n*-dimensionale Zeilenmatrix** und eine $(n \times 1)$-Matrix

$$A = \begin{bmatrix} a_{11} \\ a_{21} \\ \vdots \\ a_{n1} \end{bmatrix}$$

***n*-dimensionale Spaltenmatrix**. Gewöhnlich läßt man die unnötigen Indizes weg und bezeichnet die Matrix mit einem fetten Kleinbuchstaben.

$$\mathbf{x} = \begin{bmatrix} x_1 \\ x_2 \\ \vdots \\ x_n \end{bmatrix}$$

bezeichnet eine Spaltenmatrix und $\mathbf{y} = [\, y_1 \quad y_2 \quad \dots y_n \,]$ eine Zeilenmatrix.

Mit einer n-mal-$(n + 1)$-Matrix kann man das Linearsystem

$$\begin{aligned} a_{11}x_1 + a_{12}x_2 + \cdots + a_{1n}x_n &= b_1, \\ a_{21}x_1 + a_{22}x_2 + \cdots + a_{2n}x_n &= b_2, \\ &\vdots \\ a_{n1}x_1 + a_{n2}x_2 + \cdots + a_{nn}x_n &= b_n \end{aligned}$$

darstellen, indem man erst

$$A = (a_{ij}) = \begin{bmatrix} a_{11} & a_{12} & \dots & a_{1n} \\ a_{21} & a_{22} & \dots & a_{2n} \\ \vdots & \vdots & & \vdots \\ a_{n1} & a_{n2} & \dots & a_{nn} \end{bmatrix} \quad \text{und} \quad \mathbf{b} = \begin{bmatrix} b_1 \\ b_2 \\ \vdots \\ b_n \end{bmatrix}$$

erzeugt und dann diese Matrizen zu der *erweiterten Matrix*

$$[A, \mathbf{b}] = \left[\begin{array}{cccc:c} a_{11} & a_{12} & \dots & a_{1n} & b_1 \\ a_{21} & a_{22} & \dots & a_{2n} & b_2 \\ \vdots & \vdots & & \vdots & \vdots \\ a_{n1} & a_{n2} & \dots & a_{nn} & b_n \end{array}\right]$$

kombiniert, wobei die senkrechte, gepunktete Linie die Koeffizienten der Unbekannten von den Werten auf der rechten Seite der Gleichungen trennt.

Wiederholt man die Operationen aus Beispiel 1 in Matrizenschreibweise, ergibt das zuerst die erweiterte Matrix

$$\left[\begin{array}{cccc:c} 1 & 1 & 0 & 3 & 4 \\ 2 & 1 & -1 & 1 & 1 \\ 3 & -1 & -1 & 2 & -3 \\ -1 & 2 & 3 & -1 & 4 \end{array}\right].$$

Führt man die Operationen wie in diesem Beispiel beschrieben durch, erhält man die Matrizen

$$\left[\begin{array}{cccc:c} 1 & 1 & 0 & 3 & 4 \\ 0 & -1 & -1 & -5 & -7 \\ 0 & -4 & -1 & -7 & -15 \\ 0 & 3 & 3 & 2 & 8 \end{array}\right]$$

und

$$\left[\begin{array}{cccc:c} 1 & 1 & 0 & 3 & 4 \\ 0 & -1 & -1 & -5 & -7 \\ 0 & 0 & 3 & 13 & 13 \\ 0 & 0 & 0 & -13 & -13 \end{array}\right].$$

Letztere Matrix kann nun in das ihr entsprechende Linearsystem umgewandelt werden, das ergibt die Lösungen für x_1, x_2, x_3 und x_4. Das Vorgehen in diesem Prozeß heißt **Gaußscher Algorithmus mit Rückwärtseinsetzen**.

Der auf das Linearsystem

$$\begin{aligned} E_1 &: a_{11}x_1 + a_{12}x_2 + \cdots + a_{1n}x_n = b_1, \\ E_2 &: a_{21}x_1 + a_{22}x_2 + \cdots + a_{2n}x_n = b_2, \\ &\qquad\qquad\qquad \vdots \\ E_n &: a_{n1}x_1 + a_{n2}x_2 + \cdots + a_{nn}x_n = b_n \end{aligned}$$

angewandte allgemeine Gaußsche Algorithmus wird entsprechend gehandhabt. Zuerst wird die erweiterte Matrix $\tilde{A}$

$$\tilde{A} = [A, \mathbf{b}] = \left[\begin{array}{cccc:c} a_{11} & a_{12} & \dots & a_{1n} & a_{1,n+1} \\ a_{21} & a_{22} & \dots & a_{2n} & a_{2,n+1} \\ \vdots & \vdots & & \vdots & \vdots \\ a_{n1} & a_{n2} & \dots & a_{nn} & a_{n,n+1} \end{array}\right]$$

geformt, wobei A die Matrix bezeichnet, die durch die Koeffizienten gebildet wird und die Elemente in der $(n+1)$-ten Spalte die Werte von $\mathbf{b}$ darstellen, das heißt $a_{i,n+1} = b_i$ für jedes $i = 1, 2, \dots, n$.

Angenommen, das **Pivotelement** a_{11} sei ungleich null. Um die Diskussion zu vereinfachen, sei der **Multiplikator** $m_{k1} = a_{k1}/a_{11}$ eingeführt und die Operationen $(E_k - m_{k1}E_1) \to (E_k)$ für jedes $k = 2, 3, \dots, n$ zur Elimination (das heißt zum entsprechenden Wechsel nach null) des Koeffizienten von x_1 in jeder dieser Zeilen durchgeführt. Obwohl sich sicherlich die Elemente in Zeile $2, 3, \dots, n$ ändern werden, wird der Einfachheit der Bezeichnung wegen das Element in der i-ten Zeile und j-ten Spalte wieder mit a_{ij} bezeichnet.

Dann setzt man dieses Vorgehen für die Zeilen $i = 2, 3, \dots, n-1$ fort. Der Multiplikator sei durch $m_{ki} = a_{ki}/a_{ii}$ definiert und die Operationen

$$(E_k - m_{ki}E_i) \to (E_k)$$

für jedes $k = i+1, i+2, \dots, n$ durchgeführt, vorausgesetzt, daß das Pivotelement a_{ii} ungleich null ist. Dadurch wird x_1 in jeder unterhalb der i-ten Zeile für alle Werte von $i = 1, 2, \dots, n-1$ eliminiert. Die daraus resultierende Matrix besitzt die Form

$$\tilde{\tilde{A}} = \left[\begin{array}{cccc:c} a_{11} & a_{12} & \dots & a_{1n} & a_{1,n+1} \\ 0 & a_{22} & \dots & a_{2n} & a_{2,n+1} \\ \vdots & \ddots & \ddots & \vdots & \vdots \\ 0 & \dots & 0 & a_{n,n} & a_{n,n+1} \end{array}\right],$$

wobei, außer in der ersten Zeile, die Werte von a_{ij} mit denen der ursprünglichen Matrix $\tilde{A}$ wahrscheinlich nicht übereinstimmen. Diese Matrix stellt ein Linearsystem mit derselben Lösungsmenge wie das ursprüngliche System dar. Da das neue Linearsystem die Form eines Dreiecks aufweist,

$$\begin{aligned} a_{11}x_1 + a_{12}x_2 + \cdots + a_{1n}x_n &= a_{1,n+1}, \\ a_{22}x_2 + \cdots + a_{2n}x_n &= a_{2,n+1}, \\ &\vdots \\ a_{nn}x_n &= a_{n,n+1}, \end{aligned}$$

kann rückwärts eingesetzt werden. Auflösen der n-ten Gleichung nach x_n ergibt

$$x_n = \frac{a_{n,n+1}}{a_{nn}};$$

Auflösen der $(n-1)$-ten Gleichung nach x_{n-1} und Verwenden von x_n führt zu

$$x_{n-1} = \frac{a_{n-1,n+1} - a_{n-1,n}x_n}{a_{n-1,n-1}}.$$

Entsprechend erhält man

$$\begin{aligned} x_i &= \frac{a_{i,n+1} - a_{i,n}x_n - a_{i,n-1}x_{n-1} - \cdots - a_{i,i+1}x_{i+1}}{a_{ii}} \\ &= \frac{a_{i,n+1} - \sum_{j=i+1}^{n} a_{ij}x_j}{a_{ii}} \end{aligned}$$

für alle $i = n-1, n-2, \ldots, 2, 1$.

Das Verfahren versagt, falls in dem i-ten Schritt das Pivotelement a_{ii} gleich null ist, dann sind entweder die Multiplikatoren $m_{ki} = a_{ki}/a_{ii}$ nicht definiert (falls $a_{ii} = 0$ für $1 \leq i \leq n$), oder es kann nicht rückwärts eingesetzt werden (falls $a_{nn} = 0$). Dies bedeutet nicht, daß das System keine Lösung besitzt, sondern, daß das Verfahren zur Bestimmung der Lösung abgeändert werden muß. Das folgende Beispiel soll den Sachverhalt verdeutlichen.

Beispiel 3. Betrachtet sei das Linearsystem

$$\begin{aligned} E_1:&\quad x_1 - x_2 + 2x_3 - x_4 = -8, \\ E_2:&\quad 2x_1 - 2x_2 + 3x_3 - 3x_4 = -20, \\ E_3:&\quad x_1 + x_2 + x_3 = -2, \\ E_4:&\quad x_1 - x_2 + 4x_3 + 3x_4 = 4. \end{aligned}$$

Die erweiterte Matrix lautet

$$\left[\begin{array}{cccc:c} 1 & -1 & 2 & -1 & -8 \\ 2 & -2 & 3 & -3 & -20 \\ 1 & 1 & 1 & 0 & -2 \\ 1 & -1 & 4 & 3 & 4 \end{array}\right].$$

Führt man die Operationen

$$(E_2 - 2E_1) \to (E_2), \quad (E_3 - E_1) \to (E_3)$$

und

$$(E_4 - E_1) \to (E_4)$$

durch, erhält man

$$\left[\begin{array}{cccc:c} 1 & -1 & 2 & -1 & -8 \\ 0 & 0 & -1 & -1 & -4 \\ 0 & 2 & -1 & 1 & 6 \\ 0 & 0 & 2 & 4 & 12 \end{array}\right].$$

Da das Element a_{22} in dieser Matrix null ist, kann das Verfahren nicht in seiner jetzigen Form fortgesetzt werden. Aber die Operation $(E_i) \leftrightarrow (E_p)$ ist erlaubt, so daß bei den Elementen a_{32} und a_{42} nach dem ersten Element ungleich null gesucht wird. Da $a_{32} \neq 0$ ist, kann die Operation $(E_2) \leftrightarrow (E_3)$ durchgeführt werden, und man erhält die neue Matrix

$$\left[\begin{array}{cccc:c} 1 & -1 & 2 & -1 & -8 \\ 0 & 2 & -1 & 1 & 6 \\ 0 & 0 & -1 & -1 & -4 \\ 0 & 0 & 2 & 4 & 12 \end{array}\right].$$

Die Variable x_2 ist bereits aus E_3 und E_4 eliminiert, so daß die Berechnungen mit der Operation $(E_4 + 2E_3) \rightarrow (E_4)$ fortgesetzt werden und

$$\left[\begin{array}{cccc:c} 1 & -1 & 2 & -1 & -8 \\ 0 & 2 & -1 & 1 & 6 \\ 0 & 0 & -1 & -1 & -4 \\ 0 & 0 & 0 & 2 & 4 \end{array}\right]$$

liefern. Schließlich wird rückwärts eingesetzt:

$$x_4 = \frac{4}{2} = 2, \qquad x_3 = \frac{[-4 - (-1)x_4]}{-1} = 2,$$

$$x_2 = \frac{[6 - x_4 - (-1)x_3]}{2} = 3, \quad x_1 = \frac{[-8 - (-1)x_4 - 2x_3 - (-1)x_2]}{1} = -7.$$

□

Beispiel 3 verdeutlicht, was getan wird, wenn eines der Pivotelemente null ist. Ist das i-te Pivotelement null, wird die i-te Spalte der Matrix von der i-ten Zeile an abwärts nach dem ersten Element ungleich null abgesucht, und dann werden die Zeilen ausgetauscht, um die neue Matrix zu erhalten. Danach wird das Verfahren wie vorher fortgesetzt. Wird kein Element ungleich null gefunden, stoppt das Verfahren, und das Linearsystem besitzt keine eindeutige Lösung. Das Programm GAUSEL61 führt den Gaußschen Algorithmus mit Rückwärtseinsetzen aus und tauscht Zeilen nach Bedarf aus.

Die Berechnungen in dem Programm benötigen zum Speichern nur eine n-mal-$(n+1)$-Anordnung, da in jedem Schritt der vorige Wert von a_{ij} durch den neuen ersetzt wird. Zusätzlich werden die Multiplikatoren an den Stellen von a_{ki} gespeichert, von denen man weiß, daß sie den Wert null haben – das heißt, wenn $i < n$ und $k = i+1, i+2, \dots, n$ ist. Daher wird die ursprüngliche Matrix unterhalb der Hauptdiagonale durch die Multiplikatoren und auf und oberhalb der Hauptdiagonale durch die Elemente ungleich null der zuletzt reduzierten Matrix überschrieben. Mit diesen Werten können andere Linearsysteme gelöst werden, die die ursprüngliche Matrix enthalten, wie wir im Abschnitt 6.5 sehen können.

Sowohl die Rechenzeit als auch der resultierende Rundungsfehler hängen von der Anzahl der benötigten Gleitkomma-Operationen ab, ein Routineproblem zu lösen. Im allgemeinen ist die erforderliche Zeit, auf einem Computer eine Multiplikation oder Division durchzuführen, ungefähr gleich und beträchtlich größer als die Zeit, die für eine Addition oder Subtraktion benötigt wird. Wenn auch die tatsächliche Zeitdifferenz von dem speziellen Computer abhängt, werden wegen des Zeitgefälles die Zahl der Additionen/Subtraktionen von der Zahl der Multiplikationen/Divisionen getrennt ausgewiesen. Die gesamte Zahl der arithmetischen Operationen hängt wie folgt von der Größe n ab:

Multiplikationen/Divisionen

$$\frac{n^3}{3} + n^2 - \frac{n}{3}.$$

Additionen/Subtraktionen

$$\frac{n^3}{3} + \frac{n^2}{2} - \frac{5n}{6}.$$

Tabelle 6.1

n	Multiplikationen/Divisionen	Additionen/Subtraktionen
3	17	11
10	430	375
50	44150	42875
100	343300	338250

Für große n ist die Gesamtzahl der Multiplikationen und Divisionen ungefähr $n^3/3$, das heißt $O(n^3)$ wie die gesamte Zahl der Additionen und Subtraktionen. Daher steigt die Menge der Berechnungen und die dafür benötigte Zeit mit n im Verhältnis zu n^3, wie in Tabelle 6.1 zu sehen.

Übungsaufgaben

1. Lösen Sie jedes der folgenden Linearsysteme graphisch, falls es möglich ist. Erklären Sie die Ergebnisse geometrisch.

a) $\begin{aligned} x_1 + 2x_2 &= 3 \\ x_1 - x_2 &= 0 \end{aligned}$

b) $\begin{aligned} x_1 + 2x_2 &= 0 \\ x_1 - x_2 &= 0 \end{aligned}$

c) $\begin{aligned} x_1 + 2x_2 &= 3 \\ 2x_1 + 4x_2 &= 6 \end{aligned}$

d) $\begin{aligned} x_1 + 2x_2 &= 3 \\ -2x_1 - 4x_2 &= 6 \end{aligned}$

e) $\begin{aligned} x_1 + 2x_2 &= 0 \\ 2x_1 + 4x_2 &= 0 \end{aligned}$

f) $\begin{aligned} 0 \cdot x_1 + x_2 &= 3 \\ 2x_1 - x_2 &= 7 \end{aligned}$

g) $\begin{aligned} 2x_1 + x_2 &= -1 \\ x_1 + x_2 &= 2 \\ x_1 - 3x_2 &= 5 \end{aligned}$

h) $\begin{aligned} 2x_1 + x_2 &= -1 \\ 2x_1 + x_2 &= 2 \\ x_1 - 3x_2 &= 5 \end{aligned}$

i) $\begin{aligned} 2x_1 + x_2 &= -1 \\ 4x_1 + 2x_2 &= -2 \\ x_1 - 3x_2 &= 5 \end{aligned}$

j) $\begin{aligned} 2x_1 + x_2 + x_3 &= 1 \\ 2x_1 + 4x_2 - x_3 &= -1 \end{aligned}$

2. Lösen Sie die folgenden Linearsysteme mit dem Gaußschen Algorithmus und Rückwärtseinsetzen. Runden Sie auf zwei Stellen. Ordnen Sie die Gleichungen nicht um. (Die genaue Lösung jedes Systems ist $x_1 = 1,\ x_2 = -1,\ x_3 = 3$.)

a) $\begin{aligned} 4x_1 - x_2 + x_3 &= 8 \\ 2x_1 + 5x_2 + 2x_3 &= 3 \\ x_1 + 2x_2 + 4x_3 &= 11 \end{aligned}$

b) $\begin{aligned} x_1 + 2x_2 + 4x_3 &= 11 \\ 4x_1 - x_2 + x_3 &= 8 \\ 2x_1 + 5x_2 + 2x_3 &= 3 \end{aligned}$

c) $\begin{aligned} 4x_1 + x_2 + 2x_3 &= 9 \\ 2x_1 + 4x_2 - x_3 &= -5 \\ x_1 + x_2 - 3x_3 &= -9 \end{aligned}$

d) $\begin{aligned} 2x_1 + 4x_2 - x_3 &= -5 \\ x_1 + x_2 - 3x_3 &= -9 \\ 4x_1 + x_2 + 2x_3 &= 9 \end{aligned}$

3. Lösen Sie die folgenden Linearsysteme mit dem Gaußschen Algorithmus und Rückwärtseinsetzen, falls es möglich ist. Bestimmen Sie, ob ein Zeilenaustausch nötig ist.

a)
$$\begin{aligned} x_1 - x_2 + 3x_3 &= 2 \\ 3x_1 - 3x_2 + x_3 &= -1 \\ x_1 + x_2 &= 3 \end{aligned}$$

b)
$$\begin{aligned} x_2 + 4x_3 &= 0 \\ x_1 - x_2 - x_3 &= 0{,}375 \\ x_1 - x_2 + 2x_3 &= 0 \end{aligned}$$

c)
$$\begin{aligned} 2x_1 - 1{,}5x_2 + 3x_3 &= 1 \\ -x_1 + 2x_3 &= 3 \\ 4x_1 - 4{,}5x_2 + 5x_3 &= 1 \end{aligned}$$

d)
$$\begin{aligned} 2x_1 - x_2 + x_3 &= -1 \\ 3x_1 + 3x_2 + 9x_3 &= 0 \\ 3x_1 + 3x_2 + 5x_3 &= 4 \end{aligned}$$

e)
$$\begin{aligned} 2x_1 &= 3 \\ x_1 + 1{,}5x_2 &= 4{,}5 \\ -3x_2 + 0{,}5x_3 &= -6{,}6 \\ 2x_1 - 2x_2 + x_3 + x_4 &= 0{,}8 \end{aligned}$$

f)
$$\begin{aligned} x_1 - \tfrac{1}{2}x_2 + x_3 &= 4 \\ 2x_1 - x_2 - x_3 + x_4 &= 5 \\ x_1 + x_2 &= 2 \\ x_1 - \tfrac{1}{2}x_2 + x_3 + x_4 &= 5 \end{aligned}$$

g)
$$\begin{aligned} x_1 + x_2 + x_4 &= 2 \\ 2x_1 + x_2 - x_3 + x_4 &= 1 \\ 4x_1 - x_2 - 2x_3 + 2x_4 &= 0 \\ 3x_1 - x_2 - x_3 + 2x_4 &= -3 \end{aligned}$$

h)
$$\begin{aligned} x_1 + x_2 + x_4 &= 2 \\ 2x_1 + x_2 - x_3 + x_4 &= 1 \\ -x_1 + 2x_2 + 3x_3 - x_4 &= 4 \\ 3x_1 - x_2 - x_3 + 2x_4 &= -3 \end{aligned}$$

4. Lösen Sie die folgenden Linearsysteme mit dem Gaußschen Algorithmus und Rückwärtseinsetzen und, falls möglich, mit einfacher Genauigkeit.

a)
$$\begin{aligned} \tfrac{1}{4}x_1 + \tfrac{1}{5}x_2 + \tfrac{1}{6}x_3 &= 9 \\ \tfrac{1}{3}x_1 + \tfrac{1}{4}x_2 + \tfrac{1}{5}x_3 &= 8 \\ \tfrac{1}{2}x_1 + x_2 + 2x_3 &= 8 \end{aligned}$$

b)
$$\begin{aligned}
3{,}333x_1 &+ 15920x_2 - 10{,}333x_3 = 15913\\
2{,}222x_1 &+ 16{,}71x_2 + 9{,}612x_3 = 28{,}544\\
1{,}5611x_1 &+ 5{,}1791x_2 + 1{,}6852x_3 = 8{,}4254
\end{aligned}$$

c)
$$\begin{aligned}
4{,}01x_1 &+ 1{,}23x_2 + 1{,}43x_3 - 0{,}73x_4 = 5{,}94\\
1{,}23x_1 &+ 7{,}41x_2 + 2{,}41x_3 + 3{,}02x_4 = 14{,}07\\
1{,}43x_1 &+ 2{,}41x_2 + 5{,}79x_3 - 1{,}11x_4 = 8{,}52\\
-0{,}73x_1 &+ 3{,}02x_2 - 1{,}11x_3 + 6{,}41x_4 = 7{,}59
\end{aligned}$$

d)
$$\begin{aligned}
2x_1 + x_2 - x_3 + x_4 - 3x_5 &= 7\\
x_1 + 2x_3 - x_4 + x_5 &= 2\\
- 2x_2 - x_3 + x_4 - x_5 &= -5\\
3x_1 + x_2 - 4x_3 + 5x_5 &= 6\\
x_1 - x_2 - x_3 - x_4 + x_5 &= 3
\end{aligned}$$

e)
$$\begin{aligned}
x_1 + \tfrac{1}{2}x_2 + \tfrac{1}{3}x_3 + \tfrac{1}{4}x_4 &= \tfrac{1}{6}\\
\tfrac{1}{2}x_1 + \tfrac{1}{3}x_2 + \tfrac{1}{4}x_3 + \tfrac{1}{5}x_4 &= \tfrac{1}{7}\\
\tfrac{1}{3}x_1 + \tfrac{1}{4}x_2 + \tfrac{1}{5}x_3 + \tfrac{1}{6}x_4 &= \tfrac{1}{8}\\
\tfrac{1}{4}x_1 + \tfrac{1}{5}x_2 + \tfrac{1}{6}x_3 + \tfrac{1}{7}x_4 &= \tfrac{1}{9}
\end{aligned}$$

f)
$$\begin{aligned}
x_1 + \tfrac{1}{2}x_2 - \tfrac{1}{3}x_3 - \tfrac{1}{4}x_4 + \tfrac{1}{5}x_5 &= 1\\
\tfrac{1}{2}x_1 + x_2 - \tfrac{1}{3}x_3 + \tfrac{1}{4}x_4 - \tfrac{1}{5}x_5 &= 0\\
\tfrac{1}{3}x_1 + \tfrac{1}{4}x_2 - \tfrac{1}{5}x_3 + \tfrac{1}{6}x_4 - \tfrac{1}{7}x_5 &= 1\\
\tfrac{1}{4}x_1 + \tfrac{1}{5}x_2 - \tfrac{1}{6}x_3 - \tfrac{1}{7}x_4 + x_5 &= 0\\
\tfrac{1}{5}x_1 - \tfrac{1}{3}x_2 + \tfrac{1}{7}x_3 + \tfrac{1}{9}x_4 + x_5 &= 1
\end{aligned}$$

5. Angenommen, in einem biologischen System gebe es n Tierarten und m Nahrungsquellen. x_j repräsentiere den Bestand der j-ten Art für jedes $j = 1, \ldots, n$; b_i das täglich zur Verfügung stehende Angebot an i-ter Nahrung und a_{ij} die Menge an i-ter Nahrung, die durchschnittlich von einem Mitglied der j-ten Art konsumiert wird. Das Linearsystem

$$\begin{aligned}
a_{11}x_1 + a_{12}x_2 + \cdots + a_{1n}x_n &= b_1,\\
a_{21}x_1 + a_{22}x_2 + \cdots + a_{2n}x_n &= b_2,\\
&\vdots\\
a_{m1}x_1 + a_{m2}x_2 + \cdots + a_{mn}x_n &= b_m
\end{aligned}$$

beschreibt einen Gleichgewichtszustand, wobei es eine tägliche Nahrungsversorgung gibt, die präzise dem täglichen Durchschnittsverbrauch jeder Art entspricht.

a) Es sei

$$A = (a_{ij}) = \begin{bmatrix} 1 & 2 & 0 & 3\\ 1 & 0 & 2 & 3\\ 0 & 0 & 1 & 1 \end{bmatrix},$$

$\mathbf{x} = (x_j) = [1000, 500, 350, 400]$ und $\mathbf{b} = (b_i) = [3500, 2700, 900]$. Gibt es genügend Nahrung, um den durchschnittlichen täglichen Verbrauch zu befriedigen?

b) Wie groß ist die maximale Zahl der Tiere, um die das System wachsen kann, wobei die Nahrungsversorgung noch gewährleistet ist?

c) Wenn Art 1 ausstirbt, wieviel zusätzliche Tiere bei jeder der verbliebenen Arten könnten versorgt werden?

d) Wenn Art 2 ausstirbt, wieviel zusätzliche Tiere bei jeder der verbliebenen Arten könnten versorgt werden?

6. Betrachtet sei das (2×2)-Linearsystem $(A + iB)(\mathbf{x} + i\mathbf{y}) = \mathbf{c} + i\mathbf{d}$ mit komplexen Elementen in der Komponentenform

$$(a_{11} + ib_{11})(x_1 + iy_1) + (a_{12} + ib_{12})(x_2 + iy_2) = c_1 + id_1,$$
$$(a_{21} + ib_{21})(x_1 + iy_1) + (a_{22} + ib_{22})(x_2 + iy_2) = c_2 + id_2.$$

a) Wandeln Sie mit den Eigenschaften komplexer Zahlen dieses System in das äquivalente, reelle (4×4)-Linearsystem um:

$$A\mathbf{x} - b\mathbf{y} = \mathbf{c},$$
$$B\mathbf{x} + a\mathbf{y} = \mathbf{d}.$$

b) Lösen Sie das Linearsystem

$$(1 - 2i)(x_1 + iy_1) + (3 + 2i)(x_2 + iy_2) = 5 + 2i,$$
$$(2 + i)(x_1 + iy_1) + (4 + 3i)(x_2 + iy_2) = 4 - i.$$

7. Eine Fredholmsche Integralgleichung zweiter Art ist eine Gleichung der Form

$$u(x) = f(x) + \int_a^b K(x, t)u(t)\mathrm{d}t,$$

wobei a und b und die Funktionen f und K gegeben sind. Um die Funktion u auf dem Intervall $[a, b]$ zu approximieren, wird eine Zerlegung $x_0 = a < x_1 < \ldots < x_{m-1} < x_m = b$ ausgewählt und die Gleichungen

$$u(x_i) = f(x_i) + \int_a^b K(x_i, t)u(t)\mathrm{d}t \qquad \text{für alle } i = 0, \ldots, m$$

für $u(x_0), u(x_1), \ldots, u(x_m)$ gelöst. Die Integrale werden mit quadratischen Formeln approximiert, die auf den Knoten $x_0, \ldots, x_m$ basieren. Hier gilt $a = 0$, $b = 1$, $f(x) = x^2$ und $K(x, t) = e^{|x-t|}$.

a) Zeigen Sie, daß das Linearsystem

$$u(0) = f(0) + \frac{1}{2}[K(0, 0)u(0) + K(0, 1)u(1)]$$
$$u(1) = f(1) + \frac{1}{2}[K(1, 0)u(0) + K(1, 1)u(1)]$$

gelöst werden muß, wenn die Trapezregel angewandt wird.

b) Stellen Sie das Linearsystem, das sich ergibt, wenn die Trapezregel mit $n = 4$ angewandt wird, auf, und lösen Sie es.

c) Wiederholen Sie Übung b) mit der zusammengesetzten Simpsonschen Regel.

6.3. Pivotstrategien

Könnten alle Berechnungen mit exakter Arithmetik ausgeführt werden, könnte das Kapitel fast mit dem vorigen Abschnitt abgeschlossen werden. Man weiß nun, wieviele Berechnungen benötigt werden, um mit dem Gaußschen Algorithmus ein System zu lösen und kann daher entscheiden, ob das Problem in einer angemessenen Zeit gelöst werden kann. In der Praxis hat man jedoch keine exakte Arithmetik, und die große Zahl von Berechnungen in der Ordnung $O(n^3)$ macht es notwendig, den Rundungsfehler zu betrachten. In diesem Abschnitt sieht man, wie die Berechnungen in dem Gaußschen Algorithmus angeordnet werden können, um den Rundungsfehler zu reduzieren.

Bei der Herleitung des Gaußschen Algorithmus stellte man fest, daß ein Zeilenaustausch notwendig ist, wenn eines der Pivotelemente a_{ii} null ist. Dieser Zeilenaustausch besitzt die Form $(E_i) \leftrightarrow (E_p)$, wobei p die kleinste ganze Zahl größer i mit $a_{pi} \neq 0$ darstellt. Um den mit der endlichstelligen Arithmetik verbundenen Rundungsfehler zu reduzieren, müssen oft auch Zeilen ausgetauscht werden, selbst wenn die Pivotelemente nicht null sind.

Ist a_{ii} im Vergleich zu a_{ki} klein, wird der Multiplikator

$$m_{ki} = \frac{a_{ki}}{a_{ii}}$$

viel größer als 1 sein. Ein Rundungsfehler, der bei der Berechnung von einem der Terme a_{il} eingeführt wurde, wird beim Berechnen von a_{kl} mit m_{ki} multipliziert und steigert den ursprünglichen Fehler. Beim Rückwärtseinsetzen für

$$x_i = \frac{a_{i,n+1} - \sum_{j=i+1}^{n} a_{ij}}{a_{ii}}$$

wird dann jeder Rundungsfehler im Zähler dramatisch erhöht, wenn man durch a_{ii} teilt. Diese Schwierigkeit wird im folgenden Beispiel verdeutlicht.

Beispiel 1. Das Linearsystem

$$\begin{aligned} E_1: &\quad 0{,}003000x_1 + 59{,}14x_2 = 59{,}17, \\ E_2: &\quad 5{,}291x_1 - 6{,}130x_2 = 46{,}78 \end{aligned}$$

besitzt die Lösung $x_1 = 10{,}00$ und $x_2 = 1{,}000$. Angenommen, dieses System werde mit dem Gaußschen Algorithmus mit vierstelliger Arithmetik und Runden gelöst.

Das erste Pivotelement $a_{11} = 0{,}003000$ ist klein, und sein Multiplikator

$$m_{21} = \frac{5{,}291}{0{,}003000} = 1763{,}\overline{6}$$

wird auf die große Zahl 1764 gerundet. Die Operationen $(E_2 - m_{21}E_1) \rightarrow (E_2)$ und geeignetes Runden ergeben

$$\begin{aligned} 0{,}003000x_1 + 59{,}14x_2 &= 59{,}17 \\ -104300x_2 &\approx -104400 \end{aligned}$$

anstatt der präzisen Werte

$$\begin{aligned} 0{,}003000x_1 + 59{,}14x_2 &= 59{,}17 \\ -104309{,}37\overline{6}x_2 &\approx -104309{,}37\overline{6}. \end{aligned}$$

Der Größenunterschied von $m_{21}a_{13}$ und a_{23} führte zu einem Rundungsfehler, aber der Fehler hat sich noch nicht fortgepflanzt. Rückwärtseinsetzen liefert

$$x_2 \approx 1{,}001,$$

was eine gute Approximation des tatsächlichen Wertes $x_2 = 1{,}000$ darstellt. Wegen des kleinen Pivotelementes $a_{11} = 0{,}003000$ jedoch enthält

$$x_1 \approx \frac{59{,}17 - (59{,}14)(1{,}001)}{0{,}003000} = -10{,}00$$

den kleinen Fehler 0,001 multipliziert mit 59,14/0,003000. Das ruiniert die Approximation des tatsächlichen Wertes $x_1 = 10{,}00$. (Vergleiche Abbildung 6.1.) □

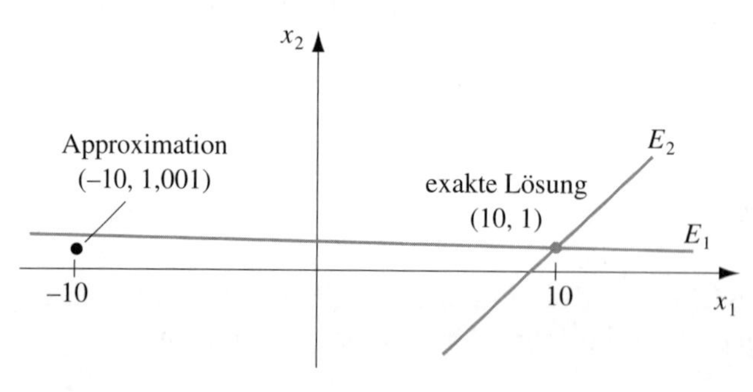

Abb. 6.1

Beispiel 1 zeigte, wie Schwierigkeiten entstehen, wenn das Pivotelement a_{ii} relativ klein im Vergleich zu den Elementen a_{kj} für $i \leq k \leq n$ und $i \leq j \leq n$

ist. Um dieses Problem zu vermeiden, werden Zeilen derart ausgetauscht, daß ein größeres Element a_{pq} als Pivotelement ausgewählt wird und die i-te und die p-te Zeile und, falls nötig, die i-te und q-te Spalte ausgetauscht werden. Die einfachste Strategie besteht darin, im i-ten Schritt das Element in derselben Spalte auszuwählen, das sich unterhalb der Diagonalen befindet und den größten absoluten Wert besizt. Das heißt, das kleinste $p \geq i$ mit

$$|a_{pi}| = \max_{i \leq k \leq n} |a_{ki}|$$

wird bestimmt und $(E_i) \leftrightarrow (E_p)$ durchgeführt. In diesem Fall wurde kein Spaltenaustausch vorgenommen.

Beispiel 2. Das System

$$\begin{aligned} E_1: &\quad 0{,}003000x_1 + 59{,}14x_2 = 59{,}17, \\ E_2: &\quad 5{,}291x_1 - 6{,}130x_2 = 46{,}78 \end{aligned}$$

sei nochmals betrachtet. Das eben beschriebene Pivotverfahren führt zunächst zu

$$\max\{|a_{11}|, |a_{21}|\} = \max\{|0{,}003000|, |5{,}291|\} = |5{,}291| = |a_{21}|.$$

Dann wird die Operation $(E_2) \rightarrow (E_1)$ durchgeführt, und man erhält das System

$$\begin{aligned} E_1: &\quad 5{,}291x_1 - 6{,}130x_2 = 46{,}78, \\ E_2: &\quad 0{,}003000x_1 + 59{,}14x_2 = 59{,}17. \end{aligned}$$

Der Multiplikator dieses Systems ist

$$m_{21} = \frac{a_{21}}{a_{11}} = 0{,}0005670,$$

und die Operation $(E_2 - m_{21}E_1) \rightarrow (E_2)$ reduziert das System zu

$$\begin{aligned} 5{,}291x_1 - 6{,}130x_2 &= 46{,}78 \\ 59{,}14x_2 &\approx 59{,}14. \end{aligned}$$

Die aus dem Rückwärtseinsetzen resultierenden vierstelligen Lösungen stellen die korrekten Werte $x_1 = 10{,}00$ und $x_2 = 1{,}000$ dar. □

Das eben beschriebene Verfahren heißt **Kolonnenmaximumstrategie** oder *partieller Austausch* und ist in dem Programm GAUMCP62 eingebaut.

Obwohl die Kolonnenmaximumstrategie für die meisten Linearsysteme genügt, können Situationen auftreten, wo diese nicht ausreicht. Beispielsweise ist das Linearsystem

$$\begin{aligned} E_1: &\quad 30{,}00x_1 + 591400x_2 = 591700, \\ E_2: &\quad 5{,}291x_1 - 6{,}130x_2 = 46{,}78 \end{aligned}$$

dasselbe wie in Beispiel 1 und 2, außer daß alle Elemente in der Gleichung mit 10^4 multipliziert wurden. Kolonnenmaximumstrategie mit vierstelliger Arithmetik würde zu denselben Ergebnissen wie in Beispiel 1 führen, da kein Zeilenaustausch durchgeführt werden würde. Ein Verfahren, das als **relative Kolonnenmaximumstrategie** bekannt ist, wird für dieses System benötigt. Der erste Schritt in diesem Verfahren besteht darin, einen Skalierungsfaktor s_k für jede Zeile zu definieren:

$$s_k = \max_{j=1,2,\dots,n} |a_{kj}|.$$

Der geeignete Zeilenaustausch, um Nullen in die erste Spalte zu bringen, wird dadurch bestimmt, daß eine erste ganze Zahl p mit

$$\frac{|a_{p1}|}{s_p} = \max_{k=1,2,\dots,n} \frac{|a_{k1}|}{s_k}$$

ausgewählt und $(E_1) \leftrightarrow (E_p)$ durchgeführt wird. Die Skalierung soll sicherstellen, daß das größte Element jeder Zeile die *relative* Größe von 1 besitzt, bevor zum Zeilenaustausch verglichen wird. In dem Programm GAUSCP63 wird nur zum Vergleich skaliert, damit die Division durch Skalierungsfaktoren keinen Rundungsfehler im System erzeugt.

Beispiel 3. Mit relativer Kolonnenmaximumstrategie erhält man für das System aus Beispiel 1

$$s_1 = \max\{|30{,}00|, |591400|\} = 591400$$

und

$$s_2 = \max\{|5{,}291|, |-6{,}130|\} = 6{,}130.$$

Folglich ist

$$\frac{|a_{11}|}{s_1} = \frac{30{,}00}{591400} = 0{,}5073 \cdot 10^{-4} \quad \text{und} \quad \frac{|a_{21}|}{s_2} = \frac{5{,}291}{6{,}130} = 0{,}8631,$$

und der Austausch $(E_1) \to (E_2)$ wird vollzogen. Der auf das neue System angewandte Gaußsche Algorithmus liefert die korrekten Ergebnisse: $x_1 = 10{,}00$ und $x_2 = 1{,}000$. □

Die relative Kolonnenmaximumstrategie fügt dem Gaußschen Algorithmus

$$n(n-1) + \sum_{k=2}^{n}(k-1) = \frac{3}{2}n(n-1) \quad \text{Vergleiche}$$

und

$$\sum_{k=2}^{n} k = \frac{n(n+1)}{2} - 1 \quad \text{Divisionen}$$

hinzu. Die Zeit, die zum Vergleich benötigt wird, ist nur geringfügig größer als die einer Addition/Subtraktion. Da die Gesamtzeit des einfachen Gaußschen Algorithmus $O(n^3/3)$ Multiplikationen/Divisionen und $O(n^3/3)$ Additionen/Subtraktionen beträgt, verlängert die relative Kolonnenmaximumstrategie nicht signifikant die Zeit, ein System für große Werte von n zu lösen.

Treten bei einem System Schwierigkeiten auf, die nicht mit der relativen Kolonnenmaximumstrategie behoben werden können, dann kann die *maximale* (auch *totale* oder *volle*) *Kolonnenmaximumstrategie* angewandt werden. Sie durchsucht im i-ten Schritt alle Elemente a_{kj} für $k = i, i+1, \ldots, n$ und $j = i, i+1, \ldots, n$ und bestimmt das größte Element. Dieses wird sowohl mit Zeilen- als auch Spaltenaustausch in die Pivotposition gebracht. Die Zeit, die zusätzlich benötigt wird, um die maximale Kolonnenmaximumstrategie in den Gaußschen Algorithmus einzubauen, ist

$$\frac{n(n-1)(2n+5)}{6} \quad \text{Vergleiche.}$$

Dies verdoppelt ungefähr die Additions-/Subtraktionszeit gegenüber dem gewöhnlichen Gaußschen Algorithmus.

Übungsaufgaben

1. Lösen Sie die folgenden Linearsysteme mit dem Gaußschen Algorithmus und indem Sie nach drei Stellen abbrechen. Vergleichen Sie die Ergebnisse mit der tatsächlichen Lösung.

a) $0{,}03x_1 + 58{,}9x_2 = 59{,}2$
$5{,}31x_1 - 6{,}10x_2 = 47{,}0$
tatsächliche Lösung (10, 1)

b) $58{,}9x_1 + 0{,}03x_2 = 59{,}2$
$-6{,}10x_1 + 5{,}31x_2 = 47{,}0$
tatsächliche Lösung (1, 10)

c) $3{,}03x_1 - 12{,}1x_2 + 14x_3 = -119$
$-3{,}03x_1 + 12{,}1x_2 - 7x_3 = 120$
$6{,}11x_1 - 14{,}2x_2 + 21x_3 = -139$
tatsächliche Lösung $(0, 10, \frac{1}{7})$

d) $3{,}3330x_1 + 15920x_2 - 10{,}333x_3 = 7953$
$2{,}2220x_1 + 16{,}710x_2 + 9{,}6120x_3 = 0{,}965$
$-1{,}5611x_1 + 5{,}1792x_2 - 1{,}6855x_3 = 2{,}714$
tatsächliche Lösung $(1, 0{,}5, -1)$

e) $0{,}832x_1 + 0{,}448x_2 + 0{,}193x_3 = 1{,}00$
$0{,}784x_1 - 0{,}421x_2 + 0{,}279x_3 = 0$
$0{,}784x_1 + 0{,}421x_2 - 0{,}207x_3 = 0$
tatsächliche Lösung $(-0{,}11108022, 1{,}39628626, 2{,}41908030)$

f) $x_1 + \frac{1}{2}x_2 + \frac{1}{3}x_3 = 2$
$\frac{1}{2}x_1 + \frac{1}{3}x_2 + \frac{1}{4}x_3 = -1$
$\frac{1}{3}x_1 + \frac{1}{4}x_2 + \frac{1}{5}x_3 = 0$
tatsächliche Lösung $(54, -264, 240)$

g) $1{,}19x_1 + 2{,}11x_2 - 100x_3 + x_4 = 1{,}12$
$14{,}2x_1 - 0{,}122x_2 + 12{,}2x_3 - x_4 = 3{,}44$
$100x_2 - 99{,}9x_3 + x_4 = 2{,}15$
$15{,}3x_1 - 0{,}110x_2 - 13{,}1x_3 - x_4 = 4{,}16$
tatsächliche Lösung $(0{,}17682530, 0{,}01269269, -0{,}02065405, -1{,}18260870)$

h) $\pi x_1 - ex_2 + \sqrt{2}x_3 - \sqrt{3}x_4 = \sqrt{11}$
$\pi^2 x_1 + ex_2 - e^2 x_3 + \frac{3}{7}x_4 = 0$
$\sqrt{5}x_1 - \sqrt{6}x_2 + x_3 - \sqrt{2}x_4 = \pi$
$\pi^3 x_1 + e^2 x_2 - \sqrt{7}x_3 + \frac{1}{9}x_4 = \sqrt{2}$
tatsächliche Lösung $(0{,}78839378, -3{,}12541367, 0{,}16759660, 4{,}55700252)$.

2. Wiederholen Sie Übung 1, indem Sie auf drei Stellen runden.

3. Wiederholen Sie Übung 1 mit dem Gaußschen Algorithmus und der Kolonnenmaximumstrategie.

4. Wiederholen Sie Übung 2 mit dem Gaußschen Algorithmus und der Kolonnenmaximumstrategie.

5. Wiederholen Sie Übung 1 mit dem Gaußschen Algorithmus und der relativen Kolonnenmaximumstrategie.

6. Wiederholen Sie Übung 2 mit dem Gaußschen Algorithmus und der relativen Kolonnenmaximumstrategie.

7. Wiederholen Sie Übung 1 mit dem Gaußschen Algorithmus und einfacher Rechengenauigkeit.

8. Wiederholen Sie Übung 1 mit dem Gaußschen Algorithmus und der Kolonnenmaximumstrategie sowie einfacher Rechengenauigkeit.

9. Wiederholen Sie Übung 1 mit dem Gaußschen Algorithmus und der relativen Kolonnenmaximumstrategie sowie einfacher Rechengenauigkeit.

6.4. Lineare Algebra und Matrixinversion

In diesem Kapitel wurde bereits gezeigt, daß Matrizen für das Studium von linearen Gleichungssystemen geeignet sind, aber es gibt noch eine Fülle zusätzlichen Materials in linearer Algebra, das in Näherungsverfahren Verwendung findet. In diesem Abschnitt werden einige einfache Ergebnisse und Verfahren eingeführt, die sowohl in der Theorie als auch Anwendung benötigt werden.

All die hier diskutierten Themen müßten demjenigen, der sich schon mit Matrizentheorie beschäftigt hat, bekannt vorkommen. Dieser Abschnitt könnte übergangen werden, sollte aber zumindest gelesen werden, um die Ergebnisse aus der linearen Algebra zu betrachten, derer man sich oft bedient.

Zwei Matrizen A und B sind **gleich**, wenn beide dieselbe Größe besitzen, zum Beispiel $n \times m$ und falls $a_{ij} = b_{ij}$ für alle $i = 1, 2, \ldots, n$ und $j = 1, 2, \ldots, m$ ist.

Diese Definition bedeutet beispielsweise, daß

$$\begin{bmatrix} 2 & -1 & 7 \\ 3 & 1 & 0 \end{bmatrix} \neq \begin{bmatrix} 2 & 3 \\ -1 & 1 \\ 7 & 0 \end{bmatrix}$$

ist, da sich beide Seiten in ihrer Dimension unterscheiden.

Sind A und B $(n \times m)$-Matrizen und λ eine reelle Zahl, dann ist die **Summe** von A und B, die mit $A+B$ bezeichnet wird, die $(n \times m)$-Matrix, deren Elemente $a_{ij} + b_{ij}$ sind, und das **Skalarprodukt** von λ und A, mit λA bezeichnet, die $(n \times m)$-Matrix, deren Elemente λa_{ij} sind.

Ist A eine $(n \times m)$-Matrix und B eine $(m \times p)$-Matrix, dann ist das **Matrizenprodukt** von A und B, mit AB bezeichnet, eine $(n \times p)$-Matrix C, deren Elemente c_{ij} durch

$$c_{ij} = \sum_{k=1}^{m} a_{ik} b_{kj} = a_{i1} b_{1j} + a_{i2} b_{2j} + \cdots + a_{im} b_{mj}$$

für alle $i = 1, 2, \ldots, n$ und $j = 1, 2, \ldots, p$ gegeben sind.

Die Berechnung von c_{ij} kann als eine Multiplikation der Elemente der i-ten Zeile von A mit dem entsprechenden Element in der j-ten Spalte von B angesehen werden, gefolgt von einer Summation. Das heißt, es ist

$$[a_{1i}, a_{12}, \ldots, a_{im}] \begin{bmatrix} b_{1j} \\ b_{2j} \\ \vdots \\ b_{mj} \end{bmatrix} = [c_{ij}],$$

wobei

$$c_{ij} = a_{i1} b_{1j} + a_{i2} b_{2j} + \cdots + a_{im} b_{mj} = \sum_{k=1}^{m} a_{ik} b_{kj}$$

gilt. Dies erklärt, warum zur Definition des Produktes AB die Zahl der Spalten von A gleich der Zahl der Zeilen von B sein muß.

Beispiel 1. Es sei

$$A = \begin{bmatrix} 2 & 1 & -1 \\ 3 & 1 & 2 \\ 0 & -2 & -3 \end{bmatrix}, \qquad B = \begin{bmatrix} 3 & 2 \\ -1 & 1 \\ 6 & 4 \end{bmatrix},$$

$$C = \begin{bmatrix} 2 & 1 & 0 \\ -1 & 3 & 2 \end{bmatrix} \text{ und } \quad D = \begin{bmatrix} 1 & -1 & 1 \\ 2 & -1 & 2 \\ 3 & 0 & 3 \end{bmatrix}.$$

Dann ist

$$AD = \begin{bmatrix} 1 & -3 & 1 \\ 11 & -4 & 11 \\ -13 & 2 & -13 \end{bmatrix} \neq \begin{bmatrix} -1 & -2 & -6 \\ 1 & -3 & -10 \\ 6 & -3 & -12 \end{bmatrix} = DA.$$

Ferner sind

$$BC = \begin{bmatrix} 4 & 9 & 4 \\ -3 & 2 & 2 \\ 8 & 18 & 8 \end{bmatrix} \quad \text{und} \quad CB = \begin{bmatrix} 5 & 5 \\ 6 & 9 \end{bmatrix}$$

nicht von derselben Größe. Schließlich ist

$$AB = \begin{bmatrix} -1 & 1 \\ 20 & 15 \\ -16 & -14 \end{bmatrix},$$

wohingegen BA nicht berechnet werden kann. □

Eine **quadratische** Matrix hat genausoviel Zeilen wie Spalten. Eine **Diagonalmatrix** ist eine quadratische Matrix $D = (d_{ij})$ mit $d_{ij} = 0$, immer wenn $i \neq j$ ist. Die **Einheitsmatrix** der Ordnung n, $I_n = \delta_{ij}$ ist eine Diagonalmatrix mit den Elementen

$$\delta_{ij} = \begin{cases} 1 & \text{für } i = j, \\ 0 & \text{für } i \neq j. \end{cases}$$

Wenn die Größe von I_n klar ist, wird diese Matrix im allgemeinen einfach als I geschrieben. Beispielsweise ist die Einheitsmatrix der Ordnung drei

$$I = \begin{bmatrix} 1 & 0 & 0 \\ 0 & 1 & 0 \\ 0 & 0 & 1 \end{bmatrix}.$$

Ist A eine beliebige $(n \times n)$-Matrix, dann gilt $AI = IA = A$.

Eine $(n \times n)$-**obere Dreiecksmatrix** $U = (u_{ij})$ besitzt für alle $j = 1, 2, \ldots, n$ die Elemente

$$u_{ij} = 0 \quad \text{für alle } i = j+1, j+2, \ldots, n;$$

und die **untere Dreiecksmatrix** $L = (l_{ij})$ besitzt für alle $j = 1, 2, \ldots, n$ die Elemente

$$l_{ij} = 0 \quad \text{für alle } i = 1, 2, \ldots, j-1.$$

(Eine Diagonalmatrix ist sowohl eine obere wie untere Dreiecksmatrix.)

In Beispiel 1 fand man, daß im allgemeinen $AB \neq BA$ ist, sogar wenn beide Produkte definiert sind. Die anderen arithmetischen Eigenschaften jedoch, die mit der Multiplikation verbunden sind, bleiben erhalten. Sind beispielsweise A, B und C Matrizen geeigneter Größe und λ ein Skalar, gilt

$$A(BC) = (AB)C, \quad A(B+C) = AB + AC \text{ und } \lambda(AB) = (\lambda A)B = A(\lambda B).$$

Eine $(n \times n)$-Matrix ist **nichtsingulär** oder *invertierbar*, wenn eine $(n \times n)$-Matrix A^{-1} existiert mit $AA^{-1} = A^{-1}A = I$. Die Matrix A^{-1} ist die **Inverse** von A. Eine Matrix ohne Inverse heißt **singulär** oder *ausgeartet*.

Beispiel 2. Es sei

$$A = \begin{bmatrix} 1 & 2 & -1 \\ 2 & 1 & 0 \\ -1 & 1 & 2 \end{bmatrix} \quad \text{und} \quad B = \frac{1}{9}\begin{bmatrix} -2 & 5 & -1 \\ 4 & -1 & 2 \\ -3 & 3 & 3 \end{bmatrix}.$$

Da

$$AB = \begin{bmatrix} 1 & 2 & -1 \\ 2 & 1 & 0 \\ -1 & 1 & 2 \end{bmatrix} \cdot \frac{1}{9}\begin{bmatrix} -2 & 5 & -1 \\ 4 & -1 & 2 \\ -3 & 3 & 3 \end{bmatrix} = \begin{bmatrix} 1 & 0 & 0 \\ 0 & 1 & 0 \\ 0 & 0 & 1 \end{bmatrix}$$

und

$$BA = \frac{1}{9}\begin{bmatrix} -2 & 5 & -1 \\ 4 & -1 & 2 \\ -3 & 3 & 3 \end{bmatrix} \cdot \begin{bmatrix} 1 & 2 & -1 \\ 2 & 1 & 0 \\ -1 & 1 & 2 \end{bmatrix} = \begin{bmatrix} 1 & 0 & 0 \\ 0 & 1 & 0 \\ 0 & 0 & 1 \end{bmatrix}$$

ist, sind A und B nichtsingulär mit $B = A^{-1}$ und $A = B^{-1}$. □

Der Grund, warum diese Matrizenoperation zu diesem Zeitpunkt eingeführt wird, liegt darin, daß das Linearsystem

$$\begin{aligned} a_{11}x_1 + a_{12}x_2 + \cdots + a_{1n}x_n &= b_1, \\ a_{21}x_1 + a_{22}x_2 + \cdots + a_{2n}x_n &= b_2, \\ &\vdots \\ a_{n1}x_1 + a_{n2}x_2 + \cdots + a_{nn}x_n &= b_n \end{aligned}$$

als die Matrizengleichung $A\mathbf{x} = \mathbf{b}$ angesehen werden kann, wobei

$$A = \begin{bmatrix} a_{11} & a_{12} & \cdots & a_{1n} \\ a_{21} & a_{22} & \cdots & a_{2n} \\ \vdots & \vdots & & \vdots \\ a_{n1} & a_{n2} & \cdots & a_{nn} \end{bmatrix}, \quad \mathbf{x} = \begin{bmatrix} x_1 \\ x_2 \\ \vdots \\ x_n \end{bmatrix} \quad \text{und} \quad \mathbf{b} = \begin{bmatrix} b_1 \\ b_2 \\ \vdots \\ b_n \end{bmatrix}$$

ist.

Wenn A eine nichtsinguläre Matrix ist, dann ist die Lösung $\mathbf{x}$ des Linearsystems $A\mathbf{x} = \mathbf{b}$ durch $\mathbf{x} = A^{-1}(A\mathbf{x}) = A^{-1}\mathbf{b}$ gegeben. Allgemein ist es jedoch schwieriger, A^{-1} zu bestimmen als das System $A\mathbf{x} = \mathbf{b}$ zu lösen, da viel mehr Operationen in der Bestimmung von A^{-1} verwickelt sind. Trotzdem ist es vom konzeptionellen Standpunkt her sinnvoll, eine Methode zur Bestimmung der Inversen einer Matrix zu beschreiben.

Beispiel 3. Um die Inverse der Matrix

$$A = \begin{bmatrix} 1 & 2 & -1 \\ 2 & 1 & 0 \\ -1 & 1 & 2 \end{bmatrix}$$

zu bestimmen, sei zuerst das Produkt AB betrachtet, wobei B eine beliebige (3×3)-Matrix ist.

$$\begin{aligned} AB &= \begin{bmatrix} 1 & 2 & -1 \\ 2 & 1 & 0 \\ -1 & 1 & 2 \end{bmatrix} \begin{bmatrix} b_{11} & b_{12} & b_{13} \\ b_{21} & b_{22} & b_{23} \\ b_{31} & b_{32} & b_{33} \end{bmatrix} \\ &= \begin{bmatrix} b_{11} + 2b_{21} - b_{31} & b_{12} + 2b_{22} - b_{32} & b_{13} + 2b_{23} - b_{33} \\ 2b_{11} + b_{21} & 2b_{12} + b_{22} & 2b_{13} + b_{23} \\ -b_{11} + b_{21} + 2b_{31} & -b_{12} + b_{22} + 2b_{32} & -b_{13} + b_{23} + 2b_{33} \end{bmatrix}. \end{aligned}$$

Ist $B = A^{-1}$, dann muß $AB = I$ sein, und man erhält

$$\begin{aligned} b_{11} + 2b_{21} - b_{31} &= 1, & b_{12} + 2b_{22} - b_{32} &= 0, \\ 2b_{11} + b_{21} &= 0, & 2b_{12} + b_{22} &= 1, \\ -b_{11} + b_{21} + 2b_{31} &= 0, & -b_{12} + b_{22} + 2b_{32} &= 0, \end{aligned}$$

$$\begin{aligned} b_{13} + 2b_{23} - b_{33} &= 0, \\ 2b_{13} + b_{23} &= 0, \\ -b_{13} + b_{23} + 2b_{33} &= 1. \end{aligned}$$

Man beachte, daß die Koeffizienten in jedem der Gleichungssysteme dieselben sind; lediglich auf der rechten Seite der Gleichungen gibt es Änderungen. Folglich können die Berechnungen auf einer größeren erweiterten Matrix durchgeführt werden, die durch Kombinieren der Matrizen für jedes der Systeme

$$\left[\begin{array}{ccc:ccc} 1 & 2 & -1 & 1 & 0 & 0 \\ 2 & 1 & 0 & 0 & 1 & 0 \\ -1 & 1 & 2 & 0 & 0 & 1 \end{array}\right]$$

gebildet wird. Zunächst liefern $(E_2 - 2E_1) \rightarrow (E_1)$ und $(E_3 + E_1) \rightarrow (E_3)$

$$\left[\begin{array}{ccc:ccc} 1 & 2 & -1 & 1 & 0 & 0 \\ 0 & -3 & 2 & -2 & 1 & 0 \\ 0 & 3 & 1 & 1 & 0 & 1 \end{array}\right].$$

Dann erzeugt $(E_3 + E_2) \to (E_3)$

$$\begin{bmatrix} 1 & 2 & -1 & \vdots & 1 & 0 & 0 \\ 0 & -3 & 2 & \vdots & -2 & 1 & 0 \\ 0 & 0 & 3 & \vdots & -1 & 1 & 1 \end{bmatrix}.$$

Man setzt bei allen der drei erweiterten Matrizen rückwärts ein,

$$\begin{bmatrix} 1 & 2 & -1 & \vdots & 1 \\ 0 & -3 & 2 & \vdots & -2 \\ 0 & 0 & 3 & \vdots & -1 \end{bmatrix}, \quad \begin{bmatrix} 1 & 2 & -1 & \vdots & 0 \\ 0 & -3 & 2 & \vdots & 1 \\ 0 & 0 & 3 & \vdots & 1 \end{bmatrix}, \quad \begin{bmatrix} 1 & 2 & -1 & \vdots & 0 \\ 0 & -3 & 2 & \vdots & 0 \\ 0 & 0 & 3 & \vdots & 1 \end{bmatrix}$$

und erhält schließlich

$$\begin{aligned} b_{11} &= -\frac{2}{9}, & b_{12} &= \frac{5}{9} & & & b_{13} &= -\frac{1}{9}, \\ b_{21} &= \frac{4}{9}, & b_{22} &= -\frac{1}{9} & &\text{und} & b_{23} &= \frac{2}{9}, \\ b_{31} &= -\frac{1}{3}, & b_{32} &= \frac{1}{3} & & & b_{33} &= \frac{1}{3}, \end{aligned}$$

Damit sind die Elemente von A^{-1}:

$$A^{-1} = \begin{bmatrix} -\frac{2}{9} & \frac{5}{9} & -\frac{1}{9} \\ \frac{4}{9} & -\frac{1}{9} & \frac{2}{9} \\ -\frac{1}{3} & \frac{1}{3} & \frac{1}{3} \end{bmatrix} = \frac{1}{9} \begin{bmatrix} -2 & 5 & -1 \\ 4 & -1 & 2 \\ -3 & 3 & 3 \end{bmatrix}.$$

□

Die **Transponierte** einer $(n \times m)$-Matrix $A = (a_{ij})$ ist die $(m \times n)$-Matrix $A^{\mathrm{t}} = (a_{ji})$. Eine quadratische Matrix A ist **symmetrisch**, wenn $A = A^{\mathrm{t}}$ gilt.

Beispiel 4. Die Matrizen

$$A = \begin{bmatrix} 7 & 2 & 0 \\ 3 & 5 & -1 \\ 0 & 5 & -6 \end{bmatrix}, \quad B = \begin{bmatrix} 2 & 4 & 7 \\ 3 & -5 & -1 \end{bmatrix}, \quad C = \begin{bmatrix} 6 & 4 & -3 \\ 4 & -2 & 0 \\ -3 & 0 & 1 \end{bmatrix}$$

besitzen die Transponierten

$$A^{\mathrm{t}} = \begin{bmatrix} 7 & 3 & 0 \\ 2 & 5 & 5 \\ 0 & -1 & -6 \end{bmatrix}, \quad B^{\mathrm{t}} = \begin{bmatrix} 2 & 3 \\ 4 & -5 \\ 7 & -1 \end{bmatrix}, \quad C = \begin{bmatrix} 6 & 4 & -3 \\ 4 & -2 & 0 \\ -3 & 0 & 1 \end{bmatrix}.$$

Die Matrix C ist symmetrisch, da $C^{\mathrm{t}} = C$ ist. Die Matrizen A und B sind nicht symmetrisch. □

Die folgenden Operationen, die die Transponierte einer Matrix betreffen, gelten, wann immer die Operation möglich ist:

Eigenschaften von Transponierten

a) $(A^{\mathrm{t}})^{\mathrm{t}} = A$
b) $(A + B)^{\mathrm{t}} = A^{\mathrm{t}} + B^{\mathrm{t}}$
c) $(AB)^{\mathrm{t}} = B^{\mathrm{t}} A^{\mathrm{t}}$
d) Falls A^{-1} existiert, gilt $(A^{-1})^{\mathrm{t}} = (A^{\mathrm{t}})^{-1}$.

Die Determinante einer quadratischen Matrix ist eine Zahl, die zur Bestimmung der Existenz und Eindeutigkeit der Lösungen von Linearsystemen nützlich sein kann. Die Determinante einer Matrix A wird mit $\det A$ bezeichnet, aber auch die Schreibweise $|A|$ ist üblich.

Determinante einer Matrix

a) Falls $A = [a]$ eine (1×1)-Matrix ist, dann ist $\det A = a$.
b) Falls A eine $(n \times n)$-Matrix ist, dann ist der **Minor** M_{ij} die Determinante der $((n-1) \times (n-1))$-Untermatrix von A, die durch Streichen der i-ten Zeile und j-ten Spalte der Matrix A erhalten wurde. Dann ist die Determinante von A entweder durch

$$\det A = \sum_{j=1}^{n} (-1)^{i+j} a_{ij} M_{ij} \qquad \text{für beliebige } i = 1, 2, \ldots, n$$

oder durch

$$\det A = \sum_{i=1}^{n} (-1)^{i+j} a_{ij} M_{ij} \qquad \text{für beliebige } j = 1, 2, \ldots, n$$

gegeben.

Es kann gezeigt werden, daß für $n > 1$ die Bestimmung der Determinante einer allgemeinen $(n \times n)$-Matrix $O(n!)$ Multiplikationen/Divisionen und Additionen/Subtraktionen erfordert. Sogar für relativ kleine n wird die Rechenprozedur unhandlich.

Es scheint, daß es $2n$ unterschiedliche Definitionen von $\det A$ gibt, je nachdem, welche Zeile oder Spalte ausgewählt wird. Alle Definitionen liefern jedoch dasselbe numerische Ergebnis. Von der Flexibilität der Definition wird im folgenden Beispiel Gebrauch gemacht. Es ist am günstigsten, $\det A$ entlang der Zeile oder die Spalte nach unten zu berechnen, in der die meisten Nullen sind.

Beispiel 5. Es sei

$$A = \begin{bmatrix} 2 & -1 & 3 & 0 \\ 4 & -2 & 7 & 0 \\ -3 & -4 & 1 & 5 \\ 6 & -6 & 8 & 0 \end{bmatrix}.$$

Um $\det A$ zu berechnen, ist es am einfachsten, über die vierte Spalte zu entwickeln:

$$\begin{aligned}
\det A &= -a_{14}M_{14} + a_{24}M_{24} - a_{34}M_{34} + a_{44}M_{44} = -5M_{34} \\
&= -5 \det \begin{bmatrix} 2 & -1 & 3 \\ 4 & -2 & 7 \\ 6 & -6 & 8 \end{bmatrix} \\
&= -5 \left\{ 2 \det \begin{bmatrix} -2 & 7 \\ -6 & 8 \end{bmatrix} - (-1) \det \begin{bmatrix} 4 & 7 \\ 6 & 8 \end{bmatrix} + 3 \det \begin{bmatrix} 4 & -2 \\ 6 & -6 \end{bmatrix} \right\} = -30.
\end{aligned}$$

□

Die folgenden Eigenschaften von Determinanten sind nützlich, um Linearsysteme und den Gaußschen Algorithmus mit Determinanten in Zusammenhang zu bringen:

Eigenschaften von Determinanten

Angenommen, A sei eine $(n \times n)$-Matrix:

a) Besitzt irgendeine Zeile oder Spalte von A nur Nullelemente, dann ist $\det A = 0$.
b) Wird $\tilde{A}$ aus A durch die Operation $(E_i) \leftrightarrow (E_k)$ mit $i \neq k$ erhalten, dann gilt $\det \tilde{A} = -\det A$.
c) Besitzt A zwei gleiche Zeilen, dann ist $\det A = 0$.
d) Wird $\tilde{A}$ aus A durch die Operation $(\lambda E_i) \rightarrow (E_i)$ erhalten, dann gilt $\det \tilde{A} = \lambda \det A$.
e) Wird $\tilde{A}$ aus A durch die Operation $(E_i + \lambda E_k) \rightarrow (E_i)$ mit $i \neq k$ erhalten, dann gilt $\det \tilde{A} = \det A$.
f) Ist B auch eine $(n \times n)$-Matrix, dann ist $\det AB = \det A \det B$.
g) $\det A^{\mathrm{t}} = \det A$.

Das Schlüsselergebnis für Nichtsingularität, Gaußschen Algorithmus, Linearsysteme und Determinanten ist die Äquivalenz der folgenden Aussagen.

Äquivalente Aussagen über eine $(n \times n)$-Matrix A

a) Die Gleichung $A\mathbf{x} = \mathbf{0}$ besitzt die eindeutige Lösung $\mathbf{x} = \mathbf{0}$.
b) Das System $A\mathbf{x} = \mathbf{b}$ besitzt eine eindeutige Lösung für jede beliebige n-dimensionale Spaltenmatrix $\mathbf{b}$.
c) Die Matrix A ist nichtsingulär, das heißt, A^{-1} existiert.
d) $\det A \neq 0$.
e) Der Gaußsche Algorithmus mit Zeilenaustausch kann auf dem System $A\mathbf{x} = \mathbf{b}$ für jede beliebige n-dimensionale Spaltenmatrix $\mathbf{b}$ durchgeführt werden.

Übungsaufgaben

1. Bestimmen Sie, welche der folgenden Matrizen nichtsingulär sind, und berechnen Sie die Inverse dieser Matrizen:

a) $\begin{bmatrix} 4 & 2 & 6 \\ 3 & 0 & 7 \\ -2 & -1 & -3 \end{bmatrix}$

b) $\begin{bmatrix} 1 & 2 & 0 \\ 2 & 1 & -1 \\ 3 & 1 & 1 \end{bmatrix}$

c) $\begin{bmatrix} 2 & 0 & 0 \\ 0 & -3 & 0 \\ 0 & 0 & 1 \end{bmatrix}$

d) $\begin{bmatrix} 4 & 0 & 0 \\ 0 & 0 & 0 \\ 0 & 0 & 3 \end{bmatrix}$

e) $\begin{bmatrix} 1 & 1 & -1 & 1 \\ 1 & 2 & -4 & -2 \\ 2 & 1 & 1 & 5 \\ -1 & 0 & -2 & -4 \end{bmatrix}$

f) $\begin{bmatrix} 2 & 3 & 1 & 2 \\ -2 & 4 & -1 & 5 \\ 3 & 7 & \frac{3}{2} & 1 \\ 6 & 9 & 3 & 7 \end{bmatrix}$

g) $\begin{bmatrix} 4 & 0 & 0 & 0 \\ 6 & 7 & 0 & 0 \\ 9 & 11 & 1 & 0 \\ 5 & 4 & 1 & 1 \end{bmatrix}$

h) $$\begin{bmatrix} 2 & 0 & 1 & 2 \\ 1 & 1 & 0 & 2 \\ 2 & -1 & 3 & 1 \\ 3 & -1 & 4 & 3 \end{bmatrix}$$

i) $$\begin{bmatrix} 1 & 0 & 0 & 0 \\ -2 & 1 & 0 & 0 \\ 5 & -4 & 1 & 0 \\ -5 & 3 & 0 & 1 \end{bmatrix}$$

j) $$\begin{bmatrix} 1 & -1 & -1 & -1 \\ 0 & 1 & -1 & -1 \\ 0 & 0 & 1 & -1 \\ 0 & 0 & 0 & 1 \end{bmatrix}$$

2. Berechnen Sie die folgenden Matrizenprodukte:

a) $$\begin{bmatrix} 1 & 0 & 0 \\ -1 & 1 & 0 \\ 2 & 3 & 1 \end{bmatrix} \cdot \begin{bmatrix} 1 & 0 & 0 \\ 2 & 2 & 0 \\ 1 & -1 & 1 \end{bmatrix}$$

b) $$\begin{bmatrix} 1 & 0 & 0 \\ 2 & 1 & 0 \\ -2 & -1 & 1 \end{bmatrix} \cdot \begin{bmatrix} 1 & -1 & 2 \\ 0 & 1 & 3 \\ 0 & 0 & 2 \end{bmatrix}$$

c) $$\begin{bmatrix} 1 & 0 & 0 \\ 0 & 1 & 0 \\ 0 & -2 & 1 \end{bmatrix} \cdot \begin{bmatrix} 1 & 0 & 0 \\ 2 & 1 & 0 \\ -3 & 0 & 1 \end{bmatrix}$$

d) $$\begin{bmatrix} 2 & -1 & 4 \\ 0 & -1 & 2 \\ 0 & 0 & 3 \end{bmatrix} \cdot \begin{bmatrix} 3 & -3 & 4 \\ 0 & 1 & 1 \\ 0 & 0 & 2 \end{bmatrix}$$

3. Betrachtet seien die vier (3×3)-Linearsysteme mit derselben Koeffizientenmatrix:

$$\begin{aligned} 2x_1 - 3x_2 + x_3 &= 2, & 2x_1 - 3x_2 + x_3 &= 6, \\ x_1 + x_2 - x_3 &= -1, & x_1 + x_2 - x_3 &= 4, \\ -x_1 + x_2 - 3x_3 &= 0. & -x_1 + x_2 - 3x_3 &= 5. \\ 2x_1 - 3x_2 + x_3 &= 0, & 2x_1 - 3x_2 + x_3 &= -1, \\ x_1 + x_2 - x_3 &= 1, & x_1 + x_2 - x_3 &= 0, \\ -x_1 + x_2 - 3x_3 &= -3, & -x_1 + x_2 - 3x_3 &= 0. \end{aligned}$$

a) Lösen Sie die Linearsysteme, indem Sie den Gaußschen Algorithmus auf die erweiterte Matrix

$$\left[\begin{array}{ccc:cccc} 2 & -3 & 1 & 2 & 6 & 0 & -1 \\ 1 & 1 & -1 & -1 & 4 & 1 & 0 \\ -1 & 1 & -3 & 0 & 5 & -3 & 0 \end{array}\right]$$

anwenden.

b) Lösen Sie das Linearsystem, indem Sie die Inverse von

$$A = \begin{bmatrix} 2 & -3 & 1 \\ 1 & 1 & -1 \\ -1 & 1 & -3 \end{bmatrix}$$

bestimmen und mit A multiplizieren.

c) Welche Methode ist einfacher? Welche Methode erfordert mehr Rechenschritte?

4. Wiederholen Sie Übung 3 mit den folgenden Linearsystemen:

$$\begin{aligned} x_1 - x_2 + 2x_3 - x_4 &= 6, \\ x_1 \quad\quad - x_3 + x_4 &= 4, \\ 2x_1 + x_2 + 3x_3 - 4x_4 &= -2, \\ - x_2 + x_3 - x_4 &= 5, \end{aligned} \qquad \begin{aligned} x_1 - x_2 + 2x_3 - x_4 &= 1, \\ x_1 \quad\quad - x_3 + x_4 &= 1, \\ 2x_1 + x_2 + 3x_3 - 4x_4 &= 2, \\ - x_2 + x_3 - x_4 &= -1. \end{aligned}$$

5. Berechnen Sie die Determinanten der folgenden Matrizen:

a) $\begin{bmatrix} 1 & 2 & 0 \\ 2 & 1 & -1 \\ 3 & 1 & 1 \end{bmatrix}$

b) $\begin{bmatrix} 4 & 0 & 1 \\ 2 & 1 & 0 \\ 2 & 2 & 3 \end{bmatrix}$

c) $\begin{bmatrix} 1 & 1 & -1 & 1 \\ 1 & 2 & -4 & -2 \\ 2 & 1 & 1 & 5 \\ -1 & 0 & -2 & -4 \end{bmatrix}$

d) $\begin{bmatrix} 2 & 0 & 1 & 2 \\ 1 & 1 & 0 & 2 \\ 2 & -1 & 3 & 1 \\ 3 & -1 & 4 & 3 \end{bmatrix}$

6. Bestimmen Sie AB für die aufgelisteten Matrizen. Berechnen Sie dann $\det A$, $\det B$ und $\det AB$, und verifizieren Sie, daß $\det AB = \det A \det B$ gilt.

$$A = \begin{bmatrix} 4 & 6 & 1 & -1 \\ 2 & 1 & 0 & \frac{1}{2} \\ 3 & 0 & 0 & 1 \\ 1 & -1 & 1 & 1 \end{bmatrix} \quad \text{und} \quad B = \begin{bmatrix} 1 & 2 & 3 & 4 \\ 0 & 2 & -1 & 1 \\ 0 & 0 & 3 & 2 \\ 0 & 0 & 0 & -1 \end{bmatrix}$$

7. Beweisen Sie mit den Äquivalenzaussagen am Ende des Abschnitts, daß AB genau dann nichtsingulär ist, wenn sowohl A als auch B nichtsingulär sind.

8. Beweisen Sie die folgenden Aussagen, oder geben Sie Gegenbeispiele, um zu zeigen, daß sie nicht wahr sind.

a) Das Produkt zweier symmetrischer Matrizen ist symmetrisch.

b) Die Inverse einer nichtsingulären, symmetrischen Matrix ist eine nichtsinguläre, symmetrische Matrix.

c) Falls A und B $(n \times n)$-Matrizen sind, gilt $(AB)^t = A^t B^t$.

9. a) Zeigen Sie, daß das Produkt zweier $(n \times n)$-unterer-Dreiecksmatrizen eine untere Dreiecksmatrix ist.

b) Zeigen Sie, daß das Produkt zweier $(n \times n)$-oberer-Dreiecksmatrizen eine obere Dreiecksmatrix ist.

c) Zeigen Sie, daß die Inverse einer nichtsingulären $(n \times n)$-oberen-Dreiecksmatrix eine obere Dreiecksmatrix ist.

10. In dem Aufsatz *Population Waves* nimmt Bernadelli den vereinfachten Typ eines Käfers an, der eine natürliche Lebensspanne von drei Jahren besitzt. Das Weibchen dieser Art hat eine Überlebensrate von 1/2 im ersten Lebensjahr, eine Überlebensrate von 1/3 vom zweiten bis dritten Jahr und schenkt durchschnittlich sechs neuen Weibchen das Leben, bevor es am Ende des dritten Jahres stirbt. Mit Hilfe einer Matrix kann man den Beitrag eines individuellen Käferweibchens für die weibliche Population der Art aufzeigen, indem a_{ij} in der Matrix $A = (a_{ij})$ den Beitrag bezeichnet, den ein einzelnes Käferweibchen des Alters j der Population der Weibchen des Alters i im nächsten Jahr beisteuert; das heißt

$$A = \begin{bmatrix} 0 & 0 & 6 \\ \frac{1}{2} & 0 & 0 \\ 0 & \frac{1}{3} & 0 \end{bmatrix}.$$

a) Der Beitrag, den ein Käferweibchen binnen zweier Jahre der Population zusteuert, kann aus den Elementen von A^2, der innerhalb von drei Jahren aus A^3 und so weiter bestimmt werden. Konstruieren Sie A^2 und A^3 und versuchen Sie, eine allgemeine Aussage über den Beitrag eines Käferweibchens für die Population in n Jahren für jeden beliebigen, positiven Integralwert von n zu geben.

b) Beschreiben Sie mit Ihrer Schlußfolgerung aus Übung a), wie sich in zukünftigen Jahren eine Population dieser Käfer entwickelt, die ursprünglich aus 6000 Käferweibchen jeder der drei Altersgruppen besteht.

c) Konstruieren Sie A^{-1} und beschreiben Sie ihre Bedeutung bezüglich der Population dieser Art.

11. In Abschnitt 3.5 sah man, daß die Parameterform $(x(t), y(t))$ des kubischen Hermetischen Polynoms durch $(x(0), y(0)) = (x_0, y_0)$ und $(x(1), y(1)) = (x_1, y_1)$ mit den Führungspunkten $(x_0 + \alpha_0, y_0 + \beta_0)$ beziehungsweise $(x_1 - \alpha_1, y_1 - \beta_1)$ durch

$$x(t) = [2(x_0 - x_1) + (\alpha_0 + \alpha_1)]t^3 + [3(x_1 - x_0) - \alpha_1 - 2\alpha_0]t^2 + \alpha_0 t + x_0$$

und

$$y(t) = [2(y_0 - y_1) + (\beta_0 + \beta_1)]t^3 + [3(y_1 - y_0) - \beta_1 - 2\beta_0]t^2 + \beta_0 t + y_0$$

gegeben ist.
Die kubischen Bézier-Polynome besitzen die Form

$$\hat{x}(t) = [2(x_0 - x_1) + 3(\alpha_0 + \alpha_1)]t^3 + [3(x_1 - x_0) - 3(\alpha_1 + 2\alpha_0)]t^2 + 3\alpha_0 t + x_0$$

und

$$\hat{y}(t) = [2(y_0 - y_1) + 3(\beta_0 + \beta_1)]t^3 + [3(y_1 - y_0) - 3(\beta_1 + 2\beta_0)]t^2 + 3\beta_0 t + y_0.$$

a) Zeigen Sie, daß die Matrix

$$A = \begin{bmatrix} 7 & 4 & 4 & 0 \\ -6 & -3 & -6 & 0 \\ 0 & 0 & 3 & 0 \\ 0 & 0 & 0 & 1 \end{bmatrix}$$

die Hermetischen Polynomkoeffizienten surjektiv auf die Bézier-Polynomkoeffizienten abbildet.

b) Bestimmen Sie eine Matrix B, die die Bézier-Polynomkoeffizienten auf die Hermetischen Polynomkoeffizienten surjektiv abbildet.

6.5. Matrizenfaktorisierung

Der Gaußsche Algorithmus stellt das Hauptwerkzeug zum direkten Lösen von linearen Gleichungssystemen dar, so daß es nicht überrascht zu erfahren, daß er auch in anderer Gestalt auftritt. In diesem Abschnitt wird man sehen, daß die Schritte, ein System der Form $A\mathbf{x} = \mathbf{b}$ mit dem Gaußschen Algorithmus zu lösen, dazu verwendet werden können, die Matrix A in ein Produkt von Matrizen zu faktorisieren, die leichter zu handhaben sind. Die Faktorisierung wird speziell dann eingesetzt, wenn sie die Form $A = LU$ besitzt, wobei L eine untere und U eine obere Dreiecksmatrix darstellt. Obwohl sich nicht alle Matrizen derart darstellen lassen, ist dies bei vielen der Fall, die oft in der Anwendung von numerischen Verfahren auftreten.

Im Abschnitt 6.2 wurde festgestellt, daß der auf ein beliebiges nichtsinguläres System angewandte Gaußsche Algorithmus $O(n^3)$ Operationen benötigt, um $\mathbf{x}$ zu bestimmen. Wurde A in die Dreiecksform $A = LU$ faktorisiert, kann leichter mit einem Zweischritt-Verfahren nach $\mathbf{x}$ aufgelöst werden. Zuerst sei $\mathbf{y} = U\mathbf{x}$ gesetzt und dann das System $L\mathbf{y} = \mathbf{b}$ nach $\mathbf{y}$ aufgelöst. Da L die untere Dreiecksmatrix darstellt, werden zur Bestimmung von $\mathbf{y}$ aus dieser Gleichung nur $O(n^2)$ Operationen gefordert. Ist $\mathbf{y}$ bekannt, benötigt man zusätzlich nur $O(n^2)$ Operationen, um die Lösung $\mathbf{x}$ des oberen Dreiecksmatrixsystems $U\mathbf{x} = \mathbf{y}$ zu bestimmen. Das bedeutet, daß die Gesamtzahl der Operationen, das System $A\mathbf{x} = \mathbf{b}$ zu lösen, von $O(n^3)$ auf $O(n^2)$ reduziert wurde. In Systemen größer als 100 mal 100 kann somit die Menge der Berechnungen um mehr als 99% reduziert werden. Erwarungsgemäß ist diese Faktorisierung nicht umsonst, das Bestimmen der speziellen Matrizen L und U erfordert $O(n^3)$ Operationen. Ist die Faktorisierung aber erst einmal bestimmt, können Systeme, die die Matrix A enthalten, für jeden beliebigen Vektor $\mathbf{b}$ in dieser vereinfachten Form gelöst werden.

Beispiel 1. Das Linearsystem

$$\begin{aligned}
x_1 + x_2 \qquad + 3x_4 &= 4,\\
2x_1 + x_2 - x_3 + x_4 &= 1,\\
3x_1 - x_2 - x_3 + 2x_4 &= -3,\\
-x_1 + 2x_2 + 3x_3 - x_4 &= 4
\end{aligned}$$

wurde im Abschnitt 6.2 betrachtet. Die Folge der Operationen $(E_2 - 2E_1) \to (E_2)$, $(E_3 - 3E_1) \to (E_3)$, $(E_4 - (-1)E_1) \to (E_4)$, $(E_3 - 4E_2) \to (E_3)$, $(E_4 - (-3)E_2) \to (E_4)$ überführt das System in eines, das die obere Dreiecksform besitzt:

$$\begin{aligned}
x_1 + x_2 \qquad + 3x_4 &= 4,\\
- x_2 - x_3 - 5x_4 &= -7,\\
3x_3 + 13x_4 &= 13,\\
- 13x_4 &= -13.
\end{aligned}$$

U sei die obere Dreiecksmatrix mit diesen Koeffizienten als Elementen und L die untere Dreiecksmatrix mit Einsen entlang der Diagonalen und den Multiplikatoren m_{kj} als Elemente unterhalb der Diagonalen. Dann erhält man die Faktorisierung

$$A = \begin{bmatrix} 1 & 1 & 0 & 3\\ 2 & 1 & -1 & 1\\ 3 & -1 & -1 & 2\\ -1 & 2 & 3 & -1 \end{bmatrix}$$
$$= \begin{bmatrix} 1 & 0 & 0 & 0\\ 2 & 1 & 0 & 0\\ 3 & 4 & 1 & 0\\ -1 & -3 & 0 & 1 \end{bmatrix} \begin{bmatrix} 1 & 1 & 0 & 3\\ 0 & -1 & -1 & -5\\ 0 & 0 & 3 & 13\\ 0 & 0 & 0 & -13 \end{bmatrix} = LU.$$

Sie erlaubt es, jedes System leicht zu lösen, das die Matrix A enthält. Um zum Beispiel

$$\begin{bmatrix} 1 & 0 & 0 & 0\\ 2 & 1 & 0 & 0\\ 3 & 4 & 1 & 0\\ -1 & -3 & 0 & 1 \end{bmatrix} \begin{bmatrix} 1 & 1 & 0 & 3\\ 0 & -1 & -1 & -5\\ 0 & 0 & 3 & 13\\ 0 & 0 & 0 & -13 \end{bmatrix} \begin{bmatrix} x_1\\ x_2\\ x_3\\ x_4 \end{bmatrix} = \begin{bmatrix} 8\\ 7\\ 14\\ -7 \end{bmatrix}$$

zu lösen, wird zuerst die Substitution $\mathbf{y} = U\mathbf{x}$ und dann $L\mathbf{y} = \mathbf{b}$ eingeführt; das heißt

$$\begin{bmatrix} 1 & 0 & 0 & 0\\ 2 & 1 & 0 & 0\\ 3 & 4 & 1 & 0\\ -1 & -3 & 0 & 1 \end{bmatrix} \begin{bmatrix} y_1\\ y_2\\ y_3\\ y_4 \end{bmatrix} = \begin{bmatrix} 8\\ 7\\ 14\\ -7 \end{bmatrix}.$$

Dieses System wird durch einfaches Vorwärtseinsetzen nach $\mathbf{y}$ aufgelöst:

$$\begin{array}{llll}
y_1 & = 8 & & \\
2y_1 + \; y_2 & = 7, & \text{damit ist} & y_2 = -9 \\
3y_1 + 4y_2 + y_3 & = 14, & \text{damit ist} & y_3 = \;\; 26 \\
-y_1 - 3y_2 + \qquad y_4 & = 7, & \text{damit ist} & y_4 = -26.
\end{array}$$

Danach löst man $U\mathbf{x} = \mathbf{y}$ nach $\mathbf{x}$ auf, der Lösung des ursprünglichen Systems, das heißt

$$\begin{bmatrix} 1 & 1 & 0 & 3 \\ 0 & -1 & -1 & -5 \\ 0 & 0 & 3 & 13 \\ 0 & 0 & 0 & -13 \end{bmatrix} \begin{bmatrix} x_1 \\ x_2 \\ x_3 \\ x_4 \end{bmatrix} = \begin{bmatrix} 8 \\ -9 \\ 26 \\ -26 \end{bmatrix}.$$

Durch Rückwärtseinsetzen erhält man $x_4 = 2,\; x_3 = 0,\; x_2 = -1,\; x_1 = 3.$ □

Bei der Faktorisierung von $A = LU$ werden mit den folgenden Gleichungen die Elemente in L und U erzeugt:

$$l_{11}u_{11} = a_{11};$$

für alle $j = 2, 3, \ldots, n$

$$u_{1j} = \frac{a_{1j}}{l_{11}} \quad \text{und } l_{j1} = \frac{a_{j1}}{u_{11}};$$

für alle $i = 2, 3, \ldots, n-1$

$$l_{ii}u_{ii} = a_{ii} - \sum_{k=1}^{i-1} l_{ik}u_{ki}.$$

Für alle $j = i+1, i+2, \ldots, n$

$$u_{ij} = \frac{1}{l_{ii}} \left[a_{ij} \sum_{k=1}^{i-1} l_{ik}u_{kj} \right] \qquad \text{und} \qquad l_{ji} = \frac{1}{u_{ii}} \left[a_{ji} \sum_{k=1}^{i-1} l_{jk}u_{ki} \right]$$

und

$$l_{nn}u_{nn} = a_{nn} - \sum_{k=1}^{n-1} l_{nk}u_{kn}.$$

Ein allgemeines Verfahren zur Faktorisierung von Matrizen in ein Produkt von Dreiecksmatrizen wird vom Programm DIFACT64 durchgeführt. Obwohl die neuen Matrizen L und U konstruiert werden, ersetzen die erzeugten Werte die entsprechenden Elemente von A, die nicht länger gebraucht werden. Daher hat die neue Matrix die Elemente $a_{ij} = l_{ij}$ für alle $i = 2, 3, \ldots, n$ und $j = 1, 2, \ldots, i-1$ und $a_{ij} = u_{ij}$ für alle $i = 1, 2, \ldots, n$ und $j = i+1, i+2, \ldots, n$.

Die Faktorisierung ist speziell dann nützlich, wenn mehrere Linearsysteme gelöst werden müssen, die A enthalten, da dann die Mehrheit der Operationen nur einmal durchgeführt werden muß. Um $LU\mathbf{x} = \mathbf{b}$ zu lösen, löst man zuerst $L\mathbf{y} = \mathbf{b}$ nach $\mathbf{y}$ auf. Da L eine untere Dreiecksmatrix ist, erhält man

$$y_1 = \frac{b_1}{l_{11}}$$

und

$$y_i = \frac{1}{l_{ii}} \left[b_i - \sum_{j=1}^{i-1} l_{ij} y_j \right] \qquad \text{für alle } i = 2, 3, \ldots, n.$$

Ist $\mathbf{y}$ durch Vorwärtseinsetzen erst einmal berechnet, wird das obere Dreieckssystem $U\mathbf{x} = \mathbf{y}$ durch Rückwärtseinsetzen gelöst. In der vorigen Diskussion nahm man A derart an, daß ein Linearsystem der Form $A\mathbf{x} = \mathbf{b}$ mit dem Gaußschen Algorithmus gelöst werden kann, ohne daß ein Zeilenaustausch notwendig wird. Vom praktischen Standpunkt her ist die Faktorisierung nur dann nützlich, wenn kein Zeilenaustausch zur Kontrolle des Rundungsfehlers notwendig ist, der aus der endlichstelligen Arithmetik resultiert. Obwohl die meisten Systeme, denen man bei Näherungsmethoden begegnet, von diesem Typ sind, muß die Faktorisierung modifiziert werden, wenn ein Zeilenaustausch gefordert wird. Die Diskussion sei mit der Einführung einer Klasse von Matrizen begonnen, mit denen die Zeilen einer gegebenen Matrix neu angeordnet oder permutiert werden.

Eine $(n \times n)$-**Permutationsmatrix** P ist eine Matrix mit genau einem Element mit dem Wert 1 in jeder Spalte und jeder Reihe, alle ihre anderen Elemente sind 0.

Beispiel 2. Die Matrix

$$P = \begin{bmatrix} 1 & 0 & 0 \\ 0 & 0 & 1 \\ 0 & 1 & 0 \end{bmatrix}$$

ist eine (3×3)-Permutationsmatrix. Bei jeder (3×3)-Matrix A, die von links mit P multipliziert wird, werden die zweite und dritte Zeile von A vertauscht:

$$PA = \begin{bmatrix} 1 & 0 & 0 \\ 0 & 0 & 1 \\ 0 & 1 & 0 \end{bmatrix} \begin{bmatrix} a_{11} & a_{12} & a_{13} \\ a_{21} & a_{22} & a_{23} \\ a_{31} & a_{32} & a_{33} \end{bmatrix} = \begin{bmatrix} a_{11} & a_{12} & a_{13} \\ a_{31} & a_{32} & a_{33} \\ a_{21} & a_{22} & a_{23} \end{bmatrix}.$$

Entsprechend werden die zweite und dritte Spalte von A beim Multiplizieren von rechts mit P vertauscht. □

Es gibt zwei nützliche Eigenschaften von Permutationsmatrizen, die Bezug zum Gaußschen Algorithmus haben. Die erste wurde im vorigen Beispiel veranschaulicht und besagt, daß

$$PA = \begin{bmatrix} a_{k_1,1} & a_{k_1,2} & \cdots & a_{k_1,n} \\ a_{k_2,1} & a_{k_2,2} & \cdots & a_{k_2,n} \\ \vdots & \vdots & \vdots & \vdots \\ a_{k_n,1} & a_{k_n,2} & \cdots & a_{k_n,n} \end{bmatrix}$$

ist, wenn $k_1, \ldots, k_n$ eine Permutation der ganzen Zahlen $1, \ldots, n$ ist und die Permutationsmatrix $P = (p_{ij})$ durch

$$p_{ij} = \begin{cases} 1, & \text{falls } j = k_i \\ 0, & \text{andernfalls} \end{cases}$$

definiert ist. Die zweite Eigenschaft ist die, daß P^{-1} existiert und $P^{-1} = P^{\mathrm{t}}$ ist, falls P eine Permutationsmatrix ist.

Beispiel 3. Da $a_{11} = 0$ ist, besitzt die Matrix

$$A = \begin{bmatrix} 0 & 1 & -1 & 1 \\ 1 & 1 & -1 & 2 \\ -1 & -1 & 1 & 0 \\ 1 & 2 & 0 & 2 \end{bmatrix}$$

keine LU-Faktorisierung. Jedoch erhält man nach Zeilenaustausch $(E_1) \leftrightarrow (E_2)$, gefolgt von $(E_3 + E_1) \rightarrow (E_3)$ und $(E_4 - E_1) \rightarrow (E_4)$

$$\begin{bmatrix} 1 & 1 & -1 & 2 \\ 0 & 1 & -1 & 1 \\ 0 & 0 & 0 & 2 \\ 0 & 1 & 1 & 0 \end{bmatrix}.$$

Dann liefert der Zeilenaustausch $(E_3) \leftrightarrow (E_4)$, gefolgt von $(E_3 - E_2) \rightarrow (E_3)$ die Matrix

$$U = \begin{bmatrix} 1 & 1 & -1 & 2 \\ 0 & 1 & -1 & 1 \\ 0 & 0 & 2 & -1 \\ 0 & 0 & 0 & 2 \end{bmatrix}.$$

Die mit dem Zeilenaustausch $(E_1) \leftrightarrow (E_2)$ und $(E_3) \leftrightarrow (E_4)$ verbundene Permutationsmatrix besitzt die Form

$$P = \begin{bmatrix} 0 & 1 & 0 & 0 \\ 1 & 0 & 0 & 0 \\ 0 & 0 & 0 & 1 \\ 0 & 0 & 1 & 0 \end{bmatrix}.$$

Der Gaußsche Algorithmus kann auf PA ohne Zeilenaustausch durchgeführt werden und liefert die LU-Faktorisierung

$$PA = \begin{bmatrix} 1 & 0 & 0 & 0 \\ 0 & 1 & 0 & 0 \\ 1 & 1 & 1 & 0 \\ -1 & 0 & 0 & 1 \end{bmatrix} \begin{bmatrix} 1 & 1 & -1 & 2 \\ 0 & 1 & -1 & 1 \\ 0 & 0 & 2 & -1 \\ 0 & 0 & 0 & 2 \end{bmatrix} = LU.$$

Somit ist

$$A = P^{-1}(LU) = P^{\mathrm{t}}(LU) = (P^{\mathrm{t}}L)U = \begin{bmatrix} 0 & 1 & 0 & 0 \\ 1 & 0 & 0 & 0 \\ -1 & 0 & 0 & 1 \\ 1 & 1 & 1 & 0 \end{bmatrix} \begin{bmatrix} 1 & 1 & -1 & 2 \\ 0 & 1 & -1 & 1 \\ 0 & 0 & 2 & -1 \\ 0 & 0 & 0 & 2 \end{bmatrix}.$$

□

Übungsaufgaben

1. Faktorisieren Sie die folgenden Matrizen in die LU-Zerlegung mit direkter Faktorisierung und $l_{ii} = 1$ für alle i:

a) $$\begin{bmatrix} 2 & -1 & 1 \\ 3 & 3 & 9 \\ 3 & 3 & 5 \end{bmatrix}$$

b) $$\begin{bmatrix} 2 & -1,5 & 3 \\ -1 & 0 & 2 \\ 4 & -4,5 & 5 \end{bmatrix}$$

c) $$\begin{bmatrix} 1,012 & -2,132 & 3,104 \\ -2,132 & 4,906 & -7,013 \\ 3,104 & -7,013 & 0,014 \end{bmatrix}$$

d) $$\begin{bmatrix} 3,107 & 2,101 & 0 \\ 0 & -1,213 & 2,101 \\ 0 & 0 & 2,179 \end{bmatrix}$$

e) $$\begin{bmatrix} 2 & 0 & 0 & 0 \\ 1 & 1,5 & 0 & 0 \\ 0 & -3 & 0,5 & 0 \\ 2 & -2 & 1 & 1 \end{bmatrix}$$

f) $$\begin{bmatrix} 2,1756 & 4,0231 & -2,1732 & 5,1967 \\ -4,0231 & 6,0000 & 0 & 1,1973 \\ -1,0000 & -5,2107 & 1,1111 & 0 \\ 6,0235 & 7,0000 & 0 & -4,1561 \end{bmatrix}$$

2. Lösen Sie mit der in Übung 1 bestimmten Faktorisierung die folgenden Linearsysteme:

a)
$$\begin{aligned} 2x_1 - x_2 + x_3 &= -1\\ 3x_1 + 3x_2 + 9x_3 &= 0\\ 3x_1 + 3x_2 + 5x_3 &= 4 \end{aligned}$$

b)
$$\begin{aligned} 2x_1 &= 3\\ x_1 + 1{,}5x_2 &= 4{,}5\\ - 3x_2 + 0{,}5x_3 &= -6{,}6\\ 2x_1 - 2x_2 + x_3 + x_4 &= 0{,}8 \end{aligned}$$

c)
$$\begin{aligned} 1{,}012x_1 - 2{,}132x_2 + 3{,}104x_3 &= 1{,}984\\ -2{,}132x_1 + 4{,}096x_2 - 7{,}013x_3 &= -5{,}049\\ 3{,}104x_1 - 7{,}013x_2 + 0{,}014x_3 &= -3{,}895 \end{aligned}$$

d)
$$\begin{aligned} 3{,}107x_1 + 2{,}101x_2 &= 1{,}001\\ - 1{,}213x_2 + 2{,}101x_3 &= 0{,}000\\ 2{,}179x_3 &= 7{,}013 \end{aligned}$$

e)
$$\begin{aligned} 2x_1 - 1{,}5x_2 + 3x_3 &= 1\\ -x_1 + 2x_3 &= 3\\ 4x_1 - 4{,}5x_2 + 5x_3 &= -1 \end{aligned}$$

f)
$$\begin{aligned} 2{,}1756x_1 + 4{,}0231x_2 - 2{,}1732x_3 + 5{,}1967x_4 &= 17{,}102\\ -4{,}0231x_1 + 6{,}0000x_2 + 1{,}1973x_4 &= -\ 6{,}1593\\ -1{,}0000x_1 - 5{,}2107x_2 + 1{,}1111x_3 &= 3{,}0004\\ 6{,}0235x_1 + 7{,}0000x_2 - 4{,}1561x_4 &= 0{,}0000 \end{aligned}$$

3. Bestimmen Sie die Faktorisierungen der Form $(P^tL)U$ für die folgenden Matrizen:

a)
$$A = \begin{bmatrix} 0 & 2 & 3\\ 1 & 1 & -1\\ 0 & -1 & 1 \end{bmatrix}$$

b)
$$A = \begin{bmatrix} 1 & 2 & -1\\ 1 & 2 & 3\\ 2 & -1 & 4 \end{bmatrix}$$

c)
$$A = \begin{bmatrix} 1 & 1 & 0 & 3\\ 2 & 1 & -1 & 1\\ -1 & 2 & 3 & -1\\ 3 & -1 & -1 & 2 \end{bmatrix}$$

d)
$$A = \begin{bmatrix} 1 & -2 & 3 & 0\\ 1 & -2 & 3 & 1\\ 1 & -2 & 2 & -2\\ 2 & 1 & 3 & -1 \end{bmatrix}$$

6.6. Verfahren für spezielle Matrizen

Obwohl sich dieses Kapitel hauptsächlich mit der wirkungsvollen Anwendung des Gaußschen Algorithmus zum Bestimmen der Lösung eines linearen Gleichungssystems beschäftigte, führen viele Ergebnisse zu ausgedehnterer Verwendung. Der Gaußsche Algorithmus ist die Nabe, um die sich dieses Kapitel dreht, aber das Rad selber ist ebenso interessant und findet in vielen Formen im Studium der numerischen Methoden Anwendung. In diesem Abschnitt werden einige spezielle Matrizen betrachtet, die in anderen Kapiteln des Buches verwendet werden. Tatsächlich wurde schon einer dieser speziellen Fälle behandelt. Die Matrizen, mit denen die Lösung der kubischen Spline-Interpolationen bestimmt wurden, heißen diagonal dominant, eine Klasse, die einige sehr praktische Eigenschaften aufweist.

Eine $(n \times n)$-Matrix A heißt **diagonal dominant**, wenn

$$|a_{ii}| > \sum_{\substack{j=1,\\ j\neq i}} |a_{ij}|$$

für alle $i = 1, 2, \ldots, n$ gilt.

Beispiel 1. Es seien die Matrizen

$$A = \begin{bmatrix} 7 & 2 & 0 \\ 3 & 5 & -1 \\ 0 & 5 & -6 \end{bmatrix} \quad \text{und} \quad B = \begin{bmatrix} 6 & 4 & -3 \\ 4 & -2 & 0 \\ -3 & 0 & 1 \end{bmatrix}$$

betrachtet. Die nichtsymmetrische Matrix A ist diagonal dominant, da $|7| > |2| + |0|$, $|5| > |3| + |-1|$ und $|-6| > |0| + |5|$ ist. Die symmetrische Matrix B ist nicht diagonal dominant, da beispielsweise in der dritten Zeile der absolute Wert des Diagonalelementes $|6| < |4| + |-3| = 7$ ist. Es ist interessant, daß weder A^t noch natürlich $B^t = B$ diagonal dominant sind. □

Mit dem folgenden Ergebnis wurde in Abschnitt 3.6 sichergestellt, daß eindeutige Lösungen der Linearsysteme existieren, mit denen die kubischen Spline-Interpolierenden bestimmt wurden.

Diagonal dominante Matrizen

Eine diagonal dominante Matrix A ist nichtsingulär. Darüber hinaus kann in diesem Fall der Gaußsche Algorithmus auf jedem beliebigen Linearsystem der Form $A\mathbf{x} = \mathbf{b}$ durchgeführt werden, um seine eindeutige Lösung ohne Zeilen- oder Spaltenaustausch zu erhalten, und die Berechnungen sind bezüglich des Wachsens des Rundungsfehlers stabil.

Eine Matrix A ist **positiv definit**, falls sie symmetrisch ist und falls $\mathbf{x}^t A\mathbf{x} > 0$ für jede n-dimensionale Spaltenmatrix $\mathbf{x} \neq \mathbf{0}$ ist.

Es kann schwierig sein, mit dieser Definition zu bestimmen, ob eine Matrix positiv definit ist. Glücklicherweise gibt es leichter zu verifizierende Kriterien, mit denen die Mitglieder dieser wichtigen Klasse identifiziert werden können.

Positiv definite Matrixeigenschaften

Falls A eine positiv definite $(n \times n)$-Matrix ist, dann gilt

a) A ist nichtsingulär;
b) $a_{ii} > 0$ für alle $i = 1, 2, \ldots, n$;
c) $\max_{1 \leq k, j \leq n} |a_{kj}| \leq \max_{1 \leq i \leq n} |a_{ii}|$;
d) $(a_{ij})^2 < a_{ii}a_{jj}$ für jedes $i \neq j$.

Das nächste Ergebnis kommt den eben vorgestellten diagonal dominanten Ergebnissen gleich.

Positiv definite Matrixäquivalenzen

Für jede beliebige, symmetrische $(n \times n)$-Matrix A gilt:

a) A ist positiv definit.
b) Der Gaußsche Algorithmus kann ohne Zeilenaustausch auf dem Linearsystem $A\mathbf{x} = \mathbf{b}$ durchgeführt werden, wobei alle Pivotelemente positiv sind. (Dies stellt sicher, daß die Berechnungen bezüglich des Wachsen des Rundungsfehlers stabil sind.)
c) A kann in die Form LL^t faktorisiert werden, wobei L eine untere Dreiecksmatrix mit positiven Diagonalelementen darstellt.
d) A kann in die Form LDL^t faktorisiert werden, wobei L eine untere Dreiecksmatrix mit Einsen auf ihrer Diagonalen und D eine Diagonalmatrix mit positiven Diagonalelementen darstellt.

Die Faktorisierung unter Punkt c) kann mit der Cholesky-Zerlegung erhalten werden. Sie basiert auf den folgenden Gleichungen:

$$l_{11} = \sqrt{a_{11}}\,;$$

für alle $j = 2, 3, \ldots, n$

$$l_{j1} = \frac{a_{j1}}{l_{11}}\,;$$

für alle $i = 2, 3, \ldots, n-1$

$$l_{ii} = \left[a_{ii} - \sum_{k=1}^{i-1} l_{ik}^2 \right]^{1/2} ;$$

für alle $j = i+1, i+2, \ldots, n$

$$l_{ji} = \frac{1}{l_{ii}} \left[a_{ji} - \sum_{k=1}^{i-1} l_{jk} l_{ik} \right]$$

und

$$l_{nn} = \left[a_{nn} - \sum_{k=1}^{n-1} l_{nk}^2 \right]^{1/2} .$$

Diese Gleichungen können hergeleitet werden, indem das mit $A = LL^{\mathrm{t}}$ verbundene System ausgeschrieben wird. Die Cholesky-Zerlegung kann mit dem Programm CHOLFC65 ausgeführt werden.

Wie die allgemeine LU-Faktorisierung verwendet die Faktorisierung entsprechend $A = LDL^{\mathrm{t}}$ die Gleichungen

$$d_1 = a_{11};$$

für alle $j = 2, 3, \ldots, n$

$$l_{j1} = \frac{a_{j1}}{d_1};$$

für alle $i = 2, 3, \ldots, n-1$

$$d_i = a_{ii} - \sum_{j=1}^{i-1} l_{ij}^2 d_j;$$

für alle $j = i+1, i+2, \ldots, n$

$$l_{ji} = \frac{1}{d_i} \left[a_{ji} - \sum_{k=1}^{i-1} l_{jk} l_{ik} d_k \right]$$

und

$$d_n = a_{nn} - \sum_{j=1}^{n-1} l_{nj}^2 d_j.$$

Die LDL^{t}-Faktorisierung kann mit dem Programm LDLFCT66 ausgeführt werden.

Beispiel 2. Die Matrix

$$A = \begin{bmatrix} 4 & -1 & 1 \\ -1 & 4,25 & 2,75 \\ 1 & 2,75 & 3,5 \end{bmatrix}$$

ist positiv definit. Die Faktorisierung LDL^t von A ist

$$A = LDL^t = \begin{bmatrix} 1 & 0 & 0 \\ -0,25 & 1 & 0 \\ 0,25 & 0,75 & 1 \end{bmatrix} \begin{bmatrix} 4 & 0 & 0 \\ 0 & 4 & 0 \\ 0 & 0 & 1 \end{bmatrix} \begin{bmatrix} 1 & -0,25 & 0,25 \\ 0 & 1 & 0,75 \\ 0 & 0 & 1 \end{bmatrix},$$

die Cholesky-Zerlegung liefert die Faktorisierung

$$A = LL^t = \begin{bmatrix} 2 & 0 & 0 \\ -0,5 & 2 & 0 \\ 0,5 & 1,5 & 1 \end{bmatrix} \begin{bmatrix} 2 & -0,5 & 0,5 \\ 0 & 2 & 1,5 \\ 0 & 0 & 1 \end{bmatrix}.$$

□

Man kann das Linearsystem $A\mathbf{x} = \mathbf{b}$ lösen, wenn A positiv definit ist, indem zuerst mit der Cholesky-Zerlegung A in die Form LL^t faktorisiert wird. Es sei $\mathbf{y} = L^t\mathbf{x}$. Das Linearsystem $L\mathbf{y} = \mathbf{b}$ wird durch Vorwärtseinsetzen gelöst. Dann erhält man die Lösung des ursprünglichen Systems durch Rückwärtseinsetzen und löst $L^t\mathbf{x} = \mathbf{y}$ mit den Gleichungen

$$x_n = \frac{y_n}{l_{nn}}$$

und für $i = n-1, n-2, \ldots, 1$

$$x_i = \frac{1}{l_{ii}}\left[y_i - \sum_{j=1+1}^{n} l_{ji}x_j\right].$$

Ist $A\mathbf{x} = \mathbf{b}$ gelöst und die Faktorisierung $A = LDL^t$ bekannt, dann sei $\mathbf{y} = DL^t\mathbf{x}$, und das System $L\mathbf{y} = \mathbf{b}$ durch Vorwärtseinsetzen und das System $D\mathbf{z} = \mathbf{y}$ wird wie

$$z_i = \frac{y_i}{d_i} \quad \text{für alle } i = 1, 2, \ldots, n$$

gelöst. Dann wird das System $L^t\mathbf{x} = \mathbf{z}$ durch Rückwärtseinsetzen gelöst.

Jede beliebige symmetrische Matrix A, für die der Gaußsche Algorithmus ohne Zeilenaustausch angewandt werden kann, kann in die Form LDL^t faktorisiert werden. In diesem allgemeinen Fall ist L die untere Dreiecksmatrix mit Einsen auf ihrer Diagonalen und D die Diagonalmatrix mit den Pivotelementen des Gaußschen Algorithmus auf ihrer Diagonalen. Dieses Ergebnis wird vielfach angewandt, da symmetrische Matrizen üblich und leicht zu erkennen sind.

Die letzte Klasse von Matrizen, die wir betrachten wollen, sind die *Bandmatrizen*. In vielen Anwendungen sind die Bandmatrizen auch diagonal dominant oder positiv definit. Diese Eigenschaftenkombination ist sehr hilfreich.

Eine $(n \times n)$-Matrix heißt **Bandmatrix**, wenn die ganzen Zahlen p und q mit $1 < p,\ q < n$ existieren und die Eigenschaft $a_{ij} = 0$ besitzen, wann immer $i + p \leq j$ oder $j + q \leq i$ ist. Die **Bandbreite** ist $w = p + q - 1$.

Die Matrix

$$A = \begin{bmatrix} 7 & 2 & 0 \\ 3 & 5 & -1 \\ 0 & -5 & -6 \end{bmatrix}$$

zum Beispiel ist eine Bandmatrix mit $p = q = 2$ und der Bandbreite 3.

Bandmatrizen konzentrieren all ihre Nullelemente entlang der Diagonalen. Zwei spezielle Fälle von Bandmatrizen, die oft in der Praxis auftreten, haben $p = q = 2$ und $p = q = 4$.

Die Matrix der Bandbreite 3, die für $p = q = 2$ auftritt, wurde schon in Zusammenhang mit der kubischen Spline-Näherung in Abschnitt 3.6 betrachtet. Diese Matrizen heißen **tridiagonal**, da sie die Form

$$A = \begin{bmatrix} \alpha_1 & \gamma_1 & 0 & \cdots & \cdots & 0 \\ \beta_2 & \alpha_2 & \gamma_2 & \ddots & & \vdots \\ 0 & \beta_3 & \alpha_3 & \ddots & \ddots & 0 \\ \vdots & \ddots & \ddots & \ddots & \ddots & \gamma_{n-1} \\ 0 & \cdots & 0 & & \beta_n & \alpha_n \end{bmatrix}$$

aufweisen. Da die Elemente einer Tridiagonalmatrix hauptsächlich null sind, ist es üblich, den doppelten unteren Index wegzulassen und die Elemente umzubenennen.

Tridiagonale Matrizen tauchen im Kapitel 11 in Zusammenhang mit der stückweisen linearen Approximation von Randwertaufgaben wieder auf. Mit $p = q = 4$ werden in diesem Kapitel Randwertaufgaben gelöst, wenn die Näherungsfunktionen die Form von kubischen Splines annehmen.

Die Faktorisierung kann im Fall von Bandmatrizen erheblich vereinfacht werden, da viele Nullen in einem regulären Muster vorhanden sind. Es ist besonders interessant, die Form, die die Crout- ($u_{ii} = 1$) und Doolittle-Verfahren ($l_{ii} = 1$) in diesem Fall annehmen, zu beobachten. Um die Situation zu verdeutlichen, sei angenommen, eine tridiagonale Matrix

$$A = \begin{bmatrix} \alpha_1 & \gamma_1 & 0 & \cdots & 0 \\ \beta_2 & \alpha_2 & \gamma_2 & \ddots & \vdots \\ 0 & \beta_3 & \alpha_3 & \ddots & 0 \\ \vdots & \ddots & \ddots & \ddots & \gamma_{n-1} \\ 0 & \cdots & 0 & \beta_n & \alpha_n \end{bmatrix}$$

könne in die Dreiecksmatrizen L und U in die Crout-Form

$$L = \begin{bmatrix} l_1 & 0 & \cdots & \cdots & 0 \\ \beta_2 & l_2 & \ddots & & \vdots \\ 0 & \beta_3 & l_3 & \ddots & \vdots \\ \vdots & \ddots & \ddots & \ddots & 0 \\ 0 & \cdots & 0 & \beta_n & l_n \end{bmatrix}$$

und

$$U = \begin{bmatrix} 1 & u_1 & 0 & \cdots & 0 \\ 0 & 1 & u_2 & \ddots & \vdots \\ \vdots & \ddots & 1 & \ddots & 0 \\ \vdots & & \ddots & \ddots & u_{n-1} \\ 0 & \cdots & \cdots & 0 & 1 \end{bmatrix}$$

faktorisiert werden.

Die Elemente sind durch die folgenden Gleichungen gegeben:

$$l_1 = \alpha_1 \quad \text{und} \quad u_1 = \frac{\gamma_1}{l_1};$$

für alle $i = 2, 3, \ldots, n-1$

$$l_i = \alpha_i - \beta_i u_{i-1} \quad \text{und} \quad u_i = \frac{\gamma_i}{l_i}$$

und

$$l_n = \alpha_n - \beta_n u_{n-1}.$$

Das Linearsystem $A\mathbf{x} = LU\mathbf{x} = \mathbf{b}$ wird mit

$$y_1 = \frac{b_1}{l_1}$$

und für alle $i = 2, 3, \ldots, n$ mit

$$y_i = \frac{1}{l_i}[b_i - \beta_i y_{i-1}]$$

gelöst, das $\mathbf{y}$ in dem Linearsystem $L\mathbf{y} = \mathbf{b}$ bestimmt. Das Linearsystem $U\mathbf{x} = \mathbf{y}$ wird mit

$$x_n = y_n$$

und für alle $i = n-1, n-2, \ldots, 1$ mit

$$x_i = y_i - u_i x_{i+1}$$

gelöst. Die Crout-Zerlegung einer tridiagonalen Matrix kann mit dem Programm CRTRLS67 durchgeführt werden.

Beispiel 3. Um das Verfahren für tridiagonale Matrizen zu verdeutlichen, sei das tridiagonale Gleichungssystem

$$\begin{aligned}
2x_1 - x_2 \qquad\qquad &= 1,\\
-x_1 + 2x_2 - x_3 \qquad &= 0,\\
- x_2 + 2x_3 - x_4 &= 0,\\
- x_3 + 2x_4 &= 1
\end{aligned}$$

betrachtet, dessen erweiterte Matrix

$$\left[\begin{array}{cccc:c}
2 & -1 & 0 & 0 & 1\\
-1 & 2 & -1 & 0 & 0\\
0 & -1 & 2 & -1 & 0\\
0 & 0 & -1 & 2 & 1
\end{array}\right]$$

ist. Die LU-Faktorisierung ist durch

$$\begin{bmatrix} 2 & -1 & 0 & 0 \\ -1 & 2 & -1 & 0 \\ 0 & -1 & 2 & -1 \\ 0 & 0 & -1 & 2 \end{bmatrix} = \begin{bmatrix} 2 & 0 & 0 & 0 \\ -1 & \frac{3}{2} & 0 & 0 \\ 0 & -1 & \frac{4}{5} & 0 \\ 0 & 0 & -1 & \frac{5}{4} \end{bmatrix} \begin{bmatrix} 1 & -\frac{1}{2} & 0 & 0 \\ 0 & 1 & -\frac{2}{3} & 0 \\ 0 & 0 & 1 & -\frac{3}{4} \\ 0 & 0 & 0 & 1 \end{bmatrix} = LU$$

gegeben. Lösen des Systems $L\mathbf{y} = \mathbf{b}$ ergibt $\mathbf{y} = (\frac{1}{2}, \frac{1}{3}, \frac{1}{4}, 1)^t$, und die Lösung von $U\mathbf{x} = \mathbf{y}$ ist $\mathbf{x} = (1, 1, 1, 1)^t$.

Die tridiagonale Faktorisierung kann immer angewandt werden, wenn $l_i \neq 0$ für alle $i = 1, 2, \ldots, n$ ist. Zwei Bedingungen, von denen jede einzelne dieses sichert, sind die, daß die Koeffizientenmatrix des Systems positiv definit oder diagonal dominant ist. Eine weitere Bedingung, die erfüllt sein muß, damit diese Methode angewandt werden kann, ist die folgende:

Nichtsinguläre Tridiagonalmatrizen

Angenommen, A sei tridiagonal mit $\beta_i \neq 0$ und $\gamma_i \neq 0$ für alle $i = 2, 3, \ldots, n-1$. Wenn $|\alpha_1| > |\gamma_1|$, $|\alpha_i| \geq |\beta_i| + |\gamma_i|$ für alle $i = 2, 3, \ldots, n-1$ und $|\alpha_n| > |\beta_n|$ gilt, dann ist A nichtsingulär, und die Werte von l_i sind ungleich null für alle $i = 1, 2, \ldots, n$.

Übungsaufgaben

1. Bestimmen Sie, welche der folgenden Matrizen (i) symmetrisch, (ii) singulär, (iii) diagonal dominant, (iv) positiv definit ist:

a) $\begin{bmatrix} 2 & 1 \\ 1 & 3 \end{bmatrix}$

b) $\begin{bmatrix} -2 & 1 \\ 1 & -3 \end{bmatrix}$

c) $\begin{bmatrix} 2 & 1 & 0 \\ 0 & 3 & 0 \\ 1 & 0 & 4 \end{bmatrix}$

d) $\begin{bmatrix} 2 & 1 & 0 \\ 0 & 3 & 2 \\ 1 & 2 & 4 \end{bmatrix}$

e) $\begin{bmatrix} 4 & 2 & 6 \\ 3 & 0 & 7 \\ -2 & -1 & -3 \end{bmatrix}$

f)
$$\begin{bmatrix} 2 & -1 & 0 \\ -1 & 4 & 2 \\ 0 & 2 & 2 \end{bmatrix}$$

g)
$$\begin{bmatrix} 4 & 0 & 0 & 0 \\ 6 & 7 & 0 & 0 \\ 9 & 11 & 1 & 0 \\ 5 & 4 & 1 & 1 \end{bmatrix}$$

h)
$$\begin{bmatrix} 2 & 3 & 1 & 2 \\ -2 & 4 & -1 & 5 \\ 3 & 7 & 1{,}5 & 1 \\ 6 & -9 & 3 & 7 \end{bmatrix}$$

2. Bestimmen Sie eine Faktorisierung der Form $A = LDL^{\mathrm{t}}$ für die folgenden Matrizen:

a)
$$A = \begin{bmatrix} 2 & -1 & 0 \\ -1 & 2 & -1 \\ 0 & -1 & 2 \end{bmatrix}$$

b)
$$A = \begin{bmatrix} 4 & 1 & 1 & 1 \\ 1 & 3 & -1 & 1 \\ 1 & -1 & 2 & 0 \\ 1 & 1 & 0 & 2 \end{bmatrix}$$

c)
$$A = \begin{bmatrix} 4 & 1 & -1 & 0 \\ 1 & 3 & -1 & 0 \\ -1 & -1 & 5 & 2 \\ 0 & 0 & 2 & 4 \end{bmatrix}$$

d)
$$A = \begin{bmatrix} 6 & 2 & 1 & -1 \\ 2 & 4 & 1 & 0 \\ 1 & 1 & 4 & -1 \\ -1 & 0 & -1 & 3 \end{bmatrix}$$

3. Bestimmen Sie eine Faktorisierung der Form $A = LL^{\mathrm{t}}$ für die Matrizen aus der Übung 2.

4. Lösen Sie mit der Faktorisierung aus Übung 2 die folgenden Linearsysteme:

a)
$$\begin{aligned} 2x_1 - x_2 \phantom{{}+2x_3} &= 3 \\ -x_1 + 2x_2 - x_3 &= -3 \\ -x_2 + 2x_3 &= 1 \end{aligned}$$

b)
$$\begin{aligned} 4x_1 + x_2 + x_3 + x_4 &= 0{,}65 \\ x_1 + 3x_2 - x_3 + x_4 &= 0{,}05 \\ x_1 - x_2 + 2x_3 \phantom{{}+x_4} &= 0 \\ x_1 + x_2 \phantom{{}+x_3} + 2x_4 &= 0{,}5 \end{aligned}$$

c)
$$\begin{aligned}
4x_1 + x_2 - x_3 &= 7\\
x_1 + 3x_2 - x_3 &= 8\\
-x_1 - x_2 + 5x_3 + 2x_4 &= -4\\
2x_3 + 4x_4 &= 6
\end{aligned}$$

d)
$$\begin{aligned}
6x_1 + 2x_2 + x_3 - x_4 &= 0\\
2x_1 + 4x_2 + x_3 &= 7\\
x_1 + x_2 + 4x_3 - x_4 &= -1\\
x_1 - x_3 + 3x_4 &= -2
\end{aligned}$$

5. Lösen Sie mit der Faktorisierung aus Übung 3 die Linearsysteme aus Übung 4.

6. Lösen Sie die folgenden Linearsysteme mit der Crout-Zerlegung für tridiagonale Systeme:

a)
$$\begin{aligned}
x_1 - x_2 &= 0\\
-2x_1 + 4x_2 - 2x_3 &= -1\\
-x_2 + 2x_3 &= 1{,}5
\end{aligned}$$

b)
$$\begin{aligned}
3x_1 + x_2 &= -1\\
2x_1 + 4x_2 + x_3 &= 7\\
2x_2 + 5x_3 &= 9
\end{aligned}$$

c)
$$\begin{aligned}
2x_1 - x_2 &= 3\\
-x_1 + 2x_2 - x_3 &= -3\\
-x_2 + 2x_3 &= 1
\end{aligned}$$

d)
$$\begin{aligned}
0{,}5x_1 + 0{,}25x_2 &= 0{,}35\\
0{,}35x_1 + 0{,}8x_2 + 0{,}4x_3 &= 0{,}77\\
0{,}25x_2 + x_3 + 0{,}5x_4 &= -0{,}5\\
x_3 - 2x_4 &= -2{,}25
\end{aligned}$$

7. A sei die (10×10)-Tridiagonalmatrix, die durch $\alpha_i = 2$, $\gamma_i = \beta_i = -1$ für alle $i = 2, \ldots, 9$ mit $\alpha_1 = \alpha_{10} = 2$, $\gamma_1 = \beta_{10} = -1$ gegeben ist. $\mathbf{b}$ sei die zehndimensionale Spaltenmatrix, die durch $b_1 = b_{10} = 1$ und $b_i = 0$ für alle $i = 2, 3, \ldots, 9$ gegeben ist. Lösen Sie $A\mathbf{x} = \mathbf{b}$ mit der Crout-Zerlegung für tridiagonale Systeme.

8. Bestimmen Sie die LDL^t-Faktorisierung für die folgenden Matrizen, wenn es möglich ist:

a)
$$A = \begin{bmatrix} 3 & -3 & 6\\ -3 & 2 & -7\\ 6 & -7 & 13 \end{bmatrix}$$

b)
$$A = \begin{bmatrix} 3 & -6 & 9\\ -6 & 14 & -20\\ 9 & -20 & 29 \end{bmatrix}$$

c)

$$A = \begin{bmatrix} -1 & 2 & 0 & 1 \\ 2 & -3 & 2 & -1 \\ 0 & 2 & 5 & 6 \\ 1 & -1 & 6 & 12 \end{bmatrix}$$

d)

$$A = \begin{bmatrix} 2 & -2 & 4 & -4 \\ -2 & 3 & -4 & 5 \\ 4 & -4 & 10 & -10 \\ -4 & 5 & -10 & 14 \end{bmatrix}$$

9. Welche der symmetrischen Matrizen aus Übung 8 sind positiv definit?

10. Angenommen, A und B seien diagonal dominante $(n \times n)$-Matrizen.

a) Ist $-A$ diagonal dominant?

b) Ist A^{t} diagonal dominant?

c) Ist $A + B$ diagonal dominant?

d) Ist A^2 diagonal dominant?

e) Ist $A - B$ diagonal dominant?

11. Angenommen, A und B seien positiv definite $(n \times n)$-Matrizen.

a) Ist $-A$ positiv definit?

b) Ist A^{t} positiv definit?

c) Ist $A + B$ positiv definit?

d) Ist A^2 positiv definit?

e) Ist $A - B$ positiv definit?

12. Angenommen, A und B kommutieren, das heißt, es gilt $AB = BA$. Müssen A^{t} und B^{t} auch kommutieren?

13. Konstruieren Sie eine (2×2)-Matrix A, die unsymmetrisch ist, aber für die $\mathbf{x}^{\mathrm{t}} A \mathbf{x} > 0$ für alle $\mathbf{x} \neq \mathbf{0}$ gilt.

14. In einem Aufsatz von Dorn und Burdick wird berichtet, daß die durchschnittliche Spannweite, die bei Kreuzung dreier Mutanten von Obstfliegen (*Drosophila melanogaster*) resultiert, durch die symmetrische Matrix der Form

$$A = \begin{bmatrix} 1{,}59 & 1{,}69 & 2{,}13 \\ 1{,}69 & 1{,}31 & 1{,}72 \\ 2{,}13 & 1{,}72 & 1{,}85 \end{bmatrix}$$

ausgedrückt werden kann, wobei a_{ij} die durchschnittliche Spannweite des Nachwuchses einer männlichen Fliege vom Typ i mit einem Weibchen vom Typ j bezeichnet.

a) Welche physikalische Bedeutung ist mit der Symmetrie der Matrix verbunden?

b) Ist die Matrix positiv definit? Falls dies so ist, beweisen Sie es; falls nicht, bestimmen Sie einen Vektor $\mathbf{x}$ ungleich null, für den $\mathbf{x}^{\mathrm{t}} A \mathbf{x} \leq 0$ gilt.

6.7. Methoden- und Softwareüberblick

In diesem Kapitel wurden direkte Methoden zum Lösen von Linearsystemen betrachtet. Ein Linearsystem besteht aus n Gleichungen mit n Unbekannten und wird in Matrixschreibweise als $A\mathbf{x} = \mathbf{b}$ ausgedrückt. Diese Verfahren bestimmen mit einer endlichen Folge von arithmetischen Operationen die exakte, nur mit dem Rundungsfehler behaftete Lösung des Systems. Es wurde festgestellt, daß das Linearsystem $A\mathbf{x} = \mathbf{b}$ genau dann eine eindeutige Lösung besitzt, wenn A^{-1} existiert, was äquivalent zu $\det A \neq 0$ ist. Die Lösung des Linearsystems ist der Vektor $\mathbf{x} = A^{-1}\mathbf{b}$.

Pivotverfahren wurden eingeführt, um den Rundungsfehler zu minimieren, der beim Einsatz direkter Methoden die Lösung bestimmen kann. Wir untersuchten die Kolonnenmaximumstrategie, die relative Kolonnenmaximumstrategie und die maximale Kolonnenmaximumstrategie. Für die meisten Probleme empfahlen wir die Kolonnenmaximumstrategie oder relative Kolonnenmaximumstrategie, da sie den Rundungsfehler ohne viele zusätzliche Berechnungen verringert. Die maximale Kolonnenmaximumstrategie sollte dann angewandt werden, wenn ein großer Rundungsfehler erwartet wird. In Abschnitt 7.6 werden einige Verfahren vorgestellt, um den Rundungsfehler abzuschätzen.

Der etwas modifizierte Gaußsche Algorithmus liefert eine Faktorisierung der Matrix A in LU, wobei L eine untere Dreiecksmatrix mit Einsen auf der Diagonale und U eine obere Dreiecksmatrix darstellt. Nicht alle nichtsingulären Matrizen können auf diese Weise faktorisiert werden, aber eine Permutation der Zeilen liefert immer eine Faktorisierung der Form $PA = LU$, wobei P die Permutationsmatrix ist, mit der die Zeilen von A neu angeordnet werden. Der Vorteil der Faktorisierung ist der, daß die Arbeit bei der Lösung von Linearsystemen mit derselben Koeffizientenmatrix A und unterschiedlichen rechten Seiten $\mathbf{b}$ verringert wird.

Wenn die Matrix A positiv definit ist, besitzt die Faktorisierung eine einfachere Form. Zum Beispiel hat die Cholesky-Zerlegung die Form $A = LL^{\mathrm{t}}$, wobei L eine untere Dreiecksmatrix ist. Positiv definite Matrizen können auch in die Form $A = LDL^{\mathrm{t}}$ faktorisiert werden, wobei L eine untere Dreiecksmatrix mit Einsen auf der Diagonale und D eine Diagonalmatrix ist. Mit diesen Faktorisierungen können Manipulationen vereinfacht werden, die A betreffen. Ist A tridiagonal, nimmt die LU-Faktorisierung eine besonders einfache Form an: L hat Einsen auf der Hauptdiagonale und überall sonst Nullen, mit Ausnahme vielleicht auf der Diagonale direkt unter der Hauptdiagonale. Zusätzlich hat U seine einzigen Elemente ungleich null auf der Hauptdiagonale und einer Diagonale darüber.

Die direkten Methoden stellen die Methode der Wahl für die meisten Linearsysteme dar. Für Tridiagonal-, Band- und positiv definite Matrizen werden die speziellen Methoden empfohlen. Für den allgemeinen Fall werden der Gaußsche Algorithmus oder die LU-Faktorisierungen, die Zeilenaustausch erlauben, empfohlen. In diesen Fällen sollte der Rundungsfehler beobachtet werden. Fehlerabschätzungen für direkte Methoden werden im Abschnitt 7.6 diskutiert.

Große Linearsysteme mit in erster Linie Nullelementen in einem regulären Muster lassen sich effizient mit einem Verfahren wie eines von denen lösen, die in Kapitel 7 diskutiert werden. Systeme dieses Types treten natürlich auf, beispielsweise, wenn mit Differenzenverfahren Randwertaufgaben gelöst werden, eine übliche Anwendung in der numerischen Lösung von partiellen Differentialgleichungen.

Es kann sehr schwierig sein, ein großes Linearsystem mit in erster Linie Nullelementen oder eines, wo die Nullelemente nicht vorhersagbar angelegt sind, zu lösen. Die dem System äquivalente Matrix wird in einem Sekundärspeicher abgespeichert, und nur die Teile werden in den Hauptspeicher eingelesen, die zur Berechnung benötigt werden. Methoden, die Sekundärspeicher erfordern, können entweder iterativ oder direkt sein, aber im allgemeinen benötigen sie Verfahren aus dem Gebiet der Datenstrukturen und Graphentheorie.

Die Software für Matrixoperationen und die direkte Lösung von Linearsystemen, wie sie in IMSL und NAG ausgeführt wird, basiert auf LINPACK, einem Unterfunktionspaket, das allgemein erhältlich ist. Die mitgelieferte Dokumentation ist ebenso exzellent wie die über LINPACK verfügbaren Bücher. Man konzentriere sich auf mehrere der Unterfunktionen, die in allen drei Quellen enthalten sind.

LINPACK besteht aus Operationen auf der unteren Ebene, die Basic Linear Algebra Subprograms (BLAS) heißen, und Unterfunktionen auf höherer Ebene von Linearsystemen, die die Operationen auf der unteren Ebene aufrufen. Ebene 1 von BLAS besteht aus Vektoroperationen mit $O(n)$ Eingabedaten und Operationen. Ebene 2 besteht aus Matrix-Vektoroperationen mit $O(n^2)$ Eingabedaten und Operationen. Zum Beispiel überschreibt in Ebene 1 die Unterfunktion SCOPY einen Vektor $\mathbf{y}$ mit einem Vektor $\mathbf{x}$, SSCAL errechnet das Produkt eines Skalars a mit einem Vektor $\mathbf{x}$, SAXPY addiert das Produkt eines Skalars mit einem Vektor zu einem Vektor und SDOT berechnet das logische Produkt zweier Vektoren. SNRM2 bestimmt die euklidische Norm eines Vektors, ein Begriff, der in Kapitel 7 eingeführt wird, und ISAMAX errechnet den Index der Vektorkomponente, die den größten absoluten Wert aller Komponenten hat. In Ebene 2 berechnet MMULT das Produkt einer Matrix und eines Vektors.

Die Unterfunktionen in LINPACK zur Lösung linearer Systeme faktorisieren zuerst die Matrix A. Die Faktorisierung hängt vom Matrixtyp wie folgt ab:

1. allgemeine Matrix $PA = LU$;
2. positiv definite Matrix $A = LL^t$;
3. symmetrische Matrix $A = LDL^t$;
4. Tridiagonalmatrix $A = LU$ (als Band).

Die Unterfunktion STRSL löst ein dreieckiges, lineares System, wobei die Matrix entweder eine obere oder untere Dreiecksmatrix sein kann. Diese Unterfunktion dient als Arbeitspferd, das von vielen anderen Unterfunktionen aufgerufen wird.

Die Unterfunktion SGEFA faktorisiert PA in LU als Vorbereitung für die Unterfunktion SGESL, die dann die Lösung von $A\mathbf{x} = \mathbf{b}$ berechnet. Die Unterfunktion SGEDI konstruiert die Inverse einer Matrix A und berechnet die Determinante von A, nachdem A mit SGEFA faktorisiert worden ist.

Die Cholesky-Zerlegung einer positiv definiten Matrix A erhält man mit der Unterfunktion SPOFA. Das Linearsystem $A\mathbf{x} = \mathbf{b}$ läßt sich mit der Unterfunktion SPOSL lösen. Inverse und Determinanten von positiv definiten Matrizen und die gegebene Cholesky-Zerlegung können mit SPODI errechnet werden. Ist A symmetrisch, wird die LDL^{t}-Faktorisierung mit SSIFA bestimmt. Linearsysteme können mit SSISL gelöst werden. Werden Inverse oder Determinanten gewünscht, ruft man SSIDI auf.

Die IMSL-Bibliothek enthält das Gegenstück zu fast allen LINPACK-Unterfunktionen und außerdem einige Erweiterungen. Die IMSL-Funktionen wurden wie folgt nach den Aufgaben benannt, die sie ausführen:

1. Die ersten drei Buchstaben des Namens bezeichnen die Aufgabe:
   a) LSL löst ein Linearsystem.
   b) LFT faktorisiert eine Koeffizientenmatrix.
   c) LFS löst ein Linearsystem mit aus LFT gegebenen Faktoren.
   d) LFD berechnet die Determinanten von gegebenen Faktoren.
   e) LIN berechnet die Inversen von gegebenen Faktoren.

2. Die letzten beiden Buchstaben kennzeichnen die beteiligte Matrix:
   a) RG heißt allgemein.
   b) RT heißt dreieckig.
   c) DS heißt positiv definit.
   d) SF heißt symmetrisch.
   e) RB heißt Bandmatrix.

Beispielsweise faktorisiert die Funktion LFTDS eine reelle, positiv definite Matrix. Dies ist nur ein Teil der Funktionen und Klassen von Matrizen in diesem Paket.

Die NAG-Bibliothek enthält viele Unterfunktionen ähnlich denen in LINPACK und IMSL, um direkt Linearsysteme zu lösen. Die Unterfunktion FO4AEF zum Beispiel löst Linearsysteme mit der Crout-Zerlegung. Die Unterfunktion FO4ATF löst ein einfaches Linearsystem mit der Crout-Zerlegung wie FO4AEF. Die Unterfunktion FO4EAF löst eine einfaches Linearsystem, wenn die Matrix reell und tridiagonal ist, und FO4ASF, wenn die Matrix reell und positiv definit ist. Inverse Matrizen können mit FO1AAF berechnet werden und mit FO1ACF, falls die Matrix positiv definit ist. Eine Determinante kann mit FO3AAF bestimmt werden. Faktorisierungen werden mit FO1BTF für die LU-Faktorisierung einer reellen Matrix und mit FO1LEF für tridiagonale Matrizen erhalten. Linearsysteme löst man mit FO4AYF. Die Cholesky-Zerlegung einer positiv definiten Matrix erhält man mit FO1BXF, und ein Linearsystem kann mit FO4AZF gelöst werden. Die NAG-Bibliothek enthält auch Matrix-Vektor-Manipulationen auf unterer Ebene.

MATLAB ist ein interaktives Progamm für Matrix- und Vektoroperationen. Es liefert eine Schnittstelle zwischen dem Benutzer am Terminal und den Methoden der Matrixalgebra, die in LINPACK und EISPACK enthalten sind. Der Benutzer erfaßt mittels Tastatur oder bestehender Files Daten für Matrix- oder Vektorvariablen.

Die Darstellung von Matrizen und Matrixoperationen ist grundlegend für MATLAB. Eine Matrix A kann durch die Aussage

$$A = [\,1 \quad 2 \quad -1; \quad 2 \quad 1 \quad 0; \quad -1 \quad 1 \quad 2\,]$$

definiert werden, die zu

$$A = \begin{bmatrix} 1 & 2 & -1 \\ 2 & 1 & 0 \\ -1 & 1 & 2 \end{bmatrix}$$

führt. Sind die Matrizen A und B definiert, erlaubt MATLAB Matrixoperationen wie folgt:

1. $C = A'$ ordnet A^{t} C zu.
2. $C = A + B$ ordnet $A + B$ C zu, falls A und B dieselbe Dimension besitzen.
3. $C = A * B$ ordnet AB C zu, falls AB definiert ist.
4. $C = A\hat{\ }p$ ordnet A^p C zu, falls p eine positive ganze Zahl und A quadratisch ist.
5. $C = \mathrm{inv}(A)$ ordnet A^{-1} C zu, falls A nichtsingulär ist.
6. $C = \det(A)$ ordnet die Determinante von A C zu, wenn A quadratisch ist.

Das Linearsystem $A\mathbf{x} = \mathbf{b}$ kann mit der Aussage

$$\mathbf{x} = A \backslash \mathbf{b}$$

gelöst werden, vorausgesetzt $\mathbf{b}$ ist durch $\mathbf{b} = [b_1, b_2, \ldots, b_n]$ als Spaltenmatrix definiert. Matrixfaktorisierungen sind wie folgt ebenfalls möglich:

1. $[B, C] = lu(A)$ ordnet $P^{\mathrm{t}}L$ B und U C zu, falls $A = (P^{\mathrm{t}}L)U$ ist.
2. $B = chol(A)$ ordnet L^{t} B zu, falls A positiv definit und $A = LL^{\mathrm{t}}$ die Cholesky-Zerlegung von A ist.

7. Iterative Methoden zum Lösen von Linearsystemen

7.1. Einleitung

Das vorige Kapitel betrachtete die direkte Approximation der Lösung eines Linearsystems, das sind Verfahren, die die genaue Lösung lieferten, falls alle Berechnungen mit exakter Arithmetik ausgeführt werden konnten. In diesem Kapitel werden einige gängige *iterative* Verfahren beschrieben. Diese liefern auch dann nicht die genaue Lösung, falls alle Berechnungen mit exakter Arithmetik ausgeführt werden können. Oft sind sie jedoch effektiver als direkte Methoden, da sie weniger Rechenaufwand erfordern können und den Rundungsfehler reduzieren. Dies ist besonders dann der Fall, wenn die Matrix **schwach besetzt** ist, das heißt, wenn sie einen hohen Prozentsatz an Nullelementen besitzt.

Zur Beschreibung der Konvergenz der iterativen Methoden ist außerdem einiges an linearer Algebra notwendig. Man benötigt hauptsächlich eine Maßzahl dafür, wie nah zwei Vektoren einander sind, da es das Ziel einer iterativen Methode ist, eine Approximation innerhalb einer speziellen Toleranz der genauen Lösung zu bestimmen. Im Abschnitt 7.2 wird mit dem Begriff einer Norm gezeigt, wie verschiedene Formen der Entfernung zwischen Vektoren beschrieben werden können. Man sieht auch, wie dieses Konzept zur Beschreibung der Norm von – und folglich auch der Entfernung zwischen – Matrizen ausgedehnt werden kann. Im Abschnitt 7.3 werden Eigenwerte und Eigenvektoren von Matrizen eingeführt und die Beziehung zwischen diesen Konzepten und der Konvergenz einer iterativen Methode betrachtet.

Abschnitt 7.4 beschreibt das Jakobi- und das Gauß-Seidel-Iterationsverfahren. Analysiert man die Größe des größten Eigenwertes einer Matrix, verbunden mit einer iterativen Methode, kann man die Bedingungen bestimmen, die die Stichprobenwahrscheinlichkeit der Konvergenz der Methode vorhersagen. Im Abschnitt 7.5 wird das SOR-Verfahren eingeführt. Dies stellt das am häufigsten angewandte iterative Verfahren dar, da es die Norm der Näherungsfehler am schnellsten reduziert.

Die letzten beiden Abschnitte in diesem Kapitel betreffen die Beziehungen, die bei Anwendung entweder eines iterativen oder eines direkten Verfahrens zur Approximation der Lösung eines Linearsystems auftreten.

7.2. Konvergenz von Vektoren

Der Abstand zwischen den reellen Zahlen x und y ist der absolute Wert $|x - y|$. In Kapitel 2 sah man, daß die Abbruchverfahren der iterativen Wurzelbestimmung mit dieser Maßzahl die Genauigkeit der Näherunglösungen abschätzen und somit bestimmen, wann die Approximation zur Akzeptanz des Ergebnisses hinreichend genau ist. Die iterativen Verfahren zum Lösen von Gleichungssystemen verwenden eine ähnliche Logik: Im ersten Schritt wird ein Meßverfahren für n-dimensionale Vektoren bestimmt, die Form, die von der Lösung eines Gleichungssystems angenommen wird.

$\mathbb{R}^n$ bezeichne die Menge aller n-dimensionalen Spaltenvektoren mit reellen Koeffizienten. Es ist eine platzsparende Übereinkunft, die in Abschnitt 6.4 vorgestellte transponierte Schreibweise zu wählen, wenn solch ein Vektor in Form seiner Komponenten dargestellt wird. Zum Beispiel wird der Vektor

$$\mathbf{x} = \begin{bmatrix} x_1 \\ x_2 \\ \vdots \\ x_n \end{bmatrix}$$

im allgemeinen als $\mathbf{x} = (x_1, x_2, \dots, x_n)^t$ geschrieben.

Vektornorm auf $\mathbb{R}^n$

Eine Vektornorm auf $\mathbb{R}^n$ ist eine Funktion $\|\cdot\|$ von $\mathbb{R}^n$ nach $\mathbb{R}$ mit den folgenden Eigenschaften:

i) $\|\mathbf{x}\| \geq 0$ für alle $\mathbf{x} \in \mathbb{R}^n$.
ii) $\|\mathbf{x}\| = 0$ genau dann, wenn $\mathbf{x} = (0, 0, \dots, 0)^t \equiv \mathbf{0}$ ist.
iii) $\|\alpha\mathbf{x}\| = |\alpha|\,\|\mathbf{x}\|$ für alle $\alpha \in \mathbb{R}$ und $\mathbf{x} \in \mathbb{R}^n$.
iv) $\|\mathbf{x} + \mathbf{y}\| \leq \|\mathbf{x}\| + \|\mathbf{y}\|$ für alle $\mathbf{x}, \mathbf{y} \in \mathbb{R}^n$.

Für die hiesigen Zwecke genügen zwei spezielle Normen auf $\mathbb{R}^n$. (Eine dritte wird in Übung 2 vorgestellt.)

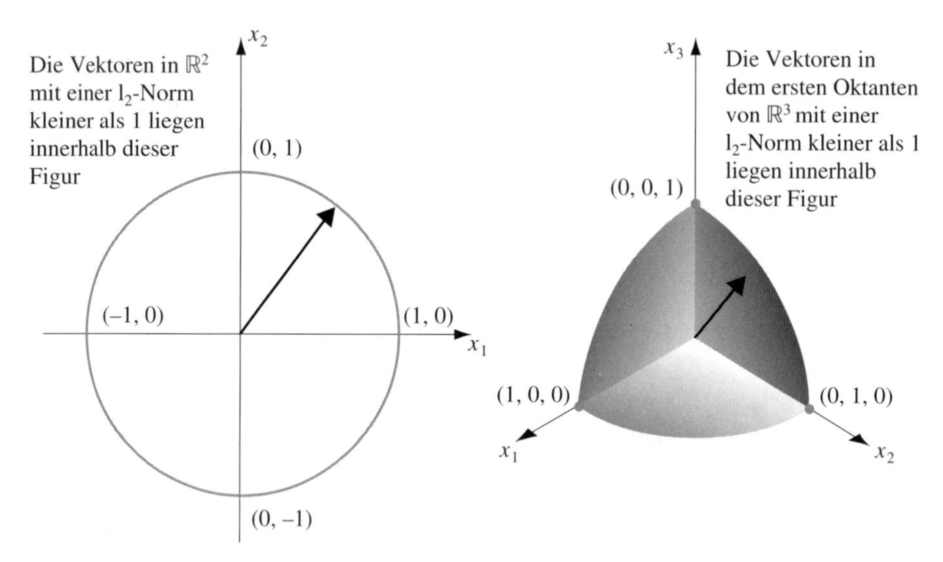

Abb. 7.1

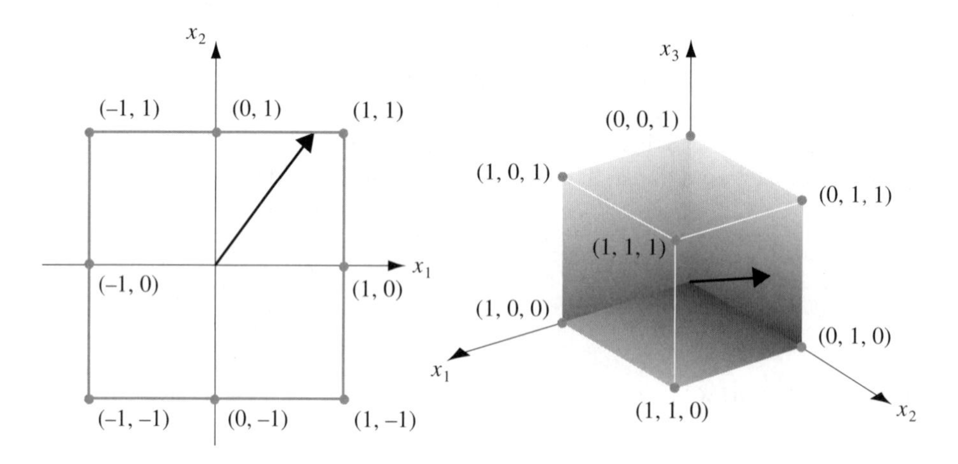

Abb. 7.2

Die l_2- und l_∞-Norm des Vektors $\mathbf{x} = (x_1, x_2, \ldots, x_n)^t$ sind durch

$$\|\mathbf{x}\|_2 = \left\{ \sum_{i=1}^{n} x_i^2 \right\}^{1/2} \quad \text{und} \quad \|\mathbf{x}\|_\infty = \max_{1 \le i \le n} |x_i|.$$

definiert. Die l_2-Norm heißt **euklidische Norm** des Vektors $\mathbf{x}$, da sie üblicherweise die Entfernung vom Ursprung in dem Fall bezeichnet, daß $\mathbf{x}$ in $\mathbb{R}^1 \equiv \mathbb{R}$, $\mathbb{R}^2$ oder $\mathbb{R}^3$ ist. Beispielweise bezeichnet die l_2-Norm des Vektors $\mathbf{x} = (x_1, x_2, x_3)^t$ die Länge der Geraden, die die Punkte $(0, 0, 0)$ und (x_1, x_2, x_3) verbindet, das heißt die Länge des kürzesten Weges zwischen diesen beiden Punkten. Abbildung 7.1 zeigt den Rand der Vektoren in $\mathbb{R}^2$ und $\mathbb{R}^3$, die eine l_2-Norm kleiner als 1 besitzen. Abbildung 7.2 verdeutlicht entsprechend die l_∞-Norm.

Beispiel 1. Der Vektor $\mathbf{x} = (-1, 1, -2)^t$ in $\mathbb{R}^3$ besitzt die Normen

$$\|\mathbf{x}\|_2 = \sqrt{(-1)^2 + (1)^2 + (-2)^2} = \sqrt{6} \qquad \text{und}$$
$$\|\mathbf{x}\|_\infty = \max\{|-1|, |1|, |-2|\} = 2. \qquad \square$$

Daß $\|\mathbf{x}\|_\infty = \max_{1 \le i \le n} |x_i|$ den notwendigen Bedingungen für eine Norm auf $\mathbb{R}^n$ genügt, folgt direkt aus dem Wahrsein entsprechender Aussagen, die die absoluten Werte reeller Zahlen betreffen. Im Fall der l_2-Norm kann man leicht die ersten drei geforderten Eigenschaften nachweisen, aber die vierte,

$$\|\mathbf{x} + \mathbf{y}\|_2 \le \|\mathbf{x}\|_2 + \|\mathbf{y}\|_2,$$

läßt sich schwieriger zeigen.

Um diese Ungleichung nachzuweisen, benötigt man die Cauchy-Schwarzsche (oder Bunjakowskische) Ungleichung, die für beliebige $\mathbf{x} = (x_1, x_2, \ldots, x_n)^t$ und $\mathbf{y} = (y_1, y_2, \ldots, y_n)^t$ besagt, daß

$$\sum_{i=1}^n |x_i y_i| \le \left\{\sum_{i=1}^n x_i^2\right\}^{1/2} \left\{\sum_{i=1}^n y_i^2\right\}^{1/2}$$

gilt. Daraus folgt, daß $\|\mathbf{x} + \mathbf{y}\|_2 \le \|\mathbf{x}\|_2 + \|\mathbf{y}\|_2$ ist, da

$$\begin{aligned}\|\mathbf{x} + \mathbf{y}\|_2^2 &= \sum_{i=1}^n x_i^2 + 2\sum_{i=1}^n x_i y_i + \sum_{i=1}^n y_i^2 \le \sum_{i=1}^n x_i^2 + 2\sum_{i=1}^n |x_i y_i| + \sum_{i=1}^n y_i^2 \\ &\le \sum_{i=1}^n x_i^2 + 2\left\{\sum_{i=1}^n x_i^2\right\}^{1/2} \left\{\sum_{i=1}^n y_i^2\right\}^{1/2} + \sum_{i=1}^n y_i^2 \\ &= (\|\mathbf{x}\|_2 + \|\mathbf{y}\|_2)^2\end{aligned}$$

gilt.

Die Norm eines Vektors liefert eine Maßzahl für den Abstand zwischen dem Vektor und dem Ursprung, so daß der Abstand zwischen zwei Vektoren die Norm der Differenz der Vektoren ist.

Abstand zwischen zwei Vektoren

Falls $\mathbf{x} = (x_1, x_2, \ldots, x_n)^t$ und $\mathbf{y} = (y_1, y_2, \ldots, y_n)^t$ Vektoren in $\mathbb{R}^n$ sind, sind die l_2- und die l_∞-Entfernungen zwischen $\mathbf{x}$ und $\mathbf{y}$ durch

$$\|\mathbf{x} - \mathbf{y}\|_2 = \left\{ \sum_{i=1}^{n} (x_i - y_i)^2 \right\}^{1/2} \quad \text{und} \quad \|\mathbf{x} - \mathbf{y}\|_\infty = \max_{1 \leq i \leq n} |x_i - y_i|$$

definiert.

Beispiel 2. Das Linearsystem

$$\begin{aligned} 3{,}3330x_1 + 15920x_2 - 10{,}333x_3 &= 15913, \\ 2{,}2220x_1 + 16{,}710x_2 + 9{,}6120x_3 &= 28{,}544, \\ 1{,}5611x_1 + 5{,}1791x_2 + 1{,}6852x_3 &= 8{,}4254 \end{aligned}$$

besitzt die Lösung $(x_1, x_2, x_3)^t = (1{,}0000, 1{,}0000, 1{,}0000)^t$. Falls der Gaußsche Algorithmus mit fünfstelliger Arithmetik und der Kolonnenmaximumstrategie angewandt wird, erhält man als Lösung

$$\tilde{\mathbf{x}} = (\tilde{x}_1, \tilde{x}_2, \tilde{x}_3)^t = (1{,}2001, 0{,}99991, 0{,}92538)^t.$$

Messen von $\mathbf{x} - \tilde{\mathbf{x}}$ liefert

$$\begin{aligned} \|\mathbf{x} - \tilde{\mathbf{x}}\|_\infty &= \max\{|1{,}0000 - 1{,}2001|, |1{,}0000 - 0{,}99991|, |1{,}0000 - 0{,}92538|\} \\ &= \max\{0{,}2001, 0{,}00009, 0{,}07462\} = 0{,}2001 \end{aligned}$$

und

$$\begin{aligned} \|\mathbf{x} - \tilde{\mathbf{x}}\|_2 &= [(1{,}0000 - 1{,}2001)^2 + (1{,}0000 - 0{,}99991)^2 + (1{,}0000 - 0{,}92538)^2]^{\frac{1}{2}} \\ &= [(0{,}2001)^2 + (0{,}00009)^2 + (0{,}07462)^2]^{\frac{1}{2}} = 0{,}21356. \end{aligned}$$

Obwohl die Komponenten $\tilde{x}_2$ und $\tilde{x}_3$ gute Approximationen von x_2 und x_3 darstellen, approximiert die Komponente $\tilde{x}_1$ schlecht x_1 und $|x_1 - \tilde{x}_1|$ beherrscht beide Normen. □

Mit dem Konzept der Entfernung in $\mathbb{R}^n$ definiert man einen Grenzwert einer Vektorfolge. Eine Vektorfolge $\{\mathbf{x}^{(k)}\}_{k=1}^{\infty}$ in $\mathbb{R}^n$ **konvergiert** gegen $\mathbf{x}$ bezüglich der Norm $\|\cdot\|$, falls für beliebiges gegebenes $\epsilon > 0$ eine ganze Zahl $N(\epsilon)$ existiert, für die gilt

$$\|\mathbf{x}^{(k)} - \mathbf{x}\| \leq \epsilon \qquad \text{für alle } k \geq N(\epsilon).$$

Beispiel 3. $\mathbf{x}^{(k)} \in \mathbb{R}^4$ sei durch

$$\mathbf{x}^{(k)} = \left(x_1^{(k)}, x_2^{(k)}, x_3^{(k)}, x_4^{(k)}\right)^t = \left(1, 2 + \frac{1}{k}, \frac{3}{k^2}, e^{-k} \sin k\right)^t$$

definiert. Es ist $\lim_{k\to\infty} 1 = 1$, $\lim_{k\to\infty}(2 + 1/k) = 2$, $lim_{k\to\infty} 3/k^2 = 0$ und $lim_{k\to\infty} e^{-k} \sin k = 0$ und eine ganze Zahl $N(\epsilon)$ kann gefunden werden, so daß gleichzeitig $|x_1^{(k)} - 1|$, $|x_2^{(k)} - 2|$, $|x_3^{(k)} - 0|$ und $|x_4^{(k)} - 0|$ für beliebiges, gegebenes ϵ kleiner als ϵ ist. Daraus folgt, daß die Folge $\{\mathbf{x}^{(k)}\}$ gegen $(1, 2, 0, 0)^t$ bezüglich $\|\cdot\|_\infty$ konvergiert. □

Es ist ziemlich kompliziert, direkt zu zeigen, daß die Folge in Beispiel 3 gegen $(1, 2, 0, 0)^t$ bezüglich der l_2-Norm konvergiert. Es sei jedoch angenommen, daß j ein Index mit der Eigenschaft

$$\|\mathbf{x}\|_\infty = \max_{i=1,\ldots,n} |x_i| = |x_j|$$

ist. Dann gilt

$$\|\mathbf{x}\|_\infty^2 = |x_j|^2 = x_j^2 \le \sum_{i=1}^n x_i^2 \sum_{i=1}^n x_j^2 = n x_j^2 = n\|\mathbf{x}\|_\infty^2.$$

Aus der Ungleichung

$$\|\mathbf{x}\|_\infty \le \|\mathbf{x}\|_2 \le \sqrt{n}\|\mathbf{x}\|_\infty$$

folgt, daß die Vektorfolge $\{\mathbf{x}^{(k)}\}$ genau dann in $\mathbb{R}^n$ gegen $\mathbf{x}$ bezüglich $\|\cdot\|_2$ konvergiert, wenn $\lim_{k\to\infty} x_i^{(k)} = x_i$ für alle $i = 1, 2, \ldots, n$ ist, da dies bedeutet, daß die Folge bezüglich der l_∞-Norm konvergiert.

Tatsächlich kann gezeigt werden, daß alle Normen auf $\mathbb{R}^n$ bezüglich der Konvergenz äquivalent sind, das heißt, falls $\|\cdot\|$ und $\|\cdot\|'$ zwei beliebige Normen auf $\mathbb{R}^n$ sind und $\{\mathbf{x}^{(k)}\}_{k=1}^\infty$ den Grenzwert $\mathbf{x}$ bezüglich $\|\cdot\|$ besitzt, dann besitzt $\{\mathbf{x}^{(k)}\}_{k=1}^\infty$ den Grenzwert $\mathbf{x}$ auch bezüglich $\|\cdot\|'$. Da eine Vektorfolge genau dann bezüglich der l_∞-Norm konvergiert, wenn jede ihrer Komponentenfolgen konvergiert, erhält man folgendes:

Konvergenz von Vektorfolgen

Die Vektorfolge $\{\mathbf{x}^{(k)}\}$ konvergiert genau dann in $\mathbb{R}^n$ gegen $\mathbf{x}$, wenn für alle $i = 1, 2, \ldots, n$ $\lim_{k\to\infty} x_i^{(k)} = x_i$ ist.

In den folgenden Abschnitten werden Methoden benötigt, um die Abstände zwischen $(n \times n)$-Matrizen zu bestimmen. Dies erfordert wieder eine Norm.

Matrixnorm

Eine Matrixnorm auf der Menge aller $(n \times n)$-Matrizen ist eine auf dieser Menge definierte, reelle Funktion $\|\cdot\|$, die für alle $(n \times n)$-Matrizen A und B und allen reellen Zahlen α den folgenden Bedingungen genügt:

i) $\|A\| \geq 0$.
ii) $\|A\| = 0$ genau dann, wenn $A = 0$ ist, der Matrix mit ausschließlich Nullelementen.
iii) $\|\alpha A\| = |\alpha| \, \|A\|$.
iv) $\|A + B\| \leq \|A\| + \|B\|$.
v) $\|AB\| \leq \|A\| \, \|B\|$.

Der **Abstand zwischen den $(n \times n)$-Matrizen** A und B bezüglich dieser Matrixnorm ist $\|A - B\|$. Obwohl Matrixnormen auf unterschiedliche Weise erhalten werden können, werden nur Normen betrachtet, die natürliche Konsequenzen einer Vektornorm darstellen.

Natürliche Matrixnorm

Falls $\|\cdot\|$ eine Vektornorm auf $\mathbb{R}^n$ ist, ist die natürliche Matrixnorm auf der Menge der $(n \times n)$-Matrizen durch

$$\|A\| = \max_{\|x\|=1} \|Ax\|$$

definiert.

Folglich besitzen die betrachteten Matrixnormen die Form

$$\|A\|_\infty = \max_{\|\mathbf{x}\|_\infty=1} \|A\mathbf{x}\|_\infty \qquad (l_\infty\text{-Norm})$$

und

$$\|A\|_2 = \max_{\|\mathbf{x}\|_2=1} \|A\mathbf{x}\|_2 \qquad (l_2\text{-Norm})$$

Für $n = 2$ sind diese Normen in Abbildung 7.3 und 7.4 geometrisch dargestellt.

Die l_∞-Norm einer Matrix besitzt eine Darstellung bezüglich der Elemente der Matrix, die es erlaubt, sie besonders einfach zu berechnen:

$\|\cdot\|_\infty$-Norm einer Matrix

$$\|A\|_\infty = \max_{1 \leq i \leq n} \sum_{j=1}^{n} |a_{ij}|.$$

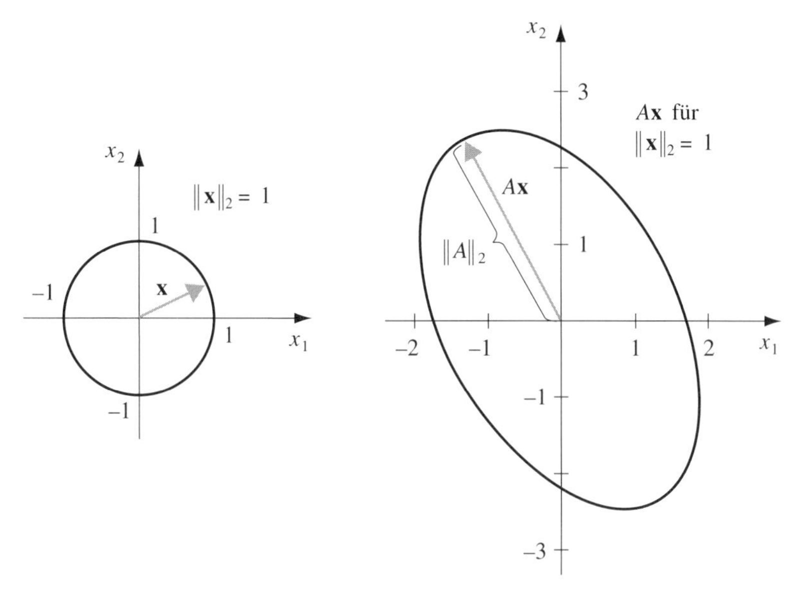

Abb. 7.3

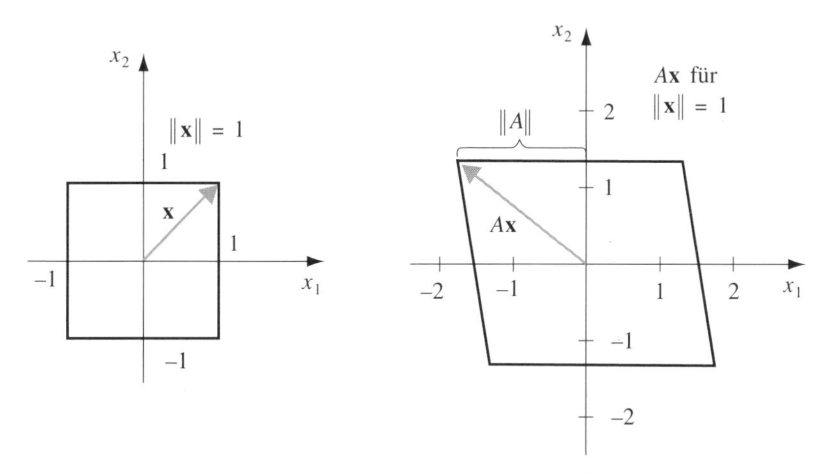

Abb. 7.4

Beispiel 4. Falls

$$A = \begin{bmatrix} 1 & 2 & -1 \\ 0 & 3 & -1 \\ 5 & -1 & 1 \end{bmatrix}$$

ist, dann ist

$$\sum_{j=1}^{3} |a_{1j}| = |1| + |2| + |-1| = 4, \quad \sum_{j=1}^{3} |a_{2j}| = |0| + |3| + |-1| = 4$$

und

$$\sum_{j=1}^{3} |a_{3j}| = |5| + |-1| + |1| = 7.$$

Somit gilt

$$\|A\|_\infty = \max\{4, 4, 7\} = 7.$$

Die l_2-Norm einer Matrix kann nicht so leicht bestimmt werden, aber im nächsten Abschnitt wird eine Alternative zur Bestimmung dieser Methode geboten.

□

Übungsaufgaben

1. Bestimmen Sie $\|\mathbf{x}\|_\infty$ und $\|\mathbf{x}\|_2$ der folgenden Vektoren:

a) $\mathbf{x} = (3, -4, 0, \frac{3}{2})^t$

b) $\mathbf{x} = (2, 1, -3, 4)^t$

c) $\mathbf{x} = (\sin k, \cos k, 2k)^t$ für eine bestimmte positive, ganze Zahl k

d) $\mathbf{x} = (4/(k+1), 2/k^2, k^2 e^{-k})^t$ für eine bestimmte positive, ganze Zahl k.

2. a) Verifizieren Sie, daß die auf $\mathbb{R}^n$ durch

$$\|\mathbf{x}\|_1 = \sum_{i=1}^{n} |x_i|$$

definierte Funktion $\|\cdot\|_1$ eine Norm auf $\mathbb{R}^n$ ist.

b) Bestimmen Sie $\|x\|_1$ der in Übung 1 gegebenen Vektoren.

3. Bestimmen Sie die Grenzwerte der Vektorfolgen:

a) $\mathbf{x}^{(k)} = (1/k, e^{1-k}, -2/k^2)^t$

b) $\mathbf{x}^{(k)} = (e^{-k} \cos k, k \sin(1/k), 3 + k^{-2})^t$

c) $\mathbf{x}^{(k)} = (ke^{-k^2}, (\cos k)/k, \sqrt{k^2 + k} - k)^t$

d) $\mathbf{x}^{(k)} = \left(e^{1/k}, (k^2+1)/(1-k^2), (1/k^2)(1 + 3 + 5 + \ldots + (2k-1))\right)^t$

4. Bestimmen Sie für die folgenden Matrizen $\|\cdot\|_\infty$:

a) $$A = \begin{bmatrix} 10 & 15 \\ 0 & 1 \end{bmatrix}$$

b)
$$A = \begin{bmatrix} 10 & 0 \\ 15 & 1 \end{bmatrix}$$

c)
$$A = \begin{bmatrix} 2 & -1 & 0 \\ -1 & 2 & -1 \\ 0 & -1 & 2 \end{bmatrix}$$

d)
$$A = \begin{bmatrix} 4 & -1 & 7 \\ -1 & 4 & 0 \\ -7 & 0 & 4 \end{bmatrix}$$

5. Das folgende Linearsystem $A\mathbf{x} = \mathbf{b}$ besitzt $\underline{\mathbf{x}}$ als tatsächliche Lösung und $\tilde{\mathbf{x}}$ als Näherungslösung. Berechnen Sie $\|\mathbf{x} - \tilde{\mathbf{x}}\|_\infty$ und $\|A\tilde{\mathbf{x}} - \mathbf{b}\|_\infty$.

a)
$$\begin{aligned} \tfrac{1}{2}x_1 + \tfrac{1}{3}x_2 &= \tfrac{1}{63} \\ \tfrac{1}{3}x_1 + \tfrac{1}{4}x_2 &= \tfrac{1}{168} \end{aligned}$$
$$\mathbf{x} = \left(\tfrac{1}{7}, -\tfrac{1}{6}\right)^t$$
$$\tilde{\mathbf{x}} = (0{,}142, -0{,}166)^t$$

b)
$$\begin{aligned} x_1 + 2x_2 + 3x_3 &= 1 \\ 2x_1 + 3x_2 + 4x_3 &= -1 \\ 3x_1 + 4x_2 + 6x_3 &= 2 \end{aligned}$$
$$\mathbf{x} = (0, -7, 5)^t$$
$$\tilde{\mathbf{x}} = (-0{,}33, -7{,}9, 5{,}8)^t$$

c)
$$\begin{aligned} x_1 + 2x_2 + 3x_3 &= 1 \\ 2x_1 + 3x_2 + 4x_3 &= -1 \\ 3x_1 + 4x_2 + 6x_3 &= 2 \end{aligned}$$
$$\mathbf{x} = (0, -7, 5)^t$$
$$\tilde{\mathbf{x}} = (-0{,}2, -7{,}5, 5{,}4)^t$$

d)
$$\begin{aligned} 0{,}04x_1 + 0{,}01x_2 - 0{,}01x_3 &= 0{,}06 \\ 0{,}2x_1 + 0{,}5x_2 - 0{,}2x_3 &= 0{,}3 \\ x_1 + 2x_2 + 4x_3 &= 11 \end{aligned}$$
$$\mathbf{x} = (1{,}827586, 0{,}6551724, 1{,}965517)^t$$
$$\tilde{\mathbf{x}} = (1{,}8, 0{,}64, 1{,}9)^t$$

6. Die durch $\|A\|_1 = \max_{\|\tilde{\mathbf{x}}\|=1} \|A\mathbf{x}\|_1$ definierte Matrixnorm $\|\cdot\|_1$ kann mit Hife der Formel

$$\|A\|_1 = \max_{1 \le j \le n} \sum_{i=1}^{n} |a_{ij}|$$

berechnet werden, wobei die Vektornorm $\|\cdot\|_1$ in Übung 2 definiert wurde. Bestimmen Sie $\|\cdot\|_1$ für die Matrizen in Übung 4.

7.3. Eigenwerte und Eigenvektoren

Eine $(n \times m)$-Matrix kann als eine Funktion betrachtet werden, die m-dimensionale Vektoren in n-dimensionale Vektoren überführt. Eine quadratische Matrix überführt eine Menge von n-dimensionalen Vektoren in sich selber. In diesem Fall existieren bestimmte vom Nullvektor verschiedene Vektoren mit $\mathbf{x}$ und $A\mathbf{x}$ parallel; dies bedeutet, daß eine Konstante λ mit der Eigenschaft existiert, daß $A\mathbf{x} = \lambda\mathbf{x}$ oder $(A - \lambda I)\mathbf{x} = \mathbf{0}$ gilt. Es gibt eine enge Verbindung zwischen diesen Zahlen λ und der Stichprobenwahrscheinlichkeit, daß eine iterative Methode konvergiert. Diese Verbindung wird in diesem Abschnitt betrachtet.

Für eine quadratische $(n \times n)$-Matrix A ist das **charakteristische Polynom** von A durch

$$p(\lambda) = \det(A - \lambda I)$$

definiert.

Aufgrund der Definition der Determinante einer Matrix ist p ein Polynom n-ten Grades und besitzt folglich höchstens n unterschiedliche Wurzeln, wobei einige komplex sein können. Diese Wurzeln von p heißen **Eigenwerte** der Matrix A.

Ist λ ein Eigenwert, dann gilt $\det(A - \lambda I) = 0$ und aus den äquivalenten Aussagen am Ende von Abschnitt 6.4 folgt, daß $A - \lambda I$ eine singuläre Matrix ist. Folglich besitzt das durch $(A - \lambda I)\mathbf{x} = \mathbf{0}$ definierte Linearsystem eine vom Nullvektor verschiedene Lösung. Falls $(A - \lambda I)\mathbf{x} = \mathbf{0}$ und $\mathbf{x} \neq \mathbf{0}$ ist, heißt $\mathbf{x}$ der zum Eigenwert λ gehörende **Eigenvektor** von A.

Falls $\mathbf{x}$ ein zum Eigenwert λ gehörender Eigenvektor ist, dann gilt $A\mathbf{x} = \lambda\mathbf{x}$, so daß die Matrix den Vektor $\mathbf{x}$ in ein skalares Vielfaches von sich selber überführt. Ist λ eine reelle Zahl größer 1, bewirkt A ein Strecken von $\mathbf{x}$ um den Faktor λ; ist $0 < \lambda < 1$, schrumpft A den Vektor $\mathbf{x}$ um den Faktor λ. Für $\lambda < 0$ sind die Effekte entsprechend, nur in umgekehrter Richtung (siehe Abbildung 7.5).

Beispiel 1. Es sei

$$A = \begin{bmatrix} 1 & 0 & 2 \\ 0 & 1 & -1 \\ -1 & 1 & 1 \end{bmatrix}.$$

Um die Eigenwerte von A zu berechnen, sei

$$\begin{aligned} p(\lambda) = \det(A - \lambda I) &= \det \begin{bmatrix} 1-\lambda & 0 & 2 \\ 0 & 1-\lambda & -1 \\ -1 & 1 & 1-\lambda \end{bmatrix} \\ &= (1-\lambda)(\lambda^2 - 2\lambda + 4) \end{aligned}$$

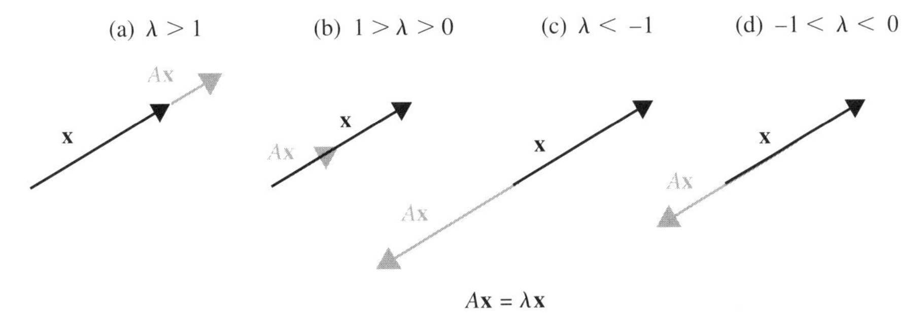

Abb. 7.5

betrachtet. Die Eigenwerte von A sind die Lösungen von $p(\lambda) = 0$: $\lambda_1 = 1$, $\lambda_2 = 1 + \sqrt{3}i$ und $\lambda_3 = 1 - \sqrt{3}i$.

Ein zu λ_1 gehörender Eigenvektor $\mathbf{x}$ von A ist die Lösung des Systems $(A - \lambda_1 I)\mathbf{x} = \mathbf{0}$:

$$\begin{bmatrix} 0 & 0 & 2 \\ 0 & 0 & -1 \\ -1 & 1 & 0 \end{bmatrix} \cdot \begin{bmatrix} x_1 \\ x_2 \\ x_3 \end{bmatrix} = \begin{bmatrix} 0 \\ 0 \\ 0 \end{bmatrix}.$$

Daher gilt

$$2x_3 = 0, \quad -x_3 = 0 \quad \text{und} \quad -x_1 + x_2 = 0,$$

hieraus folgt

$$x_3 = 0, \quad x_2 = x_1, \quad \text{und} \quad x_1 \text{ ist beliebig.}$$

Für $x_1 = 1$ erhält man den zum Eigenwert $\lambda_1 = 1$ gehörenden Eigenvektor $(1, 1, 0)^{\mathrm{t}}$. Da λ_2 und λ_3 komplex sind, sind ihre zugehörigen Eigenvektoren auch komplex. Um einen Eigenvektor von λ_2 zu bestimmen, wird das System

$$\begin{bmatrix} 1-(1+\sqrt{3}i) & 0 & 2 \\ 0 & 1-(1+\sqrt{3}i) & -1 \\ -1 & 1 & 1-(1+\sqrt{3}i) \end{bmatrix} \begin{bmatrix} x_1 \\ x_2 \\ x_3 \end{bmatrix} = \begin{bmatrix} 0 \\ 0 \\ 0 \end{bmatrix}$$

gelöst. Eine Lösung dieses Systems ist der Vektor

$$\left(-\frac{2\sqrt{3}}{3}i, \frac{\sqrt{3}}{3}i, 1 \right)^{\mathrm{t}}.$$

Entsprechend ist der Vektor

$$\left(\frac{2\sqrt{3}}{3}i, -\frac{\sqrt{3}}{3}i, 1 \right)^{\mathrm{t}}$$

ein zum Eigenwert $\lambda_3 = 1 - \sqrt{3}i$ gehörender Eigenvektor. □

Eigenwerte und Eigenvektoren wurden hier für spezielle Berechnungen eingeführt, bei der Untersuchung physikalischer Systeme aber treten sie häufig auf. Tatsächlich ist das Interesse an ihnen so groß, daß Kapitel 9 sich ihrer numerischen Approximation widmet.

Der **Spektralradius** $\rho(A)$ einer Matrix A ist durch

$$\rho(A) = \max |\lambda|$$

definiert, wobei λ die Eigenwerte von A darstellt. [Anmerkung: Für komplexe $\lambda = \alpha + \beta_i$ erhält man $|\lambda| = (\alpha^2 + \beta^2)^{\frac{1}{2}}$.]

Beispiel 2. Für die in Beispiel 1 betrachtete Matrix ist

$$\rho(A) = \max\{1, |1 + \sqrt{3}i|, |1 - \sqrt{3}i|\} = \max\{1, 2, 2\} = 2.$$ □

Der Spektralradius steht in enger Beziehung zur Norm einer Matrix.

Charakterisierung der l_2-Matrixnorm

Ist A eine $(n \times n)$-Matrix, dann gilt

a) $\|A\|_2 = [\rho(A^t A)]^{1/2}$,

b) $\rho(A) \leq \|A\|$ für jede beliebige natürliche Norm.

Der erste Teil dieses Ergebnisses stellt die Methode dar, die am Ende des vorigen Abschnitts erwähnt wurde, mit der man rechnerisch die l_2-Norm von Matrizen bestimmt.

Beispiel 3. Falls

$$\begin{bmatrix} 1 & 1 & 0 \\ 1 & 2 & 1 \\ -1 & 1 & 2 \end{bmatrix}$$

ist, dann gilt

$$A^t A = \begin{bmatrix} 1 & 1 & -1 \\ 1 & 2 & 1 \\ 0 & 1 & 2 \end{bmatrix} \begin{bmatrix} 1 & 1 & 0 \\ 1 & 2 & 1 \\ -1 & 1 & 2 \end{bmatrix} = \begin{bmatrix} 3 & 2 & -1 \\ 2 & 6 & 4 \\ -1 & 4 & 5 \end{bmatrix}.$$

Um $\rho(A^t A)$ zu berechnen, benötigt man die Eigenwerte von $A^t A$:

$$\begin{aligned} 0 = \det(A^t A - \lambda I) &= \det \begin{bmatrix} 3-\lambda & 2 & -1 \\ 2 & 6-\lambda & 4 \\ -1 & 4 & 5-\lambda \end{bmatrix} \\ &= -\lambda^3 + 14\lambda^2 - 42\lambda \\ &= -\lambda(\lambda^2 - 14\lambda - 42). \end{aligned}$$

Somit ist

$$\lambda = 0 \quad \text{oder} \quad \lambda = 7 \pm \sqrt{7}$$

und

$$\|A\|_2 = \sqrt{\rho(A^t A)} = \sqrt{\max\{0, 7 - \sqrt{7}, 7 + \sqrt{7}\}} = \sqrt{7 + \sqrt{7}} \approx 3{,}106.$$

□

Beim Studium von iterativen Matrix-Verfahren ist es besonders wichtig zu wissen, wann die Potenzen einer Matrix klein werden (das heißt, wann alle Elemente sich null nähern). Eine $(n \times n)$-Matrix A heißt **konvergent**, falls für alle $i = 1, 2, \ldots, n$ und $j = 1, 2, \ldots, n$

$$\lim_{k \to \infty} (A^k)_{ij} = 0$$

gilt.

Beispiel 4. Es sei

$$A = \begin{bmatrix} \frac{1}{2} & 0 \\ \frac{1}{4} & \frac{1}{2} \end{bmatrix}.$$

Die Potenzen von A sind

$$A^2 = \begin{bmatrix} \frac{1}{4} & 0 \\ \frac{1}{4} & \frac{1}{4} \end{bmatrix}, \quad A^3 = \begin{bmatrix} \frac{1}{8} & 0 \\ \frac{3}{16} & \frac{1}{8} \end{bmatrix}, \quad A^4 = \begin{bmatrix} \frac{1}{16} & 0 \\ \frac{1}{8} & \frac{1}{16} \end{bmatrix}$$

und allgemein

$$A^k = \begin{bmatrix} \left(\frac{1}{2}\right)^k & 0 \\ \frac{k}{2^{k+1}} & \left(\frac{1}{2}\right)^k \end{bmatrix}.$$

Da $\lim_{k\to\infty} \left(\frac{1}{2}\right)^k = 0$ und $\lim_{k\to\infty} \frac{k}{2^{k+1}} = 0$ ist, ist A eine konvergente Matrix. Man beachte, daß $\rho(A) = \frac{1}{2}$ gilt, da $\frac{1}{2}$ der einzige Eigenwert von A ist. □

Es gibt eine wichtige Verbindung zwischen dem Spektralradius einer Matrix und der Konvergenz einer Matrix.

Konvergenzäquivalenzen von Matrizen

a) A ist eine konvergente Matrix.
b) $\lim_{n\to\infty} \|A^n\| = 0$ für jede beliebige natürliche Norm.
c) $\lim_{n\to\infty} \|A^n\| = 0$ für alle natürlichen Normen.
d) $\rho(A) < 1$.
e) $\lim_{n\to\infty} A^n \mathbf{x} = \mathbf{0}$ für jedes $\mathbf{x}$.

Übungsaufgaben

1. Berechnen Sie die Eigenwerte und die zugehörigen Eigenvektoren der folgenden Matrizen:

a) $\begin{bmatrix} 2 & -1 \\ -1 & 2 \end{bmatrix}$

b) $\begin{bmatrix} 1 & 1 \\ 0 & 1 \end{bmatrix}$

c) $\begin{bmatrix} 0 & \frac{1}{2} \\ \frac{1}{2} & 0 \end{bmatrix}$

d) $\begin{bmatrix} 1 & 1 \\ -2 & -2 \end{bmatrix}$

e) $\begin{bmatrix} 2 & 1 & 0 \\ 1 & 2 & 0 \\ 0 & 0 & 3 \end{bmatrix}$

f) $\begin{bmatrix} -1 & 2 & 0 \\ 0 & 3 & 4 \\ 0 & 0 & 7 \end{bmatrix}$

g) $\begin{bmatrix} 2 & 1 & 1 \\ 2 & 3 & 2 \\ 1 & 1 & 2 \end{bmatrix}$

h) $\begin{bmatrix} 3 & 2 & -1 \\ 1 & -2 & 3 \\ 2 & 0 & 4 \end{bmatrix}$

2. Bestimmen Sie den Spektralradius jeder Matrix aus Übung 1.

3. Zeigen Sie, daß

$$A_1 = \begin{bmatrix} 1 & 0 \\ \frac{1}{4} & \frac{1}{2} \end{bmatrix}$$

nicht konvergiert, aber daß

$$A_2 = \begin{bmatrix} \frac{1}{2} & 0 \\ 16 & \frac{1}{2} \end{bmatrix}$$

konvergiert.

4. Welche der Matrizen aus Übung 1 sind konvergent?

5. Berechnen Sie die Determinanten der Matrizen aus Übung 1, und zeigen Sie, daß $\det A = \prod_{i=1}^{n} \lambda_i$ ist, wobei $\lambda_1, \ldots, \lambda_n$ die Eigenwerte von A sind.

6. Bestimmen Sie $\| \cdot \|_2$ der Matrizen aus Übung 1.

7. In Übung 10 von Abschnitt 6.4 wurde angenommen, daß der Beitrag eines Käferweibchens eines bestimmten Types zu der Population zukünftiger Käferweibchen in

Form der Matrix

$$\begin{bmatrix} 0 & 0 & 6 \\ \frac{1}{2} & 0 & 0 \\ 0 & \frac{1}{3} & 0 \end{bmatrix}$$

ausgedrückt werden kann, wobei das Element in der i-ten Zeile und j-ten Spalte den Beitrag eines Käfers des Alters j zu der Population der Weibchen des Alters i im nächsten Jahr darstellt.

a) Besitzt die Matrix A irgendwelche reellen Eigenwerte? Sollte das der Fall sein, bestimmen Sie diese und die dazugehörigen Eigenvektoren.

b) Falls eine Probe dieser Art für Laborzwecke mit konstantem Anteil jeder Altersgruppe von Jahr zu Jahr benötigt werden würde, wie müßte die Anfangspopulation aussehen, um dies sicherzustellen?

7.4. Das Jakobi- und Gauß-Seidel-Verfahren

In diesem Abschnitt werden das Jakobi- und das Gauß-Seidel-Iterationsverfahren beschrieben.

Das sind klassische Methoden, die aus dem späten 18. Jahrhundert stammen, aber sie werden heute noch angewandt, wenn die Matrix groß ist und hauptsächlich Nullelemente an vorhersagbaren Stellen aufweist. Dieser Typ tritt oft bei Anwendungen auf, beispielsweise bei großen integrierten Kurven und bei der numerischen Lösung von Randwertaufgaben und partiellen Differentialgleichungen.

Ein iteratives Verfahren zum Lösen des $(n \times n)$-Linearsystems $A\mathbf{x} = \mathbf{b}$ beginnt mit einer Anfangsnäherung $\mathbf{x}^{(0)}$ der Lösung $\mathbf{x}$ und erzeugt eine Vektorfolge $\{\mathbf{x}^{(k)}\}_{k=1}^{\infty}$, die gegen $\mathbf{x}$ konvergiert. Diese iterativen Verfahren überführen das System $A\mathbf{x} = \mathbf{b}$ in ein äquivalentes System der Form $\mathbf{x} = T\mathbf{x} + \mathbf{c}$ für jede beliebige $(n \times n)$-Matrix T und Vektor $\mathbf{c}$.

Nachdem der Anfangsvektor $\mathbf{x}^{(0)}$ ausgewählt wurde, wird die Vektorfolge der Näherungslösung erzeugt, indem

$$\mathbf{x}^{(k)} = T\mathbf{x}^{(k-1)} + \mathbf{c}$$

für alle $k = 1, 2, 3, \ldots$ berechnet wird.

Das folgende Ergebnis stellt eine wichtige Verbindung zwischen den Eigenwerten der Matrix T und der Erwartung dar, daß das iterative Verfahren konvergieren wird.

Konvergenz und Spektralradius

Die Folge

$$\mathbf{x}^{(k)} = T\mathbf{x}^{(k-1)} + \mathbf{c}$$

konvergiert genau dann für beliebige $\mathbf{x}^{(0)}$ in $\mathbf{R}^n$ gegen die eindeutige Lösung von $\mathbf{x} = T\mathbf{x} + \mathbf{c}$, wenn $\rho(T) < 1$ ist.

Beispiel 1. Das durch

$$\begin{aligned}
E_1&: & 10x_1 - x_2 + 2x_3 \phantom{{}+3x_4} &= 6,\\
E_2&: & -x_1 + 11x_2 - x_3 + 3x_4 &= 25,\\
E_3&: & 2x_1 - x_2 + 10x_3 - x_4 &= -11,\\
E_4&: & 3x_2 - x_3 + 8x_4 &= 15
\end{aligned}$$

gegebene Linearsystem $A\mathbf{x} = \mathbf{b}$ besitzt die Lösung $(1, 2, -1, 1)^t$. Um $A\mathbf{x} = \mathbf{b}$ in die Form $\mathbf{x} = T\mathbf{x} + \mathbf{c}$ zu überführen, löst man Gleichung E_i nach x_i auf und erhält

$$\begin{aligned}
x_1 &= \frac{1}{10}x_2 - \frac{1}{5}x_3 + \frac{3}{5},\\
x_2 &= \frac{1}{11}x_1 + \frac{1}{11}x_3 - \frac{3}{11}x_4 + \frac{25}{11},\\
x_3 &= -\frac{1}{5}x_1 + \frac{1}{10}x_2 + \frac{1}{10}x_4 - \frac{11}{10},\\
x_4 &= -\frac{3}{8}x_2 + \frac{1}{8}x_3 + \frac{15}{8}.
\end{aligned}$$

Damit besitzt $A\mathbf{x} = \mathbf{b}$ die Form $\mathbf{x} = T\mathbf{x} + \mathbf{c}$ mit

$$\begin{bmatrix} 0 & \frac{1}{10} & -\frac{1}{5} & 0 \\ \frac{1}{11} & 0 & \frac{1}{11} & -\frac{3}{11} \\ -\frac{1}{5} & \frac{1}{10} & 0 & \frac{1}{10} \\ 0 & -\frac{3}{8} & \frac{1}{8} & 0 \end{bmatrix} \quad \text{und} \quad \mathbf{c} = \begin{bmatrix} \frac{3}{5} \\ \frac{25}{11} \\ -\frac{11}{10} \\ \frac{15}{8} \end{bmatrix}.$$

Als Anfangsnäherung sei $\mathbf{x}^{(0)} = (0, 0, 0, 0)^t$ angenommen. $\mathbf{x}^{(1)}$ ist durch

$$\begin{aligned}
x_1^{(1)} &= \frac{1}{10}x_2^{(0)} - \frac{1}{5}x_3^{(0)} + \frac{3}{5} = 0{,}6000,\\
x_2^{(1)} &= \frac{1}{11}x_1^{(0)} + \frac{1}{11}x_3^{(0)} - \frac{3}{11}x_4^{(0)} + \frac{25}{11} = 2{,}2727,\\
x_3^{(1)} &= -\frac{1}{5}x_1^{(0)} + \frac{1}{10}x_2^{(0)} + \frac{1}{10}x_4^{(0)} - \frac{11}{10} = -1{,}1000,\\
x_4^{(1)} &= -\frac{3}{8}x_2^{(0)} + \frac{1}{8}x_3^{(0)} + \frac{15}{8} = 1{,}8750
\end{aligned}$$

gegeben. Die weiteren $\mathbf{x}^{(k)} = \left(x_1^{(k)}, x_2^{(k)}, x_3^{(k)}, x_4^{(k)}\right)^t$ werden entsprechend erzeugt und sind in Tabelle 7.1 zusammengefaßt. Die Entscheidung, nach zehn Iterationen abzubrechen, basierte auf dem Kriterium

$$\frac{\|\mathbf{x}^{(10)} - \mathbf{x}^{(9)}\|_\infty}{\|\mathbf{x}^{(10)}\|_\infty} = \frac{8{,}0 \cdot 10^{-4}}{1{,}9998} < 10^{-3}.$$

Tatsächlich ist $\|\mathbf{x}^{(10)} - \mathbf{x}\|_\infty \approx 0{,}0002$. □

Tabelle 7.1

k	$x_1^{(k)}$	$x_2^{(k)}$	$x_3^{(k)}$	$x_4^{(k)}$
0	0,0000	0,0000	0,0000	0,0000
1	0,6000	2,2727	−1,1000	1,8750
2	1,0473	1,7159	−0,8052	0,8852
3	0,9326	2,0553	−1,0493	1,1309
4	1,0152	1,9537	−0,9681	0,9739
5	0,9890	2,0114	−1,0103	1,0214
6	1,0032	1,9922	−0,9945	0,9944
7	0,9981	2,0023	−1,0020	1,0036
8	1,0006	1,9987	−0,9990	0,9989
9	0,9997	2,0004	−1,0004	1,0006
10	1,0001	1,9998	−0,9998	0,9998

Die Methode in Beispiel 1 heißt **Jakobi-Iterationsverfahren**. Sie löst die i-te Gleichung von $A\mathbf{x} = \mathbf{b}$ nach x_i auf und liefert unter der Voraussetzung $a_{ii} \neq 0$ somit

$$x_i = \sum_{\substack{j=1 \\ j\neq i}}^{n} \left(-\frac{a_{ij}x_j}{a_{ii}}\right) + \frac{b_i}{a_{ii}} \qquad \text{für } i = 1, 2, \ldots, n.$$

Dann wird jedes $x_i^{(k)}$ aus den Komponenten von $\mathbf{x}^{(k-1)}$ für $k \geq 1$ durch

$$x_i = \frac{\sum_{\substack{j=1 \\ j\neq i}}^{n} \left(-a_{ij}x_j^{(k-1)}\right) + b_i}{a_{ii}} \qquad \text{für } i = 1, 2, \ldots, n \tag{7.1}$$

erzeugt.

Die Methode wird in der Form $\mathbf{x}^{(k)} = T\mathbf{x}^{(k-1)} + \mathbf{c}$ geschrieben, indem A in ihre Diagonal- und Nichtdiagonal-Teile aufgespalten wird. Zur Verdeutlichung sei D die Diagonalmatrix, deren Diagonale dieselbe wie die von A ist, $-L$ sei die untere und $-U$ die obere Dreiecksmatrix von A. Mit dieser Schreibweise wird A in

$$A = \begin{bmatrix} a_{11} & a_{12} & \cdots & a_n \\ a_{21} & a_{22} & \cdots & a_{2n} \\ \vdots & \vdots & & \vdots \\ a_{n1} & a_{n2} & \cdots & a_{nn} \end{bmatrix} = \begin{bmatrix} a_{11} & 0 & \cdots & 0 \\ 0 & a_{22} & \ddots & \vdots \\ \vdots & \ddots & \ddots & 0 \\ 0 & \cdots & 0 & a_{nn} \end{bmatrix}$$

$$- \begin{bmatrix} 0 & \cdots & \cdots & 0 \\ -a_{21} & \ddots & & \vdots \\ \vdots & \ddots & \ddots & \vdots \\ -a_{n1} & \cdots & -a_{n,n-1} & 0 \end{bmatrix} - \begin{bmatrix} 0 & -a_{12} & \cdots & -a_{1n} \\ \vdots & \ddots & \ddots & \vdots \\ \vdots & & \ddots & -a_{n-1,n} \\ 0 & \cdots & \cdots & 0 \end{bmatrix}$$

$$= D - L - U$$

aufgespalten.

Die Gleichung $A\mathbf{x} = \mathbf{b}$ oder $(D - L - U)\mathbf{x} = \mathbf{b}$ wird dann in

$$D\mathbf{x} = (L + U)\mathbf{x} + \mathbf{b}$$

überführt, und es gilt

$$\mathbf{x} = D^{-1}(L + U)\mathbf{x} + D^{-1}\mathbf{b},$$

falls D^{-1} existiert, das heißt, falls $a_{ii} \neq 0$ für jedes i ist. Dies führt zu der Matrix-Form des Jakobi-Iterationsverfahrens

$$\mathbf{x}^{(k)} = T_j\mathbf{x}^{(k-1)} + \mathbf{c}_j,$$

wobei $T_j = D^{-1}(L + U)$ und $\mathbf{c}_j = D^{-1}\mathbf{b}$ ist.

Das Programm JACITR71 führt das Jakobi-Verfahren aus. Falls für beliebiges i $a_{ii} \neq 0$ und das System nichtsingulär ist, werden die Gleichungen derart angeordnet, daß kein $a_{ii} = 0$ ist. Um die Konvergenz zu beschleunigen, sollten die Gleichungen so angeordnet werden, daß a_{ii} so groß wie möglich wird.

Eine Verfeinerungsmöglichkeit des Jakobi-Verfahrens erkennt man, wenn man Gleichung (7.1) nochmals betrachtet. In dieser Gleichung werden $x_i^{(k)}$ mit den Komponenten von $\mathbf{x}^{(k-1)}$ berechnet. Da $x_1^{(k)}, \ldots, x_{i-1}^{(k)}$ schon berechnet wurden und wahrscheinlich bessere Approximationen der tatsächlichen Lösungen

$x_1, \ldots, x_{i-1}$ als $x_1^{(k-1)}, \ldots, x_{i-1}^{(k-1)}$ darstellen, kann $x_i^{(k)}$ aus den zuletzt berechneten Werten erhalten werden; das heißt, man verwendet

$$x_i^{(k)} = \frac{-\sum_{j=1}^{i-1}\left(a_{ij}x_j^{(k)}\right) - \sum_{j=i+1}^{n}\left(a_{ij}x_j^{(k-1)}\right) + b_i}{a_{ii}} \tag{7.2}$$

für alle $i = 1, 2, \ldots, n$. Diese Modifikation heißt **Gauß-Seidel-Iterationsverfahren** und wird im folgenden Beispiel verdeutlicht.

Beispiel 2. Das durch

$$\begin{aligned}
10x_1 - x_2 + 2x_3 \quad &= 6,\\
-x_1 + 11x_2 - x_3 + 3x_4 &= 25,\\
2x_1 - x_2 + 10x_3 - x_4 &= -11,\\
3x_2 - x_3 + 8x_4 &= 15
\end{aligned}$$

gegebene Linearsystem wurde im Beispiel 1 mit dem Jakobi-Iterationsverfahren gelöst. Mit Gleichung (7.2) erhält man die Gleichungen

$$\begin{aligned}
x_1^{(k)} &= \frac{1}{10}x_2^{(k-1)} - \frac{1}{5}x_3^{(k-1)} + \frac{3}{5},\\
x_2^{(k)} &= \frac{1}{11}x_1^{(k)} + \frac{1}{11}x_3^{(k-1)} - \frac{3}{11}x_4^{(k-1)} + \frac{25}{11},\\
x_3^{(k)} &= -\frac{1}{5}x_1^{(k)} + \frac{1}{10}x_2^{(k)} + \frac{1}{10}x_4^{(k-1)} - \frac{11}{10},\\
x_4^{(k)} &= -\frac{3}{8}x_2^{(k)} + \frac{1}{8}x_3^{(k)} + \frac{15}{8}.
\end{aligned}$$

Für $\mathbf{x}^{(0)} = (0, 0, 0, 0)^t$ wird die Vektorfolge in Tabelle 7.2 erzeugt. Da

$$\frac{\|\mathbf{x}^{(5)} - \mathbf{x}^{(4)}\|_\infty}{\|\mathbf{x}^{(5)}\|_\infty} = \frac{0{,}0008}{2{,}000} = 4 \cdot 10^{-4}$$

ist, wird $\mathbf{x}^{(5)}$ als annehmbare Approximation der Lösung akzeptiert. Man beachte, daß das Jakobi-Verfahren in Beispiel 1 doppelt so viele Iterationen für dieselbe Genauigkeit benötigte. □

Tabelle 7.2

k	0	1	2	3	4	5
$x_1^{(k)}$	0,0000	0,6000	1,030	1,0065	1,0009	1,0001
$x_2^{(k)}$	0,0000	2,3272	2,037	2,0036	2,0003	2,0000
$x_3^{(k)}$	0,0000	−0,9873	−1,014	−1,0025	−1,0003	−1,0000
$x_4^{(k)}$	0,0000	0,8789	0,9844	0,9983	0,9999	1,0000

Um das Gauß-Seidel-Verfahren in einer Matrixform zu schreiben, werden beide Seiten von Gleichung (7.2) mit a_{ii} multipliziert und alle k-ten Iterationsterme zusammengefaßt:

$$a_{i1}x_1^{(k)} + a_{i2}x_2^{(k)} + \cdots + a_{ii}x_i^{(k)} = -a_{i,i+1}x_{i+1}^{(k-1)} - \cdots - a_{in}x_n^{(k-1)} + b_i$$

für alle $i = 1, 2, \ldots, n$. Schreibt man alle n Gleichungen, erhält man

$$\begin{aligned}
a_{11}x_1^{(k)} &= -a_{12}x_2^{(k-1)} - a_{13}x_3^{(k-1)} - \cdots \\
&\quad - a_{1n}x_n^{(k-1)} + b_1, \\
a_{21}x_1^{(k)} + a_{22}x_2^{(k)} &= -a_{23}x_3^{(k-1)} - \cdots - a_{2n}x_n^{(k-1)} + b_2, \\
&\vdots \\
a_{n1}x_1^{(k)} + a_{n2}x_2^{(k)} + \cdots + a_{nn}x_n^{(k)} &= b_n.
\end{aligned}$$

Mit den vorhin gegebenen Definitionen von D, L und U wird das Gauß-Seidel-Verfahren durch

$$(D - L)\mathbf{x}^{(k)} = U\mathbf{x}^{(k-1)} + \mathbf{b}$$

oder, falls $(D - L)^{-1}$ existiert, durch

$$\mathbf{x}^{(k)} = T_g\mathbf{x}^{(k-1)} + \mathbf{c}_g \qquad \text{für jedes } k = 1, 2, \ldots$$

dargestellt, wobei $T_g = (D - L)^{-1}U$ und $\mathbf{c}_g = (D - L)^{-1}\mathbf{b}$ ist. Da $\det(D - L) = \prod_{i=1}^{n} a_{ii}$ ist, ist die untere Dreiecksmatrix genau dann nichtsingulär, wenn $a_{ii} \neq 0$ für alle $i = 1, 2, \ldots, n$ ist. Das Gauß-Seidel-Verfahren wird mit dem Programm GSEITR72 ausgeführt.

Diese Diskussion und die Ergebnisse aus Beispiel 1 und 2 scheinen darauf hinzudeuten, daß das Gauß-Seidel-Verfahren dem Jakobi-Verfahren überlegen ist. Das ist allgemein – aber nicht immer – richtig. Es gibt Linearsysteme, für die das Jakobi-Verfahren konvergiert, das Gauß-Seidel-Verfahren jedoch nicht, und andere, für die das Gauß-Seidel-Verfahren konvergiert, das Jakobi-Verfahren aber nicht. Ist A jedoch diagonal dominant, dann konvergieren für beliebiges $\mathbf{b}$ und beliebig gewähltes $\mathbf{x}^{(0)}$ sowohl das Jakobi- als auch Gauß-Seidel-Verfahren gegen die eindeutige Lösung von $A\mathbf{x} = \mathbf{b}$.

Übungsaufgaben

1. Bestimmen Sie die ersten beiden Iterationen des Jakobi-Verfahrens für die folgenden Linearsysteme mit $\mathbf{x}^{(0)} = \mathbf{0}$:

a) $$\begin{aligned}
3x_1 - x_2 + x_3 &= 1 \\
3x_1 + 6x_2 + 2x_3 &= 0 \\
3x_1 + 3x_2 + 7x_3 &= 4
\end{aligned}$$

b)
$$\begin{aligned} 10x_1 - x_2 &= 9 \\ -x_1 + 10x_2 - 2x_3 &= 7 \\ - 2x_2 + 10x_3 &= 6 \end{aligned}$$

c)
$$\begin{aligned} 2x_1 - 2x_2 + x_3 + x_4 &= 0{,}8 \\ - 3x_2 + 0{,}5x_3 + x_4 &= -6{,}6 \\ x_3 - x_4 &= 4{,}5 \\ 2x_4 &= 3 \end{aligned}$$

d)
$$\begin{aligned} 10x_1 + x_2 - 2x_3 &= 6 \\ x_1 + 10x_2 - x_3 + 3x_4 &= 25 \\ -2x_1 - x_2 + 8x_3 - x_4 &= -11 \\ 3x_2 - x_3 + 5x_4 &= -11 \end{aligned}$$

e)
$$\begin{aligned} 2x_1 + x_2 - x_3 + x_4 &= 4 \\ x_1 - 2x_2 + x_3 - 2x_4 &= 5 \\ 2x_1 + 2x_2 + 5x_3 - x_4 &= 6 \\ x_1 - x_2 + x_3 + 4x_4 &= 7 \end{aligned}$$

f)
$$\begin{aligned} 4x_1 + x_2 + x_3 + x_5 &= 6 \\ -x_1 - 3x_2 + x_3 + x_4 &= 6 \\ 2x_1 + x_2 + 5x_3 - x_4 - x_5 &= 6 \\ -x_1 - x_2 - x_3 + 4x_4 &= 6 \\ 2x_2 - x_3 + x_4 + 4x_5 &= 6 \end{aligned}$$

g)
$$\begin{aligned} 4x_1 + x_2 - x_3 + x_4 &= -2 \\ x_1 + 4x_2 - x_3 - x_4 &= -1 \\ -x_1 - x_2 + 5x_3 + x_4 &= 0 \\ x_1 - x_2 + x_3 + 3x_4 &= 1 \end{aligned}$$

h)
$$\begin{aligned} 4x_1 - x_2 - x_4 &= 0 \\ -x_1 + 4x_2 - x_3 - x_5 &= 5 \\ - x_2 + 4x_3 - x_6 &= 0 \\ -x_1 + 4x_4 - x_5 &= 6 \\ - x_2 - x_4 + 4x_5 - x_6 &= -2 \\ - x_3 - x_5 + 4x_6 &= 6 \end{aligned}$$

2. Wiederholen Sie Übung 1 mit dem Gauß-Seidel-Verfahren.

3. Lösen Sie mit dem Jakobi-Verfahren die Linearsysteme aus Übung 1, falls es möglich ist. Verwenden Sie als Toleranz 10^{-3}, und begrenzen Sie die maximale Zahl der Iterationen auf 25.

4. Wiederholen Sie Übung 3 mit dem Gauß-Seidel-Verfahren.

7.5. Das SOR-Verfahren

Das SOR-Verfahren ist dem Jakobi- und dem Gauß-Seidel-Verfahren ähnlich, setzt aber einen Relaxationsfaktor ein, um den Näherungsfehler schneller zu reduzieren. Im Gegensatz zu den im vorigen Abschnitt diskutierten klassischen Methoden, stellt das SOR-Verfahren eine Innovation dar, die erst seit 1962 häufiger eingesetzt wird, nachdem Richard Vaga sie in seinem Buch *Matrix Iterative Analysis* beschrieben hatte.

Das SOR-Verfahren ist eines aus der Klasse der *Relaxationsverfahren*, die die Approximationen $\mathbf{x}^{(k)}$ über die Formel

$$x_i^{(k)} = (1-\omega)x_i^{(k-1)} + \frac{\omega}{a_{ii}}\left[b_i - \sum_{j=1}^{i-1} a_{ij}x_j^{(k)} - \sum_{j=i+1}^{n} a_{ij}x_j^{(k-1)}\right]$$

berechnen, wobei ω der Relaxationsfaktor ist.

Wird ω in $(0, 1)$ gewählt, spricht man von einem Verfahren der **Unterrelaxation**; dieses kann eingesetzt werden, um bei Systemen, die nach dem Gauß-Seidel-Verfahren nicht konvergent sind, Konvergenz zu erlangen. Ist $1 < \omega$, heißt das Verfahren **Überrelaxation** und wird zur Beschleunigung der Konvergenz für Systeme eingesetzt, die nach dem Gauß-Seidel-Verfahren konvergieren. Diese Methoden werden mit **SOR** (nach **successive over-relaxation**) abgekürzt und sind speziell dann hilfreich, wenn Linearsysteme gelöst werden sollen, die in der numerischen Lösung von bestimmten partiellen Differentialgleichungen auftreten.

Um die Matrixform des SOR-Verfahrens zu bestimmen, sei die vorige Gleichung als

$$a_{ii}x_i^{(k)} + \omega\sum_{j=1}^{i-1} a_{ij}x_j^{(k)} = (1-\omega)a_{ii}x_i^{(k-1)} - \omega\sum_{j=i+1}^{n} a_{ij}x_j^{(k-1)} + \omega b_i$$

neu formuliert, so daß man in Vektorform

$$(D-\omega L)\mathbf{x}^{(k)} = [(1-\omega)D + \omega U]\mathbf{x}^{(k-1)} + \omega\mathbf{b}$$

erhält. Falls $(D-\omega L)^{-1}$ existiert, dann gilt

$$\mathbf{x}^{(k)} = T_\omega\mathbf{x}^{(k-1)} + \mathbf{c}_\omega,$$

wobei $T_\omega = (D-\omega L)^{-1}[(1-\omega)D + \omega U]$ und $\mathbf{c}_\omega = \omega(D-\omega L)^{-1}\mathbf{b}$ ist.

Das SOR-Verfahren kann mit dem Programm SORITR73 ausgeführt werden.

Beispiel 1. Das durch

$$\begin{aligned} 4x_1 + 3x_2 \qquad &= 24, \\ 3x_1 + 4x_2 - x_3 &= 30, \\ - x_2 + 4x_3 &= -24 \end{aligned}$$

gegebene Linearsystem besitzt die Lösung $(3, 4, -5)^t$. Dieses System soll mit dem Gauß-Seidel- und dem SOR-Verfahren mit $\omega = 1{,}25$ gelöst werden, wobei in beiden Methoden $\mathbf{x}^{(0)} = (1, 1, 1)^t$ gewählt wird. Die Gleichungen für das Gauß-Seidel-Verfahren lauten für alle $k = 1, 2, \ldots$

$$\begin{aligned} x_1^{(k)} &= \qquad - 0{,}75x_2^{(k-1)} + 6, \\ x_2^{(k)} &= -0{,}75x_1^{(k)} + 0{,}25x_3^{(k-1)} + 7{,}5, \\ x_3^{(k)} &= \qquad 0{,}25x_2^{(k)} - 6 \end{aligned}$$

und die Gleichungen für das SOR-Verfahren mit $\omega = 1{,}25$

$$\begin{aligned} x_1^{(k)} &= -0{,}25x_1^{(k-1)} - 0{,}9375x_2^{(k-1)} + 7{,}5, \\ x_2^{(k)} &= -0{,}9375x_1^{(k)} - 0{,}25x_2^{(k-1)} + 0{,}3125x_3^{(k-1)} + 9{,}375, \\ x_3^{(k)} &= \qquad 0{,}3125x_2^{(k)} - 0{,}25x_3^{(k-1)} - 7{,}5. \end{aligned}$$

Die ersten sieben Iterationen jeder Methode sind in den Tabellen 7.3 und 7.4 zusammengefaßt. Um auf sieben Dezimalstellen genau zu sein, benötigt das Gauß-Seidel-Verfahren 34 Iterationen im Gegensatz zu 14 Iterationen des SOR-Verfahrens mit $\omega = 1{,}25$. □

Tabelle 7.3 Gauß-Seidel-Verfahren

k	0	1	2	3	4	5	6	7
$x_1^{(k)}$	1	5,250000	3,1406250	3,0878306	3,0549316	3,0343323	3,0214577	3,0134110
$x_2^{(k)}$	1	3,812500	3,8828125	3,9267578	3,9542236	3,9713898	3,9821186	3,9888241
$x_3^{(k)}$	1	−5,046875	−5,0292969	−5,0183105	−5,0114441	−5,0071526	−5,0044703	−5,0027940

Tabelle 7.4 SOR-Verfahren mit $\omega = 1{,}25$

k	0	1	2	3	4	5	6	7
$x_1^{(k)}$	1	6,312500	2,6223145	3,1333027	2,9570512	3,0037211	2,9663276	3,0000498
$x_2^{(k)}$	1	3,5195313	3,9585226	4,0102646	4,0074838	4,0029250	4,0009262	4,0002586
$x_3^{(k)}$	1	−6,6501465	−4,6004238	−5,0966863	−4,9734897	−5,0057135	−4,9982822	−5,0003486

Es stellt sich die Frage, wie der geeignete Wert von ω ausgewählt wird. Obwohl diese Frage für das allgemeine $(n \times n)$-Linearsystem nicht vollständig zu beantworten ist, kann das folgende Ergebnis in speziellen Fällen angewandt werden.

Konvergenz des SOR-Verfahrens

Falls A eine positiv definite Matrix und $0 < \omega < 2$ ist, dann konvergiert das SOR-Verfahren für jede Wahl des Anfangsvektors $\mathbf{x}^{(0)}$.

Ist A zusätzlich tridiagonal, dann gilt $\rho(T_g) = [\rho(T_j)]^2 < 1$, und die optimale Wahl von ω für das SOR-Verfahren ist.

$$\omega = \frac{2}{1+\sqrt{1-\rho(T_g)}} = \frac{2}{1+\sqrt{1-[\rho(T_j)]^2}}.$$

Mit dem so gewählten ω ist $\rho(T_\omega) = \omega - 1$.

Beispiel 2. Die in Beispiel 1 gegebene Matrix

$$A = \begin{bmatrix} 4 & 3 & 0 \\ 3 & 4 & -1 \\ 0 & -1 & 4 \end{bmatrix}$$

ist positiv definit und tridiagonal. Da

$$T_j = D^{-1}(L+U) = \begin{bmatrix} \frac{1}{4} & 0 & 0 \\ 0 & \frac{1}{4} & 0 \\ 0 & 0 & \frac{1}{4} \end{bmatrix} \begin{bmatrix} 0 & -3 & 0 \\ -3 & 0 & 1 \\ 0 & 1 & 0 \end{bmatrix} \begin{bmatrix} 0 & -0{,}75 & 0 \\ -0{,}75 & 0 & 0{,}25 \\ 0 & 0{,}25 & 0 \end{bmatrix}$$

ist, erhält man

$$\det(T_j - \lambda I) = -\lambda(\lambda^2 - 0{,}625) \quad \text{und } \rho(T_j) = \sqrt{0{,}625}.$$

Daher ist die optimale Wahl von ω

$$\omega = \frac{2}{1+\sqrt{1-\rho(T_g)}} = \frac{2}{1+\sqrt{1-[\rho(T_j)]^2}} = \frac{2}{1+\sqrt{1-0{,}625}} \approx 1{,}24.$$

Dies erklärt die schnelle Konvergenz in Beispiel 1, wo $\omega = 1{,}25$ eingesetzt wurde. □

Übungsaufgaben

1. Bestimmen Sie die ersten beiden Iterationen des SOR-Verfahrens mit $\omega = 1{,}1$ für die folgenden Linearsysteme; es sei $\mathbf{x}^{(0)} = \mathbf{0}$.

a)
$$\begin{aligned} 3x_1 - x_2 + x_3 &= 1 \\ 3x_1 + 6x_2 + 2x_3 &= 0 \\ 3x_1 + 3x_2 + 7x_3 &= 4 \end{aligned}$$

b)
$$\begin{aligned} 10x_1 - x_2 &= 9 \\ -x_1 + 10x_2 - 2x_3 &= 7 \\ -2x_2 + 10x_3 &= 6 \end{aligned}$$

c)
$$\begin{aligned} 2x_1 - 2x_2 + x_3 + x_4 &= 0{,}8 \\ -3x_2 + 0{,}5x_3 + x_4 &= -6{,}6 \\ 5x_3 - x_4 &= 4{,}5 \\ 2x_4 &= 3 \end{aligned}$$

d)
$$\begin{aligned} 10x_1 + x_2 - 2x_3 &= 6 \\ x_1 + 10x_2 - x_3 - 3x_4 &= 25 \\ -2x_1 - x_2 + 8x_3 - x_4 &= -11 \\ 3x_2 - x_3 + 5x_4 &= -11 \end{aligned}$$

e)
$$\begin{aligned} 2x_1 + x_2 - x_3 + x_4 &= 4 \\ x_1 - 2x_2 + x_3 - 2x_4 &= 5 \\ 2x_1 + 2x_2 + 5x_3 - x_4 &= 6 \\ x_1 - x_2 + x_3 + 4x_4 &= 7 \end{aligned}$$

f)
$$\begin{aligned} 4x_1 + x_2 + x_3 + x_5 &= 6 \\ -x_1 - 3x_2 + x_3 + x_4 &= 6 \\ 2x_1 + x_2 + 5x_3 - x_4 - x_5 &= 6 \\ -x_1 - x_2 - x_3 + 4x_4 &= 6 \\ 2x_2 - x_3 + x_4 + 4x_5 &= 6 \end{aligned}$$

g)
$$\begin{aligned} 4x_1 + x_2 - x_3 + x_4 &= -2 \\ x_1 + 4x_2 - x_3 - x_4 &= -1 \\ -x_1 - x_2 + 5x_3 + x_4 &= 0 \\ x_1 - x_2 + x_3 + 3x_4 &= 1 \end{aligned}$$

h)
$$\begin{aligned} 4x_1 - x_2 - x_4 &= 0 \\ -x_1 + 4x_2 - x_3 - x_5 &= 5 \\ -x_2 + 4x_3 - x_6 &= 0 \\ -x_1 + 4x_4 - x_5 &= 6 \\ -x_2 - x_4 + 4x_5 - x_6 &= -2 \\ -x_3 - x_5 + 4x_6 &= 6 \end{aligned}$$

2. Wiederholen Sie Übung 1 mit $\omega = 1{,}3$.

3. Lösen Sie mit dem SOR-Verfahren die Linearsysteme aus Übung 1, falls es möglich ist. Verwenden Sie $\omega = 1{,}2$, als Toleranz 10^{-3}, und begrenzen Sie die maximale Zahl der Iterationen auf 25.

4. Bestimmen Sie, welche Matrizen aus Übung 1 tridiagonal und positiv definit sind. Wiederholen Sie für diese Matrizen Übung 3 mit der optimalen Wahl von ω.

7.6. Stabilität der Matrix-Verfahren

In diesem Abschnitt wird das Konvergenzverhalten betrachtet, auf das geachtet werden sollte, wenn entweder ein iteratives oder direktes Verfahren auf ein Linearsystem angewandt wird. Es gibt bei der Approximation der Lösung dieser Systeme kein allgemein überlegenes Verfahren, aber einige liefern üblicherweise bessere Ergebnisse als andere, besonders dann, wenn Eigenschaften der Matrix oder der Bereich, in dem wahrscheinlich die Lösung liegt, bekannt sind.

Man könnte annehmen, daß $\|\mathbf{x}-\tilde{\mathbf{x}}\|$ auch klein ist, falls $\tilde{\mathbf{x}}$ eine Approximation der Lösung $\mathbf{x}$ von $A\mathbf{x} = \mathbf{b}$ und der durch $\mathbf{b} - A\tilde{\mathbf{x}}$ definierte **Residuenvektor** die Eigenschaft besitzt, daß $\|\mathbf{b} - A\tilde{\mathbf{x}}\|$ klein ist. Dies ist oft der Fall, aber bestimmte, in der Praxis oft auftretende Systeme besitzen diese Eigenschaft nicht.

Beispiel 1. Das durch $A\mathbf{x} = \mathbf{b}$

$$\begin{bmatrix} 1 & 2 \\ 1{,}0001 & 2 \end{bmatrix} \begin{bmatrix} x_1 \\ x_2 \end{bmatrix} = \begin{bmatrix} 3 \\ 3{,}0001 \end{bmatrix}$$

gegebene Linearsystem besitzt die eindeutige Lösung $\mathbf{x} = (1, 1)^t$. Der Residuenvektor der ungenügenden Approximation $\mathbf{x} = (3, 0)^t$ lautet

$$\mathbf{b} - A\tilde{\mathbf{x}} = \begin{bmatrix} 3 \\ 3{,}0001 \end{bmatrix} - \begin{bmatrix} 1 & 2 \\ 1{,}0001 & 2 \end{bmatrix} \begin{bmatrix} 3 \\ 0 \end{bmatrix} = \begin{bmatrix} 0 \\ 0{,}0002 \end{bmatrix},$$

so daß $\|\mathbf{b} - A\tilde{\mathbf{x}}\|_\infty = 0{,}0002$ ist. Obwohl die Norm des Residuenvektors klein ist, ist die Approximation $\tilde{\mathbf{x}} = (3, 0)^t$ offensichtlich schlecht; tatsächlich gilt $\|\mathbf{x} - \tilde{\mathbf{x}}\|_\infty = 2$. □

Die Schwierigkeit in Beispiel 1 erklärt sich ganz einfach, indem man beachtet, daß die Lösung des Systems den Schnittpunkt der Geraden

$$l_1\colon\ x_1 + 2x_1 = 3 \quad \text{und} \quad l_2\colon\ 1{,}0001x_1 + 2x_2 = 3{,}0001$$

darstellt.

Der Punkt $(3, 0)$ liegt auf l_1, und die Geraden sind fast parallel. Daraus folgt, daß $(3, 0)$ auch nahe l_2 liegt, obwohl der Punkt sich wesentlich von der Lösung des Systems unterscheidet, die den Schnittpunkt $(1, 1)$ darstellt. (Siehe Abbildung 7.6.)

Beispiel 1 wurde konstruiert, um die Schwierigkeiten zu zeigen, die auftreten können – und es auch tatsächlich tun. Würden die Geraden nicht fast zusammenfallen, müßte man erwarten, daß ein kleiner Residuenvektor auf eine genaue Approximation schließen läßt. Normalerweise kann man sich nicht auf die Geometrie des Systems stützen, um einen Anhaltspunkt zu bekommen, wann Probleme auftreten könnten. Hier kann man sich helfen, indem man die Normen der Matrix und ihrer Inversen betrachtet.

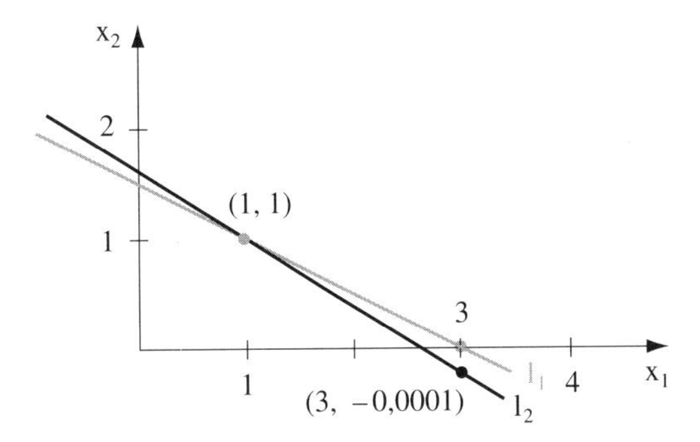

Abb. 7.6

Fehlerschranken des Residuenvektors

Ist $\tilde{\mathbf{x}}$ eine Approximation der Lösung von $A\mathbf{x} = \mathbf{b}$ und A eine nichtsinguläre Matrix, dann gilt für jede natürliche Norm

$$\|\mathbf{x} - \tilde{\mathbf{x}}\| \leq \|\mathbf{b} - A\tilde{\mathbf{x}}\| \cdot \|A^{-1}\|$$

und

$$\frac{\|\mathbf{x} - \tilde{\mathbf{x}}\|}{\|\mathbf{x}\|} \leq \|A\| \cdot \|A^{-1}\| \frac{\|\mathbf{b} - A\tilde{\mathbf{x}}\|}{\|\mathbf{b}\|},$$

vorausgesetzt, daß $\mathbf{x} \neq \mathbf{0}$ und $\mathbf{b} \neq \mathbf{0}$ ist.

Daraus folgt, daß $\|A^{-1}\|$ und $\|A\| \cdot \|A^{-1}\|$ den Residuenvektor und die Genauigkeit der Approximation verbinden. Im allgemeinen ist der relative Fehler $\|\mathbf{x} - \tilde{\mathbf{x}}\| / \|\mathbf{x}\|$ am interessantesten; dieser Fehler wird durch das Produkt $\|A\| \cdot \|A^{-1}\|$ mit dem relativen Residuum dieser Approximation $\|\mathbf{b} - A\tilde{\mathbf{x}}\| / \|\mathbf{b}\|$ beschränkt. Jede geeignete Norm kann für diese Approximation verwendet werden, nur muß sie durchgängig eingesetzt werden.

Die **Konditionszahl** $K(A)$ der nichtsingulären Matrix A bezüglich einer Norm $\|\cdot\|$ ist

$$K(A) = \|A\| \cdot \|A^{-1}\|.$$

Man kann mit dieser Schreibweise die Ungleichungen des vorigen Ergebnisses als

$$\|\mathbf{x} - \tilde{\mathbf{x}}\| \leq K(A) \frac{\|\mathbf{b} - A\tilde{\mathbf{x}}\|}{\|A\|} \quad \text{und} \quad \frac{\|\mathbf{x} - \tilde{\mathbf{x}}\|}{\|\mathbf{x}\|} \leq K(A) \frac{\|\mathbf{b} - A\tilde{\mathbf{x}}\|}{\|\mathbf{b}\|}$$

neu formulieren. Für jede nichtsinguläre Matrix A und natürliche Norm $\|\cdot\|$ gilt

$$1 = \|I\| = \|A \cdot A^{-1}\| \leq \|A\| \cdot \|A^{-1}\| = K(A).$$

Eine Matrix A heißt gutkonditioniert, falls $K(A)$ nahe 1 ist, und schlechtkonditioniert, wenn $K(A)$ deutlich größer als 1 ist. Das Verhalten in diesem Beispiel bezieht sich auf die relative Sicherheit, daß aus einem kleinen Residuenvektor eine entsprechend genaue Näherungslösung folgt.

Beispiel 2. Die Matrix des in Beispiel 1 betrachteten Systems war

$$A = \begin{bmatrix} 1 & 2 \\ 1{,}0001 & 2 \end{bmatrix}$$

mit $\|A\|_\infty = 3{,}0001$. Diese Norm würde nicht als groß betrachtet werden. Jedoch ist

$$A^{-1} = \begin{bmatrix} -10000 & 10000 \\ 5000{,}5 & -5000 \end{bmatrix} \quad \text{und somit} \quad \|A^{-1}\|_\infty = 20\,000,$$

und $K(A) = (20\,000)(3{,}0001) = 60\,002$ für die unendliche Norm. Die Größe der Konditionszahl dieses Beispiels hält sicherlich davon ab, voreilige Genauigkeitsaussagen zu treffen, die auf dem Residuum einer Approximation basieren. □

Übungsaufgaben

1. Berechnen Sie die Konditionszahl der folgenden Matrizen bezüglich $\|\cdot\|_\infty$:

a) $\begin{bmatrix} \frac{1}{2} & \frac{1}{3} \\ \frac{1}{3} & \frac{1}{4} \end{bmatrix}$

b) $\begin{bmatrix} 3{,}9 & 1{,}6 \\ 6{,}8 & 2{,}9 \end{bmatrix}$

c) $\begin{bmatrix} 4{,}56 & 2{,}18 \\ 2{,}79 & 1{,}38 \end{bmatrix}$

d) $\begin{bmatrix} 1 & 2 \\ 1{,}00001 & 2 \end{bmatrix}$

e) $\begin{bmatrix} 1{,}003 & 58{,}09 \\ 5{,}550 & 321{,}8 \end{bmatrix}$

f) $\begin{bmatrix} 1 & -1 & -1 \\ 0 & 1 & -1 \\ 0 & 0 & -1 \end{bmatrix}$

g) $\begin{bmatrix} 1 & 2 & 3 \\ 2 & 3 & 4 \\ 3 & 4 & 6 \end{bmatrix}$

h) $\begin{bmatrix} 0{,}04 & 0{,}01 & -0{,}01 \\ 0{,}2 & 0{,}5 & -0{,}2 \\ 1 & 2 & 4 \end{bmatrix}$

2. Die folgenden Linearsysteme $A\mathbf{x} = \mathbf{b}$ besitzen $\mathbf{x}$ als tatsächliche Lösung und $\tilde{\mathbf{x}}$ als Näherungslösung. Berechen Sie mit den Ergebnissen aus Übung 1 $\|\mathbf{x} - \tilde{\mathbf{x}}\|_\infty$ und $\frac{\|\mathbf{b} - A\tilde{\mathbf{x}}\|_\infty}{\|A\|_\infty} K_\infty(A)$.

a)
$$\frac{1}{2}x_1 + \frac{1}{3}x_2 = \frac{1}{63}$$
$$\frac{1}{3}x_1 + \frac{1}{4}x_2 = \frac{1}{168}$$
$$\mathbf{x} = (\frac{1}{7}, -\frac{1}{6})^t$$
$$\tilde{\mathbf{x}} = (0{,}142, -0{,}166)^t$$

b)
$$3{,}9x_1 + 1{,}6x_2 = 5{,}5$$
$$6{,}8x_1 + 2{,}9x_2 = 9{,}7$$
$$\mathbf{x} = (1, 1)^t$$
$$\tilde{\mathbf{x}} = (0{,}98, 1{,}1)^t$$

c)
$$4{,}56x_1 + 2{,}18x_2 = 6{,}74$$
$$2{,}79x_1 + 1{,}38x_2 = 4{,}13$$
$$\mathbf{x} = (1{,}4140551, 0{,}1339031)^t$$
$$\tilde{\mathbf{x}} = (1{,}4, 0{,}14)^t$$

d)
$$x_1 + 2x_2 = 3$$
$$1{,}0001x_1 + 2x_2 = 3{,}0001$$
$$\mathbf{x} = (1, 1)^t$$
$$\tilde{\mathbf{x}} = (0{,}96, 1{,}02)^t$$

e)
$$1{,}003x_1 + 58{,}09x_2 = 68{,}12$$
$$5{,}550x_1 + 321{,}8x_2 = 377{,}3$$
$$\mathbf{x} = (10, 1)^t$$
$$\tilde{\mathbf{x}} = (-10, 1)^t$$

f)
$$x_1 - x_2 - x_3 = 2\pi$$
$$x_2 - x_3 = 0$$
$$-x_3 = \pi$$
$$\mathbf{x} = (0, -\pi, -\pi)^t$$
$$\tilde{\mathbf{x}} = (0{,}1, -3{,}15, -3{,}14)^t$$

g)
$$x_1 + 2x_2 + 3x_3 = 1$$
$$2x_1 + 3x_2 + 4x_3 = -1$$
$$3x_1 + 4x_2 + 6x_3 = 2$$
$$\mathbf{x} = (0, -7, 5)^t$$
$$\tilde{\mathbf{x}} = (-0{,}2, -7{,}5, 5{,}4)^t$$

h)
$$\begin{aligned} 0{,}04x_1 &+ 0{,}01x_2 - 0{,}01x_3 = 0{,}06 \\ 0{,}2x_1 &+ 0{,}5x_2 - 0{,}2x_3 = 0{,}3 \\ x_1 &+ 2x_2 + 4x_3 = 11 \end{aligned}$$

$$\mathbf{x} = (1{,}827586, 0{,}6551724, 1{,}965517)^t$$

$$\tilde{\mathbf{x}} = (1{,}8, 0{,}64, 1{,}9)^t$$

3. Das durch

$$\begin{bmatrix} 1 & 2 \\ 1{,}0001 & 2 \end{bmatrix} \begin{bmatrix} x_1 \\ x_2 \end{bmatrix} = \begin{bmatrix} 3 \\ 3{,}0001 \end{bmatrix}$$

gegebene Linearsystem $A\mathbf{x} = \mathbf{b}$ besitzt die Lösung $(1, 1)^t$. A sei geringfügig in

$$\begin{bmatrix} 1 & 2 \\ 0{,}9999 & 2 \end{bmatrix}$$

geändert und das Linearsystem

$$\begin{bmatrix} 1 & 2 \\ 0{,}9999 & 2 \end{bmatrix} \begin{bmatrix} x_1 \\ x_2 \end{bmatrix} = \begin{bmatrix} 3 \\ 3{,}0001 \end{bmatrix}$$

betrachtet. Berechnen Sie die neue Lösung, indem Sie auf fünf Stellen runden, und vergleichen Sie die Änderung bei A mit der Änderung bei $\mathbf{x}$.

4. Das durch

$$\begin{bmatrix} 1 & 2 \\ 1{,}00001 & 2 \end{bmatrix} \begin{bmatrix} x_1 \\ x_2 \end{bmatrix} = \begin{bmatrix} 3 \\ 3{,}00001 \end{bmatrix}$$

gegebene Linearsystem $A\mathbf{x} = \mathbf{b}$ besitzt die Lösung $(1, 1)^t$. Bestimmen Sie die Lösung des gestörten Systems

$$\begin{bmatrix} 1 & 2 \\ 1{,}000011 & 2 \end{bmatrix} \begin{bmatrix} x_1 \\ x_2 \end{bmatrix} = \begin{bmatrix} 3{,}00001 \\ 3{,}00003 \end{bmatrix},$$

indem auf sieben Stellen runden, und vergleichen Sie die Änderung bei A und $\mathbf{b}$ mit der Änderung bei $\mathbf{x}$.

5. a) Lösen Sie das folgende Linearsystem mit dem Gaußschen Algorithmus und einfacher Genauigkeit.

$$\begin{aligned} \frac{1}{3}x_1 - \frac{1}{3}x_2 - \frac{1}{3}x_3 - \frac{1}{3}x_4 - \frac{1}{3}x_5 &= 1 \\ \frac{1}{3}x_2 - \frac{1}{3}x_3 - \frac{1}{3}x_4 - \frac{1}{3}x_5 &= 0 \\ \frac{1}{3}x_3 - \frac{1}{3}x_4 - \frac{1}{3}x_5 &= -1 \\ \frac{1}{3}x_4 - \frac{1}{3}x_5 &= 2 \\ \frac{1}{3}x_5 &= 7 \end{aligned}$$

b) Berechnen Sie die Konditionszahl der Matrix des Systems bezüglich $\|\cdot\|_\infty$.

c) Bestimmen Sie die exakte Lösung des Linearsystems.

6. Die $(n \times n)$-**Hilbert-Matrix** $H^{(n)}$ ist durch

$$H_{ij}^{(n)} = \frac{1}{i+j-1}, \quad 1 \leq i, j \leq n$$

definiert und stellt eine schlechtkonditionierte Matrix dar, die beim Lösen der normalen Gleichungen für die Koeffizienten von Polynomen der Methode der kleinsten Quadrate auftritt (siehe Abschnitt 8.3).

a) Zeigen Sie, daß

$$[H^{(4)}]^{-1} = \begin{bmatrix} 16 & -120 & 240 & -140 \\ -120 & 1200 & -2700 & 1680 \\ 240 & -2700 & 6480 & -4200 \\ -140 & 1680 & -4200 & 2800 \end{bmatrix}$$

gilt, und berechnen Sie $K(H^{(4)})$ bezüglich $\|\cdot\|_\infty$.

b) Zeigen Sie, daß

$$[H^{(5)}]^{-1} = \begin{bmatrix} 52 & -300 & 1050 & -1400 & 630 \\ -300 & 4800 & -18900 & 26880 & -12600 \\ 1050 & -18900 & 79380 & -117600 & 56700 \\ -1400 & 26880 & -117600 & 179200 & -88200 \\ 630 & -12600 & 56700 & -88200 & 44100 \end{bmatrix}$$

gilt, und berechnen Sie $K(H^{(5)})$ bezüglich $\|\cdot\|_\infty$.

c) Lösen Sie das Linearsystem

$$H^{(4)} \begin{bmatrix} x_1 \\ x_2 \\ x_3 \\ x_4 \end{bmatrix} = \begin{bmatrix} 1 \\ 0 \\ 0 \\ 1 \end{bmatrix},$$

indem Sie auf drei Stellen runden, und vergleichen Sie den tatsächlichen Fehler mit der Fehlerschranke des Residuenvektors.

7.7. Methoden- und Softwareüberblick

In diesem Kapitel wurden iterative Verfahren zur Approximation der Lösung von Linearsystemen betrachtet. Begonnen wurde mit dem Jakobi- und dem Gauß-Seidel-Verfahren. Beide Methoden benötigen eine beliebige Anfangsnäherung $\mathbf{x}^{(0)}$ und erzeugen mit einer Gleichung der Form

$$\mathbf{x}^{(i+1)} = T\mathbf{x}^{(i)} + \mathbf{c}$$

eine Vektorfolge $\mathbf{x}^{(i+1)}$. Das Verfahren wird genau dann konvergieren, wenn der Spektralradius der Iterationsmatrix $\rho(T) < 1$ ist; je kleiner der Spektralradius, desto schneller ist die Konvergenz. Die Analyse des Jakobi-Verfahrens führte zum SOR-Iterationsverfahrens, das einen Parameter ω zur Beschleunigung der Konvergenz enthält.

Diese iterativen Verfahren und Modifikationen werden extensiv zum Lösen von Linearsystemen eingesetzt, die bei der numerischen Lösung von Randwertproblemen und partiellen Differentialgleichungen auftreten (siehe Kapitel 11 und 12). Diese Systeme sind oft sehr groß (in der Größenordnung von 10 000 Gleichungen und 10 000 Unbekannten) und schwach besetzt mit Elementen ungleich null an vorhersagbaren Positionen. Die iterativen Verfahren sind auch für andere schwach besetzte Systeme nützlich und lassen sich leicht für einen effizienten Computereinsatz anpassen.

Die Pakete LINPACK und LAPACK enthalten nur direkte Methoden zum Lösen von Linearsystemen. Weder die IMSL- noch die NAG-Bibliothek enthalten Unterfunktionen zum iterativen Lösen von Linearsystemen, da sie sich nicht auf Methoden für Randwertprobleme oder partielle Differentialgleichungen konzentrieren, die das Lösen von großen, schwach besetzten Systemen erfordern. Jedoch enthalten die öffentlich zugänglichen Pakete ITPACK, SLAP und SPARSPAK iterative Verfahren.

Das Konzept der Konditionszahl und schlechkonditionierter Matrizen wurde in dem letzten Abschnitt des Kapitels eingeführt. Viele der Unterfunktionen zum Lösen eines Linearsystems oder zur Zerlegung einer Matrix in seine LU-Faktorisierung beinhalten Überprüfungen für schlechtkonditionierte Matrizen und liefern auch eine Abschätzung der Konditionszahl.

Die Unterfunktion SGECO in LINPACK zerlegt die reelle Matrix A in ihre LU-Faktorisierung und liefert die Zeilenanordnung für die Permutationsmatrix P, wobei $PA = LU$ ist. Die Unterfunktion erstellt auch die Konditionszahl von A. LINPACK besitzt auch andere Unterfunktionen für spezielle Matrizen; beispielsweise führt SPOCO die Cholesky-Zerlegung einer positiv definiten Matrix A durch und schätzt ihre Konditionszahl ab.

Die IMSL-Bibliothek enthält Unterfunktionen, die die Konditionszahl abschätzen. Zum Beispiel berechnet die Unterfunktion LFCRG die LU-Faktorisierung $PA = LU$ der Matrix A und gibt auch eine Abschätzung der Konditionszahl. Die NAG-Bibliothek besitzt entsprechende Unterfunktionen.

LAPACK, LINPACK, die IMSL- und die NAG-Bibliothek besitzen Unterfunktionen, die eine Lösung eines Linearsystems verbessern, das schlechtkonditioniert ist. Die Unterfunktionen testen die Konditionszahl und verfeinern dann iterativ, um entsprechend der Rechnergenauigkeit die genauest mögliche Lösung zu liefern.

Mit MATLAB erhält man Konditionszahlen von Matrizen mit den Funktionen COND und RCOND und die Normen von Matrizen und Vektoren mit der Funktion NORM.

8. Approximationstheorie

8.1. Einleitung

Mit der Approximationstheorie lassen sich zwei Arten von Problemen behandeln: Eines tritt in Erscheinung, wenn die Funktion explizit gegeben ist, sie aber „einfacher“ dargestellt werden soll, beispielsweise mit einem Polynom. Das andere Problem betrifft die Anpassung von Funktionen auf gegebene Punkte und somit das Bestimmen der „besten“ Funktion in einer bestimmten Klasse, mit der diese Punkte dargestellt werden können. Wir wollen mit diesem Problem beginnen.

8.2. Diskrete Approximation nach der Methode der kleinsten Quadrate

Betrachtet sei das Problem, die Werte einer Funktion an nichttabellierten Stellen abzuschätzen; die experimentellen Punkte sind in Tabelle 8.1 gegeben.

Zum Interpolieren benötigt man eine Funktion, die die Werte von y_i in x_i für alle $i = 1, 2, \ldots, 10$ annimmt. Abbildung 8.1 stellt die Werte aus Tabelle 8.1 graphisch dar. Aufgrund dieser Darstellung scheint die Beziehung zwischen x und y linear zu sein. Da aber die Werte mit einem experimentellen Fehler behaftet sind, ist es unwahrscheinlich, daß die Punkte durch eine Gerade angepaßt werden können. In diesem Fall ist es unvernünftig zu fordern, daß die Näherungsfunktion genau mit den gegebenen Punkten übereinstimmt; tatsächlich würde solch eine Funktion Oszillationen einführen, die nicht vorhanden sind. Ein besserer Ansatz für ein Problem dieses Typs besteht darin, die „beste“ Näherungsgerade zu bestimmen, selbst wenn sie nicht genau mit jedem Datenpunkt übereinstimmt.

$ax_i + b$ bezeichne den i-ten Wert auf der Näherungsgeraden und y_i den i-ten gegebenen y-Wert. Das Bestimmen der Gleichung der besten linearen Approxi-

Tabelle 8.1

x_i	y_i
1	1,3
2	3,5
3	4,2
4	5,0
5	7,0
6	8,8
7	10,1
8	12,5
9	13,0
10	15,6

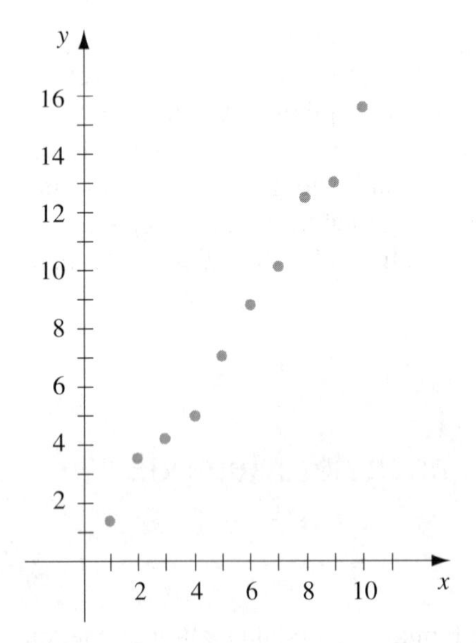

Abb. 8.1

mation im absoluten Sinne fordert, daß die gefundenen Werte von a und b

$$E_\infty(a, b) = \max_{i=1,2,\ldots,10} \{|y_i - (ax_i + b)|\}$$

minimieren. Dies wird allgemein **Minimaxproblem** genannt und kann nicht mit elementaren Verfahren gehandhabt werden. Bei einem weiteren Ansatz zur Bestimmung der besten linearen Approximation werden die Werte a und b derart bestimmt, daß

$$E_1(a, b) = \sum_{i=1}^{10} |y_i - (ax_i + b)|$$

minimal wird. Diese Größe heißt absolute Abweichung. Um eine Funktion zweier Variablen zu minimieren, müssen ihre partiellen Ableitungen gleich null gesetzt und die daraus resultierenden Gleichungen gelöst werden. Im Fall der absoluten Abweichung bedeutet dies, daß man a und b mit

$$0 = \frac{\partial}{\partial a} \sum_{i=1}^{10} |y_i - (ax_i + b)| \quad \text{und} \quad 0 = \frac{\partial}{\partial b} \sum_{i=1}^{10} |y_i - (ax_i + b)|$$

bestimmt. Die Schwierigkeit bei diesem Verfahren liegt darin, daß die Betragsfunktion nicht an der Stelle null differenzierbar ist, und somit die Lösungen dieses Gleichungspaares nicht zwangsläufig erhalten werden können.

Die Methode der kleinsten Quadrate bestimmt die beste Näherungsgerade, indem der Fehler der Quadratsumme der Differenzen zwischen den y-Werten auf der Näherungsgeraden und den gegebenen y-Werten betrachtet wird. Daher müssen die Konstanten a und b derart bestimmt werden, daß der *totale Fehler der Methode der kleinsten Quadrate minimiert* wird:

$$E_2(a, b) = \sum_{i=1}^{10} [y_i - (ax_i + b)]^2.$$

Die Methode der kleinsten Quadrate eignet sich am besten dazu, die günstigste lineare Approximation zu bestimmen, und auch theoretisch wird diese Methode favorisiert. Der Minimax-Ansatz legt zuviel Gewicht auf einige wenige Punkte, die stark abweichen, wohingegen die Methode der absoluten Abweichung einfach den Fehler an den unterschiedlichen Punkten mittelt und nicht hinreichend Gewicht auf einen Punkt legt, der schlecht paßt. Die Methode der kleinsten Quadrate legt wesentlich mehr Gewicht auf einen solchen Ausreißer, verhindert aber, daß dieser Punkt die Approximation vollständig beherrscht.

Für das Bestimmen der besten Ausgleichsgeraden nach der Methode der kleinsten Quadrate besteht die allgemeine Problematik darin, den totalen Fehler $E_2(a, b) = \sum_{i=1}^{m} [y_i - (ax_i + b)]^2$ bezüglich der Parameter a und b zu minimieren. Liegt ein Minimum vor, muß

$$0 = \frac{\partial}{\partial a} \sum_{i=1}^{m} [y_i - (ax_i + b)]^2 = 2 \sum_{i=1}^{m} (y_i - ax_i - b)(-x_i)$$

und

$$0 = \frac{\partial}{\partial b} \sum_{i=1}^{m} (y_i - ax_i - b)^2 = 2 \sum_{i=1}^{m} (y_i - ax_i - b)(-1)$$

gelten.

Diese Gleichungen werden zu den **Normalgleichungen**

$$a \sum_{i=1}^{m} x_i^2 + b \sum_{i=1}^{m} x_i = \sum_{i=1}^{n} x_i y_i \quad \text{und} \quad a \sum_{i=1}^{m} x_i + b \cdot m = \sum_{i=1}^{m} y_i$$

vereinfacht. Die Lösung dieses Systems lautet wie folgt:

Methode der kleinsten Quadrate

Die lineare Lösung nach der Methode der kleinsten Quadrate einer gegebenen Wertemenge (x_i, y_i) für $i = 1, 2, \ldots, m$ besitzt die Form $y = ax + b$, wenn

$$a = \frac{m(\sum_{i=1}^m x_i y_i) - (\sum_{i=1}^m x_i)(\sum_{i=1}^m y_i)}{m(\sum_{i=1}^m x_i^2) - (\sum_{i=1}^m x_i)^2}$$

und

$$b = \frac{(\sum_{i=1}^m x_i^2)(\sum_{i=1}^m y_i) - (\sum_{i=1}^m x_i y_i)(\sum_{i=1}^m x_i)}{m(\sum_{i=1}^m x_i^2) - (\sum_{i=1}^m x_i)^2}$$

gilt.

Beispiel 1. Betrachtet seien die in Tabelle 8.1 aufgelisteten Punkte. Um die Gerade nach der Methode der kleinsten Quadrate zu bestimmen, die diese Punkte approximiert, wird die Tabelle, wie in der dritten und vierten Spalte von Tabelle 8.2 gezeigt, erweitert und die Spalten werden jeweils aufaddiert.

Tabelle 8.2

x_i	y_i	x_i^2	$x_i y_i$	$P(x_i) = 1{,}538x_i - 0{,}360$
1	1,3	1	1,3	1,18
2	3,5	4	7,0	2,72
3	4,2	9	12,6	4,25
4	5,0	16	20,0	5,79
5	7,0	25	35,0	7,33
6	8,8	36	52,8	8,87
7	10,1	49	70,7	10,41
8	12,5	64	100,0	11,94
9	13,0	81	117,0	13,48
10	15,6	100	156,0	15,02
55	81,0	385	572,4	$E = \sum_{i=1}^{10}(y_i - P(x_i))^2 \approx 2{,}34$

Lösen der Normalgleichungen liefert

$$a = \frac{10(572{,}4) - 55(81)}{10(385) - (55)^2} = 1{,}538$$

und

$$b = \frac{385(81) - 55(572{,}4)}{10(385) - (55)^2} = -0{,}360.$$

Das Bild dieser Geraden und die Datenpunkte findet man in Abbildung 8.2. Die nach der Methode der kleinsten Quadrate approximierten Werte an den Stützstellen sind in der letzten Spalte von Tabelle 8.2 gegeben.

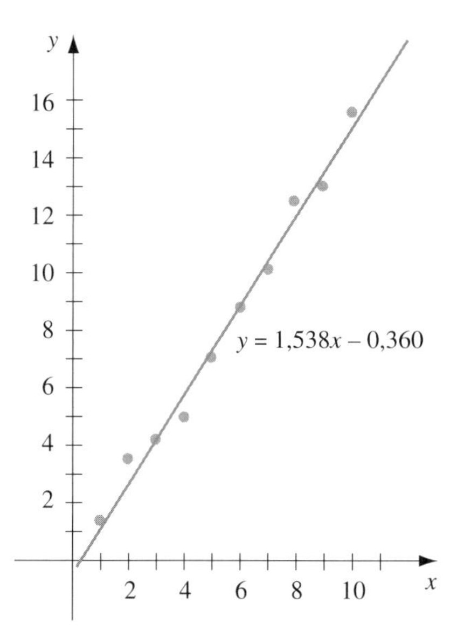

Abb. 8.2

Die Problematik, eine Datenmenge $\{(x_i, y_i) | i = 1, 2, \ldots, m\}$ mit einem algebraischen Polynom $P_n(x) = \sum_{k=0}^{n} a_k x^k$ vom Grade $n < m - 1$ nach der Methode der kleinsten Quadrate zu approximieren, wird entsprechend gehandhabt. Die Konstanten $a_0, a_1, \ldots, a_n$ müssen derart ausgewählt werden, daß der *Gesamtfehler der Methode der kleinsten Quadrate* minimiert wird:

$$E = \sum_{i=1}^{m} (y_i - P_n(x_i))^2.$$

Damit E minimal wird, ist es notwendig, daß $\partial E / \partial a_j = 0$ für jedes $j = 0, 1, \ldots, n$ ist. Dies ergibt $n+1$ **Normalgleichungen** mit $n+1$ Unbekannten a_j

$$
\begin{aligned}
a_0 \sum_{i=1}^{m} x_i^0 + a_1 \sum_{i=1}^{m} x_i^1 + a_2 \sum_{i=1}^{m} x_i^2 + \ldots + a_n \sum_{i=1}^{m} x_i^n &= \sum_{i=1}^{m} y_i x_i^0, \\
a_0 \sum_{i=1}^{m} x_i^1 + a_1 \sum_{i=1}^{m} x_i^2 + a_2 \sum_{i=1}^{m} x_i^3 + \ldots + a_n \sum_{i=1}^{m} x_i^{n+1} &= \sum_{i=1}^{m} y_i x_i^1, \\
&\vdots \\
a_0 \sum_{i=1}^{m} x_i^n + a_1 \sum_{i=1}^{m} x_i^{n+1} + a_2 \sum_{i=1}^{m} x_i^{n+2} + \ldots + a_n \sum_{i=1}^{m} x_i^{2n} &= \sum_{i=1}^{m} y_i x_i^n.
\end{aligned}
$$

Die Normalgleichungen besitzen eine eindeutige Lösung, vorausgesetzt, daß die x_i verschieden sind.

Beispiel 2. Es werden die Punkte aus den ersten beiden Zeilen von Tabelle 8.3 nach der Methode der kleinsten Quadrate mit dem diskreten, quadratischen Polynom angepaßt. Für dieses Problem sind $n = 2$, $m = 5$ und die drei Normalgleichungen

$$
\begin{aligned}
5a_0 + \quad 2{,}5a_1 + \quad 1{,}875a_2 &= 8{,}7680, \\
2{,}5a_0 + \quad 1{,}875a_1 + 1{,}5625a_2 &= 5{,}4514, \\
1{,}875a_0 + 1{,}5625a_1 + 1{,}3828a_2 &= 4{,}4015.
\end{aligned}
$$

Die Lösung dieses Systems lautet

$$a_0 = 1{,}0052, \quad a_1 = 0{,}8641, \quad a_2 = 0{,}8437.$$

Tabelle 8.3

i	**1**	**2**	**3**	**4**	**5**
x_i	0	0,25	0,50	0,75	1,00
y_i	1,0000	1,2840	1,6487	2,1170	2,7183
$P(x_i)$	1,0052	1,2740	1,6482	2,1279	2,7130
$y_i - P(x_i)$	−0,0052	0,0100	0,0005	−0,0109	0,0053

Damit erhält man das in Abbildung 8.3 gezeigte quadratische Ausgleichspolynom $P_2(x) = 1{,}0052 + 0{,}8641x + 0{,}8437x^2$. An den gegebenen Stützstellen x_i erhält man die in Tabelle 8.3 gezeigten Approximationen.

Der totale Fehler

$$\sum_{i=1}^{5} (y_i - P(x_i))^2 = 2{,}76 \cdot 10^{-4}$$

ist der kleinstmögliche, der mit einem quadratischen Polynom erhalten wird.

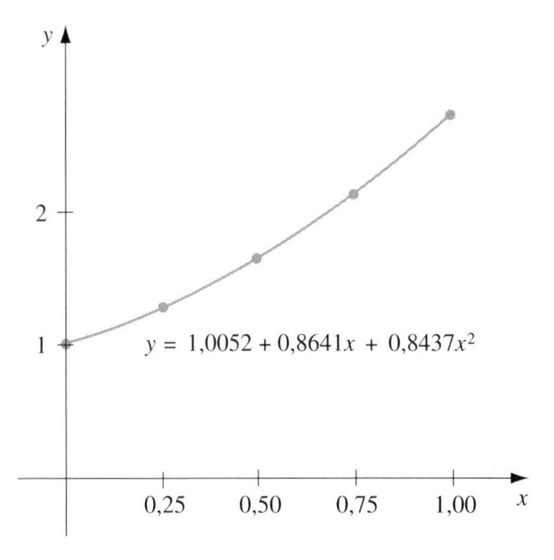

Abb. 8.3

Übungsaufgaben

1. Berechnen Sie nach der Methode der kleinsten Quadrate das lineare Polynom für die Punkte aus Beispiel 2.

2. Berechnen Sie nach der Methode der kleinsten Quadrate das quadratische Polynom für die Punkte aus Beispiel 1 und vergleichen Sie den Gesamtfehler der beiden Polynome.

3. Bestimmen Sie nach der Methode der kleinsten Quadrate die Polynome ersten, zweiten und dritten Grades für die in der folgenden Tabelle gegebenen Punkte. Berechnen Sie in jedem Fall den Gesamtfehler. Stellen Sie die Punkte und die Polynome graphisch dar.

x_i	1,0	1,1	1,3	1,5	1,9	2,1
y_i	1,84	1,96	2,21	2,45	2,94	3,18

4. Bestimmen Sie nach der Methode der kleinsten Quadrate die Polynome vom Grade eins, zwei und drei für die in der folgenden Tabelle gegebenen Punkte. Berechnen Sie in jedem Fall den Gesamtfehler. Stellen Sie die Punkte und die Polynome graphisch dar.

x_i	0	0,15	0,31	0,5	0,6	0,75
y_i	1,0	1,004	1,031	1,117	1,223	1,422

5. Gegeben seien die folgenden Punkte:

x_i	4,0	4,2	4,5	4,7	5,1
y_i	102,56	113,18	130,11	142,05	167,53

x_i	5,5	5,9	6,3	6,8	7,1
y_i	195,14	224,87	256,73	299,50	326,72

a) Konstruieren Sie die lineare Approximation nach der Methode der kleinsten Quadrate und berechnen Sie den Gesamtfehler.

b) Konstruieren Sie die quadratische Approximation nach der Methode der kleinsten Quadrate und berechnen Sie den Gesamtfehler.

c) Konstruieren Sie die Approximation dritten Grades nach der Methode der kleinsten Quadrate und berechnen Sie den Gesamtfehler.

6. Wiederholen Sie Übung 5 mit den folgenden Punkten:

x_i	0,2	0,3	0,6	0,9	1,1
y_i	0,050446	0,098426	0,33277	0,72660	1,0972

x_i	1,3	1,4	1,6
y_i	1,5697	1,8487	2,5015

7. Die folgende Tabelle listet die durchschnittlichen Studienabschlußnoten von 20 Mathematikern und Informatikern auf zusammen mit den Punkten, die diese Studenten im mathematischen Teil des ACT-Tests (American College Testing Program) während der High-School erreicht hatten. Stellen Sie die Punkte graphisch dar und bestimmen Sie nach der Methode der kleinsten Quadrate die Gleichung der Geraden für diese Punkte.

ACT-Punkte	durchschnittliche Studienabschlußnote	ACT-Punkte	durchschnittliche Studienabschlußnote
28	3,84	29	3,75
25	3,21	28	3,65
28	3,23	27	3,87
27	3,63	29	3,75
28	3,75	21	1,66
33	3,20	28	3,12
28	3,41	28	2,96
29	3,38	26	2,92
23	3,53	30	3,10
27	2,03	24	2,81

8. Um eine funktionelle Beziehung zwischen dem Dämpfungskoeffizienten und der Dichte einer Taconitprobe zu bestimmen, paßte V. P. Singh eine Datenmenge nach der Methode der kleinsten Quadrate mit einem linearen Polynom an. Die Datenpunkte der folgenden Tabelle stammen aus diesem Aufsatz. Bestimmen Sie die beste lineare Approximation dieser Punkte nach der Methode der kleinsten Quadrate.

Dicke (cm)	Dämpfungskoeffizient (dB/cm)
0,040	26,5
0,041	28,1
0,055	25,2
0,056	26,0
0,062	24,0
0,071	25,0
0,071	26,4
0,078	27,2
0,082	25,6
0,090	25,0
0,092	26,8
0,100	24,8
0,105	27,0
0,120	25,0
0,123	27,3
0,130	26,9
0,140	26,2

8.3. Gleichmäßige Approximation nach der Methode der kleinsten Quadrate

Angenommen, es sei $f \in C[a,b]$ und man möchte P_n, ein Polynom vom Grade höchstens gleich n bestimmen, um den Fehler

$$\int_a^b (f(x) - P_n(x))^2 \mathrm{d}x$$

zu minimieren. Wie im vorigen Abschnitt wird nach der Methode der kleinsten Quadrate ein Näherungspolynom, das heißt die Zahlen $a_0, a_1, \ldots, a_n$, bestimmt, um den Ausdruck für den *Gesamtfehler*

$$E(a_0,a_1,\ldots,a_n) = \int_a^b \left(f(x) - \sum_{k=0}^{n} a_k x^k\right)^2 \mathrm{d}x$$

zu minimieren, wobei

$$P_n(x) = a_n x^n + a_{n-1} x^{n-1} + \ldots + a_1 x + a_0 = \sum_{k=0}^{n} a_k x^k$$

ist.

Eine notwendige Bedingung für die Minimierung des Gesamtfehlers E durch $a_0, a_1, \ldots, a_n$ ist, daß

$$\frac{\partial E}{\partial a_j} = 0 \quad \text{für jedes } j = 0, 1, \ldots, n$$

gilt. Da

$$E = \int_a^b [f(x)]^2 \mathrm{d}x - 2\sum_{k=0}^{n} a_k \int_a^b x^k f(x)\mathrm{d}x + \int_a^b \left(\sum_{k=0}^{n} a_k x^k\right)^2 \mathrm{d}x$$

ist, gilt

$$\frac{\partial E}{\partial a_j} = -2\int_a^b x^j f(x)\mathrm{d}x + 2\sum_{k=0}^{n} a_k \int_a^b x^{j+k}\mathrm{d}x.$$

Setzt man diese Gleichungen gleich null und ordnet sie neu an, dann erhält man die $(n+1)$ linearen **Normalgleichungen**

$$\sum_{k=0}^{n} a_k \int_a^b x^{j+k}\mathrm{d}x = \int_a^b x^j f(x)\mathrm{d}x \quad \text{für alle } j = 0, 1, \ldots, n,$$

die nach den $(n+1)$ Unbekannten a_j aufgelöst werden müssen. Die Normalgleichungen besitzen eine eindeutige Lösung, vorausgesetzt, daß $f \in C[a, b]$ gilt.

Beispiel 1. Bestimmen Sie nach der Methode der kleinsten Quadrate das quadratische Näherungspolynom für die Funktion $f(x) = \sin \pi x$ auf dem Intervall $[0, 1]$. Die Normalgleichungen für $P_2(x) = a_2 x^2 + a_1 x + a_0$ sind

$$\begin{aligned}
a_0 \int_0^1 1\mathrm{d}x + a_1 \int_0^1 x\mathrm{d}x + a_2 \int_0^1 x^2\mathrm{d}x &= \int_0^1 \sin \pi x\mathrm{d}x,\\
a_0 \int_0^1 x\mathrm{d}x + a_1 \int_0^1 x^2\mathrm{d}x + a_2 \int_0^1 x^3\mathrm{d}x &= \int_0^1 x \sin \pi x\mathrm{d}x,\\
a_0 \int_0^1 x^2\mathrm{d}x + a_1 \int_0^1 x^3\mathrm{d}x + a_2 \int_0^1 x^4\mathrm{d}x &= \int_0^1 x^2 \sin \pi x\mathrm{d}x.
\end{aligned}$$

Nach Integration erhält man

$$a_0 + \frac{1}{2}a_1 + \frac{1}{3}a_2 = \frac{2}{\pi}, \quad \frac{1}{2}a_0 + \frac{1}{3}a_1 + \frac{1}{4}a_2 = \frac{1}{\pi},$$
$$\frac{1}{3}a_0 + \frac{1}{4}a_1 + \frac{1}{5}a_2 = \frac{\pi^2 - 4}{\pi^3}.$$

Diese drei Gleichungen mit drei Unbekannten können gelöst werden:

$$a_0 = \frac{12\pi^2 - 120}{\pi^3} \approx -0{,}050465$$

und

$$a_1 = -a_2 = \frac{720 - 60\pi^2}{\pi^3} \approx 4{,}12251.$$

Folglich ist nach der Methode der kleinsten Quadrate das quadratische Näherungspolynom für $f(x) = \sin \pi x$ auf $[0,1]$ $P_2(x) = -4{,}12251x^2 + 4{,}12251x - 0{,}050465$. (Siehe Abbildung 8.4.) □

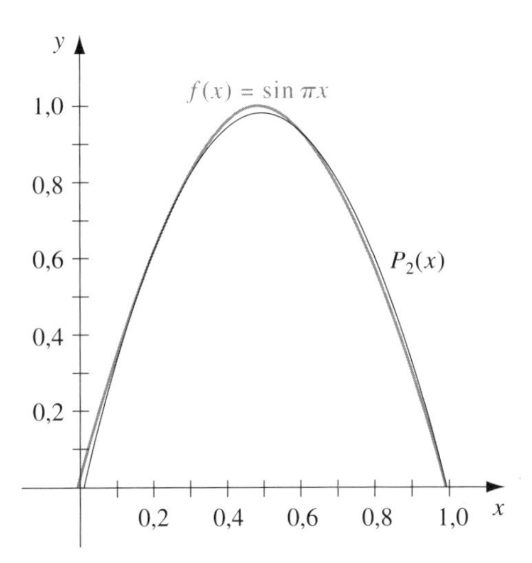

Abb. 8.4

Beispiel 1 verdeutlicht die Schwierigkeit, nach der Methode der kleinsten Quadrate eine Polynomnäherung zu erhalten. Ein $(n+1) \times (n+1)$-Linearsystem mit den Unbekannten $a_0, \ldots, a_n$ muß gelöst werden, wobei die Koeffizienten in dem Linearsystem die Form

$$\int_a^b x^{j+k} \mathrm{d}x = \frac{b^{j+k+1} - a^{j+k+1}}{j+k+1}$$

besitzen. Die Matrix in dem Linearsystem heißt **Hilbert-Matrix.** Dies ist ein klassisches Beispiel, um Schwierigkeiten mit dem Rundungsfehler zu veranschaulichen; kein Pivot-Verfahren liefert befriedigende Ergebnisse.

Ein weiterer Nachteil des Verfahrens in Beispiel 1 entspricht der Situation, bei der im Abschnitt 3.2 erstmals die Lagrangeschen Polynome eingeführt wurden. Die Berechnungen für das beste Polynom vom Grade n verringern nicht den Aufwand, das beste Polynom eines höheren Grades zu berechnen. Beide Probleme können gelöst werden, indem man von einem Verfahren Gebrauch macht, das die $n+1$ Gleichungen mit $n+1$ Unbekannten auf $n+1$ Gleichungen verringert, von denen jede nur eine Unbekannte enthält. Damit vereinfacht sich das Problem zu einem, das leicht gelöst werden kann; das erfordert aber die Einführung einiger neuer Begriffe.

Die Menge der Funktionen $\{\phi_0, \phi_1, \ldots, \phi_n\}$ heißt **linear unabhängig** auf $[a, b]$, falls

$$c_0\phi_0(x) + c_1\phi_1(x) + \ldots + c_n\phi_n(x) = 0 \qquad \text{für alle} \quad x \in [a, b]$$

nur mit $c_0 = c_1 = \ldots = c_n = 0$ existiert. Anderenfalls heißt die Menge der Funktionen **linear abhängig.**

Linear unabhängige Funktionsmengen besitzen für diese Diskussion elementare Bedeutung und da die für die Approximation verwendeten Funktionen Polynome sind, ist das folgende Ergebnis grundlegend:

Linear unabhängige Polynommengen

Falls ϕ_j ein Polynom vom Grade j für jedes $j = 0, 1, \ldots, n$ darstellt, ist $\{\phi_0, \ldots, \phi_n\}$ linear unabhängig auf jedem Intervall $[a, b]$.

Die im folgenden Beispiel betrachtete Situation veranschaulicht einen allgemeinen Sachverhalt. Π_n sei die **Menge aller Polynome vom Grade höchstens gleich n**. Ist $\{\phi_0, \phi_1, \ldots, \phi_n\}$ eine Menge von linear unabhängigen Polynomen in Π_n, dann kann jedes Polynom in Π_n eindeutig als eine Linearkombination von $\{\phi_0, \phi_1, \ldots, \phi_n\}$ geschrieben werden.

Beispiel 2. Es sei $\phi_0(x) = 2$, $\phi_1(x) = x - 3$ und $\phi_2(x) = x^2 + 2x + 7$. Dann ist $\{\phi_0, \phi_1, \phi_2\}$ linear unabhängig auf jedem Intervall $[a, b]$. Angenommen, es sei $Q(x) = a_0 + a_1x + a_2x^2$. Es soll gezeigt werden, daß es die Konstanten c_0, c_1 und c_2 mit der Eigenschaft gibt, daß $Q(x) = c_0\phi_0(x) + c_1\phi_1(x) + c_2\phi_2(x)$ ist. Man beachte, daß

$$1 = \frac{1}{2}\phi_0(x), \quad x = \phi_1(x) + 3 = \phi_1(x) + \frac{3}{2}\phi_0(x)$$

und

$$\begin{aligned} x^2 &= \phi_2(x) - 2x - 7 = \phi_2(x) - 2\left[\phi_1(x) + \frac{3}{2}\phi_0(x)\right] - 7\left[\frac{1}{2}\phi_0(x)\right] \\ &= \phi_2(x) - 2\phi_1(x) - \frac{13}{2}\phi_0(x) \end{aligned}$$

ist. Daher gilt

$$\begin{aligned} Q(x) &= a_0 \left[\frac{1}{2}\phi_0(x)\right] + a_1 \left[\phi_1(x) + \frac{3}{2}\phi_0(x)\right] \\ &\quad + a_2 \left[\phi_2(x) - 2\phi_1(x) - \frac{13}{2}\phi_0(x)\right] \\ &= \left[\frac{1}{2}a_0 + \frac{3}{2}a_1 - \frac{13}{2}a_2\right]\phi_0(x) + [a_1 - 2a_2]\phi_1(x) + a_2\phi_2(x), \end{aligned}$$

so daß jedes quadratische Polynom als eine Linearkombination der Funktionen ϕ_0, ϕ_1 und ϕ_2 ausgedrückt werden kann. □

Um die allgemeine Approximation von Funktionen zu diskutieren, müssen die Begriffe der Gewichtsfunktion und Orthogonalität eingeführt werden.

Eine integrierbare Funktion w heißt **Gewichtsfunktion** auf dem Intervall I, falls $w(x) \geq 0$ für alle x in I und falls w auf jedem Teilintervall von I ungleich null ist.

Die Gewichtsfunktion dient dazu, den Approximationen auf bestimmten Teilen des Intervalls unterschiedliche Bedeutung zu verleihen. Beispielsweise betont die Gewichtsfunktion

$$w(x) = \frac{1}{\sqrt{1 - x^2}}$$

weniger die Mitte des Intervalls $(-1, 1)$, als wenn $|x|$ nahe 1 liegt (siehe Abbildung 8.5). Diese Gewichtsfunktion wird im nächsten Abschnitt eingesetzt.

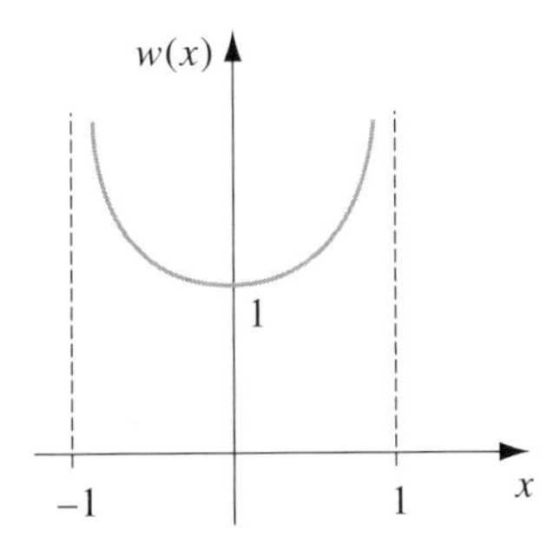

Abb. 8.5

Angenommen, $\{\phi_0, \phi_1, \ldots, \phi_n\}$ sei eine Menge linear unabhängiger Funktionen auf $[a, b]$, w sei eine Gewichtsfunktion für $[a, b]$ und eine Linearkombination

$$P(x) = \sum_{k=0}^{n} a_k\phi_k(x)$$

versucht, den Fehler

$$E(a_0, \ldots, a_n) = \int_a^b w(x) \left[f(x) - \sum_{k=0}^{n} a_k \phi_k(x) \right]^2 \mathrm{d}x$$

für $f \in C[a, b]$ zu minimieren. Dieses Problem kann auf die Situation zurückgeführt werden, die am Beginn dieses Abschnitts betrachtet wurde, wo in dem speziellen Fall $w(x) \equiv 1$ und $\phi_k(x) = x^k$ für alle $k = 0, 1, \ldots, n$ galt. Die mit diesem Problem verknüpften Normalgleichungen werden aus der Tatsache hergeleitet, daß für alle $j = 0, 1, \ldots, n$

$$0 = \frac{\partial E}{\partial a_j} = 2 \int_a^b w(x) \left[f(x) - \sum_{k=0}^{n} a_k \phi_k(x) \right] \phi_j(x) \mathrm{d}x$$

gilt. Das System der Normalgleichungen kann als

$$\int_a^b w(x) f(x) \phi_j(x) \mathrm{d}x = \sum_{k=0}^{n} a_k \int_a^b w(x) \phi_k(x) \phi_j(x) \mathrm{d}x$$

für jedes $j = 0, 1, \ldots, n$ geschrieben werden. Werden die Funktionen $\phi_0, \phi_1, \ldots, \phi_n$ derart gewählt, daß

$$\int_a^b w(x) \phi_k(x) \phi_j(x) \mathrm{d}x = \begin{cases} 0 & \text{für } j \neq k, \\ \alpha_k > 0 & \text{für } j = k \end{cases} \tag{8.1}$$

für beliebige Zahlen α_k ist, dann reduzieren sich die Normalgleichungen zu

$$\int_a^b w(x) f(x) \phi_j(x) \mathrm{d}x = a_j \int_a^b w(x) [\phi_j(x)]^2 \mathrm{d}x = a_j \alpha_j$$

für jedes $j = 0, 1, \ldots, n$ und können leicht gelöst werden:

$$a_j = \frac{1}{\alpha_j} \int_a^b w(x) f(x) \phi_j(x) \mathrm{d}x.$$

Daher sind die Approximationen nach der Methode der kleinsten Quadrate viel einfacher zu erhalten, wenn die Funktionen $\phi_0, \phi_1, \ldots, \phi_n$ derart gewählt werden, daß sie Gleichung (8.1) genügen.

Die Menge der Funktionen $\{\phi_0, \phi_1, \ldots, \phi_n\}$ heißt **orthogonal** für das Intervall $[a, b]$ und für die Gewichtsfunktion w, falls

$$\int_a^b w(x)\phi_j(x)\phi_k(x)\,\mathrm{d}x = \begin{cases} 0 & \text{für } j \neq k, \\ \alpha_k > 0 & \text{für } j = k \end{cases}$$

ist. Falls zusätzlich $\alpha_k = 1$ für jedes $k = 0, 1, \ldots, n$ ist, heißt die Menge **orthonormal.**

Aus dieser Definition folgt zusammen mit den vorangegangenen Bemerkungen:

Methode der kleinsten Quadrate für orthogonale Funktionen

Falls $\{\phi_0, \phi_1, \ldots, \phi_n\}$ eine orthogonale Menge von Funktionen auf dem Intervall $[a, b]$ für die Gewichtsfunktion w ist, dann gilt für die Approximation nach der Methode der kleinsten Quadrate von f auf $[a, b]$ für w

$$P(x) = \sum_{k=0}^{n} a_k \phi_k(x),$$

wobei

$$a_k = \frac{\int_a^b w(x)\phi_k(x) f(x)\mathrm{d}x}{\int_a^b w(x)[\phi_k(x)]^2\mathrm{d}x} = \frac{1}{\alpha_k}\int_a^b w(x)\phi_k(x) f(x)\mathrm{d}x$$

ist.

Das nächste Ergebnis, das auf dem Orthogonalisierungsverfahren von *Gram-Schmidt* basiert, beschreibt ein rekursives Verfahren, um orthogonale Polynome auf $[a, b]$ für die Gewichtsfunktion w zu konstruieren.

Rekursiv erzeugte orthogonale Polynome

Die im folgenden definierte Menge der Polynome $\{\phi_0, \phi_1, \ldots, \phi_n\}$ ist linear unabhängig und auf $[a, b]$ für die Gewichtsfunktion orthogonal. Es sei

$$\phi_0(x) \equiv 1, \quad \phi_1(x) = x - B_1,$$

wobei

$$B_1 = \frac{\int_a^b x w(x)[\phi_0(x)]^2 \mathrm{d}x}{\int_a^b w(x)[\phi_0(x)]^2 \mathrm{d}x}$$

ist, und für $k \geq 2$ gilt

$$\phi_k(x) = (x - B_k)\phi_{k-1}(x) - C_k\phi_{k-2}(x),$$

wobei

$$B_k = \frac{\int_a^b x w(x)[\phi_{k-1}(x)]^2 \mathrm{d}x}{\int_a^b w(x)[\phi_{k-1}(x)]^2 \mathrm{d}x}$$

und

$$C_k = \frac{\int_a^b x w(x)\phi_{k-1}(x)\phi_{k-2}(x) \mathrm{d}x}{\int_a^b w(x)[\phi_{k-2}(x)]^2 \mathrm{d}x}$$

ist. Darüber hinaus gilt für beliebige Polynome vom Grade $k < n$

$$\int_a^b w(x)\phi_n(x)Q_k(x)\mathrm{d}x = 0.$$

Beispiel 3. Die Menge der **Legendreschen Polynome** $\{P_n\}$ ist auf $[-1, 1]$ für die Gewichtsfunktion $w(x) \equiv 1$ orthogonal. Die klassische Definition der Legendreschen Polynome fordert, daß $P_n(1) = 1$ für jedes n ist, die Polynome für $n \geq 2$ können rekursiv erzeugt werden. Diese Normierung wird in dieser Diskussion nicht benötigt, die nach der Methode der kleinsten Quadrate erzeugten Näherungspolynome sind im wesentlichen die gleichen. Mit dem rekursiven Verfahren und $P_0(x) \equiv 1$ erhält man

$$B_1 = \frac{\int_{-1}^1 x \,\mathrm{d}x}{\int_{-1}^1 \mathrm{d}x} = 0 \quad \text{und} \quad P_1(x) = (x - B_1)P_0(x) = x.$$

Also ist

$$B_2 = \frac{\int_{-1}^1 x^3 \mathrm{d}x}{\int_{-1}^1 x^2 \mathrm{d}x} = 0 \quad \text{und} \quad C_2 = \frac{\int_{-1}^1 x^2 \mathrm{d}x}{\int_{-1}^1 1 \mathrm{d}x} = \frac{1}{3}$$

und somit

$$P_2(x) = (x - B_2)P_1(x) - C_2P_0(x) = (x - 0)x - \tfrac{1}{3} \cdot 1 = x^2 - \tfrac{1}{3}.$$

Höhere Legendresche Polynome werden entsprechend hergeleitet. Die nächsten drei sind $P_3(x) = x^3 - \left(\frac{3}{5}\right) x$, $P_4(x) = x^4 - \left(\frac{6}{7}\right) x^2 + \frac{3}{35}$ und $P_5(x) = \frac{10x^3}{9} + \frac{5x}{21}$. Abbildung 8.6 zeigt die Kurven dieser Polynome. □

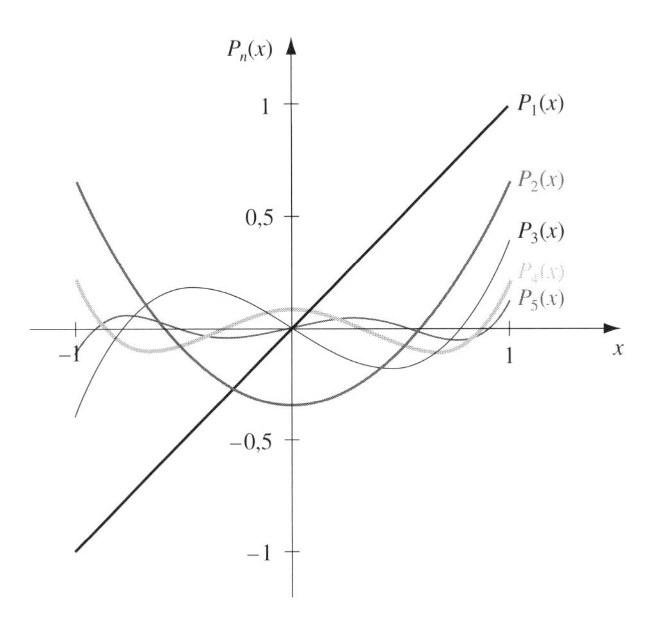

Abb. 8.6

Übungsaufgaben

1. Bestimmen Sie die lineare Polynomnäherung nach der Methode der kleinsten Quadrate von $f(x)$ auf dem angegebenen Intervall.

a) $f(x) = x^2 + 3x + 2, \quad [0, 1]$

b) $f(x) = x^3, \quad [0, 2]$

c) $f(x) = \frac{1}{x}, \quad [1, 3]$

d) $f(x) = e^x, \quad [0, 2]$

e) $f(x) = \frac{1}{2} \cos x + \frac{1}{3} \sin 2x, \quad [0, 1]$

f) $f(x) = x \ln x, \quad [1, 3]$.

2. Bestimmen Sie die quadratische Polynomnäherung nach der Methode der kleinsten Quadrate für die in Übung 1 gegebenen Funktionen und Intervalle.

3. Bestimmen Sie die lineare Polynomnäherung nach der Methode der kleinsten Quadrate auf dem Intervall $[-1, 1]$ für die folgenden Funktionen:

a) $f(x) = x^2 - 2x + 3$

b) $f(x) = x^3$

c) $f(x) = \frac{1}{x+2}$

d) $f(x) = e^x$

e) $f(x) = \frac{1}{2}\cos x + \frac{1}{3}\sin 2x$

f) $f(x) = \ln(x+2)$

4. Bestimmen Sie die quadratische Polynomnäherung nach der Methode der kleinsten Quadrate auf dem Intervall $[-1, 1]$ für die in Übung 3 gegebenen Funktionen.

5. Berechnen Sie den Gesamtfehler der Approximationen in Übung 3.

6. Berechnen Sie den Gesamtfehler der Approximationen in Übung 4.

7. Konstruieren Sie mit dem Orthogonalisierungsverfahren von Gram-Schmidt $\phi_0(x)$, $\phi_1(x)$, $\phi_2(x)$ und $\phi_3(x)$ für die folgenden Intervalle:

a) $[0, 1]$

b) $[0, 2]$

c) $[1, 3]$

8. Wiederholen Sie Übung 1 mit den Ergebnissen aus Übung 7.

9. Wiederholen Sie Übung 2 mit den Ergebnissen aus Übung 7.

10. Bestimmen Sie mit den Ergebnissen aus Übung 7 die Polynomnäherung dritten Grades nach der Methode der kleinsten Quadrate für die in Übung 1 gegebenen Funktionen.

11. Berechnen Sie mit dem Orthogonalisierungsverfahren von Gram-Schmidt L_1, L_2 und L_3, wobei $\{L_0, L_1, L_2, L_3\}$ eine orthogonale Menge von Polynomen auf $(0, \infty)$ für die Gewichtsfunktion $w(x) = e^{-x}$ und $L_0(x) \equiv 1$ ist. Die so erhaltenen Polynome heißen **Laguerre-Polynome**.

12. Berechnen Sie mit den in Übung 11 erhaltenen Laguerre-Polynomen die Polynome ersten, zweiten und dritten Grades nach der Methode der kleinsten Quadrate auf dem Intervall $(0, \infty)$ für die Gewichtsfunktion $w(x) = e^{-x}$ und die folgenden Funktionen:

a) $f(x) = x^2$

b) $f(x) = e^{-x}$

c) $f(x) = x^3$

d) $f(x) = e^{-2x}$

8.4. Tschebyschew-Polynome

Die **Tschebyschew-Polynome** $\{T_n\}$ sind auf $(-1,1)$ für die Gewichtsfunktion $w(x) = (1 - x^2)^{-1/2}$ orthogonal. Obwohl sie nach der Methode im vorigen Abschnitt hergeleitet werden können, ist es leichter, sie zu definieren und dann zu zeigen, daß sie den geforderten Orthogonalitätseigenschaften genügen.

Für $x \in [-1, 1]$ sei

$$T_n(x) = \cos(n \arccos x) \qquad \text{für jedes } n \geq 0$$

definiert. Man beachte, daß

$$T_0(x) = \cos 0 = 1 \qquad \text{und} \qquad T_1(x) = \cos(\arccos x) = x$$

ist. Für $n \geq 1$ sei die Substitution $\theta = \arccos x$ eingeführt und damit diese Gleichung nach

$$T_n(\theta(x)) \equiv T_n(\theta) = \cos(n\theta),$$

umgeformt, wobei $\theta \in [0, \pi]$ ist. Eine Rekursionsformel wird unter Beachtung von

$$T_{n+1}(\theta) = \cos(n\theta + \theta) = \cos(n\theta)\cos\theta - \sin(n\theta)\sin\theta$$

und

$$T_{n-1}(\theta) = \cos(n\theta - \theta) = \cos(n\theta)\cos\theta + \sin(n\theta)\sin\theta$$

hergeleitet. Addiert man diese Gleichungen, erhält man

$$T_{n+1}(\theta) = 2\cos(n\theta)\cos\theta - T_{n-1}(\theta).$$

Wiedereinführen der Variable x liefert die

Tschebyschew-Polynome

Es ist

$$T_0(x) = 1, \quad T_1(x) = x$$

und für $n \geq 1$

$$T_{n+1}(x) = 2xT_n(x) - T_{n-1}(x).$$

Aus der Rekursionsformel folgt, daß $T_n(x)$ ein Polynom vom Grade n mit dem höchsten Koeffizienten 2^{n-1} für $n \geq 1$ ist. Die nächsten drei Tschebyschew-

Polynome sind

$$T_2(x) = 2xT_1(x) - T_0(x) = 2x^2 - 1,$$
$$T_3(x) = 2xT_2(x) - T_1(x) = 4x^3 - 3x$$

und

$$T_4(x) = 2xT_3(x) - T_2(x) = 8x^4 - 8x^2 + 1.$$

Die Kurven von T_1, T_2, T_3 und T_4 sind in Abbildung 8.7 zu sehen.

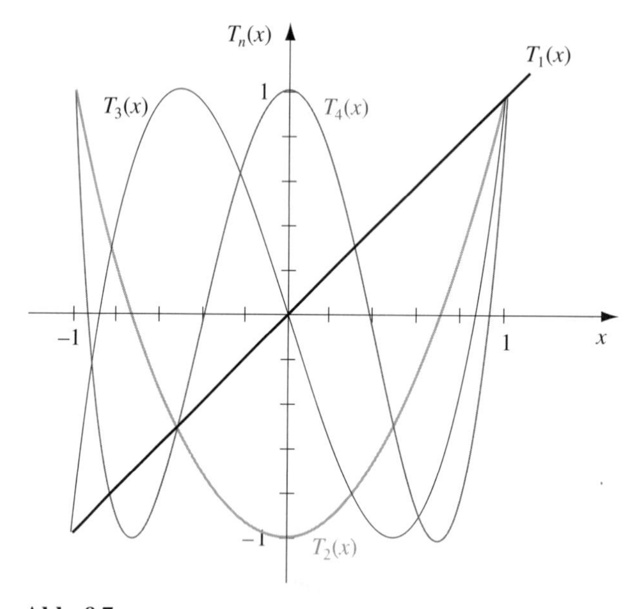

Abb. 8.7

Um die Orthogonalität der Tschebyschew-Polynome zu zeigen, sei

$$\int_{-1}^{1} \frac{T_n(x)T_m(x)}{\sqrt{1-x^2}}\mathrm{d}x = \int_{-1}^{1} \frac{\cos(n \arccos x)\cos(m \arccos x)}{\sqrt{1-x^2}}\mathrm{d}x$$

betrachtet. Nochmaliges Einführen der Substitution $\theta = \arccos x$ ergibt

$$d\theta = -\frac{1}{\sqrt{1-x^2}}\mathrm{d}x$$

und

$$\int_{-1}^{1} \frac{T_n(x)T_m(x)}{\sqrt{1-x^2}}\mathrm{d}x = -\int_{\pi}^{0} \cos(n\theta)\cos(m\theta)\mathrm{d}\theta$$
$$= \int_{0}^{\pi} \cos(n\theta)\cos(m\theta)\mathrm{d}\theta.$$

Angenommen, es sei $n \neq m$. Da

$$\cos(n\theta)\cos(m\theta) = \frac{1}{2}[\cos(n+m)\theta + \cos(n-m)\theta]$$

ist, erhält man

$$\int_{-1}^{1} \frac{T_n(x)T_m(x)}{\sqrt{1-x^2}}\mathrm{d}x = \frac{1}{2}\int_0^{\pi} \cos((n+m)\theta)\mathrm{d}\theta + \frac{1}{2}\int_0^{\pi} \cos((n-m)\theta)\mathrm{d}\theta$$

$$= \left[\frac{1}{2(n+m)}\sin((n+m)\theta) + \frac{1}{2(n-m)}\sin((n-m)\theta)\right]_0^{\pi} = 0.$$

Mit einem entsprechenden Verfahren kann gezeigt werden, daß

$$\int_{-1}^{1} \frac{[T_n(x)]^2}{\sqrt{1-x^2}}\mathrm{d}x = \frac{\pi}{2} \qquad \text{für jedes } n \geq 1$$

gilt.

Eines der wichtigen Ergebnisse der Tschebyschew-Polynome betrifft seine Null- und Extremalstellen.

Null- und Extremalstellen der Tschebyschew-Polynome

Das Tschebyschew-Polynom T_n vom Grade $n \geq 1$ besitzt n einfache Nullstellen in $[-1, 1]$ in

$$\overline{x}_k = \cos\left(\frac{2k-1}{2n}\pi\right) \qquad \text{für alle } k = 1, 2, \ldots, n.$$

Darüber hinaus nimmt T_n sein absolutes Extremum auf $[-1, 1]$ in

$$\overline{x}'_k = \cos\left(\frac{k\pi}{n}\right) \quad \text{mit} \quad T_n(\overline{x}'_k) = (-1)^k \text{ für alle } k = 0, 1, \ldots, n$$

an.

Das *normierte Tschebyschew-Polynom* (das Polynom mit dem höchsten Koeffizienten eins) $\tilde{T}_n$ wird aus dem Tschebyschew-Polynom T_n hergeleitet, indem für $n \geq 1$ durch den höchsten Koeffizienten 2^{n-1} geteilt wird. Somit gilt

$$\tilde{T}_0(x) = 1 \qquad \text{und } \tilde{T}_n(x) = 2^{1-n}T_n(x) \text{ für jedes } n \geq 1.$$

Diese Polynome genügen für jedes $n \geq 2$ der Rekursionsformel

$$\tilde{T}_2(x) = x\tilde{T}_1(x) - \frac{1}{2}\tilde{T}_0(x); \qquad \tilde{T}_{n+1}(x) = x\tilde{T}_n(x) - \frac{1}{4}\tilde{T}_{n-1}(x).$$

Wegen der Linearität zwischen $\tilde{T}_n$ und T_n sind die Nullstellen von $\tilde{T}_n$ auch in

$$\overline{x}_k = \cos\left(\frac{2k-1}{2n}\pi\right) \quad \text{für alle } k = 1, 2, \ldots, n$$

und die Extremalstellen von $\tilde{T}_n$ in

$$\overline{x}'_k = \cos\left(\frac{k\pi}{n}\right) \quad \text{mit} \quad \tilde{T}_n(\overline{x}'_k) = \frac{(-1)^k}{2^{n-1}} \quad \text{für alle } k = 0, 1, \ldots, n.$$

$\tilde{\Pi}_n$ bezeichne die **Menge aller normierten Polynome vom Grade *n***. Eine bemerkenswerte Minimaleigenschaft unterscheidet die Polynome $\tilde{T}_n$ von den anderen Elementen aus $\tilde{\Pi}_n$.

Minimaleigenschaft der normierten Tschebyschew-Polynome

Die Polynome $\tilde{T}_n$ besitzen für $n \geq 1$ die Eigenschaft, daß

$$\frac{1}{2^{n-1}} = \max_{x\in[-1,1]} |\tilde{T}_n(x)| \leq \max_{x\in[-1,1]} |P_n(x)| \quad \text{für alle } P_n \in \tilde{\Pi}_n$$

gilt. Darüber hinaus kann Gleichheit nur dann auftreten, falls $P_n = \tilde{T}_n$ ist.

Mit diesem Ergebnis wird die Frage beantwortet, wo Interpolationsknoten gesetzt werden sollen, um den Fehler bei der Lagrangeschen Interpolation zu minimieren. Die Fehlerform des auf das Intervall $[-1, 1]$ angewandten Lagrangeschen Polynoms besagt, daß für jedes $x \in [-1, 1]$ eine Zahl $\xi(x)$ in $(-1, 1)$ existiert mit

$$f(x) - P(x) = \frac{f^{(n+1)}(\xi(x))}{(n+1)!}(x - x_0)\ldots(x - x_n),$$

wobei P das Lagrangesche Interpolationspolynom darstellt, falls $x_0, \ldots, x_n$ unterschiedliche Zahlen in dem Intervall $[-1, 1]$ sind und $f \in C^{n+1}[-1, 1]$ ist. Es gibt keine Kontrolle über $\xi(x)$, so daß Minimieren des Fehlers durch kluges Anordnen der Knoten $x_0, \ldots, x_n$ heißt, $x_0, \ldots, x_n$ zu finden, um die Größe

$$|(x - x_0)(x - x_1)\ldots(x - x_n)|$$

überall in dem Intervall $[-1, 1]$ zu minimieren. Da $(x - x_0)(x - x_1)\ldots(x - x_n)$ ein normiertes Polynom vom Grade $(n + 1)$ ist, erhält man das Minimum für

$$(x - x_0)(x - x_1)\ldots(x - x_n) = \tilde{T}_{n+1}(x).$$

Wird x_k für jedes $k = 0, 1, \ldots, n$ als $(k+1)$-te Nullstelle von $\tilde{T}_{n+1}$ ausgewählt, das heißt, wenn für x_k

$$\overline{x}_{k+1} = \cos\frac{2k+1}{2(n+1)}\pi$$

gilt, dann ist der Maximalwert von $|(x - x_0)(x - x_1)\dots(x - x_n)|$ minimal. Da

$$\max_{x\in[-1,1]} |\tilde{T}_{n+1}(x)| = \frac{1}{2^n}$$

gilt, folgt auch

$$\begin{aligned}\frac{1}{2^n} &= \max_{x\in[-1,1]} |(x - \overline{x}_1)(x - \overline{x}_2)\dots(x - \overline{x}_{n+1})| \\ &\leq \max_{x\in[-1,1]} |(x - x_0)(x - x_1)\dots(x - x_n)|\end{aligned}$$

für beliebige Wahl von $x_0, x_1, \dots, x_n$ im Intervall $[-1, 1]$.

Minimierung des Lagrangeschen Interpolationsfehlers

Falls P ein Interpolationspolynom vom Grade höchstens gleich n mit Knoten an den Wurzeln von $T_{n+1}(x)$ ist, dann gilt für jedes $f \in C^{n+1}[-1, 1]$

$$\max_{x\in[-1,1]} |f(x) - P(x)| \leq \frac{1}{2^n(n+1)!} \max_{x\in[-1,1]} |f^{(n+1)}(x)|.$$

Das Verfahren zum Auswählen der Punkte zur Minimierung des Interpolationsfehlers kann leicht auf ein allgemeines, geschlossenes Intervall $[a, b]$ erweitert werden, indem mit dem Variablenwechsel

$$\tilde{x} = \frac{1}{2}[(b - a)x + a + b]$$

die Zahlen $\overline{x}_k$ in dem Intervall $[-1, 1]$ in die entsprechenden Zahlen in dem Intervall $[a, b]$ überführt werden.

Beispiel 1. Es sei $f(x) = xe^x$ auf $[0, 1{,}5]$, und es sollen zwei Interpolationspolynome vom Grade höchstens gleich drei konstruiert werden. Für das erste Interpolationspolynom werden die äquidistanten Knoten $x_0 = 0$, $x_1 = 0{,}5$, $x_2 = 1$ und $x_3 = 1{,}5$ eingesetzt. Dieses Interpolationspolynom besitzt die Form

$$P_3(x) = 1{,}3875x^3 + 0{,}057570x^2 + 1{,}2730x.$$

Für das zweite Interpolationspolynom werden die Nullstellen $\overline{x}_k = \cos((2k + 1)/8)\pi$ von T_4 für $k = 0, 1, 2, 3$ mit der Lineartransformation

$$\tilde{x}_k = \frac{1}{2}[(1{,}5 - 0)\tilde{x}_k + (1{,}5 + 0)] = 0{,}75 + 0{,}75\tilde{x}_k$$

von $[-1, 1]$ nach $[0, 1{,}5]$ überführt; man erhält

$$\tilde{x}_0 = 1{,}44291, \quad \tilde{x}_1 = 1{,}03701, \quad \tilde{x}_2 = 0{,}46299 \quad \text{und}$$
$$\tilde{x}_3 = 0{,}05709.$$

Für diese Knoten ist das Interpolationspolynom höchstens dritten Grades

$$\tilde{P}_3(x) = 1{,}3811x^3 + 0{,}04445x^2 + 1{,}3030x - 0{,}014357.$$

In Tabelle 8.4 werden unterschiedliche Werte von x mit den Werten von $f(x)$, $P_3(x)$ und $\tilde{P}_3(x)$ verglichen. Obwohl der Fehler in der Mitte der Tabelle bei P_3 kleiner als bei $\tilde{P}_3$ ist, ist der maximale Fehler bei $\tilde{P}_3$ beträchtlich kleiner. (Siehe Abbildung 8.8.) □

Tabelle 8.4

x	$f(x) = xe^x$	$P_3(x)$	$\lvert xe^x - P_3(x)\rvert$	$\tilde{P}_3(x)$	$\lvert xe^x - \tilde{P}_3(x)\rvert$
0,15	0,1743	0,1969	0,0226	0,1868	0,0125
0,25	0,3210	0,3435	0,0225	0,3358	0,0148
0,35	0,4967	0,5121	0,0154	0,5064	0,0097
0,65	1,245	1,233	0,0120	1,231	0,0140
0,75	1,588	1,572	0,0160	1,571	0,0170
0,85	1,989	1,976	0,0130	0,973	0,0160
1,15	3,632	3,650	0,0180	3,643	0,0110
1,25	4,363	4,391	0,0280	4,381	0,0180
1,35	5,208	5,237	0,0290	5,224	0,0160

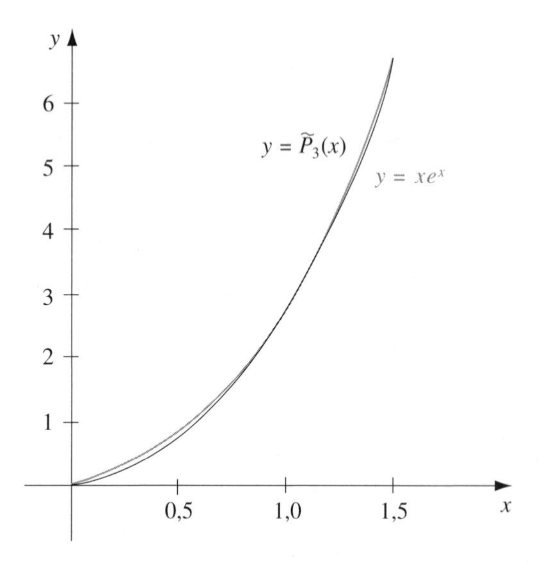

Abb. 8.8

Übungsaufgaben

1. Konstruieren Sie mit den Nullstellen von $\tilde{T}_3$ ein Interpolationspolynom zweiten Grades für die folgenden Funktionen auf dem Intervall $[-1, 1]$:

a) $f(x) = e^x$

b) $f(x) = \sin x$

c) $f(x) = \ln(x + 2)$

d) $f(x) = x^4$.

2. Bestimmen Sie eine Schranke für den maximalen Fehler der Approximation in Übung 1 auf dem Intervall $[-1, 1]$.

3. Konstruieren Sie mit den Nullstellen von $\tilde{T}_4$ ein Interpolationspolynom dritten Grades für die Funktionen aus Übung 1.

4. Wiederholen Sie Übung 2 für die in Übung 3 berechneten Approximationen.

5. Konstruieren Sie mit den Nullstellen von $\tilde{T}_3$ und Transformation des gegebenen Intervalls ein Interpolationspolynom zweiten Grades für die folgenden Funktionen:

a) $f(x) = \frac{1}{x}, \quad [1, 3]$

b) $f(x) = e^{-x}, \quad [0, 2]$

c) $f(x) = \frac{1}{2}\cos x + \frac{1}{3}\sin 2x, \quad [0, 1]$

d) $f(x) = x \ln x, \quad [1,3]$.

6. Konstruieren Sie mit den Nullstellen von $\tilde{T}_4$ ein Interpolationspolynom dritten Grades für die Funktionen aus Übung 5.

7. Zeigen Sie, daß für jede positive, ganze Zahl i und j mit $i > j$

$$T_i(x)T_j(x) = \frac{1}{2}[T_{i+j}(x) + T_{i-j}(x)]$$

gilt.

8. Zeigen Sie, daß für jedes Tschebyschew-Polynom $T_n(x)$

$$\int_{-1}^{1} \frac{[T_n(x)]^2}{\sqrt{1 - x^2}} \mathrm{d}x = \frac{\pi}{2}$$

gilt.

8.5. Approximation durch rationale Funktionen

Die Klasse der algebraischen Polynome besitzt einige eindeutige Vorteile bei der Approximation. Es gibt eine hinreichend große Anzahl von Polynomen, um jede stetige Funktion auf einem geschlossenen Intervall innerhalb einer beliebigen Toleranz zu approximieren, Polynome lassen sich leicht an beliebigen Punkten auswerten, die Ableitungen und Integrale von Polynomen existieren und lassen sich leicht bestimmen. Der Nachteil der Polynome bei der Approximation ist ihre Tendenz zu oszillieren. Dadurch überschreiten die Fehlerschranken in der Polynomnäherung den durchschnittlichen Näherungsfehler oft wesentlich, da die Fehlerschranken über den maximalen Näherungsfehler bestimmt werden. Nun werden Methoden betrachtet, die den Näherungsfehler gleichmäßiger über das Näherungsintervall streuen.

Eine **rationale Funktion** r vom Grade N besitzt die Form

$$r(x) = \frac{p(x)}{q(x)},$$

wobei p und q Polynome sind, deren Summe der Grade gleich N beträgt.

Da jedes Polynom eine rationale Funktion ist (es sei einfach $q(x) \equiv 1$), liefert die Approximation durch rationale Funktionen Ergebnisse ohne größere Fehlerschranken als die Approximation durch Polynome. Rationale Funktionen jedoch, deren Zähler und Nenner denselben oder fast denselben Grad haben, liefern im allgemeinen bei demselben Rechenaufwand bessere Approximationen als Polynome. Rationale Funktionen haben den zusätzlichen Vorteil, effizient Funktionen zu approximieren, die unendliche Diskontinuitäten nahe dem Näherungsintervall aufweisen. Die Polynomnäherung ist in dieser Situation unannehmbar.

Angenommen, r sei eine rationale Funktion vom Grade $N = n+m$ der Form

$$r(x) = \frac{p(x)}{q(x)} = \frac{p_0 + p_1 x + \ldots + p_n x^n}{q_0 + q_1 x + \ldots + q_m x^m},$$

mit der eine Funktion f auf einem geschlossenen Intervall I, das Null enthält, approximiert werde. Damit r an der Stelle Null definiert ist, muß $q_0 \neq 0$ sein. Man kann $q_0 = 1$ annehmen, ist dies nicht der Fall, ersetzt man einfach $p(x)$ durch $p(x)/q_0$. Folglich gibt es $N+1$ Parameter $q_1, q_2, \ldots, q_m, p_0, p_1, \ldots, p_n$, die für die Approximation von f durch r zur Verfügung stehen. Die **Padé-Approximation** wählt die $N+1$ Parameter derart aus, daß $f^{(k)}(0) = r^{(k)}(0)$ für jedes $k = 0, 1, \ldots, N$ ist. Sie stellt die Erweiterung der Taylorschen Polynomnäherung auf rationale Funktionen dar. Tatsächlich ist für $n = N$ und $m = 0$ die Padé- Approximation das in Null entwickelte Talorsche Polynom, das heißt das N-te Mac Laurinsche Polynom.

Es sei die Differenz

$$f(x) - r(x) = f(x) - \frac{p(x)}{q(x)} = \frac{f(x)q(x) - p(x)}{q(x)}$$
$$= \frac{f(x)\sum_{i=0}^{m} q_i x^i - \sum_{i=0}^{n} p_i x^i}{q(x)}$$

betrachtet und angenommen, daß die Mac Laurinsche Reihenentwicklung $f(x) = \sum_{i=0}^{\infty} a_i x^i$ ist. Dann gilt

$$f(x) - r(x) = \frac{\sum_{i=0}^{\infty} a_i x^i \sum_{i=0}^{m} q_i x^i - \sum_{i=0}^{n} p_i x^i}{q(x)} \tag{8.2}$$

Das Ziel besteht darin, die Konstanten $q_1, q_2, \ldots, q_m$ und $p_0, p_1, \ldots, p_n$ derart zu wählen, daß

$$f^{(k)}(0) - r^{(k)}(0) = 0 \qquad \text{für alle } k = 0, 1, \ldots, N$$

gilt. Dies ist äquivalent dazu, daß $f - r$ in Null eine Wurzel der Vielfachheit $N+1$ besitzt. Folglich werden $q_1, q_2, \ldots, q_m$ und $p_0, p_1, \ldots, p_n$ so ausgewählt, daß der Zähler auf der rechten Seite von Gleichung (8.2)

$$(a_0 + a_1 x + \ldots)(1 + q_1 x + \ldots + q_m x^m) - (p_0 + p_1 x + \ldots + p_n x^n)$$

keine Terme vom Grade kleiner oder gleich N hat. Zur Vereinfachung der Schreibweise sei $p_{n+1} = p_{n+2} = \ldots = p_N = 0$ und $q_{m+1} = q_{m+2} = \ldots = q_N = 0$ definiert. Der Koeffizient von x^k ist somit

$$\left(\sum_{i=0}^{k} a_i q_{k-i}\right) - p_k,$$

und die rationale Funktion der Padé-Approximation folgt aus der Lösung der $N + 1$ Lineargleichungen

$$\sum_{i=0}^{k} a_i q_{k-i} = p_k, \quad k = 0, 1, \ldots, N$$

mit den $N + 1$ Unbekannten $q_1, q_2, \ldots, q_m, p_0, p_1, \ldots, p_n$.

Das Padé-Verfahren kann mit dem Programm PADEM81 ausgeführt werden.

Beispiel 1. Die Mac Laurinsche Reihenentwicklung für e^{-x} lautet

$$\sum_{i=0}^{\infty} \frac{(-1)^i}{i!} x^i.$$

Um die Padé-Approximation von e^{-x} vom Grade fünf mit $n = 3$ und $m = 2$ zu bestimmen, müssen p_0, p_1, p_2, p_3, q_1 und q_2 derart ausgewählt werden, daß die Koeffizienten von x^k für $k = 0, 1, \ldots, 5$ in dem Ausdruck

$$\left(1 - x + \frac{x^2}{2} - \frac{x^3}{6} + \ldots\right)(1 + q_1 x + q_2 x^2) - (p_0 + p_1 x + p_2 x^2 + p_3 x^3)$$

null sind. Erweitern und Zusammenfassen der Terme führt zu

$$\begin{aligned}
x^5: & \quad -\tfrac{1}{120} + \tfrac{1}{24}q_1 - \tfrac{1}{6}q_2 = 0; & x^2: & \quad \tfrac{1}{2} - q_1 + q_2 = p_2; \\
x^4: & \quad \tfrac{1}{24} - \tfrac{1}{6}q_1 + \tfrac{1}{2}q_2 = 0; & x^1: & \quad -1 + q_1 = p_1; \\
x^3: & \quad -\tfrac{1}{6} + \tfrac{1}{2}q_1 - q_2 = p_3; & x^0: & \quad 1 = p_0.
\end{aligned}$$

Die Lösung des Systems ist

$$p_0 = 1, \quad p_1 = -\frac{3}{5}, \quad p_2 = \frac{3}{20}, \quad p_3 = -\frac{1}{60}, \quad q_1 = \frac{2}{5}$$

$$\text{und} \quad q_2 = \frac{1}{20},$$

so daß die Padé-Approximation folgendermaßen aussieht:

$$r(x) = \frac{1 - \frac{3}{5}x + \frac{3}{20}x^2 - \frac{1}{60}x^3}{1 + \frac{2}{5}x + \frac{1}{20}x^2}.$$

Tabelle 8.5 faßt die Werte von $r(x)$ und $P_5(x)$, dem fünften Mac Laurinschen Polynom zusammen. Die Padé-Approximation bietet in diesem Beispiel klare Vorteile. □

Tabelle 8.5

x	e^{-x}	$P_5(x)$	$\lvert e^{-x} - P_5(x)\rvert$	$r(x)$	$\lvert e^{-x} - r(x)\rvert$
0,2	0,81873075	0,81873067	$8{,}64 \cdot 10^{-8}$	0,81873075	$7{,}55 \cdot 10^{-9}$
0,4	0,67032005	0,67031467	$5{,}38 \cdot 10^{-6}$	0,67031963	$4{,}11 \cdot 10^{-7}$
0,6	0,54881164	0,54875200	$5{,}96 \cdot 10^{-5}$	0,54880763	$4{,}00 \cdot 10^{-6}$
0,8	0,44932896	0,44900267	$3{,}26 \cdot 10^{-4}$	0,44930966	$1{,}93 \cdot 10^{-5}$
1,0	0,36787944	0,36666667	$1{,}21 \cdot 10^{-3}$	0,36781609	$6{,}33 \cdot 10^{-5}$

Es ist interessant, die Anzahl der zur Berechnung von $P_5(x)$ und $r(x)$ in Beispiel 1 benötigten arithmetischen Operationen zu vergleichen. $P_5(x)$ kann als

$$P_5(x) = 1 - x\left(1 - x\left(\frac{1}{2} - x\left(\frac{1}{6} - x\left(\frac{1}{24} - \frac{1}{120}x\right)\right)\right)\right)$$

ausgedrückt werden.

Angenommen, die Koeffizienten von 1, x, x^2, x^3, x^4 und x^5 werden als Dezimalen dargestellt, dann erfordert eine einzelne Berechnung von $P_5(x)$ in geschachtelter Form fünf Multiplikationen und fünf Additionen/Subtraktionen.

Mit geschachtelter Multiplikation wird $r(x)$ als

$$r(x) = \frac{1 - x(\frac{3}{5} - x(\frac{3}{20} - \frac{1}{60}x))}{1 + x(\frac{2}{5} + \frac{1}{20}x)}$$

ausgedrückt, so daß eine einzelne Berechnung von $r(x)$ fünf Multiplikationen, fünf Additionen/Subtraktionen und eine Division erfordert. Daher scheint der Rechenaufwand die Polynomnäherung zu favorisieren. Drückt man jedoch $r(x)$ durch Kettendivision aus, kann man $r(x)$ als

$$\begin{aligned} r(x) &= \frac{1 - \frac{3}{5}x + \frac{3}{20}x^2 - \frac{1}{60}x^3}{1 + \frac{2}{5}x + \frac{1}{20}x^2} \\ &= \frac{-\frac{1}{3}x^3 + 3x^2 - 12x + 20}{x^2 + 8x + 20} \\ &= -\frac{1}{3}x + \frac{17}{3} + \frac{(-\frac{152}{3}x - \frac{280}{3})}{x^2 + 8x + 20} \\ &= -\frac{1}{3}x + \frac{17}{3} + \frac{-\frac{152}{3}}{\left(\frac{x^2+8x+20}{x+\frac{35}{19}}\right)} \end{aligned}$$

oder

$$r(x) = -\frac{1}{3}x + \frac{17}{3} + \frac{-\frac{152}{3}}{\left(x + \frac{117}{19} + \frac{\frac{3125}{361}}{x+\frac{35}{19}}\right)}$$

schreiben. In dieser Form benötigt eine einzelne Berechnung von $r(x)$ eine Multiplikation, fünf Additionen/Subtraktionen und zwei Divisionen. Falls der für eine Division erforderliche Rechenumfang etwa derselbe wie der für eine Multiplikation ist, überschreitet der Rechenaufwand für eine Auswertung von $P_5(x)$ deutlich den für eine Auswertung von $r(x)$. Das Ausdrücken einer rationalen Funktionsnäherung in dieser Form heißt **Kettenbruchnäherung**. Dies stellt ein wegen der Recheneffektivität seiner Darstellung ein klassisches als auch gegenwärtig interessantes Näherungsverfahren dar. Es ist jedoch ein spezielles Verfahren und soll hier nicht weiter diskutiert werden.

Obwohl in Beispiel 1 die Approximation durch eine rationale Funktion überlegene Ergebnisse gegenüber der Polynomnäherung vom selben Grade lieferte, schwankt die Approximation stark in ihrer Genauigkeit, die Näherung in 0,2 ist auf $8 \cdot 10^{-9}$ genau, wohingegen in 1,0 die Näherung und Funktion nur auf $7 \cdot 10^{-5}$ übereinstimmen. Diese Genauigkeitsschwankung wurde erwartet, da die Padé-Approximation auf einer Darstellung der Taylorschen Polynome von e^{-x} basiert, und die Taylorsche Darstellung stark in ihrer Genauigkeit in [0,2, 1,0] schwankt.

Um die Genauigkeit der Approximation durch eine rationale Funktion gleichmäßiger zu gestalten, sei die Menge der Tschebyschew-Polynome verwendet, eine Klasse, die gleichmäßigeres Verhalten aufweist. Die allgemeine Tschebyschew-Näherung durch rationale Funktionen läuft genauso wie die Padé-Approximation ab, außer daß jeder x^k-Term in der Padé-Approximation durch das Tschebyschew-Polynom k-ten Grades $T_k(x)$ ersetzt wird.

Angenommen, die Funktion f solle durch eine in der Form

$$r(x) = \frac{\sum_{k=0}^{n} p_k T_k(x)}{\sum_{k=0}^{n} q_k T_k(x)}$$

geschriebene, rationale Funktion N-ten Grades approximiert werden, wobei $N = n + m$ und $q_0 = 1$ ist. Schreibt man $f(x)$ in Reihe mit den Tschebyschew-Polynomen, erhält man

$$f(x) - r(x) = \sum_{k=0}^{\infty} a_k T_k(x) - \frac{\sum_{k=0}^{n} p_k T_k(x)}{\sum_{k=0}^{n} q_k T_k(x)}$$

oder

$$f(x) - r(x) = \frac{\sum_{k=0}^{\infty} a_k T_k(x) \sum_{k=0}^{m} q_k T_k(x) - \sum_{k=0}^{n} p_k T_k(x)}{\sum_{k=0}^{m} q_k T_k(x)}.$$

Die Koeffizienten $q_1, q_2, \ldots, q_m$ und $p_0, p_1, \ldots, p_n$ wurden derart gewählt, daß im Zähler auf der rechten Seite dieser Gleichung die Koeffizienten von $T_k(x)$ für $k = 0, 1, \ldots, N$ null sind. Daraus folgt, daß

$$\begin{aligned}(a_0 T_0(x) + a_1 T_1(x) + \ldots)(T_0(x) + q_1 T_1(x) + \ldots + q_m T_m(x))\\ - (p_0 T_0(x) + p_1 T_1(x) + \ldots + p_n T_n(x))\end{aligned}$$

keine Terme vom Grade kleiner oder gleich N besitzt.

Zwei Probleme treten bei dem Tschebyschew-Verfahren auf, durch die sich dieses Verfahren schwieriger als die Padé-Methode ausführen läßt. Eines rührt daher, weil das Produkt aus dem Polynom $q(x)$ und aus der Reihe für $f(x)$ Produkte aus den Tschebyschew-Polynomen enthält. Dieses Problem wird über die Beziehung

$$T_i(x) T_j(x) = \frac{1}{2}[T_{i+j}(x) + T_{|i-j|}(x)]$$

gelöst. Das andere Problem läßt sich schwieriger lösen und enthält die Berechnung der Tschebyschew-Reihe für $f(x)$. Theoretisch ist dies nicht schwierig, aber für

$$f(x) = \sum_{k=0}^{\infty} a_k T_k(x)$$

folgt aus der Orthogonalität der Tschebyschew-Polynome, daß

$$a_0 = \frac{1}{\pi} \int_{-1}^{1} \frac{f(x)}{\sqrt{1-x^2}} \mathrm{d}x \quad \text{und} \quad a_k = \frac{2}{\pi} \int_{-1}^{1} \frac{f(x) T_k(x)}{\sqrt{1-x^2}} \mathrm{d}x$$

ist, wobei $k \geq 1$ ist. In der Praxis jedoch können die Integrale selten in geschlossener Form ausgewertet werden, so daß für jede Auswertung ein numerisches Verfahren benötigt wird.

Die rationale Tschebyschew-Näherung kann mit dem Programm CHEBYM82 erzeugt werden.

Beispiel 2. Die ersten fünf Terme der Tschebyschew-Entwicklung für e^{-x} lauten

$$\begin{aligned}\tilde{P}_5(x) = {} & 1{,}266066T_0(x) - 1{,}130318T_1(x) + 0{,}271495T_2(x) \\ & - 0{,}044337T_3(x) + 0{,}005474T_4(x) - 0{,}000543T_5(x).\end{aligned}$$

Um die rationale Tschebyschew-Näherung fünften Grades mit $n = 3$ und $m = 2$ zu bestimmen, müssen p_0, p_1, p_2, p_3, q_1 und q_2 so ausgewählt werden, daß für $k = 0, 1, 2, 3, 4$ und 5 die Koeffizienten von $T_k(x)$ in der Entwicklung

$$\begin{aligned}& \tilde{P}_5(x)[T_0(x) + q_1T_1(x) + q_2T_2(x)] \\ & \qquad - [p_0T_0(x) + p_1T_1(x) + p_2T_2(x) + p_3T_3(x)]\end{aligned}$$

null sind. Mit der Produktbeziehung für die Tschebyschew-Polynome und nach Zusammenfassen der Terme ergeben sich die Gleichungen

$$\begin{aligned}
T_0: &\quad 1{,}266066 - 0{,}565159q_1 + 0{,}1357485q_2 = p_0,\\
T_1: &\quad -1{,}130318 + 1{,}401814q_1 - 0{,}583275q_2 = p_1,\\
T_2: &\quad 0{,}271495 - 0{,}587328q_1 + 1{,}268803q_2 = p_2,\\
T_3: &\quad -0{,}044337 + 0{,}138485q_1 - 0{,}565431q_2 = p_3,\\
T_4: &\quad 0{,}005475 - 0{,}022440q_1 + 0{,}135748q_2 = 0,\\
T_5: &\quad -0{,}000543 + 0{,}002737q_1 - 0{,}022169q_2 = 0.
\end{aligned}$$

Über die Lösung des Systems erhält man die rationale Funktion

$$r_T(x) = \frac{1{,}055265T_0(x) - 0{,}613016T_1(x) + 0{,}077478T_2(x) - 0{,}004506T_3(x)}{T_0(x) + 0{,}378331T_1(x) + 0{,}022216T_2(x)}.$$

Überführen der Tschebyschew-Polynome in die Potenzen von x ergibt

$$r_T(x) = \frac{0{,}977787 - 0{,}599499x + 0{,}154956x^2 - 0{,}018022x^3}{0{,}977784 + 0{,}378331x + 0{,}044432x^2}.$$

Tabelle 8.6 faßt die Werte von $r_T(x)$ und zum Vergleich die in Beispiel 1 erhaltenen Werte von $r(x)$ zusammen. Man beachte, daß die durch $r(x)$ gegebene Approximation gegenüber der von $r_T(x)$ für $x = 0{,}2$ und $x = 0{,}4$ überlegen ist, aber daß der maximale Fehler für $r(x)$ gleich $6{,}33 \cdot 10^{-5}$ verglichen mit $9{,}13 \cdot 10^{-6}$ für $r_T(x)$ ist. □

Tabelle 8.6

x	e^{-x}	$r(x)$	$\lvert e^{-x} - r(x)\rvert$	$r_T(x)$	$\lvert e^{-x} - r_T(x)\rvert$
0,2	0,81873075	0,81873075	$7{,}55 \cdot 10^{-9}$	0,81872510	$5{,}66 \cdot 10^{-6}$
0,4	0,67032005	0,67031963	$4{,}11 \cdot 10^{-7}$	0,67031310	$6{,}95 \cdot 10^{-6}$
0,6	0,54881164	0,54880763	$4{,}00 \cdot 10^{-6}$	0,54881292	$1{,}28 \cdot 10^{-6}$
0,8	0,44932896	0,44930966	$1{,}93 \cdot 10^{-5}$	0,44933809	$9{,}13 \cdot 10^{-6}$
1,0	0,36787944	0,36781609	$6{,}33 \cdot 10^{-5}$	0,36787155	$7{,}89 \cdot 10^{-6}$

Die Tschebyschew-Methode liefert nicht die beste Approximation durch rationale Funktionen in dem Sinne, daß der maximale Näherungsfehler minimal wird. Das Verfahren kann jedoch als Startpunkt für eine iterative Methode verwendet werden, die als zweiter Remez-Algorithmus bekannt ist und gegen die Bestapproximation konvergiert.

Übungsaufgaben

1. Bestimmen Sie alle Padé-Approximationen zweiten Grades für $f(x) = e^{2x}$. Vergleichen Sie die Ergebnisse in $x_i = 0{,}2i$ für $i = 1, 2, 3, 4, 5$ mit den tatsächlichen Werten von $f(x_i)$.

2. Bestimmen Sie alle Padé-Approximationen dritten Grades für $f(x) = x\ln(x+1)$. Vergleichen Sie die Ergebnisse in $x_i = 0{,}2i$ für $i = 1, 2, 3, 4, 5$ mit den tatsächlichen Werten von $f(x_i)$.

3. Bestimmen Sie die Padé-Approximation fünften Grades mit $n = 2$ und $m = 3$ für $f(x) = e^x$. Vergleichen Sie die Ergebnisse in $x_i = 0{,}2i$ für $i = 1, 2, 3, 4, 5$ mit denen, die mit dem fünften Mac Laurinschen Polynom erhalten wurden.

4. Wiederholen Sie Übung 3 mit der Padé-Approximation fünften Grades mit $n = 3$ und $m = 2$.

5. Bestimmen Sie die Padé-Approximation sechsten Grades mit $n = m = 3$ für $f(x) = \sin x$. Vergleichen Sie die Ergebnisse in $x_i = 0{,}1i$ für $i = 0, 1, 2, 3, 4, 5$ mit den exakten Ergebnissen und mit denen, die mit dem sechsten Mac Laurinschen Polynom erhalten wurden.

6. Bestimmen Sie die Padé-Approximationen sechsten Grades mit a) $n = 2$, $m = 4$ und b) $n = 4$, $m = 2$ für $f(x) = \sin x$. Vergleichen Sie die Ergebnisse in jedem x_i mit denen, die in Übung 5 erhalten wurden.

7. Tabelle 8.5 faßt die Ergebnisse der Padé-Approximation fünften Grades mit $n = 3$, $m = 2$, die Ergebnisse des fünften Mac Laurinschen Polynoms und die exakten Werte von $f(x) = e^{-x}$ für $x_i = 0{,}2i$ für $i = 1, 2, 3, 4, 5$ zusammen. Vergleichen Sie diese Ergebnisse mit denen, die mit den anderen Padé-Approximationen fünften Grades erhalten wurden.

a) $n = 0$, $m = 5$

b) $n = 1$, $m = 4$

c) $n = 3$, $m = 2$

d) $n = 4$, $m = 1$.

8. Drücken Sie die folgenden rationalen Funktionen in Kettendivision aus:

a) $\dfrac{x^2 + 3x + 2}{x^2 - x + 1}$

b) $\dfrac{4x^2 + 3x - 7}{2x^3 + x^2 - x + 5}$

c) $\dfrac{2x^3 - 3x^2 + 4x - 5}{x^2 + 2x + 4}$

d) $\dfrac{2x^3 + x^2 - x + 3}{3x^3 + 2x^2 - x + 1}$

9. Berechnen Sie die rationalen Brüche in Übung 8 für $x = 1{,}23$, indem Sie auf drei Stellen runden:

a) genau wie in der Übung gezeigt,

b) mit geschachtelter Multiplikation in Zähler und Nenner,

c) als Kettenbruch.

Vergleichen Sie die Approximationen mit dem exakten Ergebnis.

10. Bestimmen Sie die Tschebyschew-Entwicklung:

a) $f(x) = e^{-x}$ (nur die ersten beiden Terme)

b) $f(x) = \cos x$ (nur die ersten drei Terme)

c) $f(x) = \sin x$ (nur die ersten vier Terme)

d) $f(x) = e^x$ (nur die ersten fünf Terme).

11. Bestimmen Sie alle rationalen Tschebyschew-Näherungen zweiten Grades für $f(x) = e^{-x}$. Welche ist die beste Approximation von $f(x) = e^{-x}$ in $x = 0{,}25$, $0{,}5$ und 1?

12. Bestimmen Sie alle rationalen Tschebyschew-Näherungen dritten Grades für $f(x) = \cos x$. Welche ist die beste Approximation von $f(x) = \cos x$ in $x = \frac{\pi}{4}$ und $\frac{\pi}{3}$?

13. Bestimmen Sie die rationale Tschebyschew-Näherung vierten Grades mit $n = m = 2$ für $f(x) = \sin x$. Vergleichen Sie die Ergebnisse in $x_i = 0{,}1i$ für $i = 0, 1, 2, 3, 4, 5$ mit denen, die in Übung 5 mit der Padé-Approximation sechsten Grades erhalten wurden.

14. Bestimmen Sie alle rationalen Tschebyschew-Näherungen fünften Grades für $f(x) = e^x$. Vergleichen Sie die Ergebnisse in $x_i = 0{,}2i$ für $i = 1, 2, 3, 4, 5$ mit denen, die in Übung 3 und 4 erhalten wurden.

8.6. Approximation durch trigonometrische Polynome

Mit trigonometrischen Funktionen werden Funktionen approximiert, die periodisches Verhalten aufweisen, Funktionen mit der Eigenschaft, daß für eine Konstante T $f(x+T) = f(x)$ für alle x gilt. Man kann das allgemeine Problem derart auslegen, daß $T = 2\pi$ ist, und die Approximation auf das Intervall $[-\pi, \pi]$ beschränken.

Für jede positive, ganze Zahl n sei die Menge $\mathcal{T}_n$ der **trigonometrischen Polynome** vom Grade kleiner oder gleich n die Menge aller Linearkombinationen von $\{\phi_0, \phi_1, \ldots, \phi_{2n-1}\}$, wobei

$$\begin{aligned}\phi_0(x) &= \frac{1}{\sqrt{2\pi}},\\ \phi_k(x) &= \frac{1}{\sqrt{\pi}}\cos kx \qquad \text{für alle } k = 1, 2, \ldots, n\end{aligned}$$

und

$$\phi_{n+k}(x) = \frac{1}{\sqrt{\pi}}\sin kx \qquad \text{für alle } k = 1, 2, \ldots, n-1$$

gilt. (Einige Quellen enthalten eine zusätzliche Funktion in der Menge $\phi_{2n}(x) = (1/\sqrt{\pi})\sin nx$. Hier sei dieser Konvention nicht gefolgt.)

Die Menge $\{\phi_0, \phi_1, \ldots, \phi_{2n-1}\}$ ist orthonormal auf $[-\pi, \pi]$ für die Gewichtsfunktion $w(x) \equiv 1$. Dies folgt aus einer Darstellung, die der ähnelt, daß die Tschebyschew-Polynome orthogonal auf $[-1, 1]$ sind. Ist beispielsweise $k \neq j$ und $j \neq 0$, gilt

$$\begin{aligned}\int_{-\pi}^{\pi}\phi_{n+k}(x)\phi_j(x)\mathrm{d}x &= \int_{-\pi}^{\pi}\frac{1}{\sqrt{\pi}} sinkx \frac{1}{\sqrt{\pi}}\cos jx\mathrm{d}x\\ &= \frac{1}{\pi}\int_{-\pi}^{\pi}\sin kx\cos jx\mathrm{d}x.\end{aligned}$$

Mit der trigonometrischen Identität

$$\sin kx\cos jx = \frac{1}{2}\sin(k+j)x + \frac{1}{2}\sin(k-j)x$$

ergibt sich

$$\begin{aligned}\int_{-\pi}^{\pi}\phi_{n+k}(x)\phi_j(x)\mathrm{d}x &= \frac{1}{2\pi}\int_{-\pi}^{\pi}[\sin(k+j)x + \sin(k-j)x]\mathrm{d}x\\ &= \frac{1}{2\pi}\left[\frac{-\cos(k+j)x}{k+j} - \frac{\cos(k-j)x}{k-j}\right]_{-\pi}^{\pi} = 0,\end{aligned}$$

da $\cos(k+j)\pi = \cos(k+j)(-\pi)$ und $\cos(k-j)\pi = \cos(k-j)(-\pi)$ ist. Dieses Ergebnis gilt auch für $k = j$, da in diesem Fall $\sin(k-j)x = \sin 0 = 0$ ist.

Die Orthogonalität für andere Möglichkeiten von $\{\phi_0, \phi_1, \ldots, \phi_{2n-1}\}$ kann entsprechend gezeigt werden, und mit geeigneten trigonometrischen Identitäten

$$\sin j \cos k = \frac{1}{2}[\sin(j+k) + \sin(j-k)],$$
$$\sin j \sin k = \frac{1}{2}[\cos(j-k) - \cos(j+k)],$$
$$\cos j \cos k = \frac{1}{2}[\cos(j+k) + \cos(j-k)]$$

werden die Produkte in Summen überführt.

Gegeben sei $f \in C[-\pi, \pi]$, und die Approximation nach der Methode der kleinsten Quadrate durch Funktionen in $\mathcal{T}_n$ sei durch

$$S_n(x) = \sum_{k=0}^{2n-1} a_k \phi_k(x)$$

definiert, wobei

$$a_k = \int_{-\pi}^{\pi} f(x)\phi_k(x)\mathrm{d}x \qquad \text{für alle } k = 0, 1, \ldots, 2n-1$$

ist. Der Grenzwert von S_n für $n \to \infty$ heißt **Fourier-Reihe** von f. Mit Fourier-Reihen werden die Lösungen von verschiedenen gewöhnlichen und partiellen Differentialgleichungen beschrieben, die in der Physik auftreten.

Beispiel 1. Um das trigonometrische Polynom aus $\mathcal{T}_n$ zu bestimmen, das

$$f(x) = |x| \quad \text{für } -\pi < x < \pi$$

approximiert, müssen

$$a_0 = \int_{-\pi}^{\pi} |x| \frac{1}{\sqrt{2\pi}} \mathrm{d}x = -\frac{1}{\sqrt{2\pi}} \int_{-\pi}^{0} x \,\mathrm{d}x + \frac{1}{\sqrt{2\pi}} \int_{0}^{\pi} x \,\mathrm{d}x$$
$$= \frac{2}{\sqrt{2\pi}} \int_{0}^{\pi} x \,\mathrm{d}x = \frac{\sqrt{2}\pi^2}{2\sqrt{\pi}},$$
$$a_k = \frac{1}{\sqrt{\pi}} \int_{-\pi}^{\pi} |x| \cos kx \,\mathrm{d}x = \frac{2}{\sqrt{\pi}} \int_{0}^{\pi} x \cos kx \,\mathrm{d}x$$
$$= \frac{2}{\sqrt{\pi}k^2}[(-1)^k - 1] \qquad \text{für jedes } k = 1, 2, \ldots, n$$

und die Koeffizienten a_{n+k} ermittelt werden. Die Koeffizienten a_{n+k} in der Fourier-Entwicklung werden üblicherweise mit b_k bezeichnet; das heißt, es ist

$b_k = a_{n+k}$ für $k = 1, 2, \ldots, n-1$. In diesem Beispiel erhält man

$$b_k = \frac{1}{\sqrt{\pi}} \int_{-\pi}^{\pi} |x| \sin kx \,\mathrm{d}x = 0 \qquad \text{für alle } k = 1, 2, \ldots, n-1,$$

da der Integrand eine ungerade Funktion ist. Das trigonometrische Polynom aus $\mathcal{T}_n$, das f approximiert, ist daher

$$S_n(x) = \frac{\pi}{2} + \frac{2}{\pi} \sum_{k=0}^{n} \frac{(-1)^k - 1}{k^2} \cos kx.$$

Die ersten trigonometrischen Polynome für $f(x) = |x|$ sind in Abbildung 8.9 zu sehen.

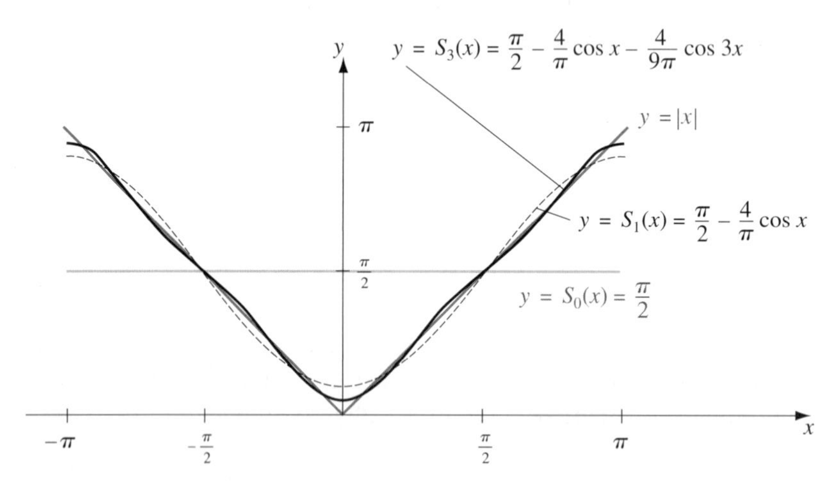

Abb. 8.9

Die Fourier-Reihe für f lautet

$$S(x) = \lim_{n\to\infty} S_n(x) = \frac{\pi}{2} + \frac{2}{\pi} \sum_{k=1}^{\infty} \frac{(-1)^k - 1}{k^2} \cos kx.$$

Da $|\cos kx| \leq 1$ für alle k und x ist, konvergiert die Reihe, und $S(x)$ existiert für alle reellen Zahlen x. □

Es gibt ein diskretes Analogon der Fourier-Reihen, das sich als hilfreich bei der Approximation nach der Methode der kleinsten Quadrate und der Interpolation von großen Wertemengen erweist, wenn die Werte an äqudistant eingeteilten Punkten gegeben sind. Angenommen, eine Menge von $2m$ paarweisen Datenpunkten $\{(x_j, y_j)\}_{j=0}^{2m-1}$ sei gegeben und die ersten Elemente in den Paaren teilen äquidistant ein geschlossenes Intervall auf. Es sei ferner angenommen, daß das

Intervall $[-\pi, \pi]$ ist und, wie in Abbildung 8.10 gezeigt,

$$x_j = -\pi + \left(\frac{j}{m}\right)\pi \quad \text{für alle } k = 0, 1, \ldots, 2m-1$$

gilt. Falls dies nicht der Fall ist, können die Daten mit einer einfachen Lineartransformation in diese Form überführt werden.

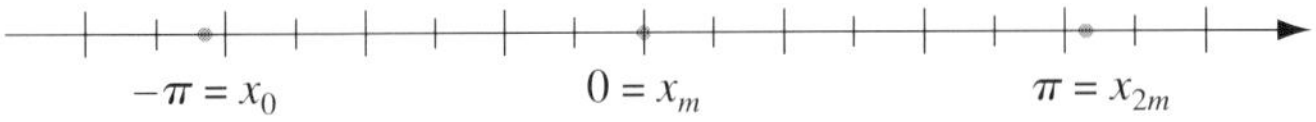

$-\pi = x_0$ $0 = x_m$ $\pi = x_{2m}$

Abb. 8.10

Es sei für ein festes $n < m$ die Menge der Funktionen $\hat{\mathcal{T}}_n$ betrachtet, die aus allen Linearkombinationen von

$$\hat{\phi}_0(x) = \frac{1}{2},$$
$$\hat{\phi}_k(x) = \cos kx \quad \text{für alle } k = 1, 2, \ldots, n,$$

und

$$\hat{\phi}_{n+k}(x) = \sin kx \quad \text{für alle } k = 1, 2, \ldots, n-1$$

besteht. Ziel ist es, die Linearkombination dieser Funktionen zu bestimmen, für die

$$E(S_n) = \sum_{j=0}^{2m-1} \{y_j - S_n(x_j)\}^2$$

minimal ist. Das heißt, man möchte den totalen Fehler

$$E(S_n) = \sum_{j=0}^{2m-1} \left\{ y_j - \left[\frac{a_0}{2} + a_n \cos nx_j + \sum_{k=1}^{n-1}(a_k \cos kx_j + a_{n+k} \sin kx_j)\right]\right\}^2$$

minimieren.

Das Bestimmen der Konstanten vereinfacht sich durch die Tatsache, daß die Menge bezüglich der Summation über die äquidistant eingeteilten Punkte $\{x_j\}_{j=0}^{2m-1}$ in $[-\pi, \pi]$ orthogonal ist. Damit ist gemeint, daß für jedes $k \neq l$

$$\sum_{j=0}^{2m-1} \hat{\phi}(x_j)\hat{\phi}_l(x_j) = 0$$

gilt. Die Orthogonalität folgt aus der Tatsache, daß

$$\sum_{j=0}^{2m-1} \cos rx_j = 0 \quad \text{und} \quad \sum_{j=0}^{2m-1} \sin rx_j = 0$$

ist, falls r und m positive, ganze Zahlen mit $r < 2m$ sind. Um die Konstanten a_k für $k = 0, 1, \ldots, n$ und $b_k \equiv a_{n+k}$ für $k = 1, 2, \ldots, n-1$ in der Summation

$$S_n(x) = \frac{a_0}{2} + a_n \cos nx + \sum_{k=1}^{n-1} (a_k \cos kx + b_k \sin kx)$$

zu erhalten, wird die Summe nach der Methode der kleinsten Quadrate,

$$E(a_0, \ldots, a_n, b_1, \ldots, b_{n-1}) = \sum_{j=0}^{2m-1} [y_j - S_n(x_j)]^2,$$

minimiert, indem die partiellen Ableitungen von E bezüglich der a_k und b_k null gesetzt werden. Daraus folgt, daß

$$a_k = \frac{1}{m} \sum_{j=0}^{2m-1} y_j \cos kx_j \qquad \text{für alle } k = 0, 1, \ldots, n$$

und

$$b_k = \frac{1}{m} \sum_{j=0}^{2m-1} y_j \sin kx_j \qquad \text{für alle } k = 0, 1, \ldots, n-1$$

gilt.

Beispiel 2. Es sei $f(x) = x^4 - 3x^3 + 2x^2 - \tan x(x-2)$. Um die Approximation nach der Methode der kleinsten Quadrate S_3 für die Werte $\{(x_j, y_j)\}_{j=0}^{9}$ zu bestimmen, wobei $x_j = j/5$ und $y_j = f(x_j)$ ist, müssen die Datenpunkte $\{(x_j, y_j)\}_{j=0}^{9}$ von $[0, 2]$ nach $[-\pi, \pi]$ überführt werden. Die dazu benötigte Lineartransformation besitzt die Form

$$z_j = \pi(x_j - 1),$$

und die überführten Daten sind von der Form

$$\left\{\left(z_j, f\left(1 + \frac{z_j}{\pi}\right)\right)\right\}_{j=0}^{9}.$$

Folglich ist das trigonometrische Polynom nach der Methode der kleinsten Quadrate

$$S_3(z) = \frac{a_0}{2} + a_3 \cos 3z + \sum_{k=1}^{2} (a_k \cos kz + b_k \sin kz),$$

wobei

$$a_k = \frac{1}{5} \sum_{j=0}^{9} f\left(1 + \frac{z_j}{\pi}\right) \cos kz_j \qquad \text{für } k = 0, 1, 2, 3$$

und

$$b_k = \frac{1}{5} \sum_{j=0}^{9} f\left(1 + \frac{z_j}{\pi}\right) \sin k z_j \quad \text{für } k = 1, 2$$

gilt.

Auswerten dieser Summen liefert die Approximation

$$\begin{aligned} S_3(z) = {} & 0{,}76201 + 0{,}77177 \cos z + 0{,}017423 \cos 2z \\ & + 0{,}0065673 \cos 3z - 0{,}38676 \sin z + 0{,}047806 \sin 2z. \end{aligned}$$

Zurückrechnen auf die Variable x ergibt

$$\begin{aligned} S_3(x) = {} & 0{,}76201 + 0{,}77177 \cos \pi(x-1) + 0{,}017423 \cos 2\pi(x-1) \\ & + 0{,}0065673 \cos 3\pi(x-1) - 0{,}38676 \sin \pi(x-1) \\ & + 0{,}047806 \sin 2\pi(x-1). \end{aligned}$$

Tabelle 8.7 faßt die Werte von $f(x)$ und $S_3(x)$ zusammen. □

Tabelle 8.7

x	$f(x)$	$S_3(x)$	$\lvert f(x) - S_3(x) \rvert$
0,125	0,26440	0,24060	$2{,}38 \cdot 10^{-2}$
0,375	0,84081	0,85154	$1{,}07 \cdot 10^{-2}$
0,625	1,36150	1,36248	$9{,}74 \cdot 10^{-4}$
0,875	1,61282	1,60406	$8{,}75 \cdot 10^{-3}$
1,125	1,36672	1,37566	$8{,}94 \cdot 10^{-3}$
1,375	0,71697	0,71545	$1{,}52 \cdot 10^{-3}$
1,625	0,07909	0,06929	$9{,}80 \cdot 10^{-3}$
1,875	−0,14576	−0,12302	$2{,}27 \cdot 10^{-2}$

Übungsaufgaben

1. Bestimmen Sie das trigonometrische Näherungspolynom S_2 nach der Methode der kleinsten Quadrate in $\mathcal{T}_2$ für $f(x) = x$ auf $[-\pi, \pi]$.

2. Bestimmen Sie das allgemeine trigonometrische Näherungspolynom S_n nach der Methode der kleinsten Quadrate in $\mathcal{T}_n$ für $f(x) = x$ auf $[-\pi, \pi]$.

3. Bestimmen Sie das trigonometrische Näherungspolynom S_2 nach der Methode der kleinsten Quadrate in $\mathcal{T}_2$ für $f(x) = e^x$ auf $[-\pi, \pi]$.

4. Bestimmen Sie das allgemeine Näherungspolynom S_n nach der Methode der kleinsten Quadrate in $\mathcal{T}_n$ für

$$f(x) = \begin{cases} -1, & \text{für } -\pi < x \leq 0, \\ 1, & \text{für } 0 < x < \pi. \end{cases}$$

5. Bestimmen Sie das trigonometrische Näherungspolynom S_n nach der Methode der kleinsten Quadrate in $\hat{\mathcal{T}}_n$ auf dem Intervall $[-\pi, \pi]$ für die folgenden Funktionen; die Werte von m und n sind jeweils gegeben:

a) $f(x) = \cos 2x,\ m = 4,\ n = 2$

b) $f(x) = \cos 3x,\ m = 4,\ n = 2$

c) $f(x) = \sin \frac{1}{2}x + 2\cos \frac{1}{3}x,\ m = 6,\ n = 3$

d) $f(x) = x^2 \cos x,\ m = 6,\ n = 3$.

6. Berechnen Sie den Fehler $E(S_n)$ für jede der Funktionen in Übung 5.

7. Bestimmen Sie das trigonometrische Näherungspolynom S_3 nach der Methode der kleinsten Quadrate in $\hat{\mathcal{T}}_3$ mit $m = 4$ für $f(x) = e^x \cos 2x$ auf dem Intervall $[-\pi, \pi]$. Berechnen Sie den Fehler $E(S_n)$.

8. Wiederholen Sie Übung 7 mit $m = 8$. Vergleichen Sie die Werte der Näherungspolynome mit den Werten von f an den Stellen $\xi_j = -\pi + 0{,}2j\pi,\ 0 \leq j \leq 10$. Welche Approximation ist besser?

9. Es sei $f(x) = 2\tan x - \sec 2x,\ 2 \leq x \leq 4$. Bestimmen Sie die trigonometrischen Polynome S_n in $\hat{\mathcal{T}}_n$ mit den folgenden Werten von n und m. Berechnen Sie in jedem Fall den Fehler.

a) $n = 3,\ m = 6$

b) $n = 4,\ m = 6$.

10. a) Bestimmen Sie das trigonometrische Polynom S_4 nach der Methode der kleinsten Quadrate in $\hat{\mathcal{T}}_4$ für $f(x) = x^2 sinx$ auf dem Intervall $[0, 1]$ mit $m = 16$.

b) Berechnen Sie $\int_0^1 S_4(x)\mathrm{d}x$.

c) Vergleichen Sie das Integral aus Übung b) mit $\int_0^1 x^2 \sin x\,\mathrm{d}x$.

8.7. Schnelle Fouriertransformation

Das trigonometrische Interpolationspolynom auf den $2m$ Datenpunkten $\{(x_j, y_j)\}_{j=0}^{2m-1}$ ist das Polynom nach der Methode der kleinsten Quadrate aus $\tilde{\mathcal{T}}_m$ für diese Punktemenge. In Abschnitt 8.6 wurde gefunden, daß das trigonometrische Polynom nach der Methode der kleinsten Quadrate die Form

$$S_n(x) = \frac{a_0}{2} + a_n \cos nx + \sum_{k=1}^{n-1} (a_k \cos kx + b_k \sin kx)$$

besitzt, wobei

$$a_k = \frac{1}{m} \sum_{j=0}^{2m-1} y_j \cos kx_j \qquad \text{für alle } k = 0, 1, \ldots, n$$

und

$$b_k = \frac{1}{m} \sum_{j=1}^{2m-1} y_j \sin kx_j \qquad \text{für alle } k = 1, 2, \ldots, n-1$$

ist. Diese Form wird mit $n = m$ zur Interpolation mit nur geringen Modifikationen verwendet. Das System wird zur Interpolation ausgeglichen, indem der Term a_m durch $a_m/2$ ersetzt wird. Das Interpolationspolynom besitzt damit die Form

$$S_m(x) = \frac{a_0 + a_m \cos mx}{2} + \sum_{k=1}^{m-1} [a_k \cos kx + b_k \sin kx],$$

wobei die Koeffizienten a_k und b_k zu Beginn des Abschnitts formuliert wurden.

Die Interpolation von großen, äquidistant eingeteilten Datenmengen durch trigonometrische Polynome kann sehr genaue Ergebnisse hervorbringen. Sie stellt das geeignete Approximationsverfahren auf den Gebieten der digitalen Filter, Antennenstrahlungsdiagramme, Quantenmechanik, Optik und bei gewissen Simulationsproblemen dar. Bis zur Mitte der 60er Jahre wurde die Methode kaum angewandt, da sie eine große Zahl von arithmetischen Operationen zur Bestimmung der Konstanten in der Approximation benötigt. Die Interpolation von $2m$ Datenpunkten erfordert ungefähr $(2m)^2$ Multiplikationen und $(2m)^2$ Additionen bei direkter Berechnung. Die Approximation von vielen Tausenden von Datenpunkten ist auf solchen Gebieten, die die trigonometrische Interpolation benötigen, nicht unüblich, so daß die direkten Verfahren zur Auswertung der Konstanten Millionen von Multiplikationen und Additionen erfordern. Die Rechenzeit für derartig viele Berechnungen steigt in untragbarer Weise an, und der Rundungsfehler würde im allgemeinen die Approximation beherrschen.

1965 beschrieben J. W. Cooley und J. W. Tukey eine alternative Methode zur Berechnung der Konstanten in dem trigonometrischen Interpolationspolynom. Sie erfordert nur $O(m \log_2 m)$ Multiplikationen und $O(m \log_2 m)$ Additionen, vorausgesetzt, daß m geeignet gewählt wird. Bei einem Problem mit Tausenden von Datenpunkten wird somit die Zahl der Berechnungen von Millionen auf Tausende reduziert. Die Methode wurde tatsächlich einige Jahre vor der Cooley-Tukey-Veröffentlichung entdeckt, fand aber bei den meisten Forschern bis zu dieser Zeit keine Beachtung.

Die von Cooley und Tukey beschriebene Methode ist allgemein als **schnelle Fouriertransformation (fast Fourier transform = FFT)** bekannt und hat zu einer Revolution beim Gebrauch von trigonometrischen Interpolationspolynomen geführt. Die Methode organisiert das Problem derart, daß die Zahl der verwendeten Datenpunkte leicht zerlegt werden kann, speziell in Potenzen von 2.

Die Beziehung zwischen der Anzahl der Datenpunkte $2m$ und dem Grad des in der schnellen Fouriertransformation verwendeten trigonometrischen Polynoms erlaubt einige Vereinfachungen der Schreibweise. Die Knoten sind durch

$$x_j = -\pi + \left(\frac{j}{m}\right)\pi$$

für alle $j = 0, 1, \ldots, 2m-1$ und die Koeffizienten als

$$a_k = \frac{1}{m}\sum_{j=0}^{2m-1} y_j \cos kx_j$$

und

$$b_k = \frac{1}{m}\sum_{j=0}^{2m-1} y_j \sin kx_j$$

für alle $k = 0, 1, \ldots, m$ gegeben. Der Bequemlichkeit wegen wurden b_0 und b_m der Menge zugefügt, beide sind aber null und steuern nichts der Summe bei.

Anstatt die Konstanten a_k und b_k direkt auszuwerten, berechnet die schnelle Fouriertransformation die komplexen Koeffizienten c_k in der Formel

$$F(x) = \frac{1}{m}\sum_{k=0}^{2m-1} c_k e^{ikx},$$

wobei

$$c_k = \sum_{j=0}^{2m-1} y_j e^{\frac{\pi ijk}{m}} \quad \text{für alle} \quad k = 0, 1, \ldots, 2m-1$$

gilt.

Nachdem die Koeffizienten c_k bestimmt sind, wendet man sich wieder a_k und b_k zu. Dafür wird die *Eulersche Formel* benötigt, die besagt, daß für alle reellen Zahlen z

$$e^{iz} = \cos z + i \sin z$$

gilt, wobei die komplexe Zahl i $i^2 = -1$ genügt. Dann ist für alle $k = 0, 1, \ldots, m$

$$\frac{1}{m} c_k e^{-i\pi k} = \frac{1}{m} \sum_{j=0}^{2m-1} y_j e^{\frac{\pi i j k}{m}} \cdot e^{-i\pi k}$$

$$= \frac{1}{m} \sum_{j=0}^{2m-1} y_j e^{ik[-\pi(j/m)\pi]}$$

$$= \frac{1}{m} \sum_{j=0}^{2m-1} y_j (\cos kx_j + i \sin kx_j)$$

und somit

$$\frac{1}{m} c_k e^{-i\pi k} = a_k + ib_k.$$

Die Verringerung der Operationen in der schnellen Fouriertransformation folgt aus der Berechnung der Koeffizienten c_k in Gruppen. Das folgende Beispiel verdeutlicht das Verfahren.

Beispiel 1. Um den verringerten Rechenaufwand zu veranschaulichen, der aus der schnellen Fouriertransformation resultiert, sei das Verfahren auf $8 = 2^3$ Datenpunkte $\{(x_j, y_j)\}_{j=0}^{7}$ angewandt, wobei $x_j = -\pi + j\pi/4$ ist.

Dann gilt

$$S_4(x) = \frac{a_0 + a_4 \cos 4x}{2} + \sum_{k=1}^{3} (a_k \cos kx + b_k \sin kx),$$

wobei

$$a_k = \frac{1}{4} \sum_{j=0}^{7} y_j \cos kx_j \text{ und } b_k = \frac{1}{4} \sum_{j=0}^{7} y_j \sin kx_j$$

für alle $k = 0, 1, 2, 3, 4$ ist.

Es sei

$$F(x) = \frac{1}{4} \sum_{j=0}^{7} c_k e^{ikx}$$

definiert, wobei

$$c_k = \sum_{j=0}^{7} y_j e^{ijk\pi/4} \quad \text{für } k = 0, 1, \ldots, 7$$

gilt. Beim direkten Berechnen sind die komplexen Konstanten c_k durch

$$c_0 = y_0 + y_1 + y_2 + y_3 + y_4 + y_5 + y_6 + y_7;$$

$$c_1 = y_0 + \tfrac{i+1}{\sqrt{2}}y_1 + iy_2 + \tfrac{i-1}{\sqrt{2}}y_3 - y_4 - \tfrac{i+1}{\sqrt{2}}y_5 - iy_6 - \tfrac{i-1}{\sqrt{2}}y_7;$$

$$c_2 = y_0 + iy_1 - y_2 - iy_3 + y_4 + iy_5 - y_6 - iy_7;$$

$$c_3 = y_0 + \tfrac{i-1}{\sqrt{2}}y_1 - iy_2 + \tfrac{i+1}{\sqrt{2}}y_3 - y_4 - \tfrac{i-1}{\sqrt{2}}y_5 + iy_6 - \tfrac{i+1}{\sqrt{2}}y_7;$$

$$c_4 = y_0 - y_1 + y_2 - y_3 + y_4 - y_5 + y_6 - y_7;$$

$$c_5 = y_0 - \tfrac{i+1}{\sqrt{2}}y_1 + iy_2 - \tfrac{i-1}{\sqrt{2}}y_3 - y_4 - \tfrac{i+1}{\sqrt{2}}y_5 - iy_6 + \tfrac{i-1}{\sqrt{2}}y_7;$$

$$c_6 = y_0 - iy_1 - y_2 + iy_3 + y_4 - iy_5 - y_6 + iy_7$$

und

$$c_7 = y_0 - \tfrac{i-1}{\sqrt{2}}y_1 - iy_2 - \tfrac{i+1}{\sqrt{2}}y_3 - y_4 + \tfrac{i-1}{\sqrt{2}}y_5 + iy_6 + \tfrac{i+1}{\sqrt{2}}y_7$$

gegeben. Aufgrund der kleinen Datenmenge sind viele Koeffizienten von y_i in diesen Gleichungen gleich 1 oder -1. In einer größeren Anwendung wird dies weniger häufig der Fall sein, so daß, um die Zahl der Rechenoperationen genau zu bestimmen, auch die Multiplikation mit 1 oder -1 mitgezählt wird, obwohl es in diesem Beispiel nicht nötig wäre. Somit sind 64 Multiplikationen/Divisionen und 56 Additionen/Subtraktionen zum direkten Berechnen von $c_0, c_1, \ldots, c_7$ notwendig.

Um die schnelle Fouriertransformation anzuwenden, sei zuerst

$$d_0 = \tfrac{1}{2}(c_0 + c_4) = y_0 + y_2 + y_4 + y_6;$$

$$d_1 = \tfrac{1}{2}(c_0 - c_4) = y_1 + y_3 + y_5 + y_7;$$

$$d_2 = \tfrac{1}{2}(c_1 + c_5) = y_0 + iy_2 - y_4 - iy_6;$$

$$d_3 = \tfrac{1}{2}(c_1 - c_5) = \tfrac{i+1}{\sqrt{2}}(y_1 + iy_3 - y_5 - iy_7);$$

$$d_4 = \tfrac{1}{2}(c_2 - c_6) = y_0 - y_2 + y_4 - y_6;$$

$$d_5 = \tfrac{1}{2}(c_2 - c_6) = i(y_1, y_3 + y_5 - y_7);$$

$$d_6 = \tfrac{1}{2}(c_3 + c_7) = y_0 - iy_2 - y_4 + iy_6$$

und

$$d_7 = \tfrac{1}{2}(c_3 - c_7) = \tfrac{i-1}{\sqrt{2}}(y_1 - iy_3 - y_5 + iy_7)$$

und danach

$$e_0 = \tfrac{1}{2}(d_0 + d_4) = y_0 + y_4;$$

$$e_1 = \tfrac{1}{2}(d_0 - d_4) = y_2 + y_6;$$

$$e_2 = \tfrac{1}{2}(id_1 + d_5) = i(y_1 + y_5);$$

$$e_3 = \tfrac{1}{2}(id_1 - d_5) = i(y_3 + y_7);$$

$$e_4 = \tfrac{1}{2}(d_2 + d_6) = y_0 - y_4;$$

$$e_5 = \tfrac{1}{2}(d_2 - d_6) = i(y_2 - y_6);$$

$$e_6 = \tfrac{1}{2}(id_3 + d_7) = \tfrac{i-1}{\sqrt{2}}(y_1 - y_5)$$

und

$$e_7 = \tfrac{1}{2}(id_3 - d_7) = \tfrac{-i-1}{\sqrt{2}}(y_3 - y_7)$$

und letzlich

$$f_0 = \tfrac{1}{2}(e_0 + e_4) = y_0;$$

$$f_1 = \tfrac{1}{2}(e_0 - e_4) = y_4;$$

$$f_2 = \tfrac{1}{2}(ie_1 + e_5) = iy_2;$$

$$f_3 = \tfrac{1}{2}(ie_1 - e_5) = iy_6;$$

$$f_4 = \tfrac{1}{2}\left(\tfrac{i+1}{\sqrt{2}}e_2 + e_6\right) = \tfrac{i-1}{\sqrt{2}}y_1;$$

$$f_5 = \tfrac{1}{2}\left(\tfrac{i+1}{\sqrt{2}}e_2 - e_6\right) = \tfrac{i-1}{\sqrt{2}}y_5;$$

$$f_6 = \tfrac{1}{2}\left(\tfrac{i+1}{\sqrt{2}}e_3 + e_7\right) = -\tfrac{i+1}{\sqrt{2}}y_3$$

und

$$f_7 = \tfrac{1}{2}\left(\tfrac{i+1}{\sqrt{2}}e_3 - e_7\right) = -\tfrac{i+1}{\sqrt{2}}y_7$$

definiert. $c_0, \ldots, c_7$; $d_0, \ldots, d_7$; $e_0, \ldots, e_7$ und $f_0, \ldots, f_7$ sind von den speziellen Datenpunkten unabhängig; sie hängen nur von $m = 4$ ab. Für jedes m existiert eine eindeutige Menge von Konstanten $\{c_k\}_{k=0}^{2m-1}$; $\{d_k\}_{k=0}^{2m-1}$; $\{e_k\}_{k=0}^{2m-1}$

und $\{f_k\}_{k=0}^{2m-1}$. Dieser Teil der Arbeit wird für eine spezielle Anwendung nicht benötigt, sondern nur die folgenden Berechnungen:

1. $f_0 = y_0; \quad f_1 = y_4; \quad f_2 = iy_2; \quad f_3 = iy_6;$

   $f_4 = \frac{i-1}{\sqrt{2}} y_1; \quad f_5 = \frac{i-1}{\sqrt{2}} y_5; \quad f_6 = -\frac{i+1}{\sqrt{2}} y_3;$

   $f_7 = -\frac{i+1}{\sqrt{2}} y_7.$

2. $e_0 = f_0 + f_1; \quad e_1 = -i(f_2 + f_3); \quad e_2 = \frac{-i+1}{\sqrt{2}}(f_4 + f_5);$

   $e_3 = \frac{-i+1}{\sqrt{2}}(f_6 + f_7); \quad e_4 = f_0 - f_1; \quad e_5 = f_2 - f_3;$

   $e_6 = f_4 - f_5; \quad e_7 = f_6 - f_y.$

3. $d_0 = e_0 + e_1; \quad d_1 = -i(e_2 + e_3); \quad d_2 = -e_4 + e_5; \quad d_3 = -i(e_6 + e_7);$

   $d_4 = e_0 - e_1; \quad d_5 = e_2 - e_3; \quad d_6 = e_4 - e_5; \quad d_7 = e_6 - e_7;$

4. $c_0 = d_0 + d_1; \quad c_1 = d_2 + d_3; \quad c_2 = d_4 + d_5; \quad c_3 = d_6 + d_7;$

   $c_4 = d_0 - d_1; \quad c_5 = d_2 - d_3; \quad c_6 = d_4 - d_5; \quad c_7 = d_6 - d_7.$

Berechnet man die Konstanten $c_0, c_1, \ldots, c_7$ auf diese Art und Weise, wird die in Tabelle 8.8 gezeigte Anzahl von Operationen benötigt. Man beachte, daß wieder Multiplikationen mit 1 oder -1 mitgezählt wurden, obwohl dies keinen Rechenaufwand erfordert.

Tabelle 8.8

Schritt	Multiplikationen/Divisionen	Additionen/Subtraktionen
1	8	0
2	8	9
3	8	8
4	0	8
gesamt	24	24

Das Fehlen von Multiplikationen/Divisionen in Schritt 4 folgt aus der Tatsache, daß für jedes m die Koeffizienten $\{c_k\}_{k=0}^{2m-1}$ aus $\{d_k\}_{k=0}^{2m-1}$ in gleicher Weise berechnet werden:

$$c_k = d_{2k} + d_{2k+1} \quad \text{und} \quad c_{k+m} = d_{2k} - d_{2k+1}$$
$$\text{für} \quad k = 0, 1, \ldots, m-1,$$

so daß keine komplexe Multiplikation notwendig ist.

Insgesamt erfordert die direkte Berechnung der Koeffizienten $c_0, c_1, \ldots, c_7$ 64 Multiplikationen/Divisionen und 56 Additionen/Subtraktionen; die schnelle

Fouriertransformation reduziert die Berechnungen auf 24 Multiplikationen/ Divisionen und 24 Additionen/Subtraktionen. □

Das Programm FFTRNS83 führt die schnelle Fouriertransformation aus, wenn $m = 2^p$ für jede beliebige positive, ganze Zahl p ist. Wenn m andere Formen annimmt, kann das Verfahren modifiziert werden.

Beispiel 2. Es sei $f(x) = x^4 - 3x^3 + 2x^2 - \tan x(x-2)$. Um das trigonometrische Interpolationspolynom vom Grade vier für die Punkte $\{(x_j, y_j)\}_{j=0}^{7}$ zu bestimmen, wobei $x_j = j/4$ und $y_j = f(x_j)$ ist, muß das Intervall $[0, 2]$ nach $[-\pi, \pi]$ überführt werden. Die Translation ist durch

$$z_j = \pi(x_j - 1)$$

gegeben, so daß die Eingabedaten für die schnelle Fouriertransformation

$$\left\{z_j, f\left(1 + \frac{z_j}{\pi}\right)\right\}_{j=0}^{n}$$

sind.

Das Interpolationspolynom in z ist

$$\begin{aligned} S_4(z) = {} & 0{,}761979 + 0{,}771841 \cos z + 0{,}0173037 \cos 2z \\ & + 0{,}00686304 \cos 3z - 0{,}000578545 \cos 4z - 0{,}386374 \sin z \\ & + 0{,}0468750 \sin 2z - 0{,}0113738 \sin 3z. \end{aligned}$$

Das trigonometrische Polynom $S_4(x)$ auf $[0, 2]$ erhält man, indem $z = \pi(x-1)$ in $S_4(z)$ substituiert wird. Die Kurvenverläufe und die Werte von $y = f(x)$ und $y = S_4(x)$ findet man in Abbildung 8.11 beziehungsweise in Tabelle 8.9. □

Tabelle 8.9

x	$f(x)$	$S_4(x)$	$\lvert f(x) - S_4(x)\rvert$
0,125	0,26440	0,25001	$1{,}44 \cdot 10^{-2}$
0,375	0,84081	0,84647	$5{,}66 \cdot 10^{-3}$
0,625	1,36150	1,35824	$3{,}27 \cdot 10^{-3}$
0,875	1,61282	1,61515	$2{,}33 \cdot 10^{-3}$
1,125	1,36672	1,36471	$2{,}02 \cdot 10^{-3}$
1,375	0,71697	0,71931	$2{,}33 \cdot 10^{-3}$
1,625	0,07909	0,07496	$4{,}14 \cdot 10^{-3}$
1,875	–0,14576	–0,13301	$1{,}27 \cdot 10^{-2}$

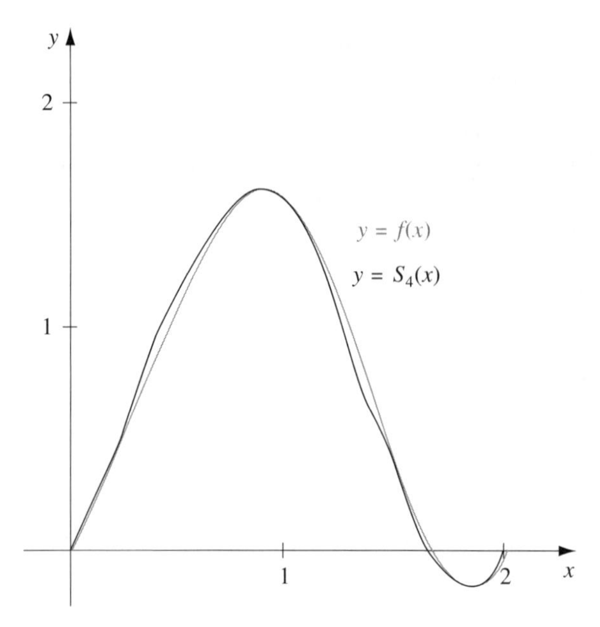

Abb. 8.11

Übungsaufgaben

1. Bestimmen Sie das trigonometrische Interpolationspolynom $S_2(x)$ zweiten Grades auf $[-\pi, \pi]$ für die folgenden Funktionen und stellen Sie $f(x) - S_2(x)$ graphisch dar:

   a) $f(x) = \pi(x - \pi)$

   b) $f(x) = x(\pi - x)$

   c) $f(x) = |x|$

   d) $f(x) = \begin{cases} -1, & -\pi \leq x \leq 0 \\ 1, & 0 < x \leq \pi \end{cases}.$

2. Bestimmen Sie das trigonometrische Interpolationspolynom vierten Grades für $f(x) = x(\pi - x)$ auf dem Intervall $[-\pi, \pi]$.

3. Berechnen Sie mit der schnellen Fouriertransformation das trigonometrische Interpolationspolynom viertes Grades auf $[-\pi, \pi]$ für die folgenden Funktionen:

   a) $f(x) = \pi(x - \pi)$

   b) $f(x) = |x|$

   c) $f(x) = \cos \pi x - 2 \sin \pi x$

   d) $f(x) = x \cos x^2 + e^x \cos e^x$.

4. **a)** Bestimmen Sie das trigonometrische Interpolationspolynom $S_4(x)$ vierten Grades für $f(x) = x^2 \sin x$ auf dem Intervall $[0, 1]$.

b) Berechnen Sie $\int_0^1 S_4(x)\mathrm{d}x$.

c) Vergleichen Sie das Integral aus Teil b) mit $\int_0^1 x^2 \sin x \, \mathrm{d}x$.

5. Approximieren Sie mit den in Übung 3 erhaltenen Näherungswerten die folgenden Integrale. Vergleichen Sie die Approximation mit dem tatsächlichen Wert.

a) $\int_{-\pi}^{\pi} \pi(x - \pi)\mathrm{d}x$

b) $\int_{-\pi}^{\pi} |x|\mathrm{d}x$

c) $\int_{-\pi}^{\pi} (\cos \pi x - 2 \sin \pi x)\mathrm{d}x$

d) $\int_{-\pi}^{\pi} (x \cos x^2 + e^x \cos e^x)\mathrm{d}x$

6. Berechnen Sie mit der schnellen Fouriertransformation das trigonometrische Interpolationspolynom sechzehnten Grades für $f(x) = x^2 \cos x$ auf $[-\pi, \pi]$.

8.8. Methoden- und Softwareüberblick

In diesem Kapitel wurde die Approximation von Funktionen mit einfacheren Funktionen, wie Polynomen, rationalen Funktionen und trigonometrischen Polynomen, behandelt. Zwei Typen von Approximationen, die diskrete und die gleichmäßige, wurden betrachtet. Diskrete Approximation heißt, man approximiert eine endliche Datenmenge mit einer einfachen Funktion. Die gleichmäßige Approximation setzt man ein, wenn die zu approximierende Funktion bekannt ist.

Diskrete Verfahren nach der Methode der kleinsten Quadrate sind zu empfehlen, wenn die Funktion durch eine gegebene Datenmenge spezifiziert wird, die nicht unbedingt die exakten Funktionswerte widerspiegelt. Anpassungen nach der Methode der kleinsten Quadrate können eine lineare oder eine andere Polynomnäherung oder sogar eine exponentielle Form annehmen. Diese Approximationen berechnet man, indem man, wie in Abschnitt 8.2 beschrieben, eine Menge von Normalgleichungen löst. Sind die Werte periodisch, ist die Anpassung durch trigonometrische Polynome geeignet. Wegen der Orthonormalität grundlegender trigonometrischer Funktionen muß bei der Approximation durch trigonometrische Polynome kein Linearsystem gelöst werden. Für große Mengen periodischer Daten wird auch die Interpolation durch trigonometrische Polynome empfohlen. Eine effiziente Methode zur Berechnung des trigonometrischen Interpolationspolynoms bildet die schnelle Fouriertransformation.

Wenn die zu approximierende Funktion in jedem beliebigen Argument ausgewertet werden kann, minimieren die Approximationen oft eher ein Integral anstatt einer Summe. Die gleichmäßige Polynomnäherung nach der Methode der kleinsten Quadrate wurde in Abschnitt 8.3 betrachtet. Die effiziente Berechnung der Polynome führte zu orthonormalen Polynommengen, wie die der Legendreschen und Tschebyschew-Polynome. Die Approximation durch rationale Funktionen wurde in Abschnitt 8.5 untersucht, wo die Padé-Approximation als eine Verallgemeinerung der Mac Laurinschen Polynome vorgestellt und die Erweiterung auf die rationale Tschebyschew-Näherung eingeführt wurde. Beide Methoden approximieren gleichmäßiger als Polynome. Die gleichmäßige Approximation nach der Methode der kleinsten Quadrate durch trigonometrische Funktionen wurde in Abschnitt 8.6 diskutiert, speziell, wo sie Bezug auf Fourier-Reihen hat.

Die IMSL-Bibliothek bietet eine Anzahl von Funktionen zur Approximation. Die Unterfunktion RLINE liefert die Gerade nach der Methode der kleinsten Quadrate für eine Menge von Datenpunkten sowie Statistikwerte, wie Mittel und Varianzen. Die Polynomnäherung nach der Methode der kleinsten Quadrate kann mit der Unterfunktion RCURV erhalten werden. Die Unterfunktion FNLSQ berechnet die diskrete Approximation nach der Methode der kleinsten Quadrate für eine Auswahl grundlegender Funktionen, die vom Benutzer spezifiziert wird. Die Unterfunktion BSLSQ berechnet eine kubische Spline-Näherung nach der Methode der kleinsten Quadrate und RATCH die rational gewichtete Tschebyschew-Näherung einer stetigen Funktion f auf einem Intervall $[a, b]$. Die Unterfunktion FFTCB berechnet die schnelle Fouriertransformation für eine gegebene Datenmenge. Die NAG-Bibliothek enthält viele Unterfunktionen zur Funktionsnäherung. Die Polynomnäherung nach der Methode der kleinsten Quadrate läßt sich mit der Unterfunktion E02ADF erhalten. Diese Unterfunktion ist ziemlich vielseitig, da sie Polynome verschiedener Grade und jeweils den totalen Fehler berechnet. Um den Rundungsfehler zu minimieren und die Genauigkeit zu erhöhen, werden Tschebyschew-Polynome eingesetzt.

Mit der Funktion E02AEF kann die über E02ADF erhaltene Approximation ausgewertet werden. NAG verfügt auch über die Funktion E02BAF zur Berechnung von kubischen Spline-Anpassungen nach der Methode der kleinsten Quadrate, E02GAF berechnet die beste lineare 1-Norm-Anpassung und E02GCF die beste ∞-Norm-Anpassung. Die Funktion E02RAF berechnet die Padé-Approximation. Die NAG-Bibliothek enthält auch viele Funktionen für die schnelle Fouriertransformation, von denen CO6ECF eine ist.

Mit MATLAB können diskrete Näherungspolynome nach der Methode der kleinsten Quadrate berechnet werden. Für die gegebenen Werte $\{(x_i, y_i) | i = 1, 2, \ldots, m\}$ erhält man das Polynom vom Grade n durch

$$p = polyfit(x, y, n).$$

MATLAB berechnet auch mit der Funktion fft die schnelle Fouriertransformation gegebener Daten. MATLAB besitzt viele Eigenschaften für die Anwendung in der Signalverarbeitung.

9. Approximation von Eigenwerten

9.1. Einleitung

Eigenwerte und Eigenvektoren wurden in Kapitel 7 im Zusammenhang mit der Konvergenz von iterativen Verfahren zur Approximation der Lösung eines Linearsystems eingeführt. Um die Eigenwerte einer $(n \times n)$-Matrix A zu bestimmen, wird das charakteristische Polynom

$$p(\lambda) = \det(A - \lambda I)$$

konstruiert, und dann werden seine Nullstellen bestimmt. Es bedeutet jedoch beträchtlichen Rechenaufwand, die Determinante einer n-mal-n-Matrix zu bestimmen und ebenso schwierig ist es, die Wurzeln von $p(\lambda)$ gut zu approximieren. In diesem Kapitel werden auch andere Mittel zur Approximation der Eigenwerte einer Matrix untersucht.

9.2. Isolieren von Eigenwerten

In Kapitel 7 wurde festgestellt, daß ein iteratives Verfahren zum Lösen eines Linearsystems konvergiert, falls alle zum Problem gehörenden Eigenwerte betragsmäßig kleiner 1 sind, und daß das Verfahren nicht konvergiert, falls es Eigenwerte betragsmäßig größer 1 gibt. Die exakten Werte der Eigenwerte waren in diesem Fall nicht so wichtig – nur der Bereich der komplexen Ebene, in dem sie liegen. Sogar wenn die Eigenwerte bestimmt werden müssen, folgt aus der Tatsache, daß viele der Verfahren zu ihrer Approximation iterativ sind, daß es ein erster Schritt in Richtung Approximation ist, den Bereich zu bestimmen, in dem sie liegen; dieser Schritt liefert die Anfangsnäherung, die die iterativen Verfahren benötigen.

Bevor wir mit den Verfahren zur Approximation von Eigenwerten fortfahren, benötigen wir noch einige Ergebnisse aus der linearen Algebra, die beim Isolieren der Eigenwerte hilfreich sind. Die in diesem Kapitel verwendete zusätzliche lineare Algebra wird an dieser Stelle gegeben, so daß hier auch nachgeschlagen werden kann. Die ersten Definitionen und Ergebnisse entsprechen denen in Abschnitt 8.3 für Polynommengen.

Die Menge der vom Nullvektor verschiedenen Vektoren $\{\mathbf{v}^{(1)}, \mathbf{v}^{(2)}, \mathbf{v}^{(3)}, \ldots, \mathbf{v}^{(k)}\}$ heißt **linear unabhängig**, falls

$$\mathbf{0} = \alpha_1 \mathbf{v}^{(1)} + \alpha_2 \mathbf{v}^{(2)} + \alpha_3 \mathbf{v}^{(3)} + \ldots + \alpha_k \mathbf{v}^{(k)}$$

nur mit $\alpha_1 = \alpha_2 = \ldots = \alpha_k = 0$ bestehen kann. Eine Vektormenge, die nicht linear unabhängig ist, heißt **linear abhängig**.

Eindeutige Darstellung der Vektoren in $\mathbb{R}^n$

Falls $\{\mathbf{v}^{(1)}, \mathbf{v}^{(2)}, \mathbf{v}^{(3)}, \ldots, \mathbf{v}^{(k)}\}$ eine Menge von n linear unabhängigen Vektoren in $\mathbb{R}^n$ ist, dann kann jeder Vektor $\mathbf{x} \in \mathbb{R}^n$ für beliebige Konstanten $\beta_1, \beta_2, \ldots \beta_n$ eindeutig als

$$\mathbf{x} = \beta_1 \mathbf{v}^{(1)} + \beta_2 \mathbf{v}^{(2)} + \beta_3 \mathbf{v}^{(3)} + \ldots + \beta_n \mathbf{v}^{(n)}$$

geschrieben werden.

Jede Menge von n linear unabhängigen Vektoren in $\mathbb{R}^n$ heißt **Basis** von $\mathbb{R}^n$.

Beispiel 1. Es sei $\mathbf{v}^{(1)} = (1, 0, 0)^{\mathrm{t}}$, $\mathbf{v}^{(2)} = (-1, 1, 1)^{\mathrm{t}}$ und $\mathbf{v}^{(3)} = (0, 4, 2)^{\mathrm{t}}$. Sind α_1, α_2 und α_3 Zahlen mit

$$\mathbf{0} = \alpha_1 \mathbf{v}^{(1)} + \alpha_2 \mathbf{v}^{(2)} + \alpha_3 \mathbf{v}^{(3)},$$

dann ist

$$\begin{aligned}(0, 0, 0)^{\mathrm{t}} &= \alpha_1(1, 0, 0)^{\mathrm{t}} + \alpha_2(-1, 1, 1)^{\mathrm{t}} + \alpha_3(0, 4, 2)^{\mathrm{t}} \\ &= (\alpha_1 - \alpha_2, \alpha_2 - 4\alpha_3, \alpha_2 + \alpha_3)^{\mathrm{t}}\end{aligned}$$

und somit

$$\alpha_1 - \alpha_2 = 0, \quad \alpha_2 - 4\alpha_3 = 0$$

und

$$\alpha_2 + \alpha_3 = 0.$$

Da die einzige Lösung dieses Systems $\alpha_1 = \alpha_2 = \alpha_3 = 0$ ist, ist die Menge $\{\mathbf{v}^{(1)}, \mathbf{v}^{(2)}, \mathbf{v}^{(3)}\}$ linear unabhängig in $\mathbb{R}^3$ und eine Basis von $\mathbb{R}^3$. Ein Vektor $\mathbf{x} = (x_1, x_2, x_3)^{\mathrm{t}}$ in $\mathbb{R}^3$ kann als

$$\mathbf{x} = \beta_1 \mathbf{v}^{(1)} + \beta_2 \mathbf{v}^{(2)} + \beta_3 \mathbf{v}^{(3)}$$

geschrieben werden, indem

$$\beta_1 = x_1 - x_2 + 2x_3, \quad \beta_2 = 2x_3 - x_2$$

und

$$\beta_3 = \frac{1}{2}(x_2 - x_3)$$

gewählt wird. □

Mit dem nächsten Ergebnis wird im folgenden Abschnitt die Potenzmethode zur Approximation von Eigenwerten entwickelt.

Lineare Unabhängigkeit von Eigenvektoren

Falls A eine Matrix ist und $\lambda_1, \ldots, \lambda_k$ verschiedene Eigenwerte von A mit den zugehörigen Eigenvektoren $\mathbf{x}^{(1)}, \mathbf{x}^{(2)}, \ldots, \mathbf{x}^{(k)}$ sind, dann ist $\{\mathbf{x}^{(1)}, \mathbf{x}^{(2)}, \ldots, \mathbf{x}^{(k)}\}$ linear unabhängig.

Eine Vektormenge $\{\mathbf{v}^{(1)}, \mathbf{v}^{(2)}, \ldots, \mathbf{v}^{(k)}\}$ heißt **orthogonal**, falls $(\mathbf{v}^{(i)})^t\mathbf{v}^{(j)} = 0$ für alle $i \neq j$ ist. Ist zusätzlich für alle $i = 1, 2, \ldots, n$ $(\mathbf{v}^{(i)})^t, \mathbf{v}^{(i)} = 1$, dann heißt die Menge **orthonormal**.

Da $\mathbf{x}^t\mathbf{x} = \|\mathbf{x}\|_2^2$ ist, ist eine Menge von orthogonalen Vektoren $\{\mathbf{v}^{(1)}, \mathbf{v}^{(2)}, \ldots, \mathbf{v}^{(n)}\}$ genau dann orthonormal, wenn

$$\|\mathbf{v}^{(i)}\|_2 = 1 \quad \text{für jedes } i = 1, 2, \ldots, n.$$

gilt.

Jede orthogonale Vektormenge, die nicht den Nullvektor enthält, ist linear unabhängig.

Beispiel 2. Die Vektoren $\mathbf{v}^{(1)} = (0, 4, 2)^t$, $\mathbf{v}^{(2)} = (-1, -\frac{1}{5}, \frac{2}{5})^t$ und $\mathbf{v}^{(3)} = (\frac{1}{6}, -\frac{1}{6}, \frac{1}{3})^t$ bilden eine orthogonale Menge. Für diese Vektoren gilt

$$\|\mathbf{v}^{(1)}\|_2 = 2\sqrt{5}, \quad \|\mathbf{v}^{(2)}\|_2 = \frac{\sqrt{30}}{5}$$

und

$$\|\mathbf{v}^{(3)}\|_2 = \frac{\sqrt{6}}{6}.$$

Die Vektoren

$$\mathbf{u}^{(1)} = \frac{\mathbf{v}^{(1)}}{\|\mathbf{v}^{(1)}\|_2} = \left(0, \frac{2\sqrt{5}}{5}, \frac{\sqrt{5}}{5}\right)^t,$$

$$\mathbf{u}^{(2)} = \frac{\mathbf{v}^{(2)}}{\|\mathbf{v}^{(2)}\|_2} = \left(-\frac{\sqrt{30}}{6}, -\frac{\sqrt{30}}{30}, \frac{\sqrt{6}}{3}\right)^t$$

und

$$\mathbf{u}^{(3)} = \frac{\mathbf{v}^{(3)}}{\|\mathbf{v}^{(3)}\|_2} = \left(\frac{\sqrt{6}}{6}, -\frac{\sqrt{6}}{6}, \frac{\sqrt{6}}{3}\right)^{\mathrm{t}}$$

bilden eine orthonormale Menge, da sie die Orthogonalität von $\mathbf{v}^{(1)}, \mathbf{v}^{(2)}$ und $\mathbf{v}^{(3)}$ geerbt haben und zusätzlich

$$\|\mathbf{u}^{(1)}\|_2 = \|\mathbf{u}^{(2)}\|_2 = \|\mathbf{u}^{(3)}\|_2 = 1$$

gilt. □

Eine $n \times n$-Matrix P ist **orthogonal**, falls $P^{-1} = P^{\mathrm{t}}$ ist. Dieser Ausdruck stammt daher, daß die Spalten einer orthogonalen Matrix eine orthogonale – tatsächlich orthonormale – Vektormenge bilden.

Beispiel 3. Die aus der orthonormalen Vektormenge aus Beispiel 2 gebildete orthogonale Matrix P ist

$$P = [\mathbf{u}^{(1)}, \mathbf{u}^{(2)}, \mathbf{u}^{(3)}] = \begin{bmatrix} 0 & -\frac{\sqrt{30}}{6} & \frac{\sqrt{6}}{6} \\ \frac{2\sqrt{5}}{5} & -\frac{\sqrt{30}}{30} & -\frac{\sqrt{6}}{6} \\ \frac{\sqrt{5}}{5} & \frac{\sqrt{30}}{15} & \frac{\sqrt{6}}{3} \end{bmatrix}.$$

Man beachte, daß

$$PP^{\mathrm{t}} = \begin{bmatrix} 0 & -\frac{\sqrt{30}}{6} & \frac{\sqrt{6}}{6} \\ \frac{2\sqrt{5}}{5} & -\frac{\sqrt{30}}{30} & -\frac{\sqrt{6}}{6} \\ \frac{\sqrt{5}}{5} & \frac{\sqrt{30}}{15} & \frac{\sqrt{6}}{3} \end{bmatrix} \cdot \begin{bmatrix} 0 & \frac{2\sqrt{5}}{5} & \frac{\sqrt{5}}{5} \\ -\frac{\sqrt{30}}{6} & -\frac{\sqrt{30}}{30} & \frac{\sqrt{30}}{15} \\ \frac{\sqrt{6}}{6} & -\frac{\sqrt{6}}{6} & \frac{\sqrt{6}}{3} \end{bmatrix} = \begin{bmatrix} 1 & 0 & 0 \\ 0 & 1 & 0 \\ 0 & 0 & 1 \end{bmatrix}$$

ist. Auch $P^{\mathrm{t}}P = I$ ist wahr, somit gilt $P^{\mathrm{t}} = P^{-1}$. □

Zwei $n \times n$-Matrizen A und B heißen **ähnlich**, falls eine Matrix S existiert, so daß $A = S^{-1}BS$ gilt. Ein wesentliches Charakteristikum ähnlicher Matrizen ist, daß sie gleiche Eigenwerte besitzen. Das nächste Ergebnis folgt daraus, daß $BS\mathbf{x} = \lambda Sx$ ist, falls $\lambda\mathbf{x} = A\mathbf{x} = S^{-1}BS\mathbf{x}$ gilt. Ist also $S\mathbf{x} \neq \mathbf{0}$ und S nichtsingulär, dann ist $\mathbf{x} \neq 0$ und $S\mathbf{x}$ ein zum Eigenwert λ gehörender Eigenvektor von B.

Eigenwerte und Eigenvektoren ähnlicher Matrizen

Angenommen, A und B seien **ähnliche** $(n \times n)$-Matrizen und λ sei ein Eigenwert von A mit dem zugehörigen Eigenvektor $\mathbf{x}$. Dann ist λ auch ein Eigenwert von B, und falls $A = S^{-1}BS$ gilt, ist $S\mathbf{x}$ ein zu λ gehörender Eigenvektor der Matrix B.

Die Eigenwerte einer Dreiecksmatrix A lassen sich leicht bestimmen, da in diesem Fall λ genau dann eine Lösung der Gleichung

$$0 = \det(A - \lambda I) = \prod_{i=1}^{n} (a_{ii} - \lambda)$$

ist, wenn $\lambda = a_{ii}$ für beliebige i gilt. Im nächsten Ergebnis wird eine Beziehung, eine sogenannte **Ähnlichkeitstransformation**, zwischen beliebigen Matrizen und Dreiecksmatrizen beschrieben.

Satz von Schur

A sei eine beliebige $(n \times n)$-Matrix. Eine nichtsinguläre Matrix U existiert mit der Eigenschaft, daß

$$T = U^{-1}AU$$

gilt, wobei T eine obere Dreiecksmatrix ist, deren Diagonalelemente aus den Eigenwerten von A bestehen.

Der Satz von Schur ist ein Existenzsatz, der sicherstellt, daß die Dreiecksmatrix T existiert, aber er ist bei der Bestimmung von T nicht hilfreich. Oft ist es schwierig, die Ähnlichkeitstransformation zu bestimmen. Beschränkt man sich auf symmetrische Matrizen, gibt es weniger Komplikationen, da in diesem Fall die Transformationsmatrix orthogonal ist.

Eigenwerte symmetrischer Matrizen

Angenommen, A sei eine symmetrische $(n \times n)$-Matrix.

1. Falls D die Diagonalmatrix ist, deren Diagonalelemente die Eigenwerte von A sind, dann existiert eine orthogonale Matrix P, so daß $D = P^{-1}AP = P^{t}AP$ gilt.
2. Es existieren n Eigenvektoren von A, die eine orthonormale Menge bilden und die die Spalten der in (1) beschriebenen Matrix P darstellen.
3. Alle Eigenwerte sind reell.
4. A ist genau dann positiv definit, falls alle Eigenwerte von A positiv sind.

Das letzte Ergebnis des Abschnitts betrifft die Schranken für die Approximation von Eigenwerten.

Gerschgorinscher Kreissatz

A sei eine $(n \times n)$-Matrix und R_i bezeichne den Kreis in der komplexen Ebene mit dem Mittelpunkt a_{ii} und dem Radius $\sum_{\substack{j=1\\j\neq i}}^{n} |a_{ij}|$; das heißt

$$R_i = \left\{ z \in C \;\middle|\; |z - a_{ii}| \leq \sum_{\substack{j=1\\j\neq i}}^{n} |a_{ij}| \right\},$$

wobei C die komplexe Ebene bezeichnet. Die Eigenwerte von A liegen in $R = \cup_{i=1}^{n} R_i$. Darüber hinaus enthält jede Vereinigung von k dieser Kreise, die die übrigen $(n-k)$ nicht schneiden, genau k (die Vielfachheiten werden mitgezählt) Eigenwerte.

Beispiel 4. Für die Matrix

$$A = \begin{bmatrix} 4 & 1 & 1 \\ 0 & 2 & 1 \\ -2 & 0 & 9 \end{bmatrix}$$

sind die Kreise im Gerschgorinschen Satz (siehe Abbildung 9.1):

$$R_1 = \{z \in C \mid |z - 4| \leq 2\}, \quad R_2 = \{z \in C \mid |z - 2| \leq 1\}$$

und

$$R_3 = \{z \in C \mid |z - 9| \leq 2\}.$$

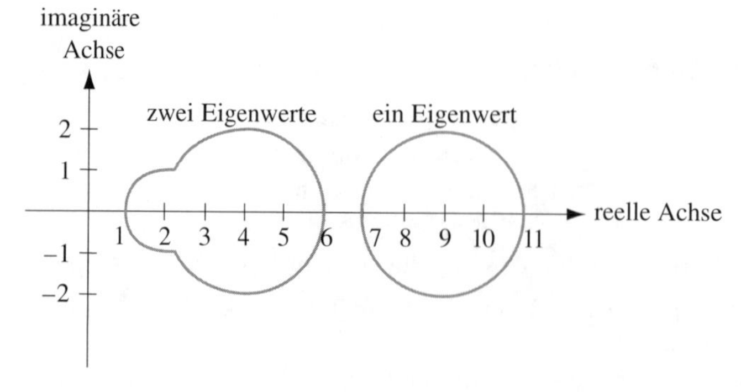

Abb. 9.1

Da R_1 und R_2 zu R_3 disjunkt sind, existieren zwei Eigenwerte in $R_1 \cup R_2$ und einer in R_3. Darüber hinaus gilt $7 \leq \rho(A) \leq 11$, da $\rho(A) = \max_{1\leq i\leq 3} |\lambda_i|$. □

Übungsaufgaben

1. Bestimmen Sie die Eigenwerte und die zugehörigen Eigenvektoren der folgenden (3×3)-Matrizen. Gibt es eine Menge von 3 linear unabhängigen Eigenvektoren?

a)
$$A = \begin{bmatrix} 2 & -3 & 6 \\ 0 & 3 & -4 \\ 0 & 2 & -3 \end{bmatrix}$$

b)
$$A = \begin{bmatrix} 2 & 1 & -1 \\ 0 & 2 & 1 \\ 0 & 0 & 3 \end{bmatrix}$$

c)
$$A = \begin{bmatrix} 2 & 0 & 1 \\ 0 & 2 & 0 \\ 0 & 0 & 2 \end{bmatrix}$$

d)
$$A = \begin{bmatrix} 1 & 0 & 0 \\ -1 & 0 & 1 \\ -1 & -1 & 2 \end{bmatrix}$$

e)
$$A = \begin{bmatrix} 2 & 0 & 1 \\ 0 & 2 & 0 \\ 1 & 0 & 2 \end{bmatrix}$$

f)
$$A = \begin{bmatrix} 2 & -1 & -1 \\ -1 & 2 & -1 \\ -1 & -1 & 2 \end{bmatrix}$$

g)
$$A = \begin{bmatrix} 1 & 1 & 1 \\ 1 & 1 & 0 \\ 1 & 0 & 1 \end{bmatrix}$$

h)
$$A = \begin{bmatrix} 2 & 1 & 1 \\ 1 & 2 & 1 \\ 1 & 1 & 2 \end{bmatrix}$$

2. Die Matrizen in Übung 1 e), f), g) und h) sind symmetrisch.

a) Ist eine von ihnen positiv definit?

b) Konstruieren Sie mit den in Übung 1 bestimmten Eigenvektoren eine orthogonale Matrix P, für die $P^t AP = D$ gilt (D ist eine Diagonalmatrix).

3. Bestimmen Sie mit dem Kreissatz von Gerschgorin Schranken für die Eigenwerte der folgenden Matrizen:

a)
$$A = \begin{bmatrix} 1 & 0 & 0 \\ -1 & 0 & 1 \\ -1 & -1 & 2 \end{bmatrix}$$

b)

$$A = \begin{bmatrix} 4 & -1 & 0 \\ -1 & 4 & -1 \\ -1 & -1 & 4 \end{bmatrix}$$

c)

$$A = \begin{bmatrix} 3 & 2 & 1 \\ 2 & 3 & 0 \\ 1 & 0 & 3 \end{bmatrix}$$

d)

$$A = \begin{bmatrix} 4,75 & 2,25 & -0,25 \\ 2,25 & 4,75 & 1,25 \\ -0,25 & 1,25 & 4,75 \end{bmatrix}$$

e)

$$A = \begin{bmatrix} -4 & 0 & 1 & 3 \\ 0 & -4 & 2 & 1 \\ 1 & 2 & -2 & 0 \\ 3 & 1 & 0 & -4 \end{bmatrix}$$

f)

$$A = \begin{bmatrix} 1 & 0 & -1 & 1 \\ 2 & 2 & -1 & 1 \\ 0 & 1 & 3 & -2 \\ 1 & 0 & 1 & 4 \end{bmatrix}$$

4. Zeigen Sie, daß alle vier Vektoren in $\mathbb{R}^3$ linear abhängig sind.

5. $\{\mathbf{v}_1, \dots, \mathbf{v}_n\}$ sei eine Menge von orthogonalen Vektoren, die ungleich dem Nullvektor sind. Zeigen Sie, daß $\{\mathbf{v}_1, \dots, \mathbf{v}_n\}$ eine linear unabhängige Menge ist.

6. $\{\mathbf{v}_1, \dots, \mathbf{v}_n\}$ sei eine Menge von orthonormalen Vektoren in $\mathbb{R}^n$, die ungleich dem Nullvektor sind, und $\mathbf{x}$ befinde sich in $\mathbb{R}^n$. Zeigen Sie, daß $\mathbf{x} = \sum_{k=1}^{n} c_k \mathbf{v}_k$ ist, mit $c_k = \mathbf{v}_k^t \mathbf{x}$.

7. Zeigen Sie, daß A n linear unabhängige Eigenvektoren besitzt, falls A eine $n \times n$-Matrix mit n verschiedenen Eigenwerten ist.

8. In Übung 14, Abschnitt 6.6, wurde mit der symmetrischen Matrix

$$A = \begin{bmatrix} 1,59 & 1,69 & 2,13 \\ 1,69 & 1,31 & 1,72 \\ 2,13 & 1,72 & 1,85 \end{bmatrix}$$

die durchschnittliche Flügellänge von Obstfliegen beschrieben, die aus Paarung von drei Mutanten der Fliegen stammten. Das Element a_{ij} stellt die durchschnittliche Flügellänge einer Fliege dar, die der Nachkomme einer männlichen Fliege vom Typ i und einer weiblichen Fliege vom Typ j ist.

a) Bestimmen Sie die Eigenwerte und die zugehörigen Eigenvektoren dieser Matrix.

b) Beantworten Sie mit einem Ergebnis aus diesem Abschnitt die in Übung 14 b) in Abschnitt 6.6 gestellte Frage. Ist diese Matrix positiv definit?

9.3. Die Potenzmethode

Die Potenzmethode ist ein iteratives Verfahren, mit dem der dominante, das heißt der betragsgrößte Eigenwert einer Matrix bestimmt wird. Durch leichtes Modifizieren der Methode können auch die anderen Eigenwerte bestimmt werden. Ein nützliches Merkmal der Potenzmethode besteht darin, daß sie nicht nur einen Eigenwert, sondern auch einen zugehörigen Eigenvektor liefert. In der Tat wird die Potenzmethode oft angewandt, um einen Eigenvektor eines Eigenwertes zu bestimmen, wobei der Eigenwert über ein anderes Verfahren erhalten wurde.

Um die Potenzmethode anzuwenden, sei angenommen, daß die $(n \times n)$-Matrix A n Eigenwerte $\lambda_1, \lambda_2, \ldots, \lambda_n$ mit den zugehörigen linear unabhängigen Eigenvektoren $\{\mathbf{v}^{(1)}, \mathbf{v}^{(2)}, \mathbf{v}^{(3)}, \ldots, \mathbf{v}^{(n)}\}$ besitzt. Darüber hinaus sei angenommen, daß A genau einen beitragsgrößten Eigenwert besitzt.

$\lambda_1, \lambda_2, \ldots, \lambda_n$ bezeichnen die Eigenwerte von A mit $|\lambda_1| > |\lambda_2| \geq |\lambda_3| \geq \ldots \geq |\lambda_n| \geq 0$ Falls $\mathbf{x}$ ein beliebiger Vektor in $\mathbb{R}^n$ ist, folgt aus der Tatsache, daß $\{\mathbf{v}^{(1)}, \mathbf{v}^{(2)}, \mathbf{v}^{(3)}, \ldots, \mathbf{v}^{(n)}\}$ linear unabhängig ist, daß die Konstanten $\alpha_1, \alpha_2, \ldots, \alpha_n$ existieren und es gilt

$$\mathbf{x} = \sum_{j=1}^{n} \alpha_j \mathbf{v}^{(j)}.$$

Multipliziert man beide Seiten dieser Gleichung sukzessive mit $A, A^2, \ldots, A^k$, erhält man:

$$\begin{aligned}
A\mathbf{x} &= \sum_{j=1}^{n} \alpha_j A\mathbf{v}^{(j)} = \sum_{j=1}^{n} \alpha_j \lambda_j \mathbf{v}^{(j)}, \\
A^2\mathbf{x} &= \sum_{j=1}^{n} \alpha_j \lambda_j A\mathbf{v}^{(j)} = \sum_{j=1}^{n} \alpha_j \lambda_j^2 \mathbf{v}^{(j)}, \\
&\vdots \\
A^k\mathbf{x} &= \sum_{j=1}^{n} \alpha_j \lambda_j^k \mathbf{v}^{(j)}.
\end{aligned}$$

Falls λ_1^k aus jedem Term auf der rechten Seite der letzten Gleichung ausgeklammert wird, gilt

$$A^k\mathbf{x} = \lambda_1^k \sum_{j=1}^{n} \alpha_j \left(\frac{\lambda_j}{\lambda_1}\right)^k \mathbf{v}^{(j)}.$$

Da $|\lambda_1| > |\lambda_j|$ für alle $j = 2, 3, \ldots, n$ ist, gilt $\lim_{k\to\infty}(\lambda_j/\lambda_1)^k = 0$ und

$$\lim_{k\to\infty} A^k\mathbf{x} = \lim_{k\to\infty} \lambda_1^k \alpha_1 \mathbf{v}^{(1)}.$$

Diese Folge konvergiert für $|\lambda_1| < 1$ gegen null und divergiert für $|\lambda_1| \geq 1$, voraugesetzt natürlich, daß $\alpha_1 \neq 0$ ist. Von Vorteil ist es, wenn die Potenzen von $A^k\mathbf{x}$ geeignet skaliert werden, um sicherzustellen, daß der Grenzwert endlich und ungleich null ist. Man beginnt mit dem Skalieren, indem $\mathbf{x}$ als ein normierter Vektor $\mathbf{x}^{(0)}$ bezüglich $\|\cdot\|_\infty$ und eine Komponente $x_{p_0}^{(0)}$ von $\mathbf{x}^{(0)}$ gleich

$$x_{p_0}^{(0)} = 1 = \|\mathbf{x}^{(0)}\|_\infty$$

gewählt wird. Es sei $\mathbf{y}^{(1)} = A\mathbf{x}^{(0)}$ und $\mu^{(1)} = y_{p_0}^{(1)}$ definiert. In dieser Schreibweise ist

$$\mu^{(1)} = y_{p_0}^{(1)} = \frac{y_{p_0}^{(1)}}{x_{p_0}^{(0)}} = \frac{\alpha_1\lambda_1 v_{p_0}^{(1)} + \sum_{j=2}^n \alpha_j\lambda_j v_{p_0}^{(j)}}{\alpha_1 v_{p_0}^{(1)} + \sum_{j=2}^n \alpha_j v_{p_0}^{(j)}}$$
$$= \lambda_1 \left[\frac{\alpha_1 v_{p_0}^{(1)} + \sum_{j=2}^n \alpha_j(\lambda_j/\lambda_1) v_{p_0}^{(j)}}{\alpha_1 v_{p_0}^{(1)} + \sum_{j=2}^n \alpha_j v_{p_0}^{(j)}}\right].$$

Dann sei p_1 die kleinste, ganze Zahl derart, daß

$$|y_{p_1}^{(1)}| = \|\mathbf{y}^{(1)}\|_\infty$$

gilt und

$$\mathbf{x}^{(1)} = \frac{1}{y_{p_1}}\mathbf{y}^{(1)} = \frac{1}{y_{p_1}} A\mathbf{x}^{(0)}$$

definiert ist. Die weiteren Iterationen verlaufen entsprechend.

Die Potenzmethode hat den Nachteil, daß es zu Beginn nicht bekannt ist, ob die Matrix einen einfachen dominanten Eigenwert besitzt. Noch ist es bekannt, wie $\mathbf{x}^{(0)}$ gewählt werden muß, um sicherzustellen, daß seine Darstellung in Form von Eigenvektoren der Matrix einen Beitrag ungleich null des zu dem dominanten Eigenwert gehörenden Eigenvektors enthält, sofern er existiert.

Wählt man die kleinste ganze Zahl p_m, für die $|y_{p_m}^{(m)}| = \|\mathbf{y}^{(m)}\|_\infty$ gilt, ist im allgemeinen gewährleistet, daß dieser Index schließlich invariant wird. Die Geschwindigkeit, mit der $\{\mu^{(m)}\}_{m=1}^\infty$ gegen λ_1 konvergiert, wird durch das Verhältnis $|\lambda_j/\lambda_1|^m$ für $j = 2, 3, \ldots, n$ und speziell durch $|\lambda_2/\lambda_1|^m$ bestimmt, das heißt, die Konvergenz ist von der Ordnung $O(|\lambda_2/\lambda_1|^m)$. Ferner gibt es eine Konstante k derart, daß für große m

$$|\mu^{(m)} - \lambda_1| \approx k \left|\frac{\lambda_2}{\lambda_1}\right|^m$$

gilt. Daraus folgt

$$\lim_{m\to\infty} \frac{|\mu^{(m+1)} - \lambda_1|}{|\mu^{(m)} - \lambda_1|} \approx \left|\frac{\lambda_2}{\lambda_1}\right| < 1.$$

Die Folge $\{\mu^{(m)}\}$ konvergiert linear gegen λ_1 so daß die Konvergenz mit der Aitkenschen Δ^2-Methode beschleunigt werden kann.

Tatsächlich muß die Matrix nicht n verschiedene Eigenwerte besitzen, damit die Potenzmethode konvergiert. Hat die Matrix einen eindeutig dominanten Eigenwert λ_1 mit der Vielfachheit r größer als 1 und $\{\mathbf{v}^{(1)}, \mathbf{v}^{(2)}, \ldots, \mathbf{v}^{(r)}\}$ sind die zu λ_1 gehörenden linear unabhängigen Eigenvektoren, dann konvergiert das Verfahren dennoch gegen λ_1. Die Vektorfolge $\{\mathbf{x}^{(m)}\}_{m=0}^{\infty}$ konvergiert in diesem Fall gegen einen Eigenvektor von λ_1 der Norm eins, der eine Linearkombination von $\mathbf{v}^{(1)}, \mathbf{v}^{(2)}, \ldots, \mathbf{v}^{(r)}$ darstellt und von der Wahl des Anfangsvektors $\mathbf{x}^{(0)}$ abhängt.

Das Programm POWERM91 führt die Potenzmethode aus.

Beispiel 1. Die Matrix

$$A = \begin{bmatrix} -4 & 14 & 0 \\ -5 & 13 & 0 \\ -1 & 0 & 2 \end{bmatrix}$$

besitzt die Eigenwerte $\lambda_1 = 6$, $\lambda_2 = 3$ und $\lambda_3 = 2$, so daß die Potenzmethode konvergiert. Es sei $\mathbf{x}^{(0)} = (1, 1, 1)^{\mathrm{t}}$. Dann ist

$$\mathbf{y}^{(1)} = A\mathbf{x}^{(0)} = (10, 8, 1)^{\mathrm{t}}$$

und somit

$$\|\mathbf{y}^{(1)}\|_\infty = 10, \quad \mu^{(1)} = y_1^{(1)} = 10$$

und

$$\mathbf{x}^{(1)} = \frac{\mathbf{y}^{(1)}}{10} = (1,\ 0{,}8,\ 0{,}1)^{\mathrm{t}}.$$

Fährt man in dieser Weise fort, erhält man die Werte in Tabelle 9.1, wobei $\tilde{\mu}^{(m)}$ die über die Aitkensche Δ^2-Methode erzeugte Folge darstellt.

Eine Approximation des dominanten Eigenwertes 6 auf dieser Stufe ist $\tilde{\mu}^{(10)} = 6{,}000000$ mit dem geeigneten normierten Eigenvektor $(1,\ 0{,}714316,\ 0{,}249895)^{\mathrm{t}}$. □

Wenn A symmetrisch ist, kann die Konvergenzgeschwindigkeit der Folge $\{\mu^{(m)}\}_{m=1}^{\infty}$ gegen den dominanten Eigenwert λ_1 signifikant verbessert werden, indem die Vektoren $\mathbf{x}^{(m)}$, $\mathbf{y}^{(m)}$ und die Skalare $\mu^{(m)}$ anders gewählt werden. Zuerst werde $\mathbf{x}^{(0)}$ mit $\|\mathbf{x}^{(0)}\|_2 = 1$ ausgewählt. Für alle $m = 1, 2, \ldots$ sei

$$\mu^{(m)} = \left(\mathbf{x}^{(m-1)}\right)^{\mathrm{t}} A\mathbf{x}^{(m-1)}$$

Tabelle 9.1

m	$\mathbf{x}^{(m)}$	$\mu^{(m)}$	$\tilde{\mu}^{(m)}$
0	$(1,\ 1,\ 1)^t$		
1	$(1,\ 0{,}8,\ 0{,}1)^t$	10	6,266667
2	$(1,\ 0{,}75,\ -0{,}111)^t$	7,2	6,062473
3	$(1,\ 0{,}730769,\ -0{,}188034)^t$	6,5	6,015054
4	$(1,\ 0{,}722200,\ -0{,}220850)^t$	6,230769	6,004202
5	$(1,\ 0{,}718182,\ -0{,}235915)^t$	6,111000	6,000855
6	$(1,\ 0{,}716216,\ -0{,}243095)^t$	6,054546	6,000240
7	$(1,\ 0{,}715247,\ -0{,}246588)^t$	6,027027	6,000058
8	$(1,\ 0{,}714765,\ -0{,}248306)^t$	6,013453	6,000017
9	$(1,\ 0{,}714525,\ -0{,}249157)^t$	6,006711	6,000003
10	$(1,\ 0{,}714405,\ -0{,}249579)^t$	6,003352	6,000000
11	$(1,\ 0{,}714346,\ -0{,}249790)^t$	6,001675	6,000000
12	$(1,\ 0{,}714316,\ -0{,}249895)^t$	6,000837	

und

$$\mathbf{x}^{(m)} = \frac{1}{\|A\mathbf{x}^{(m-1)}\|_2} A\mathbf{x}^{(m-1)}$$

definiert. Die Konvergenzgeschwindigkeit der Potenzmethode ist $O((\lambda_2/\lambda_1)^m)$, mit dieser Modifikation aber ist die Konvergenzgeschwindigkeit für symmetrische Matrizen $O((\lambda_2/\lambda_1)^{2m})$ Das Programm SYMPWR92 führt die symmetrische Potenzmethode auf diese Weise aus.

Beispiel 2. Die Matrix

$$A = \begin{bmatrix} 4 & -1 & 1 \\ -1 & 3 & -2 \\ 1 & -2 & 3 \end{bmatrix}$$

ist symmetrisch und besitzt die Eigenwerte $\lambda_1 = 6$, $\lambda_2 = 3$ und $\lambda_3 = 1$. Tabelle 9.2 beziehungsweise Tabelle 9.3 faßt die ersten zehn Iterationen der Potenzmethode beziehungsweise der symmetrischen Potenzmethode unter der Annahme zusammen, daß jeweils $\mathbf{y}^{(0)} = \mathbf{x}^{(0)} = (1, 0, 0)^t$.

Man beachte, daß die symmetrische Potenzmethode ein deutlich besseres Ergebnis liefert. Die Approximationen der Eigenvektoren nach der Potenzmethode konvergieren gegen $(1,\ -1,\ 0)^t$, einem Vektor mit $\|(1,\ -1,\ 0)^t\|_\infty = 1$. Die symmetrische Potenzmethode konvergiert gegen den parallelen Vektor $(\frac{\sqrt{2}}{2}, -\frac{\sqrt{2}}{2}, 0)^t$, da $\|(\frac{\sqrt{2}}{2}, -\frac{\sqrt{2}}{2}, 0)^t\|_2 = 1$ ist. □

Die **inverse Potenzmethode** stellt eine Modifikation der Potenzmethode dar und wird eingesetzt, um den Eigenwert von A zu bestimmen, der am nächsten einer spezifizierten Zahl q liegt.

Tabelle 9.2

m	$\mathbf{y}^{(m)}$	$\mu^{(m)}$	$\mathbf{x}^{(m)}$
0			$(1,\ 0,\ 0)^t$
1	$(4,\ -1,\ 1)^t$	4	$(1,\ -0{,}25,\ 0{,}25)^t$
2	$(4{,}5,\ -2{,}25,\ 2{,}25)^t$	4,5	$(1,\ -0{,}5,\ 0{,}5)^t$
3	$(5,\ -3{,}5,\ 3{,}5)^t$	5	$(1,\ -0{,}7,\ 0{,}7)^t$
4	$(5{,}4,\ -4{,}5,\ 4{,}5)^t$	5,4	$(1,\ -8{,}33\bar{3},\ 0{,}833\bar{3})^t$
5	$(5{,}66\bar{6},\ -5{,}166\bar{6},\ 5{,}166\bar{6})^t$	$5{,}66\bar{6}$	$(1,\ -0{,}911765,\ 0{,}911765)^t$
6	$(5{,}823529,\ -5{,}558824,\ 5{,}558824)^t$	5,823529	$(1,\ -0{,}954545,\ 0{,}954545)^t$
7	$(5{,}909091,\ -5{,}772727,\ 5{,}772727)^t$	5,909091	$(1,\ -0{,}976923,\ 0{,}976923)^t$
8	$(5{,}953846,\ -5{,}884615,\ 5{,}884615)^t$	5,953846	$(1,\ -0{,}988372,\ 0{,}988372)^t$
9	$(5{,}976744,\ -5{,}941861,\ 5{,}941861)^t$	5,976744	$(1,\ -0{,}994163,\ 0{,}994163)^t$
10	$(5{,}988327,\ -5{,}970817,\ 5{,}970817)^t$	5,988327	$(1,\ -0{,}997076,\ 0{,}997076)^t$

Tabelle 9.3

m	$\mathbf{y}^{(m)}$	$\mu^{(m)}$	$\mathbf{x}^{(m)}$
0	$(1,\ 0,\ 0)^t$		$(1,\ 0,\ 0)^t$
1	$(4,\ -1,\ 1)^t$	4	$(0{,}942809,\ -0{,}235702,\ 0{,}235702)^t$
2	$(4{,}242641,\ -2{,}121320,\ 2{,}121320)^t$	5	$(0{,}816497,\ -0{,}408248,\ 0{,}408248)^t$
3	$(4{,}082483,\ -2{,}857738,\ 2{,}857738)^t$	5,666667	$(0{,}710669,\ -0{,}497468,\ 0{,}497468)^t$
4	$(3{,}837613,\ -3{,}198011,\ 3{,}198011)^t$	5,909091	$(0{,}646997,\ -0{,}539164,\ 0{,}539164)^t$
5	$(3{,}666314,\ -3{,}342816,\ 3{,}342816)^t$	5,976744	$(0{,}612836,\ -0{,}558763,\ 0{,}558763)^t$
6	$(3{,}568871,\ -3{,}406650,\ 3{,}406650)^t$	5,994152	$(0{,}595247,\ -0{,}568190,\ 0{,}568190)^t$
7	$(3{,}517370,\ -3{,}436200,\ 3{,}436200)^t$	5,998536	$(0{,}586336,\ -0{,}572805,\ 0{,}572805)^t$
8	$(3{,}490952,\ -3{,}450359,\ 3{,}450359)^t$	5,999634	$(0{,}581852,\ -0{,}575086,\ 0{,}575086)^t$
9	$(3{,}477580,\ -3{,}457283,\ 3{,}457283)^t$	5,999908	$(0{,}579603,\ -0{,}576220,\ 0{,}576220)^t$
10	$(3{,}470854,\ -3{,}460706,\ 3{,}460706)^t$	5,999977	$(0{,}578477,\ -0{,}576786,\ 0{,}576786)^t$

Angenommen, die Matrix A besitze die Eigenwerte $\lambda_1, \ldots, \lambda_n$ mit den linear unabhängigen Eigenvektoren $\{\mathbf{v}^{(1)}, \mathbf{v}^{(2)}, \ldots, \mathbf{v}^{(n)}\}$. Die Eigenwerte von $(A - qI)^{-1}$ sind

$$\frac{1}{\lambda_1 - q}, \frac{1}{\lambda_2 - q}, \ldots, \frac{1}{\lambda_n - q}$$

mit den Eigenvektoren $\{\mathbf{v}^{(1)}, \mathbf{v}^{(2)}, \ldots, \mathbf{v}^{(n)}\}$, wobei $q \neq \lambda_i$ für alle $i = 1, 2, \ldots, n$ ist. Anwenden der Potenzmethode auf $(A - qI)^{-1}$ ergibt

$$\mathbf{y}^{(m)} = (A - ql)^{-1}\mathbf{x}^{(m-1)},$$

$$\mu^{(m)} = y_{p_{m-1}}^{(m)} = \frac{y_{p_{m-1}}^{(m)}}{x_{p_{m-1}}^{(m-1)}} = \frac{\sum_{j=1}^{n} \alpha_j \frac{1}{(\lambda_j - q)^m} v_{p_{m-1}}^{(j)}}{\sum_{j=1}^{n} \alpha_j \frac{1}{(\lambda_j - q)^{m-1}} v_{p_{m-1}}^{(j)}}$$

und

$$\mathbf{x}^{(m)} = \frac{\mathbf{y}^{(m)}}{y_{p_m}^{(m)}},$$

wobei p_m in jedem Schritt eine ganze Zahl darstellt, für die $|y_{p_m}^{(m)}| = \|\mathbf{y}^{(m)}\|_\infty$ gilt. Die Folge $\{\mu^{(m)}\}$ konvergiert gegen $1/(\lambda_k - q)$, wobei

$$\frac{1}{|\lambda_k - q|} = \max_{1 \le i \le n} \frac{1}{|\lambda_i - q|}$$

gilt und λ_k der Eigenwert von A ist, der am nächsten von q liegt.

Für ein festes k kann man

$$\mu^{(m)} = \frac{1}{\lambda_k - q} \left[\frac{\alpha_k v_{p_{m-1}}^{(k)} + \sum_{\substack{j=1 \\ j \neq k}}^{n} \alpha_j \left[\frac{\lambda_k - q}{\lambda_j - q}\right]^m v_{p_{m-1}}^{(j)}}{\alpha_k v_{p_{m-1}}^{(k)} + \sum_{\substack{j=1 \\ j \neq k}}^{n} \alpha_j \left[\frac{\lambda_k - q}{\lambda_j - q}\right]^{m-1} (j)_{p_{m-1}}} \right]$$

schreiben. Die Wahl von q bestimmt die Konvergenz, vorausgesetzt, daß $1/(\lambda_k - q)$ ein eindeutig dominanter Eigenwert von $(A - qI)^{-1}$ ist (obgleich es ein vielfacher Eigenwert sein kann). Je näher q einem Eigenwert λ_k ist, desto schneller konvergiert es, da die Konvergenz von der Ordnung

$$O\left(\left|\frac{(\lambda_k - q)^{-1}}{(\lambda - q)^{-1}}\right|^m\right) = O\left(\left|\frac{(\lambda_k - q)}{(\lambda - q)}\right|^m\right)$$

ist, wobei λ der zu q zweitnächste Eigenwert von A ist.

Den Vektor $\mathbf{y}^{(m)}$ erhält man über die Gleichung

$$(A - qI)\mathbf{y}^{(m)} = \mathbf{x}^{(m-1)}.$$

Es ist empfehlenswert, das System mit dem Gaußschen Algorithmus mit Austauschen zu lösen.

Obwohl bei der inversen Potenzmethode bei jedem Schritt ein $(n \times n)$-Linearsystem gelöst werden muß, können die Multiplikationen gespeichert werden, um die Berechnungen zu reduzieren. q kann nach dem Satz von Gerschgorin oder nach einem anderen Verfahren zur Lokalisierung eines Eigenwertes ausgewählt werden.

Den Wert von q erhält man über die Anfangsnäherung des Eigenvektors $\mathbf{x}^{(0)}$:

$$q = \frac{\mathbf{x}^{(0)\,\mathrm{t}} A \mathbf{x}^{(0)}}{\mathbf{x}^{(0)\,\mathrm{t}} \mathbf{x}^{(0)}}.$$

Diese Wahl von q folgt aus der Beobachtung, daß $A\mathbf{x} = \lambda\mathbf{x}$ gilt, falls x ein Eigenvektor von A zu dem Eigenwert λ ist. Somit gilt $\mathbf{x}^t A\mathbf{x} = \lambda\mathbf{x}^t\mathbf{x}$ und

$$\lambda = \frac{\mathbf{x}^t A\mathbf{x}}{\mathbf{x}^t\mathbf{x}}.$$

Liegt q nahe einem Eigenwert, läuft die Konvergenz ziemlich schnell.

Da die Konvergenz der inversen Potenzmethode linear ist, kann sie mit der Aitkenschen Δ^2-Methode beschleunigt werden. Das folgende Beispiel verdeutlicht die schnelle Konvergenz der inversen Potenzmethode, falls q nahe einem Eigenwert liegt.

Beispiel 3. Die Matrix

$$A = \begin{bmatrix} -4 & 14 & 0 \\ -5 & 13 & 0 \\ -1 & 0 & 2 \end{bmatrix}$$

wurde in Beispiel 1 betrachtet. Die Potenzmethode lieferte mit $\mathbf{x}^{(0)} = (1, 1, 1)^t$ die Approximation $\mu^{12} = 6{,}000837$. Mit demselben Anfangsvektor erhält man

$$q = \frac{\mathbf{x}^{(0)\,t} A\mathbf{x}^{(0)}}{\mathbf{x}^{(0)\,t}\mathbf{x}^{(0)}} = \frac{19}{3} = 6{,}333333.$$

Die mit diesem q und dem Programm INVPWR93 für die inverse Potenzmethode erhaltenen Ergebnisse sind in Tabelle 9.4 zusammengefaßt. □

Tabelle 9.4

m	$\mathbf{x}^{(m)}$	$\mu^{(m)}$
0	$(1, 1, 1)^t$	
1	$(1, 0{,}720727, \ -0{,}194042)^t$	6,183183
2	$(1, 0{,}715518, \ -0{,}245052)^t$	6,017244
3	$(1, 0{,}714409, \ -0{,}249522)^t$	6,001719
4	$(1, 0{,}714298, \ -0{,}249953)^t$	6,000175
5	$(1, 0{,}714287, \ -0{,}250000)^t$	6,000021
6	$(1, 0{,}714286, \ -0{,}249999)^t$	6,000005

Es stehen zahlreiche Verfahren zur Verfügung, um die anderen Eigenwerte einer Matrix zu approximieren, nachdem eine Approximation des dominanten Eigenwertes berechnet wurde. Die Darstellung hier sei auf die **Deflation** beschränkt. Dazu wird eine neue Matrix B erzeugt, deren Eigenwerte die gleichen wie die von A sind, außer daß der dominante Eigenwert von A durch den Eigenwert 0 in B ersetzt wird. Das folgende Ergebnis rechtfertigt die Vorgehensweise:

Eigenwerte und Eigenvektoren von Matrizen nach der Deflation

Angenommen, $\lambda_1, \lambda_2, \ldots, \lambda_n$ seien die Eigenwerte von A mit den zugehörigen Eigenvektoren $\mathbf{v}^{(1)}, \mathbf{v}^{(2)}, \ldots, \mathbf{v}^{(n)}$ und λ_1 habe die Vielfachheit eins. Falls $\mathbf{x}$ ein Vektor mit der Eigenschaft $\mathbf{x}^t\mathbf{v}^{(1)} = 1$ ist, dann besitzt die Matrix

$$B = A - \lambda_1 \mathbf{v}^{(1)}\mathbf{x}^t$$

die Eigenwerte $0, \ \lambda_2, \lambda_3, \ldots, \lambda_n$ mit den zugehörigen Eigenvektoren $\mathbf{v}^{(1)}, \mathbf{w}^{(2)}, \mathbf{w}^{(3)}, \ldots, \mathbf{w}^{(n)}$, wobei $\mathbf{v}^{(i)}$ und $\mathbf{w}^{(i)}$ über die Gleichung

$$\mathbf{v}^{(i)} = (\lambda_i - \lambda_1)\mathbf{w}^{(i)} + \lambda_1(\mathbf{x}^t\mathbf{w}^{(i)})\mathbf{v}^{(i)},$$

für alle $i = 2, 3, \ldots, n$ verknüpft sind.

Die **Wielandtsche Deflation** folgt aus der Definition

$$\mathbf{x} = \frac{1}{\lambda_1 v_i^{(1)}} \begin{bmatrix} a_{i1} \\ a_{i2} \\ \vdots \\ a_{in} \end{bmatrix},$$

wobei $v_i^{(1)}$ eine Koordinate von $\mathbf{v}^{(1)}$ ist, und zwar ungleich null, und die Werte $a_{i1}, a_{i2}, \ldots, a_{in}$ die Elemente der i-ten Zeile von A sind. Mit dieser Definition ist

$$\begin{aligned} \mathbf{x}^t\mathbf{v}^{(1)} &= \frac{1}{\lambda_1 v_i^{(1)}}[a_{i1}, a_{i2}, \ldots, a_{in}] \left(v_1^{(1)}, v_2^{(1)}, \ldots, v_n^{(1)}\right)^t \\ &= \frac{1}{\lambda_1 v_i^{(1)}} \sum_{j=1}^{n} a_{ij} v_j^{(1)}, \end{aligned}$$

wobei die Summe die i-te Koordinate des Produkts $A\mathbf{v}^{(1)}$ ist. Da $A\mathbf{v}^{(1)} = \lambda_1\mathbf{v}^{(1)}$ gilt, folgt daraus

$$\mathbf{x}^t\mathbf{v}^{(1)} = \frac{1}{\lambda_1 v_i^{(1)}}\left(\lambda_1 v_i^{(1)}\right) = 1.$$

Damit genügt $\mathbf{x}$ der Hypothese, die die Eigenwerte von Matrizen nach der Deflation betrifft. Darüber hinaus besteht die i-te Zeile von $B = A - \lambda_1\mathbf{v}^{(1)}\mathbf{x}^t$ vollständig aus Nullelementen.

Falls $\lambda \neq 0$ ein Eigenwert mit einem zugehörigen Eigenvektor $\mathbf{w}$ ist, folgt aus der Beziehung $B\mathbf{w} = \lambda\mathbf{w}$, daß die i-te Koordinate von $\mathbf{w}$ auch null sein muß. Folglich trägt die i-te Spalte der Matrix B nicht zu dem Produkt $B\mathbf{w} = \lambda\mathbf{w}$ bei. Daher kann die Matrix durch eine $(n-1) \times (n-1)$-Matrix B' ersetzt werden, die durch Streichen der i-ten Zeile und Spalte von B erhalten wird. Die Matrix B'

besitzt die Eigenwerte $\lambda_2, \lambda_3, \ldots, \lambda_n$. Gilt $|\lambda_2| > |\lambda_3|$, kann die Potenzmethode auf die Matrix B' angewandt werden und dieser neue dominante Eigenwert und ein zu λ_2 gehörender Eigenvektor $\mathbf{w}^{(2)'}$ der Matrix B' bestimmt werden. Um den zugehörigen Eigenvektor $\mathbf{w}^{(2)}$ der Matrix B zu finden, wird eine Nullkoordinate zwischen den Koordinaten $\mathbf{w}_{i-1}^{(2)'}$ und $\mathbf{w}_i^{(2)'}$ des $(n-1)$-dimensionalen Vektors $\mathbf{w}^{(2)'}$ eingefügt und dann $\mathbf{v}^{(2)}$ mit dem Ergebnis berechnet, das die Eigenvektoren von Matrizen nach der Deflation betrifft. Diese Deflation kann mit dem Programm WIEDEF94 ausgeführt werden.

Beispiel 4. Beispiel 2 ergab, daß die Matrix

$$A = \begin{bmatrix} 4 & -1 & 1 \\ -1 & 3 & -2 \\ 1 & -2 & 3 \end{bmatrix}$$

die Eigenwerte $\lambda_1 = 6$, $\lambda_2 = 3$ und $\lambda_3 = 1$ besitzt. Angenommen, der dominante Eigenwert $\lambda_1 = 6$ und der zugehörige normierte Eigenvektor $\mathbf{v}^{(1)} = (1, -1, 1)^{\mathrm{t}}$ seien berechnet, dann wird λ_2 wie eben beschrieben bestimmt:

$$\mathbf{x} = \frac{1}{6}\begin{bmatrix} 4 \\ -1 \\ 1 \end{bmatrix} = \left(\tfrac{2}{3}, -\tfrac{1}{6}, \tfrac{1}{6}\right)^{\mathrm{t}},$$

$$\mathbf{v}^{(1)}\mathbf{x}^{\mathrm{t}} = \begin{bmatrix} 1 \\ -1 \\ 1 \end{bmatrix}\left[\tfrac{2}{3}, -\tfrac{1}{6}, \tfrac{1}{6}\right] = \begin{bmatrix} \frac{2}{3} & -\frac{1}{6} & \frac{1}{6} \\ -\frac{2}{3} & \frac{1}{6} & -\frac{1}{6} \\ \frac{2}{3} & -\frac{1}{6} & \frac{1}{6} \end{bmatrix}$$

und

$$\begin{aligned} B = A - \lambda_1 \mathbf{v}^{(1)}\mathbf{x}^{\mathrm{t}} &= \begin{bmatrix} 4 & -1 & 1 \\ -1 & 3 & -2 \\ 1 & -2 & 3 \end{bmatrix} - 6\begin{bmatrix} \frac{2}{3} & -\frac{1}{6} & \frac{1}{6} \\ -\frac{2}{3} & \frac{1}{6} & -\frac{1}{6} \\ \frac{2}{3} & -\frac{1}{6} & \frac{1}{6} \end{bmatrix} \\ &= \begin{bmatrix} 0 & 0 & 0 \\ 3 & 2 & -1 \\ -3 & -1 & 2 \end{bmatrix}. \end{aligned}$$

Streichen der ersten Zeile und Spalte ergibt

$$B' = \begin{bmatrix} 2 & -1 \\ -1 & 2 \end{bmatrix}$$

die die Eigenwerte $\lambda_2 = 3$ und $\lambda_3 = 1$ besitzt. Für $\lambda_2 = 3$ kann der Eigenvektor $\mathbf{w}^{(2)'}$ durch Lösen des Linearsystems zweiter Ordnung

$$(B' - 3I)\mathbf{w}^{(2)'} = \mathbf{0}$$

erhalten werden:

$$\mathbf{w}^{(2)'} = (1, -1)^{\mathrm{t}}.$$

Daher ist $\mathbf{w}^{(2)} = (0, 1, -1)^t$, und man hat

$$\mathbf{v}^{(2)} = (3-6)(0, 1, -1)^t + 6\left[\left[\frac{2}{3}, -\frac{1}{6}, \frac{1}{6}\right](0, 1, -1)^t\right](1, -1, 1)^t$$

$$= (-2, -1, 1)^t. \qquad \square$$

Obwohl mit der Deflation alle Eigenwerte und Eigenvektoren einer Matrix approximiert werden können, ist das Verfahren bezüglich des Rundungsfehlers anfällig. Verfahren, die auf Ähnlichkeitstransformationen basieren, werden in den nächsten beiden Abschnitten vorgestellt. Diese Methoden sind im allgemeinen vorzuziehen, wenn alle Eigenwerte approximiert werden sollen.

Übungsaufgaben

1. Bestimmen Sie mit der Potenzmethode die ersten drei Iterationen für die folgenden Matrizen:

a) $\begin{bmatrix} 2 & 1 & 1 \\ 1 & 2 & 1 \\ 1 & 1 & 2 \end{bmatrix}; \quad \mathbf{x}^{(0)} = (1, -1, 2)^t.$

b) $\begin{bmatrix} 1 & 1 & 1 \\ 1 & 1 & 0 \\ 1 & 0 & 1 \end{bmatrix}; \quad \mathbf{x}^{(0)} = (-1, 0, 1)^t.$

c) $\begin{bmatrix} 1 & -1 & 0 \\ -2 & 4 & -2 \\ 0 & -1 & 1 \end{bmatrix}; \quad \mathbf{x}^{(0)} = (1, -1, 1)^t.$

d) $\begin{bmatrix} 1 & -1 & 0 \\ -2 & 4 & -2 \\ 0 & -1 & 1 \end{bmatrix}; \quad \mathbf{x}^{(0)} = (-1, 2, 1)^t.$

e) $\begin{bmatrix} 4 & 1 & 1 & 1 \\ 1 & 3 & -1 & 1 \\ 1 & -1 & 2 & 0 \\ 1 & 1 & 0 & 2 \end{bmatrix}; \quad \mathbf{x}^{(0)} = (1, -2, 0, 3)^t.$

f) $\begin{bmatrix} 5 & -2 & -\frac{1}{2} & \frac{3}{2} \\ -2 & 5 & \frac{3}{2} & -\frac{1}{2} \\ -\frac{1}{2} & \frac{3}{2} & 5 & -2 \\ \frac{3}{2} & -\frac{1}{2} & -2 & 5 \end{bmatrix}; \quad \mathbf{x}^{(0)} = (1, 1, 0, -3)^t.$

g) $\begin{bmatrix} 3 & 1 & -2 & 1 \\ 1 & 8 & -1 & 0 \\ -2 & -1 & 3 & -1 \\ 1 & 0 & -1 & 8 \end{bmatrix}; \quad \mathbf{x}^{(0)} = (2, 1, 0, -1)^t.$

h) $\begin{bmatrix} -4 & 0 & \frac{1}{2} & \frac{1}{2} \\ \frac{1}{2} & -2 & 0 & \frac{1}{2} \\ \frac{1}{2} & \frac{1}{2} & 0 & 0 \\ 0 & 1 & 1 & 4 \end{bmatrix}$; $\quad \mathbf{x}^{(0)} = (1, -1, -1, 1)^t$.

2. Wiederholen Sie Übung 1 mit der inversen Potenzmethode.

3. Bestimmen Sie mit der symmetrischen Potenzmethode die ersten drei Iterationen für die folgenden Matrizen:

a) $\begin{bmatrix} 2 & 1 & 1 \\ 1 & 2 & 1 \\ 1 & 1 & 2 \end{bmatrix}$; $\quad \mathbf{x}^{(0)} = (1, -1, 2)^t$.

b) $\begin{bmatrix} 1 & 1 & 1 \\ 1 & 1 & 0 \\ 1 & 0 & 1 \end{bmatrix}$; $\quad \mathbf{x}^{(0)} = (-1, 0, 1)^t$.

c) $\begin{bmatrix} 2 & -1 & 0 \\ -1 & 2 & -1 \\ 0 & -1 & 2 \end{bmatrix}$; $\quad \mathbf{x}^{(0)} = (1, 0, 0)^t$.

d) $\begin{bmatrix} 4{,}75 & 2{,}25 & -0{,}25 \\ 2{,}25 & 4{,}75 & 1{,}25 \\ -0{,}25 & 1{,}25 & 4{,}75 \end{bmatrix}$; $\quad \mathbf{x}^{(0)} = (0, 1, 0)^t$.

e) $\begin{bmatrix} 4 & 1 & -1 & 0 \\ 1 & 3 & -1 & 0 \\ -1 & -1 & 5 & 2 \\ 0 & 0 & 2 & 4 \end{bmatrix}$; $\quad \mathbf{x}^{(0)} = (0, 1, 0, 0)^t$.

f) $\begin{bmatrix} 4 & 1 & 1 & 1 \\ 1 & 3 & -1 & 1 \\ 1 & -1 & 2 & 0 \\ 1 & 1 & 0 & 2 \end{bmatrix}$; $\quad \mathbf{x}^{(0)} = (1, 0, 0, 0)^t$.

g) $\begin{bmatrix} 3 & 1 & -2 & 1 \\ 1 & 8 & -1 & 0 \\ -2 & -1 & 3 & -1 \\ 1 & 0 & -1 & 8 \end{bmatrix}$; $\quad \mathbf{x}^{(0)} = (2, 1, 0, -1)^t$.

h) $\begin{bmatrix} 5 & -2 & -\frac{1}{2} & \frac{3}{2} \\ -2 & 5 & \frac{3}{2} & -\frac{1}{2} \\ -\frac{1}{2} & \frac{3}{2} & 5 & -2 \\ \frac{3}{2} & -\frac{1}{2} & -2 & 5 \end{bmatrix}$; $\quad \mathbf{x}^{(0)} = (1, 1, 0, -3)^t$.

4. Approximieren Sie mit der Potenzmethode und der Wielandtschen Deflation die beiden betragsgrößten Eigenwerte für die Matrizen in Übung 1. Iterieren Sie, bis eine Toleranz von 10^{-4} erreicht ist oder bis die Zahl der Iterationen 25 überschreitet.

5. Wiederholen Sie Übung 4 mit der Aitkenschen Δ^2-Methode und der Potenzmethode, um den ersten Eigenwert zu approximieren.

6. Berechnen Sie mit der symmetrischen Potenzmethode den betragsgrößten Eigenwert für die Matrizen in Übung 3. Iterieren Sie, bis eine Toleranz von 10^{-4} erreicht ist oder bis die Zahl der Iterationen 25 überschreitet.

7. Wiederholen Sie Übung 5 mit der inversen Potenzmethode.

8. Wiederholen Sie Übung 6 mit der inversen Potenzmethode.

9. Analog Übung 10 in Abschnitt 6.4 und Übung 7 in Abschnitt 7.3 sei angenommen, daß eine Käferart eine Lebensspanne von 4 Jahren besitzt, daß ein Weibchen im ersten Jahr eine Überlebensrate von $\frac{1}{2}$, im zweiten Jahr eine Überlebensrate von $\frac{1}{4}$ und im dritten Jahr eine Überlebensrate von $\frac{1}{8}$ hat. Zusätzlich sei angenommen, daß ein Weibchen durchschnittlich im dritten Jahr zwei neuen Weibchen und im vierten Jahr vier neuen Weibchen das Leben schenkt. Die Matrix, die den Beitrag eines einzelnen Weibchens in einem Jahr zu der weiblichen Population im nächsten Jahr beschreibt, ist

$$A = \begin{bmatrix} 0 & 0 & 2 & 4 \\ \frac{1}{2} & 0 & 0 & 0 \\ 0 & \frac{1}{4} & 0 & 0 \\ 0 & 0 & \frac{1}{8} & 0 \end{bmatrix},$$

wobei wieder das Element in der i-ten Zeile und der j-ten Spalte den Beitrag bezeichnet, den ein Weibchen des Alters j der Population der Weibchen des Alters i im nächsten Jahr beisteuert.

a) Bestimmen Sie mit dem Kreissatz von Gerschgorin den Bereich in der komplexen Ebene, der alle Eigenwerte von A enthält.

b) Bestimmen Sie mit der Potenzmethode den dominanten Eigenwert der Matrix und den zugehörigen Eigenvektor.

c) Bestimmen Sie mit der Wielandtschen Deflation alle übrigen Eigenwerte und Eigenvektoren von A.

d) Bestimmen Sie mit dem charakteristischen Polynom von A und dem Newtonschen Verfahren die Eigenwerte von A.

e) Wie sagen Sie langfristig die Population dieser Käfer voraus?

9.4. Das Householder-Verfahren

Im nächsten Abschnitt wird mit dem QR-Algorithmus eine symmetrische Tridiagonalmatrix auf eine ihr ähnliche, fast diagonale Matrix transformiert. Die Diagonalelemente der transformierten Matrix sind Approximationen der Eigenwerte beider Matrizen. In diesem Abschnitt wird das verwandte Problem betrachtet, mit einer von Alton Householder erfundenen Methode eine beliebige symmetrische Matrix auf eine ähnliche Tridiagonalmatrix zu transformieren. Obwohl die Probleme eindeutig verbunden sind, besitzt das Householder-Verfahren auch auf anderen Gebieten als dem der Approximation von Eigenwerten eine große Anwendung.

Mit dem Householder-Verfahren wird eine symmetrische Tridiagonalmatrix B bestimmt, die einer gegebenen, symmetrischen Matrix A ähnlich ist. Der Satz von Schur stellt sicher, daß eine symmetrische Matrix A einer Diagonalmatrix D ähnlich ist, wenn eine orthogonale Matrix Q mit der Eigenschaft existiert, daß $D = Q^{-1}AQ = Q^{t}AQ$ gilt. Jedoch ist die Matrix Q (und folglich D) im allgemeinen schwierig zu berechnen, so daß das Householder-Verfahren einen Kompromiß bietet.

Es sei $\mathbf{w} \in \mathbb{R}^n$ mit $\mathbf{w}^t\mathbf{w} = 1$. Die $(n \times n)$-Matrix

$$P = I - 2\mathbf{w}\mathbf{w}^t$$

heißt **Householder-Transformation**.

Mit Householder-Transformationen werden selektiv Elementeblöcke in Vektoren oder in Spalten von Matrizen gleich null, und zwar auf eine Art, die extrem stabil bezüglich des Rundungsfehlers ist. Eine wichtige Eigenschaft der Householder-Transformationen ist folgende:

Householder-Transformationen

Falls $P = I - 2\mathbf{w}\mathbf{w}^t$ eine Householder-Transformation ist, dann ist P symmetrisch und orthogonal, somit gilt $P^{-1} = P$.

Zu Beginn des Householder-Verfahrens wird eine Transformation $P^{(1)}$ mit der Eigenschaft bestimmt, daß $A^{(2)} = P^{(1)}AP^{(1)}$

$$a_{j1}^{(2)} = 0 \quad \text{für alle } j = 3, 4, \dots, n$$

hat. Aus Symmetriegründen folgt ebenfalls, daß $a_{ij}^{(2)} = 0$ für alle $j = 3, 4, \dots, n$ ist.

Der Vektor $\mathbf{w} = (w_1, w_2, \dots, w_n)^t$ wird derart gewählt, daß $\mathbf{w}^t\mathbf{w} = 1$, $a_{j1}^{(2)} = 0$ für alle $j = 3, 4, \dots, n$ und $a_{11}^{(2)} = a_{11}$ ist. Dies legt den Unbekannten $w_1, w_2, \dots, w_n$ n Bedingungen auf. Setzt man $w_1 = 0$, stellt dies sicher, daß $a_{11}^{(2)} = a_{11}$ gilt.

$$P^{(1)} = I - 2\mathbf{w}\mathbf{w}^t$$

soll

$$P^{(1)}(a_{11}, a_{21}, a_{31}, \dots, a_{n1})^t = (a_{11}, \alpha, 0, \dots, 0)^t, \tag{9.1}$$

genügen, wobei α später gewählt wird. Zur Vereinfachung der Schreibweise sei

$$\hat{\mathbf{w}} = (w_2, w_3, \dots, w_n)^t \in \mathbb{R}^{n-1}, \quad \hat{\mathbf{y}} = (a_{21}, a_{31}, \dots, a_{n1})^t \in \mathbb{R}^{n-1},$$

und $\hat{P}$ die $(n-1) \times (n-1)$-Householder-Transformation

$$\hat{P} = I_{n-1} - 2\hat{\mathbf{w}}\hat{\mathbf{w}}^{\mathrm{t}}.$$

Gleichung (9.1) wird dann zu

$$P^{(1)} \begin{bmatrix} a_{11} \\ a_{21} \\ a_{31} \\ \vdots \\ a_{n1} \end{bmatrix} = \begin{bmatrix} 1 & 0 & \cdots & 0 \\ 0 & & & \\ \vdots & & \hat{P} & \\ \vdots & & & \\ 0 & & & \end{bmatrix} \cdot \begin{bmatrix} a_{11} \\ \\ \hat{\mathbf{y}} \\ \\ \end{bmatrix} = \begin{bmatrix} a_{11} \\ \\ \hat{P}\hat{\mathbf{y}} \\ \\ \end{bmatrix} = \begin{bmatrix} a_{11} \\ \alpha \\ 0 \\ \vdots \\ 0 \end{bmatrix}$$

mit

$$\hat{P}\hat{\mathbf{y}} = (I_{n-1} - 2\hat{\mathbf{w}}\hat{\mathbf{w}}^{\mathrm{t}})\hat{\mathbf{y}} = \hat{\mathbf{y}} - 2\hat{\mathbf{w}}^{\mathrm{t}}\hat{\mathbf{y}}\hat{\mathbf{w}} = (\alpha, 0, \ldots, 0)^{\mathrm{t}}. \tag{9.2}$$

Es sei $r = \mathbf{w}^{\mathrm{t}}\mathbf{y}$, dann gilt

$$(\alpha, 0, \ldots, 0)^{\mathrm{t}} = (a_{21} - 2rw_2, a_{31} - 2rw_3, \ldots, a_{n1} - 2rw_n)^{\mathrm{t}}.$$

Gleichsetzen der Komponenten ergibt

$$\alpha = a_{21} - 2rw_2 \quad 0 = a_{j1} - 2rw_j \quad \text{für alle } j = 3, \ldots, n$$

und daher

$$2rw_2 = a_{21} - \alpha \quad \text{und} \quad 2rw_j = a_{j1} \quad \text{für alle } j = 3, \ldots, n. \tag{9.3}$$

Quadrieren beider Seiten jeder Gleichung und Aufsummieren liefert

$$4r^2 \sum_{j=2}^{n} w_j^2 = (a_{21} - \alpha)^2 + \sum_{j=3}^{n} a_{j1}^2.$$

Da $\mathbf{w}^{\mathrm{t}}\mathbf{w} = 1$ und $w_1 = 0$ ist, erhält man $\sum_{j=2}^{n} w_j^2 = 1$ und

$$4r^2 = \sum_{j=2}^{n} a_{j1}^2 - 2\alpha a_{21} + \alpha^2. \tag{9.4}$$

Aus Gleichung (9.2) und der Tatsache, daß P orthogonal ist, folgt

$$\alpha^2 = (\alpha, 0, \ldots, 0)(\alpha, 0, \ldots, 0)^{\mathrm{t}} = \left(\hat{P}\hat{\mathbf{y}}\right)^{\mathrm{t}} \hat{P}\hat{\mathbf{y}} = \hat{\mathbf{y}}^{\mathrm{t}}\hat{P}^{\mathrm{t}}\hat{P}\hat{\mathbf{y}} = \hat{\mathbf{y}}^{\mathrm{t}}\hat{\mathbf{y}}.$$

Daher gilt

$$\alpha^2 = \sum_{j=2}^{n} a_{j1}^2,$$

das in Gleichung (9.4) eingesetzt

$$2r^2 = \sum_{j=2}^{n} a_{j1}^2 - \alpha a_{21}$$

ergibt. Um sicherzustellen, daß $2r^2 = 0$ nur für $a_{21} = a_{31} = \ldots = a_{n1} = 0$ bestehen kann, wählt man

$$\alpha = -(\operatorname{sign} a_{21}) \left(\sum_{j=2}^{n} a_{j1}^2 \right)^{1/2},$$

daraus folgt

$$2r^2 = \sum_{j=2}^{n} a_{j1}^2 + |a_{21}| \left(\sum_{j=2}^{n} a_{j1}^2 \right)^{1/2}.$$

Mit dem so gewählten α und $2r^2$ werden die Gleichungen in (9.3) gelöst, und man erhält

$$w_2 = \frac{a_{21} - \alpha}{2r}$$

und

$$w_j = \frac{a_{j1}}{2r} \quad \text{für alle } j = 3, \ldots, n.$$

Zusammenfassend benötigt man zur Auswahl von $P^{(1)}$

$$\alpha = -(\operatorname{sign} a_{21}) \left(\sum_{j=2}^{n} a_{j1}^2 \right)^{1/2},$$

$$r = \left(\frac{1}{2}\alpha^2 - \frac{1}{2}a_{21}\alpha \right)^{1/2},$$

$$w_1 = 0,$$

$$w_2 = \frac{a_{21} - \alpha}{2r}$$

und

$$w_j = \frac{a_{j1}}{2r} \quad \text{für alle } j = 3, \ldots, n.$$

Somit erhält man

$$A^{(2)} = P^{(1)} A P^{(1)} = \begin{bmatrix} a_{11}^{(2)} & a_{12}^{(2)} & 0 & \cdots & 0 \\ a_{21}^{(2)} & a_{22}^{(2)} & a_{23}^{(2)} & \cdots & a_{2n}^{(2)} \\ 0 & a_{32}^{(2)} & a_{33}^{(2)} & \cdots & a_{3n}^{(2)} \\ \vdots & \vdots & \vdots & \ddots & \vdots \\ 0 & a_{n2}^{(2)} & a_{n3}^{(2)} & \cdots & a_{nn}^{(2)} \end{bmatrix}.$$

Nachdem $P^{(1)}$ bestimmt und $A^{(2)}$ berechnet wurde, wird die Vorgehensweise für $k = 2, 3, \dots, n-2$ wie folgt wiederholt:

$$
\begin{aligned}
\alpha &= -\left(\operatorname{sign} a_{k+1,k}^{(k)}\right)\left(\sum_{j=k+1}^{n}\left(a_{jk}^{(k)}\right)^2\right)^{1/2},\\
r &= \left(\frac{1}{2}\alpha^2 - \frac{1}{2}\alpha a_{k+1,k}^{(k)}\right)^{1/2},\\
w_1^{(k)} &= w_2^{(k)} = \cdots = w_k^{(k)} = 0,\\
w_{k+1}^{(k)} &= \frac{a_{k+1,k}^{(k)} - \alpha}{2r},\\
w_j^{(k)} &= \frac{a_{jk}^{(k)}}{2r} \quad \text{für alle } j = k+2, k+3, \dots, n,\\
P^{(k)} &= I - 2\mathbf{w}^{(k)} \cdot \left(\mathbf{w}^{(k)}\right)^{t}
\end{aligned}
$$

und

$$
A^{(k+1)} = P^{(k)} A^{(k)} P^{(k)},
$$

wobei

$$
A^{(k+1)} = \begin{bmatrix}
a_{11}^{(k+1)} & a_{12}^{(k+1)} & 0 & \cdots & \cdots & 0\\
a_{21}^{(k+1)} & \ddots & \ddots & \ddots & & \vdots\\
0 & \ddots & \ddots & \ddots & 0 & \cdots\ 0\\
\vdots & & a_{k+1,k}^{(k+1)} & a_{k+1,k+1}^{(k+1)} & a_{k+1,k+2}^{(k+1)} \cdots & a_{k+1,n}^{(k+1)}\\
\vdots & & 0 & \vdots & & \vdots\\
\vdots & & \vdots & \vdots & & \vdots\\
0 & \cdots & 0 & a_{n,k+1}^{(k+1)} & \cdots & a_{n,n}^{(k+1)}
\end{bmatrix}
$$

ist.

Fährt man derart fort, wird die tridiagonale und symmetrische Matrix $A^{(n-1)}$ gebildet, wobei

$$
A^{(n-1)} = P^{(n-2)} P^{(n-3)} \dots P^{(1)} A P^{(1)} \dots P^{(n-3)} P^{(n-2)}
$$

ist.

Das Programm HSEHLD95 führt auf diese Art das Householder-Verfahren für eine symmetrische Matrix aus.

Beispiel 1. Die (4×4)-Matrix

$$A = \begin{bmatrix} 4 & 1 & -2 & 2 \\ 1 & 2 & 0 & 1 \\ -2 & 0 & 3 & -2 \\ 2 & 1 & -2 & -1 \end{bmatrix}$$

ist symmetrisch. Für die erste Anwendung der Householder-Transformation gilt:

$$\alpha = -(1)\left(\sum_{j=2}^{4} a_{j1}^2\right)^{(1/2)} = -3,$$

$$r = \left(\frac{1}{2}(-3)^2 - \frac{1}{2}(1)(-3)\right)^{1/2} = \sqrt{6},$$

$$\mathbf{w} = \left(0, \frac{\sqrt{6}}{3}, -\frac{\sqrt{6}}{6}, \frac{\sqrt{6}}{6}\right)^{\mathrm{t}},$$

$$P^{(1)} = \begin{bmatrix} 1 & 0 & 0 & 0 \\ 0 & 1 & 0 & 0 \\ 0 & 0 & 1 & 0 \\ 0 & 0 & 0 & 1 \end{bmatrix} - 2\left(\frac{\sqrt{6}}{6}\right)^2 \begin{bmatrix} 0 \\ 2 \\ -1 \\ 1 \end{bmatrix} \cdot (0, 2, -1, 1)^{\mathrm{t}}$$

$$= \begin{bmatrix} 1 & 0 & 0 & 0 \\ 0 & -\frac{1}{3} & \frac{2}{3} & -\frac{2}{3} \\ 0 & \frac{2}{3} & \frac{2}{3} & \frac{1}{3} \\ 0 & -\frac{2}{3} & \frac{1}{3} & \frac{2}{3} \end{bmatrix},$$

und

$$A^{(2)} = \begin{bmatrix} 4 & -3 & 0 & 0 \\ -3 & \frac{10}{3} & 1 & \frac{4}{3} \\ 0 & 1 & \frac{5}{3} & -\frac{4}{3} \\ 0 & \frac{4}{3} & -\frac{4}{3} & -1 \end{bmatrix}.$$

Für die zweite Iteration gilt

$$\alpha = -\frac{5}{3}, \quad r = \frac{2\sqrt{5}}{3}, \quad \mathbf{w} = \left(0, 0, 2\sqrt{5}, \frac{2\sqrt{5}}{5}\right)^{\mathrm{t}},$$

und

$$P^{(2)} = \begin{bmatrix} 1 & 0 & 0 & 0 \\ 0 & 1 & 0 & 0 \\ 0 & 0 & -\frac{3}{5} & -\frac{4}{5} \\ 0 & 0 & -\frac{4}{5} & \frac{3}{5} \end{bmatrix};$$

die symmetrische Tridiagonalmatrix ist

$$A^{(3)} = \begin{bmatrix} 4 & -3 & 0 & 0 \\ -3 & \frac{10}{3} & -\frac{5}{3} & 0 \\ 0 & -\frac{5}{3} & -\frac{33}{25} & \frac{68}{75} \\ 0 & 0 & \frac{68}{75} & \frac{149}{75} \end{bmatrix}$$

□

Im nächsten Abschnitt wird untersucht, wie der QR-Algorithmus auf $A^{(n-1)}$ angewandt werden kann, um die Eigenwerte von $A^{(n-1)}$ zu bestimmen, die die gleichen wie die der ursprünglichen Matrix A sind.

Übungsaufgaben

1. Transformieren Sie mit dem Householder-Verfahren die folgenden Matrizen auf Tridiagonalgestalt:

a) $\begin{bmatrix} 12 & 10 & 4 \\ 10 & 8 & -5 \\ 4 & -5 & 3 \end{bmatrix}$

b) $\begin{bmatrix} 2 & -1 & -1 \\ -1 & 2 & -1 \\ -1 & -1 & 2 \end{bmatrix}$

c) $\begin{bmatrix} 2 & 1 & 1 \\ 1 & 2 & 1 \\ 1 & 1 & 2 \end{bmatrix}$

d) $\begin{bmatrix} 1 & 1 & 1 \\ 1 & 1 & 0 \\ 1 & 0 & 1 \end{bmatrix}$

e) $\begin{bmatrix} 2 & 0 & 1 \\ 0 & 3 & -2 \\ 1 & -2 & -1 \end{bmatrix}$

f) $\begin{bmatrix} 4{,}75 & 2{,}25 & -0{,}25 \\ 2{,}25 & 4{,}75 & 1{,}25 \\ -0{,}25 & 1{,}25 & 4{,}75 \end{bmatrix}$

2. Transformieren Sie mit dem Householder-Verfahren die folgenden Matrizen auf Tridiagonalgestalt:

a) $\begin{bmatrix} 4 & -1 & -1 & 0 \\ -1 & 4 & 0 & -1 \\ -1 & 0 & 4 & -1 \\ 0 & -1 & -1 & 4 \end{bmatrix}$

b) $\begin{bmatrix} 5 & -2 & -0{,}5 & 1{,}5 \\ -2 & 5 & 1{,}5 & -0{,}5 \\ -0{,}5 & 1{,}5 & 5 & -2 \\ 1{,}5 & -0{,}5 & -2 & 5 \end{bmatrix}$

c) $\begin{bmatrix} -4 & 0 & 1 & 3 \\ 0 & -4 & 2 & 1 \\ 1 & 2 & -2 & 0 \\ 3 & 1 & 0 & -4 \end{bmatrix}$

d) $\begin{bmatrix} 4 & 1 & 1 & 1 \\ 1 & 3 & -1 & 1 \\ 1 & -1 & 2 & 0 \\ 1 & 1 & 0 & 2 \end{bmatrix}$

e) $\begin{bmatrix} 8 & 0{,}25 & 0{,}5 & 2 & -1 \\ 0{,}25 & -4 & 0 & 1 & 2 \\ 0{,}5 & 0 & 5 & 0{,}75 & -1 \\ 2 & 1 & 0{,}75 & 5 & -0{,}5 \\ -1 & 2 & -1 & -0{,}5 & 6 \end{bmatrix}$

f) $\begin{bmatrix} 2 & -1 & -1 & 0 & 0 \\ -1 & 3 & 0 & -2 & 0 \\ -1 & 0 & 4 & 2 & 1 \\ 0 & -2 & 2 & 8 & 3 \\ 0 & 0 & 1 & 3 & 9 \end{bmatrix}$

9.5. Der QR-Algorithmus

Um den *QR*-Algorithmus anzuwenden, beginnt man mit einer symmetrischen Matrix in Tridiagonalgestalt; das heißt, die einzigen von null verschiedenen Elemente der Matrix liegen entweder auf der Hauptdiagonale oder auf den Diagonalen direkt oberhalb oder unterhalb der Hauptdiagonale. Liegt die symmetrische Matrix nicht in dieser Gestalt vor, besteht der erste Schritt darin, mit dem Householder-Verfahren eine symmetrische Tridiagonalmatrix zu berechnen, die der gegebenen Matrix ähnlich ist.

Ist A eine symmetrische Tridiagonalmatrix, kann man die Schreibweise derart vereinfachen, daß die Elemente von A wie folgt umbenannt werden:

$$A = \begin{bmatrix} a_1 & b_2 & 0 & \cdots & 0 \\ b_2 & a_2 & b_3 & \ddots & \vdots \\ 0 & b_3 & a_3 & \ddots & 0 \\ \vdots & \ddots & \ddots & \ddots & b_n \\ 0 & \cdots & 0 & b_n & a_n \end{bmatrix}.$$

Wenn für irgendein $2 < j < n$, $b_j = 0$ ist, reduziert sich das Problem auf Behandeln der kleineren Matrizen

$$\begin{bmatrix} a_1 & b_2 & 0 & \cdots & 0 \\ b_2 & a_2 & b_3 & \ddots & \vdots \\ 0 & b_3 & a_3 & \ddots & 0 \\ \vdots & \ddots & \ddots & \ddots & b_{j-1} \\ 0 & \cdots & 0 & b_{j-1} & a_{j-1} \end{bmatrix}$$

und

$$\begin{bmatrix} a_j & b_{j+1} & 0 & \cdots & 0 \\ b_{j+1} & a_{j+1} & b_{j+2} & \ddots & \vdots \\ 0 & b_{j+2} & a_{j+2} & \ddots & 0 \\ \vdots & \ddots & \ddots & \ddots & b_n \\ 0 & \cdots & 0 & b_n & a_n \end{bmatrix}$$

anstatt A. Ist $b_2 = 0$ oder $b_n = 0$, dann liefert die (1×1)-Matrix $[a_1]$ oder $[a_n]$ sofort einen Eigenwert a_1 oder a_n von A.

Ist kein b_j null, konstruiert der QR-Algorithmus eine Matrixfolge $A = A^{(1)}, A^{(2)}, A^{(3)}, \ldots$ wie folgt:

1. $A^{(1)} = A$ wird in das Produkt $A^{(1)} = Q^{(1)}R^{(1)}$ zerlegt, wobei $Q^{(1)}$ eine orthogonale und $R^{(1)}$ eine obere Dreiecksmatrix darstellt.
2. $A^{(2)}$ wird als $A^{(2)} = R^{(1)}Q^{(1)}$ definiert und in das Produkt $A^{(2)} = Q^{(2)}R^{(2)}$ zerlegt, wobei $Q^{(2)}$ eine orthogonale und $R^{(2)}$ eine obere Dreiecksmatrix darstellt.

Allgemein wird $A^{(i)}$ in das Produkt $A^{(i)} = Q^{(i)}R^{(i)}$ einer orthogonalen Matrix $Q^{(i)}$ und einer oberen Dreiecksmatrix $R^{(i)}$ zerlegt. Dann wird $A^{(i+1)}$ durch das Produkt von $R^{(i)}$ und $Q^{(i)}$ in umgekehrter Reihenfolge $A^{(i+1)} = R^{(i)}Q^{(i)}$ definiert. Da $Q^{(i)}$ orthogonal ist, gilt

$$A^{(i+1)} = R^{(i)}Q^{(i)} = \left(Q^{(i)^t}A^{(i)}\right)Q^{(i)} = Q^{(i)^t}A^{(i)}Q^{(i)},$$

und $A^{(i+1)}$ ist symmetrisch und tridiagonal mit den gleichen Eigenwerten wie $A^{(i)}$. Induktiv erhält man, daß $A^{(i+1)}$ die gleichen Eigenwerte wie die ursprüngliche Matrix A besitzt. Das erfolgreiche Anwendung des Verfahrens führt zu dem Ergebnis, daß $A^{(i+1)}$ gegen eine Diagonalmatrix mit den Eigenwerten von A entlang der Diagonalen konvergiert.

Um die Konstruktion der Matrizen $Q^{(i)}$ und $R^{(i)}$ zu beschreiben, sei zuerst der Begriff einer Rotationsmatrix eingeführt.

Eine **Rotationsmatrix** P ist eine orthogonale Matrix, die sich von der Einheitsmatrix in höchstens vier Elementen unterscheidet. Diese vier Elemente sind von der Form

$$p_{ii} = p_{jj} = \cos\theta$$

und

$$p_{ij} = -p_{ji} = \sin\theta$$

für beliebige θ und beliebige $i \neq j$.

Für jede beliebige Rotationsmatrix P unterscheidet sich die Matrix AP nur in der i-ten und j-ten Spalte von A und die Matrix PA nur in der i-ten und j-ten Zeile von A. Für jedes beliebige $i \neq j$ kann der Winkel θ so gewählt werden, daß das Produkt PA ein Nullelement für $(PA)_{ij}$ besitzt.

Bei der Zerlegung von $A^{(1)}$ in $A^{(1)} = Q^{(1)}R^{(1)}$ wird mit einem Produkt von $n-1$ Rotationsmatrizen dieses Typs

$$R^{(1)} = P_n P_{n-1} \dots P_2 A^{(1)}$$

konstruiert. Als erstes wird die Rotationsmatrix P_2 so gewählt, daß das Element in der (2, 1)-Position der Matrix

$$A_2^{(1)} = P_2 A^{(1)}$$

null wird; das heißt das in der zweiten Zeile und ersten Spalte. Da sich die Multiplikation $P_2 A^{(1)}$ auf beide Zeilen 1 und 2 von $A^{(1)}$ auswirkt, enthält die neue Matrix nicht notwendigerweise Nullelemente in den Positionen (1, 3), $(1, 4), \dots$ und $(1, n)$. $A^{(1)}$ ist jedoch tridiagonal, so daß die $(1, 4), \dots, (1, n)$-Elemente von $A_2^{(1)}$ null sind. Nur das (1, 3)-Element, das in der ersten Zeile und dritten Spalte, kann ungleich null werden.

Allgemein wird die Matrix P_k so gewählt, daß das $(k, k-1)$-Element in $A_k^{(1)} = P_k A_{k-1}^{(1)}$ null ist. Dies bewirkt, daß das $(k-1, k+1)$-Element ungleich null wird. Die Matrix $A_k^{(1)}$ besitzt die Form

$$A_k^{(1)} = \begin{bmatrix}
z_1 & q_1 & r_1 & 0 & \cdots & & & & 0 \\
0 & \ddots & \ddots & \ddots & \ddots & & & & \vdots \\
0 & \ddots & \ddots & \ddots & \ddots & \ddots & & & \vdots \\
\vdots & \ddots & 0 & z_{k-1} & q_{k-1} & r_{k-1} & \ddots & & \vdots \\
\vdots & & \ddots & 0 & x_k & y_k & 0 & \ddots & \vdots \\
\vdots & & & \ddots & b_{k+1} & d_{k+1} & b_{k+2} & \ddots & 0 \\
\vdots & & & & \ddots & \ddots & \ddots & \ddots & 0 \\
\vdots & & & & & \ddots & \ddots & \ddots & b_n \\
0 & \cdots & & & & & 0 & b_n & d_n
\end{bmatrix}$$

und P_{k+1}

$$P_{k+1} = \left[\begin{array}{c|cc|c} I_{k-1} & & O & O \\ \hline & c_{k+1} & s_{k+1} & \\ O & & & O \\ & -s_{k+1} & c_{k+1} & \\ \hline O & & O & I_{n-k-1} \end{array}\right], \quad \begin{array}{l} \\ \leftarrow \text{Reihe } k \\ \\ \end{array}$$

$$\uparrow$$
$$\text{Spalte } k$$

wobei O die geeignet dimensionierte Matrix mit ausschließlich Nullelementen bezeichnet.

Die Konstanten $c_{k+1} = \cos\theta_{k+1}$ und $s_{k+1} = \sin\theta_{k+1}$ in P_{k+1} werden derart gewählt, daß das $(k+1, k)$-Element in $A_{k+1}^{(1)}$ null ist; das heißt

$$s_{k+1}x_k - c_{k+1}b_{k+1} = 0$$

ist. Da $c_{k+1}^2 + s_{k+1}^2 = 1$ ist, erhält man als Lösung dieser Gleichung

$$s_{k+1} = \frac{b_{k+1}}{\sqrt{b_{k+1}^2 + x_k^2}}$$

und

$$c_{k+1} = \frac{x_k}{\sqrt{b_{k+1}^2 + x_k^2}},$$

und $A_{k+1}^{(1)}$ besitzt die Form

$$A_{k+1}^{(1)} = \begin{bmatrix} z_1 & q_1 & r_1 & 0 & \cdots & \cdots & \cdots & \cdots & 0 \\ 0 & \ddots & \ddots & \ddots & \ddots & & & & \vdots \\ 0 & \ddots & \ddots & \ddots & \ddots & \ddots & & & \vdots \\ \vdots & \ddots & 0 & z_k & q_k & r_k & \ddots & & \vdots \\ \vdots & & \ddots & 0 & x_{k+1} & y_{k+1} & 0 & \ddots & \vdots \\ \vdots & & & \ddots & b_{k+2} & d_{k+2} & b_{k+3} & \ddots & 0 \\ \vdots & & & & \ddots & \ddots & \ddots & \ddots & 0 \\ \vdots & & & & & \ddots & \ddots & \ddots & b_n \\ 0 & \cdots & \cdots & \cdots & \cdots & \cdots & 0 & b_n & d_n \end{bmatrix}.$$

Fährt man in der Folge $P_2, \ldots, P_n$ mit dieser Prozedur fort, erhält man die obere Dreiecksmatrix

$$R^{(1)} \equiv A_n^{(1)} = \begin{bmatrix} z_1 & q_1 & r_1 & 0 & \cdots & 0 \\ 0 & \ddots & \ddots & \ddots & \ddots & \vdots \\ \vdots & \ddots & \ddots & \ddots & \ddots & 0 \\ \vdots & & \ddots & \ddots & \ddots & r_{n-2} \\ \vdots & & & \ddots & z_{n-1} & q_{n-1} \\ 0 & \cdots & \cdots & \cdots & 0 & x_n \end{bmatrix}.$$

Die orthogonale Matrix $Q^{(1)}$ ist als $Q^{(1)} = P_2^{\mathrm{t}} P_3^{\mathrm{t}} \ldots P_n^{\mathrm{t}}$, definiert, so daß

$$A^{(2)} = R^{(1)} Q^{(1)} = R^{(1)} P_2^{\mathrm{t}} P_3^{\mathrm{t}} \ldots P_{n-1}^{\mathrm{t}} = P_n P_{n-1} \ldots P_2 A P_2^{\mathrm{t}} P_3^{\mathrm{t}} \ldots P_n^{\mathrm{t}}$$

gilt. Die Matrix $A^{(2)}$ ist tridiagonal, und allgemein sind die Elemente neben der Diagonale betragsmäßig kleiner als die entsprechenden Elemente in $A^{(1)}$. Die Matrizen $A^{(3)}$, $A^{(4)}$ und so weiter werden analog konstruiert.

Falls die Eigenwerte von A die Form $|\lambda_1| > |\lambda_2| > \ldots > |\lambda_n|$ besitzen, konvergiert der QR-Algorithmus; das heißt, die Matrizen streben gegen eine Diagonalmatrix mit den Eigenwerten auf der Diagonale. Die Konvergenzgeschwindigkeit hängt von dem Verhältnis $\left|\frac{\lambda_{j+1}}{\lambda_j}\right|$ ab, so daß die Konvergenz langsam sein kann, falls dieses Verhältnis nahe 1 ist.

Haben die Eigenwerte von A verschiedene Moduln, ist die Konvergenzgeschwindigkeit des Elementes $b_{j+1}^{(i+1)}$ gegen null in der Matrix $A^{(i+1)}$

$$O\left(\left|\frac{\lambda_{i+1}}{\lambda_j}\right|^{i+1}\right),$$

wobei die Eigenwerte nach $|\lambda_1| > |\lambda_2| > \ldots > |\lambda_n|$ geordnet sind. Die Konvergenzgeschwindigkeit von $b_{j+1}^{(i+1)}$ gegen null bestimmt die Geschwindigkeit, mit der das Element $a_j^{(i+1)}$ gegen den j-ten Eigenwert λ_j konvergiert.

Um die Konvergenz zu beschleunigen, wird eine Shift-Technik angewandt, die der in der inversen Potenzmethode ähnlich ist. Eine Konstante s wird nahe einem Eigenwert von A ausgewählt. Damit können $Q^{(i)}$ und $R^{(i)}$ so gewählt werden, daß

$$A^{(i)} - sI = Q^{(i)} R^{(i)}$$

ist; entsprechend wird die Matrix $A^{(i+1)}$ als

$$A^{(i+1)} = Q^{(i)} R^{(i)} + sI$$

definiert. Die Konvergenzgeschwindigkeit von $b_{j+1}^{(i+1)}$ gegen null wird mit dieser Modifikation zu

$$O\left(\left|\frac{\lambda_{j+1}-s}{\lambda_j-s}\right|^{i+1}\right),$$

was zu einer signifikanten Verbesserung der ursprünglichen Konvergenzgeschwindigkeit von $a_j^{(i+1)}$ gegen λ_j führen kann, falls s nahe λ_{j+1}, aber nicht nahe λ_j liegt.

Der Shift-Parameter s wie die am nächsten von $a_n^{(i)}$ liegenden Eigenwerte der 2-mal-2-Matrix

$$\begin{bmatrix} a_{n-1}^{(i)} & b_n^{(i)} \\ b_n^{(i)} & a_n^{(i)} \end{bmatrix}$$

werden in jedem Schritt berechnet. Mit diesem Shift-Parameter konvergiert $b_n^{(i+1)}$ gegen null und $a_n^{(i+1)}$ gegen den Eigenwert λ_n. Falls $b_j^{(i+1)}$ für beliebiges $j \neq n$ gegen null konvergiert, wird aufgespalten. Die Shift-Parameter werden gespeichert und nach der Konvergenz zu der Approximation addiert. Das Programm QRSYMT96 führt auf diese Art den QR-Algorithmus für symmetrische Tridiagonalmatrizen aus.

Beispiel 1. Es sei

$$A = \begin{bmatrix} 3 & 1 & 0 \\ 1 & 3 & 1 \\ 0 & 1 & 3 \end{bmatrix} = \begin{bmatrix} a_1^{(1)} & b_2^{(1)} & 0 \\ b_2^{(1)} & a_2^{(1)} & b_3^{(1)} \\ 0 & b_3^{(1)} & a_3^{(1)} \end{bmatrix}.$$

Zur Bestimmung des Beschleunigungsparameters müssen die Eigenwerte von

$$\begin{bmatrix} a_2^{(1)} & b_3^{(1)} \\ b_3^{(1)} & a_3^{(1)} \end{bmatrix} = \begin{bmatrix} 3 & 1 \\ 1 & 3 \end{bmatrix}$$

bestimmt werden; diese sind $\mu_1 = 4$ und $\mu_2 = 2$. Der am nächsten zu $a_3^{(1)} = 3$ liegende Eigenwert kann beliebig gewählt werden, es wird $\mu_2 = 2 = s_1$ gewählt:

$$\begin{bmatrix} d_1 & b_2^{(1)} & 0 \\ b_2^{(1)} & d_2 & b_3^{(1)} \\ 0 & b_3^{(1)} & d_3 \end{bmatrix} = \begin{bmatrix} 1 & 1 & 0 \\ 1 & 1 & 1 \\ 0 & 1 & 1 \end{bmatrix}.$$

Man erhält

$$x_1 = 1, \quad y_1 = 1, \quad z_1 = \sqrt{2}, \quad c_2 = \frac{\sqrt{2}}{2}, \quad s_2 = \frac{\sqrt{2}}{2}$$

$$q_1 = \sqrt{2}, \quad x_2 = 0, \quad r_1 = \frac{\sqrt{2}}{2}$$

und

$$y_2 = \frac{\sqrt{2}}{2}$$

und somit

$$A_2^{(1)} = \begin{bmatrix} \sqrt{2} & \sqrt{2} & \frac{\sqrt{2}}{2} \\ 0 & 0 & \sqrt{2} \\ 0 & 1 & 1 \end{bmatrix}.$$

Ferner ist

$$z_2 = 1, \quad c_3 = 0, \quad s_3 = 1, \quad q_2 = 1$$

und

$$x_3 = -\frac{\sqrt{2}}{2}$$

und somit

$$R^{(1)} = A_3^{(1)} = \begin{bmatrix} \sqrt{2} & \sqrt{2} & \frac{\sqrt{2}}{2} \\ 0 & 1 & 1 \\ 0 & 0 & -\frac{\sqrt{2}}{2} \end{bmatrix}.$$

Zur Berechnung von $A^{(2)}$ benötigt man

$$z_3 = -\frac{\sqrt{2}}{2}, \quad a_1^{(2)} = 2, \quad b_2^{(2)} = \frac{\sqrt{2}}{2}, \quad a_2^{(2)} = 1, \quad b_3^{(2)} = -\frac{\sqrt{2}}{2}$$

und

$$a_3^{(2)} = 0,$$

und somit ergibt sich

$$A^{(2)} = R^{(2)}Q^{(1)} = \begin{bmatrix} 2 & \frac{\sqrt{2}}{2} & 0 \\ \frac{\sqrt{2}}{2} & 1 & -\frac{\sqrt{2}}{2} \\ 0 & -\frac{\sqrt{2}}{2} & 0 \end{bmatrix}.$$

Eine Iteration des QR-Algorithmus ist vollständig. Da weder $b_2^{(2)} = \sqrt{2}/2$ noch $b_3^{(2)} = -\sqrt{2}/2$ klein ist, muß eine weitere Iteration des QR-Algorithmus durchgeführt werden. Diese Iteration verwendet einen Shift-Parameter $s_2 = (1 - \sqrt{3})/2$ und die Matrix

$$A^{(3)} = \begin{bmatrix} 2{,}6720277 & 0{,}37597448 & 0 \\ 0{,}37597448 & 1{,}4736080 & 0{,}030396964 \\ 0 & 0{,}030396964 & -0{,}047559530 \end{bmatrix}.$$

Falls $b_3^{(3)} = 0{,}030396964$ hinreichend klein ist, ist die Approximation des Eigenwertes λ_3 gleich 1,5864151, die Summe von $a_3^{(3)}$ und den Shift-Parametern

$s_1 + s_2 = 2 + \frac{1}{2}(1 - \sqrt{3})$. Streichen der dritten Zeile und Spalte ergibt

$$A^{(3)} = \begin{bmatrix} 2{,}6720277 & 0{,}37597448 \\ 0{,}37597448 & 1{,}4736080 \end{bmatrix},$$

die die Eigenwerte $\mu_1 = 2{,}7802140$ und $\mu_2 = 1{,}3654218$ besitzt. Addieren der Shift-Parameter liefert die Approximationen

$$\lambda_1 \approx 4{,}4141886$$

und

$$\lambda_2 \approx 2{,}9993964.$$

Da die tatsächlichen Eigenwerte der Matrix A 4,41420, 3,00000 und 1,58579 sind, lieferte der QR-Algorithmus eine Genauigkeit von vier Stellen in nur zwei Iterationen. □

Übungsaufgaben

1. Wenden Sie zwei Iterationen des QR-Algorithmus auf die folgenden Matrizen an:

a) $\begin{bmatrix} 2 & -1 & 0 \\ -1 & 2 & -1 \\ 0 & -1 & 2 \end{bmatrix}$

b) $\begin{bmatrix} 3 & 1 & 0 \\ 1 & 4 & 2 \\ 0 & 2 & 1 \end{bmatrix}$

c) $\begin{bmatrix} 2 & 1 & 0 \\ 1 & 2 & 1 \\ 0 & 1 & 2 \end{bmatrix}$

d) $\begin{bmatrix} 4 & -1 & 0 \\ -1 & 3 & -1 \\ 0 & -1 & 2 \end{bmatrix}$

e) $\begin{bmatrix} 1 & 1 & 0 & 0 \\ 1 & 2 & -1 & 0 \\ 0 & -1 & 3 & 1 \\ 0 & 0 & 1 & 4 \end{bmatrix}$

f) $\begin{bmatrix} -2 & 1 & 0 & 0 \\ 1 & -3 & -1 & 0 \\ 0 & -1 & 1 & 1 \\ 0 & 0 & 1 & 3 \end{bmatrix}$

g) $\begin{bmatrix} 0{,}5 & 0{,}25 & 0 & 0 \\ 0{,}25 & 0{,}8 & 0{,}4 & 0 \\ 0 & 0{,}4 & 0{,}6 & 0{,}1 \\ 0 & 0 & 0{,}1 & 1 \end{bmatrix}$

h) $\begin{bmatrix} 4 & -3 & 0 & 0 \\ -3 & \frac{10}{3} & -\frac{5}{3} & 0 \\ 0 & -\frac{5}{3} & -\frac{99}{75} & \frac{68}{75} \\ 0 & 0 & \frac{68}{75} & \frac{149}{75} \end{bmatrix}$

2. Bestimmen Sie mit dem QR-Algorithmus alle Eigenwerte der folgenden Matrizen auf 10^{-5} genau:

a) $\begin{bmatrix} 2 & -1 & 0 \\ -1 & -1 & -2 \\ 0 & -2 & 3 \end{bmatrix}$

b) $\begin{bmatrix} 3 & 1 & 0 \\ 1 & 4 & 2 \\ 0 & 2 & 3 \end{bmatrix}$

c) $\begin{bmatrix} 4 & 2 & 0 & 0 & 0 \\ 2 & 4 & 2 & 0 & 0 \\ 0 & 2 & 4 & 2 & 0 \\ 0 & 0 & 2 & 4 & 2 \\ 0 & 0 & 0 & 2 & 4 \end{bmatrix}$

d) $\begin{bmatrix} 5 & -1 & 0 & 0 & 0 \\ -1 & 4{,}5 & 0{,}2 & 0 & 0 \\ 0 & 0{,}2 & 1 & -0{,}4 & 0 \\ 0 & 0 & -0{,}4 & 3 & 1 \\ 0 & 0 & 0 & 1 & 3 \end{bmatrix}$

3. Bestimmen Sie mit dem QR-Algorithmus alle Eigenwerte der in Übung 1 gegebenen Matrizen auf 10^{-5} genau.

4. Bestimmen Sie mit der inversen Potenzmethode alle Eigenwerte der in Übung 1 gegebenen Matrizen auf 10^{-5} genau.

9.6. Methoden- und Softwareüberblick

Dieses Kapitel diskutierte die Approximation von Eigenwerten und Eigenvektoren. Die Kreise von Gerschgorin approximieren grob die Lage der Eigenwerte einer Matrix. Mit der Potenzmethode kann man den dominanten Eigenwert und einen zugehörigen Eigenvektor für eine beliebige Matrix A bestimmen. Ist A symmetrisch, liefert die symmetrische Potenzmethode eine schnellere Konvergenz gegen den dominanten Eigenwert und einen zugehörigen Eigenvektor. Die inverse Potenzmethode bestimmt den Eigenwert, der am nächsten einem gegeben Wert liegt, und einen zugehörigen Eigenvektor. Mit dieser Methode wird oft ein ungefährer Eigenwert verbessert und ein Eigenvektor berechnet, wenn der Eigenwert über eine andere Methode bestimmt wurde.

Mit der Deflation, z. B. der Wielandtschen Deflation, erhält man die anderen Eigenwerte, nachdem der dominante Eigenwert bekannt ist. Diese Methoden werden angewandt, falls nur einige wenige Eigenwerte verlangt werden, und sollten mit Vorsicht eingesetzt werden, da sie bezüglich des Rundungsfehlers instabil sein können.

Methoden, die auf Ähnlichkeitstransformationen beruhen, wie das Householder-Verfahren, eignen sich dazu, eine symmetrische Matrix in eine ähnliche Tridiagonalmatrix zu überführen. Verfahren, wie der QR-Algorithmus, können dann auf die Tridiagonalmatrix angewandt und somit alle Eigenwerte approximiert werden. Die zugehörigen Eigenvektoren lassen sich mit einer iterativen Methode bestimmen, wie die inverse Potenzmethode oder durch Transformation auf Eigenvektoren, die direkt über den QR-Algorithmus erhalten wurden.

Die Unterfunktionen in der IMSL- und der NAG-Bibliothek basieren auf Unterfunktionen, die in den EISPACK- und LAPACK-Paketen enthalten sind, die in Abschnitt 1.5 diskutiert wurden. Im allgemeinen transformieren die Unterfunktionen eine Matrix in eine geeignete Form für den QR-Algorithmus oder eine seiner Modifikationen, wie den QL-Algorithmus. Die Unterfunktionen approximieren alle Eigenwerte und können für jeden Eigenwert einen zugehörigen Eigenvektor bestimmen. Es gibt spezielle Funktionen, die alle Eigenwerte innerhalb eines Intervalls oder Bereichs oder nur den kleinsten oder größten Eigenwert bestimmen. Verfügbar sind auch Unterfunktionen, die die Genauigkeit des Eigenwertes und die Sensitivität des Verfahrens bezüglich des Rundungsfehlers approximieren.

Die IMSL-Unterfunktion EVLRG liefert alle, nach ansteigendem Betrag geordneten Eigenwerte von A. Diese Unterfunktion balanciert zuerst mit einer Version der EISPACK-Funktion BALANC die Matrix A aus, so daß die Summen der Elemente in jeder Zeile und jeder Spalte betragsmäßig ungefähr gleich sind. Dies führt zu einer größeren Stabilität bei den nachfolgenden Berechnungen. EVLRG führt als nächstes orthogonale Ähnlichkeitstransformationen aus, wie das Householder-Verfahren, um A auf eine ähnliche obere Hessenberg-Matrix zu transformieren. Eine obere Hessenberg-Matrix besitzt Nullelemente unterhalb der unteren Nebendiagonale – das heißt an Stellen (i, j) für $j+2 \leq i$. Sie ist genau dann symmetrisch und tridiagonal, wenn die ursprüngliche Matrix symmetrisch ist. Dieser Teil entspricht der EISPACK-Unterfunktion ORTHES. Schließlich werden mit dem QR-Algorithmus mit Shift-Parameter alle Eigenwerte erhalten. Dieser Teil entspricht der Unterfunktion HQR in EISPACK. Die IMSL-Unterfunktion EVCRG ist die gleiche wie EVRLG, außer daß die zugehörigen Eigenvektoren berechnet werden.

Die Unterfunktion EVLSF berechnet die Eigenwerte der reelen, symmetrischen Matrix A. Diese wird zuerst mit einer Modifikation der EISPACK-Funktion TRED2 auf Tridiagonalgestalt transformiert. Dann werden die Eigenwerte mit einer Modifikation der EISPACK-Funktion IMTQL2 berechnet, die eine Variation des QR-Algorithmus darstellt, den sogenannten impliziten QL-

Algorithmus. Die Unterfunktion EVCSF ist die gleiche wie EVLSF, außer daß auch die zugehörigen Eigenvektoren berechnet werden. Schließlich berechnen EVLRH und EVCRH alle Eigenwerte der oberen Hessenberg-Matrix A, und EVCRH berechnet zusätzlich die Eigenvektoren. Diese Unterfunktionen basieren auf den Unterfunktionen HQR beziehungsweise HQR2 in EISPACK.

Die NAG-Bibliothek besitzt entsprechende, auf den EISPACK-Funktionen basierende Unterfunktionen. Die Unterfunktion F02AFF berechnet die Eigenwerte der reellen Matrix A. Die Unterfunktion F02AGF ist die gleiche wie F02AFF, außer daß auch die Eigenvektoren berechnet werden. Die Matrix A wird zuerst ausbalanciert und dann auf obere Hessenberg-Gestalt für den QR-Algorithmus transformiert. Die Unterfunktion F02AAF wird eingesetzt, wenn die Matrix reell und symmetrisch ist. Die reellen Eigenwerte werden der Größe nach berechnet. Werden auch die Eigenvektoren benötigt, kann die Unterfunktion F02ABF eingesetzt werden. Anderenfalls wird die Matrix A mit dem Householder-Verfahren auf Tridiagonalgestalt transformiert, und die Eigenwerte werden dann mit dem QL-Algorithmus berechnet. Die Unterfunktion F01AGF führt direkt das Householder-Verfahren für symmetrische Matrizen aus und liefert eine ähnliche, symmetrische Tridiagonalmatrix. Verfügbar in der NAG-Bibliothek sind auch Funktionen, um direkt reelle Matrizen auszubalancieren, Eigenvektoren wiederzufinden, falls eine Matrix zuerst ausbalanciert wurde, und andere Operationen auf spezielle Matrixtypen durchzuführen.

Da MATLAB die Unterfunktionen von EISPACK enthält, kann MATLAB Eigenwerte berechnen. Falls zum Beispiel

$$A = [3\ 1\ 0;\ 1\ 4\ 2;\ 0\ 2\ 3]$$

ist, dann berechnet *eig(A)* mit dem QR-Algorithmus die Eigenwerte von A zu 3,000000, 1,208712 und 5,791288.

10. Lösungen von nichtlinearen Gleichungssystemen

10.1. Einleitung

Ein großer Teil dieses Buches befaßte sich mit dem Lösen von Gleichungssystemen. Dennoch waren bisher die Methoden nur für *lineare* Gleichungssysteme geeignet, Gleichungen mit den Variablen $x_1, x_2, \ldots, x_n$ der Form

$$a_{i1}x_1 + a_{i2}x_2 + \cdots + a_{in}x_n = b_i$$

für $i = 1, 2, \ldots, n$. Der Grund, warum nicht allgemeinere Gleichungssysteme betrachtet wurden, ist einfach: Die Lösungen eines allgemeinen oder *nichtlinearen* Gleichungssystem sind um vieles schwieriger zu approximieren.

Das Lösen eines Systems von nichtlinearen Gleichungen ist ein Problem, das, wenn möglich, vermieden wird; gewöhnlich wird das nichtlineare System durch ein System von linearen Gleichungen approximiert. Wenn dies unbefriedigende Ergebnisse liefert, muß das Problem direkt angepackt werden. Der geradlinigste Ansatz besteht darin, die Verfahren aus Kapitel 2 zur Approximation der Lösungen einer einzigen nichtlinearen Gleichung mit einer Variablen derart anzupassen, daß das Problem mit einer einzigen Variablen durch ein Vektorproblem ersetzt wird, das alle Variablen enthält.

Hauptsächlich wurde in Kapitel 2 das Newtonsche Verfahren eingesetzt, ein Verfahren, das im allgemeinen quadratisch konvergent ist. Es wird als erstes modifiziert, um nichtlineare Gleichungssysteme zu lösen. Das für Gleichungssysteme abgeänderte Newtonsche Verfahren erweist sich als sehr aufwendig, so daß in Abschnitt 10.3 beschrieben wird, wie die Approximationen leichter mit einem modifizierten Sekantenverfahren erhalten werden können, obwohl dies mit einem Verlust der extrem schnellen Konvergenz des Newtonschen Verfahrens einhergeht.

Abschnitt 10.4 beschreibt die Sattelpunktmethode. Dieses Verfahren ist nur linear konvergent, benötigt aber keine genaue Anfangsnäherung wie die schneller konvergierenden Verfahren. Die Sattelpunktmethode wird oft eingesetzt, um eine gute Anfangsnäherung für das Newtonsche Verfahren oder eine seiner Modifikationen zu bestimmen, so wie die Intervallschachtelung im Falle einer einfachen nichtlinearen Gleichung zu diesem Zweck eingesetzt wird.

Ein nichtlineares Gleichungssystem besitzt die Form

$$\begin{aligned} f_1(x_1, x_2, \ldots, x_n) &= 0, \\ f_2(x_1, x_2, \ldots, x_n) &= 0, \\ &\vdots \\ f_n(x_1, x_2, \ldots, x_n) &= 0, \end{aligned}$$

wobei man sich jedes f_i als eine Funktion vorstellen kann, die einen Vektor $\mathbf{x} = (x_1, x_2, \ldots, x_n)^t$ aus dem n-dimensionalen Raum $\mathbb{R}^n$ auf die Zahlengerade $\mathbb{R}$ abbildet. Eine geometrische Darstellung eines nichtlinearen Systems ist für $n = 2$ in Abbildung 10.1 gegeben.

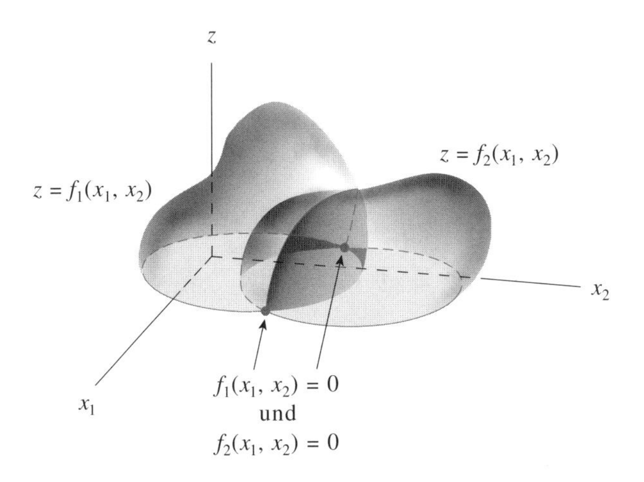

Abb. 10.1

Ein allgemeines System von n nichtlinearen Gleichungen mit n Unbekannten kann alternativ dargestellt werden, indem eine Funktion $\mathbf{F}$ definiert wird, die $\mathbb{R}^n$ auf $\mathbb{R}^n$ abbildet:

$$\mathbf{F}(x_1, x_2, \ldots, x_n) = (f_1(x_1, x_2, \ldots, x_n), \\ f_2(x_1, x_2, \ldots, x_n), \ldots, f_n(x_1, x_2, \ldots, x_n))^t.$$

Werden die Variablen $x_1, x_2, \ldots, x_n$ in Vektorschreibweise ausgedrückt, nimmt das nichtlineare System die Form

$$\mathbf{F}(\mathbf{x}) = \mathbf{0}$$

an. Die Funktionen $f_1, f_2, \ldots, f_n$ sind die **Koordinatenfunktionen** von $\mathbf{F}$.

Beispiel 1. Das nichtlineare drei-mal-drei-System

$$\begin{aligned} 3x_1 - \cos(x_2x_3) - \frac{1}{2} &= 0, \\ x_1^2 - 81(x_2 + 0,1)^2 + \sin x_3 + 1{,}06 &= 0, \\ e^{-x_1x_2} + 20x_3 + \frac{10\pi - 3}{3} &= 0 \end{aligned}$$

kann in die Form $\mathbf{F}(\mathbf{x}) = \mathbf{0}$ gebracht werden, indem als erstes die drei Koordinatenfunktionen f_1, f_2 und f_3 von $\mathbb{R}^3$ auf $\mathbb{R}$ als

$$\begin{aligned} f_1(x_1, x_2, x_3) &= 3x_1 - \cos(x_2x_3) - \frac{1}{2}, \\ f_2(x_1, x_2, x_3) &= x_1^2 - 81(x_2 + 0{,}1)^2 + \sin x_3 + 1{,}06, \\ f_3(x_1, x_2, x_3) &= e^{-x_1x_2} + 20x_3 + \frac{10\pi - 3}{3} \end{aligned}$$

und dann $\mathbf{F}$ von $\mathbb{R}^3 \to \mathbb{R}^3$ durch

$$\begin{aligned} \mathbf{F}(\mathbf{x}) &= \mathbf{F}(x_1, x_2, x_3) \\ &= \big(f_1(x_1, x_2, x_3), f_2(x_1, x_2, x_3), f_3(x_1, x_2, x_3)\big)^t \\ &= \left(3x_1 - \cos(x_1x_2) - \frac{1}{2}, x_1^2 - 81(x_2 + 0{,}1)^2 + \sin x_3 + 1{,}06,\right. \\ &\qquad \left. e^{-x_1x_2} + 20x_3 + \frac{10\pi - 3}{3}\right)^t \end{aligned}$$

definiert werden. □

Bevor die Lösung eines nichtlinearen Gleichungssystems diskutiert werden kann, benötigen wir einige Ergebnisse, die die Stetigkeit und die Differenzierbarkeit von Funktionen von $\mathbb{R}^n$ auf $\mathbb{R}$ und $\mathbb{R}^n$ auf $\mathbb{R}^n$ betreffen. Diese Ergebnisse entsprechen denen, die in Abschnitt 1.1 für eine Funktion von $\mathbb{R}$ auf $\mathbb{R}$ gegeben wurden.

f sei eine auf einer Menge $D \subset \mathbb{R}^n$ definierte Funktion und bilde $\mathbb{R}^n$ auf $\mathbb{R}$ ab. Die Funktion f hat den **Grenzwert** L in $\mathbf{x}_0$, geschrieben als

$$\lim_{\mathbf{x} \to \mathbf{x}_0} f(\mathbf{x}) = L,$$

falls es zu jeder gegebenen Zahl $\epsilon > 0$ eine Zahl $\delta > 0$ gibt mit der Eigenschaft, daß

$$|f(\mathbf{x}) - L| < \epsilon \quad \text{für} \quad \mathbf{x} \in D \quad \text{und} \quad 0 < \|\mathbf{x} - \mathbf{x}_0\| < \delta$$

gilt.

Jede geeignete Norm genügt der Bedingung in dieser Definition. Der spezielle Wert von δ hängt von der gewählten Norm ab, aber die Existenz von δ ist von der Norm unabhängig.

Die Funktion f heißt **stetig** in $\mathbf{x}_0 \in D$, vorausgesetzt $\lim_{\mathbf{x}\to\mathbf{x}_0} f(\mathbf{x})$ existiert und ist $f(\mathbf{x}_0)$. Zusätzlich ist f **auf einer Menge** D **stetig**, vorausgesetzt f ist in jedem Punkt von D stetig. Dies wird durch die Schreibweise $f \in C(D)$ ausgedrückt.

Es seien Grenzwert und Stetigkeit für Funktionen von $\mathbb{R}^n$ auf $\mathbb{R}^n$ definiert, indem die Koordinatenfunktionen von $\mathbb{R}^n$ auf $\mathbb{R}$ betrachtet werden.

$\mathbf{F}$ sei eine Funktion aus $D \subset \mathbb{R}^n$ auf $\mathbb{R}^n$, und es sei angenommen, daß $\mathbf{F}$ die Darstellung

$$\mathbf{F}(\mathbf{x}) = \big(f_1(\mathbf{x}), f_2(\mathbf{x}), \ldots, f_n(\mathbf{x})\big)^t$$

habe. Man definiert genau dann

$$\lim_{\mathbf{x}\to\mathbf{x}_0} \mathbf{F}(\mathbf{x}) = \mathbf{L} = (L_1, L_2, \ldots, L_n)^t,$$

wenn $\lim_{\mathbf{x}\to\mathbf{x}_0} f_i(\mathbf{x}) = L_i$ für jedes $i = 1, 2, \ldots, n$ ist.

Die Funktion $\mathbf{F}$ ist stetig in $\mathbf{x}_0 \in D$, vorausgesetzt, $\lim_{\mathbf{x}\to\mathbf{x}_0} \mathbf{F}(\mathbf{x})$ existiert und ist gleich $\mathbf{F}(\mathbf{x}_0)$. Zusätzlich ist $\mathbf{F}$ **auf der Menge** D **stetig**, falls $\mathbf{F}$ in jedem $\mathbf{x}$ in D stetig ist.

10.2. Das Newtonsche Verfahren für Systeme

Das Newtonsche Verfahren benötigt zur Approximation der Lösung p einer einzelnen nichtlinearen Gleichung

$$f(x) = 0$$

eine Anfangsnäherung p_0 von p und erzeugt eine durch

$$p_k = p_{k-1} - \frac{f(p_{k-1})}{f'(p_{k-1})} \quad \text{für } k \geq 1$$

definierte Folge.

Um dieses Verfahren zu modifizieren und so den Lösungsvektor $\mathbf{p}$ der Vektorgleichung

$$\mathbf{F}(\mathbf{x}) = \mathbf{0}$$

zu bestimmen, benötigt man als erstes einen Anfangsvektor $\mathbf{p}^{(0)}$. Dann muß entschieden werden, wie das Newtonsche Verfahren mit einer einzigen Variablen auf eine Vektorfunktion modifiziert wird, die dieselben Konvergenzeigenschaften besitzt, aber keine Division erfordert, da diese Operation nicht für Vektoren definiert ist. Es muß also die Ableitung von f in dem Newtonschen Verfahren mit einer einzigen Variablen durch irgend etwas ersetzt werden, das für die Vektorfunktion $\mathbf{F}$ geeignet ist.

Die Ableitung f' einer Funktion f mit einer Variablen beschreibt, wie die Funktionswerte sich mit ihrer unabhängigen Variablen ändern. Die Vektorfunktion $\mathbf{F}$ besitzt n unterschiedliche Variablen $x_1, x_2, \ldots, x_n$ und n unterschiedliche Komponentenfunktionen $f_1, f_2, \ldots, f_n$, wobei jede sich ändern kannn, wenn eine der Variablen sich ändert. Die geeignete Modifikation der Ableitung in dem Newtonschen Verfahren mit einer einzigen Variablen auf Vektorform muß all diese n^2 möglichen Änderungen berücksichtigen. Natürlicherweise stellt man diese n^2 Punkte über eine $(n \times n)$-Matrix dar. Da jede Änderung in einer Komponentenfunktion f_i bezüglich der Änderung in der Variablen x_j durch die partielle Ableitung

$$\frac{\partial f_i}{\partial x_i}$$

beschrieben wird, ist die $(n \times n)$-Matrix, die die in dem Fall einer Variablen auftretende Ableitung ersetzt

$$J(\mathbf{x}) = \begin{bmatrix} \frac{\partial f_1(\mathbf{x})}{\partial x_1} & \frac{\partial f_1(\mathbf{x})}{\partial x_2} & \cdots & \frac{\partial f_1(\mathbf{x})}{\partial x_n} \\ \frac{\partial f_2(\mathbf{x})}{\partial x_1} & \frac{\partial f_2(\mathbf{x})}{\partial x_2} & \cdots & \frac{\partial f_2(\mathbf{x})}{\partial x_2} \\ \vdots & \vdots & \ddots & \vdots \\ \frac{\partial f_n(\mathbf{x})}{\partial x_1} & \frac{\partial f_n(\mathbf{x})}{\partial x_2} & \cdots & \frac{\partial f_n(\mathbf{x})}{\partial x_n} \end{bmatrix}.$$

Die Matrix $J(\mathbf{x})$ heißt **Jacobische Matrix** und besitzt eine Vielzahl von Anwendungen in der Analysis. Sie sollte bekannt sein, insbesondere wegen ihrer Anwendung bei der mehrfachen Integration einer Funktion mehrerer Variabler über einen Bereich, die eine Änderung der Variablen benötigt.

Das Newtonsche Verfahren für Systeme ersetzt die Ableitung im Fall einer einzigen Variablen durch die Jacobische $(n \times n)$-Matrix im Vektorfall und die Division durch die Ableitung mit der Inversion der Jacobischen Matrix. Folglich besitzt das Newtonsche Verfahren zur Bestimmung der Lösung $\mathbf{p}$ des nichtlinearen Gleichungssystems, dargestellt in der Vektorgleichung $\mathbf{F}(\mathbf{x}) = \mathbf{0}$, die Form

$$\mathbf{p}^{(k)} = \mathbf{p}^{(k-1)} - \left[J\left(\mathbf{p}^{(k-1)}\right)\right]^{-1} \mathbf{F}\left(\mathbf{p}^{(k-1)}\right) \quad \text{für } k \geq 1$$

mit einer gegebenen Anfangsnäherung $\mathbf{p}^{(0)}$ der Lösung $\mathbf{p}$.

Eine Schwachstelle des Newtonschen Verfahrens für Systeme rührt von der Notwendigkeit her, die Matrix $J(\mathbf{p}^{(k-1)})$ bei jeder Iteration zu invertieren. In der Praxis vermiedet man es, die Inverse von $J(\mathbf{p}^{(k-1)})$ explizit zu berechnen, indem die Operation in zwei Schritten ausgeführt wird. Als erstes wird ein Vektor $\mathbf{y}^{(k-1)}$ bestimmt, der $J(\mathbf{p}^{(k-1)})\mathbf{y}^{(k-1)} = -\mathbf{F}(\mathbf{p}^{(k-1)})$ genügt. Danach erhält man die neue Approximation $\mathbf{p}^{(k)}$, indem $\mathbf{y}^{(k-1)}$ zu $\mathbf{p}^{(k-1)}$ addiert wird. Allgemein kann das Newtonsche Verfahren für Systeme nichtlinearer Gleichungen mit dem Programm NWTSY101 ausgeführt werden.

Beispiel 1. Das nichtlineare System

$$\begin{aligned} 3x_1 - \cos(x_2x_3) - \frac{1}{2} &= 0, \\ x_1^2 - 81(x_2 + 0,1)^2 + \sin x_3 + 1{,}06 &= 0, \\ e^{-x_1x_2} + 20x_3 + \frac{10\pi - 3}{3} &= 0 \end{aligned}$$

besitzt die approximierte Lösung $(0{,}5, 0, -0{,}52359877)^t$. Mit dem Newtonschen Verfahren wollen wir diese Approximation berechnen, wenn die Anfangsnäherung $\mathbf{p}^{(0)} = (0{,}1, 0{,}1, -0{,}1)^t$ beträgt.

Die Jacobische Matrix $J(\mathbf{x})$ für dieses System ist

$$J(x_1, x_2, x_3) = \begin{bmatrix} 3 & x_3 \sin x_2x_3 & x_2 \sin x_2x_3 \\ 2x_1 & -162(x_2 + 0{,}1) & \cos x_3 \\ -x_2e^{-x_1x_2} & -x_1e^{-x_1x_2} & 20 \end{bmatrix}$$

und

$$\begin{bmatrix} p_1^{(k)} \\ p_2^{(k)} \\ p_3^{(k)} \end{bmatrix} = \begin{bmatrix} p_1^{(k-1)} \\ p_2^{(k-1)} \\ p_3^{(k-1)} \end{bmatrix} + \begin{bmatrix} y_1^{(k-1)} \\ y_2^{(k-1)} \\ y_3^{(k-1)} \end{bmatrix},$$

wobei

$$\begin{bmatrix} y_1^{(k-1)} \\ y_2^{(k-1)} \\ y_3^{(k-1)} \end{bmatrix} = -\left(J\left(p_1^{(k-1)}, p_2^{(k-1)}, p_3^{(k-1)}\right)\right)^{-1} \mathbf{F}\left(p_1^{(k-1)}, p_2^{(k-1)}, p_3^{(k-1)}\right)$$

gilt. Daher muß das Linearsystem $J(\mathbf{p}^{(k-1)})\mathbf{y}^{(k-1)} = -\mathbf{F}(\mathbf{p}^{(k-1)})$ im k-ten Schritt gelöst werden, wobei

$$J\left(\mathbf{p}^{(k-1)}\right) = \begin{bmatrix} 3 & p_3^{(k-1)} \sin p_2^{(k-1)} p_3^{(k-1)} & p_2^{(k-1)} \sin p_2^{(k-1)} p_3^{(k-1)} \\ 2p_1^{(k-1)} & 162\left(p_2^{(k-1)} + 0{,}1\right) & \cos p_3^{(k-1)} \\ -p_2^{(k-1)} e^{-p_1^{(k-1)} p_2^{(k-1)}} & -p_1^{(k-1)} e^{-p_1^{(k-1)} p_2^{(k-1)}} & 20 \end{bmatrix}$$

und

$$\mathbf{F}\left(\mathbf{p}^{(k-1)}\right) = \begin{bmatrix} 3p_1^{(k-1)} - \cos p_2^{(k-1)} p_3^{(k-1)} - \frac{1}{2} \\ \left(p_1^{(k-1)}\right)^2 - 81\left(p_2^{(k-1)} + 0{,}1\right)^2 + \sin p_3^{(k-1)} + 1{,}06 \\ e^{-p_1^{(k-1)} p_2^{(k-1)}} + 20p_3^{(k-1)} + \frac{10\pi - 3}{3} \end{bmatrix}$$

ist. Die über dieses iterative Verfahren erhaltenen Ergebnisse sind in Tabelle 10.1 zusammengestellt. □

Tabelle 10.1

k	$p_1^{(k)}$	$p_2^{(k)}$	$p_3^{(k)}$	$\|\mathbf{p}^{(k)} - \mathbf{p}^{(k-1)}\|_\infty$
0	0,10000000	0,10000000	−0,10000000	
1	0,50003702	0,01946686	−0,52152047	0,422
2	0,50004593	0,00158859	−0,52355711	$1{,}79 \cdot 10^{-2}$
3	0,50000034	0,00001244	−0,52359845	$1{,}58 \cdot 10^{-3}$
4	0,50000000	0,00000000	−0,52359877	$1{,}24 \cdot 10^{-5}$
5	0,50000000	0,00000000	−0,52359877	0

Das vorige Beispiel verdeutlicht, daß das Newtonsche Verfahren sehr schnell konvergieren kann, wenn eine Approximation eingesetzt wird, die nahe der wahren Lösung liegt. Es ist jedoch nicht immer einfach, Anfangswerte zu bestimmen, die zu einer Lösung führen, und die Methode ist rechenaufwendig. Im nächsten Abschnitt wird ein Verfahren betrachtet, das letztere Schwäche überwindet. Gute Anfangswerte können im allgemeinen mit der in Abschnitt 10.4 diskutierten Methode bestimmt werden.

Übungsaufgaben

1. Das nichtlineare System

$$\begin{aligned} x_1(1-x_1)+4x_2 &= 12 \\ (x_1-2)^2+(2x_2-3)^2 &= 25 \end{aligned}$$

besitzt zwei Lösungen.

a) Approximieren Sie die Lösungen graphisch.

b) Verwenden Sie die Approximationen aus Übung a) als Anfangsnäherungen für das Newtonsche Verfahren und berechnen Sie die Lösungen in der l_∞-Norm auf 10^{-5} genau.

2. Das nichtlineare System

$$\begin{aligned} 5x_1^2-x_2^2 &= 0 \\ x_2-0{,}25(\sin x_1+\cos x_2) &= 0 \end{aligned}$$

besitzt eine Lösung nahe $(\frac{1}{4}, \frac{1}{4})^t$. Bestimmen Sie mit dem Newtonschen Verfahren eine Lösung in der l_∞-Norm, die auf 10^{-5} genau ist.

3. Bestimmen Sie mit dem Newtonschen Verfahren eine Lösung der folgenden nichtlinearen Systeme. Iterieren Sie, bis aufeinanderfolgende Approximationen in der l_∞-Norm auf 10^{-6} genau übereinstimmen.

a)
$$\begin{aligned} 4x_1^2-20x_1+\frac{1}{4}x_2^2+8 &= 0 \\ \frac{1}{2}x_1x_2^2+2x_1-5x_2+8 &= 0 \end{aligned}$$

b)
$$\begin{aligned} 3x_1^2-x_2^2 &= 0 \\ 3x_1x_2^2-x_1^3-1 &= 0 \end{aligned}$$

c)
$$\begin{aligned} \ln(x_1^2+x_2^2)-\sin(x_1x_2) &= \ln 2+\ln\pi \\ e^{x_1-x_2}+\cos(x_1x_2) &= 0 \end{aligned}$$

d)
$$\begin{aligned} \sin(4\pi x_1x_2)-2x_2-x_1 &= 0 \\ \left(\frac{4\pi-1}{4\pi}\right)(e^{2x_1}-e)+4ex_2^2-2ex_1 &= 0 \end{aligned}$$

4. Bestimmen Sie mit dem Newtonschen Verfahren eine Lösung der folgenden nichtlinearen Systeme in dem angegebenen Bereich. Iterieren Sie, bis aufeinanderfolgende Approximationen in der l_∞-Norm auf 10^{-6} genau übereinstimmen.

a)
$$\begin{aligned} 15x_1+x_2^2-4x_3 &= 13 \\ x_1^2+10x_2-x_3 &= 11 \\ x_2^3-25x_3 &= -22 \end{aligned}$$

$$D=\{(x_1,x_2,x_4)^t|0\le x_1\le 2, 0\le x_2\le 2, 0\le x_3\le 2\}$$

b)
$$\begin{aligned} x_1 + \cos(x_1 x_2 x_3) - 1 &= 0 \\ (1 - x_1)^{\frac{1}{4}} + x_2 + 0{,}05x_3^2 - 0{,}15x_3 - 1 &= 0 \\ -x_1^2 - 0{,}1x_2^2 + 0{,}01x_2 + x_3 - 1 &= 0 \end{aligned}$$

$$D = \{(x_1, x_2, x_3)^{\mathrm{t}} | 0 \le x_i \le 1{,}5 \text{ für } i = 1, 2, 3\}$$

c)
$$\begin{aligned} x_1^3 + x_1^2 x_2 - x_1 x_3 + 6 &= 0 \\ e^{x_1} + e^{x_2} - x_3 &= 0 \\ x_2^2 - 2x_1 x_3 &= 4 \end{aligned}$$

$$D = \{(x_1, x_2, x_4)^{\mathrm{t}} | -2 \le x_1, x_2 \le -1, 0 \le x_3 \le 1\}$$

d)
$$\begin{aligned} \sin x_1 + \sin(x_1 x_2) + \sin(x_1 x_3) &= 0 \\ \sin x_2 + \sin(x_2 x_3) &= 0 \\ \sin(x_1 x_2 x_3) &= 0 \end{aligned}$$

$$D = \{(x_1, x_2, x_3)^{\mathrm{t}} | -2 \le x_1, x_2 \le -1, -6 \le x_3 \le -4\}$$

5. Lösen Sie mit dem Newtonschen Verfahren die folgenden nichtlinearen Systeme. Iterieren Sie, bis aufeinanderfolgende Approximationen in der l_∞-Norm auf 10^{-5} genau übereinstimmen.

a)
$$\begin{aligned} 6x_1 - 2\cos(x_2 x_3) - 1 &= 0 \\ 9x_2 + \sqrt{x_1^2 + \sin x_3 + 1{,}06} + 0{,}9 &= 0 \\ 60x_3 + 3e^{-x_1 x_2} + 10\pi - 3 &= 0 \end{aligned}$$

b)
$$\begin{aligned} \cos x_1 + \cos x_2 + \cos x_3 &= 1 \\ \cos(x_1 x_2) + \cos(x_2 x_3) + \cos(x_1 x_3) &= 0 \\ \cos(x_1 x_2 x_3) &= -1 \end{aligned}$$

c)
$$\begin{aligned} 2x_1 + x_2 + x_3 + x_4 - 5 &= 0 \\ x_1 + 2x_2 + x_3 + x_4 - 5 &= 0 \\ x_1 + x_2 + 2x_3 + x_4 - 5 &= 0 \\ x_1 x_2 x_3 x_4 - 1 &= 0 \end{aligned}$$

(Bestimmen Sie eine andere Lösung als $(1, 1, 1)^{\mathrm{t}}$.)

d)
$$\begin{aligned} 4x_1 - x_2 + x_3 &= x_1 x_4 \\ -x_1 + 3x_2 - 2x_3 &= x_2 x_4 \\ x_1 - 2x_2 + 3x_3 &= x_3 x_4 \\ x_1^2 + x_2^2 + x_3^2 &= 1 \end{aligned}$$

(Bestimmen Sie drei Lösungen.)

6. Die folgenden nichtlinearen Systeme besitzen an der Lösung singuläre Jacobische Matrizen. Kann das Newtonsche Verfahren noch angewandt werden? Wie wird die Konvergenzgeschwindigkeit beeinflußt?

a)
$$\begin{aligned} 3x_1 - \cos(x_2x_3) - 0{,}5 &= 0 \\ x_1^2 - 625x_2^2 &= 0 \\ e^{-x_1x_2} + 20x_3 + \frac{10\pi - 3}{3} &= 0 \end{aligned}$$

b)
$$\begin{aligned} x_1 - 10x_2 + 9 &= 0 \\ \sqrt{3}(x_3 - x_4) &= 0 \\ (x_2 - 2x_3 + 1)^2 &= 0 \\ \sqrt{2}(x_1 - x_4)^2 &= 0 \end{aligned}$$

7. In Übung 7, Abschnitt 5.7, wurde das Problem betrachtet, die Populationen zweier Arten vorherzusagen, die um dieselbe Nahrungsquelle konkurrieren. Es wurde die Annahme gemacht, daß die Populationen vorhergesagt werden können, indem das Gleichungssystem

$$\frac{\mathrm{d}x_1(t)}{\mathrm{d}t} = x_1(t)\big(4 - 0{,}0003x_1(t) - 0{,}004x_2(t)\big)$$

und

$$\frac{\mathrm{d}x_2(t)}{\mathrm{d}t} = x_2(t)\big(2 - 0{,}0002x_1(t) - 0{,}0001x_2(t)\big)$$

gelöst wird. In dieser Übung soll das Problem betrachtet werden, die Gleichgewichtspopulationen beider Arten zu bestimmen. Das mathematische Kriterium, das erfüllt sein muß, damit die Populationen im Gleichgewicht sind, ist, daß gleichzeitig

$$\frac{\mathrm{d}x_1(t)}{\mathrm{d}t} = 0 \quad \text{und} \quad \frac{\mathrm{d}x_2(t)}{\mathrm{d}t} = 0$$

gilt. Dies ist der Fall, wenn die erste Art ausgestorben ist und die zweite Art eine Population von 20 000 hat oder wenn die zweite Art ausgestorben ist und die erste Art eine Population von 13 333 hat. Gibt es einen weiteren Gleichgewichtszustand?

8. Der Druck, der benötigt wird, damit ein großer, schwerer Gegenstand in einem weichen, auf einem harten Untergrund liegenden, homogenen Boden absinkt, kann über den Druck vorhergesagt werden, der zum Absinken kleinerer Gegenstände in demselben Boden benötigt wird. Speziell der Druck p, der benötigt wird, damit ein runder flacher Gegenstand vom Radius r d cm tief in den weichen Boden sinkt, kann über eine Gleichung der Form

$$p = k_1 e^{k_2 r} + k_3 r$$

approximiert werden, wobei k_1, k_2 und k_3 Konstanten mit $k_2 > 0$ sind, die von d und der Konsistenz des Bodens, aber nicht vom Radius des Gegenstandes abhängen. Der harte Untergrund liege in einer Entfernung $D > d$ unter der Oberfläche.

a) Bestimmen Sie die Werte von k_1, k_2 und k_3, falls angenommen wird, daß ein Gegenstand vom Radius 1 cm einen Druck von 10 N/cm^2 benötigt, um 30 cm tief in einen schlammigen Boden zu sinken, ein Gegenstand vom Radius 2 cm einen Druck von 12 N/cm^2 benötigt, um 30 cm tief zu sinken und ein Gegenstand vom Radius 3 cm einen Druck von 15 N/cm^2 benötigt, um soweit abzusinken (angenommen, der Schlamm sei tiefer als 30 cm).

b) Sagen Sie aufgrund Ihrer Berechnungen aus Übung a) die minimale Größe eines runden, flachen Gegenstandes voraus, der eine Belastung von 500 N aushält und dabei weniger als 30 cm tief sinkt.

10.3. Quasi-Newtonsche Verfahren

Eine signifikante Schwachstelle des Newtonschen Verfahrens zum Lösen von nichtlinearen Gleichungssystemen liegt darin, daß bei jeder Iteration eine Jacobische Matrix berechnet und ein $(n \times n)$-Linearsystem gelöst werden muß, das diese Matrix enthält. Um zu illustrieren, wie groß diese Schwachstelle ist, sei die Menge der Berechnungen betrachtet, die für eine Iteration des Newtonschen Verfahrens benötigt wird. Für die Jacobische Matrix, die mit einem in der Form $\mathbf{F}(\mathbf{x}) = \mathbf{0}$ geschriebenen System von n nichtlinearen Gleichungen verknüpft ist, müssen n^2 partielle Ableitungen der n Komponentenfunktionen von $\mathbf{F}$ bestimmt und ausgewertet werden. Meist ist es schwierig, die partiellen Ableitungen exakt auszuwerten und in vielen Anwendungen sogar unmöglich. Diese Schwierigkeit kann überwunden werden, indem die partiellen Ableitungen durch endliche Differenzen approximiert werden. Zum Beispiel ist

$$\frac{\partial f_j}{\partial x_k}\left(\mathbf{x}^{(i)}\right) \approx \frac{f_j(\mathbf{x}^{(i)} + h\mathbf{e}_k) - f_j(\mathbf{x}^{(i)})}{h},$$

wobei h betragsmäßig klein und $\mathbf{e}_k$ der Vektor ist, dessen einziges Element ungleich null eine Eins in der k-ten Koordinate ist. Mit dieser Approximation müsssen jedoch immer noch mindestens n^2 skalare Funktionen ausgewertet werden, um die Jacobische Matrix zu approximieren, auch verringert sich nicht die Menge der Berechnungen, im allgemeinen $O(n^3)$, die zum Lösen des zu dieser approximierten Jacobischen Matrix gehörenden Linearsystems benötigt wird. Der Gesamtrechenaufwand für eine Iteration des Newtonschen Verfahrens beträgt folglich mindestens $n^2 + n$ skalare Funktionsauswertungen (n^2 für die Auswertung der Jacobischen Matrix und n für die Auswertung von $\mathbf{F}$) zusammen mit $O(n^3)$ arithmetischen Operationen, um das Linearsystem zu lösen. Dieser Rechenaufwand steigt in untragbarer Weise, außer für relativ kleine Werte von n und leicht auswertbare skalare Funktionen.

In diesem Abschnitt betrachten wir eine Verallgemeinerung des Sekantenverfahrens auf nichtlineare Gleichungssysteme, speziell ein Verfahren, das als **Broydensches Verfahren** bekannt ist. Dieses benötigt nur n skalare Funktionsauswertungen pro Iteration und reduziert ebenfalls die Anzahl der arithmetischen Berechnungen auf $O(n^2)$. Es gehört zu einer Klasse von Methoden, die als *least-change secant updates* bekannt sind und sogenannte *quasi-Newtonsche* Algoritmen liefern. Diese Methoden ersetzen die Jacobische Matrix in dem Newtonschen Verfahren durch eine Näherungsmatrix, die nach jeder Iteration auf den neuesten Stand gebracht wird. Der Nachteil dieser Methode besteht darin, daß die quadratische Konvergenz des Newtonschen Verfahrens verlorengeht und im allgemeinen durch eine Konvergenz ersetzt wird, die *superlinear* genannt wird. Daraus folgt, daß

$$\lim_{i\to\infty} \frac{\|\mathbf{p}^{(i+1)} - \mathbf{p}\|}{\|\mathbf{p}^{(i)} - \mathbf{p}\|} = 0$$

ist, wobei $\mathbf{p}$ die Lösung von $\mathbf{F}(\mathbf{x}) = \mathbf{0}$ bezeichnet und $\mathbf{p}^{(i)}$ und $\mathbf{p}^{(i+1)}$ die auf $\mathbf{p}$ folgenden Approximationen sind. In den meisten Anwendungen ist die Verminderung auf superlineare Konvergenz mehr als ein akzeptabler Handel für die Verringerung der Anzahl der Berechnungen. Ein zusätzlicher Nachteil der quasi-Newtonschen Verfahren liegt darin, daß sie sich anders als beim Newtonschen Verfahren nicht selber korrigieren. Das Newtonsche Verfahren beispielsweise korrigiert im allgemeinen den Rundungsfehler durch sukzessive Iterationen, das Broydensche Verfahren jedoch nicht, außer wenn spezielle Sicherheiten eingebaut werden.

Angenommen, eine Anfangsnäherung $\mathbf{p}^{(0)}$ der Lösung $\mathbf{p}$ von $\mathbf{F}(\mathbf{x}) = \mathbf{0}$ sei gegeben. Die nächste Approximation $\mathbf{p}^{(1)}$ wird wie beim Newtonschen Verfahren berechnet oder, falls es zu schwierig ist, $J(\mathbf{p}^{(0)})$, exakt zu bestimmen, können die partiellen Ableitungen mit Differenzengleichungen approximiert werden. Zur Berechnung von $\mathbf{p}^{(2)}$ jedoch wird vom Newtonschen Verfahren abgewichen und das Sekantenverfahren für eine einzelne nichtlineare Gleichung betrachtet. Das Sekantenverfahren verwendet die Approximation

$$f'(p_1) \approx \frac{f(p_1) - f(p_0)}{p_1 - p_0}$$

anstatt $f'(p_1)$ im Newtonschen Verfahren. Für nichtlineare Systeme ist $\mathbf{p}^{(1)} - \mathbf{p}^{(0)}$ ein Vektor und der entsprechende Quotient nicht definiert. Das Verfahren jedoch verläuft analog, wenn man die Matrix $J(\mathbf{p}^{(1)})$ im Newtonschen Verfahren durch eine Matrix A_1 mit der Eigenschaft ersetzt, daß

$$A_1(\mathbf{p}^{(1)} - \mathbf{p}^{(0)}) = \mathbf{F}(\mathbf{p}^{(1)}) - \mathbf{F}(\mathbf{p}^{(0)})$$

gilt.

Diese Gleichung definiert keine eindeutige Matrix, da sie nicht beschreibt, wie A_1 auf Vektoren wirkt, die nicht zu $\mathbf{p}^{(1)} - \mathbf{p}^{(0)}$ parallel sind. Man kann eine Matrix eindeutig bestimmen, falls man ihre Wirkungsweise auf Vektoren beschreibt, die zu $\mathbf{p}^{(1)} - \mathbf{p}^{(0)}$ orthogonal sind. Da keine Informationen bezüglich der Änderung in $\mathbf{F}$ in eine Richtung orthogonal zu $\mathbf{p}^{(1)} - \mathbf{p}^{(0)}$ zur Verfügung stehen, wird gefordert, daß

$$A_1\mathbf{z} = J(\mathbf{p}^{(0)})\mathbf{z} \quad \text{für} \quad (\mathbf{p}^{(1)} - \mathbf{p}^{(0)})^t\mathbf{z} = 0$$

ist. Damit wird vorgegeben, daß jeder zu $\mathbf{p}^{(1)} - \mathbf{p}^{(0)}$ orthogonale Vektor vom neuesten Stand von $J(\mathbf{p}^{(0)})$ unbeeinflußt bleibt, die zum Berechnen von $\mathbf{p}^{(1)}$ verwendet wurde und zu A_1, die zum Bestimmen von $\mathbf{p}^{(2)}$ verwendet wurde.

Diese Bedingungen definieren A_1 eindeutig als

$$A_1 = J(\mathbf{p}^{(0)}) + \frac{\left[\mathbf{F}(\mathbf{p}^{(1)}) - \mathbf{F}(\mathbf{p}^{(0)}) - J(\mathbf{p}^{(0)})(\mathbf{p}^{(1)} - \mathbf{p}^{(0)})\right](\mathbf{p}^{(1)} - \mathbf{p}^{(0)})^{\mathrm{t}}}{\|\mathbf{p}^{(1)} - \mathbf{p}^{(0)}\|_2^2}.$$

Diese Matrix wird anstatt $J(\mathbf{p}^{(1)})$ zum Bestimmen von $\mathbf{p}^{(2)}$ verwendet:

$$\mathbf{p}^{(2)} = \mathbf{p}^{(1)} - A_1^{-1}\mathbf{F}(\mathbf{p}^{(1)}).$$

Ist $\mathbf{p}^{(2)}$ erst einmal bestimmt, wird das Verfahren wiederholt, um $\mathbf{p}^{(3)}$ zu bestimmen mit A_1 anstatt $A_0 \equiv J(\mathbf{p}^{(0)})$ beziehungsweise mit $\mathbf{p}^{(2)}$ und $\mathbf{p}^{(1)}$ anstatt $\mathbf{p}^{(1)}$ und $\mathbf{p}^{(0)}$. Im allgemeinen wird, nachdem $\mathbf{p}^{(i)}$ bestimmt wurde, $\mathbf{p}^{(i+1)}$ über

$$A_i = A_{i-1} + \frac{\mathbf{y}_i - A_{i-1}\mathbf{s}_i}{\|\mathbf{s}_i\|_2^2}\mathbf{s}_i^{\mathrm{t}}$$

und

$$\mathbf{p}^{(i+1)} = \mathbf{p}^{(i)} - A_i^{-1}\mathbf{F}(\mathbf{p}^{(i)})$$

berechnet, wobei die Bezeichnungen $\mathbf{s}_i = \mathbf{p}^{(i)} - \mathbf{p}^{(i-1)}$ und $\mathbf{y}_i = \mathbf{F}(\mathbf{p}^{(i)}) - \mathbf{F}(\mathbf{p}^{(i-1)})$ eingeführt wurden, um die Gleichungen zu vereinfachen.

Wird die Methode wie eben beschrieben ausgeführt, reduziert sich die Zahl der skalaren Funktionsauswertungen von $n^2 + n$ auf n (zur Auswertung von $\mathbf{F}(\mathbf{p}^{(i)})$), aber zum Lösen des zugehörigen $(n \times n)$-Linearsystems

$$A_i\mathbf{y}_i = -\mathbf{F}(\mathbf{p}^{(i)})$$

werden immer noch $O(n^3)$ Berechnungen benötigt. Anwenden der Methode in dieser Form wäre aufgrund der Reduzierung von der quadratischen Konvergenz des Newtonschen Verfahrens auf superlineare Konvergenz nicht gerechtfertigt.

Eine deutliche Verbesserung kann man durch Einführung der Matrixinversionsformel erreichen.

Sherman-Morrison-Formel

Falls A eine nichtsinguläre Matrix ist und $\mathbf{x}$ und $\mathbf{y}$ Vektoren sind, dann ist $A + \mathbf{x}\mathbf{y}^{\mathrm{t}}$ nichtsingulär, vorausgesetzt, daß $\mathbf{y}^{\mathrm{t}}A^{-1}\mathbf{x} \neq -1$ und

$$(A + \mathbf{x}\mathbf{y}^{\mathrm{t}})^{-1} = A^{-1} - \frac{A^{-1}\mathbf{x}\mathbf{y}^{\mathrm{t}}A^{-1}}{1 + \mathbf{y}^{\mathrm{t}}A^{-1}\mathbf{x}}$$

ist.

Diese Formel erlaubt es, A_i^{-1} direkt aus A_{i-1}^{-1} zu berechnen, ohne die Matrix bei jeder Iteration invertieren zu müssen. Für $A = A_{i-1}$, $\mathbf{x} = (\mathbf{y}_i - A_{i-1}\mathbf{s}_i)/\|\mathbf{s}_i\|_2^2$

und $\mathbf{y} = \mathbf{s}_i$ folgt aus der Sherman-Morrison-Formel

$$\begin{aligned}
A_i^{-1} &= \left(A_{i-1} + \frac{\mathbf{y}_i - A_{i-1}\mathbf{s}_i}{\|\mathbf{s}_i\|_2^2} \mathbf{s}_i^{\mathrm{t}} \right)^{-1} \\
&= A_{i-1}^{-1} - \frac{A_{i-1}^{-1} \left(\frac{\mathbf{y}_i - A_{i-1}\mathbf{s}_i}{\|\mathbf{s}_i\|_2^2} \mathbf{s}_i^{\mathrm{t}} \right) A_{i-1}^{-1}}{1 + \mathbf{s}_i^{\mathrm{t}} A_{i-1}^{-1} \left(\frac{\mathbf{y}_i - A_{i-1}\mathbf{s}_i}{\|\mathbf{s}_i\|_2^2} \right)} \\
&= A_{i-1}^{-1} - \frac{(A_{i-1}^{-1} y_i - \mathbf{s}_i)\mathbf{s}_i^{\mathrm{t}} A_{i-1}^{-1}}{\|\mathbf{s}_i\|_2^2 + \mathbf{s}_i^{\mathrm{t}} A_{i-1}^{-1} \mathbf{y}_i - \|\mathbf{s}_i\|_2^2} \\
&= A_{i-1}^{-1} + \frac{(\mathbf{s}_i - A_{i-1}^{-1}\mathbf{y}_i)\mathbf{s}_i^{\mathrm{t}} A_{i-1}^{-1}}{\mathbf{s}_i^{\mathrm{t}} A_{i-1}^{-1} \mathbf{y}_i}.
\end{aligned}$$

Diese Vorgehensweise enthält in jedem Schritt nur Matrix-Vektor-Multiplikationen und erfordert daher nur $O(n^2)$ arithmetische Berechnungen. Die Berechnung von A_i läßt sich umgehen, so wie die Notwendigkeit, das Linearsystem zu lösen. Das Programm BROYM102 führt dieses Verfahren aus.

Beispiel 1. Das nichtlineare System

$$\begin{aligned}
3x_1 - \cos(x_2x_3) - \frac{1}{2} &= 0, \\
x_1^2 - 81(x_2 + 0{,}1)^2 + \sin x_3 + 1{,}06 &= 0, \\
e^{-x_1x_2} + 20x_3 + \frac{10\pi - 3}{3} &= 0
\end{aligned}$$

wurde in Beispiel 1 aus Abschnitt 10.2 mit dem Newtonschen Verfahren gelöst. Die Jacobische Matrix für dieses System ist

$$J(x_1x_2x_3) = \begin{bmatrix} 3 & x_3 \sin x_2x_3 & x_2 \sin x_2x_3 \\ 2x_1 & -162(x_2 + 0{,}1) & \cos x_3 \\ -x_2e^{-x_1x_2} & -x_1e^{-x_1x_2} & 20 \end{bmatrix}.$$

Mit $\mathbf{p}^{(0)} = (0{,}1, 0{,}1, -0{,}1)^{\mathrm{t}}$ gilt

$$\mathbf{F}(\mathbf{p}^{(0)}) = \begin{bmatrix} -1{,}199949 \\ -2{,}269832 \\ 8{,}462026 \end{bmatrix}.$$

Da

$$\begin{aligned}
A_0 &= J(p_1^{(0)}, p_2^{(0)}, p_3^{(0)}) \\
&= \begin{bmatrix} 3 & 9{,}999836 \cdot 10^{-4} & -9{,}999836 \cdot 10^{-4} \\ 0{,}2 & -32{,}4 & 0{,}9950041 \\ -9{,}900498 \cdot 10^{-2} & -9{,}900498 \cdot 10^{-2} & 20 \end{bmatrix}
\end{aligned}$$

ist, erhält man

$$A_0^{-1} = J(p_1^{(0)}, p_2^{(0)}, p_3^{(0)})^{-1}$$
$$= \begin{bmatrix} 0{,}3333331 & 1{,}023852 \cdot 10^{-5} & 1{,}615703 \cdot 10^{-5} \\ 2{,}108606 \cdot 10^{-3} & -3{,}086882 \cdot 10^{-2} & 1{,}535838 \cdot 10^{-3} \\ 1{,}660522 \cdot 10^{-3} & -1{,}527579 \cdot 10^{-4} & 5{,}000774 \cdot 10^{-2} \end{bmatrix},$$

$$\mathbf{p}^{(1)} = \mathbf{p}^{(0)} - A_0^{-1}\mathbf{F}(\mathbf{p}^{(0)}) = \begin{bmatrix} 0{,}4998693 \\ 1{,}946693 \cdot 10^{-2} \\ -0{,}5215209 \end{bmatrix},$$

$$\mathbf{F}(\mathbf{p}^{(1)}) = \begin{bmatrix} -3{,}404021 \cdot 10^{-4} \\ -0{,}3443899 \\ 3{,}18737 \cdot 10^{-2} \end{bmatrix},$$

$$\mathbf{y}_1 = \mathbf{F}(\mathbf{p}^{(1)}) - \mathbf{F}(\mathbf{p}^{(0)}) = \begin{bmatrix} 1{,}199608 \\ 1{,}925442 \\ -8{,}430152 \end{bmatrix},$$

$$\mathbf{s}_1 = \begin{bmatrix} 0{,}3998693 \\ -8{,}053307 \cdot 10^{-2} \\ -0{,}4215209 \end{bmatrix},$$

$$\mathbf{s}_1^t A_0^{-1}\mathbf{y}_1 = 0{,}342604,$$

$$A_1^{-1} = A_0^{-1} + (1/0{,}342604)\left[(\mathbf{s}_1 - A_0^{-1}\mathbf{y}_1)\mathbf{s}_1^t A_0^{-1}\right]$$
$$= \begin{bmatrix} 0{,}3333781 & 1{,}11077 \cdot 10^{-5} & 8{,}944584 \cdot 10^{-6} \\ -2{,}021271 \cdot 10^{-3} & -3{,}094847 \cdot 10^{-2} & 2{,}196909 \cdot 10^{-3} \\ 1{,}022381 \cdot 10^{-3} & -1{,}650679 \cdot 10^{-4} & 5{,}010987 \cdot 10^{-2} \end{bmatrix}$$

und

$$\mathbf{p}^{(2)} = \mathbf{p}^{(1)} - A_1^{-1}\mathbf{F}(\mathbf{p}^{(1)}) = \begin{bmatrix} 0{,}4999863 \\ 8{,}737888 \cdot 10^{-3} \\ -0{,}5231746 \end{bmatrix}.$$

Zusätzliche Iterationen sind in Tabelle 10.2 aufgeführt. Die fünfte Iteration des Broydenschen Verfahrens ist etwas ungenauer als die vierte Iteration des im Beispiel am Ende des vorigen Abschnitts gegebenen Newtonschen Verfahrens. □

Tabelle 10.2

k	$p_1^{(k)}$	$p_2^{(k)}$	$p_3^{(k)}$	$\lVert\mathbf{p}^{(k)} - \mathbf{p}^{(k-1)}\rVert_\infty$
3	0,5000066	$8{,}672215 \cdot 10^{-4}$	−0,5236918	$7{,}87 \cdot 10^{-3}$
4	0,5000005	$6{,}087473 \cdot 10^{-5}$	−0,5235954	$8{,}06 \cdot 10^{-4}$
5	0,5000002	$-1{,}445223 \cdot 10^{-6}$	−0,5235989	$6{,}23 \cdot 10^{-5}$

Übungsaufgaben

1. Approximieren Sie mit dem Broydenschen Verfahren die beiden Lösungen des nichtlinearen Systems

$$x_1(1 - x_1) + 4x_2 = 12$$
$$(x_1 - 2)^2 + (2x_2 - 3)^2 = 25$$

in der l_∞-Norm auf 10^{-5} genau. Vergleichen Sie die Zahl der für diese Genauigkeit benötigten Iterationen mit der aus Übung 1 von Abschnitt 10.2.

2. Approximieren Sie mit dem Broydenschen Verfahren die Lösung nahe $(\frac{1}{4}, \frac{1}{4})^t$ des nichtlinearen Systems

$$5x_1^2 - x_2^2 = 0$$
$$x_2 - 0{,}25(\sin x_1 + \cos x_2) = 0$$

in der l_∞-Norm auf 10^{-5} genau. Vergleichen Sie die Zahl der für diese Genauigkeit benötigten Iterationen mit der aus Übung 2 von Abschnitt 10.2.

3. Bestimmen Sie mit dem Broydenschen Verfahren eine Lösung der folgenden nichtlinearen Systeme. Iterieren Sie, bis aufeinanderfolgende Approximationen in der l_∞-Norm auf 10^{-6} übereinstimmen.

a)
$$4x_1^2 - 20x_1 + \frac{1}{4}x_2^2 + 8 = 0$$
$$\frac{1}{2}x_1x_2^2 + 2x_1 - 5x_2 + 8 = 0$$

b)
$$3x_1^2 - x_2^2 = 0$$
$$3x_1x_2^2 - x_1^3 - 1 = 0$$

c)
$$\ln(x_1^2 + x_2^2) - \sin(x_1x_2) = \ln 2 + \ln \pi$$
$$e^{x_1 - x_2} + \cos(x_1x_2) = 0$$

d)
$$\sin(4\pi x_1x_2) - 2x_2 - x_1 = 0$$
$$\left(\frac{4\pi - 1}{4\pi}\right)(e^{2x_1} - e) + 4ex_2^2 - 2ex_1 = 0.$$

4. Bestimmen Sie mit dem Broydenschen Verfahren eine Lösung der folgenden nichtlinearen Systeme in dem gegebenen Bereich. Iterieren Sie, bis aufeinanderfolgende Approximationen in der l_∞-Norm auf 10^{-6} übereinstimmen. Vergleichen Sie die Zahl der für diese Genauigkeit benötigten Iterationen mit der aus Übung 4 von Abschnitt 10.2.

a)
$$15x_1 + x_2^2 - 4x_3 = 13$$
$$x_1^2 + 10x_2 - x_3 = 11$$
$$x_2^3 - 25x_3 = -22$$

$$D = \{(x_1, x_2, x_3)^t | 0 \le x_1 \le 2, 0 \le x_2 \le 2, 0 \le x_3 \le 2\}$$

b)
$$
\begin{aligned}
x_1 + \cos((x_1 x_2 x_3) - 1 &= 0\\
(1 - x_1)^{\frac{1}{4}} + x_2 + 0{,}05x_3^2 - 0{,}15x_3 - 1 &= 0\\
-x_1^2 - 0{,}1x_2^2 + 0{,}01x_2 + x_3 - 1 &= 0
\end{aligned}
$$

$$D = \{(x_1, x_2, x_3)^{\mathrm{t}} | 0 \leq x_i \leq 1{,}5 \text{ für } i = 1, 2, 3\}$$

c)
$$
\begin{aligned}
x_1^3 + x_1^2 x_2 - x_1 x_3 + 6 &= 0\\
e^{x_1} + e^{x_2} - x_3 &= 0\\
x_2^2 - 2x_1 x_3 &= 4
\end{aligned}
$$

$$D = \{(x_1, x_2, x_3)^{\mathrm{t}} | -2 \leq x_1, x_2 \leq -1, 0 \leq x_3 \leq 1\}$$

d)
$$
\begin{aligned}
\sin x_1 + \sin(x_1 x_2) + \sin(x_1 x_3) &= 0\\
\sin x_2 + \sin(x_2 x_3) &= 0\\
\sin(x_1 x_2 x_3) &= 0
\end{aligned}
$$

$$D = \{(x_1, x_2, x_3)^{\mathrm{t}} | -2 \leq x_1, x_2 \leq -1, -6 \leq x_3 \leq -4\}.$$

5. Bestimmen Sie mit dem Broydenschen Verfahren eine Lösung der folgenden nichtlinearen Systeme. Iterieren Sie, bis aufeinanderfolgende Approximationen in der l_∞-Norm auf 10^{-5} übereinstimmen. Vergleichen Sie die Ergebnisse mit denen aus Übung 5 von Abschnitt 10.2.

a)
$$
\begin{aligned}
6x_1 - 2\cos(x_2 x_3) - 1 &= 0\\
9x_2 + \sqrt{x_1^2 + \sin x_3 + 1{,}06} + 0{,}9 &= 0\\
60x_3 + 3e^{-x_1 x_2} + 10\pi - 3 &= 0
\end{aligned}
$$

b)
$$
\begin{aligned}
\cos x_1 + \cos x_2 + \cos x_3 &= 1\\
\cos(x_1 x_2) + \cos(x_2 x_3) + \cos(x_1 x_3) &= 0\\
\cos(x_1 x_2 x_3) &= -1
\end{aligned}
$$

c)
$$
\begin{aligned}
2x_1 + x_2 + x_3 + x_4 - 5 &= 0\\
x_1 + 2x_2 + x_3 + x_4 - 5 &= 0\\
x_1 + x_2 + 2x_3 + x_4 - 5 &= 0\\
x_1 x_2 x_3 x_4 - 1 &= 0
\end{aligned}
$$

(Bestimmen Sie eine andere Lösung als $(1, 1, 1)^{\mathrm{t}}$.)

d)
$$
\begin{aligned}
4x_1 - x_2 + x_3 &= x_1 x_4\\
-x_1 + 3x_2 - 2x_3 &= x_2 x_4\\
x_1 - 2x_2 + 3x_3 &= x_3 x_4\\
x_1^2 + x_2^2 + x_3^2 &= 1.
\end{aligned}
$$

(Bestimmen Sie drei Lösungen.)

6. Die folgenden nichtlinearen Systeme besitzen wie die Lösung singuläre Jacobische Matrizen. Kann das Broydensche Verfahren noch angewandt werden? Wie wird die Konvergenzgeschwindigkeit beeinflußt?

a)
$$\begin{aligned} 3x_1 - \cos(x_2x_3) - 0{,}5 &= 0 \\ x_1^2 - 625x_2^2 &= 0 \\ e^{-x_1x_2} + 20x_3 + \frac{10\pi - 3}{3} &= 0 \end{aligned}$$

b)
$$\begin{aligned} x_1 - 10x_2 + 9 &= 0 \\ \sqrt{3}(x_3 - x_4) &= 0 \\ (x_2 - 2x_3 + 1)^2 &= 0 \\ \sqrt{2}(x_1 - x_4)^2 &= 0. \end{aligned}$$

10.4. Die Sattelpunktmethode

Der Vorteil des Newtonschen und der quasi-Newtonschen Verfahren zum Lösen von nichtlinearen Gleichungssystemen besteht in ihrer Konvergenzgeschwindigkeit, nachdem eine hinreichend genaue Approximation bekannt ist. Eine Schwäche dieser Methoden liegt darin, daß eine genaue Anfangsnäherung der Lösung benötigt wird, um Konvergenz sicherzustellen. Das Ergebnis der **Sattelpunktmethode** konvergiert im allgemeinen nur linear gegen die Lösung, ist aber globaler Natur. Die Methode wird oft eingesetzt, um hinreichend genaue Anfangsnäherungen für die auf Newton basierenden Verfahren zu bestimmen, so wie die Intervallschachtelung für eine einzige Gleichung.

Die Sattelpunktmethode bestimmt ein lokales Minimum einer multivariablen Funktion der Form $g\colon \mathbb{R}^n \to \mathbb{R}$. Die Methode erweist sich nicht nur bei der Anwendung als Startmethode zum Lösen von nichtlinearen Systemen als sehr nützlich.

Die Verbindung zwischen der Minimierung einer Funktion von $\mathbb{R}^n$ nach $\mathbb{R}$ und dem Lösen eines nichtlinearen Gleichungssystems beruht auf der Tatsache, daß ein System der Form

$$\begin{aligned} f_1(x_1, x_2, \ldots, x_n) &= 0, \\ f_2(x_1, x_2, \ldots, x_n) &= 0, \\ &\vdots \\ f_n(x_1, x_2, \ldots, x_n) &= 0 \end{aligned}$$

genau dann eine Lösung in $\mathbf{x} = (x_1, x_2, \ldots, x_n)^{\mathrm{t}}$ besitzt, wenn die durch

$$g(x_1, x_2, \ldots, x_n) = \sum_{i=1}^{n} \left[f_i(x_1, x_2, \ldots, x_n)\right]^2$$

definierte Funktion g den Minimalwert null besitzt.

Die Sattelpunktmethode zum Bestimmen eines lokalen Minimums einer beliebigen Funktion g von $\mathbb{R}^n$ nach $\mathbb{R}$ kann intuitiv wie folgt beschrieben werden:

1. Auswerten von g an der Anfangsnäherung $\mathbf{p}^{(0)} = (p_1^{(0)}, p_2^{(0)}, \ldots, p_n^{(0)})^{\mathrm{t}}$.
2. Bestimmen einer Richtung von $\mathbf{p}^{(0)}$, die zu einem Abfallen in dem Wert von g führt.
3. Bewegen eines geeigneten Stückes in diese Richtung und Setzen des neuen Wertes $\mathbf{p}^{(1)}$.
4. Wiederholen der Schritte mit $\mathbf{p}^{(1)}$ anstatt $\mathbf{p}^{(0)}$.

Bevor wir beschreiben, wie die richtige Richtung und die geeignete Entfernung in dieser Richtung ausgewählt werden, müssen einige Ergebnisse aus der Differential- und Integralrechnung in Erinnerung gerufen werden. Aus dem Extremwertsatz folgt, daß eine differenzierbare Funktion einer Variablen nur dann ein relatives Minimum besitzen kann, wenn die Ableitung null ist. Um dieses Ergebnis auf multivariable Funktionen auszudehnen, wird die folgende Definition benötigt.

Für $g\colon \mathbb{R}^n \to \mathbb{R}$ wird der **Gradient** von g in $\mathbf{x} = (x_1, x_2, \ldots, x_n)^{\mathrm{t}}$ mit $\nabla g(\mathbf{x})$ bezeichnet und ist durch

$$\nabla g(\mathbf{x}) = \left(\frac{\partial g}{\partial x_1}(\mathbf{x}), \frac{\partial g}{\partial x_2}(\mathbf{x}), \ldots, \frac{\partial g}{\partial x_n}(\mathbf{x})\right)^{\mathrm{t}}$$

definiert.

Der Gradient einer multivariablen Funktion entspricht der Ableitung einer Funktion einer Variablen in dem Sinne, daß eine differenzierbare, multivariable Funktion nur dann ein relatives Minimum besitzen kann, wenn der Gradient in $\mathbf{x}$ der Nullvektor ist.

Der Gradient besitzt noch eine weitere wichtige Eigenschaft für die Minimierung von multivariablen Funktionen. Angenommen, $\mathbf{v} = (v_1, v_2, \ldots, v_n)^{\mathrm{t}}$ sei ein Vektor in $\mathbb{R}^n$ mit

$$\|\mathbf{v}\|_2^2 = \sum_{i=1}^{n} v_i^2 = 1.$$

Die **Richtungsableitung** von g in $\mathbf{x}$ in der Richtung von $\mathbf{v}$ ist durch

$$D_{\mathbf{v}} g(\mathbf{x}) = \lim_{h \to 0} \frac{1}{h}\left[g(\mathbf{x} + h\mathbf{v}) - g(\mathbf{x})\right]$$

definiert.

Die Richtungsableitung von g in $\mathbf{x}$ in der Richtung von $\mathbf{v}$ mißt die Änderung des Wertes der Funktion g bezüglich der Änderung der Variablen in der Richtung von $\mathbf{v}$. (Siehe Abbildung 10.2 als Verdeutlichung, wobei g eine Funktion zweier Variabler ist.)

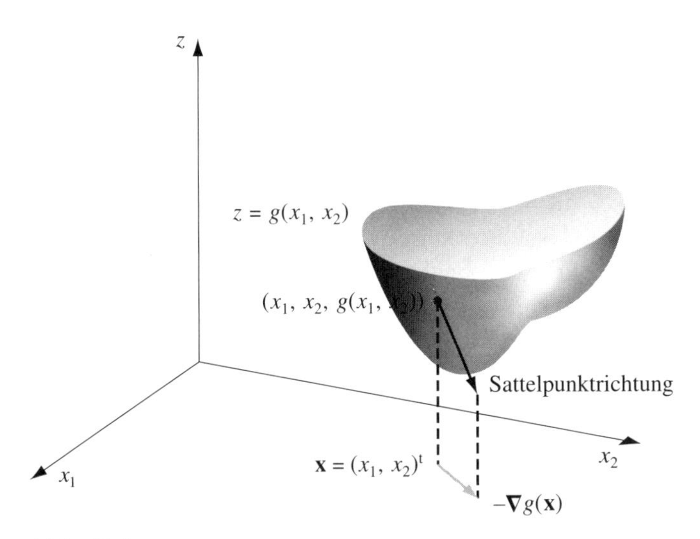

Abb. 10.2

Ein Standardergebnis aus der Differential- und Integralrechnung multivariabler Funktionen besagt, daß die Richtung, die den größten Betrag der Richtungsableitung liefert, die ist, wenn $\mathbf{v}$ parallel zu grad $g(\mathbf{x})$ gewählt wird, vorausgesetzt, daß $\nabla g(\mathbf{x}) \neq \mathbf{0}$ ist. Die Richtung mit dem größten Abfallen des Wertes von g in $\mathbf{x}$ ist durch $-\nabla g(\mathbf{x})$ gegeben. Das Ziel besteht darin, $g(\mathbf{x})$ auf ihren Minimalwert null zu reduzieren, so daß mit der gegebene Anfangsnäherung $\mathbf{p}^{(0)}$

$$\mathbf{p}^{(1)} = \mathbf{p}^{(0)} - \alpha \nabla g(\mathbf{p}^{(0)})$$

für beliebige Konstante $\alpha > 0$ gewählt wird.

Das Problem reduziert sich somit darauf, α derart zu wählen, daß $g(\mathbf{p}^{(1)})$ signifikant kleiner als $g(\mathbf{p}^{(0)})$ ist. Um eine geeignete Wahl des Wertes α zu bestimmen, sei die Funktion einer Variablen

$$h(\alpha) = g\big(\mathbf{p}^{(0)} - \alpha \nabla g(\mathbf{p}^{(0)})\big)$$

betrachtet. Der Wert, der h minimiert, ist der Wert, mit dem $\mathbf{p}^{(1)}$ bestimmt wird.

Um ein Minimum von h zu bestimmen, muß h differenziert und dann eine Wurzelbestimmung durchgeführt werden, um die kritischen Punkte von h zu erhalten. Dies ist im allgemeinen zu aufwendig. Stattdessen interpoliert man h mit einem quadratischen Polynom P und den drei Zahlen α_1, α_2 und α_3 und hofft, daß diese nahe dem Minimum von h liegen.

Man definiert $\hat{\alpha}$ derart, daß das absolute Minimum von P auf dem kleinsten geschlossenen Intervall, das α_1, α_2 und α_3 enthält, $|P(\hat{\alpha})|$ ist und approximiert das Minimum von $h(\alpha)$ mit $P(\hat{\alpha})$. Dann bestimmt man mit $\hat{\alpha}$ den neuen Wert zur Approximation des Minimums von g:

$$\mathbf{p}^{(1)} = \mathbf{p}^{(0)} - \hat{\alpha}\nabla g(\mathbf{p}^{(0)}).$$

Da $g(\mathbf{p}^{(0)})$ verfügbar ist, wählt man als erstes $\alpha_1 = 0$. Dann wird eine Zahl α_3 bestimmt mit $h(\alpha_3) < h(\alpha_1)$. (Da α_1 nicht h minimiert, existiert eine solche Zahl α_3.) Schließlich wird α_2 als $\alpha_3/2$ gewählt.

Der Minimalwert $\hat{\alpha}$ von P auf $[\alpha_1, \alpha_3]$ liegt entweder am einzigen kritischen Punkt von P oder am rechten Randpunkt α_3, unter der Annahme $P(\alpha_3) = h(\alpha_3) < h(\alpha_1) = P(\alpha_1)$. Der kritische Punkt läßt sich leicht bestimmen, da P ein quadratisches Polynom ist.

Das Programm STPDC103 approximiert mit der Sattelpunktmethode den Minimalwert von $g(\mathbf{x})$. Am Beginn jeder Iteration wird der Wert 0 α_1 und der Wert 1 α_3 zugeordnet. Falls $h(\alpha_3) \geq h(\alpha_1)$ ist, wird α_3 sukzessive durch 2 geteilt und der Wert α_3 zugeordnet, bis $h(\alpha_3) \leq h(\alpha_1)$ ist.

Um mit dieser Methode die Lösung des Systems

$$\begin{aligned} f_1(x_1, x_2, \dots, x_n) &= 0, \\ f_2(x_1, x_2, \dots, x_n) &= 0, \\ &\vdots \\ f_n(x_1, x_2, \dots, x_n) &= 0 \end{aligned}$$

zu approximieren, wird einfach die Funktion g durch $\sum_{i=1}^n f_i^2$ ersetzt.

Beispiel 1. Um eine vernünftige Anfangsnäherung der Lösung des nichtlinearen Systems

$$\begin{aligned} f_1(x_1, x_2, x_3) &= 3x_1 - \cos(x_2 x_3) - \frac{1}{2} = 0, \\ f_2(x_1, x_2, x_3) &= x_1^2 - 81(x_2 + 0{,}1)^2 + \sin x_3 + 1{,}06 = 0, \\ f_3(x_1, x_2, x_3) &= e^{-x_1 x_2} + 20x_3 + \frac{10\pi - 3}{3} = 0 \end{aligned}$$

zu bestimmen, wird die Sattelpunktmethode mit $\mathbf{p}^{(0)} = (0, 0, 0)^t$ angewandt.

Es sei

$$g(x_1, x_2, x_3) = \left[f_1(x_1, x_2, x_3)\right]^2 + \left[f_2(x_1, x_2, x_3)\right]^2 + \left[f_3(x_1, x_2, x_3)\right]^2.$$

Dann ist

$$\begin{aligned}\nabla g(x_1, x_2, x_3) \equiv\ & \nabla g(\mathbf{x}) \\ =\ & \left(2f_1(\mathbf{x})\frac{\partial f_1}{\partial x_1}(\mathbf{x}) + 2f_2(\mathbf{x})\frac{\partial f_2}{\partial x_1}(\mathbf{x}) + 2f_3(\mathbf{x})\frac{\partial f_3}{\partial x_1}(\mathbf{x}),\right. \\ & 2f_1(\mathbf{x})\frac{\partial f_1}{\partial x_2}(\mathbf{x}) + 2f_2(\mathbf{x})\frac{\partial f_2}{\partial x_2}(\mathbf{x}) + 2f_3(\mathbf{x})\frac{\partial f_3}{\partial x_2}(\mathbf{x}), \\ & \left.2f_1(\mathbf{x})\frac{\partial f_1}{\partial x_3}(\mathbf{x}) + 2f_2(\mathbf{x})\frac{\partial f_2}{\partial x_3}(\mathbf{x}) + 2f_3(\mathbf{x})\frac{\partial f_3}{\partial x_3}(\mathbf{x})\right) \\ =\ & 2\mathbf{J}(\mathbf{x})^{\mathrm{t}}\mathbf{F}(\mathbf{x}).\end{aligned}$$

Für $\mathbf{p}^{(0)} = (0, 0, 0)^{\mathrm{t}}$ erhält man

$$g(\mathbf{p}^{(0)}) = 111{,}975, \qquad z_0 = \|\mathbf{z}\|_2 = 419{,}554$$

und

$$\mathbf{z} = (-0{,}0214514, -0{,}0193062, 0{,}999583)^{\mathrm{t}}$$

und somit

$$\begin{array}{llll}\alpha_1 = 0, & g_1 = 111{,}975, & & \\ \alpha_2 = 0{,}5, & g_2 = 2{,}53557, & h_1 = -218{,}878, & \\ \alpha_3 = 1, & g_3 = 93{,}5649, & h_2 = 182{,}059, & h_3 = 400{,}937\end{array}$$

und

$$P(\alpha) = 111{,}975 - 218{,}878\alpha + 400{,}937\alpha(\alpha - 0{,}5).$$

Daher ist

$$\alpha_0 = 0{,}522959 \quad \text{und} \quad g_0 = 2{,}37262.$$

(Man beachte, daß $P(\alpha_0) = 2{,}32424$ beträgt.) Folglich ist $\alpha = 0{,}522959$ und

$$\mathbf{p}^{(1)} = \mathbf{p}^{(0)} - 0{,}522959\mathbf{z} = (0{,}0112182, 0{,}0100964, -0{,}522741)^{\mathrm{t}}$$

und

$$g(\mathbf{p}^{(1)}) - 2{,}32762.$$

Tabelle 10.3 faßt die übrigen Ergebnisse zusammen. Eine Lösung des nichtlinearen Systems ist $(0{,}5, 0, -0{,}5235988)^{\mathrm{t}}$, so daß $\mathbf{p}^{(2)}$ als eine Anfangsnäherung für das Newtonsche oder Broydensche Verfahren ausreichend wäre. □

Tabelle 10.3

k	$p_1^{(k)}$	$p_2^{(k)}$	$p_3^{(k)}$	$g(p_1^{(k)}, p_2^{(k)}, p_3^{(k)})$
0	0,0	0,0	0,0	111,975
1	0,0112182	0, 0100964	−0,522741	2,32762
2	0,137860	−0,205453	−0,522059	1,27406
3	0,266959	0,00551102	−0,558494	1,06813
4	0,272734	−0,00811751	−0,522006	0,468309

Übungsaufgaben

1. Approximieren Sie mit der Sattelpunktmethode die Lösungen der folgenden nichtlinearen Systeme. Iterieren Sie, bis aufeinanderfolgende Iterationen in der l_∞-Norm auf 0,005 übereinstimmen.

a)
$$4x_1^2 - 20x_1 + \frac{1}{4}x_2^2 + 8 = 0$$
$$\frac{1}{2}x_1x_2^2 + 2x_1 - 5x_2 + 8 = 0$$

b)
$$3x_1^2 - x_2^2 = 0$$
$$3x_1x_2^2 - x_1^3 - 1 = 0$$

c)
$$\ln(x_1^2 + x_2^2) - \sin(x_1x_2) = \ln 2 + \ln \pi$$
$$e^{x_1 - x_2} + \cos(x_1x_2) = 0$$

d)
$$\sin(4\pi x_1x_2) - 2x_2 - x_1 = 0$$
$$\left(\frac{4\pi - 1}{4\pi}\right)(e^{2x_1} - e) + 4ex_2^2 - 2ex_1 = 0$$

2. Approximieren Sie mit den Ergebnissen aus Übung 1 und dem Newtonschen Verfahren die Lösungen der nichtlinearen Systeme aus Übung 1. Iterieren Sie, bis aufeinanderfolgende Iterationen in der l_∞-Norm auf 10^{-5} übereinstimmen.

3. Approximieren Sie mit der Sattelpunktmethode die Lösungen der folgenden nichtlinearen Systeme. Iterieren Sie, bis aufeinanderfolgende Iterationen in der l_∞-Norm auf 0,005 übereinstimmen.

a)
$$15x_1 + x_2^2 - 4x_3 = 13$$
$$x_1^2 + 10x_2 - x_3 = 11$$
$$x_2^3 - 25x_3 = -22$$

b)
$$x_1 + \cos(x_1x_2x_3) - 1 = 0$$
$$(1 - x_1)^{\frac{1}{4}} + x_2 + 0{,}05x_3^2 - 0{,}15x_3 - 1 = 0$$
$$-x_1^2 - 0{,}1x_2^2 + 0{,}01x_2 + x_3 - 1 = 0$$

c)
$$x_1^3 + x_1^2x_2 - x_1x_3 + g = 0$$
$$e^{x_1} + e^{x_2} - x_3 = 0$$
$$x_2^2 - 2x_1x_3 = 4$$

d)
$$\begin{aligned} \sin x_1 + \sin(x_1 x_2) + \sin(x_1 x_3) &= 0 \\ \sin x_2 + \sin(x_2 x_3) &= 0 \\ \sin(x_1 x_2 x_3) &= 0 \end{aligned}$$

e)
$$\begin{aligned} \cos x_1 + \cos x_2 + \cos x_3 &= 1 \\ \cos(x_1 x_2) + \cos(x_2 x_3) + \cos(x_1 x_3) &= 0 \\ \cos(x_1 x_2 x_3) &= -1 \end{aligned}$$

f)
$$\begin{aligned} 4x_1 - x_2 + x_3 &= x_1 x_4 \\ -x_1 + 3x_2 - 2x_3 &= x_2 x_4 \\ x_1 - 2x_2 + 3x_3 &= x_3 x_4 \\ x_1^2 + x_2^2 + x_3^2 &= 1 \end{aligned}$$

(Bestimmen Sie drei Lösungen.)

4. Approximieren Sie mit den Ergebnissen aus Übung 3 und dem Newtonschen Verfahren die Lösungen der nichtlinearen Systeme aus Übung 3. Iterieren Sie, bis aufeinanderfolgende Iterationen in der l_∞-Norm auf 10^{-5} übereinstimmen.

5. Approximieren Sie mit der Sattelpunktmethode die Minima der folgenden nichtlinearen Funktionen. Iterieren Sie, bis aufeinanderfolgende Iterationen in der l_∞-Norm auf 0,005 übereinstimmen.

a) $g(x_1, x_2) = \cos(x_1 + x_2) + \sin x_1 + \cos x_2$

b) $g(x_1, x_2) = 100(x_1^2 - x_2)^2 + (1 - x_1)^2$

c) $g(x_1, x_2, x_3) = x_1^2 + 2x_2^2 + x_3^2 - 2x_1 x_2 + 2x_1 - 2{,}5x_2 - x_3 + 2$

d) $g(x_1, x_2, x_3) = x_1^4 + 2x_2^4 + 3x_3^4 + 1{,}01$

10.5. Methoden- und Softwareüberblick

In diesem Kapitel betrachteten wir Verfahren zur Approximation der Lösungen nichtlinearer Systeme

$$\begin{aligned} f_1(x_1, x_2, \dots, x_n) &= 0, \\ f_2(x_1, x_2, \dots, x_n) &= 0, \\ &\vdots \\ f_n(x_1, x_2, \dots, x_n) &= 0. \end{aligned}$$

Das Newtonsche Verfahren für Systeme erfordert eine gute Anfangsnäherung $(p_1^{(0)}, p_2^{(0)}, \dots, p_n^{(0)})^t$ und erzeugt eine Folge

$$\mathbf{p}^{(k)} = \mathbf{p}^{(k-1)} - J(\mathbf{p}^{(k-1)})^{-1} \mathbf{F}(\mathbf{p}^{(k-1)}),$$

die schnell gegen eine Lösung $\mathbf{p}$ konvergiert, falls $\mathbf{p}^{(0)}$ hinreichend nahe bei $\mathbf{p}$ liegt. Jedoch benötigt das Newtonsche Verfahren das Auswerten oder Approximieren von n^2 partiellen Ableitungen und in jedem Schritt das Lösen eines n-mal-n-Linearsystems.

Das Broydensche Verfahren reduziert die Menge der Berechnungen in jedem Schritt, ohne die Konvergenzgeschwindigkeit signifikant zu verlangsamen. Dieses Verfahren ersetzt die Jacobische Matrix J durch eine Matrix A_{k-1}, deren Inverse in jedem Schritt direkt bestimmt wird. Dadurch werden die arithmetischen Operationen von $O(n^3)$ auf $O(n^2)$ reduziert. Darüberhinaus sind die einzigen benötigten skalaren Funktionsauswertungen die, die f_i einschließen, damit spart man n^2 skalare Funktionsauswertungen pro Schritt. Das Broydensche Verfahren setzt ebenfalls eine gute Anfangsnäherung voraus.

Die Sattelpunktmethode stellt einen Weg dar, gute Anfangsnäherungen für das Newtonsche und Broydensche Verfahren zu erhalten. Sie liefert keine schnell konvergierende Folge, erfordert aber auch keine gute Anfangsnäherung. Die Sattelpunktmethode approximiert ein Minimum einer multivariablen Funktion g. Für die Anwendung hier wird

$$g(x_1, x_2, \ldots, x_n) = \sum_{i=1}^{n} f_i(x_1, x_2, \ldots, x_n)^2$$

gewählt. Das Minimum von g ist null, wenn alle Funktionen f_i gleichzeitig null sind.

Homotopie- und Kontinuitätsmethoden werden auch für nichtlineare Systeme eingesetzt und sind Gegenstand der aktuellen Forschung. In diesen Methoden wird ein gegebenes Problem

$$\mathbf{F}(\mathbf{x}) = \mathbf{0}$$

in einer Ein-Parameter-Familie von Problemen mit einem Parameter λ eingebettet, der Werte in $[0, 1]$ annimmt. Das ursprüngliche Problem entspricht $\lambda = 1$ und einem Problem mit einer bekannten Lösung $\lambda = 0$. Beispielsweise formt die Menge der Probleme

$$G(\mathbf{x}, \lambda) = \mathbf{F}(\mathbf{x}) + (\lambda - 1)\mathbf{F}(\mathbf{x}_0) = \mathbf{0}, \qquad \text{wobei} \qquad 0 \leq \lambda \leq 1 \text{ ist,}$$

für ein festes $\mathbf{x}_0 \in \mathbb{R}^n$ eine Homotopie. Für $\lambda = 0$ ist die Lösung $\mathbf{x}(\lambda = 0) = \mathbf{x}_0$. Die Lösung des ursprünglichen Systems entspricht $\mathbf{x}(\lambda = 1)$. Eine Erweiterungsmethode versucht, $\mathbf{x}(\lambda = 1)$ zu bestimmen, indem die Problemfolge gelöst wird, die $\lambda_0 = 0 < \lambda_1 < \lambda_2 < \ldots < \lambda_m = 1$ entspricht. Die Anfangsnäherung der Lösung von

$$\mathbf{F}(\mathbf{x}) + (\lambda_i - 1)\mathbf{F}(\mathbf{x}_0) = \mathbf{0}$$

ist die Lösung $\mathbf{x}(\lambda = \lambda_{i-1})$ des Problems

$$\mathbf{F}(\mathbf{x}) + (\lambda_i - 1)\mathbf{F}(\mathbf{x}_0) = \mathbf{0}.$$

Die Verfahren in der IMSL- und der NAG-Bibliothek basieren auf den beiden Unterfunktionen HYBRDI und HYBRDJ, die in dem öffentlich zugänglichen Paket MINPACK enthalten sind. Beide Verfahren setzen die Levenberg-Marquardt-Methode ein, die ein gewichtetes Mittel des Newtonschen Verfahrens und der Sattelpunktmethode darstellt. Das Gewicht ist in Richtung Sattelpunktmethode verzerrt, bis Konvergenz bestimmt wird, dann verschiebt sich das Gewicht in Richtung des schneller konvergierenden Newtonschen Verfahrens. Die Unterfunktion HYBRDI approximiert die Jacobische Matrix durch endliche Differenzen, und HYBRDJ benötigt eine vom Benutzer bereitgestellte Unterfunktion, um die Jacobische Matrix zu berechnen.

Die IMSL-Unterfunktion NEQNF löst ein nichtlineares System ohne eine vom Benutzer zur Verfügung gestellte Jacobische Matrix. Die Unterfunktion NEQNJ funktioniert ähnlich, außer daß der Benutzer eine Unterfunktion zur Berechnung der Jacobischen Matrix bereitstellen muß.

In der NAG-Bibliothek entspricht C05NBF HYBRDI und C05PBF basiert auf HYBRDJ in MINPACK. NAG enthält ebenfalls andere Modifikationen der Levenberg-Marquardt-Methode.

11. Randwertprobleme für gewöhnliche Differentialgleichungen

11.1. Einleitung

Die Differentialgleichungen in den ersten Abschnitten von Kapitel 5 waren erster Ordnung und mußten einer Anfangsbedingung genügen. Später in diesem Kapitel sah man, daß die Verfahren auf Gleichungssyteme und dann auf Gleichungen höherer Ordnung ausgedehnt werden konnten, aber alle spezifizierten Bedingungen mußten in demselben Randpunkt vorgegeben sein. Dies sind Anfangswertprobleme. In diesem Kapitel wird gezeigt, wie die Lösung von **Randwertproblemen** approximiert wird, mit Differentialgleichungen, deren Bedingungen in unterschiedlichen Punkten festgelegt werden. Für Differentialgleichungen erster Ordnung wird nur eine Bedingung vorgeschrieben, so daß zwischen Anfangswertproblem und Randwertproblem nicht unterschieden werden kann. Die Differentialgleichungen, deren Lösungen approximiert werden sollen, sind zweiter Ordnung, speziell von der Form

$$y'' = f(x, y, y') \quad \text{für} \quad a \leq x \leq b$$

mit den durch

$$y(a) = \alpha \quad \text{und} \quad y(b) = \beta$$

beschriebenen Randwertbedingungen der Lösung, wobei α, β beliebige Konstanten sind. Solch ein Problem besitzt eine eindeutige Lösung, vorausgesetzt, daß f und ihre partiellen Ableitungen bezüglich y und y' stetig sind und daß die partielle Ableitung bezüglich y positiv und bezüglich y' beschränkt ist. Dies sind alle vernünftigen Bedingungen für Randwertprobleme, die physikalische Probleme darstellen.

11.2. Das einfache Schießverfahren bei linearen Randwertproblemen

Ein Randwertproblem ist *linear*, wenn die Funktion f die Form

$$f(x, y, y') = p(x)y' + q(x)y + r(x)$$

besitzt.

Lineare Probleme treten oft in Anwendungen auf und sind viel einfacher als nichtlineare Gleichungen zu lösen, da Addieren irgendeiner Lösung der *inhomogenen* Differentialgleichung

$$y'' = p(x)y' + q(x)y + r(x)$$

zu der vollständigen Lösung der *homogenen* Differentialgleichung

$$y'' = p(x)y' + q(x)y$$

alle Lösungen des inhomogenen Problems liefert. Die Lösungen des homogenen Problems sind leichter zu bestimmen als die des inhomogenen Problems. Möchte man darüber hinaus zeigen, daß ein lineares Problem eine eindeutige Lösung besitzt, genügt es zu zeigen, daß p, q und r stetig sind und daß die Werte von q positiv sind.

Um die eindeutige Lösung des linearen Randwertproblems zu approximieren, seien zunächst die beiden Anfangswertprobleme betrachtet:

$$\begin{aligned} &y'' = p(x)y' + q(x)y + r(x) \text{ für } a \leq x \leq b, \\ &\qquad \text{wobei } y(a) = \alpha \text{ und } y'(a) = 0 \text{ ist} \end{aligned} \tag{11.1}$$

und

$$\begin{aligned} &y'' = p(x)y' + q(x)y \text{ für } a \leq x \leq b, \\ &\text{wobei } y(a) = 0 \text{ und } y'(a) = 1 \text{ ist;} \end{aligned} \tag{11.2}$$

beide besitzen eindeutige Lösungen. Angenommen, $y_1(x)$ sei die Lösung von Gleichung (11.1) und $y_2(x)$ die Lösung von Gleichung (11.2). Dann ist

$$y(x) = y_1(x) + \frac{\beta - y_1(b)}{y_2(b)} y_2(x) \tag{11.3}$$

die eindeutige Lösung des linearen Randwertproblems

$$\begin{aligned} &y'' = p(x)y' + q(x)y + r(x) \\ &\text{für } a \leq x \leq b \text{ und } y(a) = \alpha \text{ und } y(b) = \beta. \end{aligned} \tag{11.4}$$

Um dies zu verifizieren, beachte man, daß

$$\begin{aligned} y'' - p(x)y' - q(x)y &= y_1'' - p(x)y_1' - q(x)y_1 \\ &\quad + \frac{\beta - y_1(b)}{y_2(b)}[y_2'' - p(x)y_2' - q(x)y_2] \\ &= r(x) + \frac{\beta - y_1(b)}{y_2(b)} \cdot 0 = r(x) \end{aligned}$$

gilt. Darüber hinaus ist

$$y(a) = y_1(a) + \frac{\beta - y_1(b)}{y_2(b)} y_2(a) = y_1(a) + \frac{\beta - y_1(b)}{y_2(b)} \cdot 0 = \alpha$$

und

$$y(b) = y_1(b) + \frac{\beta - y_1(b)}{y_2(b)} y_2(b) = y_1(b) + \beta - y_1(b) = \beta.$$

Das einfache Schießverfahren basiert darauf, daß das Randwertproblem durch die beiden Anfangswertprobleme (11.1) und (11.2) ersetzt wird. Zur Approximation der Lösungen $y_1(x)$ und $y_2(x)$ stehen zahlreiche Verfahren aus Kapitel 5 zur Verfügung; nachdem diese Approximationen bestimmt wurden, approximiert man die Lösung des Randwertproblems mit der gewichteten Summe in Gleichung (11.3). Die Methode ist in Abbildung 11.1 graphisch dargestellt.

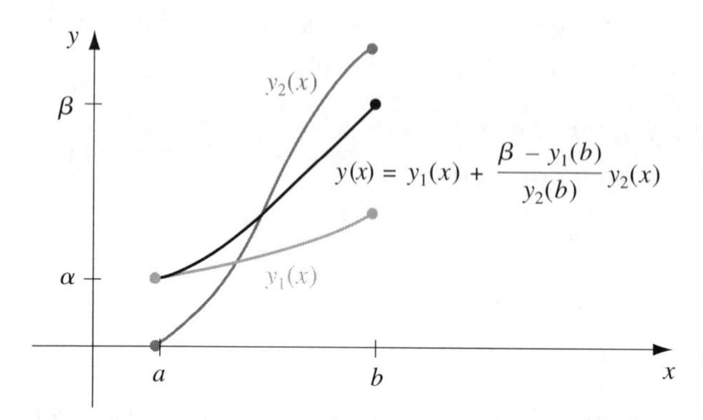

Abb. 11.1

Das Programm LINST111 approximiert $y_1(x)$ und $y_2(x)$ mit dem Runge-Kutta-Verfahren vierter Ordnung, aber es kann durch jedes Verfahren zur Approximation der Lösungen von Anfangswertproblemen ersetzt werden. Das Programm besitzt den zusätzlichen Vorteil, die Approximationen für die Ableitung der Lösung des Randwertproblems so wie die Lösung des Problems selbst zu liefern.

Beispiel 1. Das Randwertproblem

$$y'' = -\frac{2}{x}y' + \frac{2}{x^2}y + \frac{\sin(\ln x)}{x^2} \quad \text{für } 1 \leq x \leq 2,$$
$$\text{wobei } y(1) = 1 \text{ und } y(2) = 2 \text{ ist,}$$

besitzt die exakte Lösung

$$y = c_1 x + \frac{c_2}{x^2} - \frac{3}{10}\sin(\ln x) - \frac{1}{10}\cos(\ln x)$$

mit

$$c_2 = \frac{1}{70}[8 - 12\sin(\ln 2) - 4\cos(\ln 2)]$$

und

$$c_1 = \frac{11}{10} - c_2.$$

Anwenden des einfachen Schießverfahrens auf dieses Problem erfordert die Approximation der Lösungen der Anfangswertprobleme

$$y_1'' = -\frac{2}{x}y_1' + \frac{2}{x^2}y_1 + \frac{\sin(\ln x)}{x^2}$$
$$\text{für } 1 \leq x \leq 2 \text{ mit } y_1(1) = 1 \text{ und } y_1'(1) = 0$$

und

$$y_2'' = -\frac{2}{x}y_2' + \frac{2}{x^2}y_2 \text{ für } 1 \leq x \leq 2 \text{ mit } y_2(1) = 0 \text{ und } y_2'(1) = 1.$$

Die Ergebnisse der Berechnungen sind in Tabelle 11.1 gegeben. Der unter $u_{1,i}$ aufgelistete Wert approximiert $y_1(x_i)$, der Wert $v_{1,i}$ approximiert $y_2(x_i)$ und w_i approximiert $y(x_i)$. □

Tabelle 11.1

x_i	$u_{1,i}$	$v_{1,i}$	w_i	$y(x_i)$	$\|y(x_i) - w_i\|$
1,0	1,00000000	0,00000000	1,00000000	1,00000000	
1,1	1,00896058	0,09117986	1,09262917	1,09262930	$1{,}43 \cdot 10^{-7}$
1,2	1,03245472	0,16851175	1,18708471	1,18708484	$1{,}34 \cdot 10^{-7}$
1,3	1,06674375	0,23608704	1,28338227	1,28338236	$9{,}78 \cdot 10^{-8}$
1,4	1,10928795	0,29659067	1,38144589	1,38144595	$6{,}02 \cdot 10^{-8}$
1,5	1,15830000	0,35184379	1,48115939	1,48115942	$3{,}06 \cdot 10^{-8}$
1,6	1,21248372	0,40311695	1,58239245	1,58239246	$1{,}08 \cdot 10^{-8}$
1,7	1,27087454	0,45131840	1,68501396	1,68501396	$5{,}43 \cdot 10^{-10}$
1,8	1,33273851	0,49711137	1,78889854	1,78889853	$5{,}05 \cdot 10^{-9}$
1,9	1,39750618	0,54098928	1,89392951	1,89392951	$4{,}41 \cdot 10^{-9}$
2,0	1,46472815	0,58332538	2,00000000	2,00000000	

Die Genauigkeit in diesem Beispiel war zu erwarten, da das Runge-Kutta-Verfahren vierter Ordnung Lösungen von Anfangswertproblemen mit einer Genauigkeit von $O(h^4)$ liefert. Unglücklicherweise können in diesem Verfahren Rundungsfehler versteckt sein. Falls $y_1(x)$ für $x\colon a \to b$ schnell wächst, dann wird $u_{1,N} \approx y_1(b)$ groß. Sollte β im Vergleich zu $u_{1,N}$ klein sein, ist der Term $(\beta - u_{1,N})/v_{1,N}$ ungefähr gleich $-u_{1,N}/v_{1,N}$. Somit können die Approximationen

$$y(x_i) \approx w_i = u_{1,i} - \left(\frac{\beta - u_{1,N}}{v_{1,N}}\right) v_{1,i} \approx u_{1,i} - \left(\frac{u_{1,N}}{v_{1,N}}\right) v_{1,i}$$

durch diese Vernachlässigungen signifikante Stellen verlieren. Da jedoch $u_{1,i}$ eine Approximation von $y_1(x_i)$ darstellt, kann das Verhalten von y_1 leicht beobachtet werden; wächst $u_{1,i}$ schnell von a nach b, kann das einfache Schießverfahren in der anderen Richtung angewandt werden – das heißt, stattdessen werden die Anfangswertprobleme

$$y'' = p(x)y' + q(x)y + r(x)$$
$$\text{für } a \le x \le b \text{ mit } y(b) = \beta \text{ und } y'(b) = 0$$

und

$$y'' = p(x)y' + q(x)y \text{ für } a \le x \le b \text{ mit } y(b) = 0 \text{ und } y'(b) = 1$$

gelöst.

Gehen beim umgekehrten einfachen Schießverfahren immer noch signifikante Stellen verloren und führt steigende Präzision nicht zu einer höheren Genauigkeit, müssen andere Verfahren angewandt werden. Im allgemeinen jedoch ist $w_{1,i}$ eine $O(h^n)$-Approximation von $y(x_i)$, falls $u_{1,i}$ und $v_{1,i}$ $O(h^4)$-Approximationen von $y_1(x_i)$ beziehungsweise $y_2(x_i)$ sind.

Übungsaufgaben

1. Das Randwertproblem

$$y'' = 4(y - x), \quad 0 \le x \le 1, \quad y(0) = 0, \quad y(1) = 2$$

besitzt die Lösung $y(x) = \frac{e^2}{e^4 - 1}(e^{2x} - e^{-2x}) + x$. Approximieren Sie mit dem einfachen Schießverfahren die Lösung, und vergleichen Sie dann jeweils die Ergebnisse mit der tatsächlichen Lösung

a) mit $h = \frac{1}{3}$

b) mit $h = \frac{1}{4}$.

2. Das Randwertproblem

$$y'' = y' + 2y + \cos x, \quad 0 \le x \le \frac{\pi}{2}, \quad y(0) = -0{,}3, \quad y\left(\frac{\pi}{2}\right) = -0{,}1$$

besitzt die Lösung $y(x) = -\frac{1}{10}[\sin x + 3\cos x]$. Approximieren Sie mit dem einfachen Schießverfahren die Lösung, und vergleichen Sie jeweils die Ergebnisse mit der tatsächlichen Lösung.

a) mit $h = \frac{\pi}{4}$

b) mit $h = \frac{\pi}{6}$.

3. Approximieren Sie mit dem einfachen Schießverfahren die Lösung der folgenden Randwertprobleme.

a) $y'' = -3y' + 2y + 2x + 3$, $0 \le x \le 1$, $y(0) = 2$, $y(1) = 1$; $h = 0{,}1$.

b) $y'' = -4y' + 4y$, $0 \le x \le 5$, $y(0) = 1$, $y(5) = 0$; $h = 0{,}2$.

c) $y'' = -2(2xy' - y + \ln x)/x^2$, $1 \le x \le 2$, $y(1) = -\frac{1}{2}$, $y(2) = \ln 2$; $h = 0{,}05$.

d) $y'' = -(x+1)y' + 2y + (1 - x^2)e^{-x}$, $0 \le x \le 1$, $y(0) = -1$, $y(1) = 0$; $h = 0{,}1$.

e) $y'' = (xy' + 3y + x\ln x - x^2)/x^2$, $1 \le x \le 2$, $y(1) = y(2) = 0$; $h = 0{,}1$.

f) $y'' = (-y' + (x+1)y + 2e^x)/x$, $1 \le x \le e$, $y(1) = 0$, $y(e) = e^e$; $h = \frac{1}{10}e$.

4. Obwohl in den folgenden Randwertproblemen $q(x) < 0$ ist, existieren eindeutige Lösungen und sind gegeben. Approximieren Sie mit dem einfachen Schießverfahren die Lösungen der folgenden Probleme, und vergleichen Sie die Ergebnisse mit den tatsächlichen Lösungen.

a) $y'' + y = 0$, $0 \le x \le \frac{\pi}{4}$, $y(0) = 1$, $y(\frac{\pi}{4}) = 1$; $h = \frac{\pi}{20}$; tatsächliche Lösung $y(x) = \cos x + (\sqrt{2} - 1)\sin x$.

b) $y'' + 4y = \cos x$, $0 \le x \le \frac{\pi}{4}$, $y(0) = 0$, $y(\frac{\pi}{4}) = 0$; $h = \frac{\pi}{20}$; tatsächliche Lösung $y(x) = -\frac{1}{3}\cos 2x - \frac{\sqrt{2}}{6}\sin 2x + \frac{1}{3}\cos x$.

c) $y'' = -2(2xy' + y - \ln x)/x^2$, $1 \le x \le 2$, $y(1) = \frac{1}{2}$, $y(2) = \ln 2$; $h = 0{,}05$; tatsächliche Lösung $y(x) = 4x^{-1} - 2x^{-2} + \ln x - \frac{3}{2}$.

d) $y'' = 2y' - y + xe^x - x$, $0 \le x \le 2$, $y(0) = 0$, $y(2) = -4$; $h = 0{,}2$; tatsächliche Lösung $y(x) = \frac{1}{6}x^3e^x - \frac{5}{3}xe^x + 2e^x - x - 2$.

5. Approximieren Sie mit dem einfachen Schießverfahren die Lösung $y = e^{-10x}$ des Randwertproblems

$$y'' = 100y, \quad 0 \le x \le 1, \quad y(0) = 1, \quad y(1) = e^{-10}.$$

Verwenden Sie $h = 0{,}1$ und $h = 0{,}05$. Können Sie die Auswirkungen erklären?

6. Schreiben Sie die Anfangswertprobleme zweiter Ordnung (11.1) und (11.2) als Systeme erster Ordnung, und leiten Sie die Gleichungen her, die zum Lösen des Systems mit dem Runge-Kutta-Verfahren für Systeme vierter Ordnung nötig sind.

7. Das Randwertproblem, das die Biegung eines an den Enden aufliegenden Balkens bei gleichmäßiger Belastung betrifft, kann durch die Beziehung

$$\frac{\mathrm{d}^2 w}{\mathrm{d}x^2} = \frac{S}{EI}w + \frac{qx}{2EI}(x - l), \quad 0 < x < l,$$

mit den Randbedingungen $w(0) = 0$ und $w(l) = 0$ beschrieben werden. Angenommen, der Balken besitze die folgenden Charakteristika: Länge $l = 120$ cm, Intensität der gleichmäßigen Belastung $q = 30$ N/cm, Elastizitätsmodul $E = 3{,}0 \cdot 10^7$ N/cm^2, Spannung an den Balkenenden $S = 1\,000$ N und zentrales Trägheitsmoment $I = 625$ cm^4.

a) Approximieren Sie mit dem einfachen Schießverfahren die Biegung des Balkens $w(x)$ in jedem 6-cm-Intervall.

b) Die tatsächliche Beziehung ist durch

$$w(x) = c_1 e^{ax} + c_2 e^{-ax} + b(x - l)x + c$$

gegeben, wobei $c_1 = 7{,}7042537 \cdot 10^4$, $c_2 = 7{,}9207462 \cdot 10^4$, $a = 2{,}3094010 \cdot 10^{-4}$, $b = -4{,}1666666 \cdot 10^{-3}$ und $c = -1{,}5625 \cdot 10^5$ ist. Liegt der maximale Fehler auf dem Intervall innerhalb 0,2 cm?

c) Ein Gesetz in Ohio besagt, daß $\max_{0<x<l} w(x) < \frac{1}{300}$ betragen muß. Genügt der Balken diesem Gesetz?

8. u repräsentiere das elektrostatische Potential zweier konzentrischer Metallkugeln vom Radius R_1 und R_2 ($R_1 < R_2$) derart, daß das Potential der inneren Kugel bei V_1 Volt konstant gehalten wird und das Potential der äußeren Kugel 0 Volt beträgt. Das Potential in dem Bereich zwischen den beiden Kugeln wird durch die Laplace-Gleichung beherrscht, die sich in dieser speziellen Anwendung zu

$$\frac{\mathrm{d}^2 u}{\mathrm{d}r^2} + \frac{2\mathrm{d}u}{r\mathrm{d}r} = 0, \quad R_1 \le r \le R_2, \quad u(R_1) = V_1, \quad u(R_2) = 0$$

reduziert. Angenommen, es sei $R_1 = 2$ cm, $R_2 = 4$ cm und $V_1 = 110$ Volt.

a) Approximieren Sie $u(3)$ mit dem einfachen Schießverfahren und $N = 20$.

b) Approximieren Sie $u(3)$ mit dem einfachen Schießverfahren und $N = 40$.

c) Vergleichen Sie die Ergebnisse aus Übung a) und b) mit dem tatsächlichen Potential $u(3)$, wobei

$$u(r) = \frac{V_1 R_1}{r}\left(\frac{R_2 - r}{R_2 - R_1}\right)$$

gilt.

11.3. Differenzenverfahren bei linearen Randwertproblemen

Das einfache Schießverfahren ist oft bezüglich des Rundungsfehlers instabil. Die Verfahren, die in diesem Abschnitt vorgestellt werden, besitzen bessere Stabilitätscharakteristika, benötigen aber für eine spezielle Genauigkeit im allgemeinen einen höheren Rechenaufwand. Verfahren, die mit Hilfe von Differenzen Randwertprobleme lösen, ersetzen jede der Ableitungen in der Differentialgleichung durch einen passenden Differenzenquotienten des in Abschnitt 4.9 betrachteten Typs. Der einzelne Differenzenquotient wird gewählt, um eine spezifizierte Fehlerordnung beizubehalten.

Das lineare Randwertproblem zweiter Ordnung

$$\begin{aligned} &y'' = p(x)y' + q(x)y + r(x) \\ &\text{für } a \le x \le b \text{ mit } y(a) = \alpha \text{ und } y(b) = \beta \end{aligned}$$

fordert, daß mit den Differenzenquotienten sowohl y' als auch y'' approximiert werden. Zunächst wird eine ganze Zahl $N > 0$ ausgewählt und das Intervall $[a, b]$ in $(N + 1)$ gleiche Teilintervalle unterteilt, deren Endpunkte die Gitterpunkte $x_i = a + ih$ für $i = 0, 1, \dots, N + 1$ sind, wobei $h = (b - a)/(N + 1)$ ist.

An dem inneren Gitterpunkt x_i für $i = 1, 2, \dots, N$ erhält man die zu approximierende Differentialgleichung

$$y''(x_i) = p(x_i)y'(x_i) + q(x_i)y(x_i) + r(x_i). \tag{11.5}$$

Man findet dann durch Taylorentwicklung dritten Grades von x_{i+1} und x_{i-1} bezüglich x_i

$$y(x_{i+1}) = y(x_i+h) = y(x_i)+hy'(x_i)+\frac{h^2}{2}y''(x_i)+\frac{h^3}{6}y'''(x_i)+\frac{h^4}{24}y^{(4)}(\xi_i^+)$$

für beliebige ξ_i^+ in (x_i, x_{i+1}) und

$$y(x_{i-1}) = y(x_i-h) = y(x_i)-hy'(x_i)+\frac{h^2}{2}y''(x_i)-\frac{h^3}{6}y'''(x_i)+\frac{h^4}{24}y^{(4)}(\xi_i^-)$$

für beliebige ξ_i^- in (x_{i-1}, x_i), unter der Annahme, daß $y \in C^4[x_{i-1}, x_{i+1}]$ ist. Werden diese Gleichungen addiert, fallen die Terme mit $y'(x_i)$ und $y'''(x_i)$ weg, und eine einfache algebraische Umformung liefert

$$y''(x_i) = \frac{1}{h^2}[y(x_{i+1}) - 2y(x_i) + y(x_{i-1})] - \frac{h^2}{24}[y^{(4)}(\xi_i^+) + y^{(4)}(\xi_i^-)].$$

Mit dem Zwischenwertsatz kann man dies noch weiter vereinfachen.

Zentrale Differenzenformel für $y''(x_i)$

$$y''(x_i) = \frac{1}{h^2}[y(x_{i+1}) - 2y(x_i) + y(x_{i-1})] - \frac{h^2}{12}y^{(4)}(\xi_i)$$

für beliebige ξ_i in (x_{i-1}, x_{i+1}).

Eine zentrale Differenzenformel für $y'(x_i)$ erhält man entsprechend.

Zentrale Differenzenformel für $y'(x_i)$

$$y'(x_i) = \frac{1}{2h}[y(x_{i+1}) - y(x_{i-1})] - \frac{h^2}{6}y'''(\eta_i)$$

für beliebige η_i in (x_{i-1}, x_{i+1}).

Einsetzen dieser zentralen Differenzenformeln in Gleichung (11.5) führt zu der Gleichung

$$\begin{aligned}\frac{y(x_{i+1}) - 2y(x_i) + y(x_{i-1})}{h^2} =& p(x_i)\left[\frac{y(x_{i+1}) - y(x_{i-1})}{2h}\right] + q(x_i)y(x_i)\\ &+ r(x_i) - \frac{h^2}{12}[2p(x_i)y'''(\eta_i) - y^{(4)}(\xi_i)].\end{aligned}$$

Man erhält ein Differenzenverfahren mit einem Abbruchfehler der Ordnung $O(h^2)$, wenn mit dieser Gleichung zusammen mit den Randbedingungen $y(a) = \alpha$ und $y(b) = \beta$

$$w_0 = \alpha, \quad w_{N+1} = \beta$$

und

$$\left(\frac{2w_i - w_{i+1} - w_{i-1}}{h^2}\right) + p(x_i)\left(\frac{w_{i+1} - w_{i-1}}{2h}\right) + q(x_i)w_i = -r(x_i)$$

für alle $i = 1, 2, \ldots, N$ definiert wird.

Es sei die als

$$-\left(1 + \frac{h}{2}p(x_i)\right)w_{i-1} + (2 + h^2q(x_i))w_i - \left(1 - \frac{h}{2}p(x_i)\right)w_{i+1} = -h^2r(x_i)$$

umgeschriebene Gleichung betrachtet und das resultierende Gleichungssystem in der tridiagonalen ($N \times N$)-Matrixform $A\mathbf{w} = \mathbf{b}$ ausgedrückt, wobei gilt:

$$A = \begin{bmatrix} 2+h^2q(x_1) & -1+\frac{h}{2}p(x_1) & 0 & \cdots & \cdots & 0 \\ -1-\frac{h}{2}p(x_2) & 2+h^2q(x_2) & -1+\frac{h}{2}p(x_2) & \ddots & & \vdots \\ 0 & \ddots & \ddots & \ddots & \ddots & 0 \\ \vdots & & \ddots & \ddots & \ddots & -1+\frac{h}{2}p(x_{N-1}) \\ 0 & \cdots & \cdots & 0 & -1+\frac{h}{2}p(x_N) & 2+h^2q(x_N) \end{bmatrix}$$

und

$$\mathbf{w} = \begin{bmatrix} w_1 \\ w_2 \\ \vdots \\ w_{N-1} \\ w_N \end{bmatrix} \quad \text{und} \quad \mathbf{b} = \begin{bmatrix} -h^2r(x_1) + \left(1 + \frac{h}{2}p(x_1)\right) w_0 \\ -h^2r(x_2) \\ \vdots \\ -h^2r(x_{N-1}) \\ -h^2r(x_N) + \left(1 - \frac{h}{2}p(x_N)\right) w_{N+1} \end{bmatrix}.$$

Dieses System besitzt eine eindeutige Lösung, vorausgesetzt, daß p, q und r auf $[a, b]$ stetig sind, daß $q(x) \geq 0$ auf $[a, b]$ gilt und daß $h < 2/L$ ist, wobei für $L = \max_{a \leq x \leq b} |p(x)|$ gilt.

Das Programm LINFD112 führt das Differenzenverfahren bei linearen Randwertproblemen aus.

Beispiel 1. Mit dem vorgestellten Differenzenverfahren soll die Lösung des linearen Randwertproblems

$$y'' = -\frac{2}{x}y' + \frac{2}{x^2}y + \frac{\sin(\ln x)}{x^2}$$
$$\text{für } 1 \leq x \leq 2 \text{ mit } y(1) = 1 \text{ und } y(2) = 2$$

approximiert werden; dasselbe Randwertproblem wurde in Beispiel 1 in Abschnitt 11.2 mit dem einfachen Schießverfahren approximiert. Es wird hier dieselbe Einteilung wie in diesem Beispiel verwendet. Die Ergebnisse sind in Tabelle 11.2 aufgeführt. □

Man beachte, daß diese Ergebnisse beträchtlich ungenauer als die in Tabelle 11.1 zusammengefaßten Ergebnisse aus Beispiel 1 des vorigen Abschnitts sind. Dies ist so, da die in diesem Beispiel verwendete Methode ein Runge-Kutta-Verfahren mit einer Fehlerordnung $O(h^4)$ einschloß, wohingegen das hier verwendete Differenzenverfahren eine Fehlerordnung von $O(h^2)$ besitzt.

Um ein Differenzenverfahren mit größerer Genauigkeit zu erhalten, kann man unterschiedlich vorgehen. Approximieren von $y''(x_i)$ und $y'(x_i)$ mit Tay-

Tabelle 11.2

x_i	w_i	$y(x_i)$	$\lvert w_i - y(x_i)\rvert$
1,0	1,00000000	1,00000000	
1,1	1,09260052	1,09262930	$2{,}88 \cdot 10^{-5}$
1,2	1,18704313	1,18708484	$4{,}17 \cdot 10^{-5}$
1,3	1,28333687	1,28338236	$4{,}55 \cdot 10^{-5}$
1,4	1,38140205	1,38144595	$4{,}39 \cdot 10^{-5}$
1,5	1,48112026	1,48115942	$3{,}92 \cdot 10^{-5}$
1,6	1,58235990	1,58239246	$3{,}26 \cdot 10^{-5}$
1,7	1,68498902	1,68501396	$2{,}49 \cdot 10^{-5}$
1,8	1,78888175	1,78889853	$1{,}68 \cdot 10^{-5}$
1,9	1,89392110	1,89392951	$8{,}41 \cdot 10^{-6}$
2,0	2,00000000	2,00000000	

lorschen Reihen fünfter Ordnung führt zu einem h^4 enthaltenden Fehlerterm. Dazu müssen jedoch in die Näherungsformeln für $y''(x_i)$ und $y'(x_i)$ nicht nur die Vielfachen von $y(x_{i+1})$ und $y(x_{i-1})$, sondern auch $y(x_{i+2})$ und $y(x_{i-2})$ eingesetzt werden. Das führt zu Schwierigkeiten bei $i = 0$ und $i = N$. Darüber hinaus besitzt das resultierende Gleichungssystem keine Tridiagonalgestalt, und zum Lösen des Systems sind viele zusätzliche Berechnungen nötig.

Anstatt nach einem Differenzenverfahren mit einem höheren Fehlerterm zu suchen, ist es im allgemeinen befriedigender, eine Verringerung der Schrittweite zu versuchen. Zusätzlich kann das Richardsonsche Extrapolationsverfahren effektiv eingesetzt werden, da der Fehlerterm in geraden Potenzen von h mit von h unabhängigen Koeffizienten ausgedrückt wird, vorausgesetzt, daß y hinreichend differenzierbar ist.

Beispiel 2. Die Richardsonsche Extrapolation zur Approximation der Lösung des Randwertproblems

$$y'' = -\frac{2}{x}y' + \frac{2}{x^2}y + \frac{\sin(\ln x)}{x^2}$$
$$\text{für } 1 \leq x \leq 2 \text{ mit } y(1) = 1 \text{ und } y(2) = 2$$

liefert mit $h = 0{,}1$, $0{,}05$ und $0{,}025$ die in Tabelle 11.3 aufgelisteten Ergebnisse. Die erste Extrapolation ist

$$\mathrm{Ext}_{1i} = \frac{4w_i(h = 0{,}05) = w_i(h = 0{,}1)}{3},$$

die zweite

$$\mathrm{Ext}_{2i} = \frac{4w_i(h = 0{,}025) = w_i(h = 0{,}05)}{3}$$

und die letzte

$$\text{Ext}_{3i} = \frac{16\,\text{Ext}_{2i} - \text{Ext}_{1i}}{15}.$$

Alle Ergebnisse von Ext_{3i} sind auf die acht angegebenen Dezimalstellen genau. In der Tat, falls genügend Stellen beibehalten werden, liefert diese Approximation Ergebnisse, die mit der exakten Lösung mit einem maximalen Fehler von $6{,}3 \cdot 10^{-11}$ übereinstimmen. □

Tabelle 11.3

x_i	$w_i(h = 0{,}1)$	$w_i(h = 0{,}05)$	$w_i(h = 0{,}025)$	Ext_{1i}	Ext_{2i}	Ext_{3i}
1,0	1,00000000	1,00000000	1,00000000	1,00000000	1,00000000	1,00000000
1,1	1,09260052	1,09262207	1,09262749	1,09262925	1,09262930	1,09262930
1,2	1,18704313	1,18707436	1,18708222	1,18708477	1,18708484	1,18708484
1,3	1,28333687	1,28337094	1,28337950	1,28338230	1,28338236	1,28338236
1,4	1,38140205	1,38143493	1,38144319	1,38144589	1,38144595	1,38144595
1,5	1,48112026	1,48114959	1,48115696	1,48115937	1,48115941	1,48115942
1,6	1,58235990	1,58238429	1,58239042	1,58239242	1,58239246	1,58239246
1,7	1,68498902	1,68500770	1,68501240	1,68501393	1,68501396	1,68501396
1,8	1,78888175	1,78889432	1,78889748	1,78889852	1,78889853	1,78889853
1,9	1,89392110	1,89392740	1,89392898	1,89392950	1,89392951	1,89392951
2,0	2,00000000	2,00000000	2,00000000	2,00000000	2,00000000	2,00000000

Übungsaufgaben

1. Das Randwertproblem

$$y'' = 4(y - x), \quad 0 \le x \le 1, \quad y(0) = 0, \quad y(1) = 2$$

besitzt die Lösung $y(x) = \dfrac{e^2}{e^4 - 1}(e^{2x} - e^{-2x}) + x$. Approximieren Sie mit dem Differenzenverfahren die Lösung, und vergleichen Sie jeweils die Ergebnisse mit der tatsächlichen Lösung

a) mit $h = \frac{1}{3}$

b) mit $h = \frac{1}{4}$.

2. Das Randwertproblem

$$y'' = y' + 2y + \cos x, \quad 0 \le x \le \frac{\pi}{2}, \quad y(0) = -0{,}3, \quad y\left(\frac{\pi}{2}\right) = -0{,}1$$

besitzt die Lösung $y(x) = -\frac{1}{10}[\sin x + 3\cos x]$. Approximieren Sie mit dem Differenzenverfahren die Lösung, und vergleichen Sie dann jeweils die Ergebnisse mit den tatsächlichen Lösungen

a) mit $h = \frac{\pi}{4}$

b) mit $h = \frac{\pi}{6}$.

3. Approximieren Sie mit dem Differenzenverfahren die Lösung der folgenden Randwertprobleme:

a) $y'' = -3y' + 2y + 2x + 3$, $0 \leq x \leq 1$, $y(0) = 2$, $y(1) = 1$; $h = 0{,}1$.

b) $y'' = -4y' + 4y$, $0 \leq x \leq 5$, $y(0) = 1$, $y(5) = 0$; $h = 0{,}2$.

c) $y'' = \dfrac{-2(2xy' - y + \ln x)}{x^2}$, $1 \leq x \leq 2$, $y(1) = -\frac{1}{2}$, $y(2) = \ln 2$; $h = 0{,}05$.

d) $y'' = -(x+1)y' + 2y + (1-x^2)e^{-x}$, $0 \leq x \leq 1$, $y(0) = -1$, $y(1) = 0$; $h = 0{,}1$.

e) $y'' = \dfrac{(xy' + 3y + x\ln x - x^2)}{x^2}$, $1 \leq x \leq 2$, $y(1) = y(2) = 0$; $h = 0{,}1$.

f) $y'' = \dfrac{(-y' + (x+1)y + 2e^x)}{x}$, $1 \leq x \leq e$, $y(1) = 0$, $y(e) = e^e$; $h = \frac{1}{10}e$.

4. Obwohl in den folgenden Randwertproblemen $q(x) < 0$ ist, existieren eindeutige Lösungen und sind gegeben. Approximieren Sie mit dem einfachen Schießverfahren die Lösungen der folgenden Probleme, und vergleichen Sie die Ergebnisse mit den tatsächlichen Lösungen.

a) $y'' + y = 0$, $0 \leq x \leq \frac{\pi}{4}$, $y(0) = 1$, $y(\frac{\pi}{4}) = 1$; $h = \frac{\pi}{20}$; tatsächliche Lösung $y(x) = \cos x + (\sqrt{2} - 1)\sin x$.

b) $y'' + 4y = \cos x$, $0 \leq x \leq \frac{\pi}{4}$, $y(0) = 0$, $y(\frac{\pi}{4}) = 0$; $h = \frac{\pi}{20}$; tatsächliche Lösung $y(x) = -\frac{1}{3}\cos 2x - \frac{\sqrt{2}}{6}\sin 2x + \frac{1}{3}\cos x$.

c) $y'' = \dfrac{-2(2xy' + y - \ln x)}{x^2}$, $1 \leq x \leq 2$, $y(1) = \frac{1}{2}$, $y(2) = \ln 2$; $h = 0{,}05$; tatsächliche Lösung $y(x) = 4x^{-1} - 2x^{-2} + \ln x - \frac{3}{2}$.

d) $y'' = 2y' - y + xe^x - x$, $0 \leq x \leq 2$, $y(0) = 0$, $y(2) = -4$; $h = 0{,}2$; tatsächliche Lösung $y(x) = \frac{1}{6}x^3e^x - \frac{5}{3}xe^x + 2e^x - x - 2$.

5. Approximieren Sie mit dem Differenzenverfahren die Lösung $y = e^{-10x}$ des Randwertproblems

$$y'' = 100y, \quad 0 \leq x \leq 1, \quad y(0) = 1, \quad y(1) = e^{-10}.$$

Verwenden Sie $h = 0{,}1$ und $h = 0{,}05$. Vergleichen Sie die Ergebnisse mit der tatsächlichen Lösung und mit Übung 5 in Abschnitt 11.2.

6. Wiederholen Sie Übung 3 a), b) und c) mit der in Beispiel 2 diskutierten Extrapolation.

7. Die Durchbiegung einer gleichmäßig belasteten, langen, rechteckigen Platte unter axialer Krafteinwirkung wird durch eine Differentialgleichung zweiter Ordnung beschrieben. S stelle die axiale Kraft und q die Intensität der gleichmäßigen Belastung dar. Die Durchbiegung W entlang der ursprünglichen Länge sei durch

$$W''(x) - \frac{S}{D}W(x) = \frac{-ql}{2D}x + \frac{q}{2D}x^2, \quad 0 \leq x \leq l, \quad W(0) = W(l) = 0$$

gegeben, wobei l die Länge und D die Beugefestigkeit der Platte darstellt. Es sei $q = 200$ N/cm^2, $S = 100$ N/cm, $D = 8{,}8 \cdot 10^7$ N/cm und $l = 50$ cm. Approximieren Sie mit dem Differenzenverfahren die Durchbiegung in 1-cm-Intervallen.

11.4. Das einfache Schießverfahren bei nichtlinearen Randwertproblemen

Das einfache Schießverfahren bei dem nichtlinearen Randwertproblem zweiter Ordnung

$$y'' = f(x, y, y') \text{ für } a \le x \le b \text{ mit } y(a) = \alpha \text{ und } y(b) = \beta \tag{11.6}$$

ist dem Verfahren bei linearen Randwertproblemen ähnlich, außer daß die Lösung eines nichtlinearen Problems nicht als eine Linearkombination der Lösungen zweier Anfangswertprobleme ausgedrückt werden kann. Stattdessen benötigt man zur Approximation der Lösung des Randwertproblems die Lösungen einer Folge von Anfangswertproblemen der Form

$$y'' = f(x, y, y') \text{ für } a \le x \le b \text{ mit } y(a) = \alpha \text{ und } y'(a) = t, \tag{11.7}$$

die den Parameter t enthalten. Dazu werden die Parameter $t = t_k$ derart gewählt, daß

$$\lim_{k \to \infty} y(b, t_k) = y(b) = \beta$$

sichergestellt wird, wobei $y(x, t_k)$ die Lösung des Anfangswertproblems (11.7) mit $t = t_k$ und $y(x)$ die Lösung des Randwertproblems (11.6) bezeichnet.

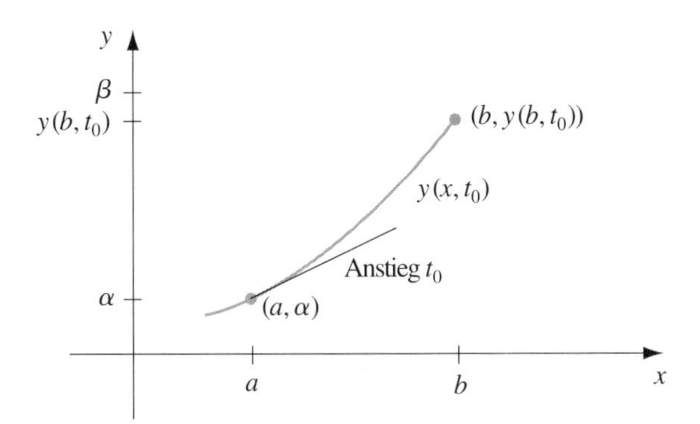

Abb. 11.2

Dieses Verfahren heißt „Schießverfahren" in Analogie zu dem Feuern auf ein festes Ziel. (Siehe Abbildung 11.2.) Man beginnt mit einem Parameter t_0, der die Anfangshöhe bestimmt, auf der das Objekt vom Punkt (a, α) abgeschossen wird, entlang der durch die Lösung des Anfangswertproblems

$$y'' = f(x, y, y') \text{ für } a \le x \le b \text{ mit } y(a) = \alpha \text{ und } y'(a) = t_0$$

beschriebenen Kurve.

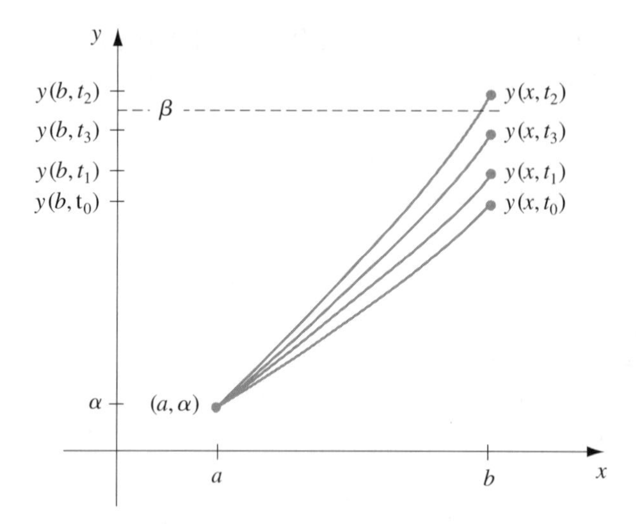

Abb. 11.3

Liegt $y(b, t_0)$ nicht hinreichend nahe β, korrigiert man die Approximation, indem man die Höhe t_1, t_2 und so weiter auswählt, bis $y(b, t_k)$ hinreichend nahe β „trifft". (Siehe Abbildung 11.3.)

Das Problem besteht darin, den Parameter in dem Anfangswertproblem so zu bestimmen, daß

$$y(b, t) - \beta = 0$$

ist. Da dies eine nichtlineare Gleichung vom in Kapitel 2 betrachteten Typ ist, stehen mehrere Verfahren zur Verfügung. Um dieses Problem mit den Sekantenverfahren zu lösen, werden die Anfangsnäherungen t_0 und t_1 von t ausgewählt und dann die übrigen Terme der Folge wie folgt erzeugt:

Lösung durch Sekantenverfahren

Angenommen, t_0 und t_1 seien gegebene Anfangsnäherungen des Parameters t, der das nichtlineare Randwertproblem löst. Für jedes sukzessive $k = 2, 3, \ldots$ wird das Anfangswertproblem

$$y'' = f(x, y, y') \text{ für } a \leq x \leq b \text{ mit } y(a) = \alpha$$

zuerst mit $y'(a) = t_{k-2}$ und dann mit $y'(a) = t_{k-1}$ gelöst. Dann wird

$$t_k = t_{k-1} - \frac{(y(b, t_{k-1}) - \beta)(t_{k-1} - t_{k-2})}{y(b, t_{k-1}) - y(b, t_{k-2})}$$

definiert und das Verfahren mit t_{k-1} anstatt t_{k-2} und mit t_k anstatt t_{k-1} wiederholt.

Um die Folge $\{t_k\}$ mit dem leistungsfähigeren Newtonschen Verfahren zu erzeugen, wird nur eine Anfangsnäherung t_0 benötigt. Die Iteration hat jedoch die Form

$$t_k = t_{k-1} - \frac{y(b, t_{k-1}) - \beta}{(\mathrm{d}y/\mathrm{d}t)(b, t_{k-1})}, \text{ wobei } (\mathrm{d}y/\mathrm{d}t)(b, t_{k-1}) \equiv \frac{\mathrm{d}y}{\mathrm{d}t}(b, t_{k-1})$$

ist, und erfordert die Kenntnis von $(\mathrm{d}y/\mathrm{d}t)(b, t_{k-1})$. Dies stellt eine Schwierigkeit dar, da keine explizite Darstellung von $y(b, t)$ bekannt ist; man kennt nur die Werte $y(b, t_0), y(b, t_1), \ldots, y(b, t_{k-1})$.

Zur Überwindung dieser Schwierigkeit wird als erstes das Anfangswertproblem umgeschrieben, betont sei dabei, daß die Lösung sowohl von x als auch von t abhängt:

$$\begin{aligned} y''(x, t) = f(x, y(x, t), y'(x, t)) &\text{ für } a \leq x \leq b \\ \text{mit } y(a, t) = \alpha &\text{ und } y'(a, t) = t, \end{aligned}$$

die ursprüngliche Schreibweise wird beibehalten, um anzuzeigen, daß bezüglich x differenziert wird. Da man daran interessiert ist, $(\mathrm{d}y/\mathrm{d}t)(b, t)$ für $t = t_{k-1}$ zu bestimmen, betrachtet man die partielle Ableitung bezüglich t. Daraus folgt

$$\begin{aligned} \frac{\partial y''}{\partial t}(x, t) &= \frac{\partial f}{\partial t}(x, y(x, t), y'(x, t)) \\ &= \frac{\partial f}{\partial x}(x, y(x, t), y'(x, t))\frac{\partial x}{\partial t} + \frac{\partial f}{\partial y}(x, y(x, t), y'(x, t))\frac{\partial y}{\partial t}(x, t) \\ &\quad + \frac{\partial f}{\partial y'}(x, y(x, t), y'(x, t))\frac{\partial y'}{\partial t}(x, t) \end{aligned}$$

oder, da x und t unabhängig sind,

$$\begin{aligned} \frac{\partial y''}{\partial t}(x, t) = &\frac{\partial f}{\partial y}(x, y(x, t), y'(x, t))\frac{\partial y}{\partial t}(x, t) \\ &+ \frac{\partial f}{\partial y'}(x, y(x, t), y'(x, t))\frac{\partial y'}{\partial t}(x, t) \end{aligned} \tag{11.8}$$

für $a \leq x \leq b$. Die Anfangsbedingungen ergeben

$$\frac{\partial y}{\partial t}(a, t) = 0 \text{ und } \frac{\partial y'}{\partial t}(a, t) = 1.$$

Vereinfacht man die Schreibweise, indem man $(\partial y/\partial t)(x, t)$ mit $z(x, t)$ bezeichnet, und nimmt man an, daß die Reihenfolge der Differentiation von x und t umgekehrt werden kann, dann wird Gleichung (11.8) zu dem linearen Anfangswertproblem

$$\begin{aligned} z'' = \frac{\partial f}{\partial y}(x, y, y')z + \frac{\partial f}{\partial y'}(x, y, y')z' &\text{ für } a \leq x \leq b \\ \text{mit } z(a, t) = 0 &\text{ und } z'(a, t) = 1. \end{aligned}$$

Das Newtonsche Verfahren fordert daher, daß für jede Iteration zwei Anfangswertprobleme gelöst werden.

Lösung durch das Newtonsche Verfahren

Angenommen, t_0 sei eine gegebene Anfangsnäherung des Parameters t, der das nichtlineare Randwertproblem löst. Für jedes sukzessive $k = 1, 2, \ldots$ werden die Anfangswertprobleme

$$y'' = f(x, y, y') \text{ für } a \leq x \leq b$$
$$\text{mit } y(a) = \alpha \text{ und } y'(a) = t_{k-1}$$

und

$$z'' = f_y(x, y, y')z + f_{y'}(x, y, y')z' \text{ für } a \leq x \leq b$$
$$\text{mit } z(a, t) = 0 \text{ und } z'(a, t) = 1$$

gelöst. Dann wird

$$t_k = t_{k-1} - \frac{y(b, t_{k-1}) - \beta}{z(b, t_{k-1})}$$

definiert und das Verfahren mit t_k anstatt t_{k-1} wiederholt.

In der Praxis wird wahrscheinlich keines dieser Anfangswertprobleme exakt gelöst, stattdessen werden die Lösungen mit einem in Kapitel 5 diskutierten Verfahren approximiert. Das Programm NLINS113 wendet das Runge-Kutta-Verfahren vierter Ordnung zur Approximation beider Lösungen an, die für das Newtonsche Verfahren benötigt werden.

Beispiel 1. Betrachtet sei das Randwertproblem

$$y'' = \frac{1}{8}(32 + 2x^3 - yy') \text{ für } 1 \leq x \leq 3 \text{ mit } y(1) = 17 \text{ und } y(3) = \frac{43}{3},$$

das die exakte Lösung $y(x) = x^2 + 16/x$ besitzt.

Anwenden des einfachen Schießverfahrens auf dieses Problem erfordert die Approximation des Anfangswertproblems

$$y'' = \frac{1}{8}(32 + 2x^3 - yy') \text{ für } 1 \leq x \leq 3 \text{ mit } y(1) = 17 \text{ und } y'(1) = t_k$$

und

$$z'' = \frac{\partial f}{\partial y}z + \frac{\partial f}{\partial y'}z' = -\frac{1}{8}(y'z + yz') \text{ für } 1 \leq x \leq 3$$
$$\text{mit } z(1) = 0 \text{ und } z'(1) = 1$$

bei jedem Iterationsschritt. Falls das Abbruchverfahren eine Genauigkeit von 10^{-5} im rechten Endpunkt erfordert, werden vier Iterationen und $t_4 = -14{,}000203$ benötigt. Die für diesen Wert von t erhaltenen Ergebnisse sind in Tabelle 11.4 zusammengefaßt. □

Tabelle 11.4

x_i	$w_{1,i}$	$y(x_i)$	$\lvert w_{1,i} - y(x_i)\rvert$
1,0	17,000000	17,000000	
1,1	15,755495	15,755455	$4{,}06 \cdot 10^{-5}$
1,2	14,773389	14,773333	$5{,}60 \cdot 10^{-5}$
1,3	13,997752	13,997692	$5{,}94 \cdot 10^{-5}$
1,4	13,388629	13,388571	$5{,}71 \cdot 10^{-5}$
1,5	12,916719	12,916667	$5{,}23 \cdot 10^{-5}$
1,6	12,560046	12,560000	$4{,}64 \cdot 10^{-5}$
1,7	12,301805	12,301765	$4{,}02 \cdot 10^{-5}$
1,8	12,128923	12,128889	$3{,}14 \cdot 10^{-5}$
1,9	12,031081	12,031053	$2{,}84 \cdot 10^{-5}$
2,0	12,000023	12,000000	$2{,}32 \cdot 10^{-5}$
2,1	12,029066	12,029048	$1{,}84 \cdot 10^{-5}$
2,2	12,112741	12,112727	$1{,}40 \cdot 10^{-5}$
2,3	12,246532	12,246522	$1{,}01 \cdot 10^{-5}$
2,4	12,426673	12,426667	$6{,}68 \cdot 10^{-6}$
2,5	12,650004	12,650000	$3{,}61 \cdot 10^{-6}$
2,6	12,913847	12,913845	$9{,}17 \cdot 10^{-7}$
2,7	13,215924	13,215926	$1{,}43 \cdot 10^{-6}$
2,8	13,554282	13,554286	$3{,}46 \cdot 10^{-6}$
2,9	13,927236	13,927241	$5{,}21 \cdot 10^{-6}$
3,0	14,333327	14,333333	$6{,}69 \cdot 10^{-6}$

Obwohl das mit dem einfachen Schießverfahren angewandte Newtonsche Verfahren die Lösung eines zusätzlichen Anfangswertproblems erfordert, ist es im allgemeinen schneller als das Sekantenverfahren. Beide Verfahren sind nur lokal konvergent, da sie gute Anfangsnäherungen benötigen.

Übungsaufgaben

1. Approximieren Sie mit dem einfachen Schießverfahren bei nichtlinearen Randwertproblemen und dem Newtonschen Verfahren mit $h = 0{,}5$ die Lösung des Randwertproblems

$$y'' = -(y')^2 - y + \ln x \text{ für } 1 \leq x \leq 2 \text{ mit } y(1) = 0 \text{ und } y(2) = \ln 2.$$

Vergleichen Sie Ihre Ergebnisse mit der tatsächlichen Lösung $y = \ln x$.

2. Approximieren Sie mit dem einfachen Schießverfahren bei nichtlinearen Randwertproblemen und dem Newtonschen Verfahren mit $h = 0{,}25$ die Lösung des Randwertproblems

$$y'' = 2y^3, \text{ für } 1 \leq x \leq 2, \text{ mit } y(1) = \tfrac{1}{4} \text{ und } y(2) = \tfrac{1}{5}.$$

Vergleichen Sie Ihre Ergebnisse mit der tatsächlichen Lösung $y(x) = (x+3)^{-1}$.

3. Approximieren Sie mit dem einfachen Schießverfahren bei nichtlinearen Randwertproblemen und dem Newtonschen Verfahren mit $TOL = 10^{-4}$ die Lösung der folgenden Randwertprobleme. Die tatsächliche Lösung ist zum Vergleich für Ihre Ergebnisse gegeben.

a) $y'' = y^3 - yy'$, $1 \leq x \leq 2$, $y(1) = \frac{1}{2}$, $y(2) = \frac{1}{3}$; $h = 0{,}1$; vergleichen Sie die Ergebnisse mit $y(x) = (x+1)^{-1}$.

b) $y'' = 2y^3 - 6y - 2x^3$, $1 \leq x \leq 2$, $y(1) = 2$, $y(2) = \frac{5}{2}$; $h = 0{,}1$; vergleichen Sie die Ergebnisse mit $y(x) = x + x^{-1}$.

c) $y'' = y' + 2(y - \ln x)^3 - x^{-1}$, $1 \leq x \leq 2$, $y(1) = 1$, $y(2) = \frac{1}{2} + \ln 2$; $h = 0{,}1$; vergleichen Sie die Ergebnisse mit $y(x) = x^{-1} + \ln x$.

d) $y'' = 2y' - (y')^2 - 2 + e^y - e^x(\cos x + \sin x)$, $0 \leq x \leq \frac{\pi}{2}$, $y(0) = 0$, $y(\frac{\pi}{2}) = \frac{\pi}{2}$; $h = \frac{\pi}{20}$; vergleichen Sie die Ergebnisse mit $y(x) = \ln(e^x \cos x + e^x \sin x)$.

e) $y'' = \frac{1}{2}y^3$, $1 \leq x \leq 2$, $y(1) = -\frac{2}{3}$, $y(2) = -1$; $h = 0{,}05$; vergleichen Sie die Ergebnisse mit $y(x) = 2(x-4)^{-1}$.

f) $y'' = [x^2(y')^2 - 9y^2 + 4x^4]/x^5$, $1 \leq x \leq 2$, $y(1) = 0$, $y(2) = \ln 256$; $h = 0{,}05$; vergleichen Sie die Ergebnisse mit $y(x) = x^3 \ln x$.

4. Lösen Sie mit dem einfachen Schießverfahren bei nichtlinearen Randwertproblemen und dem Sekantenverfahren anstelle des Newtonschen Verfahrens mit $t_0 = (\beta - \alpha)/(b-a)$ und $t_1 = t_0 + (\beta - y(b, t_0))/(b-a)$ die in Übung 3 gestellten Aufgaben.

11.5. Differenzenverfahren bei nichtlinearen Randwertproblemen

Das Differenzenverfahren bei dem allgemeinen nichtlinearen Randwertproblem

$$y'' = f(x, y, y') \text{ für } a \leq x \leq b \text{ mit } y(a) = \alpha \text{ und } y(b) = \beta$$

ist dem auf lineare Probleme in Abschnitt 11.3 angewandten Verfahren ähnlich. Hier ist jedoch das Gleichungssystem nichtlinear, so daß wir zu seiner Lösung ein iteratives Verfahren benötigen.

Wie im linearen Fall teilt man $[a, b]$ in $(N+1)$ gleiche Teilintervalle auf, deren Endpunkte in $x_i = a + ih$ für $i = 0, 1, \ldots, N+1$ liegen. Angenommen, die exakte Lösung besitze eine beschränkte vierte Ableitung und erlaube es, in jeder

der Gleichungen $y''(x_i)$ und $y'(x_i)$ durch die passende zentrale Differenzenformel zu ersetzen; man erhält somit für alle $i = 1, 2, \ldots, N$

$$\frac{y(x_{i+1}) - 2y(x_i) + y(x_{i-1})}{h^2}$$
$$= f\left(x_i, y(x_i), \frac{y(x_{i+1}) - y(x_{i-1})}{2h} - \frac{h^2}{6}y'''(\eta_i)\right) + \frac{h^2}{12}y^{(4)}(\xi_i)$$

für beliebige ξ_i und η_i in dem Intervall (x_{i-1}, x_{i+1}).

Wie im linearen Fall ergibt sich das Differenzenverfahren, wenn die Fehlerterme gestrichen werden und die Randbedingungegn hinzuaddiert werden. Dies liefert das nichtlineare $(N \times N)$-System

$$\begin{aligned}
2w_1 - w_2 + h^2 f\left(x_1, w_1, \frac{w_2 - \alpha}{2h}\right) - \alpha &= 0,\\
-w_1 + 2w_2 - w_3 + h^2 f\left(x_2, w_2, \frac{w_3 - w_1}{2h}\right) &= 0,\\
&\vdots\\
-w_{N-2} + 2w_{N-1} - w_N + h^2 f\left(x_{N-1}, w_{N-1}, \frac{w_N - w_{N-2}}{2h}\right) &= 0,\\
-w_{N-1} + 2w_N + h^2 f\left(x_N, w_N, \frac{\beta - w_{N-1}}{2h}\right) - \beta &= 0.
\end{aligned}$$

Um die Lösung dieses Systems zu approximieren, wird das in Abschnitt 10.2 diskutierte Newtonsche Verfahren für nichtlineare Systeme angewandt. Eine Iterationsfolge $\{(w_1^{(k)}, w_2^{(k)}, \ldots, w_N^{(k)})^t\}$ wird erzeugt, die gegen die Lösung des Systems konvergiert, vorausgesetzt, daß die Anfangsnäherung $(w_1^{(0)}, w_2^{(0)}, \ldots, w_N^{(0)})^t$ hinreichend nahe der Lösung $(w_1, w_2, \ldots, w_N)^t$ liegt.

Das Newtonsche Verfahren für nichtlineare Systeme fordert, daß bei jeder Iteration ein $(N \times N)$-Linearsystem gelöst wird, das die Jacobische Matrix enthält. In diesem Fall ist die Jacobische Matrix tridiagonal, und die Crout-Faktorisierung kann angewandt werden. Die Anfangsnäherungen $w_i^{(0)}$ von w_i für alle $i = 1, 2, \ldots, N$ erhält man, indem eine Gerade durch (a, α) und (b, β) gezogen und in x_i ausgewertet wird.

Da eine gute Anfangsbedingung gefordert sein kann, sollte eine obere Schranke für k spezifiziert und, falls sie überschritten wird, eine neue Anfangsnäherung oder eine Verringerung der Schrittweite betrachtet werden.

Mit dem Programm NLFDM114 kann das Differenzenverfahren bei nichtlinearen Randwertproblemen angewendet werden.

Beispiel 1. Anwenden des Differenzenverfahrens mit $h = 0{,}01$ auf das nichtlineare Randwertproblem

$$y'' = \frac{1}{8}(32 + 2x^3 - yy'), \text{ für } 1 \leq x \leq 3, \text{ mit } y(1) = 17 \text{ und } y(3) = \frac{43}{3}$$

liefert die Ergebnisse in Tabelle 11.5. Das in diesem Beispiel verwendete Abbruchverfahren iterierte, bis aufeinanderfolgende Iterationen sich um weniger als 10^{-8} unterschieden. Dieses Ziel wurde mit vier Iterationen erreicht. Das Problem in diesem Beispiel ist dasselbe wie das, das in Beispiel 1, Abschnitt 11.4, auf das das einfache Schießverfahren angewandt wurde. □

Tabelle 11.5

x_i	w_i	$y(x_i)$	$\|w_i - y(x_i)\|$
1,0	17,000000	17,000000	
1,1	15,754503	15,755455	$9{,}520 \cdot 10^{-4}$
1,2	14,771740	14,773333	$1{,}594 \cdot 10^{-3}$
1,3	13,995677	13,997692	$2{,}015 \cdot 10^{-3}$
1,4	13,386297	13,388571	$2{,}275 \cdot 10^{-3}$
1,5	12,914252	12,916667	$2{,}414 \cdot 10^{-3}$
1,6	12,557538	12,560000	$2{,}462 \cdot 10^{-3}$
1,7	12,299326	12,301765	$2{,}438 \cdot 10^{-3}$
1,8	12,126529	12,128889	$2{,}360 \cdot 10^{-3}$
1,9	12,028814	12,031053	$2{,}239 \cdot 10^{-3}$
2,0	11,997915	12,000000	$2{,}085 \cdot 10^{-3}$
2,1	12,027142	12,029048	$1{,}905 \cdot 10^{-3}$
2,2	12,111020	12,112727	$1{,}707 \cdot 10^{-3}$
2,3	12,245025	12,246522	$1{,}497 \cdot 10^{-3}$
2,4	12,425388	12,426667	$1{,}278 \cdot 10^{-3}$
2,5	12,648944	12,650000	$1{,}056 \cdot 10^{-3}$
2,6	12,913013	12,913846	$8{,}335 \cdot 10^{-4}$
2,7	13,215312	13,215926	$6{,}142 \cdot 10^{-4}$
2,8	13,553885	13,554286	$4{,}006 \cdot 10^{-4}$
2,9	13,927046	13,927241	$1{,}953 \cdot 10^{-4}$
3,0	14,333333	14,333333	

Auch das Richardson-Verfahren kann als Differenzenverfahren bei nichtlinearen Randwertproblemen eingesetzt werden. Tabelle 11.6 faßt die Ergebnisse zusammen, wenn diese Methode mit $h = 0{,}1$, 0,05 und 0,025 mit jeweils vier Iterationen auf dieses Beispiel angewandt wird. Die Vorgehensweise ist dieselbe wie in Beispiel 1 in Abschnitt 11.4; alle Werte von EXT_{3i} sind auf die aufgelisteten Stellen genau, mit einem maximalen Fehler von $3{,}68 \cdot 10^{-10}$. Die Werte von $w_i(h = 0{,}1)$ sind nicht in der Tabelle aufgeführt, da sie schon vorher zusammengestellt wurden.

Tabelle 11.6

x_i	w_i ($h = 0{,}05$)	w_i ($h = 0{,}025$)	Ext_{1i}	Ext_{2i}	Ext_{3i}
1,0	17,00000000	17,00000000	17,00000000	17,00000000	17,00000000
1,1	15,75521721	15,75539525	15,75545543	15,75545460	15,75545455
1,2	14,77293601	14,77323407	14,77333479	14,77333342	14,77333333
1,3	13,99718996	13,99756690	13,99769413	13,99769242	13,99769231
1,4	13,38800424	13,38842973	13,38857346	13,38857156	13,38857143
1,5	12,91606471	12,91651628	12,91666881	12,91666680	12,91666667
1,6	12,55938618	12,55984665	12,56000217	12,56000014	12,56000000
1,7	12,30115670	12,30161280	12,30176684	12,30176484	12,30176471
1,8	12,12830042	12,12874287	12,12899094	12,12888902	12,12888889
1,9	12,03049438	12,03091316	12,03105457	12,03105275	12,03105263
2,0	11,99948020	11,99987013	12,00000179	12,00000011	12,00000000
2,1	12,02857252	12,02892892	12,02902924	12,02904772	12,02904762
2,2	12,11230149	12,11262089	12,11272872	12,11272736	12,11272727
2,3	12,24614846	12,24642848	12,24652299	12,24652182	12,24652174
2,4	12,42634789	12,42658702	12,42666773	12,42666673	12,42666667
2,5	12,64973666	12,64993420	12,65000086	12,65000005	12,65000000
2,6	12,91362828	12,91379422	12,91384683	12,91384620	12,91384615
2,7	13,21577275	13,21588765	13,21592641	13,21592596	13,21592593
2,8	13,55418579	13,55426075	13,55428603	13,55428573	13,55428571
2,9	13,92719268	13,92722921	13,92724153	13,92724139	13,92724138
3,0	14,33333333	14,33333333	14,33333333	14,33333333	14,33333333

Übungsaufgaben

1. Approximieren Sie mit dem Differenzenverfahren bei nichtlinearen Randwertproblemen und mit $h = 0{,}5$ die Lösung des Randwertproblems

$$y'' = -(y')^2 - y + \ln x, \quad 1 \le x \le 2, \quad y(1) = 0, \quad y(2) = \ln 2.$$

Vergleichen Sie Ihre Ergebnisse mit der tatsächlichen Lösung $y = \ln x$.

2. Approximieren Sie mit dem Differenzenverfahren bei nichtlinearen Randwertproblemen und mit $h = 0{,}25$ die Lösung des Randwertproblems

$$y'' = 2y^3, \quad 1 \le x \le 2, \quad y(1) = \tfrac{1}{4}, \quad y(2) = \tfrac{1}{5}.$$

Vergleichen Sie Ihre Ergebnisse mit der tatsächlichen Lösung $y = (x+3)^{-1}$.

3. Approximieren Sie mit dem Differenzenverfahren bei nichtlinearen Randwertproblemen und mit $TOL = 10^{-4}$ die Lösung der folgenden Randwertprobleme. Die tatsächliche Lösung ist zum Vergleich für Ihre Ergebnisse gegeben.

a) $y'' = y^3 - yy'$, $1 \le x \le 2$, $y(1) = \frac{1}{2}$, $y(2) = \frac{1}{3}$; $h = 0{,}1$; vergleichen Sie die Ergebnisse mit $y(x) = (x+1)^{-1}$.

b) $y'' = 2y^3 - 6y - 2x^3$, $1 \le x \le 2$, $y(1) = 2$, $y(2) = \frac{5}{2}$; $h = 0{,}1$; vergleichen Sie die Ergebnisse mit $y(x) = x + x^{-1}$.

c) $y'' = y' + 2(y - \ln x)^3 - x^{-1}$, $1 \le x \le 2$, $y(1) = 1$, $y(2) = \frac{1}{2} + \ln 2$; $h = 0{,}1$; vergleichen Sie die Ergebnisse mit $y(x) = x^{-1} + \ln x$.

d) $y'' = 2y' - (y')^2 - 2 + e^y - e^x(\cos x + \sin x)$, $0 \le x \le \frac{\pi}{2}$, $y(0) = 0$, $y(\frac{\pi}{2}) = \frac{\pi}{2}$; $h = \frac{\pi}{20}$; vergleichen Sie die Ergebnisse mit $y(x) = \ln(e^x \cos x + e^x \sin x)$.

e) $y'' = \frac{1}{2}y^3$, $1 \le x \le 2$, $y(1) = -\frac{2}{3}$, $y(2) = -1$; $h = 0{,}05$; vergleichen Sie die Ergebnisse mit $y(x) = 2(x-4)^{-1}$.

f) $y'' = [x^2(y')^2 - 9y^2 + 4x^4]/x^5$, $1 \le x \le 2$, $y(1) = 0$, $y(2) = \ln 256$; $h = 0{,}05$; vergleichen Sie die Ergebnisse mit $y(x) = x^3 \ln x$.

4. Wiederholen Sie Übung 3 a) und b) mit der Extrapolation.

11.6. Variationsmethoden

Das einfache Schießverfahren zur Approximation der Lösung eines Randwertproblems ersetzt dieses durch ein Anfangswertproblem. Der Differenzenansatz ersetzt die stetige Operation der Differentiation durch die diskrete Operation der Differenzen. Das Rayleigh-Ritz-Verfahren ist eine Variationsmethode, die das Problem von einem dritten Ansatz her anpackt. Das Randwertproblem wird als erstes als ein Problem umformuliert, aus der Menge aller hinreichend differenzierbaren Funktionen, die den Randbedingungen genügen, die Funktion auszuwählen, die ein gewisses Integral minimiert. Dann reduziert man die Menge der möglichen Funktionen größenmäßig und gelangt so zu einer Approximation des Minimierungsproblems und (folglich) zu einer Approximation der Lösung des Randwertproblems.

Um das Rayleigh-Ritz-Verfahren zu beschreiben, sei die Approximation der Lösung eines linearen Zwei-Punkte-Randwertproblems aus der Materialfestigkeitsananlyse eines Balkens betrachtet. Dieses Randwertproblem wird durch die Differentialgleichung

$$-\frac{\mathrm{d}}{\mathrm{d}x}\left(p(x)\frac{\mathrm{d}y}{\mathrm{d}x}\right) + q(x)y = f(x) \text{ für } 0 \le x \le 1$$

mit den Randbedingungen

$$y(0) = y(1) = 0$$

beschrieben. Die Differentialgleichung beschreibt die Durchbiegung $y(x)$ eines Balkens der Länge eins mit den durch $q(x)$ gegebenen veränderlichen Querschnitten. Die Durchbiegung beruht auf den addierten Spannungen $p(x)$ und $f(x)$.

Wie im Fall vieler Randwertprobleme, die physikalische Phänomene beschreiben, genügt die Lösung der Balkengleichung einer Variationseigenschaft.

Die Lösung der Balkengleichung ist die Funktion, die ein gewisses Integral über alle Funktionen in $C_0^2[0, 1]$ minimiert, die Menge der Funktionen auf $[0, 1]$, die zwei stetige Ableitungen besitzen und $u(0) = u(1) = 0$ genügen.

Variationseigenschaft der Balkengleichung

Die Funktion $y \in C_0^2[0, 1]$ ist genau dann die eindeutige Lösung des Randwertproblems

$$-\frac{\mathrm{d}}{\mathrm{d}x}\left(p(x)\frac{\mathrm{d}y}{\mathrm{d}x}\right) + q(x)y = f(x) \text{ für } 0 \leq x \leq 1,$$

wenn y die eindeutige Funktion in $C_0^2[0, 1]$ ist, die das Integral

$$I[u] = \int_0^1 \{p(x)[u'(x)]^2 + q(x)[u(x)]^2 - 2f(x)u(x)\}\mathrm{d}x$$

minimiert.

Das Rayleigh-Ritz-Verfahren approximiert die Lösung y, indem das Integral nicht über alle Funktionen in $C_0^2[0, 1]$, sondern über eine kleine Menge von Funktionen minimiert wird, die aus Linearkombinationen von bestimmten Basisfunktionen $\phi_1, \phi_2, \ldots, \phi_n$ besteht. Die Basisfunktionen müssen linear unabhängig sein und

$$\phi_i(0) = \phi_i(1) = 0, \text{ für alle } i = 1, 2, \ldots, n$$

genügen. Eine Approximation $\phi(x) = \sum_{i=1}^n c_i\phi_i(x)$ der Lösung $y(x)$ erhält man durch Bestimmen der Konstanten $c_1, c_2, \ldots, c_n$ zur Minimierung von $I\left[\sum_{i=1}^n c_i\phi_i\right]$.

Wegen der Variationseigenschaft

$$\begin{aligned} I[\phi] &= I\left[\sum_{i=1}^n c_i\phi_i\right] \\ &= \int_0^1 \left\{ p(x)\left[\sum_{i=1}^n c_i\phi_i'(x)\right]^2 + q(x)\left[\sum_{i=1}^n c_i\phi_i(x)\right]^2 \right. \\ &\quad \left. - 2f(x)\sum_{i=1}^n c_i\phi_i(x)\right\}\mathrm{d}x, \end{aligned}$$

und damit ein Minimum auftritt, ist

$$\frac{\partial I}{\partial c_j} = 0 \text{ für alle } j = 1, 2, \ldots, n$$

notwendig. Differenzieren bezüglich der Koeffizienten ergibt

$$\frac{\partial I}{\partial c_j} = \int_0^1 \Big\{ 2p(x) \sum_{i=1}^{n} c_i \phi_i'(x) \phi_j'(x) + 2q(x) \sum_{i=1}^{n} c_i \phi_i(x) \phi_j(x)$$
$$- 2f(x)\phi_j(x) \Big\} \mathrm{d}x$$

und somit

$$0 = \sum_{i=1}^{n} \left[\int_0^1 \{ p(x)\phi_i'(x)\phi_j'(x) + q(x)\phi_i(x)\phi_j(x) \} \mathrm{d}x \right] c_i - \int_0^1 f(x)\phi_j(x)\mathrm{d}x$$

für alle $j = 1, 2, \ldots, n$. Diese Normalgleichungen erzeugen ein $(n \times n)$-Linearsystem $A\mathbf{c} = \mathbf{b}$ in den Variablen $c_1, c_2, \ldots, c_n$, wobei die symmetrische Matrix A durch

$$a_{ij} = \int_0^1 [p(x)\phi_i'(x)\phi_j'(x) + q(x)\phi_i(x)\phi_j(x)]\mathrm{d}x$$

gegeben ist und **b** die Koordinaten

$$b_i = \int_0^1 f(x)\phi_i(x)\mathrm{d}x$$

besitzt.

Die einfachste Wahl der Basisfunktionen enthält stückweise lineare Polynome. Im ersten Schritt wird [0, 1] aufgeteilt, indem die Punkte $x_0, x_1, \ldots, x_{n+1}$ mit

$$0 = x_0 < x_1 < \ldots < x_n < x_{n+1} = 1$$

ausgewählt werden. Es sei $h_i = x_{i+1} - x_i$ für alle $i = 0, 1, \ldots, n$, und die Basisfunktionen $\phi_1(x), \phi_2(x), \ldots, \phi_n(x)$ seien durch

$$\phi_i(x) = \begin{cases} 0, & 0 \leq x \leq x_{i-1}, \\ \dfrac{(x - x_{i-1})}{h_{i-1}}, & x_{i-1} < x \leq x_i, \\ \dfrac{(x_{i+1} - x)}{h_i}, & x_i < x \leq x_{i+1}, \\ 0, & x_{i+1} < x \leq 1 \end{cases}$$

für alle $i = 1, 2, \ldots, n$ definiert. (Siehe Abbildung 11.4.)

Da die Funktionen in ϕ_1 stückweise linear sind, sind die Ableitungen ϕ_i', obwohl nicht stetig, in dem offenen Teilintervall (x_j, x_{j+1}) für alle $j = 0, 1, \ldots, n$

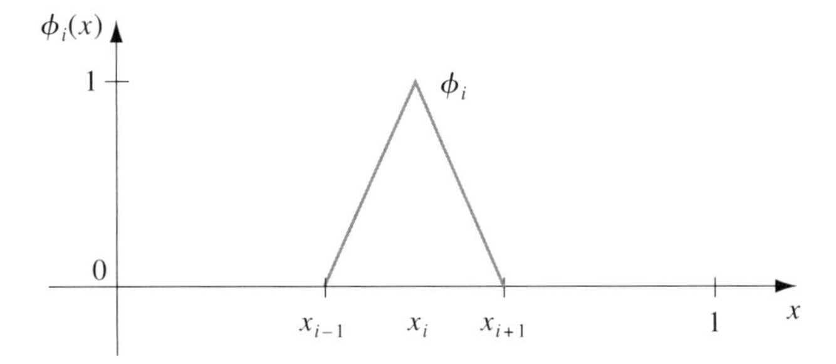

Abb. 11.4

konstant. Daher erhält man

$$\phi_i'(x) = \begin{cases} 0, & 0 < x \leq x_{i-1}, \\ \dfrac{1}{h_{i-1}}, & x_{i-1} < x < x_i, \\ -\dfrac{1}{h_i}, & x_i < x < x_{i+1}, \\ 0, & x_{i+1} < x < 1 \end{cases}$$

für alle $i = 1, 2, \ldots, n$. Weil ϕ_i und ϕ_i' nur auf (x_{i-1}, x_{i+1}) ungleich null sind, gilt

$$\phi_i(x)\phi_j(x) \equiv 0 \text{ und } \phi_i'(x)\phi_j'(x) \equiv 0,$$

außer wenn j gleich $i-1$ oder $i+1$ ist. Folglich reduziert sich das Linearsystem auf ein tridiagonales $(n \times n)$-Linearsystem. Die Elemente ungleich null in A sind

$$\begin{aligned} a_{ii} &= \int_0^1 \{p(x)[\phi_i'(x)]^2 + q(x)[\phi_i(x)]^2\}\mathrm{d}x \\ &= \int_{x_{i-1}}^{x_i} \left(\frac{1}{h_{i-1}}\right)^2 p(x)\mathrm{d}x + \int_{x_i}^{x_{i+1}} \left(\frac{-1}{h_i}\right)^2 p(x)\mathrm{d}x \\ &\quad + \int_{x_{i-1}}^{x_i} \left(\frac{1}{h_{i-1}}\right)^2 (x - x_{i-1})^2 q(x)\mathrm{d}x \\ &\quad + \int_{x_i}^{x_{i+1}} \left(\frac{1}{h_i}\right)^2 (x_{i+1} - x)^2 q(x)\mathrm{d}x \end{aligned}$$

für alle $i = 1, 2, \ldots, n$,

$$\begin{aligned} a_{i,i+1} &= \int_0^1 \{p(x)\phi_i'(x)\phi_{i+1}'(x) + q(x)\phi_i(x)\phi_{i+1}(x)\}\mathrm{d}x \\ &= \int_{x_i}^{x_{i+1}} -\left(\frac{1}{h_i}\right)^2 p(x)\mathrm{d}x + \int_{x_i}^{x_{i+1}} \left(\frac{1}{h_i}\right)^2 (x_{i+1} - x)(x - x_i)q(x)\mathrm{d}x \end{aligned}$$

für alle $i = 1, 2, \ldots, n-1$ und

$$\begin{aligned} a_{i,i-1} &= \int_0^1 \{p(x)\phi_i'(x)\phi_{i-1}'(x) + q(x)\phi_i(x)\phi_{i-1}(x)\}\mathrm{d}x \\ &= \int_{x_{i-1}}^{x_i} -\left(\frac{1}{h_{i-1}}\right)^2 p(x)\mathrm{d}x \\ &\quad + \int_{x_{i-1}}^{x_i} \left(\frac{1}{h_{i-1}}\right)^2 (x_i - x)(x - x_{i-1})q(x)\mathrm{d}x \end{aligned}$$

für alle $i = 2, \ldots, n$. Die Elemente in $\mathbf{b}$ sind

$$\begin{aligned} b_i = \int_0^1 f(x)\phi_i(x)\mathrm{d}x &= \int_{x_{i-1}}^{x_i} \frac{1}{h_{i-1}}(x - x_{i-1})f(x)\mathrm{d}x \\ &\quad + \int_{x_i}^{x_{i+1}} \frac{1}{h_i}(x_{i+1} - x)f(x)\mathrm{d}x \end{aligned}$$

für alle $i = 1, 2, \ldots, n$.

Obwohl es scheint, als ob es zehn Typen von auszuwertenden Integralen gibt, sind das tatsächlich nur sechs:

$$Q_{1,i} = \left(\frac{1}{h_i}\right)^2 \int_{x_i}^{x_{i+1}} (x_{i+1} - x)(x - x_i)q(x)\mathrm{d}x \text{ für alle } i = 1, 2, \ldots, n-1,$$

$$Q_{2,i} = \left(\frac{1}{h_{i-1}}\right)^2 \int_{x_{i-1}}^{x_i} (x - x_{i-1})^2 q(x)\mathrm{d}x \text{ für alle } i = 1, 2, \ldots, n,$$

$$Q_{3,i} = \left(\frac{1}{h_i}\right)^2 \int_{x_i}^{x_{i+1}} (x_{i+1} - x)^2 q(x)\mathrm{d}x \text{ für alle } i = 1, 2, \ldots, n,$$

$$Q_{4,i} = \left(\frac{1}{h_{i-1}}\right)^2 \int_{x_{i-1}}^{x_i} p(x)\mathrm{d}x \text{ für alle } i = 1, 2, \ldots, n+1,$$

$$Q_{5,i} = \frac{1}{h_{i-1}} \int_{x_{i-1}}^{x_i} (x - x_{i-1})f(x)\mathrm{d}x \text{ für alle } i = 1, 2, \ldots, n \qquad \text{und}$$

$$Q_{6,i} = \frac{1}{h_i} \int_{x_i}^{x_{i+1}} (x_{i+1} - x)f(x)\mathrm{d}x \text{ für alle } i = 1, 2, \ldots, n.$$

Dann gilt

$$\begin{aligned} a_{i,i} &= Q_{4,i} + Q_{4,i+1} + Q_{2,i} + Q_{3,i} \quad \text{für alle } i = 1, 2, \ldots, n, \\ a_{i,i+1} &= -Q_{4,i+1} + Q_{1,i} \quad \text{für alle } i = 1, 2, \ldots, n-1, \\ a_{i,i-1} &= -Q_{4,i} + Q_{1,i-1} \quad \text{für alle } i = 2, 3 \ldots, n, \\ \text{und } b_i &= Q_{5,i} + Q_{6,i} \quad \text{für alle } i = 1, 2 \ldots, n. \end{aligned}$$

Die Elemente in $\mathbf{c}$ sind die unbekannten Koeffizienten $c_1, c_2, \ldots, c_n$, mit denen die durch $\phi(x) = \sum_{i=1}^n c_i\phi_i(x)$ gegebene Rayleigh-Ritz-Approximation ϕ gebildet wird.

Eine praktische Schwierigkeit dieser Methode liegt in der Notwendigkeit, $6n$ Integrale auswerten zu müssen. Das kann entweder direkt oder mit einer Quadraturformel, wie der Simpsonschen Methode, geschehen.

Ein alternativer Ansatz zur Integralauswertung besteht darin, jede der Funktionen p, q und r mit ihren stückweisen linearen Interpolationspolynomen zu approximieren und dann die Approximation zu integrieren. Betrachtet sei beispielsweise das Integral $Q_{1,i}$. Die stückweise lineare Interpolation von q ist durch

$$P_q(x) = \sum_{i=0}^{n+1} q(x_i)\phi_i(x)$$

gegeben, wobei $\phi_1, \ldots, \phi_n$ die stückweisen Basisfunktionen sind und

$$\phi_0(x) = \begin{cases} \dfrac{x_1 - x}{x_1}, & 0 \leq x \leq x_1, \\ 0, & \text{sonst} \end{cases}$$

und

$$\phi_{n+1}(x) = \begin{cases} \dfrac{x - x_n}{1 - x_n}, & x_n \leq x \leq 1, \\ 0, & \text{sonst} \end{cases}$$

ist. Da das Integrationsintervall $[x_i, x_{i+1}]$ ist, reduziert sich P_q zu

$$P_q(x) = q(x_i)\phi_i(x) + q(x_{i+1})\phi_{i+1}(x).$$

Dies ist das in Abschnitt 3.2 studierte Interpolationspolynom ersten Grades mit dem Fehler

$$|q(x) - P_q(x)| = O(h_i^2) \text{ für } x_i \leq x \leq x_{x_i+1},$$

falls $q \in C^2[x_i, x_{i+1}]$ ist. Für $i = 1, 2, \ldots, n-1$ erhält man die Approximation von $Q_{1,i}$ durch Integrieren der Integrandennäherung

$$\begin{aligned} Q_{1,i} &= \left(\frac{1}{h_i}\right)^2 \int_{x_i}^{x_{i+1}} (x_{i+1} - x)(x - x_i)q(x)\mathrm{d}x \\ &\approx \left(\frac{1}{h_i}\right)^2 \int_{x_i}^{x_{i+1}} (x_{i+1} - x)(x - x_i) \left[\frac{q(x_i)(x_{i+1} - x)}{h_i} + \right. \\ &\quad \left. + \frac{q(x_{i+1})(x - x_i)}{h_i}\right] \mathrm{d}x \\ &= \frac{h_i}{12} [q(x_i) + q(x_{i+1})] \end{aligned}$$

mit

$$\left| Q_{1,i} - \frac{h_i}{12}[q(x_i) + q(x_{i+1})] \right| = O(h_i^3).$$

Die Approximationen der anderen Integrale werden entsprechend hergeleitet und sind durch

$$Q_{2,i} \approx \frac{h_{i-1}}{12}[3q(x_i) + q(x_{i-1})], \quad Q_{3,i} \approx \frac{h_i}{12}[3q(x_i) + q(x_{i+1})],$$
$$Q_{4,i} \approx \frac{h_{i-1}}{2}[p(x_i) + p(x_{i-1})], \quad Q_{5,i} \approx \frac{h_{i-1}}{6}[2f(x_i) + f(x_{i-1})]$$

und

$$Q_{6,i} \approx \frac{h_i}{6}[2f(x_i) + f(x_{i+1})]$$

gegeben.

Das Programm PLRRG115 stellt das tridiagonale Linearsystem auf und enthält die Crout-Faktorisierung für tridiagonale Systeme zum Lösen des Systems. Die Integrale $Q_{1,i}, \ldots, Q_{6,i}$ können mit einer der eben erwähnten Methoden berechnet werden. Aufgrund des elementaren Charakters des folgenden Beispiels werden die Integrale direkt bestimmt.

Beispiel 1. Betrachtet sei das Randwertproblem

$$-y'' + \pi^2 y = 2\pi^2 \sin(\pi x) \text{ für } 0 \leq x \leq 1 \text{ mit } y(0) = y(1) = 0.$$

Es sei $h_i = h = 0{,}1$, so daß $x_i = 0{,}1i$ für alle $i = 0, 1, \ldots, 9$ gibt. Die Integrale sind

$$Q_{1,i} = 100 \int_{0,1i}^{0,1i+0,1} (0{,}1i + 0{,}1 - x)(x - 0{,}1i)\pi^2 \mathrm{d}x = \frac{\pi^2}{60},$$
$$Q_{2,i} = 100 \int_{0,1i-0,1}^{0,1i} (x - 0{,}1i + 0{,}1)^2 \pi^2 \mathrm{d}x = \frac{\pi^2}{30},$$
$$Q_{3,i} = 100 \int_{0,1i}^{0,1i+0,1} (0{,}1i + 0{,}1 - x)^2 \pi^2 \mathrm{d}x = \frac{\pi^2}{30},$$
$$Q_{4,i} = 100 \int_{0,1i-0,1}^{0,1i} \mathrm{d}x = 10,$$
$$Q_{5,i} = 10 \int_{0,1i-0,1}^{0,1i} (x - 0{,}1i + 0{,}1)\pi^2 \sin \pi x \, \mathrm{d}x$$
$$= -2\pi \cos 0{,}1\pi i + 20[\sin(0{,}1\pi i) - \sin((0{,}1i - 0{,}1)\pi)]$$

und

$$Q_{6,i} = 10 \int_{0,1i}^{0,1i+0,1} (0{,}1i + 0{,}1 - x) 2\pi^2 \sin \pi x \, \mathrm{d}x$$
$$= 2\pi \cos 0{,}1\pi i - 20[\sin((0{,}1i + 0{,}1)\pi) - \sin(0{,}1\pi i)].$$

Das Linearsystem $A\mathbf{c} = \mathbf{b}$ besitzt

$$
\begin{aligned}
a_{i,i} &= \quad 20 + \frac{\pi^2}{15} \text{ für alle } i = 1, 2, \ldots, 9, \\
a_{i,i+1} &= -10 + \frac{\pi^2}{60} \text{ für alle } i = 1, 2, \ldots, 8, \\
a_{i,i-1} &= -10 + \frac{\pi^2}{60} \text{ für alle } i = 2, 3 \ldots, 9
\end{aligned}
$$

und

$$b_i = 40 \sin(0{,}1\pi i)[1 - \cos 0{,}1\pi] \text{ für alle } i = 1, 2, \ldots, 9.$$

Die Lösung des tridiagonalen Linearsystems lautet

$$
\begin{aligned}
c_9 &= 0{,}3102866742, & c_6 &= 0{,}9549641893, & c_3 &= 0{,}8123410598, \\
c_8 &= 0{,}5902003271, & c_5 &= 1{,}004108771, & c_2 &= 0{,}5902003271, \\
c_7 &= 0{,}8123410598, & c_4 &= 0{,}9549641893, & c_1 &= 0{,}3102866742.
\end{aligned}
$$

Für die stückweise lineare Approximation gilt

$$\phi(x) = \sum_{i=1}^{9} c_i \phi_i(x).$$

Die tatsächliche Lösung des Randwertproblems ist:

$$y(x) = \sin \pi x.$$

Tabelle 11.7 faßt den Fehler in der Approximation in x_i für alle $i = 1, \ldots, 9$ zusammen. □

Tabelle 11.7

i	x_i	$\phi(x_i)$	$y(x_i)$	$\lvert\phi(x_i) - y(x_i)\rvert$
1	0,1	0,3102866742	0,3090169943	0,00127
2	0,2	0,5902003271	0,5877852522	0,00242
3	0,3	0,8123410598	0,8090169943	0,00332
4	0,4	0,9549641896	0,9510565162	0,00391
5	0,5	1,0041087710	1,0000000000	0,00411
6	0,6	0,9549641893	0,9510565162	0,00391
7	0,7	0,8123410598	0,8090169943	0,00332
8	0,8	0,5902003271	0,5877852522	0,00242
9	0,9	0,3102866742	0,3090169943	0,00127

Die durch die stückweisen, linearen Basisfunktionen gegebene tridiagonale Matrix A ist positiv definit, so daß das System bezüglich des Rundungsfehlers stabil ist und

$$|\phi(x) - y(x)| = O(h^2), \quad 0 \le x \le 1$$

gilt.

Stückweise lineare Basisfunktionen führen zu einer Näherungslösung, die auf $[0, 1]$ stetig, aber nicht differenzierbar ist. Man benötigt eine komplizierte Menge von Basisfunktionen, um eine Approximation zu bilden, die zu $C_0^2[0, 1]$ gehört. Diese Basisfunktionen sind den in Abschnitt 3.6 diskutierten kubischen Interpolationssplines ähnlich.

Das kubische *Interpolationsspline* S auf den fünf Knoten x_0, x_1, x_2, x_3 und x_4 für eine Funktion f sei wie folgt definiert:

a) S ist ein kubisches Polynom auf $[x_j, x_{j+1}]$ für $j = 0, 1, 2, 3$ und wird mit S_j bezeichnet. (*Dies ergibt 16 auswählbare Konstanten für S, 4 für jedes kubische Spline.*)
b) $S(x_j) = f(x_j)$ für $j = 0, 1, 2, 3, 4$ (5 *aufgeführte Bedingungen*).
c) $S_{j+1}(x_{j+1}) = S_j(x_{j+1})$ für $j = 0, 1, 2$ (3 *aufgeführte Bedingungen*).
d) $S'_{j+1}(x_{j+1}) = S'_j(x_{j+1})$ für $j = 0, 1, 2$ (3 *aufgeführte Bedingungen*).
e) $S''_{j+1}(x_{j+1}) = S''_j(x_{j+1})$ für $j = 0, 1, 2$ (3 *aufgeführte Bedingungen*).
f) Eine der folgenden Randbedingungen ist erfüllt:
   i) freier Rand: $S''(x_0) = S''(x_4) = 0$ (2 *aufgeführte Bedingungen.*)
   ii) Hermite-Rand: $S'(x_0) = f''(x_0)$ und $S'(x_4) = f'(x_4)$ (2 *aufgeführte Bedingungen.*)

Aufgrund der Eindeutigkeit der Lösung muß die Anzahl der Konstanten in a), das heißt 16, gleich der Anzahl der Bedingungen in b) bis f) sein, somit kann nur *eine* der Randbedingungen in f) für die kubischen Interpolationssplines spezifiziert sein. Die kubischen Splinefunktionen, die für die Basisfunktionen verwendet werden, heißen **B-Splines** (*bell-shaped splines*). Sie unterscheiden sich von Interpolationssplines darin, daß beide Randbedingungen in f) erfüllt sind. Dazu müssen zwei der Bedingungen in b) bis e) vernachlässigt werden. Das Spline muß zwei stetige Ableitungen auf $[x_0, x_4]$ besitzen, so daß man gezwungen ist, zwei der Interpolationsbedingungen zu streichen. Insbesondere wird Bedingung b) zu

b′) $\quad S(x_j) = f(x_j)$, für $j = 0, 2, 4$ modifiziert.

Das im folgenden definierte Basis-B-Spline S verwendet die äquidistant eingeteilten Knoten $x_0 = -2$, $x_1 = -1$, $x_2 = 0$, $x_3 = 1$ und $x_4 = 2$. Es genügt sowohl den Interpolationsbedingungen

b′) $\quad S(x_0) = 0, \quad S(x_2) = 1, \quad S(x_4) = 0$

als auch den beiden Bedingungen.

i) $S''(x_0) = S''(x_4) = 0$ und ii) $S'(x_0) = S'(x_4) = 0$.

Folglich besitzt S zwei stetige Ableitungen und ist durch

$$S(x) = \begin{cases} 0, & x \leq -2; \\ \frac{1}{4}[(2-x)^3 - 4(1-x)^3 - 6x^3 + 4(1+x)^3], & -2 \leq x \leq -1; \\ \frac{1}{4}[(2-x)^3 - 4(1-x)^3 - 6x^3], & -1 < x \leq 0; \\ \frac{1}{4}[(2-x)^3 - 4(1-x)^3], & 0 < x \leq 1; \\ \frac{1}{4}[(2-x)^3], & 1 < x \leq 2; \\ 0, & 2 < x \end{cases}$$

definiert.

Um die Basisfunktionen ϕ_i in $C_0^2[0, 1]$ zu bilden, wird als erstes $[0, 1]$ aufgeteilt, indem eine positive, ganze Zahl n ausgewählt und $h = 1/(n+1)$ definiert wird. Damit werden die äquidistanten Knoten $x_i = ih$ für alle $i = 0, 1, \ldots, n+1$ erzeugt. Dann definiert man S_i durch

$$S_i(x) = S\left(\frac{x - x_i}{h}\right)$$

für alle $i = 0, 1, \ldots, n + 1$. Der Kurvenverlauf eines typischen S_i ist in Abbildung 11.6 zu sehen, was eine einfache gestreckte oder gestauchte Übertragung der in Abbildung 11.5 gezeigten Kurve von S darstellt.

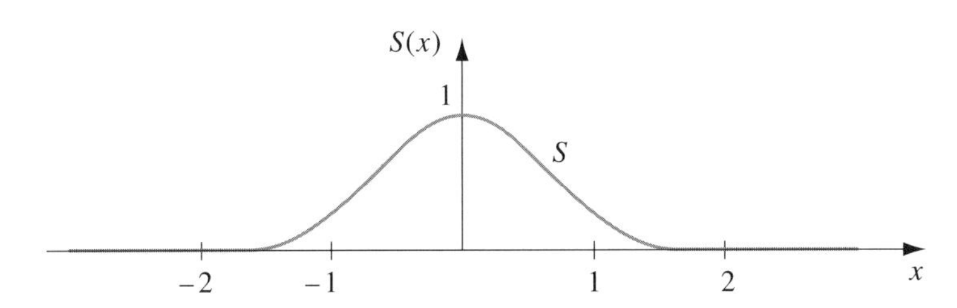

Abb. 11.5

Für $2 \leq i \leq n - 1$ sieht die Kurve von ϕ_i genauso aus wie die in Abbildung 11.6 gezeigte von S_i. Die graphischen Darstellungen von ϕ_i für $i = 0, 1, n$ und $n + 1$ sind in Abbildung 11.7 gegeben.

Damit die linear unabhängige Menge $\{S_i\}_{i=0}^{n+1}$ den Randbedingungen $\phi_i(0) = \phi_i(1) = 0$ genügt, müssen S_0, S_1, S_n und S_{n+1} modifiziert werden. Die Basis

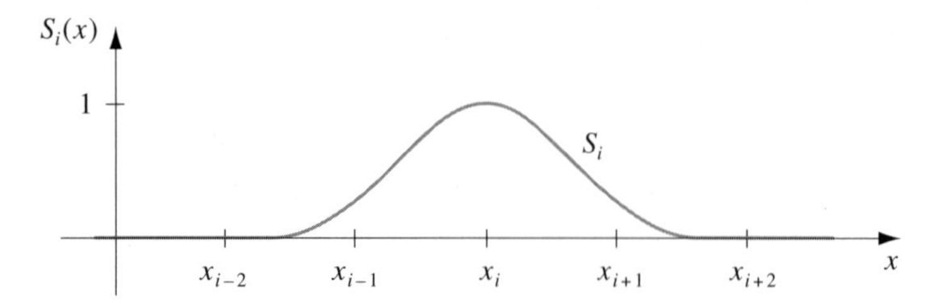

Abb. 11.6

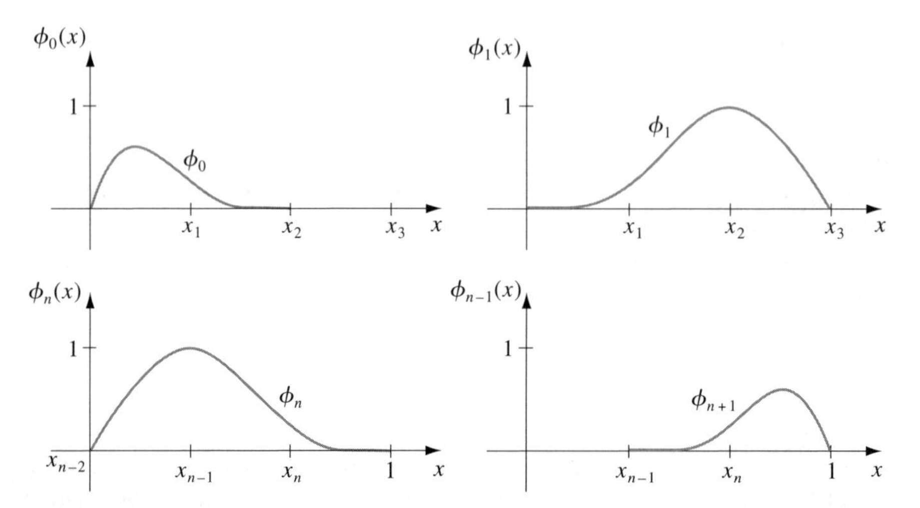

Abb. 11.7

mit diesen Modifikationen ist durch

$$\phi_i(x) = \begin{cases} S_0(x) - 4S\left(\dfrac{x+h}{h}\right), & \text{für} \quad i = 0, \\[2ex] S_1(x) - S\left(\dfrac{x+h}{h}\right), & \text{für} \quad i = 1, \\[2ex] S_i(x), & \text{für} \quad 2 \le i \le n-1, \\[2ex] S_n(x) - S\left(\dfrac{x-(n+2)h}{h}\right), & \text{für} \quad i = n, \\[2ex] S_{n+1}(x) - 4S\left(\dfrac{x-(n+2)h}{h}\right), & \text{für} \quad i = n+1 \end{cases}$$

definiert.

Da $\phi_i(x)$ und $\phi_i'(x)$ nur für $x_{i-2} \le x \le x_{i+2}$ ungleich null sind, ist die Matrix in der Rayleigh-Ritz-Approximation eine Bandmatrix mit einer Bandbreite von höchstens sieben:

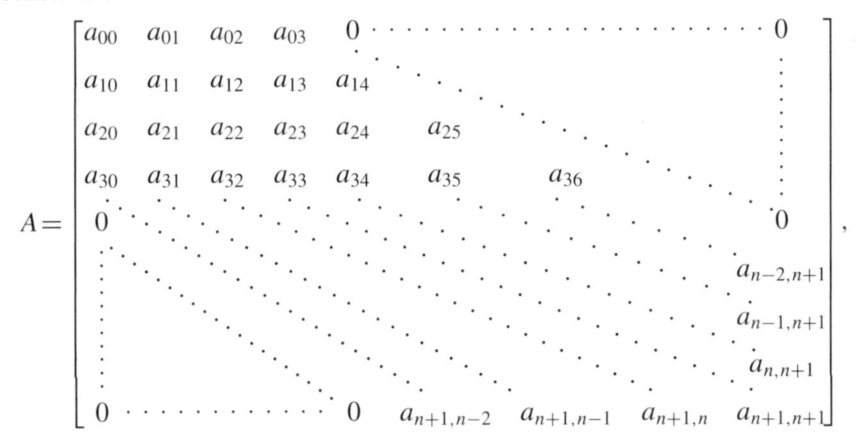

wobei

$$a_{ij} = \int_0^1 \{p(x)\phi_i'(x)\phi_j'(x) + q(x)\phi_i(x)\phi_j(x)\}\mathrm{d}x$$

für alle $i, j = 0, 1, \ldots, n+1$ gilt. Die Matrix A ist positv definit, so daß das Linearsystem mit dem Cholesky-Verfahren oder dem Gaußschen Algorithmus schnell gelöst werden kann. Das Programm CSRRG116 konstruiert die durch das Rayleigh-Ritz-Verfahren beschriebene kubische Spline-Approximation.

Beispiel 2. Betrachtet sei das Randwertproblem

$$-y'' + \pi^2 y = 2\pi^2 \sin(\pi x) \text{ für } 0 \leq x \leq 1 \text{ mit } y(0) = y(1) = 0.$$

In Beispiel 1 wurde $h = 0{,}1$ gewählt, und die Approximationen wurden mit stückweisen, linearen Basisfunktionen erzeugt. Tabelle 11.8 faßt die Ergebnisse zusammen, die mit den B-Splines bei derselben Knotenwahl erhalten wurden. □

Die Integrationen sollten wie bei dem stückweisen linearen Verfahren in zwei Schritten ausgeführt werden. Zuerst bildet man das kubische Spline-Interpolationspolynom für p, q und f mit den in Abschnitt 3.6 vorgestellten Methoden. Dann werden die Integranden mit Produkten oder Ableitungen von kubischen Splines approximiert. Da diese Integranden stückweise Polynome sind, können sie auf jedem Teilintervall exakt integriert und dann aufsummiert werden.

Im allgemeinen liefert dieses Verfahren Approximationen $\phi(x)$ von $y(x)$, die

$$\left\{\int_0^1 |y(x) - \phi(x)|^2 \mathrm{d}x\right\}^{\frac{1}{2}} = O(h^4), \quad 0 \leq x \leq 1$$

genügen.

Tabelle 11.8

i	c_i	x_i	$\phi(x_i)$	$y(x_i)$	$\|y(x_i) - \phi(x_i)\|$
0	$0{,}50964361 \cdot 10^{-5}$	0	0,00000000	0,00000000	0,00000000
1	0,20942608	0,1	0,30901644	0,30901699	0,00000055
2	0,39835678	0,2	0,58778549	0,58778525	0,00000024
3	0,54828946	0,3	0,80901687	0,80901699	0,00000012
4	0,64455358	0,4	0,95105667	0,95105652	0,00000015
5	0,67772340	0,5	1,00000002	1,00000000	0,00000020
6	0,64455370	0,6	0,95105713	0,95105652	0,00000061
7	0,54828951	0,7	0,80901773	0,80901699	0,00000074
8	0,39835730	0,8	0,58778690	0,58778525	0,00000165
9	0,20942593	0,9	0,30901810	0,30901699	0,00000111
10	$0{,}74931285 \cdot 10^{-5}$	1,0	0,00000000	0,00000000	0,00000000

Übungsaufgaben

1. Approximieren Sie die Lösung des Randwertproblems

$$y'' + \frac{\pi^2}{4}y = \frac{\pi^2}{16}\cos\frac{\pi}{4}x, \quad 0 \leq x \leq 1, \quad y(0) = y(1) = 0$$

mit dem stückweisen linearen Verfahren. Verwenden Sie $x_0 = 0$, $x_1 = 0{,}3$, $x_2 = 0{,}7$, $x_3 = 1$, und vergleichen Sie die Ergebnisse mit der tatsächlichen Lösung

$$y(x) = -\frac{1}{3}\cos\frac{\pi}{2}x - \frac{\sqrt{2}}{6}\sin\frac{\pi}{2}x + \frac{1}{3}\cos\frac{\pi}{4}x.$$

2. Approximieren Sie die Lösung des Randwertproblems

$$-\frac{\mathrm{d}}{\mathrm{d}x}(xy') + 4y = 4x^2 - 8x + 1, \quad 0 \leq x \leq 1, \quad y(0) = y(1) = 0$$

mit dem stückweisen linearen Verfahren. Verwenden Sie $x_0 = 0$, $x_1 = 0{,}4$, $x_2 = 0{,}8$, $x_3 = 1$, und vergleichen Sie die Ergebnisse mit der tatsächlichen Lösung $y(x) = x^2 - x$.

3. Approximieren Sie die Lösungen der folgenden Randwertprobleme mit dem stückweisen linearen Verfahren, und vergleichen Sie die Ergebnisse mit der tatsächlichen Lösung:

a) $-y'' + y = x$, $0 \leq x \leq 1$, $y(0) = y(1) = 0$; $h = 0{,}1$; tatsächliche Lösung $y(x) = x + \dfrac{e}{e^2 - 1}(e^{-x} - e^x)$.

b) $-x^2y'' - 2xy' + 2y = -4x^2$, $0 \leq x \leq 1$, $y(0) = y(1) = 0$; $h = 0{,}1$; tatsächliche Lösung $y(x) = x^2 - x$.

c) $\dfrac{\mathrm{d}}{\mathrm{d}x}(e^x y') + e^x y = x + (2 - x)e^x$, $0 \leq x \leq 1$, $y(0) = y(1) = 0$; $h = 0{,}1$; tatsächliche Lösung $y(x) = (x - 1)(e^{-x} - 1)$.

d) $-\dfrac{\mathrm{d}}{\mathrm{d}x}(e^{-x}y') + e^{-xy} = (x - 1) - (x + 1)e^{-(x-1)}$, $0 \leq x \leq 1$, $y(0) = y(1) = 0$; $h = 0{,}05$; tatsächliche Lösung $y(x) = x(e^x - e)$.

e) $-(x+1)y'' - y' + (x+2)y = (2-(x+1)^2)e\ln 2 - 2e^x$, $0 \le x \le 1$, $y(0) = y(1) = 0$; $h = 0{,}05$; tatsächliche Lösung $y(x) = e^x \ln(x+1) - (e\ln 2)x$.

f) $-(x+1)^2y'' - 2(x+1)y' = -1$, $0 \le x \le 1$, $y(0) = y(1) = 0$; $h = 0{,}1$; tatsächliche Lösung $y(x) = -2x(x+1)^{-1}\ln 2 + \ln(x+1)$.

4. Approximieren Sie die Lösung jedes der folgenden Randwertprobleme mit dem kubischen Spline-Verfahren und $n = 3$, und vergleichen Sie die Ergebnisse mit den tatsächlichen Lösungen:

a) $y'' + \frac{\pi}{4}y = \frac{\pi^2}{16}\cos\frac{\pi}{4}x$, $0 \le x \le 1$, $y(0) = y(1) = 0$.

b) $-\dfrac{\mathrm{d}}{\mathrm{d}x}(xy') + 4y = 4x^2 - 8x + 1$, $0 \le x \le 1$, $y(0) = 0$, $y(1) = 0$.

5. Wiederholen Sie Übung 3 mit dem kubischen Spline-Verfahren.

6. Zeigen Sie, daß das Randwertproblem

$$-\frac{\mathrm{d}}{\mathrm{d}x}(p(x)y') + q(x)y = f(x), \quad 0 \le x \le 1, \quad y(0) = \alpha, \quad y(1) = \beta$$

durch den Variablenwechsel

$$z = y - \beta x - (1-x)\alpha$$

in die Form

$$-\frac{\mathrm{d}}{\mathrm{d}x}(p(x)z') + q(x)z = F(x), \quad 0 \le x \le 1, \quad z(0) = 0, \quad z(1) = 0$$

überführt werden kann.

7. Approximieren Sie mit Übung 6 und dem stückweisen linearen Verfahren und $n = 9$ die Lösung des Randwertproblems

$$-y'' + y = x, \quad 0 \le x \le 1, \quad y(0) = 1, \quad y(1) = 1 + e^{-1}.$$

8. Wiederholen Sie Übung 7 mit dem kubischen Spline-Verfahren.

9. Zeigen Sie, daß das Randwertproblem

$$-\frac{\mathrm{d}}{\mathrm{d}x}(p(x)y') + q(x)y = f(x), \quad a \le x \le b, \quad y(a) = \alpha, \quad y(b) = \beta$$

in die Form

$$-\frac{\mathrm{d}}{\mathrm{d}w}(p(w)z') + q(w)z = F(w), \quad 0 \le w \le 1, \quad z(0) = 0, \quad z(1) = 0$$

überführt werden kann, indem eine Methode verwendet wird, die in der Übung 6 gegebenen ähnlich ist.

11.7. Methoden- und Softwareüberblick

In diesem Kapitel wurden Methoden zur Approximation der Lösungen von Randwertproblemen diskutiert. Für das lineare Randwertproblem

$$y'' = p(x)y' + q(x)y + r(x)$$
$$\text{für } a \leq x \leq b \text{ mit } y(a) = \alpha \text{ und } y(b) = \beta$$

wurden zur Approximation der Lösung sowohl das einfache Schießverfahren als auch ein Differenzenverfahren betrachtet. Das einfache Schießverfahren löst die Anfangswertprobleme

$$y'' = p(x)y' + q(x)y + r(x)$$
$$\text{für } a \leq x \leq b \text{ mit } y(a) = \alpha \text{ und } y'(a) = 0$$

und

$$y'' = p(x)y' + q(x)y \text{ für } a \leq x \leq b \text{ mit } y(a) = 0 \text{ und } y'(a) = 1.$$

In dem Differenzenverfahren werden y'' und y' durch Differenzen approximiert, und ein Linearsystem wird gelöst. Obwohl die Approximationen weniger genau als beim einfachen Schießverfahren sein können, ist das Verfahren bezüglich des Rundungsfehlers weniger empfindlich. Die Genauigkeit kann mit Differenzenverfahren höherer Ordnung oder mit der Extrapolation erhöht werden.

Für das nichtlineare Randwertproblem

$$y'' = f(x,y,y') \text{ für } a \leq x \leq b \text{ mit } y(a) = \alpha \text{ und } y(b) = \beta$$

wurden ebenfalls zwei Methoden vorgestellt. Das einfache Schießverfahren bei nichtlinearen Randwertproblemen benötigt die Lösung des Anfangswertproblems

$$y'' = f(x,y,y') \text{ für } a \leq x \leq b \text{ mit } y(a) = \alpha \text{ und } y'(a) = t$$

für ein anfänglich gewähltes t. Man kann diese Wahl verbessern, indem die Lösung t von $y(b,t) = \beta$ mit dem Newtonschen Verfahren approximiert wird. Bei diesem Verfahren müssen bei jeder Iteration zwei Anfangswertprobleme gelöst werden. Die Genauigkeit hängt von der Methode ab, die zum Lösen des Anfangswertproblems gewählt wird. Bei dem Differenzenverfahren bei nichtlinearen Randwertproblemen müssen y'' und y' durch Differenzenquotienten ersetzt werden, was zu einem nichtlinearen System führt. Dieses System wird mit dem Newtonschen Verfahren gelöst. Die Genauigkeit kann mit Differenzen höherer Ordnung oder der Extrapolation verbessert werden. Differenzenverfahren neigen dazu, weniger empfindlich bezüglich des Rundungsfehlers als Schießverfahren zu sein.

Das Rayleigh-Ritz-Verfahren wurde zur Approximation der Lösung des Randwertproblems

$$-\frac{\mathrm{d}\left(p(x)\frac{\mathrm{d}y}{\mathrm{d}x}\right)}{\mathrm{d}x} + q(x)y = f(x) \text{ für } 0 \leq x \leq 1 \quad \text{mit } y(0) = y(1) = 0$$

eingeführt. So läßt sich eine stückweise lineare Approximation oder eine kubische Spline-Approximation erhalten.

Das meiste, was Randwertprobleme zweiter Ordnung betrifft, kann auf Probleme mit Randbedingungen der Form

$$\alpha_1 y(a) + \beta_1 y'(a) = \alpha \quad \text{und} \quad \alpha_2 y(b) + \beta_2 y'(b) = \beta$$

übertragen werden, wobei $|\alpha_1| + |\beta_1| \neq 0$ und $|\alpha_2| + |\beta_2| \neq 0$ ist, was in einigen Fällen ziemlich kompliziert werden kann. Es werden nur zwei Methoden erwähnt, die in der IMSL-Bibliothek zum Lösen von Randwertproblemen enthalten sind. Die Unterfunktion BVPFD basiert auf Differenzen und BVPMS auf der Mehrzielmethode mit IVPRK, einem Runge-Kutta-Verner-Verfahren für Anfangswertprobleme. Beide Methoden können für parametrisierte Randwertprobleme eingesetzt werden.

Die NAG-Bibliothek besitzt eine große Zahl von Unterfunktionen zum Lösen von Randwertproblemen. Die Unterfunktion D02HAF ist ein Schießverfahren mit dem Runge-Kutta-Merson-Verfahren für Anfangswertprobleme in Verbindung mit dem Newtonschen Verfahren. Die Unterfunktion D02GAF setzt das Differenzenverfahren mit dem Newtonschen Verfahren zum Lösen des nichtlinearen Systems ein. Bei der Unterfunktion D02GBF handelt es sich um ein Differenzenverfahren für lineare Randwertprobleme.

12. Numerische Methoden für partielle Differentialgleichungen

12.1. Einleitung

Probleme in der Physik, die durch mehr als eine Variable beschrieben werden, lassen sich häufig durch Gleichungen mit partiellen Ableitungen ausdrücken. In diesem Kapitel wollen wir kurz einige der Verfahren einführen, die zur Approximation der Lösung von partiellen Differentialgleichungen zweier Variablen zur Verfügung stehen; es wird gezeigt, wie diese Verfahren auf bestimmte Standardprobleme in der Physik angewandt werden können.

Die in Abschnitt 12.2 betrachtete partielle Differentialgleichung, eine **elliptische** Gleichung, ist als **Poisson-Gleichung** bekannt:

$$\frac{\partial^2 u}{\partial x^2}(x, y) + \frac{\partial^2 u}{\partial y^2}(x, y) = f(x, y).$$

Dieser Gleichung liegt die Annahme zugrunde, daß f die Eingaben für das Problem auf einem Gebiet R in der (x, y)-Ebene mit dem Rand S beschreibt. Gleichungen dieses Typs treten bei verschiedenen zeitunabhängigen, physikalischen Problemen auf: bei der Gleichgewichtstemperaturverteilung in einer Ebene, der potentiellen Energie eines Punktes in einer Ebene mit Gravitationskräften in der Ebene und zweidimensionalen stationären Problemen, inkompressible Flüssigkeiten betreffend.

Um eine eindeutige Lösung der Poisson-Gleichung zu erhalten, müssen zusätzliche Bedingungen vorgegeben sein. Beispielsweise wird bei der stationären Temperaturverteilung in einem Gebiet in der (x, y)-Ebene gefordert, daß $f(x, y) \equiv 0$ ist, was zu der Vereinfachung

$$\frac{\partial^2 u}{\partial x^2}(x, y) + \frac{\partial^2 u}{\partial y^2}(x, y) = 0,$$

der sogenannten **Laplace-Gleichung**, führt. Falls die Temperatur innerhalb des Gebietes durch die Temperaturverteilung am Rand des Gebietes bestimmt wird, heißen die Bedingungen **Dirichlet-Randbedingungen**, die durch

$$u(x, y) = g(x, y)$$

für alle (x, y) auf S, dem Rand des Gebietes R, gegeben sind. (Siehe Abbildung 12.1.)

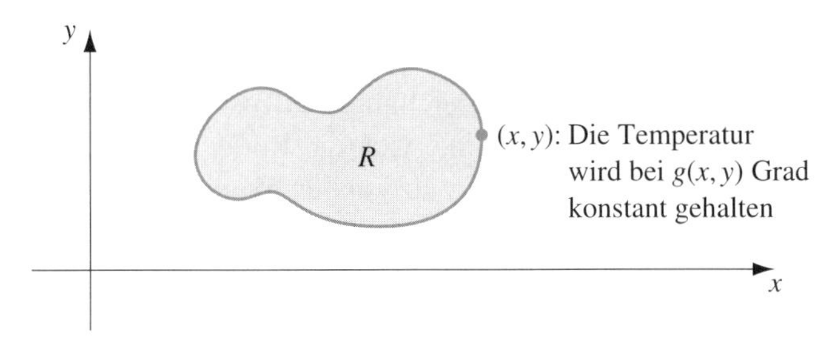

Abb. 12.1

In Abschnitt 12.3 betrachten wir die numerische Lösung eines Problems, das eine **parabolische** Differentialgleichung der Form

$$\frac{\partial u}{\partial t}(x, t) - \alpha^2 \frac{\partial^2 u}{\partial x^2}(x, t) = 0$$

enthält. Dieses physikalische Problem betrifft die Wärmeleitung in einem Stab der Länge l (siehe Abbildung 12.2), der in jedem Querschnittselement eine gleichbleibende Temperatur aufweist. Dazu muß der Stab an seinen Seitenflächen vollständig isoliert sein. Die Konstante α läßt sich über die wärmeleitenden Eigenschaften des Materials, aus dem sich der Stab zusammensetzt, bestimmen und wird in dem Stab als ortsunabhängig angenommen.

Abb. 12.2

Eine der typischen Bedingungen für ein Wärmeleitungsproblem dieser Art ist es, die anfängliche Temperaturverteilung in dem Stab

$$u(x, 0) = f(x)$$

zu spezifizieren und das Verhalten an den Enden des Stabes zu beschreiben. Werden zum Beispiel die Enden bei den konstanten Temperaturen U_1 und U_2 gehalten, haben die Randbedingungen die Form

$$u(0, t) = U_1 \quad \text{und} \quad u(l, t) = U_2,$$

und die Temperaturverteilung erreicht die Grenztemperaturverteilung

$$\lim_{t\to\infty} u(x, t) = U_1 + \frac{U_2 - U_1}{l} x.$$

Ist der Stab dagegen isoliert, so daß durch die Enden keine Wärmeabstrahlung stattfinden kann, gilt für die Randbedingungen

$$\frac{\partial u}{\partial x}(0, t) = 0 \quad \text{und} \quad \frac{\partial u}{\partial x}(l, t) = 0,$$

was letztendlich zu einer konstanten Temperatur in dem Stab führt. Die parabolische Differentialgleichung, auch unter der Bezeichnung **Diffusionsgleichung** bekannt, spielt bei der Gasdiffusion ebenfalls eine wichtige Rolle.

In Abschnitt 12.4 wird das Problem der eindimensionalen **Wellengleichung**, ein Beispiel für eine **hyperbolische** Differentialgleichung, diskutiert. Angenommen, ein elastisches Band der Länge l werde zwischen zwei, sich auf gleicher Höhe befindenden Halterungen gedehnt (siehe Abbildung 12.3).

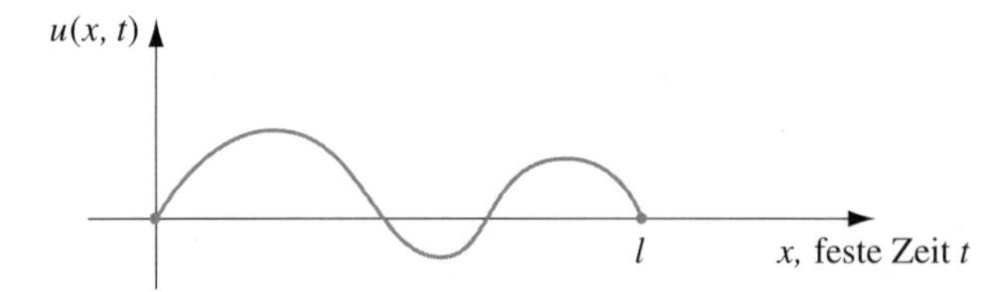

Abb. 12.3

Falls das Band vertikalen Schwingungen unterliegt, genügt die vertikale Auslenkung $u(x, t)$ eines Punktes x zur Zeit t der partiellen Differentialgleichung

$$\alpha^2 \frac{\partial^2 u}{\partial x^2}(x, t) = \frac{\partial^2 u}{\partial t^2}(x, t) \quad \text{für } 0 < x < l \quad \text{und} \quad 0 < t,$$

vorausgesetzt, daß die Dämpfung vernachlässigt wird und die Amplitude nicht zu groß ist. Um die Randbedingungen für dieses Problem vorzugeben, sei angenommen, daß die Anfangslage und -geschwindigkeit des Bandes durch

$$u(x, 0) = f(x) \quad \text{und} \quad \frac{\partial u}{\partial t}(x, 0) = g(x) \quad \text{für } 0 \le x \le l$$

gegeben sei. Falls die Endpunkte fest sind, gilt weiterhin $u(0, t) = 0$ und $u(l, t) = 0$.

Andere physikalische Probleme, die mit hyperbolischen Differentialgleichungen verbunden sind, treten bei der Schwingung eines an einem oder an beiden Enden eingespannten Stabes und bei der Transmission von Elektrizität über weite Strecken, die von Leckströmen zum Boden begleitet ist, auf.

12.2. Differenzenverfahren bei elliptischen Problemen

Wir betrachten eine *elliptische* Differentialgleichung, die Poisson-Gleichung

$$\nabla^2 u(x, y) \equiv \frac{\partial^2 u}{\partial x^2}(x, y) + \frac{\partial^2 u}{\partial y^2}(x, y) = f(x, y)$$

auf $R = \{(x, y) \mid a < x < b,\ c < y < d\}$ mit

$$u(x, y) = g(x, y) \quad \text{für } (x, y) \in S,$$

wobei mit S der Rand von R bezeichnet wird. Falls sowohl f als auch g auf ihrem Definitionsbereich stetig sind, existiert eine eindeutige Lösung dieser Gleichung.

Die hier verwendete Methode stellt eine Bearbeitung des Differenzenverfahrens bei linearen Randwertproblemen dar, das in Abschnitt 11.3 diskutiert wurde. Im ersten Schritt wählen wir die ganzen Zahlen n und m aus und definieren die Schrittweiten h und k durch $h = (b - a)/n$ und $k = (d - c)/m$. Aufteilen des Intervalls $[a, b]$ in n gleiche Teile der Länge h und des Intervalls $[c, d]$ in m gleiche Teile der Länge k führt zu einem Gitter auf dem Rechteck R, indem vertikale und horizontale Linien durch die Punkte mit den Koordinaten (x_i, y_j) gezogen werden, wobei

$$x_i = a + ih \quad \text{und} \quad y_j = b + jk$$

für alle $i = 0, 1, \ldots, n$ und $j = 0, 1, \ldots, m$ gilt (siehe Abbildung 12.4).

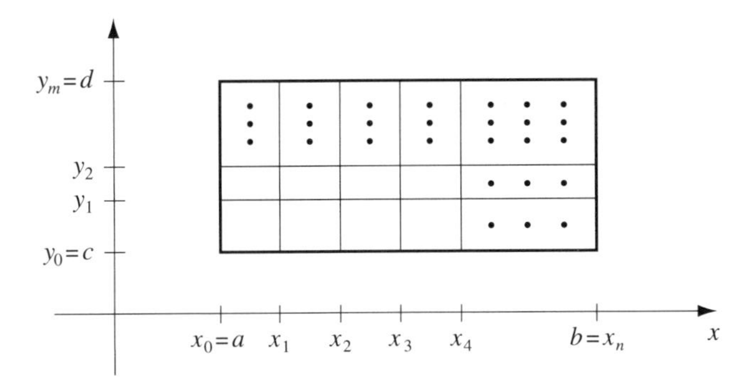

Abb. 12.4

Die Linien $x = x_i$ und $y = y_j$ heißen **Gitternetzlinien** und ihre Schnittpunkte **Gitterpunkte**. Für jeden Gitterpunkt im Inneren des Gitters wird mit einem Taylorschen Polynom für die Variable x bezüglich x_i die zentrale Differenzenformel

$$\frac{\partial^2 u}{\partial x^2}(x_i, y_j) = \frac{u(x_{i+1}, y_j) - 2u(x_i, y_j) + u(x_{i-1}, y_j)}{h^2} - \frac{h^2}{12}\frac{\partial^4 u}{\partial x^4}(\xi_i, y_j)$$

für beliebige ξ_i in (x_{i-1}, x_{i+1}) und mit einem Taylorschen Polynom für die Variable y bezüglich y_j die zentrale Differenzenformel

$$\frac{\partial^2 u}{\partial y^2}(x_i, y_j) = \frac{u(x_i, y_{j+1}) - 2u(x_i, y_j) + u(x_i, y_{j-1})}{k^2} - \frac{k^2}{12}\frac{\partial^4 u}{\partial y^4}(x_i, \eta_j)$$

für beliebige η_j in (y_{j-1}, y_{j+1}) erzeugt.

Einsetzen dieser Formeln in die Poisson-Gleichung ergibt die folgenden Gleichungen:

$$\begin{aligned}&\frac{u(x_{i+1}, y_j) - 2u(x_i, y_j) + u(x_{i-1}, y_j)}{h^2}\\&\qquad + \frac{u(x_i, y_{j+1}) - 2u(x_i, y_j) + u(x_i, y_{j-1})}{k^2}\\&\qquad = f(x_i, y_j) + \frac{h^2}{12}\frac{\partial^4 u}{\partial x^4}(\xi_i, y_j) + \frac{k^2}{12}\frac{\partial^4 u}{\partial y^4}(x_i, \eta_j)\end{aligned}$$

für alle $i = 1, 2, \ldots, (n-1)$ und $j = 1, 2, \ldots, (m-1)$ und die Randbedingungen

$$u(x_i, y_0) = g(x_i, y_0) \quad \text{und} \quad u(x_i, y_m) = g(x_i, y_m)$$

für alle $i = 1, 2, \ldots, n-1$ und

$$u(x_0, y_j) = g(x_0, y_j) \quad \text{und} \quad u(x_n, y_j) = g(x_n, y_j)$$

für alle $j = 0, 1, \ldots, m$.

Dies führt in Form einer Differenzengleichung zur *zentralen Differenzenmethode* mit einem Fehler der Ordnung $O(h^2 + k^2)$:

Zentrale Differenzenmethode

Es ist

$$2\left[\left(\frac{h}{k}\right)^2+1\right] w_{ij} - (w_{i+1,j} + w_{i-1,j}) - \left(\frac{h}{k}\right)^2 (w_{i,j+1} + w_{i,j-1}) = -h^2 f(x_i, y_j)$$

für alle $i = 1, 2, \ldots, n-1$ und $j = 1, 2, \ldots, m-1$ und

$$w_{0j} = g(x_0, y_j), \quad w_{nj} = g(x_n, y_j), \quad w_{i0} = g(x_i, y_0) \quad \text{und} \quad w_{im} = g(x_i, y_m)$$

für alle $i = 1, 2, \ldots, n-1$ und $j = 1, 2, \ldots, m$, wobei w_{ij} $u(x_i, y_j)$ approximiert.

Die typische Gleichung schließt Approximationen von $u(x, y)$ in den Punkten

$$(x_{i-1}, y_j), \quad (x_i, y_j), \quad (x_{i+1}, y_j), \quad (x_i, y_{j-1}) \quad \text{und} \quad (x_i, y_{j+1})$$

ein. Reproduzieren des Teils des Gitters, in dem diese Punkte liegen (siehe Abbildung 12.5) zeigt, daß jede Gleichung Approximationen in einem sternförmigen Gebiet um (x_i, y_j) umfaßt.

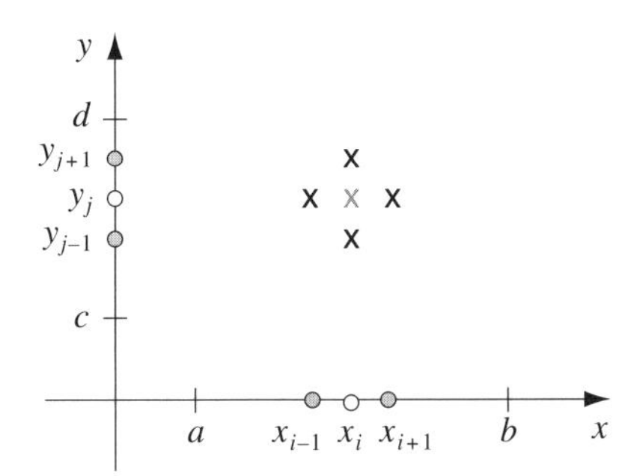

Abb. 12.5

Falls man die Informationen aus den Randbedingungen in dem durch die zentrale Differenzenmethode gegebenen System (das heißt in allen Punkten (x_i, y_j), die einem Randgitterpunkt benachbart sind) in geeigneter Weise verwendet, dann erhält man ein $(n-1)(m-1) \times (n-1)(m-1)$-Linearsystem mit den Approximationen w_{ij} von $u(x_i, y_j)$ in den inneren Gitterpunkten als Unbekannte. Das mit diesen Unbekannten verbundene Linearsystem wird für Matrixberechnungen effizienter ausgedrückt, falls die inneren Gitterpunkte wie folgt umbenannt werden:

$$P_l = (x_i, y_j) \quad \text{und} \quad w_l = w_{ij},$$

wobei $l = i + (m - 1 - j)(n - 1)$ für alle $i = 1, 2, \ldots, n - 1$ und $j = 1, 2, \ldots, m - 1$ ist. Tatsächlich werden so die Gitterpunkte von links nach rechts und von oben nach unten benannt. Beispielsweise führt diese Bezeichnung für $n = 4$ und $m = 5$ zu einem Gitter, dessen Punkte in Abbildung 12.6 gezeigt sind. Benennt man die Punkte auf diese Art und Weise, wird gewährleistet, daß das System, mit dem w_{ij} bestimmt wird, eine Bandmatrix mit der Bandbreite höchstens $2n - 1$ ist.

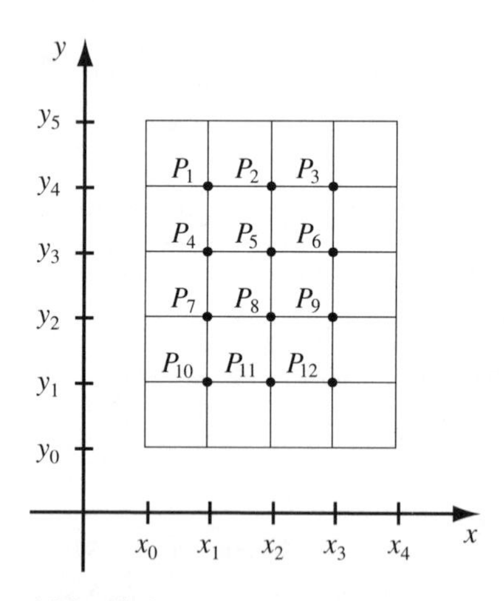

Abb. 12.6

Beispiel 1. Wir wollen die stationäre Temperaturverteilung in einer dünnen, quadratischen Metallplatte mit einer Seitenlänge von 0,5 m bestimmen. Zwei zusammentreffende Ränder werden auf 0°C gehalten, während die Temperatur an den anderen Rändern linear von 0°C an einer Ecke auf 100°C ansteigt, wo sich die Seiten treffen. Legt man die Seiten mit den Randbedingungen null entlang der x- und y-Achse, läßt sich das Problem wie folgt ausdrücken:

$$\frac{\partial^2 u}{\partial x^2}(x, y) + \frac{\partial^2 u}{\partial y^2}(x, y) = 0$$

für (x, y) in der Menge $R = \{(x, y) \mid 0 < x < 0{,}5;\ 0 < y < 0{,}5\}$ mit den Randbedingungen

$$u(0, y) = 0, \quad u(x, 0) = 0, \quad u(x, 0{,}5) = 200x, \quad u(0{,}5, y) = 200y.$$

Für $n = m = 4$ ergibt sich das in Abbildung 12.7 gezeigte Gitter und die Differenzengleichung

$$4w_{i,j} - w_{i+1,j} - w_{i-1,j} - w_{i,j-1} - w_{i,j+1} = 0,$$

für alle $i = 1, 2, 3$ und $j = 1, 2, 3$.

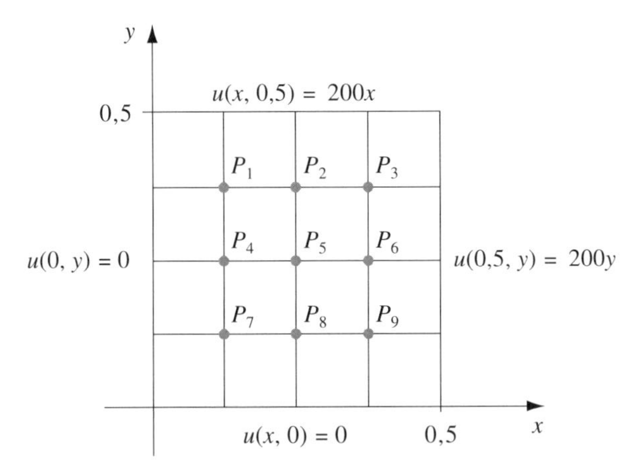

Abb. 12.7

Drückt man dies in Form der umbenannten inneren Gitterpunkte $w_i = u(P_i)$ aus, folgt, daß die Gleichungen in den Punkten P_i folgendermaßen aussehen:

$$\begin{aligned}
P_1&: & 4w_1 - w_2 - w_4 &= w_{0,3} + w_{1,4},\\
P_2&: & 4w_2 - w_3 - w_1 - w_5 &= w_{2,3},\\
P_3&: & 4w_3 - w_2 - w_6 &= w_{4,3} + w_{3,4},\\
P_4&: & 4w_4 - w_5 - w_1 - w_7 - w_8 &= w_{0,2},\\
P_5&: & 4w_5 - w_6 - w_4 - w_2 - w_8 &= 0,\\
P_6&: & 4w_6 - w_5 - w_3 - w_9 &= w_{4,2},\\
P_7&: & 4w_7 - w_8 - w_4 &= w_{0,1} + w_{1,0},\\
P_8&: & 4w_8 - w_9 - w_7 - w_5 &= w_{2,0},\\
P_9&: & 4w_9 - w_8 - w_6 &= w_{3,0} + w_{4,1},
\end{aligned}$$

wobei die rechten Seiten der Gleichungen aus den Randbedingungen erhalten wurden. In der Tat folgt aus den Randbedingungen, daß $w_{1,0} = w_{2,0} = w_{3,0} = w_{0,1} = w_{0,2} = w_{0,3} = 0$, $w_{1,4} = w_{4,1} = 25$, $w_{2,4} = w_{4,2} = 50$ und $w_{3,4} = w_{4,3} = 75$ ist.

Das zu diesem Problem gehörende Linearsystem besitzt die Form

$$\begin{bmatrix} 4 & -1 & 0 & -1 & 0 & 0 & 0 & 0 & 0 \\ -1 & 4 & -1 & 0 & -1 & 0 & 0 & 0 & 0 \\ 0 & -1 & 4 & 0 & 0 & -1 & 0 & 0 & 0 \\ -1 & 0 & 0 & 4 & -1 & 0 & -1 & 0 & 0 \\ 0 & -1 & 0 & -1 & 4 & -1 & 0 & -1 & 0 \\ 0 & 0 & -1 & 0 & -1 & 4 & 0 & 0 & -1 \\ 0 & 0 & 0 & -1 & 0 & 0 & 4 & -1 & 0 \\ 0 & 0 & 0 & 0 & -1 & 0 & -1 & 4 & -1 \\ 0 & 0 & 0 & 0 & 0 & -1 & 0 & -1 & 4 \end{bmatrix} \begin{bmatrix} w_1 \\ w_2 \\ w_3 \\ w_4 \\ w_5 \\ w_6 \\ w_7 \\ w_8 \\ w_9 \end{bmatrix} = \begin{bmatrix} 25 \\ 50 \\ 150 \\ 0 \\ 0 \\ 50 \\ 0 \\ 0 \\ 25 \end{bmatrix}.$$

Die Werte von $w_1, w_2, \ldots, w_9$ wurden durch Anwenden des Gauß-Seidel-Verfahrens auf diese Matrix erhalten und sind in Tabelle 12.1 zusammengefaßt.

Tabelle 12.1

i	1	2	3	4	5	6	7	8	9
w_i	18,75	37,50	56,25	12,50	25,00	37,50	6,25	12,50	18,75

Die Lösungen sind exakt, da für die wahre Lösung $u(x, y) = 400xy$

$$\frac{\partial^4 u}{\partial x^4} = \frac{\partial^4 u}{\partial y^4} = 0$$

gilt, so daß der Fehler in jedem Schritt null ist. □

Obwohl der Einfachheit wegen in dem Programm POIFD121 das Gauß-Seidel-Iterationsverfahren eingesetzt wurde, ist es im allgemeinen ratsam, ein direktes Verfahren wie den Gaußschen Algorithmus zu verwenden, wenn das System klein ist, das heißt in der Ordnung von 100 oder kleiner, da die positive Definitheit Stabilität bezüglich des Rundungsfehlers sicherstellt. Für große Systeme sollte ein iteratives Verfahren eingesetzt werden, speziell das SOR-Verfahren. Die Wahl des optimalen ω dafür gelingt durch die Tatsache, daß der Spektralradius von B

$$\rho(B) = \frac{1}{2}\left[\cos\left(\frac{\pi}{m}\right) + \cos\left(\frac{\pi}{n}\right)\right]$$

ist, wenn A in ihren Diagonalteil D und den oberen und unteren Dreiecksteil U und L zerlegt wird,

$$A = D - L - U,$$

und B die Matrix für das Jacobi-Verfahren ist,

$$B = D^{-1}(L + U);$$

der verwendete Wert von ω ist dann

$$\omega = \frac{2}{1+\sqrt{1-[\rho(B)]^2}} = \frac{4}{2+\sqrt{4-\left[\cos\left(\frac{\pi}{m}\right)+\cos\left(\frac{\pi}{n}\right)\right]^2}}.$$

Beispiel 2. Betrachtet sei die Poisson-Gleichung

$$\frac{\partial^2 u}{\partial x^2}(x, y) + \frac{\partial^2 u}{\partial y^2}(x, y) = xe^y \quad \text{für } 0 < x < 2 \text{ und } 0 < y < 1$$

mit den Randbedingungen

$$u(0, y) = 0, \quad u(2, y) = 2e^y \quad \text{für } 0 \leq y \leq 1,$$
$$u(x, 0) = x, \quad u(x, 1) = ex \quad \text{für } 0 \leq x \leq 2.$$

Die exakte Lösung $u(x, y) = xe^y$ soll mit dem Differenzenverfahren und mit $n = 6$ und $m = 5$ approximiert werden. Das Abbruchkriterium des Gauß-Seidel-Verfahrens in dem Programm POIFD121 fordert, daß

$$\left| w_{ij}^{(l)} - w_{ij}^{(l-1)} \right| \leq 10^{-10}$$

für jedes $i = 1, \ldots, 5$ und $j = 1, \ldots, 4$ gilt. Somit wurde die Lösung der Differenzengleichung genau erhalten, und das Verfahren brach bei $l = 61$ ab. Die Ergebnisse sind mit den korrekten Werten in Tabelle 12.2 zusammengefaßt. □

Tabelle 12.2

i	j	x_i	y_i	$w_{i,j}^{(61)}$	$u(x_i, y_i)$	$\lvert u(x_i, y_j) - w_{i,j}^{(61)} \rvert$
1	1	0,3333	0,2000	0,40726	0,40713	$1{,}30 \cdot 10^{-4}$
1	2	0,3333	0,4000	0,49748	0,49727	$2{,}08 \cdot 10^{-4}$
1	3	0,3333	0,6000	0,60760	0,60737	$2{,}23 \cdot 10^{-4}$
1	4	0,3333	0,8000	0,74201	0,74185	$1{,}60 \cdot 10^{-4}$
2	1	0,6667	0,2000	0,81452	0,81427	$2{,}55 \cdot 10^{-4}$
2	2	0,6667	0,4000	0,99496	0,99455	$4{,}08 \cdot 10^{-4}$
2	3	0,6667	0,6000	1,2152	1,2147	$4{,}37 \cdot 10^{-4}$
2	4	0,6667	0,8000	1,4840	1,4837	$3{,}15 \cdot 10^{-4}$
3	1	1,0000	0,2000	1,2218	1,2214	$3{,}64 \cdot 10^{-4}$
3	2	1,0000	0,4000	1,4924	1,4918	$5{,}80 \cdot 10^{-4}$
3	3	1,0000	0,6000	1,8227	1,8221	$6{,}24 \cdot 10^{-4}$
3	4	1,0000	0,8000	2,2260	2,2255	$4{,}51 \cdot 10^{-4}$
4	1	1,3333	0,2000	1,6290	1,6285	$4{,}27 \cdot 10^{-4}$
4	2	1,3333	0,4000	1,9898	1,9891	$6{,}79 \cdot 10^{-4}$
4	3	1,3333	0,6000	2,4302	2,4295	$7{,}35 \cdot 10^{-4}$
4	4	1,3333	0,8000	2,9679	2,9674	$5{,}40 \cdot 10^{-4}$
5	1	1,6667	0,2000	2,0360	2,0357	$3{,}71 \cdot 10^{-4}$
5	2	1,6667	0,4000	2,4870	2,4864	$5{,}84 \cdot 10^{-4}$
5	3	1,6667	0,6000	3,0375	3,0369	$6{,}41 \cdot 10^{-4}$
5	4	1,6667	0,8000	3,7097	3,7092	$4{,}89 \cdot 10^{-4}$

Übungsaufgaben

1. Approximieren Sie mit dem Differenzenverfahren die Lösung der elliptischen Differentialgleichung

$$\frac{\partial^2 u}{\partial x^2} + \frac{\partial^2 u}{\partial y^2} = 4, \quad 0 < x < 1, \quad 0 < y < 2;$$

$$u(x,0) = x^2, \quad u(x,2) = (x-2)^2, \quad 0 \le x \le 1;$$

$$u(0,y) = y^2, \quad u(1,y) = (y-1)^2, \quad 0 \le y \le 2.$$

Verwenden Sie $h = 0{,}25$ und $k = 0{,}5$ und vergleichen Sie die Ergebnisse mit der tatsächlichen Lösung $u(x,y) = (x-y)^2$.

2. Approximieren Sie mit dem Differenzenverfahren die Lösung der elliptischen Differentialgleichung

$$\frac{\partial^2 u}{\partial x^2} + \frac{\partial^2 u}{\partial y^2} = 0, \quad 1 < x < 2, \quad 0 < y < 1;$$

$$u(x,0) = 2\ln x, \qquad u(x,1) = \ln(x^2+1), \quad 0 \le x \le 2;$$

$$u(1,y) = \ln(y^2+1), \quad u(2,y) = \ln(y^2+4), \quad 0 \le y \le 1.$$

Verwenden Sie $h = k = \frac{1}{3}$ und vergleichen Sie die Ergebnisse mit der tatsächlichen Lösung $u(x,y) = \ln(x^2+y^2)$.

3. Approximieren Sie mit dem Differenzenverfahren die Lösungen der folgenden elliptischen Differentialgleichungen.

a) $\frac{\partial^2 u}{\partial x^2} + \frac{\partial^2 u}{\partial y^2} = 0, \quad 0 < x < 1,\ 0 < y < 1;$

$u(x,0) = 0, \quad u(x,1) = x, \quad 0 \le x \le 1;$

$u(0,y) = 0, \quad u(1,y) = y, \quad 0 \le y \le 1.$

Verwenden Sie $h = k = 0{,}2$ und vergleichen Sie die Ergebnisse mit der Lösung $u(x,y) = xy$.

b) $\frac{\partial^2 u}{\partial x^2} + \frac{\partial^2 u}{\partial y^2} = -2, \quad 0 < x < 1,\ 0 < y < 1;$

$u(0,y) = 0, \quad u(1,y) = \sinh(\pi)\sin \pi y, \quad 0 \le y \le 1;$

$u(x,0) = u(x,1) = x(1-x), \quad 0 \le x \le 1$. Verwenden Sie $h = k = 0{,}2$ und vergleichen Sie die Ergebnisse mit der Lösung $u(x,y) = \sinh(\pi x)\sin(\pi y) + x(1-x)$.

c) $\frac{\partial^2 u}{\partial x^2} + \frac{\partial^2 u}{\partial y^2} = (x^2+y^2)e^{xy}, \quad 0 < x < 2,\ 0 < y < 1;$

$u(0,y) = 1, \quad u(2,y) = e^{2y}, \quad 0 \le y \le 1;$

$u(x,0) = 1, \quad u(x,1) = e^x, \quad 0 \le x \le 2.$

Verwenden Sie $h = 0{,}2$ und $k = 0{,}1$ und vergleichen Sie die Ergebnisse mit der Lösung $u(x,y) = e^{xy}$.

d) $\frac{\partial^2 u}{\partial x^2} + \frac{\partial^2 u}{\partial y^2} = -(\cos(x+y) + \cos(x-y)), \qquad 0 < x < \pi,\ 0 < y < \frac{\pi}{2};$

$u(0, y) = \cos y, \quad u(\pi, y) = -\cos y, \quad 0 \leq y \leq \frac{\pi}{2};$

$u(x, 0) = \cos x, \quad u(x, \frac{\pi}{2}) = 0, \quad 0 \leq x \leq \pi.$

Verwenden Sie $h = \pi/5$ und $k = \pi/10$ und vergleichen Sie die Ergebnisse mit der Lösung $u(x, y) = \cos x \cos y$.

e) $\frac{\partial^2 u}{\partial x^2} + \frac{\partial^2 u}{\partial y^2} = \frac{x}{y} + \frac{y}{x}, \quad 1 < x < 2,\ 1 < y < 2;$

$u(x, 1) = x \ln x, \quad u(x, 2) = x \ln(4x^2), \quad 1 \leq x \leq 2;$

$u(1, y) = y \ln y, \quad u(2, y) = 2y \ln(2y), \quad 1 \leq y \leq 2.$

Verwenden Sie $h = k = 0{,}1$ und vergleichen Sie die Ergebnisse mit der Lösung $u(x, y) = xy \ln xy$.

f) $\frac{\partial^2 u}{\partial x^2} + \frac{\partial^2 u}{\partial y^2} = (x^2 + y^2) \cos xy - \cos \pi x, \quad 0 < x < 1,\ 0 < y < 1;$

$u(x, 0) = \pi^{-2} \cos \pi x - 1, \quad u(x, 1) = \pi^{-2} \cos \pi x - \cos x, \quad 0 \leq x \leq 1;$

$u(0, y) = \pi^{-2} - 1, \quad u(1, y) = -(\pi^{-2} + \cos y), \quad 0 \leq y \leq 1.$

Verwenden Sie $h = k = 0{,}1$ und vergleichen Sie die Ergebnisse mit der Lösung $u(x, y) = \pi^{-2} \cos \pi x - \cos xy$.

4. Ein koaxiales Kabel besteht aus einem inneren Leiter mit einer Querschnittsfläche von 0,1 cm^2 und einem äußeren Leiter mit einer Querschnittsfläche von 0,5 cm^2. Das Potential an einem Punkt in dem Kabelquerschnitt wird durch die Laplace-Gleichung beschrieben. Angenommen, der innere Leiter werde auf 0 Volt gehalten, der äußere auf 110 Volt. Bestimmen Sie das Potential zwischen den beiden Leitern, indem Sie über das Gebiet

$$D = \{(x, y) \mid 0 \leq x, y \leq 0{,}5\}$$

ein Netz mit der horizontalen Maschenweite $h = 0{,}1$ cm und der vertikalen Maschenweite $k = 0{,}1$ cm legen. Approximieren Sie in jedem Gitterpunkt die Lösung der Laplace-Gleichung, und leiten Sie mit zwei Randbedingungen ein Linearsystem her, das mit dem Gauß-Seidel-Verfahren gelöst wird.

5. Eine rechteckige 6-cm-mal-5-cm-Silberplatte wird gleichmäßig in jedem Punkt mit der Rate $q = 1{,}5$ cal/cm^3·s erwärmt. x repräsentiere die Strecke entlang der Plattenkante von 6 cm Länge und y die Strecke entlang der Plattenkante von 5 cm Länge. Angenommen, die Temperatur u entlang der Kanten werde bei

$$u(x, 0) = x(6 - x), \quad u(x, 5) = 0, \quad 0 \leq x \leq 6,$$
$$u(0, y) = y(5 - y), \quad u(6, y) = 0, \quad 0 \leq y \leq 5$$

gehalten, wobei der Ursprung in einer Plattenecke mit den Koordinaten $(0, 0)$ liegt und die Kanten entlang der positiven x- und y-Achse liegen. Die stationäre Temperatur $u = u(x, t)$ genügt der Poisson-Gleichung:

$$\frac{\partial^2 u}{\partial x^2}(x, y) + \frac{\partial^2 u}{\partial y^2}(x, y) = \frac{-q}{K}, \quad 0 < x < 6, \quad 0 < y < 5,$$

wobei die thermische Leitfähigkeit K gleich 1,04 cal/cm·grd · s ist. Approximieren Sie die Temperatur $u(x, y)$ mit dem Differenzenverfahren mit $h = 0{,}4$ und $k = \frac{1}{3}$.

12.3. Differenzenverfahren bei parabolischen Problemen

Als Beispiel für eine *parabolische* Differentialgleichung wollen wir die Wärme- oder Diffusionsgleichung

$$\frac{\partial u}{\partial t}(x,t) = \alpha^2 \frac{\partial^2 u}{\partial x^2}(x,t) \quad \text{für } 0 < x < l \text{ und } t > 0$$

mit den Randbedingungen

$$u(0,t) = u(l,t) = 0 \quad \text{für } t > 0 \quad \text{und } u(x,0) = f(x) \quad \text{für } 0 \leq x \leq l$$

betrachten.

Der Ansatz zur Approximation der Lösung dieses Problems umfaßt Differenzen ähnlich denen in Abschnitt 12.2. Als erstes werden zwei Gitterkonstanten h und k ausgewählt, unter der Voraussetzung, daß $m = 1/h$ eine ganze Zahl ist. Die Gitterpunkte für diese Situation sind (x_i, t_j), wobei $x_i = ih$ für $i = 0, 1, \ldots, m$ und $t_j = jk$ für $j = 0, 1, \ldots$ gilt.

Man erhält das Differenzenverfahren mit Hilfe eines Taylorschen Polynoms in t und bildet den Differenzenquotienten

$$\frac{\partial u}{\partial t}(x_i, t_j) = \frac{u(x_i, t_j + k) - u(x_i, t_j)}{k} - \frac{k}{2}\frac{\partial^2}{\partial t^2}(x_i, \mu_j)$$

für beliebige μ_j in (t_j, t_{j+1}) und mit Hilfe eines Taylorschen Polynoms in x den Differenzenquotienten

$$\frac{\partial^2 u}{\partial x^2}(x_i, t_j) = \frac{u(x_i + h, t_j) - 2u(x_i, t_j) + u(x_i - h, t_j)}{h^2} - \frac{h^2}{12}\frac{\partial^4 u}{\partial x^4}(\xi_i, t_j)$$

für beliebige ξ_i in (x_{i-1}, x_{i+1}).

Aus der parabolischen Differentialgleichung folgt, daß an dem inneren Gitterpunkt (x_i, t_j)

$$\frac{\partial u}{\partial t}(x_i, t_j) - \alpha^2 \frac{\partial^2 u}{\partial x^2}(x_i, t_j) = 0$$

gilt, so daß das Differenzenverfahren mit den beiden Differenzenquotienten

$$\frac{w_{i,j+1} - w_{ij}}{k} - \alpha^2 \frac{w_{i+1,j} - 2w_{ij} + w_{i-1,j}}{h^2} = 0$$

ist, wobei w_{ij} $u(x_i, t_j)$ approximiert. Der Fehler dieser Differenzengleichung ist

$$\tau_{ij} = \frac{k}{2}\frac{\partial^2 u}{\partial t^2}(x_i, \mu_j) - \alpha^2 \frac{h^2}{12}\frac{\partial^4 u}{\partial x^4}(\xi_i, t_j).$$

Auflösen der Differenzengleichung nach $w_{i,j+1}$ ergibt

$$w_{i,j+1} = \left(1 - \frac{2\alpha^2 k}{h^2}\right) w_{ij} + \alpha^2 \frac{k}{h^2}(w_{i+1,j} + w_{i-1,j})$$

für alle $i = 1, 2, \ldots, (m-1)$ und $j = 1, 2, \ldots$. Da aus der Anfangsbedingung $u(x, 0) = f(x)$ folgt, daß $w_{i0} = f(x_i)$ für alle $i = 0, 1, \ldots, m$ ist, kann mit diesen Werten in der Differenzengleichung der Wert von w_{i1} für alle $i = 1, 2, \ldots, (m-1)$ bestimmt werden. Aus den weiteren Bedingungen $u(0, t) = 0$ und $u(1, t) = 0$ folgt, daß $w_{01} = w_{m1} = 0$ ist, so daß die Elemente der Form w_{i1} bestimmt werden können. Wird die Vorgehensweise wiederholt, nachdem alle Approximationen von w_{i1} bekannt sind, können die Werte von $w_{i2}, w_{i3}, \ldots, w_{i,m-1}$ entsprechend erhalten werden.

Aus der expliziten Natur des Differenzenverfahrens folgt, daß die zu diesem System gehörende $(m-1)$-mal-$(m-1)$-Matrix in der Tridiagonalform

$$A = \begin{bmatrix} (1-2\lambda) & \lambda & 0 & \cdots & \cdots & 0 \\ \lambda & (1-2\lambda) & \lambda & \ddots & & \vdots \\ 0 & \ddots & \ddots & \ddots & \ddots & 0 \\ \vdots & & \ddots & \ddots & \ddots & \lambda \\ 0 & \cdots & \cdots & 0 & \lambda & (1-2\lambda) \end{bmatrix}$$

geschrieben werden kann, wobei $\lambda = \alpha^2(k/h^2)$ ist. Setzt man

$$\mathbf{w}^{(0)} = (f(x_1), f(x_2), \ldots, f(x_{m-1}))^t$$

und

$$\mathbf{w}^{(j)} = (w_{1j}, w_{2j}, \ldots, w_{m-1,j})^t \qquad \text{für alle } j = 1, 2, \ldots,$$

dann läßt sich die Näherungslösung durch

$$\mathbf{w}^{(j)} = A\mathbf{w}^{(j-1)} \qquad \text{für jedes } j = 1, 2, \ldots$$

angeben. Dieses als **aufsteigendes Differenzenverfahren** bekannte Verfahren besitzt die Ordnung $O(k + h^2)$.

Beispiel 1. Betrachtet sei die Wärmegleichung

$$\frac{\partial u}{\partial t}(x, t) - \frac{\partial^2 u}{\partial x^2}(x, t) = 0 \quad \text{für } 0 < x < 1 \text{ und } 0 \leq t$$

mit den Randbedingungen

$$u(0, t) = u(1, t) = 0 \quad \text{für } 0 < t$$

und den Anfangsbedingungen

$$u(x, 0) = \sin(\pi x) \quad \text{für } 0 \leq x \leq 1.$$

Es kann leicht überprüft werden, daß die Lösung dieses Problems $u(x, t) = e^{-\pi^2 t} \sin(\pi x)$ ist. Die Lösung in $t = 0{,}5$ soll mit dem aufsteigenden Differenzenverfahren approximiert werden, zuerst mit $h = 0{,}1$, $k = 0{,}0005$ und $\lambda = 0{,}05$ und dann mit $h = 0{,}1$, $k = 0{,}01$ und $\lambda = 1$. Die Ergebnisse sind in Tabelle 12.3 aufgeführt. □

Tabelle 12.3

x_i	$u(x_i, 0{,}5)$	$w_{i,1000}$ $k = 0{,}0005$	$\lvert u(x_i, 0{,}5) - w_{i,1000}\rvert$	$w_{i,50}$ $k = 0{,}01$	$\lvert u(x_i, 0{,}5) - w_{i,50}\rvert$
0,0	0	0		0	
0,1	0,00222241	0,00228652	$6{,}411 \cdot 10^{-5}$	$8{,}19876 \cdot 10^{7}$	$8{,}199 \cdot 10^{7}$
0,2	0,00422728	0,00434922	$1{,}219 \cdot 10^{-4}$	$-1{,}55719 \cdot 10^{8}$	$1{,}557 \cdot 10^{8}$
0,3	0,00581836	0,00598619	$1{,}678 \cdot 10^{-4}$	$2{,}13833 \cdot 10^{8}$	$2{,}138 \cdot 10^{8}$
0,4	0,00683989	0,00703719	$1{,}973 \cdot 10^{-4}$	$-2{,}50642 \cdot 10^{8}$	$2{,}506 \cdot 10^{8}$
0,5	0,00719188	0,00739934	$2{,}075 \cdot 10^{-4}$	$2{,}62685 \cdot 10^{8}$	$2{,}627 \cdot 10^{8}$
0,6	0,00683989	0,00703719	$1{,}973 \cdot 10^{-4}$	$-2{,}49015 \cdot 10^{8}$	$2{,}490 \cdot 10^{8}$
0,7	0,00581836	0,00598619	$1{,}678 \cdot 10^{-4}$	$2{,}11200 \cdot 10^{8}$	$2{,}112 \cdot 10^{8}$
0,8	0,00422728	0,00434922	$1{,}219 \cdot 10^{-4}$	$-1{,}53086 \cdot 10^{8}$	$1{,}531 \cdot 10^{8}$
0,9	0,00222241	0,00228652	$6{,}511 \cdot 10^{-5}$	$8{,}03604 \cdot 10^{7}$	$8{,}036 \cdot 10^{7}$
1,0	0	0		0	

In Beispiel 1 wurde ein Fehler der Ordnung $O(k + h^2)$ erwartet, der für $h = 0{,}1$ und $k = 0{,}0005$ auch erhalten wurde, jedoch nicht für $h = 0{,}1$ und $k = 0{,}01$. Um die Schwierigkeit zu erklären, muß die Stabilität des aufsteigenden Differenzenverfahrens betrachtet werden.

Falls der Fehler $\mathbf{e}^{(0)} = (e_1^{(0)}, e_2^{(0)}, \ldots, e_{m-1}^{(0)})^t$ beim Darstellen der Anfangsdaten $\mathbf{w}^{(0)} = (f(x_1), f(x_2), \ldots, f(x_{m-1}))^t$ oder in einem speziellen Schritt gemacht wird (die Wahl des Anfangsschrittes erfolgt einfach der Bequemlichkeit wegen), pflanzt sich ein Fehler von $A\mathbf{e}^{(0)}$ in $\mathbf{w}^{(1)}$ fort, da

$$\mathbf{w}^{(1)} = A(\mathbf{w}^{(0)} + \mathbf{e}^{(0)}) = A\mathbf{w}^{(0)} + A\mathbf{e}^{(0)}$$

ist. Dies setzt sich fort. Im n-ten Zeitschritt beträgt der Fehler in $\mathbf{w}^{(n)}$ aufgrund $\mathbf{e}^{(0)}$ gleich $A^n\mathbf{e}^{(0)}$. Folglich ist das Verfahren genau dann stabil, wenn diese Fehler nicht mit n wachsen – das heißt genau dann, wenn $\|A^n\mathbf{e}^{(0)}\| \leq \|\mathbf{e}^{(0)}\|$ für alle n ist. Daraus folgt $\|A^n\| \leq 1$, was bedingt, daß der Spektralradius $\rho(A^n) = (\rho(A))^n \leq 1$ ist. Das aufsteigende Differenzenverfahren ist daher nur stabil, falls $\rho(A) \leq 1$ gilt.

Die Eigenwerte von A sind

$$\mu_i = 1 - 4\lambda \left(\sin\left(\frac{i\pi}{2m}\right)\right)^2 \quad \text{für alle } i = 1, 2, \ldots, (m-1).$$

Folglich reduziert sich die Stabilitätsbedingung darauf, zu bestimmen, ob

$$\rho(A) = \max_{1 \leq i \leq m-1} \left| 1 - 4\lambda \left(\sin\left(\frac{i\pi}{2m} \right) \right)^2 \right| \leq 1$$

ist, was sich zu

$$0 \leq \lambda \left(\sin\left(\frac{i\pi}{2m} \right) \right)^2 \leq \frac{1}{2} \quad \text{für alle } i = 1, 2, \ldots, m-1$$

vereinfacht.

Da die Stabilität fordert, daß diese Ungleichung für $h \to 0$ oder äquivalent für $m \to \infty$ gilt, bedeutet die Tatsache, daß

$$\lim_{m\to\infty} \left[\sin\left(\frac{(m-1)\pi}{2m} \right) \right]^2 = 1$$

ist, daß nur dann Stabilität auftritt, falls $0 \leq \lambda \leq \frac{1}{2}$ gilt. Da $\lambda = \alpha^2(k/h^2)$ ist, müssen aufgrund dieser Ungleichung h und k derart gewählt werden, daß

$$\alpha^2 \frac{k}{h^2} \leq \frac{1}{2}$$

gilt.

Diese Bedingung wurde in dem betrachteten Beispiel für $h = 0{,}1$ und $k = 0{,}0005$ erfüllt, aber als k auf $0{,}01$ erhöht wurde, ohne entsprechend auch h zu erhöhen, betrug das Verhältnis

$$\frac{0{,}01}{(0{,}1)^2} = 1 > \frac{1}{2},$$

und Stabilitätsprobleme wurden offensichtlich.

Für ein stabileres Verfahren wird ein implizites Differenzenverfahren betrachtet, das aus dem absteigenden Differenzenquotienten für $(\partial u/\partial t)(x_i, t_j)$ in der Form

$$\frac{\partial u}{\partial t}(x_i, t_j) = \frac{u(x_i, t_j) - u(x_i, t_{j-1})}{k} + \frac{k}{2}\frac{\partial^2 u}{\partial t^2}(x_i, \mu_j)$$

für beliebige μ_j in (t_{j-1}, t_j) resultiert. Setzt man diese Gleichung zusammen mit der zentralen Differenzenformel für $\partial^2 u/\partial x^2$ in die partiellen Differentialgleichungen ein, ergibt sich

$$\frac{u(x_i, t_j) - u(x_i, t_{j-1})}{k} - \alpha^2 \frac{u(x_{i+1}, t_j) - 2u(x_i, t_j) + u(x_{i-1}, t_j)}{h^2} = -\frac{k}{2}\frac{\partial^2 u}{\partial t^2}(x_i, \mu_j) - \frac{h^2}{12}\frac{\partial^4 u}{\partial x^4}(\xi_i, t_j)$$

für beliebige ξ_i in (x_{i-1}, x_{i+1}). Das Differenzenverfahren, das dieses liefert, heißt *absteigendes Differenzenverfahren.*

Absteigendes Differenzenverfahren

Es gilt

$$\frac{w_{ij} - w_{i,j-1}}{k} - \alpha^2 \frac{w_{i+1,j} - 2w_{ij} + w_{i-1,j}}{h^2} = 0$$

für alle $i = 1, 2, \ldots, m-1$ und $j = 1, 2, \ldots$.

Dieses Verfahren enthält in einem typischen Schritt die Gitterpunkte

$$(x_i, t_j), \quad (x_i, t_{j-1}), \quad (x_{i-1}, t_j) \quad \text{und} \quad (x_{i+1}, t_j)$$

und in Gitterform die Approximationen in den mit $\times$ markierten Punkten in Abbildung 12.8.

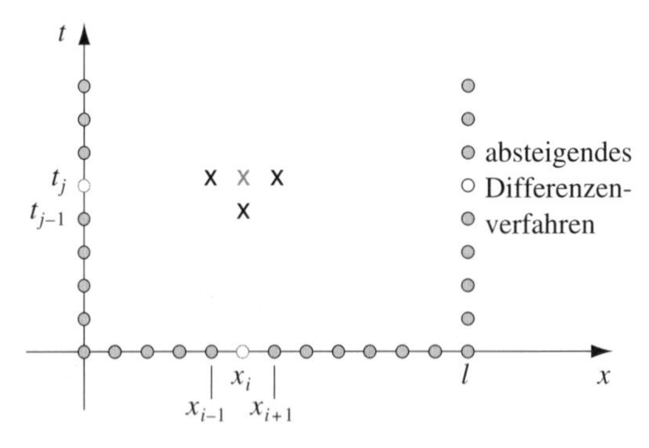

Abb. 12.8

Da die zu dem Problem gehörenden Rand- und Anfangsbedingungen Aussagen über die kreisförmigen Gitterpunkte liefern, zeigt die Abbildung, daß für das absteigende Differenzenverfahren keine expliziten Verfahren eingesetzt werden können.

Es sei an dieser Stelle daran erinnert, daß bei dem aufsteigenden Differenzenverfahren (siehe Abbildung 12.9) Approximationen in

$$(x_{i-1}, t_j), \quad (x_i, t_j), \quad (x_i, t_{j+1}) \quad \text{und} \quad (x_{i+1}, t_j)$$

verwendet wurden, so daß die Approximationen mit einem expliziten Verfahren bestimmt werden konnten, das auf den Informationen aus den Anfangs- und Randbedingungen beruhte.

λ bezeichne wieder die Größe $\alpha^2(k/h^2)$, und das absteigende Differenzenverfahren wird zu

$$(1 + 2\lambda)w_{ij} - \lambda w_{i+1,j} - \lambda w_{i-1,j} = w_{i,j-1}$$

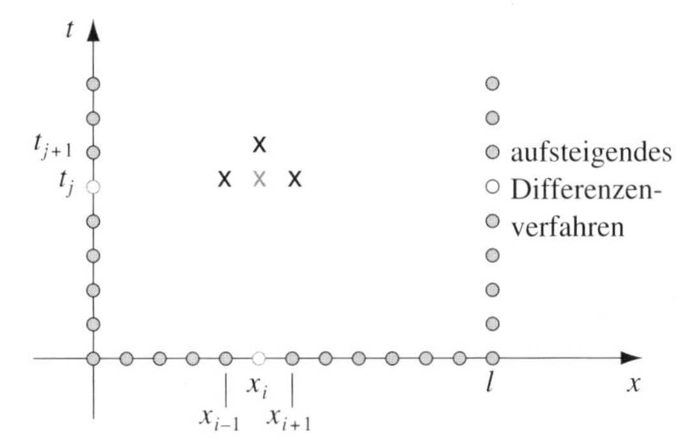

Abb. 12.9

für alle $i = 1, 2, \ldots, m-1$ und $j = 1, 2, \ldots$. Mit $w_{i0} = f(x_i)$ für alle $i = 1, 2, \ldots, m-1$ und $w_{mj} = w_{0j} = 0$ für alle $j = 1, 2, \ldots$ besitzt dieses Differenzenverfahren die Matrixdarstellung

$$\begin{bmatrix} (1+2\lambda) & -\lambda & 0 & \cdots & \cdots & 0 \\ -\lambda & \ddots & \ddots & \ddots & & \vdots \\ 0 & \ddots & \ddots & \ddots & \ddots & 0 \\ \vdots & & \ddots & \ddots & \ddots & -\lambda \\ 0 & \cdots & \cdots & 0 & -\lambda & (1+2\lambda) \end{bmatrix} \begin{bmatrix} w_{ij} \\ w_{2j} \\ \vdots \\ w_{m-1,j} \end{bmatrix} = \begin{bmatrix} w_{1,j-1} \\ w_{2,j-1} \\ \vdots \\ w_{m-1,j-1} \end{bmatrix},$$

oder $A\mathbf{w}^{(j)} = \mathbf{w}^{(j-1)}$. Da $\lambda > 0$ ist, ist die Matrix A sowohl positiv definit und diagonal dominant als auch tridiagonal. Man kann dieses System entweder mit der Crout-Faktorisierung für tridiagonale, lineare Systeme oder mit dem SOR-Verfahren lösen. Das Programm HEBDM122 setzt die Crout-Faktorisierung ein, die eine akzeptable Methode darstellt, außer wenn m groß ist.

Beispiel 2. Mit dem absteigenden Differenzenverfahren mit $h = 0{,}1$ und $k = 0{,}01$ soll die Lösung der Wärmegleichung

$$\frac{\partial u}{\partial t}(x,t) - \frac{\partial^2 u}{\partial x^2}(x,t) = 0, \quad 0 < x < 1, \quad 0 < t$$

mit den Bedingungen

$$u(0,t) = u(1,t) = 0, \quad 0 < t, \quad u(x,0) = \sin \pi x, \quad 0 \le x \le 1$$

approximiert werden; dieses Problem war uns schon in Beispiel 1 begegnet. Um die Stabilität des absteigenden Differenzenverfahrens zu demonstrieren, sei wieder $w_{i,50}$ von $u(x_i, 0{,}5)$ mit $i = 0, 1, \ldots, 10$ betrachtet. Man vergleiche die in Tabelle 12.4 aufgelisteten Ergebnisse mit der fünften und sechsten Spalte von Tabelle 12.3. □

Tabelle 12.4

x_i	$w_{i,50}$	$u(x_i, 0{,}5)$	$\lvert w_{i,50} - u(x_i, 0{,}5)\rvert$
0,0	0	0	
0,1	0,00289802	0,00222241	$6{,}756 \cdot 10^{-4}$
0,2	0,00551236	0,00422728	$1{,}285 \cdot 10^{-3}$
0,3	0,00758711	0,00581836	$1{,}769 \cdot 10^{-3}$
0,4	0,00891918	0,00683989	$2{,}079 \cdot 10^{-3}$
0,5	0,00937818	0,00719188	$2{,}186 \cdot 10^{-3}$
0,6	0,00891918	0,00683989	$2{,}079 \cdot 10^{-3}$
0,7	0,00758711	0,00581836	$1{,}769 \cdot 10^{-3}$
0,8	0,00551236	0,00422728	$1{,}285 \cdot 10^{-3}$
0,9	0,00289802	0,00222241	$6{,}756 \cdot 10^{-4}$
1,0	0	0	

Der Grund, warum das absteigende Differenzenverfahren nicht die Stabilitätsprobleme des aufsteigenden Differenzenverfahrens aufweist, kann durch Analysieren der Eigenwerte der Matrix A erkannt werden. Für das absteigende Differenzenverfahren sind die Eigenwerte

$$\mu_i = 1 + 4\lambda \left[\sin\left(\frac{i\pi}{2m}\right)\right]^2 \qquad \text{für alle } i = 1, 2, \ldots, (m-1);$$

und da $\lambda > 0$ ist, ergibt sich $\mu_i > 1$ für alle $i = 1, 2, \ldots, (m-1)$. Daraus folgt, daß A^{-1} existiert, da Null kein Eigenwert von A sein kann. Ein Fehler $\mathbf{e}^{(0)}$ in den ursprünglichen Daten erzeugt im n-ten Schritt einen Fehler $(A^{-1})^n\mathbf{e}^{(0)}$. Da die Eigenwerte von A^{-1} die Kehrwerte der Eigenwerte von A sind, ist der Spektralradius von A^{-1} um 1 beschränkt, und das Verfahren ist unabhängig von der Wahl $\lambda = \alpha^2(k/h^2)$ stabil. Der Fehler dieser Methode besitzt die Ordnung $O(k + h^2)$, vorausgesetzt, daß die Lösung der Differentialgleichung den üblichen Differenzierbarkeitsbedingungen genügt. Die Schwäche des aufsteigenden Differenzenverfahrens rührt aus der Tatsache her, daß der Fehler einen Teil mit der Ordnung $O(k)$ besitzt, und somit die Zeitintervalle viel kleiner als die Raumintervalle sein müssen. Ein Verfahren mit einem Fehler der Ordnung $O(k^2 + h^2)$ wäre zweifellos erstrebenswert. Eine Methode mit diesem Fehlerterm wird hergeleitet, indem das aufsteigende Differenzenverfaheren im j-ten Schritt in t

$$\frac{w_{i,j+1} - w_{ij}}{k} - \alpha^2 \frac{w_{i+1,j} - 2w_{ij} + w_{i-1,j}}{h^2} = 0,$$

das den Fehler $\frac{k}{2}\frac{\partial^2 u}{\partial t^2}(x_i, \mu_j) + O(h^2)$ besitzt, und das absteigende Differenzenverfahren im $(j+1)$-ten Schritt in t

$$\frac{w_{i,j+1} - w_{ij}}{k} - \alpha^2 \frac{w_{i+1,j+1} - 2w_{i,j+1} + w_{i-1,j+1}}{h^2} = 0,$$

das den Fehler $-\frac{k}{2}\frac{\partial^2 u}{\partial t^2}(x_i, \hat{u}_j) + O(h^2)$ besitzt, gemittelt werden. Nimmt man an, daß

$$\frac{\partial^2 u}{\partial t^2}(x_i, \hat{\mu}_j) \approx \frac{\partial^2 u}{\partial t^2}(x_i, \mu_j)$$

ist, dann besitzt das gemittelte Differenzenverfahren

$$\begin{aligned}&\frac{w_{i,j+1} - w_{ij}}{k} \\ &\quad - \frac{\alpha^2}{2}\left[\frac{w_{i+1,j} - 2w_{ij} + w_{i-1,j}}{h^2} + \frac{w_{i+1,j+1} - 2w_{i,j+1} + w_{i-1,j+1}}{h^2}\right] = 0\end{aligned}$$

einen Fehler der Ordnung $O(k^2 + h^2)$, vorausgesetzt natürlich, daß die üblichen Differenzierbarkeitsbedingungen erfüllt sind. Dies ist als **Methode von Crank-Nicolson** bekannt und wird in Matrixform als $A\mathbf{w}^{(j+1)} = B\mathbf{w}^{(j)}$ für jedes $j = 0, 1, 2, \ldots$ dargestellt, wobei

$$\lambda = \alpha^2 \frac{k}{h^2}, \qquad \mathbf{w}^{(j)} = (w_{1j}, w_{2j}, \ldots, w_{m-1,j})^{\mathrm{t}}$$

gilt und die Matrizen A und B durch

$$A = \begin{bmatrix} (1+\lambda) & -\frac{\lambda}{2} & 0 & \cdots & \cdots & 0 \\ -\frac{\lambda}{2} & \ddots & \ddots & \ddots & & \vdots \\ 0 & \ddots & \ddots & \ddots & \ddots & 0 \\ \vdots & & \ddots & \ddots & \ddots & -\frac{\lambda}{2} \\ 0 & \cdots & \cdots & 0 & -\frac{\lambda}{2} & (1+\lambda) \end{bmatrix}$$

und

$$B = \begin{bmatrix} (1-\lambda) & \frac{\lambda}{2} & 0 & \cdots & \cdots & 0 \\ \frac{\lambda}{2} & \ddots & \ddots & \ddots & & \vdots \\ 0 & \ddots & \ddots & \ddots & \ddots & 0 \\ \vdots & & \ddots & \ddots & \ddots & \frac{\lambda}{2} \\ 0 & \cdots & \cdots & 0 & \frac{\lambda}{2} & (1-\lambda) \end{bmatrix}$$

gegeben sind.

Da A positiv definit, diagonal dominant und eine Tridiagonalmatrix ist, ist sie nichtsingulär. $\mathbf{w}^{(j+1)}$ kann entsprechend mit der Crout-Faktorisierung für tridiagonale, lineare Systeme oder mit dem SOR-Verfahren aus $\mathbf{w}^{(j)}$ für jedes $j = 0, 1, 2, \ldots$ erhalten werden. Das Programm HECNM123 enthält die Crout-Faktorisierung für die Crank-Nicolson-Methode.

Beispiel 3. Die Lösung des Problems in Beispiel 1 und 2, das aus der Gleichung

$$\frac{\partial u}{\partial t}(x,t) - \frac{\partial^2 u}{\partial x^2}(x,t) = 0 \quad \text{für } 0 < x < 1 \text{ und } 0 < t$$

mit den Bedingungen

$$u(0,t) = u(1,t) = 0, \quad 0 < t \quad \text{und} \quad u(x,0) = \sin(\pi x), \quad 0 \leq x \leq 1$$

besteht, soll mit der Crank-Nicolson-Methode approximiert werden.

Es wird so wie in den vorigen Beispielen $m = 10$, $h = 0{,}1$, $k = 0{,}01$ und $\lambda = 1$ gewählt. Die Ergebnisse in Tabelle 12.5 zeigen die höhere Genauigkeit der Crank–Nicolson-Methode im Vergleich zum absteigenden Differenzenverfahren, dem besseren der beiden vorher diskutierten Verfahren. □

Tabelle 12.5

x_i	$w_{i,50}$	$u(x_i, 0{,}5)$	$\lvert w_{i,50} - u(x_i, 0{,}5)\rvert$
0,0	0	0	
0,1	0,00230512	0,00222241	$8{,}271 \cdot 10^{-5}$
0,2	0,00438461	0,00422728	$1{,}573 \cdot 10^{-4}$
0,3	0,00603489	0,00581836	$2{,}165 \cdot 10^{-4}$
0,4	0,00709444	0,00683989	$2{,}546 \cdot 10^{-4}$
0,5	0,00745954	0,00719188	$2{,}677 \cdot 10^{-4}$
0,6	0,00709444	0,00683989	$2{,}546 \cdot 10^{-4}$
0,7	0,00603489	0,00581836	$2{,}165 \cdot 10^{-4}$
0,8	0,00438461	0,00422728	$1{,}573 \cdot 10^{-4}$
0,9	0,00230512	0,00222241	$8{,}271 \cdot 10^{-5}$
1,0	0	0	

Übungsaufgaben

1. Approximieren Sie mit dem absteigenden Differenzenverfahren die Lösung der folgenden partiellen Differentialgleichungen.

a) $$\frac{\partial u}{\partial t} - \frac{\partial^2 u}{\partial x^2} = 0, \quad 0 < x < 2,\ 0 < t;$$

$$u(0,t) = u(2,t) = 0, \quad 0 < t; \qquad u(x,0) = \sin \tfrac{\pi}{2} x, \quad 0 \le x \le 2.$$

Verwenden Sie $m = 4$, $T = 0{,}1$ und $N = 2$ und vergleichen Sie Ihre Lösungen mit der tatsächlichen Lösung $u(x,t) = e^{-\frac{\pi^2}{4}t} \sin \frac{\pi}{2} x$.

$$\frac{\partial u}{\partial t} - \frac{1}{16}\frac{\partial^2 u}{\partial x^2} = 0, \quad 0 < x < 1,\ 0 < t;$$

$$u(0,t) = u(1,t) = 0, \quad 0 < t; \qquad u(x,0) = 2\sin 2\pi x, \quad 0 \le x \le 1.$$

Verwenden Sie $m = 3$, $T = 0{,}1$ und $N = 2$ und vergleichen Sie Ihre Lösungen mit der tatsächlichen Lösung $u(x,t) = 2e^{-\frac{\pi^2}{4}t} \sin 2\pi x$.

2. Wiederholen Sie Übung 1 mit der Methode von Crank-Nicolson.

3. Approximieren Sie mit dem aufsteigenden Differenzenverfahren die Lösung der folgenden parabolischen Differentialgleichungen.

a) $$\frac{\partial u}{\partial t} - \frac{\partial^2 u}{\partial x^2} = 0, \quad 0 < x < 2,\ 0 < t;$$

$$u(0,t) = 0,\ u(2,t) = 0, \quad 0 < t; \qquad u(x,0) = \sin 2\pi x, \quad 0 \le x \le 2.$$

Verwenden Sie $h = 0{,}1$ und $k = 0{,}01$ und vergleichen Sie Ihre Lösungen in $t = 0{,}5$ mit der tatsächlichen Lösung $u(x,t) = e^{-4\pi^2 t} \sin 2\pi x$. Verwenden Sie dann $h = 0{,}1$ und $k = 0{,}005$ und vergleichen Sie die Lösungen.

b) $$\frac{\partial u}{\partial t} - \frac{\partial^2 u}{\partial x^2} = 0, \quad 0 < x < \pi,\ 0 < t;$$

$$u(0,t) = u(\pi,t) = 0, \quad 0 < t; \qquad u(x,0) = \sin x, \quad 0 \le x \le \pi.$$

Verwenden Sie $h = \frac{\pi}{10}$ und wählen Sie k geeignet. Vergleichen Sie Ihre Lösungen mit der tatsächlichen Lösung $u(x,t) = e^{-t} \sin x$ in $t = 0{,}5$.

c) $$\frac{\partial u}{\partial t} - \frac{4}{\pi^2}\frac{\partial^2 u}{\partial x^2} = 0, \quad 0 < x < 4,\ 0 < t;$$

$$u(0,t) = u(4,t) = 0, \quad 0 < t; \quad u(x,0) = \sin \tfrac{\pi}{4} x \left(1 + 2\cos \tfrac{\pi}{4} x\right), \quad 0 \le x \le 4.$$

Verwenden Sie $h = 0{,}2$ und $k = 0{,}04$. Vergleichen Sie Ihre Lösungen mit der tatsächlichen Lösung $u(x,t) = e^{-t} \sin \frac{\pi}{2} x + e^{-t/4} \sin \frac{\pi}{4} x$ in $t = 0{,}4$.

d) $$\frac{\partial u}{\partial t} - \frac{1}{\pi^2}\frac{\partial^2 u}{\partial x^2} = 0, \quad 0 < x < 1,\ 0 < t;$$

$$u(0,t) = u(1,t) = 0, \quad 0 < t; \qquad u(x,0) = \cos \pi(x - \tfrac{1}{2}), \quad 0 \le x \le 1.$$

Verwenden Sie $h = 0{,}1$ und $k = 0{,}04$. Vergleichen Sie Ihre Lösungen mit der tatsächlichen Lösung $u(x,t) = e^{-t} \cos \pi(x - \frac{1}{2})$ in $t = 0{,}4$.

4. Wiederholen Sie Übung 3 mit dem absteigenden Differenzenverfahren.

5. Wiederholen Sie Übung 3 mit der Methode von Crank-Nicolson.

6. Modifizieren Sie das absteigende Differenzenverfahren so, daß es die parabolische Differentialgleichung

$$\frac{\partial u}{\partial t} - \frac{\partial^2 u}{\partial x^2} = F(x), \quad 0 < x < l, \quad 0 < t;$$
$$u(0, t) = u(l, t) = 0, \quad 0 < t;$$
$$u(x, 0) = f(x), \quad 0 \leq x \leq l$$

einschließt.

7. Approximieren Sie mit dem Ergebnis aus Übung 6 die Lösung von

$$\frac{\partial u}{\partial t} - \frac{\partial^2 u}{\partial x^2} = 2, \quad 0 < x < 1, \quad 0 < t;$$
$$u(0, t) = u(1, t) = 0, \quad 0 < t;$$
$$u(x, 0) = \sin \pi x + x(1 - x)$$

mit $h = 0{,}1$ und $k = 0{,}01$. Vergleichen Sie Ihre Lösung mit der tatsächlichen Lösung $u(x, t) = e^{-\pi^2 t} \sin \pi x + x(1 - x)$ in $t = 0{,}25$.

8. Modifizieren Sie das absteigende Differenzenverfahren so, daß es die partielle Differentialgleichung

$$\frac{\partial u}{\partial t} - \alpha^2 \frac{\partial^2 u}{\partial x^2} = 0, \quad 0 < x < l, \quad 0 < t;$$
$$u(0, t) = \phi(t), u(l, t) = \psi(t), \quad 0 < t;$$
$$u(x, 0) = f(x), \quad 0 \leq x \leq l$$

anpaßt, wobei $f(0) = \phi(0)$ und $f(l) = \psi(0)$ ist.

9. Die Temperatur $u(x, t)$ eines langen, dünnen Stabes konstanten Querschnitts und aus homogen leitendem Material wird durch die eindimensionale Wärmegleichung bestimmt. Falls die Wärme im Material erzeugt wird, beispielsweise durch Stromwiderstand oder eine nukleare Reaktion, nimmt die Wärmegleichung die Form

$$\frac{\partial^2 u}{\partial x^2} + \frac{Kr}{\rho C} = K \frac{\partial u}{\partial t}, \quad 0 < x < l, \quad 0 < t$$

an, wobei l die Länge, ρ die Dichte, C die spezifische Wärme und K die Temperaturleitzahl des Stabes ist. Die Funktion $r = r(x, t, u)$ stellt die pro Einheitsvolumen erzeugte Wärme dar. Angenommen, es sei

$$l = 1{,}5 \text{ cm}, \qquad K = 1{,}04 \frac{\text{cal}}{\text{cm} \cdot \text{grd} \cdot \text{s}},$$
$$\rho = 10{,}6 \text{ g/cm}^3, \qquad C = 0{,}056 \frac{\text{cal}}{\text{g} \cdot \text{grd}}$$

und

$$r(x, t, u) = 5{,}0 \frac{\text{cal}}{\text{s} \cdot \text{cm}^3}.$$

Werden die Enden des Stabes auf 0°C gehalten, dann gilt

$$u(0, t) = u(l, t) = 0, \quad t > 0.$$

Angenommen, die ursprüngliche Temperaturverteilung sei durch

$$u(x, 0) = \sin \frac{\pi x}{l}, \quad 0 \leq x \leq l$$

gegeben. Approximieren Sie mit den Ergebnissen aus Übung 6 und mit $h = 0{,}15$ und $k = 0{,}0225$ die Temperaturverteilung.

10. Zur Analyse von Spannungs-Dehnungs-Beziehungen und den Materialeigenschaften eines Zylinders, der abwechselnd aufgeheizt und abgekühlt wird, betrachteten V. Sagar und D. J. Payne die Gleichung

$$\frac{\partial^2 T}{\partial r^2} + \frac{1}{r}\frac{\partial T}{\partial r} = \frac{1}{4K}\frac{\partial T}{\partial t}, \quad \frac{1}{2} < r < 1, \quad 0 < T,$$

wobei $T = T(r, t)$ die Temperatur, r den Radius des Zylinders, t die Zeit und K den Diffusionskoeffizienten darstellen.

a) Approximieren Sie $T(r, 10)$ für einen Zylinder mit einem äußeren Radius von 1 mit den gegebenen Anfangs- und Randbedingungen:

$$T(l, t) = 100 + 40t, \quad 0 \leq t \leq 10,$$

$$T\left(\frac{1}{2}, t\right) = t, \quad 0 \leq t \leq 10,$$

$$T(r, 0) = 200(r - 0{,}5), \quad 0{,}5 \leq r \leq 1.$$

Verwenden Sie die Modifikation des absteigenden Differenzenverfahrens mit $K = 0{,}1$, $k = 0{,}5$ und $h = \Delta r = 0{,}1$.

b) Berechnen Sie mit der Temperaturverteilung aus Übung a) die Dehnung I, indem Sie das Integral

$$I = \int_{0{,}5}^{1} \alpha T(r, t) r \,\mathrm{d}r$$

approximieren, wobei $\alpha = 10{,}7$ und $t = 10$ ist. Verwenden Sie das zusammengesetzte Trapezverfahren mit $n = 5$.

11. Eine Gleichung, die die eindimensionale, einphasige, geringfügig komprimierbare Strömung bei der Erdölförderung beschreibt, ist für $0 < x < 1000$ durch

$$\frac{\phi\mu C}{K}\frac{\partial p}{\partial t}(x, t) = \frac{\partial^2 p}{\partial x^2}(x, t) - \begin{cases} 0, & \text{falls } x \neq 500, \\ 1000, & \text{falls } x = 500 \end{cases}$$

gegeben, wobei angenommen wird, daß das poröse Medium und das Reservoir homogen sind, daß die Flüssigkeit ideal ist und daß Gravitationskräfte vernachlässigbar sind. Die Symbole sind wie folgt definiert: x stellt die Entfernung (in Metern) dar,

t die Zeit (in Tagen), p den Druck (in N pro cm^2), ϕ die dimensionslose Porositätskonstante des Mediums, μ die Viskosität (in Centipoise), K die Permeabilität des Mediums (in Millidarcies), C die Kompressibilität (in [Newton pro cm^2]$^{-1}$). Angenommen, es sei $\alpha = \phi\mu C/K = 0{,}00004$ Tage/m^2 und die folgende Bedingung gelte:

$$p(x,0) = 2{,}5 \cdot 10^7, \quad 0 \leq x \leq 1000,$$
$$\frac{1}{K}\frac{\partial p}{\partial x}(0,t) = \frac{\partial p}{\partial x}(1000,t) = 0, \quad 0 < t.$$

Bestimmen Sie den Druck p bei $t = 5$ mit der Crank-Nicolson-Methode mit $k = \Delta t = 0{,}5$ und $h = \Delta x$.

12.4. Differenzenverfahren bei hyperbolischen Problemen

In diesem Abschnitt wollen wir die **Wellengleichung** numerisch lösen, ein Beispiel einer *hyperbolischen* Differentialgleichung. Die Wellengleichung ist durch die Differentialgleichung

$$\frac{\partial^2 u}{\partial t^2}(x,t) - \alpha^2 \frac{\partial^2 u}{\partial x^2}(x,t) = 0 \quad \text{für } 0 < x < l \quad \text{und } t > 0$$

mit den Bedingungen

$$u(0,t) = u(l,t) = 0 \quad \text{für } t > 0,$$

$$u(x,0) = f(x) \quad \text{und} \quad \frac{\partial u}{\partial t}(x,0) = g(x) \quad \text{für } 0 \leq x \leq l$$

gegeben, wobei α eine Konstante ist. Es wird eine ganze Zahl $m > 0$ und die Schrittweite der Zeit $k > 0$ ausgewählt. Mit $h = l/m$ sind die Gitterpunkte (x_i, t_j) durch

$$x_i = ih \quad \text{und } t_j = jk$$

für alle $i = 0, 1, \ldots, m$ und $j = 0, 1, \ldots$ definiert. An jedem inneren Gitterpunkt (x_i, t_j) ergibt sich für die Wellengleichung

$$\frac{\partial^2 u}{\partial t^2}(x_i,t_j) - \alpha^2 \frac{\partial^2 u}{\partial x^2}(x_i,t_j) = 0.$$

Man erhält das Differenzenverfahren mit Hilfe des zentralen Differenzenquotienten für die durch

$$\frac{\partial^2 u}{\partial t^2}(x_i,t_j) = \frac{u(x_i,t_{j+1}) - 2u(x_i,t_j) + u(x_i,t_{j-1})}{k^2} - \frac{k^2}{12}\frac{\partial^4 u}{\partial t^4}(x_i,\mu_j)$$

für beliebige μ_j in (t_{j-1}, t_{j+1}) und

$$\frac{\partial^2 u}{\partial x^2}(x_i, t_j) = \frac{u(x_{i+1}, t_j) - 2u(x_i, t_j) + u(x_{i-1}, t_j)}{h^2} - \frac{h^2}{12}\frac{\partial^4 u}{\partial x^4}(\xi_i, t_j)$$

für beliebige ξ_i in (x_{i-1}, x_{i+1}) gegebenen, zweiten partiellen Ableitungen. Einsetzen in die Wellengleichung ergibt

$$\begin{aligned}
&\frac{u(x_i, t_{j+1}) - 2u(x_i, t_j) + u(x_i, t_{j-1})}{k^2} \\
&- \alpha^2 \frac{u(x_{i+1}, t_j) - 2u(x_i, t_j) + u(x_{i-1}, t_j)}{h^2} \\
&= \frac{1}{12}\left[k^2 \frac{\partial^4 u}{\partial t^4}(x_i, \mu_j) - \alpha^2 h^2 \frac{\partial^4 u}{\partial x^4}(\xi_i, t_j)\right].
\end{aligned}$$

Vernachlässigen des Fehlerterms

$$\tau_{ij} = \frac{1}{12}\left[k^2 \frac{\partial^4 u}{\partial t^4}(x_i, \mu_j) - \alpha^2 h^2 \frac{\partial^4 u}{\partial x^4}(\xi_i, t_j)\right]$$

führt zur Differenzengleichung

$$\frac{w_{i,j+1} - 2w_{ij} + w_{i,j-1}}{k^2} - \alpha^2 \frac{w_{i+1,j} - 2w_{ij} + w_{i-1,j}}{h^2} = 0.$$

Mit $\lambda = \alpha k/h$ kann man nach $w_{i,j+1}$, der weitesten Zeitschrittnäherung, auflösen, und man erhält

$$w_{i,j+1} = 2(1 - \lambda^2) w_{ij} + \lambda^2 (w_{i+1,j} + w_{i-1,j}) - w_{i,j-1}.$$

Diese Gleichung gilt für $i = 1, 2, \dots, (m-1)$ und $j = 1, 2, \dots$. Die Randbedingungen ergeben

$$w_{0j} = w_{mj} = 0 \quad \text{für alle} \quad j = 1, 2, 3, \dots,$$

und aus der Anfangsbedingung folgt

$$w_{i0} = f(x_i) \quad \text{für alle} \quad i = 1, 2, \dots, m-1.$$

Schreibt man diese Gleichungen in Matrixform, erhält man

$$\begin{bmatrix} w_{i,j+1} \\ w_{2,j+1} \\ \vdots \\ w_{m-1,j+1} \end{bmatrix} = \begin{bmatrix} 2(1-\lambda^2) & \lambda^2 & 0 & \cdots & 0 \\ \lambda^2 & 2(1-\lambda^2) & \lambda^2 & \ddots & \vdots \\ 0 & \ddots & \ddots & \ddots & 0 \\ \vdots & \ddots & \ddots & \ddots & \lambda^2 \\ 0 & \cdots & 0 & \lambda^2 & 2(1-\lambda^2) \end{bmatrix}$$

$$\cdot \begin{bmatrix} w_{ij} \\ w_{2j} \\ \vdots \\ w_{m-1,j} \end{bmatrix} - \begin{bmatrix} w_{1,j-1} \\ w_{2,j-1} \\ \vdots \\ w_{m-1,j-1} \end{bmatrix}.$$

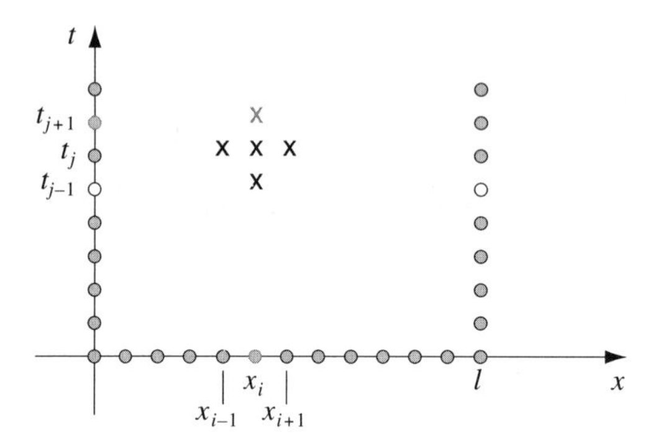

Abb. 12.10

Um $w_{i,j+1}$ zu bestimmen, werden die Werte aus dem j-ten und dem $(j-1)$-ten Zeitschritt benötigt. (Siehe Abbildung 12.10.)

Es gibt ein kleines Anfangsproblem, da die Werte für $j = 0$ in den Anfangsbedingungen gegeben sind, die Werte für $j = 1$ dagegen, die zum Berechnen von w_{i2} benötigt werden, aus der Anfangsgeschwindigkeitsbedingung

$$\frac{\partial u}{\partial t}(x, 0) = g(x) \quad \text{für} \quad 0 \leq x \leq l$$

erhalten werden müssen. Ein Ansatz ist es, $\partial u/\partial t$ durch eine absteigende Differenzennäherung

$$\frac{\partial u}{\partial t}(x_i, 0) = \frac{u(x_i, t_1) - u(x_i, 0)}{k} - \frac{k}{2}\frac{\partial^2 u}{\partial t^2}(x_1, \tilde{\mu}_i)$$

für beliebige $\tilde{\mu}_i$ in $(0, t_1)$ zu ersetzen. Auflösen nach $u(x_i, t_1)$ ergibt

$$\begin{aligned} u(x_i, t_1) &= u(x_i, 0) + k\frac{\partial u}{\partial t^2}(x_1, 0) + \frac{k^2}{2}\frac{\partial^2 u}{\partial t^2}(x_i, \tilde{\mu}_i) \\ &= u(x_i, 0) + kg(x_i) + \frac{k^2}{2}\frac{\partial^2 u}{\partial t^2}(x_i, \tilde{\mu}_i). \end{aligned}$$

Folglich ist

$$w_{i1} = w_{i0} + kg(x_i) \quad \text{für alle} \quad i = 1, \ldots, m-1.$$

Dies ergibt jedoch eine Approximation mit einem Fehler von nur $O(k)$. Eine bessere Approximation ist von $u(x_i, 0)$ erhältlich.

Betrachtet sei die Gleichung

$$u(x_i, t_1) = u(x_i, 0) + k\frac{\partial u}{\partial t}(x_i, 0) + \frac{k^2}{2}\frac{\partial^2 u}{\partial t^2}(x_i, 0) + \frac{k^3}{6}\frac{\partial^3 u}{\partial t^3}(x_i, \hat{u}_i)$$

für beliebige $\hat{\mu}_i$ in $(0, t_1)$, die durch Entwickeln von $u(x_i, t_1)$ in ein zweites Mac Laurinsches Polynom in t erhalten wurde.

Falls f'' existiert, ergibt sich

$$\frac{\partial^2 u}{\partial t^2}(x_i, 0) = \alpha^2 \frac{\partial^2 u}{\partial x^2}(x_i, 0) = \alpha^2 \frac{\mathrm{d}^2 f}{\mathrm{d}x^2}(x_i) = \alpha^2 f''(x_i)$$

und

$$u(x_i, t_1) = u(x_i, 0) + kg(x_i) + \frac{\alpha^2 k^2}{2} f''(x_i) + \frac{k^3}{6} \frac{\partial^3 u}{\partial t^3}(x_i, \hat{\mu}_i),$$

man erhält eine Approximation mit einem Fehler von $O(k^2)$:

$$w_{i1} = w_{i0} + kg(x_i) + \frac{\alpha^2 k^2}{2} f''(x_i).$$

Ist $f''(x_i)$ nicht ohne weiteres verfügbar, kann man mit einer zentralen Differenzengleichung

$$f''(x_i) = \frac{f(x_{i+1}) - 2f(x_i) + f(x_{i-1})}{h^2} - \frac{h^2}{12} f^{(4)}(\tilde{\xi}_i)$$

für beliebige $\tilde{\xi}_i$ in (x_{i-1}, x_{i+1}) geschrieben werden. Die Approximation wird dann zu

$$\begin{aligned}\frac{u(x_i, t_1) - u(x_i, o)}{k} &= g(x_i) + \frac{k\alpha^2}{2h^2}[f(x_{i+1}) - 2f(x_i) + f(x_{i-1})] \\ &\quad + O(k^2 + h^2 k)\end{aligned}$$

oder mit $\lambda = \frac{k\alpha}{h}$ zu

$$\begin{aligned}u(x_i, t_1) = u(x_i, 0) &= kg(x_i) + \frac{\lambda^2}{2}[f(x_{i+1}) - 2f(x_i) + f(x_{i-1})] \\ &\quad + O(k^3 + h^2 k^2) \\ &= (1 - \lambda^2) f(x_i) + \frac{\lambda^2}{2} f(x_{i+1}) + \frac{\lambda^2}{2} f(x_{i-1}) + kg(x_i) \\ &\quad + O(k^3 + h^2 k^2).\end{aligned}$$

Somit kann man mit der Differenzengleichung

$$w_{i1} = (1 - \lambda^2) f(x_i) + \frac{\lambda^2}{2} f(x_{i+1}) + \frac{\lambda^2}{2} f(x_{i-1}) + kg(x_i)$$

w_{i1} für alle $i = 1, 2, \ldots, m - 1$ bestimmen.

Das Programm WVFDM124 approximiert w_{i1} mit dieser Gleichung. Es wird vorausgesetzt, daß es eine obere Schranke für den Wert von t gibt, die im Abbruchverfahren Verwendung findet.

Beispiel 1. Betrachtet sei das hyperbolische Problem

$$\frac{\partial^2 u}{\partial t}(x, t) - 4 \frac{\partial^2 u}{\partial x^2}(x, t) = 0 \quad \text{für} \quad 0 < x < 1 \quad \text{und } 0 < t$$

mit den Randbedingungen

$$u(0,t) = u(1,t) = 0 \quad \text{für} \quad 0 < t$$

und den Anfangsbedingungen

$$u(x,0) = \sin(\pi x), \ 0 \le x \le 1 \quad \text{und} \quad \frac{\partial u}{\partial t}(x,0) = 0 \text{ für } 0 \le x \le 1.$$

Es ist leicht nachvollziehbar, daß die Lösung dieses Problems

$$u(x,t) = \sin(\pi x)\cos(2\pi t)$$

sein muß.

Das Differenzenverfahren wurde in diesem Beispiel mit $m = 10$, $T = 1$ und $N = 20$ durchgeführt, daraus folgt, daß $h = 0{,}1$, $k = 0{,}05$ und $\lambda = 1$ ist. Die folgende Tabelle faßt die Approximationen w_{iN} für $i = 0, 1, \ldots, 10$ zusammen. Die in Tabelle 12.6 aufgelisteten Werte sind auf die angegebenen Stellen genau. □

Tabelle 12.6

x_i	$w_{i,20}$
0,0	0,0000000000
0,1	0,3090169944
0,2	0,5877852523
0,3	0,8090169944
0,4	0,9510565163
0,5	1,0000000000
0,6	0,9510565163
0,7	0,8090169944
0,8	0,5877852523
0,9	0,3090169944
1,0	0,0000000000

Übungsaufgaben

1. Approximieren Sie mit dem Differenzenverfahren mit $m = 4$, $N = 4$ und $T = 1$ die Lösung der Wellengleichung

$$\frac{\partial^2 u}{\partial t^2} - \frac{\partial^2 u}{\partial x^2} = 0, \quad 0 < x < 1, \ 0 < t;$$

$$u(0,t) = u(1,t) = 0, \quad 0 < t,$$

$$u(x,0) = \sin \pi x, \quad 0 \le x \le 1,$$

$$\frac{\partial u}{\partial t}(x,0) = 0, \quad 0 \le x \le 1$$

und vergleichen Sie Ihre Ergebnisse mit der tatsächlichen Lösung $u(x,t) = \cos \pi t \sin \pi x$ in $t = 0{,}5$.

2. Approximieren Sie mit dem Differenzenverfahren mit $m = 4$, $N = 4$ und $T = 0{,}5$ die Lösung der Wellengleichung

$$\frac{\partial^2 u}{\partial t^2} - \frac{1}{16\pi^2}\frac{\partial^2 u}{\partial x^2} = 0, \quad 0 < x < 0{,}5, \quad 0 < t;$$
$$u(0,t) = u(0{,}5,t) = 0, \quad 0 < t,$$
$$u(x,0) = 0, \quad 0 < x < 0{,}5,$$
$$\frac{\partial u}{\partial t}(x,0) = \sin 4\pi x, \quad 0 \le x \le 0{,}5$$

und vergleichen Sie Ihre Ergebnisse mit der tatsächlichen Lösung $u(x,t) = \sin t \sin 4\pi x$ in $t = 0{,}5$.

3. Approximieren Sie mit dem Differenzenverfahren mit $h = \frac{\pi}{10}$ und $k = 0{,}05$, mit $h = \frac{\pi}{20}$ und $k = 0{,}1$ und dann mit $h = \frac{\pi}{20}$ und $k = 0{,}05$ die Lösung $u(x,t) = \sin \pi x \cos \pi t$ der Wellengleichung

$$\frac{\partial^2 u}{\partial t^2} - \frac{\partial^2 u}{\partial x^2} = 0, \quad 0 < x < \pi, \quad 0 < t;$$
$$u(0,t) = u(\pi,t) = 0, \quad 0 < t,$$
$$u(x,0) = \sin x, \quad 0 \le x \le \pi,$$
$$\frac{\partial u}{\partial t}(x,0) = 0, \quad 0 \le x \le \pi$$

und vergleichen Sie Ihre Ergebnisse mit der tatsächlichen Lösung $u(x,t) = \cos t \sin x$ in $t = 0{,}5$.

4. Approximieren Sie mit dem Differenzenverfahren mit $h = 0{,}1$ und $k = 0{,}1$ die Lösung der Wellengleichung

$$\frac{\partial^2 u}{\partial t^2} - \frac{\partial^2 u}{\partial x^2} = 0, \quad 0 < x < 1, \quad 0 < t;$$
$$u(0,t) = u(1,t) = 0, \quad 0 < t,$$
$$u(x,0) = \sin 2\pi x, \quad 0 \le x \le 1,$$
$$\frac{\partial u}{\partial t}(x,0) = 2\pi \sin 2\pi x, \quad 0 \le x \le 1$$

und vergleichen Sie Ihre Ergebnisse mit der tatsächlichen Lösung $u(x,t) = \sin 2\pi x(\cos 2\pi t + \sin 2\pi t)$ in $t = 0{,}3$.

5. Approximieren Sie mit dem Differenzenverfahren mit $h = 0{,}1$ und $k = 0{,}1$ die Lösung der Wellengleichung

$$\frac{\partial^2 u}{\partial t^2} - \frac{\partial^2 u}{\partial x^2} = 0, \quad 0 < x < 1, \quad 0 < t;$$
$$u(0,t) = u(1,t) = 0, \quad 0 < t,$$
$$u(x,0) = \begin{cases} 1, & 0 \le x \le \frac{1}{2}, \\ -1, & \frac{1}{2} < x \le 1, \end{cases}$$
$$\frac{\partial u}{\partial t}(x,0) = 0, \quad 0 \le x \le 1.$$

6. Der Luftdruck $p(x, t)$ in einer Orgelpfeife läßt sich mit der Wellengleichung

$$\frac{\partial^2 p}{\partial x^2} = \frac{1}{c^2} \frac{\partial^2 p}{\partial t^2}, \quad 0 < x < 1, \quad 0 < t$$

bestimmen, wobei l die Länge des Rohres und c eine physikalische Konstante ist. Bei einer offenen Pfeife sind die Randbedingungen durch

$$p(0, t) = p_0 \quad \text{und} \quad p(l, t) = p_0$$

gegeben. Ist sie am Ende $x = l$ verschlossen, sind die Randbedingungen

$$p(0, t) = p_0 \quad \text{und} \quad \frac{\partial p}{\partial x}(l, t) = 0.$$

Angenommen, es sei $c = 1$, $l = 1$ und die Anfangsbedingungen seien

$$p(x, 0) = p_0 \cos 2\pi x \quad \text{und} \quad \frac{\partial p}{\partial t}(x, 0) = 0, \quad 0 \leq x \leq 1.$$

a) Approximieren Sie mit dem Differenzenverfahren mit $h = k = 0{,}1$ den Druck in einer offenen Pfeife mit $p_0 = 0{,}9$ in $x = \frac{1}{2}$ für $t = 0{,}5$ und $t = 1$.

b) Modifizieren Sie das Differenzenverfahren auf das geschlossene Rohrproblem mit $p_0 = 0{,}9$ und appoximieren Sie $p(0{,}5, 0{,}5)$ und $p(0{,}5, 1)$ mit $h = k = 0{,}1$.

7. In einer elektrischen Leitung für Wechselstrom hoher Frequenz (einer sogenannten verlustfreien Leitung) werden die Spannung V und der Strom i durch

$$\frac{\partial^2 V}{\partial x^2} = LC \frac{\partial^2 V}{\partial t^2}, \quad 0 < x < l, \ 0 < t,$$

$$\frac{\partial^2 i}{\partial x^2} = LC \frac{\partial^2 i}{\partial t^2}, \quad 0 < x < l, \ 0 < t$$

beschrieben, wobei L die Induktivität pro Einheitslänge und C die Kapazität pro Einheitslänge darstellt. Angenommen, die Leitung sei 200 m lang und die Konstanten C und L seien durch

$$C = 0{,}1 \text{ F/m} \quad \text{und} \quad L = 0{,}3 \text{ H/m}$$

gegeben. Angenommen, die Spannung und ebenso der Strom genügen

$$V(0, t) = V(200, t) = 0, \quad 0 < t,$$

$$V(x, 0) = 110 \sin \frac{\pi x}{200}, \quad 0 \leq x \leq 200,$$

$$\frac{\partial V}{\partial t}(x, 0) = 0, \quad 0 \leq x \leq 200,$$

$$i(0, t) = i(200, t) = 0, \quad 0 < t,$$

$$i(x, 0) = 5{,}5 \cos \frac{\pi x}{200}, \quad 0 \leq x \leq 200$$

und

$$\frac{\partial i}{\partial t}(x, 0) = 0, \quad 0 \leq x \leq 200.$$

Approximieren Sie mit dem Differenzenverfahren mit $h = 10$ und $k = 0{,}1$ die Spannung und den Strom in $t = 0{,}2$ und $t = 0{,}5$.

12.5. Einführung in die Methode der finiten Elemente

Die **Methode der finiten Elemente** für partielle Differentialgleichungen ähnelt dem Rayleigh-Ritz-Verfahren zur Approximation der Lösung von Zweipunkte-Randwertproblemen. Ursprünglich für den Ingenieurbau entwickelt, wird sie nun zur Approximation der Lösungen von partiellen Differentialgleichungen auf allen Gebieten der angewandten Mathematik eingesetzt.

Ein Vorteil der Methode der finiten Elemente gegenüber den Differenzenverfahren ist es, daß die Randbedingungen des Problems relativ einfach gehandhabt werden können. Viele physikalische Problem besitzen Randbedingungen, die Ableitungen und irregulär verlaufende Ränder beinhalten. Randbedingungen dieses Typs sind schwierig mit Differenzenverfahren zu bearbeiten, da jede Randbedingung, die eine Ableitung enthält, an den Gitterpunkten durch einen Differenzenquotienten approximiert werden muß und ein irregulär verlaufender Rand es schwierig macht, die Gitterpunkte zu legen. Die Methode der finiten Elemente enthält die Randbedingungen als Integrale in einem Funktional, das minimiert wird, so daß die Vorgehensweise von den speziellen Randbedingungen des Problems unabhängig ist.

Wir wollen die partielle Differentialgleichung

$$\frac{\partial}{\partial x}\left(p(x, y)\frac{\partial u}{\partial x}\right) + \frac{\partial}{\partial y}\left(q(x, y)\frac{\partial u}{\partial y}\right) + r(x, y)u(x, y) = f(x, y)$$

mit (x, y) in $\mathcal{D}$ betrachten, wobei $\mathcal{D}$ ein Gebiet in der (x, y)-Ebene mit dem Rand $\mathcal{S}$ ist. Es werden Randbedingungen der Form

$$u(x, y) = g(x, y)$$

auf einem Teil $\mathcal{S}_1$ des Randes aufgestellt. Auf dem übrigen Rand $\mathcal{S}_2$ muß $u(x, y)$ der Gleichung

$$p(x, y)\frac{\partial u}{\partial x}(x, y)\cos\theta_1 + q(x, y)\frac{\partial u}{\partial y}(x, y)\cos\theta_2 + g_1(x, y)u(x, y) = g_2(x, y)$$

genügen, wobei θ_1 und θ_2 die Richtungswinkel der äußeren Normalen auf dem Rand in dem Punkt (x, y) sind. (Siehe Abbildung 12.11.) Physikalische Probleme auf dem Gebiet der Mechanik und Elastizität besitzen zugehörige partielle Differentialgleichungen dieses Typs. Das Lösen solch eines Problems ist typischerweise die Minimierung eines bestimmten, Integrale enthaltenen Funktionals über eine durch das Problem bestimmte Klasse von Funktionen.

Angenommen, p, q, r und f seien in $\mathcal{D} \cup \mathcal{S}$ stetig, p und q besitzen stetige, erste partielle Ableitungen und g_1 und g_2 seien auf $\mathcal{S}_2$ stetig. Zusätzlich sei angenommen, daß $p(x, y) > 0$, $q(x, y) > 0$, $r(x, y) \leq 0$ und $g_1(x, y) > 0$ sei.

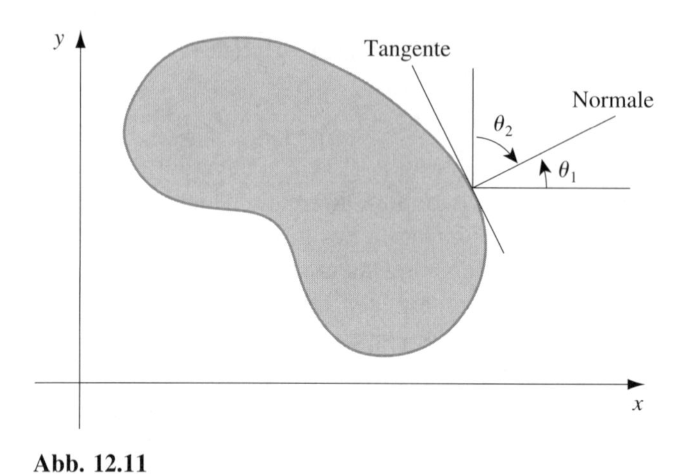

Abb. 12.11

Dann minimiert eine Lösung des betrachteten Problems eindeutig das Funktional

$$I[w] = \iint_{\mathscr{D}} \left\{ \frac{1}{2} \left[p(x, y) \left(\frac{\partial w}{\partial x} \right)^2 + q(x, y) \left(\frac{\partial w}{\partial y} \right)^2 - r(x, y) w^2 \right] \right.$$
$$\left. + f(x, y) w \right\} \mathrm{d}x\mathrm{d}y + \int_{\mathscr{S}_2} \left\{ -g_2(x, y) w + \frac{1}{2} g_1(x, y) w^2 \right\} \mathrm{d}S$$

über alle zweimal stetig differenzierbaren Funktionen w, die $w(x, y) = g(x, y)$ auf $\mathscr{S}_1$ genügen. Die Methode der finiten Elemente approximiert diese Lösung, indem das Funktional I über eine kleinere Klasse von Funktionen minimiert wird, so wie das Rayleigh-Ritz-Verfahren für die in Abschnitt 11.6 betrachteten Randwertprobleme.

Im ersten Schritt teilt man das Gebiet in eine endliche Zahl von Abschnitten oder Elementen regulärer Gestalt auf, entweder in Recht- oder Dreiecke. (Siehe Abbildung 12.12.)

Die zur Approximation verwendete Funktionenmenge ist im allgemeinen eine Menge von stückweisen Polynomen festen Grades in x und y, und die Approximation fordert, daß die Polynome derart zusammengesetzt werden, daß die resultierende Funktion stetig ist und eine integrierbare oder stetige erste oder zweite Ableitung auf dem gesamten Gebiet besitzt. Üblicherweise werden Polynome vom linearen Typ in x und y,

$$\phi(x, y) = a + bx + cy,$$

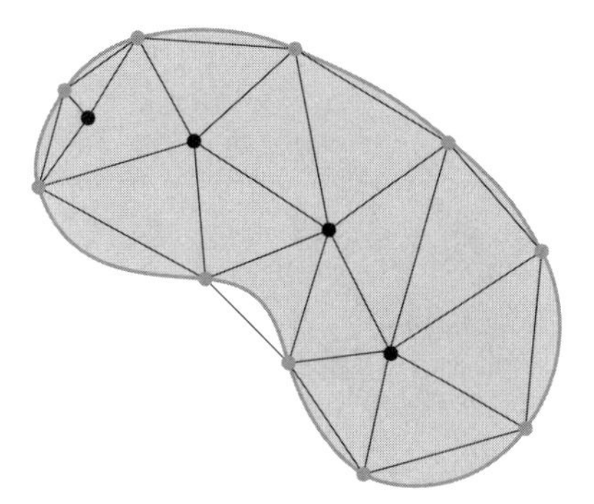

Abb. 12.12

bei Dreieckelementen verwendet, wohingegen Polynome vom bilinearen Typ in x und y,

$$\phi(x, y) = a + bx + cy + dxy,$$

bei Rechteckelementen verwendet werden.

Für diese Diskussion sei angenommen, daß das Gebiet $\mathscr{D}$ in Dreieckelemente unterteilt sei. Die Menge der Dreiecke wird mit D bezeichnet, die Eckpunkte dieser Dreiecke heißen **Knotenpunkte**. Die Methode sucht eine Approximation der Form

$$\phi(x, y) = \sum_{i=1}^{m} \gamma_i \phi_i(x, y),$$

wobei $\phi_1, \phi_2, \ldots, \phi_m$ linear unabhängige, stückweise lineare Polynome und $\gamma_1, \gamma_2, \ldots, \gamma_m$ Konstanten sind. Mit einem Teil dieser Konstanten, angenommen $\gamma_{n+1}, \gamma_{n+2}, \ldots, \gamma_m$, wird die Randbedingung

$$\phi(x, y) = g(x, y)$$

auf $\mathscr{S}_1$ sichergestellt, und mit den übrigen Konstanten $\gamma_1, \gamma_2, \ldots, \gamma_n$ wird das Funktional $I\left[\sum_{i=1}^{m} \gamma_i \phi_i\right]$ minimiert.

Das Funktional besitzt die Form

$$I[\phi] = I\left[\sum_{i=1}^{m} \gamma_i \phi_i\right]$$

$$= \iint_{\mathscr{D}} \left(\frac{1}{2} \left\{ p(x,y) \left[\sum_{i=1}^{m} \gamma_i \frac{\partial \phi_i}{\partial x}(x,y)\right]^2 + q(x,y) \left[\sum_{i=1}^{m} \gamma_i \frac{\partial \phi_i}{\partial y}(x,y)\right]^2 \right.\right.$$

$$\left.\left. -r(x,y) \left[\sum_{i=1}^{m} \gamma_i \phi_i(x,y)\right]^2 \right\} + f(x,y) \sum_{i=1}^{m} \gamma_i \phi_i(x,y) \right) \mathrm{d}y\mathrm{d}x$$

$$+ \int_{\mathscr{S}_2} \left\{ -g_2(x,y) \sum_{i=1}^{m} \gamma_i \phi_i(x,y) + \frac{1}{2} g_1(x,y) \left[\sum_{i=1}^{m} \gamma_i \phi_i(x,y)\right]^2 \right\} \mathrm{d}S,$$

und ein notwendiges Kriterium für ein Minimum ist es, wenn man I als eine Funktion von $\gamma_1, \gamma_2, \ldots, \gamma_n$ betrachtet, so daß

$$\frac{\partial I}{\partial \gamma_j} = 0 \quad \text{für alle} \quad j = 1, 2, \ldots, n$$

gilt.

Mit partiellem Differenzieren kann man diese Gleichungen als ein Linearsystem

$$A\mathbf{c} = \mathbf{b}$$

schreiben, wobei $\mathbf{c} = (\gamma_1, \ldots, \gamma_n)^{\mathrm{t}}$ ist und $A = (\alpha_{ij})$ und $\mathbf{b} = (\beta_1, \ldots, \beta_n)^{\mathrm{t}}$ durch

$$\alpha_{ij} = \iint_{\mathscr{D}} \left[p(x,y) \frac{\partial \phi_i}{\partial x}(x,y) \frac{\partial \phi_j}{\partial x}(x,y) + q(x,y) \frac{\partial \phi_i}{\partial y}(x,y) \frac{\partial \phi_j}{\partial y}(x,y) \right.$$

$$\left. - r(x,y) \phi_i(x,y) \phi_j(x,y) \right] \mathrm{d}x\mathrm{d}y + \int_{\mathscr{S}_2} g_1(x,y) \phi_i(x,y) \phi_j(x,y) \mathrm{d}S$$

für alle $i = 1, 2, \ldots, n$ und $j = 1, 2, \ldots, m$ und

$$\beta_i = -\iint_{\mathscr{D}} f(x,y) \phi_i(x,y) \mathrm{d}x\mathrm{d}y + \int_{\mathscr{S}_2} g_2(x,y) \phi_i(x,y) \mathrm{d}S - \sum_{k=n+1}^{m} \alpha_{ik} \gamma_k$$

für alle $i = 1, \ldots, n$ definiert sind.

Wichtig ist die spezielle Wahl der Basisfunktionen, da durch eine geeignete Wahl die Matrix A oft positiv definit wird und Bandgestalt annimmt. Für das diskutierte Problem zweiter Ordnung sei angenommen, daß $\mathscr{D}$ polygonal und $\mathscr{S}_1$ eine stetige Menge von Geraden sei, so daß $\mathscr{D} = D$ ist. Zu Beginn wird das Gebiet D in die Dreiecke $T_1, T_2, \ldots, T_M$ aufgeteilt, die drei Eck- oder

Knotenpunkte des i-ten Dreiecks werden mit

$$V_j^{(i)} = (x_j^{(i)}, y_j^{(i)}) \quad \text{für jedes } j = 1, 2, 3$$

bezeichnet. Um die Schreibweise zu vereinfachen, schreibt man $V_j^{(i)}$ einfach als $V_j = (x_j, y_j)$, wenn man mit dem Dreieck T_i arbeitet. Mit jedem Eckpunkt V_j verbindet man ein lineares Polynom

$$N_j^{(i)} \equiv N_j = a_j + b_j x + c_j y, \quad \text{wobei } N_j^{(i)}(x_k, y_k) = \begin{cases} 1, & \text{falls } j = k \\ 0, & \text{falls } j \neq k \end{cases}$$

ist. Dies liefert Linearsysteme der Form

$$\begin{bmatrix} 1 & x_1 & y_1 \\ 1 & x_2 & y_2 \\ 1 & x_3 & y_3 \end{bmatrix} \begin{bmatrix} a_j \\ b_j \\ c_j \end{bmatrix} = \begin{bmatrix} 0 \\ 1 \\ 0 \end{bmatrix}$$

mit dem Element 1 in der j-ten Zeile in dem Vektor auf der rechten Seite.

Die Knotenpunkte $D \cup \mathscr{S}$ werden von links nach rechts und von oben nach unten mit $E_1, \ldots, E_n$ bezeichnet. Mit jedem Knotenpunkt E_k verbindet man eine Funktion ϕ_k, die auf jedem Dreieck linear ist, den Wert 1 in E_k besitzt und in jedem der anderen Knotenpunkten 0 ist. Derart gewählt ist ϕ_k dem Polynom $N_j^{(i)}$ auf dem Dreieck T_i identisch, wenn der Knotenpunkt E_k der mit $V_j^{(i)}$ bezeichnete Eckpunkt ist.

Beispiel 1. Es sei angenommen, daß ein Problem der finiten Elemente die in Abbildung 12.13 gezeigten Dreiecke T_1 und T_2 enthält. Die lineare Funktion $N_1^{(1)}(x, y)$ nimmt in $(1, 1)$ den Wert 1 und in $(0, 0)$ und $(-1, 2)$ beidemal den Wert 0 an und genügt

$$\begin{aligned} a_1^{(1)} + b_1^{(1)}(1) + c_1^{(1)}(1) &= 1, \\ a_1^{(1)} + b_1^{(1)}(-1) + c_1^{(1)}(2) &= 0, \\ a_1^{(1)} + b_1^{(1)}(0) + c_1^{(1)}(0) &= 0 \end{aligned}$$

und somit

$$a_1^{(1)} = 0, \; b_1^{(1)} = \frac{2}{3}, \; c_1^{(1)} = \frac{1}{3}$$

und

$$N_1^{(1)}(x, y) = \frac{2}{3}x + \frac{1}{3}y.$$

Entsprechend nimmt die lineare Funktion $N_1^{(2)}(x, y)$ in $(1, 1)$ den Wert 1 und in $(0, 0)$ und $(1, 0)$ beidemal den Wert 0 an und genügt

$$\begin{aligned} a_1^{(2)} + b_1^{(2)}(1) + c_1^{(2)}(1) &= 1, \\ a_1^{(2)} + b_1^{(2)}(0) + c_1^{(2)}(0) &= 0, \\ a_1^{(2)} + b_1^{(2)}(1) + c_1^{(2)}(0) &= 0 \end{aligned}$$

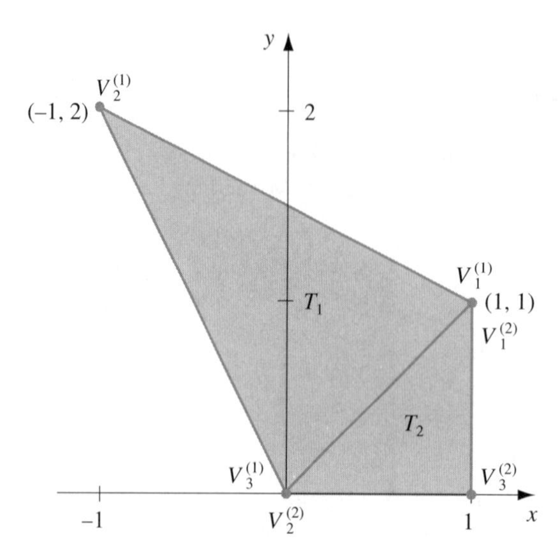

Abb. 12.13

und somit $a_1^{(2)} = 0$, $b_1^{(2)} = 0$ und $c_1^{(2)} = 1$. Folglich ist $N_1^{(2)}(x, y) = y$. Man beachte, daß an dem gemeinsamen Rand von T_1 und T_2 $N_1^{(1)}(x, y) = N_1^{(2)}(x, y)$ gilt, da $y = x$ ist. □

Betrachtet sei Abbildung 12.14, das heißt der obere, linke Teil des in Abbildung 12.12 gezeigten Gebietes. Die Elemente der Matrix A, die den in dieser Abbildung gezeigten Knotenpunkten entsprechen, sollen erzeugt werden.

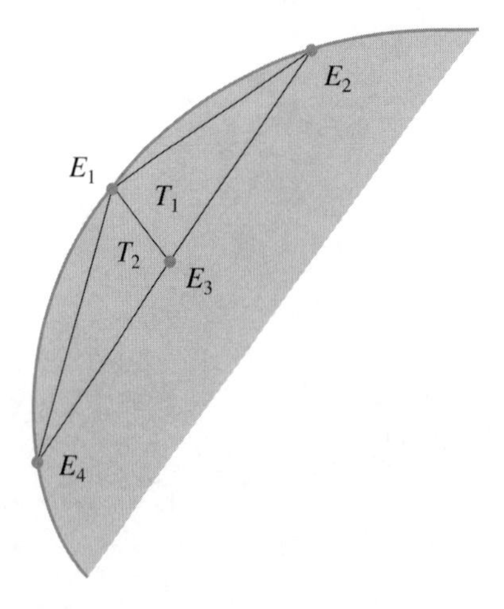

Abb. 12.14

Der Einfachheit wegen sei angenommen, daß E_1 keiner der Knotenpunkte auf $\mathcal{S}_2$ ist. Die Beziehung zwischen den Knoten- und den Eckpunkten der Dreiecke ist für diesen Teil

$$E_1 = V_3^{(1)} = V_1^{(2)},\ E_4 = V_2^{(2)},\ E_3 = V_2^{(1)} = V_3^{(2)} \text{ und } E_2 = V_1^{(1)}.$$

Da sowohl ϕ_1 als auch ϕ_3 auf T_1 und T_2 ungleich null sind, werden die Elemente $\alpha_{1,3} = \alpha_{3,1}$ durch

$$\begin{aligned}\alpha_{1,3} &= \iint_D \left[p\frac{\partial\phi_1}{\partial x}\frac{\partial\phi_3}{\partial x} + q\frac{\partial\phi_1}{\partial y}\frac{\partial\phi_3}{\partial y} - r\phi_1\phi_3\right] \mathrm{d}x\mathrm{d}y \\ &= \iint_{T_1} \left[p\frac{\partial\phi_1}{\partial x}\frac{\partial\phi_3}{\partial x} + q\frac{\partial\phi_1}{\partial y}\frac{\partial\phi_3}{\partial y} - r\phi_1\phi_3\right] \mathrm{d}x\mathrm{d}y \\ &\quad + \iint_{T_2} \left[p\frac{\partial\phi_1}{\partial x}\frac{\partial\phi_3}{\partial x} + q\frac{\partial\phi_1}{\partial y}\frac{\partial\phi_3}{\partial y} - r\phi_1\phi_3\right] \mathrm{d}x\mathrm{d}y\end{aligned}$$

berechnet.

Auf dem Dreieck T_1 gilt

$$\phi_1(x, y) = N_3^{(1)} = a_3^{(1)} + b_3^{(1)}x + c_3^{(1)}y$$

und

$$\phi_3(x, y) = N_2^{(1)} = a_2^{(1)} + b_2^{(1)}x + c_2^{(1)}y,$$

somit ist

$$\frac{\partial\phi_1}{\partial x} = b_3^{(1)},\quad \frac{\partial\phi_1}{\partial y} = c_3^{(1)},\quad \frac{\partial\phi_3}{\partial x} = b_2^{(1)} \quad\text{und}\quad \frac{\partial\phi_3}{\partial y} = c_2^{(1)}.$$

Entsprechend gilt auf T_2

$$\phi_1(x, y) = N_1^{(2)} = a_1^{(2)} + b_1^{(2)}x + c_1^{(2)}y$$

und

$$\phi_3(x, y) = N_3^{(2)} = a_3^{(2)} + b_3^{(2)}x + c_3^{(2)}y,$$

somit ist

$$\frac{\partial\phi_1}{\partial x} = b_1^{(2)},\quad \frac{\partial\phi_1}{\partial y} = c_1^{(2)},\quad \frac{\partial\phi_3}{\partial x} = b_3^{(2)} \quad\text{und}\quad \frac{\partial\phi_3}{\partial y} = c_3^{(2)}.$$

Daher gilt

$$\begin{aligned}\alpha_{13} = {} & b_3^{(1)} b_2^{(1)} \iint_{T_1} p \,\mathrm{d}x\mathrm{d}y + c_3^{(1)} c_2^{(1)} \iint_{T_1} q \,\mathrm{d}x\mathrm{d}y \\ & - \iint_{T_1} r(a_3^{(1)} + b_3^{(1)} x + c_3^{(1)} y)(a_2^{(1)} + b_2^{(1)} x + c_2^{(1)} y) \mathrm{d}x\mathrm{d}y \\ & + b_1^{(2)} b_3^{(2)} \iint_{T_2} p \,\mathrm{d}x\mathrm{d}y + c_1^{(2)} c_3^{(2)} \iint_{T_2} q \,\mathrm{d}x\mathrm{d}y \\ & - \iint_{T_2} r(a_1^{(2)} + b_1^{(2)} x + c_1^{(2)} y)(a_3^{(2)} + b_3^{(2)} x + c_3^{(2)} y) \mathrm{d}x\mathrm{d}y.\end{aligned}$$

Alle Doppelintegrale über D reduzieren sich auf Doppelintegrale über Dreiecke. Die übliche Vorgehensweise ist es, alle möglichen Integrale über den Dreiecken zu berechnen und sie zu dem korrekten Element α_{ij} in A aufzusummieren.

Entsprechend werden Doppelintegrale der Form

$$\iint_D f(x, y)\phi_i(x, y) \mathrm{d}x\mathrm{d}y$$

über Dreiecke berechnet und dann zu dem korrekten Element b_i aufsummiert. Um beispielsweise b_i zu bestimmen, benötigt man

$$\begin{aligned}- \iint_D f(x, y)\phi_1(x, y) \mathrm{d}x\mathrm{d}y = & - \iint_{T_1} f(x, y)[a_3^{(1)} + b_3^{(1)} x + c_3^{(1)} y] \mathrm{d}x\mathrm{d}y \\ & - \iint_{T_2} f(x, y)[a_1^{(2)} + b_1^{(2)} x + c_1^{(2)} y] \mathrm{d}x\mathrm{d}y.\end{aligned}$$

Ein Teil von b_1 wird über das auf T_1 beschränkte ϕ_1 und der Rest durch das auf T_2 beschränkte ϕ_1 beigesteuert, da E_1 sowohl ein Eckpunkt von T_1 als auch von T_2 darstellt. Zusätzlich besitzen die Knotenpunkte, die auf $\mathcal{S}_2$ liegen, Integrale, die zu ihren Elementen in A und $\mathbf{b}$ addiert werden.

Das Programm LINFE125 führt die Methode der finiten Elemente für eine elliptische Differentialgleichung zweiter Ordnung aus. In dem Programm werden zum Anfang alle Werte der Matrix A und des Vektors $\mathbf{b}$ gleich null gesetzt, und nachdem alle Integrationen auf allen Dreiecken ausgeführt wurden, werden diese Werte zu den geeigneten Elementen in A und $\mathbf{b}$ addiert.

Beispiel 2. Die Temperatur $u(x, y)$ in dem zweidimensionalen Gebiet D genügt der Laplace-Gleichung

$$\frac{\partial^2 u}{\partial x^2}(x, y) + \frac{\partial^2 u}{\partial y^2}(x, y) = 0 \quad \text{auf } D.$$

Betrachtet sei das in Abbildung 12.15 gezeigte Gebiet D, und die folgenden Randbedingungen seien als gegeben angenommen:

$$u(x, y) = 4 \quad \text{für } (x, y) \text{ auf } L_6 \text{ und für } (x, y) \text{ auf } L_7,$$

$$\frac{\partial u}{\partial n}(x, y) = x \quad \text{für } (x, y) \text{ auf } L_2 \text{ und für } (x, y) \text{ auf } L_4,$$

$$\frac{\partial u}{\partial n}(x, y) = y \quad \text{für } (x, y) \text{ auf } L_5,$$

$$\frac{\partial u}{\partial n}(x, y) = \frac{x + y}{\sqrt{2}} \quad \text{für } (x, y) \text{ auf } L_1 \text{ und für } (x, y) \text{ auf } L_3,$$

wobei $\partial u/\partial n$ die Richtungsableitung in Richtung der Normalen des Randes des Gebietes D in dem Punkt (x, y) bezeichnet.

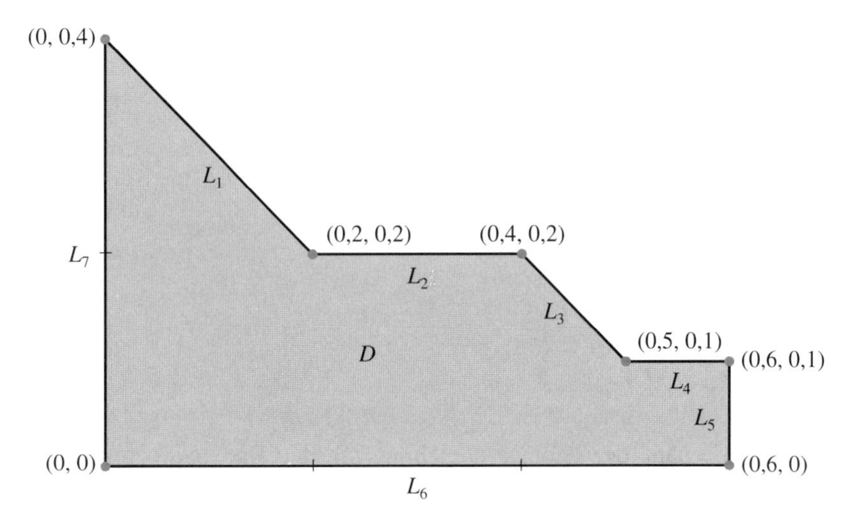

Abb. 12.15

Für dieses Beispiel ist $\mathcal{S}_1 = L_6 \cup L_7$ und $\mathcal{S}_2 = L_1 \cup L_2 \cup L_3 \cup L_4 \cup L_5$. Als erstes wird D in die Dreiecke mit den in Abbildung 12.16 gezeigten Bezeichnungen unterteilt.

Aus der Randbedingung $u(x, y) = 4$ auf L_6 und L_7 folgt, daß $\gamma_t = 4$ für $t = 6, 7, \ldots, 11$ ist. Um die Werte von γ_l für $l = 1, 2, \ldots, 5$ zu bestimmen, werden die Matrix und der Vektor

$$A = \begin{bmatrix} 2{,}5 & 0 & -1 & 0 & 0 \\ 0 & 1{,}5 & -1 & -0{,}5 & 0 \\ -1 & -1 & 4 & 0 & 0 \\ 0 & -0{,}5 & 0 & 2{,}5 & -0{,}5 \\ 0 & 0 & 0 & -0{,}5 & 1 \end{bmatrix} \quad \text{und} \quad \mathbf{b} = \begin{bmatrix} 6{,}066\bar{6} \\ 0{,}063\bar{3} \\ 8{,}0000 \\ 6{,}056\bar{6} \\ 2{,}031\bar{6} \end{bmatrix}$$

erzeugt.

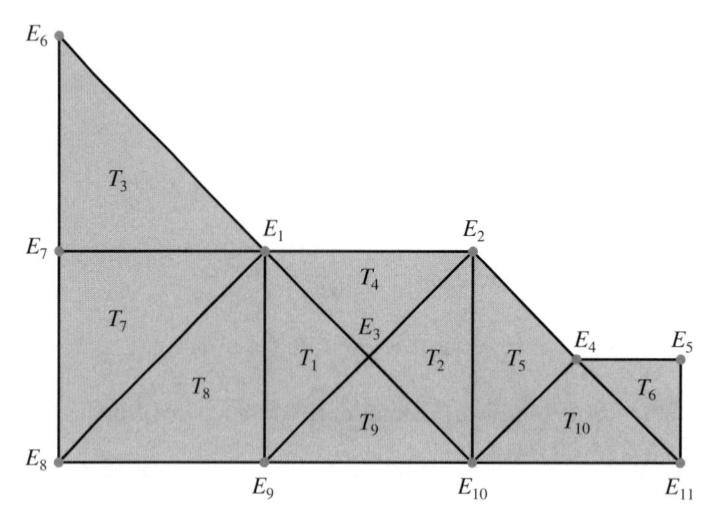

Abb. 12.16

Die Lösung der Gleichung $A\mathbf{c} = \mathbf{b}$ ist

$$\mathbf{c} = \begin{bmatrix} \gamma_1 \\ \gamma_2 \\ \gamma_3 \\ \gamma_4 \\ \gamma_5 \end{bmatrix} = \begin{bmatrix} 4{,}0383 \\ 4{,}0782 \\ 4{,}0291 \\ 4{,}0496 \\ 4{,}0565 \end{bmatrix},$$

die wie folgt die Lösung der Laplace-Gleichung mit den Randbedingungen auf den entsprechenden Dreiecken approximiert:

$$\begin{aligned}
T_1\colon\ \phi(x,y) &= 4{,}0383(1-5x+5y) \\
&\quad + 4{,}0291(-2+10x) + 4(2-5x-5y), \\
T_2\colon\ \phi(x,y) &= 4{,}0782(-2+5x+5y) + 4{,}0291(4-10x) \\
&\quad + 4(-1+5x-5y), \\
T_3\colon\ \phi(x,y) &= 4(-1+5y) + 4(2-5x-5y) + 4{,}0383(5x), \\
T_4\colon\ \phi(x,y) &= 4{,}0383(1-5x+5y) + 4{,}0782(-2+5x+5y) \\
&\quad + 4{,}0291(2-10y), \\
T_5\colon\ \phi(x,y) &= 4{,}0782(2-5x+5y) + 4{,}0496(-4+10x) \\
&\quad + 4(3-5x-5y), \\
T_6\colon\ \phi(x,y) &= 4{,}0496(6-10x) + 4{,}0565(-6+10x+10y) \\
&\quad + 4(1-10y),
\end{aligned}$$

$$T_7: \ \phi(x, y) = 4(-5x + 5y) + 4{,}0383(5x) + 4(1 - 5y),$$
$$T_8: \ \phi(x, y) = 4{,}0383(5y) + 4(1 - 5x) + 4(5x - 5y),$$
$$T_9: \ \phi(x, y) = 4{,}0291(10y) + 4(2 - 5x - 5y) + 4(-1 + 5x - 5y),$$
$$T_{10}: \ \phi(x, y) = 4{,}0496(10y) + 4(3 - 5x - 5y) + 4(-2 + 5x - 5y).$$

Die tatsächliche Lösung des Randwertproblems ist $u(x, y) = xy + 4$. Tabelle 12.7 vergleicht die Werte von u mit dem Wert von ϕ in E_i für jedes $i = 1, \ldots, 5$. □

Tabelle 12.7

x	y	$\phi(x, y)$	$u(x, y)$	$\lvert\phi(x, y) - u(x, y)\rvert$
0,2	0,2	4,0383	4,04	0,0017
0,4	0,2	4,0782	4,08	0,0018
0,3	0,1	4,0291	4,03	0,0009
0,5	0,1	4,0496	4,05	0,0004
0,6	0,1	4,0565	4,06	0,0035

Typischerweise gilt bei elliptischen Problemen zweiter Ordnung mit glatten Koeffizientenfunktionen für den Fehler $O(h^2)$, wobei h der maximale Durchmesser der Dreieckelemente ist. Man erwartet auch von stückweisen, bilinearen Basisfunktionen auf Rechteckelementen $O(h^2)$-Ergebnisse, wobei h die maximale Diagonallänge der Rechteckelemente darstellt. Mit anderen Klassen von Basisfunktionen können $O(h^4)$-Ergebnisse erhalten werden, die Konstruktion aber ist viel komplexer. Es ist schwierig, effiziente Fehlersätze für Methoden der finiten Elemente aufzustellen und anzuwenden, da die Genauigkeit der Approximation von den Stetigkeitseigenschaften der Lösung und der Regularität des Randes abhängt.

Übungsaufgaben

1. Approximieren Sie mit der Methode der finiten Elemente die Lösung der folgenden partiellen Differentialgleichung (siehe Abbildung).

$$\frac{\partial}{\partial x}\left(y^2 \frac{\partial u}{\partial x}(x, y)\right) + \frac{\partial}{\partial y}\left(y^2 \frac{\partial u}{\partial y}(x, y)\right) - yu(x, y) = -x, \qquad (x, y) \in D,$$
$$u(x, 0{,}5) = 2x \qquad 0 \leq x \leq 0{,}5, \qquad u(0, y) = 0, \qquad 0{,}5 \leq y \leq 1,$$
$$y^2 \frac{\partial u}{\partial x} \cos\theta_1 + y^2 \frac{\partial u}{\partial y}(x, y) \cos\theta_2 = \frac{\sqrt{2}}{2}(y - x) \quad \text{für } (x, y) \in \mathcal{S}_2.$$

Es sei $M = 2$; T_1 besitzt die Eckpunkte $(0,\ 0{,}5)$, $(0{,}25,\ 0{,}75)$, $(0,\ 1)$ und T_2 $(0,\ 0{,}5)$, $(0{,}5,\ 0{,}5)$ und $(0{,}25,\ 0{,}75)$.

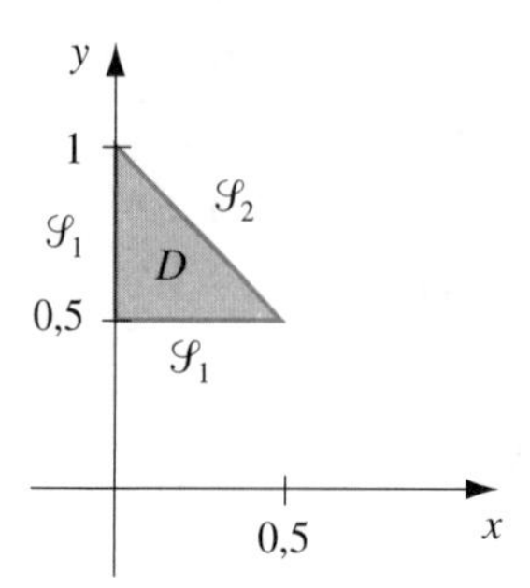

2. Wiederholen Sie Übung 1 mit den folgenden Dreiecken:

T_1: (0, 0,75), (0, 1), (0,25, 0,75);

T_2: (0,25, 0,5), (0,25, 0,75), (0,5, 0,5);

T_3: (0, 0,5), (0, 0,75), (0,25, 0,75);

T_4: (0, 0,5), (0,25, 0,05), (0,25, 0,75).

3. Approximieren Sie mit der Methode der finiten Elemente und den in der Abbildung gegebenen Elementen die Lösung der partiellen Differentialgleichung

$$\frac{\partial^2 u}{\partial x^2}(x, y) + \frac{\partial^2 u}{\partial y^2}(x, y) - 12{,}5\pi^2 u(x, y) = -25\pi^2 \sin\frac{5\pi}{2}x \sin\frac{5\pi}{2}y,$$
$$0 < x, \ y < 0{,}4$$

mit der Dirichlet-Randbedingung

$$u(x, y) = 0.$$

Vergleichen Sie die Näherungslösung mit der tatsächlichen Lösung

$$u(x, y) = \sin\frac{5\pi}{2}x \sin\frac{5\pi}{2}y$$

in den inneren Eckpunkten und in den Punkten (0,125, 0,125), (0,125, 0,25), (0,25, 0,125) und (0,25, 0,25).

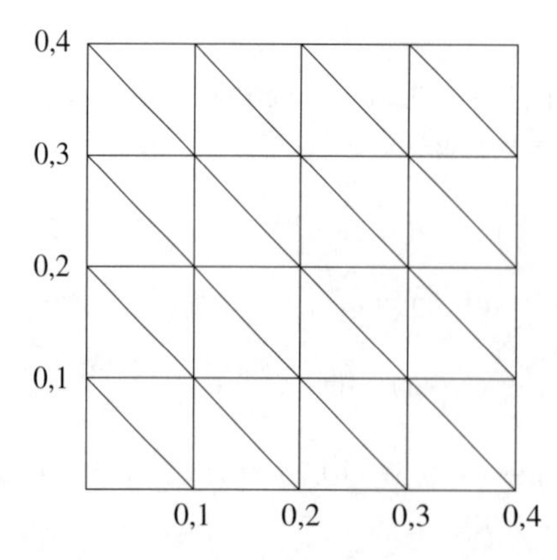

4. Wiederholen Sie Übung 3 mit $f(x, y) = -25\pi^2 \cos \frac{5\pi}{2} x \cos \frac{5\pi}{2} y$ mit der Neumann-Randbedingung

$$\frac{\partial u}{\partial n}(x, y) = 0.$$

Die tatsächliche Lösung dieses Problems ist

$$u(x, y) = \cos \frac{5\pi}{2} x \cos \frac{5\pi}{2} y.$$

5. Eine trapezförmige Silberplatte (siehe Abbildung) soll gleichmäßig in jedem Punkt mit der Rate $q = 1{,}5$ cal/cm^3·s aufgeheizt werden. Die stationäre Temperatur $u(x, y)$ der Platte genügt der Poisson-Gleichung

$$\frac{\partial^2 u}{\partial x^2}(x, y) + \frac{\partial^2 u}{\partial y^2}(x, y) = \frac{-q}{K},$$

wobei die thermische Konduktivität K gleich 1,04 cal/cm·grd · s beträgt. Angenommen, die Temperatur werde auf L_2 bei 15°C gehalten, auf den schrägen Kanten L_1 und L_3 gehe Wärme entsprechend der Randbedingung $\partial u/\partial n = 4$ verloren, aber keine Wärme auf L_4, das heißt, es sei $\partial u/\partial n = 0$. Approximieren Sie mit der Methode der finiten Elemente die Temperatur der Platte in (1, 0), (4, 0) und $\left(\frac{5}{2}, \sqrt{3}/2\right)$.

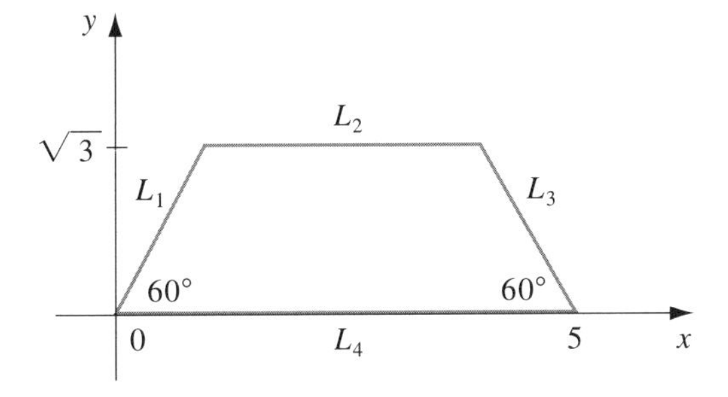

12.6. Methoden- und Softwareüberblick

In diesem Kapitel wurden Methoden zur Approximation der Lösungen von partiellen Differentialgleichungen untersucht: die Poisson-Gleichung als ein Beispiel einer elliptischen Differentialgleichung, die Wärme- oder Diffusionsgleichung als ein Beispiel einer parabolischen Differentialgleichung und die Wellengleichung als ein Beispiel einer hyperbolischen Differentialgleichung. Für diese drei Beispiele wurden Differenzennäherungen diskutiert.

Für die Poisson-Gleichung auf einem Rechteck muß ein großes, schwach besetztes Linearsystem gelöst werden, wofür iterative Verfahren, wie das SOR-

Verfahren empfohlen wurden. Für die Wärmegleichung wurden drei Differenzenverfahren vorgestellt. Das absteigende Differenzenverfahren besitzt Stabilitätsprobleme, deshalb wurden das aufsteigende Differenzenverfahren und die Methode von Crank-Nicolson eingeführt. Obwohl bei diesen impliziten Methoden in jedem Zeitschritt ein tridiagonales Linearsystem gelöst werden muß, sind sie stabiler als das explizite absteigende Differenzenverfahren. Das Differenzenverfahren für die Wellengleichung ist explizit und kann daher ebenfalls Stabilitätsprobleme für gewisse Zeit- und Raumdiskretisierungen aufweisen.

Im letzten Abschnitt dieses Kapitels führten wir die Methode der finiten Elemente für eine selbstadjungierte, elliptische Differentialgleichung auf einem Polygon ein. Obwohl die Methoden für die Probleme und Beispiele in diesem Buch adäquat arbeiten, müssen diese Verfahren für anspruchsvollere Anwendungen verallgemeinert und modifiziert werden.

Es werden zwei Unterfunktionen aus der IMSL-Bibliothek betrachtet. Mit der Unterfunktion MOLCH läßt sich die partielle Differentialgleichung

$$\frac{\partial u}{\partial t} = F\left(x, t, y, \frac{\partial u}{\partial x}, \frac{\partial^2 u}{\partial x^2}\right)$$

mit den Randbedingungen

$$\alpha(x, t)u(x, t) + \beta(x, t)\frac{\partial u}{\partial x}(x, t) = \gamma(x, t)$$

lösen. Die Methode basiert auf einer Kollokation von Gaußschen Punkten auf der x-Achse für jeden Wert von t. Die Lösung verwendet kubische Hermite-Splines als Basisfunktionen.

Mit der Unterfunktion FPS2H wird die Poisson-Gleichung auf einem Rechteck gelöst. Die Lösungsmethode basiert auf Differenzenverfahren zweiter oder vierter Ordnung auf einem gleichförmigen Gitter. Das Linearsystem wird mit einem Verfahren der schnellen Fouriertransformation gelöst. Die zu lösende partielle Differentialgleichung ist

$$u_{xx} + y_{yy} + cu = P.$$

Die NAG-Bibliothek enthält eine Vielzahl von Unterfunktionen für partielle Differentialgleichungen. Die Unterfunktion D03EAF läßt sich für die Laplace-Gleichung auf einem beliebigen Gebiet in der (x, y)-Ebene einsetzen. Mit der Unterfunktion D03PAF wird eine einzelne parabolische Differentialgleichung gelöst.

Es gibt spezialisierte Pakete, wie NASTRAN, die aus Codes für das Differenzenverfahren bestehen. Diese Pakete sind bei Ingenieuranwendungen weit verbreitet. Allgemeine Codes für partielle Differentialgleichungen sind schwierig zu schreiben, wenn man solche Bereiche, die von üblichen geometrischen Figuren abweichen, spezifizieren möchte. Die Forschung auf dem Gebiet der partiellen Differentialgleichungen ist gegenwärtig voll im Gange.

Lösungen ungerader Übungen

Übungsaufgaben 1.2

1. Für jeden Teil ist $f \in C[a,b]$ auf dem gegebenen Intervall. Da $f(a)$ und $f(b)$ unterschiedliche Vorzeichen besitzen, folgt aus dem Zwischenwertsatz, daß eine Zahl c mit $f(c) = 0$ existiert.

3. Der Maximalwert für $|f(x)|$ ist a) 0,4620981 b) 1,333333 c) 5,164000 d) 1,582572 e) 160 f) 10,79869.

5. **a)** $P_3(x) = -1 + 4x - 2x^2 - \frac{1}{2}x^3$ und $P_3(0{,}25) = -0{,}1328125$

b) $|R_3(0{,}25)| \leq 2{,}005 \cdot 10^{-4}$ und $|f(0{,}25) - P_3(0{,}25)| = 4{,}061 \cdot 10^{-5}$

c) $P_7(x) = -1 + 4x - 2x^2 - \frac{1}{2}x^3$ und $P_4(0{,}25) = -0{,}1328125$

d) $|R_4(0{,}25)| \leq 4{,}069 \cdot 10^{-5}$ und $|f(0{,}25) - P_4(0{,}25)| = 4{,}061 \cdot 10^{-5}$.

7. $P_4(x) = 1 + 2x + \frac{3x^2}{2} + \frac{x^3}{3} - \frac{7x^4}{24}$; $|P_4(x)| \leq 0{,}03753$.

9. $P_3(x) = \frac{\sqrt{3}}{2} - \frac{1}{2}\left(x - \frac{\pi}{6}\right) - \frac{\sqrt{3}}{4}\left(x - \frac{\pi}{6}\right)^2 + \frac{1}{12}\left(x - \frac{\pi}{6}\right)^3$ und $|\cos 32^\circ - P_3(0{,}5585054)| \leq 5{,}4 \cdot 10^{-8}$.

11. **a)** Durch Entwickeln bezüglich $x_0 = 0$ erhält man $P_1(x) = 7 - 2x$, $P_2(x) = 7 - 2x$, $P_3(x) = 7 - 2x + 5x^3$ und $P_4(x) = 7 - 2x + 5x^3$.

b) Durch Entwickeln bezüglich $x_0 = 1$ erhält man $P_1(x) = 10 + 13(x-1)$, $P_2(x) = 10 + 13(x-1)$, $P_3(x) = 10 + 13(x-1) + 15(x-1)^2 + 5(x-1)^3$ und $P_4(x) = 10 + 13(x-1) + 15(x-1)^2 + 5(x-1)^3$.

13. 0,176.

Übungsaufgaben 1.3

1. Die Maschinenzahlen sind äquivalent zu a) 2707 b) −2707 c) 0,0174560546875 d) 0,0174560584127903.

3.

	absoluter Fehler	relativer Fehler
a)	0,001264	$4{,}025 \cdot 10^{-4}$
b)	$7{,}346 \cdot 10^{-6}$	$2{,}338 \cdot 10^{-6}$
c)	$2{,}818 \cdot 10^{-4}$	$1{,}037 \cdot 10^{-4}$
d)	$2{,}136 \cdot 10^{-4}$	$1{,}510 \cdot 10^{-4}$
e)	$2{,}647 \cdot 10^{1}$	$1{,}202 \cdot 10^{-3}$
f)	$1{,}454 \cdot 10^{1}$	$1{,}050 \cdot 10^{-2}$
g)	$4{,}200 \cdot 10^{2}$	$1{,}042 \cdot 10^{-2}$
h)	$3{,}343 \cdot 10^{3}$	$9{,}213 \cdot 10^{-3}$

5.

	Approximation	absoluter Fehler	relativer Fehler
a)	134	0,079	$5{,}90 \cdot 10^{-4}$
b)	133	0,499	$3{,}77 \cdot 10^{-3}$
c)	2,00	0,327	0,195
d)	1,67	0,003	$1{,}79 \cdot 10^{-3}$
e)	1,80	0,154	0,0786
f)	−15,1	0,0546	$3{,}60 \cdot 10^{-3}$
g)	0,286	$2{,}86 \cdot 10^{-4}$	10^{-3}
h)	0,00	0,0215	1,00

7.

	Approximation	absoluter Fehler	relativer Fehler
a)	133,9	0,021	$1{,}568 \cdot 10^{-4}$
b)	132,5	0,001	$7{,}55 \cdot 10^{-6}$
c)	1,700	0,027	0,01614
d)	1,673	0	0
e)	1,986	0,03246	0,01662
f)	−15,16	0,005377	$3{,}548 \cdot 10^{-4}$
g)	0,2857	$1{,}429 \cdot 10^{-5}$	$5 \cdot 10^{-5}$
h)	−0,01700	0,0045	0,2092

9.

	Approximation	absoluter Fehler	relativer Fehler
a)	133,9	0,021	$1{,}568 \cdot 10^{-4}$
b)	132,5	0,001	$7{,}55 \cdot 10^{-6}$
c)	1,600	0,073	0,04363
d)	1,673	0	0
e)	1,983	0,02945	0,01508
f)	−15,15	0,004622	$3{,}050 \cdot 10^{-4}$
g)	0,2855	$2{,}142 \cdot 10^{-4}$	$7{,}5 \cdot 10^{-4}$
h)	−0,01700	0,0045	0,2092

11.

	Approximation	absoluter Fehler	relativer Fehler
a)	3,145	0,003407	$1{,}085 \cdot 10^{-3}$
b)	3,139	0,002593	$8{,}253 \cdot 10^{-4}$

Übungsaufgaben 1.4

1.

	x_1	absoluter Fehler	relativer Fehler
a)	92,26	$1{,}542 \cdot 10^{-2}$	$1{,}672 \cdot 10^{-4}$
b)	0,005421	$1{,}264 \cdot 10^{-6}$	$2{,}333 \cdot 10^{-4}$
c)	10,98	$6{,}874 \cdot 10^{-3}$	$6{,}257 \cdot 10^{-4}$
d)	−0,001149	$7{,}566 \cdot 10^{-8}$	$6{,}584 \cdot 10^{-5}$
	x_2	absoluter Fehler	relativer Fehler
a)	0,005421	$6{,}273 \cdot 10^{-7}$	$1{,}157 \cdot 10^{-4}$
b)	−92,26	$4{,}581 \cdot 10^{-3}$	$4{,}966 \cdot 10^{-5}$
c)	0,001149	$7{,}560 \cdot 10^{-8}$	$6{,}580 \cdot 10^{-5}$
d)	−10,98	$6{,}875 \cdot 10^{-3}$	$6{,}257 \cdot 10^{-4}$

3. a) $-0{,}1000$ (b) $-0{,}1010$

c) Der absolute Fehler ist für Übung a) $2{,}331 \cdot 10^{-3}$ mit einem relativen Fehler von $2{,}387 \cdot 10^{-2}$. Der absolute Fehler ist für Übung a) $3{,}331 \cdot 10^{-3}$ mit einem relativen Fehler von $3{,}411 \cdot 10^{-2}$.

5. Die Näherungslösungen der Systeme sind a) $x = 2{,}451$, $y = -1{,}635$ b) $x = 507{,}7$, $y = 82{,}00$.

7.

	Approximation	absoluter Fehler	relativer Fehler
a)	0,3743	$1{,}011 \cdot 10^{-3}$	$2{,}694 \cdot 10^{-3}$
b)	0,3755	$1{,}889 \cdot 10^{-4}$	$5{,}033 \cdot 10^{-4}$

9. a) $O\left(\frac{1}{n}\right)$ (b) $O\left(\frac{1}{n^2}\right)$ (c) $O\left(\frac{1}{n^2}\right)$ (d) $O\left(\frac{1}{n}\right)$.

Übungsaufgaben 2.2

1. Die Intervallschachtelung ergibt a) $p_7 = 0{,}5859$ b) $p_8 = 3{,}002$ (c) $p_7 = 3{,}419$.

3. Die Intervallschachtelung ergibt $p_9 = 4{,}4932$.

5. Die Intervallschachtelung ergibt

a) $p_{17} = 0{,}641182$

b) $p_{17} = 0{,}257530$

c) Für das Intervall $[-3, -2]$ erhält man $p_{17} = -2{,}191307$ und für das Intervall $[-1, 0]$ erhält man $p_{17} = -0{,}798164$.

d) Für das Intervall $[0{,}2, 0{,}3]$ erhält man $p_{14} = 0{,}297528$ und für das Intervall $[1{,}2, 1{,}3]$ erhält man $p_{14} = 1{,}256622$.

7. Eine Schranke ist $n \geq 14$, und es ist $p_{14} = 1{,}32477$.

9. Eine Schranke ist $n \geq 7$, und es ist $p_7 = -0{,}473$.

11.

Intervall	Approximation
[0,1, 3]	$p_{15} = 2{,}36324$
[3,4]	$p_{14} = 3{,}81793$
[4,6]	$p_{15} = 5{,}83929$
[6,8]	$p_{15} = 6{,}60309$

13. Das Wasser ist 0,838 dm tief.

Übungsaufgaben 2.3

1. Verwendet als man Endpunkte des Intervalls p_0 und p_1, erhält man

a) $p_{11} = 2{,}69065$ **b)** $p_7 = -2{,}87939$

c) $p_6 = 0{,}73909$ **d)** $p_5 = 0{,}96433$.

3. Verwendet als man Endpunkte des Intervalls p_0 und p_1, erhält man

a) $p_7 = 1{,}829384$

b) $p_9 = 1{,}397748$

c) Für $[0, 1]$ $p_6 = 0{,}9100076$ und für $[3, 5]$ $p_{10} = 3{,}733079$.

d) Für $[1, 2]$ $p_8 = 1{,}412391$ und für $[e, 4]$ $p_7 = 3{,}057104$.

5. Verwendet als man Endpunkte des Intervalls p_0 und p_1, erhält man

a) $p_2 = -0{,}479$ **b)** $p_3 = 0{,}705$.

7. Verwendet als man Endpunkte des Intervalls p_0 und p_1, erhält man

a) Für $[2, 3]$ $p_6 = 2{,}370687$ und für $[3, 4]$ $p_7 = 3{,}722113$.

b) Für $[0{,}2, 0{,}3]$ $p_4 = 0{,}297530$ und für $[1{,}2, 1{,}3]$ $p_5 = 1{,}256623$.

9. Verwendet als man Endpunkte des Intervalls p_0 und p_1, erhält man

a) $p_{5610} = -1{,}3977446$ **b)** $p_{3960} = 0{,}6491861$

11. Mit dem Sekantenverfahren ergibt sich:

Für $p_0 = -4$ und $p_1 = -3$ erhält man $p_7 = -3{,}161950$.

Für $p_0 = -3$ und $p_1 = -1$ erhält man $p_9 = -1{,}968873$.

Für $p_0 = -1$ und $p_1 = 2$ erhält man $p_6 = 1{,}968873$.

Für $p_0 = 3$ und $p_1 = 4$ erhält man $p_7 = 3{,}161950$.

13. $w_4 = -0{,}3170618$.

Übungsaufgaben 2.4

1. Das Newtonsche Verfahren liefert die folgenden Approximationen:

a) Für $p_0 = 2$ erhält man $p_5 = 2{,}69065$.

b) Für $p_0 = -3$ erhält man $p_3 = -2{,}87939$.

c) Für $p_0 = 0$ erhält man $p_4 = 0{,}73909$.

d) Für $p_0 = 0$ erhält man $p_3 = 0{,}96434$.

3. Das Newtonsche Verfahren liefert die Approximation $p_3 = 0{,}90479$.

5. Das Newtonsche Verfahren liefert die folgenden Approximationen:

mit $p_0 = 1{,}5$: $p_6 = 2{,}363171$

mit $p_0 = 3{,}5$: $p_5 = 3{,}817926$

mit $p_0 = 5{,}5$: $p_4 = 5{,}839252$

mit $p_0 = 7$: $p_5 = 6{,}603085$.

7. Mit $p_0 = \frac{\pi}{2}$ erhält man $p_{15} = 1{,}895488$; $p_0 = 5\pi$ ergibt $p_{19} = 1{,}895489$ und $p_0 = 10\pi$ konvergiert in 200 Iterationen nicht.

9. a) Für $p_0 = -1$ und $p_1 = 0$ erhält man $p_{17} = -0{,}04065850$ und für $p_0 = 0$ und $p_1 = 1$ erhält man $p_9 = 0{,}9623984$.

b) Für $p_0 = -1$ und $p_1 = 0$ erhält man $p_5 = -0{,}04065929$ und für $p_0 = 0$ und $p_1 = 1$ erhält man $p_{12} = -0{,}04065929$.

c) Für $p_0 = -0{,}5$ erhält man $p_5 = -0{,}04065929$ und für $p_0 = 0{,}5$ erhält man $p_{21} = 0{,}9623989$.

11. Für $f(x) = \ln(x^2 + 1) - e^{0{,}4x} \cos \pi x$ erhält man die folgenden Wurzeln:

a) Für $p_0 = -0{,}5$ erhält man $p_3 = -0{,}4341431$.

b) Für $p_0 = 0{,}5$ erhält man $p_3 = 0{,}4506567$; für $p_0 = 1{,}5$ erhält man $p_3 = 1{,}7447381$; für $p_0 = 2{,}5$ erhält man $p_5 = 2{,}2383198$ und für $p_0 = 3{,}5$ erhält man $p_4 = 3{,}7090412$.

c) Die Anfangsnäherung $n - 0{,}5$ ist vernünftig.

d) Für $p_0 = 24{,}5$ erhält man $p_2 = 24{,}4998870$.

13. Der Schuldner kann es sich höchstens leisten, 9,4 % zu zahlen.

Übungsaufgaben 2.5

1. Die Ergebnisse der Aitkenschen Δ^2-Methode sind in der folgenden Tabelle zusammengefaßt:

	a)	b)	c)	d)
$\hat{p}_0$	0,258684	0,907859	0,548101	0,731385
$\hat{p}_1$	0,257613	0,909568	0,547915	0,736087
$\hat{p}_2$	0,257536	0,909917	0,547847	0,737653
$\hat{p}_3$	0,257531	0,909989	0,547823	0,738469
$\hat{p}_4$	0,257530	0,910004	0,547814	0,738798
$\hat{p}_5$	0,257530	0,910007	0,547810	0,738958

3. $\hat{p}_{10} = -0,169607$ und $\hat{p}_8 = -0,169607$ sind auf $2 \cdot 10^{-4}$ genau.

5. Die Aitkensche Δ^2-Methode liefert **a)** $\hat{p}_{10} = 0,0\overline{45}$ **b)** $\hat{p}_2 = 0,0363$

7. **a)** $\lim_{n\to\infty} \frac{|p_{n+1}-0|}{|p_n-0|^2} = \lim_{n\to\infty} \frac{10^{-2^{n+1}}}{(10^{-2^n})^2} = \lim_{n\to\infty} \frac{10^{-2^{n+1}}}{10^{-2^{n+1}}} = 1$

Übungsaufgaben 2.6

1. **a)** Für $p_0 = 1$ erhält man $p_{22} = 2,69065$.

b) Für $p_0 = 1$ erhält man $p_5 = 0,53209$, für $p_0 = -1$ erhält man $p_3 = -0,65270$ und für $p_0 = -3$ erhält man $p_3 = -2,87939$.

c) Für $p_0 = 1$ erhält man $p_5 = 1,32472$.

d) Für $p_0 = 1$ erhält man $p_4 = 1,12412$ und für $p_0 = 0$ erhält man $p_8 = -0,87605$.

e) Für $p_0 = 0$ erhält man $p_6 = -0,47006$, für $p_0 = -1$ erhält man $p_4 = -0,88533$ und für $p_0 = -3$ erhält man $p4 = -2,64561$.

f) Für $p_0 = 0$ erhält man $p_{10} = 1,49819$.

3. Die folgende Tabelle faßt die Anfangsnäherung und die mit der Methode von Müller bestimmten Wurzeln zusammen:

	p_0	p_1	p_2	approximierte Wurzeln	konjugiert komplexe Wurzeln
a)	-1	0	1	$p_7 = -0{,}34532 - 1{,}31873i$	$-0{,}34532 + 1{,}31873i$
	0	1	2	$p_6 = 2{,}69065$	
b)	0	1	2	$p_6 = 0{,}53209$	
	1	2	3	$p_9 = -0{,}65270$	
	-2	-3	$-2{,}5$	$p_4 = -2{,}87939$	
c)	0	1	2	$p_5 = 1{,}32472$	
	-2	-1	0	$p_7 = -0{,}66236 - 0{,}56228i$	$-0{,}66236 + 0{,}56228i$
d)	0	1	2	$p_5 = 1{,}12412$	
	2	3	4	$p_{12} = -0{,}12403 + 1{,}74096i$	$-0{,}12403 - 1{,}74096i$
	-2	0	-1	$p_5 = -0{,}87605$	
e)	0	1	2	$p_{10} = -0{,}88533$	
	1	0	$-0{,}5$	$p_5 = -0{,}47006$	
	-1	-2	-3	$p_5 = -2{,}64561$	
f)	0	1	2	$p_6 = 1{,}49819$	
	-1	-2	-3	$p_{10} = -0{,}51363 - 1{,}09156i$	$-0{,}51363 + 1{,}09156i$
	1	0	-1	$p_8 = 0{,}26454 - 1{,}32837i$	$0{,}26454 + 1{,}32837i$

5. a) Die Nullstellen sind 1,244, 8,847 und $-1{,}091$, und die kritischen Punkte sind 0 und 6.

b) Die Nullstellen sind 0,5798, 1,521, 2,332 und $-2{,}432$, und die kritischen Punkte sind 1, 2,001 und $-1{,}5$.

7. $W = 4{,}86363\text{m}$

Übungsaufgaben 3.2

1. a)

n	$x_0, x_1, \ldots, x_n$	$P_n(8{,}4)$
1	8,3, 8,6	17,87833
2	8,3, 8,6, 8,7	17,87716
3	8,3, 8,6, 8,7, 8,1	17,81000
4	8,3, 8,6, 8,7, 8,1, 8,0	17,60859

b)

n	$x_0, x_1, \ldots, x_n$	$P_n\left(-\frac{1}{3}\right)$
1	$-0{,}5$, $-0{,}25$	0,21504167
2	$-0{,}5$, $-0{,}25$, 0,0	0,16988889
3	$-0{,}5$, $-0{,}25$, 0,0, $-0{,}75$	0,17451852
4	$-0{,}5$, $-0{,}25$, 0,0, $-0{,}75$, $-1{,}0$	0,17451852

c)

n	$x_0, x_1, \ldots, x_n$	$P_n(0{,}25)$
1	0,2, 0,3	$-0{,}13869287$
2	0,2, 0,3, 0,4	$-0{,}13259734$
3	0,2, 0,3, 0,4, 0,1	$-0{,}13277477$
4	0,2, 0,3, 0,4, 0,1, 0,0	$-0{,}13277246$

d)

n	$x_0, x_1, \ldots, x_n$	$P_n(0{,}9)$
1	0,8, 1,0	0,44086280
2	0,8, 1,0, 0,7	0,43841352
3	0,8, 1,0, 0,7, 0,6	0,44198500
4	0,8, 1,0, 0,7, 0,6, 0,5	0,44325624

e)

n	$x_0, x_1, \ldots, x_n$	$P_n(\pi)$
1	3,1, 3,2	−3,122526
2	3,1, 3,2, 3,0	−3,141593
3	3,1, 3,2, 3,0, 2,9	−3,141686
4	3,1, 3,2, 3,0, 2,9, 3,4	−3,141590

f)

n	$x_0, x_1, \ldots, x_n$	$P_n\left(\frac{\pi}{2}\right)$
1	1,5, 1,4	19,98002
2	1,5, 1,4, 1,3	23,67269
3	1,5, 1,4, 1,3, 1,2	26,36966
4	1,5, 1,4, 1,3, 1,2, 1,1	28,49372

g)

n	$x_0, x_1, \ldots, x_n$	$P_n(1{,}15)$
1	1,1, 1,2	2,074637
2	1,1, 1,2, 1,0	2,076485
3	1,1, 1,2, 1,0, 1,3	2,076244
4	1,1, 1,2, 1,0, 1,3, 1,4	2,076216

h)

n	$x_0, x_1, \ldots, x_n$	$P_n(4{,}1)$
1	4,0, 4,2	−0,0262639
2	4,0, 4,2, 4,4	0,0005223
3	4,0, 4,2, 4,4, 3,8	−0,0022188
4	4,0, 4,2, 4,4, 3,8, 3,6	−0,0024334

3. $\sqrt{3} \approx P_4\left(\frac{1}{2}\right) = 1{,}708\overline{3}$

5. a)

n	tatsächlicher Fehler	Fehlerschranke
1	0,00118	0,00120
2	$1{,}367 \cdot 10^{-5}$	$1{,}452 \cdot 10^{-5}$
3	$3{,}830 \cdot 10^{-6}$	$2{,}823 \cdot 10^{-7}$
4	$3{,}470 \cdot 10^{-6}$	$8{,}789 \cdot 10^{-9}$

b)

n	tatsächlicher Fehler	Fehlerschranke
1	$4{,}0523 \cdot 10^{-2}$	$4{,}5153 \cdot 10^{-2}$
2	$4{,}6296 \cdot 10^{-3}$	$4{,}6296 \cdot 10^{-3}$
3	0	0
4	0	0

c)

n	tatsächlicher Fehler	Fehlerschranke
1	$5{,}9210 \cdot 10^{-3}$	$6{,}0971 \cdot 10^{-3}$
2	$1{,}7455 \cdot 10^{-4}$	$1{,}8128 \cdot 10^{-4}$
3	$2{,}8798 \cdot 10^{-6}$	$4{,}5143 \cdot 10^{-6}$
4	$5{,}6320 \cdot 10^{-7}$	$5{,}8594 \cdot 10^{-7}$

d)

n	tatsächlicher Fehler	Fehlerschranke
1	$2{,}7296 \cdot 10^{-3}$	$1{,}4080 \cdot 10^{-2}$
2	$5{,}1789 \cdot 10^{-3}$	$9{,}2215 \cdot 10^{-3}$

7. $f(1{,}09) \approx 0{,}2826$.

9. a) $f(1{,}03) \approx P_{0,1,2} = 0{,}8094418$ **b)** $f(1{,}03) \approx P_{0,1,2,3} = 0{,}8092831$.

11. a) $P_2(x) = -11{,}22017728x^2 + 3{,}808210517x + 1$, eine Fehlerschranke ist $0{,}11371294$.

b) $P_2(x) = -0{,}1306344167x^2 + 0{,}8969979335x - 0{,}63249693$, eine Fehlerschranke ist $9{,}45762 \cdot 10^{-4}$.

c) $P_3(x) = 0{,}1970056667x^3 - 1{,}06259055x^2 + 2{,}532453189x - 1{,}666868305$, eine Fehlerschranke ist 10^{-4}.

d) $P_3(x) = -0{,}07932x^3 - 0{,}545506x^2 + 1{,}0065992x + 1$, eine Fehlerschranke ist $1{,}591376 \cdot 10^{-3}$.

13. Die ersten 10 Terme der Folge sind 0,038462, 0,333671, 0,116605, −0,37160, −0,0548919, 0,605935, 0,190249, −0,513353, −0,0668173, 0,448335.
Da $f(1 + \sqrt{10}) = 0{,}0545716$ ist, scheint die Folge nicht zu konvergieren.

Übungsaufgaben 3.3

1. Die Newtonsche Interpolationsformel der dividierten Differenz liefert die folgenden Ergebnisse:

a) $P_1(x) = 16{,}63553 + 9{,}7996(x - 8)$; $P_1(8{,}4) = 20{,}55537$

$P_2(x) = P_1(x) - 33{,}50817(x - 8)(x - 8{,}1)$; $P_2(8{,}4) = 16{,}53439$

$P_3(x) = P_2(x) + 67{,}13678(x - 8)(x - 8{,}1)(x - 8{,}3)$; $P_3(8{,}4) = 17{,}34003$

$P_4(x) = P_3(x) - 111{,}8981(x-8)(x-8{,}1)(x-8{,}3)(x-8{,}6)$; $P_4(8{,}4) = 17{,}60859$

b) $P_1(x) = -0{,}3440987 + 1{,}671541(x - 0{,}5)$; $P_1(0{,}9) = 0{,}3245177$

$P_2(x) = P_1(x) + 1{,}177137(x - 0{,}5)(x - 0{,}6)$; $P_2(0{,}9) = 0{,}4657741$

$P_3(x) = P_2(x) - 0{,}7263767(x - 0{,}5)(x - 0{,}6)(x - 0{,}7)$; $P_3(0{,}9) = 0{,}4483411$

$P_4(x) = P_3(x) - 2{,}118729(x - 0{,}5)(x - 0{,}6)(x - 0{,}7)(x - 0{,}8)$; $P_4(0{,}9) = 0{,}4432562$

c) $P_1(x) = -4{,}827866 + 5{,}87808(x - 2{,}9); P_1(\pi) = -3{,}407765$

$P_2(x) = P_1(x) + 7{,}76705(x - 2{,}9)(x - 3{,}0);\ P_2(\pi) = -3{,}142072$

$P_3(x) = P_2(x) + 0{,}2711667(x - 2{,}9)(x - 3{,}0)(x - 3{,}1);\ P_3(\pi) = -3{,}141686$

$P_4(x) = P_3(x) - 1{,}159392(x - 2{,}9)(x - 3{,}0)(x - 3{,}1)(x - 3{,}2);\ P_4(\pi) = -3{,}141590.$

3. In den folgenden Gleichungen gilt $s = \frac{1}{h}(x - x_n)$:

a) $P_1(s) = 1{,}101 + 0{,}7660625s;\ f(-\frac{1}{3}) \approx P_1(-\frac{4}{3}) = 0{,}07958333$

$P_2(s) = P_1(s) + 0{,}406375s\frac{(s+1)}{2};\ f(-\frac{1}{3}) \approx P_2(-\frac{4}{3}) = 0{,}1698889$

$P_3(s) = P_2(s) + 0{,}09375s\frac{(s+1)(s+2)}{6};\ f(-\frac{1}{3}) \approx P_3(-\frac{4}{3}) = 0{,}1745185$

$P_4(s) = P_3(s);\ f(-\frac{1}{3}) \approx P_4(-\frac{4}{3}) = 0{,}1745185$

b) $P_1(s) = 0{,}2484244 + 0{,}2418235s;\ f(0{,}25) \approx P_1(-1{,}5) = -0{,}1143108$

$P_2(s) = P_1(s) - 0{,}04876419s\frac{(s+1)}{2};\ f(0{,}25) \approx P_2(-1{,}5) = -0{,}1325973$

$P_3(s) = P_2(s) - 0{,}00283893s\frac{(s+1)(s+2)}{6};\ f(0{,}25) \approx P_3(-1{,}5) = -0{,}1327748$

$P_4(s) = P_3(s) + 0{,}0009881s\frac{(s+1)(s+2)(s+3)}{24};\ f(0{,}25) \approx P_4(-1{,}5) = -0{,}1327725$

c) $P_1(s) = 14{,}10142 + 8{,}303536s;\ f(\frac{\pi}{2}) \approx P_1(5\pi - 15) = 19{,}98002$

$P_2(s) = P_1(s) + 6{,}107754s\frac{(s+1)}{2};\ f(\frac{\pi}{2}) \approx P_2(5\pi - 15) = 23{,}67269$

$P_3(s) = P_2(s) + 4{,}941922s\frac{(s+1)(s+2)}{6};\ f(\frac{\pi}{2}) \approx P_3(5\pi - 15) = 26{,}36966$

$P_4(s) = P_3(s) + 4{,}198648s\frac{(s+1)(s+2)(s+3)}{24};\ f(\frac{\pi}{2}) \approx P_4(5\pi - 15) = 28{,}49372.$

5. a) $f(0{,}05) \approx 1{,}05126$ **b)** $f(0{,}65) \approx 1{,}9155505.$

Übungsaufgaben 3.4

1. Die Koeffizienten für die Polynome sind in Form einer dividierten Differenz in den folgenden Tabellen gegeben. Beispielsweise ist das Polynom in Übung a)

$$H_3(x) = 17{,}56492 + 1{,}116256(x - 8{,}3) + 6{,}726147(x - 8{,}3)^2 - 44{,}44647(x - 8{,}3)^2(x - 8{,}6).$$

a)	b)	c)	d)
17,56492	22,363362	−0,02475	−4,240058
1,116256	2,1691753	0,751	6,64986
6,726147	0,01558225	2,751	7,8163
−44,44647	−3,2177925	1	0,2733
		2	−1,128
		−8	−0,18

e)	f)	g)	h)
−0,62049958	2,572152	1,684370	1,16164956
3,5850208	7,615964	2,742245	−1,5072822
−2,1989182	26,83536	−0,9117500	−1,4545692
−0,490447	99,21040	0,9499000	−0,56972300
0,037205	580,7080	−0,8815000	−0,17751125
0,040475	3400,600	0,8600000	−0,0446421875
−0,0025277777	48026,08	−0,8722222	−0,0097682292
0,0029629628	678365,5	1,037037	−0,0016232639
		0,04629630	−0,00071614579
		−15,85648	0,00021927433

3. Für 2 a) erhält man eine Fehlerschranke von $5{,}9 \cdot 10^{-8}$, und für 2 e) erhält man eine Fehlerschranke von $2{,}7 \cdot 10^{-13}$. Die Fehlerschranke für 2 c) ist 0, da $f^{(n)}(x) \equiv 0$ für $n > 3$ ist.

5. a) Man erhält $\sin 0{,}34 \approx H_5(0{,}34) = 0{,}33349$.

b) Die Formel liefert eine Fehlerschranke von $3{,}05 \cdot 10^{-14}$, der tatsächliche Fehler aber ist $2{,}91 \cdot 10^{-6}$. Diese Diskrepanz tritt auf, da die Daten nur auf 5 Dezimalstellen gegeben sind.

c) Man erhält $\sin 0{,}34 \approx H_7(0{,}34) = 0{,}33350$. Obwohl nun die Fehlerschranke $5{,}4 \cdot 10^{-24}$ ist, beherrscht die Genauigkeit der gegebenen Daten die Berechnungen. Dieses Ergebnis ist tatsächlich ungenauer als die Approximation in Übung b), da $\sin 0{,}34 = 0{,}333487$ ist.

7. Das aus diesen Daten erzeugte Hermitesche Polynom ist

$$\begin{aligned}
H_9(x) =& 75x + 0{,}222222x^2(x-3) - 0{,}0311111x^2(x-3)^2 \\
& - 0{,}00644444x^2(x-3)^2(x-5) + 0{,}00226389x^2(x-3)^2(x-5)^2 \\
& - 0{,}000913194x^2(x-3)^2(x-5)^2(x-8) \\
& + 0{,}000130527x^2(x-3)^2(x-5)^2(x-8)^2 \\
& - 0{,}0000202236x^2(x-3)^2(x-5)^2(x-8)^2(x-13).
\end{aligned}$$

a) Das Hermitesche Polynom sagt eine Position von $H_9(10) = 226{,}5$ m und eine Geschwindigkeit von $H_9'(10) = 11$ m/s voraus. Obwohl die Approximation der Position vernünftig ist, ist die niedrige Geschwindigkeit verdächtig.

b) Um die Zeit zu bestimmen, bei der die Geschwindigkeit von 55 mi/h überschritten wird, wird nach dem kleinsten Wert von t in der Gleichung $55 = H_9'(x)$ aufgelöst. Dies ergibt $x \approx 5{,}9119932$.

c) Die abgeschätze Maximalgeschwindigkeit ist $H_9'(6{,}5009714) = 24{,}689$ m/s $\approx 88{,}89$ km/h.

Übungsaufgaben 3.5

1. Die Gleichungen der jeweiligen freien, kubischen Splines sind durch

$$S(x) = S_i(x) = a_i + b_i(x - x_i) + c_i(x - x_i)^2 + d_i(x - x_i)^3$$

für x in $[x_i, x_{i+1}]$ und die Koeffizienten in den folgenden Tabellen gegeben:

a)

i	a_i	b_i	c_i	d_i
0	17,564920	3,13410000	0,00000000	0,00000000

b)

i	a_i	b_i	c_i	d_i
0	0,22363362	2,17229175	0,00000000	0,000000000

c)

i	a_i	b_i	c_i	d_i
0	−0,02475000	1,03237500	0,00000000	6,50200000
1	0,33493750	2,25150000	4,87650000	−6,50200000

d)

i	a_i	b_i	c_i	d_i
0	−4,24005800	7,03907000	0,00000000	39,242000
1	−3,49690900	8,21633000	11,77260000	−39,242000

e)

i	a_i	b_i	c_i	d_i
0	−0,62049958	3,45508693	0,00000000	−8,9957933
1	−0,28398668	3,18521313	−2,69873800	−0,94630333
2	0,00660095	2,61707643	−2,98262900	9,9420966

f)

i	a_i	b_i	c_i	d_i
0	2,57215200	11,26245066	0,00000000	−96,295066
1	3,60210200	8,37359866	−28,88852000	1647,3073
2	5,79788400	52,01511466	465,30368000	−1551,0122

g)

i	a_i	b_i	c_i	d_i
0	1,68437000	2,68435107	0,00000000	−3,32810714
1	1,94947700	2,58450785	−0,99843214	1,85253571
2	2,19979600	2,44039750	−0,44267142	−0,22003571
3	2,43918900	2,34526214	−0,50868214	1,69560714

h)

i	a_i	b_i	c_i	d_i
0	1,16164956	−1,65814692	0,00000000	−3,50122696
1	0,80201036	−2,07829415	−2,10073617	0,53954232
2	0,30663842	−2,85384355	−1,77701078	−2,99443232
3	−0,35916618	−3,92397974	−3,57367017	5,95611696

3. Die Gleichungen der jeweiligen kubischen Hermite-Splines sind durch

$$s(x) = s_i(x) = a_i + b_i(x - x_i) + c_i(x - x_i)^2 + d_i(x - x_i)^3$$

für x in $[x_i, x_{i+1}]$ und die Koeffizienten in den folgenden Tabellen gegeben:

a)

i	a_i	b_i	c_i	d_i
0	17,564920	1,1162560	20,060086	−44,446466

b)

i	a_i	b_i	c_i	d_i
0	0,22363362	2,1691753	0,65914075	−3,2177925

c)

i	a_i	b_i	c_i	d_i
0	−0,02475000	0,75100000	2,5010000	1,0000000
1	0,33493750	2,18900000	3,2510000	1,0000000

d)

i	a_i	b_i	c_i	d_i
0	−4,2400580	6,6498600	7,7887900	0,27510000
1	−3,4969090	8,2158710	7,8713200	−0,18330000

e)

i	a_i	b_i	c_i	d_i
0	−0,62049958	3,5850208	−2,1498407	−0,49077413
1	−0,28398668	3,1403294	−2,2970730	−0,47458360
2	0,006600950	2,6666773	−2,4394481	−0,44980146

f)

i	a_i	b_i	c_i	d_i
0	2,5721520	7,6159640	−4,3305760	311,65936
1	3,6021020	16,099629	89,167232	−305,85328
2	5,7978840	24,757477	−2,5887520	5853,6757

g)

i	a_i	b_i	c_i	d_i
0	1,684370	2,742245	−1,005926	0,9417607
1	1,949477	2,569313	−0,723398	0,6217179
2	2,199796	2,443285	−0,536883	0,4333679
3	2,439189	2,348909	−0,406872	0,3128107

h)

i	a_i	b_i	c_i	d_i
0	1,16164956	−1,50728217	−1,34091868	−0,56825233
1	0,80201036	−2,11183992	−1,68187008	−0,71614399
2	0,30663842	−2,87052523	−2,11155648	−0,90466168
3	−0,35916618	−3,82370723	−2,65435349	−1,14727927

5. **a)** $S(x) = 0{,}29552 + 0{,}95430(x - 0{,}3) - 4{,}5(x - 0{,}3)^3$ auf $[0{,}30, 0{,}32]$ und $S(x) = 0{,}31457 + 0{,}94973(x - 0{,}32) - 0{,}27(x - 0{,}32)^2 + 3(x - 0{,}32)^3$ auf $[0{,}32, 0{,}35]$; $S(0{,}34) = 0{,}33348$

b) $7{,}09 \cdot 10^{-6}$

c) $s(x) = 0{,}29552 + 0{,}95433(x - 0{,}3) - 0{,}1105(x - 0{,}3)^2 - 1{,}5583(x - 0{,}3)$ auf $[0{,}30, 0{,}32]$ und $s(x) = 0{,}31457 + 0{,}94987(x - 0{,}32) - 0{,}204(x - 0{,}32)^2 + 0{,}64078(x - 0{,}32)^3$ auf $[0{,}32, 0{,}35]$; $s(0{,}34) = 0{,}33349$

d) $2{,}91 \cdot 10^{-6}$

e) $S'(0{,}34) = 0{,}94253$

f) $s'(0{,}34) = 0{,}94248$

g) $\int_{0,30}^{0,35} S(x)\mathrm{d}x = 0{,}015964$

h) $\int_{0,30}^{0,35} s(x)\mathrm{d}x = 0{,}015964$.

7. Mit dem Teil des Splines auf $[1{,}02, 1{,}04]$ erhält man $S(1{,}03) = 0{,}809324$ mit einer Fehlerschranke von $1{,}9 \cdot 10^{-7}$ und einem tatsächlichen Fehler von $3{,}8 \cdot 10^{-7}$.

9. Auf $[0, 0{,}05]$ ist $F(x) = 20(e^{0,1} - 1)x + 1$ und auf $[0{,}05, 1]$ ist $F(x) = 20(e^{0,2} - e^{0,1})x + 2e^{0,1} - e^{0,2}$. Somit ist $\int_0^{0,1} F(x)\mathrm{d}x = 0{,}1107936$.

11. Das Spline besitzt die Gleichung $S(x) = S_i(x) = a_i + b_i(x - x_i) + c_i(x - x_i)^2 + d_i(x - x_i)^3$ auf $[xi, x_{i+1}]$, wobei die Koeffizienten in der folgenden Tabelle zusammengefaßt sind:

x_i	a_i	b_i	c_i	d_i
0	0	75	−0,659292	0,219764
3	225	76,99779	1,31858	−0,153761
5	383	80,4071	0,396018	−0,177237
8	623	77,9978	−1,19912	0,0799115

Das Spline sagt eine Position von $S(10) = -236{,}5$ m und eine Geschwindigkeit von $S'(10) = 22{,}6$ m/s voraus. Für die maximale Geschwindigkeit werden die einzelnen kritischen Punkte von $S'(x)$ bestimmt und mit den Werten von $S(x)$ in diesen Punkten und den Endpunkten verglichen. Man erhält $S'(x) = S'(5{,}7448) = 88{,}55$ km/h. Die Geschwindigkeit 55 mi/h wurde zum ersten Mal bei ungefähr 5,5 s überschritten.

13. a) $S(x) = S_i(x) = a_i + b_i(x - x_i) + c_i(x - x_i)^2 + d_i(x - x_i)^3$ auf $[x_i, x_{i+1}]$, wobei die Koeffizienten in der folgenden Tabelle gegeben sind:

i	a_i	b_i	c_i	d_i
0	0	103,0425	0	−23,0820
0,25	25,4	98,7147	−17,3114	25,8098
0,5	49,4	94,8984	2,04590	1,91475
1,0	97,6	98,3803	4,91803	−6,55738
1,25				

b) $1 : 13\frac{7}{25}$

c) Startgeschwindigkeit $\approx 9{,}7047 \cdot 10^{-3}$ mi/s. Geschwindigkeit an der Ziellinie $\approx 36{,}14$ mi/h.

Übungsaufgaben 3.6

1. Die parametrischen, kubischen Hermite-Approximationen sind

a) $x(t) = -10t^3 + 14t^2 + t;\ y(t) = -2t^3 + 3t^2 + t$

b) $x(t) = -10t^3 + 14{,}5t^2 + 0{,}5t;\ y(t) = -3t^3 + 4{,}5t^2 + 0{,}5t$

c) $x(t) = -10t^3 + 14t^2 + t;\ y(t) = -4t^3 + 5t^2 + t$

d) $x(t) = -10t^3 + 13t^2 + 2t;\ y(t) = 2t.$

3. Die Bézier-Approximationen sind

a) $x(t) = -11{,}5t^3 + 15t^2 + 1{,}5t + 1;\ y(t) = -4{,}25t^3 + 4{,}5t^2 + 0{,}75t + 1$

b) $x(t) = -6{,}25t^3 + 10{,}5t^2 + 0{,}75t + 1;\ y(t) = -3{,}5t^3 + 3t^2 + 1{,}5t + 1$

c) Zwischen $(0, 0)$ und $(4, 6)$ erhält man

$$x(t) = -5t^3 + 7{,}5t^2 + 1{,}5t; \quad y(t) = -13{,}5t^3 + 18t^2 + 1{,}5t$$

und zwischen $(4, 6)$ und $(6, 1)$ erhält man

$$x(t) = -5{,}5t^3 + 6t^2 + 1{,}5t + 4; \quad y(t) = 4t^3 - 6t^2 - 3t + 6.$$

d) Zwischen $(0, 0)$ und $(2, 1)$ erhält man

$$x(t) = -5{,}5t^3 + 6t^2 + 1{,}5t; \quad y(t) = -1{,}25t^3 + 1{,}5t^2 + 0{,}75t,$$

zwischen $(2, 1)$ und $(4, 0)$ erhält man

$$x(t) = -4t^3 + 3t^2 + 3t + 2; \quad y(t) = -t^3 + 1$$

und zwischen $(4, 0)$ und $(6, -1)$ erhält man

$$x(t) = -8{,}5t^3 + 13{,}5t^2 - 3t + 4; \quad y(t) = -3{,}25t^3 + 5{,}25t^2 - 3t.$$

Übungsaufgaben 4.2

1. Die Mittelpunktregel liefert die folgenden Approximationen: **a)** 0,608197 **b)** 0,0 **c)** 0,8 **d)** 0,0 **e)** 2,08549 **f)** 0,5 **g)** 0,577350 **h)** 0,787179.

3. Die Trapezregel liefert die folgenden Approximationen: **a)** 0,693147 **b)** 116,060 **c)** 0,75 **d)** −15,5031 **e)** −15,2556 **f)** 0,430769 **g)** 0,665431 **h)** 1,42209.

5. Die Simpsonsche Regel liefert die folgenden Approximationen: **a)** 0,636514 **b)** 38,6865 **c)** 0,783333 **d)** −5,16771 **e)** −3,69486 **f)** 0,476923 **g)** 0,606711 **h)** 0,998816.

7. Die Mittelpunktregel liefert die folgenden Approximationen: **a)** 0,174331 **b)** 0,151633 **c)** −0,176350 **d)** 0,0463500 **e)** 1,80391 **f)** −0,675325 **g)** 0,634335 **h)** 0,670379.

9. Die Trapezregel liefert die folgenden Approximationen: **a)** 0,228074 **b)** 0,183940 **c)** −0,177764 **d)** 0,171287 **e)** 4,14326 **f)** −0,866667 **g)** 0,640046 **h)** 0,589049.

11. Die Simpsonsche Regel liefert die folgenden Approximationen: **a)** 0,192245 **b)** 0,162402 **c)** −0,176822 **d)** 0,0879957 **e)** 2,58370 **f)** −0,739105 **g)** 0,636239 **h)** 0,643269.

13.

	Approximation	Fehlerschranke	tatsächlicher Fehler
a)	0,636394	$3{,}08642 \cdot 10^{-4}$	$9{,}94862 \cdot 10^{-5}$
b)	29,6524	177,484	9,73151
c)	0,784615	0,00370370	$7{,}82775 \cdot 10^{-4}$
d)	−5,81368	0,871151	0,469508
e)	−9,39559	22,1008	4,81839
f)	0,477413	0,00155496	$3{,}43065 \cdot 10^{-4}$
g)	0,605504	0,0165370	0,00112880
h)	0,980303	0,899961	0,0197555

15.

	Approximation	Fehlerschranke	tatsächlicher Fehler
a)	0,617476	0,277778	0,0188183
b)	0,849966	577,988	19,0709
c)	0,796154	0,0555556	0,0107557
d)	−2,58386	6,77798	3,69933
e)	−7,44227	156,747	6,77171
f)	0,492960	0,0391111	0,0152047
g)	0,585529	0,0874551	0,0188469
h)	0,833041	1,49750	0,0127507

17.

	Approximation	Fehlerschranke	tatsächlicher Fehler
a)	0,636162	$4{,}22222 \cdot 10^{-4}$	$1{,}32382 \cdot 10^{-4}$
b)	9,577271	242,798	10,3481
c)	0,786733	0,00506667	0,00133531
d)	−6,97811	1,19173	0,694927
e)	−20,6282	30,2339	6,41419
f)	0,478281	0,00212719	$5{,}25342 \cdot 10^{-4}$
g)	0,603029	0,0226226	0,00134693
h)	0,939762	1,23115	0,0207852

Übungsaufgaben 4.3

1. Die Approximationen der zusammengesetzten Trapezregel sind **a)** 0,639900 **b)** 31,3653 **c)** 0,784241 **d)** −6,42872 **e)** −13,5760 **f)** 0,476977 **g)** 0,605498 **h)** 0,970926.

3. Die Approximationen der zusammengesetzten Simpsonschen Regel sind **a)** 0,6363098 **b)** 22,47713 **c)** 0,7853980 **d)** −6,274868 **e)** −14,18334 **f)** 0,4777547 **g)** 0,6043941 **h)** 0,9610554.

5. a) Die zusammengesetzte Trapezregel benötigt $h < 0,00092295$ und $n \geq 2\,167$.

b) Die zusammengesetzte Mittelpunktregel benötigt $h < 0,00065216$ und $n \geq 3\,066$.

c) Die zusammengesetzte Simpsonsche Regel benötigt $h < 0,037658$ und $n \geq 54$.

7. a) Die zusammengesetzte Trapezregel benötigt $h < 0,04382$ und $n \geq 46$. Die Approximation ist 0,405471.

b) Die zusammengesetzte Mittelpunktregel benötigt $h < 0,03098$ und $n \geq 64$. Die Approximation ist 0,405460.

c) Die zusammengesetzte Simpsonsche Regel benötigt $h < 0,44267$ und $n \geq 6$. Die Approximation ist 0,405466.

9. Das Integral ist ungefähr 58,47047.

11. Die Fläche des Bereichs ist ungefähr 0,68271097.

13. Die zusammengesetzte Simpsonsche Regel mit $h = 0,25$ ergibt 2,61972 Sekunden.

Übungsaufgaben 4.4

1. Die Gaußsche Quadratur liefert **a)** 0,1922687 **b)** 0,1594104 **c)** $-0,1768190$ **d)** 0,08926302 **e)** 2,5913247 **f)** $-0,7307230$ **g)** 0,6361966 **h)** 0,6423172.

3. Die Gaußsche Quadratur liefert **a)** 0,1922594 **b)** 0,1606028 **c)** $-0,1768200$ **d)** 0,08875529 **e)** 2,5886327 **f)** $-0,7339604$ **g)** 0,6362133 **h)** 0,6426991.

Übungsaufgaben 4.5

1. Die Romberg-Integration ergibt $R_{3,3}$ wie folgt: **a)** 0,1922593 **b)** 0,1606105 **c)** $-0,1768200$ **d)** 0,08875677 **e)** 2,5879685 **f)** $-0,7341567$ **g)** 0,6362135 **h)** 0,6426970.

3. Die Romberg-Integration liefert **a)** $R_{4,4} = 0,63629437$ **b)** $R_{6,6} = 19,920853$ **c)** $R_{5,5} = 0,78539817$ **d)** $R_{5,5} = -6,2831855$ **e)** $R_{6,6} = -14,213977$ **f)** $R_{4,4} = 0,47775587$ **g)** $R_{5,5} = 0,60437561$ **h)** $R_{5,5} = 0,96055026$.

5. Die Romberg-Integration ergibt

a) 62,4373714, 57,2885616, 56,4437507, 56,2630547 und 56,2187727.

b) 55,5722917, 56,2014707, 56,2055989 und 56,2040624.

c) 58,3626837, 59,0773207, 59,2688746, 59,3175220, 59,3297316 und 59,3327870.

d) 58,4220930, 59,4707174, 58,4704791 und 58,4704691. Die Vorhersage ist 58,47047.

e) Betrachten Sie den Graphen der Funktion.

Übungsaufgaben 4.6

1. Die adaptive Quadratur ergibt

a) $S(1, 1{,}5) = 0{,}19224530$, $S(1, 1{,}25) = 0{,}039372434$, $S(1{,}25, 1{,}5) = 0{,}15288602$, der tatsächliche Wert ist 0,19225935.

b) $S(0, 1) = 0{,}16240168$, $S(0, 0{,}5) = 0{,}028861071$, $S(0{,}5, 1) = 0{,}13186140$, der tatsächliche Wert ist 0,16060279.

c) $S(0, 0{,}35) = -0{,}17682156$, $S(0, 0{,}175) = -0{,}087724382$, $S(0{,}175, 0{,}35) = -0{,}089095736$, der tatsächliche Wert ist $-0{,}17682002$.

d) $S(0, \frac{\pi}{4}) = 0{,}087995669$, $S(0, \frac{\pi}{8}) = 0{,}0058315797$, $S(\frac{\pi}{8}, \frac{\pi}{4}) = 0{,}082877624$, der tatsächliche Wert ist 0,088755285.

e) $S(0, \frac{\pi}{4}) = 2{,}5836964$, $S(0, \frac{\pi}{8}) = 0{,}033088926$, $S(\frac{\pi}{8}, \frac{\pi}{4}) = 2{,}2568121$, der tatsächliche Wert ist 2,5886286.

f) $S(1, 1{,}6) = -0{,}73910533$, $S(1, 1{,}3) = -0{,}26141244$, $S(1{,}3, 1{,}6) = -0{,}47305351$, der tatsächliche Wert ist $-0{,}73396917$.

g) $S(3, 3{,}5) = 0{,}63623873$, $S(3, 3{,}25) = 0{,}32567095$, $S(3{,}25, 3{,}5) = 0{,}31054412$, der tatsächliche Wert ist 0,63621334.

h) $S(0, \frac{\pi}{4}) = 0{,}64326905$, $S(0, \frac{\pi}{8}) = 0{,}37315002$, $S(\frac{\pi}{8}, \frac{\pi}{4}) = 0{,}26958270$, der tatsächliche Wert ist 0,64269908.

3. Die adaptive Quadratur ergibt **a)** 108,555281 **b)** $-1\,724{,}966983$ **c)** $-15{,}306308$ **d)** $-18{,}945949$.

5. Die adaptive Quadratur ergibt

$$\int_{0,1}^{2} \sin \frac{1}{x} \mathrm{d}x \approx 1{,}1454 \quad \text{und} \quad \int_{0,1}^{2} \cos \frac{1}{x} \mathrm{d}x \approx 0{,}67378.$$

7. $\int_1^3 u(t)\mathrm{d}t = -0{,}1369488$.

9.

t	$c(t)$	$s(t)$
0,1	0,0999975	0,000523589
0,2	0,199921	0,00418759
0,3	0,299399	0,0141166
0,4	0,397475	0,0333568
0,5	0,492327	0,0647203
0,6	0,581061	0,110498
0,7	0,659650	0,172129
0,8	0,722844	0,249325
0,9	0,764972	0,339747
1,0	0,779880	0,438245

Übungsaufgaben 4.7

1. Mit $n = m = 2$ erhält man **a)** 0,3115733 **b)** 0,2552526 **c)** 16,50864 **d)** 1,476684

3. Mit $n = 2$ und $m = 4$, $n = 4$ und $m = 2$ und $n = m = 3$ erhält man

a) 0,5119875, 0,5118533, 0,5118722

b) 1,718857, 1,718220, 1,718385

c) 1,001953, 1,000122, 1,000386

d) 0,7838542, 0,7833659, 0,7834362

e) −1,985611, −1,999182, −1,997353

f) 2,004596, 2,000879, 2,000980

g) 0,3084277, 0,3084562, 0,3084323

h) −22,61612, −19,85408, −20,14117.

5. Mit $n = m = 2$ erhält man **a)** 0,3115733 **b)** 0,2552446 **c)** 16,50863 **d)** 1,488875.

7. Mit $n = m = 3$, $n = 3$ und $m = 4$, $n = 4$ und $m = 3$ und $n = m = 4$ erhält man

a) 0,5118655, 0,5118445, 0,5118655, 0,5118445

b) 1,718163, 1,718302, 1,718139, 1,718277

c) 1,000000, 1,000000, 1,000000, 1,000000

d) 0,7833333, 0,7833333, 0,7833333, 0,7833333

e) −1,991878, −2,000124, −1,991878, −2,000124

f) 2,001494, 2,000080, 2,001388, 1,999984

g) 0,3084151, 0,3084145, 0,3084246, 0,3084245

h) −12,74790, −21,21539, −11,83624, −20,30373.

9. Mit $n = m = 7$ erhält man 0,1479099, und mit $n = m = 4$ erhält man 0,1506823.

11. Die Approximationen der Fläche sind **a)** 1,040253 **b)** 1,040252.

13. Die Gaußsche Quadratur mit $n = m = p = 3$ ergibt **a)** 5,206442 **b)** 0,08333333 **c)** 0,07166667 **d)** 0,08333333 **e)** 6,928161 **f)** 1,474577.

15. Die Gaußsche Quadratur mit $n = m = p = 4$ ergibt 3,052125.

Übungsaufgaben 4.8

1. Die zusamengesetzte Simpsonsche Regel ergibt **a)** 0,5284163 **b)** 4,266654 **c)** 0,4329748 **d)** 0,8802010.

3. Die zusamengesetzte Simpsonsche Regel ergibt **a)** 0,4112649 **b)** 0,2440679 **c)** 0,05501681 **d)** 0,2903746.

5. Die zusamengesetzte Simpsonsche Regel ergibt **a)** 3,141569 **b)** 0,0 **c)** 1,178071 **d)** 2,221548.

Übungsaufgaben 4.9

1. Aus der Formel mit absteigender Differenz erhält man die folgenden Approximationen:

a) $f'(0{,}5) \approx 1{,}67154$, $f'(0{,}6) \approx 1{,}906973$, $f'(0{,}7) \approx 1{,}906973$

b) $f'(0{,}0) \approx 3{,}5800665$, $f'(0{,}2) \approx 2{,}6620555$, $f'(0{,}4) \approx 2{,}6620555$.

3. Der jeweils letzte Tabellenwert wurde mit der Dreipunkte-Endpunkt-Formel, die anderen Werte wurden mit der Dreipunkte-Mittelpunkt-Formel approximiert.

a) $f'(1{,}1) \approx 2{,}557820$, $f'(1{,}2) \approx 2{,}448560$, $f'(1{,}3) \approx 2{,}352640$, $f'(1{,}4) \approx 2{,}270060$

b) $f'(8{,}1) \approx 3{,}092050$, $f'(8{,}3) \approx 3{,}116150$, $f'(8{,}5) \approx 3{,}139975$, $f'(8{,}7) \approx 3{,}163525$

c) $f'(2{,}9) \approx 5{,}101375$, $f'(3{,}0) \approx 6{,}654785$, $f'(3{,}1) \approx 8{,}216330$, $f'(3{,}2) \approx 9{,}786010$

d) $f'(3{,}6) \approx -1{,}45886415$, $f'(3{,}8) \approx -2{,}13752785$, $f'(4{,}0) \approx -2{,}90294135$, $f'(4{,}2) \approx -3{,}75510465$.

5. Die Approximationen und verwendeten Formeln sind

a) $f'(2{,}1) \approx 3{,}899344$ aus der Fünfpunkte-Endpunkt-Formel

$f'(2{,}2) \approx 2{,}876876$ aus der Fünfpunkte-Endpunkt-Formel

$f'(2{,}3) \approx 2{,}249704$ aus der Fünfpunkte-Endpunkt-Formel

$f'(2{,}4) \approx 1{,}837756$ aus der Fünfpunkte-Endpunkt-Formel

$f'(2{,}5) \approx 1{,}544210$ aus der Fünfpunkte-Endpunkt-Formel

$f'(2{,}6) \approx 1{,}355496$ aus der Fünfpunkte-Endpunkt-Formel

b) $f'(-3{,}0) \approx -5{,}877358$ aus der Fünfpunkte-Endpunkt-Formel

$f'(-2{,}8) \approx -5{,}468933$ aus der Fünfpunkte-Endpunkt-Formel

$f'(-2{,}6) \approx -5{,}059884$ aus der Fünfpunkte-Endpunkt-Formel

$f'(-2{,}4) \approx -4{,}650223$ aus der Fünfpunkte-Endpunkt-Formel

$f'(-2{,}2) \approx -4{,}239911$ aus der Fünfpunkte-Endpunkt-Formel

$f'(-2{,}0) \approx -3{,}828853$ aus der Fünfpunkte-Endpunkt-Formel.

7. Aus der Formel mit aufsteigender Differenz erhält man

a) $f'(0{,}5) \approx 1{,}672$, $f'(0{,}6) \approx 1{,}907$, $f'(0{,}7) \approx 1{,}907$

b) $f'(0{,}0) \approx 3{,}580$, $f'(0{,}2) \approx 2{,}662$, $f'(0{,}4) \approx 2{,}662$.

9. Der jeweils letzte Tabellenwert wurde mit der Fünfpunkte-Endpunkt-Formel, die anderen Werte wurden mit der Fünfpunkte-Mittelpunkt-Formel approximiert.

a) $f'(2{,}1) \approx 3{,}884$
$f'(2{,}2) \approx 2{,}896$
$f'(2{,}3) \approx 2{,}249$
$f'(2{,}4) \approx 1{,}836$
$f'(2{,}5) \approx 1{,}550$
$f'(2{,}6) \approx 1{,}348$

b) $f'(-3{,}0) \approx -5{,}883$
$f'(-2{,}8) \approx -5{,}467$
$f'(-2{,}6) \approx -5{,}059$
$f'(-2{,}4) \approx -4{,}650$
$f'(-2{,}2) \approx -4{,}208$
$f'(-2{,}0) \approx -3{,}875$.

11. Die Approximation ist $-3{,}10457$ mit einer Fehlerschranke von $3{,}98 \cdot 10^{-2}$.

Übungsaufgaben 5.2

1. Das Eulersche Verfahren liefert die in den folgenden Tabellen gegebenen Approximationen:

a)

i	t_i	w_i	$y(t_i)$	$\|y(t_i) - w_i\|$
0	0,000	0,0000000	0,0000000	0,0000000
1	0,500	0,0000000	0,4160531	0,4160531
2	1,000	1,1204223	3,2678200	2,1473978

b)

i	t_i	w_i	$y(t_i)$	$\|y(t_i) - w_i\|$
0	2,000	1,0000000	1,0000000	0,0000000
1	2,500	2,0000000	1,8333333	0,1666667
2	3,000	2,6250000	2,5000000	0,1250000

c)

i	t_i	w_i	$y(t_i)$	$\|y(t_i) - w_i\|$
0	1,000	2,0000000	2,0000000	0,0000000
1	1,250	2,7500000	2,7789294	0,0289294
2	1,500	3,5500000	3,6081977	0,0581977
3	1,750	4,3916667	4,4793276	0,0876610
4	2,000	5,2690476	5,3862944	0,1172467

d)

i	t_i	w_i	$y(t_i)$	$\|y(t_i) - w_i\|$
0	0,000	1,0000000	1,0000000	0,0000000
1	0,250	1,2500000	1,3291498	0,0791498
2	0,500	1,6398053	1,7304898	0,0906844
3	0,750	2,0242547	2,0414720	0,0172174
4	1,000	2,2364573	2,1179795	0,1184777

3. Das Eulersche Verfahren liefert die in den folgenden Tabellen gegebenen Approximationen:

a)

i	t_i	w_i	$y(t_i)$	$\|y(t_i) - w_i\|$
0	1,000	1,0000000	1,0000000	0,0000000
2	1,200	1,0082645	1,0149523	0,0066879
4	1,400	1,0385147	1,0475339	0,0090192
6	1,600	1,0784611	1,0884327	0,0099716
8	1,800	1,1232621	1,1336536	0,0103915
10	2,000	1,1706516	1,1812322	0,0105806

b)

i	t_i	w_i	$y(t_i)$	$\|y(t_i) - w_i\|$
0	1,000	0,0000000	0,0000000	0,0000000
2	1,400	0,4388889	0,4896817	0,0507928
4	1,800	1,0520380	1,1994386	0,1474006
6	2,200	1,8842608	2,2135018	0,3292410
8	2,600	3,0028372	3,6784753	0,6756382
10	3,000	4,5142774	5,8741000	1,3598226

c)

i	t_i	w_i	$y(t_i)$	$\|y(t_i) - w_i\|$
0	0,000	−2,0000000	−2,0000000	0,0000000
2	0,400	−1,6080000	−1,6200510	0,0120510
4	0,800	−1,3017370	−1,3359632	0,0342263
6	1,200	−1,1274909	−1,1663454	0,0388544
8	1,600	−1,0491191	−1,0783314	0,0292124
10	2,000	−1,0181518	−1,0359724	0,0178206

d)

i	t_i	w_i	$y(t_i)$	$\|y(t_i) - w_i\|$
0	0,0	0,3333333	0,3333333	0,0000000
2	0,2	0,1083333	0,1626265	0,0542931
4	0,4	0,1620833	0,2051118	0,0430284
6	0,6	0,3455208	0,3765957	0,0310749
8	0,8	0,6213802	0,6461052	0,0247250
10	1,0	0,9803451	1,0022460	0,0219009

5. Die Taylorsche Formel zweiter Ordnung liefert die in den folgenden Tabellen gegebenen Approximationen:

a)

i	t_i	w_i
1	0,5	0,1250000
2	1,0	2,023239

b)

i	t_i	w_i
1	2,5	1,750000
2	3,0	2,425781

c)

i	t_i	w_i
1	1,25	2,781250
2	1,50	3,612500
3	1,75	4,485417
4	2,00	5,394048

d)

i	t_i	w_i
1	0,25	1,343750
2	0,50	1,772187
3	0,75	2,110676
4	1,00	2,201644

7. Die Taylorsche Formel vierter Ordnung liefert die in den folgenden Tabellen gegebenen Approximationen:

a)

i	t_i	w_i	$\lvert y(t_i) - w_i\rvert$
3	1,3	1,0298483	$3{,}46 \cdot 10^{-5}$
6	1,6	1,0884694	$3{,}67 \cdot 10^{-5}$
9	1,9	1,1572648	$3{,}64 \cdot 10^{-5}$

b)

i	t_i	w_i	$\lvert y(t_i) - w_i\rvert$
3	1,6	0,8126583	$9{,}45 \cdot 10^{-5}$
6	2,2	2,2132495	$2{,}52 \cdot 10^{-4}$
9	2,8	4,6578929	$7{,}72 \cdot 10^{-4}$

c)

i	t_i	w_i	$\lvert y(t_i) - w_i\rvert$
3	0,6	−1,4630012	$5{,}08 \cdot 10^{-5}$
6	1,2	−1,1663295	$1{,}59 \cdot 10^{-5}$
9	1,8	−1,0531846	$9{,}40 \cdot 10^{-6}$

d)

i	t_i	w_i	$\lvert y(t_i) - w_i\rvert$
3	0,3	0,1644651	$8{,}84 \cdot 10^{-5}$
6	0,6	0,3766352	$3{,}95 \cdot 10^{-5}$
9	0,9	0,8137162	$1{,}32 \cdot 10^{-5}$

9. Die lineare Interpolation liefert die folgenden Ergebnisse:

a) $1{,}021957 = y(1{,}25) \approx 1{,}023555$; $1{,}164390 = y(1{,}93) \approx 1{,}165937$

b) $1{,}924962 = y(2{,}1) \approx 1{,}921037$; $4{,}394170 = y(2{,}75) \approx 4{,}349162$

c) $-1{,}114648 = y(1{,}4) \approx -1{,}115028$; $-1{,}041267 = y(1{,}93) \approx -1{,}043301$

d) $0{,}3140018 = y(0{,}54) \approx 0{,}3210207$; $0{,}9108858 = y(0{,}94) \approx 0{,}8901230$

11.

j	t_j	$w_j \approx i(t_j)$
20	2	0,702938
40	4	−0,0457793
60	6	0,294870
80	8	0,341673
100	10	0,139432

13. a) Die Taylorsche Formel zweiter Ordnung ergibt die Approximationen in der folgenden Tabelle:

j	t_i	w_i
2	0,2	5,86595
5	0,5	2,82145
7	0,7	0,84926
10	1,0	−2,08606

Die Taylorsche Formel vierter Ordnung ergibt die Approximationen in der folgenden Tabelle:

j	t_i	w_i
2	0,2	5,86433
5	0,5	2,81789
7	0,7	0,84455
10	1,0	−2,09015

b) 0,8 Sekunden

Übungsaufgaben 5.3

1. a)

t	$y(t)$	modifiziertes Eulersches Verfahren	Fehler
0,5	0,2836165	0,5602111	0,2765946
1,0	3,2190993	5,3014898	2,0823905

b)

t	$y(t)$	modifiziertes Eulersches Verfahren	Fehler
2,5	1,8333333	1,8125000	0,0208333
3,0	2,5000000	2,4815531	0,0184469

c)

t	$y(t)$	modifiziertes Eulersches Verfahren	Fehler
1,25	2,7789294	2,7750000	0,0039294
1,50	3,6081977	3,6008333	0,0073643
1,75	4,4793276	4,4688294	0,0104983
2,00	5,3862944	5,3728586	0,0134358

d)

t	$y(t)$	modifiziertes Eulersches Verfahren	Fehler
0,25	1,3291498	1,3199027	0,0092471
0,50	1,7304898	1,7070300	0,0234598
0,75	2,0414720	2,0053560	0,0361161
1,00	2,1179795	2,0770789	0,0409006

3. a)

t	$y(t)$	Mittelpunktregel	Fehler
0,5	0,2836165	0,2646250	0,0189915
1,0	3,2190993	3,1300023	0,0890970

b)

t	$y(t)$	Mittelpunktregel	Fehler
2,5	1,8333333	1,7812500	0,0520833
3,0	2,5000000	2,4550638	0,0449362

c)

t	$y(t)$	Mittelpunktregel	Fehler
1,25	2,7789294	2,7777778	0,0011517
1,50	3,6081977	3,6060606	0,0021371
1,75	4,4793276	4,4763015	0,0030262
2,00	5,3862944	5,3824398	0,0038546

d)

t	$y(t)$	Mittelpunktregel	Fehler
0,25	1,3291498	1,3337962	0,0046464
0,50	1,7304898	1,7422854	0,0117956
0,75	2,0414720	2,0596374	0,0181654
1,00	2,1179795	2,1385560	0,0205764

5. Die lineare Interpolation mit dem modifizierten Eulerschen Verfahren liefert die folgenden Ergebnisse:

a) $1{,}0221167 \approx y(1{,}25) = 1{,}0219569$, $1{,}1640347 \approx y(1{,}93) = 1{,}1643901$

b) $1{,}9086500 \approx y(2{,}1) = 1{,}9249616$, $4{,}3105913 \approx y(2{,}75) = 4{,}3941697$

c) $-1{,}1461434 \approx y(1{,}3) = -1{,}1382768$, $-1{,}0454854 \approx y(1{,}93) = -1{,}0412665$

d) $0{,}3271470 \approx y(0{,}54) = 0{,}3140018$, $0{,}8967073 \approx y(0{,}94) = 0{,}8866318$.

7. Die lineare Interpolation mit der Methode von Heun liefert die folgenden Ergebnisse:

a) $1{,}0225530 \approx y(1{,}25) = 1{,}0219569$, $1{,}1646155 \approx y(1{,}93) = 1{,}1643901$

b) $1{,}9132167 \approx y(2{,}1) = 1{,}9249616$, $4{,}3246152 \approx y(2{,}75) = 4{,}3941697$

c) $-1{,}1441775 \approx y(1{,}3) = -1{,}1382768$, $-1{,}0447403 \approx y(1{,}93) = -1{,}0412665$

d) $0{,}3251049 \approx y(0{,}54) = 0{,}3140018$, $0{,}8945125 \approx y(0{,}94) = 0{,}8866318$.

9. Die lineare Interpolation mit der Mittelpunktmethode liefert die folgenden Ergebnisse:

a) $1{,}0227863 \approx y(1{,}25) = 1{,}0219569$, $1{,}1649247 \approx y(1{,}93) = 1{,}1643901$

b) $1{,}9153749 \approx y(2{,}1) = 1{,}9249616$, $4{,}3312939 \approx y(2{,}75) = 4{,}3941697$

c) $-1{,}1432070 \approx y(1{,}3) = -1{,}1382768$, $-1{,}0443743 \approx y(1{,}93) = -1{,}0412665$

d) $0{,}3240839 \approx y(0{,}54) = 0{,}3140018$, $0{,}8934152 \approx y(0{,}94) = 0{,}8866318$.

11. Das Runge-Kutta-Verfahren der Ordnung vier liefert die Ergebnisse in den folgenden Tabellen:

a)

t	Runge-Kutta-Verfahren	$y(t)$	Fehler
1,2	1,0149520	1,0149523	$3{,}10759 \cdot 10^{-7}$
1,4	1,0475336	1,0475339	$3{,}60986 \cdot 10^{-7}$
1,6	1,0884323	1,0884327	$3{,}67611 \cdot 10^{-7}$
1,8	1,1336532	1,1336536	$3{,}65627 \cdot 10^{-7}$
2,0	1,1812319	1,1812322	$3{,}62576 \cdot 10^{-7}$

b)

t	Runge-Kutta-Verfahren	$y(t)$	Fehler
1,4	0,4896842	0,4896817	$2{,}50269 \cdot 10^{-6}$
1,8	1,1994320	1,1994386	$6{,}61869 \cdot 10^{-6}$
2,2	2,2134693	2,2135018	$3{,}24969 \cdot 10^{-5}$
2,6	3,6783790	3,6784753	$9{,}63348 \cdot 10^{-5}$
3,0	5,8738386	5,8741000	$2{,}61408 \cdot 10^{-4}$

c)

t	Runge-Kutta-Verfahren	$y(t)$	Fehler
0,4	−1,6200576	−1,6200510	$6{,}60106 \cdot 10^{-6}$
0,8	−1,3359824	−1,3359632	$1{,}91530 \cdot 10^{-5}$
1,2	−1,1663735	−1,1663454	$2{,}81499 \cdot 10^{-5}$
1,6	−1,0783582	−1,0783314	$2{,}67598 \cdot 10^{-5}$
2,0	−1,0359922	−1,0359724	$1{,}98032 \cdot 10^{-5}$

d)

t	Runge-Kutta-Verfahren	$y(t)$	Fehler
0,2	0,1627655	0,1626265	$1{,}38977 \cdot 10^{-4}$
0,4	0,2052405	0,2051118	$1{,}28744 \cdot 10^{-4}$
0,6	0,3766981	0,3765957	$1{,}02389 \cdot 10^{-4}$
0,8	0,6461896	0,6461052	$8{,}43755 \cdot 10^{-5}$
1,0	1,0023207	1,0022460	$7{,}46867 \cdot 10^{-5}$

13. a) 6,531327 m **b)** 25 min.

Übungsaufgaben 5.4

1. Das Adams-Bashforth-Verfahren liefert die Ergebnisse in den folgenden Tabellen:

a)

t	2. Schritt	3. Schritt	4. Schritt	5. Schritt	$y(t)$
0,2	0,0268128	0,0268128	0,0268128	0,0268128	0,0268128
0,4	0,1200522	0,1507778	0,1507778	0,1507778	0,1507778
0,6	0,4153551	0,4613866	0,4960196	0,4960196	0,4960196
0,8	1,1462844	1,2512447	1,2961260	1,3308570	1,3308570
1,0	2,8241683	3,0360680	3,1461400	3,1854002	3,2190993

b)

t	2. Schritt	3. Schritt	4. Schritt	5. Schritt	$y(t)$
2,2	1,3666667	1,3666667	1,3666667	1,3666667	1,3666667
2,4	1,6750000	1,6857143	1,6857143	1,6857143	1,6857143
2,6	1,9632431	1,9794407	1,9750000	1,9750000	1,9750000
2,8	2,2323184	2,2488759	2,2423065	2,2444444	2,2444444
3,0	2,4884512	2,5051340	2,4980306	2,5011406	2,5000000

c)

t	2. Schritt	3. Schritt	4. Schritt	5. Schritt	$y(t)$
1,2	2,6187859	2,6187859	2,6187859	2,6187859	2,6187859
1,4	3,2734823	3,2710611	3,2710611	3,2710611	3,2710611
1,6	3,9567107	3,9514231	3,9520058	3,9520058	3,9520058
1,8	4,6647738	4,6569191	4,6582078	4,6580160	4,6580160
2,0	5,3949416	5,3848058	5,3866452	5,3862177	5,3862944

d)

t	2. Schritt	3. Schritt	4. Schritt	5. Schritt	$y(t)$
0,2	1,2529306	1,2529306	1,2529306	1,2529306	1,2529306
0,4	1,5986417	1,5712255	1,5712255	1,5712255	1,5712255
0,6	1,9386951	1,8827238	1,8750869	1,8750869	1,8750869
0,8	2,1766821	2,0844122	2,0698063	2,0789180	2,0789180
1,0	2,2369407	2,1115540	2,0998117	2,1180642	2,1179795

3. Das Adams-Bashforth-Verfahren liefert die Ergebnisse in den folgenden Tabellen:

a)

t	2. Schritt	3. Schritt	4. Schritt	5. Schritt	$y(t)$
1,2	1,0161982	1,0149520	1,0149520	1,0149520	1,0149523
1,4	1,0497665	1,0468730	1,0477278	1,0475336	1,0475339
1,6	1,0910204	1,0875837	1,0887567	1,0883045	1,0884327
1,8	1,1363845	1,1327465	1,1340093	1,1334967	1,1336536
2,0	1,1840272	1,1803057	1,1815967	1,1810689	1,1812322

b)

t	2. Schritt	3. Schritt	4. Schritt	5. Schritt	$y(t)$
1,4	0,4867550	0,4896842	0,4896842	0,4896842	0,4896817
1,8	1,1856931	1,1982110	1,1990422	1,1994320	1,1994386
2,2	2,1753785	2,2079987	2,2117448	2,2134792	2,2135018
2,6	3,5849181	3,6617484	3,6733266	3,6777236	3,6784753
3,0	5,6491203	5,8268008	5,8589944	5,8706101	5,8741000

c)

t	2. Schritt	3. Schritt	4. Schritt	5. Schritt	$y(t)$
0,5	−1,5357010	−1,5381988	−1,5379372	−1,5378676	−1,5378828
1,0	−1,2374093	−1,2389605	−1,2383734	−1,2383693	−1,2384058
1,5	−1,0952910	−1,0950952	−1,0947925	−1,0948481	−1,0948517
2,0	−1,0366643	−1,0359996	−1,0359497	−1,0359760	−1,0359724

d)

t	2. Schritt	3. Schritt	4. Schritt	5. Schritt	$y(t)$
0,2	0,1739041	0,1627655	0,1627655	0,1627655	0,1626265
0,4	0,2144877	0,2026399	0,2066057	0,2052405	0,2051118
0,6	0,3822803	0,3747011	0,3787680	0,3765206	0,3765957
0,8	0,6491272	0,6452640	0,6487176	0,6471458	0,6461052
1,0	1,0037415	1,0020894	1,0064121	1,0073348	1,0022460

5. Die Adams-Prädiktor-Korrektor-Methode vierter Ordnung liefert die Ergebnisse in den folgenden Tabellen:

a)

t	w	$y(t)$
1,2	1,0149520	1,0149523
1,4	1,0475227	1,0475339
1,6	1,0884141	1,0884327
1,8	1,1336331	1,1336536
2,0	1,1812112	1,1812322

b)

t	w	$y(t)$
1,4	0,4896842	0,4896817
1,8	1,1994245	1,1994386
2,2	2,2134701	2,2135018
2,6	3,6784144	3,6784753
3,0	5,8739518	5,8741000

c)

t	w	$y(t)$
0,5	−1,5378788	−1,5378828
1,0	−1,2384134	−1,2384058
1,5	−1,0948609	−1,0948517
2,0	−1,0359757	−1,0359724

d)

t	w	$y(t)$
0,2	0,1627655	0,1626265
0,4	0,2048557	0,2051118
0,6	0,3762804	0,3765957
0,8	0,6458949	0,6461052
1,0	1,0021372	1,0022460

7. Die Milne-Simpsonsche Prädiktor-Korrektor-Methode liefert die Ergebnisse in den folgenden Tabellen:

a)

t	w	$y(t)$
1,3	1,029813	1,029814
1,6	1,088427	1,088433
1,9	1,157226	1,157228

b)

t	w	$y(t)$
1,6	0,812752	0,812753
2,2	2,213461	2,213502
2,8	4,658474	4,658665

c)

t	w	$y(t)$
0,5	−1,537883	−1,537883
1,0	−1,238408	−1,238406
1,5	−1,094855	−1,094852
2,0	−1,035972	−1,035972

d)

t	w	$y(t)$
0,3	0,164517	0,164377
0,6	0,376374	0,376596
0,9	0,813714	0,813703

Übungsaufgaben 5.5

1. Das Extrapolationsverfahren liefert die Ergebnisse in den folgenden Tabellen:

a)

t	w	h	$y(t)$
0,25	0,0454263	0,25	0,0454312
0,50	0,2835997	0,25	0,2836165
0,75	1,0525685	0,25	1,0525761
1,00	3,2190944	0,25	3,2190993

b)

t	w	h	$y(t)$
2,25	1,4499819	0,25	1,4500000
2,50	1,8333386	0,25	1,8333333
2,75	2,1785826	0,25	2,1785714
3,00	2,5000119	0,25	2,5000000

c)

t	w	h	$y(t)$
1,25	2,7789152	0,25	2,7789294
1,50	3,6081723	0,25	3,6081977
1,75	4,4792929	0,25	4,4793276
2,00	5,3862512	0,25	5,3862944

d)

t	w	h	$y(t)$
0,25	1,3291498	0,25	1,3291498
0,50	1,7304898	0,25	1,7304898
0,75	2,0414720	0,25	2,0414720
1,00	2,1179795	0,25	2,1179795

3. a)

t	w	$y(t)$
1,972454	−0,269257	−0,269257
2,172454	−0,398491	−0,398491
2,372454	−0,346753	−0,346753
2,572454	−0,185816	−0,185816
2,772454	−0,086328	−0,086328
2,972454	−0,170751	−0,170751
3,141593	−0,323039	−0,323039

b)

t	w	$y(t)$
1,770796	1,603594	1,603594
1,970796	2,876235	2,876235
2,170796	4,753496	4,753496
2,356194	7,540468	7,540468

c)

t	w	$y(t)$
2,918282	2,043602	2,043602
3,118282	2,093943	2,093943
3,318282	2,148044	2,148043
3,518282	2,204142	2,204141
3,718282	2,261173	2,261173
3,918282	2,318486	2,318486
4,118282	2,375674	2,375674
4,318282	2,432486	2,432486
4,518282	2,488767	2,488767
4,718282	2,544424	2,544424
4,918282	2,599404	2,599404
5,118282	2,653680	2,653680
5,318282	2,707245	2,707245
5,436564	2,738589	2,738589

d)

t	w	$y(t)$
0,2	0,219998	0,219997
0,4	0,479830	0,479830
0,6	0,778081	0,778081
0,8	1,109507	1,109507
1,0	1,462117	1,462117
1,2	1,816909	1,816909
1,4	2,153066	2,153066
1,6	2,456485	2,456485
1,8	2,724624	2,724624
2,0	2,964028	2,964028
2,2	3,184310	3,184310
2,4	3,393718	3,393718
2,6	3,597684	3,597684
2,8	3,799213	3,799213
3,0	3,999753	3,999753

5. $P(5) \approx 56\,751$.

Übungsaufgaben 5.6

1. Die Runge-Kutta-Fehlberg-Methode liefert die Ergebnisse in den folgenden Tabellen:

a)

t	w	h	$y(t)$
0,2093900	0,0298184	0,2093900	0,0298337
0,3832972	0,1343260	0,1739072	0,1343488
0,5610469	0,4016438	0,1777496	0,4016860
0,7106840	0,8708372	0,1496371	0,8708882
0,8387744	1,5894061	0,1280905	1,5894600
0,9513263	2,6140226	0,1125519	2,6140771
1,0000000	3,2190497	0,0486737	3,2190993

b)

t	w	h	$y(t)$
2,25	1,4499988	0,25	1,4500000
2,50	1,8333332	0,25	1,8333333
2,75	2,1785718	0,25	2,1785714
3,00	2,5000005	0,25	2,5000000

c)

t	w	h	$y(t)$
1,25	2,7789299	0,25	2,7789294
1,50	3,6081985	0,25	3,6081977
1,75	4,4793288	0,25	4,4793276
2,00	5,3862958	0,25	5,3862944

d)

t	w	h	$y(t)$
0,25	1,3291478	0,25	1,3291498
0,50	1,7304857	0,25	1,7304898
0,75	2,0414669	0,25	2,0414720
1,00	2,1179750	0,25	2,1179795

3. Die Runge-Kutta-Fehlberg-Methode liefert die Ergebnisse in den folgenden Tabellen:

a)

t	w	h	$y(t)$
1,070211	1,755041	0,0702106	1,755040
1,151431	1,545701	0,0812206	1,545701
1,233265	1,396559	0,0818337	1,396557
1,323237	1,290561	0,0899720	1,290559
1,432414	1,236108	0,1091769	1,236106
1,527855	1,264192	0,0954415	1,264189
1,612733	1,379554	0,0848773	1,379548
1,661500	1,513496	0,0487677	1,513488
1,690343	1,632540	0,0288423	1,632530
1,716154	1,777972	0,0258112	1,777960
1,736435	1,929852	0,0202807	1,929837

b)

t	w	h	$y(t)$
0,2	0,310560	0,2	0,310560
0,4	0,667845	0,2	0,667841
0,5	0,854426	0,1	0,854423

c)

t	w	h	$y(t)$
0,2	1,940400	0,2	1,940400
0,4	1,766384	0,2	1,766384
0,5	1,640567	0,1	1,640567

d)

t	w	h	$y(t)$
0,0384750	0,276479	0,038475	0,276480
0,0795096	0,230310	0,041035	0,230310
0,3095255	0,166723	0,049442	0,166723
0,4676371	0,250851	0,054245	0,250852
0,5232524	0,298151	0,055615	0,298152
0,6379535	0,420711	0,057873	0,420712
0,7561692	0,579392	0,059467	0,579393
0,8767031	0,772768	0,060493	0,772769
1,0000000	1,002245	0,001344	1,002246

5. Die Adams-Prädiktor-Korrektor-Methode mit variabler Schrittweite liefert die Ergebnisse in den folgenden Tabellen:

a)

t	w	h	$y(t)$
1,020863	1,000210	0,020863	1,000210
1,406760	1,048812	0,031220	1,048812
1,767213	1,126041	0,048250	1,126041
2,225999	1,236525	0,072787	1,236525
2,846579	1,391210	0,111070	1,391210
3,634751	1,586853	0,121750	1,586853

b)

t	w	h	$y(t)$
1,037039	0,037734	0,037039	0,037734
2,623606	3,783978	0,030921	3,783977
2,865890	5,029648	0,025841	5,029647

c)

t	w	h	$y(t)$
0,033708	−1,966305	0,033708	−1,966305
0,490737	−1,545199	0,052532	−1,545199
0,690243	−1,401862	0,041910	−1,401862
1,553344	−1,085665	0,066820	−1,085664
1,828547	−1,050316	0,074745	−1,050316
2,962285	−1,005332	0,012572	−1,005332

d)

t	w	h	$y(t)$
0,057097	0,332851	0,057097	0,332851
0,955371	0,224891	0,098912	0,224891
1,413378	0,139720	0,062361	0,139720
1,934201	0,061621	0,021933	0,061621

7. $i(2) = 8{,}69329$.

Übungsaufgaben 5.7

1. Das Runge-Kutta-Verfahren für Systeme liefert die Ergebnisse in den folgenden Tabellen:

a)

i	t_i	w_{1i}	w_{2i}
0	0,0	−1,0000000	4,0000000
1	0,5	5,7864583	8,8203125
2	1,0	48,263658	50,104513
3	1,5	342,55321	343,67019
4	2,0	2400,7289	2401,4066

b)

i	t_i	w_{1i}	w_{2i}
0	0,0	1,0000000	1,0000000
1	0,2	2,1203658	1,5069919
2	0,4	4,4412278	3,2422402
3	0,6	9,7391333	8,1634170
4	0,8	22,676560	21,343528
5	1,0	55,661181	56,030503

c)

i	t_i	w_{1i}	w_{2i}
5	0,5	0,9567139	−1,083820
10	1,0	1,306544	−0,8329536
15	1,5	1,344167	−0,5698033
20	2,0	1,143324	−0,3693632

d)

i	t_i	w_{1i}	w_{2i}	w_{3i}
2	0,2	2,997466	−0,03733361	0,7813973
5	0,5	2,963536	−0,2083733	0,3981578
7	0,7	2,905641	−0,3759597	0,1206261
10	1,0	2,749648	−0,6690454	−0,3011653

e)

i	t_i	w_{1i}	w_{2i}	w_{3i}
2	0,2	1,381651	1,007999	−0,6183311
5	0,5	1,907526	1,124998	−0,09090565
7	0,7	2,255029	1,342997	0,2634397
10	1,0	2,832112	1,999997	0,8821206

f)

i	t_i	w_{1i}	w_{2i}	w_{3i}
0	0,1	4,6210619	−7,6818883	−1,7287952
1	0,2	7,1615826	−8,9381975	−0,9074132
2	0,3	11,261380	−11,282626	0,9731908
3	0,4	18,045437	−15,669345	4,8620475
4	0,5	29,508292	−23,861700	12,516816
5	0,6	49,209223	−39,106195	27,177722
6	0,7	83,531779	−67,363422	54,798414
7	0,8	143,96890	−119,55455	106,29239
8	0,9	251,27288	−215,65912	201,63071
9	1,0	442,99766	−392,18697	377,31385

5. Die Adams-Prädiktor-Korrektor-Methode für Systeme vierter Ordnung liefert die Ergebnisse in den folgenden Tabellen:

a)

i	t_i	w_{1i}	$y(t_i)$
1	0,1	0,0000090	0,0000089
2	0,2	0,0001535	0,0001535
3	0,3	0,0008343	0,0008343
4	0,4	0,0028326	0,0028323
5	0,5	0,0074311	0,0074303
6	0,6	0,0165644	0,0165626
7	0,7	0,0330013	0,0329980
8	0,8	0,0605672	0,0605619
9	0,9	0,1044131	0,1044052
10	1,0	0,1713402	0,1713288

b)

i	t_i	w_{1i}	$y(t_i)$
5	0,5	0,71544570	0,71544565
10	1,0	0,77153962	0,77154032
15	1,5	1,1204202	1,1204222
20	2,0	1,8134261	1,8134302

c)

i	t_i	w_{1i}	$y(t_i)$
5	1,25	0,9405698	0,94056987
10	1,50	0,7779721	0,77792370
15	1,75	0,5425639	0,54256418
20	2,00	0,2725883	0,27258872

d)

i	t_i	w_{1i}	$y(t_i)$
2	1,4	2,4535431	2,4540442
4	1,8	6,2364230	6,2365330
6	2,2	11,8583510	11,8587121
8	2,6	19,7685613	19,7698919
10	3,0	30,3955698	30,3982630

e)

i	t_i	w_{1i}	$y(t_i)$
2	1,1	0,2863275	0,2863276
4	1,2	0,6053290	0,6053289
6	1,3	0,9626928	0,9626923
8	1,4	1,3644628	1,3644622
10	1,5	1,8171693	1,8171685
12	1,6	2,3279441	2,3279432
14	1,7	2,9046321	2,9046311
16	1,8	3,5559032	3,5559021
18	1,9	4,2913687	4,2913673
20	2,0	5,1217050	5,1217034

f)

i	t_i	w_{1i}	$y(t_i)$
5	1,0	3,731627	3,7317045
10	2,0	11,31425	11,314529
15	3,0	34,04396	34,045172

g)

i	t_i	w_{1i}	$y(t_i)$
2	1,1	−1,111110	−1,111111
6	1,3	−1,428566	−1,428571
12	1,6	−2,499944	−2,500000
18	1,9	−9,967667	−10,00000

h)

i	t_i	w_{1i}	$y(t_i)$
2	1,2	0,2727376	0,2727379
4	1,4	0,7469883	0,7469981
6	1,6	1,5162504	1,5162647
8	1,8	2,6840027	2,6840149
10	2,0	4,3615685	4,3615778

7.

i	t_i	w_{1i}	w_{2i}
6	1,2	2211	11429
12	2,4	175	17492
18	3,6	2	19704

stabile Lösung: $x_1 = 8\,000$, $x_2 = 4\,000$.

Übungsaufgaben 5.8

1. Das Eulersche Verfahren liefert die Ergebnisse in den folgenden Tabellen:

a)

i	t_i	w_i	$y(t_i)$
2	0,2	0,0271828	0,4493290
4	0,4	0,0002718	0,0742736
6	0,6	0,0000027	0,0122773
8	0,8	0,0000000	0,0020294
10	1,0	0,0000000	0,0003355

b)

i	t_i	w_i	$y(t_i)$
2	0,4	1,1200000	0,4815244
4	0,8	1,0592000	0,8033231
6	1,2	1,2933120	1,2001355
8	1,6	1,6335923	1,6000055
10	2,0	2,0120932	2,0000002

c)

i	t_i	w_i	$y(t_i)$
2	0,2	0,3733333	0,0461052
4	0,4	0,4933333	0,1601118
6	0,6	0,6933333	0,3600020
8	0,8	0,9733333	0,6400000
10	1,0	1,3333333	1,0000000

d)

i	t_i	w_i	$y(t_i)$
2	0,50	14,005208	0,4794709
4	1,00	229,56899	0,8414710
6	1,50	3684,7269	0,9974950
8	2,00	58970,544	0,9092974

e)

i	t_i	w_i	$y(t_i)$
2	1,2	0,9882272	0,9805185
4	1,4	0,9304751	0,9213678
6	1,6	0,8343313	0,8254933
8	1,8	0,7047064	0,6967792
10	2,0	0,5469651	0,5403338

f)

i	t_i	w_i	$y(t_i)$
2	0,2	6,1282588	1,0000000
4	0,4	94,577575	1,0000000
6	0,6	1513,0165	1,0000000
8	0,8	24208,250	1,0000000
10	1,0	387332,00	1,0000000

3. Die Adams-Prädiktor-Korrektor-Methode vierter Ordnung liefert die Ergebnisse in den folgenden Tabellen:

a)

i	t_i	w_i	$y(t_i)$
2	0,2	0,4588119	0,4493290
4	0,4	0,0366658	0,0742736
6	0,6	0,0011465	0,0122773
8	0,8	−0,0087900	0,0020294
10	1,0	0,0023604	0,0003355

b)

i	t_i	w_i	$y(t_i)$
2	0,4	0,5462323	0,4815244
4	0,8	0,6006881	0,8033231
6	1,2	1,1619813	1,2001355
8	1,6	1,7170015	1,6000055
10	2,0	1,6477554	2,0000002

c)

i	t_i	w_i	$y(t_i)$
2	0,2	0,0792593	0,0461052
4	0,4	0,1265329	0,1601118
6	0,6	0,2812206	0,3600020
8	0,8	0,8334432	0,6400000
10	1,0	0,7278557	1,0000000

d)

i	t_i	w_i	$y(t_i)$
2	0,50	$1,8830821 \cdot 10^2$	0,4794709
4	1,00	$3,8932032 \cdot 10^4$	0,8414710
6	1,50	$9,0736073 \cdot 10^6$	0,9974950
8	2,00	$2,1157413 \cdot 10^8$	0,9092974

e)

i	t_i	w_i	$y(t_i)$
2	1,2	0,9804973	0,9805185
4	1,4	0,9213599	0,9213678
6	1,6	0,8254928	0,8254933
8	1,8	0,6967793	0,6967792
10	2,0	0,5403329	0,5403338

f)

i	t_i	w_i	$y(t_i)$
2	0,2	$-2,1574586 \cdot 10^2$	1,0000000
4	0,4	$-4,4723780 \cdot 10^4$	1,0000000
6	0,6	$-1,0423830 \cdot 10^7$	1,0000000
8	0,8	$-2,4305801 \cdot 10^9$	1,0000000
10	1,0	$-5,6675117 \cdot 10^{11}$	1,0000000

5. $p(50) \approx 0,10421$.

Übungsaufgaben 6.2

1. a) Es ergeben sich zwei sich schneidende Geraden, die Lösung ist $x_1 = x_2 = 1$.

b) Es ergeben sich zwei sich schneidende Geraden, die Lösung ist $x_1 = x_2 = 0$.

c) Es ergibt sich eine Gerade, so daß eine unendliche Anzahl von Lösungen mit $x_2 = \frac{3}{2} - \frac{1}{2}x_1$ existiert.

d) Es ergeben sich parallele Geraden, so daß keine Lösung existiert.

e) Es ergibt sich eine Gerade, so daß eine unendliche Anzahl von Lösungen mit $x_2 = -\frac{1}{2}x_1$ existiert.

f) Es ergeben sich zwei sich schneidende Geraden, die Lösung ist $x_1 = 5$ und $x_2 = 3$.

g) Es ergeben sich drei Geraden in der (x, y)-Ebene, die sich in keinem gemeinsamen Punkt schneiden.

h) Es ergeben sich drei Geraden in der (x, y)-Ebene, die sich in keinem gemeinsamen Punkt schneiden.

i) Es ergeben sich drei sich schneidende Geraden, die Lösung ist $x_1 = \frac{2}{7}$ und $x_2 = -\frac{11}{7}$.

j) Es ergeben sich zwei Ebenen im Raum, die sich auf einer Geraden mit $x_1 = -\frac{5}{4}x_2$ und $x_3 = \frac{3}{2}x_2 + 1$ schneiden.

3. Der Gaußsche Algorithmus ergibt die folgenden Lösungen:

a) $x_1 = 1,1875$, $x_2 = 1,8125$, $x_3 = 0,875$, ein Zeilenaustausch war nötig;

b) $x_1 = 0,75$, $x_2 = 0,5$, $x_3 = -0,125$, ein Zeilenaustausch war nötig;

c) $x_1 = -1$, $x_2 = 0$, $x_3 = 1$, kein Zeilenaustausch war nötig;

d) $x_1 = 1$, $x_2 = 2$, $x_3 = -1$, kein Zeilenaustausch war nötig;

e) $x_1 = 1{,}5$, $x_2 = 2$, $x_3 = -1{,}2$, $x_4 = 3$, kein Zeilenaustausch war nötig;

f) $x_1 = \frac{22}{9}$, $x_2 = -\frac{4}{9}$, $x_3 = \frac{4}{3}$, $x_4 = 1$, ein Zeilenaustausch war nötig;

g) keine Lösung;

h) $x_1 = -1$, $x_2 = 2$, $x_3 = 0$, $x_4 = 1$, kein Zeilenaustausch war nötig.

5. a) Es gibt genügend Nahrung, um den durchschnittlichen täglichen Verbrauch zu befriedigen.

b) Die Population könnte um 200 Tiere der ersten Art oder 150 Tiere der zweiten Art oder 100 Tiere der dritten Art oder 100 Tiere der vierten Art zunehmen.

c) Angenommen, man wählt keine der Möglichkeiten in Übung (b) aus, dann könnten bei der zweiten Art 650 Tiere zusätzlich versorgt werden oder bei der dritten Art 150 Tiere oder bei der vierten Art 150 Tiere.

d) Angenommen, man wählt keine der Möglichkeiten in Übung (b) oder (c) aus, dann könnten bei der dritten Art 150 Tiere oder bei der vierten Art 150 Tiere zusätzlich versorgt werden.

7. a) Für die Trapezregel gilt $m = n = 1$, $x_0 = 0$, $x_1 = 1$, so daß für $i = 0$ und 1 man

$$u(x_i) = f(x_i) + \int_0^1 K(x_i, t)u(t)\mathrm{d}t = f(x_i) + \tfrac{1}{2}[K(x_i, 0)u(0) + K(x_i, 1)u(1)]$$

erhält. Einsetzen nach x_i liefert die gewünschten Gleichungen.

b) Es ist $n = 4$, $h = \frac{1}{4}$, $x_0 = 0$, $x_1 = \frac{1}{4}$, $x_2 = \frac{1}{2}$, $x_3 = \frac{3}{4}$, $x_4 = 1$, so daß

$$\begin{aligned} u(x_i) =& f(x_i) + \tfrac{h}{2}[K(x_i, 0)u(0) + K(x_i, 1)u(1) + 2K(x_i, \tfrac{1}{4})u(\tfrac{1}{4}) + \\ &+ 2K(x_i, \tfrac{1}{2})u(\tfrac{1}{2}) + 2K(x_i, \tfrac{3}{4})u(\tfrac{3}{4})] \end{aligned}$$

für i = 0, 1, 2, 3, 4 ist. Dies ergibt

$$\begin{aligned} u(x_i) =& x_i^2 + \tfrac{1}{8}[e^{x_i}u(0) + e^{|x_i-1|}u(1) + 2e^{|x_i-\frac{1}{4}|}u(\tfrac{1}{4}) + \\ &+ 2e^{|x_i-\frac{1}{2}|}u(\tfrac{1}{2}) + 2e^{|x_i-\frac{3}{4}|}u(\tfrac{3}{4})] \end{aligned}$$

für jedes $i = 1, \ldots, 4$. Das 5-mal-5-Linearsystem besitzt die Lösung $u(0) = -1{,}154255$, $u(\frac{1}{4}) = -0{,}9093298$, $u(\frac{1}{2}) = -0{,}7153145$, $u(\frac{3}{4}) = -0{,}5472949$ und $u(1) = -0{,}3931261$.

c) Die zusammengesetzte Simpsonsche Regel ergibt

$$\begin{aligned} \int_0^1 K(x_i, t)u(t)\mathrm{d}t =& \tfrac{h}{3}[K(x_i, 0)u(0) + 4K(x_i, \tfrac{1}{4})u(\tfrac{1}{4}) + 2K(x_i, \tfrac{1}{2})u(\tfrac{1}{2}) + \\ &+ 4K(x_i, \tfrac{3}{4})u(\tfrac{3}{4}) + K(x_i, 1)u(1)] \end{aligned}$$

was zu den linearen Gleichungen

$$\begin{aligned} u(x_i) =& x_i^2 + \tfrac{1}{12}[e^{x_i}u(0) + 4e^{|x_i-\frac{1}{4}|}u(\tfrac{1}{4}) + 2e^{|x_i-\frac{1}{2}|}u(\tfrac{1}{2}) + \\ &+ 4e^{|x_i-\frac{3}{4}|}u(\tfrac{3}{4}) + e^{|x_i-1|}u(1)] \end{aligned}$$

führt. Das 5-mal-5-Linearsystem besitzt die Lösungen $u(0) = -1{,}234286$, $u(\frac{1}{4}) = -0{,}9507292$, $u\frac{(1}{2}) = -0{,}7659400$, $u(\frac{3}{4}) = -0{,}5844737$ und $u(1) = -0{,}4484975$.

Übungsaufgaben 6.3

1. Der Gaußsche Algorithmus mit dreistelliger Abbrucharithmetik liefert die folgenden Ergebnisse: **a)** $x_1 = 30,0$, $x_2 = 0,990$ **b)** $x_1 = 1,00$, $x_2 = 9,98$ **c)** $x_1 = -40,6$, $x_2 = -0,125$, $x_3 = 0,143$ **d)** $x_1 = 9,33$, $x_2 = 0,492$, $x_3 = -9,61$ **e)** $x_1 = -0,102$, $x_2 = 1,38$, $x_3 = 2,42$ **f)** $x_1 = 57,8$, $x_2 = -258$, $x_3 = 259$ **g)** $x_1 = 0,198$, $x_2 = 0,0154$, $x_3 = -0,0156$, $x_4 = -0,176$ **h)** $x_1 = 0,828$, $x_2 = -3,32$, $x_3 = 0,153$, $x_4 = 4,91$.

3. Der Gaußsche Algorithmus mit Kolonnenmaximumstrategie und dreistelliger Abbrucharithmetik liefert die folgenden Ergebnisse: **a)** $x_1 = 10,0$, $x_2 = 1,00$ **b)** $x_1 = 1,00$, $x_2 = 9,98$ **c)** $x_1 = -0,160$, $x_2 = 9,98$, $x_3 = 0,142$ **d)** $x_1 = 9,33$, $x_2 = 0,492$, $x_3 = -9,61$ **e)** $x_1 = -0,102$, $x_2 = 1,38$, $x_3 = 2,42$ **f)** $x_1 = 60,1$, $x_2 = -298$, $x_3 = 273$ **g)** $x_1 = 0,172$, $x_2 = 0,0131$, $x_3 = -0,208$, $x_4 = -1,23$ **h)** $x_1 = 0,777$, $x_2 = -3,10$, $x_3 = 0,161$, $x_4 = 4,50$.

5. Der Gaußsche Algorithmus mit relativer Kolonnenmaximumstrategie und dreistelliger Abbrucharithmetik liefert die folgenden Ergebnisse: **a)** $x_1 = 10,0$, $x_2 = 1,00$ **b)** $x_1 = 1,00$, $x_2 = 9,98$ **c)** $x_1 = -0,160$, $x_2 = 9,98$, $x_3 = 0,142$ **d)** $x_1 = 0,987$, $x_2 = 0,500$, $x_3 = -0,997$ **e)** $x_1 = -0,102$, $x_2 = 1,38$, $x_3 = 2,42$ **f)** $x_1 = 60,1$, $x_2 = -298$, $x_3 = 273$ **g)** $x_1 = 0,170$, $x_2 = 0,0127$, $x_3 = -0,0217$, $x_4 = -1,28$ **h)** $x_1 = 0,837$, $x_2 = -3,31$, $x_3 = 0,158$, $x_4 = 4,92$.

7. Der Gaußsche Algorithmus mit Rückwärtseinsetzen und einfacher Rechengenauigkeit liefert die folgenden Ergebnisse:

a) $x_1 = 10,000000$, $x_2 = 1,0000000$.

b) $x_1 = 1,0000000$, $x_2 = 10,000000$.

c) $x_1 = 0,0000000$, $x_2 = 10,000000$, $x_3 = 0,14285714$.

d) $x_1 = 0,99104628$, $x_2 = 0,49870656$, $x_3 = -0,99568160$.

e) $x_1 = -0,11108022$, $x_2 = 1,3962863$, $x_3 = 2,4190803$.

f) $x_1 = 54,000044$, $x_2 = -264,00023$, $x_3 = 240,00021$.

g) $x_1 = 0,17682530$, $x_2 = 0,012692691$, $x_3 = -0,020654050$, $x_4 = -1,1826087$.

h) $x_1 = 0,78842555$, $x_2 = -3,1255199$, $x_3 = 0,1676848$, $x_4 = 4,5572988$.

9. Der Gaußsche Algorithmus mit relativer Kolonnenmaximumstrategie und einfacher Rechengenauigkeit liefert die folgenden Ergebnisse:

a) $x_1 = 10,000000$, $x_2 = 1,0000000$.

b) $x_1 = 1,0000000$, $x_2 = 10,000000$.

c) $x_1 = 0,0000000$, $x_2 = 10,000000$, $x_3 = 0,14285714$.

d) $x_1 = 0,99104628$, $x_2 = 0,49870656$, $x_3 = -0,99568160$.

e) $x_1 = -0,11108022$, $x_2 = 1,3962863$, $x_3 = 2,4190803$.

f) $x_1 = 54,000044$, $x_2 = -264,00023$, $x_3 = 240,00021$.

g) $x_1 = 0{,}17682530$, $x_2 = 0{,}012692691$, $x_3 = -0{,}020654050$, $x_4 = -1{,}1826087$.

h) $x_1 = 0{,}78842555$, $x_2 = -3{,}1255199$, $x_3 = 0{,}1676848$, $x_4 = 4{,}5572988$.

Übungsaufgaben 6.4

1. a) Die Matrix ist singulär.

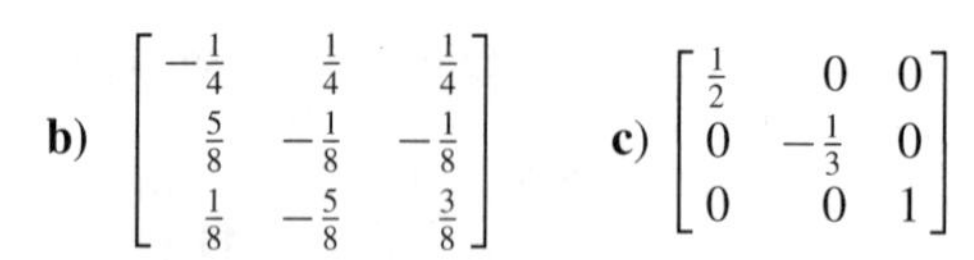

b) $\begin{bmatrix} -\frac{1}{4} & \frac{1}{4} & \frac{1}{4} \\ \frac{5}{8} & -\frac{1}{8} & -\frac{1}{8} \\ \frac{1}{8} & -\frac{5}{8} & \frac{3}{8} \end{bmatrix}$ **c)** $\begin{bmatrix} \frac{1}{2} & 0 & 0 \\ 0 & -\frac{1}{3} & 0 \\ 0 & 0 & 1 \end{bmatrix}$

d) Die Matrix ist singulär.

e) Die Matrix ist singulär.

f) Die Matrix ist singulär.

g) $\begin{bmatrix} \frac{1}{4} & 1 & 0 & 0 \\ -\frac{3}{14} & \frac{1}{7} & 0 & 0 \\ \frac{3}{28} & -\frac{11}{7} & 1 & 0 \\ -\frac{1}{2} & 1 & -1 & 1 \end{bmatrix}$ **h)** $\begin{bmatrix} 1 & 0 & 1 & -1 \\ -1 & \frac{5}{3} & \frac{5}{3} & -1 \\ -1 & \frac{2}{3} & \frac{2}{3} & 0 \\ 0 & -\frac{1}{3} & -\frac{4}{3} & 1 \end{bmatrix}$

i) $\begin{bmatrix} 1 & 0 & 0 & 0 \\ 2 & 1 & 0 & 0 \\ 3 & 4 & 1 & 0 \\ -1 & -3 & 0 & 1 \end{bmatrix}$ **j)** $\begin{bmatrix} 1 & 1 & 2 & 4 \\ 0 & 1 & 1 & 2 \\ 0 & 0 & 1 & 1 \\ 0 & 0 & 0 & 1 \end{bmatrix}$

3. Die Lösungen der in Übung a) und b) erhaltenen Linearsysteme sind von links nach rechts und oben nach unten $-\frac{2}{7}, -\frac{13}{14}, -\frac{3}{14}; \frac{17}{7}, -\frac{19}{14}, -\frac{41}{14}$; 1, 1, 1 und $-\frac{1}{7}, \frac{2}{7}, \frac{1}{7}$.

5. Die Determinanten der Matrizen sind **a)** -8 **b)** 14 **c)** 0 d) 3.

7. Ist AB nichtsingulär, dann ist $\det(AB) \neq 0$. Da $\det(AB) = \det(A)\det(B)$, $\det(A) \neq 0$ und $\det(B) \neq 0$ ist, sind A und B nichtsingulär. Sind A und B nichtsingulär, dann ist $\det(A) \neq 0$ und $\det(B) \neq 0$. Daher ist $\det(AB) \neq 0$ und AB nichtsingulär.

9. a) Falls $C = AB$ ist, wobei A und B zwei untere Dreiecksmatrizen sind, dann ist $a_{ik} = 0$, falls $k > i$ ist, und $b_{kj} = 0$, falls $k < j$ ist. Daher gilt

$$c_{ij} = \sum_{i=1}^{n} a_{ik} b_{kj} = \sum_{k=j}^{i} a_{ik} b_{kj},$$

die die Summe null besitzt, außer wenn $j \leq i$ ist. Daher ist C eine untere Dreiecksmatrix.

b) Man erhält $a_{ik} = 0$, falls $k < i$ ist, und $b_{kj} = 0$, falls $k > j$ ist. Die Schritte entsprechen denen in Übung a).

c) L sei eine nichtsinguläre, untere Dreiecksmatrix. Um die i-te Spalte von L^{-1} zu erhalten, werden n Linearsysteme der Form

$$\begin{bmatrix} l_{11} & 0 & \cdots & & \cdots & 0 \\ l_{21} & l_{22} & \ddots & & & \vdots \\ \vdots & \vdots & & \ddots & & \vdots \\ l_{i1} & l_{i2} & \cdots & l_{ii} & & \vdots \\ \vdots & \vdots & & & \ddots & 0 \\ l_{n1} & l_{n2} & \cdots & & \cdots & l_{nn} \end{bmatrix} \begin{bmatrix} x_1 \\ x_2 \\ \vdots \\ x_i \\ \vdots \\ x_n \end{bmatrix} = \begin{bmatrix} 0 \\ 0 \\ \vdots \\ 0 \\ 1 \\ 0 \\ \vdots \\ 0 \end{bmatrix}$$

gelöst, wobei die 1 in der i-ten Position auftritt, um die i-te Spalte von L^{-1} zu erhalten.

11. a) Man erhält

$$\begin{bmatrix} 7 & 4 & 4 & 0 \\ -6 & -3 & -6 & 0 \\ 0 & 0 & 3 & 0 \\ 0 & 0 & 0 & 1 \end{bmatrix} \begin{bmatrix} 2(x_0 - x_1) + \alpha_0 + \alpha_1 \\ 3(x_1 - x_0) - \alpha_1 - 2\alpha_0 \\ \alpha_0 \\ x_0 \end{bmatrix} = \begin{bmatrix} 2(x_0 - x_1) + 3\alpha_0 + 3\alpha_1 \\ 3(x_1 - x_0) - 3\alpha_1 - 6\alpha_0 \\ 3\alpha_0 \\ x_0 \end{bmatrix}$$

b)

$$B = A^{-1} = \begin{bmatrix} -1 & -\frac{4}{3} & -\frac{4}{3} & 0 \\ 2 & \frac{7}{3} & 2 & 0 \\ 0 & 0 & \frac{1}{3} & 0 \\ 0 & 0 & 0 & 1 \end{bmatrix}.$$

Übungsaufgaben 6.5

1. a)

$$L = \begin{bmatrix} 1 & 0 & 0 \\ 1{,}5 & 1 & 0 \\ 1{,}5 & 1 & 1 \end{bmatrix} \quad \text{und} \quad U = \begin{bmatrix} 2 & -1 & 1 \\ 0 & 4{,}5 & 7{,}5 \\ 0 & 0 & -4 \end{bmatrix}$$

b)

$$L = \begin{bmatrix} 1 & 0 & 0 \\ -0{,}5 & 1 & 0 \\ 2 & 2 & 1 \end{bmatrix} \quad \text{und} \quad U = \begin{bmatrix} 2 & -1{,}5 & 3 \\ 0 & -0{,}75 & 3{,}5 \\ 0 & 0 & -8 \end{bmatrix}$$

c)

$$L = \begin{bmatrix} 1 & 0 & 0 \\ -2{,}106719 & 1 & 0 \\ 3{,}067193 & 1{,}19776 & 1 \end{bmatrix}$$

$$U = \begin{bmatrix} 1{,}012 & -2{,}132 & 3{,}104 \\ 0 & -0{,}3955249 & -0{,}4737443 \\ 0 & 0 & -8{,}939133 \end{bmatrix}$$

d) $L = I$ und U ist die Originalmatrix.

e)

$$L = \begin{bmatrix} 1 & 0 & 0 & 0 \\ 0{,}5 & 1 & 0 & 0 \\ 0 & -2 & 1 & 0 \\ 1 & -1{,}33333 & 2 & 1 \end{bmatrix} \quad \text{und} \quad U = \begin{bmatrix} 2 & 0 & 0 & 0 \\ 0 & 1{,}5 & 0 & 0 \\ 0 & 0 & 0{,}5 & 0 \\ 0 & 0 & 0 & 1 \end{bmatrix}$$

f)

$$L = \begin{bmatrix} 1 & 0 & 0 & 0 \\ -1{,}849190 & 1 & 0 & 0 \\ -0{,}4596433 & -0{,}2501219 & 1 & 0 \\ 2{,}768661 & -0{,}3079435 & -5{,}35229 & 1 \end{bmatrix}$$

$$U = \begin{bmatrix} 2{,}175600 & 4{,}023099 & -2{,}173199 & 5{,}196700 \\ 0 & 13{,}43947 & -4{,}018660 & 10{,}80698 \\ 0 & 0 & -0{,}8929510 & 5{,}091692 \\ 0 & 0 & 0 & 12{,}03614 \end{bmatrix}.$$

3. a)

$$P^{\mathrm{t}}LU = \begin{bmatrix} 0 & 1 & 0 \\ 1 & 0 & 0 \\ 0 & 0 & 1 \end{bmatrix} \begin{bmatrix} 1 & 0 & 0 \\ 0 & 1 & 0 \\ 0 & -\frac{1}{2} & 1 \end{bmatrix} \begin{bmatrix} 1 & 1 & -1 \\ 0 & 2 & 3 \\ 0 & 0 & \frac{5}{2} \end{bmatrix}$$

b)

$$P^{\mathrm{t}}LU = \begin{bmatrix} 1 & 0 & 0 \\ 0 & 0 & 1 \\ 0 & 1 & 0 \end{bmatrix} \begin{bmatrix} 1 & 0 & 0 \\ 2 & 1 & 0 \\ 1 & 0 & 1 \end{bmatrix} \begin{bmatrix} 1 & 2 & -1 \\ 0 & -5 & 6 \\ 0 & 0 & 4 \end{bmatrix}$$

c)

$$P^{\mathrm{t}}LU = \begin{bmatrix} 1 & 0 & 0 & 0 \\ 0 & 1 & 0 & 0 \\ 0 & 0 & 0 & 1 \\ 0 & 0 & 1 & 0 \end{bmatrix} \begin{bmatrix} 1 & 0 & 0 & 0 \\ 2 & 1 & 0 & 0 \\ 3 & 4 & 1 & 0 \\ -1 & -3 & 0 & 1 \end{bmatrix} \begin{bmatrix} 1 & 1 & 0 & 3 \\ 0 & -1 & -1 & -5 \\ 0 & 0 & 3 & 13 \\ 0 & 0 & 0 & -13 \end{bmatrix}$$

d)

$$P^{\mathrm{t}}LU = \begin{bmatrix} 1 & 0 & 0 & 0 \\ 0 & 0 & 0 & 1 \\ 0 & 0 & 1 & 0 \\ 0 & 1 & 0 & 0 \end{bmatrix} \begin{bmatrix} 1 & 0 & 0 & 0 \\ 2 & 1 & 0 & 0 \\ 1 & 0 & 1 & 0 \\ 1 & 0 & 0 & 1 \end{bmatrix} \begin{bmatrix} 1 & -2 & 3 & 0 \\ 0 & 5 & -3 & -1 \\ 0 & 0 & -1 & -2 \\ 0 & 0 & 0 & 1 \end{bmatrix}.$$

Übungsaufgaben 6.6

1. i) Die symmetrischen Matrizen sind in **a)**, **b)** und **f)**.

ii) Die singulären Matrizen sind in **e)** und **h)**.

iii) Die diagonal dominanten Matrizen sind in **a)**, **b)**, **c)** und **d)**.

iv) Die positiv definiten Matrizen sind in **a)** und **f)**.

3. Die Cholesky-Methode liefert die folgenden Ergebnisse:

a)

$$L = \begin{bmatrix} 1{,}41423 & 0 & 0 \\ -0{,}7071069 & 1{,}224743 & 0 \\ 0 & -0{,}8164972 & 1{,}154699 \end{bmatrix}$$

b)

$$L = \begin{bmatrix} 2 & 0 & 0 & 0 \\ 0{,}5 & 1{,}658311 & 0 & 0 \\ 0{,}5 & -0{,}7537785 & 1{,}087113 & 0 \\ 0{,}5 & 0{,}4522671 & 0{,}08362442 & 1{,}240346 \end{bmatrix}$$

c)
$$L = \begin{bmatrix} 2 & 0 & 0 & 0 \\ 0{,}5 & 1{,}658311 & 0 & 0 \\ -0{,}5 & -0{,}4522671 & 2{,}132006 & 0 \\ 0 & 0 & 0{,}9380833 & 1{,}766351 \end{bmatrix}$$

d)
$$L = \begin{bmatrix} 2{,}449489 & 0 & 0 & 0 \\ 0{,}8164966 & 1{,}825741 & 0 & 0 \\ 0{,}4082483 & 0{,}3651483 & 1{,}923538 & 0 \\ -0{,}4082483 & 0{,}1825741 & -0{,}4678876 & 1{,}606574 \end{bmatrix}.$$

5. Die Cholesky-Zerlegung liefert die folgenden Ergebnisse:

a) $x_1 = 1,\ x_2 = -1,\ x_3 = 0$

b) $x_1 = 0{,}2,\ x_2 = -0{,}2,\ x_3 = -0{,}2,\ x_4 = 0{,}25$

c) $x_1 = 1,\ x_2 = 2,\ x_3 = -1,\ x_4 = -2$

d) $x_1 = -0{,}85863874,\ x_2 = 2{,}4188482,\ x_3 = -0{,}95811518,\ x_4 = -1{,}2722513$

7. Man erhält $x_i = 1$ für jedes $i = 1, \ldots, 10$.

9. Nur die Matrix in d) ist positiv definit.

11. a) Nein, betrachten Sie $\begin{bmatrix} -1 & 0 \\ 0 & -1 \end{bmatrix}$.

b) Ja, da $A = A^t$ ist.

c) Ja, da $\mathbf{x}^t(A + B)\mathbf{x} = \mathbf{x}^t A\mathbf{x} + \mathbf{x}^t B\mathbf{x}$ ist.

d) Ja, da $\mathbf{x}^t A^2 \mathbf{x} = \mathbf{x}^t A^t A\mathbf{x} = (A\mathbf{x})^t(A\mathbf{x}) \geq 0$ ist, und da A nichtsingulär ist, gilt die Gleichung nur für $\mathbf{x} = \mathbf{0}$.

e) Nein, betrachten Sie $A = \begin{bmatrix} 1 & 0 \\ 0 & 1 \end{bmatrix}$ und $B = \begin{bmatrix} 10 & 0 \\ 0 & 10 \end{bmatrix}$.

13. Ein Beispiel ist $\begin{bmatrix} 1 & \frac{1}{5} \\ \frac{1}{10} & 1 \end{bmatrix}$.

Übungsaufgaben 7.2

1. a) Man erhält $\|\mathbf{x}\|_\infty = 4$ und $\|\mathbf{x}\|_2 = 5{,}220153$.

b) Man erhält $\|\mathbf{x}\|_\infty = 4$ und $\|\mathbf{x}\|_2 = 5{,}477226$.

c) Man erhält $\|\mathbf{x}\|_\infty = 2^k$ und $\|\mathbf{x}\|_2 = (1 + 4^k)^{\frac{1}{2}}$.

d) Man erhält $\|\mathbf{x}\|_\infty = \frac{4}{(k+1)}$ und $\|\mathbf{x}\|_2 = \left(\frac{16}{(k+1)^2} + \frac{4}{k^4} + k^4 e^{-2k}\right)^{\frac{1}{2}}$.

3. a) Man erhält $\lim_{k\to\infty} \mathbf{x}^{(k)} = (0, 0, 0)^t$.

b) Man erhält $\lim_{k\to\infty} \mathbf{x}^{(k)} = (0, 1, 3)^t$.

c) Man erhält $\lim_{k\to\infty} \mathbf{x}^{(k)} = (0, 0, \frac{1}{2})^t$.

d) Man erhält $\lim_{k\to\infty} \mathbf{x}^{(k)} = (1, -1, 1)^t$.

5. a) Man erhält $\|\mathbf{x} - \hat{\mathbf{x}}\|_\infty = 6{,}67 \cdot 10^{-4}$ und $\|A\hat{\mathbf{x}} - \mathbf{b}\|_\infty = 2{,}06 \cdot 10^{-4}$.

b) Man erhält $\|\mathbf{x} - \hat{\mathbf{x}}\|_\infty = 0{,}33$ und $\|A\hat{\mathbf{x}} - \mathbf{b}\|_\infty = 0{,}27$.

c) Man erhält $\|\mathbf{x} - \hat{\mathbf{x}}\|_\infty = 0{,}5$ und $\|A\hat{\mathbf{x}} - \mathbf{b}\|_\infty = 0{,}3$.

d) Man erhält $\|\mathbf{x} - \hat{\mathbf{x}}\|_\infty = 6{,}55 \cdot 10^{-2}$ und $\|A\hat{\mathbf{x}} - \mathbf{b}\|_\infty = 0{,}32$.

Übungsaufgaben 7.3

1. a) Der Eigenwert $\lambda_1 = 3$ besitzt den Eigenvektor $\mathbf{x}_1 = (1, -1)^t$ und der Eigenwert $\lambda_2 = 1$ besitzt den Eigenvektor $\mathbf{x}_2 = (1, 1)^t$.

b) Der Eigenwert $\lambda_1 = \lambda_2 = 1$ besitzt den Eigenvektor $\mathbf{x}_1 = (1, 0)^t$.

c) Der Eigenwert $\lambda_1 = \frac{1}{2}$ besitzt den Eigenvektor $\mathbf{x}_1 = (1, 1)^t$ und der Eigenwert $\lambda_2 = -\frac{1}{2}$ besitzt den Eigenvektor $\mathbf{x}_2 = (1, -1)^t$.

d) Der Eigenwert $\lambda_1 = 0$ besitzt den Eigenvektor $\mathbf{x}_1 = (1, -1)^t$ und der Eigenwert $\lambda_2 = -1$ besitzt den Eigenvektor $\mathbf{x}_2 = (1, -2)^t$.

e) Der Eigenwert $\lambda_1 = \lambda_2 = 3$ besitzt die Eigenvektoren $\mathbf{x}_1 = (0, 0, 1)^t$ und $\mathbf{x}_2 = (1, 1, 0)^t$ und der Eigenwert $\lambda_3 = 1$ besitzt den Eigenvektor $\mathbf{x}_3 = (1, -1, 0)^t$.

f) Der Eigenwert $\lambda_1 = 7$ besitzt den Eigenvektor $\mathbf{x}_1 = (1, 4, 4)^t$, der Eigenwert $\lambda_2 = 3$ besitzt den Eigenvektor $\mathbf{x}_2 = (1, 2, 0)^t$ und der Eigenwert $\lambda_3 = -1$ besitzt den Eigenvektor $\mathbf{x}_3 = (1, 0, 0)^t$.

g) Der Eigenwert $\lambda_1 = \lambda_2 = 1$ besitzt die Eigenvektoren $\mathbf{x}_1 = (-1, 1, 0)^t$ und $\mathbf{x}_2 = (-1, 0, 1)^t$ und der Eigenwert $\lambda_3 = 5$ besitzt den Eigenvektor $\mathbf{x}_3 = (1, 2, 1)^t$.

h) Der Eigenwert $\lambda_1 = 3$ besitzt den Eigenvektor $\mathbf{x}_1 = (-0{,}408248, 0{,}408248, 0{,}816497)^t$, der Eigenwert $\lambda_2 = 4$ besitzt den Eigenvektor $\mathbf{x}_2 = (0, 0{,}447214, 0{,}447214)^t$ und der Eigenwert $\lambda_3 = -2$ besitzt den Eigenvektor $\mathbf{x}_3 = (0{,}348743, -0{,}929981, -0{,}116248)^t$.

3. Da

$$A_1^k = \begin{bmatrix} 1 & 0 \\ \frac{2^k-1}{2^{k-1}} & 2^{-k} \end{bmatrix}$$

ist, erhält man

$$\lim_{k\to\infty} A_1^k = \begin{bmatrix} 1 & 0 \\ \frac{1}{2} & 0 \end{bmatrix}.$$

Also ist

$$A_2^k = \begin{bmatrix} 2^{-k} & 0 \\ \frac{16k}{2^{k-1}} & 2^{-k} \end{bmatrix}$$

und somit

$$\lim_{k\to\infty} A_2^k = \begin{bmatrix} 0 & 0 \\ 0 & 0 \end{bmatrix}.$$

5. a) 3 **b)** 1 **c)** $-\frac{1}{4}$ **d)** 0 **e)** 9 **f)** -21 **g)** 5 **h)** -24

7. a) Man erhält den reellen Eigenwert $\lambda = 1$ mit dem Eigenvektor $\mathbf{x} = (6, 3, 1)^t$.

b) Wählen Sie ein beliebiges Vielfaches des Vektors $(6, 3, 1)^t$ aus.

Übungsaufgaben 7.4

1. Zwei Iterationen des Jakobi-Verfahrens liefern die folgenden Ergebnisse:

a) $(0{,}14288571, -0{,}3571429, 0{,}4285714)^t$

b) $(0{,}97, 0{,}91, 0{,}74)^t$

c) $(1{,}4, 2{,}85, 1{,}2, 1{,}5)^t$

d) $(0{,}075, 2{,}9625, -1{,}1875, -3{,}975)^t$

e) $(2{,}975, -2{,}65, 1{,}75, 0{,}325)^t$

f) $(1{,}325, -1{,}6, 1{,}6, 1{,}675, 2{,}425)^t$

g) $(-0{,}5208333, -0{,}04166667, -0{,}2166667, 0{,}4166667)^t$

h) $(0{,}6875, 1{,}125, 0{,}6875, 1{,}375, 0{,}5625, 1{,}375)^t$.

3. Das Jakobi-Verfahren liefert die folgenden Ergebnisse:

a) $\mathbf{x}^{(10)} = (0{,}03507839, -0{,}2369262, 0{,}6578015)^t$

b) $\mathbf{x}^{(6)} = (0{,}9957250, 0{,}9577750, 0{,}7914500)^t$

c) $\mathbf{x}^{(5)} = (1{,}95, 2{,}9, 1{,}2, 1{,}5)^t$

d) $\mathbf{x}^{(13)} = (-0{,}08268421, 3{,}789723, -1{,}519298, -4{,}777234)^t$

e) konvergiert nicht

f) $\mathbf{x}^{(12)} = (0{,}7870883, -1{,}003036, 1{,}866048, 1{,}912449, 1{,}989571)^t$

g) $\mathbf{x}^{(14)} = (-0{,}7529267, 0{,}04078538, -0{,}2806091, 0{,}6911662)^t$

h) $\mathbf{x}^{(17)} = (0{,}9996805, 1{,}999774, 0{,}9996805, 1{,}999840, 0{,}9995482, 1{,}999840)^t$

Übungsaufgaben 7.5

1. Zwei Iterationen des SOR-Verfahrens liefern die folgenden Ergebnisse:

a) $(0{,}05410079, -0{,}2115435, 0{,}6477159)^t$

b) $(0{,}9876790, 0{,}9784935, 0{,}7899328)^t$

c) $(1{,}6060, 2{,}9645, 1{,}2540, 1{,}4850)^t$

d) $(0{,}08765735, 3{,}818345, -1{,}471937, -4{,}824042)^t$

e) $(3{,}055932, -1{,}023653, 0{,}4577766, 0{,}6158895)^t$

f) $(1{,}079695, -1{,}260654, 2{,}042489, 1{,}995373, 2{,}049536)^t$

g) $(-0{,}6604902, 0{,}03700749, -0{,}2493513, 0{,}6561139)^t$

h) $(0{,}8318750, 1{,}647766, 0{,}9189856, 1{,}791281, 0{,}8712129, 1{,}959155)^t$

3. Das SOR-Verfahren liefert die folgenden Ergebnisse:

a) $\mathbf{x}^{(12)} = (0{,}03488469, -0{,}2366474, 0{,}6579013)^t$

b) $\mathbf{x}^{(7)} = (0{,}9958341, 0{,}9579041, 0{,}7915756)^t$

c) $\mathbf{x}^{(8)} = (1{,}950315, 2{,}899950, 1{,}200034, 1{,}499996)^t$

d) $\mathbf{x}^{(8)} = (-0{,}08276995, 3{,}7896231, -1{,}519177, -4{,}777632)^t$

e) konvergiert nicht

f) $\mathbf{x}^{(10)} = (0{,}7866310, -1{,}002807, 1{,}866530, 1{,}912645, 1{,}989792)^t$

g) $\mathbf{x}^{(7)} = (-0{,}7534489, 0{,}04106617, -0{,}2808146, 0{,}6918049)^t$

h) $\mathbf{x}^{(7)} = (0{,}9999442, 1{,}999934, 1{,}000033, 1{,}999958, 0{,}9999815, 2{,}000007)^t$

Übungsaufgaben 7.6

1. Die $\|\cdot\|_\infty$-Konditionszahlen sind **a)** 50 **b)** 241,37 **c)** 235,23 **d)** 60 002 **e)** 339 866 **f)** 12 **g)** 52 **h)** 198,17.

3. Die Matrix ist schlechtkonditioniert, da $K_\infty = 60\,000$ ist. Man erhält $\tilde{\mathbf{x}} = (-1{,}0000, 2{,}0000)^t$.

5. a) Man erhält $\tilde{\mathbf{x}} = (188{,}9998, 92{,}99998, 45{,}00001, 27{,}00001, 21{,}00002)^t$.

b) Die Konditionszahl ist $K_\infty = 80$.

c) Die exakte Lösung ist $\mathbf{x} = (189, 93, 45, 27, 21)^t$.

Übungsaufgaben 8.2

1. Das Polynom ist $1{,}70784x + 0{,}89968$.

3. Die Polynome und ihre jeweiligen Fehler sind $0{,}6208950 + 1{,}219621x$ mit $E = 2{,}719 \cdot 10^{-5}$; $0{,}5965807 + 1{,}253293x - 0{,}01085343x^2$ mit $E = 1{,}801 \cdot 10^{-5}$ und $0{,}6290193 + 1{,}185010x + 0{,}03533252x^2 - 0{,}01004723x^3$ mit $E = 1{,}741 \cdot 10^{-5}$.

5. a) Das Polynom ersten Grades ist $72{,}0845x - 194{,}138$ mit einem Fehler von 329.

b) Das Polynom zweiten Grades ist $6{,}61822x^2 - 1{,}14357x + 1{,}23570$ mit einem Fehler von $1{,}44 \cdot 10^{-3}$.

c) Das Polynom dritten Grades ist $-0{,}0137352x^3 + 6{,}84659x^2 - 2{,}38475x + 3{,}43896$ mit einem Fehler von $5{,}27 \cdot 10^{-4}$.

d) Die Approximation der Form be^{ax} ist $24{,}2588e^{0{,}372382x}$ mit einem Fehler von 418.

e) Die Approximation der Form bx^a ist $6{,}23903x^{2{,}01954}$ mit einem Fehler von 0,00703.

7. Durchschnittspunkt $= 0{,}101$(ACT-Punkte) $+ 0{,}487$.

Übungsaufgaben 8.3

1. Die Approximationen sind **a)** $P_1(x) = 1{,}833333 + 4x$

b) $P_1(x) = -1{,}600003 + 3{,}600003x$ **c)** $P_1(x) = 1{,}140981 - 0{,}2958375x$

d) $P_1(x) = 0{,}1945267 + 3{,}000001x$ **e)** $P_1(x) = 0{,}7307083 - 0{,}1777249x$

f) $P_1(x) = -1{,}861455 + 1{,}666667x$.

3. Die Approximationen auf $[-1, 1]$ sind **a)** $P_1(x) = 3{,}333333 - 2x$

b) $P_1(x) = 0{,}6000025x$ **c)** $P_1(x) = 0{,}5493063 - 0{,}2958375x$

d) $P_1(x) = 1{,}175201 + 1{,}103639x$ **e)** $P_1(x) = 0{,}4207355 + 0{,}4353975x$

f) $P_1(x) = 0{,}6479184 + 0{,}5281226x$.

5. Die Näherungsfehler in Übung 3 sind **a)** 1,77779 **b)** 0,0457206 **c)** 0,00484624 **d)** 0,0526541 **e)** 0,0153784 **f)** 0,00363453.

7. Das Orthogonalisierungsverfahren von Gram-Schmidt liefert die folgenden Polynome:

a) $\phi_0(x) = 1$, $\phi_1(x) = x - 0{,}5$, $\phi_2(x) = x^2 - x + \frac{1}{6}$ und $\phi_3(x) = x^3 - 1{,}5x^2 + 0{,}6x - 0{,}05$.

b) $\phi_0(x) = 1$, $\phi_1(x) = x - 1$, $\phi_2(x) = x^2 - 2x + \frac{2}{3}$ und $\phi_3(x) = x^3 - 3x^2 + \frac{12}{5}x - \frac{2}{5}$.

c) $\phi_0(x) = 1$, $\phi_1(x) = x - 2$, $\phi_2(x) = x^2 - 4x + \frac{11}{3}$ und $\phi_3(x) = x^3 - 6x^2 + 11{,}4x - 6{,}8$.

9. Die Polynome zweiten Grades sind

a) $P_2(x) = 3{,}83333\phi_0(x) + 4\phi_1(x) + 0{,}999999\phi_2(x)$

b) $P_2(x) = 2\phi_0(x) + 3{,}6\phi_1(x) + 3\phi_2(x)$

c) $P_2(x) = 0{,}549306\phi_0(x) - 0{,}295837\phi_1(x) + 1{,}58878\phi_2(x)$

d) $P_2(x) = 3{,}19453\phi_0(x) + 3\phi_1(x) + 1{,}458960\phi_2(x)$

e) $P_2(x) = 0{,}0656760\phi_0(x) + 0{,}0916711\phi_1(x) - 0{,}737512\phi_2(x)$

f) $P_2(x) = 1{,}47188\phi_0(x) + 1{,}66667\phi_1(x) + 0{,}259771\phi_2(x)$.

11. Die Laguerre-Polynome sind $L_1(x) = x - 1$, $L_2(x) = x^2 - 4x + 2$ und $L_3(x) = x^3 - 9x^2 + 18x - 6$.

Übungsaufgaben 8.4

1. Die Interpolationspolynome zweiten Grades sind

a) $P_2(x) = 2{,}377443 + 1{,}590534(x - 0{,}8660254) + 0{,}5320418(x - 0{,}8660254)x$

b) $P_2(x) = 0{,}7617600 + 0{,}8796047(x - 0{,}8660254)$

c) $P_2(x) = 1{,}052926 + 0{,}4154370(x - 0{,}8660254) - 0{,}1384262x(x - 0{,}8660254)$

d) $P_2(x) = 0{,}5625 + 0{,}649519(x - 0{,}8660254) + 0{,}75x(x - 0{,}8660254)$

3. Die Interpolationspolynome dritten Grades sind

a) $P_3(x) = 2{,}519044 + 1{,}945377(x - 0{,}9238795) + 0{,}7047420(x - 0{,}9238795)(x - 0{,}3826834) + 0{,}1751757(x - 0{,}9238795)(x - 0{,}3826834)(x + 0{,}3826834)$

b) $P_3(x) = 0{,}7979459 + 0{,}7844380(x - 0{,}9238795) - 0{,}1464394(x - 0{,}9238795)(x - 0{,}3826834) + 0{,}1585049(x - 0{,}9238795)(x - 0{,}3826834)(x + 0{,}3826834)$

c) $P_3(x) = 1{,}072911 + 0{,}3782067(x - 0{,}9238795) - 0{,}09799213(x - 0{,}9238795)(x - 0{,}3826834) + 0{,}04909073(x - 0{,}9238795)(x - 0{,}3826834)(x + 0{,}3826834)$

d) $P_3(x) = 0{,}7285533 + 1{,}306563(x - 0{,}9238795) + 0{,}99999999(x - 0{,}9238795)(x - 0{,}3826834)$.

5. Die Nullstellen von $\tilde{T}_3$ liefern die folgenden Interpolationspolynome zweiten Grades:

a) $P_2(x) = 0{,}3489153 - 0{,}1744576(x - 2{,}866025) + 0{,}1538462(x - 2{,}866025)(x - 2)$

b) $P_2(x) = 0{,}1547375 - 0{,}2461152(x - 1{,}866025) + 0{,}1957273(x - 1{,}866025)(x - 1)$

c) $P_2(x) = 0{,}6166200 - 0{,}2370869(x - 0{,}9330127) - 0{,}7427732(x - 0{,}9330127)(x - 0{,}5)$

d) $P_2(x) = 3{,}0177125 + 1{,}883800(x - 2{,}866025) + 0{,}2584625(x - 2{,}866025)(x - 2)$

7. Für $i > j$ gilt

$$\frac{1}{2}[T_{i+j}(x) + T_{i-j}(x)] = \frac{1}{2}[\cos(i+j)\theta + \cos(i-j)\theta] = \cos i\theta \cos j\theta = T_i(x)T_j(x).$$

Übungsaufgaben 8.5

1. Die Padé-Approximationen zweiten Grades für $f(x) = e^{2x}$ sind

$$n = 2,\ m = 0 : r_{2,0}(x) = 1 + 2x + 2x^2$$
$$n = 1,\ m = 1 : r_{1,1}(x) = (1 + x)/(1 - x)$$
$$n = 0,\ m = 2 : r_{0,2}(x) = (1 - 2x + 2x^2)^{-1}$$

i	x_i	$f(x_i)$	$r_{2,0}(x_i)$	$r_{1,1}(x_i)$	$r_{0,2}(x_i)$
1	0,2	1,4918	1,4800	1,5000	1,4706
2	0,4	2,2255	2,1200	2,3333	1,9231
3	0,6	3,3201	2,9200	4,0000	1,9231
4	0,8	4,9530	3,8800	9,0000	1,4706
5	1,0	7,3891	5,0000	nicht definiert	1,0000

3. $r_{2,3}(x) = \dfrac{1 + \frac{2}{5}x + \frac{1}{20}x^2}{1 - \frac{3}{5}x + \frac{3}{20}x^2 - \frac{1}{60}x^3}$.

5. $r_{3,3}(x) = \dfrac{x - \frac{7}{60}x^3}{1 + \frac{1}{20}x^2}$

7. Die Padé-Approximationen fünften Grades sind

a) $r_{0,5}(x) = (1 + x + \frac{1}{2}x^2 + \frac{1}{6}x^3 + \frac{1}{24}x^4 + \frac{1}{120}x^5)^{-1}$

b) $r_{1,4}(x) = \dfrac{1 - \frac{1}{5}x}{1 + \frac{4}{5}x + \frac{3}{10}x^2 + \frac{1}{15}x^3 + \frac{1}{120}x^4}$

c) $r_{3,2}(x) = \dfrac{1 - \frac{3}{5}x + \frac{3}{10}x^2 - \frac{1}{60}x^3}{1 + \frac{2}{5}x + \frac{1}{20}x^2}$

d) $r_{4,1}(x) = \dfrac{1 - \frac{4}{5}x + \frac{3}{10}x^2 - \frac{1}{15}x^3 + \frac{1}{120}x^4}{1 + \frac{1}{5}x}$.

9. Für

8a): **a)** 5,63, **b)** 5,63, **c)** 5,62, exakter Wert 5,61.

8b): **a)** 0,303, **b)** 0,304, **c)** 0,303, exakter Wert 0,304.

8c): **a)** − 0,112, **b)** − 0,112, **c)** − 0,120, exakter Wert − 0,113.

8d): **a)** 0,836, **b)** 0,837, **c)** 0,836, exakter Wert 0,836.

11.

$$r_{T_{2,0}}(x) = \frac{1{,}266066T_0(x) - 1{,}130318T_1(x) + 0{,}2714953T_2(x)}{T_0(x)}$$
$$r_{T_{1,1}}(x) = \frac{0{,}9945705T_0(x) - 0{,}4569046T_1(x)}{T_0(x) + 0{,}48038745T_1(x)}$$
$$r_{T_{0,2}}(x) = \frac{0{,}7940220T_0(x)}{T_0(x) + 0{,}8778575T_1(x) + 0{,}1774266T_2(x)}$$

x	$f(x)$	$r_{T_{2,0}}(x)$	$r_{T_{1,1}}(x)$	$r_{T_{0,2}}(x)$
0,25	0,77801	0,745928	0,785954	0,746110
0,5	0,606531	0,565159	0,617741	0,588071
1,0	0,367879	0,407243	0,363193	0,386332

13. $r_{T_{2,2}}(x) = \dfrac{0{,}91747T_1(x)}{T_0(x) + 0{,}088863T_2(x)}$.

Übungsaufgaben 8.6

1. $S_2(x) = 2\sin x$.

3. $S_2(x) = 9{,}214561 - 6{,}515678\cos x + 2{,}606271\cos 2x + 6{,}515678\sin x$.

5. Die trigonometrischen Polynome sind

a) $S_2(x) = \cos 2x$

b) $S_2(x) = 0$

c) $S_3(x) = 3{,}132905 + 0{,}5886815\cos x - 0{,}2700642\cos 2x + 0{,}2175679\cos 3x + 0{,}8341640\sin x - 0{,}3097866\sin 2x$

d) $S_3(x) = -4{,}092652 + 3{,}883872\cos x - 2{,}320482\cos 2x + 0{,}7310818\cos 3x$.

7. Das trigonometrische Polynom ist $S_3(x) = -0{,}9937858 + 0{,}2391965\cos x + 1{,}515393\cos 2x + 0{,}2391965\cos 3x - 1{,}150649\sin x$ mit dem Fehler $E(S_3) = 7{,}271197$.

9. Die trigonometrischen Polynome und ihre Fehler sind

a) $S_3(x) = -0{,}08676065 - 1{,}446416\cos\pi(x-3) - 1{,}617554\cos 2\pi(x-3) + 3{,}980729\cos 3\pi(x-3) - 2{,}154320\sin\pi(x-3) + 3{,}907451\sin 2\pi(x-3)$; $E(S_3) = 210{,}90453$

b) $S_3(x) = -0{,}0867607 - 1{,}446416\cos\pi(x-3) - 1{,}617554\cos 2\pi(x-3) + 3{,}980729\cos 3\pi(x-3) - 2{,}354088\cos 4\pi(x-3) - 2{,}154320\sin\pi(x-3) + 3{,}907451\sin 2\pi(x-3) - 1{,}166181\sin 3\pi(x-3)$; $E(S_4) = 169{,}4943$.

Übungsaufgaben 8.7

1. Die trigonometrischen Interpolationspolynome sind

a) $S_2(x) = -12{,}33701 + 4{,}934802\cos x - 2{,}467401\cos 2x + 4{,}934802\sin x$

b) $S_2(x) = -6{,}16851 + 9{,}869604\cos x - 3{,}701102\cos 2x + 4{,}934802\sin x$

c) $S_2(x) = 1{,}570796 - 1{,}570796\cos x$

d) $S_2(x) = -0{,}5 - 0{,}5\cos 2x + \sin x$.

3. Die schnelle Fouriertransformation liefert die folgenden trigonometrischen Interpolationspolynome:

a) $S_4(x) = -11{,}10331 + 2{,}467401 \cos x - 2{,}467401 \cos 2x + 2{,}467401 \cos 3x - 1{,}233701 \cos 4x + 5{,}956833 \sin x - 2{,}467401 \sin 2x + 1{,}022030 \sin 3x$

b) $S_4(x) = 1{,}570796 - 1{,}340756 \cos x - 0{,}2300378 \cos 3x$

c) $S_4(x) = -0{,}1264264 + 0{,}2602724 \cos x - 0{,}3011140 \cos 2x + 1{,}121372 \cos 3x + 0{,}04589648 \cos 4x - 0{,}1022190 \sin x + 0{,}2754062 \sin 2x - 2{,}052955 \sin 3x$

d) $S_4(x) = -0{,}1526819 + 0{,}04754278 \cos x + 0{,}6862114 \cos 2x - 1{,}216913 \cos 3x + 1{,}176143 \cos 4x - 0{,}8179387 \sin x + 0{,}1802450 \sin 2x + 0{,}2753402 \sin 3x$.

5. Die Integralnäherungen sind in der folgenden Tabelle zusammengefaßt:

	Approximation	tatsächlich
a)	−69,76412	−62,01255
b)	9,869605	9,869604
c)	−0,7943605	−0,2739384
d)	−0,9593284	−0,9570636

Übungsaufgaben 9.2

1. a) Die Eigenwerte und zugehörigen Eigenvektoren sind $\lambda_1 = 2$, $\mathbf{v}^{(1)} = (1, 0, 0)^t$; $\lambda_2 = 1$, $\mathbf{v}^{(2)} = (0, 2, 1)^t$ und $\lambda_3 = -1$, $\mathbf{v}^{(3)} = (-1, 1, 1)^t$. Ja, die Menge ist linear unabhängig.

b) Die Eigenwerte und zugehörigen Eigenvektoren sind $\lambda_1 = \lambda_2 = 2$, $\mathbf{v}^{(1)} = \mathbf{v}^{(2)} = (1, 0, 0)^t$ und $\lambda_3 = 3$, $\mathbf{v}^{(3)} = (0, 1, 1)^t$. Nein.

c) Die Eigenwerte und zugehörigen Eigenvektoren sind $\lambda_1 = \lambda_2 = \lambda_3 = 2$, $\mathbf{v}^{(1)} = \mathbf{v}^{(2)} = (1, 0, 0)^t$ und $\mathbf{v}^{(3)} = (0, 1, 0)^t$. Nein.

d) Die Eigenwerte und zugehörigen Eigenvektoren sind $\lambda_1 = \lambda_2 = \lambda_3 = 1$, $\mathbf{v}^{(1)} = \mathbf{v}^{(2)} = (1, 0, 1)^t$ und $\mathbf{v}^{(3)} = (0, 1, 1)^t$. Nein.

e) Die Eigenwerte und zugehörigen Eigenvektoren sind $\lambda_1 = 2$, $\mathbf{v}^{(1)} = (0, 1, 0)^t$; $\lambda_2 = 3$, $\mathbf{v}^{(2)} = (1, 0, 1)^t$ und $\lambda_3 = 1$, $\mathbf{v}^{(3)} = (1, 0, -1)^t$. Ja, die Menge ist linear unabhängig.

f) Die Eigenwerte und zugehörigen Eigenvektoren sind $\lambda_1 = \lambda_2 = 3$, $\mathbf{v}^{(1)} = (1, 0, -1)^t$, $\mathbf{v}^{(2)} = (0, 1, -1)^t$ und $\lambda_3 = 0$, $\mathbf{v}^{(3)} = (1, 1, 1)^t$. Ja, die Menge ist linear unabhängig.

g) Die Eigenwerte und zugehörigen Eigenvektoren sind $\lambda_1 = 1$, $\mathbf{v}^{(1)} = (1, 0, -1)^t$; $\lambda_2 = 1 + \sqrt{2}$, $\mathbf{v}^{(2)} = (\sqrt{2}, 1, 1)^t$ und $\lambda_3 = 1 - \sqrt{2}$, $\mathbf{v}^{(3)} = (-\sqrt{2}, 1, 1)^t$. Ja, die Menge ist linear unabhängig.

h) Die Eigenwerte und zugehörigen Eigenvektoren sind $\lambda_1 = 1$, $\mathbf{v}^{(1)} = (1, 0, -1)^t$; $\lambda_2 = 1$, $\mathbf{v}^{(2)} = (1, -1, 0)^t$ und $\lambda_3 = 4$, $\mathbf{v}^{(3)} = (1, 1, 1)^t$. Ja, die Menge ist linear unabhängig.

3. **a)** Die drei Eigenwerte liegen innerhalb $\{\lambda \mid |\lambda| \leq 2\} \cup \{\lambda \mid |\lambda - 2| \leq 2\}$.

b) Die drei Eigenwerte liegen innerhalb $R_1 = \{\lambda \mid |\lambda - 4| \leq 2\}$.

c) Die drei reellen Eigenwerte genügen $0 \leq \lambda \leq 6$.

d) Die drei reellen Eigenwerte genügen $1{,}25 \leq \lambda \leq 8{,}25$.

e) Die vier reellen Eigenwerte genügen $-4 \leq \lambda \leq 1$.

f) Die vier reellen Eigenwerte liegen innerhalb $R_1 = \{\lambda \mid |\lambda - 2| \leq 4\}$.

5. Falls $c_1\mathbf{v}_1 + \ldots + c_k\mathbf{v}_k = \mathbf{0}$ ist, dann erhält man für jedes j mit $1 \leq j \leq k$ $c_1\mathbf{v}_j^t\mathbf{v}_1 + \ldots + c_k\mathbf{v}_j^t\mathbf{v}_k = \mathbf{0}$. Die Orthogonalität aber ergibt $c_j\mathbf{v}_j^t\mathbf{v}_j = \mathbf{0}$ und $\mathbf{v}_j^t\mathbf{v}_j \neq \mathbf{0}$, so daß $c_j = 0$ ist.

7. Es sei $A\mathbf{x}^{(i)} = \lambda_i\mathbf{x}^{(i)}$ für $i = 1, 2, \ldots, n$, wobei die λ_i verschieden seien. Angenommen, $\{\mathbf{x}^{(i)}\}_{i=1}^{k}$ sei die größte linear unabhängige Menge von Eigenvektoren von A, wobei $1 \leq k < n$ sei. (Man beachte, daß eine Neuindexierung notwendig sein kann, damit die folgende Aussage gilt.) Da $\{\mathbf{x}^{(i)}\}_{i=1}^{k+1}$ linear abhängig ist, müssen $c_1, \ldots, c_{k+1}$, die ungleich null sind, existieren mit

$$c_1\mathbf{x}^{(1)} + \ldots + c_k\mathbf{x}^{(k)} + c_{k+1}\mathbf{x}^{(k+1)} = \mathbf{0}.$$

Da $\{\mathbf{x}^{(i)}\}_{i=1}^{k}$ linear unabhängig ist, ist $c_{k+1} \neq 0$. Multiplizieren mit A ergibt

$$c_1\lambda_1\mathbf{x}^{(1)} + \ldots + c_k\lambda_k\mathbf{x}^{(k)} + c_{k+1}\lambda_{k+1}\mathbf{x}^{(k+1)} = \mathbf{0}.$$

Daher ist

$$c_1(\lambda_{k+1} - \lambda_1)\mathbf{x}^{(1)} + \ldots + c_k(\lambda_{k+1} - \lambda_k)\mathbf{x}^{(k)} = \mathbf{0}.$$

$\{\mathbf{x}^{(i)}\}_{i=1}^{k}$ aber ist linear unabhängig und $\mathbf{x}^{(k+1)} \neq \mathbf{0}$, so daß $\lambda_{k+1} = \lambda_i$ für beliebiges $1 \leq i \leq k$ ist.

Übungsaufgaben 9.3

1. Die Approximationen der Eigenwerte und Eigenvektoren sind

a) $\mu^{(3)} = 3{,}666667$, $\mathbf{x}^{(3)} = (0{,}9772727, 0{,}9318182, 1)^t$

b) $\mu^{(3)} = 2{,}000000$, $\mathbf{x}^{(3)} = (1, 1, 0{,}5)^t$ c) $\lambda = \mu^{(2)} = 5$, $\mathbf{x} = \mathbf{x}^{(2)} = (0{,}25, 1, 0{,}25)^t$

d) $\mu^{(3)} = 5{,}000000$, $\mathbf{x}^{(3)} = (-0{,}2578947, 1, -0{,}2842105)^t$

e) $\mu^{(3)} = 5{,}038462$, $\mathbf{x}^{(3)} = (1, 0{,}2213741, 0{,}3893130, 0{,}4045802)^t$

f) $\mu^{(3)} = 7{,}531073$, $\mathbf{x}^{(3)} = (0{,}6886722, -0{,}6706677, -0{,}9219805, 1)^t$

g) $\mu^{(3)} = 8{,}644444$, $\mathbf{x}^{(3)} = (0{,}2544987, 1, -0{,}2519280, -0{,}3161954)^t$

h) $\mu^{(3)} = -3{,}691176$, $\mathbf{x}^{(3)} = (1, -0{,}4462151, -0{,}07968127, -0{,}5816733)^t$.

3. Die Approximationen der Eigenwerte und Eigenvektoren sind

a) $\mu^{(3)} = 3{,}959538$, $\mathbf{x}^{(3)} = (0{,}5816124, 0{,}5545606, 0{,}5951383)^t$

b) $\mu^{(3)} = 2{,}0000000$, $\mathbf{x}^{(3)} = (-0{,}6666667, -0{,}6666667, -0{,}3333333)^t$

c) $\mu^{(3)} = 3{,}142857$, $\mathbf{x}^{(3)} = (0{,}6767155, -0{,}6767155, 0{,}2900210)^t$

d) $\mu^{(3)} = 7{,}189567$, $\mathbf{x}^{(3)} = (0{,}5995308, 0{,}7367472, 0{,}3126762)^t$

e) $\mu^{(3)} = 6{,}037037$, $\mathbf{x}^{(3)} = (0{,}5073714, 0{,}4878571, -0{,}6634857, -0{,}2536857)^t$

f) $\mu^{(3)} = 5{,}142562$, $\mathbf{x}^{(3)} = (0{,}8373051, 0{,}3701770, 0{,}1939022, 0{,}3525495)^t$

g) $\mu^{(3)} = 8{,}086569$, $\mathbf{x}^{(3)} = (0{,}2296403, 0{,}9023239, -0{,}2273207, -0{,}2853107)^t$

h) $\mu^{(3)} = 8{,}593142$, $\mathbf{x}^{(3)} = (-0{,}4134762, 0{,}4026664, 0{,}5535536, -0{,}6003962)^t$.

5. Die Approximationen der Eigenwerte und Eigenvektoren sind

a) $\mu^{(8)} = 4{,}000001$, $\mathbf{x}^{(8)} = (0{,}9999773, 0{,}99993134, 1)^t$

b) Die Methode versagt.

c) $\mu^{(3)} = 5{,}000000$, $\mathbf{x}^{(3)} = (-0{,}25, 1, -0{,}25)^t$

d) $\mu^{(7)} = 5{,}124890$, $\mathbf{x}^{(7)} = (-0{,}2425938, 1, -0{,}3196351)^t$

e) $\mu^{(15)} = 5{,}236112$, $\mathbf{x}^{(15)} = (1, 0{,}6125369, 0{,}1217216, 0{,}49783818)^t$

f) $\mu^{(10)} = 8{,}999890$, $\mathbf{x}^{(10)} = (0{,}9944137, -0{,}9942148, -0{,}9997991, 1)^t$

g) Die Methode versagt.

h) Die Methode versagt.

7. Die Approximationen der Eigenwerte und Eigenvektoren sind

a) $\mu^{(9)} = 1{,}000015$, $\mathbf{x}^{(9)} = (-0{,}1999939, 1, -0{,}7999909)^t$

b) $\mu^{(12)} = -0{,}4142136$, $\mathbf{x}^{(12)} = (1, -0{,}7070918, -0{,}7071217)^t$

c) $\mu^{(8)} = 5{,}000029$, $\mathbf{x}^{(8)} = (-0{,}2500072, 1, -0{,}2500072)^t$

d) Die Methode versagt.

e) $\mu^{(9)} = 1{,}381959$, $\mathbf{x}^{(9)} = (-0{,}3819400, -0{,}2361007, 0{,}2360191, 1)^t$

f) $\mu^{(6)} = 3{,}999997$, $\mathbf{x}^{(6)} = (0{,}9999939, 0{,}9999999, -0{,}9999940, 1)^t$

g) $\mu^{(8)} = 3{,}999996$, $\mathbf{x}^{(8)} = (1, -0{,}4999959, -0{,}9999970, 0{,}5000023)^t$

h) Die Methode versagt.

9. a) Man erhält $|\lambda| \leq 6$ für alle Eigenwerte λ.

b) Die Approximation des Eigenwertes ist $\lambda_1 = 0{,}6982681$ mit der Approximation des Eigenvektors $\mathbf{x} = (1, 0{,}71606, 0{,}25638, 0{,}04602)^t$.

c) Die Eigenwerte sind in Übung (d) aufgelistet.

d) Das charakteristische Polynom ist $P(\lambda) = \lambda^4 - \frac{1}{4}\lambda - \frac{1}{16}$, und die Eigenwerte sind $\lambda_1 = 0{,}6976684972$, $\lambda_2 = -0{,}237313308$, $\lambda_3 = -0{,}2301775942 + 0{,}56965884i$ und $\lambda_4 = -0{,}2301775942 - 0{,}56965884i$.

e) Die Population der Käfer nähert sich null, da A konvergent ist.

Übungsaufgaben 9.4

1. Das Householder-Verfahren liefert die folgenden Tridiagonalmatrizen:

a) $$\begin{bmatrix} 12{,}00000 & -10{,}77033 & 0{,}0 \\ -10{,}77033 & 3{,}862069 & 5{,}344828 \\ 0{,}0 & 5{,}344828 & 7{,}137931 \end{bmatrix}$$

b) $$\begin{bmatrix} 2{,}0000000 & 1{,}414214 & 0{,}0 \\ 1{,}414214 & 1{,}000000 & 0{,}0 \\ 0{,}0 & 0{,}0 & 3{,}0 \end{bmatrix}$$

c) $$\begin{bmatrix} 2{,}0000000 & -1{,}414214 & 0{,}0 \\ -1{,}414214 & 3{,}000000 & 0{,}0 \\ 0{,}0 & 0{,}0 & 1{,}000000 \end{bmatrix}$$

d) $$\begin{bmatrix} 1{,}0000000 & -1{,}414214 & 0{,}0 \\ -1{,}414214 & 1{,}000000 & 0{,}0 \\ 0{,}0 & 0{,}0 & 1{,}000000 \end{bmatrix}$$

e) $$\begin{bmatrix} 2{,}0 & -1{,}0 & 0{,}0 \\ -1{,}0 & -1{,}0 & -2{,}0 \\ 0{,}0 & -2{,}0 & 3{,}0 \end{bmatrix}$$

f) $$\begin{bmatrix} 4{,}750000 & -2{,}263846 & 0{,}0 \\ -2{,}263846 & 4{,}475610 & -1{,}219512 \\ 0{,}0 & -1{,}219512 & 5{,}024390 \end{bmatrix}$$

Übungsaufgaben 9.5

1. Zwei Iterationen des QR-Algorithmus liefern die folgenden Matrizen:

a) $$A^{(3)} = \begin{bmatrix} 0{,}6939977 & -0{,}3759745 & 0{,}0 \\ -0{,}3759745 & -1{,}892417 & -0{,}03039696 \\ 0{,}0 & -0{,}03039696 & 3{,}413585 \end{bmatrix}$$

b) $$A^{(3)} = \begin{bmatrix} 4{,}535466 & 1{,}212648 & 0{,}0 \\ 1{,}212648 & 3{,}533242 & 3{,}83 \cdot 10^{-7} \\ 0{,}0 & 3{,}83 \cdot 10^{-7} & -0{,}06870782 \end{bmatrix}$$

c) $$A^{(3)} = \begin{bmatrix} 0{,}6939977 & 0{,}3759745 & 0{,}0 \\ 0{,}3759745 & 1{,}892417 & 0{,}03039696 \\ 0{,}0 & 0{,}03039696 & 3{,}413585 \end{bmatrix}$$

d)
$$A^{(3)} = \begin{bmatrix} 4{,}679567 & -0{,}2969009 & 0{,}0 \\ -2{,}969009 & 3{,}052484 & -1{,}207346 \cdot 10^{-5} \\ 0{,}0 & -1{,}207346 \cdot 10^{-5} & 1{,}267949 \end{bmatrix}$$

e)
$$A^{(3)} = \begin{bmatrix} 0{,}3862092 & 0{,}4423226 & 0{,}0 & 0{,}0 \\ 0{,}4423226 & 1{,}787694 & -0{,}3567744 & 0{,}0 \\ 0{,}0 & -0{,}3567744 & 3{,}080815 & 3{,}116382 \cdot 10^{-5} \\ 0{,}0 & 0{,}0 & 3{,}116382 \cdot 10^{-5} & 4{,}745201 \end{bmatrix}$$

f)
$$A^{(3)} = \begin{bmatrix} -2{,}826365 & 1{,}130297 & 0{,}0 & 0{,}0 \\ 1{,}130297 & -2{,}429647 & -0{,}1734156 & 0{,}0 \\ 0{,}0 & -0{,}1734156 & 0{,}8172086 & 1{,}863997 \cdot 10^{-9} \\ 0{,}0 & 0{,}0 & 1{,}863997 \cdot 10^{-9} & 3{,}438803 \end{bmatrix}$$

g)
$$A^{(3)} = \begin{bmatrix} 0{,}2763388 & 0{,}1454371 & 0{,}0 & 0{,}0 \\ 0{,}1454371 & 0{,}4543713 & 0{,}1020836 & 0{,}0 \\ 0{,}0 & 0{,}1020836 & 1{,}174446 & -4{,}36 \cdot 10^{-5} \\ 0{,}0 & 0{,}0 & -4{,}36 \cdot 10^{-5} & 0{,}9948441 \end{bmatrix}$$

h)
$$A^{(3)} = \begin{bmatrix} 6{,}376729 & -1{,}988497 & 0{,}0 & 0{,}0 \\ -1{,}988497 & -1{,}652394 & -0{,}5187146 & 0{,}0 \\ 0{,}0 & -0{,}5187146 & 1{,}007133 & 1{,}14 \cdot 10^{-6} \\ 0{,}0 & 0{,}0 & 1{,}14 \cdot 10^{-6} & 2{,}268531 \end{bmatrix}$$

3. Die Matrizen in Übung 1 besitzen die folgenden, auf 10^{-5} genauen Eigenwerte:

a) 3,414214, 2,000000, 0,5857864

b) −0,06870782, 5,346462, 2,722246

c) 3,414214, 2,000000, 0,5857864

d) 1,267949, 4,732051, 3,000000

e) 4,745281, 3,177283, 1,822717, 0,2547188

f) 3,438803, 0,8275517, −1,488068, −3,778287

g) 0,9948440, 1,189091, 0,5238224, 0,1922421

h) 2,268531, 1,084364, 6,844621, −2,197517.

Übungsaufgaben 10.2

1. b) Mit $\mathbf{x}^{(0)} = (0, 0)^t$ erhält man $\mathbf{x}^{(10)} = (-1, 3{,}5)^t$.

Mit $\mathbf{x}^{(0)} = (6, 3)^t$ erhält man $\mathbf{x}^{(6)} = (2{,}546947, 3{,}984997)^t$.

3. a) Mit $\mathbf{x}^{(0)} = (0, 0)^t$ erhält man $\mathbf{x}^{(5)} = (0{,}5, 2{,}0)^t$.

b) Mit $\mathbf{x}^{(0)} = (1, 1)^t$ erhält man $\mathbf{x}^{(5)} = (0{,}5, 0{,}8660254)^t$.

c) Mit $\mathbf{x}^{(0)} = (2, 2)^t$ erhält man $\mathbf{x}^{(6)} = (1{,}772454, 1{,}772454)^t$.

d) Mit $\mathbf{x}^{(0)} = (0, 0)^t$ erhält man $\mathbf{x}^{(6)} = (-0{,}3736982, 0{,}05626649)^t$.

5. a) Mit $\mathbf{x}^{(0)} = (0{,}1, -0{,}1, 0{,}1)^t$ erhält man $\mathbf{x}^{(3)} = (0{,}4981446, -0{,}1996059, -0{,}5288259)^t$.

b) Mit $\mathbf{x}^{(0)} = (1, 2, 3)^t$ erhält man $\mathbf{x}^{(16)} = (-0{,}4021187, -0{,}9302338, 8{,}398353)^t$.

Mit $\mathbf{x}^{(0)} = (-0{,}5, -1, 2)^t$ erhält man $\mathbf{x}^{(23)} = (7{,}869499, 0{,}7214381, -4{,}980240)^t$.

Mit $\mathbf{x}^{(0)} = (-0{,}5, -1, 4)^t$ erhält man $\mathbf{x}^{(14)} = (-0{,}6398107, -1{,}102016, 4{,}455568)^t$.

Mit $\mathbf{x}^{(0)} = (-0{,}5, -1, 6)^t$ erhält man $\mathbf{x}^{(17)} = (-0{,}9302344, -0{,}4021213, -8{,}398351)^t$.

c) Mit $\mathbf{x}^{(0)} = (0{,}5, 0{,}5, 0{,}5, 0{,}5)^t$ erhält man $\mathbf{x}^{(14)} = (0{,}8688753, 0{,}8688760, 0{,}8688761, 1{,}524497)^t$.

d) Mit $\mathbf{x}^{(0)} = (1, 1, 1, 1)^t$ erhält man $\mathbf{x}^{(5)} = (0, 0{,}7071068, 0{,}7071068, 1)^t$ und mit $\mathbf{x}^{(0)} = (1, -1, 1, 5)^t$ $\mathbf{x}^{(6)} = (0{,}8164966, 0{,}4082483, -0{,}4082483, 3)^t$.
Mit $\mathbf{x}^{(0)} = (1, -1, 1, 10)^t$ erhält man $\mathbf{x}^{(5)} = (0{,}5773503, -0{,}5773503, 0{,}5773503, 6)^t$.

7. Ja: $x_1 = 8\,000$, $x_2 = 40\,000$.

Übungsaufgaben 10.3

1. Mit $\mathbf{x}^{(0)} = (6, 3)^t$ erhält man $\mathbf{x}^{(8)} = (2{,}546947, 3{,}984997)^t$.

Mit $\mathbf{x}^{(0)} = (1, 1)^t$ erhält man $\mathbf{x}^{(13)} = (-1, 3{,}5)^t$.

3. a) Mit $\mathbf{x}^{(0)} = (0, 0)^t$ erhält man $\mathbf{x}^{(7)} = (0{,}5, 2{,}0)^t$.

b) Mit $\mathbf{x}^{(0)} = (1, 1)^t$ erhält man $\mathbf{x}^{(8)} = (0{,}5, 0{,}8660254)^t$.

c) Mit $\mathbf{x}^{(0)} = (2, 2)^t$ erhält man $\mathbf{x}^{(7)} = (1{,}772454, 1{,}772454)^t$.

d) Mit $\mathbf{x}^{(0)} = (0, 0)^t$ erhält man $\mathbf{x}^{(8)} = (-0{,}3736982, 0{,}05626649)^t$.

5. a) Mit $\mathbf{x}^{(0)} = (0{,}1, -0{,}1, 0{,}1)^t$ erhält man $\mathbf{x}^{(4)} = (0{,}4981447, -0{,}1996059, -0{,}5288260)^t$.

b) Mit $\mathbf{x}^{(0)} = (8, 0{,}75, -5)^t$ erhält man $\mathbf{x}^{(32)} = (7{,}869503, 0{,}7214736, -4{,}980267)^t$.

Mit $\mathbf{x}^{(0)} = (-0{,}6, -1, 4{,}5)^t$ erhält man $\mathbf{x}^{(25)} = (-0{,}6396095, -1{,}101958, 4{,}455394)^t$.

c) Mit $\mathbf{x}^{(0)} = (0{,}8, 0{,}8, 0{,}8, 1{,}4)^t$ erhält man $\mathbf{x}^{(17)} = (0{,}8688769, 0{,}8688769, 0{,}8688769, 1{,}524492)^t$.

d) Mit $\mathbf{x}^{(0)} = (1, 1, 1, 1)^t$ erhält man $\mathbf{x}^{(5)} = (0, 0{,}7071068, 0{,}7071068, 1)^t$, mit $\mathbf{x}^{(0)} = (1, -1, 1, 5)^t$ erhält man $\mathbf{x}^{(8)} = (0{,}5773498, -0{,}5773506, 0{,}5773506, 6)^t$.

Mit $\mathbf{x}^{(0)} = (1, 0{,}5, -0{,}5, 2)^t$ erhält man $\mathbf{x}^{(6)} = (0{,}8164966, 0{,}4082476, -0{,}4082490, 3)^t$.

Übungsaufgaben 10.4

1. a) Mit $\mathbf{x}^{(0)} = (1, 1)^t$ erhält man $\mathbf{x}^{(12)} = (0{,}498413, 1{,}98629)^t$.

b) Mit $\mathbf{x}^{(0)} = (1, 1)^t$ erhält man $\mathbf{x}^{(2)} = (0{,}501428, 0{,}869834)^t$.

c) Mit $\mathbf{x}^{(0)} = (2, 2)^t$ erhält man $\mathbf{x}^{(1)} = (1{,}73540, 1{,}80392)^t$.

d) Mit $\mathbf{x}^{(0)} = (0, 0)^t$ erhält man $\mathbf{x}^{(3)} = (-0{,}377890, 0{,}0508119)^t$.

3. a) Mit $\mathbf{x}^{(0)} = (0, 0, 0)^t$ erhält man $\mathbf{x}^{(18)} = (1{,}03865, 1{,}07904, 0{,}928979)^t$.

b) Mit $\mathbf{x}^{(0)} = (0, 0, 0)^t$ erhält man $\mathbf{x}^{(2)} = (-0{,}0200570, 0{,}0901966, 0{,}994681)^t$.

c) Mit $\mathbf{x}^{(0)} = (0, 0, 0)^t$ erhält man $\mathbf{x}^{(17)} = (-1{,}60120, -1{,}20804, 0{,}752611)^t$.

d) Mit $\mathbf{x}^{(0)} = (1, 1, 1)^t$ erhält man $\mathbf{x}^{(3)} = (-0{,}002049049, 0{,}0075156, 0{,}15814)^t$.

e) Mit $\mathbf{x}^{(0)} = (-0{,}5, -1, 2)^t$ erhält man $\mathbf{x}^{(23)} = (-1{,}03044, -1{,}17457, 1{,}68028)^t$.

f) Mit $\mathbf{x}^{(0)} = (1, 1, 1, 1)^t$ erhält man $\mathbf{x}^{(8)} = (0{,}00953301, 0{,}700762, 0{,}706167, 1{,}09239)^t$.

Mit $\mathbf{x}^{(0)} = (1, -1, 1, 5)^t$ erhält man $\mathbf{x}^{(4)} = (0{,}587303, -0{,}587303, 0{,}587303, 6{,}01399)^t$.

Mit $\mathbf{x}^{(0)} = (1, -1, 1, 2)^t$ erhält man $\mathbf{x}^{(4)} = (0, 0, 0, 2{,}49517)^t$.

5. a) Mit $\mathbf{x}^{(0)} = (0{,}1, 0{,}1)^t$ erhält man $\mathbf{x}^{(8)} = (5{,}343082, -0{,}626875)^t$ und $g(\mathbf{x}^{(8)}) = 0{,}006995494$.

b) Mit $\mathbf{x}^{(0)} = (0, 0)^t$ erhält man $\mathbf{x}^{(13)} = (0{,}6157412, 0{,}3768953)^t$ und $g(\mathbf{x}^{(13)}) = 0{,}141574$.

c) Mit $\mathbf{x}^{(0)} = (0, 0, 0)^t$ erhält man $\mathbf{x}^{(5)} = (-0{,}6633785, 0{,}3145720, 0{,}5000740)^t$ und $g(\mathbf{x}^{(5)}) = 0{,}6921548$.

d) Mit $\mathbf{x}^{(0)} = (1, 1, 1)^t$ erhält man $\mathbf{x}^{(4)} = (0{,}04022273, 0{,}01592477, 0{,}01594401)^t$ und $g(\mathbf{x}^{(4)}) = 1{,}010003$.

Übungsaufgaben 11.2

1. Das einfache Schießverfahren liefert die Lösungen in den folgenden Tabellen:

a)

i	x_i	w_{1i}
1	0,333333	0,5311664
2	0,666667	1,153515

b)

i	x_i	w_{1i}
1	0,25	0,3937095
2	0,50	0,8240948
3	0,75	1,337160

3. Das einfache Schießverfahren liefert die Lösungen in den folgenden Tabellen:

a)

i	x_i	w_{1i}
3	0,3	0,7833204
6	0,6	0,6023521
9	0,9	0,8568906

b)

i	x_i	w_{1i}
5	1,0	0,00865076
10	2,0	0,00007484
15	3,0	0,00000065
20	4,0	0,00000001

c)

i	x_i	w_{1i}
5	1,25	0,1676179
10	1,50	0,4581901
15	1,75	0,6077718
20	2,00	0,6931460

d)

i	x_i	w_{1i}
3	0,3	−0,5185754
6	0,6	−0,2195271
9	0,9	−0,0406577

e)

i	x_i	w_{1i}
3	1,3	0,0655336
6	1,6	0,0774590
9	1,9	0,0305619

f)

i	x_i	w_{1i}
3	1,515485	10,094751
6	2,030969	17,547048
9	2,546454	17,380532

5. Das einfache Schießverfahren mit $h = 0,1$ liefert die folgenden Lösungen:

i	x_i	w_{1i}
3	0,3	0,05273437
5	0,5	0,00741571
8	0,8	0,00038976

Das einfache Schießverfahren mit $h = 0,05$ liefert die folgenden Lösungen:

i	x_i	w_{1i}
6	0,3	0,04990547
10	0,5	0,00676467
16	0,8	0,00033755

7. a)

x	$w(x)$
24	0,0071265
48	0,011427
60	0,011999
72	0,011427
96	0,0071265
120	0,0000000

b) Ja.

c) Die tatsächliche Lösung genügt dieser Bedingung, die Approximation dagegen nicht.

Übungsaufgaben 11.3

1. Das Differenzenverfahren liefert die Lösungen in den folgenden Tabellen:

a)

i	x_i	w_i
1	0,333333	0,5343259
2	0,666667	1,1579818

b)

i	x_i	w_i
1	0,25	0,3951247
2	0,50	0,8265306
3	0,75	1,3395692

3. Das Differenzenverfahren liefert die Lösungen in den folgenden Tabellen:

a)

i	x_i	w_i
2	0,2	1,018096
5	0,5	0,5942743
7	0,7	0,6514520

b)

i	x_i	w_i
5	1,0	$6{,}332971 \cdot 10^{-3}$
10	2,0	$4{,}010654 \cdot 10^{-5}$
15	3,0	$2{,}539917 \cdot 10^{-7}$
20	4,0	$1{,}604072 \cdot 10^{-9}$

c)

i	x_i	w_i
5	1,25	0,16797186
10	1,50	0,45842388
15	1,75	0,60787335

d)

i	x_i	w_i
3	0,3	−0,5183084
6	0,6	−0,2192657
9	0,9	−0,0405748

e)

i	x_i	w_i
3	1,3	0,0654387
6	1,6	0,0773936
9	1,9	0,0305465

f)

i	x_i	w_i
3	1,515485	1,904530
6	2,030969	5,415273
9	2,546454	11,935402

5. Das Differenzenverfahren liefert die Lösungen in den folgenden Tabellen:

i	x_i	$w_i(h = 0{,}1)$
3	0,3	0,05572807
6	0,6	0,00310518
9	0,9	0,00016516

i	x_i	$w_i(h = 0{,}05)$
6	0,3	0,05132396
12	0,6	0,00263406
18	0,9	0,00013340

7.

i	x_i	w_i
10	10,0	0,1098549
20	20,0	0,1761424
25	25,0	0,1849608
30	30,0	0,1761424
40	40,0	0,1098549

Übungsaufgaben 11.4

1. Das einfache Schießverfahren bei nichtlinearen Randwertproblemen liefert $w_1 = 0{,}405991 \approx \ln 1{,}5 = 0{,}405465$.

3. Das einfache Schießverfahren bei nichtlinearen Randwertproblemen liefert die Lösungen in den folgenden Tabellen:

a)

i	x_i	w_{1i}
3	1,3	0,434783
6	1,6	0,384615
9	1,9	0,344828

b)

i	x_i	w_{1i}
3	1,3	2,069249
6	1,6	2,225015
9	1,9	2,426322

c)

i	x_i	w_{1i}
3	1,3	1,031597
6	1,6	1,095005
9	1,9	1,168170

d) Um den Algorithmus anwenden zu können, muß der Anfangswert von TK auf 1,5 umdefiniert werden.

i	x_i	w_{1i}
5	0,3926991	0,6600925
10	0,7853982	1,1319596
15	1,1780973	1,4454742
20	1,5707963	1,5707414

e)

i	x_i	w_{1i}
5	1,25	−0,7272908
10	1,50	−0,8000371
15	1,75	−0,8889473

f) Um den Algorithmus anwenden zu können, muß der Anfangswert von TK auf 2 umdefiniert werden.

i	x_i	w_{1i}
5	1,25	0,4358290
10	1,50	1,3684496
15	1,75	2,9992010
20	2,00	5,5451958

Übungsaufgaben 11.5

1. Das Differenzenverfahren bei nichtlinearen Randwertproblemen liefert die folgenden Ergebnisse:

i	x_i	w_i	$\ln x_i$
1	1,5	0,406760	0,405465

3. Das Differenzenverfahren bei nichtlinearen Randwertproblemen liefert die Ergebnisse in den folgenden Tabellen:

a)

i	x_i	w_i
3	1,3	0,434796
6	1,6	0,384627
9	1,9	0,344831

b)

i	x_i	w_i
3	1,3	2,0694081
6	1,6	2,2250937
9	1,9	2,4263387

c)

i	x_i	w_i
3	1,3	1,031970
6	1,6	1,095321
9	1,9	1,168271

d)

i	x_i	w_i
3	0,471239	0,766923
6	0,942478	1,275944
9	1,413717	1,548057

e)

i	x_i	w_i
5	1,25	−0,727281
10	1,50	−0,800013
15	1,75	−0,888900
20	2,00	−1,000000

f)

i	x_i	w_i
5	1,25	0,434598
10	1,50	1,366212
15	1,75	2,996934
20	2,00	5,545177

Übungsaufgaben 11.6

1. Das stückweise lineare Verfahren ergibt
$\phi(x) = -0{,}07713274\phi_1(x) - 0{,}07442678\phi_2(x)$.

3. Das stückweise lineare Verfahren liefert die Ergebnisse in den folgenden Tabellen:

a)

i	$\phi(x_i)$
3	$4{,}0908778 \cdot 10^{-2}$
6	$5{,}8304182 \cdot 10^{-2}$
9	$2{,}6538926 \cdot 10^{-2}$

b)

i	$\phi(x_i)$
3	−0,212333
6	−0,241333
9	−0,090333

c)

i	$\phi(x_i)$
3	0,1815153
6	0,1805512
9	0,05936480

d)

i	$\phi(x_i)$
5	−0,3586155
10	−0,5348645
15	−0,4510389
20	0,0000000

e)

i	$\phi(x_i)$
5	−0,1846134
10	−0,2737099
15	−0,2285169
20	0,0000000

f)

i	$\phi(x_i)$
3	$-5{,}738551 \cdot 10^{-2}$
6	$-4{,}974304 \cdot 10^{-2}$
9	$-1{,}478349 \cdot 10^{-2}$

5. Das kubische Spline-Verfahren liefert die Ergebnisse in den folgenden Tabellen:

a)

i	$\phi(x_i)$
3	$4{,}0878126 \cdot 10^{-2}$
6	$5{,}8259848 \cdot 10^{-2}$
9	$2{,}6518200 \cdot 10^{-2}$

b)

i	$\phi(x_i)$
3	−0,2100000
6	−0,2400000
9	−0,0900000

c)

i	$\phi(x_i)$
3	0,1814269
6	0,1804753
9	0,05934321

d)

i	$\phi(x_i)$
5	−0,3585641
10	−0,5347803
15	−0,4509614
20	0,0000000

e)

i	$\phi(x_i)$
5	−0,1845203
10	−0,2735857
15	−0,2284204
20	0,0000000

f)

i	$\phi(x_i)$
3	$-5{,}754895 \cdot 10^{-2}$
6	$-4{,}985645 \cdot 10^{-2}$
9	$-1{,}481176 \cdot 10^{-2}$

7. $c_1 = -0{,}03197519$, $c_2 = -0{,}05488716$, $c_3 = -0{,}06959856$,
$c_4 = -0{,}07688995$, $c_5 = -0{,}07746753$, $c_6 = -0{,}07197026$,
$c_7 = -0{,}06097626$, $c_8 = -0{,}04500857$, $c_9 = -0{,}02454043$.

9. Ein Variablenwechsel $t = (x - a)/(b - a)$ ergibt das Randwertproblem

$$-\frac{\mathrm{d}}{\mathrm{d}t}(p((b-a)t+a)y') + (b-a)^2 q((b-a)t+a)y =$$
$$= (b-a)^2 f((b-a)t+a),$$
$$0 < t < 1,\ y(0) = \alpha, y(1) = \beta.$$

Dann kann Übung 6 angewandt werden.

Übungsaufgaben 12.2

1. Das Differenzenverfahren mit der Poisson-Gleichung liefert die folgenden Ergebnisse:

i	j	x_i	y_j	w_{ij}
1	1	0,5	0,5	0,5
1	2	0,5	1,0	0,25
1	3	0,5	1,5	1,0

3. Das Differenzenverfahren mit der Poisson-Gleichung liefert die Ergebnisse in den folgenden Tabellen:

a)

i	j	x_i	y_j	w_{ij}
2	2	0,4	0,4	0,159999
2	4	0,4	0,8	0,319999
4	2	0,8	0,4	0,320000
4	4	0,8	0,8	0,640000

b)

i	j	x_i	y_j	w_{ij}
2	2	0,4	0,4	1,8579248
2	4	0,4	0,8	1,2399321
4	2	0,8	0,4	6,1038748
4	4	0,8	0,8	3,8335165

c)

i	j	x_i	y_j	w_{ij}
4	3	0,8	0,3	1,27136
4	7	0,8	0,7	1,75084
8	3	1,6	0,3	1,61675
8	7	1,6	0,7	3,06587

d)

i	j	x_i	y_j	w_{ij}
2	1	1,256637	0,3141593	0,2951912
2	3	1,256637	0,9424778	0,1830968
4	1	2,513274	0,3141593	−0,7721915
4	3	2,513274	0,9424778	−0,4785097

e)

i	j	x_i	y_j	w_{ij}
2	2	1,2	1,2	0,5251533
4	4	1,4	1,4	1,3190830
6	6	1,6	1,6	2,4065150
8	8	1,8	1,8	3,8088995

f)

i	j	x_i	y_j	w_{ij}
2	2	0,2	0,2	−0,9171063
4	4	0,4	0,4	−0,9558396
6	6	0,6	0,6	−0,9672948
8	8	0,8	0,8	−0,8841996

5.

i	j	x_i	y_j	w_{ij}
5	9	2,0	3,0	5,957716
8	3	3,2	1,0	7,915441
10	9	4,0	3,0	4,678240
12	12	4,8	4,0	2,059610

Übungsaufgaben 12.3

1. Das absteigende Differenzenverfahren mit der Wärmegleichung liefert die folgenden Ergebnisse:

a)

i	j	x_i	t_j	w_{ij}
1	1	0,5	0,05	0,632952
2	1	1,0	0,05	0,895129
3	1	1,5	0,05	0,632952
1	2	0,5	0,1	0,566574
2	2	1,0	0,1	0,801256
3	2	1,5	0,1	0,566574

b)

i	j	x_i	t_j	w_{ij}
1	1	$\frac{1}{3}$	0,05	1,59728
2	1	$\frac{2}{3}$	0,05	−1,59728
1	2	$\frac{1}{3}$	0,1	1,47300
2	2	$\frac{2}{3}$	0,1	−1,47300

3. Das aufsteigende Differenzenverfahren liefert die folgenden Ergebnisse:

a) Für $h = 0,1$ und $k = 0,01$:

i	j	x_i	t_j	w_{ij}
4	50	0,4	0,5	$-9,3352 \cdot 10^8$
10	50	1,0	0,5	$-9,1860 \cdot 10^8$
17	50	1,7	0,5	$2,6047 \cdot 10^8$

Für $h = 0,1$ und $k = 0,005$:

i	j	x_i	t_j	w_{ij}
4	100	0,4	0,5	$3,6726805 \cdot 10^{-10}$
10	100	1,0	0,5	$1,0503891 \cdot 10^{-17}$
17	100	1,7	0,5	$-5,942522 \cdot 10^{-10}$

b) Für $h = \frac{\pi}{10}$ und $k = 0,05$:

i	j	x_i	t_j	w_{ij}
3	10	0,9424778	0,5	0,4921015
6	10	1,8849556	0,5	0,5785001
9	10	2,8274334	0,5	0,1879661

c)

i	j	x_i	t_j	w_{ij}
4	10	0,8	0,4	1,166142
8	10	1,6	0,4	1,252404
12	10	2,4	0,4	0,4681804
16	10	3,2	0,4	−0,1027628

d)

i	j	x_i	t_j	w_{ij}
2	10	0,2	0,4	0,3921147
4	10	0,4	0,4	0,6344550
6	10	0,6	0,4	0,6344550
8	10	0,8	0,4	0,3921148

5. Die Methode von Crank-Nicolson liefert die folgenden Ergebnisse:

a) Für $h = 0,1$ und $k = 0,01$:

i	j	x_i	t_j	w_{ij}
4	50	0,4	0,5	$2,3541 \cdot 10^{-9}$
10	50	1,0	0,5	$1,7610 \cdot 10^{-17}$
17	50	1,7	0,5	$-3,8090 \cdot 10^{-9}$

Für $h = 0,1$ und $k = 0,01$:

i	j	x_i	y_j	w_{ij}
4	100	0,4	0,5	$2,8156746 \cdot 10^{-9}$
10	100	1,0	0,5	$2,4953437 \cdot 10^{-17}$
17	100	1,7	0,5	$-4,555857 \cdot 10^{-9}$

b) Für $h = \frac{\pi}{10}$ und $k = 0{,}05$:

i	j	x_i	t_j	w_{ij}
2	10	0,628319	0,5	0,357938
5	10	1,570796	0,5	0,608960
8	10	2,513274	0,5	0,357938

c)

i	j	x_i	t_j	w_{ij}
5	10	1	0,4	1,312434
10	10	2	0,4	0,9050248
15	10	3	0,4	−0,03253811

d)

i	j	x_i	t_j	w_{ij}
3	10	0,3	0,4	0,5440574
5	10	0,5	0,4	0,6724913
7	10	0,7	0,4	0,5440568

7.

i	j	x_i	t_j	w_{ij}
3	25	0,3	0,25	0,2883455
5	25	0,5	0,25	0,3468410
8	25	0,8	0,25	0,2169213

9.

i	j	x_i	t_j	w_{ij}
3	10	0,3	0,225	1,207730
6	10	0,75	0,225	1,836564
10	10	1,35	0,225	0,6928342

11.

i	j	x_i	t_j	w_{ij}
2	10	200	5	$1{,}478828 \cdot 10^7$
5	10	500	5	$4{,}334451 \cdot 10^6$
8	10	800	5	$1{,}478828 \cdot 10^7$

Übungsaufgaben 12.4

1. Das Differenzenverfahren mit der Wellengleichung liefert die folgenden Ergebnisse:

i	j	x_i	t_j	w_{ij}
2	1	0,25	1,0	−0,7071068
3	1	0,50	1,0	−1,0000000
4	1	0,75	1,0	−0,7071068

3. Das Differenzenverfahren mit der Wellengleichung und $h = \frac{\pi}{10}$ und $k = 0{,}05$ liefert die folgenden Ergebnisse:

i	j	x_i	t_j	w_{ij}
2	10	$\frac{\pi}{5}$	0,5	0,516393
5	10	$\frac{\pi}{2}$	0,5	0,878541
8	10	$\frac{4\pi}{5}$	0,5	0,516393

Das Differenzenverfahren mit der Wellengleichung und $h = \frac{\pi}{20}$ und $k = 0{,}1$ liefert die folgenden Ergebnisse:

i	j	x_i	t_j	w_{ij}
4	5	$\frac{\pi}{5}$	0,5	0,515916
10	5	$\frac{\pi}{2}$	0,5	0,877729
16	5	$\frac{4\pi}{5}$	0,5	0,515916

Das Differenzenverfahren mit der Wellengleichung und $h = \frac{\pi}{20}$ und $k = 0{,}05$ liefert die folgenden Ergebnisse:

i	j	x_i	t_j	w_{ij}
4	10	$\frac{\pi}{5}$	0,5	0,515960
10	10	$\frac{\pi}{2}$	0,5	0,877804
16	10	$\frac{4\pi}{5}$	0,5	0,515960

5.

i	j	x_i	t_j	$w_{i,j}$
2	5	0,2	0,5	−1
5	5	0,5	0,5	0
7	5	0,7	0,5	1

7.

i	j	x_i	t_j	Spannung	Strom
5	2	50	0,2	77,782	3,88909
12	2	120	0,2	104,62	−1,69959
18	2	180	0,2	33,992	−5,23081
5	5	50	0,5	77,782	3,88909
12	5	120	0,5	104,62	−1,69959
18	5	180	0,5	33,992	−5,23081

Übungsaufgaben 12.5

1. Mit $E_1 = (0{,}25, 0{,}75)$, $E_2 = (0, 1)$, $E_3 = (0{,}5, 0{,}5)$ und $E_4 = (0, 0{,}5)$ sind die Basisfunktionen

$$\phi_1(x,y) = \begin{cases} 4x & \text{auf } T_1 \\ -2+4y & \text{auf } T_2 \end{cases} \qquad \phi_2(x,y) = \begin{cases} -1-2x+2y & \text{auf } T_1 \\ 0 & \text{auf } T_2 \end{cases}$$

$$\phi_3(x,y) = \begin{cases} 0 & \text{auf } T_1 \\ 1+2x-2y & \text{auf } T_2 \end{cases} \qquad \phi_4(x,y) = \begin{cases} 2-2x-2y & \text{auf } T_1 \\ 2-2x-2y & \text{auf } T_2 \end{cases}$$

und $\gamma_1 = 0{,}323825$, $\gamma_2 = 0$, $\gamma_3 = 1{,}0000$ und $\gamma_4 = 0$.

3. Die Methode der finiten Elemente liefert mit $K = 8$, $N = 8$, $M = 32$, $n = 9$, $m = 25$ und $NL = 0$ die folgenden Ergebnisse:

$$\gamma_1 = 0{,}511023$$
$$\gamma_2 = 0{,}720476$$
$$\gamma_3 = 0{,}507898$$
$$\gamma_4 = 0{,}720475$$
$$\gamma_5 = 1{,}01885$$
$$\gamma_6 = 0{,}720476$$
$$\gamma_7 = 0{,}507897$$
$$\gamma_8 = 0{,}720476$$
$$\gamma_9 = 0{,}511023$$
$$\gamma_i = 0 \quad 10 \le i \le 25$$
$$u(0{,}125, 0{,}125) \approx 0{,}614187$$
$$u(0{,}125, 0{,}25) \approx 0{,}690343$$
$$u(0{,}25, 0{,}125) \approx 0{,}690343$$
$$u(0{,}25, 0{,}25) \approx 0{,}720475$$

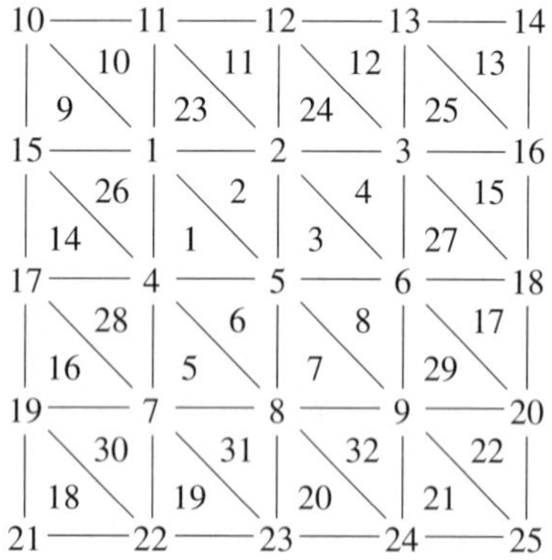

(Siehe nebenstehendes Diagramm.)

5. Die Methode der finiten Elemente liefert mit $K = 0$, $N = 12$, $M = 32$, $n = 20$, $m = 27$ und $NL = 14$ die folgenden Ergebnisse:

$\gamma_1 = 21{,}40335$	$\gamma_8 = 24{,}19855$	$\gamma_{15} = 20{,}23334$	$\gamma_{22} = 15$
$\gamma_2 = 19{,}87372$	$\gamma_9 = 24{,}16799$	$\gamma_{16} = 20{,}50056$	$\gamma_{23} = 15$
$\gamma_3 = 19{,}10019$	$\gamma_{10} = 27{,}55237$	$\gamma_{17} = 21{,}35070$	$\gamma_{24} = 15$
$\gamma_4 = 18{,}85895$	$\gamma_{11} = 25{,}11508$	$\gamma_{18} = 22{,}84663$	$\gamma_{25} = 15$
$\gamma_5 = 19{,}08533$	$\gamma_{12} = 22{,}92824$	$\gamma_{19} = 24{,}98178$	$\gamma_{26} = 15$
$\gamma_6 = 19{,}84115$	$\gamma_{13} = 21{,}39741$	$\gamma_{20} = 27{,}41907$	$\gamma_{27} = 15$
$\gamma_7 = 21{,}34694$	$\gamma_{14} = 20{,}52179$	$\gamma_{21} = 15$	

$$u(1,0) \approx 22{,}92824$$
$$u(4,0) \approx 22{,}84663$$
$$u\left(\frac{5}{2}, \frac{\sqrt{3}}{2}\right) \approx 18{,}85895$$

(Siehe folgendes Diagramm.)

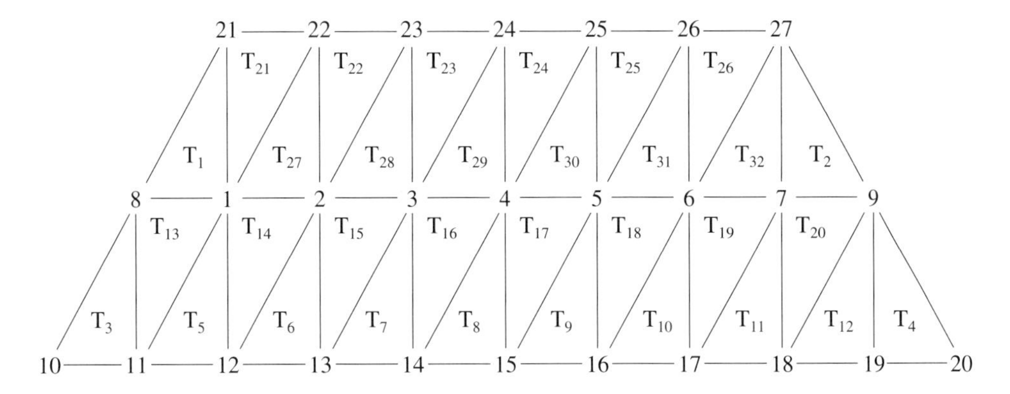

21 22 23 24 25 26 27
T21 T22 T23 T24 T25 T26
T1 T27 T28 T29 T30 T31 T32 T2
8 1 2 3 4 5 6 7 9
T13 T14 T15 T16 T17 T18 T19 T20
T3 T5 T6 T7 T8 T9 T10 T11 T12 T4
10 11 12 13 14 15 16 17 18 19 20

Literatur

Aiken, R. C. (Hrsg.) *Stiff Computation*. Oxford (Oxford University Press) 1985.

Allgower, E. und Georg, K. *Numerical Continuation Methods: An Introduction*. Berlin (Springer-Verlag) 1990.

Anderson, E. et al. *LAPACK User's Guide*. Philadelphia (SIAM Publications) 1992.

Atkinson, K. E. *An Introduction to Numerical Analysis*. 2. Aufl. New York (John Wiley & Sons) 1989.

Axelson, O. und Barker, V. A. *Finite Element Solution of Boundary Value Problems*. New York (Academic Press) 1984.

Bailey, P. B.; Shampine, L. F. und Waltman, P. E. *Nonlinear Two-Point Boundary-Value Problems*. New York (Academic Press) 1968.

Bekker, M. G. *Introduction to Terrain Vehicle Systems*. Ann Arbor, Mich. (University of Michigan Press) 1969.

Bernadelli, H. *Population waves*. In: *Journal of the Burma Research Society* 31 (1941). S. 1-18.

Birkhoff, G. und Rota, G. *Ordinary Differential Equations*. New York (John Wiley & Sons) 1978.

Bracewell, R. *The Fourier Transform and Its Application*. 2. Aufl. New York (McGraw-Hill) 1978.

Brent, R. *Algorithms for Minimization without Derivatives*. Englewood Cliffs, N. J. (Prentice Hall) 1973.

Brigham, E. O. *The Fast Fourier Transform*. Englewood Cliffs, N. J. (Prentice Hall) 1974.

Broyden, C. G. *A class of methods for solving nonlinear simultaneous equations*. In: *Mathematics of Computation* 19 (1965) S. 577-593.

Burden, R. C. und Faires, J. D. *Numerical Analysis*. 5. Aufl. Boston (PWS-KENT) 1993.

Cody, W.J. und Waite, W. *Software Manual for Elementary Functions*. Englewood Cliffs, N. J. (Prentice Hall) 1980.

Coleman, T. F. und Van Loan, C. *Handbook for Matrix Computations*. Philadelphia (SIAM Publications) 1988.

Cooley, J. W. und Tukey, J. W. *An algorithm for the machine calculation of complex Fourier series*. In: *Mathematics of Computation* 19/90 (1965). S. 297-301.

Crowell, W. (Hrsg.) *Sources and Development of Mathematical Software*. Englewood Cliffs, N. J. (Prentice Hall) 1984.

Dahlquist, G. und Björck, Í (übersetzt von Anderson, N.) *Numerical Methods*. Englewood Cliffs, N. J. (Prentice Hall) 1974.

Davis, P. J. und Rabinowitz, P. *Methods of Numerical Integration*. New York (Academic Press) 1975.

DeBoor, C. *A Pratical Guide to Splines*. New York (Springer-Verlag) 1978.

Dennis, J. E. jr. und Schnabel, R. B. *Numerical Methods for Unconstrained Optimization and Nonlinear Equations*. Englewood Cliffs, N. J. (Prentice Hall) 1983.

Dongarra, J. J.; Bunch, J. R.; Moler, C. B. und Stewart, G. W. *LINPACK Users Guide*. Philadelphia (SIAM Publcations) 1979.

Dorn, G. L. und Burdick, A. B. *On the recombinational structure of complementation relationships in the m-dy complex of the Drosophila melanogaster*. In: *Genetics* 47 (1962). S. 503-518.

Engels, H. *Numerical Quadrature and Cubature*. New York (Academic Press) 1980.

Faires, J. D. und Faires, B. T. *Calculus*. 2. Aufl. New York (Random House) 1988.

Forsythe, G. E.; Malcolm, M. A. und Moler, C. B. *Computer Methods for Mathmatical Computations*. Englewood Cliffs, N. J. (Prentice Hall) 1977.

Forsythe, G. E. und Moler, C. B. *Computer Solution of Linear Algebraic Systems*. Englewood Cliffs, N. J. (Prentice Hall) 1967.

Garbow, B. S.; Boyle, J. M.; Dongarra, J. J. und Moler, C. B. *Matrix Eigensystem Routines: EISPACK Guide Extension*. New York (Springer-Verlag) 1977.

Gear, C. W. *Numerical Initial-Value Problems in Ordinary Differential Equations*. Englewood Cliffs, N. J. (Prentice Hall) 1971.

George, J. A. und Liu, J. W. H. *Computer Solution of Large Sparse Positve Definite Systems*. Englewood Cliffs, N. J. (Prentice Hall) 1981.

Golub, G. H. und Van Loan, C. F. *Matrix Computations*. 2. Aufl. Baltimore (Johns Hopkins University Press) 1989.

Gragg, W. B. *On extrapolation algorithms for ordinary initial-value problems*. In: *SIAM Journal on Numerical Analysis* 2 (1965). S. 384-403.

Hageman, L. A. und Young, D. M. *Applied Iterative Methods*. New York (Academic Press) 1981.

Hamming, R. W. *Numerical Methods for Scientists and Engineers*. 2. Aufl. New York (McGraw-Hill) 1973.

Henrici, P. *Discrete Variable Methods in Ordinary Differential Equations*. New York (John Wiley & Sons) 1962.

Henrici, P. *Elements of Numerical Analysis*. New York (John Wiley & Sons) 1964.

Hildebrand, F. B. *Introduction to Numerical Analysis*. 2. Aufl. New York (McGraw-Hill) 1974.

Hill, D. R. *Experiments in Computational Matrix Algebra*. New York (Random House) 1988.

Householder, A. S. *The Numerical Treatment of a Single Nonlinear Equation*. New York (McGraw-Hill) 1970.

Isaacson, E. und Keller, H. B. *Analysis of Numerical Methods*. New York (John Wiley & Sons) 1966.

Jain, M. K. *Numerical Solution of Differential Equations*. 2. Aufl. New York (John Wiley & Sons) 1984.

Johnston, R. L. *Numerical Methods: A Software Approach*. New York (John Wiley & Sons) 1982.

Kahaner, D.; Moler, C. und Nash, S. *Numerical Methods and Software*. Englewood Cliffs, N. J. (Prentice Hall) 1989.

Keller, H. B. *Numerical Methods for Two-Point Boundary-Value Problems*. Waltham, MA (Blaisdell) 1968.

Kincaid, D. und Cheney, W. *Numerical Analysis: Mathematics of Scientific Computing*. Pacific Grove, Calif. (Brooks/Cole Publishing Company) 1991.

Lapidus, L. und Pinder, G. F. *Numerical Solution of Partial Differential Equations in Science and Engineering*. New York (John Wiley & Sons) 1982.

Moler, C. B. *Demonstration of a matrix laboratory*. In: *Lecture Notes in Mathematics*. Berlin (Springer-Verlag) 1982.

Noble, B. und Daniel, J. W. *Applied Linear Algebra*. 2. Aufl. Englewood Cliffs, N. J. (Prentice Hall) 1977.

Ortega, J. M. *Introduction to Parallel and Vector Solution of Linear Systems*. New York (Plenum Press) 1988.

Ortega, J. M. *Numerical Analysis – A Second Course*. New York (Academic Press) 1972.

Ortega, J. M. und Poole, W. G. jr. *An Introduction to Numerical Methods for Differential Equations*. Marshfield, Mass. (Pitman Press) 1981.

Ortega, J. M. und Rheinboldt, W. C. *Iterative Solution of Nonlinear Equations in Several Variables*. New York (Academic Press) 1970

Parlett, B. *The Symmetric Eigenvalue Problem*. Englewood Cliffs, N. J. (Prentice Hall) 1980.

Phillips, J. *The NAG Library: A Beginner's Guide*. Oxford (CLarendon Press) 1986.

Piessens, R.; Doncker-Kapenka, E. de; Überhuber, C. W. und Kahaner, D. K. *QUADPACK: A Subroutine Package for Automatic Integration*. New York (Springer-Verlag) 1983.

Pissantsky, S. *Sparse Matrix Technology*. New York (Academic Press) 1984.

Powell, M. J. D. *Approximation Theory and Methods*. Cambridge (Cambridge University Press) 1981.

Press, W. H.; Flannery, B. P.; Teukolsky, S. A. und Vetterling, W. T. *Numerical Recipes: The Art of Scientific Computing*. Cambridge (Cambridge University Press) 1986.

Ralston, A. und Rabinowitz, P. *A First Course in Numerical Analysis*. 2. Aufl. New York (McGraw-Hill) 1978.

Rice, J. R. *Matrix Computations and Mathematical Software*. New York (McGraw-Hill) 1981.

Rice, J. R. *Numerical Methods, Software, and Analysis: IMSL Reference Edition*. New York (McGraw-Hill) 1983.

Rice, J. R. und Boisvert, R. F. *Solving Elliptic Problems Using ELLPACK*. New York (Springer-Verlag) 1985.

Sagar, V. und Payne, D. J. *Incremental collaps of thick-walled circular cylinders under steady axial tension and torsion loads and cyclic transient heating*. In: *Journal of the Mechanics and Physics of Solids* 21/1 (1975). S. 39-54.

Schendel, U. *Introduction to Numerical Methods for Parallel Computers*. New York (John Wiley & Sons) 1984.

Schroeder, L. A. *Energy budget of the larvae of the moth Pachysphinx modesta*. In: *Oikos* 24 (1973). S. 278-281.

Schultz, M. H. *Spline Analysis*. Englewood Cliffs, N. J. (Prentice Hall) 1973.

Shampine, L. F. und Gordon, M. K. *Computer Solution of Ordinary Differential Equations: The Initial Value Problem*. San Francisco (W. H. Freeman) 1975.

Simon, B. und Wilson, R. M. *Supercalculators on the PC*. In: *Notices of the American Mathematical Society* 35/7 (1988). S. 978-1001.

Singh, V. P. *Investigations of attentuation and internal friction of rocks by ultrasonics*. In: *International Journal of Rock Mechanics and Mining Sciences* (1976). S. 69-72.

Smith, B. T.; Boyle, J. M.; Dongarra, J. J.; Garbow, B. S.; Ikebe, Y.; Klema, V. C. und Moler, C. B. *Matrix Eigensystem Routines: EISPACK Guide*. 2. Aufl. New York (Springer-Verlag) 1976.

Stetter, H. J. *Analysis of Discretization Methods for Ordinary Differential Equations. From Tracts in Natural Philosophy.* Berlin (Springer-Verlag) 1973.
Stewart, G. W. *Introduction to Matrix Computations.* New York (Academic Press) 1973.
Strang, W. G. und Fix, G. J. *An Analysis of the Finite Element Method.* Englewood Cliffs, N. J. (Prentice Hall) 1973.
Strikwerda, J. C. *Finite Difference Schemes and Partial Differential Equations.* Pacific Grove, Calif. (Brooks/Cole Publishing Company) 1989.
Stroud, A. H. *Approximate Calculations of Multiple Integrals.* Englewood Cliffs, N. J. (Prentice Hall) 1971.
Stroud, A. H. und Secrest, D. *Gaussian Quadrature Formulas.* Englewood Cliffs, N. J. (Prentice Hall) 1966.
Varga, R. S. *Matrix Iterative Analysis.* Englewood Cliffs, N. J. (Prentice Hall) 1962.
Vichnevetsky, R. *Computer Methods for Partial Differential Equations.* Band 1. Englewood Cliffs, N. J. (Prentice Hall) 1981.
Wait, R. und Mitchel, A. R. *Finite Element Analysis and Applications.* New York (John Wiley & Sons) 1985.
Watkins, D. S. *Understanding the QR algorithm.* In: *SIAM Review* 24/4 (1982). S. 427-440.
Wendroff, B. *Theoretical Numerical Analysis.* New York (Academic Press) 1966.
Wilkinson, J. H. *The Algebraic Eigenvalue Problem.* Oxford (Clarendon Press) 1965.
Wilkinson, J. H. *Rounding Errors in Algebraic Processes.* London (H. M. Stationary Office) 1963.
Wilkinson, J. H. und Reinsch, C. *Handbook for Automatic Computation.* Band 2: Linear Algebra. Berlin (Springer-Verlag) 1971.
Young, D. M. *Iterative Solution of Large Linear Systems.* New York (Academic Press) 1971.
Young, D. M. und Gregory, R. T. *A Survey of Numerical Mathematics.* Band 1. Reading, Mass. (Addison-Wesley) 1972.
Zienkiewicz, O. C. und Morgan, K. *Finite Elements and Approximation.* New York (John Wiley & Sons) 1983.

Deutschsprachige Einführungs- und weiterführende Literatur

Barner, F. und Flohr, F. *Analysis I* (1974), *II* (1983). Berlin (de Gruyter).
Bömer, K. *Spline-Funktionen.* Stuttgart (Teubner) 1974.
Braß, H. *Quadraturverfahren.* Göttingen (Vandenhoeck u. Ruprecht) 1977.
Brosowski, B. und Kreß, R. *Einführung in die Numerische Mathematik I* (1975), *II* (1976). Mannheim (Bibliographisches Institut).
Collatz, L. *Funktionalanalysis und numerische Mathematik.* Berlin (Springer) 1964.
Collatz, L. und Wetterling, W. *Optimierungsaufgaben.* 2. Aufl. Berlin (Springer) 1971.
Gaier, D. *Vorlesungen über Approximation im Komplexen.* Basel (Birkhäuser) 1980.
Hackbusch, W. *Iterative Lösung großer schwachbesetzter Gleichungssysteme.* Stuttgart (Teubner) 1991.
Hämmelin, F. *Numerische Matematik I,* 2. Aufl. Mannheim (Bibliographisches Institut).
Hämmerlin, G. und Hoffmann, K.-H. *Numerische Mathematik.* Berlin (Springer) 1989.
Hettich, R. und Zencke, P. *Numerische Methoden der Approximation und semi-infiniten Optimierung.* Stuttgart (Teubner) 1982.

Heuser, H. *Lehrbuch der Analysis,* Teil 2, 2. Aufl. Stuttgart (Teubner) 1991.
Kielbasiński, A. und Schwetlick, H. *Numerische lineare Algebra.* Berlin (Dt. Verlag der Wissenschaften) 1988.
Kulisch, U. *Grundlagen des numerischen Rechnens.* Reihe Informatik 19. Mannheim (BI-Wissenschaftsverlag) 1976.
Locher, F. *Einführung in die Numerische Mathematik.* Darmstadt (Wiss. Buchges.) 1978.
Maess, G. *Vorlesungen über numerische Mathematik, I Lineare Algebra* (1985), *II Analysis* (1988). Basel (Birkhäuser).
Mangoldt, H. v. und Knopp, K. *Einführung in die höhere Mathematik,* 3 Bde. Stuttgart (Hirzel) 1958.
Meinardus, G. *Approximationen von Funktionen und ihre numerische Behandlung.* Berlin (Springer) 1964.
Noltemeier, H. und Laue, R. *Informatik II, Einführung in Rechenstrukturen und Programmierung.* München (Hanser) 1984.
Reimer, M. *Grundlagen der Numerischen Mathematik I, II* (1980, 1982). Wiesbaden (Akad. Verlagsges.).
Rutishauser, R. *Vorlesungen über numerische Mathematik* 1, 2. Basel (Birkhäuser) 1976.
Schaback, R. und Werner, H. *Numerische Mathematik,* 4. Aufl. Berlin (Springer) 1992.
Schwarz, H. R. *Numerische Mathematik,* 2. Aufl. Stuttgart (Teubner) 1988.
Stoer, J. *Einführung in die Numerische Mathematik I,* 5. Aufl. Berlin (Springer) 1989.
Stoer, J. und Burlisch, R. *Einführung in die Numerische Mathematik II,* 3. Aufl. Berlin (Springer) 1990.
Opfer, G. *Numerische Mathematik für Anfänger.* Wiesbaden (Vieweg) 1993.
Werner, H. *Vorlesung über Approximationstheorie.* Berlin (Springer) 1966.
Werner, H. *Praktische Mathematik I.* Berlin (Springer) 1970.
Werner, H. und Schaback, R. *Praktische Mathematik II.* Berlin (Springer) 1979.
Wilkinson, J. H. *Rundungsfehler.* Berlin (Springer) 1969.
Wloka, J. *Funktionalanalysis und Anwendungen.* Berlin (de Gruyter) 1971.

Anhang
Benutzungsanleitung für beiliegende Programmdiskette

Die dem Buch beigefügte Diskette ist für Leser der *Numerischen Methoden* von Faires und Burden bestimmt. Sie darf nicht ohne Genehmigung der PWS-Kent Publishing Company kopiert, verkauft oder verbreitet werden.
Rezensenten der *Numerischen Methoden* dürfen für 90 Tage ab Erhalt des Paketes von diesem Gebrauch machen.

Inhalt: Programme der Numerischen Methoden

Programme der Numerischen Methoden

I. Über die Programmdiskette

Die Diskette in diesem Paket enthält für jede der in dem Buch *Numerische Methoden* von Faires und Burden vorgestellten Methoden ein Pascal- und ein FORTRAN-Programm. Jedes Programm wird mit Hilfe einer Musteraufgabe oder einem Beispiel erläutert, das weitestgehend mit dem Text übereinstimmt. Dadurch kann zunächst ersehen werden, welche Form die Ein- und Ausgaben des jeweiligen Programms besitzen, und dann kann das Programm durch kleinere Änderungen für andere Problemstellungen modifiziert werden. Die Programme sind für einem minimal konfigurierten Computer mit einer DOS-Plattform entworfen worden. Um die Programmdiskette verwenden zu können, müssen Sie das PC-DOS- oder MS-DOS-Betriebssystem und einen entsprechenden Pascal- oder FORTRAN-Compiler besitzen.

II. Ausführen der Pascal-Programme

Die folgenden Anleitungen zum Ausführen der Pascal-Programme gelten, falls Sie die Version 4.0 oder höhere Versionen des Borland Turbo-Pascal-Compilers verwenden. Benutzen Sie eine andere Pascal-Version, sollten Sie in dem Handbuch Ihres Pascal-Compilers die entsprechenden Pascal-Befehle nachschlagen.

1. Booten Sie das System.
2. Legen Sie die Turbo-Pascal-Diskette in Laufwerk `A` ein, und machen Sie `A` zum aktuellen Laufwerk.
3. Rufen Sie Turbo-Pascal auf, indem Sie den Befehl

   ```
   TURBO
   ```

   eingeben.

4. Auf dem Bildschirm erscheint folgende Zeile

```
FILE EDIT RUN COMPILE OPTIONS
```

5. Der numerische Coprozessor kann unter `OPTIONS` angezeigt werden.
6. Geben Sie den Befehl

```
F
```

für File ein.
7. Sie sehen dann ein Untermenü mit den folgenden Menüpunkten

```
LOAD
PICK
NEW
SAVE
WRITE TO
DIRECTORY
CHANGE DIR
OS SHELL
QUIT
```

8. Falls Sie zwei Diskettenlaufwerke besitzen, legen Sie die Numerische-Methoden-Diskette in Laufwerk `B` ein, und machen Sie `B` zum aktuellen Laufwerk. Dies erreicht man, indem man den Menüpunkt

```
CHANGE DIR
```

auswählt und dann

```
B:
```

eingibt. Besitzen Sie nur ein Diskettenlaufwerk, nehmen Sie die Turbo-Pascal-Compiler-Diskette aus dem Laufwerk heraus, und ersetzen Sie sie durch die entsprechende Numerische-Methoden-Diskette.
9. Geben Sie den Befehl

```
L
```

für Load ein, und auf dem Bildschirm erscheint

```
LOAD FILE NAME
*.PAS
```

10. Geben Sie den gewünschten Programmnamen ein. Wollen Sie beispielsweise das Programm für die Intervallschachtelung ausführen, geben Sie

```
BISECT21
```

in der Zeile `*.PAS` ein, und die ersten 14 Zeilen der Datei `BISECT21.PAS` erscheinen auf dem Bildschirm.

11. Nachdem der Computer das Programm geladen hat, geben Sie den Befehl

    `^KD`

    ein.
12. Lassen Sie das Programm mit dem Befehl

    `R`

    laufen.
13. Zum Verlassen von Turbo-Pascal drücken Sie die `x`- oder `X`-Taste gleichzeitig mit der `ALT`-Taste, oder wählen Sie `QUIT` unter dem `FILE`-Menüpunkt.

Die Modifikation eines der Pascal-Programme geht wie folgt vonstatten:

1. Innerhalb Turbo-Pascals und nachdem Sie wie oben beschrieben das Programm ausgewählt haben, wählen Sie den Menüpunkt `E` für edit.
2. Das Programm erscheint zum Editieren auf dem Bildschirm.
3. Mit den folgenden Anweisungen und Befehlen können Sie das Programm modifizieren und das neue Programm abspeichern. Der Turbo-Pascal-Editor ist eine vereinfachte Version des Wordstar-Editors. Falls Sie mit diesem gängigen Textverarbeitungssystem vertraut sind, werden Sie feststellen, daß Ihre Wordstar-Befehle größtenteils verwendbar sind.
   a) Zum Verlassen des Editors geben Sie den Befehl `^KD` ein.
   b) Mit den Cursor-Tasten (←, →, ↑ und ↓) können Sie sich innerhalb der Datei bewegen.
   c) Eingegebene Buchstaben werden eingefügt und nicht überschrieben, außer die `Ins`-Taste wird gedrückt. Mit dieser Taste kann man zwischen dem Einfügen- und Überschreiben-Modus hin- und herschalten.
   d) Der Befehl `^T` löscht das nächste rechte Wort, und der Befehl `^Y` löscht die aktuelle Zeile. Der Befehl `^QY` löscht die restliche Zeile rechts vom Cursor. Dies sind nur einige der am häufigsten verwendeten Editier-Kommandos. Falls Sie weitere Informationen benötigen, ziehen Sie bitte Ihr Turbo-Pascal-Handbuch zu Rate.
   e) Drücken der `ENTER`- oder `RETURN`-Taste (auf der Tastatur oftmals mit ↩ bezeichnet) am Ende einer Zeile erzeugt nach der aktuellen Zeile eine Leerzeile.
   f) In dem Programm sind die Zeilen, die gemäß der Problemstellung geändert werden müssen, mit einem Kommentar versehen. (Anmerkung: Kommentare sind in { } eingeschlossen.)
4. Nachdem Sie den Editor verlassen haben, kann das so modifizierte Programm mit dem Befehl `R` gestartet werden.
5. Das modifizierte Programm kann anstatt der vorigen Version auf der Numerische-Methoden-Diskette gespeichert werden.
6. Turbo-Pascal speichert eine Kopie der aktuellen Arbeitsdatei für den Fall, daß das Editieren versagt. Die Kopie besitzt denselben Namen wie die Arbeitsdatei, außer daß die Endung `.PAS` nach `.BAK` geändert wurde.

III. Ausführen der FORTRAN-Programme

Die FORTRAN-Programme sind derart konzipiert, daß sie unter jedem FORTRAN-Compiler für FORTRAN-77 korrekt laufen. Die unten aufgeführten Befehle beziehen sich auf die Microsoft FORTAN-Version 5.1 für das MS-DOS- oder PC-DOS-Betriebssystem. Falls ein anderer Compiler oder Betriebssystem verwendet wird, kann es nötig sein, diese Befehle zu modifizieren.

Angenommen, man möchte das FORTRAN-Programm zur Intervallschachtelung BISECT21.FOR laufen lassen. Zum Kompilieren der ASCII-Datei von BISECT21.FOR geben Sie den Befehl

```
FL /Fs BISECT21.FOR
```

ein. Dieser Befehl verbindet das Kompilieren und Linken und erzeugt das Listing BISECT21.LST und, falls keine Fehler aufgetreten sind, die Datei BISECT21.EXE als ausführbares Programm. Jeder während des Kompilierens aufgetretene Fehler erscheint sowohl auf dem Bildschirm als auch in der Datei BISECT21.LST. Nachdem das Kompilieren und Linken erfolgreich abgeschlossen wurde, kann das Programm mit dem Befehl

```
BISECT21
```

ausgeführt werden.

Das Programm können Sie entweder mit den mit Microsoft FORTRAN 5.1 mitgelieferten Hilfsmitteln oder mit einem Editor oder Textverarbeitungssystem abändern, das eine ASCII-Datei erzeugt.

IV. Beschreibung der Programme

Auf den folgenden Seiten werden kurz die Methoden beschrieben, auf denen die Programme in diesem Paket basieren. Jede Methode wird sowohl mit dem zugehörigen Namen des Programmes als auch mit der Seitenzahl in den Numerischen Methoden aufgeführt, auf der der Algorithmus der Methode gefunden werden kann. Eine Musteraufgabe des Programmes wird zusammen mit typischen Werten für die in dem Programm geforderten Eingaben beschrieben. Die Programme besitzen die allgemeine Endung `.EXT`, die durch `.PAS` oder `.FOR` ersetzt werden sollte, je nachdem, ob Sie mit einem Pascal- oder FORTRAN-Compiler arbeiten.

Einige der Programme stellen Ihnen Fragen der Form

```
Has the function F been created in the program
immediately proceeding the INPUT procedure ?
```

Um die Musteraufgaben auszuführen, sollten Sie in jedem Beispiel in den Pascalprogrammen

```
Y (for Yes)
```

und in den FORTRAN-Programmen

```
'Y' (for Yes)
```

eingeben, da die Funktionen in den Programmen eingebettet sind. Jedoch müssen die Funktionen geändert werden, falls die Programme modifiziert wurden, um andere Problemstellungen zu lösen.

Bei einigen Programmen können die Ausgaben sehr umfangreich sein. In diesen Fällen wurden die Programme derart konstruiert, die Ausgaben direkt in eine Ausgabedatei zu schreiben. Auf dem Bildschirm erscheint dann

```
Choice of output method:
1. Output to screen
2. Output to text file
Please enter 1 or 2
```

Um die Ausgaben in eine Datei zu schreiben, geben Sie die Antwort

```
2
```

Auf dem Bildschirm erscheint nun die Frage nach dem Namen der Ausgabedatei, in die die Daten geschrieben werden sollen

```
Input the file name in the form - drive:name.ext
```

Antworten Sie mit einem Dateinamen wie

```
FILENAME.OUT
```

in den Pascalprogrammen oder

```
'FILENAME.OUT'
```

in den FORTRAN-Programmen. Die Datei `FILENAME.OUT` kann dann herangezogen werden, um die Ausgaben aus dem Programm zu untersuchen.

Bei einigen Programmen muß eine große Datenmenge eingeben werden. Damit die Programme schnell und effizient laufen, können die Daten erst in Dateien erfaßt werden und dann diese von dem Programm gelesen werden. Wenn beispielsweise das Programm für die Methode von Neville `NEVLLE31.EXT` mit der definierten Datei `NEVLLE31.DTA` für die Musteraufgabe laufen soll, sehen Sie als erstes auf dem Bildschirm folgendes:

```
Choice of input method:
1. Input entry by entry from the keyboard
2. Input data from a text file
3. Generate date using a function F
Choose 1, 2, or 3 please
```

Wählen Sie `1` aus, müssen Sie alle Daten für das Programm über die Tastatur eingeben. Wahl `3` erfordert die Definition einer Funktion, mit der die Daten zur Verfügung gestellt werden. Bei dieser Wahl beendet sich das Programm, bis Sie das Programm durch Einbau der Funktion modifiziert haben.

Damit jede der Musteraufgaben mit dieser Wahl läuft, sollten Sie

```
2
```

eingeben. Auf dem Bildschirm erscheint nun die Frage

```
Has a text file been created with the data in
two columns ?
Enter Y or N
```

Beantworten Sie diese Frage in den Pascal-Programmen mit

```
Y (for Yes)
```

oder in den FORTRAN-Programmen mit

```
'Y' (for Yes)
```

Auf dem Bildschirm erscheint nun die Frage nach dem Namen der Eingabedatei:

```
Input the file name in the form - drive:name.ext
for example: A:NAME:DTA
```

Die korrekte Antwort auf diese Frage für die Musteraufgabe der Methode von Neville ist

```
NEVLLE31.DTA
```

für die Pascal-Programme oder

```
'NEVLLE31.DTA'
```

für die FORTRAN-Programme.

Das Programm erfragt nun die restlichen Daten über die Tastatur. Im Falle der Methode von Neville erfragt es den Grad `N` des Interpolationspolynoms und die Stelle `x`, an der das Polynom ausgewertet werden soll. Diese Werte sind in den Eingaben für das Programm aufgeführt.

Programme für Kapitel 2

Intervallschachtelung `BISECT21.EXT` S. 32

Dieses Programm approximiert mit der Intervallschachtelung eine in dem Intervall $[a, b]$ liegende Wurzel der Gleichung $f(x) = 0$. Die Musteraufgabe verwendet

$$f(x) = x^3 + 4x^2 - 10.$$

Eingaben: $a = 1, \quad b = 2, \quad TOL = 5 \cdot 10^{-4}, \quad N_0 = 20$

Sekantenverfahren `SECANT22.EXT` S. 38

Dieses Programm approximiert mit dem Sekantenverfahren eine Wurzel der Gleichung $f(x) = 0$. Die Musteraufgabe verwendet

$$f(x) = \cos x - x.$$

Eingaben: $p_0 = \frac{1}{2}, \quad p_1 = \frac{\pi}{4}, \quad TOL = 5 \cdot 10^{-4}, \quad N_0 = 15$

Regula falsi `FALPOS23.EXT` S. 40

Dieses Programm approximiert mit der Regula falsi eine Wurzel der Gleichung $f(x) = 0$. Die Musteraufgabe verwendet

$$f(x) = \cos x - x.$$

Eingaben: $p_0 = \frac{1}{2}, \quad p_1 = \frac{\pi}{4}, \quad TOL = 5 \cdot 10^{-4}, \quad N_0 = 15$

Newton-Raphson-Verfahren `NEWTON24.EXT` S. 43

Dieses Programm approximiert mit dem Newton-Raphson-Verfahren eine Wurzel der Gleichung $f(x) = 0$. Die Musteraufgabe verwendet

$$f(x) = \cos x - x \quad \text{mit} \quad f'(x) = -\sin x - 1.$$

Eingaben: $p_0 = \frac{\pi}{4}, \quad TOL = 5 \cdot 10^{-4}, \quad N_0 = 15$

Methode von Müller `MULLER25.EXT` S. 55

Dieses Programm approximiert mit der Methode von Müller eine Wurzel eines beliebigen Polynoms der Form

$$f(x) = a_n x^n + a_{n-1} x^{n-1} + \cdots + a_1 x + a_0.$$

Die Musteraufgabe verwendet

$$f(x) = 16x^4 - 40x^3 + 5x^2 + 20x + 6.$$

Eingaben: $n = 4$, $a_0 = 6$, $a_1 = 20$, $a_2 = 5$, $a_3 = -40$, $a_4 = 16$

$TOL = 0{,}00001$, $N_0 = 30$, $x_0 = \frac{1}{2}$, $x_1 = -\frac{1}{2}$, $x_2 = 0$

Programme für Kapitel 3

Methode von Neville `NEVLLE31.EXT` S. 69

Dieses Programm wertet mit der Methode von Neville das Interpolationspolynom $P(x)$ vom Grade n auf den $n + 1$ verschiedenen Stützstellen $x_0, \ldots, x_n$ an der Stelle x für eine gegebene Funktion f aus. Die Musteraufgabe betrachtet die Besselsche Funktion erster Art der Ordnung null in $x = 1{,}5$.

Eingaben: `NEVLLE31.DTA`, $n = 4$, $x = 1{,}5$

Newtonsche Interpolationsformel der dividierten Differenz `DIVDIF32.EXT` S. 74, 75

Dieses Programm wertet mit der Newtonschen Interpolationsformel der dividierten Differenz die Koeffizienten der dividierten Differenzen des Interpolationspolynoms $P(x)$ vom Grade n auf den $n + 1$ verschiedenen Stützstellen für eine gegebene Funktion f aus. Die Musteraufgabe betrachtet die Besselsche Funktion erster Art der Ordnung null.

Eingaben: `DIVDIF32.DTA`, $n = 4$

Hermitesche Interpolation `HERMIT33.EXT` S. 84

Dieses Programm wertet mit der Hermiteschen Interpolation die Koeffizienten des Hermiteschen Interpolationspolynoms $H(x)$ auf den auf den $n + 1$ verschiedenen Stützstellen $x_0, \ldots, x_n$ für eine gegebene Funktion f aus. Die Musteraufgabe betrachtet die Besselsche Funktion erster Art der Ordnung null.

Eingaben: `HERMIT33.DTA`, $n = 2$

Kubisches Spline mit natürlichen Randbedingungen NCUBSP34.EXT S. 91

Dieses Programm konstruiert mit einem kubischen Spline mit natürlichen Randbedingungen die kubische Spline-Interpolierende S für eine Funktion f. Die Musteraufgabe betrachtet $f(x) = e^{2x}$ auf dem Intervall [0, 1].

Eingaben: (Wählen Sie Eingabemöglichkeit 2.) NCUBSP34.DTA, $n = 4$

Kubisches Spline mit Hermite-Randbedingungen CCUBSP35.EXT S. 91

Dieses Programm konstruiert mit einem kubischen Spline mit Hermite-Randbedingungen die kubische Spline-Interpolierende S mit Hermite-Randbedingungen für die Funktion f. Die Musteraufgabe betrachtet $f(x) = e^{2x}$ auf dem Intervall [0, 1].

Eingaben: (Wählen Sie Eingabemöglichkeit 2.) CCUBSP35.DTA, $n = 4$

$FP0 = 2, \quad FP1 = 2e^2$

Bézier-Kurven BEZIER36.EXT S. 103

Mit diesem Programm konstruiert man Parameterkurven zur Approximation gegebener Daten. Die Musteraufgabe betrachtet

$$(x_0, y_0) = (0, 0)$$

$$(x_0^+, y_0^+) = (1/4, 1/4)$$

$$(x_1, y_1) = (1, 1)$$

$$(x_1^-, y_1^-) = (1/2, 1/2)$$

$$(x_1^+, y_1^+) = (-1/2, -1/2)$$

$$(x_2, y_2) = (2, 2)$$

$$(x_0^-, y_0^-) = (-1, -1)$$

Eingaben: BEZIER36.DTA, $n = 2$

Programme für Kapitel 4

Zusammengesetzte Simpsonsche Regel CSIMPR41.EXT S. 120

Dieses Programm approximiert mit der zusammengesetzten Simpsonschen Regel

$$\int_a^b f(x)dx.$$

Die Musteraufgabe verwendet

$$f(x) = \sin x, \quad \text{auf } [0, \pi].$$

Eingaben: $a = 0, \quad b = \pi, \quad n = 10$

Romberg-Integration ROMBRG42.EXT S. 137

Dieses Programm approximiert mit dem Romberg-Verfahren

$$\int_a^b f(x)dx.$$

Die Musteraufgabe verwendet

$$f(x) = \sin x, \quad \text{auf } [0, \pi].$$

Eingaben: $a = 0, \quad b = \pi, \quad n = 6$

Adaptives Quadraturverfahren ADAPQR43.EXT S. 143

Dieses Programm approximiert mit dem adaptiven Quadraturverfahren

$$\int_a^b f(x)dx$$

innerhalb einer gegebenen Toleranz $TOL > 0$. Die Musteraufgabe verwendet

$$f(x) = \frac{100}{x^2} \sin \frac{10}{x}, \quad \text{auf } [1, 3].$$

Eingaben: $a = 1, \quad b = 3, \quad TOL = 0{,}0001, \quad N = 20$

Zusammengesetzte Simpsonsche Regel für Doppelintegrale `DINTGL44.EXT` S. 153

Dieses Programm approximiert mit der zusammengesetzten Simpsonschen Regel für Doppelintegrale

$$\int_a^b \int_{c(x)}^{d(x)} f(x, y) dy\, dx.$$

Die Musteraufgabe verwendet

$$f(x, y) = e^{\frac{y}{x}}$$

mit

$$c(x) = x^3, \quad d(x) = x^2, \quad a = 0{,}1 \quad \text{und} \quad b = 0{,}5.$$

Eingaben: $a = 0{,}1, \quad b = 0{,}5, \quad m = 5, \quad n = 5$

Gaußsche Quadratur für Doppelintegrale `DGQINT45.EXT` S. 153

Dieses Programm approximiert mit der Gaußschen Quadratur

$$\int_a^b \int_{c(x)}^{d(x)} f(x, y) dy\, dx.$$

Die Musteraufgabe verwendet

$$f(x, y) = e^{\frac{y}{x}}$$

mit

$$c(x) = x^3, \quad d(x) = x^2, \quad a = 0{,}1 \quad \text{und} \quad b = 0{,}5.$$

Eingaben: $a = 0{,}1, \quad b = 0{,}5, \quad m = 5, \quad n = 5$

Gaußsche Quadratur für Dreifachintegrale `TINTGL46.EXT` S. 154

Dieses Programm approximiert mit der Gaußschen Quadratur

$$\int_a^b \int_{c(x)}^{d(x)} \int_{\alpha(x,y)}^{\beta(x,y)} f(x, y, z) dz\, dy\, dx.$$

Die Musteraufgabe verwendet

$$f(x, y, z) = \sqrt{x^2 + y^2}$$

mit

$$\alpha(x, y) = \sqrt{x^2 + y^2}, \quad \beta(x, y) = 2,$$
$$c(x) = 0{,}0, \quad d(x) = \sqrt{4 - x^2}, \quad a = 0 \quad \text{und} \quad b = 2.$$

Eingaben: $a = 0, \quad b = 2, \quad m = 5, \quad n = 5 \quad p = 5$

Programme für Kapitel 5

Eulersches Verfahren EULERM51.EXT S. 180

Dieses Programm approximiert mit dem Eulerschen Verfahren die Lösung eines Anfangswertproblems der Form

$$y' = f(t, y), \quad y(a) = \alpha, \quad a \le t \le b.$$

Die Musteraufgabe verwendet

$$f(t, y) = y - t^2 + 1, \quad y(0) = 0{,}5, \quad 0 \le t \le 2.$$

Eingaben: $a = 0, \quad b = 2, \quad N = 10, \quad \alpha = 0{,}5$

Runge-Kutta-Verfahren RKOR4M52.EXT S. 194, 219

Dieses Programm approximiert mit dem Runge-Kutta-Verfahren der Ordnung vier die Lösung des Anfangswertproblems der Form

$$y' = f(t, y), \quad y(a) = \alpha, \quad a \le t \le b.$$

Die Musteraufgabe verwendet

$$f(t, y) = y - t^2 + 1, \quad y(0) = 0{,}5, \quad 0 \le t \le 2.$$

Eingaben: $a = 0, \quad b = 2, \quad N = 10, \quad \alpha = 0{,}5$

Adams-Prädiktor-Korrektor-Methode der Ordnung vier PRCORM53.EXT S. 204

Dieses Programm approximiert mit der Adams-Prädiktor-Korrektor-Methode der Ordnung vier die Lösung eines Anfangswertproblems der Form

$$y' = f(t, y), \quad y(a) = \alpha, \quad a \le t \le b.$$

Die Musteraufgabe verwendet

$$f(t, y) = y - t^2 + 1, \quad y(0) = 0{,}5, \quad 0 \le t \le 2.$$

Eingaben: $a = 0, \quad b = 2, \quad N = 10, \quad \alpha = 0{,}5$

Extrapolationsverfahren EXTRAP54.EXT S. 209, 210

Dieses Programm approximiert mit dem Extrapolationsverfahren die Lösung eines Anfangswertproblems der Form

$$y' = f(t, y), \quad y(a) = \alpha, \quad a \le t \le b.$$

Die Musteraufgabe verwendet

$$f(t, y) = y - t^2 + 1, \quad y(0) = 0{,}5, \quad 0 \le t \le 2.$$

Eingaben: $a = 0, \quad b = 2, \quad \alpha = 0{,}5, \quad TOL = 0{,}00001,$

$hmin = 0{,}01, \quad hmax = 0{,}25$

Runge-Kutta-Fehlberg-Methode RKFVSM55.EXT S. 216

Dieses Programm approximiert mit der Runge-Kutta-Fehlberg-Methode die Lösung eines Anfangswertproblems der Form

$$y' = f(t, y), \quad y(a) = \alpha, \quad a \le t \le b$$

innerhalb einer gegebenen Toleranz. Die Musteraufgabe verwendet

$$f(t, y) = y - t^2 + 1, \quad y(0) = 0{,}5, \quad 0 \le t \le 2.$$

Eingaben: $a = 0, \quad b = 2, \quad \alpha = 0{,}5 \quad TOL = 0{,}00001,$

$hmin = 0{,}01, \quad hmax = 0{,}25$

Adams-Prädiktor-Korrektor-Methode mit variabler Schrittweite VPRCOR56.EXT S. 219

Dieses Programm approximiert mit der Adams-Prädiktor-Korrektor-Methode mit variabler Schrittweite die Lösung eines Anfangswertproblems der Form

$$y' = f(t, y), \quad y(a) = \alpha, \quad a \le t \le b$$

innerhalb einer gegebenen Toleranz. Die Musteraufgabe verwendet

$$f(t, y) = y - t^2 + 1, \quad y(0) = 0{,}5, \quad 0 \le t \le 2.$$

Eingaben: $a = 0,\quad b = 2,\quad \alpha = 0{,}5\quad TOL = 0{,}00001,$

$hmin = 0{,}01,\quad hmax = 0{,}25$

Runge-Kutta-Verfahren für Differentialgleichungssysteme `RK04SY57.EXT` S. 223

Dieses Programm approximiert mit dem Runge-Kutta-Verfahren für Differentialgleichungssysteme die Lösung des Systems m-ter Ordnung von Anfangswertproblemen erster Ordnung.
Die Musteraufgabe betrachtet das System zweiter Ordnung

$$f_1(u_1, u_2) = -4u_1 + 3u_2 + 6, \quad u_1(0) = 0$$

$$f_2(u_1, u_2) = -2{,}4u_1 + 1{,}6u_2 + 3{,}6, \quad u_2(0) = 0.$$

Eingaben: $a = 0,\quad b = 0{,}5,\quad N = 5,\quad \alpha_1 = 0,\quad \alpha_2 = 0$

Trapezmethode mit Newtonscher Iteration `TRAPNT58.EXT` S. 233

Dieses Programm approximiert mit der Trapezmethode mit Newtonscher Iteration die Lösung des Anfangswertproblems

$$y' = f(t, y), \quad y(a) = \alpha, \quad a \leq t \leq b.$$

Die Musteraufgabe verwendet

$$f(t, y) = 5e^{5t}(y - t)^2 + 1, \quad y(0) = -1, \quad 0 \leq t \leq 1.$$

Eingaben: $a = 0,\quad b = 1,\quad N = 5,\quad \alpha = -1,$

$TOL = 0{,}000001,\quad M = 10$

Programme für Kapitel 6

Gaußscher Algorithmus mit Rückwärtseinsetzen `GAUSEL61.EXT` S. 245

Dieses Programm löst mit dem Gaußschen Algorithmus mit Rückwärtseinsetzen ein $(n \times n)$-Linearsystem der Form $A\mathbf{x} = \mathbf{b}$. Die Musteraufgabe löst das

Linearsystem

$$\begin{aligned} x_1 - x_2 + 2x_3 - x_4 &= -8 \\ 2x_1 - 2x_2 + 3x_3 - 3x_4 &= -20 \\ x_1 + x_2 + x_3 \phantom{{}-3x_4} &= -2 \\ x_1 - x_2 + 4x_3 + 3x_4 &= 4. \end{aligned}$$

Eingaben: `GAUSEL61.DTA`, $n = 4$

Gaußscher Algorithmus mit Kolonnenmaximumstrategie `GAUMCP62.EXT` S. 253

Dieses Programm löst mit dem Gaußschen Algorithmus mit Kolonnenmaximumstrategie ein $(n \times n)$-Linearsystem. Die Musteraufgabe löst das Linearsystem

$$\begin{aligned} x_1 - x_2 + 2x_3 - x_4 &= -8 \\ 2x_1 - 2x_2 + 3x_3 - 3x_4 &= -20 \\ x_1 + x_2 + x_3 \phantom{{}-3x_4} &= -2 \\ x_1 - x_2 + 4x_3 + 3x_4 &= 4. \end{aligned}$$

Eingaben: `GAUMCP62.DTA`, $n = 4$

Gaußscher Algorithmus mit relativer Kolonnenmaximumstrategie `GAUSCP63.EXT` S. 254

Dieses Programm löst mit dem Gaußschen Algorithmus mit relativer Kolonnenmaximumstrategie ein $(n \times n)$-Linearsystem. Die Musteraufgabe löst das Linearsystem

$$\begin{aligned} x_1 - x_2 + 2x_3 - x_4 &= -8 \\ 2x_1 - 2x_2 + 3x_3 - 3x_4 &= -20 \\ x_1 + x_2 + x_3 \phantom{{}-3x_4} &= -2 \\ x_1 - x_2 + 4x_3 + 3x_4 &= 4. \end{aligned}$$

Eingaben: `GAUSCP63.DTA`, $n = 4$

Direkte Faktorisierung `DIFACT64.EXT` S. 270

Dieses Programm zerlegt mit der direkten Faktorisierung die $(n \times n)$-Matrix A in das Produkt $A = LU$ einer unteren Dreiecksmatrix L und einer oberen

Dreiecksmatrix U. Die in der Musteraufgabe zerlegte Matrix ist

$$A = \begin{bmatrix} 6 & 2 & 1 & -1 \\ 2 & 4 & 1 & 0 \\ 1 & 1 & 4 & -1 \\ -1 & 0 & -1 & 3 \end{bmatrix}$$

Eingaben: `DIFACT64.DTA`, $n = 4$, $ISW = 1$

Cholesky-Zerlegung `CHOLFC65.EXT` S. 277

Dieses Programm faktorisiert mit der Cholesky-Zerlegung die positiv definite $(n \times n)$-Matrix A in das Produkt LL^{t}, wobei L eine untere Dreiecksmatrix ist. Die in der Musteraufgabe faktorisierte Matrix ist

$$A = \begin{bmatrix} 4 & -1 & 1 \\ -1 & 4{,}25 & 2{,}75 \\ 1 & 2{,}75 & 3{,}5 \end{bmatrix}$$

Eingaben: `CHOLFC65.DTA`, $n = 3$

LDL^{t}-Faktorisierung `LDLFCT66.EXT` S. 277

Dieses Programm faktorisiert mit der LDL^{t}-Zerlegung die positiv definite $(n \times n)$-Matrix A in das Produkt LDL^{t}, wobei L eine untere Dreiecksmatrix und D eine Diagonalmatrix ist. Die in der Musteraufgabe faktorisierte Matrix ist

$$A = \begin{bmatrix} 4 & -1 & 1 \\ -1 & 4{,}25 & 2{,}75 \\ 1 & 2{,}75 & 3{,}5 \end{bmatrix}$$

Eingaben: `LDLFCT66.DTA`, $n = 3$

Crout-Zerlegung für tridiagonale Linearsysteme `CRTRLS67.EXT` S. 281

Dieses Programm löst mit der Crout-Zerlegung für tridiagonale Linearsysteme ein tridiagonales $(n \times n)$-Linearsystem. Das Mustersystem ist

$$\begin{aligned} 2x_1 - x_2 \qquad\qquad &= 1 \\ -x_1 + 2x_2 - x_3 \qquad &= 0 \\ - x_2 + 2x_3 - x_4 &= 0 \\ - x_3 + 2x_4 &= 0. \end{aligned}$$

Eingaben: `CRTRLS67.DTA`, $n = 4$

Programme für Kapitel 7

Jacobi-Iterationsverfahren `JACITR71.EXT` S. 308

Dieses Programm approximiert mit dem Jacobi-Iterationsverfahren die Lösung des $(n \times n)$-Linearsystems $A\mathbf{x} = \mathbf{b}$ mit der Anfangsbedingung $\mathbf{x}_0 = (x_1^0, x_2^0, \ldots, x_n^0)^t$. Die Musteraufgabe approximiert die Lösung des Linearsystems

$$\begin{aligned} 10x_1 - x_2 + 2x_3 &= 6 \\ -x_1 + 11x_2 - x_3 + 3x_4 &= 25 \\ 2x_1 - x_2 + 10x_3 - x_4 &= -11 \\ 3x_2 - x_3 + 8x_4 &= 15 \end{aligned}$$

mit dem Anfangsvektor $\mathbf{x}_0 = (0, 0, 0, 0)^t$.

Eingaben: `JACITR71.DTA`, $n = 4$, $TOL = 0{,}001$, $N = 30$

Gauß-Seidel-Iterationsverfahren `GSEITR72.EXT` S. 310

Dieses Programm approximiert mit dem Gauß-Seidel-Iterationsverfahren die Lösung des $(n \times n)$-Linearsystems $A\mathbf{x} = \mathbf{b}$ mit der Anfangsbedingung $\mathbf{x}_0 = (x_1^0, x_2^0, \ldots, x_n^0)^t$. Die Musteraufgabe approximiert die Lösung des Linearsystems

$$\begin{aligned} 10x_1 - x_2 + 2x_3 &= 6 \\ -x_1 + 11x_2 - x_3 + 3x_4 &= 25 \\ 2x_1 - x_2 + 10x_3 - x_4 &= -11 \\ 3x_2 - x_3 + 8x_4 &= 15 \end{aligned}$$

mit dem Anfangsvektor $\mathbf{x}_0 = (0, 0, 0, 0)^t$.

Eingaben: `GSEITR72.DTA`, $n = 4$, $TOL = 0{,}001$, $N = 30$

SOR-Verfahren `SORITR73.EXT` S. 312

Dieses Verfahren approximiert mit dem SOR-Verfahren die Lösung des $(n \times n)$-Linearsystems $A\mathbf{x} = \mathbf{b}$ mit einem gegebenen Parameter ω und einer Anfangsnäherung $\mathbf{x}_0 = (x_1^0, x_2^0, \ldots, x_n^0)^t$. Die Musteraufgabe approximiert die Lösung des Linearsystems

$$\begin{aligned} 4x_1 + 3x_2 &= 24 \\ 3x_1 + 4x_2 + x_3 &= 30 \\ - x_2 + 4x_3 &= -24 \end{aligned}$$

mit dem Anfangsvektor $\mathbf{x}_0 = (1, 1, 1)^t$.

Eingaben: SORITR73.DTA, $n = 3$, $TOL = 0{,}001$, $\omega = 1{,}25$

Programme für Kapitel 8

Padé-Approximation PADEMD81.EXT S. 349

Dieses Programm berechnet mit der Padé-Approximation die rationale Approximation

$$r(x) = \frac{p_0 + p_1 x + \cdots + p_n x^n}{q_0 + q_1 x + \cdots + q_m x^m}$$

einer Funktion $f(x)$ mit der MacLaurinschen Reihe $a_0 + a_1 x + a_2 x^2 + \cdots$. Die Musteraufgabe verwendet

$$f(x) = e^{-x},$$

wobei $a_0 = 1$, $a_1 = -1$, $a_2 = \frac{1}{2}$, $a_3 = -\frac{1}{6}$, $a_4 = \frac{1}{24}$, $a_5 = -\frac{1}{120}$.

Eingaben: PADEMD81.DTA, $m = 2$, $n = 3$

Rationale Tschebyschew-Approximation CHEBYM82.EXT S. 353

Dieses Programm berechnet mit der rationalen Tschebyschew-Approximation die rationale Approximation

$$r_T(x) = \frac{p_0 T_0(x) + p_1 T_1(x) + \ldots + p_n T_n(x)}{q_0 T_0(x) + q_1 T_1(x) + \ldots + q_m T_m(x)}$$

einer durch seine Tschebyschew-Entwicklung $a_0 T_0(x) + a_1 T_1(x) + a_2 T_2(x) + \cdots$ gegebenen Funktion $f(x)$. Die Musteraufgabe verwendet $f(x) = e^{-x}$, wobei $a_0 = 1{,}266066$, $a_1 = -1{,}130318$, $a_2 = 0{,}271495$, $a_3 = -0{,}044337$, $a_4 = 0{,}005474$, $a_5 = -0{,}000543$.

Eingaben: CHEBYM82.DTA, $m = 2$, $n = 3$

Schnelle Fouriertransformation FFTRNS83.EXT S. 369

Dieses Programm berechnet mit der schnellen Fouriertransformation die Koeffizienten in der diskreten, trigonometrischen Approximation für eine gegebene

Datenmenge. Die Musteraufgabe konstruiert eine Approximation der Funktion

$$f(x) = e^{-x}$$

auf dem Intervall $[0, 2]$.

Eingaben: (Wählen Sie die Eingabemöglichkeit 3.) $m = 8$

Programme für Kapitel 9

Potenzmethode `POWERM91.EXT` S. 383

Dieses Programm approximiert mit der Potenzmethode den dominanten Eigenwert und einen zugehörigen Eigenvektor einer $(n \times n)$-Matrix A mit einem vom Nullvektor verschiedenen Vektor $\mathbf{x}$. Die Musteraufgabe betrachtet die Matrix

$$A = \begin{bmatrix} -4 & 14 & 0 \\ -5 & 13 & 0 \\ -1 & 0 & 2 \end{bmatrix}$$

mit $\mathbf{x} = (1, 1, 1)^t$ als Anfangsnäherung des Eigenvektors.

Eingaben: `POWERM91.DTA`, $n = 3$, $TOL = 0{,}0001$, $N = 30$

Symmetrische Potenzmethode `SYMPWR92.EXT` S. 384

Dieses Programm approximiert mit der symmetrischen Potenzmethode den dominanten Eigenwert und einen zugehörigen Eigenvektor einer symmetrischen $(n \times n)$-Matrix A mit einem vom Nullvektor verschiedenen Vektor $\mathbf{x}$. Die Musteraufgabe betrachtet die symmetrische Matrix

$$A = \begin{bmatrix} 4 & -1 & 1 \\ -1 & 3 & -2 \\ 1 & -2 & 3 \end{bmatrix}$$

mit $\mathbf{x} = (1, 0, 0)^t$ als Anfangsnäherung des Eigenvektors.

Eingaben: `SYMPWR92.DTA`, $n = 3$, $TOL = 0{,}0001$, $N = 25$

Inverse Potenzmethode INVPWR93.EXT S. 387

Dieses Programm approximiert mit der inversen Potenzmethode einen am nächsten einer gegebenen Zahl q liegenden Eigenwert und einen zugehörigen Eigenvektor einer $(n \times n)$-Matrix A. Die Musteraufgabe betrachtet die Matrix

$$A = \begin{bmatrix} -4 & 14 & 0 \\ -5 & 13 & 0 \\ -1 & 0 & 2 \end{bmatrix}$$

mit $\mathbf{x} = (1, 1, 1)^t$ als Anfangsnäherung des Eigenvektors und der durch

$$q = \frac{\mathbf{x}^{(0)t} A \mathbf{x}^{(0)}}{\mathbf{x}^{(0)t} \mathbf{x}^{(0)}}$$

definierten Zahl.

Eingaben: INVPWR93.DTA, $n = 3$, $TOL = 0{,}0001$, $N = 25$

Wielandtsche Deflation WIEDEF94.EXT S. 389

Dieses Programm approximiert mit der Wielandtschen Deflation den betragmäßig zweitgrößten Eigenwert und einen zugehörigen Eigenvektor der $(n \times n)$-Matrix A mit einem vom Nullvektor verschiedenen Vektor $\mathbf{x}_0$. Die Musteraufgabe betrachtet die Matrix

$$A = \begin{bmatrix} 4 & -1 & 1 \\ -1 & 3 & -2 \\ 1 & -2 & 3 \end{bmatrix},$$

die den dominanten Eigenwert $x = 6$ und den zughörigen Eigenvektor $\mathbf{v} = (1, -1, 1)^t$ besitzt. Die Anfangsnäherung ist $\mathbf{x}_0 = (1, 1)^t$.

Eingaben: WIEDEF94.DTA, $n = 3$, $TOL = 0{,}0001$, $N = 30$

Householder-Verfahren HSEHLD95.EXT S. 396

Dieses Programm erhält mit dem Householder-Verfahren eine symmetrische Tridiagonalmatrix, die einer gegebenen symmetrischen Matrix A ähnlich ist. Die Musteraufgabe betrachtet die Matrix

$$A = \begin{bmatrix} 4 & 1 & -2 & 2 \\ 1 & 2 & 0 & 1 \\ -2 & 0 & 3 & -2 \\ 2 & 1 & -2 & -1 \end{bmatrix}$$

Eingaben: HSEHLD95.DTA, $n = 4$

QR-Algorithmus `QRSYMT96.EXT` S. 404

S. 404

Dieses Programm erhält mit dem QR-Algorithmus die Eigenwerte einer symmetrischen Tridiagonalmatrix der Form

$$A = \begin{bmatrix} a_1^{(1)} & b_2^{(1)} & 0 & \cdots & \cdots & \cdots & \cdots & 0 \\ b_2^{(1)} & a_2^{(1)} & b_3^{(1)} & \ddots & & & & \vdots \\ 0 & b_3^{(1)} & a_3^{(1)} & b_4^{(1)} & \ddots & & & \vdots \\ \vdots & \ddots & \ddots & \ddots & \ddots & \ddots & & \vdots \\ \vdots & & \ddots & \ddots & \ddots & \ddots & \ddots & \vdots \\ \vdots & & & \ddots & \ddots & \ddots & \ddots & 0 \\ \vdots & & & & \ddots & b_{n-1}^{(1)} & a_{n-1}^{(1)} & b_n^{(1)} \\ 0 & \cdots & \cdots & \cdots & \cdots & 0 & b_n^{(1)} & a_n^{(1)} \end{bmatrix}.$$

Die Musteraufgabe betrachtet die Matrix

$$A = \begin{bmatrix} a_1^{(1)} & b_2^{(1)} & 0 \\ b_2^{(1)} & a_2^{(1)} & b_3^{(1)} \\ 0 & b_3^{(1)} & a_3^{(1)} \end{bmatrix} = \begin{bmatrix} 3 & 1 & 0 \\ 1 & 3 & 1 \\ 0 & 1 & 3 \end{bmatrix}$$

Eingaben: `QRSYMT96.DTA`, $n = 3$, $TOL = 0{,}00001$, $M = 30$

Programme für Kapitel 10

Newtonsches Verfahren für Systeme `NWTSY101.EXT` S. 415

Dieses Programm approximiert mit dem Newtonschen Verfahren für Systeme die Lösung des nichtlinearen Gleichungssystems $\mathbf{F}(x) = 0$ mit einer Anfangsnäherung $\mathbf{x}_0$. Die Musteraufgabe verwendet

$$\mathbf{F}(x) = \left(f_1(\mathbf{x}), f_2(\mathbf{x}), f_3(\mathbf{x})\right)^t,$$

wobei

$$\mathbf{x} = (x_1, x_2, x_3)^t$$

und

$$f_1(x_1, x_2, x_3) = 3x_1 - \cos(x_2 x_3) - 0{,}5$$
$$f_2(x_1, x_2, x_3) = x_1^2 - 81(x_2 + 0{,}1)^2 + \sin x_3 + 1{,}06$$
$$f_3(x_1, x_2, x_3) = e^{-x_1 x_2} + 20x_3 + \frac{10\pi - 3}{3}.$$

Eingaben: $n = 3$, $TOL = 0{,}00001$, $N = 25$, $\mathbf{x}_0 = (0{,}1, 0{,}1, -0{,}1)^t$

Broydensches Verfahren `BROYM102.EXT` S. 423

Dieses Programm approximiert mit dem Broydenschen Verfahren die Lösung des nichtlinearen Gleichungssystems $\mathbf{F}(x) = 0$ mit einer Anfangsnäherung $\mathbf{x}_0$. Die Musteraufgabe verwendet

$$\mathbf{F}(x) = \big(f_1(\mathbf{x}), f_2(\mathbf{x}), f_3(\mathbf{x})\big)^{\mathrm{t}},$$

wobei

$$\mathbf{x} = (x_1, x_2, x_3)^{\mathrm{t}}$$

und

$$\begin{aligned} f_1(x_1, x_2, x_3) &= 3x_1 - \cos(x_2 x_3) - 0.5 \\ f_2(x_1, x_2, x_3) &= x_1^2 - 81(x_2 + 0{,}1)^2 + \sin x_3 + 1{,}06 \\ f_3(x_1, x_2, x_3) &= e^{-x_1 x_2} + 20x_3 + \frac{10\pi - 3}{3}. \end{aligned}$$

Eingaben: $n = 3$, $TOL = 0{,}00001$, $N = 25$, $\mathbf{x}_0 = (0{,}1, 0{,}1, -0{,}1)^{\mathrm{t}}$

Sattelpunktmethode `STPDC103.EXT` S. 430

Dieses Programm approximiert mit der Sattelpunktmethode eine Lösung des Minimums der Funktion

$$g(\mathbf{x}) = \sum_{i=1}^{n} [f_i(\mathbf{x})]^2$$

mit einer Anfangsnäherung $\mathbf{x}_0$. Damit approximiert man auch eine Nullstelle von

$$\mathbf{F}(x) = \big(f_1(\mathbf{x}), f_2(\mathbf{x}), \ldots, f_n(\mathbf{x})\big)^{\mathrm{t}}.$$

Die Musteraufgabe verwendet

$$\mathbf{F}(x) = \big(f_1(\mathbf{x}), f_2(\mathbf{x}), f_3(\mathbf{x})\big)^{\mathrm{t}}, \quad \text{wobei} \quad \mathbf{x} = (x_1, x_2, x_3)^{\mathrm{t}}$$

und

$$\begin{aligned} f_1(x_1, x_2, x_3) &= 3x_1 - \cos(x_2 x_3) - 0{,}5 \\ f_2(x_1, x_2, x_3) &= x_1^2 - 81(x_2 + 0{,}1)^2 + \sin x_3 + 1{,}06 \\ f_3(x_1, x_2, x_3) &= e^{-x_1 x_2} + 20x_3 + \frac{10\pi - 3}{3} \end{aligned}$$

ist.

Eingaben: $n = 3$, $TOL = 0{,}05$, $N = 10$, $\mathbf{x}_0 = (0{,}5, 0{,}5, 0{,}5)^{\mathrm{t}}$

Programme für Kapitel 11

Einfaches Schießverfahren bei linearen Randwertproblemen `LINST111.EXT` S. 438

Dieses Programm approximiert mit dem einfachen Schießverfahren die Lösung eines linearen Zwei-Punkte-Randwertproblems

$$y'' = p(x)y' + q(x)y + r(x), \quad a \leq x \leq b, \quad y(a) = \alpha, \quad y(b) = \beta.$$

Die Musteraufgabe betrachtet das Randwertproblem

$$y'' = -\frac{2}{x}y' + \frac{2}{x^2}y + \frac{\sin(\ln x)}{x^2}, \quad y(1) = 1, \quad y(2) = 2.$$

Eingaben: $a = 1, \quad b = 2, \quad \alpha = 1, \quad \beta = 2, \; N = 10$

Differenzenverfahren bei linearen Randwertproblemen `LINFD112.EXT` S. 445

Dieses Programm approximiert mit dem einfachen Differenzenverfahren die Lösung eines linearen Zwei-Punkte-Randwertproblems

$$y'' = p(x)y' + q(x)y + r(x), \quad a \leq x \leq b, \quad y(a) = \alpha, \quad y(b) = \beta.$$

Die Musteraufgabe betrachtet das Randwertproblem

$$y'' = -\frac{2}{x}y' + \frac{2}{x^2}y + \frac{\sin(\ln x)}{x^2}, \quad y(1) = 1, \quad y(2) = 2.$$

Eingaben: $a = 1, \quad b = 2, \quad \alpha = 1, \quad \beta = 2, \quad N = 9$

Einfaches Schießverfahren bei nichtlinearen Randwertproblemen `NLINS113.EXT` S. 452

Dieses Programm approximiert mit dem einfachen Schießverfahren die Lösung eines nichtlinearen Zwei-Punkte-Randwertproblems

$$y'' = f(x, y, y'), \quad a \leq x \leq b \quad y(a) = \alpha, \quad y(b) = \beta.$$

Die Musteraufgabe betrachtet das Randwertproblem

$$y'' = 4 + 0{,}25x^3 - 0{,}125yy', \quad y(1) = 17, \quad y(3) = \frac{43}{3},$$

wobei

$$f_y(x, y, y') = -\frac{y'}{8} \quad \text{und} \quad f_{y'}(x, y, y') = -\frac{y}{8}$$

ist.

Eingaben: $a = 1$, $b = 3$, $\alpha = 17$, $\beta = \frac{43}{3}$, $N = 20$,

$TOL = 0{,}0001$, $M = 25$

Differenzenverfahren bei nichtlinearen Randwertproblemen `NLFDM114.EXT` S. 455

Dieses Programm approximiert mit dem Differenzenverfahren die Lösung eines nichtlinearen Zwei-Punkte-Randwertproblems

$$y'' = f(x, y, y'), \quad a \le x \le b, \quad y(a) = \alpha, \quad y(b) = \beta.$$

Die Musteraufgabe betrachtet das Randwertproblem

$$y'' = 4 + 0{,}25x^3 + 0{,}125yy', \quad y(1) = 17, \quad y(3) = \frac{43}{3},$$

wobei

$$f_y(x, y, y') = -\frac{y'}{8} \quad \text{und} \quad f_{y'}(x, y, y') = -\frac{y}{8}$$

ist.

Eingaben: $a = 1$, $b = 3$, $\alpha = 17$, $\beta = \frac{43}{3}$, $N = 19$,

$TOL = 0{,}0001$, $M = 25$

Stückweise lineare Rayleigh-Ritz-Methode `PLRRG115.EXT` S. 464

Dieses Programm approximiert mit der stückweisen linearen Rayleigh-Ritz-Methode die Lösung eines Zwei-Punkte-Randwertproblems

$$-\frac{d}{dx}\left(p(x)\frac{dy}{dx}\right) + q(x)y = f(x), \quad 0 \le x \le 1, \quad y(0) = y(1) = 0.$$

Die Musteraufgabe verwendet die Differentialgleichung

$$-y'' + \pi^2 y = 2\pi^2 \sin \pi x, \quad y(0) = 0, \quad y(1) = 0.$$

Eingaben: $n = 9$, `PLRRG115.DTA`

Kubische Spline-Rayleigh-Ritz-Methode `CSRRG116.EXT` S. 469

Dieses Programm approximiert mit der kubischen Spline-Rayleigh-Ritz-Methode die Lösung eines Randwertproblems

$$-\frac{d}{dx}\left(p(x)\frac{dy}{dx}\right) + q(x)y = f(x), \quad 0 \le x \le 1, \quad y(0) = y(1) = 0.$$

Die Musteraufgabe verwendet die Differentialgleichung

$$-y'' + \pi^2 y = 2\pi^2 \sin \pi x, \quad y(0) = 0, \quad y(1) = 0.$$

Eingaben: $n = 9, \quad f'(0) = 2\pi^3, \quad f'(1) = -2\pi^3, \quad p'(0) = 0,$

$p'(1) = 0, \quad q'(0) = 0, \quad q'(1) = 0$

Programme für Kapitel 12

Differenzenverfahren für die Poisson-Gleichung `POIFD121.EXT` S. 482, 483

Dieses Programm approximiert mit dem Differenzenverfahren die Lösung der Poisson-Gleichung

$$\frac{\partial^2 u}{\partial x^2}(x, y) + \frac{\partial^2 u}{\partial y^2}(x, y) = f(x, y)$$

mit den Randbedingungen $u(x, y) = g(x, y)$. Die Musteraufgabe verwendet

$$f(x, y) = xe^y \quad \text{und} \quad g(x, y) = xe^y.$$

Eingaben: $a = 0, \quad b = 2, \quad c = 0, \quad d = 1, \quad n = 6,$

$m = 5, \quad TOL = 10^{-5}, \quad M = 150$

Aufsteigendes Differenzenverfahren für die Wärmegleichung `HEBDM122.EXT` S. 491

Dieses Programm approximiert mit dem aufsteigenden Differenzenverfahren die Lösung einer parabolischen Differentialgleichung

$$\frac{\partial u}{\partial t}(x, t) = \alpha^2 \frac{\partial^2 u}{\partial x^2}(x, t), \quad 0 < x < l, \quad 0 < t$$

ohne Randbedingungen und mit der Anfangsbedingung $u(x, 0) = f(x)$. Die Musteraufgabe verwendet

$$f(x) = \sin \pi x.$$

Eingaben: $l = 1, \quad T = 0{,}5, \quad \alpha = 1, \quad m = 10, \quad N = 50$

Methode von Crank-Nicolson `HECNM123.EXT` S. 494

Dieses Programm approximiert mit der Methode von Crank-Nicolson die Lösung einer parabolischen Differentialgleichung

$$\frac{\partial u}{\partial t}(x, t) = \alpha^2 \frac{\partial^2 u}{\partial x^2}(x, t), \quad 0 < x < t, \quad 0 < l$$

ohne Randbedingungen und mit der Anfangsbedingung $u(x, 0) = f(x)$. Die Musteraufgabe verwendet

$$f(x) = \sin \pi x.$$

Eingaben: $l = 1, \quad T = 0{,}5, \quad \alpha = 1, \quad m = 10, \quad N = 50$

Differenzenverfahren für die Wellengleichung `WVFDM124.EXT` S. 501

Dieses Programm approximiert mit dem Differenzenverfahren die Lösung einer Wellengleichung

$$\frac{\partial^2 u}{\partial t^2}(x, t) - \alpha^2 \frac{\partial^2 u}{\partial x^2}(x, t) = 0, \quad 0 < x < l, \quad 0 < t$$

ohne Randbedingungen und mit den Anfangsbedingungen

$$u(x, 0) = f(x) \quad \text{und} \quad \frac{\partial u}{\partial t}(x, 0) = g(x).$$

Die Musteraufgabe verwendet

$$f(x) = \sin \pi x \quad \text{und} \quad g(x) = 0.$$

Eingaben: $l = 1, \quad T = 1, \quad \alpha = 2, \quad m = 10, \quad N = 20$

Methode der finiten Elemente `LINFE125.EXT` S. 512

Dieses Programm approximiert mit der Methode der finiten Elemente die Lösung einer elliptischen Differentialgleichung der Form

$$\frac{\partial}{\partial x}\left(p(x, y)\frac{\partial u}{\partial x}\right) + \frac{\partial}{\partial y}\left(q(x, y)\frac{\partial u}{\partial y}\right) + r(x, y)u = f(x, y)$$

mit Dirichlet-, gemischten oder Neumann-Randbedingungen. Die Musteraufgabe betrachtet die Laplace-Gleichung

$$\frac{\partial^2 u}{\partial x^2}(x, y) + \frac{\partial^2 u}{\partial y^2}(x, y) = 0$$

auf dem in unterer Abbildung gezeigten Gebiet. Die Randbedingungen für diesen Bereich sind

$$u(x, y) = 4 \quad \text{für } (x, y) \text{ auf } L_6 \text{ und } L_7,$$
$$\frac{\partial u}{\partial n}(x, y) = x \quad \text{für } (x, y) \text{ auf } L_2 \text{ und } L_4,$$
$$\frac{\partial u}{\partial n}(x, y) = y \quad \text{für } (x, y) \text{ auf } L_5,$$

und

$$\frac{\partial u}{\partial n}(x, y) = \frac{x + y}{\sqrt{2}} \quad \text{für } (x, y) \text{ auf } L_1 \text{ und } L_3.$$

Eingaben: `LINFE125.DTA`

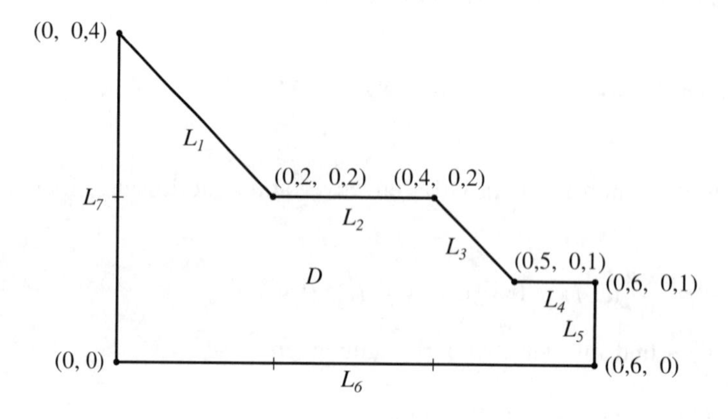

Verzeichnis der Programme

Sachverzeichnis